L. D. Landau · E. M. Lifschitz

Lehrbuch der Theoretischen Physik

Der Klassiker der gesamten Theoretischen Physik für den Studenten und Wissenschaftler.

Band 1:
Mechanik
unveränderter Nachdruck der 14., korrigierten Auflage 1997, 2022, 231 Seiten, 56 Abbildungen, gebunden,
ISBN 978-3-8085-5612-2

Band 2:
Klassische Feldtheorie
unveränderter Nachdruck der 12. Auflage 1992, 2022, 496 Seiten, 25 Abbildungen, gebunden,
ISBN 978-3-8085-5562-0

Band 3:
Quantenmechanik
unveränderter Nachdruck der 9. Auflage 1986, 2021, 660 Seiten, 57 Abbildungen, 11 Tabellen, gebunden,
ISBN 978-3-8085-5636-8

Band 4:
Quantenelektrodynamik
unveränderter Nachdruck der 7., berichtigten Auflage 1991, 2020, 628 Seiten, 25 Abbildungen, gebunden,
ISBN 978-3-8085-5632-0

Band 5:
Statistische Physik Teil 1
unveränderter Nachdruck der 8., berichtigten Auflage 1991, 2016, 535 Seiten, 78 Abbildungen, gebunden,
ISBN 978-3-8085-5654-2

Band 6:
Hydrodynamik
korrigierter Nachdruck der 5., überarbeiteten Auflage 1991, 2014, 705 Seiten, 136 Abbildungen, gebunden,
ISBN 978-3-8085-5554-5

Band 7:
Elastizitätstheorie
unveränderter Nachdruck der 7. Auflage 1991, 2010, 223 Seiten, 32 Abbildungen, Leinen,
ISBN 978-3-8085-5498-2

Band 8:
Elektrodynamik der Kontinua
unveränderter Nachdruck der 5., ergänzten Auflage 1990, 2020, 565 Seiten, 65 Abbildungen, gebunden,
ISBN 978-3-8085-5500-2

Band 9:
Statistische Physik Teil 2
unveränderter Nachdruck der 4., berichtigten Auflage 1992, 2020, 404 Seiten, 18 Abbildungen, gebunden,
ISBN 978-3-8085-5656-6

Band 10:
Physikalische Kinetik
unveränderter Nachdruck der 2. Auflage 1990, 2020, 480 Seiten, 35 Abbildungen, gebunden,
ISBN 978-3-8085-5624-5

Das **Gesamtwerk** ist auch zum günstigen Satzpreis erhältlich:
L. D. Landau · E. M. Lifschitz, **Lehrbuch der Theoretischen Physik**
ISBN 978-3-8085-5588-0

L. D. Landau · E. M. Lifschitz

Lehrbuch der Theoretischen Physik

Band II

EUROPA LEHRMITTEL

Edition Harri Deutsch

L. D. Landau • E. M. Lifschitz

Klassische Feldtheorie

Mit 25 Abbildungen

VERLAG EUROPA-LEHRMITTEL · Nourney, Vollmer GmbH & Co. KG
Düsselberger Straße 23 · 42781 Haan-Gruiten

Europa-Nr.: 55620

Titel der Originalausgabe:
Л. Д. Ландау и Е. М. Лифшицу
Теория поля

Erschienen im Verlag NAUKA, Moskau 1988

In deutscher Sprache herausgegeben von Prof. Dr. habil. Hans-Georg Schöpf, Dresden, und Prof. Dr. habil. Paul Ziesche, Dresden, übersetzt aus dem Russischen von Georg Dautcourt.

Unveränderter Nachdruck der 12., überarbeiteten Auflage 1992, 2022
Druck 6

ISBN 978-3-8085-5562-0

Umschlaggestaltung: Medienwerkstatt Dreimaster / www.3master.de, 63546 Hammersbach
Druck: Totem, 88–100 Inowroclaw (Polen)

VORWORT DER HERAUSGEBER ZUR DEUTSCHEN AUSGABE

Im zweiten Band dieser Lehrbuchreihe wird der Begriff des physikalischen Feldes entwickelt, der zu den fundamentalen Konzeptionen der Theoretischen Physik zählt. Wie für das gesamte Werk, ist auch für diesen Band charakteristisch, wie der Bogen von der Darlegung der allgemeinen Theorie bis zur sehr gründlichen Behandlung zahlreicher wichtiger Anwendungsbeispiele gespannt wird.

Dem hohen internationalen Ansehen des Werkes Rechnung tragend, waren wir auch bei der Vorbereitung der 12. deutschen Auflage dieses Bandes auf entsprechende Sorgfalt bedacht. Dieser Auflage liegt die 7. russische Auflage von 1988 zugrunde. Bei ihrer Vorbereitung wurden wir dankenswerterweise von Herrn Dr. J. Gräfenstein unterstützt.

Dresden, November 1991 P. Ziesche, H.-G. Schöpf

AUS DEN VORWORTEN ZUR ERSTEN UND ZWEITEN RUSSISCHEN AUFLAGE

Das vorliegende Buch ist der Darstellung der Theorie des elektromagnetischen Feldes und des Gravitationsfeldes gewidmet. Eine vollständige und logisch zusammenhängende Theorie des elektromagnetischen Feldes schließt die spezielle Relativitätstheorie ein, die daher der Darstellung zugrunde gelegt wird. Den Ausgangspunkt für die Ableitung der Grundgleichungen bilden die Variationsprinzipien, mit deren Hilfe man größte Allgemeinheit, Einheitlichkeit und vor allem Einfachheit in der Behandlung erreichen kann.

Dem allgemeinen Plan unserer Lehrbuchreihe „Theoretische Physik" entsprechend (zu der dieses Buch gehört), gehen wir in diesem Band nicht auf die Elektrodynamik kontinuierlicher Medien ein, sondern beschränken uns auf die „mikroskopische" Elektrodynamik, d. h. auf die Elektrodynamik des Vakuums und punktförmiger Ladungen.

Für das Lesen des Buches ist eine Kenntnis elektromagnetischer Erscheinungen nötig, wie sie etwa innerhalb einer allgemeinen Physik Vorlesung vermittelt wird. Es ist ferner eine gute Kenntnis der Vektoranalysis erforderlich. Nicht vorausgesetzt dagegen wird beim Leser eine Kenntnis der Tensoranalysis, die parallel zur Entwicklung der Theorie des Gravitationsfeldes dargestellt wird.

Moskau, Dezember 1939

Moskau, Juni 1947 L. Landau, E. Lifschitz

VORWORT ZUR 6. RUSSISCHEN AUFLAGE

Die erste Auflage des Buches erschien vor mehr als 30 Jahren. In diesen Jahrzehnten wurde das Buch in einer Reihe von weiteren Auflagen umgearbeitet und ergänzt und hat heute seinen Umfang im Vergleich zum ursprünglichen fast verdoppelt. Niemals war es jedoch notwendig, die von LANDAU inaugurierte Methodik des Theorieaufbaus oder den von ihm angeregten Stil der Darstellung zu ändern, dessen wichtigstes Kennzeichen das Streben nach Klarheit und Einfachheit ist. Ich war nach Kräften bemüht, diesen Stil auch bei den Umarbeitungen zu wahren, die ich bereits allein durchführen mußte.

Gegenüber der letzten, 5., Auflage wurden die ersten neun Kapitel, die sich mit der Elektrodynamik beschäftigen, fast nicht verändert. Dagegen wurden die Kapitel zur Theorie des Gravitationsfeldes umgearbeitet und ergänzt. Das Material dieser Kapitel war von Auflage zu Auflage wesentlich angewachsen, so daß es schließlich notwendig wurde, eine gewisse Umverteilung und Neuanordnung vorzunehmen.

Ich möchte an dieser Stelle meine Anerkennung allen meinen Kollegen ausdrücken — es sind zu viele, als daß ich sie aufzählen könnte —, die mit ihren Bemerkungen und Ratschlägen halfen, Mängel im Buche zu beseitigen und eine Reihe von Verbesserungen einzuarbeiten. Ohne ihren Rat, ohne die Bereitschaft zur Hilfe, die sie meinen Fragen stets entgegenbrachten, wäre die Arbeit an den weiteren Auflagen dieser Lehrbuchreihe für mich schwierig gewesen.

Besonders danke ich L. P. PITAJEWSKI, mit dem ich ständig die auftretenden Fragen besprach, sowie W. A. BELINSKI für seine Hilfe beim Prüfen der Formeln und Lesen der Korrekturen.

Moskau, Dezember 1972 E. M. LIFSCHITZ

VORWORT ZUR 7. RUSSISCHEN AUFLAGE

Im Jahre 1985 hat E. M. Lifschitz begonnen, die neue Auflage der „Klassischen Feldtheorie" vorzubereiten, und die Arbeit wurde unter seiner Leitung sogar während seiner letzten Erkrankung im Krankenhaus fortgesetzt. Von ihm vorgeschlagene Änderungen wurden in der vorliegenden Auflage berücksichtigt. Unter anderem hat der Beweis des Drehimpulssatzes in der relativistischen Mechanik eine gewisse Überarbeitung erfahren; auch wurde die Symmetrie der Christoffel-Symbole in der Gravitationstheorie ausführlicher diskutiert. In der Definition des Spannungstensors des elektromagnetischen Feldes wurde das Vorzeichen geändert. (In den vorangegangenen Auflagen war dieser Tensor anders als in den übrigen Bänden des Kurses definiert.)

Ich danke W. D. Schafranow für die Erörterung einer Reihe von Fragen, die bei der Vorbereitung dieses Bandes zum Druck entstanden.

Moskau, Juni 1987 L. P. Pitajewski

INHALTSVERZEICHNIS

EINIGE BEZEICHNUNGEN

Dreidimensionale Größen

Dreidimensionale Tensorindizes bezeichnen wir mit griechischen Buchstaben.

Volumen-, Oberflächen- und Längenelemente: $\mathrm{d}V$, $\mathrm{d}\boldsymbol{f}$, $\mathrm{d}\boldsymbol{l}$.

Impuls und Energie eines Teilchens: $\boldsymbol{p}$ und $\mathscr{E}$.

HAMILTON-Funktion: $\mathscr{H}$.

Skalar- und Vektorpotential des elektromagnetischen Feldes: φ und $\boldsymbol{A}$.

Elektrische und magnetische Feldstärke: $\boldsymbol{E}$ und $\boldsymbol{H}$.

Ladungs- und Stromdichte: ϱ und $\boldsymbol{j}$.

Elektrisches Dipolmoment: $\boldsymbol{d}$.

Magnetisches Dipolmoment: $\boldsymbol{m}$.

Vierdimensionale Größen

Für vierdimensionale Tensorindizes werden die lateinischen Buchstaben $i, k, l, \ldots$ verwendet, die die Werte 0, 1, 2, 3 durchlaufen.

Die Metrik wird mit der Signatur $(+ - - -)$ verwendet.

Die Regel für das Herauf- und Herunterziehen von Indizes befindet sich auf S. 17.

Die Komponenten der Vierervektoren werden in der Gestalt $A^i = (A^0, \boldsymbol{A})$ geschrieben.

Der antisymmetrische Einheitstensor vierter Stufe ist e^{iklm}, wobei $e^{0123} = 1$ ist. Die Definition wird auf S. 20 angegeben.

Viererradiusvektor: $x^i = (c\,t, \boldsymbol{r})$.

Vierergeschwindigkeit: $u^i = \mathrm{d}x^i/\mathrm{d}s$.

Viererimpuls: $p^i = (\mathscr{E}/c, \boldsymbol{p})$.

Vierervektor der Stromdichte: $j^i = (c\,\varrho, \varrho\,\boldsymbol{v})$.

Viererpotential des elektromagnetischen Feldes: $A^i = (\varphi, \boldsymbol{A})$.

Vierertensor des elektromagnetischen Feldes:

$$F_{ik} = \frac{\partial A_k}{\partial x^i} - \frac{\partial A_i}{\partial x^k}$$

(die Beziehungen zwischen den F_{ik} und den Komponenten von $\boldsymbol{E}$ und $\boldsymbol{H}$ sind aus S. 71 ersichtlich).

Energie-Impuls-Vierertensor: T^{ik} (die Tensorkomponenten werden auf S. 93 definiert).

Verweise des Typs I § 18 beziehen sich auf Band I „Mechanik".

I DAS RELATIVITÄTSPRINZIP

§ 1. Die Geschwindigkeit der Wirkungsausbreitung

Um die in der Natur ablaufenden Prozesse beschreiben zu können, ist ein sogenanntes Bezugssystem notwendig. Unter einem Bezugssystem versteht man ein Koordinatensystem zur Bestimmung der räumlichen Lage der Teilchen zusammen mit einer Anzahl mit dem System verbundenen Uhren, die zur Zeitmessung dienen.

Es gibt Bezugssysteme, in denen ein sich frei bewegender Körper, d. h. ein solcher, der keinen äußeren Kräften unterliegt, konstante Geschwindigkeit besitzt. Sie heißen *Inertialsysteme*. Wenn zwei Bezugssysteme, von denen eines ein Inertialsystem ist, sich relativ zueinander mit geradlinig-gleichförmiger Geschwindigkeit bewegen, so ist offensichtlich auch das andere ein Inertialsystem (jede freie Bewegung wird auch in diesem System geradlinig und gleichförmig). Es gibt also beliebig viele Inertialsysteme, die sich alle relativ zueinander geradlinig und mit konstanter Geschwindigkeit bewegen.

Die Erfahrung zeigt, daß ein sogenanntes *Relativitätsprinzip* gültig ist. Nach diesem Prinzip gelten die Naturgesetze in jedem Inertialsystem in der gleichen Form. Anders formuliert lautet es: Die Gleichungen, durch die die Naturgesetze ausgedrückt werden, sind invariant gegenüber einer Transformation der Koordinaten und der Zeit von einem Inertialsystem in ein anderes. Das bedeutet, daß sich die Gestalt dieser Gleichungen nicht ändert, wenn wir sie durch Koordinaten und Zeit in einem anderen Inertialsystem ausdrücken.

Die Wechselwirkung materieller Teilchen wird in der gewöhnlichen Mechanik durch die potentielle Energie der Wechselwirkung beschrieben, die eine Funktion der Teilchenkoordinaten ist. Man sieht, daß diese Methode der Wechselwirkungsbeschreibung die Voraussetzung einer augenblicklichen Ausbreitung der Wirkung enthält: Die auf jedes Teilchen von den anderen ausgeübten Kräfte hängen nur von der Lage der Teilchen zum gegebenen Zeitpunkt ab. Eine Änderung der Lage irgendeines Teilchens wirkt im gleichen Augenblick auf die anderen Teilchen.

Es gibt jedoch, wie Versuche zeigen, in der Natur keine augenblicklichen (Fern-)Wirkungen. Daher ist auch eine Mechanik, die auf der sofortigen Ausbreitung der Wirkung beruht, unexakt. Tatsächlich zeigt sich der Einfluß der Veränderung eines Körpers auf einen mit ihm in Wechselwirkung stehenden anderen erst nach Ablauf einer gewissen Zeitspanne. Erst nach diesem Zeitintervall können im zweiten Körper die durch die Veränderung des ersten Körpers bedingten Prozesse vor sich gehen. Dividieren wir die Entfernung der

Körper durch dieses Zeitintervall, so ergibt sich die „Ausbreitungsgeschwindigkeit der Wirkung". Streng genommen hätten wir eine solche Geschwindigkeit die Maximalgeschwindigkeit der Wirkungsausbreitung zu nennen. Sie bestimmt das Zeitintervall, nach dessen Ablauf die im ersten Körper erfolgte Veränderung auf den zweiten Körper zu wirken beginnt. Dies schließt offensichtlich die Möglichkeit aus, daß sich irgendwelche Körper in der Natur mit noch größeren Geschwindigkeiten bewegen: Gäbe es nämlich eine solche Bewegung, so wäre eine Wirkungsübertragung mit einer Geschwindigkeit möglich, die größer als die Maximalgeschwindigkeit der Wirkungsausbreitung ist.

Die vom einen zum anderen Teilchen sich ausbreitende Wirkung betrachtet man oft als „Signal", das vom ersten Teilchen ausgeht und dem zweiten über die Veränderung des ersten „Kunde" gibt. In diesem Sinne bezeichnet man die Wirkungsgeschwindigkeit auch als Signalgeschwindigkeit.

Aus dem Relativitätsprinzip folgt insbesondere, daß die Ausbreitungsgeschwindigkeit der Wirkung in jedem Inertialsystem dieselbe ist. Sie stellt daher eine universelle Konstante dar.

Wie im weiteren gezeigt wird, ist diese konstante Geschwindigkeit nichts anderes als die Ausbreitungsgeschwindigkeit des Lichtes im Vakuum. Wir werden sie daher Lichtgeschwindigkeit nennen. Sie wird gewöhnlich mit dem Buchstaben c bezeichnet. Ihr Zahlenwert ist nach den letzten Messungen $c = 2{,}99792 \cdot 10^{10}$ cm/s.

Durch die Größe dieses Wertes wird die Tatsache erklärt, daß man in der Praxis in der Mehrzahl aller Fälle mit der klassischen Mechanik auskommt. Die Geschwindigkeiten, mit denen wir es gewöhnlich zu tun haben, sind im Vergleich zur Lichtgeschwindigkeit so klein, daß die Annahme einer unendlichen Lichtgeschwindigkeit die Genauigkeit der Ergebnisse praktisch nicht beeinflußt.

Das Relativitätsprinzip zusammen mit dem Prinzip einer endlichen Wirkungsgeschwindigkeit wird EINSTEIN*sches Relativitätsprinzip* genannt (es wurde von EINSTEIN 1905 formuliert), im Unterschied zum GALILEIschen Relativitätsprinzip, das auf der Annahme einer augenblicklichen Ausbreitung der Wirkung beruht.

Die auf dem EINSTEINschen Relativitätsprinzip (das wir kurz Relativitätsprinzip nennen werden) basierende Mechanik heißt *relativistische Mechanik.* In dem Grenzfall, in dem die Geschwindigkeiten der bewegten Körper klein gegenüber der Lichtgeschwindigkeit sind, kann der Einfluß der endlichen Wirkungsgeschwindigkeit auf die Bewegung vernachlässigt werden. Dann geht die relativistische Mechanik in die gewöhnliche Mechanik über, die die Annahme einer sofortigen Wirkungsausbreitung enthält. Diese gewöhnliche Mechanik wird auch als NEWTONsche oder klassische Mechanik bezeichnet. Der Grenzübergang von der relativistischen zur klassischen Mechanik erfolgt formal dadurch, daß wir in den Formeln der ersteren $c \to \infty$ gehen lassen.

Schon in der klassischen Mechanik ist der Raum in dem Sinne „relativ", daß die räumlichen Beziehungen zwischen zwei Ereignissen davon abhängen, in welchem Bezugssystem sie beschrieben werden. Die Aussage, daß zwei nicht gleichzeitige Ereignisse im gleichen Raumpunkt oder allgemeiner in einer bestimmten Entfernung voneinander stattfinden, hat nur dann einen Sinn, wenn man das Bezugssystem angibt, auf das sich die Aussage bezieht.

Hingegen ist die Zeit in der klassischen Mechanik eine absolute Größe: Ihre Eigenschaften hängen nicht vom Bezugssystem ab, sie ist für alle Systeme „dieselbe". Das bedeutet, daß zwei für irgendeinen Beobachter gleichzeitige Erscheinungen auch für alle anderen Beobachter gleichzeitig sind. Allgemein ist das Zeitintervall zwischen zwei Ereignissen für alle Bezugssysteme dasselbe.

Man überzeugt sich jedoch leicht davon, daß der Begriff der absoluten Zeit in völligem Widerspruch zum EINSTEINschen Relativitätsprinzip steht. Dazu genügt es schon, sich an das in der klassischen Mechanik geltende allgemein bekannte Additionsgesetz der Geschwindigkeiten zu erinnern, nach dem die Geschwindigkeit einer zusammengesetzten Bewegung gleich der (vektoriellen) Summe der Einzelgeschwindigkeiten ist. Als universelles Gesetz müßte es auch für Wirkungsausbreitung gelten. Daraus würde aber folgen, daß die Wirkungsgeschwindigkeit für verschiedene Inertialsysteme verschieden wäre, und dies widerspricht dem Relativitätsprinzip. Das Relativitätsprinzip wird in dieser Beziehung vom Experiment durchaus bestätigt. Durch zuerst von MICHELSON (1881) ausgeführte Messungen wurde festgestellt, daß die Lichtgeschwindigkeit von der Ausbreitungsrichtung des Lichtes völlig unabhängig ist; nach der klassischen Mechanik dagegen sollte sie in Richtung der Erdbewegung kleiner sein als in der entgegengesetzten Richtung.

Das Relativitätsprinzip führt also zu dem Ergebnis, daß die Zeit nicht als absolut anzusehen ist. Sie läuft in verschiedenen Bezugssystemen verschieden schnell ab. Eine Aussage, daß zwischen zwei Ereignissen ein bestimmtes Zeitintervall liegt, hat also nur dann einen Sinn, wenn auch gleichzeitig das Bezugssystem angegeben wird, auf das sich die Aussage bezieht. Sind z. B. in einem Bezugssystem zwei Ereignisse gleichzeitig, so werden sie es in einem anderen nicht mehr sein.

Zur Erläuterung ist das folgende einfache Beispiel nützlich. Wir betrachten zwei Inertialsysteme K und K' mit den entsprechenden Koordinatenachsen xyz und $x'y'z'$. Das System K' bewege sich relativ zu K nach rechts längs der Achsen x und x' (Abb. 1).

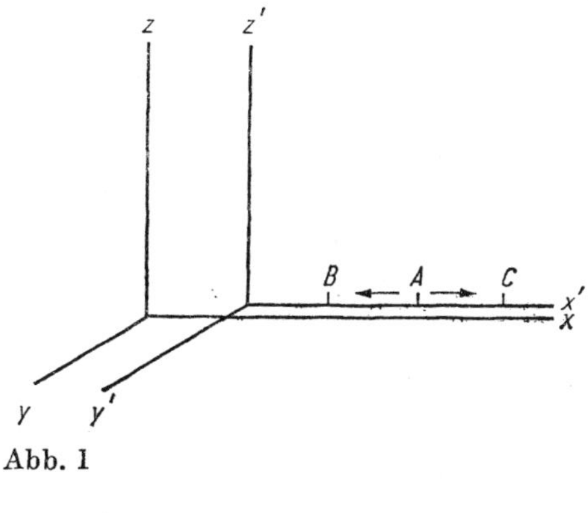

Abb. 1

Von irgendeinem Punkt A auf der x'-Achse werden Signale in zwei entgegengesetzte Richtungen ausgesandt. Da, wie in jedem Inertialsystem, die Signalgeschwindigkeit im System K' (in beiden Richtungen) gleich c ist, so werden, gemessen im System K', die von A aus in gleicher Entfernung befindlichen Punkte B und C von den Signalen in gleicher Zeit erreicht. Man sieht jedoch leicht, daß diese beiden Ereignisse der Ankunft des Signales in B bzw. C für einen Beobachter im System K keineswegs gleichzeitig sind. Da nämlich die Signalgeschwindigkeit bezüglich K nach dem Relativitätsprinzip ebenfalls gleich c ist und sich der Punkt B (relativ zum System K) dem Signal entgegen, der Punkt C sich dagegen von dem nach ihm abgesandten Signal fortbewegt, muß im Koordinatensystem K der Punkt B früher als C von einem Signal erreicht werden.

Das EINSTEINsche Relativitätsprinzip modifiziert so in tiefgehender und fundamentaler Weise die grundlegenden physikalischen Begriffe. Die Vorstellung über Raum und Zeit, die wir aus der alltäglichen Erfahrung gewinnen, gilt nur näherungsweise. Dies hängt damit zusammen, daß die im alltäglichen Leben auftretenden Geschwindigkeiten äußerst klein gegenüber der Lichtgeschwindigkeit sind.

§ 2. Der Abstand

Im folgenden werden wir häufig den Begriff eines *Ereignisses* verwenden. Ein Ereignis ist gekennzeichnet durch den Ort, an dem es stattfindet, und durch den Zeitpunkt, zu dem es geschieht. Ein Ereignis, das ein Materieteilchen betrifft, ist also durch die drei Teilchenkoordinaten und einen bestimmten Zeitpunkt charakterisiert.

Oft ist es bequem und anschaulich, einen fiktiven vierdimensionalen Raum einzuführen, dessen Achsen die drei Raumkoordinaten und die Zeit bilden. In diesem Raum sind die Ereignisse Punkte, *Weltpunkte* genannt. Jedem Teilchen entspricht in diesem Raum eine bestimmte Linie (*Weltlinie*). Die Punkte dieser Linien definieren die Teilchenkoordinaten zu jedem Zeitpunkt. Man überlegt sich leicht, daß ein sich gleichförmig und geradlinig bewegender Massenpunkt eine Gerade als Weltlinie besitzt.

Wir formulieren nun das Prinzip von der Konstanz der Lichtgeschwindigkeit mathematisch. Dazu betrachten wir zwei Bezugssysteme K und K', die sich relativ zueinander mit konstanter Geschwindigkeit bewegen. Die Koordinatenachsen wählen wir so, daß x mit x' zusammenfällt und y, z zu y', z' parallel sind. Die Zeiten in K und K' bezeichnen wir mit t und t'.

Es werde nun ein erstes Ereignis betrachtet, das darin bestehe, daß vom Punkt mit den Koordinaten x_1, y_1, z_1 im System K zum Zeitpunkt t_1 (wieder im System K) ein Signal mit Lichtgeschwindigkeit ausgesandt wird. Wir wollen die Ausbreitung dieses Signals im System K verfolgen. Ein zweites Ereignis bestehe darin, daß das Signal zur Zeit t_2 zum Punkt x_2, y_2, z_2 gelangt. Da sich das Signal mit der Geschwindigkeit c ausbreitet, hat es die Entfernung $c\,(t_2 - t_1)$ zurückgelegt. Andererseits ist diese Entfernung gleich $[(x_2 - x_1)^2 + (y_2 - y_1)^2 + (z_2 - z_1)^2]^{1/2}$. Zwischen den Koordinaten der beiden Ereignisse im System K besteht also die Abhängigkeit

$$(x_2 - x_1)^2 + (y_2 - y_1)^2 + (z_2 - z_1)^2 - c^2\,(t_2 - t_1)^2 = 0\,. \tag{2,1}$$

Die beiden eben betrachteten Ereignisse kann man auch vom System K' aus beobachten. In K' seien die Koordinaten des ersten Ereignisses x_1', y_1', z_1', t_1', die des zweiten x_2', y_2', z_2', t_2'. Da wegen der Unabhängigkeit der Lichtgeschwindigkeit vom Bezugssystem diese in K und K' gleich ist, gilt analog zu (2,1)

$$(x_2' - x_1')^2 + (y_2' - y_1')^2 + (z_2' - z_1')^2 - c^2 (t_2' - t_1')^2 = 0 \,. \tag{2,2}$$

Allgemein definieren wir: Sind x_1, y_1, z_1, t_1 und x_2, y_2, z_2, t_2 die Koordinaten von zwei beliebigen Ereignissen, so heißt die Größe

$$s_{12} = [c^2 (t_2 - t_1)^2 - (x_2 - x_1)^2 - (y_2 - y_1)^2 - (z_2 - z_1)^2]^{1/2} \tag{2,3}$$

Abstand zwischen diesen beiden Ereignissen.

Aus dem Prinzip der Invarianz der Lichtgeschwindigkeit folgt also: Verschwindet der Abstand zwischen zwei Ereignissen in einem Bezugssystem, so auch in allen anderen.

Sind zwei Ereignisse einander infinitesimal benachbart, so ist der Abstand $\mathrm{d}s$ zwischen ihnen

$$\mathrm{d}s^2 = c^2\,\mathrm{d}t^2 - \mathrm{d}x^2 - \mathrm{d}y^2 - \mathrm{d}z^2 \,. \tag{2,4}$$

Formal gesehen, gestattet die Gestalt der Ausdrücke (2,3) oder (2,4), den Abstand als die Entfernung zweier Punkte in einem fiktiven vierdimensionalen Raum aufzufassen, auf dessen Koordinatenachsen x, y, z und das Produkt $c\,t$ abgetragen werden. Es besteht jedoch ein wesentlicher Unterschied zur euklidischen Geometrie: Bei der Bildung des Abstandsquadrates werden die Quadrate der Koordinatendifferenzen auf den einzelnen Achsen nicht mit einheitlichen, sondern mit verschiedenen Vorzeichen addiert.[1])

Oben wurde gezeigt: Gilt $\mathrm{d}s = 0$ in irgendeinem Inertialsystem, so verschwindet $\mathrm{d}s'$ in einem anderen System ebenfalls. Nun sind $\mathrm{d}s$ und $\mathrm{d}s'$ infinitesimale Größen gleicher Ordnung. Aus diesen beiden Umständen folgt, daß sie beide zueinander proportional sein müssen:

$$\mathrm{d}s^2 = a\,\mathrm{d}s'^2 \,.$$

Hierbei kann der Koeffizient a nur vom Betrag der Relativgeschwindigkeit der beiden Inertialsysteme abhängen. Eine Abhängigkeit von den Koordinaten oder der Zeit ist nicht möglich, weil dann verschiedene Raum- oder Zeitpunkte nicht mehr gleichwertig wären, was der Homogenität von Raum und Zeit widerspräche. a kann auch nicht von der Richtung der Relativgeschwindigkeit abhängen, weil dies im Widerspruch zur Isotropie des Raumes stehen würde.

Wir betrachten drei Bezugssysteme K, K_1, K_2. Es seien $\boldsymbol{V}_1$, $\boldsymbol{V}_2$ die Geschwindigkeiten von K_1 bzw. K_2 relativ zu K. Dann muß gelten

$$\mathrm{d}s^2 = a(V_1)\,\mathrm{d}s_1^2 \,, \qquad \mathrm{d}s^2 = a(V_2)\,\mathrm{d}s_2^2 \,.$$

---

[1]) Die durch die quadratische Form (2,4) definierte Geometrie heißt pseudoeuklidisch im Unterschied zur gewöhnlichen, euklidischen Geometrie. Diese Geometrie wurde im Zusammenhang mit der Relativitätstheorie von MINKOWSKI eingeführt.

Aus gleichem Grunde kann man schreiben

$$ds_1^2 = a(V_{12})\, ds_2^2 \,,$$

wobei V_{12} der Betrag der Relativgeschwindigkeit von K_2 bezüglich K_1 ist. Aus dem Vergleich dieser Beziehungen finden wir, daß

$$\frac{a(V_2)}{a(V_1)} = a(V_{12}) \tag{2,5}$$

gelten muß. V_{12} hängt nicht nur von den Beträgen der Vektoren $\boldsymbol{V}_1$ und $\boldsymbol{V}_2$ ab, sondern auch von dem Winkel zwischen ihnen. Letzterer geht indessen in den linken Teil von (2,5) nicht ein. Es ist also klar, daß diese Beziehung nur dann gelten kann, wenn die Funktion $a(V)$ gleich einer Konstanten ist, die, wie aus denselben Gleichungen folgt, gleich 1 sein muß.

Es ist somit

$$ds^2 = ds'^2 \,,$$

und aus der Gleichheit infinitesimaler Abstände folgt auch die endlicher Abstände: $s = s'$.

Wir gelangen so zu einem äußerst wichtigen Ergebnis: Der Abstand zwischen zwei Ereignissen ist in allen Inertialsystemen gleich, ist also eine Invariante bezüglich der Transformationen von einem Inertialsystem in ein beliebiges anderes. Diese Invarianz ist der mathematische Ausdruck für die Konstanz der Lichtgeschwindigkeit.

Es seien wieder x_1, y_1, z_1, t_1 und x_2, y_2, z_2, t_2 die Koordinaten zweier Ereignisse in irgendeinem Bezugssystem K. Gibt es dann ein Bezugssystem K', in dem diese beiden Ereignisse an ein und demselben Raumpunkt stattfinden?

Wir führen die Bezeichnungen

$$t_2 - t_1 = t_{12} \,, \qquad (x_2 - x_1)^2 + (y_2 - y_1)^2 + (z_2 - z_1)^2 = l_{12}^2$$

ein. Dann ist der Abstand zwischen den beiden Ereignissen im System K

$$s_{12}^2 = c^2\, t_{12}^2 - l_{12}^2$$

und im System K'

$$s_{12}'^2 = c^2\, t_{12}'^2 - l_{12}'^2 \,,$$

wobei wegen der Invarianz des Abstands

$$c^2\, t_{12}^2 - l_{12}^2 = c^2\, t_{12}'^2 - l_{12}'^2$$

gilt. Wir verlangen, daß im System K' beide Ereignisse an einem Punkte stattfinden, d. h., daß $l_{12}' = 0$. Dann muß

$$s_{12}^2 = c^2\, t_{12}^2 - l_{12}^2 = c^2\, t_{12}'^2 > 0$$

gelten.

Ein Bezugssystem mit den geforderten Eigenschaften gibt es also, wenn $s_{12}^2 > 0$ gilt, d. h. der Abstand zwischen den beiden Ereignissen reell ist. Reelle Abstände bezeichnet man als *zeitartige*. Ist daher der Abstand zwischen zwei Ereignissen zeitartig, so gibt es ein Bezugssystem, in dem die beiden Ereignisse am gleichen Orte stattfinden. Die Zeit, die in diesem System zwischen den beiden Ereignissen vergeht, beträgt

$$t'_{12} = \frac{1}{c}\sqrt{c^2 t_{12}^2 - l_{12}^2} = \frac{s_{12}}{c}. \tag{2,6}$$

Finden zwei Ereignisse an ein und demselben Körper statt, so ist der Abstand zwischen ihnen immer zeitartig. In der Tat kann der Weg, den der Körper zwischen den beiden Ereignissen zurücklegt, nicht größer als $c\,t_{12}$ sein, da die Geschwindigkeit des Körpers c nicht übersteigen darf. Es gilt also immer

$$l_{12} < c\,t_{12}.$$

Wir stellen uns nun die Frage, ob sich ein solches Koordinatensystem finden läßt, in dem zwei Ereignisse zum gleichen Zeitpunkt stattfinden. Wie früher haben wir für die Systeme K und K': $c^2 t_{12}^2 - l_{12}^2 = c^2 t_{12}'^2 - l_{12}'^2$. Unsere Forderung $t'_{12} = 0$ führt zu

$$s_{12}^2 = -\,l_{12}'^2 < 0.$$

Das gesuchte Koordinatensystem läßt sich also nur finden, wenn der Abstand zwischen den Ereignissen imaginär ist. Imaginäre Abstände heißen *raumartig*.

Besteht demnach zwischen zwei Ereignissen ein raumartiger Abstand, so gibt es ein Bezugssystem, in dem beide Ereignisse gleichzeitig sind. Die Entfernung der Punkte, in denen die Ereignisse stattfinden, ist in diesem Bezugssystem durch

$$l'_{12} = \sqrt{l_{12}^2 - c^2 t_{12}^2} = i\,s_{12} \tag{2,7}$$

gegeben.

Die Unterteilung der Abstände in zeitartige und raumartige ist wegen ihrer Invarianz von absoluter Bedeutung. Das soll heißen, daß die Eigenschaft eines Abstands, raumartig oder zeitartig zu sein, nicht vom Koordinatensystem abhängt.

Wir wählen ein beliebiges Ereignis, das wir Ereignis O nennen wollen, als Anfangspunkt der Raum- und Zeitkoordinaten. Dies bedeutet mit anderen Worten, der Weltpunkt „Ereignis O" ist der Ursprung des vierdimensionalen Koordinatensystems, auf dessen Achsen x, y, z und t abgetragen werden. Wir untersuchen nun, in welcher Beziehung die anderen Ereignisse zu dem ausgewählten Ereignis O stehen. Zur Vereinfachung werden wir nur eine räumliche Koordinate und die Zeit betrachten und sie auf zwei Achsen abtragen (Abb. 2). Ein geradlinig und gleichförmig bewegtes Teilchen, das den Punkt $x = 0$ zur Zeit $t = 0$ passiert, wird als gerade Linie abgebildet, die durch O geht und mit der t-Achse einen Winkel bildet, dessen Tangens gleich der Geschwindigkeit des Teilchens ist. Da nun die maximale Geschwindigkeit c ist, gibt es auch einen größten Winkel, den die entsprechende Gerade mit der t-Achse bildet. Auf Abb. 2 sind zwei Geraden eingezeichnet, die die Ausbreitung zweier Signale (mit Lichtgeschwindigkeit) in entgegengesetzte Richtungen darstellen und die durch das Ereignis O gehen, d. h. für die $x = 0$ für $t = 0$ ist. Geraden, die die Bewegung von Teilchen darstellen, können nur innerhalb der Gebiete aOc und dOb liegen. Auf den Geraden ab und cd gilt offenbar $x = \pm ct$. Wir betrachten zunächst Ereignisse, deren Weltpunkte innerhalb des Gebietes aOc liegen. Man überlegt sich leicht, daß für alle diese Punkte $c^2 t^2 - x^2 > 0$ gilt. Der Abstand zwischen den Ereignissen dieses Gebietes und dem Ereignis O ist also zeitartig. In diesem Gebiet ist $t > 0$, d. h., die dortigen Ereignisse geschehen ,,nach" dem Ereignis O. Nun können zwei Ereignisse, die durch einen zeitartigen Abstand getrennt sind, in keinem Bezugssystem zur gleichen Zeit stattfinden. Man kann also kein Bezugssystem finden, in dem ein Ereignis aus dem Gebiet aOc ,,vor" dem O-Ereignis stattfinden würde, für das also $t < 0$ gälte. Alle Ereignisse des Gebietes aOc liegen also bezüglich O in der Zukunft; dies gilt für alle Bezugssysteme. In bezug auf das Ereignis O kann man dieses Gebiet als ,,absolute Zukunft" bezeichnen.

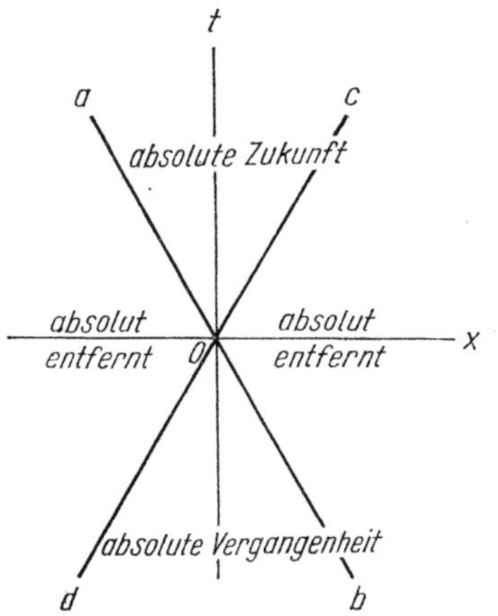

Abb. 2

In gleicher Weise sind alle Ereignisse des Gebietes bOd bezüglich O ,,absolute Vergangenheit", d. h., sie finden in allen Bezugssystemen vor dem Ereignis O statt.

Wir betrachten schließlich noch die Gebiete dOa und cOb. Der Abstand zwischen einem Ereignis dieses Gebietes und O ist raumartig. In jedem Bezugssystem finden diese Ereignisse an verschiedenen Orten des Raumes statt. Man kann sie daher bezüglich O ,,absolut entfernt" nennen. Die Begriffe ,,gleichzeitig", ,,früher" und ,,später" sind für diese Ereignisse jedoch relativ. Es gibt stets Bezugssysteme, in denen sie früher oder später als O stattfinden, und jeweils ein System, in dem ein Ereignis dieser Gebiete mit O gleichzeitig ist.

Betrachten wir alle drei räumlichen Koordinaten anstelle einer einzigen, so haben wir statt der zwei sich kreuzenden Geraden in Abb. 2 in dem vierdimensionalen Koordinatensystem x, y, z, t einen ,,Kegel" $x^2 + y^2 + z^2 - c^2 t^2 = 0$, dessen Achse mit der t-Achse zusammenfällt (man nennt ihn den ,,Lichtkegel"). Die Gebiete der ,,absoluten Zukunft" und ,,absoluten Vergangenheit" entsprechen den beiden Innenbereichen dieses Kegels.

Zwei Ereignisse können miteinander nur dann kausal verbunden sein, wenn der Abstand zwischen ihnen zeitartig ist. Dies folgt unmittelbar daraus, daß sich keine Wirkung mit einer Geschwindigkeit ausbreiten kann, die größer als die des Lichtes ist. Wie wir eben sahen, hat es gerade für solche Ereignisse einen absoluten Sinn, von ,,früher" und ,,später" zu sprechen, und dies ist eine notwendige Bedingung dafür, daß die Begriffe Ursache und Wirkung sinnvoll sind.

§ 3. Die Eigenzeit

Wir nehmen an, daß wir von irgendeinem Inertialsystem aus eine Uhr beobachten, die sich ganz beliebig bewegen möge. Für jeden einzelnen Zeitmoment läßt sich diese Bewegung als geradlinig-gleichförmig auffassen. Man kann daher in jedem Moment ein mit der Uhr fest verbundenes Koordinatensystem einführen, das (zusammen mit der Uhr) ebenfalls ein Inertialsystem darstellt.

Während des infinitesimalen Zeitabschnittes $\mathrm{d}t$ (gemessen mit einer unbewegten, d. h. mit uns verbundenen Uhr) lege die bewegte Uhr die Strecke

$$\sqrt{\mathrm{d}x^2 + \mathrm{d}y^2 + \mathrm{d}z^2}$$

zurück. Gefragt wird, welches Zeitintervall $\mathrm{d}t'$ sie danach anzeigt. Da sie in dem mit ihr verbundenen Koordinatensystem ruht, ist $\mathrm{d}x' = \mathrm{d}y' = \mathrm{d}z' = 0$. Infolge der Invarianz des (vierdimensionalen) Abstandes gilt

$$\mathrm{d}s^2 = c^2\,\mathrm{d}t^2 - \mathrm{d}x^2 - \mathrm{d}y^2 - \mathrm{d}z^2 = c^2\,\mathrm{d}t'^2\,,$$

woraus

$$\mathrm{d}t' = \mathrm{d}t\,\sqrt{1 - \frac{\mathrm{d}x^2 + \mathrm{d}y^2 + \mathrm{d}z^2}{c^2\,\mathrm{d}t^2}}$$

folgt. Nun ist aber

$$\frac{\mathrm{d}x^2 + \mathrm{d}y^2 + \mathrm{d}z^2}{\mathrm{d}t^2} = v^2$$

mit v als Geschwindigkeit der bewegten Uhr. Damit gilt

$$\mathrm{d}t' = \frac{\mathrm{d}s}{c} = \mathrm{d}t\,\sqrt{1 - \frac{v^2}{c^2}}\,. \qquad (3,1)$$

Integrieren wir diesen Ausdruck, so läßt sich das Zeitintervall finden, das die bewegte Uhr anzeigt, wenn auf der unbewegten Uhr die Zeit $t_2 - t_1$ vergeht:

$$t_2' - t_1' = \int_{t_1}^{t_2} \mathrm{d}t\,\sqrt{1 - \frac{v^2}{c^2}}\,. \qquad (3,2)$$

Die Zeit, die von einer Uhr gemessen wird, die sich mit irgendeinem Gegenstand mitbewegt, wird *Eigenzeit* dieses Gegenstandes genannt. Die Formeln (3,1) und (3,2) drücken die Eigenzeit durch die Zeit desjenigen Bezugssystems aus, von dem aus die Bewegung betrachtet wird. Wie aus (3,1) oder (3,2) ersichtlich ist, ist die Eigenzeit eines sich bewegenden Gegenstandes immer kleiner als das entsprechende Zeitintervall im unbewegten System. Mit anderen Worten, eine bewegte Uhr geht langsamer als eine unbewegte.

In bezug auf das Inertialsystem K möge sich eine andere Uhr geradlinig und gleichförmig bewegen. Das mit ihr verbundene Bezugssystem K' ist ebenfalls ein Inertialsystem. Dann bleibt die Uhr in K' vom Standpunkte des Beobachters im System K zurück. Umgekehrt geht aber auch die Uhr in K, vom System K' aus beurteilt, im Vergleich zur Uhr in K' nach. Um sich zu überzeugen, daß kein Widerspruch vorliegt, beachte man folgenden Umstand. Zu irgendeinem Zeitpunkt möge die Uhr in K' an der Uhr von K vorbeifliegen; die Zeigerstellungen beider Uhren seien dabei gleich. Um den Gang der beiden Uhren vergleichen zu können, hat man ein zweites Mal die relative Stellung der Zeiger der bewegten Uhr K' und der in K ruhenden Uhr festzustellen. Diesen Vergleich können wir mit anderen in K ruhenden Uhren durchführen, nämlich mit denen, an denen die Uhr K' zu späteren Zeitpunkten vorbeifliegt. Dabei stellen wir fest, daß die Uhr K' relativ zu den Vergleichsuhren in K zurückbleibt. Man sieht, daß zum Vergleich des Ganges von Uhren in zwei Bezugssystemen mehrere Uhren in einem und eine Uhr in dem anderen System nötig sind. Der ganze Vorgang ist also nicht symmetrisch bezüglich beider Systeme. Es scheint immer diejenige Uhr zurückzubleiben, die mit verschiedenen Uhren im anderen System verglichen wird.

Haben wir zwei Uhren, von denen eine eine geschlossene Bahn beschreibt, d. h. zu ihrem Ausgangspunkt, der unbewegten Uhr, zurückkehrt, so wird die bewegte Uhr im Vergleich zur unbewegten zurückbleiben. Die umgekehrte Überlegung, bei der man die bewegte Uhr als ruhend ansieht, ist hier nicht möglich, da eine Uhr, die eine geschlossene Bahn beschreibt, sich nicht mehr geradlinig und gleichförmig bewegt, so daß ein mit ihr verbundenes Bezugssystem kein Inertialsystem mehr ist.

Da nun die Naturgesetze nur in Inertialsystemen in gleicher Weise formuliert sind, besitzen Bezugssysteme, die mit unbeschleunigt bewegten Uhren verbunden sind (d. h. Inertialsysteme), andere Eigenschaften als diejenigen, die zu beschleunigt bewegten Uhren gehören (Nichtinertialsysteme). Die Überlegungen, die zu dem Ergebnis führen, daß eine ruhende Uhr nachgehen sollte, sind also falsch.

Eine Uhr zeigt die Zeit an, die gleich dem längs ihrer Weltlinie genommenen Integral $\frac{1}{c}\int_a \mathrm{d}s$ ist. Ruht die Uhr, so ist ihre Weltlinie offenbar eine zur t-Achse parallele Gerade. Führt die Uhr dagegen eine geschlossene Bewegung aus und kehrt zu ihrem Ausgangspunkt zurück, so ist ihre Weltlinie gekrümmt und geht durch zwei Punkte der Weltlinie der unbewegten Uhr, die dem Anfangs- und Endpunkt der Bewegung entsprechen. Andererseits sahen wir, daß eine ruhende Uhr immer ein größeres Zeitintervall als eine bewegte Uhr anzeigt. Wir schließen daraus, daß das zwischen zwei gegebenen Weltpunkten erstreckte Integral $\int_a^b \mathrm{d}s$ einen Maximalwert hat, wenn der Integrationsweg die die beiden Punkte verbindende gerade Weltlinie ist.[1])

§ 4. Die Lorentz-Transformation

Unser Ziel ist es jetzt, die Transformationsformel von einem Inertialsystem in ein anderes zu suchen, d. h. eine Formel zu finden, die es uns gestattet, aus

[1]) Wir setzen natürlich voraus, daß die Punkte a und b und die sie verbindende Kurve so gelegen sind, daß die Differentiale $\mathrm{d}s$ längs der Kurve zeitartig sind.

Die angegebene Eigenschaft des Integrals hängt mit der pseudoeuklidischen vierdimensionalen Geometrie zusammen. In einem euklidischen Raum hätte das Integral längs einer Geraden ein Minimum.

den Koordinaten x, y, z, t eines Ereignisses in irgendeinem Bezugssystem K die Koordinaten x', y', z', t' desselben Ereignisses in einem anderen Inertialsystem K' zu berechnen.

In der klassischen Mechanik ist die Lösung dieser Aufgabe sehr einfach. Infolge des absoluten Charakters der Zeit ist $t = t'$; wählen wir weiter die Koordinatenachsen in üblicher Weise (wobei x und x' zusammenfallen, y und z parallel zu den entsprechenden Achsen y', z' sind und die Bewegung längs der Achsen x und x' erfolgt), so sind die Koordinaten y und z offenbar gleich y' und z', während sich x und x' um die Strecke unterscheiden, die das eine System relativ zum anderen zurückgelegt hat. Wählt man als Anfangspunkt der Zeitskala den Augenblick, in dem beide Koordinatensysteme zusammenfallen, und ist V die Geschwindigkeit des Systems K' bezüglich K, so ergibt sich diese Entfernung zu $V\,t$. Man erhält auf diese Weise

$$x = x' + V\,t\,, \qquad y = y'\,, \qquad z = z'\,, \qquad t = t'\,. \tag{4,1}$$

Diese Gleichungen werden als Galilei-*Transformation* bezeichnet. Man weist leicht nach, daß diese Transformation, wie es auch zu erwarten war, den Forderungen der Relativitätstheorie nicht Genüge leistet: Sie läßt den Abstand zwischen zwei Ereignissen nicht invariant.

Die relativistischen Transformationsformeln werden wir nun dadurch bestimmen, daß wir Invarianz des vierdimensionalen Abstandes verlangen. Wie wir in § 2 sahen, läßt sich der Abstand zwischen zwei Ereignissen als Entfernung zwischen den entsprechenden Weltpunkten in einem vierdimensionalen Koordinatensystem auffassen. Wir können also sagen, daß die gesuchte Transformation alle Längen im vierdimensionalen Raum x, y, z, $c\,t$ ungeändert lassen muß. Als solche Transformationen stehen nur Parallelverschiebungen und Drehungen des Koordinatensystems zur Verfügung. Davon sind die Parallelverschiebungen des Koordinatensystems uninteressant, da sie nur die Lage des Ursprungs der räumlichen Koordinaten und den Anfangspunkt der Zeitskala ändern. Die gesuchte Transformation muß sich daher mathematisch als Drehung des vierdimensionalen Koordinatensystems x, y, z, t ausdrücken lassen.

Jede Drehung in einem vierdimensionalen Raume kann man in sechs Einzeldrehungen in den Ebenen xy, zy, xz, tx, ty, tz zerlegen, ebenso wie jede Drehung im gewöhnlichen Raum auf drei Drehungen in den Ebenen xy, zy, xz zurückführbar ist. Die drei ersten Drehungen beeinflussen nur die räumlichen Koordinaten; sie entsprechen gewöhnlichen räumlichen Drehungen.

Wir betrachten eine Drehung in der tx-Ebene; die Koordinaten y und z verändern sich dabei nicht. Diese Transformation muß insbesondere die Differenz $(c\,t)^2 - x^2$ — das Quadrat des Abstandes des Punktes $(c\,t, x)$ vom Koordinatenursprung — ungeändert lassen. Der Zusammenhang zwischen den alten und den neuen Koordinaten ergibt sich bei dieser Transformation mittels der Formeln

$$x = x' \operatorname{ch}\psi + c\,t' \operatorname{sh}\psi\,, \qquad c\,t = x' \operatorname{sh}\psi + c\,t' \operatorname{ch}\psi \tag{4,2}$$

in seiner allgemeinsten Gestalt; dabei ist ψ der Drehwinkel. Durch eine einfache Rechnung überzeugt man sich leicht, daß damit tatsächlich $c^2 t^2 - x^2 = c^2 t'^2 - x'^2$ ist. Die Formeln (4,2) unterscheiden sich von den gewöhnlichen Formeln für die Drehung eines Koordinatensystems nur in der Ersetzung der trigonometrischen Funktionen durch die hyperbolischen. In dieser Tatsache drückt sich der Unterschied zwischen der pseudoeuklidischen und der euklidischen Geometrie aus.

Wir suchen die Transformationsgleichungen vom Inertialsystem K in ein System K', das sich relativ zu K mit der Geschwindigkeit V längs der x-Achse bewegt. Dabei sollten offenbar nur die Koordinate x sowie die Zeit t eine Transformation erfahren. Diese muß daher die Gestalt (4,2) besitzen. Es bleibt noch der Winkel ψ zu bestimmen, der nur von der Relativgeschwindigkeit V abhängen kann.[1])

Dazu betrachten wir im System K den Koordinatenursprung des Systems K'. Für ihn ist $x' = 0$, und die Formeln (4,2) nehmen die Gestalt

$$x = c\,t' \operatorname{sh}\psi\,, \qquad c\,t = c\,t' \operatorname{ch}\psi$$

an oder nach Division

$$\frac{x}{c\,t} = \operatorname{th}\psi\,.$$

x/t ist offenbar die Geschwindigkeit V des Systems K' relativ zu K. Somit finden wir

$$\operatorname{th}\psi = \frac{V}{c}\,.$$

Es folgt

$$\operatorname{sh}\psi = \frac{\frac{V}{c}}{\sqrt{1-\frac{V^2}{c^2}}}\,, \qquad \operatorname{ch}\psi = \frac{1}{\sqrt{1-\frac{V^2}{c^2}}}\,.$$

Setzen wir dies in (4,2) ein, so ergibt sich

$$x = \frac{x' + V\,t'}{\sqrt{1-\frac{V^2}{c^2}}}\,, \qquad y = y'\,, \qquad z = z'\,, \qquad t = \frac{t' + \frac{V}{c^2}\,x'}{\sqrt{1-\frac{V^2}{c^2}}}\,. \tag{4,3}$$

Dies sind die gesuchten Transformationsformeln. Sie werden LORENTZ-*Transformationen* genannt und sind für das Weitere von fundamentaler Bedeutung.

Die Umkehrformeln, die x', y', z', t' durch x, y, z, t ausdrücken, erhält man am einfachsten, indem man V durch $-V$ ersetzt (denn das System K bewegt sich relativ zu K' mit der Geschwindigkeit $-V$). Sie ergeben sich auch unmittelbar durch Auflösung von (4,3) nach x', y', z', t'. Man erkennt aus (4,3), daß beim

[1]) Um Mißverständnissen vorzubeugen, sei bemerkt, daß wir mit V immer die konstante Relativgeschwindigkeit zweier Intertialsysteme bezeichnen, mit v dagegen eine Teilchengeschwindigkeit, die nicht unbedingt konstant zu sein braucht.

Grenzübergang zur klassischen Mechanik $c \to \infty$ die Lorentz-Transformation tatsächlich in die Galilei-Transformation übergeht.

Für Werte $V > c$ werden die Koordinaten x, t in den Gleichungen (4,3) imaginär, entsprechend der Tatsache, daß eine Bewegung mit Überlichtgeschwindigkeit nicht möglich ist. Unmöglich ist schon die Benutzung eines mit Lichtgeschwindigkeit bewegten Bezugssystems, da dann die Nenner in (4,3) verschwinden würden.

Sind die Geschwindigkeiten V klein gegenüber der Lichtgeschwindigkeit, so kann man statt (4,3) die Näherungsformeln

$$x = x' + V\,t'\,, \qquad y = y'\,, \qquad z = z'\,, \qquad t = t' + \frac{V}{c^2}\,x' \tag{4,4}$$

verwenden.

Im System K befinde sich ein ruhender Maßstab parallel zur x-Achse. Seine in diesem System gemessene Länge sei $\Delta x = x_2 - x_1$ (x_2 und x_1 sind die Koordinaten der Enden des Stabes im System K). Wir wollen die im System K' gemessene Länge des Maßstabes feststellen und haben dazu die Koordinaten seiner beiden Endpunkte (x_2', x_1') in K' zu ein und demselben Zeitpunkt t' zu bestimmen. Aus (4,3) folgt

$$x_1 = \frac{x_1' + V\,t'}{\sqrt{1 - \frac{V^2}{c^2}}}\,, \qquad x_2 = \frac{x_2' + V\,t'}{\sqrt{1 - \frac{V^2}{c^2}}}\,.$$

Die Stablänge in K' ist $\Delta x' = x_2' - x_1'$; durch Subtraktion finden wir

$$\Delta x = \frac{\Delta x'}{\sqrt{1 - \frac{V^2}{c^2}}}\,.$$

Die in seinem Ruhsystem gemessene Länge eines Stabes wird „Eigen(oder Ruh-)länge" genannt. Bezeichnen wir sie mit $l_0 = \Delta x$ und die von einem beliebigen Bezugssystem K' aus beurteilte Länge mit l, so erhalten wir

$$l = l_0 \sqrt{1 - \frac{V^2}{c^2}}\,. \tag{4,5}$$

Seine größte Länge hat also der Stab in seinem Ruhsystem. In einem System, in dem er sich mit der Geschwindigkeit V bewegt, verkleinert sie sich um den Faktor $\sqrt{1 - V^2/c^2}$. Diese Folgerung aus der Relativitätstheorie wird als Lorentz-*Kontraktion* bezeichnet.

Da sich bei der Bewegung alle senkrecht zur Bewegungsrichtung befindlichen Abmessungen des Körpers nicht ändern, verkleinert sich sein Volumen $\mathcal{V}$ nach derselben Formel

$$\mathcal{V} = \mathcal{V}_0 \sqrt{1 - \frac{V^2}{c^2}}\,. \tag{4,6}$$

$\mathcal{V}_0$ ist das „Eigenvolumen" des Körpers.

Aus der LORENTZ-Transformation leitet man auch die uns schon bekannten Ergebnisse über die Eigenzeit (§ 3) ab. Im System K' ruhe eine Uhr. Wir wählen zwei Ereignisse, die im System K' am gleichen Ort x', y', z' geschehen und zwischen denen ein Zeitunterschied $\Delta t' = t_2' - t_1'$ besteht. Gesucht wird die Zeit, die im Bezugssystem K zwischen diesen beiden Ereignissen vergeht. Aus (4,3) folgt

$$t_1 = \frac{t_1' + \frac{V}{c^2} x'}{\sqrt{1 - \frac{V^2}{c^2}}}, \qquad t_2 = \frac{t_2' + \frac{V}{c^2} x'}{\sqrt{1 - \frac{V^2}{c^2}}}$$

oder nach Subtraktion

$$t_2 - t_1 = \Delta t = \frac{\Delta t'}{\sqrt{1 - \frac{V^2}{c^2}}}$$

in Übereinstimmung mit (3,1).

Es sei noch auf eine allgemeine Eigenschaft der LORENTZ-Transformationen hingewiesen, die sie von den GALILEI-Transformationen unterscheidet. Die GALILEI-Transformationen sind kommutativ, d. h., das Endergebnis zweier hintereinander (mit verschiedenen Geschwindigkeiten $\boldsymbol{V}_1$ und $\boldsymbol{V}_2$) ausgeführter Transformationen hängt nicht von ihrer Reihenfolge ab. Dagegen ist das Ergebnis von zwei aufeinanderfolgenden LORENTZ-Transformationen im allgemeinen von ihrer Reihenfolge abhängig. Man erkennt dies schon aus der oben benutzten formalen Deutung dieser Transformationen als Drehungen des vierdimensionalen Koordinatensystems: Bekanntlich hängt das Ergebnis zweier Drehungen (um verschiedene Achsen) von der Reihenfolge ihrer Ausführung ab. Eine Ausnahme bilden nur solche Transformationen, bei denen die Vektoren $\boldsymbol{V}_1$ und $\boldsymbol{V}_2$ parallel sind. (Sie entsprechen Drehungen des vierdimensionalen Koordinatensystems um ein und dieselbe Achse.)

§ 5. Transformation der Geschwindigkeit

Im letzten Paragraphen fanden wir Gleichungen, mit denen wir aus den Koordinaten eines Ereignisses in einem Bezugssystem die Koordinaten desselben Ereignisses in anderen Bezugssystemen berechnen konnten. Hier suchen wir Formeln, die die Geschwindigkeit bewegter Teilchen in verschiedenen Bezugssystemen verknüpfen.

Es bewege sich wieder das System K' relativ zum System K mit der Geschwindigkeit V längs der x-Achse. $v_x = \frac{dx}{dt}$ sei die Geschwindigkeitskomponente (in Richtung der x-Achse) eines Teilchens im System K, $v_x' = \frac{dx'}{dt'}$ die entsprechende Komponente im System K'. (4,3) liefert

$$dx = \frac{dx' + V\,dt'}{\sqrt{1 - \frac{V^2}{c^2}}}, \quad dy = dy', \quad dz = dz', \quad dt = \frac{dt' + \frac{V}{c^2} dx'}{\sqrt{1 - \frac{V^2}{c^2}}}.$$

Wenn wir die ersten drei Gleichungen durch die vierte dividieren und die Geschwindigkeiten

$$\boldsymbol{v} = \frac{\mathrm{d}\boldsymbol{r}}{\mathrm{d}t} \quad \text{und} \quad \boldsymbol{v}' = \frac{\mathrm{d}\boldsymbol{r}'}{\mathrm{d}t'}$$

einführen, so finden wir

$$v_x = \frac{v_x' + V}{1 + \frac{v_x' V}{c^2}}, \quad v_y = \frac{v_y' \sqrt{1 - \frac{V^2}{c^2}}}{1 + \frac{v_x' V}{c^2}}, \quad v_z = \frac{v_z' \sqrt{1 - \frac{V^2}{c^2}}}{1 + \frac{v_x' V}{c^2}}. \tag{5,1}$$

Diese Gleichungen beschreiben die gesuchte Transformation der Geschwindigkeit. Sie liefern uns zugleich das relativistische Additionsgesetz der Geschwindigkeiten. Beim Grenzübergang $c \to \infty$ gehen sie in die Gleichungen $v_x = v_x' + V$, $v_y = v_y'$, $v_z = v_z'$ der klassischen Mechanik über.

Für den speziellen Fall, daß sich ein Teilchen parallel zur x-Achse bewegt, d. h. $v_x = v$, $v_y = v_z = 0$, erhalten wir $v_y' = v_z' = 0$ sowie $v_x' = v'$, wobei

$$v = \frac{v' + V}{1 + \frac{v' V}{c^2}} \tag{5,2}$$

gilt.

Man überzeugt sich leicht davon, daß die nach dieser Gleichung berechnete Summe zweier Geschwindigkeiten, die kleiner oder gleich der Lichtgeschwindigkeit sind, wieder eine Geschwindigkeit ergibt, die die Lichtgeschwindigkeit nicht übersteigt.

Näherungsweise gilt für Geschwindigkeiten V, die sehr klein gegenüber der Lichtgeschwindigkeit sind, bis auf Glieder der Ordnung V/c:

$$v_x = v_x' + V\left(1 - \frac{v_x'^2}{c^2}\right), \quad v_y = v_y' - v_x' v_y' \frac{V}{c^2}, \quad v_z = v_z' - v_x' v_z' \frac{V}{c^2}.$$

Diese drei Gleichungen lassen sich in Gestalt einer Vektorgleichung zusammenfassen:

$$\boldsymbol{v} = \boldsymbol{v}' + \boldsymbol{V} - \frac{1}{c^2} (\boldsymbol{V} \boldsymbol{v}') \boldsymbol{v}' . \tag{5,3}$$

Wir weisen besonders darauf hin, daß die Geschwindigkeiten $\boldsymbol{v}'$ und $\boldsymbol{V}$ in das relativistische Additionsgesetz (5,1) nicht symmetrisch eingehen (falls sie nicht beide parallel zur x-Achse sind). Das hängt damit zusammen, daß die LORENTZ-Transformationen, wie im letzten Paragraphen bemerkt wurde, nicht kommutativ sind.

Wir wählen die Koordinaten so, daß die Geschwindigkeit eines Teilchens zu einem bestimmten Zeitpunkt in der xy-Ebene liegt. Die Komponenten seiner Geschwindigkeit sind dann $v_x = v \cos\theta$, $v_y = v \sin\theta$ im System K und $v_x' = v' \cos\theta'$, $v_y' = v' \sin\theta'$ im System K' (hierbei sind v, v' die Beträge und θ, θ' die Winkel, die die Geschwindigkeiten mit der x- und x'-Achse in den Systemen

K und K' bilden). Mit (5,1) finden wir

$$\tan\theta = \frac{v'\sqrt{1-\frac{V^2}{c^2}}\sin\theta'}{v'\cos\theta' + V}. \tag{5,4}$$

Diese Formel gibt die Richtungsänderung der Geschwindigkeit beim Übergang zu einem anderen Bezugssystem an.

Ein wichtiger Spezialfall dieser Formel beschreibt die Richtungsänderung des Lichtes beim Übergang zu einem anderen Bezugssystem, eine als *Aberration* des Lichtes bekannte Erscheinung. In diesem Falle ist $v = v' = c$, und (5,4) geht in

$$\tan\theta = \frac{\sqrt{1-\frac{V^2}{c^2}}}{\frac{V}{c} + \cos\theta'}\sin\theta' \tag{5,5}$$

über.

Aus der Transformationsformel (5,1) erhalten wir auch leicht die entsprechenden Ausdrücke für $\sin\theta$ und $\cos\theta$:

$$\sin\theta = \frac{\sqrt{1-\frac{V^2}{c^2}}}{1+\frac{V}{c}\cos\theta'}\sin\theta', \qquad \cos\theta = \frac{\cos\theta' + \frac{V}{c}}{1+\frac{V}{c}\cos\theta'}. \tag{5,6}$$

Ist $V \ll c$, so folgt aus (5,6) bis auf Glieder der Ordnung V/c:

$$\sin\theta - \sin\theta' = -\frac{V}{c}\sin\theta'\cos\theta'.$$

Führen wir den Aberrationswinkel $\Delta\theta = \theta' - \theta$ ein, so finden wir mit derselben Genauigkeit

$$\Delta\theta = \frac{V}{c}\sin\theta', \tag{5,7}$$

also die bekannte Formel für die Aberration des Lichtes.

§ 6. Vierervektoren

Die Koordinaten (ct, x, y, z) eines Ereignisses können als Komponenten eines vierdimensionalen Ortsvektors (oder, wie wir der Einfachheit halber schreiben wollen, eines 4-Ortsvektors) im vierdimensionalen Raum aufgefaßt werden. Diese Komponenten werden wir mit x^i bezeichnen, wobei i die Werte 0, 1, 2, 3 durchläuft und

$$x^0 = ct, \quad x^1 = x, \quad x^2 = y, \quad x^3 = z$$

ist. Das Quadrat des 4-Ortsvektors, gegeben durch

$$(x^0)^2 - (x^1)^2 - (x^2)^2 - (x^3)^2,$$

bleibt bei beliebigen Drehungen des vierdimensionalen Koordinatensystems, zu denen insbesondere die LORENTZ-Transformationen gehören, ungeändert.

Im allgemeinen heißt die Gesamtheit von vier Größen A^0, A^1, A^2, A^3, die sich bei der Transformation des vierdimensionalen Koordinatensystems wie die Komponenten des 4-Ortsvektors x^i ändern, *Vierervektor* (4-Vektor). Bei LORENTZ-Transformationen ist

$$A^0 = \frac{A'^0 + \frac{V}{c} A'^1}{\sqrt{1 - \frac{V^2}{c^2}}}, \quad A^1 = \frac{A'^1 + \frac{V}{c} A'^0}{\sqrt{1 - \frac{V^2}{c^2}}}, \quad A^2 = A'^2, \quad A^3 = A'^3. \tag{6,1}$$

Das Quadrat des Betrages jedes beliebigen 4-Vektors wird analog dem Quadrat des 4-Ortsvektors definiert:

$$(A^0)^2 - (A^1)^2 - (A^2)^2 - (A^3)^2 .$$

Um eine bequeme Schreibweise ähnlicher Ausdrücke zu erreichen, werden zwei Arten von Komponenten eines Vierervektors eingeführt, die mit den Buchstaben A^i und A_i, also mit oberen bzw. unteren Indizes, bezeichnet werden. Dabei ist

$$A_0 = A^0, \quad A_1 = -A^1, \quad A_2 = -A^2, \quad A_3 = -A^3. \tag{6,2}$$

Die A^i heißen *kontravariante* und die A_i *kovariante* Komponenten eines 4-Vektors. Damit wird das Quadrat eines 4-Vektors in der Gestalt

$$\sum_{i=0}^{3} A^i A_i = A^0 A_0 + A^1 A_1 + A^2 A_2 + A^3 A_3$$

dargestellt.

Solche Summen werden üblich unter Fortlassung des Summenzeichens in der Form $A^i A_i$ geschrieben. Allgemein soll die Regel gelten, daß über Indizes, die in einem gegebenen Ausdruck doppelt auftreten, summiert wird, das Summationszeichen aber nicht aufgeschrieben wird. Dabei muß in jedem Paar gleicher Indizes der eine oben und der andere unten stehen. Diese Bezeichnungsweise der Summierung durch sogenannte *stumme* Indizes ist sehr bequem und vereinfacht die Schreibweise der Formeln bedeutend.

In diesem Buch bezeichnen wir vierdimensionale Indizes, die die Werte 0, 1, 2, 3 durchlaufen mit lateinischen Buchstaben $i, k, l, \ldots$

Das skalare Produkt zweier verschiedener 4-Vektoren wird analog dem Quadrat eines 4-Vektors gebildet:

$$A^i B_i = A^0 B_0 + A^1 B_1 + A^2 B_2 + A^3 B_3 .$$

Offensichtlich kann man das Skalarprodukt sowohl in der Gestalt $A^i B_i$, als auch in der Form $A_i B^i$ schreiben — das Resultat ist davon unabhängig. Allgemein kann in jedem Paar stummer Indizes der obere mit dem unteren vertauscht werden[1]).

---

[1]) In der gegenwärtigen Literatur läßt man oft die Indizes der vierdimensionalen Vektoren weg und schreibt die Quadrate und Skalarprodukte in der Form A^2 bzw. AB. In diesem Buch werden wir diese Bezeichnungsweise jedoch nicht benutzen.

Das Produkt $A^i B_i$ ist eine Viererskaar und daher invariant gegenüber Drehungen des vierdimensionalen Koordinatensystems. Dieser Umstand läßt sich leicht nachprüfen[1]), ist aber von vornherein (in Analogie zum Quadrat $A^i A_i$) offensichtlich, weil sich alle Vierervektoren nach demselben Gesetz transformieren.

Analog zum 4-Ortsvektor werden die Komponenten A_1, A_2, A_3 als die räumlichen und A_0 als die zeitliche Komponente eines Vierervektors bezeichnet. Das Quadrat eines Vierervektors kann positiv, negativ oder gleich Null sein; in diesen drei Fällen spricht man in Analogie zur Terminologie bei den Abständen von *zeitartigen*, *raumartigen* und *lichtartigen* Vierervektoren.

Die drei räumlichen Komponenten eines Vierervektors A^i bilden bezüglich rein räumlicher Drehungen (d. h. Transformationen, die die Zeitachse ungeändert lassen) einen dreidimensionalen Vektor $\boldsymbol{A}$. Die zeitliche Komponente eines Vierervektors stellt in bezug auf diese Transformationen einen dreidimensionalen Skalar dar. Im folgenden werden wir die Komponenten eines Vierervektors oft mit

$$A^i = (A^0, \boldsymbol{A})$$

bezeichnen. Dabei lauten die kovarianten Komponenten dieses Vierervektors: $A_i = (A^0, -\boldsymbol{A})$ und das Quadrat eines Vierervektors: $A^i A_i = (A^0)^2 - \boldsymbol{A}^2$, z. B. für den 4-Ortsvektor:

$$x^i = (c\,t, \boldsymbol{r})\,, \quad x_i = (c\,t, -\boldsymbol{r})\,, \quad x^i x_i = c^2 t^2 - \boldsymbol{r}^2\,.$$

Bei dreidimensionalen Vektoren (in den Koordinaten x, y, z) braucht man natürlich nicht notwendig zwischen kovarianten und kontravarianten Komponenten zu unterscheiden. Überall (wo dies nicht zu Mißverständnissen führen kann) werden wir die Komponenten A_α ($\alpha = x, y, z$) dieser Vektoren mit unteren Indizes, für die wir griechische Buchstaben verwenden, schreiben. Insbesondere ist über die drei Werte x, y, z zu summieren, wenn ein griechischer Index zweimal erscheint (z. B. ist $\boldsymbol{A}\,\boldsymbol{B} = A_\alpha B_\alpha$).

Die Gesamtheit der 16 Größen A^{ik}, die sich bei Koordinatentransformationen wie Produkte von Komponenten von zwei Vierervektoren transformieren, heißt Vierertensor (4-Tensor) zweiter Stufe.

Die Komponenten eines Vierertensors zweiter Stufe können auf drei Arten dargestellt werden: als kontravariante A^{ik}, als kovariante A_{ik} und als gemischte Komponenten $A^i{}_k$ (im letzten Fall muß man im allgemeinen zwischen $A^i{}_k$ und $A_i{}^k$ unterscheiden, je nachdem, ob der erste Index oben steht und der zweite

---

[1]) Dabei ist zu bedenken, daß das Transformationsgesetz für die kovarianten Komponenten eines 4-Vektors anders lautet als für die kontravarianten Komponenten. So erhalten wir anstelle (6,1) offensichtlich:

$$A_0 = \frac{A'_0 - \frac{V}{c} A'_1}{\sqrt{1 - \frac{V^2}{c^2}}}\,, \quad A_1 = \frac{A'_1 - \frac{V}{c} A'_0}{\sqrt{1 - \frac{V^2}{c^2}}}\,, \quad A_2 = A'_2\,, \quad A_3 = A'_3\,.$$

unten oder umgekehrt). Der Zusammenhang zwischen den verschiedenen Arten der Komponenten wird durch folgende allgemeine Regel bestimmt: Das Vorzeichen einer Komponente wird durch das Heben oder Senken eines räumlichen Indexes (1, 2, 3) geändert, durch die Bewegung eines zeitlichen (0) dagegen nicht. So gilt:

$$A_{00} = A^{00}\,, \quad A_{01} = -A^{01}\,, \quad A_{11} = A^{11}\,, \ldots\,,$$
$$A_0{}^0 = A^{00}\,, \quad A_0{}^1 = A^{01}\,, \quad A^0{}_1 = -A^{01}\,, \quad A_1{}^1 = -A^{11}\,, \ldots$$

Bezüglich rein räumlicher Drehungen stellen die neun Komponenten A^{11}, A^{12}, ... einen dreidimensionalen Tensor dar. Die drei Komponenten A^{01}, A^{02}, A^{03} und die drei Komponenten A^{10}, A^{20}, A^{30} bilden dreidimensionale Vektoren; die Größe A^{00} ist ein dreidimensionaler Skalar.

Der Tensor A^{ik} heißt symmetrisch, wenn $A^{ik} = A^{ki}$ ist, und antisymmetrisch wenn $A^{ik} = -A^{ki}$ gilt. Bei antisymmetrischen Tensoren müssen alle Diagonalkomponenten verschwinden, da z. B. $A^{00} = -A^{00}$ sein muß. Für symmetrische Tensoren A^{ik} müssen die gemischten Komponenten $A^i{}_k$ und $A_k{}^i$ offenbar übereinstimmen; in diesem Fall werden wir einfach A^i_k schreiben, indem wir die Indizes untereinandersetzen.

In jeder Tensorgleichung müssen in den Ausdrücken auf beiden Seiten dieselben freien (d. h. nicht die stummen) Indizes dieselbe Lage (oben oder unten) haben. Freie Indizes können in Tensorgleichungen gehoben oder gesenkt werden, aber nur gleichzeitig in allen Gliedern einer Gleichung. Das Gleichsetzen von kontravarianten und kovarianten Komponenten verschiedener Tensoren ist „ungesetzlich"; selbst wenn eine solche Gleichheit in irgendeinem Koordinatensystem vorliegen würde, würde sie beim Übergang zu einem anderen Bezugssystem zerstört werden.

Aus den Komponenten eines Tensors A^{ik} kann man durch Bildung der folgenden Summe einen Skalar gewinnen:

$$A^i{}_i = A^0{}_0 + A^1{}_1 + A^2{}_2 + A^3{}_3$$

(hier gilt natürlich $A^i{}_i = A_i{}^i$). Eine solche Summe nennt man *Spur* des Tensors, und die Bildung dieser Summe wird *Verjüngung* des Tensors genannt.

Auch die oben betrachtete Bildung des skalaren Produkts zweier Vierervektoren stellt eine Verjüngung dar: Der Skalar $A^i B_i$ geht aus dem Tensor $A^i B_k$ hervor. Allgemein erniedrigt jede Verjüngung die Stufe eines Tensors um 2. So ist z. B. $A^i{}_{kli}$ ein Tensor zweiter Stufe, $A^i{}_k B^k$ ein Vierervektor, $A^{ik}{}_{ik}$ ein Skalar usw.

Vierdimensionaler Einheitstensor δ^i_k wird derjenige Tensor genannt, der für jeden Vierervektor A^i die Beziehung

$$\delta^k_i A^i = A^k \tag{6,3}$$

erfüllt. Es ist leicht zu sehen, daß seine Komponenten

$$\delta^k_i = \begin{cases} 1 & \text{für} \quad i = k, \\ 0 & \text{für} \quad i \neq k \end{cases} \tag{6,4}$$

sind. Die Spur dieses Tensors ist $\delta^i_i = 4$.

Wenn wir bei dem Tensor δ_i^k den einen Index heben oder den anderen senken, dann erhalten wir einen kontra- oder kovarianten Tensor, der *metrischer Tensor* genannt und mit g^{ik} bzw. g_{ik} bezeichnet wird. Die Tensoren g^{ik} und g_{ik} haben dieselben Komponenten, die man in Form einer Matrix folgendermaßen darstellen kann:

$$(g^{ik}) = (g_{ik}) = \begin{pmatrix} 1 & 0 & 0 & 0 \\ 0 & -1 & 0 & 0 \\ 0 & 0 & -1 & 0 \\ 0 & 0 & 0 & -1 \end{pmatrix} \tag{6,5}$$

(der Index i numeriert die Zeilen und der Index k die Spalten in der Reihenfolge 0, 1, 2, 3 durch). Offensichtlich ist

$$g_{ik} A^k = A_i \quad \text{und} \quad g^{ik} A_k = A^i . \tag{6,6}$$

Daher kann man das Skalarprodukt zweier Vierervektoren in der Gestalt

$$A^i A_i = g_{ik} A^i A^k = g^{ik} A_i A_k \tag{6,7}$$

schreiben.

Die Tensoren δ_k^i, g_{ik} und g^{ik} stellen insofern Ausnahmen dar, als ihre Komponenten in allen Koordinatensystemen dieselben sind. Diese Eigenschaft besitzt auch der vollständig antisymmetrische Einheitstensor vierter Stufe e^{iklm}. So wird derjenige Tensor genannt, dessen Komponenten bei einer beliebigen Vertauschung zweier Indizes ihr Vorzeichen ändern und dessen einzige von Null verschiedene Komponenten gleich ± 1 sind. Aus der Antisymmetrie folgt, daß alle Komponenten mit zwei gleichen Indizes verschwinden, so daß nur diejenigen von Null verschieden sind, bei denen alle vier Indizes verschiedene Werte annehmen. Es sei

$$e^{0123} = +1 \tag{6,8}$$

(damit ist $e_{0123} = -1$). Dann sind alle von Null verschiedenen Komponenten gleich $+1$ oder -1, je nachdem die Zahlen i, k, l, m durch eine gerade oder ungerade Anzahl von Vertauschungen (Transpositionen) in die Folge 0, 1, 2, 3 übergeführt werden können. Die Zahl dieser Komponenten ist gleich $4! = 24$. Daher ist

$$e^{iklm} e_{iklm} = -24 . \tag{6,9}$$

In bezug auf Drehungen des Koordinatensystems verhalten sich die Größen e^{iklm} wie die Komponenten eines Tensors; kehren wir jedoch das Vorzeichen von einer oder drei Koordinaten um, so ändern sie sich nicht, da sie für jedes Koordinatensystem in gleicher Weise definiert wurden. Als Tensorkomponenten hätten sie jedoch ihr Vorzeichen zu wechseln. Streng genommen bilden daher die e^{iklm} keinen Tensor, sondern einen sogenannten Pseudotensor. *Pseudotensoren* beliebiger Stufe, insbesondere *Pseudoskalare* verhalten sich bei allen Koordinatentransformationen wie Tensoren, mit Ausnahme derjenigen, die sich nicht auf Drehungen zurückführen lassen, d. h. Spiegelungen; bei ihnen läßt sich die Vorzeichenumkehr der Koordinaten nicht auf die für Drehungen maßgebenden Regeln zurückführen.

Die Produkte $e^{iklm}\,e^{prst}$ bilden einen Vierertensor achter Stufe, wobei dieser Tensor echt ist; bei Verjüngungen bezüglich ein oder mehrerer Indexpaare erhalten wir Tensoren sechster, vierter oder zweiter Stufe. Alle diese Tensoren haben dieselbe Gestalt in allen Koordinatensystemen. Daher kann man ihre Komponenten durch Linearkombinationen von Produkten der Komponenten des Einheitstensors δ^i_k ausdrücken (des einzigen echten Tensors, dessen Komponenten in allen Koordinatensystemen dieselben sind). Diese Linearkombinationen erhält man leicht, wenn man von den Symmetrieeigenschaften ausgeht, die bei der Vertauschung von Indizes vorliegen müssen.[1])

Wenn A^{ik} ein antisymmetrischer Tensor ist, dann heißen A^{ik} und der Pseudotensor $A^{*ik} = \frac{1}{2} e^{iklm} A_{lm}$ *dual* zueinander. Analog ist der antisymmetrische Pseudotensor dritter Stufe $e^{iklm} A_m$ dual zum Vektor A^i. Das Produkt $A^{ik} A^*_{ik}$ dualer Tensoren ist offenbar ein Pseudoskalar.

In diesem Zusammenhang erinnern wir an einige analoge Eigenschaften dreidimensionaler Vektoren und Tensoren. Vollständig antisymmetrischer Einheitspseudotensor dritter Stufe heißt die Gesamtheit der Größen $e_{\alpha\beta\gamma}$, die ihr Vorzeichen bei der Vertauschung zweier beliebiger Indizes ändern. Von Null verschieden sind nur Komponenten $e_{\alpha\beta\gamma}$ mit drei verschiedenen Indizes. Dabei setzen wir $e_{xyz} = 1$; die übrigen (von Null verschiedenen) Komponenten sind gleich 1 oder -1, je nachdem, ob man die Folge durch eine gerade oder eine ungerade Zahl von Transpositionen in die Folge x, y, z überführen kann[2].)

Die Produkte $e_{\alpha\beta\gamma}\,e_{\lambda\mu\nu}$ stellen einen echten dreidimensionalen Tensor sechster Stufe dar und können daher durch Linearkombinationen in den Produkten

---

[1]) Der Vollständigkeit halber seien die entsprechenden Formeln angegeben:

$$e^{iklm} e_{prst} = -\begin{vmatrix} \delta^i_p & \delta^i_r & \delta^i_s & \delta^i_t \\ \delta^k_p & \delta^k_r & \delta^k_s & \delta^k_t \\ \delta^l_p & \delta^l_r & \delta^l_s & \delta^l_t \\ \delta^m_p & \delta^m_r & \delta^m_s & \delta^m_t \end{vmatrix}, \qquad e^{iklm} e_{prsm} = -\begin{vmatrix} \delta^i_p & \delta^i_r & \delta^i_s \\ \delta^k_p & \delta^k_r & \delta^k_s \\ \delta^l_p & \delta^l_r & \delta^l_s \end{vmatrix},$$

$$e^{iklm} e_{prlm} = -2\,(\delta^i_p \delta^k_r - \delta^i_r \delta^k_p)\,, \qquad e^{iklm} e_{pklm} = -6\,\delta^i_p\,.$$

Die Vorfaktoren in diesen Formeln überprüft man durch vollständige Verjüngung, die (6,9) ergeben muß.

Aus der ersten Formel folgt:

$$e^{prst} A_{ip} A_{kr} A_{ls} A_{mt} = -A\, e_{iklm}\,,$$

$$e^{iklm} e^{prst} A_{ip} A_{kr} A_{ls} A_{mt} = 24\,A\,,$$

wobei A die Determinante ist, die aus den Größen A_{ik} gebildet wird.

[2]) Die Invarianz der Komponenten des Vierertensors e^{iklm} bei Drehungen des vierdimensionalen Koordinatensystems und die Invarianz der Komponenten des Dreiertensors $e_{\alpha\beta\gamma}$ bei Drehungen der räumlichen Koordinatenachsen sind Spezialfälle der allgemeineren Regel: Stimmt die Stufe eines vollständig antisymmetrischen Tensors mit der Dimension des Raumes überein, in dem dieser Tensor definiert ist, dann ist dieser Tensor invariant gegenüber Drehungen des Koordinatensystems in diesem Raum.

der Komponenten des dreidimensionalen Einheitstensors ausgedrückt werden.[1])

Bei einer Spiegelung des Koordinatensystems, d. h. bei einer Vorzeichenumkehr aller drei Koordinaten, ändern die Komponenten eines gewöhnlichen dreidimensionalen Vektors ebenfalls ihr Vorzeichen. Diese Vektoren heißen *polare* Vektoren. Dagegen bleiben die Komponenten jener Vektoren, die als vektorielles Produkt zweier polarer Vektoren dargestellt werden können, bei einer Spiegelung ungeändert. Derartige Größen bezeichnet man als *axiale* Vektoren. Das skalare Produkt eines polaren und axialen Vektors ist kein echter Skalar, sondern ein Pseudoskalar, der bei einer Spiegelung des Koordinatensystems sein Vorzeichen ändert. Axiale Vektoren sind Pseudovektoren, die zu einem antisymmetrischen Tensor dual sind. Falls $\boldsymbol{C} = [\boldsymbol{A}, \boldsymbol{B}]$ ist, können wir $C_\alpha = \frac{1}{2} e_{\alpha\beta\gamma} C_{\beta\gamma}$ setzen, wobei $C_{\beta\gamma} = A_\beta B_\gamma - A_\gamma B_\beta$ ist.

Wenden wir uns den Vierertensoren zu. Die räumlichen Komponenten ($i, k, \ldots = 1, 2, 3$) eines antisymmetrischen Vierertensors A^{ik} bilden bezüglich rein räumlicher Transformationen einen dreidimensionalen antisymmetrischen Tensor; die Komponenten dieses Tensors können nach dem Obigen durch die Komponenten eines dreidimensionalen Pseudovektors ausgedrückt werden. Die Komponenten A^{01}, A^{02}, A^{03} jedoch verhalten sich gegen dieselben Transformationen wie die Komponenten eines dreidimensionalen polaren Vektors. Somit können die Komponenten eines antisymmetrischen Vierertensors durch folgende Matrix dargestellt werden:

$$(A^{ik}) = \begin{pmatrix} 0 & p_x & p_y & p_z \\ -p_x & 0 & -a_z & a_y \\ -p_y & a_z & 0 & -a_x \\ -p_z & -a_y & a_x & 0 \end{pmatrix}, \tag{6,10}$$

wobei sich bei räumlichen Transformationen $\boldsymbol{p}$ wie ein polarer und $\boldsymbol{a}$ wie ein axialer Vektor verhält. Für die Komponenten des antisymmetrischen Vierertensors werden wir die Schreibweise

$$A^{ik} = (\boldsymbol{p}, \boldsymbol{a})$$

verwenden; dann lauten die kovarianten Komponenten desselben Tensors:

$$A_{ik} = (-\boldsymbol{p}, \boldsymbol{a}) .$$

Wir wollen uns schließlich noch mit einigen Differential- und Integraloperationen der vierdimensionalen Tensoranalysis befassen.

---

[1]) Die entsprechenden Formeln lauten:

$$e_{\alpha\beta\gamma}\, e_{\lambda\mu\nu} = \begin{vmatrix} \delta_{\alpha\lambda} & \delta_{\alpha\mu} & \delta_{\alpha\nu} \\ \delta_{\beta\lambda} & \delta_{\beta\mu} & \delta_{\beta\nu} \\ \delta_{\gamma\lambda} & \delta_{\gamma\mu} & \delta_{\gamma\nu} \end{vmatrix} .$$

Durch Verjüngung in bezug auf einen, zwei und drei Indizes erhalten wir:

$$e_{\alpha\beta\gamma}\, e_{\lambda\mu\nu} = \delta_{\alpha\lambda}\,\delta_{\beta\mu} - \delta_{\alpha\mu}\,\delta_{\beta\lambda}, \qquad e_{\alpha\beta\gamma}\, e_{\lambda\beta\gamma} = 2\,\delta_{\alpha\lambda}\,, \qquad e_{\alpha\beta\gamma}\, e_{\alpha\beta\gamma} = 6\,.$$

Der Vierergradient des Skalares φ ist der Vierervektor

$$\frac{\partial \varphi}{\partial x^i} = \left(\frac{1}{c}\frac{\partial \varphi}{\partial t},\ \nabla \varphi\right).$$

Dabei muß unbedingt beachtet werden, daß die aufgeschriebenen Ableitungen als die kovarianten Komponenten eines Vierervektors zu betrachten sind. Tatsächlich ist das Differential des Skalares

$$\mathrm{d}\varphi = \frac{\partial \varphi}{\partial x^i}\,\mathrm{d}x^i$$

wieder ein Skalar; aus seiner Struktur (skalares Produkt zweier Vierervektoren) ergibt sich die Behauptung.

Im allgemeinen müssen die Differentialoperatoren $\frac{\partial}{\partial x^i}$ als die kovarianten Komponenten eines operatorwertigen Vierervektors aufgefaßt werden. Deshalb ist z. B. die skalare Divergenz eine Vierervektors derjenige Ausdruck $\partial A^i/\partial x^i$, in welchem die kontravarianten Komponenten A^i differenziert werden[1]).

Im dreidimensionalen Raum kann sich eine Integration über ein Gebiet, über eine Fläche oder über eine Kurve erstrecken. Im vierdimensionalen Raume gibt es entsprechend vier Arten von Integrationsbereichen:

1. Integration über eine Kurve im vierdimensionalen Raume; das Integrationselement ist das Längenelement und wird vom Vierervektor $\mathrm{d}x^i$ gebildet.

2. Integration über eine zweidimensionale Fläche des vierdimensionalen Raumes. Bekanntlich ist im dreidimensionalen Raum die Projektion eines von den beiden Vektoren $\mathrm{d}\boldsymbol{r}$ und $\mathrm{d}\boldsymbol{r}'$ aufgespannten Parallelogramms auf die Koordinatenebenen $x_\alpha\, x_\beta$ durch $\mathrm{d}x_\alpha\, \mathrm{d}x'_\beta - \mathrm{d}x_\beta\, \mathrm{d}x'_\alpha$ gegeben. Analog wird im Vierdimensionalen das infinitesimale Oberflächenelement durch den antisymmetrischen Tensor zweiter Stufe $\mathrm{d}f^{ik} = \mathrm{d}x^i\, \mathrm{d}x'^k - \mathrm{d}x^k\, \mathrm{d}x'^i$ dargestellt; die Kompo-

---

[1]) Wenn nach den „kovarianten Koordinaten“ x_i differenziert wird, dann stellen die Ableitungen

$$\frac{\partial \varphi}{\partial x_i} = \left(\frac{1}{c}\frac{\partial \varphi}{\partial t},\ -\nabla \varphi\right)$$

die kontravarianten Komponenten eines Vierervektors dar. Wir werden diese Schreibweise nur in Ausnahmefällen benutzen $\left(\text{z. B. für das Quadrat des Vierergradienten } \frac{\partial \varphi}{\partial x^i}\frac{\partial \varphi}{\partial x_i}\right)$.

Es sei erwähnt, daß in der Literatur die partiellen Ableitungen nach den Koordinaten oft durch

$$\partial^i = \frac{\partial}{\partial x_i}, \qquad \partial_i = \frac{\partial}{\partial x^i}$$

abgekürzt werden. Werden die Differentialoperatoren in dieser Weise geschrieben, dann ist der kontravariante oder kovariante Charakter der mit ihrer Hilfe gebildeten Größen offensichtlich.

nenten dieses Tensors sind die Projektionen des Flächenelementes auf di e Koordinatenebenen. Im dreidimensionalen Raum kann man an Stelle de s Tensors $df_{\alpha\beta}$ als Oberflächenelement den zu $df_{\alpha\beta}$ dualen Vektor $df_\alpha = \frac{1}{2} e_{\alpha\beta\gamma}\, df_{\beta\gamma}$ benutzen. Geometrisch gedeutet, ist df_α der Vektor, der normal zur Fläche steht und dessen Länge gleich dem Inhalt des Flächenelementes ist. Im Vierdimensionalen ist es nicht möglich, einen derartigen Vektor zu konstruieren. Man kann jedoch den zu df^{ik} dualen Tensor df^{*ik} bilden:

$$df^{*ik} = \frac{1}{2} e^{iklm}\, df_{lm}\,. \tag{6,11}$$

In geometrischer Hinsicht ist df^{*ik} ein zu df^{ik} orthogonales Flächenelement: Alle in df^{*ik} liegenden Richtungen stehen normal auf allen in df^{ik} liegenden Richtungen. Offensichtlich ist $df^{ik}\, df_{ik} = 0$.

3. Integration über eine Hyperfläche, d. h. über eine dreidimensionale Mannigfaltigkeit. Im dreidimensionalen Raume ist das Volumen eines von drei Vektoren aufgespannten Parallelepipeds bekanntlich gleich der von den Komponenten der Vektoren gebildeten dreireihigen Determinante. Analog werden im vierdimensionalen Raum die Projektionen des von den drei Vierervektoren dx^i, dx'^i, dx''^i aufgespannten Parallelepiped-Volumens (des „Inhalts" der Hyperfläche) durch die Determinanten

$$dS^{ikl} = \begin{vmatrix} dx^i & dx'^i & dx''^i \\ dx^k & dx'^k & dx''^k \\ dx^l & dx'^l & dx''^l \end{vmatrix}$$

ausgedrückt. Diese Determinanten bilden einen in allen drei Indizes antisymmetrischen Tensor dritter Stufe. Es ist jedoch bequemer, als Integrationselement den zum Tensor dS^{ikl} dualen Vierervektor dS^i zu benutzen:

$$dS^i = -\frac{1}{6} e^{iklm}\, dS_{klm}\,, \qquad dS_{klm} = e_{nklm}\, dS^n\,. \tag{6,12}$$

Dabei ist:

$$dS^0 = dS^{123}\,, \qquad dS^1 = dS^{023}, \;\ldots$$

Geometrisch gesehen ist dS^i ein Vierervektor, dessen Länge gleich dem Inhalt des Hyperflächenelementes ist und der senkrecht auf diesem steht, d. h. senkrecht auf allen das Hyperflächenelement erzeugenden Richtungen. Insbesondere ist $dS^0 = dx\, dy\, dz$, die Projektion des Hyperflächenelements auf die Hyperfläche $x^0 =$ const, gleich dem dreidimensionalen Volumenelement dV.

4. Integration über ein vierdimensionales Volumen. Das Integrationselement ist das Produkt der Differentiale:

$$d\Omega = dx^0\, dx^1\, dx^2\, dx^3 = c\, dt\, dV\,. \tag{6,13}$$

Dieses Element ist ein Skalar: Es ist klar, daß sich das Volumen eines bestimmten Bereiches des vierdimensionalen Raumes bei einer Drehung des Koordinatensystems nicht ändert.[1])

Dem GAUSSschen und STOKESschen Satz für dreidimensionale Integrale entsprechend gibt es Formeln, die die Umwandlung vierdimensionaler Integrale ineinander gestatten.

Das Integral über eine geschlossene Hyperfläche läßt sich in ein Integral über das von ihr eingeschlossene vierdimensionale Volumen umwandeln, indem wir $\mathrm{d}S_i$ durch den Operator

$$\mathrm{d}S_i \to \mathrm{d}\Omega \frac{\partial}{\partial x^i} \tag{6,14}$$

ersetzen. Für das Integral über einen Vektor gilt beispielsweise

$$\oint A^i \,\mathrm{d}S_i = \int \frac{\partial A^i}{\partial x^i} \mathrm{d}\Omega \tag{6,15}$$

als Verallgemeinerung des GAUSSschen Satzes.

Das Integral über eine zweidimensionale Fläche kann in ein Integral über eine Hyperfläche überführt werden, indem wir das Integrationselement $\mathrm{d}f^*_{ik}$ durch den Operator

$$\mathrm{d}f^*_{ik} \to \frac{1}{2}\left(\mathrm{d}S_i \frac{\partial}{\partial x^k} - \mathrm{d}S_k \frac{\partial}{\partial x^i}\right) \tag{6,16}$$

ersetzen. Die zweidimensionale Fläche ist dabei die Randfläche der Hyperfläche. Für das Integral über einen antisymmetrischen Tensor A_{ik} können wir also schreiben:

$$\oint A^{ik} \,\mathrm{d}f^*_{ik} = \frac{1}{2} \int \left(\mathrm{d}S_i \frac{\partial A^{ik}}{\partial x^k} - \mathrm{d}S_k \frac{\partial A^{ik}}{\partial x^i}\right) = \int \mathrm{d}S_i \frac{\partial A^{ik}}{\partial x^k}. \tag{6,17}$$

Die Transformation des Integrals über eine geschlossene Kurve im vierdimensionalen Raum in ein Integral über eine von ihr berandete Fläche besteht in dem Ersatz von $\mathrm{d}x^i$ durch den Operator

$$\mathrm{d}x^i \to \mathrm{d}f^{ki} \frac{\partial}{\partial x^k}. \tag{6,18}$$

Das Integral über einen Vektor

$$\oint A_i \,\mathrm{d}x^i = \int \mathrm{d}f^{ki} \frac{\partial A_i}{\partial x^k} = \frac{1}{2} \int \mathrm{d}f^{ik} \left(\frac{\partial A_k}{\partial x^i} - \frac{\partial A_i}{\partial x^k}\right) \tag{6,19}$$

stellt z. B. die Verallgemeinerung des STOKESschen Satzes dar.

---

[1]) Bei der Transformation der Integrationsvariablen x^0, x^1, x^2, x^3 zu neuen Variablen x'^0, x'^1, x'^2, x'^3 geht das Integrationselement $\mathrm{d}\Omega$, wie bekannt ist, in $J\,\mathrm{d}\Omega'$ über, wobei $\mathrm{d}\Omega = \mathrm{d}x'^0, \mathrm{d}x'^1\,\mathrm{d}x'^2\,\mathrm{d}x'^3$ ist und

$$J = \frac{\partial(x'^0, x'^1, x'^2, x'^3)}{\partial(x^0, x^1, x^2, x^3)}$$

die JACOBIsche Determinante der Transformation darstellt. Für lineare Transformationen der Form $x = \alpha^i_k x^k$ fällt die JACOBI-Determinante mit der Determinante $|\alpha^i{}_k|$ zusammen und ist bei einer Drehung des Koordinatensystems gleich 1. Hieraus ergibt sich auch die Invarianz von $\mathrm{d}\Omega$.

Aufgaben

1. Man bestimme das Transformationsgesetz für die Komponenten des symmetrischen Vierertensors A^{ik} bezüglich der LORENTZ-Transformation (6,1).

Lösung: Wenn wir die Komponenten des Vierertensors als Produkte zweier Komponenten von Vierervektoren auffassen, dann erhalten wir:

$$A^{00} = \frac{1}{1-\frac{V^2}{c^2}}\left(A'^{00} + 2\frac{V}{c}A'^{01} + \frac{V^2}{c^2}A'^{11}\right),$$

$$A^{11} = \frac{1}{1-\frac{V^2}{c^2}}\left(A'^{11} + 2\frac{V}{c}A'^{01} + \frac{V^2}{c^2}A'^{00}\right),$$

$$A^{22} = A'^{22},\; A^{23} = A'^{23},\quad A^{12} = \frac{1}{\sqrt{1-\frac{V^2}{c^2}}}\left(A'^{12} + \frac{V}{c}A'^{02}\right),$$

$$A^{01} = \frac{1}{1-\frac{V^2}{c^2}}\left[A'^{01}\left(1+\frac{V^2}{c^2}\right) + \frac{V}{c}A'^{00} + \frac{V}{c}A'^{11}\right],$$

$$A^{02} = \frac{1}{\sqrt{1-\frac{V^2}{c^2}}}\left(A'^{02} + \frac{V}{c}A'^{12}\right)$$

und analoge Formeln für A^{33}, A^{13}, A^{03}.

2. Dasselbe für den antisymmetrischen Tensor A^{ik}.

Lösung. Da sich die Koordinaten x^2 und x^3 nicht ändern, ändert sich auch nicht die Tensorkomponente A^{23}; dagegen transformieren sich die Komponenten A^{12}, A^{13} und A^{02} wie x^1 und x^0:

$$A^{23} = A'^{23},\quad A^{12} = \frac{A'^{12} + \frac{V}{c}A'^{02}}{\sqrt{1-\frac{V^2}{c^2}}},\quad A^{02} = \frac{A'^{02} + \frac{V}{c}A'^{12}}{\sqrt{1-\frac{V^2}{c^2}}}$$

und analog für A^{13} und A^{03}.

In bezug auf Drehungen des zweidimensionalen Koordinatensystems in der Ebene $x^0 x^1$ (die betrachteten Transformationen besitzen diese Eigenschaft) stellen die Komponenten $A^{01} = -A^{10}$ und $A^{00} = A^{11} = 0$ einen antisymmetrischen Tensor einer Stufe dar, die gleich der Dimension des Raumes ist. Folglich (vgl. Fußnote 2 auf Seite 21) ändern sich bei diesen Transformationen diese Komponenten nicht.

§ 7. Die Vierergeschwindigkeit

Der gewöhnliche dreidimensionale Geschwindigkeitsvektor läßt sich zu einem Vierervektor erweitern. Die *Vierergeschwindigkeit* eines Teilchens ist der Vektor

$$u^i = \frac{dx^i}{ds}. \tag{7,1}$$

Um seine Komponenten zu finden, beachten wir, daß gemäß (3,1) gilt

$$ds = c\,dt\sqrt{1-\frac{v^2}{c^2}}\,,$$

wobei v die gewöhnliche dreidimensionale Geschwindigkeit des Teilchens ist. Wir folgern

$$u^1 = \frac{dx^1}{ds} = \frac{dx^1}{c\,dt\sqrt{1-\frac{v^2}{c^2}}} = \frac{v_x}{c\sqrt{1-\frac{v^2}{c^2}}}\,.$$

Analog berechen wir die Komponenten u^0 sowie u^2 und u^3. Das Gesamtergebnis lautet:

$$u^i = \left(\frac{1}{\sqrt{1-\frac{v^2}{c^2}}}\,,\quad \frac{\boldsymbol{v}}{c\sqrt{1-\frac{v^2}{c^2}}}\right). \tag{7,2}$$

Man erkennt, daß die Vierergeschwindigkeit dimensionslos ist.

Die Komponenten von u^i sind nicht unabhängig. Mit $dx_i\,dx^i = ds^2$ folgt

$$u^i\,u_i = 1\,. \tag{7,3}$$

Die Vierergeschwindigkeit läßt sich daher geometrisch als Einheitsvektor auffassen, der die Weltlinie des Teilchens tangiert.

In Analogie zur Bildung der Vierergeschwindigkeit kann man die zweiten Ableitungen

$$w^i = \frac{d^2x^i}{ds^2} = \frac{du^i}{ds}$$

als Viererbeschleunigung bezeichnen. Differenzieren wir (7,3), so erhalten wir

$$u_i\,w^i = 0\,, \tag{7,4}$$

d. h., Vierergeschwindigkeit und -beschleunigung stehen „aufeinander senkrecht".

Aufgabe

Man gebe die gleichmäßig beschleunigte relativistische Bewegung an, d. h. diejenige geradlinige Bewegung, bei der der Betrag der Beschleunigung w im jeweiligen Ruhsystem konstant bleibt.

Lösung. Man prüft leicht nach, daß die Viererbeschleunigung für das Bezugssystem, in dem die Teilchengeschwindigkeit verschwindet, die Komponenten 0, w/c^2, 0, 0 besitzt (w ist die längs der x-Achse gerichtete gewöhnliche dreidimensionale Beschleunigung). Die Forderung einer gleichmäßigen Beschleunigung läßt sich in relativistisch invarianter Weise durch die Bedingung ausdrücken, daß der im Ruhsystem mit w zusammenhängende, aus $\frac{du_i}{ds}$ gebildete Skalar konstant sein soll:

$$w^i\,w_i = \text{const} \equiv -\frac{w^2}{c^4}\,.$$

Im „unbewegten“ Bezugssystem, von dem aus die Bewegung betrachtet wird, führt die Umformung des Ausdruckes $w^i w_i$ zu der Gleichung

$$\frac{\mathrm{d}}{\mathrm{d}t}\frac{v}{\sqrt{1-\frac{v^2}{c^2}}} = w \quad \text{oder} \quad \frac{v}{\sqrt{1-\frac{v^2}{c^2}}} = w\,t + \text{const.}$$

Fordern wir $v = 0$ für $t = 0$, so ist const $= 0$, und es folgt

$$v = \frac{w\,t}{\sqrt{1+\frac{w^2 t^2}{c^2}}}\,.$$

Integrieren wir mit den Anfangswerten $x = 0$ für $t = 0$ ein zweites Mal, so erhalten wir

$$x = \frac{c^2}{w}\left(\sqrt{1+\frac{w^2 t^2}{c^2}} - 1\right).$$

Ist $w\,t \ll c$, so geht diese Formel in den klassischen Ausdruck $v = w\,t$, $x = w\,t^2/2$ über. Im Grenzfall $w_0\,t \to \infty$ strebt die Geschwindigkeit dem konstanten Wert c zu.

Die Eigenzeit des gleichmäßig beschleunigten Teilchens liefert das Integral

$$\int\limits_0^t \sqrt{1-\frac{v^2}{c^2}}\,\mathrm{d}t = \frac{c}{w}\,\text{Arsh}\,\frac{w\,t}{c}\,.$$

Für $t \to \infty$ nimmt sie nach dem Gesetz $\frac{c}{w}\ln\frac{2\,w\,t}{c}$, also bedeutend langsamer als t zu.

II DIE RELATIVISTISCHE MECHANIK

§ 8. Das Prinzip der kleinsten Wirkung

Beim Studium der Bewegung materieller Teilchen werden wir vom Prinzip der kleinsten Wirkung ausgehen. Wie bekannt ist, besagt dieses Prinzip, daß es für jedes mechanische System ein sogenanntes Wirkungsintegral S gibt, das für die tatsächlich erfolgende Bewegung ein Minimum besitzt und dessen Variation δS daher verschwindet.[1]

Wir wollen das Wirkungsintegral für freie materielle Teilchen bestimmen, d. h. für solche Teilchen, die sich nicht unter der Einwirkung äußerer Kräfte befinden.

Dazu können wir zunächst feststellen, daß das gesuchte Integral nicht von der Wahl des Bezugssystems abhängen kann, d. h., daß es eine Invariante bezüglich Lorentz-Transformationen sein muß. Es muß daher von Skalaren abhängen. Weiterhin ist klar, daß unter dem Integral nur Differentiale in erster Potenz stehen können. Der einzige Skalar jedoch, den man für freie Materieteilchen bilden kann, ist das Intervall $\mathrm{d}s$ oder allgemeiner $\alpha\,\mathrm{d}s$, wo α eine beliebige Konstante ist.

Die Wirkung für ein freies Teilchen hat daher die Gestalt

$$S = -\alpha \int_a^b \mathrm{d}s\,.$$

Das Integral ist längs einer Weltlinie zwischen zwei Ereignissen a und b zu nehmen, die durch die Lage des Teilchens am Anfangs- und Endpunkt der Bewegung zu den entsprechenden Zeiten t_1 und t_2 gegeben sind. α ist eine das Teilchen kennzeichnende Konstante. Man kann leicht sehen, daß α für alle Teilchen positiv sein muß. In § 3 stellten wir nämlich fest, daß das Integral $\int_a^b \mathrm{d}s$ längs einer geraden Weltlinie ein Maximum besitzt. Integrieren wir nun auf einer gekrümmten Weltlinie, so kann das Integral beliebig klein gemacht werden. Es besitzt also, wenn wir es mit positivem Vorzeichen nehmen, kein Minimum; fügen wir das Minuszeichen hinzu, so hat es längs einer Geraden als Weltlinie ein Minimum.

---

[1]) Streng genommen behauptet das Prinzip der kleinsten Wirkung nur, daß S in einer kleinen Umgebung der Integrationskurve ein Minimum besitzt. Für Integrationsbereiche beliebiger Länge kann man nur aussagen, daß S ein Extremum annimmt, das aber nicht unbedingt ein Minimum zu sein braucht (siehe I, § 2).

Die Wirkung läßt sich als Integral über die Zeit darstellen:

$$S = \int_{t_1}^{t_2} L\,\mathrm{d}t\,.$$

Der Integrand ist die bekannte LAGRANGE-*Funktion* eines mechanischen Systems. Mit (3,1) ergibt sich

$$S = -\int_{t_1}^{t_2} \alpha\, c \sqrt{1 - \frac{v^2}{c^2}}\,\mathrm{d}t\,,$$

wobei v die Geschwindigkeit des materiellen Teilchens ist. Die LAGRANGE-Funktion eines Teilchens hat also die Gestalt

$$L = -\alpha\, c \sqrt{1 - \frac{v^2}{c^2}}\,.$$

Wie schon erwähnt wurde, kennzeichnet α ein bestimmtes Teilchen. In der klassischen Mechanik ist jedes Teilchen durch seine Masse m charakterisiert. Um den Zusammenhang zwischen α und m zu finden, gehen wir von der Forderung aus, daß im Grenzfall $c \to \infty$ unser L in den klassischen Ausdruck

$$L = m\, v^2/2$$

übergehen muß. Wir entwickeln dazu L nach Potenzen von v/c. Bis auf Glieder höherer Ordnung erhält man

$$L = -\alpha\, c \sqrt{1 - \frac{v^2}{c^2}} \approx -\alpha\, c + \frac{\alpha\, v^2}{2\, c}\,.$$

Die konstanten Glieder in der LAGRANGE-Funktion haben keinen Einfluß auf die Bewegungsgleichungen und können daher weggelassen werden. Sehen wir also in L von der Konstanten $\alpha\, c$ ab und vergleichen mit dem klassischen Ausdruck $L = m\, v^2/2$, so folgt $\alpha = m\, c$. Auf diese Weise ergibt sich für die Wirkung eines freien Teilchens

$$S = -m\, c \int_a^b \mathrm{d}s \tag{8,1}$$

und für seine LAGRANGE-Funktion

$$L = -m\, c^2 \sqrt{1 - \frac{v^2}{c^2}}\,. \tag{8,2}$$

§ 9. Energie und Impuls

Der *Impuls* eines Teilchens ist der Vektor $\boldsymbol{p} = \frac{\partial L}{\partial \boldsymbol{v}}$ $\left(\frac{\partial L}{\partial \boldsymbol{v}}\right.$ ist ein Symbol für den Vektor, dessen Komponenten die Ableitungen von L nach den entsprechenden Komponenten von $\boldsymbol{v}$ sind$\Big)$. Aus (8,2) ergibt sich

$$\boldsymbol{p} = \frac{m\, \boldsymbol{v}}{\sqrt{1 - \frac{v^2}{c^2}}}\,. \tag{9,1}$$

Bei kleinen Geschwindigkeiten ($v \ll c$) oder im Grenzfall $c \to \infty$ geht dieser Ausdruck in den klassischen $\boldsymbol{p} = m\,\boldsymbol{v}$ über. Für $v = c$ wird der Impuls unendlich groß.

Die Ableitung des Impulses nach der Zeit ergibt die auf das Teilchen wirkende Kraft. Ändert sich nur die Richtung der Geschwindigkeit des Teilchens, d. h. stehen Kraftrichtung und Geschwindigkeitsrichtung senkrecht aufeinander, so folgt

$$\frac{\mathrm{d}\boldsymbol{p}}{\mathrm{d}t} = \frac{m}{\sqrt{1 - \frac{v^2}{c^2}}} \frac{\mathrm{d}\boldsymbol{v}}{\mathrm{d}t}. \tag{9,2}$$

Ist dagegen nur der Betrag der Geschwindigkeit veränderlich und die Kraft demnach mit der Geschwindigkeit gleichgerichtet, so erhalten wir

$$\frac{\mathrm{d}\boldsymbol{p}}{\mathrm{d}t} = \frac{m}{\left(1 - \frac{v^2}{c^2}\right)^{3/2}} \frac{\mathrm{d}\boldsymbol{v}}{\mathrm{d}t}. \tag{9,3}$$

Man sieht, daß in beiden Fällen das Verhältnis Kraft zu Beschleunigung verschieden ist.

Energie eines Teilchens wird die Größe

$$\mathcal{E} = \boldsymbol{p}\,\boldsymbol{v} - L$$

genannt (siehe I, § 6).

Mit den Ausdrücken (8,2) und (9,1) für L und $\boldsymbol{p}$ erhalten wir

$$\mathcal{E} = \frac{m\,c^2}{\sqrt{1 - \frac{v^2}{c^2}}}. \tag{9,4}$$

Diese sehr wichtige Formel besagt unter anderem, daß in der relativistischen Mechanik die Energie eines freien Teilchen für $v = 0$ nicht verschwindet, sondern den endlichen Wert

$$\mathcal{E} = m\,c^2 \tag{9,5}$$

besitzt. Sie wird *Ruhenergie* des Teilchens genannt.

Für kleine Geschwindigkeiten ($v \ll c$) erhalten wir, wenn (9,4) nach Potenzen von v/c entwickelt wird,

$$\mathcal{E} \approx m\,c^2 + \frac{m\,v^2}{2},$$

d. h. bis auf die Ruhenergie den klassischen Ausdruck für die kinetische Energie des Teilchens.

Es sei betont, daß wir hier zwar von einem Teilchen sprachen, aber von seinem Charakter als Elementarteilchen keinen Gebrauch machten. Die erhaltenen Formeln sind daher ebensogut auf einen aus vielen Teilchen zusammengesetzten Körper anwendbar, wobei unter m seine Gesamtmasse und unter v

seine Geschwindigkeit als Ganzes[1]) zu verstehen ist. Insbesondere gilt die Formel (9,5) auch für einen beliebigen als Ganzes ruhenden Körper. Wir weisen besonders darauf hin, daß in der relativistischen Mechanik die Energie eines freien Körpers, d. h. die Energie eines beliebigen abgeschlossenen Systems eine wohlbestimmte, stets positive Größe ist, die unmittelbar mit der Masse des Körpers zusammenhängt. (In der klassischen Mechanik ist dagegen die Energie nur bis auf eine beliebige additive Konstante bestimmt und kann daher sowohl positiv als auch negativ sein.)

Die Energie eines ruhenden Körpers enthält außer der Ruhenergie der Teilchen, aus denen er zusammengesetzt ist, auch deren kinetische und Wechselwirkungsenergie. $m c^2$ ist also mit anderen Worten nicht gleich der Summe $\sum m_a c^2$ (mit m_a als Masse eines Teilchens) und daher auch m nicht gleich $\sum m_a$. In der relativistischen Mechanik gilt demnach kein Massenerhaltungssatz mehr: Die Masse eines zusammengesetzten Körpers ist nicht mehr gleich der Massensumme seiner Bestandteile. Statt dessen besteht nur ein Erhaltungssatz für eine auch die Ruhenergie des Teilchens enthaltende Energiegröße.

Durch Quadrieren der Ausdrücke (9,1) und (9,4) und Einsetzen erhalten wir folgende Beziehung zwischen Energie und Impuls des Teilchens:

$$\frac{\mathcal{E}^2}{c^2} = p^2 + m^2 c^2 . \tag{9,6}$$

Die durch den Impuls ausgedrückte Energie wird wie üblich HAMILTON-Funktion $\mathcal{H}$ genannt:

$$\mathcal{H} = c \sqrt{p^2 + m^2 c^2} . \tag{9,7}$$

Bei kleinen Geschwindigkeiten $p \ll m c$ gilt näherungsweise

$$\mathcal{H} \approx m c^2 + \frac{p^2}{2 m},$$

das ist wieder bis auf die Ruhenergie der bekannte klassische Ausdruck für die HAMILTON-Funktion.

Aus (9,1) und (9,4) gewinnt man auch folgende Beziehung zwischen Energie, Impuls und Geschwindigkeit des freien Teilchens:

$$\boldsymbol{p} = \frac{\mathcal{E} \boldsymbol{v}}{c^2} . \tag{9,8}$$

Für $v = c$ werden Impuls und Energie eines Teilchens unendlich groß. Dies bedeutet, daß sich ein Teilchen mit von Null verschiedener Ruhmasse m nicht mit Lichtgeschwindigkeit bewegen kann. In der relativistischen Mechanik kann es jedoch Teilchen mit verschwindender Ruhmasse (z. B. die Quanten des Lichtes, die Photonen, und auch das Neutrino) geben, die die Geschwindigkeit c besitzen. Aus (9,8) erhält man für solche Teilchen

$$p = \frac{\mathcal{E}}{c} . \tag{9,9}$$

[1]) Gemeint ist die Schwerpunktsgeschwindigkeit. Ihre genaue relativistische Definition erfolgt in § 14. (Anm. d. Hrsg.)

Genähert gilt diese Formel auch für den sogenannten *ultrarelativistischen* Fall, in dem die Energie $\mathcal{E}$ des Teilchens groß im Vergleich zu seiner Ruhenergie $m\,c^2$ ist.

Wir werden nun alle erhaltenen Beziehungen in eine vierdimensionale Form bringen. Nach dem Prinzip der kleinsten Wirkung gilt

$$\delta S = -\,m\,c\,\delta \int_a^b \mathrm{d}s = 0\,.$$

Mit $\mathrm{d}s = \sqrt{\mathrm{d}x_i\,\mathrm{d}x^i}$ formen wir den Ausdruck für δS um:

$$\delta S = -\,m\,c \int_a^b \frac{\mathrm{d}x_i\,\delta\,\mathrm{d}x^i}{\mathrm{d}s} = -\,m\,c \int_a^b u_i\,\mathrm{d}\delta x^i\,.$$

Durch partielle Integration finden wir

$$\delta S = -\,m\,c\,u_i\,\delta x^i \Big|_a^b + m\,c \int_a^b \delta x^i \frac{\mathrm{d}u_i}{\mathrm{d}s}\,\mathrm{d}s\,. \tag{9,10}$$

Die Bewegungsgleichungen ergeben sich durch Vergleich verschiedener Bahnkurven, die durch zwei feste Punkte gehen; an diesen gilt also $(\delta x^i)_a = (\delta x^i)_b = 0$. Die wahre Bahn folgt aus der Bedingung $\delta S = 0$, die mit (9,10) $\frac{\mathrm{d}u_i}{\mathrm{d}s} = 0$ besagt, also in vierdimensionaler Gestalt die Konstanz der Geschwindigkeit des freien Teilchens ausdrückt.

Um die Änderung der Wirkung in Abhängigkeit von den Koordinaten zu finden, halten wir nur den Punkt a fest, so daß $(\delta x^i)_a = 0$. Der andere Punkt kann seine Lage ändern, jedoch nur so, daß die Bewegungsgleichungen für die Teilchenbahn erfüllt sind. Das Integral in dem Ausdruck (9,10) für δS verschwindet also. Schreiben wir statt $(\delta x^i)_b$ einfach δx^i, so erhalten wir

$$\delta S = -\,m\,c\,u_i\,\delta x^i\,. \tag{9,11}$$

Der Vierervektor

$$p_i = -\frac{\partial S}{\partial x^i} \tag{9,12}$$

heißt Viererimpuls. Wir wissen aus der Mechanik, daß die Ableitungen $\frac{\partial S}{\partial x}, \frac{\partial S}{\partial y}, \frac{\partial S}{\partial z}$ die Impulskomponenten des Teilchens bilden, während $-\frac{\partial S}{\partial t}$ seine Energie $\mathcal{E}$ darstellt. Die kovarianten Komponenten des Viererimpulses lauten daher $p_i = (\mathcal{E}/c, -\boldsymbol{p})$, und die kontravarianten Komponenten sind[1])

$$p^i = (\mathcal{E}/c, \boldsymbol{p})\,. \tag{9,13}$$

---

[1]) Folgende Regel empfehlen wir zur Einprägung der Definition der physikalischen Vierervektoren: Die kontravarianten Komponenten ergeben sich aus den entsprechenden dreidimensionalen Vektoren ($\boldsymbol{r}$ für x^i, $\boldsymbol{p}$ für p^i u. ä.) mit dem „richtigen", positiven Vorzeichen.

Aus (9,11) ist ersichtlich, daß die Impulskomponenten eines freies Teilchens gleich

$$p^i = m\,c\,u^i \tag{9,14}$$

sind. Indem wir hier die Komponenten der Vierergeschwindigkeit aus (7,2) einsetzen, überzeugen wir uns davon, daß sich für $\boldsymbol{p}$ und $\mathcal{E}$ wirklich (9,1) und (9,4) ergeben.

In der relativistischen Mechanik bilden also Energie und Impuls einen Vierervektor. Daraus folgt unmittelbar ihr Transformationsverhalten beim Übergang zu einem anderen Inertialsystem. Setzen wir in die allgemeine Formel (6,1) für die Transformation eines Vierervektors den Ausdruck (9,13) für die Komponenten des Viererimpulses ein, so erhalten wir

$$p_x = \frac{p'_x + \frac{V}{c^2}\mathcal{E}'}{\sqrt{1-\frac{V^2}{c^2}}}, \quad p_y = p'_y, \quad p_z = p'_z, \quad \mathcal{E} = \frac{\mathcal{E} + V p'_x}{\sqrt{1-\frac{V^2}{c^2}}}, \tag{9,15}$$

wobei p_x, p_y, p_z die Komponenten des dreidimensionalen Impulses $\boldsymbol{p}$ sind.

Aus der Definition des Viererimpulses (9,14) und der Identität $u^i u_i = 1$ ergibt sich für das Quadrat des Viererimpulses eines freien Teilchens

$$p^i p_i = m^2 c^2 . \tag{9,16}$$

Wird hier (9,13) eingesetzt, dann ergibt sich der Ausdruck (9,6).

Den Vierervektor der Kraft definieren wir in Analogie zur klassischen Definition als Ableitung

$$g_i = \frac{\mathrm{d}p_i}{\mathrm{d}s} = m\,c\,\frac{\mathrm{d}u^i}{\mathrm{d}s} . \tag{9,17}$$

Die Komponenten der Viererkraft erfüllen die Identität $g_i u^i = 0$. Die räumlichen und zeitlichen Komponenten von g_i hängen mit dem gewöhnlichen dreidimensionalen Kraftvektor $\boldsymbol{f} = \mathrm{d}\boldsymbol{p}/\mathrm{d}t$ durch die Beziehung

$$g^i = \left(\frac{\boldsymbol{f}\,\boldsymbol{v}}{c^2\sqrt{1-\frac{V^2}{c^2}}}, \frac{\boldsymbol{f}}{c\sqrt{1-\frac{V^2}{c^2}}}\right) \tag{9,18}$$

zusammen. Die zeitliche Komponente hängt mit der von der Kraft geleisteten Arbeit zusammen.

Ersetzen wir in (9,16) die p_i durch $-\frac{\partial S}{\partial x^i}$, so finden wir die Hamilton-Jacobi-*Gleichung* der relativistischen Mechanik:

$$\frac{\partial S}{\partial x_i}\frac{\partial S}{\partial x^i} \equiv g^{ik}\frac{\partial S}{\partial x^i}\frac{\partial S}{\partial x^k} = m^2 c^2 \tag{9,19}$$

oder ausgeschrieben

$$\frac{1}{c^2}\left(\frac{\partial S}{\partial t}\right)^2 - \left(\frac{\partial S}{\partial x}\right)^2 - \left(\frac{\partial S}{\partial y}\right)^2 - \left(\frac{\partial S}{\partial z}\right)^2 = m^2 c^2 . \tag{9,20}$$

Um in der Gleichung (9,19) den Grenzübergang zur klassischen Mechanik vollziehen zu können, muß man wie bei dem entsprechenden Übergang in (9,7) beachten, daß die Energie eines Teilchens in der relativistischen Mechanik das in der klassischen Theorie fehlende Glied $m\,c^2$ enthält. Da die Wirkung S mit der Energie durch die Beziehung $\mathscr{E} = -\frac{\partial S}{\partial t}$ zusammenhängt, haben wir S gemäß

$$S = S' - m\,c^2\,t$$

durch eine neue Wirkungsgröße S' zu ersetzen. Dies ergibt in (9,20)

$$\frac{1}{2\,m\,c^2}\left(\frac{\partial S'}{\partial t}\right)^2 - \frac{\partial S'}{\partial t} - \frac{1}{2\,m}\left[\left(\frac{\partial S'}{\partial x}\right)^2 + \left(\frac{\partial S'}{\partial y}\right)^2 + \left(\frac{\partial S'}{\partial z}\right)^2\right] = 0\,.$$

Im Grenzfall $c \to \infty$ geht dieser Ausdruck in die bekannte klassische Hamilton-Jacobi-Gleichung über.

§ 10. Die Transformation der Verteilungsfunktion

Bei verschiedenen physikalischen Fragen hat man es mit Strömen von Teilchen zu tun, die unterschiedliche Impulse besitzen. Die Zusammensetzung eines solchen Stromes, sein Impulsspektrum, wird durch die Verteilungsfunktion der Teilchen nach den Impulsen charakterisiert: $f(\boldsymbol{p})\,\mathrm{d}p_x\,\mathrm{d}p_y\,\mathrm{d}p_z$ ist die Zahl der Teilchen, deren Impulskomponenten in den Intervallen $\mathrm{d}p_x$, $\mathrm{d}p_y$, $\mathrm{d}p_z$ liegen (oder anders ausgedrückt, im Volumenelement $\mathrm{d}p_x\,\mathrm{d}p_y\,\mathrm{d}p_z$ des Impulsraumes). Dabei taucht die Frage auf, wie sich die Verteilungsfunktion $f(\boldsymbol{p})$ beim Übergang auf ein anderes Bezugssystem transformiert.

Zur Beantwortung dieser Frage stellen wir zunächst das Verhalten des „Volumenelementes" $\mathrm{d}p_x\,\mathrm{d}p_y\,\mathrm{d}p_z$ in bezug auf Lorentz-Transformationen fest. Führen wir ein vierdimensionales Koordinatensystem ein, auf dessen Achsen wir die Komponenten des Viererimpulses des Teilchens auftragen, so kann man $\mathrm{d}^3p = \mathrm{d}p_x\,\mathrm{d}p_y\,\mathrm{d}p_z$ als vierte Komponente des Elementes der durch die Gleichung $p^i\,p_i = m^2\,c^2$ bestimmten Hyperfläche betrachten. Das Hyperflächenelement ist ein Vierervektor, der normal zur Hyperfläche gerichtet ist; in unserem Falle fällt offenbar diese Normale mit der Richtung des Vierervektors p_i zusammen. Daraus folgt, daß die Größe

$$\frac{\mathrm{d}p_x\,\mathrm{d}p_y\,\mathrm{d}p_z}{\mathscr{E}} \tag{10,1}$$

als Verhältnis entsprechender Komponenten von zwei parallelen Vierervektoren eine Invariante ist.[1])

---

[1]) Die Integration über das Element (10,1) kann in vierdimensionaler Gestalt mit Hilfe der δ-Funktion (siehe Fußnote 1 auf S. 83) als Integration über

$$\frac{2}{c}\,\delta\,(p_i\,p_i - m^2\,c^2)\,\mathrm{d}^4p\,, \qquad \mathrm{d}^4p = \mathrm{d}p^0\,\mathrm{d}p^1\,\mathrm{d}p^2\,\mathrm{d}p^3 \tag{10,1 a}$$

dargestellt werden. Dabei werden die vier Komponenten p^i als unabhängige Veränderliche betrachtet (p^0 nimmt nur positive Werte an). Die Formel (10,1 a) ergibt sich aus folgender Darstellung der δ-Funktion:

$$\delta\,(p^i\,p_i - m^2\,c^2) = \delta\left(p_0^2 - \frac{\mathscr{E}^2}{c^2}\right) = \frac{c}{2\mathscr{E}}\left[\delta\left(p_0 + \frac{\mathscr{E}}{c}\right) + \delta\left(p_0 - \frac{\mathscr{E}}{c}\right)\right] \tag{10,1 b}$$

mit $\mathscr{E} = c\sqrt{p^2 + m^2\,c^2}$. Diese Gleichung ergibt sich aus der in Fußnote 1, S. 83, abgeleiteten Formel (V).

Invariant, d. h. von der Wahl des Bezugssystems unabhängig, ist offensichtlich auch die Teilchenzahl $f\,\mathrm{d}p_x\,\mathrm{d}p_y\,\mathrm{d}p_z$. Schreiben wir sie in der Gestalt

$$f(\boldsymbol{p})\,\frac{\mathrm{d}p_x\,\mathrm{d}p_y\,\mathrm{d}p_z}{\mathscr{E}}$$

und berücksichtigen wir die Invarianz des Verhältnisses (10,1), so folgt, daß $f(\boldsymbol{p})\,\mathscr{E}$ ebenfalls eine Invariante ist. Die Verteilungsfunktion im System K' hängt also mit der Verteilungsfunktion im System K durch die Beziehung

$$f'(\boldsymbol{p}') = \frac{f(\boldsymbol{p})\,\mathscr{E}}{\mathscr{E}'} \tag{10,2}$$

zusammen, worin $\boldsymbol{p}$ und $\mathscr{E}$ mit Hilfe der Transformationsformel (9,14) durch $\boldsymbol{p}'$ und $\mathscr{E}'$ auszudrücken sind.

Wir kehren zum Ausdruck (10,1) zurück. Führen wir im Impulsraum Kugelkoordinaten ein, so kann das Volumenelement $\mathrm{d}p_x\,\mathrm{d}p_y\,\mathrm{d}p_z$ durch $p^2\,\mathrm{d}p\,\mathrm{d}o$ ersetzt werden, wobei do das Raumwinkelelement in Richtung des Vektors $\boldsymbol{p}$ ist. Da gemäß (9,6) $p\,\mathrm{d}p = \mathscr{E}\,\mathrm{d}\mathscr{E}/c^2$ gilt, ergibt sich

$$\frac{p^2\,\mathrm{d}p\,\mathrm{d}o}{\mathscr{E}} = \frac{p\,\mathrm{d}\mathscr{E}\,\mathrm{d}o}{c^2}\,.$$

Wir finden also, daß auch

$$p\,\mathrm{d}\mathscr{E}\,\mathrm{d}o \tag{10,3}$$

eine Invariante ist.

Unter einem anderen Aspekt tritt der Begriff der Verteilungsfunktion in der kinetischen Gastheorie auf: Das Produkt $f(\boldsymbol{r},\boldsymbol{p})\,\mathrm{d}p_x\,\mathrm{d}p_y\,\mathrm{d}p_z\,\mathrm{d}V$ ist die Zahl der Teilchen, die sich in einem gegebenen Volumenelement $\mathrm{d}V$ befinden und Impulse in den vorgegebenen Intervallen $\mathrm{d}p_x$, $\mathrm{d}p_y$, $\mathrm{d}p_z$ besitzen. Die Funktion $f(\boldsymbol{r},\boldsymbol{p})$ heißt Verteilungsfunktion im Phasenraum (dem Raum der Teilchenkoordinaten und Teilchenimpulse) und das Produkt der Differentiale $\mathrm{d}\tau = \mathrm{d}^3p\,\mathrm{d}V$ das Volumenelement dieses Raumes. Wir bestimmen das Transformationsgesetz dieser Funktion.

Neben den zwei Bezugssystemen K und K' führen wir dabei noch ein System K_0 ein, in dem die Teilchen mit den betrachteten Impulsen ruhen; bezüglich dieses Systems wird das Eigenvolumen $\mathrm{d}V_0$ bestimmt, das die Teilchen einnehmen. Die Geschwindigkeiten der Systeme K und K' relativ zu K_0 fallen definitionsgemäß mit den Geschwindigkeiten v und v' zusammen, die die Teilchen in den Systemen K und K' besitzen. Nach (4,6) haben wir daher:

$$\mathrm{d}V = \mathrm{d}V_0\sqrt{1 - v^2/c^2}\,, \qquad \mathrm{d}V' = \mathrm{d}V_0\sqrt{1 - v'^2/c^2}\,,$$

woraus

$$\mathrm{d}V/\mathrm{d}V' = \mathscr{E}'/\mathscr{E}$$

folgt. Multiplizieren wir diese Relation mit der Gleichung $\mathrm{d}^3p/\mathrm{d}^3p' = \mathscr{E}/\mathscr{E}'$, so finden wir

$$\mathrm{d}\tau = \mathrm{d}\tau'\,, \tag{10,4}$$

d. h., das Element des Phasenraum-Volumens ist invariant. Da per definitionem auch die Teilchenzahl $f\, d\tau$ invariant ist, können wir daraus auf die Invarianz der Verteilungsfunktion im Phasenraum schließen:

$$f'(\boldsymbol{r}', \boldsymbol{p}') = f(\boldsymbol{r}, \boldsymbol{p}) , \tag{10,5}$$

hierbei hängen $\boldsymbol{r}'$, $\boldsymbol{p}'$ mit $\boldsymbol{r}$, $\boldsymbol{p}$ über eine LORENTZ-Transformation zusammen.

§ 11. Der Zerfall von Teilchen

Wir betrachten den spontanen Zerfall eines Körpers der Masse M in zwei Teile mit den Massen m_1 und m_2. Wenden wir den Energieerhaltungssatz im Ruhesystem des Körpers auf den Zerfall an, so ergibt sich[1]):

$$M = \mathscr{E}_{10} + \mathscr{E}_{20} , \tag{11,1}$$

wobei $\mathscr{E}_{10}$ und $\mathscr{E}_{20}$ die Energien der auseinanderfliegenden Teilchen sind. Infolge der Ungleichungen $\mathscr{E}_{10} > m_1$ und $\mathscr{E}_{20} > m_2$ kann (11,1) nur erfüllt sein, wenn $M > m_1 + m_2$ gilt, d. h., ein Körper kann spontan nur in Teile zerfallen, deren Massensumme kleiner als die Masse des Körpers ist. Besteht umgekehrt die Ungleichung $M < m_1 + m_2$, so ist der Körper in bezug auf diese Zerfallsart stabil, und kein spontaner Zerfall möglich. Um auch hier einen Zerfall zu erreichen, muß man dem Körper von außen eine Energie zuführen, die mindestens gleich seiner ,,Bindungsenergie" $(m_1 + m_2 - M)$ ist.

Neben dem Energieerhaltungssatz muß auch der Impulserhaltungssatz beim Zerfall erfüllt sein, d. h., die Summe der Impulse der auseinanderfliegenden Teile muß gleich dem ursprünglichen Impuls des Körpers, also Null sein: $\boldsymbol{p}_{10} + \boldsymbol{p}_{20} = 0$. Daraus folgt $p_{10}^2 = p_{20}^2$ oder

$$\mathscr{E}_{10}^2 - m_1^2 = \mathscr{E}_{20}^2 - m_2^2 . \tag{11,2}$$

Die beiden Gleichungen (11,1) und (11,2) bestimmen eindeutig die Energie der auseinanderfliegenden Teile:

$$\mathscr{E}_{10} = \frac{M^2 + m_1^2 - m_2^2}{2\,M} , \quad \mathscr{E}_{20} = \frac{M^2 - m_1^2 + m_2^2}{2\,M} . \tag{11,3}$$

Das in gewissem Sinne umgekehrte Problem besteht in der Berechnung der Gesamtenergie M zweier zusammenstoßender Teilchen in dem Bezugssystem, in dem ihr Gesamtimpuls verschwindet (oder, wie man kurz zu sagen pflegt, im

---

[1]) In den §§ 11—13 setzen wir $c = 1$. Mit anderen Worten, die Lichtgeschwindigkeit wird als Maßeinheit für die Geschwindigkeit gewählt (dabei erhalten Länge und Zeit dieselbe Dimension). Im Rahmen der relativistischen Mechanik ist das eine sehr natürliche Festlegung, die die Schreibweise der Formeln stark vereinfacht. Wir werden jedoch in diesem Buch (in dem die nichtrelativistische Theorie einen bedeutenden Platz einnimmt) in der Regel dieses Maßsystem nicht benutzen und stets ankündigen, wenn es angewendet werden soll.

Wenn in einer Formel $c = 1$ vorausgesetzt worden ist, dann läßt sich der Übergang zu gewöhnlichen Einheiten ohne Mühe vollziehen: Die Lichtgeschwindigkeit wird in die Formel so eingeführt, daß sich die richtige Dimension ergibt.

Schwerpunkt- oder S-System). Die Berechnung dieser Größe gibt ein Kriterium für die Möglichkeit des Auftretens nichtelastischer Zusammenstöße, die von einer Zustandsänderung der stoßenden Teilchen oder von einer Erzeugung neuer Teilchen begleitet sind. Jeder dieser Prozesse kann nur unter der Bedingung stattfinden, daß die Massensumme aller „Reaktionsprodukte" M nicht übersteigt.

Im Ausgangs- oder Laboratoriumssystem stoße ein Teilchen mit der Masse m_1 und der Energie $\mathscr{E}_1$ auf ein ruhendes Teilchen der Masse m_2. Die Gesamtenergie beider Teilchen beträgt

$$\mathscr{E} = \mathscr{E}_1 + \mathscr{E}_2 = \mathscr{E}_1 + m_2 ,$$

ihr Gesamtimpuls $\boldsymbol{p} = \boldsymbol{p}_1 + \boldsymbol{p}_2 = \boldsymbol{p}_1$. Betrachten wir die beiden Teilchen als ein zusammengesetztes System, so finden wir für die Geschwindigkeit dieses Systems als Ganzes nach (9,8)

$$\boldsymbol{V} = \frac{\boldsymbol{p}}{\mathscr{E}} = \frac{\boldsymbol{p}_1}{\mathscr{E}_1 + m_2} . \tag{11,4}$$

$\boldsymbol{V}$ ist die Geschwindigkeit des S-Systems in bezug auf das Laboratoriumssystem (L-System).

Um die gesuchte Größe M zu finden, ist es nicht nötig, die Transformation von einem in das andere Bezugssystem auch tatsächlich auszuführen. Statt dessen wenden wir unmittelbar die Formel (9,6) sowohl auf das zusammengesetzte System als auch auf die beiden Teilchen getrennt an. Das ergibt

$$M^2 = \mathscr{E}^2 - p^2 = (\mathscr{E}_1 + m_2)^2 - (\mathscr{E}_1^2 - m_1^2) ,$$

woraus

$$M^2 = m_1^2 + m_2^2 + 2\, m_2\, \mathscr{E}_1 \tag{11,5}$$

folgt.

Aufgaben

1. Ein sich mit der Geschwindigkeit V bewegendes Teilchen zerfalle „im Fluge" in zwei andere Teilchen. Man bestimme die Beziehungen zwischen den Flugrichtungen und den Energien dieser Teilchen.

Lösung. Es sei $\mathscr{E}_0$ die Energie eines der gebildeten Teilchen im S-System (d. h. $\mathscr{E}_{10}$ oder $\mathscr{E}_{20}$ in (11,3)), $\mathscr{E}$ die Energie desselben Teilchens im L-System und θ der im L-System gemessene Winkel zwischen $\boldsymbol{V}$ und der Bewegungsrichtung dieses Teilchens. Die Transformationsformel (9,15) liefert uns

$$\mathscr{E}_0 = \frac{\mathscr{E} - V\, p \cos\theta}{\sqrt{1 - V^2}}$$

und daher

$$\cos\theta = \frac{\mathscr{E} - \mathscr{E}_0 \sqrt{1 - V^2}}{V \sqrt{\mathscr{E} - m^2}} . \tag{1}$$

Zur umgekehrten Bestimmung von $\mathscr{E}$ aus $\cos\theta$ ergibt sich hieraus die für $\mathscr{E}$ quadratische Gleichung

$$\mathscr{E}^2 (1 - V^2 \cos^2\theta) - 2\, \mathscr{E}\, \mathscr{E}_0 \sqrt{1 - V^2} + \mathscr{E}_0^2 (1 - V^2) + V^2 m^2 \cos^2\theta = 0 , \tag{2}$$

die eine oder zwei positive Wurzeln hat, je nachdem ob die Geschwindigkeit v_0 des entstandenen Teilchens im S-System größer oder kleiner als V ist.

Der Ursprung dieser Mehrdeutigkeit wird durch folgende graphische Konstruktion klar: Aus Formel (9,15) folgt, daß sich die Impulskomponenten im L-System durch die entsprechenden Größen im S-System gemäß

$$p_x = \frac{p_0 \cos\theta_0 + \mathscr{E}_0 V}{\sqrt{1 - V^2}}, \qquad p_y = p_0 \sin\theta_0$$

ausdrücken lassen. Eliminieren wir hieraus θ_0, so erhalten wir

$$p_y^2 + \left(p_x\sqrt{1 - V^2} - \mathscr{E}_0 V^2\right)^2 = p_0^2 .$$

Bezüglich der Veränderlichen p_x, p_y ist dies die Gleichung einer Ellipse mit den Halbachsen $p_0/\sqrt{1 - V^2}$, p_0 und einem Zentrum (Punkt 0 in Abb. 3), das vom Punkt $\boldsymbol{p} = 0$ (Punkt A in Abb. 3) um die Strecke $\frac{\mathscr{E}_0 V}{c^2\sqrt{1 - V^2}}$ verschoben ist[1]).

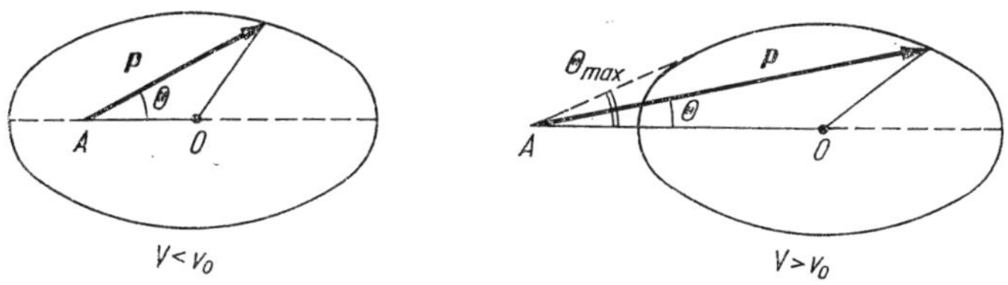

a) b)

Abb. 3

Für $V > \frac{p_0}{\mathscr{E}_0} = v_0$ liegt der Punkt A außerhalb der Ellipse (Abb. 3b), und bei vorgegebenem Winkel θ kann der Vektor $\boldsymbol{p}$ (und mit ihm die Energie $\mathscr{E}$) zwei verschiedene Werte haben. Aus der Konstruktion ist auch ersichtlich, daß in diesem Fall θ nur Werte annehmen kann, die ein gewisses $\theta_{\max}$ (wobei $\boldsymbol{p}$ die Ellipse tangiert) nicht überschreiten. Der Wert von $\theta_{\max}$ bestimmt sich analytisch sehr einfach aus der Bedingung, daß die Diskriminante der quadratischen Gleichung (2) verschwindet. Hieraus folgt

$$\sin\theta_{\max} = \frac{p_0\sqrt{1 - V^2}}{m V} .$$

2. Man finde das Energiespektrum von zerfallenden Teilchen im L-System.

Lösung. Im S-System sind die zerfallenen Teilchen nach allen Richtungen hin isotrop verteilt, d. h., die Anzahl der Teilchen im Raumwinkelelement $\mathrm{d}o_0 = 2\pi \sin\theta_0 \, \mathrm{d}\theta_0$ ist

$$\mathrm{d}N = \frac{1}{4\pi}\mathrm{d}o_0 = \frac{1}{2}|\mathrm{d}\cos\theta_0| . \tag{1}$$

Die Energie im L-System ist mit den auf das S-System bezüglichen Größen durch

$$\mathscr{E} = \frac{\mathscr{E}_0 + p_0 V \cos\theta_0}{\sqrt{1 - V^2}}$$

verbunden und nimmt Werte zwischen

$$\frac{\mathscr{E}_0 - V p_0}{\sqrt{1 - V^2}} \quad \text{und} \quad \frac{\mathscr{E}_0 + V p_0}{\sqrt{1 - V^2}}$$

1) Im klassischen Grenzfall geht diese Ellipse in einen Kreis über (siehe I, § 16).

an. Drücken wir $|\mathrm{d}\cos\theta_0|$ durch $\mathrm{d}\mathcal{E}$ aus, so erhalten wir die auf 1 normierte Verteilung der Teilchen nach der Energie (für beide Sorten zerfallender Teilchen):

$$\mathrm{d}N = \frac{1}{2\,V\,p_0}\sqrt{1 - V^2}\,\mathrm{d}\mathcal{E}\ .$$

3. Man bestimme den Wertebereich, den der Winkel zwischen den Richtungen von zwei zerfallenden Teilchen annehmen kann, wenn ein Zerfall in zwei gleiche Teilchen erfolgt.

Lösung. Im S-System fliegen die Teilchen in entgegengesetzte Richtungen auseinander, so daß $\theta_{10} = \pi - \theta_{20} \equiv \theta_0$ ist. Der Zusammenhang zwischen den Winkeln im S- und L-System wird nach (5,4) durch die Formeln

$$\cot\theta_1 = \frac{v_0\cos\theta_0 + V}{v_0\sin\theta_0\sqrt{1 - V^2}}\,, \qquad \cot\theta_2 = \frac{-\,v_0\cos\theta_0 + V}{v_0\sin\theta_0\sqrt{1 - V^2}}$$

gegeben, wobei hier $v_{10} = v_{20} \equiv v_0$ gilt. Für den gesuchten Winkel $\theta = \theta_1 + \theta_2$ gibt eine einfache Rechnung

$$\cot\theta = \frac{V^2 - v_0^2 + V^2 v_0^2 \sin^2\theta_0}{2\,V\,v_0\sqrt{1 - V^2}\sin\theta_0}\,.$$

Die Untersuchung der Extremalwerte dieses Ausdruckes führt zu folgenden Wertebereichen für die möglichen Werte θ:

wenn $V < v_0$:

$$2\,\mathrm{arccot}\left(\frac{v_0}{V}\sqrt{1 - V^2}\right) < \theta < \pi;$$

wenn $v_0 < V < \dfrac{v_0}{\sqrt{1 - v_0^2}}$:

$$0 < \theta < \arcsin\sqrt{\frac{1 - V^2}{1 - v_0^2}} < \frac{\pi}{2}\,;$$

wenn $V > \dfrac{v_0}{\sqrt{1 - v_0^2}}$:

$$0 < \theta < 2\,\mathrm{arccot}\left(\frac{v_0}{V}\sqrt{1 - V^2}\right) < \frac{\pi}{2}\,.$$

4. Man gebe die Winkelverteilung für zerfallende Teilchen mit verschwindender Ruhmasse im L-System an.

Lösung. Für Teilchen mit $m = 0$ wird der Zusammenhang zwischen den Flugwinkeln im S- und L-System gemäß (5,6) durch die Formel

$$\cos\theta_0 = \frac{\cos\theta - V}{1 - V\cos\theta}$$

ausgedrückt. Setzen wir diese Beziehung in die Gleichung (1) von Aufgabe 2 ein, so erhalten wir

$$\mathrm{d}N = \frac{(1 - V^2)\,\mathrm{d}o}{4\,\pi\,(1 - V\cos\theta)^2}\,.$$

5. Man finde die Winkelverteilung im L-System beim Zerfall in zwei Teilchen mit den Ruhmassen Null.

Lösung. Die Beziehung zwischen den Flugwinkeln θ_1 und θ_2 im L-System und den Winkeln $\theta_{10} \equiv \theta_0$, $\theta_{20} = \pi - \theta_0$ im S-System ergibt sich mittels der Formeln (5,6), aus denen wir für $\theta = \theta_1 + \theta_2$

$$\cos\theta = \frac{2\,V^2 - 1 - V^2\cos^2\theta_0}{1 - V^2\cos^2\theta_0}$$

mit der Umkehrung

$$\cos\theta_0 = \sqrt{1 - \frac{1-V^2}{V^2}\cot^2\frac{\theta}{2}}$$

erhalten. Setzen wir diesen Ausdruck in Formel (1) der Aufgabe 2 ein, so folgt

$$dN = \frac{1-V^2}{16\pi V}\,\frac{do}{\sin^3\frac{\theta}{2}\sqrt{V^2-\cos^2\frac{\theta}{2}}}\,.$$

θ nimmt die Werte von π bis $\theta_{\min} = 2\arccos V$ an.

6. Man bestimme die maximale Energie, die beim Zerfall eines ruhenden Teilchens der Masse M in drei Teilchen m_1, m_2, m_3 von einem dieser Teilchen davongetragen werden kann.

Lösung. Das Teilchen m_1 besitzt die größtmögliche Energie, wenn das System der beiden anderen Teilchen m_2 und m_3 seine kleinste mögliche Masse hat; diese ist gleich der Summe $m_2 + m_3$ (und entspricht der gemeinsamen Bewegung dieser Teilchen mit gleicher Geschwindigkeit). Durch Anwendung der Formel (11,3) für den Zerfall des Körpers in zwei Teile erhalten wir daher

$$\mathscr{E}_{1\,\max} = \frac{M^2 + m - (m_2+m_3)^2}{2M}\,.$$

§ 12. Der invariante Wirkungsquerschnitt

Die verschiedenen Stoßprozesse lassen sich bekanntlich durch ihre *Wirkungsquerschnitte* charakterisieren, durch die die Zahl der Stöße in Strömen zusammenstoßender Teilchen bestimmt sind. Es seien zwei derartige zusammenstoßende Teilchenströme mit den Teilchendichten (d. h. Teilchenzahlen pro Volumeneinheit) n_1 und n_2 gegeben, wobei $\boldsymbol{v}_1$ und $\boldsymbol{v}_2$ die Geschwindigkeiten der Teilchen sind. In dem Koordinatensystem, in dem die Teilchen 2 ruhen (kurz: im *Ruhesystem* der Teilchen 2), handelt es sich um den Aufprall des Teilchenbündels 1 auf einen unbewegten Auffänger. Dabei ist die Zahl der Stöße, die in dem Volumenelement dV während der Zeit dt vonstatten gehen, nach der üblichen Definition des Wirkungsquerschnitts gleich

$$d\nu = \sigma\, v_{\text{rel}}\, n_1\, n_2\, dV\, dt\,.$$

v_{rel} ist hier der Betrag der Geschwindigkeit der Teilchen 1 im Ruhesystem der Teilchen 2 (so wird gerade in der relativistischen Mechanik die Relativgeschwindigkeit zweier Teilchen definiert).

Die Zahl $d\nu$ ist ihrem Wesen nach eine Invariante, die wir in eine in allen Koordinatensystemen brauchbare Form bringen wollen:

$$d\nu = A\, n_1\, n_2\, dV\, dt\,, \tag{12,1}$$

wobei über die in die Definition eingehende Größe A bekannt ist, daß sie in dem Ruhesystem eines der Teilchen gleich $\sigma\, v_{\text{rel}}$ ist. Dabei verstehen wir σ stets als den Wirkungsquerschnitt in dem Ruhesystem eines der Teilchen, d. h. als eine invariante Größe. Auch die Relativgeschwindigkeit v_{rel} ist laut Definition eine invariante Größe.

Das im Ausdruck (12,1) enthaltene Produkt $\mathrm{d}V\,\mathrm{d}t$ ist eine Invariante. Daher muß auch das Produkt $A\,n_1\,n_2$ invariant sein.

Das Transformationsgesetz für die Teilchendichte n läßt sich leicht bestimmen, wenn wir bedenken, daß die Teilchenzahl $n\,\mathrm{d}V$ im gegebenen Volumenelement $\mathrm{d}V$ invariant ist. Schreiben wir $n\,\mathrm{d}V = n_0\,\mathrm{d}V_0$ (der Index 0 bezeichnet das Ruhesystem der Teilchen) und verwenden wir die Formel (4,6) für die Transformation des Volumens, dann finden wir

$$n = \frac{n_0}{\sqrt{1 - v^2}} \tag{12,2}$$

oder $n = n_0\,\mathscr{E}/m$, wobei $\mathscr{E}$ die Energie und m die Masse der Teilchen ist.

Aus diesem Grunde ist die Invarianz des Produkts $A\,n_1\,n_2$ äquivalent der Invarianz des Ausdrucks $A\,\mathscr{E}_1\,\mathscr{E}_2$. Diese Bedingung kann man etwas bequemer formulieren:

$$A\,\frac{\mathscr{E}_1\,\mathscr{E}_2}{p_{1i}\,p_2^i} = A\,\frac{\mathscr{E}_1\,\mathscr{E}_2}{\mathscr{E}_1\,\mathscr{E}_2 - \boldsymbol{p}_1\,\boldsymbol{p}_2} = \text{inv.} \tag{12,3}$$

Im Nenner steht hier das Produkt der Viererimpulse beider Teilchen, eine Größe, die ebenfalls invariant ist.

Im Ruhesystem der Teilchen 2 ist $\mathscr{E}_2 = m_2$, $\boldsymbol{p}_2 = 0$, so daß die Invariante (12,3) in A übergeht. Andererseits ist in diesem System $A = \sigma\,v_{\mathrm{rel}}$. Somit gilt in einem beliebigen Bezugssystem

$$A = \sigma\,v_{\mathrm{rel}}\,\frac{p_{1i}\,p_2^i}{\mathscr{E}_1\,\mathscr{E}_2}\,. \tag{12,4}$$

Im Hinblick auf die endgültige Gestalt dieses Ausdrucks drücken wir v_{rel} durch die Impulse und Geschwindigkeiten der Teilchen in beliebigen Bezugssystemen aus. Zunächst sei bemerkt, daß im Ruhesystem des Teilchens 2 sich die Invariante $p_{1i}\,p_2^i$ folgendermaßen schreibt:

$$p_{1i}\,p_2^i = \frac{m_1}{\sqrt{1 - v_{\mathrm{rel}}^2}}\,m_2\,.$$

Daraus ergibt sich

$$v_{\mathrm{rel}} = \sqrt{1 - \frac{m_1^2\,m_2^2}{(p_{1i}\,p_2^i)}}\,. \tag{12,5}$$

Wird die Größe $p_{1i}\,p_2^i = \mathscr{E}_1\,\mathscr{E}_2 - \boldsymbol{p}_1\,\boldsymbol{p}_2$ mit Hilfe der Geschwindigkeiten $\boldsymbol{v}_1$ und $\boldsymbol{v}_2$ sowie der Formeln (9,1) und (9,4) umgeformt, so ist

$$p_{1i}\,p_2^i = m_1\,m_2\,\frac{1 - \boldsymbol{v}_1\,\boldsymbol{v}_2}{\sqrt{(1 - v_1^2)\,(1 - v_2^2)}}\,.$$

Wenn wir dies in (12,5) einsetzen, dann erhalten wir nach einigen einfachen Umformungen den folgenden Ausdruck für die Relativgeschwindigkeit:

$$\boldsymbol{v}_{\mathrm{rel}} = \frac{\sqrt{(\boldsymbol{v}_1 - \boldsymbol{v}_2)^2 - (\boldsymbol{v}_1 \times \boldsymbol{v}_2)^2}}{1 - \boldsymbol{v}_1\,\boldsymbol{v}_2}\,. \tag{12,6}$$

(Es sei darauf hingewiesen, daß dieser Ausdruck in $\boldsymbol{v}_1$ und $\boldsymbol{v}_2$ symmetrisch ist, d. h., daß der Betrag der Relativgeschwindigkeit nicht davon abhängt, auf welches Teilchen diese Größe bezogen ist.)

Wenn (12,5) oder (12,6) in (12,4) eingesetzt wird und (12,4) in (12,1), dann erhalten wir die Endformel, die das oben gestellte Problem löst:

$$\mathrm{d}\nu = \sigma \frac{\sqrt{(p_{1i}\, p_2^i)^2 - m_1^2\, m_2^2}}{\mathscr{E}_1\, \mathscr{E}_2}\, n_1\, n_2\, \mathrm{d}V\, \mathrm{d}t \tag{12,7}$$

oder

$$\mathrm{d}\nu = \sigma \sqrt{(\boldsymbol{v}_1 - \boldsymbol{v}_2)^2 - (\boldsymbol{v}_1 \times \boldsymbol{v}_2)^2}\, n_1\, n_2\, \mathrm{d}V\, \mathrm{d}t \tag{12,8}$$

(W. Pauli, 1933).

Wenn die Geschwindigkeiten $\boldsymbol{v}_1$ und $\boldsymbol{v}_2$ parallel sind, ist $\boldsymbol{v}_1 \times \boldsymbol{v}_2 = 0$, und Formel (12,8) nimmt die Gestalt

$$\mathrm{d}\nu = \sigma\, |\boldsymbol{v}_1 - \boldsymbol{v}_2|\, n_1\, n_2\, \mathrm{d}V\, \mathrm{d}t \tag{12,9}$$

an.

Aufgabe

Man bestimme das „Linienelement" im relativistischen „Geschwindigkeitsraum".

Lösung. Das gesuchte „Linienelement" $\mathrm{d}l_v$ ergibt sich als Relativgeschwindigkeit zweier Punkte mit den Geschwindigkeiten $\boldsymbol{v}$ und $\boldsymbol{v} + \mathrm{d}\boldsymbol{v}$. Aus (12,6) folgt daher

$$\mathrm{d}l_v^2 = \frac{(\mathrm{d}\boldsymbol{v})^2 - (\boldsymbol{v} \times \mathrm{d}\boldsymbol{v})^2}{(1 - v^2)^2} = \frac{\mathrm{d}v^2}{(1 - v^2)^2} + \frac{v^2}{(1 - v^2)}(\mathrm{d}\theta^2 + \sin^2\theta\, \mathrm{d}\varphi^2)\,,$$

wobei θ, φ Kugelkoordinaten bezüglich der Richtung $\boldsymbol{v}$ sind. Führen wir durch $v = \operatorname{th}\chi$ statt v eine neue Variable χ ein, so erhält das Linienelement die Gestalt

$$\mathrm{d}l_v^2 = \mathrm{d}\chi^2 + \operatorname{sh}^2\chi\, (\mathrm{d}\theta^2 + \sin^2\theta\, \mathrm{d}\varphi^2)\,.$$

Geometrisch entspricht dieses Linienelement einem dreidimensionalen Lobatschewski-Raum konstanter negativer Krümmung (siehe (111,8)).

§ 13. Elastische Stöße von Teilchen

Wir wollen nun vom Standpunkt der relativistischen Mechanik aus den *elastischen Stoß* von Teilchen betrachten. Impuls und Energie zweier stoßender Teilchen der Massen m_1 und m_2 bezeichnen wir mit $\boldsymbol{p}_1$, $\mathscr{E}_1$ und $\boldsymbol{p}_2$, $\mathscr{E}_2$; die Werte dieser Größen nach dem Stoß kennzeichnen wir durch Striche.

Die Erhaltungssätze für Energie und Impuls beim Stoß fassen wir in einer Gleichung für die Erhaltung des Viererimpulses zusammen:

$$p_1^i + p_2^i = p_1'^i + p_2'^i\,. \tag{13,1}$$

Aus dieser vierdimensionalen Vektorgleichung wollen wir einige Invarianzbeziehungen ableiten, die für die weitere Rechnung bequem sind. Dazu schreiben wir (13,1) folgendermaßen um,

$$p_1^i + p_2^i - p_1'^i = p_2'^i\,,$$

und quadrieren auf beiden Seiten (d. h., wir bilden die Skalarprodukte dieser Ausdrücke mit sich selbst). Da die Quadrate der Viererimpulse p_1^i und $p_1^{\prime i}$ gleich m_1^2 sind und die Quadrate von p_2^i und $p_2^{\prime i}$ gleich m_2^2, erhalten wir

$$m_1^2 + p_{1i}\, p_2^i - p_{1i}\, p_1^{\prime i} - p_{2i}\, p_1^{\prime i} = 0\,. \tag{13,2}$$

Analog quadrieren wir die Gleichung $p_1^i + p_2^i - p_2^{\prime i} = p_1^{\prime i}$ und erhalten

$$m_2^2 + p_{1i}\, p_2^i - p_{2i}\, p_2^{\prime i} - p_{1i} p_2^{\prime i} = 0\,. \tag{13,3}$$

Wir betrachten den Stoß in einem Koordinatensystem (L-System), in dem ein Teilchen (Teilchen 2) vor dem Stoß ruhte. In diesem Falle sind $\boldsymbol{p}_2 = 0$, $\mathscr{E}_2 = m_2$, und für die in (13,2) auftretenden Skalarprodukte ergibt sich:

$$p_{1i}\, p_2^i = \mathscr{E}_1\, m_2\,, \qquad p_{2i}\, p_1^{\prime i} = m_2\, \mathscr{E}_1'$$

$$p_{1i}\, p_1^{\prime i} = \mathscr{E}_1\, \mathscr{E}_1' - \boldsymbol{p}_1 \boldsymbol{p}_1' = \mathscr{E}_1\, \mathscr{E}_1' - p_1\, p_1' \cos\theta_1\,, \tag{13,4}$$

wobei θ_1 der Streuwinkel des einfallenden Teilchens 1 ist. Wenn wir diese Ausdrücke in (13,2) einsetzen, folgt

$$\cos\theta_1 = \frac{\mathscr{E}_1' (\mathscr{E}_1 + m_2) - \mathscr{E}_1\, m_2 - m_1^2}{p_1\, p_1'}\,. \tag{13,5}$$

Ähnlich erhält man aus (13,3):

$$\cos\theta_2 = \frac{(\mathscr{E}_1 + m_2)\,(\mathscr{E}_2' - m_2)}{p_1\, p_2'}\,. \tag{13,6}$$

θ_2 ist hier der Winkel zwischen dem Rückstoßimpuls $\boldsymbol{p}_2'$ und dem Impuls $\boldsymbol{p}_1$ des einfallenden Teilchens.

Die Formeln (13,5) und (13,6) geben den Zusammenhang der Streuwinkel der beiden Teilchen im L-System mit den Energieänderungen dieser Teilchen bei Stößen wieder. Wenn man diese Formeln umkehrt, dann kann man die Energien $\mathscr{E}_1'$, $\mathscr{E}_2'$ durch die Winkel θ_1 und θ_2 ausdrücken. So erhält man, wenn in (13,6) $p_1 = \sqrt{\mathscr{E}_1^2 - m_1^2}$ und $p_2' = \sqrt{\mathscr{E}_2'^2 - m_2^2}$ gesetzt wird, nach Quadrieren dieser Gleichung und einigen einfachen Umformungen

$$\mathscr{E}_2' = m_2 \frac{(\mathscr{E}_1 + m_2)^2 + (\mathscr{E}_1^2 - m_1^2)\cos^2\theta_2}{(\mathscr{E}_1 + m_2)^2 - (\mathscr{E}_1^2 - m_1^2)\cos^2\theta_2}\,. \tag{13,7}$$

Die Auflösung der Formel (13,5) nach $\mathscr{E}_1'$ führt zu einem umfangreichen Ausdruck, der θ_1 enthält.

Es sei noch bemerkt, daß im Falle $m_1 > m_2$, wenn also das bewegte Teilchen schwerer als das ruhende ist, der Streuwinkel θ_1 einen gewissen Maximalwert nicht überschreiten darf. Durch eine einfache Rechnung findet man für diesen Wert

$$\sin\theta_{1\max} = \frac{m_2}{m_1}\,, \tag{13,8}$$

was mit dem Ergebnis der klassischen Mechanik genau übereinstimmt.

Die Formeln (13,5) und (13,6) vereinfachen sich, wenn das einfallende Teilchen eine verschwindende Ruhemasse besitzt: $m_1 = 0$ und entsprechend $p_1 = \mathscr{E}_1$, $p_1' = \mathscr{E}_1'$. Wir schreiben für diesen Fall die Formel für die Energie des einfallenden Teilchens nach dem Stoß in Abhängigkeit vom Ablenkwinkel auf:

$$\mathscr{E}_1' = \frac{m_2}{1 - \cos\theta_1 + \dfrac{m_2}{\mathscr{E}_1}}. \tag{13,9}$$

Wir wollen uns nun wieder dem allgemeinen Fall des Stoßes zweier Teilchen mit beliebiger Masse zuwenden. Am einfachsten wird der Stoß im S-System beschrieben. Wir kennzeichnen die Größen in diesem System mit dem zusätzlichen Index 0. Es gilt $\boldsymbol{p}_{10} = -\boldsymbol{p}_{20} \equiv \boldsymbol{p}_0$. Aus dem Impulssatz folgt, daß die Impulse der beiden Teilchen beim Stoß nur gedreht werden — sie bleiben dem Betrage nach einander gleich, sind aber entgegengesetzt gerichtet. Aus dem Energiesatz ergibt sich weiterhin, daß der absolute Betrag jedes einzelnen Impulses unverändert bleibt.

Wir bezeichnen mit χ den Streuwinkel im S-System — das ist der Winkel, um den sich beim Stoß die Impulse $\boldsymbol{p}_{10}$ und $\boldsymbol{p}_{20}$ drehen. Durch diese Größe ist der Streuprozeß im Schwerpunktsystem — und damit auch in jedem anderen Bezugssystem — vollständig bestimmt. Die Wahl von χ ist auch bei der Beschreibung des Stoßes im L-System passend, weil dies der einzige Parameter ist, der nach der Berücksichtigung der Erhaltungssätze für Energie und Impuls unbestimmt bleibt.

Wir drücken jetzt die Endenergien der beiden Teilchen durch diesen Parameter aus. Dazu kehren wir zur Beziehung (13,2) zurück, schreiben aber das skalare Produkt $p_{1i}\, p_1'^i$ für das S-System auf:

$$p_{1i}\, p_1'^i = \mathscr{E}_{10}\, \mathscr{E}_{10}' - \boldsymbol{p}_{10}\, \boldsymbol{p}_{10}' = \mathscr{E}_{10}^2 - p_0^2 \cos\chi = p_0^2 (1 - \cos\chi) + m_1^2$$

(im S-System bleibt die Energie jedes Teilchens unverändert: $\mathscr{E}_{10} = \mathscr{E}_{10}'$). Die beiden verbleibenden Produkte werden im L-System ausgedrückt, was wir (13,4) entnehmen. Schließlich erhalten wir:

$$\mathscr{E}_1' - \mathscr{E}_1 = -\frac{p_0^2}{m_2}(1 - \cos\chi)\,.$$

Es muß nun noch p_0^2 durch Größen ausgedrückt werden, die auf das L-System bezogen sind. Das wird erreicht, wenn die Werte der Invarianten $p_{1i}\, p_2^i$ im L- und im S-System einander gleichgesetzt werden:

$$\mathscr{E}_{10}\, \mathscr{E}_{20} - \boldsymbol{p}_{10}\, \boldsymbol{p}_{20} = \mathscr{E}_1\, m_2$$

oder

$$\sqrt{(p_0^2 + m_1^2)\,(p_0^2 + m_2^2)} = \mathscr{E}_1\, m_2 - p_0^2\,.$$

Wenn diese Gleichung nach p_0^2 aufgelöst wird, ergibt sich

$$p_0^2 = \frac{m_2^2\,(\mathscr{E}_1^2 - m_1)^2}{m_1^2 + m_2^2 + 2\, m_2\, \mathscr{E}_1}\,. \tag{13,10}$$

Somit erhalten wir schließlich

$$\mathscr{E}_1' = \mathscr{E}_1 - \frac{m_2(\mathscr{E}_1^2 - m_1^2)}{m_1^2 + m_2^2 + 2\,m_2\,\mathscr{E}_1}(1 - \cos\chi)\,. \tag{13,11}$$

Die Energie des zweiten Teilchens erhalten wir aus dem Energieerhaltungssatz: $\mathscr{E}_1 + m_2 = \mathscr{E}_1' + \mathscr{E}_2'$. Daher ist

$$\mathscr{E}_2' = m_2 + \frac{m_2(\mathscr{E}_1^2 - m_1^2)}{m_1^2 + m_2^2 + 2\,m_2\,\mathscr{E}_1}(1 - \cos\chi)\,. \tag{13,12}$$

Die zweiten Glieder in diesen Formeln sind gleich der Energie, die beim Stoß vom ersten Teilchen an das zweite abgegeben wird. Die maximal mögliche Energieübertragung erhält man für $\chi = \pi$; sie ist gleich

$$\mathscr{E}_{2\,\max}' - m_2 = \mathscr{E}_1 - \mathscr{E}_{1\,\min}' = \frac{2\,m_2(\mathscr{E}_1^2 - m_1^2)}{m_1^2 + m_2^2 + 2\,m_2\,\mathscr{E}_1}\,. \tag{13,13}$$

Das Verhältnis der minimalen kinetischen Energie des einfallenden Teilchens nach dem Stoß zur kinetischen Energie dieses Teilchens vor dem Stoß ist:

$$\frac{\mathscr{E}_{1\,\min}' - m_1}{\mathscr{E}_1 - m_1} = \frac{(m_1 - m_2)^2}{m_1^2 + m_2^2 + 2\,m_2\,\mathscr{E}_1}\,. \tag{13,14}$$

Im Grenzfall kleiner Geschwindigkeiten (wenn $\mathscr{E} \approx m + m\,v^2/2$) strebt dieses Verhältnis dem konstanten Grenzwert

$$\left(\frac{m_1 - m_2}{m_1 + m_2}\right)^2$$

zu. Im umgekehrten Grenzfall großer Energien konvergiert das Verhältnis (13,14) gegen Null; gegen einen konstanten Grenzwert strebt auch die Größe $\mathscr{E}_{1\,\min}'$. Es ist

$$\mathscr{E}_{1\,\min}' = \frac{m_1^2 + m_1^2}{2\,m_2}\,.$$

Es sei $m_2 \gg m_1$, d. h., die Masse des bewegten Teilchens sei klein im Vergleich zu der des ruhenden Teilchens. Nach der klassischen Mechanik kann dabei das leichte Teilchen dem schweren nur einen geringfügigen Teil seiner Energie abgeben. Dies gilt jedoch nicht mehr in der relativistischen Theorie. Aus (13,14) erkennt man, daß bei genügend großen Energien $\mathscr{E}_1$ der Anteil der abgegebenen Energie die Ordnung 1 erreichen kann. Es genügt dabei nicht, daß die Geschwindigkeit des Teilchens m_1 nahe der Ordnung 1 ist, nötig ist vielmehr, wie man leicht einsieht, ein Energiebetrag

$$\mathscr{E}_1 \sim m_2\,,$$

d. h., die Energie des leichten Teilchens muß größenordnungsmäßig gleich der Ruhenergie des schweren Teilchens sein.

Ähnliche Verhältnisse treten im Falle $m_2 \ll m_1$ auf, wenn das schwere Teilchen auf das leichte stößt. Auch hier kann nach der klassischen Mechanik nur ein unbedeutender Energieaustausch erfolgen. Erst bei Energien ab

$$\mathscr{E}_1 \sim \frac{m_1^2}{m_2}$$

wird merklich Energie übertragen. Wie im ersten Falle handelt es sich hier nicht einfach um Geschwindigkeiten in der Nähe der Lichtgeschwindigkeit, sondern um Energien, die groß gegenüber m_1 sind, d. h., es liegen ultrarelativistische Verhältnisse vor.

Aufgaben

1. In Abb. 4 wird das Dreieck ABC von dem Impuls $\boldsymbol{p}_1$ des bewegten Teilchens vor und den Impulsen $\boldsymbol{p}_1'$, $\boldsymbol{p}_2'$ der beiden Teilchen nach dem Stoß gebildet. Wo liegen die Punkte C, die allen möglichen Werten von $\boldsymbol{p}_1'$, $\boldsymbol{p}_2'$ entsprechen?

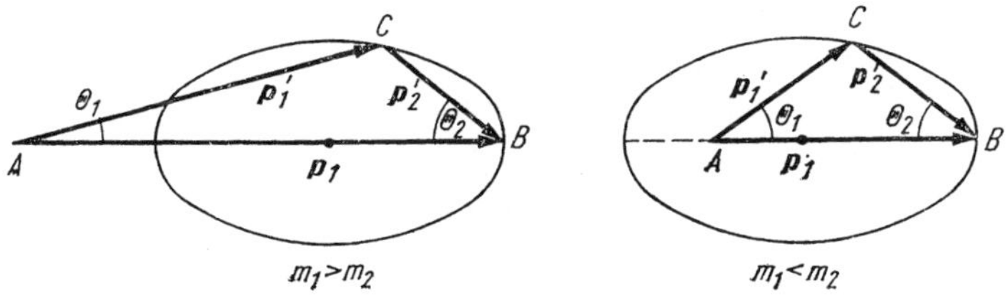

a) b)

Abb. 4

Lösung. Die gesuchten Punkte liegen auf einer Ellipse, deren Halbachsen man unmittelbar mit der in Aufgabe 1 von § 11 erhaltenen Formel bestimmen kann. Durch die dort angegebene Konstruktion findet man den geometrischen Ort der Endpunkte des Vektors $\boldsymbol{p}$ im L-System aus dem beliebig gerichteten Vektor $\boldsymbol{p}_0$ mit der gegebenen Länge p_0 im S-System.

Berücksichtigen wir, daß die Beträge der Impulse der stoßenden Teilchen im S-System gleich sind und sich beim Stoß nicht ändern, so haben wir es hier mit einer ähnlichen Konstruktion für den Vektor $\boldsymbol{p}_1'$ zu tun, für den im S-System

$$p_0 \equiv p_{10} = p_{20} = \frac{m_2 V}{\sqrt{1 - V^2}}$$

gilt. Dabei ist V die Geschwindigkeit des Teilchens m_2 im S-System, die betragsmäßig mit der Geschwindigkeit des Schwerpunkts zusammenfällt und gleich $V = p_1/(\mathscr{E}_1 + m_2)$ ist (siehe (11,4)).

Als Ergebnis finden wir für die kleine und große Halbachse der Ellipse

$$p_0 = \frac{m_2 p_1}{\sqrt{m_1^2 + m_2^2 + 2 m_2 \mathscr{E}_1}} \quad \text{und} \quad \frac{p_0}{\sqrt{1 - V^2}} = \frac{m_2 p_1 (\mathscr{E}_1 + m_2)}{m_1^2 + m_2^2 + 2 m_2 \mathscr{E}_1}.$$

Die erste Formel stimmt mit (13,10) überein. Für $\theta_1 = 0$ fällt der Vektor $\boldsymbol{p}_1'$ mit $\boldsymbol{p}_1$ zusammen, so daß die Entfernung AB gleich p_1 ist. Setzen wir p_1 gleich der doppelten großen Halbachse der Ellipse, so überzeugt man sich leicht davon, daß A für $m_1 > m_2$ außerhalb (Abb. 4a) und für $m_1 < m_2$ innerhalb (Abb. 4b) der Ellipse liegt.

2. Man bestimme den kleinsten möglichen Streuwinkel $\theta_{\min}$ eines Teilchens nach dem Stoß, wenn die Masse der beiden stoßenden Teilchen gleich ist ($m_1 = m_2 = m$).

Lösung. Für $m_1 = m_2$ liegt der Punkt A der Zeichnung auf der Ellipse. Der kleinste Streuwinkel tritt auf, wenn C der Schnittpunkt der kleinen Halbachse mit der Ellipse ist (Abb. 5). Damit ist also tan ($\theta_{\min}/2$) gleich dem Verhältnis der beiden Halbachsen, und wir finden

$$\tan\frac{\theta_{\min}}{2} = \sqrt{\frac{2\,m}{\mathscr{E}_1 + m}}$$

oder

$$\cos\theta_{\min} = \frac{\mathscr{E}_1 - m}{\mathscr{E}_1 + 3\,m}\,.$$

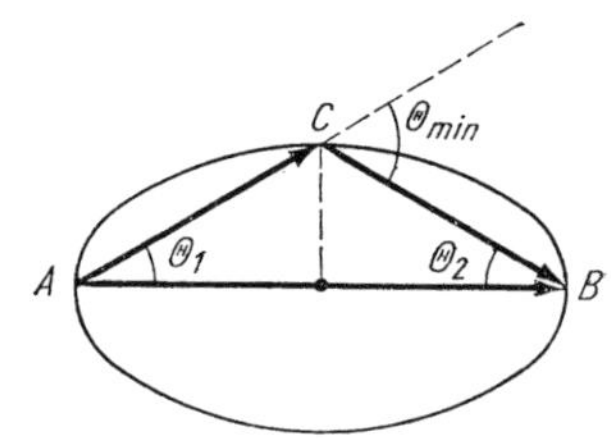

Abb. 5

3. Für den Stoß zweier Teilchen mit gleichen Massen m drücke man $\mathscr{E}_1'$, $\mathscr{E}_2'$ und χ durch den Streuwinkel im L-System θ_1 aus.

Lösung. Die Umkehrung von (13,5) ergibt:

$$\mathscr{E}_1' = \frac{(\mathscr{E}_1 + m) + (\mathscr{E}_1 - m)\cos^2\theta_1}{(\mathscr{E}_1 + m) - (\mathscr{E}_1 - m)\cos^2\theta_1}\,m\,,$$

$$\mathscr{E}_2' = m + \frac{(\mathscr{E}_1^2 - m^2)\sin^2\theta_1}{2\,m + (\mathscr{E}_1 - m)\sin^2\theta_1}\,.$$

Mit

$$\mathscr{E}_1' = \mathscr{E}_1 - \frac{\mathscr{E}_1 - m}{2}(1 - \cos\chi)$$

ergibt sich durch Vergleich

$$\cos\chi = \frac{2\,m - (\mathscr{E}_1 + 3\,m)\sin^2\theta_1}{2\,m + (\mathscr{E}_1 - m)\sin^2\theta_1}\,.$$

§ 14. Drehimpuls

Wie wir aus der klassischen Mechanik wissen, bleiben für ein abgeschlossenes System nicht nur Energie und Impuls, sondern auch der Vektor

$$\boldsymbol{M} = \sum \boldsymbol{r}\times\boldsymbol{p}$$

des Drehimpulses erhalten ($\boldsymbol{r}$ und $\boldsymbol{p}$ sind Radiusvektor und Impuls eines einzelnen Teilchens; die Summation erfolgt über alle zum System gehörenden Teilchen). Die Erhaltung des Drehimpulses folgt daraus, daß sich die LAGRANGE-Funktion für ein abgeschlossenes System wegen der Isotropie des Raumes bei Drehungen des Systems als Ganzes nicht ändert.

Führen wir eine ähnliche Ableitung in vierdimensionaler Gestalt durch, so werden wir einen relativistischen Ausdruck für den Drehimpuls erhalten. x^i seien die Koordinaten eines Teilchens aus dem System. Wir betrachten nun eine infinitesimal kleine Drehung im vierdimensionalen Raum, d. h. eine Transformation, bei der die alten Koordinaten x^i in die neuen Werte x'^i übergehen und die Differenz $x'^i - x^i$ eine lineare Funktion der x_i mit infinitesimalen Koeffizienten $\delta\Omega_{ik}$ ist:

$$x'^i - x^i = x_k \,\delta\Omega^{ik} . \tag{14,1}$$

Zwischen den Komponenten des Vierertensors $\delta\Omega^{ik}$ bestehen Beziehungen, die sich aus der Forderung ergeben, daß die Drehung die Länge des vierdimensionalen Radiusvektors ungeändert lassen soll, d. h., daß $x'_i x'^i = x_i x^i$ gilt. Setzen wir hier x'^i von (14,1) ein und vernachlässigen wir Produkte der $\delta\Omega_{ik}$ als klein von höherer Ordnung, so finden wir

$$x^i x^k \,\delta\Omega_{ik} = 0 .$$

Die Gleichung muß für beliebige x^i erfüllt sein. Da $x^i x^k$ ein symmetrischer Tensor ist, hat $\delta\Omega_{ik}$ in i und k antisymmetrisch zu sein (das Produkt eines symmetrischen Tensors mit einem antisymmetrischen verschwindet offensichtlich stets):

$$\delta\Omega_{ki} = -\,\delta\Omega_{ik} . \tag{14,2}$$

Ändert man die Anfangs- und Endpunkte der Trajektorien infinitesimal, so ergibt dies gemäß (9,10) eine Änderung der Wirkung von

$$\delta S = -\sum p^i \,\delta x_i \Big|_a^b ,$$

wobei die Summierung wieder über alle Teilchen des Systems geht. Für unsere Drehung $\delta x_i = \delta\Omega_{ik}\, x^k$ haben wir daher

$$\delta S = -\,\delta\Omega_{ik} \sum p^i x^k \Big|_a^b .$$

Zerlegen wir den Tensor $\sum p^i x^k$ in den symmetrischen und antisymmetrischen Bestandteil, so verschwindet das Produkt des symmetrischen Teiles mit dem antisymmetrischen Tensor $\delta\Omega_{ik}$. Mit dem antisymmetrischen Teil von $\sum p^i x^k$ können wir daher schreiben

$$\delta S = -\,\delta\Omega_{ik} \frac{1}{2} \sum (p^i x^k - p^k x^i) \Big|_a^b . \tag{14,3}$$

Für ein abgeschlossenes System ändert sich die Wirkung als Invariante bei einer Drehung im vierdimensionalen Raum nicht. Das bedeutet, daß in (14,3) die Koeffizienten neben $\delta\Omega_{ik}$ verschwinden müssen:

$$\sum (p^i x^k - p^k x^i)_b = \sum (p^i x^k - p^k x^i)_a$$

schreiben lassen. Bei einem abgeschlossenen System gilt also für den Tensor

$$M^{ik} = \sum (x^i p^k - x^k p^i) \tag{14,4}$$

ein Erhaltungssatz. Er wird vierdimensionaler Drehimpulstensor genannt. Seine räumlichen Komponenten ($i, k = 1, 2, 3$) bilden den dreidimensionalen Drehimpulsvektor $\boldsymbol{M} = \sum \boldsymbol{r} \times \boldsymbol{p}$:

$$M^{23} = M_x , \qquad -M^{13} = M_y , \qquad M^{12} = M_z .$$

Die Komponenten M^{01}, M^{02}, M^{03} bilden den Vektor $c \sum (t\,\boldsymbol{p} - \mathscr{E}\,\boldsymbol{r}/c^2)$. Damit kann man die Komponenten des Tensors M^{ik} in folgender Gestalt schreiben (vgl. (6.10)):

$$M^{ik} = \left(c \sum \left(t\,\boldsymbol{p} - \frac{\mathscr{E}\,\boldsymbol{r}}{c^2}\right),\ -\boldsymbol{M}\right). \tag{14,5}$$

Wegen der Erhaltung von M_{ik} für ein abgeschlossenes System haben wir speziell

$$\sum \left(t\,\boldsymbol{p} - \frac{\mathscr{E}\,\boldsymbol{r}}{c^2}\right) = \text{const}\,.$$

Da nun andererseits die Gesamtenergie $\sum \mathscr{E}$ ebenfalls erhalten bleibt, kann man diese Beziehung in der Gestalt

$$\frac{\sum \mathscr{E}\,\boldsymbol{r}}{\sum \mathscr{E}} - \frac{c^2 \sum \boldsymbol{p}}{\sum \mathscr{E}}\,t = \text{const}$$

schreiben. (Größen, die zu verschiedenen Teilchen gehören, sind zum gleichen Zeitpunkt t zu nehmen.) Wir sehen daraus, daß der Punkt mit dem Radiusvektor

$$\boldsymbol{R} = \frac{\sum \mathscr{E}\,\boldsymbol{r}}{\sum \mathscr{E}} \tag{14,6}$$

sich gleichförmig mit der Geschwindigkeit

$$\boldsymbol{V} = \frac{c^2 \sum \boldsymbol{p}}{\sum \mathscr{E}} \tag{14,7}$$

bewegt, die nichts anderes als die Geschwindigkeit des Systems als Ganzes ist (sie hängt gemäß (9,8) mit Gesamtenergie und -impuls zusammen). Gleichung (14,6) ist die relativistische Definition der Schwerpunktkoordinaten des Systems. Ist die Geschwindigkeit aller Teilchen klein im Vergleich zu c, so kann man näherungsweise $\mathscr{E} \approx m\,c^2$ setzen, und (14,6) geht in den wohlbekannten klassischen Ausdruck

$$\boldsymbol{R} = \sum m\,\boldsymbol{r} / \sum m$$

über.[1])

Wir machen darauf aufmerksam, daß die Komponenten des Vektors (14,6) nicht die räumlichen Komponenten irgendeines Vierervektors darstellen; bei Transformationen des Koordinatensystems transformieren sie sich daher nicht wie die Koordinaten irgendeines Punktes. Somit entspricht der Schwerpunkt ein und desselben Teilchensystems in verschiedenen Bezugssystemen verschiedenen Punkten.

---

[1]) Man beachte, daß sich die klassische Schwerpunktformel auf Systeme mit und ohne wechselwirkende Teilchen bezieht, (14,6) dagegen nur bei Vernachlässigung der Wechselwirkungen richtig ist. In der relativistischen Mechanik erfordert die Schwerpunktdefinition von wechselwirkenden Teilchen auch die explizite Berücksichtigung von Energie und Impuls des von ihnen erzeugten Feldes.

Aufgabe

Man bestimme den Zusammenhang zwischen dem Drehimpuls $\boldsymbol{M}$ eines Körpers (bzw. Systems von Teilchen) im Bezugssystem K, in dem sich der Körper mit der Geschwindigkeit $\boldsymbol{V}$ bewegt, und dem Drehimpuls $\boldsymbol{M}^{(0)}$ im Bezugssystem K_0, in dem der Körper als Ganzes ruht. In beiden Fällen sei der Drehimpuls bezüglich des Schwerpunkts des Körpers im System K_0 definiert[1]).

Lösung. Das Bezugssystem K_0 bewegt sich relativ zum System K mit der Geschwindigkeit $\boldsymbol{V}$; die Richtung der Geschwindigkeit sei die x-Achse. Die uns interessierenden Komponenten des Tensors M^{ik} werden folgendermaßen transformiert (siehe Aufgabe 2 § 6):

$$M^{12} = \frac{M^{(0)12} + \frac{V}{c} M^{(0)02}}{\sqrt{1 - \frac{V^2}{c^2}}}, \quad M^{13} = \frac{M^{(0)13} + \frac{V}{c} M^{(0)03}}{\sqrt{1 - \frac{V^2}{c^2}}}, \quad M^{23} = M^{(0)23}.$$

Da der Schwerpunkt des Körpers (im System K_0) als Koordinatenursprung gewählt wurde, gilt in diesem System $\sum \mathscr{E} \boldsymbol{r} = 0$; da hier auch $\sum \boldsymbol{p} = 0$ ist, folgt $M^{(0)02} = M^{(0)03} = 0$. Berücksichtigen wir den Zusammenhang zwischen den Komponenten M^{ik} und dem Vektor $\boldsymbol{M}$, so ergibt sich für den letzteren:

$$M_x = M_x^{(0)}, \quad M_y = \frac{M_y^{(0)}}{\sqrt{1 - \frac{V^2}{c^2}}}, \quad M_z = \frac{M_z^{(0)}}{\sqrt{1 - \frac{V^2}{c^2}}}.$$

---

1) Es sei daran erinnert, daß der Drehimpuls im System K_0 (in diesem gilt $\sum \boldsymbol{p} = 0$) nicht von der Wahl des Bezugspunkts abhängt; im System K (in dem $\sum \boldsymbol{p} \neq 0$ ist) hängt der Drehimpuls jedoch von dieser Wahl ab (siehe I, § 9).

III LADUNGEN IM ELEKTROMAGNETISCHEN FELD

§ 15. Elementarteilchen in der Relativitätstheorie

Die Wechselwirkung von Teilchen untereinander läßt sich durch ein *Kraftfeld* beschreiben. Anstatt nämlich zu sagen, daß ein bestimmtes Teilchen auf ein anderes wirkt, stellt man sich vor, daß es ein Feld um sich herum erzeugt. Auf jedes andere Teilchen, das sich in diesem Feld befindet, wirkt eine gewisse Kraft. In der klassischen Mechanik ist das Feld nur ein Hilfsmittel zur Beschreibung wechselwirkender Teilchen. In der relativistischen Mechanik ändert sich die Lage völlig wegen der endlichen Ausbreitungsgeschwindigkeit der Wirkung. Die Kräfte, die zu einem bestimmten Zeitpunkt auf ein Teilchen wirken, werden nicht durch die räumliche Lage der Teilchen in diesem Augenblick bestimmt. Eine Änderung der Lage eines Teilchens beeinflußt ein anderes Teilchen erst nach Ablauf einer gewissen Zeitspanne. Das Feld selbst gewinnt somit physikalische Realität. Es gibt keine unmittelbare Wechselwirkung zwischen entfernten Teilchen, sie kann zu jedem Zeitpunkt nur an benachbarten Raumpunkten stattfinden (Nahwirkung). Man hat also von einer Wechselwirkung eines Teilchens mit dem Feld und der Wechselwirkung des Feldes mit anderen Teilchen zu sprechen.

Wir betrachten in diesem Buch zwei Feldtypen, das Gravitationsfeld und das elektromagnetische Feld. Mit dem Gravitationsfeld beschäftigen sich die Kapitel X–XIV, während in den übrigen Kapiteln nur elektromagnetische Felder behandelt werden.

Der näheren Untersuchung der Wechselwirkung von Teilchen mit dem elektromagnetischen Feld schicken wir einige allgemeine Überlegungen über den Begriff des „Teilchens" in der relativistischen Mechanik voraus.

In der klassischen Mechanik läßt sich der Begriff eines starren, d. h. unter bestimmten Bedingungen nicht deformierbaren Körpers einführen. In der Relativitätstheorie würde man entsprechend unter einem starren Körper einen solchen verstehen, dessen Gestalt in seinem Ruhsystem unverändert bleibt. Man sieht jedoch leicht, daß die Relativitätstheorie die Existenz eines derartigen starren Körpers verbietet.

Wir betrachten dazu etwa eine um ihre Achse rotierende kreisförmige Scheibe, die wir als in diesem Sinne starren Körper voraussetzen. Das mit der Scheibe verbundene Bezugssystem ist natürlich kein Inertialsystem. Für jedes Element der Scheibe läßt sich jedoch das Inertialsystem einführen, in dem das Scheibenelement in einem gegebenen Augenblick ruht. Da die verschiedenen Scheibenelemente verschiedene Geschwindigkeiten besitzen, werden diese Systeme natürlich auch verschieden sein. Weiterhin betrachten wir verschiedene (dreidimensionale) Längenelemente in Richtung irgendeines Radius der Scheibe. Da die Scheibe starr ist, sind diese Radiusabschnitte ebensolang wie auf der nichtrotierenden Scheibe. Diese Längen mißt auch ein unbewegter Beobachter, an dem sich der Scheibenradius zu dem betrachteten Zeitpunkt gerade vorbeibewegt, da jedes Längenelement senkrecht zu seiner Bewegungsrichtung steht und somit keine Lorentz-Kontraktion eintritt. Der auf diese Weise von unbewegten Beobachtern bestimmte Gesamtradius (als Summe der einzelnen Abschnitte) wird daher derselbe wie bei der unbewegten Scheibe sein. Andererseits unterliegt aber die Länge jedes von den ruhenden Beobachtern gemessenen Kreislinienelementes der Lorentz-Kontraktion, so daß der gesamte Umfang kleiner als bei der ruhenden Scheibe ist. Das Verhältnis Umfang zu Radius ist also nicht mehr 2π. Dieses absurde Ergebnis zeigt, daß die Scheibe in Wirklichkeit nicht vollkommen starr sein kann, sondern bei der Rotation einer komplizierten Deformation unterworfen ist, die von den elastischen Eigenschaften des Scheibenmaterials abhängt.

Von der Nichtexistenz eines starren Körpers kann man sich auch auf andere Weise überzeugen. Ein starrer Körper möge durch eine an einem seiner Punkte ansetzende äußere Einwirkung in Bewegung gesetzt werden. Ist der Körper starr, so sollten auch alle anderen Punkte sich zugleich mit dem ersten bewegen, da sonst der Körper deformierbar wäre. Die Relativitätstheorie verbietet dies jedoch, da die Wirkung von einem Punkte zum anderen nur mit endlicher Geschwindigkeit übertragen werden kann, so daß nicht alle Punkte des Körpers gleichzeitig mit der Bewegung beginnen können.

Wir können hieraus einige Schlußfolgerungen für sogenannte „Elementarteilchen" ziehen, d. h. solche Teilchen, von denen wir annehmen, daß ihr mechanischer Zustand durch drei Raumkoordinaten und die drei Komponenten der Geschwindigkeit als Ganzes völlig beschrieben werden kann. Wäre ein Elementarteilchen ausgedehnt, so könnte es offensichtlich nicht deformierbar sein, da der Begriff der Deformation mit der unabhängigen Bewegung einzelner Teile des Körpers verbunden ist. Wie wir eben sahen, zeigt aber gerade die Relativitätstheorie die Unmöglichkeit eines starren Körpers.

Es ergibt sich also der Schluß, daß in der klassischen (nichtquantisierten) relativistischen Mechanik die als Elementarteilchen zu betrachtenden Teilchen keine endliche Größe haben, d. h. als punktförmig anzusehen sind.[1])

§ 16. Das Viererpotential des Feldes

Die Wirkungsfunktion eines Teilchens, das sich in einem vorgegebenen elektromagnetischen Felde bewegt, setzt sich aus zwei Teilen zusammen: aus der Wirkung (8,1) für ein freies Teilchen und einem Term, der die Wechselwirkung des Teilchens mit dem Felde beschreibt. Dieser Zusatzterm muß

[1]) Obwohl die Quantentheorie die Situation wesentlich ändert, macht die Relativitätstheorie die Einführung nichtlokaler Wechselwirkungen sehr schwierig.

sowohl Größen, die das Teilchen, als auch Größen, die das Feld charakterisieren, enthalten.

Es zeigt sich, daß die Eigenschaften eines Teilchens in bezug auf seine Wechselwirkung mit dem elektromagnetischen Feld stets durch einen Parameter beschrieben werden, nämlich die *Ladung* e des Teilchens, die positiv und negativ (oder Null) sein kann. Die Eigenschaften des Feldes drücken sich durch einen Vierervektor A_i, das sogenannte *Viererpotential*, aus, dessen Komponenten Funktionen der Koordinaten und der Zeit sind.[1])

In die Wirkungsfunktion gehen die A_i in Gestalt des Integrals

$$-\frac{e}{c}\int\limits_a^b A_i\,\mathrm{d}x^i$$

entlang der Weltlinie eines Teilchens ein. Der Faktor $1/c$ wurde aus Zweckmäßigkeitsgründen hinzugefügt. Es sei bemerkt, daß die Maßeinheiten für die Ladung und das Potential bis jetzt noch beliebig wählbar sind, da wir noch keine Formel besitzen, die sie mit schon bekannten Größen verknüpfen.[2])

Die Wirkungsfunktion einer Ladung im elektromagnetischen Feld hat also die Gestalt

$$S = \int\limits_a^b \left(-m\,c\,\mathrm{d}s - \frac{e}{c}A_i\,\mathrm{d}x^i\right). \qquad (16,1)$$

Die drei räumlichen Komponenten des Vierervektors A^i bilden den dreidimensionalen Vektor $\boldsymbol{A}$, das sogenannte *Vektorpotential* des Feldes. Die zeitliche Komponente wird als das *skalare Potential* des Feldes bezeichnet; wir schreiben es in der Form $A^0 = \varphi$. Somit ist

$$A^i = (\varphi, \boldsymbol{A})\,. \qquad (16,2)$$

Das Wirkungsintegral läßt sich dann in der Form

$$S = \int\limits_a^b \left(-m\,c\,\mathrm{d}s + \frac{e}{c}\boldsymbol{A}\,\mathrm{d}\boldsymbol{r} - e\,\varphi\,\mathrm{d}t\right)$$

schreiben oder, wenn wir die Geschwindigkeit $\boldsymbol{v} = \frac{\mathrm{d}\boldsymbol{r}}{\mathrm{d}t}$ des Teilchens einführen

---

[1]) Die folgenden Behauptungen sind weitgehend als Ergebnis der experimentellen Erfahrung anzusehen. Die Wirkungsfunktion eines Teilchens im elektromagnetischen Feld läßt sich nicht durch allgemeine Überlegungen finden, wie etwa durch die Forderung nach relativistischer Invarianz (diese würde in (16,1) auch einen Term der Form $\int A\,\mathrm{d}s$ zulassen, wobei A eine Invariante ist).

Zur Vermeidung von Mißverständnissen sei daran erinnert, daß wir uns hier im Rahmen der klassischen Theorie (nicht der Quantentheorie) befinden — es werden daher nirgends Effekte berücksichtigt, die mit dem Spin der Teilchen zusammenhängen.

[2]) Zur Bestimmung dieser Einheiten siehe § 27.

und zur Integration über die Zeit übergehen,

$$S = \int_{t_1}^{t_2} \left(- m\, c^2 \sqrt{1 - \frac{v^2}{c^2}} + \frac{e}{c} \boldsymbol{A}\, \boldsymbol{v} - e\, \varphi \right) dt\,. \tag{16,3}$$

Der Integrand ist gerade die LAGRANGE-Funktion einer Ladung im elektromagnetischen Feld:

$$L = - m\, c^2 \sqrt{1 - \frac{v^2}{c^2}} + \frac{e}{c} \boldsymbol{A}\, \boldsymbol{v} - e\, \varphi\,. \tag{16,4}$$

Sie unterscheidet sich von der LAGRANGE-Funktion (8,2) eines freien Teilchens durch den Term $\frac{e}{c} \boldsymbol{A}\, \boldsymbol{v} - e\, \varphi$, der die Wechselwirkung der Ladung mit dem Feld beschreibt.

Die Ableitungen $\frac{\partial L}{\partial \boldsymbol{v}}$ bilden den verallgemeinerten Teilchenimpuls; wir bezeichnen ihn mit $\boldsymbol{P}$. Durch Differenzieren finden wir

$$\boldsymbol{P} = \frac{m\, \boldsymbol{v}}{\sqrt{1 - \frac{v^2}{c^2}}} + \frac{e}{c} \boldsymbol{A} = \boldsymbol{p} + \frac{e}{c} \boldsymbol{A}\,. \tag{16,5}$$

Mit $\boldsymbol{p}$ wurde hier der gewöhnliche Impuls (oder kurz Impuls) des Teilchens bezeichnet.

Aus der LAGRANGE-Funktion ergibt sich die HAMILTON-Funktion des Teilchens im Felde nach der bekannten Formel

$$\mathcal{H} = \boldsymbol{v} \frac{\partial L}{\partial \boldsymbol{v}} - L\,.$$

Mit (16,4) finden wir

$$\mathcal{H} = \frac{m\, c^2}{\sqrt{1 - \frac{v^2}{c^2}}} + e\, \varphi\,. \tag{16,6}$$

Die HAMILTON-Funktion ist jedoch nicht durch die Geschwindigkeit, sondern durch den verallgemeinerten Impuls des Teilchens auszudrücken.

Aus (16,5) und (16,6) ist ersichtlich, daß die Beziehung zwischen $\mathcal{H} - e\, \varphi$ und $\boldsymbol{P} - \frac{e}{c} \boldsymbol{A}$ dieselbe wie die zwischen $\mathcal{H}$ und $\boldsymbol{p}$ bei Abwesenheit des Feldes ist, d. h., es gilt

$$\left(\frac{\mathcal{H} - e\, \varphi}{c} \right)^2 = m^2 c^2 + \left(\boldsymbol{P} - \frac{e}{c} \boldsymbol{A} \right)^2 \tag{16,7}$$

oder

$$\mathcal{H} = \sqrt{m^2 c^4 + c^2 \left(\boldsymbol{P} - \frac{e}{c} \boldsymbol{A} \right)^2} + e\, \varphi\,. \tag{16,8}$$

Für kleine Geschwindigkeiten, d. h. beim Übergang zur klassischen Mechanik, nimmt die LAGRANGE-Funktion (16,4) die Gestalt

$$L = \frac{m\, v^2}{2} + \frac{e}{c} \boldsymbol{A}\, \boldsymbol{v} - e\, \varphi \tag{16,9}$$

an. In dieser Näherung ist

$$\boldsymbol{p} = m\,\boldsymbol{v} = \boldsymbol{P} - \frac{e}{c}\boldsymbol{A}\,,$$

und wir finden folgenden Ausdruck für die HAMILTON-Funktion:

$$\mathcal{H} = \frac{1}{2\,m}\left(\boldsymbol{P} - \frac{e}{c}\boldsymbol{A}\right)^2 + e\,\varphi\,. \tag{16,10}$$

Zum Schluß geben wir noch die HAMILTON-JACOBI-Gleichung eines Teilchens im elektromagnetischen Felde an. Wir erhalten sie, wenn wir in der HAMILTON-Funktion den verallgemeinerten Impuls $\boldsymbol{P}$ durch $\frac{\partial S}{\partial \boldsymbol{r}}$ und $\mathcal{H}$ selbst durch $-\frac{\partial S}{\partial t}$ ersetzen. Dann ergibt sich aus (16,7):

$$\left(\operatorname{grad} S - \frac{e}{c}\boldsymbol{A}\right)^2 - \frac{1}{c^2}\left(\frac{\partial S}{\partial t} + e\,\varphi\right)^2 + m^2\,c^2 = 0\,. \tag{16.11}$$

§ 17. Die Bewegungsgleichung einer Ladung im Felde

Eine in einem Feld befindliche Ladung unterliegt nicht nur der Wirkung des Feldes, sondern übt auch ihrerseits einen Einfluß auf das Feld aus, indem sie es ändert. Bei kleinen Ladungen e kann man jedoch die Rückwirkung auf das Feld vernachlässigen. In diesem Falle, der Bewegung in einem gegebenen Felde, kann man annehmen, daß das Feld weder von den Koordinaten noch von der Geschwindigkeit der Ladung abhängt. Die genaueren Bedingungen dafür, wann eine Ladung als klein in diesem Sinne anzusehen ist, werden später geklärt (§ 75). Hier nehmen wir sie als erfüllt an.

Wir haben daher die Bewegungsgleichung einer Ladung in einem vorgegebenen Feld zu finden. Sie ergibt sich aus der Variation des Wirkungsintegrals, d. h. als LAGRANGEsche Gleichung

$$\frac{\mathrm{d}}{\mathrm{d}t}\frac{\partial L}{\partial \boldsymbol{v}} = \frac{\partial L}{\partial \boldsymbol{r}}\,, \tag{17,1}$$

wobei L durch (16,4) gegeben ist.

Die Ableitungen $\frac{\partial L}{\partial \boldsymbol{v}}$ bilden den verallgemeinerten Teilchenimpuls (16,5). Weiterhin ist

$$\frac{\partial L}{\partial \boldsymbol{r}} \equiv \nabla L = \frac{e}{c}\operatorname{grad} \boldsymbol{A}\,\boldsymbol{v} - e\operatorname{grad}\varphi\,.$$

Nach einer aus der Vektoranalysis bekannten Formel gilt für zwei beliebige Vektoren $\boldsymbol{a}$ und $\boldsymbol{b}$ die Gleichung

$$\operatorname{grad} \boldsymbol{a}\,\boldsymbol{b} = (\boldsymbol{a}\,\nabla)\,\boldsymbol{b} + (\boldsymbol{b}\,\nabla)\,\boldsymbol{a} + \boldsymbol{b}\times\operatorname{rot}\boldsymbol{a} + \boldsymbol{a}\times\operatorname{rot}\boldsymbol{b}\,.$$

Wenden wir sie auf $\boldsymbol{A}\,\boldsymbol{v}$ an und berücksichtigen wir, daß $\boldsymbol{v}$ bei der Ableitung nach $\boldsymbol{r}$ konstant zu halten ist, so finden wir

$$\frac{\partial L}{\partial \boldsymbol{r}} = \frac{e}{c}(\boldsymbol{v}\,\nabla)\,\boldsymbol{A} + \frac{e}{c}\boldsymbol{v}\times\operatorname{rot}\boldsymbol{A} - e\operatorname{grad}\varphi\,.$$

Die LAGRANGEsche Gleichung hat also die Gestalt

$$\frac{\mathrm{d}}{\mathrm{d}t}\left(\boldsymbol{p} + \frac{e}{c}\boldsymbol{A}\right) = \frac{e}{c}(\boldsymbol{v}\,\nabla)\,\boldsymbol{A} + \frac{e}{c}\boldsymbol{v}\times\operatorname{rot}\boldsymbol{A} - e\operatorname{grad}\varphi\,.$$

Das vollständige Differential $\frac{\mathrm{d}\boldsymbol{A}}{\mathrm{d}t}\,\mathrm{d}t$ setzt sich aus zwei Teilen zusammen: aus der zeitlichen Änderung $\frac{\partial \boldsymbol{A}}{\partial t}\cdot \mathrm{d}t$ des Vektorpotentials in einem gegebenen Raumpunkt und der Änderung $(\mathrm{d}\boldsymbol{r}\,\nabla)\,\boldsymbol{A}$ beim Übergang zu einem anderen, in der Entfernung $\mathrm{d}\boldsymbol{r}$ gelegenen Raumpunkt:

$$\frac{\mathrm{d}\boldsymbol{A}}{\mathrm{d}t} = \frac{\partial \boldsymbol{A}}{\partial t} + (\boldsymbol{v}\,\nabla)\,\boldsymbol{A}\,.$$

Setzen wir dies in die letzte Gleichung ein, so erhalten wir

$$\frac{\mathrm{d}\boldsymbol{p}}{\mathrm{d}t} = -\frac{e}{c}\frac{\partial \boldsymbol{A}}{\partial t} - e\operatorname{grad}\varphi + \frac{e}{c}\boldsymbol{v}\times\operatorname{rot}\boldsymbol{A}\,. \tag{17,2}$$

Das ist die Bewegungsgleichung eines Teilchens im elektromagnetischen Feld. Links steht die zeitliche Ableitung des Teilchenimpulses. Die rechte Seite ist daher die Kraft, die im elektromagnetischen Feld auf eine Ladung wirkt. Wir sehen, daß sie aus zwei Teilen besteht: Der erste Teil (das erste und zweite Glied auf der rechten Seite von (17,2)) hängt nicht von der Geschwindigkeit des Teilchens ab. Der zweite Teil (das dritte Glied) hängt dagegen von $\boldsymbol{v}$ ab und ist proportional zum Betrage der Geschwindigkeit sowie senkrecht zu ihr gerichtet.

Der erste Kraftanteil, bezogen auf die Einheit der Ladung, heißt *elektrische Feldstärke*; wir bezeichnen sie mit $\boldsymbol{E}$:

$$\boldsymbol{E} = -\frac{1}{c}\frac{\partial \boldsymbol{A}}{\partial t} - \operatorname{grad}\varphi\,. \tag{17,3}$$

Der im zweiten Kraftanteil bei $\boldsymbol{v}/c$ stehende Faktor, wieder auf die Ladungseinheit bezogen, wird *magnetische Feldstärke* genannt und durch $\boldsymbol{H}$ bezeichnet:

$$\boldsymbol{H} = \operatorname{rot}\boldsymbol{A}\,. \tag{17,4}$$

Ein elektromagnetisches Feld mit $\boldsymbol{E} \neq 0$ und $\boldsymbol{H} = 0$ heißt *elektrisches Feld* und umgekehrt mit $\boldsymbol{E} = 0$ aber $\boldsymbol{H} \neq 0$ ein *Magnetfeld.* Im allgemeinen Falle des elektromagnetischen Feldes sind elektrische Felder und Magnetfelder überlagert.

Die Bewegungsgleichung einer Ladung im elektromagnetischen Feld können wir nun in der Gestalt

$$\frac{\mathrm{d}\boldsymbol{p}}{\mathrm{d}t} = e\,\boldsymbol{E} + \frac{e}{c}\boldsymbol{v}\times\boldsymbol{H} \tag{17,5}$$

schreiben. Der rechts stehende Ausdruck wird LORENTZ-*Kraft* genannt. Ihr erster Teil, die Kraft, mit der das elektrische Feld auf die Ladung wirkt, hängt nicht von der Geschwindigkeit der Ladung ab und ist dem Felde $\boldsymbol{E}$ gleichgerichtet. Das Magnetfeld wirkt auf die Ladung gemäß dem zweiten Kraftanteil. Dieser ist proportional zur Geschwindigkeit der Ladung und sowohl senkrecht zur Geschwindigkeit als auch zum Magnetfeld $\boldsymbol{H}$.

Für Geschwindigkeiten, die im Vergleich zur Lichtgeschwindigkeit klein sind, hat der Impuls $\boldsymbol{p}$ angenähert seinen klassischen Wert $m\,\boldsymbol{v}$, und die Bewegungsgleichung (17,5) geht in

$$m\,\frac{\mathrm{d}\boldsymbol{v}}{\mathrm{d}t} = e\,\boldsymbol{E} + \frac{e}{c}\,\boldsymbol{v}\times\boldsymbol{H} \tag{17,6}$$

über.

Wir leiten noch eine Gleichung ab, die die zeitliche Änderung der kinetischen Energie des Teilchens[1]), d. h. die Größe

$$\frac{\mathrm{d}\mathscr{E}_{\text{kin}}}{\mathrm{d}t} = \frac{\mathrm{d}}{\mathrm{d}t}\,\frac{m\,c^2}{\sqrt{1-\frac{v^2}{c^2}}}$$

bestimmt. Man überzeugt sich leicht davon, daß

$$\frac{\mathrm{d}\mathscr{E}_{\text{kin}}}{\mathrm{d}t} = \boldsymbol{v}\,\frac{\mathrm{d}\boldsymbol{p}}{\mathrm{d}t}$$

gilt. Setzen wir hier $\frac{\mathrm{d}\boldsymbol{p}}{\mathrm{d}t}$ aus (17,5) ein, so erhalten wir mit $(\boldsymbol{v}\times\boldsymbol{H})\,\boldsymbol{v} = 0$

$$\frac{\mathrm{d}\mathscr{E}_{\text{kin}}}{\mathrm{d}t} = e\,\boldsymbol{E}\,\boldsymbol{v}\,. \tag{17,7}$$

Die Änderung der kinetischen Energie mit der Zeit ist gleich der Arbeit, die das Feld (pro Zeiteinheit) an dem Teilchen leistet. Man erkennt aus (17,7), daß diese Arbeit gleich dem Produkt aus der Geschwindigkeit der Ladung mit dem Kraftanteil ist, durch den das elektrische Feld auf die Ladung wirkt. Die Arbeit des Feldes während der Zeit $\mathrm{d}t$, d. h. bei einer Verschiebung der Ladung um die Strecke $\mathrm{d}\boldsymbol{r}$, ist offensichtlich $e\,\boldsymbol{E}\,\mathrm{d}\boldsymbol{r}$.

Wir betonen, daß nur das elektrische Feld an der Ladung Arbeit leistet, nicht dagegen das Magnetfeld. Dies folgt daraus, daß die Kraft, mit der ein Magnetfeld auf ein Teilchen wirkt, immer senkrecht zu dessen Geschwindigkeit gerichtet ist.

Die Gleichungen der Mechanik sind invariant gegenüber einer Umkehr des Vorzeichens der Zeit, bei der die Rolle von Vergangenheit und Zukunft vertauscht werden. In der Mechanik sind also beide Zeitrichtungen äquivalent, d. h., die Zeit ist isotrop. Das bedeutet: Ist nach den Gleichungen der Mechanik irgendeine Bewegung möglich, so ist auch die umgekehrte Bewegung möglich, bei der das System alle Zustände in umgekehrter Reihenfolge durchläuft.

Man sieht leicht, daß dies auch für das relativistische elektromagnetische Feld gilt. Man hat jedoch mit $t \to -t$ auch das Vorzeichen des Magnetfeldes umzukehren. Die Bewegungsgleichung (17,5) ändert sich nämlich nicht, wenn wir die Ersetzung

$$t \to -t\,, \qquad \boldsymbol{E} \to \boldsymbol{E}\,, \qquad \boldsymbol{H} \to -\boldsymbol{H} \tag{17,8}$$

vornehmen.

[1]) Unter „kinetischer Energie“ verstehen wir hier und später den die Ruhenergie enthaltenden Ausdruck (9,4).

Dabei ändert sich gemäß (17,3) und (17,4) auch das skalare Potential nicht, während das Vektorpotential sein Vorzeichen wechselt:

$$\varphi \to \varphi\,, \qquad \boldsymbol{A} \to -\boldsymbol{A}\,. \tag{17,9}$$

Ist daher in einem elektromagnetischen Felde irgendeine Bewegung möglich, so kann auch die umgekehrte Bewegung in einem Felde mit entgegengesetzt gerichtetem $\boldsymbol{H}$ stattfinden.

Aufgabe

Man drücke die Beschleunigung eines Teilchens durch seine Geschwindigkeit und die elektrische und magnetische Feldstärke aus.

Lösung. Wir setzen in der Bewegungsgleichung (17,5) $\boldsymbol{p} = \boldsymbol{v}\,\mathcal{E}_{\text{kin}}/c^2$ und benutzen für $\dfrac{d\mathcal{E}_{\text{kin}}}{dt}$ den Ausdruck (17,7). Das Ergebnis lautet

$$\dot{\boldsymbol{v}} = \frac{e}{m}\sqrt{1-\frac{v^2}{c^2}}\left\{\boldsymbol{E} + \frac{1}{c}\,\boldsymbol{v}\times\boldsymbol{H} - \frac{1}{c^2}\,\boldsymbol{v}(\boldsymbol{v}\,\boldsymbol{E})\right\}.$$

§ 18. Eichinvarianz

Wir untersuchen hier die Frage, inwieweit die Potentiale des Feldes eindeutig bestimmt sind. Dabei hat man zu berücksichtigen, daß das Feld durch die Wirkung charakterisiert wird, die es auf die Bewegung von Ladungen ausübt. Nun gehen in die Bewegungsgleichungen (17,5) nicht die Potentiale, sondern die Feldstärken $\boldsymbol{E}$ und $\boldsymbol{H}$ ein. Zwei Felder sind daher physikalisch identisch, wenn sie dieselben Vektoren $\boldsymbol{E}$ und $\boldsymbol{H}$ besitzen. Sind die Potentiale $\boldsymbol{A}$ und φ gegeben, so sind gemäß (17,3) und (17,4) auch $\boldsymbol{E}$ und $\boldsymbol{H}$ eindeutig bestimmt, und das Feld ist somit bekannt. Zu ein und demselben Feld gehören jedoch verschiedene Potentiale. Um sich davon zu überzeugen, addiere man zu jeder Komponente A_k des Potentials die Größe $\dfrac{\partial f}{\partial x^k}$, wobei f eine willkürliche Funktion des Ortes und der Zeit ist. A_k geht dabei in

$$A_k' = A_k - \frac{\partial f}{\partial x^k} \tag{18,1}$$

über. Führen wir diese Substitution im Wirkungsintegral (16,1) durch, so läßt sich das auftretende Zusatzglied als vollständiges Differential schreiben:

$$\frac{e}{c}\,\frac{\partial f}{\partial x^k}\,dx^k = d\left(\frac{e}{c}\,f\right), \tag{18,2}$$

das die Bewegungsgleichungen nicht beeinflußt (vgl. I § 2).

Zerlegen wir das vierdimensionale Potential in das Vektor- und skalare Potential und schreiben wir statt x^i wieder x, y, z, t, so erhalten die vier Gleichungen (18,1) die Gestalt

$$\boldsymbol{A}' = \boldsymbol{A} + \operatorname{grad} f\,, \qquad \varphi' = \varphi - \frac{1}{c}\,\frac{\partial f}{\partial t}\,. \tag{18,3}$$

Man weist leicht direkt nach, daß sich das durch (17,3) und (17,4) gegebene elektrische und magnetische Feld in der Tat nicht ändert, wenn wir $\boldsymbol{A}$ und φ gemäß (18,3) durch $\boldsymbol{A}'$ und φ' ersetzen. Bei der Transformation der Potentiale (18,1) bleibt somit das Feld unverändert. Die Potentiale sind demgemäß nicht eindeutig bestimmt: Das Vektorpotential ist bis auf einen Gradienten einer beliebigen Funktion, das skalare bis auf die zeitliche Ableitung derselben Funktion festgelegt.

Speziell kann man also zum Vektorpotential einen beliebigen konstanten Vektor und zum skalaren eine beliebige Konstante addieren. Dies sieht man auch schon daraus, daß in $\boldsymbol{E}$ und $\boldsymbol{H}$ nur die Ableitungen von $\boldsymbol{A}$ und φ eingehen.

Physikalisch sinnvoll sind nur jene Größen, die gegenüber den Potentialtransformationen (18,3) invariant sind. Insbesondere müssen also alle Gleichungen gegenüber (18,3) invariant sein. Man nennt diese Invarianz *Eichinvarianz* (englisch gauge invariance)[1]).

Diese Nichteindeutigkeit der Potentiale gibt uns immer die Möglichkeit, sie so zu wählen, daß sie eine beliebige Zusatzbedingung erfüllen; *eine* deshalb, weil uns in (18,3) nur *eine* willkürliche Funktion f zur Verfügung steht. Man kann etwa verlangen, daß das skalare Potential φ verschwindet. Das Vektorpotential läßt sich nicht zum Verschwinden bringen, da $\boldsymbol{A} = 0$ drei Zusatzbedingungen darstellt (für die drei Komponenten von $\boldsymbol{A}$).

§ 19. Das zeitunabhängige elektromagnetische Feld

Statisch nennen wir ein elektromagnetisches Feld, wenn es nicht von der Zeit abhängt. Es ist klar, daß man dann auch die Potentiale so wählen kann, daß sie nur Funktionen der Ortskoordinaten, nicht der Zeit, sind. Das statische Magnetfeld ist auch weiterhin durch $\boldsymbol{H} = \operatorname{rot} \boldsymbol{A}$ gegeben, während für das statische elektrische Feld

$$\boldsymbol{E} = -\operatorname{grad} \varphi \tag{19,1}$$

gilt. Das statische elektrische Feld hängt also nur vom skalaren Potential, das Magnetfeld nur vom Vektorpotential ab.

Wir stellten im vorangegangenen Paragraphen fest, daß die Potentiale des Feldes nicht eindeutig bestimmt sind. Man sieht jedoch leicht folgendes ein: Beschreiben wir das statische Feld durch zeitunabhängige Potentiale, so können wir, wenn sich das Feld nicht ändern soll, zum skalaren Potential nur eine (orts- und zeitunabhängige) Konstante hinzufügen. Gewöhnlich fordert man von φ, daß es an einem Raumpunkt einen vorgegebenen Wert annehmen soll, meist wird das Verschwinden im Unendlichen verlangt. Dann ist auch die freigebliebene Konstante festgelegt und das skalare Potential eines statischen Feldes demnach eindeutig bestimmt.

---

[1]) Dieses Resultat hängt mit der in (18,2) angenommenen Konstanz von e zusammen. Damit ergibt sich ein enger Zusammenhang der Eichinvarianz der Gleichungen der Elektrodynamik mit der Ladungserhaltung.

Dagegen ist das Vektorpotential eines statischen Feldes auch weiterhin nicht eindeutig festgelegt; wir können zu $\boldsymbol{A}$ den Gradienten einer beliebigen Ortsfunktion addieren.

Wir wollen nun die Energie bestimmen, die eine Ladung im statischen Felde besitzt. Die LAGRANGE-Funktion der Ladung hängt hier nicht explizit von der Zeit ab. Wie wir wissen, heißt das, daß die Energie des geladenen Teilchens mit der HAMILTON-Funktion zusammenfällt und erhalten bleibt. Nach (16,6) folgt also

$$\mathscr{E} = \frac{m c^2}{\sqrt{1 - \frac{v^2}{c^2}}} + e \varphi . \tag{19,2}$$

Der Einfluß des Feldes auf die Energie des Teilchens drückt sich durch das Zusatzglied $e \varphi$, die potentielle Energie einer Ladung im Felde, aus. Hervorzuheben ist die wichtige Tatsache, daß die Energie nur vom skalaren, nicht vom Vektorpotential abhängt. Das Magnetfeld hat demnach keinen Einfluß auf die Energie der Ladung, diese wird vielmehr nur durch das elektrische Feld bestimmt. Es hängt dies damit zusammen, daß das Magnetfeld im Unterschied zum elektrischen keine Arbeit an der Ladung leistet.

Ist die Feldstärke an allen Orten dieselbe, so heißt das Feld *homogen.* Das skalare Potential eines homogenen elektrischen Feldes läßt sich mittels

$$\varphi = - \boldsymbol{E} \boldsymbol{r} \tag{19,3}$$

durch die Feldstärke ausdrücken, denn wir haben für $\boldsymbol{E} = \text{const}$ auch $\operatorname{grad} (\boldsymbol{E} \boldsymbol{r}) = (\boldsymbol{E} \nabla) \boldsymbol{r} = \boldsymbol{E}$.

Das Vektorpotential eines homogenen Magnetfeldes läßt sich ebenfalls in Abhängigkeit von der magnetischen Feldstärke $\boldsymbol{H}$ schreiben:

$$\boldsymbol{A} = \frac{1}{2} \boldsymbol{H} \times \boldsymbol{r} . \tag{19,4}$$

Man überzeugt sich davon durch Anwendung einer vektoranalytischen Formel, die wir für $\boldsymbol{H} = \text{const}$ und mit $\operatorname{div} \boldsymbol{r} = 3$

$$\operatorname{rot} \boldsymbol{H} \times \boldsymbol{r} = \boldsymbol{H} \operatorname{div} \boldsymbol{r} - (\boldsymbol{H} \nabla) \boldsymbol{r} = 2 \boldsymbol{H}$$

schreiben können.

Es läßt sich auch eine andere Wahl für das Vektorpotential eines homogenen Magnetfeldes treffen, etwa eine solche der Form

$$A_x = - H y , \qquad A_y = A_z = 0 , \tag{19,5}$$

wobei die z-Achse in die Richtung von $\boldsymbol{H}$ gelegt wurde. Man rechnet sofort die Gültigkeit von $\boldsymbol{H} = \operatorname{rot} \boldsymbol{A}$ nach. In Übereinstimmung mit den Umeichungen (18,3) unterscheiden sich die Potentiale (19,4) und (19,5) um den Gradienten einer Funktion: Man erhält das Potential (19,5), wenn man zu (19,4) ∇f addiert, wobei $f = - x y H/2$ ist.

Aufgabe

Man finde das Variationsprinzip für die Bahnkurve eines Teilchens (das Prinzip von MAUPERTUIS) in einem statischen elektromagnetischen Feld in der relativistischen Mechanik.

Lösung. Das Prinzip von MAUPERTUIS besagt: Bleibt die Gesamtenergie eines Teilchens erhalten (wie hier bei der Bewegung im statischen Feld), so ergibt sich eine Bahn aus dem Variationsprinzip

$$\delta \int \boldsymbol{P}\, \mathrm{d}\boldsymbol{r} = 0\,,$$

in dem $\boldsymbol{P}$ der verallgemeinerte Teilchenimpuls ist — ausgedrückt durch die Energie und die Koordinatendifferentiale — und sich die Integration längs der Teilchenbahn erstreckt.

Setzen wir $\boldsymbol{P} = \boldsymbol{p} + \frac{e}{c}\boldsymbol{A}$ und beachten wir, daß $\boldsymbol{p}$ und $\mathrm{d}\boldsymbol{r}$ gleiche Richtungen haben, so folgt

$$\delta \int \left(p\, \mathrm{d}l + \frac{e}{c}\boldsymbol{A}\, \mathrm{d}\boldsymbol{r}\right) = 0$$

mit $\mathrm{d}l = \sqrt{\mathrm{d}\boldsymbol{r}^2}$ als Längenelement. Bestimmen wir schließlich noch p durch $p^2 + m^2 c^2 = \frac{(\mathscr{E} - e\varphi)^2}{c^2}$, so finden wir endgültig

$$\delta \int \left\{\sqrt{\frac{1}{c^2}(\mathscr{E} - e\varphi)^2 - m^2 c^2}\, \mathrm{d}l + \frac{e}{c}\boldsymbol{A}\, \mathrm{d}\boldsymbol{r}\right\} = 0\,.$$

§ 20. Bewegung in einem statischen homogenen elektrischen Feld

Wir untersuchen hier die Bewegung einer Ladung e in einem homogenen statischen elektrischen Feld $\boldsymbol{E}$. Es habe die Richtung der x-Achse. Offenbar wird die Bewegung in einer Ebene verlaufen; etwa in der xy-Ebene, wie wir annehmen wollen. Die Bewegungsgleichung (17,5) erhält dann die Gestalt

$$\dot{p}_x = e\,E\,, \qquad \dot{p}_y = 0$$

(der Punkt bezeichnet die Ableitung nach der Zeit t), woraus

$$p_x = e\,E\,t\,, \qquad p_y = p_0 \tag{20,1}$$

folgt. Als Zeitanfang wurde hierbei der Augenblick gewählt, in dem p_x verschwindet; p_0 ist dann der Impuls des Teilchens zu diesem Zeitpunkt.

Die kinetische Energie des Teilchens (worunter wir Gesamtenergie ohne die potentielle Energie der Ladung im Felde verstehen) beträgt $\mathscr{E}_{\mathrm{kin}} = c\sqrt{m^2 c^2 + p^2}$. Setzen wir hierin (20,1) ein, so ergibt sich

$$\mathscr{E}_{\mathrm{kin}} = \sqrt{m^2 c^4 + c^2 p_0^2 + (c\,e\,E\,t)^2} = \sqrt{\mathscr{E}_0^2 + (c\,e\,E\,t)^2}\,. \tag{20,2}$$

$\mathscr{E}_0$ ist die Energie für $t = 0$.

Die Geschwindigkeit eines Teilchens ist gemäß (9,8) durch $\boldsymbol{v} = \boldsymbol{p}\, c^2/\mathscr{E}_{\mathrm{kin}}$ gegeben. Für die Komponente $v_x = \dot{x}$ haben wir also

$$\frac{\mathrm{d}x}{\mathrm{d}t} = \frac{p_x c^2}{\mathscr{E}_{\mathrm{kin}}} = \frac{c^2 e\,E\,t}{\sqrt{\mathscr{E}_0^2 + (c\,e\,E\,t)^2}}\,.$$

Wenn wir integrieren, folgt

$$x = \frac{1}{e\,E}\sqrt{\mathcal{E}_0^2 + (c\,e\,E\,t)^2} \tag{20,3}$$

(die Integrationskonstante wurde Null gesetzt).[1])

Zur Bestimmung von y haben wir die Gleichung

$$\frac{\mathrm{d}y}{\mathrm{d}t} = \frac{p_y\,c^2}{\mathcal{E}_{\mathrm{kin}}} = \frac{p_0\,c^2}{\sqrt{\mathcal{E}_0^2 + (c\,e\,E\,t)^2}}\,,$$

aus der wir

$$y = \frac{p_0\,c}{e\,E}\operatorname{Arsh}\frac{c\,e\,E\,t}{\mathcal{E}_0} \tag{20,4}$$

erhalten.

Die Gleichung der Bahnkurve ergibt sich, wenn wir in (20,4) t durch y ausdrücken und diesen Wert für t in (20,3) einsetzen. Es folgt

$$x = \frac{\mathcal{E}_0}{e\,E}\operatorname{ch}\frac{e\,E\,y}{p_0\,c}\,. \tag{20,5}$$

Eine Ladung in einem homogenen elektrischen Felde bewegt sich also auf einer Kettenlinie.

Für Teilchengeschwindigkeiten $v \ll c$ können wir $p_0 = m\,v_0$ und $\mathcal{E}_0 = m\,c^2$ setzen; entwickeln wir noch (20,5) nach Potenzen von $1/c$, so bekommen wir bis auf Terme höherer Ordnung

$$x = \frac{e\,E}{2\,m\,v_0^2}\,y^2 + \mathrm{const}\,.$$

Die Ladung bewegt sich also auf einer Parabel, was uns aus der klassischen Mechanik gut bekannt ist.

§ 21. Bewegung in einem statischen homogenen Magnetfeld

Wir betrachten nun die Bewegung einer Ladung e in einem homogenen Magnetfeld $\boldsymbol{H}$. Die Richtung des Feldes sei die der z-Achse. Die Bewegungsgleichung

$$\dot{\boldsymbol{p}} = \frac{e}{c}\,\boldsymbol{v}\times\boldsymbol{H}$$

formen wir um, indem wir statt des Impulses

$$\boldsymbol{p} = \frac{\mathcal{E}\,\boldsymbol{v}}{c^2}$$

---

[1]) Dasselbe Ergebnis (für $p_0 = 0$) folgte auch aus der relativistischen Bewegung mit konstanter „Eigenbeschleunigung“ $w_0 = e\,E/m$ (siehe die Aufgabe zu § 7). Die Konstanz dieser Beschleunigung hängt hier damit zusammen, daß sich das elektrische Feld nicht ändert, wenn man LORENTZ-Transformationen mit Geschwindigkeiten $\boldsymbol{V}$ durchführt, die parallel zum Felde sind (siehe § 24).

einführen. $\mathcal{E}$ ist die im Magnetfeld konstante Energie des Teilchens. Es ergibt sich

$$\frac{\mathcal{E}}{c^2}\frac{\mathrm{d}\boldsymbol{v}}{\mathrm{d}t} = \frac{e}{c}\boldsymbol{v}\times\boldsymbol{H} \tag{21,1}$$

oder in Komponentenschreibweise

$$\dot{v}_x = \omega\, v_y\,, \qquad \dot{v}_y = -\,\omega\, v_x\,, \qquad \dot{v}_z = 0 \tag{21,2}$$

mit der Abkürzung

$$\omega = \frac{e\,c\,H}{\mathcal{E}}\,. \tag{21,3}$$

Wir multiplizieren die zweite Gleichung in (21,2) mit i und addieren sie zur ersten:

$$\frac{\mathrm{d}}{\mathrm{d}t}(v_x + i\,v_y) = -\,i\,\omega\,(v_x + i\,v_y)\,,$$

woraus

$$v_x + i\,v_y = a\,\mathrm{e}^{-i\,\omega\,t}$$

mit a als komplexer Konstante folgt. a läßt sich in der Gestalt $a = v_{0t}\,\mathrm{e}^{-i\alpha}$ schreiben, wobei v_{0t} und α reell sind. Es folgt

$$v_x + i\,v_y = v_{0t}\,\mathrm{e}^{-i(\omega t+\alpha)}$$

und nach Aufspaltung in den Real- und Imaginärteil

$$v_x = v_{0t}\cos(\omega\,t + \alpha)\,, \qquad v_y = -\,v_{0t}\sin(\omega\,t + \alpha)\,. \tag{21,4}$$

Die Konstanten v_{0t} und α werden durch die Anfangsbedingungen bestimmt: α ist die Anfangsphase, und für v_{0t} folgt aus (21,4)

$$v_{0t} = \sqrt{v_x^2 + v_y^2}\,,$$

d. h., v_{0t} ist der bei der Bewegung des Teilchens konstante Betrag der Geschwindigkeit in der xy-Ebene.

Bei nochmaliger Integration finden wir aus (21,4)

$$x = x_0 + r\sin(\omega\,t + \alpha)\,, \qquad y = y_0 + r\cos(\omega\,t + \alpha) \tag{21,5}$$

mit

$$r = \frac{v_{0t}}{\omega} = \frac{v_{0t}\,\mathcal{E}}{e\,c\,H} = \frac{c\,p_t}{e\,H} \tag{21,6}$$

(p_t ist die Projektion des Impulses auf die xy-Ebene). Aus der dritten Gleichung von (21,2) finden wir $v_z = v_{0z}$ und

$$z = z_0 + v_{0z}\,t\,. \tag{21,7}$$

Man entnimmt aus (21,5) und (21,7), daß sich eine Ladung im homogenen Magnetfeld auf einer Schraubenlinie bewegt, deren Achse das Magnetfeld ist und deren Radius r durch (21,6) bestimmt ist. Die Geschwindigkeit des Teilchens ist dabei dem Betrage nach konstant. Im Spezialfall $v_{0z} = 0$, wenn also die Ladung keine Geschwindigkeitskomponente in Feldrichtung hat, bewegt sie sich auf einem Kreise in einer zum Felde senkrechten Ebene. Wie man aus den Formeln erkennt, ist ω die Kreisfrequenz bei der Rotation des Teilchens in dieser Ebene.

Für kleine Geschwindigkeiten des Teilchens können wir $\mathcal{E} = m c^2$ setzen. Die Frequenz ω geht dann in

$$\omega = \frac{e H}{m c} \tag{21,8}$$

über.

Wir wollen annehmen, daß sich das Magnetfeld, obwohl es weiterhin homogen bleibt, langsam in Größe und Richtung ändert. Wie ändert sich dabei die Bewegung eines geladenen Teilchens?

Wie wir wissen, bleiben bei einer Änderung der Bewegungsparameter die sogenannten adiabatischen Invarianten ungeändert. Da die in der zum Magnetfeld senkrechten Ebene erfolgende Bewegung periodisch ist, stellt das Integral $I = \frac{1}{2\pi} \oint \boldsymbol{P}_t \, d\boldsymbol{r}$ eine adiabatische Invariante dar, wenn wir es über eine volle Periode der Bewegung erstrecken, in unserem Falle also über den Kreisumfang ($\boldsymbol{P}_t$ ist die Projektion des verallgemeinerten Impulses auf die erwähnte Ebene).[1]

Setzen wir $\boldsymbol{P}_t = \boldsymbol{p}_t + \frac{e}{c} \boldsymbol{A}$, so erhalten wir

$$I = \frac{1}{2\pi} \oint \boldsymbol{P}_t \, d\boldsymbol{r} = \frac{1}{2\pi} \oint \boldsymbol{p}_t \, d\boldsymbol{r} + \frac{e}{2\pi c} \oint \boldsymbol{A} \, d\boldsymbol{r} .$$

Beim ersten Term können wir feststellen, daß $\boldsymbol{p}_t$ dem Betrage nach konstant ist und in der Richtung von $d\boldsymbol{r}$ liegt. Den zweiten Term formen wir nach dem STOKESschen Satz um und ersetzen rot $\boldsymbol{A}$ durch $\boldsymbol{H}$:

$$I = r\, p_t - \frac{e}{2c} H r^2 ;$$

hierbei ist r der Radius der Bahn.[2]) Für r benutzen wir den Ausdruck (21,6) und erhalten

$$I = \frac{c\, p_t^2}{2 e H} . \tag{21,9}$$

Man sieht, daß sich bei einer langsamen Änderung von H der tangentiale Impuls p_t proportional zu $\sqrt{H}$ ändert.

---

[1]) Siehe I, § 49. Adiabatische Invariante sind die über eine volle Periode der jeweiligen Koordinate q erstreckten Integrale $\oint p \, dq$. In dem hier betrachteten Fall sind die Phasenbahnen der zwei in der zu $\boldsymbol{H}$ senkrechten Ebene befindlichen Koordinaten gleich, und das Integral I zerfällt demgemäß in die Summe von zwei adiabatischen Invarianten. Einzeln hat jedoch keine der beiden Invarianten einen Sinn, da sie von der Wahl des Vektorpotentials abhängen. Diese nicht eindeutige Bestimmbarkeit der adiabatischen Invarianten entspricht der Tatsache, daß man das infolge der Änderung von $\boldsymbol{H}$ entstehende elektrische Feld prinzipiell nicht bestimmen kann, da das Magnetfeld als homogen im ganzen Raum vorausgesetzt wurde. Dieses hängt von den tatsächlichen Bedingungen im Unendlichen ab.

[2]) Das Minuszeichen vor dem zweiten Term resultiert daraus, daß das geladene Teilchen die Bahnkurve bei gegebener Richtung von $\boldsymbol{H}$ entgegen dem Uhrzeigersinn durchläuft, wenn man längs $\boldsymbol{H}$ blickt.

Dieses Resultat hat auch noch in dem Fall Gültigkeit, wenn sich das Teilchen auf einer Schraubenlinie in einem konstanten, aber nicht völlig homogenen Magnetfeld bewegt (das Feld ändere sich nur schwach auf Entfernungen, die von der Größenordnung des Radius und der Ganghöhe der Teilchenbahn sind). Eine solche Bewegung kann als eine Bewegung auf einer Kreisbahn, die sich im Laufe der Zeit verlagert, angesehen werden, während sich das Feld in bezug auf diese Bahn zeitlich ändert, aber homogen bleibt. Daraus kann man schließen, daß sich die (in bezug auf die Feldrichtung) tangentiale Komponente des Impulses nach dem Gesetz $p_t = \sqrt{C H}$ ändert, in dem C eine Konstante und H eine gegebene Funktion der Koordinaten ist. Andererseits bleibt wie in jedem zeitunabhängigen Magnetfeld die Energie des Teilchens (und mit ihr das Quadrat p^2 seines Impulses) konstant. Für die zum Felde normale Komponente p_n des Impulses gilt also

$$p_n^2 = p^2 - p_t^2 = p^2 - C H(x, y, z)\,. \tag{21,10}$$

Da $p_n^2 \geqq 0$ sein muß, kann das Teilchen in den durch $C H > p^2$ bestimmten Raumbereich nicht eindringen. Bei einer Bewegung in Richtung eines sich vergrößernden Feldes verkleinert sich der Radius der Schraubenlinie proportional zu p_t/H (d. h. proportional zu $1/\sqrt{H}$), und die Ganghöhe ist proportional zu p_n. Beim Erreichen der Grenze, an der p_n verschwindet, wird das Teilchen gespiegelt. Das Teilchen beginnt, sich entgegengesetzt dem Feldgradienten zu bewegen.

Die Inhomogenität des Feldes führt auch noch zu einer anderen Erscheinung, der langsamen Verlagerung (*Drift*) des Führungszentrums der Schraubenlinie des Teilchens (so wird in diesem Zusammenhang der Mittelpunkt der Kreisbahn genannt); dieser Frage ist die Aufgabe 3 zum folgenden Paragraphen gewidmet.

Aufgabe

Man bestimme die Schwingungsfrequenz eines geladenen unrelativistischen räumlichen Oszillators in einem zeitunabhängigen homogenen Magnetfeld. Die Eigenfrequenz des Oszillators ohne Feld sei ω_0.

Lösung. Die Bewegungsgleichungen für die Schwingungen eines harmonischen Oszillators in einem in der z-Richtung befindlichen Magnetfeld haben die Gestalt

$$\ddot{x} + \omega_0^2 x = \frac{e H}{m c} \dot{y}, \qquad \ddot{y} + \omega_0^2 y = -\frac{e H}{m c} \dot{x}, \qquad \ddot{z} + \omega_0^2 z = 0\,.$$

Wir multiplizieren die zweite Gleichung mit i und addieren sie zur ersten:

$$\ddot{\xi} + \omega_0^2 \xi = -i \frac{e H}{m c} \dot{\xi}\,,$$

$\xi = x + i y$. Hieraus ergibt sich, daß die Frequenz des Oszillators in der zum Feld senkrechten Ebene

$$\omega = \sqrt{\omega_0^2 + \frac{1}{4}\left(\frac{e H}{m c}\right)^2} \pm \frac{e H}{2 m c}$$

beträgt. Für ein schwaches Magnetfeld H geht diese Formel in

$$\omega = \omega_0 \pm \frac{e H}{2 m c}$$

über. Die Schwingungen in der Feldrichtung ändern sich nicht.

§ 22. Bewegung einer Ladung in homogenen statischen elektrischen und magnetischen Feldern

Zum Schluß betrachten wir die Bewegung einer Ladung in dem Fall, daß gleichzeitig homogene statische elektrische und magnetische Felder vorhanden sind. Wir beschränken uns dabei auf die nichtrelativistische Näherung, in der die Geschwindigkeit der Ladung klein gegenüber der Lichtgeschwindigkeit ist und für den Impuls $\boldsymbol{p} = m \boldsymbol{v}$ gilt; wie wir sehen werden, muß dazu das elektrische Feld klein gegenüber dem Magnetfeld sein.

Die Richtung von $\boldsymbol{H}$ wählen wir zur z-Achse, die durch $\boldsymbol{H}$ und $\boldsymbol{E}$ verlaufende Ebene sei die yz-Ebene. Die Bewegungsgleichungen

$$m \dot{\boldsymbol{v}} = e \boldsymbol{E} + \frac{e}{c} \boldsymbol{v} \times \boldsymbol{H}$$

lassen sich dann in der Gestalt

$$\left.\begin{aligned} m \ddot{x} &= \frac{e}{c} \dot{y} H , \\ m \ddot{y} &= e E_y - \frac{e}{c} \dot{x} H , \\ m \ddot{z} &= e E_z \end{aligned}\right\} \qquad (22,1)$$

schreiben. Aus der dritten Gleichung entnimmt man, daß sich die Ladung längs der z-Achse gleichmäßig beschleunigt bewegt, d. h.

$$z = \frac{e E_z}{2 m} t^2 + v_{0z} t . \qquad (22,2)$$

Multiplizieren wir die zweite Gleichung aus (22,1) mit i und addieren sie zur ersten, so finden wir

$$\frac{\mathrm{d}}{\mathrm{d}t} (\dot{x} + i \dot{y}) + i \omega (\dot{x} + i \dot{y}) = i \frac{e}{m} E_y$$

$\left(\omega = \frac{e H}{m c}\right)$. Das Integral dieser Gleichung, in der wir $\dot{x} + i \dot{y}$ als Unbekannte ansehen, setzt sich aus der allgemeinen Lösung dieser Gleichung ohne rechte Seite und einer speziellen Lösung der vollständigen Gleichung zusammen. Die allgemeine Lösung der homogenen Gleichung ist $a\, \mathrm{e}^{-i \omega t}$, eine spezielle der inhomogenen $\frac{e E_y}{m \omega} = \frac{c E_y}{H}$. Somit finden wir

$$\dot{x} + i \dot{y} = a\, \mathrm{e}^{-i \omega t} + \frac{c E_y}{H} .$$

Die Konstante a ist im allgemeinen komplex. Wir schreiben sie in der Gestalt $a = b\,e^{i\alpha}$ mit reellem b und α. Anhand von $a\,e^{-i\omega t} = b\,e^{i(\alpha - \omega t)}$ sehen wir, daß der Phasenkonstanten α durch die Wahl des Anfangspunktes der Zeit jeder beliebige Wert gegeben werden kann. Wir wählen sie so, daß a reell wird. Zerlegen wir dann $\dot{x} + i\,\dot{y}$ in den Real- und Imaginärteil, so folgt

$$\dot{x} = a \cos \omega t + c \frac{E_y}{H}, \qquad \dot{y} = -\,a \sin \omega t\,. \tag{22,3}$$

Zum Zeitpunkt $t = 0$ hat die Geschwindigkeit die Richtung der x-Achse.

Man erkennt, daß die Geschwindigkeitskomponenten des Teilchens periodische Funktionen der Zeit sind. Ihre Mittelwerte sind

$$\overline{\dot{x}} = \frac{c\,E_y}{H}, \qquad \overline{\dot{y}} = 0\,.$$

Diese mittlere Geschwindigkeit der Ladung in gekreuzten elektrischen und magnetischen Feldern wird oft mit elektrischer *Driftgeschwindigkeit* bezeichnet. Sie steht senkrecht auf beiden Feldern und hängt nicht vom Vorzeichen der Ladung ab. In Vektorschreibweise lautet diese Geschwindigkeit

$$\overline{\boldsymbol{v}} = \frac{c\,\boldsymbol{E}\times\boldsymbol{H}}{H^2}\,. \tag{22,4}$$

Alle Gleichungen dieses Paragraphen gelten nur, wenn die Geschwindigkeit des Teilchens klein im Vergleich zur Lichtgeschwindigkeit ist. Wir sehen, daß dazu insbesondere nötig ist, daß die Felder die Bedingung

$$\frac{E_y}{H} \ll 1 \tag{22,5}$$

erfüllen, während E_y und H ansonsten beliebig sein können.

Integrieren wir die Gleichungen (22,3) nochmals unter der Bedingung $x = y = 0$ bei $t = 0$ für die Integrationskonstanten, so erhalten wir

$$\left.\begin{aligned} x &= \frac{a}{\omega} \sin \omega t + \frac{c\,E_y}{H}\,t\,, \\ y &= \frac{a}{\omega}(\cos \omega t - 1)\,. \end{aligned}\right\} \tag{22,6}$$

Diese Gleichungen können wir als die Parameterdarstellung der Bahnkurve, die eine sogenannte Trochoide ist, ansehen. Je nachdem, ob der Betrag von a größer oder kleiner als der von $c\,E_y/H$ ist, hat die Projektion der Teilchenbahn auf die xy-Ebene die Gestalt von Abb. 6a

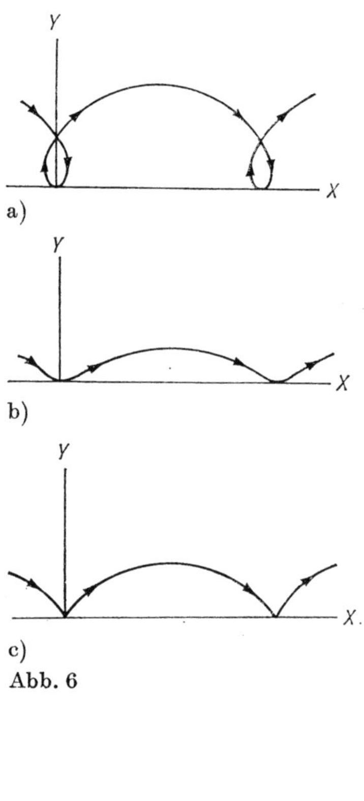

Abb. 6

oder 6b. Für $a = -c\,E_y/H$ geht (22,6) in

$$\left.\begin{aligned} x &= \frac{c\,E_y}{\omega\,H}(\omega\,t - \sin\omega\,t)\,, \\ y &= \frac{c\,E_y}{\omega\,H}(1 - \cos\omega\,t) \end{aligned}\right\} \qquad (22,7)$$

über, und die Projektion der Bahn in die xy-Ebene entartet zu einer Zykloide (Abb. 6c).

Aufgaben

1. Man bestimme die relativistische Bewegung einer Ladung in parallelen homogenen elektrischen und magnetischen Feldern.

Lösung. Das Magnetfeld hat keinen Einfluß auf die Bewegung in der gemeinsamen Richtung von $\boldsymbol{E}$ und $\boldsymbol{H}$ (z-Achse), diese erfolgt nur unter Einwirkung des elektrischen Feldes. Nach § 20 finden wir also

$$z = \frac{\mathscr{E}_{\text{kin}}}{e\,E}\,, \quad \mathscr{E}_{\text{kin}} = \sqrt{\mathscr{E}_0^2 + (c\,e\,E\,t)^2}\,.$$

Für die Bewegung in der xy-Ebene haben wir die Gleichungen

$$\dot{p}_x = \frac{e}{c}\,H\,v_y\,, \qquad \dot{p} = -\frac{e}{c}\,H\,v_x$$

oder

$$\frac{\mathrm{d}}{\mathrm{d}t}(p_x + i\,p_y) = -i\,\frac{e\,H}{c}(v_x + i\,v_y) = -\frac{i\,e\,H\,c}{\mathscr{E}_{\text{kin}}}(p_x + i\,p_y)\,.$$

Hieraus folgt

$$p_x + i\,p_y = p_t\,\mathrm{e}^{-i\varphi}\,,$$

wobei p_t der konstante Wert der Impulskomponente in der xy-Ebene ist und wir die Hilfsgröße φ durch

$$\mathrm{d}\varphi = e\,H\,c\,\frac{\mathrm{d}t}{\mathscr{E}_{\text{kin}}}$$

bzw. integriert

$$c\,t = \frac{\mathscr{E}_0}{e\,E}\,\mathrm{sh}\,\frac{E}{H}\,\varphi \qquad (1)$$

eingeführt haben. Weiterhin gilt

$$p_x + i\,p_y = p_t\,\mathrm{e}^{-i\varphi} = \frac{\mathscr{E}_{\text{kin}}}{c^2}(\dot{x} + i\,\dot{y}) = \frac{e\,H}{c}\,\frac{\mathrm{d}\,(x + i\,y)}{\mathrm{d}\varphi}$$

und demnach

$$x = \frac{c\,p_t}{e\,H}\sin\varphi\,, \qquad y = \frac{c\,p_t}{e\,H}\cos\varphi\,. \qquad (2)$$

Die Gleichungen (1), (2) zusammen mit

$$z = \frac{\mathscr{E}_0}{e\,E}\,\mathrm{ch}\,\frac{E}{H}\,\varphi \qquad (3)$$

stellen die Teilchenbewegung in Parameterform dar. Die Bahnkurven sind Schraubenlinien mit dem Radius $c\,p_t/e\,H$ und monoton wachsenden Ganghöhen. Bei der Bewegung des Teilchens nimmt seine Winkelgeschwindigkeit $\dot{\varphi} = e\,H\,c/\mathscr{E}_{\text{kin}}$ ab, und die Geschwindigkeitskomponente in z-Richtung strebt gegen c.

2. Man bestimme die relativistische Bewegung einer Ladung in zueinander senkrechten und ihrem Betrage nach gleichen elektrischen und magnetischen Feldern.[1])

Lösung. Wir legen die z-Achse in die Richtung von $\boldsymbol{H}$, die y-Achse in die Richtung von $\boldsymbol{E}$. Mit $E = H$ sind dann die Bewegungsgleichungen

$$\frac{\mathrm{d}p_x}{\mathrm{d}t} = \frac{e}{c} E\, v_y\,, \qquad \frac{\mathrm{d}p_y}{\mathrm{d}t} = e\, E \left(1 - \frac{v_x}{c}\right), \qquad \frac{\mathrm{d}p_z}{\mathrm{d}t} = 0\,,$$

ferner erhalten wir aus Gleichung (17,7)

$$\frac{\mathrm{d}\mathscr{E}_{\mathrm{kin}}}{\mathrm{d}t} = e\, E\, v_y\,.$$

Aus diesen Gleichungen ergibt sich

$$p_z = \mathrm{const}\,, \qquad \mathscr{E}_{\mathrm{kin}} - c\, p_x = \mathrm{const} \equiv \alpha\,.$$

Benutzen wir die Identität

$$\mathscr{E}_{\mathrm{kin}}^2 - c^2 p_x^2 = (\mathscr{E}_{\mathrm{kin}} + c\, p_x)(\mathscr{E}_{\mathrm{kin}} - c\, p_x) = c^2 p_y^2 + \varepsilon^2$$

(mit $\varepsilon^2 = m^2 c^4 + c^2 p_z^2 = \mathrm{const}$), so finden wir

$$\mathscr{E}_{\mathrm{kin}} + c\, p_x = \frac{1}{\alpha}(c^2 p_y^2 + \varepsilon^2)$$

und weiter

$$\mathscr{E}_{\mathrm{kin}} = \frac{\alpha}{2} + \frac{c^2 p_y^2 + \varepsilon^2}{2\,\alpha}\,, \qquad p_x = -\frac{\alpha}{2\,c} + \frac{c^2 p_y^2 + \varepsilon^2}{2\,\alpha\, c}\,.$$

Wir können schreiben

$$\mathscr{E}_{\mathrm{kin}} \frac{\mathrm{d}p_y}{\mathrm{d}t} = e\, E \left(\mathscr{E}_{\mathrm{kin}} - \frac{\mathscr{E}_{\mathrm{kin}}\, v_x}{c}\right) = e\, E\, (\mathscr{E}_{\mathrm{kin}} - c\, p_x) = e\, E\, \alpha\,,$$

woraus

$$2\, e\, E\, t = \left(1 + \frac{\varepsilon^2}{\alpha^2}\right) p_y + \frac{c^2}{3\,\alpha^2} p_y^3\,. \tag{1}$$

folgt.

Um die Bahn mit Hilfe von

$$\frac{\mathrm{d}x}{\mathrm{d}t} = \frac{c^2 p_x}{\mathscr{E}_{\mathrm{kin}}}\,, \ldots$$

zu bestimmen, führen wir durch $\mathrm{d}t = \dfrac{\mathscr{E}_{\mathrm{kin}}\, \mathrm{d}p_y}{e\, E\, \alpha}$ die Variable p_y ein. Nach Integration gelangen wir zu den Gleichungen

$$\left.\begin{aligned} x &= \frac{c}{2\, e\, E}\left(-1 + \frac{\varepsilon^2}{\alpha^2}\right) p_y + \frac{c^3}{6\,\alpha^2\, e\, E} p_y^3\,, \\ y &= \frac{c^2}{2\,\alpha\, e\, E} p_y^2\,, \qquad z = \frac{p_z\, c^2}{e\, E\, \alpha} p_y\,. \end{aligned}\right\} \tag{2}$$

Die Gleichungen (1) und (2) beschreiben in Parameterform (mit p_y als Parameter) die Bewegung des Teilchens vollständig. Es sei darauf hingewiesen, daß die Geschwindigkeit am schnellsten in der zu $\boldsymbol{E}$ und $\boldsymbol{H}$ senkrechten Richtung wächst (d. h. in Richtung der x-Achse).

---

[1]) Das entsprechende Problem für betragsmäßig verschiedene Felder $\boldsymbol{E}$ und $\boldsymbol{H}$ läßt sich durch eine geeignete Wahl des Bezugssystems auf das Bewegungsproblem in einem rein elektrischen oder rein magnetischen Feld zurückführen (siehe § 25).

3. Für ein nichtrelativistisches geladenes Teilchen im quasihomogenen konstanten Magnetfeld bestimme man die Driftgeschwindigkeit des Führungszentrums der Bahn (ALFVEN 1940).

Lösung. Wir setzen zunächst voraus, daß sich das Teilchen auf einer Kreisbahn bewegt, d. h., die Geschwindigkeit hat keine longitudinale Komponente (in Richtung des Feldes). Die Bahngleichung des Teilchens stellen wir in der Gestalt $\boldsymbol{r}(t) = \boldsymbol{R}(t) + \boldsymbol{\zeta}(t)$ auf, wobei $\boldsymbol{R}(t)$ der Radiusvektor des Führungszentrums ist (eine Funktion, die sich zeitlich langsam ändert) und $\boldsymbol{\zeta}(t)$ — eine rasch oszillierende Größe — die Drehbewegung um das Führungszentrum beschreibt. Die auf das Teilchen wirkende Kraft $\frac{e}{c}\dot{\boldsymbol{r}}\times\boldsymbol{H}(\boldsymbol{r})$ wollen wir über eine Periode der Kreisbewegung mitteln. Dazu entwickeln wir die Funktion $\boldsymbol{H}(\boldsymbol{r})$ nach $\boldsymbol{\zeta}$:

$$\boldsymbol{H}(\boldsymbol{r}) = \boldsymbol{H}(\boldsymbol{R}) + (\boldsymbol{\zeta}\,\nabla)\,\boldsymbol{H}(\boldsymbol{R})\,.$$

Bei der Mittelung verschwinden die Glieder erster Ordnung in $\boldsymbol{\zeta}(t)$, während die zweite Ordnung zum Auftreten einer zusätzlichen Kraft führt:

$$\boldsymbol{f} = \frac{e}{c}\,\dot{\boldsymbol{\zeta}}(\boldsymbol{\zeta}\,\nabla)\times\boldsymbol{H}\,.$$

Für die Kreisbewegung ist

$$\dot{\boldsymbol{\zeta}} = \omega\,\boldsymbol{x}\times\boldsymbol{n}\,, \qquad |\boldsymbol{\zeta}| = \frac{v_\perp}{\omega}\,,$$

$\boldsymbol{n}$ ist der Einheitsvektor in der Richtung von $\boldsymbol{H}$; die Frequenz ist $\omega = e\,H/m\,c$; $\boldsymbol{v}_\perp$ ist die Bahngeschwindigkeit des Teilchens bei der Kreisbewegung. Für den Mittelwert der Produkte der Komponenten ζ_α (senkrecht zu $\boldsymbol{n}$) ergibt sich

$$\overline{\zeta_\alpha\,\zeta_\beta} = \frac{1}{2}\,|\boldsymbol{\zeta}|^2\,\delta_{\alpha\beta}\,,$$

wobei $\delta_{\alpha\beta}$ der Einheitstensor in dieser Ebene ist. Schließlich erhalten wir

$$\boldsymbol{f} = -\frac{m\,v_\perp^2}{2\,H}\,(\boldsymbol{n}\times\nabla)\,\boldsymbol{H}\,.$$

Aus den Gleichungen $\operatorname{div}\boldsymbol{H} = 0$ und $\operatorname{rot}\boldsymbol{H} = 0$, denen das konstante Feld $\boldsymbol{H}(\boldsymbol{R})$ genügt, erhalten wir:

$$\begin{aligned}(\boldsymbol{n}\times\nabla)\times\boldsymbol{H} &= -\,\boldsymbol{n}\operatorname{div}\boldsymbol{H} + \boldsymbol{n}\times\operatorname{rot}\boldsymbol{H} + (\boldsymbol{n}\,\nabla)\,\boldsymbol{H} = (\boldsymbol{n}\,\nabla)\,\boldsymbol{H}\\ &= H(\boldsymbol{n}\,\nabla)\,\boldsymbol{n} + \boldsymbol{n}\,(\boldsymbol{n}\,\nabla\,H)\,.\end{aligned}$$

Uns interessiert die eine Verlagerung der Bahn bewirkende Querkraft (bezüglich $\boldsymbol{n}$); sie ist gleich

$$\boldsymbol{f} = -\frac{m\,v_\perp^2}{2}\,(\boldsymbol{n}\,\nabla)\,\boldsymbol{n} = \frac{m\,v_\perp^2}{2\,\varrho}\,\boldsymbol{b}\,,$$

wobei ϱ der Krümmungsradius der Kraftlinien des Feldes im gegebenen Punkt ist und $\boldsymbol{b}$ der Einheitsvektor, der vom Zentrum des Krümmungskreises zu diesem Punkt gerichtet ist.

Wir können den Fall, in dem das Teilchen auch eine (bezüglich $\boldsymbol{n}$) longitudinale Geschwindigkeitskomponente besitzt, auf den soeben behandelten zurückführen, wenn wir zu einem Koordinatensystem übergehen, das sich um den momentanen Mittelpunkt des Krümmungskreises der Kraftlinien (die Bahn des Führungszentrums) mit der Winkelgeschwindigkeit $v_{||}/\varrho$ dreht. In diesem System hat das Teilchen keine longitudinale Geschwindigkeit, es erscheint jedoch eine zusätzliche Querkraft, die Zentrifugalkraft, der Größe $\boldsymbol{b}\,m\,v_{||}^2/\varrho$. Damit lautet die gesamte Querkraft:

$$\boldsymbol{f}_\perp = \boldsymbol{b}\,\frac{m}{\varrho}\left(v_{||}^2 + \frac{v_\perp^2}{2}\right).$$

Diese Kraft ist einem konstanten elektrischen Feld mit der Feldstärke $f_\perp/e$ äquivalent. Nach (22,4) bewirkt dieses Feld eine Drift des Führungszentrums der Bahn mit der Geschwindigkeit

$$\boldsymbol{v}_d = \frac{1}{\omega\,\varrho}\left(v_{||}^2 + \frac{v_\perp^2}{2}\right)\boldsymbol{b}\times\boldsymbol{n}\,.$$

Die Richtung dieser Geschwindigkeit hängt vom Vorzeichen der Ladung ab.

§ 23. Der Tensor des elektromagnetischen Feldes

Im § 17 wurden die Bewegungsgleichungen einer Ladung aus der in dreidimensionaler Gestalt geschriebenen Lagrange-Funktion (16,4) abgeleitet. Hier wollen wir diese Bewegungsgleichungen unmittelbar aus dem vierdimensionalen Wirkungsintegral (16,1) herleiten.

Das Prinzip der kleinsten Wirkung lautet:

$$\delta S = \delta \int_a^b \left(-\,m\,c\,\mathrm{d}s - \frac{e}{c}A_i\,\mathrm{d}x^i\right) = 0\,. \tag{23,1}$$

Mit $\mathrm{d}s = \sqrt{\mathrm{d}x_i\,\mathrm{d}x^i}$ finden wir (die Integrationsgrenzen sind der Kürze halber fortgelassen worden)

$$\delta S = -\int\left(m\,c\,\frac{\mathrm{d}x_i\,\mathrm{d}\,\delta x^i}{\mathrm{d}s} + \frac{e}{c}A_i\,\mathrm{d}\,\delta x^i + \frac{e}{c}\,\delta A_i\,\mathrm{d}x^i\right) = 0\,.$$

Die beiden ersten Glieder im Integranden integrieren wir partiell. Weiter ersetzen wir $\frac{\mathrm{d}x_i}{\mathrm{d}s}$ durch die Vierergeschwindigkeit u_i. Es ergibt sich

$$\int\left(m\,c\,\mathrm{d}u_i\,\delta x^i + \frac{e}{c}\,\delta x^i\,\mathrm{d}A_i - \frac{e}{c}\,\delta A_i\,\mathrm{d}x^i\right) - \left[\left(m\,c\,u_i + \frac{e}{c}A_i\right)\delta x^i\right]_a^b = 0\,. \tag{23,2}$$

Der zweite Term dieses Ausdruckes verschwindet schon für sich, weil bei der Variation die Koordinatenwerte an den Integrationsgrenzen festgehalten werden. Ferner haben wir

$$\delta A_i = \frac{\partial A_i}{\partial x^k}\delta x^k\,,\qquad \mathrm{d}A_i = \frac{\partial A_i}{\partial x^k}\,\mathrm{d}x^k$$

und daher

$$\int\left(m\,c\,\mathrm{d}u_i\,\delta x^i + \frac{e}{c}\,\frac{\partial A_i}{\partial x^k}\delta x^i\,\mathrm{d}x^k - \frac{e}{c}\,\frac{\partial A_i}{\partial x^k}\mathrm{d}x^i\,\delta x^k\right) = 0\,.$$

Im ersten Gliede schreiben wir $\mathrm{d}u_i = \frac{\mathrm{d}u_i}{\mathrm{d}s}\,\mathrm{d}s$, im zweiten und dritten $\mathrm{d}x^i = u^i\,\mathrm{d}s$, schließlich vertauschen wir noch im dritten Glied die Indizes i und k (was möglich ist, da über sie summiert wird) und gelangen zu der Gleichung

$$\int\left[m\,c\,\frac{\mathrm{d}u_i}{\mathrm{d}s} - \frac{e}{c}\left(\frac{\partial A_k}{\partial x^i} - \frac{\partial A_i}{\partial x^k}\right)u^k\right]\delta x^i\,\mathrm{d}s = 0\,.$$

Da die Größen δx^i willkürlich sind, muß der Integrand verschwinden, d. h.

$$m\,c\,\frac{\mathrm{d}u_i}{\mathrm{d}s} = \frac{e}{c}\left(\frac{\partial A_k}{\partial x^i} - \frac{\partial A_i}{\partial x^k}\right) u^k$$

gelten. Der hier auftretende antisymmetrische Tensor

$$F_{ik} = \frac{\partial A_k}{\partial x^i} - \frac{\partial A_i}{\partial x^k} \tag{23,3}$$

wird als *Tensor des elektromagnetischen Feldes* oder als elektromagnetischer Feldstärkentensor bezeichnet. Die Bewegungsgleichungen (23,3) lassen sich dann in folgender Weise

$$m\,c\,\frac{\mathrm{d}u^i}{\mathrm{d}s} = \frac{e}{c}\,F^{ik}\,u_k \tag{23,4}$$

schreiben.

Diese vier Gleichungen sind die Bewegungsgleichungen einer Ladung in vierdimensionaler Gestalt.

Wenn wir $A_i = (\varphi, -\boldsymbol{A})$ in die Definition (23,3) einsetzen, wird der Sinn der Komponenten des Tensors F_{ik} ersichtlich. Das Ergebnis kann in Gestalt einer Matrix dargestellt werden, wobei der Index $i = 0, 1, 2, 3$ die Zeilen und k die Spalten bezeichnet:

$$F_{ik} = \begin{pmatrix} 0 & E_x & E_y & E_z \\ -E_x & 0 & -H_z & H_y \\ -E_y & H_z & 0 & -H_x \\ -E_z & -H_y & H_x & 0 \end{pmatrix}, \quad F^{ik} = \begin{pmatrix} 0 & -E_x & -E_y & -E_z \\ E_x & 0 & -H_z & H_y \\ E_y & H_z & 0 & -H_x \\ E_z & -H_y & H_x & 0 \end{pmatrix}. \tag{23,5}$$

Abgekürzt kann man schreiben (vgl. § 6):

$$F_{ik} = (\boldsymbol{E}, \boldsymbol{H}) \qquad \text{und} \qquad F^{ik} = (-\boldsymbol{E}, \boldsymbol{H}).$$

Die Komponenten der elektrischen und magnetischen Feldstärke bilden somit den vierdimensionalen elektromagnetischen Feldstärkentensor.

Gehen wir zu dreidimensionalen Bezeichnungen über, so überzeugt man sich leicht davon, daß die drei räumlichen Komponenten ($i = 1, 2, 3$) der Gleichung (23,4) mit den Bewegungsgleichungen (17,5) und die zeitliche Komponente ($i = 0$) mit der Gleichung (17,7) für die Arbeit identisch sind. (17,7) ist eine Folge der Bewegungsgleichungen. Auch hier weist man leicht nach, daß von den vier Gleichungen (23,4) nur drei unabhängig sind: Indem man (23,4) auf beiden Seiten mit u^i multipliziert, entsteht eine Gleichung, deren beide Seiten verschwinden, die linke wegen der Orthogonalität der Vierervektoren u^i und $\mathrm{d}u_i/\mathrm{d}s$, die rechte, weil der Tensor F_{ik} antisymmetrisch ist.

Betrachten wir eine Variation δS auf der wahren Bahn, so ist das erste Glied in (23,2) identisch Null. Bei veränderlicher oberer Integrationsgrenze liefert das zweite Glied das Differential der Wirkung als Funktion der Koordinaten:

$$\delta S = -\left(m\,c\,u_i + \frac{e}{c}\,A_i\right)\delta x^i . \tag{23,6}$$

Es folgt

$$-\frac{\partial S}{\partial x^i} = m\,c\,u_i + \frac{e}{c}A_i = p_i + \frac{e}{c}A_i\,. \tag{23,7}$$

$-\partial S/\partial x^i$ ist der Vierervektor P_i des verallgemeinerten Impulses des Teilchens. Setzen wir hier die Ausdrücke für p_i und A_i ein, so erhält man für die Komponenten von P_i

$$P^i = \left(\frac{\mathscr{E}_{\text{kin}} + c\,\varphi}{c}, \quad \boldsymbol{p} + \frac{e}{c}\boldsymbol{A}\right). \tag{23,8}$$

Wie es sein muß, bilden die räumlichen Komponenten von P_i den dreidimensionalen Vektor des verallgemeinerten Impulses (16,5), während die zeitliche Komponente $\mathscr{E}/c$ die Gesamtenergie $\mathscr{E}$ einer Ladung im Felde ist.

§ 24. Lorentz-Transformation des Feldes

Wir wollen nun die Transformationsformeln des Feldes bestimmen, d. h., wir wollen die Gleichungen bestimmen, aus denen man das Feld in einem Inertialsystem berechnen kann, wenn es in einem anderen gegeben ist.

Das Transformationsgesetz für die Potentiale ergibt sich unmittelbar aus den allgemeinen Transformationsformeln für die Vierervektoren (6,1). Aus $A^i = (\varphi, \boldsymbol{A})$ finden wir:

$$\varphi = \frac{\varphi' + \frac{V}{c}A_x'}{\sqrt{1-\frac{V^2}{c^2}}}, \quad A_x = \frac{A_x' + \frac{V}{c}\varphi'}{\sqrt{1-\frac{V^2}{c^2}}}, \quad A_y = A_y', \quad A_z = A_z'. \tag{24,1}$$

Die Transformationsformeln für einen antisymmetrischen Vierertensor zweiter Stufe (F^{ik} ist ein solcher Tensor) können Aufgabe 2 zu § 6 entnommen werden: Bei der Transformation ändern sich die Komponenten F^{23} und F^{01} nicht, während sich F^{02}, F^{03} wie x^0 und F^{12}, F^{13} wie x^1 transformieren. Drücken wir die Komponenten F^{ik} nach (23,5) durch die Komponenten der Felder $\boldsymbol{E}$ und $\boldsymbol{H}$ aus, so erhalten wir die folgenden Transformationsformeln für das elektrische bzw. magnetische Feld:

$$E_x = E_x', \quad E_y = \frac{E_y' + \frac{V}{c}H_z'}{\sqrt{1-\frac{V^2}{c^2}}}, \quad E_z = \frac{E_z' - \frac{V}{c}H_y'}{\sqrt{1-\frac{V^2}{c^2}}} \tag{24,2}$$

und

$$H_x = H_x', \quad H_y = \frac{H_y' - \frac{V}{c}E_z'}{\sqrt{1-\frac{V^2}{c^2}}}, \quad H_z = \frac{H_z' + \frac{V}{c}E_y'}{\sqrt{1-\frac{V^2}{c^2}}}. \tag{24,3}$$

Das elektrische und magnetische Feld sind somit, wie die meisten physikalischen Größen, relativ, d. h., sie besitzen in verschiedenen Bezugssystemen auch verschiedene Eigenschaften. Beispielsweise kann das elektrische Feld (oder das Magnetfeld) in einem System verschwinden, aber in einem anderen vorhanden sein.

Die Transformationsformeln (24,2), (24,3) vereinfachen sich wesentlich im Falle $V \ll c$. Bis auf Glieder der Ordnung $(V/c)^2$ lauten sie dann

$$E_x = E'_x\,, \quad E_y = E'_y + \frac{V}{c} H'_z\,, \quad E_z = E'_z - \frac{V}{c} H'_y\,,$$

$$H_x = H'_x\,, \quad H_y = H'_y - \frac{V}{c} E'_z\,, \quad H_z = H'_z + \frac{V}{c} E'_y$$

oder in Vektorschreibweise

$$\boldsymbol{E} = \boldsymbol{E}' + \frac{1}{c} \boldsymbol{H}' \times \boldsymbol{V}\,, \qquad \boldsymbol{H} = \boldsymbol{H}' - \frac{1}{c} \boldsymbol{E}' \times \boldsymbol{V}\,. \tag{24,4}$$

Die Formeln für die Umkehrtransformation von K' auf K erhalten wir aus (24,2) bis (24,4) unmittelbar dadurch, daß wir gestrichene und ungestrichene Größen vertauschen und bei V das Vorzeichen ändern.

Ist im System K' das Magnetfeld $\boldsymbol{H}' = 0$, so besteht nach (24,2), (24,3) zwischen dem elektrischen und magnetischen Feld in K die Beziehung

$$\boldsymbol{H} = \frac{1}{c} \boldsymbol{V} \times \boldsymbol{E}\,. \tag{24,5}$$

Verschwindet in K' das elektrische Feld, $\boldsymbol{E}' = 0$, dann gilt im System K

$$\boldsymbol{E} = -\frac{1}{c} \boldsymbol{V} \times \boldsymbol{H}\,. \tag{24,6}$$

In beiden Fällen stehen demnach im System K das Magnetfeld und das elektrische Feld aufeinander senkrecht.

Es gilt aber auch die Umkehrung: Stehen in irgendeinem Bezugssystem K die Felder $\boldsymbol{E}$ und $\boldsymbol{H}$ aufeinander senkrecht (sind dabei aber nicht betragsmäßig gleich), so gibt es ein Bezugssystem K', in dem das Feld nur elektrisch oder nur magnetisch ist: Die Geschwindigkeit $\boldsymbol{V}$ dieses Systems in bezug auf K ist zu $\boldsymbol{E}$ und $\boldsymbol{H}$ senkrecht und dem Betrage nach im ersten Falle gleich $c\,H/E$ (hierbei muß $H < E$ sein), im zweiten gleich $c\,E/H$ (für $E < H$).

§ 25. Invarianten des Feldes

Aus den Vektoren des elektromagnetischen Feldes lassen sich Invarianten bilden, die sich beim Übergang zu anderen Inertialsystemen nicht ändern. Die Form dieser Invarianten findet man leicht, wenn man von der vierdimensionalen Darstellung des Feldes durch den antisymmetrischen Tensor F^{ik} ausgeht. Es ist offensichtlich, daß wir folgende invariante Größen aus den

Komponenten dieses Tensors bilden können:

$$F_{ik} F^{ik} = \text{inv}\,, \tag{25,1}$$

$$e^{iklm} F_{ik} F_{lm} = \text{inv}\,, \tag{25,2}$$

wobei e^{iklm} der vollständig antisymmetrische Einheitstensor 4. Stufe ist (vgl. § 6). Es muß bemerkt werden, daß die zweite dieser Größen kein echter Skalar ist, sondern ein Pseudoskalar (das Produkt des Tensors F^{ik} mit seinem dualen Tensor, vgl. § 6).[1]

Werden die Komponenten F^{ik} nach (23,5) durch die Komponenten von $\boldsymbol{E}$ und $\boldsymbol{H}$ ausgedrückt, so überzeugt man sich leicht davon, daß diese Invarianten in dreidimensionaler Schreibweise folgende Gestalt haben:

$$H^2 - E^2 = \text{inv}\,, \tag{25,3}$$

$$\boldsymbol{E}\,\boldsymbol{H} = \text{inv}\,. \tag{25,4}$$

Der pseudoskalare Charakter des zweiten Ausdruckes ist hier klar, weil er das Produkt eines axialen und eines polaren Vektors ist. Dagegen ist $(\boldsymbol{E}\,\boldsymbol{H})^2$ ein echter Skalar.

Aus der Invarianz der beiden angeführten Ausdrücke kann man folgendes schließen: Sind in irgendeinem Koordinatensystem das elektrische und das magnetische Feld zueinander orthogonal, d. h. $\boldsymbol{E}\,\boldsymbol{H} = 0$, dann sind sie auch in jedem anderen Inertialsystem zueinander orthogonal. Wenn in irgendeinem Koordinatensystem die Beträge von $\boldsymbol{E}$ und $\boldsymbol{H}$ einander gleich sind, dann gilt das auch in einem beliebigen anderen System.

Offensichtlich gelten auch folgende Feststellungen über Ungleichungen: Wenn in einem beliebigen Koordinatensystem $E > H$ ist (oder $E < H$), so gilt auch in jedem anderen System $E > H$ (oder $E < H$). Ebenso bleibt die Eigenschaft, daß $\boldsymbol{E}$ und $\boldsymbol{H}$ einen spitzen (oder stumpfen) Winkel bilden, in allen Systemen erhalten, wenn sie in einem gilt.

Durch Lorentz-Transformationen kann man immer erreichen, daß $\boldsymbol{E}$ und $\boldsymbol{H}$ beliebige Werte annehmen,[2] wobei jedoch die Werte von $E^2 - H^2$ und $\boldsymbol{E}\,\boldsymbol{H}$ festliegen. Speziell kann man immer ein solches Bezugssystem finden, in dem das elektrische und magnetische Feld an einem bestimmten Punkt zueinander parallel sind. In diesem System gilt $\boldsymbol{E}\,\boldsymbol{H} = E\,H$, und mittels der beiden Gleichungen

$$E^2 - H^2 = \text{inv}\,, \tag{25,3}$$

$$E\,H = \text{inv} \tag{25,4}$$

---

[1]) Wir bemerken noch, daß sich der Pseudoskalar (25,2) wegen der Antisymmetrie des Tensors e^{iklm} in Form einer Viererdivergenz darstellen läßt:

$$e^{iklm} F_{ik} F_{lm} = 4 \frac{\partial}{\partial x^i}\left(e^{iklm} A_k \frac{\partial}{\partial x^l} A_m\right).$$

[2]) An einem bestimmten Ort und zu einer bestimmten Zeit (Anm. d. dtsch. Red.).

lassen sich die Werte von $\boldsymbol{E}$ und $\boldsymbol{H}$ aus den Werten $\boldsymbol{E}_0$ und $\boldsymbol{H}_0$ des Ausgangssystems bestimmen.

Eine Ausnahme bildet der Fall, in dem beide Invarianten verschwinden. Hier sind $\boldsymbol{E}$ und $\boldsymbol{H}$ in allen Bezugssystemen der Größe nach gleich und zueinander orthogonal.

Ist nur $\boldsymbol{E}\,\boldsymbol{H} = 0$, so gibt es ein Bezugssystem, in dem $\boldsymbol{E} = 0$ oder $\boldsymbol{H} = 0$ (je nachdem ob $E^2 - H^2 < \text{oder} > 0$) ist, also ein reines elektrisches oder ein reines Magnetfeld vorliegt; verschwindet umgekehrt in einem Bezugssystem $\boldsymbol{E}$ oder $\boldsymbol{H}$, so stehen $\boldsymbol{E}$ und $\boldsymbol{H}$ nach dem am Schluß von § 24 Gesagten auch in jedem anderen Bezugssystem aufeinander senkrecht.

Wir geben noch eine andere Methode, die Invarianten eines antisymmetrischen Vierertensors zu finden. Mit Hilfe dieser Methode werden wir insbesondere sehen, daß (25,3) und (25,4) wirklich die beiden einzigen Invarianten sind. Zugleich werden wir einige lehrreiche mathematische Eigenschaften der Anwendung der LORENTZ-Transformation auf einen solchen Tensor erklären.

Betrachten wir den komplexen Vektor

$$\boldsymbol{F} = \boldsymbol{E} + i\,\boldsymbol{H}\,. \tag{25,5}$$

Mit Hilfe von (24,2) und (24,3) ist leicht zu sehen, daß eine LORENTZ-Transformation (längs der x-Achse) für diesen Vektor die Gestalt

$$F_x = F'_x\,, \qquad F_y = F'_y \operatorname{ch}\varphi - i\,F'_z \operatorname{sh}\varphi = F'_y \cos i\,\varphi - F'_z \sin i\,\varphi\,,$$

$$F_z = F'_z \cos i\,\varphi + F'_y \sin i\,\varphi\,, \qquad \operatorname{th}\varphi = \frac{V}{c}$$

hat. Wir sehen, daß eine Drehung in der xt-Ebene des vierdimensionalen Raumes (wie sie die betrachtete LORENTZ-Transformation ist) für den Vektor $\boldsymbol{F}$ einer Drehung um einen imaginären Winkel in der yz-Ebene im dreidimensionalen Raume äquivalent ist. Die Gesamtheit aller möglichen Drehungen im vierdimensionalen Raum (einschließlich einer einfachen Drehung der Achsen x, y, z) ist der Gesamtheit aller Drehungen um komplexe Winkel in einem dreidimensionalen Raume äquivalent (die sechs Drehwinkel im vierdimensionalen Raum entsprechen dabei den drei komplexen Drehwinkeln in drei Dimensionen).

Die einzige Invariante eines Vektors gegenüber Drehungen ist sein Quadrat: $\boldsymbol{F}^2 = E^2 - H^2 + 2\,i\,\boldsymbol{E}\,\boldsymbol{H}$; die reellen Größen $E^2 - H^2$ und $\boldsymbol{E}\,\boldsymbol{H}$ sind daher die beiden einzigen unabhängigen Invarianten des Tensors F_{ik}.

Gilt $\boldsymbol{F}^2 \neq 0$, so läßt sich der Vektor $\boldsymbol{F}$ in der Gestalt $\boldsymbol{F} = a\,\boldsymbol{n}$ darstellen, wobei $\boldsymbol{n}$ ein komplexer Einheitsvektor ($\boldsymbol{n}^2 = 1$) ist. Durch komplexe Drehung kann man $\boldsymbol{n}$ in die Richtung einer Koordinatenachse legen; dabei wird offenbar $\boldsymbol{n}$ reell und $\boldsymbol{F} = (E + i\,H)\,\boldsymbol{n}$; mit anderen Worten, $\boldsymbol{E}$ und $\boldsymbol{H}$ sind zueinander parallel.

Aufgabe

Man bestimme die Geschwindigkeit des Bezugssystems, in dem das elektrische und magnetische Feld zueinander parallel sind.

Lösung. Es gibt unendlich viele Systeme K', die diese Bedingungen erfüllen. Haben wir eines gefunden, so können wir weitere angeben, die sich relativ zum ersten in der gemeinsamen Richtung von $\boldsymbol{E}$ und $\boldsymbol{H}$ bewegen. Es genügt daher, ein System zu finden, dessen Geschwindigkeit zu beiden Feldern senkrecht ist. Wir wählen die Richtung dieser Geschwindigkeit als x-Achse und benutzen, daß im System K' $E'_x = H'_x = 0$, $E'_y H'_z - E'_z H'_y = 0$ gilt. Mit Hilfe der Gleichungen (24,2) und (24,3) ergibt sich für die Geschwindigkeit $\boldsymbol{V}$ des Systems K' relativ zum Ausgangssystem die Gleichung

$$\frac{\boldsymbol{V}/c}{1 - V^2/c^2} = \frac{\boldsymbol{E} \times \boldsymbol{H}}{E^2 + H^2}$$

(von den beiden Wurzeln der quadratischen Gleichung muß natürlich die benutzt werden, für die $V < c$ gilt).

IV DIE GLEICHUNGEN DES ELEKTROMAGNETISCHEN FELDES

§ 26. Die erste Gruppe der MAXWELLschen Gleichungen

Aus den Ausdrücken

$$\boldsymbol{H} = \operatorname{rot} \boldsymbol{A}\,, \qquad \boldsymbol{E} = -\frac{1}{c}\frac{\partial \boldsymbol{A}}{\partial t} - \operatorname{grad} \varphi$$

erhält man in einfacher Weise Gleichungen, die nur noch $\boldsymbol{E}$ und $\boldsymbol{H}$ enthalten. Dazu berechnen wir rot $\boldsymbol{E}$:

$$\operatorname{rot} \boldsymbol{E} = -\frac{1}{c}\frac{\partial}{\partial t} \operatorname{rot} \boldsymbol{A} - \operatorname{rot} \operatorname{grad} \varphi\,.$$

Die Rotation eines Gradienten verschwindet, so daß sich

$$\operatorname{rot} \boldsymbol{E} = -\frac{1}{c}\frac{\partial \boldsymbol{H}}{\partial t} \tag{26,1}$$

ergibt. Weiter bilden wir auf beiden Seiten von $\boldsymbol{H} = \operatorname{rot} \boldsymbol{A}$ die Divergenz. Da auch die Divergenz einer Rotation Null liefert, folgt

$$\operatorname{div} \boldsymbol{H} = 0\,. \tag{26,2}$$

Die Gleichungen (26,1) und (26,2) bilden die erste Gruppe der MAXWELLschen Gleichungen[1]). Sie bestimmen die Eigenschaften des Feldes noch nicht vollständig. Man sieht dies daran, daß sie zwar die zeitliche Änderung des Magnetfeldes ($\partial \boldsymbol{H}/\partial t$), aber nicht die des elektrischen Feldes ($\partial \boldsymbol{E}/\partial t$) zu berechnen gestatten.

Die Gleichungen (26,1) und (26,2) lassen sich in Integralform umschreiben. Nach dem GAUSSschen Satz gilt

$$\int \operatorname{div} \boldsymbol{H}\, \mathrm{d}V = \oint \boldsymbol{H}\, \mathrm{d}\boldsymbol{f}\,.$$

Links wird über ein Volumen integriert, rechts über die geschlossene Oberfläche, die dieses Volumen begrenzt. Nach (26,2) haben wir

$$\oint \boldsymbol{H}\, \mathrm{d}\boldsymbol{f} = 0\,. \tag{26,3}$$

Das über eine Oberfläche erstreckte Integral eines Vektors wird als Fluß (oder Strömung) des Vektors durch diese Oberfläche bezeichnet. (26,3) besagt also, daß der Fluß des Magnetfeldes durch jede geschlossene Fläche verschwindet.

---

[1]) Die MAXWELLschen Gleichungen, die Grundgleichungen der Elektrodynamik, wurden von MAXWELL in den sechziger Jahren des vergangenen Jahrhunderts gefunden.

Nach dem STOKESschen Satze ist

$$\int \operatorname{rot} \boldsymbol{E}\, d\boldsymbol{f} = \oint \boldsymbol{E}\, d\boldsymbol{l}\,,$$

wobei das rechte Integral sich über die geschlossene Begrenzungslinie derjenigen Fläche erstreckt, über die links integriert wird. Die Anwendung dieses Satzes auf die über eine solche beliebige Fläche integrierte Gleichung (26,1) liefert

$$\oint \boldsymbol{E}\, d\boldsymbol{l} = -\frac{1}{c}\frac{\partial}{\partial t}\int \boldsymbol{H}\, d\boldsymbol{f}\,. \tag{26,4}$$

Das Integral eines Vektors über eine geschlossene Kurve wird Wirbel des Vektors in bezug auf diese Kurve genannt. Der Wirbel des elektrischen Feldes heißt auch *elektrische Ringspannung* oder *elektromotorische Kraft*. In Worten besagt (26,4): Die elektrische Ringspannung über die geschlossene Randkurve irgendeiner Fläche ist gleich der negativen zeitlichen Ableitung des magnetischen Flusses durch diese Fläche.

Die MAXWELLschen Gleichungen (26,1) und (26,2) lassen sich auch vierdimensional formulieren. Aus der Definition des Feldstärkentensors

$$F_{ik} = \frac{\partial A_k}{\partial x^i} - \frac{\partial A_i}{\partial x^k}$$

folgt, wie man sich leicht überzeugt,

$$\frac{\partial F_{ik}}{\partial x^l} + \frac{\partial F_{kl}}{\partial x^i} + \frac{\partial F_{li}}{\partial x^k} = 0\,. \tag{26,5}$$

Auf der linken Seite dieser Gleichung steht ein Tensor dritter Stufe, der in allen drei Indizes antisymmetrisch ist. Seine Komponenten sind nur für $i \neq k \neq l$ von Null verschieden. In (26,5) sind daher nur vier nicht identisch erfüllte Gleichungen enthalten. Diese sind, wie man mittels (23,5) leicht feststellt, gerade mit (26,1) und (26,2) identisch.

Einen antisymmetrischen Vierertensor dritten Ranges überführt man in den zu ihm dualen Vierervektor, indem man ihn mit e^{iklm} multipliziert und über drei Indexpaare summiert (§ 6). (26,5) nimmt dann die Form

$$e^{iklm}\frac{\partial F_{lm}}{\partial x^k} = 0 \tag{26,6}$$

an, aus der klar ersichtlich ist, daß in (26,5) nur vier unabhängige Gleichungen stecken.

§ 27. Das Wirkungsintegral des elektromagnetischen Feldes

Das Wirkungsintegral des aus dem elektromagnetischen Felde und den in ihm befindlichen Teilchen bestehenden Gesamtsystems hat man sich aus den Bestandteilen

$$S = S_f + S_m + S_{mf} \tag{27,1}$$

zusammengesetzt zu denken.

S_m ist derjenige Anteil der Wirkung, der nur von den Eigenschaften der Teilchen abhängt, also die Wirkungsfunktion eines freien Teilchens, wie sie durch

(8,1) gegeben wird. Sind mehrere Teilchen vorhanden, so ist ihr Beitrag zur Wirkung gleich der Summe der Wirkungen für jedes einzelne Teilchen:

$$S_m = -\sum m\,c \int \mathrm{d}s\,. \tag{27,2}$$

Der Anteil S_{mf} wird durch die Wechselwirkung zwischen Teilchen und Feld hervorgerufen. Nach § 16 haben wir für ein System von Teilchen

$$S_{mf} = -\sum \frac{e}{c} \int A_k\,\mathrm{d}x^k\,. \tag{27,3}$$

In jedem Glied dieser Summe ist für A_k das Potential des Feldes an der Stelle der Raumzeit einzusetzen, an der sich das entsprechende Teilchen gerade befindet. Die Summe $S_m + S_{mf}$ ist das uns schon bekannte Wirkungsintegral (16,1) für Ladungen im Felde.

S_f schließlich ist jener Anteil der Wirkung, der nur von den Eigenschaften des Feldes abhängt, d. h. das Wirkungsintegral des Feldes, wenn keine Ladungen vorhanden sind. Da wir uns bisher nur für die Bewegungen von Ladungen in einem vorgegebenen Felde interessierten, kümmerte uns dieser Anteil nicht, denn die Teilchenbewegung wird durch ihn nicht beeinflußt. Er ist jedoch zur Ableitung der Feldgleichungen nötig. Dem entspricht die Tatsache, daß wir aus dem Bestandteil $S_m + S_{mf}$ des Wirkungsintegrals nur zwei Gleichungen (26,1) und (26,2) ableiten konnten, die noch nicht zu einer vollständigen Bestimmung des Feldes ausreichen.

Um die Gestalt von S_f zu finden, gehen wir von einer sehr wichtigen Eigenschaft des elektromagnetischen Feldes aus: Erfahrungsgemäß gehorcht es dem sogenannten *Superpositionsprinzip*. Dieses Prinzip besagt folgendes: Wird von einer Ladung ein gewisses Feld erzeugt, von einer anderen ein zweites, so ergibt sich das Feld, das von den beiden Ladungen zusammen hervorgerufen wird, durch Addition der Einzelfelder, d. h., die Feldstärke des resultierenden Feldes ist in jedem Punkte gleich der (vektoriellen) Summe der Feldstärken der Einzelfelder.

Jede Lösung der Feldgleichungen kann in der Natur verwirklicht sein. Nach dem Superpositionsprinzip muß die Summe von beliebigen derartigen Feldern wieder ein Feld liefern, das in der Natur auftreten kann, d. h. den Feldgleichungen genügen muß.

Die linearen Differentialgleichungen sind nun gerade durch die Eigenschaft gekennzeichnet, daß die Summe zweier Lösungen wieder eine Lösung ist. Die gesuchten Differentialgleichungen müssen also linear sein. Dies bedeutet, daß der Integrand von S_f quadratisch in den Feldkomponenten ist. Nur in diesem Fall sind nämlich die Feldgleichungen linear, denn man erhält sie durch Variation des Wirkungsintegrals, wobei der Integrand um eine Differentiationsordnung erniedrigt wird.

In S_f können die Potentiale nicht auftreten, da sie nicht eindeutig bestimmt sind (für S_{mf} war diese Unbestimmtheit unwesentlich); S_f muß dann ein Integral aber eine Funktion des elektromagnetischen Feldstärketensors sein. Nun ist die Wirkung ein Skalar — daher muß auch der Integrand ein Skalar sein. Ein echter Skalar ist aber nur das Produkt $F_{ik} F^{ik}$[1]).

S_f muß somit die Gestalt

$$S_f = a \iint F_{ik} F^{ik} \, \mathrm{d}V \, \mathrm{d}t \,, \qquad \mathrm{d}V = \mathrm{d}x \, \mathrm{d}y \, \mathrm{d}z \,,$$

besitzen, wobei die Integration sich über den gesamten Ortsraum und das Zeitintervall zwischen zwei festen Zeitpunkten erstreckt. a ist eine Konstante. Unter dem Integral steht $F_{ik} F^{ik} = 2 (H^2 - E^2)$. Das $\boldsymbol{E}$-Feld enthält die Ableitungen $\frac{\partial \boldsymbol{A}}{\partial t}$. Man erkennt leicht, daß $\left(\frac{\partial \boldsymbol{A}}{\partial t}\right)^2$ in das Wirkungsintegral mit positivem (und daher auch E^2 mit positivem) Vorzeichen eingehen muß: Wäre dies nämlich nicht der Fall, so könnte man durch eine genügend rasche zeitliche Änderung des Potentials (im betrachteten Zeitintervall) einen beliebig großen negativen Wert für die Wirkung S_f erhalten; sie hätte dann aber kein Minimum, wie das Prinzip der kleinsten Wirkung verlangt. a muß also negativ sein.

Der Zahlenwert von a hängt von der Wahl des Maßsystems ab. Nach der Festlegung von a sind aber neben den Einheiten der Feldstärken auch die aller anderen elektromagnetischen Größen bestimmt.

Wir legen hier das Gaussssche *Maßsystem* zugrunde. In ihm ist a die dimensionslose Zahl $-1/16\,\pi$.[2])

Das Wirkungsintegral des Feldes lautet dann

$$S_f = -\frac{1}{16\,\pi\,c} \int F_{ik} F^{ik} \, \mathrm{d}\Omega \,, \qquad \mathrm{d}\Omega = c \, \mathrm{d}t \, \mathrm{d}x \, \mathrm{d}y \, \mathrm{d}z \,. \tag{27,4}$$

Die dreidimensionale Gestalt ist

$$S_f = \frac{1}{8\,\pi} \iint (E^2 - H^2) \, \mathrm{d}V \, \mathrm{d}t \,, \tag{27,5}$$

woraus sich die Lagrange-Funktion des Feldes zu

$$L_f = \frac{1}{8\,\pi} \int (E^2 - H^2) \, \mathrm{d}V \tag{27,6}$$

ergibt. Das gesamte Wirkungsintegral von Feld und Ladungen schreibt sich

$$S = -\sum \int m\,c \, \mathrm{d}s + \sum \int \frac{e}{c} A_k \, \mathrm{d}x^k - \frac{1}{16\,\pi\,c} \int F_{ik} F^{ik} \, \mathrm{d}\Omega \,. \tag{27,7}$$

---

[1]) Der Integrand von S_f kann keine Ableitungen von F_{ik} enthalten, weil eine Lagrange-Funktion außer von den Koordinaten des Systems nur noch von den ersten zeitlichen Ableitungen der Koordinaten abhängt; die „Koordinaten" (d. h. die Veränderlichen, die im Wirkungsprinzip variiert werden) sind aber hier die Potentiale A_k. Die Lage ist ganz ähnlich wie in der Mechanik, wo die Lagrange-Funktion eines mechanischen Systems nur die Koordinaten der Teilchen und ihre ersten Ableitungen nach der Zeit enthält.

Die Größe $e^{iklm} F_{ik} F_{lm}$ (§ 25) ist eine vollständige Viererdivergenz (vgl. Fußnote zu § 25); ihr Zusatz zum Integranden von S_f wirkt sich daher nicht auf die Bewegungsgleichungen aus. Damit wird diese Größe von der Wirkung ausgeschlossen — unabhängig davon, daß sie kein echter, sondern ein Pseudoskalar ist.

[2]) Neben dem Gaussschen wird auch das Heavisidesche Maßsystem benutzt, in dem $a = -1/4$ ist. In diesem System haben die Feldgleichungen ihre einfachste Gestalt (sie enthalten den Faktor π nicht mehr), dafür erscheint aber π im Coulombschen Gesetz. Umgekehrt tritt im Gaussschen System π zwar in den Feldgleichungen, aber nicht im Coulombschen Gesetz auf.

Es ist wichtig, daß hier die Ladungen keineswegs klein zu sein brauchen, wie wir dies bei der Ableitung der Bewegungsgleichungen einer Ladung in einem vorgegebenen Feld vorausgesetzt haben. A_k und F_{ik} stellen daher das tatsächliche (Gesamt-)Feld dar, d. h. die Summe aus äußerem Feld und dem von den Ladungen erzeugten Feld. A_k und F_{ik} hängen dann auch von Lage und Geschwindigkeit der Ladungen ab.

§ 28. Der Vierervektor des Stromes

Anstatt die Ladung als punktförmig zu betrachten, findet man es häufig aus mathematischen Gründen bequem, sie als im Raume stetig verteilt anzunehmen. Man führt dann eine Ladungsdichte ϱ derart ein, daß $\varrho\, \mathrm{d}V$ der im Volumenelement $\mathrm{d}V$ enthaltene Anteil der Ladung ist. ϱ hängt im allgemeinen vom Ort und von der Zeit ab. Integrieren wir ϱ über ein Raumgebiet, so erhalten wir die darin befindliche Ladung.

Da in Wirklichkeit die Ladungen punktförmig sind, ist die Dichte ϱ an allen Stellen außer dem Orte der Ladung Null zu setzen; das Integral $\int \varrho\, \mathrm{d}V$ muß jedoch gleich der Summe aller Ladungen sein, die sich in dem Integrationsgebiet befinden. ϱ läßt sich dann durch eine δ-Funktion[1]) wie folgt ausdrücken:

$$\varrho = \sum_a e_a\, \delta\,(\boldsymbol{r} - \boldsymbol{r}_a)\,. \tag{28,1}$$

[1]) Die δ-Funktion wird folgendermaßen definiert: $\delta(x) = 0$ für alle $x \neq 0$, für $x = 0$ sei $\delta(0) = \infty$ derart, daß das Integral

$$\int_{-\infty}^{+\infty} \delta(x)\, \mathrm{d}x = 1 \tag{I}$$

ist. Aus dieser Definition ergeben sich einige Eigenschaften: Ist $f(x)$ eine beliebige stetige Funktion, so gilt

$$\int_{-\infty}^{+\infty} f(x)\, \delta(x-a)\, \mathrm{d}x = f(a)\,; \tag{II}$$

im besonderen also

$$\int_{-\infty}^{+\infty} f(x)\, \delta(x)\, \mathrm{d}x = f(0)\,. \tag{III}$$

(Die Integrationsgrenzen brauchen natürlich nicht $\pm\infty$ zu sein. Das Integrationsgebiet ist beliebig, muß aber den Punkt enthalten, in dem die δ-Funktion nicht verschwindet.)

Die Gleichheit der folgenden Ausdrücke ist so zu verstehen, daß die rechte und linke Seite dasselbe Ergebnis liefern, wenn sie als Faktor in einem Integranden auftreten:

$$\delta(-x) = \delta(x)\,, \qquad \delta(a\,x) = \frac{1}{|a|}\,\delta(x)\,. \tag{IV}$$

Die letzte Gleichung ist ein Spezialfall der allgemeineren Beziehung

$$\delta[\varphi(x)] = \sum_i \frac{1}{|\varphi'(a_i)|}\,\delta\,(x - a_i)\,, \tag{V}$$

worin $\varphi(x)$ eine eindeutige Funktion ist (die Umkehrfunktion braucht nicht unbedingt eindeutig zu sein) und a_i die Wurzeln der Gleichung $\varphi(x) = 0$ sind.

Entsprechend der eindimensionalen Funktion $\delta(x)$ kann man auch die dreidimensionale δ-Funktion $\delta(\boldsymbol{r})$ einführen, die überall verschwindet, ausgenommen am Ursprung des räumlichen Koordinatensystems, und deren über den ganzen Raum erstrecktes Integral wieder 1 ist. Man kann sie offensichtlich als Produkt $\delta(x) \cdot \delta(y) \cdot \delta(z)$ darstellen.

Die Summation erstreckt sich über alle Ladungen, $\boldsymbol{r}_a$ ist der Ortsvektor der Ladung e_a.

Die Ladung eines Teilchens ist durch ihre Definition eine Invariante d. h. vom Bezugssystem unabhängig. Dies gilt jedoch nicht für die Ladungsdichte ϱ: Erst $\varrho\,\mathrm{d}V$ ist invariant.

Wir multiplizieren $\mathrm{d}e = \varrho\,\mathrm{d}V$ auf beiden Seiten mit $\mathrm{d}x^i$:

$$\mathrm{d}e\,\mathrm{d}x^i = \varrho\,\mathrm{d}V\,\mathrm{d}x^i = \varrho\,\mathrm{d}V\,\mathrm{d}t\frac{\mathrm{d}x^i}{\mathrm{d}t}\,.$$

Links steht ein Vierervektor (denn $\mathrm{d}e$ ist ein Skalar, $\mathrm{d}x^i$ ein Vierervektor), daher muß auch die rechte Seite einen solchen bilden. $\mathrm{d}V\,\mathrm{d}t$ ist aber ein Skalar, so daß $\varrho\frac{\mathrm{d}x^i}{\mathrm{d}t}$ einen Vierervektor darstellt: Dieser Vektor, den wir mit j^i bezeichnen wollen, wird *Stromvierervektor* genannt:

$$j^i = \varrho\frac{\mathrm{d}x^i}{\mathrm{d}t}\,. \tag{28,2}$$

Seine räumlichen Komponenten bilden den gewöhnlichen räumlichen Vektor

$$\boldsymbol{j} = \varrho\,\boldsymbol{v} \tag{28,3}$$

mit $\boldsymbol{v}$ als Geschwindigkeit der Ladung. $\boldsymbol{j}$ ist der *Stromdichtevektor*. Die zeitliche Komponente des Stromvierervektors ist $c\,\varrho$. Damit ist

$$j^i = (c\,\varrho, \boldsymbol{j})\,. \tag{28,4}$$

Die gesamte im Raum befindliche Ladung ist gleich dem über den ganzen Raum erstreckten Integral $\int \varrho\,\mathrm{d}V$. Vierdimensional geschrieben lautet es

$$\int \varrho\,\mathrm{d}V = \frac{1}{c}\int j^0\,\mathrm{d}V = \frac{1}{c}\int j^i\,\mathrm{d}S_i\,, \tag{28,5}$$

die Integration erstreckt sich hierbei auf eine zur x^0-Achse senkrechte Hyperfläche des vierdimensionalen Raumes (es ist klar, daß diese Integration mit der über den ganzen dreidimensionalen Raum identisch ist).

Ganz allgemein ist das über eine beliebige Hyperfläche erstreckte Integral $\frac{1}{c}\int j^i\,\mathrm{d}S_i$ gleich der Summe der Ladungen, deren Weltlinien diese Hyperfläche schneiden.

Wir setzen nun den Stromvierervektor in das Wirkungsintegral (27,7) ein. Dazu schreiben wir den zweiten Term von (27,7) um, indem wir die Punktladung e durch eine stetige Ladungsverteilung ϱ ersetzen:

$$-\frac{1}{c}\int \varrho\,A_i\,\mathrm{d}x^i\,\mathrm{d}V\,.$$

Die Summe über die Ladungen wird hier durch die Integration über den ganzen Raum ersetzt. Das Integral läßt sich nun

$$-\frac{1}{c}\int \varrho\frac{\mathrm{d}x^i}{\mathrm{d}t}A_i\,\mathrm{d}V\,\mathrm{d}t$$

schreiben, was, wie wir sehen, mit

$$-\frac{1}{c^2}\int A_i j^i \,\mathrm{d}\Omega$$

gleichbedeutend ist. Das Wirkungsintegral nimmt also die Gestalt

$$S = -\sum \int m\,c\,\mathrm{d}s - \frac{1}{c^2}\int A_i j^i \,\mathrm{d}\Omega - \frac{1}{16\,\pi\,c}\int F_{ik} F^{ik}\,\mathrm{d}\Omega \qquad (28,6)$$

an.

§ 29. Die Kontinuitätsgleichung

Der Ausdruck

$$\frac{\partial}{\partial t}\int \varrho \,\mathrm{d}V$$

gibt uns die zeitliche Änderung der im Integrationsgebiet befindlichen Ladung an. Andererseits wird diese Größe durch die Ladungsmenge bestimmt, die in der Zeiteinheit aus dem Gebiet heraus oder in das Gebiet hineinfließt. Die sich in der Zeiteinheit durch das Oberflächenelement $\mathrm{d}\boldsymbol{f}$ des Gebietes bewegende Ladung ist $\varrho\,\boldsymbol{v}\,\mathrm{d}\boldsymbol{f}$, mit $\boldsymbol{v}$ als Geschwindigkeit der Ladung an der Stelle des Oberflächenelementes $\mathrm{d}\boldsymbol{f}$. In üblicher Weise nehmen wir an, daß der Vektor $\mathrm{d}\boldsymbol{f}$ von dem betrachteten Gebiet nach außen zeigt. Dann ist $\varrho\,\boldsymbol{v}\,\mathrm{d}\boldsymbol{f}$ positiv, wenn Ladung das Gebiet verläßt, und negativ, wenn sie in das Gebiet eintritt. Die gesamte Ladungsmenge, die in der Zeiteinheit das Gebiet verläßt, wird dann durch das über die geschlossene Oberfläche des Gebietes erstreckte Integral $\oint \varrho\,\boldsymbol{v}\,\mathrm{d}\boldsymbol{f}$ gegeben.

Durch Vergleich der beiden erhaltenen Ausdrücke finden wir

$$\frac{\partial}{\partial t}\int \varrho\,\mathrm{d}V = -\oint \varrho\,\boldsymbol{v}\,\mathrm{d}\boldsymbol{f}\,. \qquad (29,1)$$

Rechts steht ein Minuszeichen, da der linke Teil positiv ist, wenn sich die Gesamtladung des Gebietes vergrößert. (29,1) drückt die Erhaltung der Ladung aus und ist eine in Integralform geschriebene sogenannte *Kontinuitätsgleichung.* Mit $\varrho\,\boldsymbol{v}$ als Stromdichte läßt sich (29,1) in der Gestalt

$$\frac{\partial}{\partial t}\int \varrho\,\mathrm{d}V = -\oint \boldsymbol{j}\,\mathrm{d}\boldsymbol{f} \qquad (29,2)$$

schreiben.

Wir überführen diese Gleichung nun in die Differentialform. Wenn wir den Gaussschen Satz

$$\oint \boldsymbol{j}\,\mathrm{d}\boldsymbol{f} = \int \operatorname{div}\boldsymbol{j}\,\mathrm{d}V$$

auf die rechte Seite von (29,2) anwenden, ergibt sich

$$\int\left(\operatorname{div}\boldsymbol{j} + \frac{\partial\varrho}{\partial t}\right)\mathrm{d}V = 0\,.$$

Diese Gleichung muß für ein beliebiges Integrationsgebiet gelten, was nur möglich ist, wenn der Integrand verschwindet:

$$\operatorname{div} \boldsymbol{j} + \frac{\partial \varrho}{\partial t} = 0 . \tag{29,3}$$

Das ist die Kontinuitätsgleichung in Differentialform.

Stellen wir ϱ durch δ-Funktionen nach (28,1) dar, so ist, wie man leicht sieht, die Gleichung (29,3) von selbst erfüllt. Der Einfachheit halber werde nur eine Ladung genommen:

$$\varrho = e\, \delta\, (\boldsymbol{r} - \boldsymbol{r}_0) .$$

Der Strom $\boldsymbol{j}$ ist dann

$$\boldsymbol{j} = e\, \boldsymbol{v}\, \delta(\boldsymbol{r} - \boldsymbol{r}_0)$$

mit $\boldsymbol{v}$ als Geschwindigkeit der Ladung. Wir bilden nun die Ableitungen $\frac{\partial \varrho}{\partial t}$. Bei einer Bewegung der Ladung ändern sich ihre Koordinaten, d. h. $\boldsymbol{r}_0$. Daher folgt

$$\frac{\partial \varrho}{\partial t} = \frac{\partial \varrho}{\partial \boldsymbol{r}_0} \frac{\partial \boldsymbol{r}_0}{\partial t} .$$

$\frac{\partial \boldsymbol{r}_0}{\partial t}$ ist hierbei die Geschwindigkeit $\boldsymbol{v}$ der Ladung. Weiterhin ergibt sich daraus, daß ϱ eine Funktion von $\boldsymbol{r} - \boldsymbol{r}_0$ ist,

$$\frac{\partial \varrho}{\partial \boldsymbol{r}_0} = - \frac{\partial \varrho}{\partial \boldsymbol{r}} .$$

Wir haben demnach

$$\frac{\partial \varrho}{\partial t} = - \boldsymbol{v} \operatorname{grad} \varrho = - \operatorname{div} \varrho\, \boldsymbol{v} ,$$

da die Ladungsgeschwindigkeit $\boldsymbol{v}$ von $\boldsymbol{r}$ unabhängig ist. Also ist (29,3) erfüllt.

In vierdimensionaler Gestalt besagt die Kontinuitätsgleichung, wie leicht zu zeigen, das Verschwinden der vierdimensionalen Divergenz des Stromvierervektors:

$$\frac{\partial j^i}{\partial x^i} = 0 . \tag{29,4}$$

Im letzten Paragraphen sahen wir, daß sich die im Raum befindliche Gesamtladung durch das Integral

$$\frac{1}{c} \int j^i \, \mathrm{d}S_i$$

ausdrücken läßt, wobei sich die Integration über die Hyperfläche $x^0 = \text{const}$ erstreckt. Zu einem anderen Zeitpunkt wird die Gesamtladung durch dasselbe Integral dargestellt, erstreckt sich jedoch über eine andere zur x^0-Achse senkrechte Hyperfläche. Man weist leicht nach, daß die Gleichung (29,4) tatsächlich einen Erhaltungssatz für die Ladung ergibt, d. h., daß das Integral $\int j^i \, \mathrm{d}S_i$ für alle Hyperflächen $x^0 = \text{const}$ denselben Wert besitzt. Die Differenz zwischen den über zwei Hyperflächen $x^0 = \text{const}$ erstreckten Integralen $\int j^i \, \mathrm{d}S_i$ läßt sich in der Form eines Oberflächenintegrals $\oint j^i \, \mathrm{d}S_i$ schreiben, das sich über die geschlossene Oberfläche erstreckt, die den vierdimensionalen Bereich zwischen den beiden Hyperflächen umgibt. (Diese Gleichheit gilt zunächst bis auf die im Unendlichen gelegenen „Randintegrale“, die aber verschwinden, da dort keine Ladungen vorhanden sind.) Nach dem GAUSSschen Satz (6,15) kann man dieses Integral in ein Integral über den vierdimensionalen Bereich zwischen den beiden Hyperflächen umformen. Mit (29,4) ergibt sich dann

$$\oint j^i \, \mathrm{d}S_i = \int \frac{\partial j^i}{\partial x^i} \mathrm{d}\Omega = 0\,, \tag{29,5}$$

was bewiesen werden sollte.

Dieser Beweis gilt offensichtlich auch noch für zwei Integrale $\int j^i \, \mathrm{d}S_i$, die sich über beliebige, unendlich ausgedehnte und somit den ganzen dreidimensionalen Raum umfassende Hyperflächen erstrecken, nicht nur für die Flächen $x^0 = \text{const.}$ Das die Gesamtladung des Raumes darstellende Integral $\frac{1}{c}\int j^i \, \mathrm{d}S_i$ hat also in der Tat einen Wert (gleich der Gesamtladung im Raum), der unabhängig von der gewählten Integrationshyperfläche ist.

Wir erwähnten bereits (vgl. die Anmerkung zu § 18) den engen Zusammenhang der Eichinvarianz der Gleichungen der Elektrodynamik mit dem Gesetz von der Ladungserhaltung. Diesen Zusammenhang demonstrieren wir nun noch einmal an dem Ausdruck für die Wirkung in der Gestalt (28,6). Wenn wir A_i durch $A_i - \frac{\partial f}{\partial x^i}$ ersetzen, dann kommt zum zweiten Term das Integral

$$\frac{1}{c^2}\int j^i \frac{\partial f}{\partial x^i} \mathrm{d}\Omega$$

hinzu. Wegen des Ladungserhaltungssatzes, ausgedrückt durch die Kontinuitätsgleichung (29,4), kann der Integrand in Form einer Viererdivergenz aufgeschrieben werden: $\frac{\partial}{\partial x^i}(f j^i)$. Nach dem Satz von GAUSS kann das Integral über das Vierervolumen nun in ein Integral über die begrenzende Hyperfläche umgewandelt werden. Bei der Variation der Wirkung fallen diese Integrale heraus und haben damit keinen Einfluß auf die Bewegungsgleichungen.

§ 30. Die zweite Gruppe der MAXWELLschen Gleichungen

Zur Ableitung der Feldgleichungen aus dem Prinzip der kleinsten Wirkung hat man einerseits die Bewegung der Ladungen als vorgegeben zu betrachten und andererseits nur die Potentiale zu variieren (sie spielen hier die Rolle der „Koordinaten“ des Systems). Umgekehrt müssen wir bei der Ableitung der Bewegungsgleichungen das Feld als gegeben ansehen, und nur die Bahnkurven variieren.

Daher verschwindet im ersten Fall die Variation des ersten Gliedes in (28,6), und im zweiten Glied darf j^i nicht mitvariiert werden. Somit folgt

$$\delta S = -\frac{1}{c}\int \left[\frac{1}{c} j^i \,\delta A_i + \frac{1}{8\pi} F^{ik} \,\delta F_{ik}\right] \mathrm{d}\Omega = 0$$

(bei der Variation im zweiten Glied wurde berücksichtigt, daß $F^{ik}\,\delta F_{ik} \equiv F_{ik}\delta\, F^{ik}$ ist).

Setzen wir

$$F_{ik} = \frac{\partial A_k}{\partial x^i} - \frac{\partial A_i}{\partial x^k}$$

ein, dann erhalten wir

$$\delta S = -\frac{1}{c}\int \left\{\frac{1}{c} j^i \, \delta A_i + \frac{1}{8\pi} F^{ik} \frac{\partial}{\partial x^i} \delta A_k - \frac{1}{8\pi} F^{ik} \frac{\partial}{\partial x^k} \delta A_i\right\} \mathrm{d}\Omega \, .$$

Im zweiten Glied vertauschen wir die Summationsindizes i und k und bekommen, wenn wir noch $F^{ki} = -F^{ik}$ berücksichtigen,

$$\delta S = -\frac{1}{c}\int \left\{\frac{1}{c} j^i \, \delta A_i - \frac{1}{4\pi} F^{ik} \frac{\partial}{\partial x^k} \delta A_i\right\} \mathrm{d}\Omega \, .$$

Den zweiten Ausdruck integrieren wir partiell und wenden den Satz von GAUSS an:

$$\delta S = -\frac{1}{c}\int \left\{\frac{1}{c} j^i + \frac{1}{4\pi} \frac{\partial F^{ik}}{\partial x^k}\right\} \delta A_i \, \mathrm{d}\Omega - \frac{1}{4\pi c}\int F^{ik} \, \delta A_i \, \mathrm{d}S_k \, . \quad (30,1)$$

In den zweiten Term sind die Werte von $F^{ik} \, \delta A_i$ an der Grenze des vierdimensionalen Integrationsbereiches einzusetzen. Die räumlichen Integrationsgrenzen liegen im Unendlichen, wo das Feld verschwindet. An den Grenzen der Zeitintegration, d. h. zum vorgegebenen Anfangs- und Endpunkt, muß die Variation der Potentiale im Sinne des Prinzips der kleinsten Wirkung verschwinden. Das zweite Glied in (30,1) ist also stets Null, und es ergibt sich

$$\int \left(\frac{1}{c} j^i + \frac{1}{4\pi} \frac{\partial F^{ik}}{\partial x^k}\right) \delta A_i \, \mathrm{d}\Omega = 0 \, .$$

Da nach dem Wirkungsprinzip die Variationen δA_i willkürlich sind, muß der Integrand verschwinden:

$$\frac{\partial F^{ik}}{\partial x^k} = -\frac{4\pi}{c} j^i \, . \quad (30,2)$$

Wir schreiben diese vier Gleichungen (i läuft von 0 bis 3) in dreidimensionaler Form. Die erste ($i = 1$) lautet

$$\frac{1}{c}\frac{\partial F^{10}}{\partial t} + \frac{\partial F^{11}}{\partial x} + \frac{\partial F^{12}}{\partial y} + \frac{\partial F^{13}}{\partial z} = -\frac{4\pi}{c} j^1$$

oder, wenn wir die Komponenten von F^{ik} einsetzen,

$$\frac{1}{c}\frac{\partial E_x}{\partial t} - \frac{\partial H_z}{\partial y} + \frac{\partial H_y}{\partial z} = -\frac{4\pi}{c} j_x \, .$$

Zusammen mit den für $i = 2, 3$ entstehenden Gleichungen kann diese Gleichung in vektorieller Gestalt geschrieben werden:

$$\operatorname{rot} \boldsymbol{H} = \frac{1}{c}\frac{\partial \boldsymbol{E}}{\partial t} + \frac{4\pi}{c} \boldsymbol{j} \, . \quad (30,3)$$

Die Gleichung ($i = 0$) ergibt schließlich

$$\operatorname{div} \boldsymbol{E} = 4\pi\varrho \, . \quad (30,4)$$

Die Gleichungen (30,3) und (30,4) stellen die gesuchte zweite Gruppe der MAXWELLschen Gleichungen dar.[1]) Zusammen mit der ersten Gruppe bestimmen sie das elektromagnetische Feld vollständig und bilden die Grundgleichungen der Theorie dieser Felder, der *Elektrodynamik.*

Wir geben nun eine Integralformulierung dieser Gleichungen. Integrieren wir (30,4) über ein beliebiges Raumgebiet, so erhalten wir nach dem GAUSSschen Satz

$$\int \operatorname{div} \boldsymbol{E}\, \mathrm{d}V = \oint \boldsymbol{E}\, \mathrm{d}\boldsymbol{f}$$

die Beziehung

$$\oint \boldsymbol{E}\, \mathrm{d}\boldsymbol{f} = 4\pi \int \varrho\, \mathrm{d}V\,. \tag{30,5}$$

Der Fluß des elektrischen Feldes durch eine geschlossene Oberfläche ist also gleich der mit 4π multiplizierten Gesamtladung des durch die Oberfläche begrenzten Raumgebietes.

Die Integration von (30,3) über eine nicht geschlossene Oberfläche liefert mit dem STOKESschen Satz

$$\int \operatorname{rot} \boldsymbol{H}\, \mathrm{d}\boldsymbol{f} = -\oint \boldsymbol{H}\, \mathrm{d}\boldsymbol{l}$$

die Gleichung

$$\oint \boldsymbol{H}\, \mathrm{d}\boldsymbol{l} = \frac{1}{c}\frac{\partial}{\partial t}\int \boldsymbol{E}\, \mathrm{d}\boldsymbol{f} + \frac{4\pi}{c}\int \boldsymbol{j}\, \mathrm{d}\boldsymbol{f}\,. \tag{30,6}$$

Die Größe

$$\frac{1}{4\pi}\frac{\partial \boldsymbol{E}}{\partial t} \tag{30,7}$$

heißt *Verschiebungsstrom.* In der Form

$$\oint \boldsymbol{H}\, \mathrm{d}\boldsymbol{l} = \frac{4\pi}{c}\int \left(\boldsymbol{j} + \frac{1}{4\pi}\frac{\partial \boldsymbol{E}}{\partial t}\right) \mathrm{d}\boldsymbol{f} \tag{30,8}$$

geschrieben, besagt die Gleichung (30,6), daß der Wirbel des Magnetfeldes längs einer beliebigen geschlossenen Kurve, die als Rand irgendeine Fläche begrenzt, gleich der mit $4\pi/c$ multiplizierten Summe des durch die Fläche fließenden wahren Stromes und des Verschiebungsstromes ist.

Aus den MAXWELLschen Gleichungen läßt sich die uns schon bekannte Kontinuitätsgleichung (29,3) ableiten. Bilden wir auf beiden Seiten von (30,3) die Divergenz, so folgt

$$\operatorname{div} \operatorname{rot} \boldsymbol{H} = \frac{1}{c}\frac{\partial}{\partial t}\operatorname{div} \boldsymbol{E} + \frac{4\pi}{c}\operatorname{div} \boldsymbol{j}\,.$$

Wegen $\operatorname{div} \operatorname{rot} \boldsymbol{H} \equiv 0$ und $\operatorname{div} \boldsymbol{E} = 4\pi\varrho$ nach (30,4) gelangen wir somit wieder zu (29,3). Aus der vierdimensionalen Formulierung (30,2) ergibt sich

$$\frac{\partial^2 F^{ik}}{\partial x^i\, \partial x^k} = -\frac{4\pi}{c}\frac{\partial j^i}{\partial x^i}\,.$$

Der Operator $\frac{\partial^2}{\partial x^i\, \partial x^k}$ ist in den Indizes i und k symmetrisch; da der Tensor F^{ik}

[1]) Die MAXWELLschen Gleichungen für das Vakuum mit darin bewegten Punktladungen wurden von LORENTZ formuliert.

antisymmetrisch ist, verschwindet die linke Seite der obigen Gleichung, und wir gelangen zur Kontinuitätsgleichung in vierdimensionaler Schreibweise (29,4).

§ 31. Energiedichte und Energiestrom

Wir multiplizieren die Gleichung (30,3) mit $\boldsymbol{E}$, (26,1) mit $\boldsymbol{H}$ und addieren die beiden erhaltenen Gleichungen:

$$\frac{1}{c}\,\boldsymbol{E}\frac{\partial \boldsymbol{E}}{\partial t} + \frac{1}{c}\,\boldsymbol{H}\frac{\partial \boldsymbol{H}}{\partial t} = -\frac{4\pi}{c}\,\boldsymbol{j}\,\boldsymbol{E} - (\boldsymbol{H}\operatorname{rot}\boldsymbol{E} - \boldsymbol{E}\operatorname{rot}\boldsymbol{H})\,.$$

Mittels der bekannten vektoranalytischen Formel

$$\operatorname{div}\boldsymbol{a}\times\boldsymbol{b} = \boldsymbol{b}\operatorname{rot}\boldsymbol{a} - \boldsymbol{a}\operatorname{rot}\boldsymbol{b}$$

schreiben wir diese Beziehung folgendermaßen um:

$$\frac{1}{2\,c}\frac{\partial}{\partial t}(E^2 + H^2) = -\frac{4\pi}{c}\,\boldsymbol{j}\,\boldsymbol{E} - \operatorname{div}\boldsymbol{E}\times\boldsymbol{H}$$

bzw.

$$\frac{\partial}{\partial t}\frac{E^2 + H^2}{8\pi} = -\,\boldsymbol{j}\,\boldsymbol{E} - \operatorname{div}\boldsymbol{S}\,. \tag{31,1}$$

Der hier auftretende Vektor

$$\boldsymbol{S} = \frac{c}{4\pi}\,\boldsymbol{E}\times\boldsymbol{H} \tag{31,2}$$

heißt POYNTING-*Vektor*.

Weiter integrieren wir (31,1) über irgendein Raumgebiet und wenden auf das zweite Glied der rechten Seite den GAUSSschen Satz an. Es ergibt sich

$$\frac{\partial}{\partial t}\int\frac{E^2 + H^2}{8\pi}\,\mathrm{d}V = -\int\boldsymbol{j}\,\boldsymbol{E}\,\mathrm{d}V - \oint\boldsymbol{S}\,\mathrm{d}\boldsymbol{f}\,. \tag{31,3}$$

Erstreckt sich die Integration über den ganzen Raum, so verschwindet das Oberflächenintegral, da das Feld im Unendlichen gegen Null strebt. Ferner können wir das Integral $\int\boldsymbol{j}\,\boldsymbol{E}\,\mathrm{d}V$ als Summe $\sum e\,\boldsymbol{v}\,\boldsymbol{E}$ über alle Ladungen im Felde schreiben und nach (17,7)

$$e\,\boldsymbol{v}\,\boldsymbol{E} = \frac{\mathrm{d}}{\mathrm{d}t}\,\mathscr{E}_{\mathrm{kin}}$$

setzen. (31,3) geht dann in

$$\frac{\partial}{\partial t}\left\{\int\frac{E^2 + H^2}{8\pi}\,dV + \sum\mathscr{E}_{\mathrm{kin}}\right\} = 0 \tag{31,4}$$

über.

Die in Klammern stehende Größe bleibt daher für das abgeschlossene System erhalten, welches aus dem elektromagnetischen Feld und den sich darin bewegenden Ladungen besteht, Das zweite Glied der Klammer ist die kinetische Energie aller Teilchen (ihre Ruhenergie ist darin einbegriffen, siehe Anmerkung auf Seite 58). Der erste Bestandteil der Klammer ist daher als Eigenenergie des elektromagnetischen Feldes zu deuten, Die Größe

$$W = \frac{E^2 + H^2}{8\pi}, \tag{31,5}$$

die Feldenergie pro Volumeneinheit, ist dann die *Energiedichte* des elektromagnetischen Feldes.

Bei der Integration über ein anderes Gebiet verschwindet das Oberflächenintegral in (31,3) im allgemeinen nicht, und wir müssen diese Gleichungen in der Form

$$\frac{\partial}{\partial t}\left\{\int \frac{E^2+H^2}{8\pi}\,\mathrm{d}V + \sum \mathscr{E}_{\mathrm{kin}}\right\} = -\oint \boldsymbol{S}\,\mathrm{d}\boldsymbol{f} \tag{31,6}$$

schreiben, wobei sich das Summenzeichen auf der linken Seite nur auf die Teilchen bezieht, die sich innerhalb des betrachteten Gebietes befinden. Links steht die zeitliche Änderung der Gesamtenergie von Feld und Teilchen. Das Integral $\oint \boldsymbol{S}\,\mathrm{d}\boldsymbol{f}$ hat man daher als Energiestrom des Feldes durch die gesamte Oberfläche des Gebietes zu betrachten, so daß der POYNTING-Vektor $\boldsymbol{S}$ die Dichte dieses Energiestromes ist, d. h. den Energiebetrag angibt, der in der Zeiteinheit durch das Oberflächenelement 1 fließt.[1])

§ 32. Der Energie-Impuls-Tensor

Im letzten Paragraphen fanden wir den Ausdruck für die Energie des elektromagnetischen Feldes. Hier wollen wir diesen Energieausdruck zusammen mit dem Feldimpuls in vierdimensionaler Form ableiten. Der Einfachheit halber betrachten wir dabei zunächst das elektromagnetische Feld ohne Ladungen. In Hinblick auf spätere Anwendungen beim Gravitationsfeld sowie zur Vereinfachung der Rechnungen empfiehlt es sich, diese Ableitungen in ganz allgemeiner Gestalt durchzuführen, ohne sich auf ein bestimmtes physikalisches System zu spezialisieren.

Wir betrachten dazu irgendein System, dessen Wirkungsintegral die Form

$$S = \int \Lambda\left(q, \frac{\partial q}{\partial x^i}\right)\mathrm{d}V\,\mathrm{d}t = \frac{1}{c}\int \Lambda\,\mathrm{d}\Omega \tag{32,1}$$

hat. Λ ist eine Funktion der Größen q, die den Zustand des Systems beschreiben, und ihrer räumlichen und zeitlichen Ableitungen (beim elektromagnetischen Feld sind die q mit den Potentialen identisch); zur Abkürzung schreiben wir stets nur eine Größe q an. Das Raumintegral $\int \Lambda\,\mathrm{d}V$ ist die LAGRANGE-Funktion des Systems, so daß wir Λ als ,,LAGRANGE-Dichte" bezeichnen können. Der mathematische Ausdruck für die Abgeschlossenheit eines Systems besteht darin, daß Λ nicht explizit von den x^i abhängt, ähnlich wie die LAGRANGE-Funktion eines abgeschlossenen mechanischen Systems nicht explizit von der Zeit abhängt.

Die ,,Bewegungsgleichungen" (d. h. die Feldgleichungen, wenn es sich um irgendein Feld handelt) liefert uns das Prinzip der kleinsten Wirkung, und

---

[1]) Wir haben vorausgesetzt, daß sich auf der Oberfläche des Bereiches zum gegebenen Zeitpunkt kein Teilchen befindet. Sonst ist auf der rechten Seite der Energiebilanz der von den die Oberfläche kreuzenden Teilchen davongetragene Energiestrom hinzuzufügen.

zwar erhalten wir sie durch Variation von S. Mit der Abkürzung $q_{,i} \equiv \frac{\partial q}{\partial x^i}$ gilt

$$\delta S = \frac{1}{c} \int \left(\frac{\partial \Lambda}{\partial q} \delta q + \frac{\partial \Lambda}{\partial q_{,i}} \delta q_{,i} \right) \mathrm{d}\Omega$$
$$= \frac{1}{c} \int \left[\frac{\partial \Lambda}{\partial q} \delta q + \frac{\partial}{\partial x^i} \left(\frac{\partial \Lambda}{\partial q_{,i}} \delta q \right) - \delta q \frac{\partial}{\partial x^i} \frac{\partial \Lambda}{\partial q_{,i}} \right] \mathrm{d}\Omega = 0 \,.$$

Erfolgt die Integration über den ganzen Raum, so verschwindet das nach dem GAUSSschen Satze umgeformte zweite Glied im Integranden, und wir erhalten als Bewegungsgleichungen

$$\frac{\partial}{\partial x^i} \frac{\partial \Lambda}{\partial q_{,i}} - \frac{\partial \Lambda}{\partial q} = 0 \,. \tag{32,2}$$

(Über doppelt auftretende Indizes ist stets zu summieren.)

Unsere weiteren Überlegungen verlaufen ähnlich wie in der Mechanik bei der Ableitung des Energieerhaltungssatzes. Wir schreiben nämlich

$$\frac{\partial \Lambda}{\partial x^i} = \frac{\partial \Lambda}{\partial q} \frac{\partial q}{\partial x^i} + \frac{\partial \Lambda}{\partial q_{,k}} \frac{\partial q_{,k}}{\partial x^i} \,.$$

Setzen wir (32,2) ein, so finden wir wegen $q_{,k,i} = q_{,i,k}$

$$\frac{\partial \Lambda}{\partial x^i} = \frac{\partial}{\partial x^k} \left(\frac{\partial \Lambda}{\partial q_{,k}} \right) q_{,i} + \frac{\partial \Lambda}{\partial q_{,k}} \frac{\partial q_{,i}}{\partial x^k} = \frac{\partial}{\partial x^k} \left(q_{,i} \frac{\partial \Lambda}{\partial q_{,k}} \right) .$$

Andererseits ist $\frac{\partial \Lambda}{\partial x^i} = \delta_i^k \frac{\partial \Lambda}{\partial x^k}$, und mit der Bezeichnung

$$T_i^k = q_{,i} \frac{\partial \Lambda}{\partial q_{,k}} - \delta_i^k \Lambda \tag{32,3}$$

nimmt die erhaltene Beziehung die Gestalt

$$\frac{\partial T_i^k}{\partial x^k} = 0 \tag{32,4}$$

an.

Haben wir nicht eine, sondern mehrere Größen $q^{(l)}$, so tritt anstelle (32,3) offensichtlich

$$T_i^k = \sum_l q_{,i}^{(l)} \frac{\partial \Lambda}{\partial q_{,k}^{(l)}} - \delta_i^k \Lambda \,. \tag{32,5}$$

Im § 29 stellten wir fest, daß die Gleichung $\frac{\partial A^k}{\partial x^k} = 0$, d. h. das Verschwinden der Viererdivergenz des Vektors A^k, der Aussage äquivalent ist, daß das Integral $\int A^k \, \mathrm{d}S_k$ dieses Vektors erhalten bleibt, wobei sich die Integration über eine den ganzen dreidimensionalen Raum umfassende Hyperfläche erstreckt. Es ist klar, daß ein ähnlicher Sachverhalt auch für die Divergenz eines Tensors besteht: Die Gleichung ist der Aussage gleichwertig, daß der Vektor

$$P^i = \mathrm{const} \int T^{ik} \, \mathrm{d}S_k$$

erhalten bleibt.

Dieser Vektor ist mit dem Impulsvierervektor des Systems zu identifizieren. Die Konstante vor dem Integral wählen wir so, daß wie früher die zeitliche Komponente P^0 gleich der mit $1/c$ multiplizierten Energie des Systems ist. Wir schreiben dazu P^0 in der Gestalt

$$P^0 = \text{const} \int T^{0k}\, \mathrm{d}S_k = \text{const} \int T^{00}\, \mathrm{d}V\,,$$

die Integration erstreckt sich hier über die Hyperfläche $x^0 = \text{const}$. Nach (32,3) haben wir ferner

$$T^{00} = \dot{q}\frac{\partial \Lambda}{\partial \dot{q}} - \Lambda \quad \left(\dot{q} \equiv \frac{\partial q}{\partial t}\right).$$

Vergleichen wir diesen Ausdruck mit dem üblichen Zusammenhang zwischen der Energie und der LAGRANGE-Funktion, so sehen wir, daß wir ihn als Energiedichte und daher $\int T^{00}\, \mathrm{d}V$ als Gesamtenergie des Systems deuten können. Die Konstante ist dann durch $\text{const} = 1/c$ festgelegt, und für den Viererimpuls des Systems ergibt sich der endgültige Ausdruck

$$P^i = \frac{1}{c}\int T^{ik}\, \mathrm{d}S_k\,. \tag{32,6}$$

Der Tensor T^{ik} wird als *Energie-Impuls-Tensor* des Systems bezeichnet.

T^{ik} ist nicht eindeutig definiert. Mit T^{ik}, definiert durch (32,3), erfüllt auch jeder andere Tensor der Gestalt

$$T^{ik} + \frac{\partial}{\partial x^l}\psi^{ikl}\,, \quad \psi^{ikl} = -\psi^{ilk} \tag{32,7}$$

die Gleichung (32,4), da wegen der Antisymmetrie von ψ^{ikl} identisch $\frac{\partial^2}{\partial x^k\, \partial x^l}\psi^{ikl} = 0$ gilt. Der Impulsvierervektor des Systems ändert sich jedoch dabei nicht. Wir können nach (6,17) nämlich

$$\int \frac{\partial \psi^{ikl}}{\partial x^l}\, \mathrm{d}S_k = \frac{1}{2}\int \left(\mathrm{d}S_k \frac{\partial \psi^{ikl}}{\partial x^l} - \mathrm{d}S_l \frac{\partial \psi^{ikl}}{\partial x^k}\right) = \frac{1}{2}\int \psi^{ikl}\, \mathrm{d}f^*_{kl}$$

schreiben. Die Integration auf der rechten Seite dieser Gleichung erstreckt sich über jene (zweidimensionale) Fläche, die diejenige Hyperfläche berandet, über welche auf der linken Seite integriert wird. Diese Fläche liegt jedoch im räumlich Unendlichen, wo weder Feld noch Teilchen vorhanden sind, so daß das Integral verschwindet. Somit ist also, wie es sein muß, der Viererimpuls des Systems eine eindeutig bestimmte Größe.

Um die Definition des Energie-Impuls-Tensors eindeutig zu machen, stellen wir die Zusatzforderung, daß der vierdimensionale Drehimpulstensor des Systems (siehe § 14) mit dem Viererimpuls durch

$$M^{ik} = \int (x^i\, \mathrm{d}P^k - x^k\, \mathrm{d}P^i) = \frac{1}{c}\int (x^i\, T^{kl} - x^k\, T^{il})\, \mathrm{d}S_l \tag{32,8}$$

zusammenhängen soll, d. h., es gelte für die Dichten dieser Größen die gewöhnliche Formel.

Die Bedingung, der der Energie-Impuls-Tensor dann zu genügen hat, findet man leicht: Wir erinnern uns daran, daß sich der Drehimpulserhaltungssatz (in differentieller Form) durch das Verschwinden der Divergenz des Integranden von M^{ik} ausdrückte:

$$\frac{\partial}{\partial x^l}(x^i T^{kl} - x^k T^{il}) = 0 \,. \tag{32,9}$$

Mit $\frac{\partial x^i}{\partial x^l} = \delta^i_l$ und $\frac{\partial T^{kl}}{\partial x^l} = 0$ finden wir daraus

$$\delta^i_l T^{kl} - \delta^k_l T^{il} = T^{ki} - T^{ik} = 0$$

oder

$$T^{ik} = T^{ki}\,, \tag{32,10}$$

d. h., der Energie-Impuls-Tensor muß symmetrisch sein.

Der nach der Gleichung (32,5) bestimmte Tensor ist im allgemeinen nicht symmetrisch. Er kann jedoch nach (32,7) mit geeignetem ψ^{ikl} symmetrisiert werden. Später (§ 94) geben wir eine Methode an, mit der man unmittelbar einen symmetrischen Tensor T^{ik} erhält.

Wie wir früher schon bemerkten, nimmt P^i die Gestalt

$$P^i = \frac{1}{c}\int T^{i0}\,\mathrm{d}V \tag{32,11}$$

an, wenn wir die Integration in (32,6) über die Hyperfläche $x^0 = \text{const}$, also den ganzen dreidimensionalen Raum, erstrecken. Die räumlichen Komponenten von P^i bilden den dreidimensionalen Impulsvektor des Systems, die zeitliche Komponente ist die mit $1/c$ multiplizierte Energie. Der Vektor mit den Komponenten

$$\frac{1}{c}T^{10},\quad \frac{1}{c}T^{20},\quad \frac{1}{c}T^{30}$$

ist daher die *Impulsdichte* und die Größe

$$W = T^{00}$$

die *Energiedichte* des Systems.

Um die Bedeutung der anderen Komponenten von T^{ik} zu finden, schreiben wir den Erhaltungssatz (32,4) in dreidimensionaler Gestalt:

$$\frac{1}{c}\frac{\partial T^{00}}{\partial t} + \frac{\partial T^{0\alpha}}{\partial x^\alpha} = 0\,, \quad \frac{1}{c}\frac{\partial T^{\alpha 0}}{\partial t} + \frac{\partial T^{\alpha\beta}}{\partial x^\beta} = 0\,. \tag{32,12}$$

Diese Gleichungen integrieren wir über ein gewisses räumliches Gebiet V. Aus der ersten erhalten wir:

$$\frac{1}{c}\frac{\partial}{\partial t}\int T^{00}\,\mathrm{d}V + \int \frac{\partial T^{0\alpha}}{\partial x^\alpha}\,\mathrm{d}V = 0$$

oder nach Anwendung des (dreidimensionalen) Satzes von GAUSS:

$$\frac{\partial}{\partial t}\int T^{00}\,\mathrm{d}V = -\,c\oint T^{0\alpha}\,\mathrm{d}f_\alpha\,. \tag{32,13}$$

Rechts erstreckt sich die Integration über die den Bereich V begrenzende Fläche ($\mathrm{d}f_x$, $\mathrm{d}f_y$, $\mathrm{d}f_z$ sind die Komponenten des dreidimensionalen Vektors des Oberflächenelements $\mathrm{d}\mathfrak{f}$). Links steht die zeitliche Änderung der im Gebiet V befindlichen Energie, so daß der rechts stehende Ausdruck die durch die Grenzen des Gebietes strömende Energie ist und der Vektor $\boldsymbol{S}$ mit den Komponenten

$$c\,T^{01}\,,\qquad c\,T^{02}\,,\qquad c\,T^{03}$$

die Dichte dieses Energiestromes, d. h. die pro Zeit- und Flächeneinheit durchströmende Energie darstellt. Als wichtige Tatsache können wir hierbei feststellen: Die Forderung der relativistischen Invarianz, die sich durch den Tensorcharakter der Größen T^{ik} ausdrückt, führt von selbst zu einem bestimmten Zusammenhang zwischen Energiestrom und Impuls: Die Dichte des Energiestromes ist gleich der mit c^2 multiplizierten Impulsdichte.

Aus der zweiten Gleichung von (32,11) erhalten wir ganz entsprechend

$$\frac{\partial}{\partial t}\int \frac{1}{c}\,T^{\alpha 0}\,\mathrm{d}V = -\oint T^{\alpha\beta}\,\mathrm{d}f_\beta\,. \tag{32,14}$$

Links steht die Änderung pro Zeiteinheit des Impulses des Gebietes V. $\oint T^{\alpha\beta}\,\mathrm{d}f_\beta$ stellt daher die Impulsmenge dar, die in der Zeiteinheit das Gebiet V verläßt. Daher bilden die Komponenten $T^{\alpha\beta}$ des Energie-Impuls-Tensors den dreidimensionalen Tensor der Impulsstromdichte; wir bezeichnen ihn mit $-\sigma_{\alpha\beta}$ ($\alpha, \beta = x, y, z$), wobei $\sigma_{\alpha\beta}$ der sogenannte *Spannungstensor* ist. Die Dichte des Energiestromes ist ein Vektor, die Dichte des Impulsstromes, der selbst schon einen Vektor darstellt, muß offensichtlich ein Tensor sein (bei festem β ist $\sigma_{\alpha\beta}$ ein dreidimensionaler Vektor, dessen Betrag die Impulsmenge angibt, die pro Zeiteinheit durch die senkrecht zur x^β-Achse stehende Flächeneinheit geht).

Es sei hier noch die Matrix angegeben, die den Sinn der verschiedenen Komponenten des Energie-Impuls-Tensors verdeutlicht:

$$T^{ik} = \begin{pmatrix} W & S_x/c & S_y/c & S_z/c \\ S_x/c & -\sigma_{xx} & -\sigma_{xy} & -\sigma_{xz} \\ S_y/c & -\sigma_{yx} & -\sigma_{yy} & -\sigma_{yz} \\ S_z/c & -\sigma_{zx} & -\sigma_{zy} & -\sigma_{zz} \end{pmatrix}. \tag{32,15}$$

§ 33. Der Energie-Impuls-Tensor des elektromagnetischen Feldes

Die im letzten Paragraphen erhaltenen allgemeinen Beziehungen wollen wir jetzt auf das elektromagnetische Feld anwenden. Für dieses Feld ist nach (27,4) die Lagrange-Dichte Λ, d. h. der Integrand im Wirkungsintegral (32,1), durch

$$\Lambda = -\frac{1}{16\pi}F_{kl}F^{kl}$$

gegeben. Die Größen q sind die Komponenten des Viererpotentials A_k, so daß der Tensor T_i^k gemäß (32,5) die Gestalt

$$T_i^k = \frac{\partial A_l}{\partial x^i}\,\frac{\partial \Lambda}{\partial\left(\dfrac{\partial A_l}{\partial x^k}\right)} - \delta_i^k \Lambda$$

annimmt.

Zur Berechnung der hier auftretenden Ableitungen von Λ bilden wir die Variation $\delta\Lambda$. Wir erhalten mit (23,3)

$$\delta\Lambda = -\frac{1}{8\pi} F^{kl}\,\delta F_{kl} = -\frac{1}{8\pi} F^{kl}\,\delta\left(\frac{\partial A_l}{\partial x^k} - \frac{\partial A_k}{\partial x^l}\right)$$

oder nach Vertauschung der Indizes und mit $F_{kl} = -F_{lk}$:

$$\delta\Lambda = -\frac{1}{4\pi} F^{kl}\,\delta\frac{\partial A_l}{\partial x^k}.$$

Es ist also

$$\frac{\partial\Lambda}{\partial\left(\frac{\partial A_l}{\partial x^k}\right)} = -\frac{1}{4\pi} F^{kl}$$

und daher

$$T_i^{\;k} = -\frac{1}{4\pi}\frac{\partial A_l}{\partial x^i} F^{kl} + \frac{1}{16\pi}\delta_i^k F_{lm} F^{lm}$$

oder für die kontravarianten Komponenten:

$$T^{ik} = -\frac{1}{4\pi}\frac{\partial A^l}{\partial x_i} F^k_{\;l} + \frac{1}{16\pi} g^{ik} F_{lm} F^{lm}.$$

Dieser Tensor ist jedoch nicht symmetrisch. Zu seiner Symmetrisierung fügen wir zu T^{ik} die Größe

$$\frac{1}{4\pi}\frac{\partial A^i}{\partial x_l} F^k_{\;l}$$

hinzu. Bei Abwesenheit von Ladungen ist nach (30,2) $\partial F^k_{\;l}/\partial x_l = 0$ und daher

$$\frac{1}{4\pi}\frac{\partial A^i}{\partial x_l} F^k_{\;l} = \frac{1}{4\pi}\frac{\partial}{\partial x_l}(A^i F^k_{\;l}),$$

so daß die durchgeführte Transformation von T^{ik} von der Form (32,7) und damit erlaubt ist. Mit $\frac{\partial A^l}{\partial x_i} - \frac{\partial A^i}{\partial x_l} = F^{il}$ finden wir schließlich den folgenden Ausdruck für den Energie-Impuls-Tensor des elektromagnetischen Feldes:

$$T^{ik} = \frac{1}{4\pi}\left(-F^{il} F^k_{\;l} + \frac{1}{4} g^{ik} F_{lm} F^{lm}\right). \tag{33,1}$$

Die Symmetrie dieses Tensors ist offensichtlich. Ferner hat er die Eigenschaft, daß seine Spur Null ist:

$$T_i^i = 0. \tag{33,2}$$

Wir drücken nun T^{ik} durch die elektrische und magnetische Feldstärke aus. Mit Hilfe der Beziehungen (23,5) für die Komponenten von F_{ik} weist man leicht nach, daß die Größe T^{00} in der Tat die durch (31,5) gegebene Energiedichte W des elektromagnetischen Feldes ist und die Komponenten $T^{0\alpha}$ mit den Komponenten (31,2) des Poynting-Vektors identisch sind. Die räumlichen Bestandteile $T^{\alpha\beta}$

bilden einen dreidimensionalen Tensor mit den Komponenten

$$-\sigma_{xx} = \frac{1}{8\pi}(E_y^2 + E_z^2 - E_x^2 + H_y^2 + H_z^2 - H_x^2),$$

$$-\sigma_{xy} = -\frac{1}{4\pi}(E_x E_y + H_x H_y)$$

usw., oder

$$\sigma_{\alpha\beta} = \frac{1}{4\pi}\left\{E_\alpha E_\beta + H_\alpha H_\beta - \frac{1}{2}\delta_{\alpha\beta}(E^2 + H^2)\right\}. \qquad (33,3)$$

Das ist der sogenannte MAXWELL*sche Spannungstensor.*

Um den Tensor T^{ik} in Diagonalform zu überführen, muß man in ein Bezugssystem gehen, in dem die Vektoren $\boldsymbol{E}$ und $\boldsymbol{H}$ (an einem bestimmten Punkt des Raumes und zu einem gegebenen Zeitpunkt) parallel sind oder einer von ihnen verschwindet. Wir wissen (§ 25), daß eine solche Transformation immer möglich ist, es sei denn, daß $\boldsymbol{E}$ und $\boldsymbol{H}$ orthogonal und außerdem betragsmäßig gleich sind. Man sieht leicht, daß die einzigen von Null verschiedenen Komponenten von T^{ik} nach der Transformation

$$T^{00} = -T^{11} = T^{22} = T^{33} = W$$

sind (die x-Achse wurde in die Feldrichtung gelegt).

Stehen dagegen $\boldsymbol{E}$ und $\boldsymbol{H}$ aufeinander senkrecht und haben sie gleiche Länge, so kann T^{ik} nicht in Diagonalform transformiert werden.[1]) Seine von Null verschiedenen Komponenten sind in diesem Fall

$$T^{00} = T^{33} = T^{30} = W$$

(hierbei liegt die x-Achse in der $\boldsymbol{E}$-Richtung, die y-Achse in der $\boldsymbol{H}$-Richtung).

Bisher haben wir das ladungsfreie Feld betrachtet. Sind nun geladene Teilchen vorhanden, so setzt sich der Energie-Impuls-Tensor des Gesamtsystems additiv aus dem Energie-Impuls-Tensor des elektromagnetischen Feldes und dem der (als unabhängig anzusehenden) Teilchen zusammen.

Um die Gestalt des Energie-Impuls-Tensors der Teilchen ausfindig zu machen, müssen wir die räumliche Massenverteilung durch eine „Massendichte" beschreiben, ebenso wie wir die Verteilung von Punktladungen durch eine Dichtefunktion ausgedrückt haben. Entsprechend der Ladungsdichte (28,1) setzen wir die Massendichte in der Form

$$\mu = \sum_a m_a\, \delta(\boldsymbol{r} - \boldsymbol{r}_a) \qquad (33,4)$$

an, wobei $\boldsymbol{r}_a$ der Ortsvektor der Teilchen ist und sich die Summation über alle Teilchen des Systems erstreckt.

Die Impulsdichte der Teilchen hat die Gestalt $\mu\, c\, u^\alpha$. Wie wir wissen, wird sie durch die Komponenten des Energie-Impuls-Tensors in der Form $T^{\alpha 0}/c$ ausge-

[1]) Daß ein symmetrischer Vierertensor T^{ik} nicht immer auf Hauptachsengestalt gebracht werden kann, liegt an der pseudoeuklidischen Metrik des vierdimensionalen Raumes. (S. die Aufgabe zu § 94.)

drückt, d. h., es ist $T^{\alpha 0} = \mu c^2 u^\alpha$. Nun ist die Massendichte die Zeitkomponente des Vierervektors $\frac{\mu}{c}\frac{dx^k}{dt}$ (ähnlich wie bei der Ladungsdichte, vgl. § 28). Der Energie-Impuls-Tensor eines Systems nicht wechselwirkender Teilchen hat also die Gestalt

$$T^{ik} = \mu c \frac{dx^i}{ds}\frac{dx^k}{dt} = \mu c u^i u^k \frac{ds}{dt} . \qquad (33,5)$$

Dieser Tensor ist, wie zu erwarten war, symmetrisch.

Wir wollen uns nun durch direkte Rechnung davon überzeugen, daß Energie und Impuls des Gesamtsystems, d. h. die Summen der Energien sowie der Impulse von Feld und Teilchen, tatsächlich erhalten bleiben. Dazu ist die Gültigkeit der Gleichung

$$\frac{\partial}{\partial x^k}(T^{(f)k}_{\;\;i} + T^{(t)k}_{\;\;i}) = 0 , \qquad (33,6)$$

die ja diese Erhaltungssätze ausdrückt, nachzuprüfen.

Für den Energie-Impuls-Tensor des elektromagnetischen Feldes schreiben wir nach (33,1)

$$\frac{\partial T^{(f)k}_{\;\;i}}{\partial x^k} = \frac{1}{4\pi}\left(\frac{1}{2}F^{lm}\frac{\partial F_{lm}}{\partial x^i} - F^{kl}\frac{\partial F_{il}}{\partial x^k} - F_{il}\frac{\partial F^{kl}}{\partial x^k}\right).$$

In diese Gleichung setzen wir gemäß den MAXWELLschen Gleichungen (26,5) und (30,2) die Ausdrücke

$$\frac{\partial F_{lm}}{\partial x^i} = -\frac{\partial F_{mi}}{\partial x^l} - \frac{\partial F_{il}}{\partial x^m}, \qquad \frac{\partial F^{kl}}{\partial x^k} = \frac{4\pi}{c} j^l$$

ein und erhalten

$$\frac{\partial T^{(f)k}_{\;\;i}}{\partial x^k} = \frac{1}{4\pi}\left(-\frac{1}{2}F^{lm}\frac{\partial F_{mi}}{\partial x^l} - \frac{1}{2}F^{lm}\frac{\partial F_{il}}{\partial x^m} - F^{kl}\frac{\partial F_{il}}{\partial x^k} - \frac{4\pi}{c}F_{il}j^l\right).$$

Wie man durch Vertauschung der Indizes leicht sieht, heben sich gerade die drei ersten Glieder fort. Das Ergebnis lautet somit

$$\frac{\partial T^{(f)k}_{i}}{\partial x^k} = -\frac{1}{c}F_{il}j^l . \qquad (33,7)$$

Die Differentiation des Energietensors der Teilchen (33,5) ergibt dagegen

$$\frac{\partial T^{(t)k}_{\;\;i}}{\partial x^k} = c\, u_i \frac{\partial}{\partial x^k}\left(\mu \frac{dx^k}{dt}\right) + \mu c \frac{dx^k}{dt}\frac{\partial u_i}{\partial x^k} .$$

Wegen der für nicht wechselwirkende Teilchen geltenden Massenerhaltung verschwindet der erste Term dieses Ausdruckes. Die Größe $\mu \frac{dx^k}{dt}$ bildet nämlich in Analogie zum vierdimensionalen Stromvektor (28,2) den Vierervektor des Massenstromes; die Erhaltung der Masse bedeutet Verschwinden der Viererdivergenz dieses Vektors:

$$\frac{\partial}{\partial x^k}\left(\mu \frac{dx^k}{dt}\right) = 0 , \qquad (33,8)$$

ähnlich wie sich die Ladungserhaltung durch die Gleichung (29,4) ausdrückte. Es ergibt sich also

$$\frac{\partial T^{(t)}{}_i^k}{\partial x^k} = \mu\, c\, \frac{\mathrm{d}x^k}{\mathrm{d}t}\, \frac{\partial u_i}{\partial x^k} = \mu\, c\, \frac{\mathrm{d}u_i}{\mathrm{d}t}\,.$$

Zur weiteren Umformung benutzen wir die Bewegungsgleichungen für Ladungen im Feld in der vierdimensionalen Gestalt (23,4):

$$m\, c\, \frac{\mathrm{d}u_i}{\mathrm{d}s} = \frac{e}{c}\, F_{ik}\, u^k\,.$$

Beim Übergang zu einer stetigen Massen- und Ladungsverteilung gilt nach der Definition der Dichten μ und ϱ die Beziehung $\mu/m = \varrho/e$. Die Bewegungsgleichungen lassen sich daher auch in der Form

$$\mu\, c\, \frac{\mathrm{d}u_i}{\mathrm{d}s} = \frac{\varrho}{c}\, F_{ik}\, u^k$$

oder

$$\mu\, c\, \frac{\mathrm{d}u_i}{\mathrm{d}t} = \frac{1}{c}\, F_{ik}\, \varrho\, u^k\, \frac{\mathrm{d}s}{\mathrm{d}t} = \frac{1}{c}\, F_{ik}\, j^k$$

schreiben. Wir erhalten dann

$$\frac{\partial T^{(t)}{}_i^k}{\partial x^k} = \frac{1}{c}\, F_{ik}\, j^k \tag{33,9}$$

und erkennen durch den Vergleich mit (33,7), daß die Gleichung (33,6) in der Tat erfüllt ist.

Aufgabe

Man finde das aus der Lorentz-Transformation folgende Transformationsgesetz für die Energiedichte, die Energiestromdichte und die Komponenten des Spannungstensors.

Lösung. Das Koordinatensystem K' möge sich relativ zum Koordinatensystem K längs der x-Achse mit der Geschwindigkeit V bewegen. Indem wir die Formeln von Aufgabe 1, § 6 auf den symmetrischen Tensor T^{ik} anwenden, finden wir

$$W = \frac{1}{1 - \frac{V^2}{c^2}} \left(W' + \frac{V}{c^2}\, S'_x - \frac{V^2}{c^2}\, \sigma'_{xx}\right),$$

$$S_x = \frac{1}{1 - \frac{V^2}{c^2}} \left[\left(1 + \frac{V^2}{c^2}\right) S'_x + V W' - V \sigma'_{xx}\right],$$

$$S_y = \frac{1}{\sqrt{1 - \frac{V^2}{c^2}}}\, (S'_y - V \sigma'_{xy}),$$

$$\sigma_{xx} = \frac{1}{1 - \frac{V^2}{c^2}} \left(\sigma'_{xx} - 2 \frac{V}{c^2} S'_x - \frac{V^2}{c^2} W' \right),$$

$$\sigma_{yy} = \sigma'_{yy}, \quad \sigma_{zz} = \sigma'_{zz}, \quad \sigma_{yz} = \sigma'_{yz},$$

$$\sigma_{xy} = \frac{1}{\sqrt{1 - \frac{V^2}{c^2}}} \left(\sigma'_{xy} - \frac{V}{c^2} S'_y \right)$$

sowie analoge Formeln für S_z und σ_{xz}.

§ 34. Der Virialsatz

Die Summe der Diagonalelemente (d. h. die Spur) des elektromagnetischen Energie-Impuls-Tensors verschwindet; die Summe T_i^i für das Gesamtsystem (elektromagnetisches Feld und mit diesem wechselwirkende Teilchen) reduziert sich daher auf die Spur des Energie-Impuls-Tensors der Teilchen. Mit (33,5) erhalten wir

$$T_i^i = T^{(t)}{}_i^i = \mu\, c\, u_i\, u^i \frac{ds}{dt} = \mu\, c \frac{ds}{dt} = \mu\, c^2 \sqrt{1 - \frac{v^2}{c^2}}\,.$$

Ersetzen wir die Massendichte μ wieder durch die Summe (33,4), so ergibt sich

$$T_i^i = \sum_a m_a\, c^2 \sqrt{1 - \frac{v_a^2}{c^2}}\, \delta\,(\boldsymbol{r} - \boldsymbol{r}_a)\,. \tag{34,1}$$

Nach dieser Gleichung muß also für jedes System die Beziehung

$$T_i^i \geqq 0 \tag{34,2}$$

erfüllt sein, wobei das Gleichheitszeichen nur für das elektromagnetische Feld ohne Ladung gilt.

Wir betrachten nun ein abgeschlossenes System geladener Teilchen, die eine beschränkte Bewegung ausführen, d. h. eine solche, bei der alle das System charakterisierenden Größen wie Koordinaten und Impulse sich nur in einem beschränkten Intervall ändern.[1])

Die Gleichung (32,11)

$$\frac{1}{c} \frac{\partial T^{\alpha 0}}{\partial t} + \frac{\partial T^{\alpha\beta}}{\partial x^\beta} = 0$$

mitteln wir über die Zeit. Der Mittelwert für die zeitliche Ableitung $\frac{\partial T^{\alpha 0}}{\partial t}$ verschwindet wie auch jeder andere Mittelwert über die zeitliche Ableitung einer

[1]) Dabei ist auch vorausgesetzt, daß das elektromagnetische Feld im Unendlichen genügend rasch verschwindet. Bei konkreten Aufgaben bedeutet diese Bedingung, daß man die Ausstrahlung elektromagnetischer Wellen durch das System vernachlässigen muß.

Größe, die sich nur um endliche Beträge ändert.[1]) Es folgt daher

$$\frac{\partial}{\partial x^\beta} \overline{T^\beta_\alpha} = 0\,.$$

Multiplizieren wir diese Gleichung mit x^α und integrieren wir über den ganzen Raum, so läßt sich der GAUSSsche Satz anwenden und ergibt, da im Unendlichen $T^\beta_\alpha = 0$ ist und das Oberflächenintegral daher verschwindet,

$$\int x^\alpha \, \frac{\partial \overline{T^\beta_\alpha}}{\partial x^\beta} \, \mathrm{d}V = - \int \frac{\partial x^\alpha}{\partial x^\beta} \, \overline{T^\beta_\alpha} \, \mathrm{d}V = - \int \delta^\alpha_\beta \overline{T^\beta_\alpha} \, \mathrm{d}V = 0$$

oder schließlich

$$\int \overline{T^\alpha_\alpha} \, \mathrm{d}V = 0\,. \qquad (34{,}3)$$

Auf Grund dieser Beziehung ergibt sich für das Integral über $\overline{T^i_i} = \overline{T^\alpha_\alpha} + \overline{T^0_0}$

$$\int \overline{T^i_i} \, \mathrm{d}V = \int \overline{T^0_0} \, \mathrm{d}V = \mathscr{E}$$

mit $\mathscr{E}$ als Gesamtenergie des Systems. Setzen wir (34,1) ein, so finden wir

$$\mathscr{E} = \sum_a m_a \, c^2 \, \overline{\sqrt{1 - \frac{v_a^2}{c^2}}} \qquad (34{,}4)$$

als die relativistische Verallgemeinerung des *Virialsatzes* der klassischen Mechanik (siehe I, § 10). Für kleine Geschwindigkeiten v geht diese Beziehung in

$$\mathscr{E} - \sum_a m_a \, c^2 = - \sum_a \overline{\frac{m_a \, v_a^2}{2}}$$

über, d. h., die Gesamtenergie eines Systems ist nach Abzug der Ruhenergie der Teilchen gleich dem negativen Mittelwert der kinetischen Energie. Dies stimmt mit dem Ergebnis überein, das man aus dem klassischen Virialsatz für ein System geladener Teilchen erhält, die nach dem COULOMBschen Gesetz wechselwirken.

Es ist notwendig anzumerken, daß die erhaltenen Formeln bis zu einem gewissen Grade formalen Charakter tragen und der Präzisierung bedürfen. So enthält ja die Energie des elektromagnetischen Feldes mit der elektromagnetischen Selbstenergie punktförmiger Ladungen divergente Terme (s. § 37). Um den entsprechenden Ausdrücken einen Sinn zu geben, muß man diese Terme weglassen, indem man annimmt, daß die elektromagnetische Selbstenergie schon in der kinetischen

---

[1]) Es sei f eine solche Größe. Der Mittelwert der Ableitung $\mathrm{d}f/\mathrm{d}t$ über einen Zeitraum T ist

$$\overline{\frac{\mathrm{d}f}{\mathrm{d}t}} = \frac{1}{T} \int_0^T \frac{\mathrm{d}f}{\mathrm{d}t} \, \mathrm{d}t = \frac{f(T) - f(0)}{T}\,.$$

Da sich $f(t)$ nur innerhalb endlicher Grenzen ändert, geht dieser Mittelwert für $T \to \infty$ gegen Null.

Energie (9,4) des Teilchens enthalten ist. Das bedeutet, wir müssen eine ‚Renormierung' der Energie durchführen, indem wir in (34,4) die Ersetzung

$$\mathscr{E} \to \mathscr{E} - \sum_a \int \frac{E_a^2 + H_a^2}{8\pi} \mathrm{d}V$$

vornehmen, wobei $\boldsymbol{E}_a$ und $\boldsymbol{H}_a$ die von dem a-ten Teilchen hervorgerufenen Felder sind. Analog müssen wir in (34,4) die Ersetzung

$$\int T_\alpha^\alpha \, \mathrm{d}V \to \int T_\alpha^\alpha \, \mathrm{d}V + \sum_a \int \frac{E_a^2 + H_a^2}{8\pi} \mathrm{d}V$$

vornehmen.[1])

§ 35. Der Energie-Impuls-Tensor makroskopischer Körper

Neben dem Energie-Impuls-Tensor eines Systems punktförmiger Teilchen benötigen wir später auch den entsprechenden Tensor für einen zusammengesetzten makroskopischen Körper.

Der Impulsstrom durch das Flächenelement eines Körpers ist gerade die auf dieses Element $\mathrm{d}\boldsymbol{f}$ wirkende Kraft und $-\sigma_{\alpha\beta}\,\mathrm{d}f_\beta$ daher die α-Komponente dieser Kraft. Wir benutzen ein Bezugssystem, in dem das $\mathrm{d}\boldsymbol{f}$ umschließende Volumenelement des Körpers ruht. In diesem System gilt das Pascalsche Gesetz, wonach der Druck p in jedem Teil des Körpers nach allen Richtungen gleich ist und senkrecht zu der Ebene wirkt, auf die er ausgeübt wird.[2])

Wir können daher $\sigma_{\alpha\beta}\,\mathrm{d}f_\beta = -p\,\mathrm{d}f_\alpha$ schreiben, woraus $\sigma_{\alpha\beta} = -p\,\delta_{\alpha\beta}$ folgt. Die die Impulsdichte liefernden Komponenten $T^{\alpha 0}$ verschwinden in unserem Bezugssystem für das ins Auge gefaßte Volumenelement. Die Komponente T^{00} ist wie immer die Energiedichte des Körpers, die wir hier mit ε bezeichnen. ε/c^2 ist dann die Massendichte, d. h. die Masse in der Volumeneinheit des Körpers. Es ist zu beachten, daß hierbei die Einheit des Eigenvolumens gemeint ist, d. h. das Volumen in dem Bezugssystem, in dem das betrachtete Element des Körpers ruht.

In diesem Bezugssystem hat also der Energie-Impuls-Tensor (an einer Stelle des Körpers) die Gestalt

$$T^{ik} = \begin{pmatrix} \varepsilon & 0 & 0 & 0 \\ 0 & p & 0 & 0 \\ 0 & 0 & p & 0 \\ 0 & 0 & 0 & p \end{pmatrix}. \tag{35,1}$$

---

[1]) Wir bemerken, daß ohne eine solche Ersetzung der Ausdruck

$$-\int T_\alpha^\alpha \, \mathrm{d}V = \int \frac{E^2 + H^2}{8\pi} \mathrm{d}V + \sum_a \frac{m_a v_a^2}{\sqrt{1 - v_a^2/c^2}}$$

positiv definit ist und nicht verschwinden kann.

[2]) Streng genommen gilt das Pascalsche Gesetz nur für Flüssigkeiten und Gase. Für feste Körper ist jedoch die maximal mögliche Druckdifferenz in verschiedenen Richtungen sehr klein im Vergleich zu den Drücken, die in der Relativitätstheorie eine Rolle spielen, und eine Berücksichtigung daher uninteressant.

Man findet hieraus leicht die Gestalt des Tensors in einem beliebigen Bezugssystem. Wir führen dazu die Vierergeschwindigkeit u^i der makroskopischen Bewegung unseres Volumenelementes ein. Im Ruhsystem dieses Elementes ist $u^i = (1,0,0,0)$. Der Tensor T^{ik} muß so gewählt werden, daß er im Ruhsystem die Gestalt (35,1) besitzt. Man prüft leicht nach, daß dies der Fall ist, wenn wir

$$T^{ik} = (p + \varepsilon)\, u^i\, u^k - p\, g^{ik} \tag{35,2}$$

setzen oder für die gemischten Komponenten

$$T_i^k = (p + \varepsilon)\, u_i\, u^k - p\, \delta_i^k\,.$$

Dieser Ausdruck stellt den Energie-Impuls-Tensor eines makroskopischen Körpers dar. Die entsprechenden Ausdrücke für die Energiedichte W, die Energiestromdichte $\boldsymbol{S}$ und den Spannungstensor $\sigma_{\alpha\beta}$ lauten:

$$W = \frac{\varepsilon + p\dfrac{v^2}{c^2}}{1 - \dfrac{v^2}{c^2}}\,, \quad \boldsymbol{S} = \frac{(p + \varepsilon)\,\boldsymbol{v}}{1 - \dfrac{v^2}{c^2}}\,, \quad \sigma_{\alpha\beta} = -\frac{(p + \varepsilon)\, v_\alpha v_\beta}{c^2\left(1 - \dfrac{v^2}{c^2}\right)} - p\,\delta_{\alpha\beta}\,. \tag{35,3}$$

Ist die Geschwindigkeit v der makroskopischen Bewegung klein im Vergleich zur Lichtgeschwindigkeit, so gilt näherungsweise

$$\boldsymbol{S} = (p + \varepsilon)\,\boldsymbol{v}\,.$$

Da $\boldsymbol{S}/c^2$ die Impulsdichte ist, sehen wir, daß die Rolle der Massendichte des Körpers von der Größe $(p + \varepsilon)/c^2$ übernommen wird.

Der Ausdruck T^{ik} vereinfacht sich, wenn die Geschwindigkeiten aller Teilchen, die den Körper bilden, klein gegenüber der Lichtgeschwindigkeit sind (die Geschwindigkeit der makroskopischen Bewegung kann weiterhin beliebig sein). In der Energiedichte ε kann man dann alle Anteile vernachlässigen, die klein im Vergleich zur Ruhenergie sind, d. h., man kann $\mu_0\, c^2$ statt ε schreiben, wobei μ_0 die Massensumme aller Teilchen ist, die sich in der (Eigen-)Volumeneinheit befinden. (Im allgemeinen Fall unterscheidet sich μ_0 von der eigentlichen Massendichte ε/c^2; letztere enthält noch alle Massen, die der Energie der mikroskopischen Teilchenbewegung und der Wechselwirkung der Teilchen entsprechen.) Der Druck, der von der mikroskopischen Molekülbewegung bestimmt wird, ist in unserem Falle ebenfalls klein gegenüber der Ruhenergiedichte $\mu_0\, c^2$. Wir finden damit

$$T^{ik} = \mu_0\, c^2\, u^i\, u^k\,. \tag{35,4}$$

Aus (35,2) folgt

$$T_i^i = \varepsilon - 3\,p\,. \tag{35,5}$$

Berücksichtigen wir noch die allgemeine Eigenschaft (34,2) des Energie-Impuls-Tensors eines beliebigen Systems, so sehen wir, daß für Druck und Dichte eines makroskopischen Körpers immer die Ungleichung

$$p < \frac{\varepsilon}{3} \tag{35,6}$$

gelten muß.

Wir vergleichen nun den Ausdruck (35,5) mit der allgemeinen Formel (34,1). Da ein makroskopischer Körper betrachtet wird, müssen wir den Ausdruck (34,1) über alle Werte $\boldsymbol{r}$ in der Volumeneinheit mitteln. Als Ergebnis finden wir

$$\varepsilon - 3\,p = \sum m_a\, c^2 \sqrt{1 - \frac{v_a^2}{c^2}} \tag{35,7}$$

(die Summation erstreckt sich über alle Teilchen, die sich in der Volumeneinheit befinden). Im ultrarelativistischen Grenzfall strebt die rechte Seite dieser Gleichung gegen Null, und die Zustandsgleichung der Materie ergibt sich dabei zu[1])

$$p = \frac{\varepsilon}{3}\,. \tag{35,8}$$

Die erhaltenen Gleichungen wenden wir auf ein ideales Gas an, das, wie wir annehmen wollen, aus gleichen Teilchen besteht. Da die Teilchen eines idealen Gases nicht miteinander wechselwirken, kann man die Gleichung (33,5) nach Mittelung anwenden. Es folgt

$$T^{ik} = n\, m\, c\, \overline{\frac{\mathrm{d}x^i}{\mathrm{d}t}\,\frac{\mathrm{d}x^k}{\mathrm{d}s}}\,,$$

wobei n die Teilchenzahl in der Volumeneinheit und Überstreichung die Mittelung über alle Teilchen bezeichnen. Besitzt das Gas keine makroskopische Bewegung, so gilt andererseits für T^{ik} der Ausdruck (35,1). Die Gleichsetzung liefert die beiden Gleichungen

$$\varepsilon = n\, m\, \overline{\frac{c^2}{\sqrt{1 - \frac{v^2}{c^2}}}}\,, \qquad p = \frac{n\, m}{3}\, \overline{\frac{v^2}{\sqrt{1 - \frac{v^2}{c^2}}}}\,, \tag{35,9}$$

in der die Dichte und der Druck eines relativistischen idealen Gases durch die Geschwindigkeit der Teilchen ausgedrückt sind. Die zweite Gleichung enthält den aus der nichtrelativistischen kinetischen Gastheorie bekannten Ausdruck $p = n\, m\, \overline{v^2}/3$.

---

[1]) Diese Grenzzustandsgleichung wurde hier unter der Voraussetzung elektromagnetischer Wechselwirkungen zwischen den Teilchen abgeleitet. Wir werden annehmen (wenn dies in Kapitel XIV erforderlich wird), daß sie auch für die anderen in der Natur auftretenden Wechselwirkungen gültig bleibt, obwohl ein Beweis dieser Vermutung heute noch nicht vorhanden ist.

V DAS ZEITUNABHÄNGIGE ELEKTROMAGNETISCHE FELD

§ 36. Das COULOMBsche Gesetz

Für ein zeitunabhängiges elektrisches oder *elektrostatisches* Feld nehmen die MAXWELLschen Gleichungen die Gestalt

$$\operatorname{div} \boldsymbol{E} = 4\pi\varrho\,, \tag{36,1}$$

$$\operatorname{rot} \boldsymbol{E} = 0 \tag{36,2}$$

an. Das elektrische Feld leitet sich aus dem skalaren Potential gemäß

$$\boldsymbol{E} = -\operatorname{grad}\varphi \tag{36,3}$$

ab. Setzen wir (36,3) in (36,1) ein, so finden wir eine Gleichung, der das Potential eines elektrostatischen Feldes genügen muß:

$$\Delta\varphi = -4\pi\varrho\,. \tag{36,4}$$

Sie heißt POISSON-*Gleichung*. Im Vakuum, wo ϱ verschwindet, erfüllt das Potential die LAPLACE-*Gleichung*

$$\Delta\varphi = 0\,. \tag{36,5}$$

Aus der LAPLACE-Gleichung folgt insbesondere, daß das Potential weder ein Maximum noch Minimum besitzen kann. Für ein Extremum wäre erforderlich, daß alle ersten Ableitungen von φ nach den Koordinaten verschwinden und die zweiten Ableitungen $\frac{\partial^2\varphi}{\partial x^2}, \frac{\partial^2\varphi}{\partial y^2}, \frac{\partial^2\varphi}{\partial z^2}$ ein einheitliches Vorzeichen haben. Die zweite Bedingung ist jedoch unerfüllbar, da dann (36,5) nicht mehr gelten kann.

Wir bestimmen jetzt das von einer Punktladung hervorgerufene Feld. Aus Symmetriegründen muß $\boldsymbol{E}$ in jedem Punkte („Aufpunkt" genannt) in der Richtung des von der Ladung ausgehenden Radiusvektors liegen. Weiter darf aus denselben Gründen der Betrag E des Feldes nur von der Entfernung R zwischen Aufpunkt und Ladung abhängen. Um E zu finden, benutzen wir die Gleichung (36,1) in der Integralform (30,5). Der Fluß des elektrischen Feldes durch eine Kugelfläche mit dem Radius R um die Ladung e beträgt $4\pi R^2 E$ und muß gleich $4\pi e$ sein. Daraus finden wir

$$E = \frac{e}{R^2}$$

oder in vektorieller Gestalt

$$\boldsymbol{E} = \frac{e\boldsymbol{R}}{R^3}\,. \tag{36,6}$$

Das von einer Punktladung erzeugte Feld ist also umgekehrt proportional dem Quadrat der Entfernung von der Ladung. Dies ist das COULOMBsche *Gesetz*. Das Potential dieses Feldes ist offensichtlich

$$\varphi = \frac{e}{R}. \tag{36,7}$$

Bei einem System von Ladungen ist das von ihnen hervorgerufene Feld nach dem Superpositionsprinzip gleich der Summe der Felder, die jede einzelne Ladung erzeugt. Das Potential eines solchen Feldes hat die Gestalt

$$\varphi = \sum_a \frac{e_a}{R_a},$$

wobei R_a die Entfernung von der Ladung e_a bis zu dem Punkt bedeutet, an dem wir das Potential bestimmen wollen. Führen wir die Ladungsdichte ϱ ein, so nimmt diese Gleichung die Gestalt

$$\varphi = \int \frac{\varrho}{R} \mathrm{d}V \tag{36,8}$$

an, R ist die Entfernung des Volumenelementes $\mathrm{d}V$ vom Aufpunkt.

Setzen wir in (36,4) für ϱ und φ die Werte für eine Punktladung ein, d. h. $\varrho = e\,\delta(\boldsymbol{R})$, $\varphi = e/R$, so erhalten wir die Beziehung

$$\Delta \frac{1}{R} = -4\pi\,\delta(\boldsymbol{R}). \tag{36,9}$$

§ 37. Die elektrostatische Energie eines Systems von Ladungen

Wir wollen nun die Energie eines Systems von Ladungen bestimmen. Dazu gehen wir von dem Ausdruck (31,5) für die Energiedichte des Feldes aus, der uns für die gesuchte Energie den Wert

$$U = \frac{1}{8\pi} \int E^2 \,\mathrm{d}V$$

liefert. $\boldsymbol{E}$ ist das von den Ladungen erzeugte Feld, das Integral ist über den ganzen Raum zu erstrecken. Setzen wir $\boldsymbol{E} = -\operatorname{grad}\varphi$ ein, so können wir U folgendermaßen schreiben:

$$U = -\frac{1}{8\pi}\int \boldsymbol{E} \operatorname{grad}\varphi \,\mathrm{d}V = -\frac{1}{8\pi}\int \operatorname{div}(\boldsymbol{E}\varphi)\,\mathrm{d}V + \frac{1}{8\pi}\int \varphi \operatorname{div}\boldsymbol{E}\,\mathrm{d}V.$$

Der erste Term auf der rechten Seite ist nach dem GAUSSschen Satz gleich dem Integral von $\boldsymbol{E}\,\varphi$ über die das Integrationsgebiet begrenzende Oberfläche. Es verschwindet, da sich die Volumenintegration über den ganzen Raum erstreckt und das Feld im Unendlichen gegen Null geht. Setzen wir in das zweite Integral $\operatorname{div}\boldsymbol{E} = 4\pi\varrho$ ein, so ergibt sich der folgende Ausdruck für die Energie des

Ladungssystems:

$$U = \frac{1}{2} \int \varrho \, \varphi \, dV . \tag{37,1}$$

Für ein System von Punktladungen e_a kann man die Integration durch eine Summation über die Ladungen ersetzen:

$$U = \frac{1}{2} \sum e_a \, \varphi_a ; \tag{37,2}$$

hierin ist φ_a das Potential, das von allen Ladungen an der Stelle hervorgerufen wird, wo sich die Ladung e_a befindet.

Wenden wir diese Formel auf ein geladenes Elementarteilchen (etwa ein Elektron) und das von ihm erzeugte Feld an, so ergibt sich, daß das Teilchen eine potentielle Selbstenergie vom Betrage $e\,\varphi/2$ haben sollte, wobei φ das von der Ladung erzeugte Potential am Orte der Ladung selbst ist. Nun wissen wir, daß aus relativistischen Gründen jedes Elementarteilchen als punktförmig anzusehen ist. Das Potential $\varphi = e/R$ dieses Teilchens wird jedoch am Punkte $R = 0$ unendlich groß. Nach der Elektrodynamik besitzt also das Elektron eine unendlich große Selbstenergie und daher auch eine unendlich große Masse (gleich der durch c^2 geteilten Energie). Dieses physikalisch sinnlose Ergebnis zeigt, daß schon die grundlegenden Prinzipien der Elektrodynamik zu dem Schluß führen, daß ihrer Anwendbarkeit bestimmte Grenzen gezogen sind.

Wegen der unendlich großen Werte für die Selbstenergie und Masse, die man hier erhält, kann man im Rahmen der klassischen Elektrodynamik überhaupt nicht die Frage stellen, ob die gesamte Masse des Elektrons elektromagnetischer Natur ist, d. h. mit seiner elektromagnetischen Selbstenergie zusammenhängt.[1]

Da die physikalisch sinnlose unendliche Selbstenergie eines Elementarteilchens damit zusammenhängt, daß man das Teilchen als punktförmig betrachtet, können wir schließen, daß die Elektrodynamik, die eine logisch geschlossene physikalische Theorie darstellt, beim Übergang zu hinreichend kleinen Entfernungen widerspruchsvoll wird. Von welcher Größenordnung sind nun diese Entfernungen? Es sollte die elektromagnetische Selbstenergie des Elektrons bei diesen Abständen von der Größenordnung der Ruhmasse $m\,c^2$ sein. Nehmen wir für das Elektron einen Radius R_0 an, so ist seine potentielle Energie e^2/R_0, und aus der Forderung $e^2/R_0 \sim m\,c^2$ finden wir

$$R_0 \sim \frac{e^2}{m\,c^2} . \tag{37,3}$$

Dieser sogenannte Elektronenradius R_0 bestimmt diejenigen Grenzen der Anwendbarkeit der Elektrodynamik auf das Elektron, die schon aus ihren

[1]) Vom rein formalen Standpunkt kann man eine endliche Elektronenmasse erhalten, wenn man eine unendlich große negative Masse nichtelektromagnetischen Ursprungs einführt, die gerade die unendlich große elektromagnetische Masse kompensiert („Massenrenormierung"). Wir werden jedoch später sehen (§ 75), daß dadurch nicht alle inneren Widersprüche der klassischen Elektrodynamik beseitigt werden.

eigenen Grundprinzipien folgen. Man muß jedoch im Auge behalten, daß die wirklichen Anwendungsgrenzen der hier dargelegten klassischen Elektrodynamik infolge der Quantenerscheinungen viel enger gezogen sind.[1])

Wir kehren wieder zur Gleichung (37,2) zurück. Die hier auftretenden Potentiale sind nach dem COULOMBschen Gesetz gleich

$$\varphi_a = \sum \frac{e_b}{R_{ab}}, \tag{37,4}$$

wobei R_{ab} die Entfernung zwischen den Ladungen e_a und e_b bedeutet. Der Energieausdruck (37,2) besteht aus zwei Teilen. Einmal enthält er die unendlich große Selbstenergie der Ladungen, die nicht von ihren gegenseitigen Entfernungen abhängt. Der zweite Teil ist die von diesen Entfernungen abhängige Wechselwirkungsenergie der Ladungen. Nur dieser letzte Teil U' ist offensichtlich physikalisch sinnvoll:

$$U' = \frac{1}{2} \sum e_a \varphi_a'; \tag{37,5}$$

hier ist

$$\varphi_a' = \sum_{a \neq b} \frac{e_b}{R_{ab}} \tag{37,6}$$

das von allen Ladungen außer e_a erzeugte Potential am Punkte der Ladung e_a. Wir können es auch

$$U' = \frac{1}{2} \sum_{a \neq b} \frac{e_a e_b}{R_{ab}} \tag{37,7}$$

schreiben. Insbesondere ist die Wechselwirkungsenergie zweier Ladungen

$$U' = \frac{e_1 e_2}{R_{12}}. \tag{37,8}$$

§ 38. Das Feld einer gleichförmig bewegten Ladung

Wir ermitteln das Feld, das von einer mit der Geschwindigkeit V gleichförmig bewegten Ladung e erzeugt wird. Das Bezugssystem K sei unbewegt. Das sich mit der Ladung bewegende System werde K' genannt, die Ladung ruhe dabei im Ursprung von K'. K' (bzw. e) bewege sich in bezug auf K (mit der Geschwindigkeit V) längs der x-Achse, die Achsen y und z seien parallel zu y' und z'. Zum Zeitpunkt $t = 0$ mögen die beiden Systeme zusammenfallen. Die im System K bestimmten Koordinaten der Ladung sind dann $x = V t$, $y = z = 0$. Im System K' besteht ein elektrostatisches Feld mit dem Vektorpotential $\mathbf{A}' = 0$ und einem skalaren Potential $\varphi' = e/R'$, wobei $R'^2 = x'^2 + y'^2 + z'^2$

[1]) Quanteneffekte werden bei Entfernungen der Größenordnung $\hbar/mc$ wesentlich ($\hbar$ ist die PLANCKsche Konstante).

ist. Im System K finden wir nach (24,1) wegen $\boldsymbol{A}' = 0$

$$\varphi = \frac{\varphi'}{\sqrt{1 - \frac{V^2}{c^2}}} = \frac{e}{R'\sqrt{1 - \frac{V^2}{c^2}}} . \tag{38,1}$$

Es muß nun R' durch die Koordinaten x, y, z des Systems K ausgedrückt werden. Aus den Gleichungen der LORENTZ-Transformation

$$x' = \frac{x - V\,t}{\sqrt{1 - \frac{V^2}{c^2}}} , \qquad y' = y , \qquad z' = z$$

folgt

$$R'^2 = \frac{(x - V\,t)^2 + \left(1 - \frac{V^2}{c^2}\right)(y^2 + z^2)}{1 - \frac{V^2}{c^2}} . \tag{38,2}$$

Setzen wir dies in (38,1) ein, so finden wir

$$\varphi = \frac{e}{R^*} \tag{38,3}$$

mit der Abkürzung

$$R^{*2} = (x - V\,t)^2 + \left(1 - \frac{V^2}{c^2}\right)(y^2 + z^2) . \tag{38,4}$$

Das Vektorpotential im System K hat den Wert

$$\boldsymbol{A} = \varphi \frac{\boldsymbol{V}}{c} = \frac{e\,\boldsymbol{V}}{c\,R^*} . \tag{38,5}$$

Im System K' verschwindet das Magnetfeld $\boldsymbol{H}'$, während das elektrische Feld

$$\boldsymbol{E}' = \frac{e\,\boldsymbol{R}'}{R'^3}$$

ist. Aus den Gleichungen (24,2) finden wir

$$E_x = E'_x = \frac{e\,x'}{R'^3}, \qquad E_y = \frac{E'_y}{\sqrt{1 - \frac{V^2}{c^2}}} = \frac{e\,y'}{R'^3\sqrt{1 - \frac{V^2}{c^2}}} ,$$

$$E_z = \frac{e\,z'}{R'^3\sqrt{1 - \frac{V^2}{c^2}}} .$$

Drücken wir hier R', x', y', z' durch x, y, z aus, so ergibt sich

$$\boldsymbol{E} = \left(1 - \frac{V^2}{c^2}\right)\frac{e\,\boldsymbol{R}}{R^{*3}} , \tag{38,6}$$

wobei $\boldsymbol{R}$ der Abstandsvektor von der Ladung e zum Aufpunkt x, y, z ist (seine Komponenten sind $x - V\,t, y, z$).

Diesen Ausdruck für $\boldsymbol{E}$ kann man umformen, indem man den Winkel θ zwischen der Bewegungsrichtung und der Richtung von $\boldsymbol{R}$ einführt. Offensichtlich ist $y^2 + z^2 = R^2 \sin^2 \theta$, und wir erhalten daher für R^{*2}:

$$R^{*2} = R^2 \left(1 - \frac{V^2}{c^2} \sin^2 \theta\right). \tag{38,7}$$

Für $\boldsymbol{E}$ folgt also

$$\boldsymbol{E} = \frac{e\,\boldsymbol{R}}{R^3} \frac{1 - \frac{V^2}{c^2}}{\left(1 - \frac{V^2}{c^2} \sin^2 \theta\right)^{3/2}}. \tag{38,8}$$

Bei festen Entfernungen R von der Ladung wächst der Betrag der Feldstärke E, wenn θ von 0 bis $\pi/2$ zunimmt (bzw. von π auf $\pi/2$ abnimmt). Seinen kleinsten Wert hat das Feld in den Richtungen parallel zur Bewegung ($\theta = 0, \pi$); er beträgt

$$E_{||} = \frac{e}{R^2}\left(1 - \frac{V^2}{c^2}\right).$$

Der Maximalwert wird senkrecht zur Bewegungsrichtung erreicht ($\theta = \pi/2$):

$$E_{\perp} = \frac{e}{R^2} \frac{1}{\sqrt{1 - \frac{V^2}{c^2}}}.$$

Bei einer Vergrößerung der Geschwindigkeit wird $E_{||}$ kleiner und $E_{\perp}$ größer. Wir können dies anschaulich so ausdrücken, daß das Feld einer bewegten Ladung in der Bewegungsrichtung abgeplattet ist. Für nahe bei der Lichtgeschwindigkeit liegende V ist der Nenner in (38,8) in einem kleinen Winkelintervall um $\theta = \pi/2$ sehr klein. Die Größe dieses Intervalls ist von der Ordnung

$$\Delta\theta \sim \sqrt{1 - \frac{V^2}{c^2}}.$$

Das elektrische Feld einer schnell bewegten Ladung ist also nur in einem engen Winkelbereich in der Nähe der Äquatorialebene von Null verschieden. Der Umfang dieses Bereichs fällt mit wachsendem V wie $\sqrt{1 - \frac{V^2}{c^2}}$.

Das Magnetfeld im System K ist nach (24,5)

$$\boldsymbol{H} = \frac{1}{c} \boldsymbol{V} \times \boldsymbol{E}. \tag{38,9}$$

Für kleine Geschwindigkeiten $V \ll c$ ist das elektrische Feld näherungsweise durch das gewöhnliche Coulombsche Gesetz $\boldsymbol{E} = e\,\boldsymbol{R}/R^3$ gegeben und das Magnetfeld daher

$$\boldsymbol{H} = \frac{e}{c} \frac{\boldsymbol{V} \times \boldsymbol{R}}{R^3}. \tag{38,10}$$

Aufgabe

Man bestimme im System K die Wechselwirkungskraft zwischen zwei Ladungen die sich mit den gleichen Geschwindigkeiten $\boldsymbol{V}$ bewegen

Lösung. Die gesuchte Kraft $\boldsymbol{F}$ berechnen wir als die auf eine Ladung (e_1) wirkende Kraft in dem Feld, das von der anderen Ladung (e_2) erzeugt wird. Wegen (38,9) haben wir

$$\boldsymbol{F} = e_1 \boldsymbol{E}_2 + \frac{e_1}{c} \boldsymbol{V} \times \boldsymbol{H}_2 = e_1 \left(1 - \frac{V^2}{c^2}\right) \boldsymbol{E}_2 + \frac{e_1}{c^2} \boldsymbol{V} (\boldsymbol{V} \boldsymbol{E}_2) .$$

Setzt man hier $\boldsymbol{E}_2$ aus (38,8) ein, so erhält man für die Kraftkomponenten in Bewegungsrichtung (F_x) und senkrecht dazu (F_y):

$$F_x = \frac{e_1 e_2}{R^2} \frac{\left(1 - \frac{V^2}{c^2}\right) \cos \theta}{\left(1 - \frac{V^2}{c^2} \sin^2 \theta\right)^{3/2}}, \qquad F_y = \frac{e_1 e_2}{R^2} \frac{\left(1 - \frac{V^2}{c^2}\right)^2 \sin \theta}{\left(1 - \frac{V^2}{c^2} \sin^2 \theta\right)^{3/2}} .$$

$\boldsymbol{R}$ ist der Radiusvektor, der von e_2 nach e_1 weist, θ der Winkel zwischen $\boldsymbol{R}$ und $\boldsymbol{V}$.

§ 39. Bewegung im Coulomb-Feld

Es werde die Bewegung eines Teilchens mit der Masse m und der Ladung e in dem von einer anderen Ladung e' hervorgerufenen Feld betrachtet. Wir nehmen dabei an, daß die Masse der Ladung e' so groß ist, daß man sie als ruhend ansehen kann. Die Aufgabe reduziert sich dann darauf, die Bewegung einer Ladung e in einem kugelsymmetrischen elektrischen Feld mit dem Potential $\varphi = e'/r$ zu untersuchen.

Die Gesamtenergie des Teilchens ist

$$\mathcal{E} = c \sqrt{p^2 + m^2 c^2} + \frac{\alpha}{r},$$

wobei $e e' = \alpha$ gesetzt wurde. Führen wir in der Bewegungsebene des Teilchens Polarkoordinaten ein, so gilt, wie wir aus der Mechanik wissen,

$$p^2 = \frac{M^2}{r^2} + p_r^2 .$$

p_r ist die radiale Impulskomponente, M der konstante Drehimpuls der Teilchenbewegung. Für $\mathcal{E}$ erhalten wir damit

$$\mathcal{E} = c \sqrt{p_r^2 + \frac{M^2}{r^2} + m^2 c^2} + \frac{\alpha}{r} . \tag{39,1}$$

Wir wollen die Frage klären, ob sich das Teilchen bei seiner Bewegung dem Zentrum beliebig nähern kann. Zunächst ist klar, daß dies keinesfalls möglich ist, wenn sich die Ladungen e und e' abstoßen, d. h. e und e' dasselbe Vorzeichen besitzen. Ferner ist im Falle der Anziehung (wenn e und e' verschiedene Vorzeichen haben) eine unbeschränkte Annäherung an das Zentrum nicht möglich, wenn $M c > |\alpha|$ ist. Hier ist nämlich das erste Glied in (39,1) immer größer als das zweite, und für $r \to 0$ würde die rechte Seite der Gleichung gegen ∞ gehen. Ist umgekehrt $M c < |\alpha|$, so kann die Energie für $r \to 0$ endlich bleiben (dabei muß natürlich p_r gegen unendlich gehen). Gilt also

$$M c < |\alpha| , \tag{39,2}$$

so fällt das Teilchen bei seiner Bewegung auf die Ladung, von der es angezogen wird. Dies widerspricht dem Ergebnis der nichtrelativistischen Mechanik, wonach im COULOMB-Feld eine solche Bewegung unmöglich ist (abgesehen von der drehimpulsfreien Bewegung $M = 0$, wo sich das Teilchen e in gerader Linie auf e' zu bewegt).

Zur Untersuchung der Ladungsbewegung im COULOMB-Feld geht man am besten von der HAMILTON-JACOBI-Gleichung aus. Wir benutzen in der Bewegungsebene die Polarkoordinaten r, φ. Die HAMILTON-JACOBI-Gleichung (16,11) hat dann die Gestalt

$$-\frac{1}{c^2}\left(\frac{\partial S}{\partial t} + \frac{\alpha}{r}\right)^2 + \left(\frac{\partial S}{\partial r}\right)^2 + \frac{1}{r^2}\left(\frac{\partial S}{\partial \varphi}\right)^2 + m^2 c^2 = 0 .$$

Gesucht wird ein S der Form

$$S = -\mathscr{E}\, t + M\, \varphi + f(r) ,$$

wobei $\mathscr{E}$ und M die Energie- und Drehimpulskonstanten des Teilchens sind. Es ergibt sich

$$S = -\mathscr{E}\, t + M\, \varphi + \int \sqrt{\frac{1}{c^2}\left(\mathscr{E} - \frac{\alpha}{r}\right)^2 - \frac{M^2}{r^2} - m^2 c^2} \cdot dr . \qquad (39,3)$$

Die Bahn ist durch die Gleichung $\frac{\partial S}{\partial M} = \text{const}$ bestimmt. Wenn wir (39,3) integrieren, gelangen wir zu folgenden Bahngleichungen:

a) falls $M c > |\alpha|$:

$$(c^2 M^2 - \alpha^2)\frac{1}{r} = c\sqrt{(M\mathscr{E})^2 - m^2 c^2 (M^2 c^2 - \alpha^2)} \cos\left(\varphi \sqrt{1 - \frac{\alpha^2}{c^2 M^2}}\right) - \mathscr{E}\alpha ; \qquad (39,4)$$

b) falls $M c < |\alpha|$:

$$(\alpha^2 - c^2 M^2)\frac{1}{r} = \pm\, c\sqrt{(M\mathscr{E})^2 + m^2 c^2 (\alpha^2 - M^2 c^2)}\ \mathrm{ch}\left(\varphi \sqrt{\frac{\alpha^2}{c^2 M^2} - 1}\right) + \mathscr{E}\alpha ; \qquad (39,5)$$

c) falls $M c = |\alpha|$:

$$\frac{2\mathscr{E}\alpha}{r} = \mathscr{E}^2 - m^2 c^4 - \varphi^2 \left(\frac{\mathscr{E}\alpha}{c M}\right)^2 . \qquad (39,6)$$

Die Integrationskonstante wird durch die Wahl des Anfangswerts des Winkels φ festgelegt.

In (39,4) ist das Vorzeichen der Wurzel unwesentlich, da es durch die Wahl des Anfangswertes von φ geändert werden kann. Im Falle der Anziehung ($\alpha < 0$) liegen die durch diese Gleichung dargestellten Bahnkurven ganz im Bereiche endlicher r-Werte, wenn $\mathscr{E} < m c^2$ ist. Für $\mathscr{E} > m c^2$ dagegen kann r auch beliebig große Werte annehmen. Eine im Endlichen verlaufende Bewegung entspricht in der nichtrelativistischen Mechanik der Bewegung auf einer geschlossenen Bahn (Ellipse). In der relativistischen Mechanik dagegen können die Bahnen niemals geschlossen sein: Man entnimmt aus (39,4), daß sich bei einer Zunahme des Winkels φ um 2π für die Entfernung r vom Zentrum nicht mehr der ursprüngliche Wert ergibt. Anstelle von Ellipsen haben wir hier Bahnkurven in Gestalt von offenen „Rosetten". Während also in der gewöhnlichen Mechanik die im Endlichen verlaufende Bewegung im Coulomb-Feld zu einer geschlossenen Bahn führt, verliert nach der Relativitätstheorie das Coulomb-Feld diese Eigenschaft.

In (39,5) muß das Vorzeichen der Wurzel bei $\alpha < 0$ positiv und bei $\alpha > 0$ negativ gewählt werden (andernfalls hätte man das Vorzeichen der Wurzel in (39,1) zu ändern).

Im Falle $\alpha > 0$ sind die Bahnkurven (39,5) und (39,6) Spiralen mit einer Entfernung r, die für $\varphi \to \infty$ gegen Null geht. Die Zeitdauer, die zu einem solchen „Fall" auf die Ladung im Koordinatenursprung gebraucht wird, ist jedoch endlich. Um sich davon zu überzeugen, beachte man, daß die Zeitabhängigkeit der Koordinate r durch die Gleichung $\frac{\partial S}{\partial \mathscr{E}} = \text{const}$ bestimmt wird. Setzt man hier (39,3) ein, so sieht man, daß t durch ein Integral dargestellt wird, das für $r \to 0$ konvergiert.

Aufgaben

1. Man bestimme den Ablenkungswinkel einer Ladung, die sich in einem abstoßenden Coulomb-Feld bewegt ($\alpha > 0$).

Lösung. Der gesuchte Ablenkungswinkel χ ist $\chi = \pi - 2\varphi_0$ mit φ_0 als Winkel zwischen zwei asymptotischen Bahnen (39,4). Wir finden

$$\chi = \pi - \frac{2cM}{\sqrt{c^2M^2 - \alpha^2}} \arctan \frac{v\sqrt{c^2M^2 - \alpha^2}}{c\alpha};$$

v ist die Geschwindigkeit der Ladung im Unendlichen.

2. Man bestimme den Wirkungsquerschnitt für die Streuung von Teilchen im Coulomb-Feld für kleine Winkel.

Lösung. Der Wirkungsquerschnitt $d\sigma$ ist das Verhältnis der Anzahl der Teilchen, die (in einer Sekunde) in das Raumwinkelelement do gestreut werden, zu der Dichte des ankommenden Teilchenstromes (d. h. zu der Zahl der Teilchen, die in einer Sekunde sich durch 1 cm² Querschnittsfläche des Teilchenstromes bewegen).

Da der Ablenkungswinkel χ der Teilchen beim Durchlaufen des Feldes durch den Stoßparameter ϱ bestimmt wird (ϱ ist der senkrechte Abstand vom Zentrum bis zu der Geraden, auf der sich die Teilchen ohne Feld bewegen würden), haben wir

$$d\sigma = 2\pi\varrho\, d\varrho = 2\pi\varrho \frac{d\varrho}{d\chi} d\chi = \varrho \frac{d\varrho}{d\chi} \frac{do}{\sin\chi}$$

mit $do = 2\pi \sin\chi\, d\chi$ (siehe I, § 18). Den Ablenkungswinkel kann man, wenn er klein ist, als Verhältnis des Impulszuwachses zum ursprünglichen Impulswert deuten. Der Impulszuwachs ist gleich dem Zeitintegral über die Kraft, die auf das Teilchen senkrecht zur Bewegungsrichtung wirkt; sie ist $\frac{\alpha}{r^2}\frac{\varrho}{r}$. Somit gilt

$$\chi = \frac{1}{p}\int_{-\infty}^{+\infty} \frac{\alpha\,\varrho\,\mathrm{d}t}{(\varrho^2 + v^2\,t^2)^{3/2}} = \frac{2\,\alpha}{p\,\varrho\,v}$$

(v ist die Geschwindigkeit der Teilchen). Daraus ergibt sich der Wirkungsquerschnitt für kleine χ:

$$\mathrm{d}\sigma = 4\left(\frac{\alpha}{p\,v}\right)^2 \frac{\mathrm{d}o}{\chi^4}.$$

Im nichtrelativistischen Fall $p \approx m\,v$ stimmt dieser Ausdruck mit dem aus der RUTHERFORDschen Formel (siehe I, § 19) für kleine χ erhaltenen überein.

§ 40. Das Dipolmoment

Wir untersuchen das Feld eines Systems von Ladungen in Entfernungen, die groß im Vergleich zum Durchmesser des Systems sind.

Das Koordinatensystem wählen wir so, daß der Ursprung innerhalb des Systems liegt. Der Ortsvektor der einzelnen Ladungen sei $\boldsymbol{r}_a$. Das von allen Ladungen im Punkte mit dem Ortsvektor $\boldsymbol{R}_0$ (dem Aufpunkt) hervorgerufene Feld ist

$$\varphi = \sum \frac{e_a}{|\boldsymbol{R}_0 - \boldsymbol{r}_a|} \tag{40,1}$$

(die Summation erstreckt sich über alle Ladungen). $\boldsymbol{R}_0 - \boldsymbol{r}_a$ ist der Abstandsvektor von der Ladung e_a zum Aufpunkt. Der Ausdruck (40,1) ist nun für große $\boldsymbol{R}_0$ ($\boldsymbol{R}_0 \gg \boldsymbol{r}_a$) zu untersuchen. Wir entwickeln ihn dazu in eine Reihe nach Potenzen von $\boldsymbol{r}_a/R_0$ unter Benutzung der Formel

$$f(\boldsymbol{R}_0 - \boldsymbol{r}) \approx f(\boldsymbol{R}_0) - \boldsymbol{r}\,\mathrm{grad}\,f(\boldsymbol{R}_0)$$

(die Operation grad bezieht sich auf die Aufpunktkoordinaten). In erster Ordnung erhalten wir dann

$$\varphi = \frac{\sum e_a}{R_0} - \sum e_a\,\boldsymbol{r}_a \cdot \mathrm{grad}\,\frac{1}{R_0}. \tag{40,2}$$

Die Summe

$$\boldsymbol{d} = \sum e_a\,\boldsymbol{r}_a \tag{40,3}$$

wird als *Dipolmoment* des Systems bezeichnet. Wesentlich ist die Tatsache, daß das Dipolmoment von der Wahl des Koordinatenursprungs unabhängig ist, wenn die Summe $\sum e_a$ aller Ladungen verschwindet. Es seien $\boldsymbol{r}_a$ und $\boldsymbol{r}'_a$ die Ortsvektoren ein und derselben Ladung in zwei verschiedenen Koordinatensystemen, die durch

$$\boldsymbol{r}'_a = \boldsymbol{r}_a + \boldsymbol{a}$$

verbunden sind ($\boldsymbol{a}$ ist ein beliebiger konstanter Vektor). Ist daher $\sum e_a = 0$, so ergibt sich für das Dipolmoment in beiden Systemen derselbe Wert

$$\boldsymbol{d}' = \sum e_a \boldsymbol{r}'_a = \sum e_a \boldsymbol{r}_a + \boldsymbol{a} \sum e_a = \boldsymbol{d}\,.$$

Wir bezeichnen mit e_a^+, $\boldsymbol{r}_a^+$ und e_a^-, $\boldsymbol{r}_a^-$ die positiven und negativen Ladungen des Systems und ihre Ortsvektoren. Das Dipolmoment läßt sich dann in der Form

$$\boldsymbol{d} = \sum e_a^+ \boldsymbol{r}_a^+ - \sum e_a^- \boldsymbol{r}_a^- = \boldsymbol{R}^+ \sum e_a^+ - \boldsymbol{R}^- \sum e_a^- \tag{40,4}$$

schreiben, wobei

$$\boldsymbol{R}^+ = \frac{\sum e_a^+ \boldsymbol{r}_a^+}{\sum e_a^+}\,, \qquad \boldsymbol{R}^- = \frac{\sum e_a^- \boldsymbol{r}_a^-}{\sum e_a^-} \tag{40,5}$$

die Ortsvektoren der Zentren der positiven und negativen Ladungen sind. Im Falle $\sum e_a^+ = \sum e_a^- = e$ haben wir

$$\boldsymbol{d} = e\, \boldsymbol{R}_{+-}\,. \tag{40,6}$$

$\boldsymbol{R}_{+-} = \boldsymbol{R}^+ - \boldsymbol{R}^-$ ist hierbei der Abstandsvektor vom Zentrum der negativen zu dem der positiven Ladungen. Sind insbesondere nur zwei Ladungen vorhanden, so ist $\boldsymbol{R}_{+-}$ der Abstandsvektor zwischen ihnen.

Bei verschwindender Gesamtladung ist das vom System erzeugte Potential in großen Entfernungen

$$\varphi = -\boldsymbol{d} \nabla \frac{1}{R_0} = \frac{\boldsymbol{d}\boldsymbol{R}_0}{R_0^3}\,. \tag{40,7}$$

Die Feldstärke ergibt sich zu

$$\boldsymbol{E} = -\operatorname{grad} \frac{\boldsymbol{d}\boldsymbol{R}_0}{R_0^3} = -\frac{1}{R_0^3} \operatorname{grad} (\boldsymbol{d}\boldsymbol{R}_0) - (\boldsymbol{d}\boldsymbol{R}_0) \operatorname{grad} \frac{1}{R_0^3}$$

oder schließlich

$$\boldsymbol{E} = \frac{3\,(\boldsymbol{n}\,\boldsymbol{d})\,\boldsymbol{n} - \boldsymbol{d}}{R_0^3} \tag{40,8}$$

mit $\boldsymbol{n}$ als Einheitsvektor in Richtung $\boldsymbol{R}_0$. Nützlich ist auch der Hinweis, daß $\boldsymbol{E}$ ohne Ausführung der Ableitung durch

$$\boldsymbol{E} = (\boldsymbol{d} \nabla) \nabla \frac{1}{R_0} \tag{40,9}$$

dargestellt werden kann.

Das Potential eines Feldes mit verschwindender Gesamtladung ist also in großen Entfernungen dem Quadrate und die Feldstärke der dritten Potenz der Entfernung umgekehrt proportional. Es besitzt Axialsymmetrie um die Achse $\boldsymbol{d}$, die im weiteren die z-Achse des Koordinatensystems darstellt. In einer Ebene, die die z-Richtung enthält, sind die Komponenten des Vektors $\boldsymbol{E}$

$$E_z = d\,\frac{3\cos^2\theta - 1}{R_0^3}\,, \qquad E_x = d\,\frac{3\sin\theta\cos\theta}{R_0^3}\,. \tag{40,10}$$

Die radialen und tangentialen Komponenten in dieser Ebene sind

$$E_R = d\,\frac{2\cos\theta}{R_0^3}\,, \qquad E_\theta = -d\,\frac{\sin\theta}{R_0^3}\,. \tag{40,11}$$

§ 41. Multipolmomente

In der Entwicklung des Potentials nach Potenzen von $1/R_0$

$$\varphi = \varphi^{(0)} + \varphi^{(1)} + \varphi^{(2)} + \cdots \tag{41,1}$$

ist das allgemeine Glied $\varphi^{(n)}$ proportional zu $1/R_0^{n+1}$. Wie wir sahen, wird der erste Term $\varphi^{(0)}$ durch die Summe der Ladungen bestimmt, der zweite $\varphi^{(1)}$ (das sogenannte Dipolpotential) durch das Dipolmoment.

Der dritte Term der Entwicklung ist

$$\varphi^{(2)} = \frac{1}{2} \sum e\, x_\alpha x_\beta \frac{\partial^2}{\partial X_\alpha\, \partial X_\beta} \frac{1}{R_0}\,. \tag{41,2}$$

Die Summation erstreckt sich wieder über alle Ladungen; wir lassen dabei an e den Index a, der die einzelne Ladung kennzeichnet, fort. x_α sind die Komponenten des Vektors $\boldsymbol{r}$, X_α die des Vektors $\boldsymbol{R}_0$.

Dieser Beitrag zum Potential wird als Quadrupolpotential bezeichnet. Sind die Gesamtladung und das Dipolmoment eines Systems Null, so beginnt die Entwicklung mit diesem Glied $\varphi^{(2)}$.

In den Ausdruck (41,2) gehen die 6 Größen $\sum e\, x_\alpha x_\beta$ ein. Man sieht jedoch leicht, daß das Feld in Wirklichkeit nicht von 6, sondern nur von 5 unabhängigen Größen abhängt. Dies ergibt sich daraus, daß die Funktion $1/R_0$ die Laplace-Gleichung erfüllen muß:

$$\Delta \frac{1}{R_0} \equiv \delta_{\alpha\beta} \frac{\partial^2}{\partial X_\alpha\, \partial X_\beta} \frac{1}{R_0} = 0\,.$$

Wir können daher $\varphi^{(2)}$ in der Gestalt

$$\varphi^{(2)} = \frac{1}{2} \sum e \left(x_\alpha x_\beta - \frac{1}{3} r^2 \delta_{\alpha\beta} \right) \frac{\partial^2}{\partial X_\alpha\, \partial X_\beta} \frac{1}{R_0}$$

schreiben.

Der Tensor

$$D_{\alpha\beta} = \sum e\,(3\, x_\alpha x_\beta - r^2 \delta_{\alpha\beta}) \tag{41,3}$$

heißt *Quadrupolmoment* des Systems. Aus der Definition von $D_{\alpha\beta}$ folgt, daß die Summe seiner Diagonalkomponenten Null ergibt:

$$D_{\alpha\alpha} = 0\,. \tag{41,4}$$

Der symmetrische Tensor $D_{\alpha\beta}$ hat daher nur 5 unabhängige Komponenten. Mit seiner Hilfe können wir

$$\varphi^{(2)} = \frac{D_{\alpha\beta}}{6} \frac{\partial^2}{\partial X_\alpha\, \partial X_\beta} \frac{1}{R_0} \tag{41,5}$$

schreiben. Wir führen die Ableitung aus,

$$\frac{\partial^2}{\partial X_\alpha\, \partial X_\beta} \frac{1}{R_0} = \frac{3\, X_\alpha X_\beta}{R_0^5} - \frac{\delta_{\alpha\beta}}{R^3}$$

und berücksichtigen, daß $\delta_{\alpha\beta} D_{\alpha\beta} = D_{\alpha\alpha} = 0$ ist. Dann erhalten wir schließlich

$$\varphi^{(2)} = \frac{D_{\alpha\beta} n_\alpha n_\beta}{2 R_0^3}. \qquad (41,6)$$

Wie jeder symmetrische dreidimensionale Tensor kann $D_{\alpha\beta}$ auf Hauptachsen transformiert werden. Infolge der Bedingung (41,4) sind dann im allgemeinen Fall nur zwei der drei Eigenwerte unabhängig. Sind die Ladungen symmetrisch in bezug auf irgendeine Achse (z-Achse) verteilt[1]), so ist sie eine Hauptachse des Tensors. Die Lage der beiden anderen Achsen in der xy-Ebene ist beliebig. Alle drei Eigenwerte hängen durch

$$D_{xx} = D_{yy} = -\frac{1}{2} D_{zz} \qquad (41,7)$$

miteinander zusammen. Bezeichnen wir die Komponente D_{zz} mit D (D wird in diesem Fall einfach Quadrupolmoment genannt), so erhalten wir das Potential in der Gestalt

$$\varphi^{(2)} = \frac{D}{4 R_0^3}(3\cos^2\theta - 1) = \frac{D}{2 R_0^3} P_2(\cos\theta), \qquad (41,8)$$

wobei θ der Winkel zwischen R_0 und der z-Achse ist und P_2 das zweite LEGENDREsches Polynom darstellt. Man weist auf ähnliche Weise wie im letzten Paragraphen für das Dipolmoment nach, daß das Quadrupolmoment des Systems von der Wahl des Koordinatenursprungs unabhängig ist, wenn sowohl die Gesamtladung als auch das Dipolmoment des Systems verschwinden.

Die weiteren Glieder der Entwicklung (41,1) lassen sich nun in analoger Weise wie (41,2) bilden. Das l-te Glied wird durch einen Tensor l-ter Stufe, den sogenannten Tensor des 2^l-Polmomentes, bestimmt, der in allen Indizes symmetrisch ist und bei Verjüngung[2]) über ein beliebiges Indexpaar verschwindet. Es läßt sich zeigen, daß ein solcher Tensor $2l + 1$ unabhängige Komponenten hat.

Wir geben hier jedoch das allgemeine Glied der Potentialentwicklung in einer anderen Form an, indem wir die aus der Theorie der Kugelfunktionen bekannte Gleichung

$$\frac{1}{|\boldsymbol{R}_0 - \boldsymbol{r}|} = \frac{1}{\sqrt{R_0^2 + r^2 - 2 r R_0 \cos\chi}} = \sum_{l=0}^{\infty} \frac{r^l}{R_0^{l+1}} P_l(\cos\chi) \qquad (41,9)$$

benutzen (χ ist der Winkel zwischen $\boldsymbol{R}_0$ und $\boldsymbol{r}$). Ferner führen wir die zu den Vektoren $\boldsymbol{R}_0$ und $\boldsymbol{r}$ gehörigen Polarwinkel Θ, Φ und θ, φ ein und verwenden

---

[1]) Wir betrachten eine Symmetrieachse beliebiger Ordnung größer als 2.

[2]) Ein solcher Tensor heißt irreduzibel. Das Verschwinden dieses Tensors bei irgendeiner Verjüngung bedeutet, daß man aus den Komponenten dieses Tensors keinen Tensor einer niedrigeren Stufe bilden kann.

das bekannte Additionstheorem für Kugelfunktionen

$$P_l(\cos\chi) = \sum_{m=-l}^{l} \frac{(l-|m|)!}{(l+|m|)!} P_l^{|m|}(\cos\Theta)\, P_l^{|m|}(\cos\theta)\, e^{-im(\Phi-\varphi)}, \quad (41{,}10)$$

in dem P_l^m die zugeordneten LEGENDREschen Polynome sind.

Wir führen außerdem noch die Kugelfunktionen[1])

$$\left.\begin{aligned} Y_{lm}(\theta,\varphi) &= (-1)^m i^l \sqrt{\frac{2l+1}{4\pi}\frac{(l-m)!}{(l+m)!}}\, P_l^m(\cos\theta)\, e^{im\varphi}, \quad m \geqq 0, \\ Y_{l,-|m|}(\theta,\varphi) &= (-1)^{l-m}\, Y_{l|m|}^* \end{aligned}\right\} \quad (41{,}11)$$

ein. Die Entwicklung (41,9) nimmt dann die Gestalt

$$\frac{1}{|\boldsymbol{R}_0 - \boldsymbol{r}|} = \sum_{l=0}^{\infty} \sum_{m=-l}^{l} \frac{r^l}{R_0^{l+1}} \frac{4\pi}{2l+1} Y_{lm}^*(\Theta,\Phi)\, Y_{lm}(\theta,\varphi)$$

an. Wenn wir diese Entwicklung in jedem Glied der Summe (40,1) ausführen, erhalten wir folgenden endgültigen Ausdruck für das l-te Glied der Entwicklung:

$$\varphi^{(l)} = \frac{1}{R_0^{l+1}} \sum_{m=-l}^{l} \sqrt{\frac{4\pi}{2l+1}}\, Q_m^{(l)}\, Y_{lm}^*(\Theta,\Phi). \quad (41{,}12)$$

Hierin ist

$$Q_m^{(l)} = \sum_a e_a r_a^l \sqrt{\frac{4\pi}{2l+1}}\, Y_{lm}(\theta_a,\varphi_a). \quad (41{,}13)$$

Die Gesamtheit der $2l+1$ Größen $Q_m^{(l)}$ bildet das 2^l-Polmoment der Ladungen.

Die auf diese Weise definierten Größen $Q_m^{(1)}$ hängen folgendermaßen mit den Komponenten des Dipolmoments zusammen:

$$Q_0^{(1)} = i\, d_z, \qquad Q_{\pm1}^{(1)} = \mp \frac{i}{\sqrt{2}}(d_x \pm i\, d_y). \quad (41{,}14)$$

Zwischen den Größen $Q_m^{(2)}$ und den Komponenten des Tensors $D_{\alpha\beta}$ bestehen die Beziehungen

$$\left.\begin{aligned} Q_0^{(2)} &= -\frac{1}{2} D_{zz}, \qquad Q_{\pm1}^{(2)} = \pm \frac{1}{\sqrt{6}}(D_{xz} \pm i\, D_{yz}), \\ Q_{\pm2}^{(2)} &= -\frac{1}{2\sqrt{6}}(D_{xx} - D_{yy} \pm 2i\, D_{xy}). \end{aligned}\right\} \quad (41{,}15)$$

Aufgabe

Man bestimme das Quadrupolmoment eines Ellipsoides mit homogener Ladungsdichte bezüglich seines Zentrums.

---

[1]) In Übereinstimmung mit der Definition, die auch in der Quantenmechanik gebräuchlich ist.

Lösung. Wir ersetzen die Summation in (41,3) durch die Integration über das Volumen des Ellipsoides und erhalten

$$D_{xx} = \varrho \int\int\int (2\,x^2 - y^2 - z^2)\,dx\,dy\,dz$$

usw. Die Koordinatenachsen mögen mit den Achsen des Ellipsoides übereinstimmen und der Ursprung in seinem Mittelpunkt liegen. Aus Symmetriegründen ist klar, daß dies die Hauptachsen des Tensors $D_{\alpha\beta}$ sind. Die Transformation

$$x = x'\,a\,, \qquad y = y'\,b\,, \qquad z = z'\,c$$

überführt die Integration über das Ellipsoid

$$\frac{x^2}{a^2} + \frac{y^2}{b^2} + \frac{z^2}{c^2} = 1$$

in eine Integration über das Volumen einer Kugel vom Radius 1:

$$x'^2 + y'^2 + z'^2 = 1\,.$$

Als Ergebnis finden wir

$$D_{xx} = \frac{e}{5}(2\,a^2 - b^2 - c^2)\,, \qquad D_{yy} = \frac{e}{5}(2\,b^2 - a^2 - c^2)\,,$$

$$D_{zz} = \frac{e}{5}(2\,c^2 - a^2 - b^2)\,,$$

wobei $e = \frac{4\,\pi}{3} \cdot a\,b\,c\,\varrho$ die Gesamtladung des Ellipsoides ist.

§ 42. Ein System von Ladungen in einem äußeren Feld

Ein System von Ladungen befinde sich in einem äußeren Feld mit dem Potential $\varphi(\boldsymbol{r})$. Die potentielle Energie jeder Ladung ist dann $e_a\,\varphi(\boldsymbol{r}_a)$, und die gesamte potentielle Energie des Systems beträgt

$$U = \sum_a e_a\,\varphi(\boldsymbol{r}_a)\,. \tag{42,1}$$

Wir wählen wieder den Ursprung des Koordinatensystems irgendwo innerhalb des Systems der Ladungen. $\boldsymbol{r}_a$ ist in diesen Koordinaten der Ortsvektor der Ladung e_a.

Das äußere Feld ändere sich, wie wir annehmen wollen, nur wenig auf einer Strecke von der Größe des ganzen Systems der Ladungen, es sei also quasihomogen bezüglich dieses Systems. Wir können dann die Energie U in eine Potenzreihe nach $\boldsymbol{r}_a$ entwickeln. In dieser Entwicklung

$$U = U^{(0)} + U^{(1)} + U^{(2)} + \cdots \tag{42,2}$$

ist das erste Glied

$$U^{(0)} = \varphi_0 \sum e_a \tag{42,3}$$

und φ_0 das Potential am Ursprung. In erster Näherung ist die Energie also die eines Systems, in dem sich alle Ladungen an einem Punkte (im Koordinatenanfangspunkt) befinden. Das zweite Glied der Entwicklung lautet

$$U^{(1)} = (\operatorname{grad}\varphi)_0 \cdot \sum e_a\,\boldsymbol{r}_a\,.$$

Wenn wir die Feldstärke $\boldsymbol{E}_0$ des Feldes am Koordinatenursprung und das Dipolmoment $\boldsymbol{d}$ des Systems einführen, dann ist

$$U^{(1)} = -\boldsymbol{d}\,\boldsymbol{E}_0\,. \tag{42,4}$$

Beschränken wir uns auf die hier betrachteten Glieder der Entwicklung (42,2), so ergibt sich für die Gesamtkraft, die auf das System in einem quasihomogenen äußeren Feld wirkt,

$$\boldsymbol{F} = \boldsymbol{E}_0 \sum e_a + (\boldsymbol{d}\nabla\,\boldsymbol{E})_0\,.$$

Bei verschwindender Gesamtladung verschwindet auch das erste Glied, und es bleibt

$$\boldsymbol{F} = (\boldsymbol{d}\,\nabla)\,\boldsymbol{E}_0\,, \tag{42,5}$$

d. h., die Kraft hängt von der Ableitung der Feldstärke (am Koordinatenursprung) ab. Das Drehmoment aller auf die Ladungen wirkenden Kräfte ist in erster Näherung

$$\boldsymbol{K} = \sum \boldsymbol{r}_a \times e_a\,\boldsymbol{E}_0 = \boldsymbol{d} \times \boldsymbol{E}_0\,, \tag{42,6}$$

hängt also von der Feldstärke ab.

Es seien zwei Systeme mit den Dipolmomenten $\boldsymbol{d}_1$ und $\boldsymbol{d}_2$ gegeben, deren Durchmesser klein im Vergleich zu ihrem Abstand sind und deren Gesamtladungen gleich Null sind. Wir wollen die potentielle Energie U ihrer Wechselwirkung bestimmen. Man hat dazu das eine System als im Felde des anderen befindlich zu betrachten und erhält

$$U = -\boldsymbol{d}_2\,\boldsymbol{E}_1\,,$$

wobei $\boldsymbol{E}_1$ die Feldstärke des ersten Systems ist. Für $\boldsymbol{E}_1$ setzen wir den Ausdruck (40,8) ein und finden

$$U = \frac{(\boldsymbol{d}_1\,\boldsymbol{d}_2)\,R^2 - 3\,(\boldsymbol{d}_1\,\boldsymbol{R})\,(\boldsymbol{d}_2\,\boldsymbol{R})}{R^5}\,. \tag{42,7}$$

$\boldsymbol{R}$ ist der Abstandsvektor zwischen beiden Systemen.

Falls bei einem System die Summe der Ladungen nicht verschwindet (sondern e ist), erhalten wir auf entsprechende Weise

$$U = e\,\frac{\boldsymbol{d}\,\boldsymbol{R}}{R^3}\,. \tag{42,8}$$

$\boldsymbol{R}$ ist der vom Dipol zur Ladung gerichtete Vektor.

Das nächste Glied der Entwicklung (42,2) ist

$$U^{(2)} = \frac{1}{2} \sum e\,x_\alpha\,x_\beta\,\frac{\partial^2 \varphi_0}{\partial x_\alpha\,\partial x_\beta}\,.$$

Wie schon im § 41 lassen wir auch hier die Indizes fort, die die einzelnen Ladungen kennzeichnen. Die zweiten Ableitungen des Potentials sind am Koordinatenursprung zu nehmen. Nun erfüllt φ die LAPLACE-Gleichung

$$\frac{\partial^2 \varphi}{\partial x_\alpha^2} = \delta_{\alpha\beta}\,\frac{\partial^2 \varphi}{\partial x_\alpha\,\partial x_\beta} = 0\,.$$

Wir können daher

$$U^{(2)} = \frac{1}{2}\,\frac{\partial^2\varphi_0}{\partial x_\alpha\,\partial x_\beta}\sum e\left(x_\alpha\,x_\beta - \frac{1}{3}\,\delta_{\alpha\beta}\,r^2\right)$$

oder schließlich

$$U^{(2)} = \frac{D_{\alpha\beta}}{6}\,\frac{\partial^2\varphi_0}{\partial x_\alpha\,\partial x_\beta} \tag{42,9}$$

schreiben.

Das allgemeine Glied in (42,2) kann durch die im letzten Paragraphen definierten 2^l-Polmomente $D_m^{(l)}$ ausgedrückt werden. Dazu entwickeln wir das Potential nach Kugelfunktionen. Die allgemeine Form einer solchen Entwicklung mit den Kugelkoordinaten r, θ, φ des Punktes $\boldsymbol{r}$ ist

$$\varphi(\boldsymbol{r}) = \sum_{l=0}^{\infty} r^l \sum_{m=-l}^{l} a_{lm}\sqrt{\frac{4\pi}{2l+1}}\,Y_{lm}(\theta,\varphi) \tag{42,10}$$

(die a_{lm} sind konstante Koeffizienten).

Setzen wir dies in (42,1) ein und vergleichen wir mit (41,13), so folgt

$$U^{(l)} = \sum_{m=-l}^{l} a_{lm}\,Q_m^{(l)}\,. \tag{42,11}$$

§ 43. Das zeitunabhängige Magnetfeld

Wir betrachten ein Magnetfeld, das von Ladungen hervorgerufen wird, die sich zu allen Zeiten in einem endlichen Raumbereich bewegen, wobei ihre Impulse auch immer endlich bleiben müssen. Eine solche Bewegung ist stationär, und wir interessieren uns für den zeitlichen Mittelwert des Magnetfeldes. Dieses mittlere Feld $\overline{\boldsymbol{H}}$ hängt dann nur noch von den Ortskoordinaten, nicht mehr von der Zeit ab und ist daher statisch.

Um die Gleichungen zu finden, denen das gemittelte Magnetfeld genügen muß, mitteln wir die MAXWELLschen Gleichungen

$$\operatorname{div}\boldsymbol{H} = 0\,, \qquad \operatorname{rot}\boldsymbol{H} = \frac{1}{c}\,\frac{\partial \mathrm{E}}{\partial t} + \frac{4\pi}{c}\boldsymbol{j}$$

über die Zeit. Die erste ergibt einfach

$$\operatorname{div}\overline{\boldsymbol{H}} = 0\,. \tag{43,1}$$

In der zweiten Gleichung verschwindet der Mittelwert der Ableitung $\frac{\partial \boldsymbol{E}}{\partial t}$ wie der jeder Zeitableitung einer Größe, die sich nur innerhalb eines beschränkten Intervalles ändern kann (siehe die Fußnote 2 auf Seite 100). Die zweite MAXWELLsche Gleichung hat dann die Gestalt

$$\operatorname{rot}\overline{\boldsymbol{H}} = \frac{4\pi}{c}\overline{\boldsymbol{j}}\,. \tag{43,2}$$

Diese beiden Gleichungen bestimmen das zeitunabhängige Magnetfeld $\overline{\boldsymbol{H}}$.

Das mittlere Vektorpotential führen wir durch

$$\operatorname{rot}\overline{\boldsymbol{A}} = \overline{\boldsymbol{H}}$$

ein. Setzen wir es in (43,2) ein, so erhalten wir

$$\operatorname{grad} \operatorname{div} \overline{\boldsymbol{A}} - \Delta \overline{\boldsymbol{A}} = \frac{4\pi}{c} \overline{\boldsymbol{j}}\,.$$

Wie wir wissen, ist das Vektorpotential nicht eindeutig bestimmt und kann daher einer beliebigen Bedingung unterworfen werden. Wir wählen es so, daß

$$\operatorname{div} \overline{\boldsymbol{A}} = 0 \tag{43,3}$$

gilt. Die Gleichung für das Vektorpotential eines statischen Magnetfeldes gewinnt dann die Gestalt

$$\Delta \overline{\boldsymbol{A}} = -\frac{4\pi}{c} \overline{\boldsymbol{j}}\,. \tag{43,4}$$

Die Lösung dieser Gleichung ist leicht zu finden, da (43,4) der Poisson-Gleichung (36,4) für das skalare Potential des elektromagnetischen Feldes völlig entspricht. Anstelle der Ladungsdichte ϱ steht hier die Stromdichte $\overline{\boldsymbol{j}}/c$. In Analogie zur Lösung (36,8) der Poisson-Gleichung können wir sofort

$$\overline{\boldsymbol{A}} = \frac{1}{c} \int \frac{\overline{\boldsymbol{j}}}{R} \,\mathrm{d}V \tag{43,5}$$

schreiben. R ist die Entfernung vom Aufpunkt zum Volumenelement $\mathrm{d}V$.

In (43,5) können wir vom Integral zur Summe dadurch übergehen, indem wir $\boldsymbol{j}$ durch $\varrho\,\boldsymbol{v}$ ersetzen und alle Ladungen als punktförmig ansehen. Dabei hat man zu beachten, daß R in dem Integral (43,5) lediglich eine Integrationsvariable ist und daher der Mittelung nicht unterliegt. Schreiben wir dagegen statt $\int \frac{\boldsymbol{j}}{R} \mathrm{d}V$ die Summe $\sum \frac{e_a \boldsymbol{v}_a}{R_a}$, so ist R_a hier der Ortsvektor der einzelnen Ladungen, der sich bei ihrer Bewegung ändert. Wir müssen also

$$\overline{\boldsymbol{A}} = \frac{1}{c} \sum \overline{\frac{e_a \boldsymbol{v}_a}{R_a}} \tag{43,6}$$

setzen, wobei über den gesamten unter dem Querstrich stehenden Ausdruck zu mitteln ist.

Bei bekanntem $\overline{\boldsymbol{A}}$ ergibt sich für die Feldstärke

$$\overline{\boldsymbol{H}} = \operatorname{rot} \overline{\boldsymbol{A}} = \operatorname{rot} \frac{1}{c} \int \frac{\overline{\boldsymbol{j}}}{R} \,\mathrm{d}V\,.$$

Die Operation rot bezieht sich auf die Koordinaten des Aufpunktes. Wir können also rot unter das Integral ziehen; $\overline{\boldsymbol{j}}$ ist gegenüber dieser Ableitung eine Konstante. Wenden wir die Formel

$$\operatorname{rot} f \boldsymbol{a} = f \operatorname{rot} \boldsymbol{a} + \operatorname{grad} f \times \boldsymbol{a}\,,$$

die für einen beliebigen Skalar f und einen beliebigen Vektor $\boldsymbol{a}$ gilt, auf das Produkt $\overline{\boldsymbol{j}} \cdot \frac{1}{R}$ an, so finden wir

$$\operatorname{rot} \frac{\overline{\boldsymbol{j}}}{R} = \operatorname{grad} \frac{1}{R} \times \overline{\boldsymbol{j}} = \frac{\overline{\boldsymbol{j}} \times \boldsymbol{R}}{R^3}$$

und damit

$$\overline{\boldsymbol{H}} = \frac{1}{c}\int \frac{\overline{\boldsymbol{j}}\times\boldsymbol{R}}{R^3}\,\mathrm{d}V \tag{43,7}$$

(der Vektor $\boldsymbol{R}$ ist vom Volumenelement $\mathrm{d}V$ aus zum Aufpunkt gerichtet). Dies ist das sogenannte BIOT-SAVARTsche *Gesetz.*

§ 44. Das magnetische Moment

Hier untersuchen wir das mittlere Magnetfeld, das von einem System stationär sich bewegender Ladungen erzeugt wird, in großen Entfernungen vom System.

Der Ursprung des Koordinatensystems, das wir benutzen, liege wieder wie in § 40 innerhalb des Systems der Ladungen; ebenso sei $\boldsymbol{r}_a$ wieder der Ortsvektor der einzelnen Ladungen und $\boldsymbol{R}_0$ der Ortsvektor des Aufpunktes, in dem wir das Feld bestimmen wollen. Dann ist $\boldsymbol{R}_0 - \boldsymbol{r}_a$ der Abstandsvektor von der Ladung e_a zum Aufpunkt. Nach (43,6) gilt für das Vektorpotential

$$\overline{\boldsymbol{A}} = \frac{1}{c}\sum \overline{\frac{e_a \boldsymbol{v}_a}{|\boldsymbol{R}_0 - \boldsymbol{r}|}}\,. \tag{44,1}$$

Ebenso wie in § 40 entwickeln wir diesen Ausdruck nach Potenzen von $\frac{r_a}{R_0}$. In erster Ordnung erhalten wir (der Index a ist kürzehalber fortgelassen)

$$\overline{\boldsymbol{A}} = \frac{1}{c R_0}\sum e\overline{\boldsymbol{v}} - \frac{1}{c}\sum \overline{e\,\boldsymbol{v}\left(\boldsymbol{r}\,\nabla \frac{1}{R_0}\right)}\,.$$

Im ersten Glied läßt sich

$$\sum e\overline{\boldsymbol{v}} = \overline{\frac{\mathrm{d}}{\mathrm{d}t}\sum e\,\boldsymbol{r}}$$

schreiben. Der Mittelwert der zeitlichen Ableitung der sich innerhalb endlicher Grenzen ändernden Größe $\sum e\,\boldsymbol{r}$ verschwindet. Für $\overline{\boldsymbol{A}}$ bleibt der Ausdruck

$$\overline{\boldsymbol{A}} = -\frac{1}{c}\sum \overline{e\,\boldsymbol{v}\left(\boldsymbol{r}\nabla \frac{1}{R_0}\right)} = \frac{1}{c R_0^3}\sum \overline{e\,\boldsymbol{v}(\boldsymbol{r}\,\boldsymbol{R}_0)}$$

übrig, den wir wie folgt umformen. Mit $\boldsymbol{v} = \dot{\boldsymbol{r}}$ ergibt sich (da $\boldsymbol{R}_0$ ein konstanter Vektor ist)

$$\sum e(\boldsymbol{R}_0\,\boldsymbol{r})\,\boldsymbol{v} = \frac{1}{2}\frac{\mathrm{d}}{\mathrm{d}t}\sum e\,\boldsymbol{r}(\boldsymbol{r}\,\boldsymbol{R}_0) + \frac{1}{2}\sum e\,[\boldsymbol{v}(\boldsymbol{r}\,\boldsymbol{R}_0) - \boldsymbol{r}(\boldsymbol{v}\,\boldsymbol{R}_0)]\,.$$

Der Mittelwert des ersten Gliedes verschwindet (als Zeitableitung), und wir erhalten

$$\overline{\boldsymbol{A}} = \frac{1}{2 c R_0^3}\sum e\,[\overline{\boldsymbol{v}(\boldsymbol{r}\,\boldsymbol{R}_0)} - \overline{\boldsymbol{r}(\boldsymbol{v}\,\boldsymbol{R}_0)}]\,.$$

Der Vektor

$$\boldsymbol{m} = \frac{1}{2c}\sum e\boldsymbol{r}\times\boldsymbol{v} \tag{44,2}$$

wird magnetisches Moment des Systems genannt. Mit ihm schreibt sich folglich

$$\overline{\boldsymbol{A}} = \frac{\overline{\boldsymbol{m}}\times \boldsymbol{R}_0}{R_0^3} = \nabla \frac{1}{R_0} \times \overline{\boldsymbol{m}}\,. \tag{44,3}$$

Aus dem Vektorpotential läßt sich leicht die magnetische Feldstärke ermitteln. Die Formel

$$\operatorname{rot} \boldsymbol{a}\times\boldsymbol{b} = (\boldsymbol{b}\,\nabla)\,\boldsymbol{a} - (\boldsymbol{a}\,\nabla)\,\boldsymbol{b} + \boldsymbol{a}\operatorname{div}\boldsymbol{b} - \boldsymbol{b}\operatorname{div}\boldsymbol{a}$$

ergibt

$$\overline{\boldsymbol{H}} = \operatorname{rot}\overline{\boldsymbol{m}}\times\frac{\boldsymbol{R}_0}{R_0^3} = \overline{\boldsymbol{m}}\operatorname{div}\frac{\boldsymbol{R}_0}{R_0^3} - (\overline{\boldsymbol{m}}\,\nabla)\frac{\boldsymbol{R}_0}{R_0^3}\,.$$

Weiter ist

$$\operatorname{div}\frac{\boldsymbol{R}_0}{R_0^3} = \boldsymbol{R}_0 \operatorname{grad}\frac{1}{R_0^3} + \frac{1}{R_0^3}\operatorname{div}\boldsymbol{R}_0 = 0$$

und

$$(\overline{\boldsymbol{m}}\,\nabla)\frac{\boldsymbol{R}_0}{R_0^3} = \frac{1}{R_0^3}(\overline{\boldsymbol{m}}\,\nabla)\,\boldsymbol{R}_0 + \boldsymbol{R}_0\left(\overline{\boldsymbol{m}}\,\nabla\,\frac{1}{R_0^3}\right) = \frac{\overline{\boldsymbol{m}}}{R_0^3} - \frac{3\,\boldsymbol{R}_0\,(\overline{\boldsymbol{m}}\,\boldsymbol{R}_0)}{R_0^5}\,,$$

so daß sich schließlich

$$\overline{\boldsymbol{H}} = \frac{3\,\boldsymbol{n}\,(\overline{\boldsymbol{m}}\,\boldsymbol{n}) - \overline{\boldsymbol{m}}}{R_0^3} \tag{44,4}$$

ergibt, wobei $\boldsymbol{n}$ wieder der Einheitsvektor in der Richtung $\boldsymbol{R}_0$ ist. Man erkennt, daß sich das Magnetfeld durch das magnetische Moment ebenso ausdrückt, wie das elektrische Feld durch das Dipolmoment (siehe (40,8)).

Haben alle Ladungen des Systems dasselbe Verhältnis Ladung zu Masse, so können wir

$$\boldsymbol{m} = \frac{1}{2\,c}\sum e\boldsymbol{r}\times\boldsymbol{v} = \frac{e}{2\,m\,c}\sum m\boldsymbol{r}\times\boldsymbol{v}$$

schreiben. Ist weiterhin die Geschwindigkeit aller Ladungen $v \ll c$, so stellt $m\,\boldsymbol{v}$ den Impuls $\boldsymbol{p}$ dar, und wir erhalten

$$\boldsymbol{m} = \frac{e}{2\,m\,c}\sum \boldsymbol{r}\times\boldsymbol{p} = \frac{e}{2\,m\,c}\boldsymbol{M}\,, \tag{44,5}$$

wobei $\boldsymbol{M} = \sum \boldsymbol{r}\times\boldsymbol{p}$ der mechanische Drehimpuls des Systems ist. In diesem Falle ist das Verhältnis von magnetischem Moment zu mechanischem Drehimpuls konstant und gleich $e/2\,m\,c$.

Aufgabe

Man bestimme das Verhältnis von magnetischem Moment zu mechanischem Drehimpuls für ein aus zwei Ladungen bestehendes System (die Geschwindigkeiten seien klein gegenüber der Lichtgeschwindigkeit).

Lösung. Wir legen den Koordinatenursprung in den Schwerpunkt der beiden Teilchen und haben dann $m_1\boldsymbol{r}_1 + m_2\boldsymbol{r}_2 = 0$ und $\boldsymbol{p}_1 = -\boldsymbol{p}_2 = \boldsymbol{p}$, wobei $\boldsymbol{p}$ der Impuls der Relativbewegung ist. Mit diesen Beziehungen finden wir

$$\boldsymbol{m} = \frac{1}{2\,c}\left(\frac{e_1}{m_1^2} + \frac{e_2}{m_2^2}\right)\frac{m_1\,m_2}{m_1 + m_2}\boldsymbol{M}\,.$$

§ 45. Der LARMORsche Satz

Ein System von Ladungen befinde sich in einem äußeren homogenen magnetostatischen Feld.

Das Zeitmittel der auf das System wirkenden Kraft

$$\overline{\boldsymbol{F}} = \sum \frac{e}{c} \overline{\boldsymbol{v}\times\boldsymbol{H}} = \overline{\frac{\mathrm{d}}{\mathrm{d}t} \sum \frac{e}{c} \boldsymbol{r}\times\boldsymbol{H}}$$

verschwindet, da es ein Mittelwert über die zeitliche Ableitung einer beschränkt veränderlichen Größe ist. Dagegen ist das Mittel über das Drehmoment der Kraft

$$\overline{\boldsymbol{K}} = \sum \frac{e}{c} \overline{\boldsymbol{r}\times(\boldsymbol{v}\times\boldsymbol{H})}$$

von Null verschieden. Wir können es durch das magnetische Moment des Systems ausdrücken und schreiben zu diesem Zweck

$$\boldsymbol{K} = \sum \frac{e}{c} \{\boldsymbol{v}(\boldsymbol{r}\,\boldsymbol{H}) - \boldsymbol{H}(\boldsymbol{v}\,\boldsymbol{r})\} = \sum \frac{e}{c} \left\{\boldsymbol{v}(\boldsymbol{r}\,\boldsymbol{H}) - \frac{1}{2}\boldsymbol{H}\frac{\mathrm{d}}{\mathrm{d}t}\boldsymbol{r}^2\right\}.$$

Bei der Mittlung ergibt das zweite Glied Null, so daß

$$\overline{\boldsymbol{K}} = \sum \frac{e}{c} \overline{\boldsymbol{v}(\boldsymbol{r}\,\boldsymbol{H})} = \frac{1}{2c} \sum e\,\overline{\{\boldsymbol{v}(\boldsymbol{r}\boldsymbol{H}) - \boldsymbol{r}(\boldsymbol{v}\boldsymbol{H})\}}$$

folgt (die letzte Umformung entspricht der bei der Herleitung von (44,3) durchgeführten) oder schließlich

$$\overline{\boldsymbol{K}} = \overline{\boldsymbol{m}}\times\boldsymbol{H}\,. \tag{45,1}$$

Man beachte die entsprechende Formel (42,6) für den elektrischen Fall.

Die LAGRANGE-Funktion eines Systems von Ladungen in einem äußeren homogenen magnetostatischen Feld enthält gegenüber der LAGRANGE-Funktion eines abgeschlossenen Systems das Zusatzglied

$$L_H = \sum \frac{e}{c} \boldsymbol{A}\,\boldsymbol{v} = \sum \frac{e}{2\,c} (\boldsymbol{H}\times\boldsymbol{r})\,\boldsymbol{v} = \sum \frac{e}{2\,c} (\boldsymbol{r}\times\boldsymbol{v})\,\boldsymbol{H} \tag{45,2}$$

(wir benutzten dabei den Ausdruck (19,4) für das Vektorpotential eines homogenen Feldes). Nach Einführung des magnetischen Momentes haben wir

$$L_H = \boldsymbol{m}\,\boldsymbol{H}\,. \tag{45,3}$$

Es sei auf die Analogie zum elektrischen Feld hingewiesen. In einem homogenen elektrischen Feld enthält die LAGRANGE-Funktion eines Systems mit verschwindender Gesamtladung und dem Dipolmoment $\boldsymbol{d}$ das Zusatzglied

$$L_E = \boldsymbol{d}\boldsymbol{E}\,,$$

das hier mit umgekehrtem Vorzeichen die potentielle Energie des Ladungssystems darstellt (siehe § 42).

Wir betrachten nun ein System von Ladungen mit beschränkter Bewegung und Geschwindigkeiten $v \ll c$ in einem von einer ruhenden Ladung hervorgerufenen kugelsymmetrischen elektrischen Feld.

Vom ruhenden Bezugssystem gehen wir zu einem anderen über, das sich um eine durch die ruhende Ladung gehende Achse gleichförmig dreht. Die Geschwindigkeit $\boldsymbol{v}$ eines Teilchens im neuen Bezugssystem hängt dann mit seiner Geschwindigkeit $\boldsymbol{v}'$ im alten durch die Beziehung

$$\boldsymbol{v}' = \boldsymbol{v} + \boldsymbol{\Omega} \times \boldsymbol{r}$$

zusammen, in der $\boldsymbol{r}$ der Radiusvektor des Teilchens und $\boldsymbol{\Omega}$ die Winkelgeschwindigkeit des rotierenden Koordinatensystems sind. Im ruhenden System hat die LAGRANGE-Funktion eines Systems von Ladungen die Gestalt

$$L = \sum \frac{m\, v'^2}{2} - U\,.$$

U ist die Summe der potentiellen Energie der Ladungen im äußeren elektrischen Feld und ihrer Wechselwirkungsenergie. U hängt nur vom Abstand der Ladungen zu der unbewegten Ladung und von ihren gegenseitigen Abständen ab und bleibt daher beim Übergang zu einem rotierenden Koordinatensystem ungeändert. Die LAGRANGE-Funktion im neuen System lautet daher

$$L = \sum \frac{m}{2} (\boldsymbol{v} + \boldsymbol{\Omega} \times \boldsymbol{r})^2 - U\,.$$

Nehmen wir an, daß bei allen Teilchen das Verhältnis e/m von Ladung zu Masse gleich ist, und setzen wir

$$\boldsymbol{\Omega} = \frac{e}{2\,m\,c} \boldsymbol{H}\,, \tag{45,4}$$

so nimmt die LAGRANGE-Funktion für genügend kleine H (wenn Glieder mit H^2 vernachlässigt werden können) die Form

$$L = \sum \frac{m\, v^2}{c} + \frac{1}{2\,c} \sum e(\boldsymbol{H} \times \boldsymbol{r})\, \boldsymbol{v} - U$$

an. Wir sehen, daß diese LAGRANGE-Funktion mit derjenigen identisch ist, die die Bewegung der betrachteten Ladungen in einem unbewegten Koordinatensystem bei Vorhandensein eines statischen Magnetfeldes beschreiben würde (vgl. Gleichung (45,2)).

Wir gelangen somit zu dem Ergebnis, daß sich ein System von Ladungen mit gleichem Verhältnis e/m, das in einem kugelsymmetrischen elektrischen Feld und unter Einfluß eines homogenen Magnetfeldes $\boldsymbol{H}$ eine beschränkte Bewegung ausführt, ebenso verhält wie dasselbe System im gleichen elektrischen Feld in einem Koordinatensystem, das mit der Winkelgeschwindigkeit (45,4) gleichmäßig rotiert. Diese Aussage bildet den Inhalt des LARMOR*schen Satzes.* Die Winkelgeschwindigkeit $\Omega = \dfrac{e\,H}{2\,m\,c}$ wird als LARMOR-*Frequenz* bezeichnet.

Dieses Problem läßt sich auch von einem anderen Standpunkt aus behandeln. Bei einem hinreichend schwachen Magnetfeld H ist die LARMOR-Frequenz klein gegenüber den Frequenzen, die bei der Bewegung der Ladungen auftreten. Wir können daher Größen des Systems betrachten, die über im Vergleich zur Periode

$2\pi/\Omega$ kleine Zeiträume gemittelt sind. Solche Größen werden langsam mit der Zeit veränderlich sein.

Betrachten wir die Änderung des mittleren Drehimpulses $\overline{\boldsymbol{M}}$ des Systems. Wie wir aus der Mechanik wissen, ist die zeitliche Ableitung von $\boldsymbol{M}$ gleich dem Drehmoment $\boldsymbol{K}$ der auf das System wirkenden Kraft. Mit (45,1) haben wir daher

$$\frac{\mathrm{d}\overline{\boldsymbol{M}}}{\mathrm{d}t} = \overline{\boldsymbol{K}} = \overline{\boldsymbol{m}} \times \boldsymbol{H} .$$

Ist das Verhältnis e/m für alle Teilchen im System gleich, so sind der mechanische Drehimpuls und das magnetische Moment einander proportional, und mittels (44,5) und (45,4) finden wir

$$\frac{\mathrm{d}\overline{\boldsymbol{M}}}{\mathrm{d}t} = -\boldsymbol{\Omega} \times \overline{\boldsymbol{M}} . \tag{45,5}$$

Diese Gleichung besagt, daß der Vektor $\overline{\boldsymbol{M}}$ (und mit ihm das magnetische Moment $\overline{\boldsymbol{m}}$) mit der Winkelgeschwindigkeit $-\boldsymbol{\Omega}$ um die Feldrichtung rotiert. Dabei bleiben sein Betrag und sein mit dem Feld gebildeter Winkel ungeändert (dies ist die sogenannte LARMOR-*Präzession*).

VI ELEKTROMAGNETISCHE WELLEN

§ 46. Die Wellengleichung

Das elektromagnetische Feld im Vakuum gehorcht den MAXWELLschen Gleichungen, in denen $\varrho = 0$, $\boldsymbol{j} = 0$ zu setzen ist. Sie lauten dann

$$\operatorname{rot} \boldsymbol{E} = -\frac{1}{c}\frac{\partial \boldsymbol{H}}{\partial t}, \qquad \operatorname{div} \boldsymbol{H} = 0\,, \tag{46,1}$$

$$\operatorname{rot} \boldsymbol{H} = \frac{1}{c}\frac{\partial \boldsymbol{E}}{\partial t}, \qquad \operatorname{div} \boldsymbol{E} = 0\,. \tag{46,2}$$

Diese Gleichungen können von Null verschiedene Lösungen besitzen. Das bedeutet, daß es auch elektromagnetische Felder bei Abwesenheit von Ladungen geben kann.

Ein derartiges elektromagnetisches Feld, das im Vakuum ohne Ladungen existiert, wird *elektromagnetische Welle* genannt. Wir wollen hier die Eigenschaften dieser Felder untersuchen.

Zunächst ist zu bemerken, daß ein Feld dieser Art unbedingt veränderlich sein muß. Gilt nämlich $\frac{\partial \boldsymbol{H}}{\partial t} = \frac{\partial \boldsymbol{E}}{\partial t} = 0$, so gehen (46,1) und (46,2) in die Gleichungen (36,1), (36,2) und (43,1), (43,2) für statische Felder über, in denen jedoch jetzt ϱ und $\boldsymbol{j}$ verschwinden. Dann sind aber auch die durch (36,8) und (43,5) gegebenen Lösungen dieser Gleichungen Null.

Wir leiten nun Gleichungen für die Potentiale elektromagnetischer Wellen ab. Wegen der Nichteindeutigkeit der Potentiale kann man ihnen, wie wir wissen, immer eine Zusatzbedingung auferlegen. Wir wählen sie hier so, daß das skalare Potential verschwindet:

$$\varphi = 0\,. \tag{46,3}$$

Dann ist

$$\boldsymbol{E} = -\frac{1}{c}\frac{\partial \boldsymbol{A}}{\partial t}, \qquad \boldsymbol{H} = \operatorname{rot} \boldsymbol{A}\,. \tag{46,4}$$

Setzen wir diese beiden Ausdrücke in die erste Gleichung von (46,2) ein, finden wir

$$\operatorname{rot}\operatorname{rot} \boldsymbol{A} = -\Delta \boldsymbol{A} + \operatorname{grad}\operatorname{div} \boldsymbol{A} = -\frac{1}{c^2}\frac{\partial^2 \boldsymbol{A}}{\partial t^2}\,. \tag{46,5}$$

Obwohl wir bereits eine Bedingung gestellt haben, ist das Vektorpotential $\boldsymbol{A}$ immer noch nicht eindeutig, denn man kann zu $\boldsymbol{A}$ den Gradienten einer beliebigen zeitunabhängigen Funktion addieren (bei unverändertem φ). Dies gibt uns die Möglichkeit,

$$\operatorname{div} \boldsymbol{A} = 0 \tag{46,6}$$

als weitere Bedingung zu fordern. Setzen wir nämlich $\boldsymbol{E}$ aus (46,4) in $\operatorname{div} \boldsymbol{E}$ ein, so folgt

$$\operatorname{div} \frac{\partial \boldsymbol{A}}{\partial t} = \frac{\partial}{\partial t} \operatorname{div} \boldsymbol{A} = 0\,,$$

d. h., $\operatorname{div} \boldsymbol{A}$ hängt nur von den Ortskoordinaten ab. $\operatorname{div} \boldsymbol{A}$ läßt sich daher immer dadurch zum Verschwinden bringen, daß wir zu $\boldsymbol{A}$ den Gradienten einer geeigneten zeitunabhängigen Funktion hinzufügen.

(46,5) erhält dann die Gestalt

$$\Delta \boldsymbol{A} - \frac{1}{c^2} \frac{\partial^2 \boldsymbol{A}}{\partial t^2} = 0\,. \tag{46,7}$$

Diese Gleichung für das Potential einer elektromagnetischen Welle heißt D'ALEMBERT- oder *Wellengleichung*[1]).

Wenden wir auf (46,7) die Operationen rot und $\partial/\partial t$ an, so stellen wir fest, daß die Feldstärken $\boldsymbol{E}$ und $\boldsymbol{H}$ ebenfalls der Wellengleichung gehorchen.

Wir wiederholen nun die Herleitung der Wellengleichung in vierdimensionaler Schreibweise. Dazu schreiben wir das zweite Paar der MAXWELLschen Gleichungen bei Abwesenheit von Ladungen in der Form

$$\frac{\partial F^{ik}}{\partial x^k} = 0$$

(Gleichung (30,2) mit $j^i = 0$). Drücken wir F^{ik} durch die Potentiale aus,

$$F^{ik} = \frac{\partial A^k}{\partial x_i} - \frac{\partial A^i}{\partial x_k}\,,$$

dann folgt

$$\frac{\partial^2 A^k}{\partial x_i\, \partial x^k} - \frac{\partial^2 A^i}{\partial x_k\, \partial x^k} = 0\,. \tag{46,8}$$

An die Potentiale stellen wir nun die Zusatzforderung

$$\frac{\partial A^k}{\partial x^k} = 0 \tag{46,9}$$

(d. i. die sogenannte LORENTZ-Konvention — Potentiale, die sie erfüllen, heißen lorentzgeeicht). Dann geht die Gleichung (46,8) über in

$$\frac{\partial^2 A^i}{\partial x_k\, \partial x^k} \equiv g^{kl} \frac{\partial^2 A^i}{\partial x^k\, \partial x^l} = 0\,. \tag{46,10}$$

Dies ist die Wellengleichung in Viererschreibweise[2]).

[1]) Die Wellengleichung wird auch manchmal in der Gestalt $\Box \boldsymbol{A} = 0$ geschrieben, wobei

$$\Box = -\frac{\partial^2}{\partial x_i\, \partial x^i} = \Delta - \frac{1}{c^2} \frac{\partial^2}{\partial t^2}$$

der sogenannte D'ALEMBERT-*Operator* ist.

[2]) Es ist zu beachten, daß durch die Bedingung (46,9) die Potentiale noch nicht eindeutig bestimmt sind. Zu $\boldsymbol{A}$ kann $\operatorname{grad} f$ addiert werden, wenn man gleichzeitig von φ $\frac{1}{c} \frac{\partial f}{\partial t}$ subtrahiert. f muß dabei der Wellengleichung $\Box f = 0$ genügen.

In dreidimensionaler Schreibweise lautet die Bedingung (46,9)

$$\frac{1}{c}\frac{\partial\varphi}{\partial t} + \operatorname{div}\boldsymbol{A} = 0\,. \tag{46,11}$$

Diese Forderung ist allgemeiner als die oben benutzten Bedingungen $\varphi = 0$, $\operatorname{div}\boldsymbol{A} = 0$; Potentiale, die diesen genügen, erfüllen nämlich auch (46,11). Außerdem unterscheidet sich die LORENTZ-Konvention von diesen Bedingungen durch ihren relativistisch invarianten Charakter; Potentiale, die die LORENTZ-Konvention in einem Koordinatensystem erfüllen, genügen ihr auch in jedem anderen (während die Bedingungen (46,3) und (46,6) bei einer Transformation des Koordinatensystem im allgemeinen verletzt werden).

§ 47. Ebene Wellen

Wir betrachten den Spezialfall elektromagnetischer Wellen, bei dem das Feld nur von einer Ortskoordinate, etwa x (und von der Zeit) abhängt. Solche Wellen werden als *eben* bezeichnet. Die Feldgleichung lautet dann

$$\frac{\partial^2 f}{\partial t^2} - c^2\frac{\partial^2 f}{\partial x^2} = 0\,; \tag{47,1}$$

f ist eine beliebige Komponente von $\boldsymbol{E}$ oder $\boldsymbol{H}$.

Um diese Gleichung zu lösen, schreiben wir sie in der Gestalt

$$\left(\frac{\partial}{\partial t} - c\frac{\partial}{\partial x}\right)\left(\frac{\partial}{\partial t} + c\frac{\partial}{\partial x}\right)f = 0$$

und führen die neuen Veränderlichen

$$\xi = t - \frac{x}{c}\,, \qquad \eta = t + \frac{x}{c}$$

ein mit der Umkehrung

$$t = \frac{1}{2}(\eta + \xi)\,, \qquad x = \frac{c}{2}(\eta - \xi)\,.$$

Dann ist

$$\frac{\partial}{\partial\xi} = \frac{1}{2}\left(\frac{\partial}{\partial t} - c\frac{\partial}{\partial x}\right), \qquad \frac{\partial}{\partial\eta} = \frac{1}{2}\left(\frac{\partial}{\partial t} + c\frac{\partial}{\partial x}\right),$$

und die Wellengleichung erhält die Gestalt

$$\frac{\partial^2 f}{\partial\xi\,\partial\eta} = 0\,.$$

Offenbar hat die Lösung die Form

$$f = f_1(\xi) + f_2(\eta)\,,$$

wobei f_1 und f_2 beliebige Funktionen sind. Dann ist

$$f = f_1\left(t - \frac{x}{c}\right) + f_2\left(t + \frac{x}{c}\right). \tag{47,2}$$

Es sei etwa $f_2 = 0$, so daß sich f auf $f_1(t - x/c)$ reduziert. Wir wollen uns die Bedeutung dieser Lösung überlegen. In jeder Ebene $x = \text{const}$ ändert sich das Feld mit der Zeit, und zu jedem Zeitpunkt hängt es von x ab. Es besitzt für alle diejenigen Ortskoordinaten x und Zeitpunkte t denselben Wert, die die Bedingung $t - x/c = \text{const}$ oder

$$x = \text{const} + c\,t$$

erfüllen. Das bedeutet: Hat das Feld zu irgendeiner Zeit, etwa $t = 0$, an einem beliebigen Raumpunkt x einen bestimmten Wert, so besitzt es nach der Zeit t denselben Wert an einem Punkte, der sich in der Entfernung $c\,t$ vom ursprünglichen Punkt auf der x-Achse befindet. Wir können somit sagen, daß sich die elektromagnetischen Feldwerte längs der x-Achse mit der Geschwindigkeit c ausbreiten.

$f_1(t - x/c)$ ist daher eine ebene Welle, die auf der x-Achse in positiver Richtung entlangläuft. $f_2(t + x/c)$ ist dann offensichtlich eine Welle, die sich in der umgekehrten Richtung bewegt.

Im § 46 wurde gezeigt, daß man die Potentiale einer elektromagnetischen Welle immer so wählen kann, daß $\varphi = 0$ und $\operatorname{div} \boldsymbol{A} = 0$ gilt. Wir wollen auch die Potentiale der hier betrachteten ebenen Welle auf diese Weise festlegen. Die Bedingung $\operatorname{div} \boldsymbol{A} = 0$ ergibt

$$\frac{\partial A_x}{\partial x} = 0\,,$$

da alle Größen von y und z unabhängig sind. Nach (47,1) haben wir dann auch $\frac{\partial^2 A_x}{\partial t^2} = 0$, d. h. $\frac{\partial A_x}{\partial t} = \text{const}$. Nun ergeben die Ableitungen $\frac{\partial \boldsymbol{A}}{\partial t}$ das elektrische Feld, und wir sehen, daß eine von Null verschiedene Komponente A_x hier die Existenz eines longitudinalen statischen elektrischen Feldes bedeuten würde. Ein derartiges Feld hätte aber keine Beziehung zu einer Welle, und wir setzen daher $A_x = 0$.

Das Vektorpotential einer ebenen Welle kann also immer senkrecht zur x-Achse gewählt werden, d. h. senkrecht zur Ausbreitungsrichtung dieser Welle.

Eine ebene Welle pflanze sich in Richtung der positiven x-Achse fort. Alle die Welle charakterisierenden Größen, insbesondere $\boldsymbol{A}$, sind dann nur Funktionen von $t - x/c$. Aus der Gleichung

$$\boldsymbol{E} = -\frac{1}{c}\frac{\partial \boldsymbol{A}}{\partial t}\,, \qquad \boldsymbol{H} = \operatorname{rot} \boldsymbol{A}$$

erhalten wir daher

$$\boldsymbol{E} = -\frac{1}{c}\boldsymbol{A}'\,, \quad \boldsymbol{H} = \nabla \times \boldsymbol{A} = \nabla\left(t - \frac{x}{c}\right) \times \boldsymbol{A}' = -\frac{1}{c}\boldsymbol{n} \times \boldsymbol{A}'\,, \tag{47,3}$$

wobei der Strich die Ableitung nach $t - x/c$ bedeutet und $\boldsymbol{n}$ den Einheitsvektor der Ausbreitungsrichtung der Welle darstellt. Wir setzen die erste Gleichung in die zweite ein und finden

$$\boldsymbol{H} = \boldsymbol{n} \times \boldsymbol{E} . \tag{47,4}$$

Das elektrische Feld $\boldsymbol{E}$ und das Magnetfeld $\boldsymbol{H}$ einer ebenen Welle stehen somit senkrecht auf der Ausbreitungsrichtung dieser Welle. Die elektromagnetischen Wellen werden daher als *transversale* Wellen bezeichnet. Weiter entnimmt man aus (47,4), daß die elektrische und magnetische Feldstärke aufeinander senkrecht stehen und denselben Betrag haben.

Der Energiestrom einer ebenen Welle, d. h. ihr POYNTING-Vektor, ist

$$\boldsymbol{S} = \frac{c}{4\pi} \boldsymbol{E} \times \boldsymbol{H} = \frac{c}{4\pi} \boldsymbol{E} \times (\boldsymbol{n} \times \boldsymbol{E}) ,$$

und wegen $\boldsymbol{E}\,\boldsymbol{n} = 0$ ergibt sich

$$\boldsymbol{S} = \frac{c}{4\pi} E^2 \boldsymbol{n} = \frac{c}{4\pi} H^2 \boldsymbol{n} .$$

Die Energieströmung erfolgt also in der Ausbreitungsrichtung der Welle. Mit der Energiedichte $W = \frac{1}{8\pi}(E^2 + H^2) = \frac{E^2}{4\pi}$ können wir

$$\boldsymbol{S} = c\, W \boldsymbol{n} \tag{47,5}$$

schreiben, in Übereinstimmung damit, daß sich das Feld mit Lichtgeschwindigkeit ausbreitet.

Der Impuls des elektromagnetischen Feldes beträgt pro Volumeneinheit $\boldsymbol{S}/c^2$, bei der ebenen Welle also $(W/c)\,\boldsymbol{n}$. Es sei darauf hingewiesen, daß das Verhältnis zwischen der Energie W und dem Impuls W/c der Welle dasselbe ist wie bei Teilchen, die sich mit Lichtgeschwindigkeit bewegen (siehe (9,9)).

Der Impulsstrom des Feldes ist durch die Komponenten $\sigma_{\alpha\beta}$ (33,3) des MAXWELLschen Spannungstensors bestimmt. Wählen wir zunächst als Ausbreitungsrichtung der Welle die x-Achse, so ergibt sich als einzige von Null verschiedene Komponente von $\sigma_{\alpha\beta}$

$$T^{xx} = -\sigma_{xx} = W . \tag{47,6}$$

Auch der Impulsstrom hat daher die Richtung der Wellenausbreitung und ist gleich der Energiedichte.

Wir wollen nun das Transformationsgesetz für die Energiedichte der ebenen Welle beim Übergang zu einem anderen Inertialsystem angeben. Dazu hat man in der Gleichung

$$W = \frac{1}{1 - \frac{V^2}{c^2}} \left(W' + 2\frac{V}{c^2} S'_x - \frac{V^2}{c^2} \sigma'_{xx} \right)$$

(siehe die Aufgabe zu § 33)

$$S'_x = c\, W' \cos\alpha' , \qquad \sigma'_{xx} = -W' \cos^2\alpha'$$

zu setzen, wobei α' der im System K' bestimmte Winkel zwischen der x'-Achse (zu welcher die Geschwindigkeit $\boldsymbol{V}$ parallel gerichtet ist) und der Ausbreitungsrichtung der Welle ist. Das Ergebnis lautet

$$W = W' \frac{\left(1 + \frac{V}{c} \cos \alpha'\right)^2}{1 - \frac{V^2}{c^2}} . \tag{47,7}$$

Wegen der Beziehung $W = \frac{E^2}{4\pi} = \frac{H^2}{4\pi}$ transformieren sich die Beträge der Feldstärken wie $\sqrt{W}$.

Aufgaben

1. Man bestimme die auf eine Wand (mit dem Reflexionsvermögen R) wirkende Kraft, wenn an ihr eine elektrische Welle reflektiert wird.

Lösung. Die auf die Flächeneinheit der Wand wirkende Kraft $\boldsymbol{f}$ ist gleich dem Impulsstrom durch die Fläche, also gleich dem Vektor

$$f_\alpha = -\sigma_{\alpha\beta} N_\beta - \sigma'_{\alpha\beta} N_\beta ,$$

wobei $\boldsymbol{N}$ der Normalenvektor der Wandfläche und $\sigma_{\alpha\beta}$, $\sigma'_{\alpha\beta}$ die Komponenten des Spannungstensors der einfallenden und reflektierten Welle sind. Mit (47,6) erhalten wir

$$\boldsymbol{f} = W \boldsymbol{n} (\boldsymbol{N} \boldsymbol{n}) + W' \boldsymbol{n}' (\boldsymbol{N} \boldsymbol{n}') .$$

Nach der Definition des Reflexionsvermögens gilt $W' = R\,W$. Führen wir den Einfallswinkel θ (bzw. den mit ihm gleichen Reflexionswinkel) ein, so ergibt sich für die Normalkomponente der Kraftdichte (den sogenannten „Lichtdruck"):

$$f_N = W (1 + R) \cos^2 \theta$$

und für die Tangentialkomponente

$$f_t = W (1 - R) \sin\theta \cos\theta .$$

2. Man bestimme nach der Hamilton-Jacobi-Methode die Bewegung einer Ladung im Felde einer ebenen elektromagnetischen Welle.

Lösung. In vierdimensionaler Schreibweise lautet die Hamilton-Jacobi-Gleichung

$$g^{ik} \left(\frac{\partial S}{\partial x^i} + \frac{e}{c} A_i\right) \left(\frac{\partial S}{\partial x^k} + \frac{e}{c} A_k\right) = m^2 c^2 . \tag{1}$$

Weil das Feld eine ebene Welle ist, sind die A^i Funktionen von nur einer unabhängigen Veränderlichen, die in der Gestalt $\xi = k_i x^i$ dargestellt werden kann, wobei k^i ein konstanter Vierervektor ist, dessen Betrag verschwindet: $k_i k^i = 0$ (vgl. § 48). Für die Potentiale fordern wir die Gültigkeit der Lorentz-Konvention

$$\frac{\partial A^i}{\partial x^i} = \frac{\mathrm{d}A^i}{\mathrm{d}\xi} k_i = 0 ;$$

für das veränderliche Wellenfeld ist diese Bedingung der Gleichung $A^i k_i = 0$ äquivalent.

Die Lösung der Gleichung (1) suchen wir in der Form

$$S = -f_i x^i + F(\xi) ,$$

wobei $f^i = (f^0, \boldsymbol{f})$ ein konstanter Vektor ist, der der Gleichung $f_i f^i = m^2 c^2$ genügt ($S = -f_i x^i$ ist die Lösung der Hamilton-Jacobi-Gleichung für ein freies Teilchen mit dem Impuls $p^i = f^i$). Einsetzen in (1) führt auf

$$\frac{e^2}{c^2} A_i A^i - 2\gamma \frac{\mathrm{d}F}{\mathrm{d}\xi} - \frac{2e}{c} f_i A^i = 0$$

mit der Konstanten $\gamma = k_i f^i$. Bestimmen wir hieraus F, so folgt:

$$S = -f_i x^i - \frac{e}{c\gamma}\int f_i A^i \, d\xi + \frac{e^2}{2\gamma c^2}\int A_i A^i \, d\xi . \tag{2}$$

Wir gehen nun zu dreidimensionalen Bezeichnungen über und wählen ein festes Koordinatensystem so, daß die Wellenausbreitung in Richtung der x-Achse erfolgt. Dann ist $\xi = ct - x$ und $\gamma = f^0 - f^1$. Wenn wir den zweidimensionalen Vektor f_y, f_z mit $\boldsymbol{\varkappa}$ bezeichnen, dann erhalten wir aus der Bedingung $f_i f^i = (f^0)^2 - (f^1)^2 - \varkappa^2 = m^2 c^2$

$$f^0 + f^1 = \frac{m^2 c^2 + \varkappa^2}{\gamma} .$$

Wir eichen die Potentiale so, daß $\varphi = 0$ ist und $\boldsymbol{A}(\xi)$ in der yz-Ebene liegt. Damit erhält der Ausdruck (2) die Gestalt

$$S = \boldsymbol{\varkappa}\boldsymbol{r} - \frac{\gamma}{2}(ct + x) - \frac{m^2 c^2 + \varkappa^2}{2\gamma}\xi + \frac{e}{c\gamma}\int \boldsymbol{\varkappa}\boldsymbol{A}\, d\xi - \frac{e^2}{2\gamma c^2}\int \boldsymbol{A}^2 \, d\xi .$$

Um die Bewegungsgleichungen aufzufinden, haben wir nach der allgemeinen Regel (siehe I, § 47) die Ableitungen $\partial S/\partial\varkappa$, $\partial S/\partial\gamma$ gleich neuen Konstanten zu setzen, die wir jedoch wegen der Willkür des Anfangspunktes der Orts- und Zeitkoordinaten gleich Null wählen können. Mit dem Parameter ξ erhalten wir so:

$$y = \frac{1}{\gamma}\varkappa_y \xi - \frac{e}{c\gamma}\int A_y \, d\xi , \qquad z = \frac{1}{\gamma}\varkappa_z \xi - \frac{e}{c\gamma}\int A_z \, d\xi ,$$

$$x = \frac{1}{2}\left(\frac{m^2 c^2 + \varkappa^2}{\gamma^2} - 1\right)\xi - \frac{e}{c\gamma^2}\int \boldsymbol{\varkappa}\boldsymbol{A}\, d\xi + \frac{e^2}{2\gamma^2 c^2}\int \boldsymbol{A}^2 d\xi , \qquad t = \xi + x .$$

Der verallgemeinerte Impuls $\boldsymbol{P} = \boldsymbol{p} + \frac{e}{c}\boldsymbol{A}$ und die Energie $\mathscr{E}$ ergeben sich in bekannter Weise durch die Ableitung der Wirkung nach den Ortskoordinaten und der Zeit:

$$p_y = \varkappa_y - \frac{e}{c}A_y , \qquad p_z = \varkappa_z - \frac{e}{c}A_z ,$$

$$p_x = -\frac{\gamma}{2} + \frac{m^2 c^2 + \varkappa^2}{2\gamma} - \frac{e}{c\gamma}\boldsymbol{\varkappa}\boldsymbol{A} + \frac{e^2}{2\gamma c^2}\boldsymbol{A}^2 ;$$

$$\mathscr{E} = (\gamma + p_x)\, c .$$

Im Zeitmittel verschwinden die Glieder, die die periodische Funktion $\boldsymbol{A}(\xi)$ in erster Potenz enthalten. Es läßt sich immer ein Koordinatensystem angeben, in dem das Teilchen im Mittel ruht, d. h., in dem sein mittlerer Impuls verschwindet. Damit ist

$$\boldsymbol{\varkappa} = 0 \quad \text{und} \quad \gamma^2 = m^2 c^2 + \frac{e^2}{c^2}\overline{\boldsymbol{A}^2} .$$

Die Endformeln für die Bestimmung der Bewegung nehmen dann folgende Gestalt an:

$$\left.\begin{aligned} x &= \frac{e^2}{2\gamma^2 c^2}\int (\boldsymbol{A}^2 - \overline{\boldsymbol{A}^2})\, d\xi , \qquad & y &= -\frac{e}{c\gamma}\int A_y \, d\xi , \\ z &= -\frac{e}{c\gamma}\int A_z \, d\xi , & ct &= \xi + \frac{e^2}{2\gamma^2 c^2}\int (\boldsymbol{A}^2 - \overline{\boldsymbol{A}^2})\, d\xi ; \end{aligned}\right\} \tag{3}$$

$$\left.\begin{aligned} p_x &= \frac{e^2}{2\gamma c^2}(\boldsymbol{A}^2 - \overline{\boldsymbol{A}^2}) , \quad p_y = -\frac{e}{c}A_y , \quad p_z = -\frac{e}{c}A_z , \\ \mathscr{E} &= c\gamma + \frac{e^2}{2\gamma c}(\boldsymbol{A}^2 - \overline{\boldsymbol{A}^2}) . \end{aligned}\right\} \tag{4}$$

§ 48. Die monochromatische ebene Welle

Unter den elektromagnetischen Wellen, bei denen das Feld eine periodische Funktion der Zeit ist, sind die sogenannten *monochromatischen* besonders wichtig. In einer monochromatischen Welle hängen alle Größen (das Potential und die Feldkomponenten) nur durch einen Faktor $\cos(\omega t + \alpha)$ von der Zeit ab. ω ist die *Kreisfrequenz* der Welle (wir werden sie hier kurz als Frequenz bezeichnen).

In der Wellengleichung gilt dann für die zweiten zeitlichen Ableitungen des Feldes $\frac{\partial^2 f}{\partial t^2} = -\omega^2 f$, so daß die räumliche Verteilung des Feldes im Fall der monochromatischen Welle durch die Gleichung

$$\Delta f + \frac{\omega^2}{c^2} f = 0 \tag{48,1}$$

bestimmt ist.

Bei einer sich längs der x-Achse ausbreitenden ebenen Welle sind die Feldkomponenten nur Funktionen von $t - x/c$. Eine monochromatische ebene Welle muß daher ein in $t - x/c$ periodisches Feld besitzen. Das Vektorpotential einer derartigen Welle läßt sich am bequemsten durch den Realteil einer komplexen Größe darstellen:

$$\boldsymbol{A} = \mathrm{Re}\left\{\boldsymbol{A}_0\, \mathrm{e}^{-i\omega(t-x/c)}\right\}. \tag{48,2}$$

Hier ist $\boldsymbol{A}_0$ irgendein konstanter komplexer Vektor. Offensichtlich haben dann auch die Feldstärken $\boldsymbol{E}$ und $\boldsymbol{H}$ dieser Welle eine entsprechende Gestalt mit derselben Frequenz ω. Die Größe

$$\lambda = \frac{2\pi c}{\omega} \tag{48,3}$$

heißt Wellenlänge; es ist die Periode der Änderung des Feldes in der x-Richtung zum festen Zeitpunkt t.

Der Vektor

$$\boldsymbol{k} = \frac{\omega}{c}\boldsymbol{n} \tag{48,4}$$

wird *Wellenvektor* genannt ($\boldsymbol{n}$ ist der Einheitsvektor in der Ausbreitungsrichtung der Welle). Mit ihm können wir (48,2) in der Form

$$\boldsymbol{A} = \mathrm{Re}\left\{\boldsymbol{A}_0\, \mathrm{e}^{i(\boldsymbol{k}\boldsymbol{r}-\omega t)}\right\} \tag{48,5}$$

darstellen, die von der Wahl der Koordinatenachsen unabhängig ist. Die als Faktor von i in der Exponentialfunktion auftretende Größe heißt *Phase* der Welle.

Solange wir an unseren Größen nur lineare Operationen durchführen, können wir das Re-Zeichen fortlassen und mit den komplexen Größen selbst arbeiten.[1]) Setzen wir

$$\boldsymbol{A} = \boldsymbol{A}_0\, e^{i(\boldsymbol{k}\boldsymbol{r} - \omega t)}$$

in (47,3) ein, so erhalten wir damit die Beziehung zwischen Feldstärke und Vektorpotential einer ebenen monochromatischen Welle in der Gestalt

$$\boldsymbol{E} = i\,k\,\boldsymbol{A}\,, \qquad \boldsymbol{H} = i\boldsymbol{k}\times\boldsymbol{A}\,. \tag{48,6}$$

Wir wollen nun ausführlich die Richtung des Feldes einer monochromatischen Welle untersuchen, und betrachten das elektrische Feld

$$\boldsymbol{E} = \mathrm{Re}\,\{\boldsymbol{E}_0\, e^{i(\boldsymbol{k}\boldsymbol{r} - \omega t)}\}$$

(alles für das elektrische Feld Gesagte gilt auch für das Magnetfeld). $\boldsymbol{E}_0$ ist irgendein komplexer Vektor und sein Quadrat $\boldsymbol{E}_0^2$ irgendeine, im allgemeinen auch komplexe Zahl. Ist das Argument dieser Zahl -2α (d. h. gilt $\boldsymbol{E}_0^2 = |\boldsymbol{E}_0^2|\, e^{-2i\alpha}$), so hat der durch

$$\boldsymbol{E}_0 = \boldsymbol{b}\, e^{-i\alpha} \tag{48,7}$$

bestimmte Vektor $\boldsymbol{b}$ dasselbe reelle Quadrat $\boldsymbol{b}^2 = |\boldsymbol{E}_0|^2$. Damit schreiben wir

$$\boldsymbol{E} = \mathrm{Re}\,\{\boldsymbol{b}\, e^{i(\boldsymbol{k}\boldsymbol{r} - \omega' t - \alpha)}\}\,. \tag{48,8}$$

Wir setzen $\boldsymbol{b}$ in der Form

$$\boldsymbol{b} = \boldsymbol{b}_1 + i\,\boldsymbol{b}_2$$

an, wobei $\boldsymbol{b}_1$ und $\boldsymbol{b}_2$ zwei reelle Vektoren sind. Da das Quadrat $\boldsymbol{b}^2 = b_1^2 - b_2^2 + 2\,i\,\boldsymbol{b}_1\boldsymbol{b}_2$ reell ist, muß $\boldsymbol{b}_1\boldsymbol{b}_2 = 0$, d. h. $\boldsymbol{b}_1$ zu $\boldsymbol{b}_2$ orthogonal sein. Die Richtung von $\boldsymbol{b}_1$ wählen wir zur y-Achse parallel (die x-Achse ist die Ausbreitungsrichtung). Dann folgt aus (48,8):

$$\left.\begin{aligned} E_y &= b_1 \cos(\omega t - \boldsymbol{k}\boldsymbol{r} + \alpha)\,, \\ E_z &= \pm\, b_2 \sin(\omega t - \boldsymbol{k}\boldsymbol{r} + \alpha)\,, \end{aligned}\right\} \tag{48,9}$$

---

[1]) Sind zwei Größen $\boldsymbol{A}(t)$, $\boldsymbol{B}(t)$ in komplexer Gestalt geschrieben,

$$\boldsymbol{A}(t) = \boldsymbol{A}_0\, e^{-i\omega t}\,, \qquad \boldsymbol{B}(t) = \boldsymbol{B}_0\, e^{-i\omega t}\,,$$

so hat man natürlich bei der Bildung ihres Produktes nur den Realteil zu benutzen. Interessiert uns aber, wie es häufig vorkommt, lediglich das Zeitmittel dieses Produktes, so kann man es zu

$$\frac{1}{2}\,\mathrm{Re}\,(\boldsymbol{A}\,\boldsymbol{B}^*)$$

berechnen. In der Tat ist nämlich

$$\mathrm{Re}\,\boldsymbol{A}\;\mathrm{Re}\,\boldsymbol{B} = \frac{1}{4}\,(\boldsymbol{A}_0\, e^{-i\omega t} + \boldsymbol{A}_0^*\, e^{i\omega t})\,(\boldsymbol{B}_0\, e^{-i\omega t} + \boldsymbol{B}_0^*\, e^{i\omega t})\,.$$

Bei der Mittelbildung verschwinden die den Faktor $e^{\pm 2i\omega t}$ enthaltenden Glieder, so daß

$$\overline{\mathrm{Re}\,\boldsymbol{A}\;\mathrm{Re}\,\boldsymbol{B}} = \frac{1}{4}\,(\boldsymbol{A}_0\,\boldsymbol{B}_0^* + \boldsymbol{A}_0^*\,\boldsymbol{B}_0) = \frac{1}{2}\,\mathrm{Re}\,(\boldsymbol{A}\,\boldsymbol{B}^*)$$

bleibt.

wobei + oder — steht, je nachdem, ob $\boldsymbol{b}_2$ in die positive oder negative Richtung der z-Achse zeigt. Aus (48,9) ergibt sich

$$\frac{E_y^2}{b_1^2} + \frac{E_z^2}{b_2^2} = 1 \,. \qquad (48,10)$$

Es zeigt sich also, daß an jedem Raumpunkt der elektrische Vektor in der zur Ausbreitungsrichtung der Welle senkrechten Ebene rotiert, wobei sein Endpunkt eine Ellipse beschreibt (48,10). Eine solche Welle heißt *elliptisch polarisiert*. Je nachdem, ob das Vorzeichen in (48,9) positiv oder negativ ist, entspricht diese Rotation der einer sich in die x-Achse eindrehenden Rechtsschraube oder verläuft umgekehrt.

Im Falle $b_1 = b_2$ entartet die Ellipse (48,10) in einen Kreis, d. h., der rotierende Vektor $\boldsymbol{E}$ behält ständig seinen Betrag bei. Die Welle wird dann *zirkular polarisiert* genannt. Die Wahl der y- und z-Achse ist dabei offenbar willkürlich. Das Verhältnis zwischen der y- und z-Komponente der komplexen Amplitude $\boldsymbol{E}_0$ beträgt hier

$$\frac{E_{0z}}{E_{0y}} = \pm\, i \,, \qquad (48,11)$$

wobei das obere bzw. untere Vorzeichen der Rotation der Rechts- bzw. Linksschraube entspricht (Links-bzw. Rechtspolarisation) [1]).

Ist schließlich b_1 oder b_2 Null, so ist das Wellenfeld immer einer festen Richtung parallel (oder antiparallel). In diesem Falle wird die Welle als *linear polarisiert* bezeichnet. Die elliptisch polarisierte Welle kann offensichtlich als Überlagerung von zwei linear polarisierten Wellen betrachtet werden.

Wir kehren zur Definition des Wellenvektors zurück und führen den vierdimensionalen Wellenvektor mit den Komponenten

$$k^i = \left(\frac{\omega}{c}\,,\,\boldsymbol{k}\right) \qquad (48,12)$$

ein. Daß diese Größe tatsächlich einen Vierervektor bildet, erkennt man daraus, daß sie nach Multiplikation mit dem Vierervektor x^i einen Skalar, nämlich die Phase der Welle

$$k_i\, x^i = \omega\, t - \boldsymbol{k}\,\boldsymbol{r} \qquad (48,13)$$

ergibt. Aus (48,4) und (48,12) entnimmt man, daß das Quadrat des Wellenzahlvierervektors verschwindet:

$$k^i\, k_i = 0 \,. \qquad (48,14)$$

Diese Beziehung folgt auch unmittelbar daraus, daß der Ausdruck

$$\boldsymbol{A} = \boldsymbol{A}_0 \exp\left(-\, i\, k_i\, x^i\right)$$

eine Lösung der Wellengleichung (46,10) sein muß.

Wie bei jeder ebenen Welle sind auch bei der hier betrachteten monochromatischen Welle, die sich in x-Richtung ausbreitet, nur folgende Komponenten des

---

[1]) Die Achsen x, y, z bilden wie immer ein Rechtssystem.

Energie-Impuls-Tensors von Null verschieden (siehe § 47):

$$T^{00} = T^{01} = T^{11} = W\,.$$

Mit dem Wellenzahlvektor läßt sich diese Gleichung in tensorieller Form schreiben:

$$T^{ik} = \frac{W c^2}{\omega^2} k^i k^k\,. \tag{48,15}$$

Unter Benutzung des Transformationsgesetzes für den Wellenvierervektor kann man schließlich auch den sogenannten DOPPLER-*Effekt* behandeln, d. h. die Veränderung der Frequenz ω der von einer relativ zum Beobachter bewegten Quelle ausgestrahlten Welle gegenüber der „Eigenfrequenz" ω_0 dieser Welle, die im Ruhsystem K_0 der Quelle gemessen wird.

Es sei V die Geschwindigkeit der Quelle, d. h. die Geschwindigkeit des Bezugssystems K_0 relativ zu K. Nach dem allgemeinen Transformationsgesetz eines Vierervektors gilt

$$k^{(0)0} = \frac{k^0 - \frac{V}{c} k^1}{\sqrt{1 - \frac{V^2}{c^2}}}$$

(die Geschwindigkeit von K relativ zu K_0 ist $-V$). Setzen wir hier $k^0 = \omega/c$, $k^1 = k \cos\alpha = \omega/c \cos\alpha$ ein, wobei α der im System K bestimmte Winkel zwischen der Ausbreitungsrichtung der Welle und der Bewegungsrichtung der Quelle ist, und drücken wir ω durch ω_0 aus, so erhalten wir

$$\omega = \omega_0 \frac{\sqrt{1 - \frac{V^2}{c^2}}}{1 - \frac{V}{c}\cos\alpha}\,. \tag{48,16}$$

Das ist die gesuchte Gleichung. Für $V \ll c$ ergibt sie, wenn α nicht zu nahe bei $\pi/2$ liegt,

$$\omega \approx \omega_0 \left(1 + \frac{V}{c}\cos\alpha\right). \tag{48,17}$$

Im Falle $\alpha = \pi/2$ gilt

$$\omega = \omega_0 \sqrt{1 - \frac{V^2}{c^2}} \approx \omega_0 \left(1 - \frac{V^2}{2c^2}\right); \tag{48,18}$$

hier ist das Frequenzverhältnis proportional dem Quadrat von V/c.

Aufgaben

1. Man drücke Richtung und Größe der Achsen des Polarisationsellipsoides durch die komplexe Amplitude $\boldsymbol{E}_0$ aus.

Lösung. Die Aufgabe besteht in der Bestimmung des Vektors $\boldsymbol{b} = \boldsymbol{b}_1 + i\,\boldsymbol{b}_2$, dessen Quadrat reell ist. Aus (48,7) folgt

$$\boldsymbol{E}_0 \boldsymbol{E}_0^* = b_1^2 + b_2^2\,, \qquad \boldsymbol{E}_0 \times \boldsymbol{E}_0^* = -2\,i\,\boldsymbol{b}_1 \times \boldsymbol{b}_2 \tag{1}$$

oder

$$b_1^2 + b_2^2 = A^2 + B^2 , \qquad b_1 b_2 = A B \sin \delta ,$$

wobei die Bezeichnungen

$$|E_{0y}| = A , \qquad |E_{0z}| = B , \qquad \frac{E_{0z}}{B} = \frac{E_{0y}}{A} e^{i\delta}$$

für die Beträge von E_{0y} und E_{0z} und die Phasendifferenz δ zwischen ihnen eingeführt wurden. Daraus ergibt sich

$$2 b_{1,2} = \sqrt{A^2 + B^2 + 2 A B \sin \delta} \pm \sqrt{A^2 + B^2 - 2 A B \sin \delta} , \tag{2}$$

wodurch die Ellipsenhalbachsen bestimmt sind.

Um auch ihre Richtungen (bezüglich der willkürlichen Achsen y, z) festzustellen, gehen wir von der Beziehung

$$\mathrm{Re}\,\{(\boldsymbol{E}_0 \boldsymbol{b}_1)(\boldsymbol{E}_0^* \boldsymbol{b}_2)\} = 0$$

aus, von deren Gültigkeit man sich leicht überzeugt, wenn man $\boldsymbol{E}_0 = (\boldsymbol{b}_1 + i \boldsymbol{b}_2) e^{-i\alpha}$ setzt. Schreiben wir diese Gleichung in den Koordinaten y und z auf, so ergibt sich für den Winkel θ zwischen $\boldsymbol{b}_1$ und der y-Achse

$$\tan 2\theta = \frac{2 A B \cos \delta}{A^2 - B^2} . \tag{3}$$

Die Rotationsrichtung des Feldes wird gegeben durch das Vorzeichen der x-Komponente des Vektors $\boldsymbol{b}_1 \times \boldsymbol{b}_2$ (in oder gegen die positive Richtung der x-Achse)

$$2 i (\boldsymbol{b}_1 \times \boldsymbol{b}_2)_x = E_{0z} E_{0y}^* - E_{0z}^* E_{0y} = |E_{0y}|^2 \left\{ \left(\frac{E_{0z}}{E_{0y}}\right) - \left(\frac{E_{0z}}{E_{0y}}\right)^* \right\} .$$

Gleichzeitig ergibt sich der Rotationssinn (in oder gegen die Rotationsrichtung einer sich in die x-Achse in positiver Richtung eindrehenden Rechtsschraube) durch das Vorzeichen des Imaginärteiles von E_{0z}/E_{0y} (es ist positiv im ersten und negativ im zweiten Fall). Diese Regel verallgemeinert (48,11), die nur für zirkulare Polarisation galt.

2. Man bestimme die Bewegung einer Ladung im Feld einer linear polarisierten ebenen monochromatischen Welle.

Lösung. Wir wählen die Richtung von $\boldsymbol{E}$ als y-Achse und schreiben

$$E_y = E = E_0 \cos \omega \xi , \qquad A_y = A = -\frac{c E_0}{\omega} \sin \omega \xi$$

$(\xi = t - x/c)$. Aus den Formeln (3) und (4) der Aufgabe 2 von § 47 finden wir (in einem Bezugssystem, in dem das Teilchen im Mittel ruht) folgende Darstellung der Bewegung mit Hilfe des Parameters $\eta = \omega \xi$:

$$x = -\frac{e^2 E_0^2 c}{8 \gamma^2 \omega^3} \sin 2\eta , \qquad y = -\frac{e E_0 c}{\gamma \omega^2} \cos \eta , \qquad z = 0 ,$$

$$t = \frac{\eta}{\omega} - \frac{e^2 E_0^2}{8 \gamma^2 \omega^3} \sin 2\eta , \qquad \gamma^2 = m^2 c^2 + \frac{e^2 E_0^2}{2 \omega^2} ,$$

$$p_x = -\frac{e^2 E_0^2}{4 \gamma \omega^2} \cos 2\eta , \qquad p_y = \frac{e E_0}{\omega} \sin \eta , \qquad p = 0 .$$

Die Ladung bewegt sich in der xy-Ebene auf einer symmetrischen, der 8 ähnlichen Kurve, deren Längsachse parallel zur y-Achse ist. Einer Bewegungsperiode entspricht eine Änderung des Parameters η von 0 bis 2π.

3. Es ist die Bewegung einer Ladung im Felde einer zirkular polarisierten Welle zu finden.

Lösung. Für das Feld der Welle gilt

$$E_y = E_0 \cos \omega \xi, \qquad E_z = E_0 \sin \omega \xi,$$

$$A_y = -\frac{c E_0}{\omega} \sin \omega \xi, \qquad A_z = \frac{c E_0}{\omega} \cos \omega \xi .$$

Die Bewegung wird durch die Gleichungen

$$x = 0, \qquad y = -\frac{e c E_0}{\gamma \omega^2} \cos \omega t, \qquad z = -\frac{e c E_0}{\gamma \omega^2} \sin \omega t,$$

$$p_x = 0, \qquad p_y = \frac{e E_0}{\omega} \sin \omega t, \qquad p_z = -\frac{e E_0}{\omega} \cos \omega t,$$

$$\gamma^2 = m^2 c^2 + \frac{c^2 E_0^2}{\omega^2}$$

bestimmt. Die Ladung bewegt sich also in der yz-Ebene auf einem Kreis vom Radius $e c E_0/\gamma \omega^2$ mit dem betragsmäßig konstanten Impuls $p = e E_0/\omega$. Die Richtung des Vektors $\boldsymbol{p}$ ist zu jedem Zeitpunkt der Richtung des Magnetfeldes $\boldsymbol{H}$ entgegengesetzt.

§ 49. Fourier-Zerlegung

Für jede Welle läßt sich eine Fourier-Zerlegung durchführen, d. h., sie läßt sich stets als eine Überlagerung monochromatischer Wellen mit verschiedenen Frequenzen darstellen. Der Charakter dieser Zerlegung hängt von der Zeitabhängigkeit des Feldes ab.

Die eine Gruppe bilden die Fälle, in denen die Entwicklung diskrete Frequenzen besitzt. Das einfachste Beispiel hierfür ist die Zerlegung eines rein periodischen (nicht unbedingt monochromatischen) Feldes. Sie ergibt eine gewöhnliche Fourier-Reihe und enthält Frequenzen, die ganzzahlige Vielfache einer „Grundfrequenz“ $\omega_0 = 2\pi/T$ sind (T ist die Periode des Feldes). Wir schreiben sie in der Form

$$f = \sum_{n=-\infty}^{\infty} f_n \, e^{-i \omega_0 n t} \tag{49,1}$$

(f ist eine beliebige, das Feld beschreibende Größe). Die Werte der Größen f_n bestimmen sich aus f durch die Integrale

$$f_n = \frac{1}{T} \int_{-T/2}^{T/2} f(t) \, e^{i n \omega_0 t} \, dt . \tag{49,2}$$

Aus der Realität der Funktion $f(t)$ ergibt sich

$$f_{-n} = f_n^* . \tag{49,3}$$

In allgemeineren Fällen hat man in der Entwicklung auch solche Frequenzen zuzulassen, die ganzzahlige Vielfache (und darüber erstreckte Summen) von mehreren, nicht aufeinander reduzierbaren Grundfrequenzen sind.

Quadrieren wir die Summe (49,1), so verschwindet im Zeitmittel das Produkt von Gliedern mit verschiedenen Frequenzen, da sie oszillierende Faktoren enthalten. Es bleiben nur Glieder der Gestalt $f_n f_{-n} = |f_n|^2$ übrig. Der Mittelwert des Quadrates der Feldfunktionen, d. h. die mittlere Intensität der Welle, ist also gleich der Summe der Intensitäten der monochromatischen Komponenten

$$\overline{f^2} = \sum_{n=-\infty}^{\infty} |f_n|^2 = 2 \sum_{n=1}^{\infty} |f_n|^2 . \tag{49,4}$$

(Der Mittelwert von $f(t)$ bezüglich einer Periode ist gleich Null, so daß $f_0 = \bar{f} = 0$ ist.)

Zu der anderen Gruppe gehören die Felder, die sich durch ein FOURIER-Integral mit kontinuierlich veränderlichen Frequenzen darstellen lassen. Dazu muß die Funktion $f(t)$ bestimmten Bedingungen genügen; wir haben es gewöhnlich mit Funktionen zu tun, die für $t \to \pm\infty$ verschwinden. Eine Zerlegung dieser Art hat die Gestalt

$$f(t) = \int_{-\infty}^{\infty} f_\omega \, e^{-i\omega t} \frac{d\omega}{2\pi}, \tag{49,5}$$

wobei sich die FOURIER-Komponenten mittels $f(t)$ durch

$$f_\omega = \int_{-\infty}^{\infty} f(t) \, e^{i\omega t} \, dt \tag{49,6}$$

darstellen.

Analog zu (49,3) ist

$$f_{-\omega} = f_\omega^* . \tag{49,7}$$

Wir drücken nun die Gesamtintensität der Welle, d. h. das Integral von f^2 über die gesamte Zeit, durch die „Intensität" der einzelnen FOURIER-Komponenten aus. Mit (49,5) und (49,6) erhalten wir

$$\int_{-\infty}^{\infty} f^2 \, dt = \int_{-\infty}^{\infty} \left\{ f \int_{-\infty}^{\infty} f_\omega \, e^{-i\omega t} \frac{d\omega}{2\pi} \right\} dt$$

$$= \int_{-\infty}^{\infty} \left\{ f_\omega \int_{-\infty}^{\infty} f \, e^{-i\omega t} \, dt \right\} \frac{d\omega}{2\pi} = \int_{-\infty}^{\infty} f_\omega f_{-\omega} \frac{d\omega}{2\pi}$$

oder, wenn wir (49,7) berücksichtigen,

$$\int_{-\infty}^{\infty} f^2 \, dt = \int_{-\infty}^{\infty} |f_\omega|^2 \frac{d\omega}{2\pi} = 2 \int_{0}^{\infty} |f_\omega|^2 \frac{d\omega}{2\pi} . \tag{49,8}$$

§ 50. Teilweise polarisiertes Licht

Jede monochromatische Welle ist definitionsgemäß polarisiert. Gewöhnlich kommen jedoch Wellen vor, die nur näherungsweise monochromatisch sind, d. h. Frequenzen aus einem kleinen Intervall $\Delta\omega$ enthalten. Wir betrachten eine solche Welle mit einer mittleren Frequenz ω. Dann läßt sich ihr Feld (im folgenden ist dabei immer das elektrische Feld $\boldsymbol{E}$ gemeint) für jeden Punkt des Raumes in der Form

$$\boldsymbol{E}_0(t)\,\mathrm{e}^{-i\omega t}$$

schreiben, wobei die komplexe Amplitude $\boldsymbol{E}_0(t)$ eine langsam veränderliche Funktion der Zeit ist (für eine streng monochromatische Welle würde $\boldsymbol{E}_0 = \text{const}$ gelten). Da $\boldsymbol{E}_0$ die Polarisation der Welle angibt, bedeutet das, daß sich an jeder Stelle der Welle ihre Polarisation mit der Zeit ändert. Eine derartige Welle wird als *teilweise polarisiert* bezeichnet.

Die Polarisationseigenschaften elektromagnetischer Wellen, insbesondere die des Lichtes, werden experimentell dadurch untersucht, daß man das Licht durch verschiedene Körper schickt[1]), wobei sich seine Intensität ändert. Mathematisch bedeutet dies, daß mit Hilfe der Werte von quadratischen Funktionen des Feldes Aussagen über die Polarisationseigenschaften des Lichtes gemacht werden. Dabei handelt es sich stets um die zeitlichen Mittelwerte dieser Funktionen.

Eine quadratische Funktion der Feldkomponenten besteht aus Gliedern, die den Produkten $E_\alpha E_\beta$, $E_\alpha^* E_\beta^*$ oder $E_\alpha E_\beta^*$ proportional sind. Die Produkte der Gestalt

$$E_\alpha E_\beta = E_{0\alpha} E_{0\beta}\,\mathrm{e}^{-2i\omega t}, \qquad E_\alpha^* E_\beta^* = E_{0\alpha}^* E_{0\beta}^*\,\mathrm{e}^{2i\omega t}$$

enthalten den rasch oszillierenden Faktor $e^{\pm 2i\omega t}$, der bei der Mittelung über die Zeit verschwindet. Dagegen ist das Zeitmittel der Produkte $E_\alpha E_\beta^* = E_{0\alpha} E_{0\beta}^*$ von Null verschieden, da bei ihnen kein derartiger Faktor auftritt. Die Eigenschaften des teilweise polarisierten Lichtes werden demnach vollständig durch den Tensor

$$J_{\alpha\beta} = \overline{E_{0\alpha} E_{0\beta}^*} \tag{50,1}$$

beschrieben.

Da der Vektor $\boldsymbol{E}_0$ in der zur Wellenrichtung senkrechten Ebene liegt, hat der Tensor $J_{\alpha\beta}$ nur vier Komponenten (die Indizes α, β nehmen in diesem Paragraphen nur die zwei Werte $\alpha, \beta = 1, 2$ an, die der y- und der z-Achse entsprechen; die Ausbreitung der Wellen erfolgt in Richtung der x-Achse).

Die Summe der Diagonalelemente des Tensors $J_{\alpha\beta}$ (wir bezeichnen sie mit J) ist eine reelle Größe — sie ist gleich dem mittleren Betragsquadrat von $\boldsymbol{E}_0$ (bzw. von $\boldsymbol{E}$)

$$J \equiv J_{\alpha\alpha} = \overline{\boldsymbol{E}_0 \boldsymbol{E}_0^*}\,. \tag{50,2}$$

Diese Größe gibt die durch den Energiestrom der Welle gemessene Intensität des Lichtes an. Um diese Größe, die keine direkten Beziehungen zu den Polarisationseigenschaften hat, zu eliminieren, führen wir statt $J_{\alpha\beta}$ den Tensor

$$\varrho_{\alpha\beta} = \frac{J_{\alpha\beta}}{J} \tag{50,3}$$

ein, für den $\varrho_{\alpha\alpha} = 1$ ist, dieser Tensor heißt *Polarisationstensor*.

[1]) Z. B. durch NICOLsche Prismen.

Aus der Definition (50,1) ist ersichtlich, daß für die Komponenten des Tensors $J_{\alpha\beta}$ und damit auch für die des Tensors $\varrho_{\alpha\beta}$ die Beziehungen

$$\varrho_{\alpha\beta} = \varrho^*_{\beta\alpha} \tag{50,4}$$

gelten (d. h., es liegt ein sogenannter hermitescher Tensor vor). Aus diesen Beziehungen folgt, daß die Diagonalelemente ϱ_{11} und ϱ_{22} reell sind (wobei $\varrho_{11} + \varrho_{22} = 1$ ist), und es ist $\varrho_{21} = \varrho^*_{12}$. Damit wird der Polarisationstensor durch drei reelle Parameter charakterisiert.

Wir wollen nun die Bedingungen feststellen, die $\varrho_{\alpha\beta}$ bei vollständig polarisiertem Licht erfüllen muß. In diesem Falle ist $\boldsymbol{E}_0 = \text{const}$ und wir haben daher einfach

$$J_{\alpha\beta} = J\,\varrho_{\alpha\beta} = E_{0\alpha}\,E^*_{0\beta} \tag{50,5}$$

(ohne Mittelung), d. h., die Komponenten können als Produkt der Komponenten eines konstanten Vektors dargestellt werden. Die notwendige und hinreichende Bedingung dafür ist das Verschwinden der Determinante

$$|\varrho_{\alpha\beta}| = \varrho_{11}\,\varrho_{22} - \varrho_{12}\,\varrho_{21} = 0\,. \tag{50,6}$$

Der andere Grenzfall ist das nichtpolarisierte oder *natürliche* Licht. Das vollständige Fehlen einer Polarisation drückt sich darin aus, daß alle Richtungen in der yz-Ebene äquivalent sind. Das bedeutet, daß $\varrho_{\alpha\beta}$ die Gestalt

$$\varrho_{\alpha\beta} = \frac{1}{2}\,\delta_{\alpha\beta} \tag{50,7}$$

haben muß.

Dabei hat die Determinante den Wert $|\varrho_{\alpha\beta}| = 1/4$.

Im allgemeinen Fall einer beliebigen Polarisation nimmt diese Determinante Werte zwischen 0 und 1/4 an.[1]) Den Polarisationsgrad bezeichnen wir durch die positive Größe P, die durch

$$|\varrho_{\alpha\beta}| = \frac{1}{4}\,(1 - P^2)$$

definiert wird. P liegt zwischen 0 (bei unpolarisiertem Licht) und 1 (bei polarisiertem Licht).

Ein beliebiger Tensor $\varrho_{\alpha\beta}$ kann stets in einen symmetrischen und einen antisymmetrischen Teil zerlegt werden. Der symmetrische Teil

$$S_{\alpha\beta} = \frac{1}{2}\,(\varrho_{\alpha\beta} + \varrho_{\beta\alpha})$$

ist wegen der Hermitezität von $\varrho_{\alpha\beta}$ reell. Dagegen ist der antisymmetrische Teil rein imaginär und läßt sich, wie jeder antisymmetrische Tensor, dessen Stufe

---

[1]) Davon, daß die Determinante eines beliebigen Tensors der Gestalt (50,1) positiv definit ist, überzeugt man sich leicht, wenn man der Einfachheit halber die Mittelung durch eine Summation über eine Reihe diskreter Werte ersetzt und die bekannte algebraische Ungleichung

$$\left|\sum_{a,b} x_a\,y_b\right|^2 \leqq \sum_a |x_a|^2 \sum_b |y_b|^2$$

anwendet.

gleich der Dimensionszahl ist, durch einen Pseudoskalar darstellen (vgl. Fußnote 2 auf Seite 21):

$$\frac{1}{2}(\varrho_{\alpha\beta} - \varrho_{\beta\alpha}) = -\frac{i}{2} e_{\alpha\beta} A .$$

Hierbei ist A ein reeller Pseudoskalar und $e_{\alpha\beta}$ der antisymmetrische Einheitstensor zweiter Stufe (mit den Komponenten $e_{12} = -e_{21} = 1$). Somit läßt sich der Polarisationstensor in der Gestalt

$$\varrho_{\alpha\beta} = S_{\alpha\beta} - \frac{i}{2} e_{\alpha\beta} A , \quad S_{\alpha\beta} = S_{\beta\alpha} \tag{50,9}$$

darstellen; d. h., dieser Tensor wird auf einen reellen symmetrischen Tensor und einen Pseudoskalar zurückgeführt.

Für zirkular polarisierte Wellen ist $\boldsymbol{E}_0 = \text{const}$, wobei

$$E_{02} = \pm i E_{01}$$

gilt. Offensichtlich ist dann $S_{\alpha\beta} = 0$ und $A = \pm 1$. Dagegen kann für linear polarisierte Wellen der konstante Vektor $\boldsymbol{E}_0$ reell gewählt werden, so daß $A = 0$ ist. Allgemein kann A als Polarisationsgrad für zirkulare Polarisation bezeichnet werden: A durchläuft die Werte von $+1$ bis -1, wobei diese Grenzwerte rechts bzw. links polarisierten Wellen entsprechen.

Der reelle Tensor $S_{\alpha\beta}$ kann — wie jeder symmetrische Tensor — auf Hauptachsen mit zwei verschiedenen Eigenwerten λ_1 und λ_2 transformiert werden. Bezeichnen wir die Einheitsvektoren in den Richtungen der Hauptachsen mit $\boldsymbol{n}^{(1)}$ und $\boldsymbol{n}^{(2)}$, so läßt sich $S_{\alpha\beta}$ in der Gestalt

$$S_{\alpha\beta} = \lambda_1 n_\alpha^{(1)} n_\beta^{(1)} + \lambda_2 n_\alpha^{(2)} n_\beta^{(2)} , \quad \lambda_1 + \lambda_2 = 1 , \tag{50,10}$$

darstellen. λ_1 und λ_2 sind positiv und liegen zwischen 0 und 1.

Es sei $A = 0$, so daß $\varrho_{\alpha\beta} = S_{\alpha\beta}$ ist. Jeder der beiden Terme in (50,10) ist das Produkt zweier Komponenten eines konstanten reellen Vektors $\left(\sqrt{\lambda_1}\, \boldsymbol{n}^{(1)}\right.$ oder $\left.\sqrt{\lambda_2}\, \boldsymbol{n}^{(2)}\right)$ und entspricht daher linear polarisiertem Licht. Ferner stellen wir fest, daß in (50,10) keine Terme auftreten, die Produkte von Komponenten dieser beiden Wellen enthalten. Beide Anteile kann man somit als physikalisch voneinander unabhängig oder nicht kohärent betrachten. Sind zwei Wellen nämlich unabhängig voneinander, so ist das Mittel des Produkts $E_\alpha^{(1)} E_\alpha^{(2)}$ gleich dem Produkt der einzelnen Mittelwerte und verschwindet, da die letzteren gleich Null sind:

$$\overline{E_\alpha^{(1)} E_\beta^{(2)}} = 0 .$$

Es zeigt sich also, daß in dem betrachteten Fall ($A = 0$) die teilweise polarisierte Welle als die Überlagerung zweier nicht kohärenter Wellen (deren Intensitäten proportional λ_1 bzw. λ_2 sind) angesehen werden kann, die in zueinander senkrechten Richtungen linear polarisiert sind.[1]) (Im allgemeinen Fall eines

[1]) Die Determinante ist $|S_{\alpha\beta}| = \lambda_1 \lambda_2$; für $\lambda_1 > \lambda_2$ ist dann der durch (50,8) definierte Polarisationsgrad $P = 1 - 2\lambda_2$. Im vorliegenden Fall ($A = 0$) wird zur Charakterisierung des Polarisationsgrades auch oft der sogenannte *Depolarisationskoeffizient*, definiert durch λ_2/λ_1, benutzt.

komplexen Tensors $\varrho_{\alpha\beta}$ kann gezeigt werden, daß das Licht als die Überlagerung zweier nicht kohärenter elliptisch polarisierter Wellen dargestellt werden kann, deren Polarisationsellipsen ähnlich und aufeinander senkrecht sind — vgl. Aufgabe 2.)

Wir bezeichnen mit φ den Winkel zwischen der y-Achse und dem Vektor $\boldsymbol{n}^{(1)}$; dann ist

$$\boldsymbol{n}^{(1)} = (\cos\varphi, \sin\varphi) \quad \text{und} \quad \boldsymbol{n}^{(2)} = (-\sin\varphi, \cos\varphi)\,.$$

Mit Hilfe der Größe $l = \lambda_1 - \lambda_2$ (es sei $\lambda_1 > \lambda_2$) können wir die Komponenten des Tensors (50,10) folgendermaßen darstellen:

$$S_{\alpha\beta} = \frac{1}{2}\begin{pmatrix} 1 + l\cos 2\varphi & l\sin 2\varphi \\ l\sin 2\varphi & 1 - l\cos 2\varphi \end{pmatrix}. \tag{50,11}$$

Somit kann man bei einer beliebigen Wahl der y- und z-Achse die Polarisationseigenschaften der Welle durch die folgenden drei reellen Parameter charakterisieren: A, den Grad der zirkularen Polarisation; l den Grad der maximalen linearen Polarisation, φ, den Winkel zwischen $\boldsymbol{n}^{(1)}$ (Richtung der maximalen Polarisation) und der y-Achse.

Gegenüber diesen Parametern besitzt der folgende Satz dreier Parameter bestimmte Vorzüge:

$$\xi_1 = l\sin 2\varphi\,, \quad \xi_2 = A\,, \quad \xi_3 = l\cos 2\varphi \tag{50,12}$$

(es sind die sogenannten STOKES*schen Parameter*). Mit ihnen lautet der Polarisationstensor:

$$\varrho_{\alpha\beta} = \frac{1}{2}\begin{pmatrix} 1 + \xi_3 & \xi_1 - i\,\xi_2 \\ \xi_1 + i\,\xi_2 & 1 - \xi_3 \end{pmatrix}. \tag{50,13}$$

Diese drei Parameter durchlaufen die Werte von -1 bis $+1$. Der Parameter ξ_3 charakterisiert die lineare Polarisation bezüglich der y- und z-Achse: der Wert $\xi_3 = 1$ entspricht einer vollständigen linearen Polarisation längs der y-Achse und der Wert $\xi_3 = -1$ längs der z-Achse. Der Parameter ξ_1 charakterisiert die lineare Polarisation längs einer Richtung, die mit der y-Achse einen Winkel von 45° bildet: $\xi_1 = 1$ bedeutet vollständige Polarisation unter einem Winkel $\varphi = \pi/4$ und $\xi_1 = -1$ unter dem Winkel $\varphi = -\pi/4$.[1])

Die Determinante des Tensors (50,13) ist

$$|\varrho_{\alpha\beta}| = \frac{1}{4}(1 - \xi_1^2 - \xi_2^2 - \xi_3^2)\,. \tag{50,14}$$

Vergleichen wir dieses Ergebnis mit (50,8), dann folgt

$$P = \sqrt{\xi_1^2 + \xi_2^2 + \xi_3^2}\,. \tag{50,15}$$

[1]) Die STOKESschen Parameter lauten für eine vollständig elliptisch polarisierte Welle mit den Ellipsenachsen $\boldsymbol{b}_1$ und $\boldsymbol{b}_2$:

$$\xi_1 = 0\,, \quad \xi_2 = \pm 2\,b_1 b_2/J\,, \quad \xi_3 = (b_1^2 - b_2^2)/J\,.$$

Dabei ist die y-Achse parallel zu $\boldsymbol{b}_1$, und die zwei Vorzeichen in dem Ausdruck für ξ_2 bedeuten, daß $\boldsymbol{b}_2$ parallel oder antiparallel zur z-Achse ist.

Somit sind bei gegebenem Polarisationsgrad P verschiedene Polarisationstypen möglich. Diese Typen werden durch die Werte von ξ_1, ξ_2, ξ_3 bei gegebener Summe ihrer Quadrate charakterisiert. Die Größen ξ_1, ξ_2, ξ_3 verhalten sich wie ein Vektor mit gegebener Länge.

Es ist bemerkenswert, daß $\xi_2 = A$ und $\sqrt{\xi_1^2 + \xi_3^2} = l$ invariant gegenüber LORENTZ-Transformationen sind. Dieser Umstand ist in gewissem Maße bereits aus dem physikalischen Sinn dieser Größen als Grad der zirkularen bzw. linearen Polarisation ersichtlich.[1])

Aufgaben

1. Man zeige, daß sich beliebig teilweise polarisiertes Licht in einen Anteil natürlichen Lichtes und einen polarisierten Lichtes zerlegen läßt.

Lösung. Für $J_{\alpha\beta}$ bedeutet diese Zerlegung eine Darstellung in der Form

$$J_{\alpha\beta} = \frac{1}{2} J^{(e)} \delta_{\alpha\beta} + E_{0\alpha}^{(f)} E_{0\beta}^{(f)*} ;$$

der erste Term entspricht der natürlichen, der zweite der polarisierten Komponente des Lichtes.

Zur Bestimmung der Intensitäten dieser Teile benutzen wir das Verschwinden der Determinante

$$\left| J_{\alpha\beta} - \frac{1}{2} J^{(e)} \delta_{\alpha\beta} \right| = \left| E_{0\alpha}^{(f)} E_{0\beta}^{(f)*} \right| = 0 .$$

Stellen wir $J_{\alpha\beta} = J \varrho_{\alpha\beta}$ durch (50,13) dar und lösen diese Gleichung, dann ergibt sich

$$J^{(e)} = J(1 - P) .$$

Die Intensität des polarisierten Teils ist $J^{(f)} = \left|E_0^{(f)}\right|^2 = J - J^{(e)} = J P$.

Der polarisierte Anteil des Lichtes ist im allgemeinen eine elliptisch polarisierte Welle, wobei die Hauptachsen des Polarisationsellipsoides mit den Hauptachsen des Tensors $S_{\alpha\beta}$ zusammenfallen. Die Achsen b_1 und b_2 des Ellipsoids und der Winkel φ zwischen $\boldsymbol{b}_1$ und der y-Achse ergeben sich aus folgenden Formeln:

$$b_1^2 + b_2^2 = J P , \quad 2 b_1 b_2 = J P \xi_2 , \quad \tan 2\varphi = \frac{\xi_1}{\xi_3} .$$

2. Man zeige, daß man beliebig teilweise polarisiertes Licht als Überlagerung zweier nicht kohärenter elliptisch polarisierter Wellen darstellen kann.

Lösung. Die „Hauptachsen" des hermiteschen Tensors $\varrho_{\alpha\beta}$ sind durch zwei komplexe Einheitsvektoren $\boldsymbol{n}$ $(\boldsymbol{n}\boldsymbol{n}^* = 1)$ gegeben. Diese erfüllen die Gleichungen

$$\varrho_{\alpha\beta} n_\beta = \lambda n_\alpha . \tag{1}$$

---

[1]) Da das Wellenfeld in einem beliebigen Koordinatensystem transversal ist, bleibt der Tensor $\varrho_{\alpha\beta}$ auch im neuen Koordinatensystem zweidimensional. Dabei läßt die Transformation von $\varrho_{\alpha\beta}$ in $\varrho'_{\alpha\beta}$ die Summe der Quadrate der Beträge $\varrho_{\alpha\beta}\varrho^*_{\alpha\beta}$ ungeändert (die Gestalt der Transformation hängt nicht von den konkreten Polarisationseigenschaften des Lichtes ab, und für eine vollständig polarisierte Welle ist diese Summe in einem beliebigen Koordinatensystem gleich 1). Aus der Realität dieser Transformation ergibt sich, daß Real- und Imaginärteil des Tensors $\varrho_{\alpha\beta}$ (50,9) unabhängig voneinander transformiert werden. Daher ist auch die Summe der Quadrate der Komponenten jedes einzelnen invariant. Diese Summen werden durch l und A ausgedrückt.

Die Eigenwerte λ_1, λ_2 ergeben sich als Wurzeln der Gleichung

$$|\varrho_{\alpha\beta} - \lambda\,\delta_{\alpha\beta}| = 0\,.$$

Multiplizieren wir die Gleichung (1) auf beiden Seiten mit n_α^*, dann erhalten wir

$$\lambda = \varrho_{\alpha\beta}\, n_\alpha^*\, n_\beta = \frac{1}{J}\, \overline{|E_{0\alpha}\, n_\alpha^*|^2}\,.$$

Aus dieser Beziehung folgt, daß λ_1 und λ_2 reell und positiv sind. Multiplizieren wir die erste der Gleichungen

$$\varrho_{\alpha\beta}\, n_\beta^{(1)} = \lambda_1\, n_\alpha^{(1)}\,, \qquad \varrho_{\alpha\beta}^*\, n_\beta^{(2)*} = \lambda_2\, n_\alpha^{(2)*}$$

mit $n_\alpha^{(2)*}$ und die zweite mit $n_\alpha^{(1)}$, subtrahieren sie voneinander und benutzen die Hermitezität des Tensors $\varrho_{\alpha\beta}$, dann folgt:

$$(\lambda_1 - \lambda_2)\, n_\alpha^{(1)}\, n_\alpha^{(2)*} = 0\,.$$

Hieraus folgt $\boldsymbol{n}^{(1)}\,\boldsymbol{n}^{(2)*} = 0$, die Vektoren $\boldsymbol{n}^{(1)}$ und $\boldsymbol{n}^{(2)}$ sind damit orthogonal zueinander.

Die gesuchte Zerlegung wird durch die Formel

$$\varrho_{\alpha\beta} = \lambda_1\, n_\alpha^{(1)}\, n_\beta^{(1)*} + \lambda_2\, n_\alpha^{(2)}\, n_\beta^{(2)*}$$

verwirklicht. Die komplexe Amplitude kann stets so gewählt werden, daß von zwei zueinander senkrechten Komponenten die eine reell und die andere imaginär ist (vgl. § 48). Wird

$$n_1^{(1)} = b_1\,, \qquad n_2^{(1)} = i\, b_2$$

gesetzt (wobei b_1 und b_2 durch die Bedingung $b_1^2 + b_2^2 = 1$ normiert sind), dann erhalten wir aus der Gleichung $\boldsymbol{n}^{(1)}\,\boldsymbol{n}^{(2)*} = 0$

$$n_1^{(2)} = i\, b_2\,, \qquad n_2^{(2)} = b_1\,.$$

Aus diesen Beziehungen ist ersichtlich, daß die Ellipsen der beiden elliptisch polarisierten Schwingungen ähnlich sind (sie haben dieselben Achsenverhältnisse), wobei die eine Ellipse gegenüber der anderen um einen rechten Winkel gedreht ist.

3. Man gebe das Transformationsgesetz der STOKESschen Parameter bei einer Drehung der y- und z-Achse um den Winkel φ an.

Lösung. Das gesuchte Gesetz ergibt sich aus dem Zusammenhang der STOKESschen Parameter mit den Komponenten des zweidimensionalen Tensors in der yz-Ebene:

$$\xi_1' = \xi_1 \cos 2\varphi - \xi_3 \sin 2\varphi\,, \qquad \xi_3' = \xi_1 \sin 2\varphi + \xi_3 \cos 2\varphi\,, \qquad \xi_2' = \xi_2\,.$$

§ 51. Die FOURIER-Zerlegung des elektrostatischen Feldes

Ein von Ladungen erzeugtes Feld kann formal ebenfalls nach ebenen Wellen (in Gestalt eines FOURIER-Integrals) entwickelt werden. Diese Entwicklung unterscheidet sich jedoch wesentlich von derjenigen elektromagnetischer Wellen im Vakuum. Da das Feld dieser Ladungen nicht der homogenen Wellengleichung genügt, kann auch keine Entwicklungskomponente des Feldes diese Gleichung erfüllen. Für die ebenen Wellen, die bei dieser Zerlegung benutzt werden, gilt also nicht mehr die Beziehung $k^2 = \omega^2/c^2$ der ebenen monochromatischen elektromagnetischen Wellen.

Stellen wir insbesondere das elektrostatische Feld formal durch eine Überlagerung ebener Wellen dar, so verschwindet offensichtlich die Frequenz dieser Wellen, da das Feld zeitunabhängig ist; die Wellenvektoren sind dagegen von Null verschieden.

Wir betrachten das von einer Punktladung e erzeugte Feld. Die Punktladung möge sich dabei im Koordinatenursprung befinden. Das Potential φ ist (siehe § 36) durch die Gleichung

$$\Delta\varphi = -4\pi e\,\delta(\boldsymbol{r}) \tag{51,1}$$

bestimmt.

φ stellen wir durch ein räumliches FOURIER-Integral

$$\varphi = \int_{-\infty}^{+\infty} e^{i\boldsymbol{k}\boldsymbol{r}}\,\varphi_{\boldsymbol{k}}\frac{d^3k}{(2\pi)^3}, \qquad d^3k = dk_x\,dk_y\,dk_z\,, \tag{51,2}$$

dar. Dabei ist

$$\varphi_{\boldsymbol{k}} = \int \varphi(\boldsymbol{r})\,e^{-i\boldsymbol{k}\boldsymbol{r}}\,dV\,.$$

Durch Anwendung des LAPLACE-Operators auf beide Seiten der Gleichung (51,2) finden wir

$$\Delta\varphi = -\int_{-\infty}^{+\infty} k^2\,e^{i\boldsymbol{k}\boldsymbol{r}}\,\varphi_{\boldsymbol{k}}\frac{d^3k}{(2\pi)^3},$$

so daß die FOURIER-Komponenten von $\Delta\varphi$ durch

$$(\Delta\varphi)_{\boldsymbol{k}} = -k^2\,\varphi_{\boldsymbol{k}}$$

gegeben sind.

Andererseits läßt sich die FOURIER-Komponente $(\Delta\varphi)_{\boldsymbol{k}}$ auch direkt aus (51,1) finden:

$$(\Delta\varphi)_{\boldsymbol{k}} = -\int 4\pi e\,\delta(\boldsymbol{r})\,e^{-i\boldsymbol{k}\boldsymbol{r}}\,dV = -4\pi e\,.$$

Durch Vergleich beider Ausdrücke erhält man

$$\varphi_{\boldsymbol{k}} = \frac{4\pi e}{k^2}\,. \tag{51,3}$$

Unsere Aufgabe ist damit gelöst.

Die Feldstärke $\boldsymbol{E}$ läßt sich ebenso wie φ entwickeln:

$$\boldsymbol{E} = \int_{-\infty}^{+\infty} \boldsymbol{E}_{\boldsymbol{k}}\,e^{i\boldsymbol{k}\boldsymbol{r}}\frac{d^3k}{(2\pi)^3}\,. \tag{51,4}$$

Aus (51,2) erhält man

$$\boldsymbol{E} = -\operatorname{grad}\int_{-\infty}^{+\infty} \varphi_{\boldsymbol{k}}\,e^{i\boldsymbol{k}\boldsymbol{r}}\frac{d^3k}{(2\pi)^3} = -\int i\,\boldsymbol{k}\,\varphi_{\boldsymbol{k}}\,e^{i\boldsymbol{k}\boldsymbol{r}}\frac{d^3k}{(2\pi)^3}\,.$$

Vergleichen wir mit (51,4), so finden wir

$$\boldsymbol{E}_k = -i\,\boldsymbol{k}\,\varphi_k = -i\,\frac{4\,\pi\,e\,\boldsymbol{k}}{k^2}\,. \tag{51,5}$$

Man sieht daraus, daß die Feldstärken der Wellen, in die wir das COULOMB-Feld entwickelt haben, die Richtung des Wellenvektors haben. Die Wellen sind also longitudinaler Natur.

§ 52. Eigenschwingungen des Feldes

Wir betrachten ein freies elektromagnetisches Feld (ein Feld ohne Ladungen), das sich in einem endlichen Raumbereich befindet. Zur Vereinfachung der weiteren Rechnungen nehmen wir an, daß dieser Bereich die Form eines rechtwinkligen Parallelepipedes mit den Seiten A, B, C hat. Wir werden alle Größen, die das Feld in diesem Volumen charakterisieren, in eine dreifache FOURIER-Reihe (entsprechend den drei Koordinaten) entwickeln. Diese Entwicklung (etwa für das Vektorpotential) können wir in der Form

$$\boldsymbol{A} = \sum_{\boldsymbol{k}} \boldsymbol{A}_{\boldsymbol{k}}\, e^{i\boldsymbol{k}\boldsymbol{r}} \tag{52,1}$$

schreiben. Die Summierung erstreckt sich über alle möglichen Werte des Vektors $\boldsymbol{k}$, dessen Komponenten in bekannter Weise die Werte

$$k_x = \frac{2\pi\,n_x}{A}\,, \qquad k_y = \frac{2\pi\,n_y}{B}\,, \qquad k_z = \frac{2\pi\,n_z}{C} \tag{52,2}$$

haben können, wobei n_x, n_y, n_z positive und negative ganze Zahlen sind.

Infolge der Realität von $\boldsymbol{A}$ hängen die Koeffizienten der Entwicklung (52,1) über die Relation $\boldsymbol{A}_{-\boldsymbol{k}} = \boldsymbol{A}_{\boldsymbol{k}}$ miteinander zusammen. Aus der Gleichung $\operatorname{div} \boldsymbol{A} = 0$ ergibt sich für jedes $\boldsymbol{k}$

$$\boldsymbol{k}\,\boldsymbol{A}_{\boldsymbol{k}} = 0\,, \tag{52,3}$$

d. h., die komplexen Vektoren $\boldsymbol{A}_{\boldsymbol{k}}$ stehen auf den entsprechenden Wellenvektoren $\boldsymbol{k}$ senkrecht. Die Vektoren $\boldsymbol{A}_{\boldsymbol{k}}$ sind Funktionen der Zeit. Wegen der Wellengleichung (46,7) erfüllt jeder von ihnen die Gleichung

$$\ddot{\boldsymbol{A}}_{\boldsymbol{k}} + c^2\,k^2\,\boldsymbol{A}_{\boldsymbol{k}} = 0\,. \tag{52,4}$$

Werden die Dimensionen A, B, C des betrachteten Gebietes hinreichend groß gewählt, so liegen die benachbarten Werte von k_x, k_y, k_z sehr dicht beieinander. Es ist dann sinnvoll, von der Zahl der möglichen Werte k_x, k_y, k_z in den kleinen Intervallen $\Delta k_x, \Delta k_y, \Delta k_z$ zu sprechen. Da benachbarten Werten etwa von k_x Werte von n_x entsprechen, die sich um 1 unterscheiden, so ist die Zahl Δn_x der möglichen Werte k_x im Intervall Δk_x gleich dem entsprechenden Intervall der n_x-Werte. Wir finden auf diese Weise:

$$\Delta n_x = \frac{A}{2\pi}\,\Delta k_x\,, \qquad \Delta n_y = \frac{B}{2\pi}\,\Delta k_y\,, \qquad \Delta n_z = \frac{C}{2\pi}\,\Delta k_z\,.$$

Die Gesamtzahl Δn der Werte des Vektors $\boldsymbol{k}$ mit Komponenten im gegebenen Intervall ist gleich dem Produkt

$$\Delta n = \Delta n_x \, \Delta n_y \, \Delta n_z = \frac{V}{(2\pi)^3} \Delta k_x \, \Delta k_y \, \Delta k_z \,, \tag{52,5}$$

wobei $V = ABC$ das vom Feld eingenommene Volumen ist. Man bestimmt hieraus leicht die Zahl der möglichen Wellenvektoren, deren Beträge im Intervall Δk und deren Richtungen im Raumwinkelelement do liegen. Dazu hat man im „$\boldsymbol{k}$-Raum" auf Kugelkoordinaten überzugehen und $\Delta k_x \, \Delta k_y \, \Delta k_z$ durch das Volumenelement in diesen Koordinaten auszudrücken. Auf diese Weise folgt

$$\Delta n = \frac{V}{(2\pi)^3} k^2 \, \Delta k \, \Delta o \,. \tag{52,6}$$

Ersetzen wir hierin Δo durch 4π, so erhalten wir die Zahl der Wellenvektoren $\boldsymbol{k}$ mit Beträgen im Intervall Δk und beliebigen Richtungen: $\Delta n = V k^2 \, \Delta k / 2\pi^2$.

Wir berechnen nun die Gesamtenergie des Feldes,

$$\mathscr{E} = \frac{1}{8\pi} \int (\boldsymbol{E}^2 + \boldsymbol{H}^2) \, \mathrm{d}V$$

und drücken sie durch die Größen $\boldsymbol{A}_{\boldsymbol{k}}$ aus. Für das elektrische Feld und das Magnetfeld erhalten wir

$$\begin{aligned} \boldsymbol{E} &= -\frac{1}{c} \dot{\boldsymbol{A}} = -\frac{1}{c} \sum_{\boldsymbol{k}} \dot{\boldsymbol{A}}_{\boldsymbol{k}} \, \mathrm{e}^{i \boldsymbol{k} \boldsymbol{r}} \,, \\ \boldsymbol{H} &= \operatorname{rot} \boldsymbol{A} = i \sum_{\boldsymbol{k}} \boldsymbol{k} \times \boldsymbol{A}_{\boldsymbol{k}} \, \mathrm{e}^{i \boldsymbol{k} \boldsymbol{r}} \,. \end{aligned} \tag{52,7}$$

Bei der Auswertung der Quadrate dieser Summen ist zu beachten, daß alle Produkt-Terme mit Wellenvektoren $\boldsymbol{k}$ und $\boldsymbol{k}'$, für die $\boldsymbol{k}' \neq -\boldsymbol{k}$ gilt, bei ihrer Integration über das gesante Volumen Null ergeben. In der Tat enthalten diese Terme den Faktor $\mathrm{e}^{i(\boldsymbol{k}+\boldsymbol{k}')\boldsymbol{r}}$, die Integrale hierüber verschwinden jedoch, z. B. ist

$$\int_0^A \mathrm{e}^{i \frac{2\pi}{A} n_x x} \, \mathrm{d}x \,,$$

für ganze und von Null verschiedenen Werte von n_x gleich Null. Nur in den Gliedern mit $\boldsymbol{k}' = -\boldsymbol{k}$ heben sich die Exponentialfaktoren auf, und die Integration über $\mathrm{d}V$ ergibt einfach das Volumen V.

Als Ergebnis finden wir

$$\mathscr{E} = \frac{V}{8\pi} \sum_{\boldsymbol{k}} \left\{ \frac{1}{c^2} \dot{\boldsymbol{A}}_{\boldsymbol{k}} \dot{\boldsymbol{A}}_{\boldsymbol{k}}^* + (\boldsymbol{k} \times \boldsymbol{A}_{\boldsymbol{k}}) (\boldsymbol{k} \times \boldsymbol{A}_{\boldsymbol{k}}^*) \right\}.$$

Wegen (52,3) haben wir

$$(\boldsymbol{k} \times \boldsymbol{A}_{\boldsymbol{k}}) (\boldsymbol{k} \times \boldsymbol{A}_{\boldsymbol{k}}^*) = k^2 \boldsymbol{A}_{\boldsymbol{k}} \boldsymbol{A}_{\boldsymbol{k}}^* \,,$$

so daß

$$\mathscr{E} = \frac{V}{8\pi c^2} \sum_{\boldsymbol{k}} \{ \dot{\boldsymbol{A}}_{\boldsymbol{k}} \dot{\boldsymbol{A}}_{\boldsymbol{k}}^* + k^2 c^2 \boldsymbol{A}_{\boldsymbol{k}} \boldsymbol{A}_{\boldsymbol{k}}^* \} \tag{52,8}$$

folgt. Jeder Term dieser Summe entspricht einem Glied der Entwicklung (52,1).

Infolge der Gleichung (52,4) sind die Vektoren $\boldsymbol{A}_k$ harmonische Funktionen der Zeit mit Frequenzen $\omega_k = c\,k$, die nur vom Betrag des Wellenvektors abhängen. In Abhängigkeit von der Wahl dieser Funktionen können die Glieder der Entwicklung (52,1) als stehende oder fortschreitende ebene Wellen dargestellt werden. Wir wollen die Feldentwicklung so wählen, daß die Glieder als fortschreitende Wellen erscheinen. Dazu schreiben wir sie in der Form

$$\boldsymbol{A} = \sum_{\boldsymbol{k}} (\boldsymbol{a}_k\, e^{i\boldsymbol{k}\boldsymbol{r}} + \boldsymbol{a}_k^*\, e^{-i\boldsymbol{k}\boldsymbol{r}}), \tag{52,9}$$

die explizit ausdrückt, daß $\boldsymbol{A}$ reell ist; jeder Vektor $\boldsymbol{a}_k$ hängt dabei von der Zeit gemäß

$$\boldsymbol{a}_k \sim e^{-i\omega_k t}, \qquad \omega_k = c\,k \tag{52,10}$$

ab. Jeder einzelne Term der Summe (52,9) hängt dann nur noch von der Differenz $\boldsymbol{k}\boldsymbol{r} - \omega_k t$ ab und entspricht so einer Welle, die sich in Richtung von $\boldsymbol{k}$ ausbreitet.

Vergleichen wir die Entwicklungen (52,9) und (52,1), so finden wir, daß ihre Koeffizienten durch die Gleichungen

$$\boldsymbol{A}_k = \boldsymbol{a}_k + \boldsymbol{a}_{-k}^*$$

verknüpft sind. Wegen (52,10) ist die Zeitableitung

$$\dot{\boldsymbol{A}}_k = -i\,c\,k\,(\boldsymbol{a}_k - \boldsymbol{a}_k^*)\,.$$

Setzen wir dies in (52,8) ein, so können wir die Feldenergie durch die Entwicklungskoeffizienten in (52,9) ausdrücken. Glieder mit Produkten der Form $\boldsymbol{a}_k\,\boldsymbol{a}_{-k}$ oder $\boldsymbol{a}_k^*\,\boldsymbol{a}_{-k}^*$ heben sich gegenseitig auf; wir bemerken ferner, daß sich die Summen $\sum \boldsymbol{a}_k\,\boldsymbol{a}_k^*$ und $\sum \boldsymbol{a}_{-k}\,\boldsymbol{a}_{-k}^*$ nur durch die Bezeichnung der Summations-Variablen unterscheiden und daher gleich sind. Damit ergibt sich endgültig

$$\mathcal{E} = \sum_{\boldsymbol{k}} \mathcal{E}_k\,, \qquad \mathcal{E}_k = \frac{k^2 V}{2\pi}\,\boldsymbol{a}_k\,\boldsymbol{a}_k^*\,. \tag{52,11}$$

Die Gesamtenergie des Feldes läßt sich somit als Summe von Energien darstellen, die jeweils zu einer einzelnen ebenen Welle gehören.

In ähnlicher Weise läßt sich der Gesamtimpuls des Feldes berechnen:

$$\frac{1}{c^2}\int \boldsymbol{S}\,\mathrm{d}V = \frac{1}{4\pi c}\int \boldsymbol{E}\times\boldsymbol{H}\,\mathrm{d}V\,.$$

Man erhält dabei

$$\sum_{\boldsymbol{k}} \frac{\boldsymbol{k}}{k}\,\frac{\mathcal{E}_k}{c}\,. \tag{52,12}$$

Dieses Ergebnis war zu erwarten, da uns die Beziehung zwischen Energie und Impuls ebener Wellen bekannt ist (siehe § 47).

Die Einführung der Entwicklung (52,9) bedeutet den Übergang zu einer Beschreibung des Feldes durch eine diskrete Reihe von Veränderlichen (den Vektoren $\boldsymbol{a}_k$) anstelle von kontinuierlich veränderlichen Größen wie bei Benutzung der in allen Punkten des Raumes gegebenen Potentiale $\boldsymbol{A}(x, y, z, t)$. Wir führen nun eine Transformation der Veränderlichen $\boldsymbol{a}_k$ durch, die es uns ermöglicht, den Feldgleichungen eine den kanonischen Gleichungen der Mechanik (den HAMILTONschen Gleichungen) entsprechende Gestalt zu geben.

Die reellen „kanonischen Variablen" $\boldsymbol{Q}_k$ und $\boldsymbol{P}_k$ seien durch die Gleichungen

$$\left.\begin{aligned} \boldsymbol{Q}_k &= \sqrt{\frac{V}{4\pi c^2}}\,(\boldsymbol{a}_k + \boldsymbol{a}_k^*)\,, \\ \boldsymbol{P}_k &= -\,i\,\omega_k \sqrt{\frac{V}{4\pi c^2}}\,(\boldsymbol{a}_k - \boldsymbol{a}_k^*) = \dot{\boldsymbol{Q}}_k \end{aligned}\right\} \tag{52,13}$$

definiert.

Die HAMILTON-Funktion des Feldes erhalten wir, wenn wir im Energieausdruck (52,11) die Größen $\boldsymbol{a}_k$ durch $\boldsymbol{P}_k$ und $\boldsymbol{Q}_k$ ersetzen:

$$\mathcal{H} = \sum_k \mathcal{H}_k = \sum_k \frac{1}{2}(\boldsymbol{P}_k^2 + \omega_k^2 \boldsymbol{Q}_k^2)\,. \tag{52,14}$$

Dabei sind die HAMILTON-Gleichungen $\partial\mathcal{H}/\partial\boldsymbol{P}_k^* = \dot{\boldsymbol{Q}}_k$ mit $\boldsymbol{P}_k = \dot{\boldsymbol{Q}}_k$ identisch und erweisen sich damit als eine Folge der Bewegungsgleichungen (erreicht wurde dies durch die Wahl des Koeffizienten in der Transformation (52,13)). Die Gleichungen $\partial\mathcal{H}/\partial\boldsymbol{Q}_k = -\,\dot{\boldsymbol{P}}_k$ führen zu den Relationen

$$\ddot{\boldsymbol{Q}}_k + \omega_k\,\boldsymbol{Q}_k = 0\,, \tag{52,15}$$

d. h., sie sind identisch mit den Feldgleichungen. Jeder der Vektoren $\boldsymbol{Q}_k$ und $\boldsymbol{P}_k$ steht auf dem Wellenvektor $\boldsymbol{k}$ senkrecht, besitzt also zwei unabhängige Komponenten. Die Richtung dieser Vektoren ergibt die Polarisationsrichtung der Welle. Bezeichnen wir die beiden Komponenten von $\boldsymbol{Q}_k$ in der zu $\boldsymbol{k}$ senkrechten Ebene mit Q_{kj}, $j = 1, 2$, so haben wir $\boldsymbol{Q}_k^2 = \sum_j Q_{kj}^2$. Eine entsprechende Beziehung gilt für $\boldsymbol{P}_k$. Damit folgt dann

$$\mathcal{H} = \sum_{kj} \mathcal{H}_{kj}\,, \quad \mathcal{H}_{kj} = \frac{1}{2}(P_{kj}^2 + \omega_k^2\, Q_{kj}^2)\,. \tag{52,16}$$

Wir sehen, daß die HAMILTON-Funktion in eine Reihe unabhängiger Terme zerfällt, von denen jeder nur ein Größenpaar Q_{kj}, P_{kj} enthält. Jeder Term entspricht einer fortschreitenden Welle mit bestimmtem Wellenvektor und bestimmter Polarisation. $\mathcal{H}_{kj}$ hat dabei die Gestalt der HAMILTON-Funktion eines eindimensionalen harmonischen Oszillators. Die erhaltene Entwicklung des Feldes läßt sich somit als eine Zerlegung in eine Reihe harmonischer Oszillatoren deuten.

Es seien noch die Formeln angegeben, die das Feld explizit als Funktion der Veränderlichen $\boldsymbol{P}_k$, $\boldsymbol{Q}_k$ ausdrücken. Aus (52,13) folgt

$$\boldsymbol{a}_k = \frac{i}{k}\sqrt{\frac{\pi}{V}}\,(\boldsymbol{P}_k - i\,\omega_k\,\boldsymbol{Q}_k)\,, \qquad \boldsymbol{a}_k^* = -\frac{i}{k}\sqrt{\frac{\pi}{V}}\,(\boldsymbol{P}_k + i\,\omega_k\,\boldsymbol{Q}_k)\,. \tag{52,17}$$

Setzen wir diese Ausdrücke in (52,1) ein, so ergibt sich das Vektorpotential zu

$$\boldsymbol{A} = \sqrt{\frac{4\pi}{V}}\sum_{\boldsymbol{k}}\frac{1}{k}(c\,k\,\boldsymbol{Q}_k\cos\boldsymbol{k}\,\boldsymbol{r} - \boldsymbol{P}_k\sin\boldsymbol{k}\,\boldsymbol{r})\,. \tag{52,18}$$

Für die elektrische und magnetische Feldstärke erhalten wir

$$\left.\begin{aligned}
\boldsymbol{E} &= -\sqrt{\frac{4\pi}{V}}\sum_{k}(c\,k\,\boldsymbol{Q}_k\sin\boldsymbol{k}\,\boldsymbol{r} + \boldsymbol{P}_k\cos\boldsymbol{k}\,\boldsymbol{r})\,,\\
\boldsymbol{H} &= -\sqrt{\frac{4\pi}{V}}\sum_{k}\frac{1}{k}(c\,k\boldsymbol{k}\times\boldsymbol{Q}_k\sin\boldsymbol{k}\,\boldsymbol{r} + \boldsymbol{k}\times\boldsymbol{P}_k\cos\boldsymbol{k}\,\boldsymbol{r})\,.
\end{aligned}\right\} \tag{52,19}$$

VII DIE LICHTAUSBREITUNG

§ 53. Geometrische Optik

Eine ebene Welle ist durch die Eigenschaft gekennzeichnet, daß ihre Ausbreitungsrichtung und Amplitude unveränderlich sind. Für eine beliebige elektromagnetische Welle gilt das natürlich nicht mehr.

Man kann jedoch eine nichtebene Welle in vielen Fällen in einem genügend kleinen Raumgebiet als eben betrachten. Dazu ist offenbar nötig, daß sich Amplitude und Richtung der Welle beim Fortschreiten um eine Wellenlänge nur sehr wenig ändern.

Ist diese Bedingung erfüllt, so läßt sich die sogenannte *Wellenfläche* einführen, deren Punkte (zu einem bestimmten Zeitpunkt) die gleiche Wellenphase besitzen (die Wellenfläche einer ebenen Welle ist offensichtlich die zur Ausbreitungsrichtung der Welle senkrechte Ebene). In jedem hinreichend kleinen Teil des Raumes kann man dann von einer Ausbreitungsrichtung der Welle als der Normalen zur Wellenfläche sprechen Die *Strahlen* sind dann die Linien, deren Tangente in jedem Punkte mit der Ausbreitungsrichtung der Welle zusammenfällt.

Die Untersuchung der Fortpflanzung elektromagnetischer Wellen unter diesen Voraussetzungen bildet den Gegenstand der *geometrischen Optik*. Die geometrische Optik betrachtet die Ausbreitung elektromagnetischer Wellen (insbesondere die des Lichtes) als eine Ausbreitung von Strahlen, von deren Wellennatur man völlig absieht, oder anders gesagt, sie entspricht dem Grenzfalle kleiner Wellenlängen, $\lambda \to 0$.

Wir kommen nun zur Ableitung der Grundgleichung der geometrischen Optik, die die Richtung der Strahlen bestimmt. Es sei f eine beliebige das Wellenfeld beschreibende Größe (etwa eine Komponente von $\boldsymbol{E}$ oder $\boldsymbol{H}$). Für eine ebene monochromatische Welle hat f die Gestalt

$$f = a\,\mathrm{e}^{i(\boldsymbol{k}\boldsymbol{r} - \omega t + \alpha)} = a\,\mathrm{e}^{i(-k_i x^i + \alpha)}\,, \tag{53,1}$$

hier und im folgenden ist stets der Realteil zu nehmen; wir lassen das Zeichen Re fort.

Allgemein schreiben wir für das Feld

$$f = a\,\mathrm{e}^{i\psi}\,. \tag{53,2}$$

Ist die Welle nicht eben, die geometrische Optik aber anwendbar, so ist die Amplitude a im allgemeinen eine Funktion von Ort und Zeit; ferner hat die Phase ψ, das sogenannte *Eikonal*, nicht mehr die einfache Form wie in (53,1).

Wesentlich ist jedoch, daß das Eikonal ψ groß ist. Dies ist unmittelbar daraus ersichtlich, daß es sich beim Fortschreiten um eine Wellenlänge um den Wert 2π ändert und die geometrische Optik dem Grenzfall $\lambda \to 0$ entspricht.

Für kleine Raumbereiche und Zeitintervalle kann das Eikonal ψ in eine Reihe entwickelt werden. Bis auf Glieder zweiter und höherer Ordnung hat man dann

$$\psi = \psi_0 + \boldsymbol{r}\frac{\partial \psi}{\partial \boldsymbol{r}} + t\frac{\partial \psi}{\partial t}.$$

(Der Koordinatenursprung und der Nullpunkt der Zeitskala sind im betrachteten Raumgebiet und Zeitintervall gewählt. Die Werte der Ableitungen beziehen sich auf diese Punkte.) Vergleichen wir diesen Ausdruck mit (53,1), so können wir

$$\boldsymbol{k} = \frac{\partial \psi}{\partial \boldsymbol{r}} \equiv \operatorname{grad} \psi\,, \qquad \omega = -\frac{\partial \psi}{\partial t}, \tag{53,3}$$

setzen, da wir in einem genügend kleinen Raumbereich und Zeitintervall die Welle als eben ansehen können. Vierdimensional läßt sich (53,3)

$$k_i = -\frac{\partial \psi}{\partial x^i} \tag{53,4}$$

schreiben, wobei k_i der Wellenzahl-Vierervektor ist.

Wir sahen im § 48, daß die Komponenten des Vierervektors k^i der Beziehung $k_i k^i = 0$ genügen. Setzen wir (53,4) ein, so gelangen wir zur *Eikonalgleichung*

$$\frac{\partial \psi}{\partial x_i}\frac{\partial \psi}{\partial x^i} = 0\,, \tag{53,5}$$

die die Grundgleichung der geometrischen Optik darstellt.

Die Eikonalgleichung ergibt sich auch unmittelbar durch den Grenzübergang $\lambda \to 0$ aus der Wellengleichung

$$\frac{\partial^2 f}{\partial x_i\, \partial x^i} = 0\,,$$

der das Feld f genügt. Setzen wir $f = a\, e^{i\psi}$, so finden wir

$$\frac{\partial^2 a}{\partial x_i\, \partial x^i} e^{i\psi} + 2\,i\,\frac{\partial a}{\partial x_i}\frac{\partial \psi}{\partial x^i} e^{i\psi} + i\,f\frac{\partial^2 \psi}{\partial x_i\, \partial x^i} - \frac{\partial \psi}{\partial x_i}\frac{\partial \psi}{\partial x^i} f = 0\,. \tag{53,6}$$

Nun ist das Eikonal „groß", wir können daher die drei ersten Terme in (53,6) gegenüber dem vierten vernachlässigen und erhalten wieder (53,5).[1])

Wir gaben soeben einige Beziehungen an, die zunächst nur bei ihrer Anwendung auf das Vakuum völlig evidente Aussagen liefern. Es ist jedoch wichtig, daß sich diese Schlüsse in ihrer allgemeinen Form auch auf die Lichtausbreitung in materiellen Körpern anwenden lassen.

Aus der Form der Eikonalgleichung folgt eine bemerkenswerte Analogie zwischen der geometrischen Optik und der Punktmechanik. Die Teilchenbewe-

[1]) Das wird noch durchsichtiger, wenn man die „Größe" des Eikonals durch eine große Konstante k_0 hervorhebt und in (53,2) $\psi \to k_0\psi$ ersetzt. Dann erhält der letzte Term in (53,6) den Faktor k_0^2, die anderen niedrigere Potenzen von k_0. (Anm. d. Hrsg.)

gung wird durch die HAMILTON-JACOBI-Gleichung (16,11) bestimmt. Diese Gleichung ist wie die Eikonalgleichung eine Gleichung mit partiellen Ableitungen erster Ordnung und in diesen quadratisch. Wir wissen, daß die Wirkung S mit dem Impuls $\boldsymbol{p}$ und der HAMILTON-Funktion $\mathcal{H}$ des Teilchens gemäß

$$\boldsymbol{p} = \frac{\partial S}{\partial \boldsymbol{r}}, \qquad \mathcal{H} = -\frac{\partial S}{\partial t}$$

zusammenhängt. Vergleichen wir diese Formeln mit (53,3), so sehen wir, daß der Wellenvektor in der geometrischen Optik die Rolle des Teilchenimpulses der Mechanik und die Frequenz die Rolle der HAMILTON-Funktion, d. h. der Energie des Teilchens, spielen.[1]) Der Betrag k des Wellenvektors hängt mit der Frequenz durch $k = \omega/c$ zusammen. Diese Gleichung entspricht der Beziehung $p = \mathcal{E}/c$ zwischen Energie und Impuls eines Teilchens mit verschwindender Ruhmasse, das sich mit Lichtgeschwindigkeit bewegt.

Für ein Teilchen gelten die HAMILTONschen Gleichungen

$$\dot{\boldsymbol{p}} = -\frac{\partial \mathcal{H}}{\partial \boldsymbol{r}}, \qquad \boldsymbol{v} = \dot{\boldsymbol{r}} = \frac{\partial \mathcal{H}}{\partial \boldsymbol{p}}.$$

Mittels der gefundenen Analogie lassen sich unmittelbar ähnliche Gleichungen für die Lichtstrahlen angeben:

$$\dot{\boldsymbol{k}} = -\frac{\partial \omega}{\partial \boldsymbol{r}}, \qquad \dot{\boldsymbol{r}} = \frac{\partial \omega}{\partial \boldsymbol{k}}. \tag{53,7}$$

Im Vakuum ist $\omega = c\,k$, so daß $\dot{\boldsymbol{k}} = 0$, $\boldsymbol{v} = c\,\boldsymbol{n}$ gilt ($\boldsymbol{n}$ ist der Einheitsvektor in der Ausbreitungsrichtung). Wie auch zu verlangen ist, ergeben sich somit im Vakuum die Strahlen als Geraden. Das Licht breitet sich längs dieser Geraden mit der Geschwindigkeit c aus.

Die Analogie zwischen dem Wellenvektor der Welle und dem Impuls eines Teilchens wird durch folgenden Umstand besonders deutlich. Wir betrachten eine Welle, die aus der Überlagerung monochromatischer Wellen mit Frequenzen innerhalb eines kleinen Intervalles besteht und ein endliches Raumgebiet einnimmt (ein sogenanntes *Wellenpaket*). Sodann berechnen wir den Viererimpuls des Feldes dieser Welle unter Benutzung der Gleichung (32,6) mit dem Energie-Impuls-Tensor (48,15) (für die monochromatische Komponente). Ersetzen wir schließlich in dieser Formel k^i durch einen Mittelwert, so erhalten wir einen Ausdruck der Gestalt

$$P^i = A\,k^i\,, \tag{53,8}$$

wobei der Proportionalitätsfaktor A zwischen den beiden Vierervektoren P^i und k^i ein Skalar ist. In dreidimensionaler Gestalt besagt diese Gleichung

$$\boldsymbol{P} = A\,\boldsymbol{k}\,, \qquad \mathcal{E} = A\,\omega\,. \tag{53,9}$$

Wir sehen somit, daß sich Impuls und Energie des Wellenpaketes beim Übergang zu einem anderen Bezugssystem wie der Wellenvektor und die Frequenz transformieren.

---

[1]) Das Eikonal ψ steht also in Analogie zur Wirkung S. (Anm. d. Hrsg.)

Diese Analogien wollen wir noch weiter verfolgen, indem wir für die geometrische Optik ein Prinzip aufstellen, das dem Prinzip der kleinsten Wirkung in der Mechanik entspricht. Man kann es jedoch nicht in HAMILTONscher Form $\delta \int L \, dt = 0$ schreiben, da es für die Strahlen keine Funktion gibt, die der LAGRANGE-Funktion der Teilchen entsprechen würde. Die LAGRANGE-Funktion L eines Teilchens hängt nämlich mit der HAMILTON-Funktion H durch $L = \boldsymbol{p} \frac{\partial \mathcal{H}}{\partial \boldsymbol{p}} - \mathcal{H}$ zusammen. Ersetzen wir nun die HAMILTON-Funktion durch die Frequenz ω und den Impuls durch den Wellenvektor $\boldsymbol{k}$, so sollte die LAGRANGE-Funktion der Optik $\boldsymbol{k} \frac{\partial \omega}{\partial \boldsymbol{k}} - \omega$ lauten. Dieser Ausdruck verschwindet aber, da $\omega = c\, k$ gilt. Die Unmöglichkeit der Einführung einer LAGRANGE-Funktion für die Strahlen folgt im übrigen auch unmittelbar aus dem oben erwähnten Umstand, daß der Strahlausbreitung eine Bewegung von Teilchen mit der Ruhmasse Null entspricht.

Besitzt die Welle eine bestimmte konstante Frequenz ω, so ist die Zeitabhängigkeit des Feldes durch einen Faktor der Gestalt $e^{-i\omega t}$ bestimmt. Das Eikonal einer solchen Welle läßt sich also

$$\psi = -\omega t + \psi_0(x, y, z) \tag{53,10}$$

schreiben, wobei ψ_0 nur von den Ortskoordinaten abhängt. Die Eikonalgleichung (53,5) nimmt dann die Gestalt

$$(\mathrm{grad}\, \psi_0)^2 = \frac{\omega^2}{c^2} \tag{53,11}$$

an. Wellenflächen sind die Flächen konstanten Eikonals, es handelt sich also um die Flächenschar $\psi_0(x, y, z) = \text{const.}$ Die Strahlen stehen in jedem Punkte normal zur zugehörigen Wellenfläche; ihre Richtungen sind daher durch den Gradienten $\nabla \psi_0$ bestimmt.

Wir wissen, daß sich bei konstanter Energie das Prinzip der kleinsten Wirkung auch in der Gestalt des sogenannten MAUPERTUISschen Prinzips

$$\delta S = \delta \int \boldsymbol{p} \, d\boldsymbol{l} = 0$$

schreiben läßt, wobei sich die Integration entlang der Bahn des Teilchens zwischen zwei festen Endpunkten erstreckt. Der Impuls ist dabei als Funktion der Energie und der Teilchenkoordinaten zu betrachten. Die entsprechende Aussage für Lichtstrahlen wird FERMAT*sches Prinzip* genannt. Wir können es in unserer Analogie gemäß

$$\delta \psi = \delta \int \boldsymbol{k} \, d\boldsymbol{l} = 0 \tag{53,12}$$

schreiben. Im Vakuum ist $\boldsymbol{k} = \frac{\omega}{c} \boldsymbol{n}$, und wir erhalten ($d\boldsymbol{l}\, \boldsymbol{n} = dl$):

$$\delta \int dl = 0 \tag{53,13}$$

in Einklang mit der Geradlinigkeit der Lichtausbreitung.

§ 54. Die Intensität

In der geometrischen Optik wird die Lichtwelle als Strahlenbündel betrachtet. Die Strahlen bestimmen jedoch in jedem Punkte nur die Ausbreitungsrichtung des Lichtes. Offen bleibt die Frage der räumlichen Verteilung der Lichtintensität.

Wir betrachten ein differentiell kleines Flächenelement irgendeiner Wellenfläche des Bündels. Aus der Differentialgeometrie ist bekannt, daß jede Fläche in jedem ihrer Punkte zwei im allgemeinen verschiedene „Hauptkrümmungsradien" besitzt. In Abb. 7 seien $a\,c$ und $b\,d$ Teile der zugehörigen Hauptkrümmungskreise auf dem Wellenflächenelement. Dann schneiden sich die durch die Punkte a und c gehenden Strahlen im entsprechenden Krümmungsmittelpunkt O_1, die durch b und d gehenden im anderen Zentrum O_2.

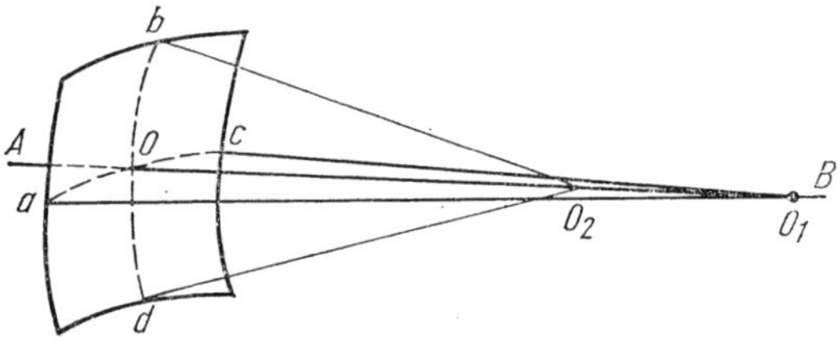

Abb. 7

Bei vorgegebenen Öffnungswinkeln der von O_1 und O_2 ausgehenden Strahlen sind die Abschnitte $a\,c$ und $b\,d$ den entsprechenden Krümmungsradien R_1 und R_2 (d. h. den Längen O_1O und O_2O) proportional; das Element der Wellenfläche ist dem Produkt der Längen ac und bd und daher also R_1R_2 proportional. Betrachten wir also das Flächenelement der Wellenfläche als von einer bestimmten Reihe von Strahlen begrenzt, so wird sich bei einer Bewegung längs dieser Strahlen die Größe des Elementes proportional zu R_1R_2 ändern.

Andererseits ist die Intensität, d. h. die Dichte des Energiestromes, umgekehrt proportional dem Flächenelement, durch das die Lichtenergie gelangt. Wir erhalten also für die Intensität

$$I = \frac{\text{const}}{R_1\,R_2}\,. \qquad (54,1)$$

Diese Gleichung ist in folgender Weise zu verstehen. Auf jedem Strahl (AB in Abb. 7) gibt es ausgezeichnete Punkte O_1 und O_2, die Krümmungszentren aller Wellenflächen, die den Strahl schneiden. Die Entfernungen OO_1 und OO_2 vom Schnittpunkt O der Wellenfläche bis zu den Punkten O_1 und O_2 sind die Krümmungsradien R_1 und R_2 der Wellenfläche im Punkte O. Die Gleichung (54,1) gibt somit die Intensitätsänderung des Lichtes längs eines bestimmten Strahls als Funktion des Abstandes von bestimmten Punkten auf diesem Strahl an. Es sei bemerkt, daß diese Formel zum Vergleich der Intensitäten in verschiedenen Punkten derselben Wellenfläche ungeeignet ist.

Da die Intensität durch das Quadrat des absoluten Betrages des Feldes bestimmt wird, können wir für die Änderung des Feldes selbst

$$f = \frac{\text{const}}{\sqrt{R_1 R_2}} e^{ikR} \tag{54,2}$$

schreiben, wobei unter R im Phasenfaktor e^{ikR} sowohl R_1 als auch R_2 verstanden werden kann; die Größen e^{ikR_1} und e^{ikR_2} unterscheiden sich nur durch einen (für den gegebenen Strahl) konstanten Faktor voneinander, da die Differenz $R_1 - R_2$, die Entfernung zwischen den beiden Krümmungszentren, konstant ist.

Fallen die beiden Krümmungsradien der Wellenfläche zusammen, so erhalten (54,1) und (54,2) die Gestalt

$$I = \frac{\text{const}}{R^2}, \qquad f = \frac{\text{const}}{R} e^{ikR}. \tag{54,3}$$

Dies gilt insbesondere immer in den Fällen, in denen das Licht von Punktquellen ausgestrahlt wird (die Wellenflächen sind dann konzentrische Kugeln, und R ist die Entfernung bis zur Lichtquelle).

Aus (54,1) entnehmen wir, daß die Intensität in den Punkten $R_1 = 0$, $R_2 = 0$, d. h. in den Krümmungszentren der Wellenfläche, gegen unendlich strebt. Wenden wir dies auf alle Strahlen eines Bündels an, so finden wir, daß die Lichtintensität eines Bündels im allgemeinen auf zwei Flächen unendlich groß wird, nämlich in den geometrischen Orten aller Krümmungszentren der Wellenfläche. Diese Flächen werden als *Kaustiken* bezeichnet. Im Spezialfall eines Lichtbündels mit sphärischen Wellenflächen vereinigen sich die beiden Kaustiken zu einem Punkt, dem *Brennpunkt*.

Nach den aus der Differentialgeometrie bekannten Eigenschaften des geometrischen Ortes der Krümmungszentren einer Flächenschar berühren die Strahlen die Kaustiken.

Man hat zu beachten, daß bei konvexen Wellenflächen die Krümmungszentren der Wellenflächen nicht nur auf den Strahlen liegen können, sondern auch auf den Fortsetzungen dieser Strahlen durch das optische System, von dem sie ausgehen. In diesen Fällen spricht man von *virtuellen Kaustiken* (oder Brennpunkten). Die Lichtintensität bleibt dabei endlich.

Was das Unendlichwerden der Intensität betrifft, so ist dazu zu sagen, daß in Wirklichkeit die Intensität in den Punkten der Kaustik zwar sehr groß wird, aber endlich bleibt (siehe die Aufgabe zu § 59). Das formale Divergieren bedeutet nur, daß in der Nähe der Kaustik die Näherung der geometrischen Optik nicht anwendbar ist. Damit hängt auch der Umstand zusammen, daß die Phasenänderung längs eines Strahls durch die Formel (54,2) nur auf den Abschnitten des Strahls bestimmbar ist, die keinen Berührungspunkt mit den Kaustiken enthalten. Später (im § 59) werden wir zeigen, daß sich in Wirklichkeit die Phase des Feldes beim Durchgang durch eine Kaustik um $\pi/2$ verkleinert. Das bedeutet: Ist das Feld auf dem Strahl bis zu dessen Berührung mit der ersten Kaustik proportional zu e^{ikx} (x sei die Koordinate längs des Strahles), so ist es nach dem Durchlaufen dem Faktor $e^{i(kx-\pi/2)}$ proportional. Dies wiederholt sich bei der Berührung mit der zweiten Kaustik, so daß das Feld hinter diesen beiden Punkten proportional zu $e^{i(kx-\pi)}$ wird.[1]

§ 55. Das Winkeleikonal

Ein Lichtstrahl, der sich im Vakuum fortpflanzt und auf einen durchsichtigen Körper fällt, hat beim Austritt aus dem Körper im allgemeinen eine von der ursprünglichen verschiedene Richtung. Diese Richtungsänderung hängt natürlich von den Eigenschaften des Körpers und seiner Form ab. Es ist jedoch möglich, einige allgemeine Gesetze für die Richtungsänderung von Lichtstrahlen beim Durchlaufen beliebiger materieller Körper anzugeben. Dabei wird nur vorausgesetzt, daß für die Lichtausbreitung in diesen Körpern die geometrische Optik gilt. Derartige lichtdurchlässige Körper werden wir, wie es üblich ist, *optische Systeme* nennen.

Infolge der in § 53 behandelten Analogie zwischen Lichtausbreitung und Teilchenbewegung gelten diese allgemeinen Gesetze auch für die Änderungen der Bewegungsrichtung von geladenen Teilchen, die sich zuerst geradlinig im Vakuum fortbewegen, dann irgendein elektromagnetisches Feld passieren und anschließend im Vakuum weiterlaufen. Im folgenden wird jedoch nur von der Lichtausbreitung die Rede sein.

Wir sahen, daß sich die Eikonalgleichung, die die Ausbreitung der Strahlen bestimmt, für Licht bestimmter Frequenz in der Gestalt (53,11) schreiben läßt. Im folgenden werden wir der Einfachheit halber das durch die Konstante ω/c dividierte Eikonal ψ_0 mit ψ bezeichnen. Dann hat die Grundgleichung der geometrischen Optik die Gestalt

$$(\nabla \psi)^2 = 1 \,. \tag{55,1}$$

Jede Lösung dieser Gleichung beschreibt ein bestimmtes Strahlenbündel, wobei die Richtung eines Strahls, der durch einen bestimmten Raumpunkt geht, durch den Gradienten von ψ in diesem Punkte festgelegt wird. Für unsere Zwecke reicht jedoch eine solche Beschreibung nicht aus, da wir allgemeine Beziehungen suchen, die nicht den Durchgang eines Strahlenbündels durch optische Systeme beschreiben, sondern die für einen (Einzel-)Strahl gelten. Wir müssen daher das Eikonal in einer Form benutzen, in der es alle überhaupt möglichen Lichtstrahlen beschreibt, d. h. alle Lichtstrahlen, die durch ein beliebiges Punktepaar im Raume gehen. In seiner gewöhnlichen Form ist das Eikonal $\psi(\boldsymbol{r})$ die Phase eines Lichtstrahls aus einem durch den Punkt $\boldsymbol{r}$ gehenden Bündel. Jetzt haben wir das Eikonal als Funktion $\psi(\boldsymbol{r}, \boldsymbol{r}')$ der Koordinaten zweier Punkte einzuführen ($\boldsymbol{r}$, $\boldsymbol{r}'$ sind die Ortsvektoren des Anfangs- und Endpunktes

---

[1]) Obgleich (54,2) in der Nähe der Kaustik nicht gültig ist, entspricht doch die angegebene Phasenänderung des Feldes formal einer Vorzeichenänderung (d. h. einer Multiplikation mit $e^{i\pi}$) von R_1 oder R_2 in dieser Formel.

des Strahles). Durch jedes Punktepaar $\boldsymbol{r}$, $\boldsymbol{r}'$ läßt sich ein Strahl hindurchlegen; $\psi(\boldsymbol{r}, \boldsymbol{r}')$ ist dann die Phasendifferenz (oder, wie man auch zu sagen pflegt, die *optische Weglänge*) dieses Strahls zwischen $\boldsymbol{r}$ und $\boldsymbol{r}'$. Unter $\boldsymbol{r}$ und $\boldsymbol{r}'$ werden wir hier immer die Ortsvektoren der Strahlpunkte vor und nach dem Durchlaufen des optischen Systems verstehen.

Sehen wir in $\psi(\boldsymbol{r}, \boldsymbol{r}')$ einen Ortsvektor, etwa $\boldsymbol{r}'$, als gegeben an, so beschreibt ψ als Funktion von $\boldsymbol{r}$ ein bestimmtes Strahlenbündel, nämlich das durch $\boldsymbol{r}'$ gehende, ψ muß dann der Gleichung (55,1) genügen, in der sich die Ableitungen auf die Komponenten $\boldsymbol{r}$ beziehen. Nehmen wir ganz entsprechend $\boldsymbol{r}$ als vorgegeben an, so erhalten wir eine weitere Gleichung für $\psi(\boldsymbol{r}, \boldsymbol{r}')$, so daß

$$(\nabla\,\psi)^2 = 1\,, \quad (\nabla'\,\psi)^2 = 1 \tag{55,2}$$

gilt.

Die Richtung eines Strahls ist durch den Gradienten seiner Phase festgelegt. Da $\psi(\boldsymbol{r}, \boldsymbol{r}')$ die Phasendifferenz in den beiden Punkten $\boldsymbol{r}'$ und $\boldsymbol{r}$ darstellt, ist die Strahlrichtung im Punkt $\boldsymbol{r}'$ durch den Vektor $\boldsymbol{n}' = \frac{\partial\psi}{\partial\boldsymbol{r}'}$ und im Punkt $\boldsymbol{r}$ durch $\boldsymbol{n} = -\frac{\partial\psi}{\partial\boldsymbol{r}}$ bestimmt. Aus (55,2) ist dann ersichtlich, daß $\boldsymbol{n}$ und $\boldsymbol{n}'$ Einheitsvektoren sind:

$$\boldsymbol{n}^2 = \boldsymbol{n}'^2 = 1\,. \tag{55,3}$$

Die vier Vektoren $\boldsymbol{r}$, $\boldsymbol{r}'$, $\boldsymbol{n}$, $\boldsymbol{n}'$ hängen durch eine Beziehung zusammen, da zwei von ihnen ($\boldsymbol{n}$, $\boldsymbol{n}'$) die Ableitungen der Funktion ψ nach den beiden anderen ($\boldsymbol{r}$, $\boldsymbol{r}'$) sind. Die Funktion ψ selbst hat die beiden Zusatzbedingungen (55,2) zu erfüllen.

Um die Beziehung zwischen $\boldsymbol{n}$, $\boldsymbol{n}'$, $\boldsymbol{r}$, $\boldsymbol{r}'$ aufzufinden, ist es bequem, anstelle von ψ eine andere Größe einzuführen, die keinen Zusatzbedingungen unterworfen ist (d. h., die nicht irgendeiner Differentialgleichung genügen muß). Dies läßt sich auf folgende Weise erreichen. ψ besitzt $\boldsymbol{r}$ und $\boldsymbol{r}'$ als unabhängige Veränderliche, so daß das Differential $\mathrm{d}\psi$

$$\mathrm{d}\psi = \frac{\partial\psi}{\partial\boldsymbol{r}}\,\mathrm{d}\boldsymbol{r} + \frac{\partial\psi}{\partial\boldsymbol{r}'}\,\mathrm{d}\boldsymbol{r}' = -\,\boldsymbol{n}\,\mathrm{d}\boldsymbol{r} + \boldsymbol{n}'\,\mathrm{d}\boldsymbol{r}'$$

lautet.

Wir gehen nun durch eine LEGENDREsche Transformation von $\boldsymbol{r}$ und $\boldsymbol{r}'$ zu den unabhängigen Veränderlichen $\boldsymbol{n}$, $\boldsymbol{n}'$ über, d. h., wir schreiben

$$\mathrm{d}\psi = -\,\mathrm{d}(\boldsymbol{n}\,\boldsymbol{r}) + \boldsymbol{r}\,\mathrm{d}\boldsymbol{n} + \mathrm{d}(\boldsymbol{n}'\,\boldsymbol{r}') - \boldsymbol{r}'\,\mathrm{d}\boldsymbol{n}'\,,$$

woraus sich, wenn wir die Funktion

$$\chi = \boldsymbol{n}'\,\boldsymbol{r}' - \boldsymbol{n}\,\boldsymbol{r} - \psi \tag{55,4}$$

einführen,

$$\mathrm{d}\chi = -\,\boldsymbol{r}\,\mathrm{d}\boldsymbol{n} + \boldsymbol{r}'\,\mathrm{d}\boldsymbol{n}' \tag{55,5}$$

ergibt.

Die Größe χ wird als *Winkeleikonal* bezeichnet. Wie aus (55,5) hervorgeht, besitzt sie $\boldsymbol{n}$ und $\boldsymbol{n}'$ als unabhängige Veränderliche. χ unterliegt keinen Zusatzbedingungen. In der Tat stellt (55,3) nur Bedingungen für die unabhängigen

Veränderlichen dar und besagt, daß von den drei Komponenten n_x, n_y, n_z des Vektors $\boldsymbol{n}$ (und entsprechend für $\boldsymbol{n}'$) nur zwei unabhängig sind. Wir werden später als unabhängige Veränderliche die Komponenten n_y, n_z, n_y', n_z' benutzen, so daß

$$n_x = \sqrt{1 - n_y^2 - n_z^2}\,, \qquad n_x' = \sqrt{1 - n_y'^2 - n_z'^2}$$

gilt.

Setzen wir diesen Ausdruck in

$$\mathrm{d}\chi = -x\,\mathrm{d}n_x - y\,\mathrm{d}n_y - z\,\mathrm{d}n_z + x'\,\mathrm{d}n_x' + y'\,\mathrm{d}n_y' + z'\,\mathrm{d}n_z'$$

ein, so finden wir für das Differential $\mathrm{d}\chi$:

$$\mathrm{d}\chi = -\left(y - \frac{n_y}{n_z}x\right)\mathrm{d}n_y - \left(z - \frac{n_z}{n_x}x\right)\mathrm{d}n_z + \left(y' - \frac{n_y'}{n_x'}x'\right)\mathrm{d}n_y' + \left(z' - \frac{n_z'}{n_x'}x'\right)\mathrm{d}n_z'\,.$$

Daraus ergeben sich endgültig die folgenden Gleichungen

$$\left.\begin{aligned} y - \frac{n_y}{n_x}x &= -\frac{\partial\chi}{\partial n_y}, & z - \frac{n_z}{n_x}x &= -\frac{\partial\chi}{\partial n_z},\\ y' - \frac{n_y'}{n_x'}x' &= \frac{\partial\chi}{\partial n_y'}, & z' - \frac{n_z'}{n_x'}x' &= \frac{\partial\chi}{\partial n_z'}, \end{aligned}\right\} \tag{55,6}$$

die die gesuchte allgemeine Beziehung zwischen $\boldsymbol{n}$, $\boldsymbol{n}'$, $\boldsymbol{r}$, $\boldsymbol{r}'$ bestimmen. Die Funktion χ charakterisiert Eigenschaften der Körper (oder im Falle der Bewegung geladener Teilchen, der Felder), durch die das Licht gelangt.

Bei festgelegten Werten $\boldsymbol{n}$, $\boldsymbol{n}'$ stellt jedes der beiden Gleichungspaare in (55,6) eine Gerade dar. Diese Geraden sind nichts anderes als die Lichtstrahlen vor und nach dem Durchlaufen des optischen Systems. Die Gleichungen (55,6) bestimmen somit unmittelbar den Weg des Lichtes auf den beiden Seiten des optischen Systems.

§ 56. Strahlenbündel mit kleinem Öffnungswinkel

Bei der Betrachtung des Durchganges von Strahlenbündeln durch optische Systeme sind diejenigen Bündel besonders interessant, deren Strahlen sich sämtlich in einem Punkte schneiden (die sogenannten *homozentrischen* Bündel).

Ein homozentrisches Strahlenbündel wird nach dem Durchlaufen eines optischen Systems im allgemeinen nicht mehr homozentrisch sein, d. h., die Strahlen werden sich nicht mehr in einem Punkt vereinigen. Nur in besonderen Fällen schneiden sich die von einem leuchtenden Punkt ausgehenden Strahlen hinter dem optischen System sämtlich wieder in einem Punkt, dem Bild[1]) der Lichtquelle.

---

[1]) Der Schnittpunkt kann entweder auf dem Strahl selbst oder auf seiner rückwärtigen Verlängerung liegen; im ersten Fall heißt das Bild reell, im zweiten virtuell.

Man kann zeigen (siehe § 57), daß der einzige Fall, in dem alle homozentrischen Strahlen auch nach dem Durchlaufen des optischen Systems streng homozentrisch sind, die identische Abbildung ist, d. h., der Fall eines solchen optischen Systems, das von einem beliebigen Gegenstand ein mit ihm nach Form und Größe identisches Bild gibt. (Anders ausgedrückt: Es unterscheidet sich hier das Bild vom abgebildeten Gegenstand nur durch Verschiebung, Drehung oder Spiegelung als Ganzes.)

Somit kann also kein optisches System eine völlig scharfe Abbildung eines Gegenstandes (von endlichem Durchmesser) geben, abgesehen vom Trivialfall der identischen Abbildung[1]). Jede andere Abbildung eines ausgedehnten Gegenstandes läßt sich stets nur näherungsweise, niemals völlig scharf verwirklichen.

Den wichtigsten Fall eines angenäherten Übergangs homozentrischer Strahlen in homozentrische bildet die Abbildung durch hinreichend enge Bündel (d. h. Bündel mit kleinen Öffnungswinkeln), die in der Nähe einer (für das gegebene optische System festgelegten) bestimmten Linie verlaufen, der sogenannten *optischen Achse.*

Es ist dabei zu bemerken, daß sogar beliebig enge Strahlenbündel (im dreidimensionalen Raum) im allgemeinen nicht homozentrisch sind. Wir sahen (Abb. 7), daß sich auch in einem solchen Bündel verschiedene Strahlen in verschiedenen Punkten schneiden (eine als *Astigmatismus* bezeichnete Erscheinung). Eine Ausnahme bilden nur diejenigen Punkte der Wellenfläche, deren zwei Hauptkrümmungsradien gleich sind. Der in der unmittelbaren Umgebung dieser Punkte gelegene Teil der Fläche kann dann als sphärisch angesehen werden, und das zugehörige enge Strahlenbündel ist homozentrisch.

Wir wollen nun optische Systeme mit Axialsymmetrie[2]) betrachten. Die Symmetrieachse eines solchen Systems ist gleichzeitig seine optische Achse, denn die Wellenfläche eines längs dieser Achse verlaufenden Strahlenbündels besitzt ebenfalls Axialsymmetrie; Rotationsflächen besitzen aber in ihren Schnittpunkten mit der Symmetrieachse zwei einander gleiche Krümmungsradien. Das in dieser Richtung verlaufende schmale Lichtbündel bleibt daher homozentrisch.

Um nun zu quantitativen Beziehungen zu gelangen, die die Abbildung schmaler Bündel in einem axialsymmetrischen System bestimmen, benutzen wir die Gleichung (55,6), wobei wir zunächst die Gestalt der Funktion χ in unserem Fall bestimmen.

Da die Strahlenbündel eng sind und in der Nähe der optischen Achse verlaufen, liegen die Vektoren $\boldsymbol{n}$ und $\boldsymbol{n}'$ eines jeden Bündels fast in Richtung dieser

[1]) Eine solche Abbildung kann durch ebene Spiegel bewirkt werden.

[2]) Man kann zeigen, daß sich das Abbildungsproblem unter Benutzung von engen Lichtbündeln, die in der Nähe der optischen Achse eines nichtaxialsymmetrischen optischen Systems verlaufen, auf das entsprechende Problem für ein axialsymmetrisches System reduzieren läßt, bei dem noch eine Drehung des Bildes als Ganzes relativ zum abgebildeten Gegenstand stattfindet.

Achse. Wählt man sie als x-Achse, so sind also die Komponenten n_y, n_z, n'_y, n'_z klein gegenüber 1. Für die Komponenten n_x, n'_x gilt $n_x \approx 1$, und n'_x ist näherungsweise gleich $+1$ oder -1. Im ersten Falle bewegen sich die Lichtstrahlen fast in der ursprünglichen Richtung fort und gelangen in den Raum auf der anderen Seite des optischen Systems, das in diesem Fall als *Linse* bezeichnet wird. Im zweiten Fall ändern die Lichtstrahlen ihre Richtung nahezu um 180°; das optische System ist dann ein *Spiegel*.

Unter Berücksichtigung der Kleinheit von n_y, n_z, n'_y, n'_z entwickeln wir das Winkeleikonal $\chi(n_y, n_z, n'_y, n'_z)$ in eine Reihe und nehmen nur die ersten Glieder mit. Infolge der Axialsymmetrie des ganzen Systems muß χ bei Drehungen des Koordinatensystems um die optische Achse invariant bleiben. Daraus ist ersichtlich, daß diejenigen Glieder erster Ordnung, die proportional den ersten Potenzen der y- und z-Komponenten der Vektoren $\boldsymbol{n}$ und $\boldsymbol{n}'$ sind, in der Entwicklung von χ nicht auftreten können, da sie nicht die erforderliche Invarianz besitzen. Von den Gliedern zweiter Ordnung haben die Quadrate $\boldsymbol{n}^2$, $\boldsymbol{n}'^2$ und das skalare Produkt $\boldsymbol{n}\boldsymbol{n}'$ diese Eigenschaft. Bis zu Gliedern zweiter Ordnung hat also als Winkeleikonal eines axialsymmetrischen Systems die Gestalt

$$\chi = \text{const} + \frac{g}{2}(n_y^2 + n_z^2) + f(n_y n'_y + n_z n'_z) + \frac{h}{2}(n'^2_y + n'^2_z)\,, \tag{56,1}$$

wobei f, g, h Konstante sind.

Um einen bestimmten Fall vor Augen zu haben, betrachten wir eine Linse und setzen $n'_x \approx 1$; für einen Spiegel haben alle Formeln, wie später gezeigt wird, eine ähnliche Gestalt. Setzen wir (56,1) in die allgemeine Gleichung (55,6) ein, so finden wir

$$\left.\begin{aligned} n_y(x-g) - fn'_y &= y\,, \quad & f n_y + n'_y(x'+h) &= y'\,,\\ n_z(x-g) - fn'_z &= z\,, \quad & f n_z + n'_z(x'+h) &= z'\,. \end{aligned}\right\} \tag{56,2}$$

Wir betrachten ein vom Punkte x, y, z ausgehendes homozentrisches Bündel, dessen Strahlen sich nach dem Durchlaufen der Linse sämtlich wieder in einem Punkte x', y', z' schneiden. Wären nun das erste und das zweite Paar der Gleichungen (56,2) voneinander unabhängig, so würden die vier Gleichungen bei gegebenen x, y, z, x', y', z' die Werte n_y, n_z, n'_y, n'_z eindeutig bestimmen, d. h., es gäbe nur einen vom Punkt x, y, z ausgehenden Strahl, der zugleich auch durch x', y', z' geht. Damit alle von x, y, z ausgehenden Strahlen auch durch x', y', z' gelangen, ist es also nötig, daß die Gleichungen (56,2) abhängig sind, d. h., daß die eine Gruppe der Gleichungen aus den anderen folgt. Für eine solche Abhängigkeit ist offensichtlich notwendig, daß die Koeffizienten der einen Gleichungsgruppe denen der anderen proportional sind. Es muß also

$$\frac{x-g}{f} = -\frac{f}{x'+h} = \frac{y}{y'} = \frac{z}{z'} \tag{56,3}$$

gelten und insbesondere

$$(x-g)(x'+h) = -f^2\,. \tag{56,4}$$

Die so erhaltene Gleichung liefert uns die gesuchte Abhängigkeit der Koordinaten des Bildpunktes von denen des abgebildeten Gegenstandes bei einer Abbildung durch enge Bündel.

Die Punkte $x = g$, $x = -h$ auf der optischen Achse werden *Hauptbrennpunkte* des optischen Systems genannt. Betrachten wir Strahlenbündel, die parallel zur optischen Achse sind. Der Emissionspunkt des Lichtes liege auf der optischen Achse im Unendlichen, d. h., es gilt $x = \infty$. Aus (56,3) entnimmt man, daß dann $x' = -h$ ist. Parallele Lichtstrahlen schneiden sich also nach Durchlaufen des optischen Systems im Hauptbrennpunkt. Umgekehrt wird ein vom Hauptbrennpunkt ausgehendes Lichtbündel nach dem Durchgang durch das System parallel.

In den Gleichungen (56,3) werden die Koordinaten x, x' vom gleichen Koordinatenursprung auf der optischen Achse aus gezählt. Es ist bequemer, die Koordinaten des Gegenstandes und des Bildes von verschiedenen, im jeweiligen Hauptbrennpunkt gelegenen Koordinatenursprüngen aus zu zählen. Die positive Richtung auf der Koordinatenachse sei die vom Hauptbrennpunkt aus verlaufende Richtung des Strahles. Bezeichnen wir die neuen Gegenstands- und Bildkoordinaten mit großen Buchstaben, so gilt

$$X = x - g\,, \quad X' = x' + h\,, \quad Y = y\,, \quad Y' = y'\,, \quad Z = z\,, \quad Z' = z'\,.$$

Die Abbildungsgleichungen (56,3) und (56,4) nehmen mit den neuen Bezeichnungen die Form

$$X X' = -f^2\,, \tag{56,5}$$

$$\frac{Y'}{Y} = \frac{Z'}{Z} = \frac{f}{X} = -\frac{X'}{f} \tag{56,6}$$

an. Die Größe f wird als *Hauptbrennweite* des Systems bezeichnet.

Das Verhältnis Y'/Y heißt *Seitenvergrößerung*. Bei der Längsvergrößerung muß man beachten, daß sie, da die Koordinaten zueinander nicht proportional sind, nur in differentieller Form geschrieben werden kann, indem man ein Längenelement des Gegenstandes (in Richtung der Achse) mit der entsprechenden Länge des Bildes vergleicht. Aus (56,5) finden wir dann für die Längs- oder Tiefenvergrößerung

$$\left|\frac{\mathrm{d}X'}{\mathrm{d}X}\right| = \frac{f^2}{X^2} = \left(\frac{Y'}{Y}\right)^2. \tag{56,7}$$

Wir entnehmen hieraus, daß man auch für unendlich kleine Gegenstände niemals ein geometrisch ähnliches Bild erhalten kann: Die Längsvergrößerung ist niemals gleich der Seitenvergrößerung (mit Ausnahme des Trivialfalles der identischen Abbildung).

Ein vom Punkt $X = f$ auf der optischen Achse ausgehender Strahl schneidet diese von neuem im Punkte $X' = -f$. Diese beiden Punkte heißen *Hauptpunkte*. Aus den Gleichungen (56,2) ($n_y X - f n_y' = Y$, $n_z X - f n_z' = Z$) ist ersichtlich, daß in diesem Fall ($X = f$, $Y = Z = 0$) die Beziehung $n_y = n_y'$, $n_z = n_z'$ besteht. Jeder Strahl, der von einem Hauptpunkt ausgeht, schneidet somit die optische Achse wieder im anderen Hauptpunkt und in einer Richtung, die zur ursprünglichen parallel ist.

Werden die Koordinaten von Gegenstand und Bild nicht von den Hauptbrennpunkten, sondern von den Hauptpunkten aus gemessen, so gilt für diese Koordinaten ξ und ξ':

$$\xi' = X' + f, \qquad \xi = X - f.$$

Setzen wir dies in (56,5) ein, so erhalten wir die Abbildungsgleichung in der Gestalt

$$\frac{1}{\xi} - \frac{1}{\xi'} = -\frac{1}{f}. \tag{56,8}$$

Man kann zeigen, daß bei einem optischen System kleiner Dicke (etwa einem Spiegel oder einer dünnen Linse) beide Hauptpunkte dicht nebeneinander liegen. In diesem Falle ist die Gleichung (56,8) besonders bequem, da dann die in ihr auftretenden Größen ξ und ξ' praktisch vom gleichen Punkte aus gemessen werden.

Ist die Brennweite positiv, so werden Gegenstände, die sich (bezüglich der Strahlrichtung) vor dem Brennpunkt befinden ($X > 0$), aufrecht abgebildet ($Y'/Y > 0$); derartige optische Systeme heißen *sammelnd*. Ist dagegen $f < 0$, so haben wir bei $X > 0$ $Y'/Y < 0$, d. h., der Gegenstand wird umgekehrt abgebildet. Optische Systeme dieser Art werden *zerstreuend* genannt.

Es gibt einen Grenzfall, der in den Gleichungen (56,8) nicht enthalten ist, nämlich, eine Abbildung bei der alle drei Koeffizienten f, g und h unendlich werden (dies bedeutet, daß das optische System eine unendlich große Brennweite besitzt, seine Hauptbrennpunkte sich im Unendlichen befinden). Gehen wir in (56,4) zum Grenzfall unendlich großer f, g, h über, so finden wir

$$x' = \frac{h}{g} x + \frac{f^2 - g\,h}{g}.$$

Da nur der Fall interessant ist, bei dem der Gegenstand und sein Bild sich in endlichen Entfernungen vom optischen System befinden, müssen f, g und h so gegen Unendlich gehen, daß die Verhältnisse h/g, $(f^2 - g\,h)/g$ endlich bleiben. Bezeichnen wir diese mit α^2 und β, so gilt $x' = \alpha^2 x + \beta$.

Für die beiden anderen Koordinaten erhalten wir jetzt aus (56,7):

$$\frac{y'}{y} = \frac{z'}{z} = \pm\alpha.$$

Zählen wir schließlich wieder die Koordinaten x und x' von verschiedenen Anfangspunkten aus, von denen der eine ein beliebiger Punkt auf der negativen Achse und der andere sein Bild ist, so gewinnen die Abbildungsgleichungen die einfache Gestalt

$$X' = \alpha^2 X, \qquad Y' = \pm\alpha\, Y, \qquad Z' = \pm\alpha\, Z. \tag{56,9}$$

Längs- und Seitenvergrößerung sind hier konstant, aber nicht gleich. Der betrachtete Fall wird als *teleskopische* Abbildung bezeichnet.

Alle Formeln (56,5) bis (56,9), die wir hier für Linsen abgeleitet haben, sind auch auf Spiegel und sogar auf optische Systeme ohne Axialsymmetrie anwendbar, wenn nur die Abbildung mittels enger, in der Nähe der optischen Achse verlaufender Strahlenbündel erfolgt. Dabei müssen die x-Koordinaten des Gegenstandes und des Bildes immer längs der optischen Achse von den entsprechenden Punkten (Hauptbrennpunkte oder Hauptpunkte) in Richtung der Ausbreitung des Strahles gezählt werden. Es ist dabei im Auge zu behalten, daß bei optischen Systemen ohne Axialsymmetrie die Richtung der optischen Achse vor und hinter dem System nicht auf einer Geraden liegen.

Aufgaben

1. Man bestimme die Brennweite für eine Abbildung durch zwei axialsymmetrische optische Systeme mit zusammenfallenden optischen Achsen.

Lösung. Es seien f_1 und f_2 die Brennweiten der beiden Systeme. Für jedes einzelne System gilt

$$X_1 X_1' = -f_1^2, \qquad X_2 X_2' = -f_2^2.$$

Da das Bild, das die erste Abbildung liefert, zugleich der Gegenstand der zweiten ist, haben wir $X_2 = X_1' - l$, wenn wir mit l die Entfernung zwischen dem hinteren Hauptbrennpunkt des ersten Systems und dem vorderen Brennpunkt des zweiten bezeichnen. Drücken wir X_2' durch X_1 aus, so finden wir

$$X_2' = \frac{X_1 f_2^2}{f_1^2 + l X_1}$$

oder

$$\left(X_1 + \frac{f_1^2}{l}\right)\left(X_2' - \frac{f_2^2}{l}\right) = -\left(\frac{f_1 f_2}{l}\right)^2,$$

woraus man entnimmt, daß die Hauptbrennpunkte des zusammengesetzten Systems sich bei $X_1 = -f_1^2/l$, $X_2' = f_2^2/l$ befinden und die Brennweite gleich

$$f = -\frac{f_1 f_2}{l}$$

ist (für die Wahl des Vorzeichens in diesem Ausdruck ist die entsprechende Gleichung für die Quervergrößerung heranzuziehen).

Im Falle $l = 0$ ist die Brennweite $f = \infty$, d. h., das Gesamtsystem liefert eine teleskopische Abbildung. Hier haben wir $X_2' = X_1 \left(\frac{f_2}{f_1}\right)^2$, d. h., der Parameter α in der allgemeinen Formel (56,9) hat den Wert $\alpha = f_2/f_1$.

2. Man bestimme die Brennweite einer „magnetischen Linse" für geladene Teilchen, die aus einem längs der x-Achse gerichteten homogenen Magnetfeld in einem Bereich der Länge l besteht (Abb. 8).[1])

Lösung. Bei der Bewegung im Magnetfeld bleibt die kinetische Energie eines Teilchens erhalten. Die Hamilton-Jacobi-Gleichung für die verkürzte Wirkungsfunktion $S_0(\boldsymbol{r})$ (die gesamte Wirkung ist $S = -\mathscr{E} t + S_0$) lautet

$$\left(\nabla S_0 - \frac{e}{c}\boldsymbol{A}\right)^2 = p^2,$$

wobei

$$p^2 = \frac{\mathscr{E}^2}{c^2} - m^2 c^2 = \text{const}$$

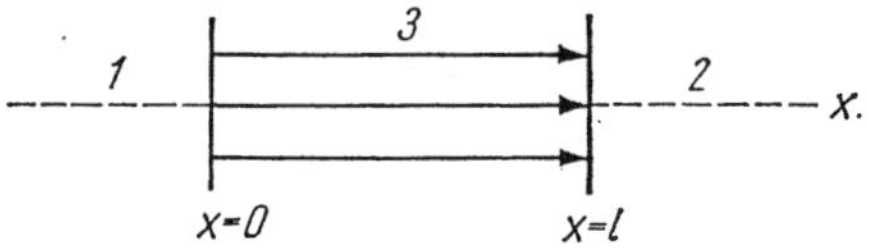

Abb. 8

1) Es kann sich dabei um das Feld in einem langen Solenoid handeln, wobei wir die Abweichung des Feldes von der Homogenität an den Enden vernachlässigen.

gilt. Benutzen wir die Gleichung (19,4) für das Vektorpotential des homogenen Magnetfeldes, dessen Richtung die der x-Achse ist, und betrachten wir diese Achse als optische Achse eines axialsymmetrischen optischen Systems, so erhalten wir die HAMILTON-JACOBI-Gleichung in der Form

$$\left(\frac{\partial S_0}{\partial x}\right)^2 + \left(\frac{\partial S_0}{\partial r}\right)^2 + \frac{e^2}{4c^2} H^2 r^2 = p^2, \tag{1}$$

wobei r den Abstand von der x-Achse bezeichnet und S_0 eine Funktion von x und r ist.

Für einen Teilchenstrom, der sich in der Nähe der optischen Achse ausbreitet, ist die Koordinate r klein, und wir können S_0 als Potenzreihe in r darstellen. Die beiden ersten Glieder der Reihe sind

$$S_0 = p\,x + \frac{1}{2}\sigma(x)\,r^2, \tag{2}$$

wobei $\sigma(x)$ der Gleichung

$$p\,\sigma'(x) + \sigma^2 + \frac{e^2}{4c^2} H^2 = 0 \tag{3}$$

genügt.

Im Gebiet 1 vor der Linse haben wir

$$\sigma^{(1)} = \frac{p}{x - x_1}$$

mit $x_1 < 0$ als einer Konstanten. Diese Lösung entspricht einem freien Teilchenstrom, der sich in gerader Richtung von dem auf der optischen Achse befindlichen Punkt $x = x_1$ aus im Gebiet 1 bewegt. In der Tat ist die Wirkungsfunktion eines freien Teilchens, das sich mit dem Impuls p vom Punkt $x = x_1$ aus bewegt, durch

$$S_0 = p\sqrt{r^2 + (x - x_1)^2} \approx p\,(x - x_1) + \frac{p\,r^2}{2\,(x - x_1)}$$

bestimmt. Entsprechend schreiben wir im Gebiet 2 hinter der Linse

$$\sigma^{(2)} = \frac{p}{x - x_2},$$

wobei die Konstante x_2 die Koordinate des Bildpunktes von x_1 ist.

Im Gebiet 3 innerhalb der Linse wird die Gleichung (3) durch Trennung der Veränderlichen gelöst und ergibt

$$\sigma^{(3)} = \frac{e\,H}{2\,c} \cot\left(\frac{e\,H}{2\,c\,p}\,x + C\right);$$

C ist eine beliebige Konstante.

Die Konstanten C und x_2 sind (bei vorgegebenem x_1) durch die Forderung der Stetigkeit von $\sigma(x)$ für $x = 0$ und $x = l$ bestimmt:

$$-\frac{p}{x_1} = \frac{e\,H}{2\,c}\cot C, \qquad \frac{p}{l - x_2} = \frac{e\,H}{2\,c}\cot\left(\frac{e\,H}{2\,c\,p}\,l + C\right).$$

Eliminieren wir hieraus C, so erhalten wir

$$(x_1 - g)\,(x_2 + h) = -f^2,$$

wobei

$$g = -\frac{2\,c\,p}{e\,H}\cot\frac{e\,H\,l}{2\,c\,p}, \qquad h = g + l,$$

$$f = \frac{2\,c\,p}{e\,H\sin\dfrac{e\,H\,l}{2\,c\,p}}$$

gesetzt ist.[1])

[1]) Die Größe f ist mit richtigem Vorzeichen angegeben, dessen Bestimmung jedoch zusätzliche Überlegungen erfordert.

§ 57. Abbildung durch weite Lichtbündel

Die im letzten Paragraphen betrachtete Abbildung eines Gegenstandes mittels enger Lichtbündel ist eine Näherung, die um so genauer (d. h. schärfer) ist, je enger die Bündel sind. Wir wollen hier die Frage der Abbildung von Gegenständen mittels Lichtbündel beliebiger Breite untersuchen.

Im Gegensatz zur Abbildung durch enge Bündel, die in einem beliebigen optischen System mit axialer Symmetrie erfolgen kann, ist die Abbildung durch weite Lichtbündel nur in Systemen möglich, die in ganz bestimmter Weise aufgebaut sind. Aber auch mit dieser Einschränkung ist eine Abbildung aller Punkte des Raumes bei weitem nicht möglich, wie schon im § 56 hervorgehoben wurde.

Die weiteren Schlüsse beruhen auf folgender wesentlicher Bemerkung. Es mögen sich alle Strahlen, die von einem Punkte O ausgehen und durch das optische System gelangen, wieder in einem anderen Punkte O' schneiden. Man sieht leicht ein, daß die optischen Weglängen ψ für alle diese Strahlen gleich sein müssen. In der Nähe eines jeden der beiden Punkte O, O' ist nämlich die Wellenfläche für die Strahlen, die durch diese beiden Punkte gehen, eine Kugel, deren Mittelpunkt in O bzw. O' liegt. Im Grenzfall, wenn man sich O bzw. O' nähert, entartet die Wellenfläche zu einem Punkt. Nun sind die Wellenflächen Flächen konstanter Phase. Die Phasenänderungen auf zwei verschiedenen Strahlen zwischen ihren Schnittpunkten mit zwei bestimmten Wellenflächen sind daher gleich. Es folgt daraus, daß auch die Phasenänderungen zwischen den Punkten O und O' für verschiedene Strahlen gleich sind.

Wir untersuchen nun die Bedingungen, die für die Abbildung eines kleinen Geradenabschnittes mittels weiter Lichtbündel erforderlich sind; das Bild ist dabei ebenfalls ein kleines Stück einer Geraden. Die Richtungen dieser Abschnitte wählen wir als Achsen. Diese bezeichnen wir mit ξ bzw. ξ'. Ihre Anfangspunkte O und O' mögen in beliebigen, einander entsprechenden Gegenstands- und Bildpunkten liegen. ψ sei die optische Weglänge von Strahlen, die von O nach O' gehen. Für Strahlen, die von einem zu O infinitesimal benachbarten Punkt mit den Koordinaten $d\xi$ ausgehen und zu einem Bildpunkt mit den Koordinaten $d\xi'$ gelangen, ist die optische Länge $\psi + d\psi$, wobei

$$d\psi = \frac{\partial\psi}{\partial\xi}\,d\xi + \frac{\partial\psi}{\partial\xi'}\,d\xi'$$

gilt. Als „Vergrößerung“ der Abbildung führen wir

$$\alpha_\xi = \frac{d\xi'}{d\xi}$$

ein, also das Verhältnis $d\xi'$ des Bildelementes zur Länge $d\xi$ des abgebildeten Gegenstandes. Infolge der Kleinheit der abgebildeten Strecke kann man die Vergrößerung α längs der Strecke als konstant ansehen. Schreiben wir wie üblich $\frac{\partial\psi}{d\xi} = -\,n_\xi$, $\frac{\partial\psi}{\partial\xi'} = n'_\xi$ (n_ξ, n'_ξ sind die Kosinus der Winkel zwischen der Strahlrichtung und den entsprechenden Achsen ξ, ξ'), so erhalten wir

$$d\psi = (\alpha\, n'_\xi - n_\xi)\, d\xi\,.$$

Die optische Weglänge $\psi + d\psi$ muß für alle Strahlen, die vom Punkt $d\xi$ ausgehen und zum Punkt $d\xi'$ gelangen, dieselbe sein, da dies für jedes Paar einander entsprechender Gegenstands- und Bildpunkte gilt. Daraus erhalten wir

$$\alpha_\xi n'_\xi - n_\xi = \text{const} . \tag{57,1}$$

Das ist die gesuchte Bedingung, der ein Strahlenverlauf im optischen System bei der Abbildung eines kleinen Geradenabschnittes durch weite Lichtbündel genügen muß. (57,1) muß für alle von O ausgehenden Strahlen erfüllt sein.

Wir wollen nun die erhaltene Beziehung auf die Abbildung durch ein axialsymmetrisches optisches System anwenden.

Dazu beginnen wir mit der Abbildung eines Geradenabschnittes auf der optischen Achse des Systems (der x-Achse). Aus Symmetriegründen ist klar, daß auch das Bild auf dieser Achse liegen wird. Ein längs der optischen Achse verlaufender Strahl ($n_x = 1$) ändert dabei infolge der Axialsymmetrie seine Richtung nicht, d. h., es gilt $n'_x = 1$. Daraus folgt, daß die Konstante in (57,1) in dem betrachteten Falle gleich $\alpha_x - 1$ ist und wir (57,1) in der Form

$$\frac{1 - n_x}{1 - n'_x} = \alpha_x$$

schreiben können. Bezeichnen wir mit θ und θ' die Winkel, die die Strahlen mit der optischen Achse im Gegenstands- und Bildpunkt bilden, so gilt

$$1 - n_x = 1 - \cos\theta = 2\sin^2\frac{\theta}{2}, \qquad 1 - n'_x = 2\sin^2\frac{\theta'}{2} .$$

Die Abbildungsbedingung nimmt somit die Gestalt

$$\frac{\sin\frac{\theta}{2}}{\sin\frac{\theta'}{2}} = \text{const} = \sqrt{\alpha_x} \tag{57,2}$$

an.

Weiterhin betrachten wir (bei einem axialsymmetrischen System) die Abbildung eines zur optischen Achse senkrechten kleinen Teils der Ebene. Wenden wir (57,1) auf jede Strecke an, die in der abgebildeten Ebene liegt, so folgt

$$\alpha_r \sin\theta' - \sin\theta = \text{const} ,$$

wobei θ und θ' nach wie vor die Winkel zwischen dem Strahl und der optischen Achse bedeuten. Für Strahlen, die von den Schnittpunkten der abgebildeten Ebene mit der optischen Achse aus in Richtung dieser Achse verlaufen ($\theta = 0$), muß aus Symmetriegründen ebenfalls $\theta' = 0$ gelten. Die Konstante in der letzten Gleichung verschwindet daher, und wir erhalten die Abbildungsbedingung in der Form

$$\frac{\sin\theta}{\sin\theta'} = \text{const} = \alpha_r . \tag{57,3}$$

Man stellt sofort fest, daß die Abbildung eines dreidimensionalen Gegenstandes durch weite Lichtbündel bereits für kleine Abmessungen nicht möglich ist, da die Bedingungen (57,2) und (57,3) nicht zusammenfallen.

§ 58. Grenzen der geometrischen Optik

Nach der Definition einer ebenen monochromatischen Welle ist ihre Amplitude immer und überall dieselbe. Eine solche Welle ist in allen Raumrichtungen unendlich weit ausgedehnt und existiert im gesamten Zeitintervall von $t = -\infty$ bis $t = +\infty$. Jede Welle, die eine nicht überall und zu jeder Zeit konstante Amplitude besitzt, ist nur mehr oder weniger monochromatisch. Wir wollen uns hier mit der Frage beschäftigen, in welchem Grade eine Welle „nichtmonochromatisch" ist.

Betrachten wir eine elektromagnetische Welle mit Amplituden, die in jedem Raumpunkte Funktionen der Zeit sein mögen. ω_0 sei irgendeine mittlere Frequenz der Welle. Dann hat das Feld dieser Welle (etwa das elektrische) in einem bestimmten Punkt die Gestalt $\boldsymbol{E}_0(t)\, e^{-i\omega_0 t}$. Dieses Feld ist zwar nicht selbst monochromatisch, kann jedoch in monochromatische Komponenten zerlegt, d. h. durch ein Fourier-Integral dargestellt werden. Die Amplitude derjenigen Komponente dieser Entwicklung, die der Frequenz ω entspricht, ist dem Integral

$$\int_{-\infty}^{+\infty} \boldsymbol{E}_0(t)\, e^{i(\omega-\omega_0)t}\, dt$$

proportional. Der Faktor $e^{i(\omega-\omega_0)t}$ ist eine periodische Funktion mit verschwindendem Mittelwert. Wäre $\boldsymbol{E}_0$ immer konstant, so hätte das Integral für alle $\omega \neq \omega_0$ den Wert Null. Ist dagegen $\boldsymbol{E}_0(t)$ zeitabhängig, ändert sich jedoch auf einem Zeitabschnitt der Größe $1/(\omega - \omega_0)$ nur sehr wenig, so ist das Integral näherungsweise Null, und zwar gilt dies um so genauer, je langsamer sich $\boldsymbol{E}_0$ ändert. Damit das Integral merklich von Null abweicht, muß sich $\boldsymbol{E}_0(t)$ in einem Zeitintervall der Größe $1/(\omega - \omega_0)$ beträchtlich ändern.

Im folgenden wollen wir mit Δt das Zeitintervall bezeichnen, in dessen Verlauf sich die Wellenamplitude an einem Raumpunkt merklich ändert. Aus unseren Überlegungen folgt dann, daß die größte Abweichung der Frequenz von ω_0, die in die spektrale Entwicklung der Welle noch mit merklicher Intensität eingeht, sich aus der Bedingung $\Delta t \approx 1/(\omega - \omega_0)$ bestimmt. Nennen wir das Frequenzintervall (um die mittlere Frequenz ω_0) in der spektralen Zerlegung $\Delta\omega$, so gilt also die Beziehung

$$\Delta\omega\, \Delta t \approx 1\,. \tag{58,1}$$

Wir sehen, daß die Welle in der Tat um so monochromatischer (d. h. $\Delta\omega$ um so kleiner) wird, je größer Δt ist, d. h., je langsamer sich die Amplitude der Welle in einem Raumpunkt ändert.

Beziehungen, die der Gleichung (58,1) entsprechen, lassen sich auch leicht für den Wellenvektor ableiten. Es seien Δx, Δy, Δz die Größenordnungen jener Entfernungen längs der Achsen x, y, z, für die sich die Wellenamplitude beträchtlich ändert. Für einen bestimmten Zeitpunkt hat das Wellenfeld als Funktion des Ortes die Gestalt

$$\boldsymbol{E}_0(\boldsymbol{r})\, e^{i\boldsymbol{k}_0\boldsymbol{r}}\,,$$

wobei $\boldsymbol{k}_0$ einen Mittelwert des Wellenvektors bezeichnet. Ganz entsprechend der Ableitung von (58,1) finden wir für das Intervall $\Delta\boldsymbol{k}$ der Werte, die in der Entwicklung der Welle in ein FOURIER-Integral auftreten:

$$\Delta k_x \Delta x \approx 1\,, \quad \Delta k_y \Delta y \approx 1\,, \quad \Delta k_z \Delta z \approx 1\,. \tag{58,2}$$

Als Spezialfall betrachten wir eine Welle, die im Verlauf eines endlichen Zeitintervalls ausgestrahlt wird. Mit Δt bezeichnen wir die Größenordnung dieses Zeitraumes. Die Amplitude der Welle ändert sich in einem gegebenen Raumpunkt während der Zeit Δt, in deren Verlauf die Welle ganz über diesen Punkt hinwegstreicht, offensichtlich beträchtlich. Auf Grund der Beziehung (58,1) können wir daher sagen, daß der Grad der „Nichtmonochromatizität" $\Delta\omega$ einer solchen Welle jedenfalls nicht kleiner als $1/\Delta t$ (offenbar jedoch größer) sein kann:

$$\Delta\omega \gtrsim \frac{1}{\Delta t}\,. \tag{58,3}$$

Sind Δx, Δy, Δz die Größenordnungen der Wellenausdehnung im Raum, so finden wir für die Intervalle der Komponenten des Wellenvektors, die in der Entwicklung der Welle erscheinen,

$$\Delta k_x \gtrsim \frac{1}{\Delta x}\,, \qquad \Delta k_y \gtrsim \frac{1}{\Delta y}\,, \qquad \Delta k_z \gtrsim \frac{1}{\Delta z}\,. \tag{58,4}$$

Aus diesen Ungleichungen folgt, daß bei einem Lichtbündel endlicher Breite die Ausbreitungsrichtung nicht streng konstant sein kann. Legen wir die x-Achse in die (mittlere) Richtung der Lichtausbreitung im Bündel, so erhalten wir

$$\theta_y \gtrsim \frac{1}{k\,\Delta y} \approx \frac{\lambda}{\Delta y}\,, \tag{58,5}$$

wobei θ_y größenordnungsmäßig die Abweichung des Bündels von der mittleren Richtung in der xy-Ebene darstellt und λ die Wellenlänge ist.

Weiter beantwortet (58,5) die Frage nach der Begrenzung der Schärfe optischer Abbildungen. Ein Lichtbündel, dessen Strahlen sich nach der geometrischen Optik sämtlich in einem Punkte schneiden sollten, liefert in Wirklichkeit das Bild nicht in Gestalt eines Punktes, sondern in Form einer gewissen Scheibe, für deren Durchmesser wir nach (58,5)

$$\Delta \approx \frac{1}{k\,\theta} \approx \frac{\lambda}{\theta} \tag{58,6}$$

folgern, wenn θ der Öffnungswinkel des Strahlenbündels ist. Diese Formel ist nicht nur auf das Bild, sondern auch auf den Gegenstand anwendbar. Es folgt nämlich, daß bei der Beobachtung eines aus einem Punkte austretenden Lichtbündels sich der Punkt nicht von einem Körper der Abmessung λ/θ unterscheidet. Die Gleichung (58,6) bestimmt daher auch die Grenzen des *Auflösungsvermögens* eines Mikroskopes. Der kleinste Wert von Δ, den man für $\theta \approx 1$ erreichen kann, ist λ. Das steht damit in Einklang, daß die Grenzen der geometrischen Optik durch die Wellenlänge des Lichtes bestimmt werden.

Aufgabe

Man finde die Größenordnung der kleinsten Breite eines Lichtbündels, das aus einem parallelen Lichtbündel in der Entfernung l von einer Blende entsteht.

Lösung. Bezeichnen wir den Durchmesser der Blendenöffnung mit d, so erhalten wir aus (58,5) für den Ablenkungswinkel des Lichtes (Beugungswinkel) einen Wert $\sim \lambda/d$, so daß die Breite des Bündels von der Ordnung $d + \frac{\lambda}{d} l$ ist. Der kleinste Wert dieser Größe ist $\sim \sqrt{\lambda l}$.

§ 59. Beugung

Die Gesetze der geometrischen Optik gelten nur in dem Idealfall streng, in dem die Wellenlänge als unendlich klein angesehen werden kann. Je weniger diese Bedingung erfüllt ist, um so stärker werden die Abweichungen von der geometrischen Optik. Die Erscheinungen, die wir als Ergebnis dieser Abweichungen beobachten, werden *Beugungserscheinungen* genannt.

Eine Beugung kann man z. B. beobachten, wenn sich auf dem Wege der Lichtausbreitung[1]) ein Hindernis befindet, etwa ein undurchsichtiger Körper beliebiger Form (wir bezeichnen ihn als *Schirm*), oder wenn das Licht durch eine Öffnung in einem undurchsichtigen Körper geht. Würden die Gesetze der geometrischen Optik streng erfüllt sein, gäbe es hinter den Schirmen *Schattengebiete*, die scharf von den Gebieten getrennt wären, auf die Licht fällt. Die Beugung führt jedoch dazu, daß an Stelle der scharfen Grenzen zwischen Licht und Schatten dort eine komplizierte Intensitätsverteilung des Lichtes auftritt. Diese Beugungserscheinungen sind um so stärker ausgeprägt, je kleiner die Schirme oder Öffnungen im Vergleich zur Wellenlänge sind.

Die Aufgabe der Beugungstheorie besteht darin, bei gegebener Lage und Form der Körper (und bei gegebener Lage der Lichtquellen) die Lichtverteilung, d. h. das elektromagnetische Feld im ganzen Raume zu bestimmen. Eine strenge Lösung des Problems erfordert die Lösung der Wellengleichung mit entsprechenden Grenzbedingungen auf der Oberfläche der Körper, die von den optischen Eigenschaften des Materials abhängen. Eine Lösung dieser Art bereitet gewöhnlich große mathematische Schwierigkeiten.

Es zeigt sich jedoch, daß das Problem der Lichtverteilung in der Nähe der Licht-Schatten-Grenze in vielen Fällen mit einer Näherungsmethode hinreichend genau behandelt werden kann. Diese Methode läßt sich anwenden, wenn die Abweichungen von der geometrischen Optik gering sind. Hiermit wird erstens vorausgesetzt, daß alle Durchmesser groß im Vergleich zur Wellenlänge sind (dies bezieht sich sowohl auf die Durchmesser des Schirms bzw. der Öffnung als auch auf die Entfernung vom Körper zum Emissions- und Beobachtungspunkt des Lichtes); zweitens werden nur kleine Abweichungen des Lichtverlaufs von den durch die geometrische Optik bestimmten Strahlrichtungen betrachtet.

[1]) Wir werden im folgenden, wenn von Beugung die Rede ist um einen konkreten Fall vor Augen zu haben, stets vom Licht sprechen. Die Ausführungen beziehen sich jedoch auf eine beliebige elektromagnetische Welle.

Es sei irgendein Schirm mit einer Öffnung gegeben, durch die Licht von bestimmten Quellen hindurchgelangt. Abb. 9 zeigt diesen Schirm im Querschnitt (ausgezogene Linie); das Licht geht von links nach rechts. Mit u bezeichnen wir im folgenden eine beliebige Feldkomponente von $\boldsymbol{E}$ oder $\boldsymbol{H}$. Wir wollen dabei u als reine Funktion des Ortes betrachten, d. h. ohne den die Zeitabhängigkeit bestimmenden Faktor $e^{-i\omega t}$. Unsere Aufgabe besteht in der Bestimmung der Lichtintensität, d. h. des Feldes u in einem beliebigen Beobachtungspunkt P hinter dem Schirm. Für eine Näherungslösung dieser Aufgabe in den Fällen, in denen die Abweichungen von der geometrischen Optik klein sind, kann man für die Größe u den Wert annehmen, den sie besitzen würde, wenn kein Schirm vorhanden wäre, oder anders gesagt: Das Feld u hat hier den aus der geometrischen Optik folgenden Wert. In allen Punkten, die sich unmittelbar hinter dem Schirm befinden, kann man annehmen, daß das Feld verschwindet. Offensichtlich spielen dabei die Eigenschaften des Schirmes selbst (das Material, aus dem er besteht) überhaupt keine Rolle. Es ist ferner klar, daß in den betrachteten Fällen für die Beugung nur die Form des Öffnungsrandes maßgebend ist, nicht dagegen die Form des undurchsichtigen Schirms.

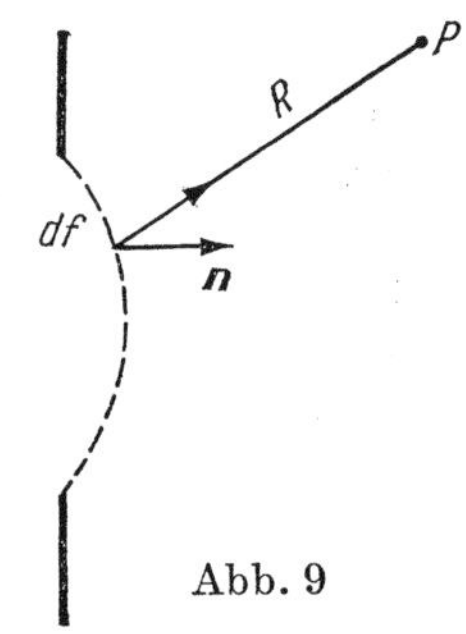

Abb. 9

Wir führen irgendeine Fläche ein, die die Öffnung schließt und die durch den Rand der Öffnung begrenzt wird. (Der Querschnitt der Fläche ist in Abb. 9 gestrichelt dargestellt). Diese Fläche zerlegen wir in Elemente df, die im Vergleich zum Durchmesser der Öffnung klein sind, groß jedoch relativ zur Wellenlänge des Lichtes. Wir können dann jedes dieser Elemente, durch die das Licht hindurchgelangt, selbst als Lichtquelle ansehen, von der aus sich das Licht nach allen Seiten hin fortpflanzt. Das Feld im Punkte P betrachten wir als Ergebnis der Überlagerung aller von den Flächenelementen df ausgehenden Felder (dies ist das sogenannte Huygenssche Prinzip).

Das Feld, das das Element df im Punkte P erzeugt, ist offensichtlich proportional dem Feldwert u an der Stelle von df selbst (es sei daran erinnert, daß wir das Feld in df so voraussetzen, wie es bei Fehlen des Schirmes vorhanden wäre). Außerdem ist es proportional der Projektion df_n von df auf die Ebene, die senkrecht zur Richtung $\boldsymbol{n}$ des von df ausgehenden Lichts liegt. Dies ergibt sich daraus, daß bei beliebiger Form des Gebietes df durch df immer dieselben Lichtstrahlen gehen und somit die Wirkung auf das Feld im Punkt P gleich bleibt, wenn nur die Projektion df_n sich nicht ändert.

Das durch das Element df im Punkte P hervorgerufene Feld ist also $u\,df_n$ proportional. Ferner ist die Änderung von Amplitude und Phase der Welle bei ihrer Ausbreitung von df nach P zu berücksichtigen. Diese Änderung bestimmt sich aus der Gleichung (54,3). $u\,df_n$ ist somit noch mit $\frac{1}{R}e^{ikR}$ zu multiplizieren (R ist die Entfernung von df nach P, k der Betrag des Wellenvektors des Lichtes), und wir finden, daß der gesuchte Feldanteil gleich

$$a\, u \frac{e^{ikR}}{R}\, df_n$$

ist, wobei a eine zunächst noch unbestimmte Konstante ist. Das (Gesamt-)Feld im Punkte P ergibt sich durch Addition der von allen Elementen df erzeugten Anteile und ist daher

$$u_P = a \int \frac{u\, e^{ikR}}{R}\, df_n\,. \tag{59,1}$$

Das Integral erstreckt sich hierbei über die vom Öffnungsrand begrenzte Fläche. In der hier betrachteten Näherung hängt es nicht von der Form der Fläche ab. Die Gleichung (59,1) ist offensichtlich nicht nur auf die Beugung an einer Schirmöffnung anwendbar, sondern auch auf die Beugung an einem Schirm, außerhalb dessen sich das Licht frei ausbreitet. In diesem Falle erstreckt sich die Integrationsfläche in (59,1) vom Rand des Schirmes aus nach allen Richtungen.

Um die Konstante a zu bestimmen, betrachten wir eine ebene Welle, die sich längs der x-Achse ausbreitet. Ihre Wellenflächen sind parallel zur yz-Ebene. u bezeichne den Wert des Feldes in der yz-Ebene. In dem auf der x-Achse gelegenen Punkt ist das Feld gleich $u_P = u\, e^{ikx}$. Andererseits kann man den Feldwert im Punkt P mit Hilfe der Formel (59,1) bestimmen, indem wir als Integrationsfläche etwa die yz-Ebene benutzen. Dabei sind wegen der Kleinheit des Beugungswinkels im Integral nur diejenigen Punkte der yz-Ebene wesentlich, die in der Nähe des Koordinatenursprungs liegen, d. h., für die $y, z \ll x$ gilt (x ist die Koordinate des Punktes P). Dann haben wir

$$R = \sqrt{x^2 + y^2 + z^2} \approx x + \frac{y^2 + z^2}{2\, x}\,,$$

und (59,1) gibt

$$u_P = a\, u \frac{e^{ikx}}{x} \int\limits_{-\infty}^{+\infty} e^{ik\frac{y^2}{2x}}\, dy \int\limits_{-\infty}^{+\infty} e^{ik\frac{z^2}{2x}}\, dz\,.$$

Hier ist u eine Konstante (das Feld in der yz-Ebene); im Faktor $1/R$ kann man $R \approx x = \text{const}$ setzen. Die hier auftretenden Integrale lassen sich durch die Substitution $y = \xi \sqrt{\frac{2\, x}{k}}$ auf das Integral

$$\int\limits_{-\infty}^{+\infty} e^{i\xi^2}\, d\xi = \int\limits_{-\infty}^{+\infty} \cos \xi^2\, d\xi + i \int\limits_{-\infty}^{+\infty} \sin \xi^2\, d\xi = \sqrt{\frac{\pi}{2}}\,(1 + i)$$

zurückführen, und wir erhalten

$$u_P = a\, u\, e^{ikx} \frac{2\, i\, \pi}{k}\,.$$

Andererseits ist $u_P = u\,\mathrm{e}^{ikx}$ und daher

$$a = \frac{k}{2\pi i}.$$

Setzen wir das in (59,1) ein, so erhalten wir die endgültige Lösung der gestellten Aufgabe in der Form

$$u_P = \int \frac{k\,u}{2\pi i R}\,\mathrm{e}^{ikR}\,\mathrm{d}f_n\,. \tag{59,2}$$

Bei der Ableitung der Gleichung (59,2) wurde die Lichtquelle im wesentlichen als punktförmig und das Licht selbst als streng monochromatisch vorausgesetzt. Der Fall einer realen ausgedehnten Lichtquelle, die nichtmonochromatisches Licht aussendet, bedarf jedoch keiner besonderen Untersuchung. Wegen der vollständigen Unabhängigkeit (Inkohärenz) des von den verschiedenen Punkten der Lichtquelle ausgesandten Lichtes und der Inkohärenz seiner verschiedenen spektralen Komponenten ist das Gesamtergebnis der Beugung einfach die Summe der Intensitätsverteilungen, die bei der Beugung jeder einzelnen unabhängigen Komponente des Lichtes erhalten wird.

Wir wenden nun Gleichung (59,2) auf die Frage an, wie sich die Phase beim Durchgang eines Strahles durch einen Berührungspunkt mit der Kaustik ändert (vgl. den Schluß von § 54). Als Integrationsfläche wählen wir in (59,2) eine beliebige Wellenfläche und bestimmen das Feld u_P in dem Punkte P, der auf irgendeinem gegebenen Strahl in der Entfernung x vom Schnittpunkt mit der gewählten Wellenfläche liegt (diesen Schnittpunkt wählen wir als Koordinatenursprung O und benutzen als yz-Ebene diejenige Ebene, die die Wellenfläche im Punkte O berührt). Bei der Integration in (59,2) ist nur ein kleiner Teil der Wellenfläche in der Nähe des Punktes O wesentlich. Werden die Ebenen xy und xz so gewählt, daß sie mit den Hauptkrümmungsebenen der Wellenfläche im Punkte O identisch sind, so hat die Gleichung der Fläche in der Nähe dieser Punkte die Gestalt

$$X = \frac{y^2}{2R_1} + \frac{z^2}{2R_2},$$

wobei R_1 und R_2 die Krümmungsradien sind. Die Entfernung R von einem Punkt der Wellenfläche mit den Koordinaten X, y, z zum Punkte P mit den Koordinaten x, 0, 0 ist

$$R = \sqrt{(x-X)^2 + y^2 + z^2} \approx x + \frac{y^2}{2}\left(\frac{1}{x} - \frac{1}{R_1}\right) + \frac{z^2}{2}\left(\frac{1}{x} - \frac{1}{R_2}\right).$$

Längs der Wellenfläche kann das Feld u als konstant angenommen werden; dasselbe gilt auch für den Faktor $1/R$. Da wir uns nur für die Phasenänderung der Welle interessieren, lassen wir den Koeffizienten fort und schreiben einfach

$$u_P \propto \frac{1}{i}\int \mathrm{e}^{ikR}\,\mathrm{d}f_n \approx \frac{\mathrm{e}^{ikx}}{i}\int\limits_{-\infty}^{+\infty} \mathrm{e}^{ik\frac{y^2}{2}\left(\frac{1}{x}-\frac{1}{R_1}\right)}\,\mathrm{d}y \cdot \int\limits_{-\infty}^{+\infty} \mathrm{e}^{ik\frac{z^2}{2}\left(\frac{1}{x}-\frac{1}{R_2}\right)}\,\mathrm{d}z\,. \tag{59,3}$$

Die Krümmungszentren der Wellenfläche liegen auf dem betrachteten Strahl in den Punkten $x = R_1$ und $x = R_2$. Dies sind zugleich die Berührungspunkte der beiden Kaustiken mit dem Strahl. Es sei $R_2 < R_1$. Im Falle $x < R_2$ sind die bei i stehenden Koeffizienten in den Exponenten der beiden Integranden in (59,2) positiv, und jedes Integral ist proportional zu $1 + i$. Auf dem Strahlabschnitt bis zur Berührung mit der ersten Kaustik haben wir also $u_P \propto e^{ikx}$. Für $R_2 < x < R_1$, d. h. auf dem Abschnitt zwischen den beiden Berührungspunkten, ist das Integral über dy wieder proportional $1 + i$, das Integral über dz dagegen zu $1 - i$ proportional, so daß ihr Produkt i nicht mehr enthält. Wir haben hier demnach $u_P \propto i\, e^{ikx} = e^{i(kx-\pi/2)}$, d. h., beim Durchgang des Strahles durch die erste Kaustik ändert sich die Phase um den zusätzlichen Betrag $-\pi/2$. Für $x > R_1$ gilt schließlich $u_P \propto -e^{ikx} = e^{i(kx-\pi)}$, d. h., beim Passieren der zweiten Kaustik wird die Phase nochmals um $-\pi/2$ geändert.

Aufgabe

Es ist die Intensitätsverteilung des Lichtes in der Nähe des Berührungspunktes eines Strahles mit der Kaustik zu bestimmen.

Lösung. Zur Lösung benutzen wir die Gleichung (59,2) und erstrecken die Integration in ihr über eine vom betrachteten Berührungspunkt des Strahles mit der Kaustik hinreichend entfernte Wellenfläche. In Abb. 10 ist mit ab ein Schnitt dieser Wellenfläche und mit $a'b'$ ein Schnitt der Kaustik dargestellt; $a'b'$ ist die Evolute der Kurve ab. Wir interessieren uns für die Intensitätsverteilung in der Nähe des Berührungspunktes O des Strahles QO mit der Kaustik; die Länge D der Strecke QO auf dem Strahl wird als hinreichend groß angenommen. Mit x bezeichnen wir die Entfernung vom Punkt O längs der Normalen der Kaustik, wobei x für diejenigen Punkte positiv sein soll, die auf der zum Krümmungszentrum gerichteten Normalen liegen.

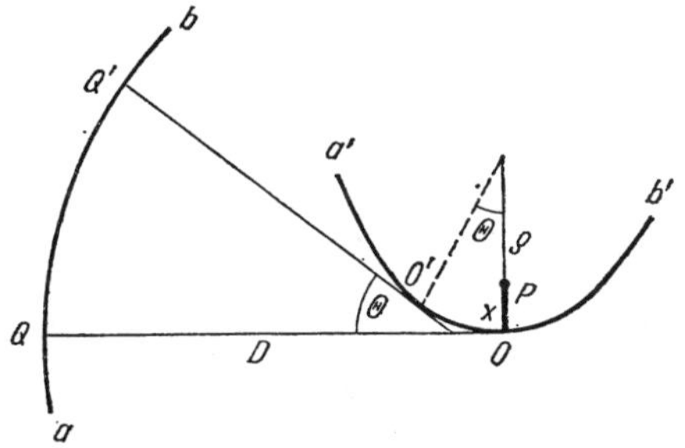

Abb. 10

Der Integrand in (59,2) hängt von der Entfernung R eines beliebigen Punktes Q' auf der Wellenfläche zum Punkt P ab. Nach einer bekannten Eigenschaft der Evoluten ist die Summe der Strecke $Q'O'$, die die Kaustik im Punkt O' berührt, und des Bogens OO' gleich der Strecke QO, deren Berührungspunkt mit der Kaustik im Punkt O liegt. Für nahe beieinander gelegene Punkte O und O' erhalten wir $OO' = \theta\,\varrho$ (ϱ ist der Krümmungsradius der Kaustik im Punkte O). Es ist daher $Q'O' = D - \theta\,\varrho$. Die Entfernung $Q'O$ (auf der Geraden) ist dagegen näherungsweise gleich (der Winkel θ wird als klein angenommen):

$$Q'O \approx Q'O' + \varrho \sin\theta = D - \theta\,\varrho + \varrho\sin\theta \approx D - \frac{\varrho\,\theta^3}{6}.$$

Schließlich ergibt sich die Entfernung $R = Q'P$ zu $R \approx Q'O - x \sin\theta \approx Q'O - x\theta$, d. h.

$$R \approx D - x\theta - \frac{1}{6}\varrho\,\theta^3 .$$

Setzen wir diesen Ausdruck in (59,2) ein, so finden wir

$$u_P \propto \int_{-\infty}^{+\infty} e^{-ikx\theta - \frac{ik\varrho}{6}\theta^3}\, d\theta = 2\int_0^\infty \cos\left(k x\theta + \frac{k\varrho}{6}\theta^3\right) d\theta .$$

(Der langsam veränderliche Faktor $1/R$ im Integranden ist gegenüber dem Exponentialfaktor nicht wesentlich, und wir betrachten ihn daher als konstant). Mit der neuen Integrationsveränderlichen $\xi = \left(\frac{k\varrho}{2}\right)^{1/3}\theta$ erhalten wir

$$u_P \propto \Phi\left(x\sqrt[3]{\frac{2k^2}{\varrho}}\right),$$

wobei $\Phi(t)$ die sogenannte AIRYsche Funktion ist.[1]) Für die Intensität $I \sim |u_P{}^2|$ schreiben wir

$$I = 2A\left(\frac{2k^2}{\varrho}\right)^{1/6} \Phi^2\left(x\sqrt[3]{\frac{2k^2}{\varrho}}\right)$$

(zur Wahl der Konstanten vgl. das folgende).

Für große positive Werte von x folgt daraus die asymptotische Formel

$$I \approx \frac{A}{2\sqrt{x}} \exp\left(-\frac{4x^{3/2}}{3}\sqrt{\frac{2k^2}{\varrho}}\right),$$

---

[1]) Die AIRYsche Funktion definieren wir wie folgt:

$$\Phi(t) = \frac{1}{\sqrt{\pi}} \int_0^\infty \cos\left(\frac{\xi^3}{3} + \xi t\right) d\xi \tag{1}$$

(siehe III, § b). Für große positive t-Werte fällt $\Phi(t)$ exponentiell nach dem Gesetz

$$\Phi(t) \approx \frac{1}{2t^{1/4}} \exp\left(-\frac{2}{3}t^{3/2}\right) \tag{2}$$

ab. Für betragsmäßig große negative t-Werte oszilliert $\Phi(t)$ mit abnehmender Amplitude:

$$\Phi(t) \approx \frac{1}{(-t)^{1/4}} \sin\left[\frac{2}{3}(-t)^{3/2} + \frac{\pi}{4}\right]. \tag{3}$$

Die AIRYsche Funktion hängt folgendermaßen mit der MACDONALDschen Funktion (modifizierte HANKELsche Funktion) der Ordnung 1/3 zusammen:

$$\Phi(t) = \sqrt{\frac{t}{3\pi}}\, K_{1/3}\left(\frac{2}{3}t^{3/2}\right). \tag{4}$$

Die Formel (2) entspricht dem asymptotischen Ausdruck für die Funktion $K_\nu(t)$:

$$K_\nu(t) \approx \sqrt{\frac{\pi}{2t}}\, e^{-t} .$$

d. h., die Intensität fällt exponentiell (Schattengebiet). Bei betragsmäßig großen negativen Werten von x erhalten wir

$$I \approx \frac{2A}{\sqrt{-x}} \sin^2 \left[\frac{2(-x)^{3/2}}{3} \sqrt{\frac{2k^2}{\varrho}} + \frac{\pi}{4} \right],$$

d. h., die Intensität oszilliert rasch. Mitteln wir über diese Oszillationen, so erhalten wir für die Intensität

$$\bar{I} = \frac{A}{\sqrt{-x}}.$$

Daraus erklärt sich die Bedeutung der Konstanten A: Sie bestimmt die Intensität in großer Entfernung von der Kaustik, die man aus der geometrischen Optik ohne Berücksichtigung der Beugungserscheinungen erhält.

Ihren Maximalwert 0,949 nimmt die Funktion $\Phi(t)$ für $t = -1{,}02$ an. Die größte Intensität wird dementsprechend für $x(2k^2/\varrho)^{1/3} = -1{,}02$ erreicht; sie ist

$$I = 2{,}03\, A\, k^{1/3} \varrho^{-1/6}.$$

(Im Berührungspunkt des Strahls mit der Kaustik selbst, also für $x = 0$, gilt $I = 0{,}89\, A\, k^{1/3} \varrho^{-1/6}$, da $\Phi(0) = 0{,}629$ ist.) In der Nähe der Kaustik ist somit die Intensität proportional zu $k^{1/3}$, d. h. $\lambda^{-1/3}$ (λ ist die Wellenlänge). Für $\lambda \to 0$ geht die Intensität, wie es auch sein muß (vgl. § 54), gegen Unendlich.

§ 60. FRESNELsche Beugung

Befinden sich Lichtquelle und Aufpunkt, in dem wir die Lichtintensität bestimmen wollen, in endlicher Entfernung vom beugenden Schirm, so spielt nur ein kleiner Teil der Wellenfläche, über die sich die Integration in (59,2) erstreckt, für die Intensitätsbestimmung eine Rolle, nämlich jener Teil, der in der Nähe der die Quelle mit dem Punkte P verbindenden Geraden liegt. Da nämlich die Abweichungen von der geometrischen Optik nur gering sind, so liefern die Punkte auf der Wellenfläche mit wachsendem Abstand vom Schnittpunkt mit dieser Geraden sehr rasch abfallende Beiträge zur Lichtintensität in P. Die Beugungserscheinungen, bei denen nur ein kleiner Teil der Wellenfläche eine Rolle spielt, werden als *FRESNELsche Beugung* bezeichnet.

Wir wollen die FRESNELsche Beugung an irgendeinem Schirm betrachten. Infolge der eben erwähnten Eigenschaft ist dabei (bei gegebenem Punkt P) nur ein kleiner Teil des Schirmrandes von Wichtigkeit. Ein kleines Stück des Randes kann immer als Geradenabschnitt angesehen werden. Unter dem Rand des Schirmes werden wir daher im folgenden immer diese kurze Geradenstrecke verstehen.

Als xy-Ebene wählen wir diejenige Ebene, die durch die Lichtquelle Q (Abb. 11) und den Schirmrand geht. Die darauf senkrechte xz-Ebene bestimmen wir durch die Forderung, daß sie durch den Punkt Q und den Aufpunkt P verlaufen soll. Den Koordinatenursprung O wählen wir schließlich auf der Begrenzungslinie des Schirmes. Damit sind alle drei Achsen eindeutig bestimmt.

Die Entfernung von der Lichtquelle Q zum Koordinatenursprung sei D_q. Mit D_p bezeichnen wir die x-Koordinate des Beobachtungspunktes P, mit d

seine z-Koordinate, d. h. seinen Abstand zur xy-Ebene. Nach der geometrischen Optik kann Licht nur zu den Punkten gelangen, die oberhalb der xy-Ebene liegen; im Gebiet unterhalb der xy-Ebene sollte nach der geometrischen Optik Dunkelheit herrschen (Gebiet des geometrischen Schattens).

Wir wollen nun die Intensitätsverteilung des Lichtes hinter dem Schirm in der Nähe der geometrischen Schattengrenze untersuchen, d. h. für (im Vergleich zu D_p und D_q) kleine Werte von d. Ein negativer Wert von d bedeutet dabei, daß sich P im Gebiet des geometrischen Schattens befindet.

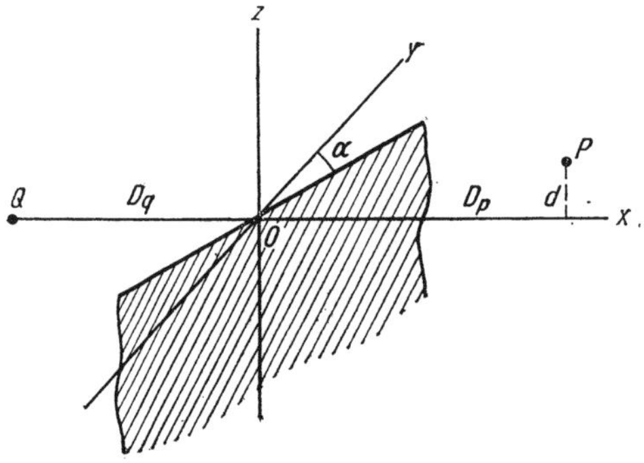

Abb. 11

Als Integrationsfläche in (59,2) benutzen wir die Halbebene, die senkrecht zur xy-Ebene durch den Schirmrand geht. Die Koordinaten x, y der Punkte dieser Fläche hängen miteinander durch $x = y \tan\alpha$ zusammen (α ist der Winkel zwischen der Randlinie des Schirmes und der y-Achse), während die Koordinate z positiv ist. Das Feld einer von der Quelle Q ausgehenden Welle in der Entfernung R_q von Q ist zu e^{ikR_q} proportional. Daraus ergibt sich für das Feld u auf der Integrationsfläche

$$u \propto \exp\left[i k \sqrt{y^2 + z^2 + (D_q + y \tan\alpha)^2}\,\right].$$

Im Integral (59,2) hat man für R

$$R = \sqrt{y^2 + (z-d)^2 + (D_p - y \tan\alpha)^2}$$

zu setzen. Der langsam veränderliche Faktor im Integranden ist unwesentlich im Vergleich zum exponentiell veränderlichen. Wir können daher $1/R$ als konstant ansehen; ferner schreiben wir $dy\,dz$ an Stelle von df_n. Das Feld im Punkte P ergibt sich dann zu

$$u_p \propto \int_{-\infty}^{+\infty}\int_{0}^{\infty} \exp\left[i k \left(\sqrt{(D_q + y \tan\alpha)^2 + y^2 + z^2} + \sqrt{(D_p - y\tan\alpha)^2 + y^2 + (z-d)^2}\right)\right] dy\,dz\,. \quad (60,1)$$

Es wurde schon erwähnt, daß das auf P fallende Licht hauptsächlich von den in der Nähe von O befindlichen Punkten der Integrationsebene herrührt.

Im Integral (60,1) spielen daher nur (im Verhältnis zu D_q und D_p) kleine Werte von y und z eine Rolle. Wir können somit

$$\sqrt{(D_q + y\tan\alpha)^2 + y^2 + z^2} \approx D_q + \frac{y^2 + z^2}{2\,D_q} + y\tan\alpha\,,$$

$$\sqrt{(D_p - y\tan\alpha)^2 + y^2 + (z-d)^2} \approx D_p + \frac{y^2 + (z-d)^2}{2\,D_p} - y\tan\alpha$$

schreiben und diesen Ausdruck in (60,1) einsetzen. Da wir uns nur für das Feld in Abhängigkeit von der Entfernung d interessieren, lassen wir den konstanten Faktor $\exp\{i\,k\,(D_p + D_q)\}$ fort. Ferner gibt das Integral über dy einen von d unabhängigen Faktor, den wir gleichfalls fortlassen. Wir erhalten dann

$$u_P \propto \int\limits_0^\infty \exp\left[i\,k\left(\frac{1}{2\,D_q}z^2 + \frac{1}{2\,D_p}(z-d)^2\right)\right]\mathrm{d}z\,.$$

Dieser Ausdruck läßt sich auch in der Gestalt

$$u_P \propto \exp\left[i\,k\,\frac{d^2}{2\,(D_p + D_q)}\right]\int\limits_0^\infty \exp\left[i\,k\,\frac{\frac{1}{2}\left[\left(\frac{1}{D_p}+\frac{1}{D_q}\right)z - \frac{d}{D_p}\right]^2}{\frac{1}{D_p}+\frac{1}{D_q}}\right]\mathrm{d}z \tag{60,2}$$

schreiben.

Die Intensität des Lichtes wird durch das Quadrat der Feldgröße, d. h. durch das Betragsquadrat $|u_P|^2$ bestimmt. Für die Intensität ist daher der vor dem Integral stehende Faktor unwesentlich, da er bei der Multiplikation mit dem konjugiert-komplexen Ausdruck 1 ergibt. Eine Substitution überführt das Integral in die Gestalt

$$u_P \propto \int\limits_{-w}^{\infty} \mathrm{e}^{i\eta^2}\,\mathrm{d}\eta\,; \tag{60,3}$$

dabei wurde

$$w = d\sqrt{\frac{k\,D_q}{2\,D_p\,(D_q + D_p)}} \tag{60,4}$$

gesetzt. Die Intensität I im Punkte P ist demnach gleich

$$I = \frac{I_0}{2}\left|\sqrt{\frac{2}{\pi}}\int\limits_{-w}^{\infty}\mathrm{e}^{i\eta^2}\mathrm{d}\eta\right|^2 = \frac{I_0}{2}\left[\left(C(w^2) + \frac{1}{2}\right)^2 + \left(S(w^2) + \frac{1}{2}\right)^2\right]. \tag{60,5}$$

Hier sind

$$C(z) = \sqrt{\frac{2}{\pi}}\int\limits_0^{\sqrt{z}} \cos\eta^2\,\mathrm{d}\eta\,, \qquad S(z) = \sqrt{\frac{2}{\pi}}\int\limits_0^{\sqrt{z}} \sin\eta^2\,\mathrm{d}\eta$$

die sogenannten FRESNELschen Integrale. Die Gleichung (60,5) löst die Aufgabe, die wir uns gestellt hatten, und bestimmt die Intensität als Funktion von d; I_0 ist die Intensität in den Punkten des bestrahlten Gebietes, die hinreichend weit vom Schattenrand entfernt sind, d. h., für die $w \gg 1$ gilt (im Grenzfall $w \to \infty$ haben wir $C(\infty) = S(\infty) = 1/2$).

Das Gebiet des geometrischen Schattens wird durch negative Werte von d dargestellt. Man findet leicht die asymptotische Form der Funktion $I(w)$ für betragsmäßig große negative Werte von w. Dazu gehen wir wie folgt vor. Wir integrieren partiell und erhalten

$$\int_{|w|}^{\infty} e^{i\eta^2} d\eta = -\frac{1}{2\,i\,|w|} e^{iw^2} + \frac{1}{2\,i} \int_{|w|}^{\infty} e^{i\eta^2} \frac{d\eta}{\eta^2}.$$

Integrieren wir den zweiten Teil dieser Gleichung nochmals partiell und wiederholen wir den Prozeß, so ergibt sich eine Potenzreihe nach $1/|w|$:

$$\int_{|w|}^{\infty} e^{i\eta^2} d\eta = e^{iw^2}\left(-\frac{1}{2\,i\,|w|} + \frac{1}{4\,|w|^3} - \cdots\right). \tag{60,6}$$

Obwohl eine Potenzreihe dieser Art nicht konvergiert, so ergibt doch das erste Glied eine gute Darstellung der links stehenden Funktion für genügend große $|w|$, da dann die Größe der folgenden Glieder rasch abnimmt (Reihen dieser Art werden asymptotische Reihen genannt). Für die Intensität $I(w)$ erhalten wir daher aus (60,5) folgende asymptotische Form für große negative Werte w:

$$= \frac{I_0}{4\pi w^2}. \tag{60,7}$$

Wir sehen, daß die Intensität im Gebiet des geometrischen Schattens umgekehrt proportional dem Quadrat der Entfernung vom Schattenrand gegen Null geht.

Es mögen nun positive Werte von w betrachtet werden, d. h. das Gebiet oberhalb der xy-Ebene. Wir schreiben

$$\int_{-w}^{\infty} e^{i\eta^2} d\eta = \int_{-\infty}^{+\infty} e^{i\eta^2} d\eta - \int_{-\infty}^{-w} e^{i\eta^2} d\eta = (1+i)\sqrt{\frac{\pi}{2}} - \int_{w}^{\infty} e^{i\eta^2} d\eta.$$

Für große w kann die asymptotische Darstellung des auf der rechten Seite dieser Gleichung stehenden Integrals benutzt werden, und wir haben

$$\int_{-w}^{\infty} e^{i\eta^2} d\eta \approx (1+i)\sqrt{\frac{\pi}{2}} + \frac{1}{2\,i\,w} e^{iw^2}. \tag{60,8}$$

Setzen wir diesen Ausdruck in (60,5) ein, so erhalten wir

$$I = I_0\left[1 + \sqrt{\frac{1}{\pi}}\,\frac{\sin\left(w^2 - \frac{\pi}{4}\right)}{w}\right]. \tag{60,9}$$

In dem bestrahlten Gebiet außerhalb der Schattengrenze hat die Intensität also eine unendliche Reihe von Maxima und Minima, so daß das Verhältnis I/I_0 nach beiden Seiten um 1 herum schwankt. Die Amplitude dieser Schwankungen vermindert sich mit wachsendem w umgekehrt proportional der Entfernung von der geometrischen Schattengrenze, und die Orte der Maxima und Minima nähern sich einander allmählich.

Bei kleinen w besitzt die Funktion $I(w)$ qualitativ denselben Charakter (Abb. 12). Im Gebiet des geometrischen Schattens fällt die Intensität monoton

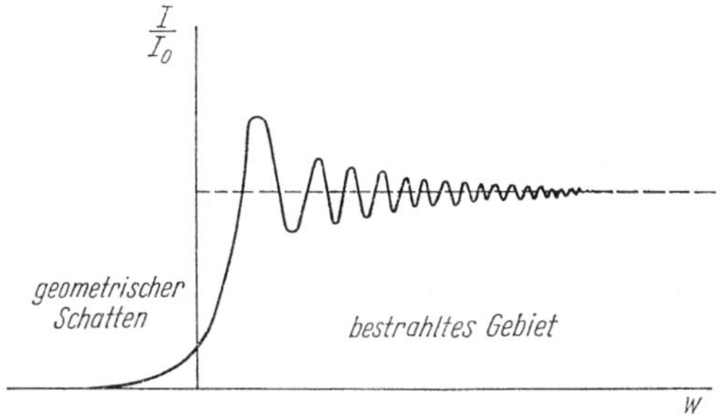

Abb. 12

mit der Entfernung von der Schattengrenze (auf der Grenze selbst ist $I/I_0 = 1/4$). Für positive w besitzt die Intensität aufeinanderfolgende Maxima und Minima. Im ersten und größten Maximum ist $I/I_0 = 1{,}37$.

§ 61. FRAUNHOFERsche Beugung

Für physikalische Anwendungen spielen diejenigen Beugungserscheinungen eine große Rolle, die beim Auffallen eines parallelen Lichtbündels auf einen Schirm entstehen. Als Folge der Beugung geht die Parallelität verloren, und es tritt Licht auf, das sich in Richtungen ausbreitet, die von der ursprünglichen Ausbreitungsrichtung verschieden sind. Wir stellen uns die Aufgabe, die Intensitätsverteilung des gestreuten Lichtes in Abhängigkeit von der Richtung in großen Entfernungen hinter dem Schirm zu bestimmen (eine derartige Problemstellung entspricht der sogenannten *FRAUNHOFERschen Beugung*). Dabei beschränken wir uns wieder auf den Fall kleiner Abweichungen von der geometrischen Optik, d. h., wir nehmen kleine Abweichungen von der ursprünglichen Strahlrichtung (kleine Beugungswinkel) an.

Das Problem läßt sich mit der Gleichung (59,2) lösen, wenn man in ihr zum Grenzfall einer unendlich weit vom Schirm entfernten Lichtquelle und eines unendlich weit gelegenen Beobachtungspunktes übergeht. Kennzeichnend für den betrachteten Fall ist der Umstand, daß in dem die Intensität des gestreuten Lichtes bestimmenden Integral die ganze Wellenfläche wesentlich ist, über die sich die Integration erstreckt (bei der FRESNELschen Beugung spielte nur der Teil eine Rolle, der in der Nähe des Schirmrandes lag).[1])

Es ist jedoch einfacher, die Aufgabe ohne Zuhilfenahme der allgemeinen Gleichung (59,2) neu zu behandeln.

Wir bezeichnen mit u_0 das Feld hinter dem Schirm, das bei strenger Gültigkeit der geometrischen Optik dort vorhanden wäre. Es ist eine ebene Welle, die jedoch Gebiete enthält (dem Schatten des undurchsichtigen Schirms entsprechend), in denen das Feld verschwindet. Mit S bezeichnen wir den Teil der Ebenen senkrecht zur Fortpflanzungsrichtung, auf dem u_0 von Null verschieden ist. Da jede derartige Ebene eine Wellenfläche der ebenen Welle ist, gilt $u_0 = \text{const}$ auf allen Flächen S.

In Wirklichkeit kann jedoch eine Welle mit einer solchen „begrenzten Querschnittsebene" nicht streng eben sein (vgl. § 58). In ihrer räumlichen FOURIER-Entwicklung treten Komponenten mit Wellenvektoren verschiedener Richtungen auf, die zur Beugung Anlaß geben.

Wir entwickeln das Feld u_0 in ein zweidimensionales FOURIER-Integral nach den Koordinaten y, z in der Querschnittsebene der Welle. Für die FOURIER-Komponenten haben wir

$$u_{\boldsymbol{q}} = \frac{1}{(2\pi)^2} \iint\limits_S u_0 \, \mathrm{e}^{-i\boldsymbol{q}\boldsymbol{r}} \, \mathrm{d}y \, \mathrm{d}z \, , \tag{61,1}$$

wobei $\boldsymbol{q}$ konstante Vektoren in der yz-Ebene sind. Die Integration erstreckt sich über den Teil S der yz-Ebene, auf dem u_0 von Null verschieden ist. Ist $\boldsymbol{k}$ der Wellenvektor der auffallenden Welle, so entspricht die Feldkomponente $u_{\boldsymbol{q}} \, \mathrm{e}^{i\boldsymbol{q}\boldsymbol{r}}$ dem Wellenvektor $\boldsymbol{k}' = \boldsymbol{k} + \boldsymbol{q}$. Der Vektor $\boldsymbol{q} = \boldsymbol{k}' - \boldsymbol{k}$ gibt also die Änderung des Wellenvektors des Lichtes bei der Beugung an. Da für die Beträge $k = k' = \omega/c$ gilt, so hängen die kleinen Beugungswinkel θ_y, θ_z in den Ebenen xy und xz mit den Komponenten des Vektors $\boldsymbol{q}$ durch die Beziehung

$$q_y = \frac{\omega}{c}\theta_y, \qquad q_z = \frac{\omega}{c}\theta_z \tag{61,2}$$

zusammen.

Bei kleinen Abweichungen von der geometrischen Optik kann man annehmen, daß die Entwicklungskomponenten des Feldes u_0 mit den Komponenten des wahren Feldes des gebeugten Lichtes zusammenfallen, so daß die Gleichung (61,1) unsere Aufgabe löst.

---

[1]) Ein Kriterium für FRESNELsche oder FRAUNHOFERsche Beugung erhält man leicht, wenn man auf Formel (60,2) zurückgeht und sie etwa auf einen Spalt der Breite a (anstelle des Randes eines isolierten Schirms) anwendet. Die Integration $\mathrm{d}z$ in (60,2) ist dann von 0 bis a auszuführen. FRESNELsche Beugung liegt dann vor, wenn im Exponenten des Integranden das Glied mit z^2 wesentlich ist und die obere Integralgrenze durch ∞ ersetzt werden kann. Dazu muß

$$k\,a^2 \left(\frac{1}{D_p} + \frac{1}{D_q}\right) \gg 1$$

gelten. Gilt die dazu entgegengesetzte Ungleichung, so kann das Glied mit z^2 fortgelassen werden; dieser Fall entspricht der FRAUNHOFERschen Beugung.

Die Intensitätsverteilung des gebeugten Lichtes wird durch das Quadrat $|u_{\boldsymbol{q}}|^2$ in Abhängigkeit vom Vektor $\boldsymbol{q}$ bestimmt. Der qualitative Zusammenhang mit der Intensität des auffallenden Lichtes wird durch die Gleichung

$$\iint u_0^2 \, dy \, dz = \iint |u_{\boldsymbol{q}}|^2 \frac{dq_y \, dq_z}{(2\pi)^2} \tag{61,3}$$

hergestellt (siehe Gl. (49,8)). Es ist daraus ersichtlich, daß die relative Beugungsintensität im Raumwinkelelement $do = d\theta_y \, d\theta_z$ durch die Größe

$$\frac{|u_{\boldsymbol{q}}|^2}{u_0^2} \frac{dq_y \, dq_z}{(2\pi)^2} = \left(\frac{\omega}{2\pi c}\right)^2 \left|\frac{u_{\boldsymbol{q}}}{u_0}\right|^2 do \tag{61,4}$$

gegeben wird.

Wir betrachten die FRAUNHOFERsche Beugung an zwei Schirmen, die zueinander komplementär sind: Der erste Schirm habe dort die Öffnung, wo der andere undurchsichtig ist, und umgekehrt. Mit $u^{(1)}$ und $u^{(2)}$ bezeichnen wir das an diesen beiden Schirmen gestreute Licht (in beiden Fällen sei das auffallende Licht das gleiche). Da $u_{\boldsymbol{q}}^{(1)}$ und $u_{\boldsymbol{q}}^{(2)}$ durch Integrale der Gestalt (61,1) ausgedrückt werden, die sich über die Öffnung des Schirmes erstrecken, und da die Öffnungen der beiden Schirme sich zur vollen Ebene ergänzen, so ist die Summe $u_{\boldsymbol{q}}^{(1)} + u_{\boldsymbol{q}}^{(2)}$ eine FOURIER-Komponente des Feldes, das man ohne Schirm erhält, d. h. des auffallenden Lichtes. Da aber das auffallende Licht streng eine ebene Welle mit bestimmter Ausbreitungsrichtung ist, folgt $u_{\boldsymbol{q}}^{(1)} + u_{\boldsymbol{q}}^{(2)} = 0$ für jedes von Null verschiedene $\boldsymbol{q}$. Es gilt also $u_{\boldsymbol{q}}^{(1)} = -u_{\boldsymbol{q}}^{(2)}$ der für die entsprechenden Intensitäten

$$|u_{\boldsymbol{q}}^{(1)}|^2 = |u_{\boldsymbol{q}}^{(2)}|^2, \qquad \boldsymbol{q} \neq 0. \tag{61,5}$$

Dies bedeutet, daß komplementäre Schirme dieselbe Intensitätsverteilung des gebeugten Lichtes ergeben (dies ist das sogenannte *BABINETsche Prinzip*).

Wir erwähnen noch eine interessante Folgerung aus dem BABINETschen Prinzip. Es sei ein schwarzer Körper gegeben, d. h. ein Körper, der alles auf ihn fallende Licht vollständig absorbiert. Nach der geometrischen Optik befindet sich hinter dem Körper ein Gebiet des geometrischen Schattens, dessen Querschnitt gleich dem Querschnitt des Körpers senkrecht zur Richtung des auffallenden Lichtes ist. Die Tatsache der Beugung führt zu einer teilweisen Abweichung des Lichtes von seiner ursprünglichen Richtung. In großen Entfernungen hinter dem Körper tritt dann kein vollkommener Schatten auf, sondern zugleich mit dem Licht, das sich in der ursprünglichen Richtung fortpflanzt, breitet sich ein bestimmter Anteil des Lichtes in Richtungen aus, die von der ursprünglichen Fortpflanzungsrichtung um kleine Winkel abweichen. Die Intensität dieses sogenannten gestreuten Lichtes ist leicht zu bestimmen: Nach dem BABINETschen Prinzip ist die Lichtmenge, die infolge der Beugung am betrachteten Körper abgelenkt wird, gleich der Lichtmenge, die bei der Beugung am komplementären Schirm (also einer Öffnung) auftritt. Nun findet bei FRAUNHOFERscher Beugung an einer Öffnung eine Ablenkung des gesamten durch die Öffnung gehenden Lichtes statt. Daraus folgt, daß die Gesamtmenge des Lichtes, die an einem schwarzen Körper gestreut wird, gleich der Lichtmenge ist, die auf seine Oberfläche fällt und von ihm absorbiert wird.

Aufgaben

1. Man bestimme die FRAUNHOFERsche Beugung beim senkrechten Auffall einer ebenen Welle auf einen unendlich ausgedehnten Spalt der Breite $2a$ mit parallelen Rändern, der sich in einem undurchsichtigen Schirm befindet.

Lösung. Wir wählen die Spaltebene als yz-Ebene mit der z-Achse in Richtung des Spaltes (Abb. 13 zeigt einen Schnitt durch den Schirm). Bei senkrechtem Einfall des Lichtes ist die Spaltebene eine Wellenfläche, die wir als Integrationsfläche in (61,1) wählen. Infolge der unendlichen Spaltlänge wird das Licht nur in der xy-Ebene abgelenkt (das Integral (61,1) verschwindet für $q_z \neq 0$). Die Entwicklung des Feldes ist daher nur nach der Koordinate y auszuführen:

$$u_q = u_0 \int_{-a}^{a} e^{-iqy}\, dy = \frac{2u_0}{q} \sin qa\,.$$

Die Intensität des in den Winkelbereich $d\theta$ gestreuten Lichtes ist daher

$$dI = \frac{I_0}{2a} \left|\frac{u_q}{u_0}\right|^2 \frac{dq}{2\pi} = \frac{I_0}{\pi a k} \frac{\sin^2 ka\theta}{\theta^2} d\theta\,,$$

wobei $k = \omega/c$ und I_0 die gesamte auf den Spalt fallende Intensität des Lichtes ist.

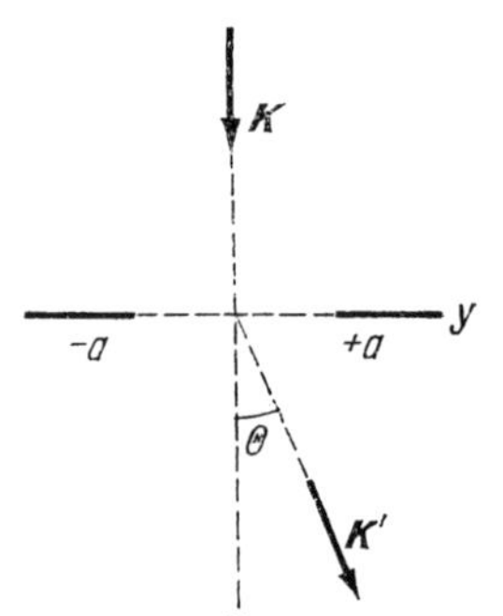

Abb. 13

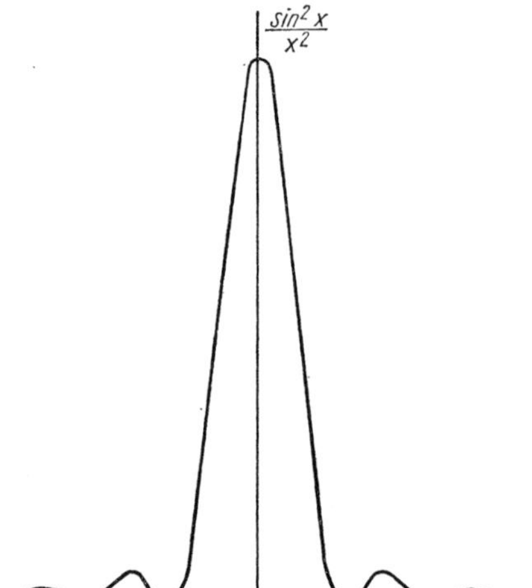

Abb. 14

$dI/d\theta$ hat als Funktion des Beugungswinkels θ die in Abb. 14 gezeichnete Gestalt. Mit wachsendem θ durchläuft die Intensität beiderseits $\theta = 0$ eine Reihe Maxima mit rasch fallender Höhe. Die Maxima sind durch Minima in den Punkten $\theta = \pi n/ka$ (n eine ganze Zahl) voneinander getrennt, in denen die Intensität Null wird.

2. Dasselbe für die Beugung an einem Gitter, d. h. einem ebenen Schirm, der eine Reihe gleicher paralleler Spalte enthält (die Spaltbreite sei $2\,a$, die Breite des undurchsichtigen Schirmes zwischen benachbarten Spalten $2\,b$, die Zahl der Spalte N).

Lösung. Wir wählen die Gitterebene zur yz-Ebene mit einer zu den Spalten parallelen z-Achse. Die Beugung erfolgt wieder nur in der xy-Ebene, und die Integration in (61,1) ergibt

$$u_q = u_q' \sum_{n=0}^{N-1} \mathrm{e}^{-2inqd} = u_q' \frac{1 - \mathrm{e}^{-2iNqd}}{1 - \mathrm{e}^{-2iqd}},$$

wobei $d = a + b$ gesetzt ist und u_q' das Ergebnis der Integration über einen Spalt ist. Mit den Resultaten der Aufgabe 1 erhalten wir

$$\mathrm{d}I = \frac{I_0}{N} \frac{a}{\pi} \left(\frac{\sin N\,q\,d}{\sin q\,d}\right)^2 \left(\frac{\sin q\,a}{q\,a}\right)^2 \mathrm{d}q = \frac{I_0}{N\,\pi\,a\,k} \left(\frac{\sin N\,k\,\theta\,d}{\sin k\,\theta\,d}\right)^2 \frac{\sin^2 k\,a\,\theta}{\theta^2}\,\mathrm{d}\theta$$

(I_0 ist die durch alle Spalte gehende Gesamtintensität des Lichtes).

Bei einer großen Anzahl von Spalten ($N \to \infty$) kann diese Formel in einer anderen Gestalt geschrieben werden. Für die Werte $q = \pi\,n/d$ (n eine ganze Zahl) hat $\mathrm{d}I/\mathrm{d}q$ Maxima; in der Nähe eines solchen Maximums (d. h. für $q\,d = \pi\,n + \varepsilon$, ε klein) ist

$$\mathrm{d}I = I_0\,a \left(\frac{\sin q\,a}{q\,a}\right)^2 \frac{\sin^2 N\,\varepsilon}{\pi\,N\,\varepsilon^2}\,\mathrm{d}q\,.$$

Nun gilt für $N \to \infty$ die Gleichung[1])

$$\lim_{N\to\infty} \frac{\sin^2 N\,x}{\pi\,N\,x^2} = \delta(x)\,.$$

In der Nähe eines Maximums haben wir daher

$$\mathrm{d}I = I_0 \frac{a}{d} \left(\frac{\sin q\,a}{q\,a}\right)^2 \delta(\varepsilon)\,\mathrm{d}\varepsilon\,,$$

d. h., die Maxima besitzen, wenn wir zur Grenze übergehen, eine unendlich kleine Breite und die Gesamtintensität des Lichtes im n-ten Maximum beträgt

$$I^{(n)} = I_0 \frac{d}{\pi^2\,a} \frac{\sin^2 (n\,\pi\,a/d)}{n^2}\,.$$

3. Man bestimme die Richtungsverteilung der Intensität bei der Beugung des senkrecht auf eine kreisförmige Öffnung vom Radius a fallenden Lichtes an dieser Öffnung.

Lösung. Wir führen Zylinderkoordinaten z, r, φ bezüglich der durch den Mittelpunkt der Öffnung und senkrecht zu dieser gehenden z-Achse ein. Offensichtlich ist die Beugung symmetrisch in bezug auf diese Achse, so daß der Vektor $\boldsymbol{q}$ nur eine Radialkomponente $q_r = q = k\,\theta$ besitzt. Zählen wir den Winkel φ von der Richtung $\boldsymbol{q}$ an und integrieren wir in (61,1) über die Öffnungsebene, so finden wir

$$u_q = u_0 \int_0^a \int_0^{2\pi} \mathrm{e}^{-iqr\cos\varphi}\,r\,\mathrm{d}\varphi\,\mathrm{d}r = 2\,\pi\,u_0 \int_0^a J_0(q\,r)\,r\,\mathrm{d}r;$$

---

1) Für $x \neq 0$ verschwindet die Funktion auf der linken Seite dieser Gleichung, und nach einer aus der Theorie der FOURIER-Reihen bekannten Beziehung gilt

$$\lim_{N\to\infty} \left(\frac{1}{\pi} \int_{-a}^{a} f(x) \frac{\sin^2 N\,x}{N\,x^2}\,\mathrm{d}x\right) = f(0)\,.$$

Man entnimmt daraus, daß die Eigenschaften dieser Funktion tatsächlich mit denen der δ-Funktion zusammenfallen (siehe die Bemerkung auf S. 83).

J_0 ist die BESSEL-Funktion nullter Ordnung. Mit der bekannten Beziehung

$$\int_0^a J_0(q\,r)\,r\,\mathrm{d}r = \frac{a}{q}\,J_1(a\,q)$$

ergibt sich daraus

$$u_q = \frac{2\,\pi\,u_0\,a}{q}\,J_1(a\,q)\,,$$

und nach (61,4) finden wir endgültig für die Intensität des in das Raumwinkelelement do gestreuten Lichtes

$$\mathrm{d}I = I_0\,\frac{J_1^2(a\,k\,\theta)}{\pi\,\theta^2}\,\mathrm{d}o\,,$$

worin I_0 die Gesamtintensität des auf die Öffnung fallenden Lichtes ist.

VIII DAS FELD BEWEGTER LADUNGEN

§ 62. Retardierte Potentiale

Im Kapitel V untersuchten wir das von ruhenden Ladungen erzeugte zeitunabhängige Feld, im Kapitel VI das veränderliche Feld bei Abwesenheit von Ladungen. Hier werden wir uns mit der Untersuchung veränderlicher Felder bei Vorhandensein von sich beliebig bewegenden Ladungen beschäftigen.

Wir leiten zunächst die Gleichungen ab, die das Potential des von den bewegten Ladungen erzeugten Feldes bestimmen. Dies läßt sich am besten in vierdimensionaler Form durchführen. Dazu wiederholen wir die Ableitungen am Schluß des § 46, wobei wir jedoch die MAXWELLschen Gleichungen (30,2) mit von Null verschiedenen Quellen zu verwenden haben:

$$\frac{\partial F^{ik}}{\partial x^k} = -\frac{4\pi}{c} j^i .$$

Die rechte Seite dieser Gleichung erscheint nicht in (46,8). Fordern wir für die Potentiale die LORENTZ-Konvention

$$\frac{\partial A^i}{\partial x^i} = 0 , \qquad \text{d. h.} \qquad \frac{1}{c}\frac{\partial \varphi}{\partial t} + \operatorname{div} \boldsymbol{A} = 0 , \tag{62,1}$$

dann folgt

$$\frac{\partial^2 A^i}{\partial x_k\, \partial x^k} = \frac{4\pi}{c} j^i . \tag{62,2}$$

Das ist die gesuchte Gleichung für das Potential eines beliebigen elektromagnetischen Feldes. In dreidimensionaler Form spaltet sie sich in zwei Gleichungen für $\boldsymbol{A}$ und φ auf:

$$\Delta \boldsymbol{A} - \frac{1}{c^2}\frac{\partial^2 \boldsymbol{A}}{\partial t^2} = -\frac{4\pi}{c}\boldsymbol{j} , \tag{62,3}$$

$$\Delta \varphi - \frac{1}{c^2}\frac{\partial^2 \varphi}{\partial t^2} = -4\pi\varrho . \tag{62,4}$$

Für ein zeitunabhängiges Feld ergeben sich die uns schon bekannten Gleichungen (36,4) und (43,4) und für ein veränderliches Feld ohne Ladungen homogene Wellengleichungen.

Die allgemeine Lösung der inhomogenen linearen Gleichungen (62,3) und (62,4) läßt sich in bekannter Weise als Summe der allgemeinen Lösung der homogenen Gleichung (also ohne Quellen) und einer speziellen Lösung der allgemeinen Gleichung (mit Quellen) darstellen. Um ein solches spezielles Integral zu finden, unterteilen wir den ganzen Raum in differentiell kleine Bereiche und bestimmen das von der Ladung erzeugte Feld, die sich in einem dieser Volumenelemente befindet. Infolge der Linearität der Feldgleichungen ist das wirkliche Feld gleich der Summe der von allen diesen Elementen hervorgerufenen Felder.

Die Ladungsmenge de in einem bestimmten Volumenelement hängt im allgemeinen von der Zeit ab. Wählen wir den Koordinatenursprung in diesem Volumenelement, so läßt sich die Ladungsdichte $\varrho = de(t)\,\delta(\boldsymbol{R})$ schreiben, wobei $\boldsymbol{R}$ die Entfernung vom Koordinatenanfangspunkt ist. Es ist also die Gleichung

$$\Delta\varphi - \frac{1}{c^2}\frac{\partial^2\varphi}{\partial t^2} = -4\pi\, de(t)\,\delta(\boldsymbol{R}) \tag{62,5}$$

zu lösen.

Überall außerhalb des Ursprungs $\boldsymbol{R} = 0$ ist $\delta(\boldsymbol{R}) = 0$, und es gilt

$$\Delta\varphi - \frac{1}{c^2}\frac{\partial^2\varphi}{\partial t^2} = 0\,. \tag{62,6}$$

Offensichtlich muß in dem hier betrachteten Fall φ kugelsymmetrisch sein, d. h. darf nur von R abhängen. Schreiben wir also den LAPLACE-Operator in Kugelkoordinaten, so nimmt (62,6) die Gestalt

$$\frac{1}{R^2}\frac{\partial}{\partial R}\left(R^2\frac{\partial\varphi}{\partial R}\right) - \frac{1}{c^2}\frac{\partial^2\varphi}{\partial t^2} = 0$$

an.

Zur Lösung substituieren wir $\varphi = \dfrac{\chi(R, t)}{R}$. Dann erhalten wir für χ:

$$\frac{\partial^2\chi}{\partial R^2} - \frac{1}{c^2}\frac{\partial^2\chi}{\partial t^2} = 0\,.$$

Das ist jedoch die Gleichung ebener Wellen, deren Lösung die Gestalt

$$\chi = f_1\left(t - \frac{R}{c}\right) + f_2\left(t + \frac{R}{c}\right)$$

hat (siehe § 47).

Da wir nur eine spezielle Lösung suchen, genügt es, nur eine der Funktionen f_1 oder f_2 zu benutzen. Es ist gewöhnlich bequem, $f_2 = 0$ zu setzen (vgl. dazu das weiter unten Gesagte). Außerhalb des Koordinatenursprunges hat also das Potential φ immer die Gestalt

$$\varphi = \frac{\chi\left(t - \dfrac{R}{c}\right)}{R}\,. \tag{62,7}$$

Die Funktion χ ist hierbei vorläufig noch unbestimmt; wir wählen sie so, daß sich auch im Koordinatenursprung der richtige Wert des Potentials ergibt. Mit anderen Worten, wir haben χ so zu bestimmen, daß im Koordinatenursprung die Gleichung (62,5) erfüllt wird. Das ist leicht möglich, wenn man bedenkt, daß für $R \to 0$ das Potential selbst unendlich groß wird und daher die Ableitungen nach den Koordinaten rascher wachsen als diejenigen nach der Zeit. Für $R \to 0$ kann man also in der Gleichung (62,5) den Term $\frac{1}{c^2}\frac{\partial^2\varphi}{\partial t^2}$ gegenüber $\Delta\varphi$ vernachlässigen. Dann geht (62,5) in die uns schon bekannte Gleichung (36,9) über, die das COULOMBsche Gesetz ergab. In der Nähe des Koordinatenursprunges muß somit (62,7) in das COULOMBsche Gesetz übergehen, woraus folgt, daß $\chi(t) = \mathrm{d}e(t)$, d. h.

$$\varphi = \frac{\mathrm{d}e\left(t - \frac{R}{c}\right)}{R}$$

gilt.

Es ist nun leicht, die Lösung der Gleichung (62,4) für eine beliebige Ladungsverteilung $\varrho(x, y, z, t)$ zu erhalten. Dazu genügt es, $\mathrm{d}e = \varrho\, \mathrm{d}V$ (mit $\mathrm{d}V$ als Volumenelement) zu schreiben und über den ganzen Raum zu integrieren. Zu der so erhaltenen Lösung der inhomogenen Gleichung (62,4) ist noch die allgemeine Lösung φ_0 der entsprechenden homogenen Gleichung hinzuzufügen. Die allgemeine Lösung hat dann die Gestalt

$$\left.\begin{aligned} \varphi(\boldsymbol{r}, t) &= \int \frac{1}{R}\, \varrho\left(\boldsymbol{r}', t - \frac{R}{c}\right) \mathrm{d}V' + \varphi_0\,, \\ \boldsymbol{R} &= \boldsymbol{r} - \boldsymbol{r}'\,, \qquad \mathrm{d}V' = \mathrm{d}x'\, \mathrm{d}y'\, \mathrm{d}z' \end{aligned}\right\} \tag{62,8}$$

mit $\boldsymbol{r} = (x, y, z)$, $\boldsymbol{r}' = (x', y', z')$; R ist die Entfernung vom Volumenelement $\mathrm{d}V'$ zum Aufpunkt, für den die Werte des Potentials gesucht werden. Wir werden diesen Ausdruck kurz in der Form

$$\varphi = \int \frac{\varrho_{t-R/c}}{R}\, \mathrm{d}V + \varphi_0 \tag{62,9}$$

schreiben, worin der Index $t - R/c$ bedeuten soll, daß der Wert von ϱ zum Zeitpunkt $t - R/c$ zu nehmen ist; den Strich bei $\mathrm{d}V$ lassen wir fort.

Für das Vektorpotential gilt ganz entsprechend

$$\boldsymbol{A} = \frac{1}{c} \int \frac{\boldsymbol{j}_{t-R/c}}{R}\, \mathrm{d}V + \boldsymbol{A}_0\,. \tag{62,10}$$

$\boldsymbol{A}_0$ ist eine Lösung der Gleichung (62,3) ohne Quelle.

Die Ausdrücke (62,9) und (62,10) (ohne φ_0 und $\boldsymbol{A}_0$) werden *retardierte Potentiale* genannt.

Für unbewegte Ladungen (d. h. für eine zeitunabhängige Dichte) geht (62,9) in die uns schon bekannte Gleichung (36,8) für das Potential des elektrostatischen Feldes über. (62,10) ergibt bei einer stationären Bewegung der Ladungen (nach Mittelung) die Gleichung (43,5) für das Vektorpotential eines magnetostatischen Feldes.

$\boldsymbol{A}_0$ und φ_0 in (62,9) und (62,10) sind so zu bestimmen, daß sie den Bedingungen der gestellten Aufgabe genügen. Es würde zur Festlegung offenbar ausreichen, Anfangsbedingungen zu stellen, d. h. das Feld zu einem Anfangszeitpunkt vorzugeben. Gewöhnlich hat man es jedoch nicht mit derartigen Anfangsbedingungen zu tun. Statt dessen sind Bedingungen in großen Entfernungen vom System der Ladungen für alle t gegeben. Auf das System treffe etwa eine äußere Strahlung auf. Dann kann sich das Feld, das als Ergebnis der Wechselwirkung der äußeren Strahlung mit dem System entsteht, vom äußeren Feld nur durch die vom System ausgehende Strahlung unterscheiden. Eine solche Ausstrahlung des Systems hat in großen Entfernungen die Gestalt von Wellen, die sich in Richtung wachsender R vom System fortbewegen. Diese Bedingung erfüllen jedoch gerade die retardierten Potentiale. Sie bilden also das vom System ausgehende Feld und φ_0, $\boldsymbol{A}_0$ sind mit dem auf das System wirkenden äußeren Feld zu identifizieren.

§ 63. Die Liénard-Wiechertschen Potentiale

Wir bestimmen nun das Potential eines Feldes, das von einer sich auf der Bahnkurve $\boldsymbol{r} = \boldsymbol{r}_0(t)$ bewegenden Ladung hervorgerufen wird.

Das Feld im Beobachtungspunkt $P(x, y, z)$ zum Zeitpunkt t wird nach den Formeln für die retardierten Potentiale durch den Bewegungszustand der Ladung im vorangegangenen Zeitpunkt t' bestimmt. t' ist der Zeitpunkt, für den die Ausbreitungszeit eines Lichtsignals vom Quellpunkt $\boldsymbol{r}_0(t')$ der Ladung zum Aufpunkt P gleich der Differenz $t - t'$ ist. $\boldsymbol{R}(t) = \boldsymbol{r} - \boldsymbol{r}_0(t)$ sei der Abstandsvektor von der Ladung e zum Punkt P; dieser ist mit $\boldsymbol{r}_0(t)$ eine gegebene Funktion der Zeit. Daher ist

$$t' + \frac{R(t')}{c} = t\,. \tag{63,1}$$

Für jedes t hat diese Gleichung nur eine Wurzel t' [1]).

In dem Koordinatensystem, in dem das Teilchen zum Zeitpunkt t' ruht, wird das Feld im Augenblick t einfach durch das Coulomb-Potential

$$\varphi = \frac{e}{R(t')}, \qquad \boldsymbol{A} = 0 \tag{63,2}$$

bestimmt.

[1]) Dieser Umstand ist an und für sich klar, und man kann sich unmittelbar von seiner Richtigkeit überzeugen. Dazu wählen wir den Beobachtungspunkt P zum Zeitpunkt der Beobachtung t als Ursprung O eines vierdimensionalen Koordinatensystems und konstruieren den Lichtkegel (§ 2) mit der Spitze in O. Der Mantel der unteren Hälfte des Kegels, der das Gebiet der „absoluten Vergangenheit" (in bezug auf das Ereignis O) umgibt, ist der geometrische Ort aller Punkte mit der Eigenschaft, daß ein von ihnen ausgesandtes Lichtsignal den Weltpunkt O erreichen kann. Die Schnittpunkte dieser Fläche mit den Weltlinien bewegter Ladungen sind offenbar jene Weltpunkte, die gerade den Wurzeln der Gleichung (63,1) entsprechen. Da die Teilchengeschwindigkeit immer unter der Lichtgeschwindigkeit liegt, hat die Weltlinie eines Teilchens stets eine geringere Neigung zur Zeitachse als die Fläche des Lichtkegels. Es ist daher klar, daß die Weltlinie eines Teilchens die untere Hälfte des Lichtkegels nur in einem Punkte schneiden kann.

Die Ausdrücke für die Potentiale in einem beliebigen Bezugssystem kann man unmittelbar erhalten, wenn man den Vierervektor bestimmt, der für $\boldsymbol{v} = 0$ die Werte (63,2) für φ und $\boldsymbol{A}$ liefert. Da φ in (63,2) wegen (63,1) auch in der Gestalt

$$\varphi = \frac{e}{c\,(t - t')}$$

geschrieben werden kann, finden wir als gesuchten Vierervektor

$$A^i = e\,\frac{u^i}{R_k\, u^k}\,, \tag{63,3}$$

wobei u^k die Vierergeschwindigkeit der Ladung, und der Vierervektor $R^k = [c\,(t - t'), \boldsymbol{r} - \boldsymbol{r}']$ ist. Hierbei sind x', y', z', t' durch die Beziehung (63,1) verknüpft, die in vierdimensionaler Form

$$R_k\, R^k = 0 \tag{63,4}$$

lautet. Gehen wir nun wieder zu dreidimensionalen Bezeichnungen über, so erhalten wir für die Potentiale eines Feldes, das von einer beliebig bewegten Punktladung hervorgerufen wird, die Ausdrücke

$$\varphi = \frac{e}{\left(R - \dfrac{\boldsymbol{v}\,\boldsymbol{R}}{c}\right)}\,, \qquad \boldsymbol{A} = \frac{e\,\boldsymbol{v}}{c\left(R - \dfrac{\boldsymbol{v}\,\boldsymbol{R}}{c}\right)}\,. \tag{63,5}$$

$\boldsymbol{R}$ ist hierin der Abstandsvektor vom Punkt, in dem sich die Ladung befindet, zum Aufpunkt P; alle Ausdrücke auf den rechten Seiten dieser Gleichungen sind für den aus (63,1) bestimmten Zeitpunkt t' zu nehmen. Die Potentiale in der Form (63,5) heißen LIÉNARD-WIECHERT-*Potentiale.*

Zur Berechnung der elektrischen und magnetischen Feldstärke nach den Formeln

$$\boldsymbol{E} = -\frac{1}{c}\,\frac{\partial \boldsymbol{A}}{\partial t} - \operatorname{grad}\varphi\,, \qquad \boldsymbol{H} = \operatorname{rot}\boldsymbol{A}$$

sind φ und $\boldsymbol{A}$ nach den Aufpunktkoordinaten x, y, z und der Beobachtungszeit t zu differenzieren. Die Gleichungen (63,5) drücken die Potentiale als Funktionen von t' und erst über (63,1) als implizite Funktionen von x, y, z, t aus. Zur Bildung der nötigen Ableitungen hat man also erst nach t' zu differenzieren. Die Ableitung der Beziehung $R(t') = c\,(t - t')$ nach t ergibt

$$\frac{\partial R}{\partial t} = \frac{\partial R}{\partial t'}\,\frac{\partial t'}{\partial t} = -\frac{\boldsymbol{R}\,\boldsymbol{v}}{R}\,\frac{\partial t'}{\partial t} = c\left(1 - \frac{\partial t'}{\partial t}\right)$$

(den Wert für $\dfrac{\partial R}{\partial t'}$ erhalten wir durch Differenzieren der Identität $R^2 = \boldsymbol{R}^2$ und durch die Substitution $\dfrac{\partial \boldsymbol{R}(t')}{\partial t'} = -\,\boldsymbol{v}(t')$; das Minuszeichen ist hier Folge des Umstandes, daß der Abstandsvektor $\boldsymbol{R}$ von der Ladung e zum Punkt P und nicht umgekehrt gerichtet ist). Hieraus erhalten wir

$$\frac{\partial t'}{\partial t} = \frac{1}{1 - \frac{\boldsymbol{R}\,\boldsymbol{v}}{R\,c}}\,. \tag{63,6}$$

Differenzieren wir die Beziehung $R(t') = c\,(t - t')$ nach den Koordinaten, so finden wir

$$\operatorname{grad} t' = -\frac{1}{c}\operatorname{grad} R(t') = -\frac{1}{c}\left(\frac{\partial R}{\partial t'}\operatorname{grad} t' + \frac{\boldsymbol{R}}{R}\right),$$

woraus sich

$$\operatorname{grad} t' = -\frac{\boldsymbol{R}}{c\left(R - \frac{\boldsymbol{R}\,\boldsymbol{v}}{c}\right)} \tag{63,7}$$

ergibt.

Man kann leicht mit diesen Gleichungen die Felder $\boldsymbol{E}$ und $\boldsymbol{H}$ berechnen. Nach Zwischenrechnungen, die wir fortlassen, gelangt man zu dem Ergebnis

$$\boldsymbol{E} = e\,\frac{1 - \frac{v^2}{c^2}}{\left(R - \frac{\boldsymbol{R}\,\boldsymbol{v}}{c}\right)^3}\left(\boldsymbol{R} - \frac{\boldsymbol{v}}{c}R\right) + \frac{e}{c^2\left(R - \frac{\boldsymbol{R}\,\boldsymbol{v}}{c}\right)^3}\boldsymbol{R}\times\left(\left(\boldsymbol{R} - \frac{\boldsymbol{v}}{c}R\right)\times\dot{\boldsymbol{v}}\right), \tag{63,8}$$

$$\boldsymbol{H} = \frac{1}{R}\boldsymbol{R}\times\boldsymbol{E}\,. \tag{63,9}$$

Hierbei wurde $\dot{\boldsymbol{v}} = \frac{\partial \boldsymbol{v}}{\partial t'}$ gesetzt; alle Größen auf den rechten Seiten sind zum Zeitpunkt t' zu nehmen. Das Magnetfeld steht bemerkenswerterweise immer senkrecht auf dem elektrischen.

Das elektrische Feld (63,8) setzt sich aus zwei Bestandteilen mit verschiedenem Verhalten zusammen. Der erste Term hängt nur von der Geschwindigkeit des Teilchens ab (nicht von seiner Beschleunigung) und ändert sich in großen Entfernungen wie $1/R^2$. Der zweite, beschleunigungsabhängige Term verhält sich für große R wie $1/R$. Wir werden später sehen (§ 66), daß dieses letzte Glied mit der Ausstrahlung elektromagnetischer Wellen durch das Teilchen zusammenhängt.

Der erste Term sollte, da er beschleunigungsunabhängig ist, dem Felde einer gleichförmig bewegten Ladung entsprechen. In der Tat ist bei konstanter Geschwindigkeit die Differenz

$$\boldsymbol{R}_{t'} - \frac{\boldsymbol{v}}{c}R_{t'} = \boldsymbol{R}_{t'} - \boldsymbol{v}\,(t - t')$$

die Entfernung $\boldsymbol{R}_t$ von der Ladung zum Aufpunkt zum Zeitpunkt der Beobachtung. Man überzeugt sich auch leicht durch unmittelbare Nachrechnung davon, daß

$$R_{t'} - \frac{1}{c}\boldsymbol{R}_{t'}\,\boldsymbol{v} = \sqrt{R_t^2 - \frac{1}{c^2}(\boldsymbol{v}\times\boldsymbol{R}_t)^2} = R_t\sqrt{1 - \frac{v^2}{c^2}\sin^2\theta_t}$$

gilt, wobei θ_t der Winkel zwischen $\boldsymbol{R}_t$ und $\boldsymbol{v}$ ist. Somit ist der erste Term in (63,8) mit dem Ausdruck (38,8) identisch.

Aufgabe

Man leite die LIÉNARD-WIECHERT-Potentiale durch Integration in den Formeln (62,9) und (62,10) ab.

Lösung. Wir schreiben die Formel (62,8) in der Gestalt

$$\varphi(\boldsymbol{r}, t) = \iint \frac{\varrho(\boldsymbol{r}', \tau)}{|\boldsymbol{r} - \boldsymbol{r}'|} \delta\left[\tau - t + \frac{1}{c}|\boldsymbol{r} - \boldsymbol{r}'|\right] \mathrm{d}\tau\, \mathrm{d}V'$$

(und analog für $\boldsymbol{A}(\boldsymbol{r}, t)$). In diesen Ausdruck führen wir eine weitere δ-Funktion ein und trennen uns damit von den impliziten Argumenten der Funktion ϱ. Für eine punktförmige Ladung, die sich auf einer Bahnkurve $\boldsymbol{r} = \boldsymbol{r}_0(t)$ bewegt, ist

$$\varrho(\boldsymbol{r}', \tau) = e\, \delta\,[\boldsymbol{r}' - \boldsymbol{r}_0(\tau)]\,.$$

Dies wird in die obige Formel eingesetzt und über $\mathrm{d}V'$ integriert:

$$\varphi(\boldsymbol{r}, t) = e \int \frac{\mathrm{d}\tau}{|\boldsymbol{r} - \boldsymbol{r}_0(\tau)|} \delta\left[\tau - t + \frac{1}{c}|\boldsymbol{r} - \boldsymbol{r}_0(\tau)|\right].$$

Die Integration über $\mathrm{d}\tau$ wird mittels der Formel

$$\delta[F(\tau)] = \frac{\delta(\tau - t')}{F'(t')}$$

(t' ist die Lösung der Gleichung $F(t') = 0$) durchgeführt und ergibt (63,5).

§ 64. Die FOURIER-Zerlegung der retardierten Potentiale

Das von bewegten Ladungen erzeugte Feld läßt sich in monochromatische Wellen zerlegen. Die Potentiale der einzelnen monochromatischen Feldkomponenten haben die Gestalt $\varphi_\omega\, \mathrm{e}^{-i\omega t}$, $\boldsymbol{A}_\omega\, \mathrm{e}^{-i\omega t}$. Auch Dichte und Strom der Ladung sind spektral zerlegbar. Es ist klar, daß für das Vorhandensein einer bestimmten monochromatischen Feldkomponente die entsprechenden FOURIER-Komponenten von ϱ und $\boldsymbol{j}$ verantwortlich sind.

Um die FOURIER-Komponenten des Feldes durch die Komponenten der Ladungs- und Stromdichte auszudrücken, ersetzen wir φ und ϱ in (62,9) durch $\varphi_\omega\, \mathrm{e}^{-i\omega t}$ bzw. $\varrho_\omega\, \mathrm{e}^{-i\omega t}$ und finden dann

$$\varphi_\omega\, \mathrm{e}^{-i\omega t} = \int \varrho_\omega \frac{\mathrm{e}^{-i\omega(t - R/c)}}{R} \mathrm{d}V\,.$$

Kürzen wir $\mathrm{e}^{-i\omega t}$ und führen wir den Betrag $k = \omega/c$ des Wellenvektors ein, so haben wir

$$\varphi_\omega = \int \varrho_\omega \frac{\mathrm{e}^{ikR}}{R} \mathrm{d}V\,. \tag{64,1}$$

Entsprechend erhalten wir für $\boldsymbol{A}_\omega$:

$$\boldsymbol{A}_\omega = \int \boldsymbol{j}_\omega \frac{\mathrm{e}^{ikR}}{c\,R} \mathrm{d}V\,. \tag{64,2}$$

Die Gleichung (64,1) stellt die Lösung einer verallgemeinerten POISSONschen Gleichung

$$\Delta\varphi_\omega + k^2\varphi_\omega = -4\pi\varrho_\omega \tag{64,3}$$

dar (man erhält sie aus (62,4) unter der Annahme, daß ϱ und φ von der Zeit nur über den Faktor $e^{-i\omega t}$ abhängen).

Bei der Zerlegung in ein FOURIER-Integral ist die FOURIER-Komponente der Ladungsdichte

$$\varrho_\omega = \int\limits_{-\infty}^{+\infty} \varrho\, e^{i\omega t}\, dt\,.$$

Setzen wir diesen Ausdruck in (64,1) ein, so erhalten wir

$$\varphi_\omega = \int\limits_{-\infty}^{+\infty} \int \frac{\varrho}{R}\, e^{i(\omega t + kR)}\, dV\, dt\,. \tag{64,4}$$

Wir müssen nun von der kontinuierlichen Verteilung der Ladungsdichte zu einer Punktladung übergehen, die uns hier interessiert. Ist nur eine Punktladung vorhanden, so können wir

$$\varrho = e\,\delta\,[\boldsymbol{r} - \boldsymbol{r}_0(t)]$$

setzen, worin der Ortsvektor $\boldsymbol{r}_0(t)$ der Ladung eine gegebene Funktion der Zeit ist. Setzen wir diesen Ausdruck in (64,4) ein und integrieren wir über dV (was zum Ersatz von $\boldsymbol{r}$ durch $\boldsymbol{r}_0(t)$ führt), so erhalten wir

$$\varphi_\omega = e \int\limits_{-\infty}^{\infty} \frac{1}{R(t)}\, e^{i\omega[t + R(t)/c]}\, dt \tag{64,5}$$

mit $R(t)$ als Entfernung vom bewegten Teilchen zum Aufpunkt. Entsprechend ergibt sich für das Vektorpotential

$$\boldsymbol{A}_\omega = \frac{e}{c} \int\limits_{-\infty}^{\infty} \frac{\boldsymbol{v}(t)}{R(t)}\, e^{i\omega[t + R(t)/c]}\, dt\,, \tag{64,6}$$

wobei $\boldsymbol{v} = \dot{\boldsymbol{r}}_0(t)$ die Teilchengeschwindigkeit ist.

Man erhält zu (64,5), (64,6) ganz analoge Formeln auch in dem Fall, daß die spektrale Zerlegung der Dichten von Ladung und Strom eine diskrete Folge von Frequenzen enthält. So besitzt bei einer (mit der Periode $T = 2\pi/\omega_0$) periodischen Bewegung einer Punktladung die FOURIER-Zerlegung des Feldes nur Frequenzen der Gestalt $n\,\omega_0$, und die entsprechenden FOURIER-Komponenten des Vektorpotentials sind

$$\boldsymbol{A}_n = \frac{e}{cT} \int\limits_{0}^{T} \frac{\boldsymbol{v}(t)}{R(t)}\, e^{in\omega_0[t + R(t)/c]}\, dt \tag{64,7}$$

(analog für φ_n). Der Unterschied der Koeffizienten in (64,6) und (64,7) hängt mit der unterschiedlichen Definition der FOURIER-Komponenten in beiden Fällen zusammen (siehe § 49).

Aufgabe

Man entwickle das Feld einer sich gleichförmig und geradlinig bewegenden Ladung nach ebenen Wellen.

Lösung. Wir gehen wie in § 51 vor. Die Ladungsdichte schreiben wir in der Gestalt $\varrho = e\,\delta(\boldsymbol{r} - \boldsymbol{v}\,t)$; $\boldsymbol{v}$ ist die Geschwindigkeit des Teilchens. Bilden wir die FOURIER-Komponenten der Gleichung $\Box\,\varphi = -4\pi e\,\delta(\boldsymbol{r} - \boldsymbol{v}\,t)$, so finden wir

$$(\Box\,\varphi)_{\boldsymbol{k}} = -4\pi e\,\mathrm{e}^{-i(\boldsymbol{v}\boldsymbol{k})t}.$$

Anderseits ergibt sich aus

$$\varphi = \int \mathrm{e}^{i\boldsymbol{k}\boldsymbol{r}}\,\varphi_{\boldsymbol{k}}\,\mathrm{d}^3k$$

die Beziehung

$$(\Box\,\varphi)_{\boldsymbol{k}} = -k^2\,\varphi_{\boldsymbol{k}} - \frac{1}{c^2}\frac{\partial^2\varphi_{\boldsymbol{k}}}{\partial t^2}.$$

Es folgt

$$\frac{1}{c^2}\frac{\partial^2\varphi_{\boldsymbol{k}}}{\partial t^2} + k^2\,\varphi_{\boldsymbol{k}} = 4\pi e\,\mathrm{e}^{-i(\boldsymbol{k}\boldsymbol{v})t},$$

woraus wir endgültig

$$\varphi_{\boldsymbol{k}} = 4\pi e\,\frac{\mathrm{e}^{-i(\boldsymbol{k}\boldsymbol{v})t}}{k^2 - \left(\dfrac{\boldsymbol{k}\boldsymbol{v}}{c}\right)^2}$$

entnehmen.

Die Welle mit dem Wellenvektor $\boldsymbol{k}$ besitzt also die Frequenz $\omega = \boldsymbol{k}\,\boldsymbol{v}$.

Ähnlich ergibt sich für das Vektorpotential

$$\boldsymbol{A}_{\boldsymbol{k}} = \frac{4\pi e}{c}\,\frac{\boldsymbol{v}\,\mathrm{e}^{-i(\boldsymbol{k}\boldsymbol{v})t}}{k^2 - \left(\dfrac{\boldsymbol{k}\boldsymbol{v}}{c}\right)^2}.$$

Für die Feldkomponenten erhalten wir schließlich

$$\boldsymbol{E}_{\boldsymbol{k}} = -i\,\boldsymbol{k}\,\varphi_{\boldsymbol{k}} + \frac{i(\boldsymbol{k}\boldsymbol{v})}{c}\boldsymbol{A}_{\boldsymbol{k}} = 4\pi e\,i\,\frac{-\boldsymbol{k} + \dfrac{(\boldsymbol{k}\boldsymbol{v})\,\boldsymbol{v}}{c^2}}{k^2 - \left(\dfrac{\boldsymbol{k}\boldsymbol{v}}{c}\right)^2}\,\mathrm{e}^{-i(\boldsymbol{k}\boldsymbol{v})t},$$

$$\boldsymbol{H}_{\boldsymbol{k}} = i\,\boldsymbol{k}\times\boldsymbol{A}_{\boldsymbol{k}} = i\,\frac{4\pi e}{c}\,\frac{\boldsymbol{k}\times\boldsymbol{v}}{k^2 - \left(\dfrac{\boldsymbol{k}\boldsymbol{v}}{c}\right)^2}\,\mathrm{e}^{-i(\boldsymbol{k}\boldsymbol{v})t}.$$

§ 65. Die LAGRANGE-Funktion bis zu Termen zweiter Ordnung

In der gewöhnlichen klassischen Mechanik wird ein System wechselwirkender Teilchen durch eine LAGRANGE-Funktion beschrieben, die nur von den Koordinaten und Geschwindigkeiten dieser Teilchen (zum gleichen Zeitpunkt) abhängt. Die Möglichkeit einer solchen Beschreibung beruht letztlich darauf, daß in der klassischen Mechanik die Geschwindigkeit der Wirkungsausbreitung als unendlich groß betrachtet wird.

Wir wissen bereits, daß infolge der endlichen Wirkungsgeschwindigkeit das Feld als selbständiges Gebilde mit eigenen Freiheitsgraden angesehen werden muß. Haben wir also ein System wechselwirkender Teilchen (Ladungen), so müssen wir zu ihrer Beschreibung ein aus diesen Teilchen und einem Feld bestehendes System betrachten. Dies bedeutet, daß es bei Berücksichtigung einer endlichen Geschwindigkeit der Wirkungsausbreitung nicht möglich ist, ein System wechselwirkender Teilchen mit Hilfe einer LAGRANGE-Funktion zu beschreiben, die nur von den Koordinaten und Geschwindigkeiten der Teilchen abhängt und keinerlei Größen enthält, die mit den unabhängigen „Freiheitsgraden" des Feldes zusammenhängen.

Ist jedoch die Geschwindigkeit v aller Teilchen klein gegenüber der Lichtgeschwindigkeit, so läßt sich das System der Ladungen durch eine genäherte LAGRANGE-Funktion beschreiben. Es ist dabei möglich, eine LAGRANGE-Funktion einzuführen, bei der nicht wie in der klassischen LAGRANGE-Funktion alle höheren Potenzen von v/c vernachlässigt werden, sondern die Größen bis zur Ordnung v^2/c^2 enthält. Das hängt damit zusammen, daß die Ausstrahlung elektromagnetischer Wellen durch bewegte Ladungen (und damit die Entstehung „freier" Felder) erst in der dritten Ordnung der Entwicklung nach v/c erscheint (siehe § 67).[1]

Zunächst bemerken wir, daß in der nullten Näherung, d. h. bei vollständiger Vernachlässigung der Retardierung der Potentiale, die LAGRANGE-Funktion des Ladungssystems die Gestalt

$$L^{(0)} = \sum_a \frac{m_a v_a^2}{2} - \sum_{a>b} \frac{e_a e_b}{R_{ab}} \tag{65,1}$$

besitzt (es wird über alle Ladungen summiert, die zum System gehören). Das zweite Glied ist hierin die potentielle Wechselwirkungsenergie, wie sie sich für unbewegte Ladungen ergibt.

Um die nächste Näherung zu erhalten, gehen wir wie folgt vor: Die LAGRANGE-Funktion einer Ladung e_a, die sich in einem äußeren Feld befindet, ist

$$L_a = - m_a c^2 \sqrt{1 - \frac{v_a^2}{c^2}} - e_a \varphi + \frac{e_a}{c} \boldsymbol{A} \boldsymbol{v}_a \,. \tag{65,2}$$

Wir wählen nun eine beliebige Ladung des Systems und bestimmen das Potential, das die übrigen Ladungen an der Stelle dieser Ladung erzeugen. Dieses Potential drücken wir durch die Koordinaten und Geschwindigkeiten der dieses Feld erzeugenden übrigen Ladungen aus (es läßt sich dies nur näherungsweise durchführen: φ ist dabei bis auf Glieder der Ordnung v^2/c^2, $\boldsymbol{A}$ bis auf Glieder der Ordnung v/c mitzunehmen). Setzen wir den so erhaltenen Potentialausdruck in die Gleichung (65,2) für L_a ein, so erhalten wir die LAGRANGE-Funktion für eine Ladung des Systems (bei gegebener Bewegung der

[1]) In speziellen Fällen tritt die Ausstrahlung erst in der fünften Ordnung nach v/c auf. In diesem Falle ist eine LAGRANGE-Funktion mit Gliedern bis zur Ordnung $(v/c)^4$ möglich (siehe B. M. BARKER, R. F. O'CONNEL, Canad. J. Phys. 58, 1659 (1980)).

übrigen). Daraus läßt sich ohne Schwierigkeit die Funktion L für das gesamte System finden.

Wir gehen aus von den folgenden Ausdrücken für die retardierten Potentiale:

$$\varphi = \int \frac{\varrho_{t-R/c}}{R} \mathrm{d}V\,, \qquad \boldsymbol{A} = \frac{1}{c}\int \frac{\boldsymbol{j}_{t-R/c}}{R} \mathrm{d}V\,.$$

Ist die Geschwindigkeit aller Ladungen klein im Vergleich zur Lichtgeschwindigkeit, so ändert sich während der Zeit R/c die Ladungsverteilung nicht sehr stark. Wir können daher $\varrho_{t-R/c}$ und $\boldsymbol{j}_{t-R/c}$ in eine Potenzreihe bezüglich R/c, entwickeln. Für das skalare Potential finden wir auf diese Weise bis zu Gliedern der zweiten Ordnung

$$\varphi = \int \frac{\varrho\, \mathrm{d}V}{R} - \frac{1}{c}\frac{\partial}{\partial t}\int \varrho\, \mathrm{d}V + \frac{1}{2\,c^2}\frac{\partial^2}{\partial t^2}\int R\,\varrho\, \mathrm{d}V$$

(das nicht indizierte ϱ bedeutet ϱ zum Zeitpunkt t; die zeitliche Ableitung kann offensichtlich aus dem Integral hervorgezogen werden). Nun ist $\int \varrho\, \mathrm{d}V$ die konstante Gesamtladung des Systems. Der zweite Term in dem erhaltenen Ausdruck verschwindet daher, und es ergibt sich

$$\varphi = \int \frac{\varrho\, \mathrm{d}V}{R} + \frac{1}{2\,c^2}\frac{\partial^2}{\partial t^2}\int R\,\varrho\, \mathrm{d}V\,. \tag{65,3}$$

Ebenso kann man auch mit $\boldsymbol{A}$ verfahren. Das durch die Stromdichte ausgedrückte Vektorpotential enthält aber schon von vornherein einen Faktor $1/c$ der beim Einsetzen in die LAGRANGE-Funktion nochmals mit $1/c$ multipliziert wird. Da wir die LAGRANGE-Funktion nur bis zu Gliedern zweiter Ordnung suchen, reicht es aus, in der Entwicklung von $\boldsymbol{A}$ nur das erste Glied, d. h.

$$\boldsymbol{A} = \frac{1}{c}\int \frac{\varrho\,\boldsymbol{v}}{R} \mathrm{d}V \tag{65,4}$$

zu berücksichtigen (hierbei wurde $\boldsymbol{j} = \varrho\,\boldsymbol{v}$ gesetzt).

Wir nehmen zunächst an, daß das Feld nur von einer Punktladung e erzeugt wird. Dann ergibt sich aus (65,3) und (65,4)

$$\varphi = \frac{e}{R} + \frac{e}{2\,c^2}\frac{\partial^2 R}{\partial t^2}\,, \qquad \boldsymbol{A} = \frac{e\,\boldsymbol{v}}{c\,R}\,, \tag{65,5}$$

wobei R die Entfernung von der Ladung ist.

Anstelle von φ und $\boldsymbol{A}$ wählen wir andere Potentiale φ' und $\boldsymbol{A}'$, führen die Transformation (siehe § 18)

$$\varphi' = \varphi - \frac{1}{c}\frac{\partial f}{\partial t}\,, \qquad \boldsymbol{A}' = \boldsymbol{A} + \operatorname{grad} f$$

durch, wobei wir für f die Funktion

$$f = \frac{e}{2\,c}\frac{\partial R}{\partial t}$$

wählen. Dann erhalten wir[1])

$$\varphi' = \frac{e}{R}, \qquad \boldsymbol{A}' = \frac{e\,\boldsymbol{v}}{c\,R} + \frac{e}{2\,c} \nabla \frac{\partial R}{\partial t}.$$

Zur Berechnung von $\boldsymbol{A}'$ stellen wir fest, daß $\nabla \frac{\partial R}{\partial t} = \frac{\partial}{\partial t} \nabla R$ gilt. Die Operation ∇ bedeutet die Ableitung nach den Koordinaten des Aufpunktes, in dem wir $\boldsymbol{A}'$ bestimmen wollen. Der Gradient ∇R ist daher gleich dem von der Ladung e zum Aufpunkt gerichteten Einheitsvektor $\boldsymbol{n}$, so daß wir

$$\boldsymbol{A}' = \frac{e\,\boldsymbol{v}}{c\,R} + \frac{e}{2\,c}\dot{\boldsymbol{n}}$$

haben. Ferner schreiben wir

$$\dot{\boldsymbol{n}} = \frac{\partial}{\partial t}\left(\frac{\boldsymbol{R}}{R}\right) = \frac{\dot{\boldsymbol{R}}}{R} - \frac{\boldsymbol{R}\,\dot{R}}{R^2}.$$

Nun ist die Ableitung $-\dot{\boldsymbol{R}}$ bei festgehaltenem Aufpunkt die Geschwindigkeit $\boldsymbol{v}$ der Ladung. $\dot{R}$ ist leicht zu bestimmen, wenn wir die Identität $R^2 = \boldsymbol{R}^2$ differenzieren:

$$R\,\dot{R} = \boldsymbol{R}\,\dot{\boldsymbol{R}} = -\boldsymbol{R}\,\boldsymbol{v}.$$

Auf diese Weise ergibt sich

$$\dot{\boldsymbol{n}} = \frac{-\boldsymbol{v} + \boldsymbol{n}\,(\boldsymbol{n}\,\boldsymbol{v})}{R}.$$

Setzen wir dies in den Ausdruck für $\boldsymbol{A}'$ ein, so finden wir endgültig

$$\varphi' = \frac{e}{R}, \qquad \boldsymbol{A}' = \frac{e\,[\boldsymbol{v} + (\boldsymbol{v}\,\boldsymbol{n})\,\boldsymbol{n}]}{2\,c\,R}. \tag{65,6}$$

Rührt das Feld nicht von einer, sondern mehreren Ladungen her, so hat man offensichtlich diese Ausdrücke über alle Ladungen zu summieren.

Wir erhalten nun die LAGRANGE-Funktion L_a einer Ladung e_a (bei vorgegebener Bewegung aller anderen Ladungen), wenn wir die eben erhaltenen Ausdrücke in (65,2) einsetzen. Dabei ist auch das erste Glied in (65,2) nach Potenzen von v_a/c zu entwickeln, damit nur Glieder bis zur zweiten Ordnung auftreten. Wir finden somit

$$L_a = \frac{m_a v_a^2}{2} + \frac{1}{8}\frac{m_a v_a^4}{c^2} - e_a \sum_b{}' \frac{e_b}{R_{ab}} + \frac{e_a}{2\,c^2} \sum_b{}' \frac{e_b}{R_{ab}} \times [\boldsymbol{v}_a\,\boldsymbol{v}_b + (\boldsymbol{v}_a\,\boldsymbol{n}_{ab})\,(\boldsymbol{v}_b\,\boldsymbol{n}_{ab})]$$

(die Summation erstreckt sich über alle Ladungen mit Ausschluß von e_a; $\boldsymbol{n}_{ab}$ ist der Einheitsvektor längs der Verbindungsgeraden zwischen e_a und e_b).

Es bereitet nun keine Mühe mehr, die LAGRANGE-Funktion für das Gesamtfeld zu finden. Man überlegt sich leicht, daß diese Funktion nicht einfach

[1]) Diese Potentiale erfüllen nicht mehr die LORENTZ-Konvention (62,1) und daher auch nicht (62,3), (62,4).

gleich der Summe aller L_a ist, sondern die Gestalt

$$L = \sum_a \frac{m_a v_a^2}{2} + \sum_a \frac{m_a v_a^4}{8 c^2} - \sum_{a>b} \frac{e_a e_b}{R_{ab}} + \sum_{a>b} \frac{e_a e_b}{2 c^2 R_{ab}} \times [\boldsymbol{v}_a \boldsymbol{v}_b + (\boldsymbol{v}_a \boldsymbol{n}_{ab})(\boldsymbol{v}_b \boldsymbol{n}_{ab})] \tag{65,7}$$

hat. In der Tat geht diese Funktion L für jede Ladung bei gegebener Bewegung aller anderen in den oben abgeleiteten Ausdruck L_a über. (65,7) stellt die gesuchte LAGRANGE-Funktion eines Systems von Ladungen bis zu Gliedern zweiter Ordnung dar (C. G. DARWIN, 1922).

Zum Schluß bestimmen wir noch die HAMILTON-Funktion des Systems der Ladungen in derselben Näherung. Das läßt sich mit Hilfe der allgemeinen Beziehungen zwischen $\mathcal{H}$ und L erreichen; es ist jedoch einfacher, wie folgt vorzugehen. Der zweite und vierte Term in (65,7) sind kleine Korrekturen an dem Ausdruck (65,1) für $L^{(0)}$. Andererseits ist aus der Mechanik bekannt, daß bei kleinen Änderungen von L und $\mathcal{H}$ die an diesen Größen anzubringenden Korrekturen dem Betrage nach gleich sind und ein umgekehrtes Vorzeichen haben. (Hierbei wird eine Änderung von L bei festen Koordinaten und Geschwindigkeiten und eine Änderung von $\mathcal{H}$ bei festen Koordinaten und Impulsen betrachtet (siehe I, § 40).)

Wir können daher sofort $\mathcal{H}$ aus

$$\mathcal{H}^{(0)} = \sum_a \frac{p_a^2}{2 m_a} + \sum_{a>b} \frac{e_a e_b}{R_{ab}}$$

bestimmen, wenn wir im zweiten und vierten Term in (65,7) noch die in ihnen auftretenden Geschwindigkeiten durch die in erster Näherung geltende Beziehung $\boldsymbol{v}_a = \boldsymbol{p}_a/m_a$ ersetzen. Es ergibt sich

$$\mathcal{H} = \sum_a \frac{p_a^2}{2 m_a} + \sum_{a>b} \frac{e_a e_b}{R_{ab}} - \sum_a \frac{p_a^4}{8 c^2 m_a^3} - \sum_{a>b} \frac{e_a e_b}{2 c^2 m_a m_b R_{ab}} \times [\boldsymbol{p}_a \boldsymbol{p}_b + (\boldsymbol{p}_a \boldsymbol{n}_{ab})(\boldsymbol{p}_b \boldsymbol{n}_{ab})]\,. \tag{65,8}$$

Aufgaben

1. Man bestimme (bis zu Gliedern zweiter Ordnung) den Schwerpunkt eines Systems von wechselwirkenden Teilchen.

Lösung. Am einfachsten wird die Aufgabe mit Hilfe der Gleichung

$$\boldsymbol{R} = \frac{\sum\limits_a \mathcal{E}_a \boldsymbol{r}_a + \int W \boldsymbol{r}\, \mathrm{d}V}{\sum\limits_a \mathcal{E}_a + \int W\, \mathrm{d}V}$$

gelöst [vgl. (14,6)], worin $\mathcal{E}_a$ die kinetische Energie (einschließlich der Ruhenergie) eines Teilchens und W die Energiedichte des von den Teilchen erzeugten Feldes ist. Da $\mathcal{E}_a$ den numerisch großen Ausdruck $m_a c^2$ enthält, reicht es für die folgende Näherung, in $\mathcal{E}_a$ und W nur Glieder zu berücksichtigen, die c nicht enthalten, d. h. die nichtrelativistische kinetische Energie der Teilchen sowie die Energie des elektrostatischen Feldes. Wir erhalten damit

$$\int W \boldsymbol{r} \,\mathrm{d}V = \frac{1}{8\pi}\int E^2 \boldsymbol{r} \,\mathrm{d}V = \frac{1}{8\pi}\int (\nabla\varphi)^2 \boldsymbol{r}\,\mathrm{d}V$$
$$= \frac{1}{8\pi}\int \left(\mathrm{d}\boldsymbol{f}\,\nabla\frac{\varphi^2}{2}\right)\boldsymbol{r} - \frac{1}{8\pi}\int \nabla\frac{\varphi^2}{2}\,\mathrm{d}V - \frac{1}{8\pi}\int \varphi\,\Delta\varphi\cdot\boldsymbol{r}\,\mathrm{d}V;$$

das Integral über die im Unendlichen gelegene Oberfläche verschwindet. Das zweite Integral läßt sich in ein Oberflächenintegral umformen und verschwindet gleichfalls. Im dritten setzen wir $\Delta\varphi = -4\pi\varrho$ und erhalten

$$\int W\boldsymbol{r}\,\mathrm{d}V = \frac{1}{2}\int \varrho\,\varphi\,\boldsymbol{r}\,\mathrm{d}V = \frac{1}{2}\sum_a e_a\varphi_a\boldsymbol{r}_a,$$

wobei φ_a das am Punkt $\boldsymbol{r}_a$ von allen Ladungen, ausgenommen e_a selbst, hervorgerufene Feld ist.[1])

Schließlich ergibt sich

$$\boldsymbol{R} = \frac{1}{\mathscr{E}}\sum_a \boldsymbol{r}_a\left(m_a c^2 + \frac{p_a^2}{2 m_a} + \frac{e_a}{2}\sum_b{}' \frac{e_b}{R_{ab}}\right)$$

(die Summation erstreckt sich über alle b mit Ausnahme von $b = a$).

$$\mathscr{E} = \sum_a\left(m_a c^2 + \frac{p_a^2}{2 m_a} + \sum_{a>b}\frac{e_a e_b}{R_{ab}}\right)$$

ist die Gesamtenergie des Systems. In der betrachteten Näherung können somit die Koordinaten des Schwerpunktes in der Tat durch Größen ausgedrückt werden, die sich nur auf die Teilchen selbst beziehen.

2. Man gebe die Hamilton-Funktion in der zweiten Näherung für ein aus zwei Teilchen bestehendes System an, wobei die Bewegung des Systems als Ganzes eliminiert ist.

Lösung. Wir wählen ein Bezugssystem, in dem die Summe der Impulse der beiden Teilchen verschwindet. Schreiben wir die Impulse als Ableitungen der Wirkungsfunktion, so erhalten wir

$$\boldsymbol{p}_1 + \boldsymbol{p}_2 = \frac{\partial S}{\partial \boldsymbol{r}_1} + \frac{\partial S}{\partial \boldsymbol{r}_2} = 0\,.$$

Man erkennt daraus, daß in dem betrachteten Bezugssystem die Wirkung nur von der Differenz $\boldsymbol{r} = \boldsymbol{r}_2 - \boldsymbol{r}_1$ der Ortsvektoren der beiden Teilchen abhängt. Es gilt daher $\boldsymbol{p}_2 = -\boldsymbol{p}_1 = \boldsymbol{p}$, wobei $\boldsymbol{p} = \frac{\partial S}{\partial \boldsymbol{r}}$ der Impuls der Relativbewegung der Teilchen ist.

Die Hamilton-Funktion lautet dann

$$\mathscr{H} = \frac{p^2}{2}\left(\frac{1}{m_1} + \frac{1}{m_2}\right) + \frac{e_1 e_2}{r} - \frac{p^4}{8c^2}\left(\frac{1}{m_1^3} + \frac{1}{m_2^3}\right) + \frac{e_1 e_2}{2 m_1 m_2 c^2 r}[p^2 + (\boldsymbol{p}\,\boldsymbol{n})^2]\,.$$

[1]) Der Ausschluß des Eigenfeldes der Teilchen entspricht der in der Fußnote S. 106 erwähnten „Renormierung" der Masse.

IX AUSSTRAHLUNG ELEKTROMAGNETISCHER WELLEN

§ 66. Das Feld eines Systems von Ladungen in großen Entfernungen

Wir betrachten das Feld, das von einem System bewegter Ladungen in Entfernungen erzeugt wird, die groß im Vergleich zum Durchmesser des Systems sind.

Den Koordinatenursprung wählen wir an einer beliebigen Stelle innerhalb des Ladungssystems. Den Abstandsvektor von O zum Beobachtungspunkt P bezeichnen wir mit $\boldsymbol{R}_0$, den Einheitsvektor in dieser Richtung mit $\boldsymbol{n}$. Der Ortsvektor des Ladungselementes $de = \varrho\, dV$ sei $\boldsymbol{r}$, den von $d\,e$ nach P gerichteten Vektor nennen wir $\boldsymbol{R}$; offensichtlich ist $\boldsymbol{R} = \boldsymbol{R}_0 - \boldsymbol{r}$.

In großen Entfernungen vom System ist $R_0 \gg r$ und näherungsweise

$$R = |\boldsymbol{R}_0 - \boldsymbol{r}| = R_0 - \boldsymbol{n}\,\boldsymbol{r}\,.$$

Das setzen wir in die Gleichungen (62,9), (62,10) für die retardierten Potentiale ein. Im Nenner des Integranden kann man $\boldsymbol{r}\,\boldsymbol{n}$ gegenüber R_0 vernachlässigen. Im Argument $t - R/c$ ist jedoch diese Vernachlässigung im allgemeinen nicht erlaubt; die Möglichkeit einer solchen Vereinfachung ergibt sich hier nicht aus der relativen Größe von R_0/c und $\boldsymbol{r}\,\boldsymbol{n}/c$, sondern bestimmt sich daraus, wie rasch sich ϱ und $\boldsymbol{j}$ während der Zeit $\boldsymbol{r}\,\boldsymbol{n}/c$ ändern. Berücksichtigen wir, daß bei der Integration R_0 konstant ist und daher aus dem Integral gezogen werden kann, so finden wir für die Potentiale des Feldes in großen Entfernungen von den Ladungen folgende Ausdrücke:

$$\varphi = \frac{1}{R_0} \int \varrho_{t - \frac{R_0}{c} + \frac{\boldsymbol{r}\boldsymbol{n}}{c}}\, dV\,, \tag{66,1}$$

$$\boldsymbol{A} = \frac{1}{c\,R_0} \int \boldsymbol{j}_{t - \frac{R_0}{c} + \frac{\boldsymbol{r}\boldsymbol{n}}{c}}\, dV\,. \tag{66,2}$$

In genügend großen Entfernungen vom System kann das Feld in kleinen Raumbereichen als ebene Welle betrachtet werden. Dazu ist nötig, daß die Entfernungen nicht nur verglichen mit dem Durchmesser des Systems, sondern auch im Vergleich zur Länge der vom System ausgestrahlten elektromagnetischen Wellen groß sind. Dieser Feldbereich wird als *Wellenzone* der Strahlung bezeichnet.

In einer ebenen Welle sind die Felder $\boldsymbol{E}$ und $\boldsymbol{H}$ durch die Beziehung (47,4) $\boldsymbol{E} = [\boldsymbol{H}\,\boldsymbol{n}]$ verknüpft. Da $\boldsymbol{H} = \operatorname{rot} \boldsymbol{A}$ gilt, genügt zur vollständigen Bestimmung des Feldes in der Wellenzone schon die Berechnung des Vektorpotentials.

Gemäß (47,3) gilt für eine ebene Welle $\boldsymbol{H} = [\dot{\boldsymbol{A}}\,\boldsymbol{n}]/c$, wobei der Punkt die Zeitableitung bedeutet.[1] Bei bekanntem $\boldsymbol{A}$ finden wir also $\boldsymbol{H}$ und $\boldsymbol{E}$ nach den Formeln[2]

$$\boldsymbol{H} = \frac{1}{c}\dot{\boldsymbol{A}}\times\boldsymbol{n}, \qquad \boldsymbol{E} = \frac{1}{c}(\dot{\boldsymbol{A}}\times\boldsymbol{n})\times\boldsymbol{n}\,. \tag{66,3}$$

Es sei darauf hingewiesen, daß das Feld in großen Entfernungen R_0 vom ausstrahlenden System der ersten Potenz von R_0 umgekehrt proportional ist. Es ist ferner zu bemerken, daß die Zeit in die Ausdrücke (66,1) bis (66,3) immer in der Kombination $t - R_0/c$ mit der Entfernung R_0 eingeht.

Zur Berechnung der Ausstrahlung einer beliebig bewegten Punktladung ist es bequem, die Liénard-Wiechertschen Potentiale zu benutzen. In großen Entfernungen kann man in der Gleichung (63,5) den veränderlichen Ortsvektor $\boldsymbol{R}$ durch die konstante Größe $\boldsymbol{R}_0$ ersetzen; in der t' bestimmenden Bedingung (63,1) hat man $R = R_0 - \boldsymbol{r}_0\,\boldsymbol{n}$ anzunehmen $\big(\boldsymbol{r}_0(t)$ ist der Ortsvektor der Ladung$\big)$. Auf diese Weise erhalten wir[3])

$$\boldsymbol{A} = \frac{e\,\boldsymbol{v}(t')}{c\,R_0\left(1 - \dfrac{\boldsymbol{n}\,\boldsymbol{v}(t')}{c}\right)}, \tag{66,4}$$

wobei t' durch die Gleichung

$$t' - \frac{1}{c}\boldsymbol{r}_0(t')\,\boldsymbol{n} = t - \frac{R_0}{c} \tag{66,5}$$

bestimmt ist.

Die vom System ausgestrahlten elektromagnetischen Wellen führen eine bestimmte Energie mit sich. Der Energiestrom wird durch den Poynting-Vektor gegeben, der in einer ebenen Welle gleich

$$\boldsymbol{S} = c\frac{H^2}{4\pi}\boldsymbol{n}$$

ist. Die Intensität $\mathrm{d}I$ der Strahlung im Raumwinkelelement $\mathrm{d}o$ ist diejenige Energiemenge, die in der Zeiteinheit durch das Flächenelement $\mathrm{d}f = R_0^2\,\mathrm{d}o$ einer Kugel (vom Radius R_0 um den Koordinatenursprung) strömt. Offensichtlich ist diese Menge gleich dem mit $\mathrm{d}f$ multiplizierten Energiestrom S, d. h.

$$\mathrm{d}I = c\frac{H^2}{4\pi}R_0^2\,\mathrm{d}o\,. \tag{66,6}$$

Da die Feldstärke H umgekehrt proportional zu R_0 ist, sehen wir, daß die vom System pro Zeiteinheit in den Raumwinkel $\mathrm{d}o$ abgestrahlte Energie für alle

[1]) Diese Beziehung prüft man auch leicht unmittelbar nach, indem man die Rotation von (66,2) bildet und Terme mit $1/R_0^2$ gegenüber denen mit $1/R_0$ vernachlässigt.

[2]) Die Gleichung $\boldsymbol{E} = -\dot{\boldsymbol{A}}/c$ [siehe (47,3)] ist hier nicht anwendbar, da die Potentiale $\varphi, \boldsymbol{A}$ hier nicht die Zusatzbedingung erfüllen, die wir in § 47 für sie forderten.

[3]) In der Gleichung (63,8) für das elektrische Feld entspricht die betrachtete Näherung einer Vernachlässigung des ersten Termes gegenüber dem zweiten.

Entfernungen dieselbe ist (bei einem für alle Entfernungen gleichen Wert der Differenz $t - R_0/c$). Dies muß natürlich so sein, da sich die vom System ausgesandte Energie im umliegenden Raum mit der Geschwindigkeit c ausbreitet und sich nirgends anhäufen oder verschwinden kann.

Wir leiten nun die Formeln für die FOURIER-Zerlegung des vom System ausgestrahlten Wellenfeldes ab. Sie ergeben sich unmittelbar aus den Gleichungen des § 64. Setzen wir in (64,2) $R = R_0 - \boldsymbol{r}\,\boldsymbol{n}$ (wobei wir uns im Nenner des Integranden auf die Näherung $R = R_0$ beschränken können), so erhalten wir für die FOURIER-Komponenten des Vektorpotentials

$$\boldsymbol{A}_\omega = \frac{e^{ikR_0}}{c\,R_0} \int \boldsymbol{j}_\omega\, e^{-i\boldsymbol{k}\boldsymbol{r}}\, dV \tag{66,7}$$

(wobei $\boldsymbol{k} = k\,\boldsymbol{n}$ ist). Die Komponenten $\boldsymbol{H}_\omega$ und $\boldsymbol{E}_\omega$ werden durch die Gleichungen (66,3) bestimmt. Ersetzen wir in ihnen $\boldsymbol{H}$, $\boldsymbol{E}$ und $\boldsymbol{A}$ durch $\boldsymbol{H}_\omega\, e^{-i\omega t}$, $\boldsymbol{E}_\omega\, e^{-i\omega t}$ bzw. $\boldsymbol{A}_\omega\, e^{-i\omega t}$ und kürzen dann $e^{-i\omega t}$, so erhalten wir

$$\boldsymbol{H}_\omega = i\,\boldsymbol{k}\times\boldsymbol{A}_\omega\,, \qquad \boldsymbol{E}_\omega = \frac{i\,c}{\omega}\,\boldsymbol{k}\times(\boldsymbol{A}_\omega\times\boldsymbol{k})\,. \tag{66,8}$$

Sprechen wir von der spektralen Intensitätsverteilung der Strahlung, so müssen wir die Entwicklung in ein FOURIER-Integral und eine FOURIER-Reihe unterscheiden. Mit der Entwicklung in ein FOURIER-Integral hat man es bei der Ausstrahlung zu tun, die von Stößen geladener Teilchen herrührt. Hierbei interessiert uns die gesamte Energiemenge, die während des Zusammenstoßes ausgestrahlt wird (und dementsprechend den stoßenden Teilchen verloren geht). Es sei $d\mathscr{E}_{\boldsymbol{n}\,\omega}$ die in das Raumwinkelelement do in Form von Wellen aus dem Frequenzinterval $d\omega$ ausgestrahlte Energie. Nach der allgemeinen Gleichung (49,8) erhält man den Teil der Gesamtausstrahlung, der vom Frequenzintervall $\frac{d\omega}{2\pi}$ herrührt, indem man in dem gewöhnlichen Intensitätsausdruck, das Quadrat der Feldgröße durch das Absolutquadrat ihrer FOURIER-Komponente ersetzt und den Faktor 2 hinzufügt. Anstelle (66,6) haben wir dann

$$d\mathscr{E}_{\boldsymbol{n}\,\omega} = \frac{c}{2\pi}\,|\boldsymbol{H}_\omega|^2\, R_0^2\, do\, \frac{d\omega}{2\pi}\,. \tag{66,9}$$

Führen dagegen die Ladungen eine periodische Bewegung aus, so ist das Strahlungsfeld in eine FOURIER-Reihe entwickelbar. Gemäß der allgemeinen Gleichung (49,4) erhält man wieder die Intensität, die einer einzelnen Entwicklungskomponente entspricht, aus dem gewöhnlichen Ausdruck für die Intensität, wenn das Feld durch seine FOURIER-Komponente ersetzt und gleichzeitig mit 2 multipliziert wird. Die Intensität einer Strahlung in das Raumwinkelelement do mit der Frequenz $\omega = n\,\omega_0$ beträgt somit

$$dI_n = \frac{c}{2\pi}\,|\boldsymbol{H}_n|^2\, R_0^2\, do\,. \tag{66,10}$$

Schließlich geben wir noch die Beziehung an, die die FOURIER-Komponente des Strahlungsfeldes unmittelbar durch die gegebene Bewegung der strahlenden Ladungen ausdrückt. Die FOURIER-Transformierte von $\boldsymbol{j}$ ist

$$\boldsymbol{j}_\omega = \int\limits_{-\infty}^{\infty} \boldsymbol{j}\, \mathrm{e}^{i\omega t}\, \mathrm{d}t\,.$$

Setzen wir dies in (66,7) ein und gehen wir von einer kontinuierlichen Stromverteilung zu einer punktförmigen Ladung über, die sich auf der Bahnkurve $\boldsymbol{r}_0 = \boldsymbol{r}_0(t)$ bewegt (siehe § 64), so erhalten wir

$$\boldsymbol{A}_\omega = \frac{\mathrm{e}^{ikR_0}}{c\,R_0} \int\limits_{-\infty}^{\infty} e\,\boldsymbol{v}(t)\, \mathrm{e}^{i[\omega t - \boldsymbol{k}\boldsymbol{r}_0(t)]}\, \mathrm{d}t\,. \tag{66,11}$$

Wegen $\boldsymbol{v} = \frac{\mathrm{d}\boldsymbol{r}_0}{\mathrm{d}t}$ ist $\boldsymbol{v}\,\mathrm{d}t = \mathrm{d}\boldsymbol{r}_0$, so daß die Gleichung auch in Gestalt eines Linienintegrals längs der Bahnkurve der Ladung geschrieben werden kann:

$$\boldsymbol{A}_\omega = e\,\frac{\mathrm{e}^{ikR_0}}{c\,R_0} \int \mathrm{e}^{i(\omega t - \boldsymbol{k}\boldsymbol{r}_0)}\, \mathrm{d}\boldsymbol{r}_0\,. \tag{66,12}$$

Die FOURIER-Komponente des Magnetfeldes hat nach (66,8) die Form

$$\boldsymbol{H}_\omega = e\,\frac{i\,\omega\,\mathrm{e}^{ikR_0}}{c^2\,R_0} \int \mathrm{e}^{i(\omega t - \boldsymbol{k}\boldsymbol{r}_0)}\, \boldsymbol{n}\times\mathrm{d}\boldsymbol{r}_0\,. \tag{66,13}$$

Vollführt die Ladung eine periodische Bewegung längs einer geschlossenen Kurve, so ist das Feld in eine FOURIER-Reihe entwickelbar. Die Entwicklungskoeffizienten erhält man, wenn man in den Gleichungen (66,11) bis (66,13) die Integration über alle Zeiten durch die Mittelung über eine Periode T der Bewegung ersetzt (vgl. die Definition in § 49). Für die FOURIER-Komponenten des Magnetfeldes mit den Frequenzen $\omega = n\,\omega_0 = 2\,\pi\,n/T$ erhalten wir so

$$\begin{aligned}\boldsymbol{H}_n &= e\,\frac{2\,\pi\,i\,n\,\mathrm{e}^{ikR_0}}{c^2\,T^2\,R_0} \int\limits_0^T \mathrm{e}^{i[n\omega_0 t - \boldsymbol{k}\boldsymbol{r}_0(t)]}\, \boldsymbol{n}\times\boldsymbol{v}(t)\,\mathrm{d}t \\ &= e\,\frac{2\,\pi\,i\,n\,\mathrm{e}^{ikR_0}}{c^2\,T^2\,R_0} \oint \mathrm{e}^{i(n\omega_0 t - \boldsymbol{k}\boldsymbol{r}_0)}\, \boldsymbol{n}\times\mathrm{d}\boldsymbol{r}_0\,.\end{aligned} \tag{66,14}$$

Im zweiten Integral ist die Integration über die geschlossene Teilchenbahn auszuführen.

Aufgabe

Es ist der vierdimensionale Ausdruck für die FOURIER-Zerlegung des Viererimpulses zu finden, den eine sich auf einer gegebenen Bahn bewegende Ladung ausstrahlt.

Lösung. Setzen wir (66,8) in (66,9) ein und berücksichtigen wir, daß infolge (62,1) $k\,\varphi_\omega = \boldsymbol{k}\,\boldsymbol{A}_\omega$ gilt, so finden wir

$$\begin{aligned}\mathrm{d}\mathcal{E}_{\boldsymbol{n}\,\omega} &= \frac{c}{2\,\pi}(k^2\,|\boldsymbol{A}_\omega|^2 - |\boldsymbol{k}\,\boldsymbol{A}_\omega|^2)\,R_0^2\,\mathrm{d}o\,\frac{\mathrm{d}\omega}{2\,\pi} = \frac{c}{2\,\pi}\,k^2\,(|\boldsymbol{A}_\omega|^2 - |\varphi_\omega|^2)\,R_0^2\,\mathrm{d}o\,\frac{\mathrm{d}\omega}{2\,\pi} \\ &= -\,\frac{c}{2\,\pi}\,k^2\,A_{i\,\omega}\,A_\omega^{i*}\,R_0^2\,\mathrm{d}o\,\frac{\mathrm{d}\omega}{2\,\pi}\,.\end{aligned}$$

Stellen wir das Viererpotential $A_{i\omega}$ in einer (66,12) entsprechenden Form dar, so erhalten wir

$$d\mathcal{E}_{\boldsymbol{n}\,\omega} = -\frac{k^2 e^2}{4\pi^2}\chi_i \chi^{i*}\,\mathrm{do}\,\mathrm{d}k\,,$$

χ^i ist der Vierervektor

$$\chi^i = \int \exp(-i\,k_l\,x^l)\,\mathrm{d}x^i\,,$$

wobei die Integration längs der Weltlinie des Teilchens zu erstrecken ist. Schließlich gehen wir zu vierdimensionalen Bezeichnungen über (und gleichzeitig zum vierdimensionalen „Volumenelement" im k-Raum, Gleichung (10,1a)) und erhalten für den ausgestrahlten Viererimpuls

$$\mathrm{d}P^i = -\frac{e^2 k^i}{2\pi^2 c}\chi_i \chi^i\,\delta(k_m k^m)\,\mathrm{d}^4k\,.$$

§ 67. Dipolstrahlung

Die im Integranden der Ausdrücke (66,1) und (66,2) für die retardierten Potentiale auftretende Zeit $\boldsymbol{r}\,\boldsymbol{n}/c$ kann man vernachlässigen, wenn sich innerhalb dieser Zeit die Ladungsverteilung wenig ändert. Es lassen sich leicht Bedingungen dafür angeben: T sei der Größenordnung nach die Zeit, in der sich die Ladungsverteilung des Systems merklich ändert. Die Strahlung dieses Systems wird offensichtlich eine Periode der Ordnung T, d. h. eine Frequenz der Größenordnung $1/T$ besitzen. Bezeichnen wir ferner mit a die Größenordnung des Systemdurchmessers, dann ist $\boldsymbol{r}\,\boldsymbol{n}/c \sim a/c$. Damit sich die Ladungsverteilung des Systems in dieser Zeit $\boldsymbol{r}\,\boldsymbol{n}/c$ nicht bedeutend ändern kann, muß $a/c \ll T$ sein. Nun ist $c\,T$ nichts anderes als die Wellenlänge λ der Strahlung, so daß wir die Bedingung $a \ll c\,T$ in der Form

$$a \ll \lambda \tag{67,1}$$

schreiben können, d. h., der Systemdurchmesser muß klein gegenüber der Länge der ausgestrahlten Wellen sein.

Wir bemerken, daß man (67,1) auch aus (66,7) erhalten kann. Im Integranden durchläuft $\boldsymbol{r}$ die Werte eines Intervalls von der Größenordnung des Systemdurchmessers, weil außerhalb des Systems $\boldsymbol{j}$ verschwindet. Der Exponent $i\,\boldsymbol{k}\,\boldsymbol{r}$ ist daher klein, man kann ihn also für die Wellen vernachlässigen, die $k\,a \ll 1$ erfüllen. Dies ist (67,1) äquivalent.

Die Bedingung läßt sich noch in einer anderen Form schreiben, wenn wir $T \sim a/v$ und daher $\lambda \sim c\,a/v$ benutzen, wobei v die Größenordnung der Geschwindigkeiten der Ladungen ist. Aus $a \ll \lambda$ ergibt sich dann

$$v \ll c\,, \tag{67,2}$$

d. h., die Geschwindigkeiten der Ladungen müssen klein im Vergleich zur Lichtgeschwindigkeit sein.

Wir setzen voraus, daß diese Bedingung erfüllt ist, und wollen nun die Ausstrahlung in Entfernungen vom System betrachten, die groß im Vergleich zu den Wellenlängen sind (und daher auf jeden Fall auch groß gegenüber den

Systemdimensionen). Wie schon im § 66 gesagt wurde, kann man in solchen Entfernungen das Feld als ebene Welle betrachten, so daß es für seine Bestimmung ausreicht, nur das Vektorpotential zu berechnen.

Das Vektorpotential (66,2) hat hier die Gestalt

$$\boldsymbol{A} = \frac{1}{c\,R_0} \int \boldsymbol{j}_{t'}\,\mathrm{d}V\,, \tag{67,3}$$

die Zeit $t' = t - R_0/c$ hängt nicht mehr von den Integrationsveränderlichen ab. Wir setzen $\boldsymbol{j} = \varrho\,\boldsymbol{v}$ und schreiben (67,3) in der Gestalt

$$\boldsymbol{A} = \frac{1}{c\,R_0}\left(\sum e\,\boldsymbol{v}\right),$$

wobei sich die Summierung über alle Ladungen des Systems erstreckt. Zur Abkürzung lassen wir den Index t' fort; alle Größen auf den rechten Seiten der Gleichungen sind zum Zeitpunkt t' zu nehmen. Nun gilt

$$\sum e\,\boldsymbol{v} = \frac{\mathrm{d}}{\mathrm{d}t}\sum e\,\boldsymbol{r} = \dot{\boldsymbol{d}}\,,$$

wobei $\boldsymbol{d}$ das Dipolmoment des Systems ist. Wir haben somit

$$\boldsymbol{A} = \frac{1}{c\,R_0}\,\dot{\boldsymbol{d}}\,. \tag{67,4}$$

Mit Hilfe von (66,3) finden wir für das Magnetfeld

$$\boldsymbol{H} = \frac{1}{c^2\,R_0}\,\ddot{\boldsymbol{d}}\times\boldsymbol{n} \tag{67,5}$$

sowie für das elektrische Feld

$$\boldsymbol{E} = \frac{1}{c^2\,R_0}\,(\ddot{\boldsymbol{d}}\times\boldsymbol{n})\times\boldsymbol{n}\,. \tag{67,6}$$

In der betrachteten Näherung ist also die Ausstrahlung durch die zweiten Ableitungen des Dipolmomentes des Systems bestimmt. Eine solche Strahlung wird als *Dipolstrahlung* bezeichnet.

Aus $\boldsymbol{d} = \sum e\,\boldsymbol{r}$ folgt $\ddot{\boldsymbol{d}} = \sum e\,\dot{\boldsymbol{v}}$. Die Ladungen können also nur dann strahlen, wenn sie sich beschleunigt bewegen. Sich gleichförmig bewegende Ladungen senden keine Strahlung aus. Dies folgt im übrigen auch unmittelbar aus dem Relativitätsprinzip, da man eine gleichförmig bewegte Ladung in dem Inertialsystem betrachten kann, in dem sie ruht; eine ruhende Ladung strahlt aber nicht.

Setzen wir (67,5) in (66,6) ein, so erhalten wir für die Intensität der Dipolstrahlung

$$\mathrm{d}I = \frac{1}{4\pi c^3}\,(\ddot{\boldsymbol{d}}\times\boldsymbol{n})^2\,\mathrm{d}o = \frac{\ddot{\boldsymbol{d}}^2}{4\pi c^3}\sin^2\theta\,\mathrm{d}o\,, \tag{67,7}$$

wobei θ der Winkel zwischen den Vektoren $\ddot{\boldsymbol{d}}$ und $\boldsymbol{n}$ ist. $\mathrm{d}I$ ist diejenige Energiemenge, die vom System in der Zeiteinheit in das Raumwinkelelement $\mathrm{d}o$ gestrahlt wird; die Richtungsverteilung der Strahlung wird somit durch den Faktor $\sin^2 \theta$ gegeben.

Mit $\mathrm{d}o = 2\pi \sin\theta \, \mathrm{d}\theta$ erhalten wir nach Integration über θ von 0 bis π für die gesamte Ausstrahlung

$$I = \frac{2}{3\,c^3}\ddot{\boldsymbol{d}}^2 . \tag{67,8}$$

Ist nur eine sich in einem äußeren Feld bewegende Ladung vorhanden, so folgt $\boldsymbol{d} = e\,\boldsymbol{r}$ und $\ddot{\boldsymbol{d}} = e\,\boldsymbol{w}$ mit $\boldsymbol{w}$ als Beschleunigung der Ladung. Die Gesamtausstrahlung einer bewegten Ladung ist daher

$$I = \frac{2\,e^2\,w^2}{3\,c^3} . \tag{67,9}$$

Ein abgeschlossenes System, das aus Teilchen besteht, bei denen das Verhältnis Ladung zu Masse gleich ist, kann keine (Dipol-)Strahlung aussenden. In der Tat ist das Dipolmoment eines solchen Systems

$$\boldsymbol{d} = \sum e\,\boldsymbol{r} = \sum \frac{e}{m}\,m\,\boldsymbol{r} = \mathrm{const} \sum m\,\boldsymbol{r} ,$$

wobei const das (für alle Teilchen gleiche) Verhältnis von Ladung zu Masse bedeutet. Nun gilt $\sum m\,\boldsymbol{r} = \boldsymbol{R} \sum m$, mit $\boldsymbol{R}$ als Ortsvektor des Systemschwerpunktes (es sei daran erinnert, daß für alle Geschwindigkeiten $v \ll c$ gilt, so daß die nichtrelativistische Mechanik anwendbar ist); $\ddot{\boldsymbol{d}}$ ist daher der Beschleunigung des Schwerpunktes proportional und verschwindet, da sich der Schwerpunkt gleichförmig bewegt.

Schließlich geben wir noch die Gleichungen für die Fourier-Zerlegung der Intensität der Dipolstrahlung an. Für die bei Stößen auftretende Strahlung führen wir die Energiemenge $\mathrm{d}\mathscr{E}_\omega$ ein, die während der Zeit eines Zusammenstoßes in Form von Wellen des Frequenzintervalls $\mathrm{d}\omega/2\pi$ ausgestrahlt wird (vgl. § 66). Man erhält sie, wenn man in (67,8) $\ddot{\boldsymbol{d}}$ durch das Absolutquadrat seiner Fourier-Komponenten ersetzt und mit 2 multipliziert:

$$\mathrm{d}\mathscr{E}_\omega = \frac{4}{3\,c^3}\,|\ddot{\boldsymbol{d}}_\omega|^2\,\frac{\mathrm{d}\omega}{2\pi} .$$

Nach Definition der Fourier-Komponenten gilt

$$\ddot{\boldsymbol{d}}_\omega\,\mathrm{e}^{-i\omega t} = \frac{\mathrm{d}^2}{\mathrm{d}t^2}(\boldsymbol{d}_\omega\,\mathrm{e}^{-i\omega t}) = -\,\omega^2\,\boldsymbol{d}_\omega\,\mathrm{e}^{-i\omega t} ,$$

woraus sich $\ddot{\boldsymbol{d}}_\omega = -\,\omega^2\,\boldsymbol{d}_\omega$ ergibt. Wir erhalten also

$$\mathrm{d}\mathscr{E}_\omega = \frac{4\,\omega^4}{3\,c^3}\,|\boldsymbol{d}_\omega|^2\,\frac{\mathrm{d}\omega}{2\pi} . \tag{67,10}$$

Im Fall einer periodischen Teilchenbewegung finden wir in entsprechender Weise für die Intensität der Ausstrahlung bei der Frequenz $\omega = n\,\omega_0$

$$I_n = \frac{4\,\omega^0\,n^4}{3\,c^3}\,|\boldsymbol{d}_n|^2 . \tag{67,11}$$

Aufgaben

1. Man bestimme die Ausstrahlung eines Dipols $\boldsymbol{d}$, der in einer Ebene mit konstanter Winkelgeschwindigkeit $\boldsymbol{\Omega}$ rotiert.[1])

Lösung. Wählen wir die xy-Ebene als Rotationsebene, so haben wir

$$d_x = d_0 \cos \Omega t\,, \qquad d_y = d_0 \sin \Omega t\,.$$

Da diese Funktionen „monochromatisch" sind, ist auch die Ausstrahlung mit der Frequenz $\omega = \Omega$ monochromatisch. Nach (67,7) finden wir für die Winkelverteilung der (über die Rotationsperiode) gemittelten Ausstrahlung

$$\overline{\mathrm{d}I} = \frac{d_0^2 \Omega^4}{8\pi c^3}(1 + \cos^2\vartheta)\,\mathrm{d}o\,,$$

wobei ϑ der Winkel zwischen der Richtung $\boldsymbol{n}$ der Strahlung und der z-Achse ist. Die Gesamtstrahlung ist

$$\overline{I} = \frac{2\,d_0^2\Omega^4}{3\,c^3}\,.$$

Die Polarisation der Strahlung wird durch die Richtung des Vektors $\ddot{\boldsymbol{d}} \times \boldsymbol{n} = \omega^2\,\boldsymbol{n} \times \boldsymbol{d}$ bestimmt. Projizieren wir ihn auf die Richtungen in der durch $\boldsymbol{n}$, z bestimmten Ebene und der Normalen dazu, so finden wir, daß die Strahlung elliptisch polarisiert ist. Die Ellipse besitzt ein Halbachsenverhältnis $n_z = \cos\vartheta$. Insbesondere ist also die Ausstrahlung in Richtung der z-Achse zirkular polarisiert.

2. Man bestimme die Winkelverteilung der Ausstrahlung eines sich als Ganzes (mit der Geschwindigkeit $\boldsymbol{V}$) bewegenden Systems von Ladungen, wenn die Verteilung in dem Bezugssystem bekannt ist, in dem das System als Ganzes ruht.

Lösung. Es sei

$$\mathrm{d}I' = f(\cos\theta', \varphi')\,\mathrm{d}o'\,, \qquad \mathrm{d}o' = \mathrm{d}(\cos\theta')\,\mathrm{d}\varphi'$$

die Intensität der Strahlung in einem mit den Ladungen verbundenen Bezugssystem K'. (θ', φ' sind Kugelkoordinaten mit der Polarachse in Bewegungsrichtung des Systems). Die im Zeitraum $\mathrm{d}t$ in einem unbewegten (Labor-)System K ausgesandte Energie $\mathrm{d}\mathscr{E}$ hängt mit der Energieausstrahlung $\mathrm{d}\mathscr{E}'$ im System K' durch die Transformationsformel

$$\mathrm{d}\mathscr{E}' = \frac{\mathrm{d}\mathscr{E} - \boldsymbol{V}\,\mathrm{d}\boldsymbol{P}}{\sqrt{1 - \frac{V^2}{c^2}}} = \mathrm{d}\mathscr{E}\,\frac{1 - \frac{V}{c}\cos\theta}{\sqrt{1 - \frac{V^2}{c^2}}}$$

zusammen (der Impuls einer Strahlung, die sich in einer bestimmten Richtung ausbreitet, ist mit der Energie durch $|\mathrm{d}\boldsymbol{P}| = \mathrm{d}\mathscr{E}/c$ verbunden). Die Polarwinkel θ und θ' der Strahlungsrichtung in den Systemen K und K' sind durch die Formel (5,6) verknüpft (für die Azimutwinkel gilt $\varphi = \varphi'$). Schließlich entspricht das Zeitintervall $\mathrm{d}t'$ im System K' der Zeit

---

[1]) Hierher gehört auch die Ausstrahlung eines Rotators und eines symmetrischen Kreisels mit Dipolmomenten. Im ersten Falle ist $\boldsymbol{d}$ das gesamte Dipolmoment des Rotators, im zweiten die Projektion des Dipolmoments des Kreisels auf die zu seiner Präzessionsachse (d. h. der Richtung des gesamten Drehimpulses) senkrechte Ebene.

$dt = \frac{dt'}{\sqrt{1-\frac{V^2}{c^2}}}$ im System K. Für die Intensität $dI = \frac{d\mathcal{E}}{dt}$ im System K finden wir also

$$dI = \frac{\left(1-\frac{V^2}{c^2}\right)^2}{\left(1-\frac{V}{c}\cos\theta\right)^3} f\left(\frac{\cos\theta-\frac{V}{c}}{1-\frac{V}{c}\cos\theta}, \varphi\right) do .$$

Für einen sich in Richtung der Achse bewegenden Dipol ist $f = \text{const} \sin^2\theta'$. Mit Hilfe dieser Formeln ergibt sich schließlich

$$dI = \text{const} \frac{\left(1-\frac{V^2}{c^2}\right)^3 \sin^2\theta}{\left(1-\frac{V}{c}\cos\theta\right)^5} do .$$

§ 68. Dipolstrahlung bei Stößen

Im Rahmen der Ausstrahlungsproblematik bei Stößen (der sogenannten *Bremsstrahlung*) ist die Strahlung, welche beim Stoß zweier, sich auf bestimmten Bahnen bewegender Teilchen auftritt, von untergeordnetem Interesse. Gewöhnlich betrachtet man die Strahlung eines ganzen Stroms von parallel laufenden Teilchen, und die Aufgabe besteht in der Bestimmung der auf die Einheit der Teilchenstromdichte bezogenen Ausstrahlung.

Ist die Stromdichte gleich Eins (d. h., gelangt in der Zeiteinheit durch die Einheit des Bündelquerschnittes ein Teilchen), so ist die Zahl der Teilchen mit einem Stoßparameter zwischen ϱ und $\varrho + d\varrho$ gleich $2\pi\varrho\, d\varrho$ (gleich dem Flächenelement des Ringes, der von den zwei Kreisen mit den Radien ϱ und $\varrho + d\varrho$ begrenzt wird). Die gesuchte Ausstrahlung erhält man daher durch Multiplikation der gesamten Ausstrahlung $\Delta\mathcal{E}$ eines Teilchens (mit einem gegebenen Stoßparameter) mit $2\pi\varrho\, d\varrho$ und der folgenden Integration über ϱ von 0 bis ∞. Die auf diese Weise bestimmte Größe hat die Dimension Energie mal Fläche. Wir werden sie ***effektive Ausstrahlung*** nennen (in Analogie zum effektiven Streuquerschnitt) und sie im folgenden durch $\varkappa$ bezeichnen:

$$\varkappa = \int_0^\infty \Delta\mathcal{E} \cdot 2\pi\varrho\, d\varrho . \tag{68,1}$$

Auf ähnliche Weise läßt sich auch die effektive Ausstrahlung in ein bestimmtes Raumwinkelelement do, in ein bestimmtes Frequenzintervall $d\omega$ usw. definieren.[1])

[1]) Hängt der zu integrierende Ausdruck von der Richtung der Projektion des Dipolmomentes des Teilchens in die Querschnittsebene des Stromes ab, so ist er zunächst über alle Richtungen in dieser Ebene zu mitteln und erst dann mit $2\pi\varrho\, d\varrho$ zu multiplizieren und zu integrieren.

Wir wollen nun die allgemeine Formel ableiten, die die Richtungsverteilung der Strahlung bei der Streuung eines Teilchenstroms an einem zentralsymmetrischen Feld beschreibt, wobei wir für die Strahlung Dipolcharakter annehmen.

Die Intensität der Strahlung eines einzelnen Teilchens des gestreuten Stromes wird in jedem Zeitpunkt durch die Formel (67,7) gegeben, in der $\boldsymbol{d}$ das Dipolmoment des Teilchens bezüglich des streuenden Zentrums ist.[1]) Zunächst mitteln wir diesen Ausdruck in der Ebene senkrecht zum Strom über alle Richtungen des Vektors $\ddot{\boldsymbol{d}}$. Da $[\ddot{\boldsymbol{d}}\,\boldsymbol{n}]^2 = \ddot{\boldsymbol{d}}^2 - (\boldsymbol{n}\,\ddot{\boldsymbol{d}})^2$ gilt, braucht nur $(\boldsymbol{n}\,\ddot{\boldsymbol{d}})^2$ gemittelt zu werden. Infolge der Kugelsymmetrie des streuenden Feldes und der Parallelität des auffallenden Teilchenstromes ist die Streuung (und mit ihr auch die Ausstrahlung) axialsymmetrisch, und zwar bezüglich der Achse, die durch das Zentrum geht und die Richtung des einfallenden Teilchenstroms hat. Diese Achse wählen wir als x-Achse. Aus Symmetriegründen ergeben ersichtlich die ersten Potenzen von $\ddot{d}_y$, $\ddot{d}_z$ bei ihrer Mittelung Null, und da $\ddot{d}_x$ nicht von der Mittelung beeinflußt wird, ist

$$\overline{\ddot{d}_x\,\ddot{d}_y} = \overline{\ddot{d}_x\,\ddot{d}_z} = 0\,.$$

Die Mittelwerte von $\ddot{d}_y^2$ und $\ddot{d}_z^2$ sind dagegen gleich, so daß

$$\overline{\ddot{d}_y^2} = \overline{\ddot{d}_z^2} = \frac{1}{2}\,(\ddot{\boldsymbol{d}}^2 - \ddot{d}_x^2)$$

folgt.

Unter Berücksichtigung dieser Beziehungen finden wir ohne Schwierigkeiten

$$\overline{[\ddot{\boldsymbol{d}}\,\boldsymbol{n}]^2} = \frac{1}{2}\,(\ddot{\boldsymbol{d}}^2 + \ddot{d}_x^2) + \frac{1}{2}\,(\ddot{\boldsymbol{d}}^2 - 3\,\ddot{d}_x^2)\cos^2\theta\,,$$

wobei θ der Winkel zwischen der Ausstrahlungsrichtung $\boldsymbol{n}$ und der x-Achse ist.

Integrieren wir die Intensität über die Zeit und alle Stoßparameter, so erhalten wir folgenden endgültigen Ausdruck, der die effektive Ausstrahlung in Abhängigkeit von der Richtung bestimmt:

$$\mathrm{d}\varkappa_{\boldsymbol{n}} = \frac{\mathrm{d}o}{4\,\pi\,c^3}\left(A + B\,\frac{3\cos^2\theta - 1}{2}\right); \tag{68,2}$$

hierbei ist

$$A = \frac{2}{3}\int\limits_0^\infty\int\limits_{-\infty}^\infty \ddot{\boldsymbol{d}}^2\,\mathrm{d}t\,2\,\pi\,\varrho\,\mathrm{d}\varrho\,,\quad B = \frac{1}{3}\int\limits_0^\infty\int\limits_{-\infty}^\infty (\ddot{\boldsymbol{d}}^2 - 3\,\ddot{d}_x^2)\,\mathrm{d}t\,2\,\pi\,\varrho\,\mathrm{d}\varrho\,. \tag{68,3}$$

Der zweite Term in (68,2) hat eine solche Form, daß er bei der Mittlung über alle Richtungen verschwindet, so daß die gesamte effektive Ausstrahlung $\varkappa = A/c^3$ ist. Beachten wir, daß die Winkelverteilung der Strahlung bezüglich der Ebene, die durch das Streuzentrum und senkrecht zum Strom verläuft, symmetrisch ist, so sehen wir, daß der Ausdruck (68,2) sich bei der Substitution $\theta \to \pi - \theta$ nicht ändert. Diese Eigenschaft ist für Dipolstrahlung kennzeichnend und geht verloren, wenn wir zu höheren Näherungen in v/c übergehen.

[1]) In Wirklichkeit handelt es sich um das Dipolmoment zweier Teilchen (des streuenden und des gestreuten) bezüglich ihres gemeinsamen Schwerpunktes.

Die Intensität der bei der Streuung auftretenden Strahlung kann in zwei Teile zerlegt werden: Der erste Teil ist die Intensität der Strahlung, die in der Ebene polarisiert ist, welche die x-Achse enthält und parallel zu $\boldsymbol{n}$ verläuft (wir wählen diese Ebene als xy-Ebene). Der zweite Teil ist die Intensität jener Strahlung, die in der dazu senkrechten Ebene polarisiert ist.

Der Vektor des elektrischen Feldes hat die Richtung

$$\boldsymbol{n}\times(\boldsymbol{n}\times\ddot{\boldsymbol{d}}) = \boldsymbol{n}\,(\boldsymbol{n}\,\ddot{\boldsymbol{d}}) - \ddot{\boldsymbol{d}}$$

[siehe (67,6)]. Die Komponente dieses Vektors in der zur xy-Ebene senkrechten Richtung ist $-\ddot{d}_z$, die Projektion auf die xy-Ebene $|\sin\theta\,\ddot{d}_x - \cos\theta\,\ddot{d}_y|$. (Letztere ist gleich der z-Komponente des Magnetfeldes, das die Richtung $[\ddot{\boldsymbol{d}}\,\boldsymbol{n}]$ hat. Dadurch ist sie bequemer zu bestimmen.)

Quadrieren und mitteln wir $\boldsymbol{E}$ über alle Richtungen von $\ddot{\boldsymbol{d}}$ in der yz-Ebene, so sehen wir zunächst, daß das Produkt der Projektionen des Feldes auf die xy-Ebene und die zu ihr senkrechten verschwindet. Dies bedeutet, daß die Intensität tatsächlich als Summe zweier unabhängiger Teile dargestellt werden kann: durch die Intensitäten der in zwei zueinander senkrechten Ebenen polarisierten Strahlung.

Die Intensität der Strahlung mit einem zur xy-Ebene senkrechten elektrischen Vektor wird durch das mittlere Quadrat von $\ddot{d}_z^2 = \frac{1}{2}(\ddot{\boldsymbol{d}}^2 - \ddot{d}_x^2)$ bestimmt. Für den entsprechenden Anteil der effektiven Strahlung erhalten wir den Ausdruck

$$\mathrm{d}\varkappa_{\boldsymbol{n}}^{\perp} = \frac{\mathrm{d}o}{4\pi c^3}\,\frac{1}{2}\int\limits_0^\infty\int\limits_{-\infty}^\infty(\ddot{\boldsymbol{d}}^2 - \ddot{d}_x^2)\,\mathrm{d}t\,2\pi\varrho\,\mathrm{d}\varrho\,. \tag{68,4}$$

Dieser Strahlungsanteil ist isotrop. Es ist nicht nötig, die effektive Strahlung mit einem elektrischen Feldvektor in der xy-Ebene zu berechnen, da offensichtlich

$$\mathrm{d}\varkappa_{\boldsymbol{n}}^{\perp} + \mathrm{d}\varkappa_{\boldsymbol{n}}^{|} = \mathrm{d}\varkappa_{\boldsymbol{n}}$$

gilt.

Auf entsprechende Weise kann man einen Ausdruck für die Richtungsverteilung der effektiven Strahlung in einem bestimmten Frequenzintervall erhalten:

$$\mathrm{d}\varkappa_{\boldsymbol{n}\,\omega} = \frac{\mathrm{d}o\,\mathrm{d}\omega}{(2\pi)^2 c^3}\left[A(\omega) + B(\omega)\frac{3\cos^2\theta - 1}{2}\right], \tag{68,5}$$

wobei

$$\left.\begin{aligned} A(\omega) &= \frac{2\,\omega^4}{3}\int\limits_0^\infty \boldsymbol{d}_\omega^2\,2\pi\varrho\,\mathrm{d}\varrho\,,\\ B(\omega) &= \frac{\omega^4}{3}\int\limits_0^\infty(\boldsymbol{d}_\omega^2 - 3\,d_{x\,\omega}^2)\,2\pi\varrho\,\mathrm{d}\varrho \end{aligned}\right\} \tag{68,6}$$

ist.

§ 69. Bremsstrahlung niedriger Frequenzen

Wir betrachten den niederfrequenten „Schwanz" in der spektralen Verteilung der Bremsstrahlung, nämlich das Gebiet der Frequenzen, die klein sind im Vergleich zu jener Frequenz, (wir bezeichnen sie mit ω_0) in deren Umgebung der Hauptteil der Ausstrahlung konzentriert ist:

$$\omega \ll \omega_0 \,. \tag{69,1}$$

Dabei werden wir nicht voraussetzen, daß die Geschwindigkeiten der stoßenden Teilchen klein gegenüber der Lichtgeschwindigkeit sind, wie dies im letzten Paragraphen angenommen wurde: Die folgenden Formeln gelten für beliebige Geschwindigkeiten. Im nichtrelativistischen Falle ist $\omega_0 \sim 1/\tau$, wobei τ die Größenordnung der Zeitdauer des Stoßes ist; während im ultrarelativistischen Falle ω_0 zum Quadrat der Energie der strahlenden Teilchen proportional ist (s. weiter unten in § 77).

Im Integral

$$\boldsymbol{H}_\omega = \int_{-\infty}^{\infty} \boldsymbol{H}\, e^{i\omega t}\, dt$$

ist das Strahlungsfeld $\boldsymbol{H}$ nur in einem Zeitintervall der Größe τ merklich von Null verschieden. Bei Gültigkeit von (69,1) können wir daher schließen, daß im Integranden $\omega t \ll 1$ gelten muß, so daß $e^{i\omega t}$ durch 1 ersetzt werden kann. Somit ist

$$\boldsymbol{H}_\omega = \int_{-\infty}^{\infty} \boldsymbol{H}\, dt \,.$$

Setzen wir hier $\boldsymbol{H} = \dot{\boldsymbol{A}} \times \boldsymbol{n}/c$ ein und führen wir die Zeitintegration aus, erhalten wir

$$\boldsymbol{H}_\omega = \frac{1}{c}(\boldsymbol{A}_2 - \boldsymbol{A}_1) \times \boldsymbol{n} \,, \tag{69,2}$$

wobei $\boldsymbol{A}_2 - \boldsymbol{A}_1$ die Änderung des von den zusammenstoßenden Teilchen erzeugten Vektorpotentials während der Stoßdauer ist.

Die gesamte Ausstrahlung in das Raumwinkelelement do (mit der Frequenz ω) während der Stoßdauer erhält man durch Einsetzen von (69,2) in (66,9):

$$d\mathscr{E}_{\boldsymbol{n}\omega} = \frac{R_0^2}{4 c \pi^2}((\boldsymbol{A}_2 - \boldsymbol{A}_1) \times \boldsymbol{n})^2 \, do \, d\omega \,. \tag{69,3}$$

Das Vektorpotential benutzen wir in der Liénard-Wiechertschen Form (66,4). Wir erhalten dann

$$d\mathscr{E}_{\boldsymbol{n}\omega} = \frac{1}{4\pi^2 c^3}\left\{\sum e\left(\frac{\boldsymbol{v}_2 \times \boldsymbol{n}}{1 - \frac{1}{c}\boldsymbol{n}\,\boldsymbol{v}_2} - \frac{\boldsymbol{v}_1 \times \boldsymbol{n}}{1 - \frac{1}{c}\boldsymbol{n}\,\boldsymbol{v}_1}\right)\right\}^2 do \, d\omega \,, \tag{69,4}$$

worin $\boldsymbol{v}_1$ und $\boldsymbol{v}_2$ die Geschwindigkeiten der Teilchen vor und nach der Streuung bedeuten und die Summe sich auf die beiden stoßenden Teilchen bezieht. Es sei darauf hingewiesen, daß der Koeffizient bei $d\omega$ frequenzunabhängig ist, oder anders gesagt: Bei kleinen Frequenzen [Bedingung (69,1)] hängt die spektrale

Verteilung der Strahlung nicht von der Frequenz ab, d. h., $\frac{d\mathscr{E}_{n\omega}}{d\omega}$ strebt für $\omega \to 0$ einem konstanten Grenzwert zu.[1])

Ist die Geschwindigkeit der zusammenstoßenden Teilchen klein gegenüber der Lichtgeschwindigkeit, so geht (69,4) in

$$d\mathscr{E}_{n\omega} = \frac{1}{4\pi^2 c^3} (\sum e (\boldsymbol{v}_2 - \boldsymbol{v}_1) \times \boldsymbol{n})^2 \, do \, d\omega \tag{69,5}$$

über. Dieser Ausdruck entspricht der Dipolstrahlung, deren Vektorpotential durch (67,4) gegeben wird.

Eine interessante Anwendung der erhaltenen Formel bietet die Strahlung, die bei der Emission eines neuen geladenen Teilchens entsteht (z. B. bei der Aussendung eines β-Teilchens durch einen Kern). Dieser Vorgang ist als eine augenblickliche Änderung der Teilchengeschwindigkeit von 0 bis zu ihrem gegebenen Wert zu betrachten. (Wegen der Symmetrie der Gleichung (69,5) bezüglich einer Vertauschung von $\boldsymbol{v}_1$ und $\boldsymbol{v}_2$ ist die bei diesem Prozeß entstehende Strahlung mit derjenigen identisch, die beim umgekehrten Vorgang, also dem plötzlichen Anhalten eines Teilchens, entstehen würde.) Wichtig ist, daß die Bedingung (69,1) dann praktisch für alle Frequenzen erfüllt ist, da für die „Dauer" des Prozesses $\tau \to 0$ gilt.[2])

Aufgabe

Man bestimme die spektrale Verteilung der gesamten Strahlung, die bei der Emission eines geladenen Teilchens entsteht, das sich mit der Geschwindigkeit v bewegt.

Lösung. Nach der Formel (69,4) (in der wir $\boldsymbol{v}_2 = \boldsymbol{v}$, $\boldsymbol{v}_1 = 0$ annehmen) haben wir

$$d\mathscr{E}_\omega = d\omega \frac{e^2 v^2}{4\pi^2 c^3} \int_0^\pi \frac{\sin^2\theta}{\left(1 - \frac{v}{c}\cos\theta\right)^2} 2\pi \sin\theta \, d\theta \, .$$

Die Berechnung des Integrals ergibt[3])

$$d\mathscr{E}_\omega = \frac{e^2}{\pi c}\left(\frac{c}{v}\ln\frac{c+v}{c-v} - 2\right) d\omega \, . \tag{1}$$

---

[1]) Integrieren wir über den Stoßparameter, so können wir ein entsprechendes Ergebnis auch für die effektive Strahlung bei der Streuung eines Teilchenstromes erhalten. Es ist jedoch im Auge zu behalten, daß dieses Ergebnis für die effektive Strahlung bei Coulombscher Wechselwirkung der stoßenden Teilchen nicht gültig ist, da hier das Integral über ϱ für große ϱ (logarithmisch) divergiert. Wir werden im folgenden Paragraphen sehen, daß dann die effektive Ausstrahlung bei kleinen Frequenzen logarithmisch von der Frequenz abhängt und nicht konstant bleibt.

[2]) Die Anwendbarkeit dieser Formel ist jedoch durch die Quantenbedingung eingeschränkt, daß $\hbar\omega$ im Vergleich zur gesamten kinetischen Energie des Teilchens klein sein muß.

[3]) Obgleich, wie schon gezeigt wurde, die Bedingung (69,1) infolge der Schnelligkeit des Prozesses für alle Frequenzen erfüllt ist, kann man doch nicht die gesamte Energieausstrahlung durch Integration von (1) über alle Frequenzen ω erhalten, da das Integral für große Frequenzen divergiert. Abgesehen davon, daß man bei hohen Frequenzen nicht mehr klassisch rechnen kann, liegt hier die Ursache der Divergenz auch darin, daß die klassische Aufgabe selbst, in der das Teilchen zum Anfangszeitpunkt eine unendliche Beschleunigung besitzt, nicht korrekt gestellt ist.

Für $v \ll c$ geht diese Formel in

$$\mathrm{d}\mathscr{E}_\omega = \frac{2\, e^2\, v^2}{3\, \pi\, c^3}\, \mathrm{d}\omega$$

über, was man auch unmittelbar aus (69,5) hätte erhalten können.

§ 70. Ausstrahlung bei Coulombscher Wechselwirkung

In diesem Paragraphen wollen wir für Übersichtszwecke eine Reihe Formeln zusammenstellen, die sich auf die Dipolstrahlung eines aus zwei geladenen Teilchen bestehenden Systems beziehen. Wir nehmen an, daß die Teilchengeschwindigkeit klein im Vergleich zur Lichtgeschwindigkeit ist.

Die gleichförmige Bewegung des Systems als Ganzes, d. h. seine Schwerpunktsbewegung, ist uninteressant, da sie keine Ausstrahlung ergibt; wir haben daher nur die Relativbewegung der Teilchen zu betrachten. Den Ursprung des Koordinatensystems legen wir in den Schwerpunkt. Das Dipolmoment des Systems $\boldsymbol{d} = e_1\, \boldsymbol{r}_1 + e_2\, \boldsymbol{r}_2$ läßt sich dann in der Form

$$\boldsymbol{d} = \frac{e_1\, m_2 - e_2\, m_1}{m_1 + m_2}\, \boldsymbol{r} = \mu \left(\frac{e_1}{m_1} - \frac{e_2}{m_2}\right) \boldsymbol{r} \tag{70,1}$$

schreiben, wobei die Indizes 1 und 2 sich auf die beiden Teilchen beziehen, $\boldsymbol{r} = \boldsymbol{r}_1 - \boldsymbol{r}_2$ der Abstandsvektor zwischen ihnen ist und $\mu = \frac{m_1\, m_2}{m_1 + m_2}$ die reduzierte Masse bedeutet.

Wir beginnen mit der Strahlung, die bei der elliptischen Bewegung zweier sich nach dem Coulombschen Gesetz anziehenden Teilchen auftritt. Wie aus der Mechanik bekannt ist (siehe etwa I, § 15) kann diese Bewegung zurückgeführt werden auf die Bewegung eines Teilchens mit der Masse μ auf einer Ellipse, deren Gleichung in Polarkoordinaten die Gestalt

$$1 + \varepsilon \cos \varphi = \frac{a\,(1 - \varepsilon^2)}{r} \tag{70,2}$$

hat, mit der großen Halbachse a und der Exzentrizität ε:

$$a = \frac{\alpha}{2\,|\mathscr{E}|}, \qquad \varepsilon = \sqrt{1 - \frac{2\,|\mathscr{E}|\, M^2}{\mu\, \alpha^2}}\,. \tag{70,3}$$

Hier ist $\mathscr{E}$ die Gesamtenergie des Teilchens (außer der Ruhenergie), die bei einer beschränkten Bewegung negativ ist; $M = \mu\, r^2\, \dot{\varphi}$ ist der Drehimpuls der Bewegung, α die Konstante im Coulombschen Gesetz:

$$\alpha = |e_1\, e_2|\,.$$

Die Zeitabhängigkeit der Koordinaten kann in Parameterform

$$r = a\,(1 - \varepsilon \cos \xi)\,, \qquad t = \sqrt{\frac{\mu\, a^3}{\alpha}}\, (\xi - \varepsilon \sin \xi) \tag{70,4}$$

geschrieben werden. Einem vollständigen Umlauf längs der Ellipse entspricht eine Änderung des Parameters ξ von 0 bis 2π; die Periode der Bewegung ist

$$T = 2\pi \sqrt{\frac{\mu a^3}{\alpha}} .$$

Wir wollen nun die FOURIER-Komponenten des Dipolmomentes bestimmen. Infolge der Periodizität der Bewegung handelt es sich um die Entwicklung in eine FOURIER-Reihe. Da das Dipolmoment dem Ortsvektor $\boldsymbol{r}$ proportional ist, führt die Aufgabe auf die Berechnung der FOURIER-Komponenten der Koordinaten $x = r\cos\varphi$ und $y = r\sin\varphi$. Die Zeitabhängigkeit von x und y wird durch die Parametergleichungen

$$\left.\begin{aligned} x = a(\cos\xi - \varepsilon)\,, \qquad y = a\sqrt{1-\varepsilon^2}\sin\xi\,, \\ \omega_0 t = \xi - \varepsilon\sin\xi \end{aligned}\right\} \tag{70,5}$$

bestimmt. Hierbei ist ω_0 die Frequenz:

$$\omega_0 = \frac{2\pi}{T} = \sqrt{\frac{\alpha}{\pi a^3}} = \frac{(2|\mathscr{E}|)^{3/2}}{\alpha\,\mu^{1/2}} .$$

Anstatt die FOURIER-Komponenten der Koordinaten zu berechnen, ist es bequemer, die der Geschwindigkeit unter Beachtung von $\dot{x}_n = -i\,\omega_0 n\, x_n$, $\dot{y}_n = -i\,\omega_0 n\, y_n$ zu bestimmen. Wir haben

$$x_n = \frac{\dot{x}_n}{-i\,\omega_0 n} = \frac{i}{\omega_0 n}\frac{2}{T}\int_0^T e^{i\omega_0 n t}\,\dot{x}\,dt .$$

Nun gilt $\dot{x}\,dt = dx = -a\sin\xi\,d\xi$; ersetzen wir die Integration über t durch die über ξ, so erhalten wir damit

$$x_n = -\frac{i a}{2\pi n}\int_0^{2\pi} e^{in(\xi - \varepsilon\sin\xi)}\sin\xi\,d\xi .$$

Entsprechend finden wir

$$y_n = \frac{i a\sqrt{1-\varepsilon^2}}{2\pi n}\int_0^{2\pi} e^{in(\xi-\varepsilon\sin\xi)}\cos\xi\,d\xi = \frac{i a\sqrt{1-\varepsilon^2}}{2\pi n\,\varepsilon}\int_0^{2\pi} e^{in(\xi-\varepsilon\sin\xi)}\,d\xi$$

(beim Übergang vom ersten zum zweiten Integral setzen wir im Integranden $\cos\xi \equiv (\cos\xi - 1/\varepsilon) + 1/\varepsilon$; das Integral mit $\cos\xi - 1/\varepsilon$ verschwindet dann identisch). Schließlich benutzen wir die aus der Theorie der BESSEL-Funktionen bekannte Beziehung

$$\frac{1}{2\pi}\int_0^{2\pi} e^{i(n\xi - x\sin\xi)}\,d\xi = \frac{1}{\pi}\int_0^{\pi}\cos(n\xi - x\sin\xi)\,d\xi = J_n(x)\,, \tag{70,6}$$

in der $J_n(x)$ die Bessel-Funktion mit ganzzahligem Index n ist. Wir erhalten dann folgenden Ausdruck für die gesuchten Fourier-Komponenten

$$x_n = \frac{a}{n} J_n'(n\,\varepsilon)\,, \qquad y_n = \frac{i\,a\sqrt{1-\varepsilon^2}}{n\,\varepsilon} J_n(n\,\varepsilon) \tag{70,7}$$

(der Strich bei der Bessel-Funktion bedeutet die Ableitung nach ihrem Argument).

Den Ausdruck für die Intensität der monochromatischen Komponenten der Strahlung erhält man durch Einsetzen von x_n und y_n in die Gleichung

$$I_n = \frac{4\,\omega_0^4\,n^4}{3\,c^3}\mu^2\left(\frac{e_1}{m_1}-\frac{e_2}{m_2}\right)^2(|x_n|^2+|y_n|^2)$$

(siehe (67,11)). Drücken wir hierbei a und ω_0 durch die Eigenschaften des Teilchens aus, so erhalten wir schließlich

$$I_n = \frac{64\,n^2\,\mathscr{E}^4}{3\,c^3\,\alpha^2}\left(\frac{e_1}{m_1}-\frac{e_2}{m_2}\right)^2\left[J_n'^2(n\,\varepsilon)+\frac{1-\varepsilon^2}{\varepsilon^2}J_n^2(n\,\varepsilon)\right]. \tag{70,8}$$

Wir geben speziell noch eine Formel für die Intensität sehr hoher Partialschwingungen (große n) bei der Bewegung auf einer nahezu kreisförmigen Bahn (ε nahe bei 1) an. Dazu benutzen wir die Beziehung

$$J_n(n\,\varepsilon) \approx \frac{1}{\sqrt{\pi}}\left(\frac{2}{n}\right)^{1/3}\Phi\left[\left(\frac{n}{2}\right)^{2/3}(1-\varepsilon^2)\right] \tag{70,9}$$

(Φ ist die Airysche Funktion, siehe die Anmerkung auf Seite 177), die für

$$n \gg 1, \qquad 1-\varepsilon \ll 1$$

gültig ist.[1]) Einsetzen in (70,8) ergibt

$$I_n = \frac{64\cdot 2^{2/3}}{3\,\pi}\,\frac{n^{4/3}\,\mathscr{E}^4}{c^3\,\alpha^2}\left(\frac{e_1}{m_1}-\frac{e_2}{m_2}\right)^2\left\{(1-\varepsilon^2)\,\Phi^2\left[\left(\frac{n}{2}\right)^{2/3}(1-\varepsilon^2)\right]\right.$$
$$\left.+\left(\frac{2}{n}\right)^{2/3}\Phi'^2\left[\left(\frac{n}{2}\right)^{2/3}(1-\varepsilon^2)\right]\right\}. \tag{70,10}$$

---

[1]) Für $n \gg 1$ sind im Integral

$$J_n(n\,\varepsilon) = \frac{1}{\pi}\int_0^\pi \cos\left[n\,(\xi-\varepsilon\sin\xi)\right]\mathrm{d}\xi$$

kleine ξ wesentlich (für Werte von ξ, die nicht klein sind, oszilliert der Integrand rasch). Infolgedessen entwickeln wir das Argument des Kosinus nach Potenzen von ξ:

$$J_n(n\,\varepsilon) = \frac{1}{\pi}\int_0^\infty \cos\left[n\left(\frac{1-\varepsilon^2}{2}\xi+\frac{\xi^3}{6}\right)\right]\mathrm{d}\xi;$$

wegen der raschen Konvergenz können wir die obere Grenze durch ∞ ersetzen. Der Term mit ξ^3 muß mitgenommen werden, da im Term erster Ordnung der kleine Koeffizient $1-\varepsilon \approx (1-\varepsilon^2)/2$ auftritt. Das erhaltene Integral geht durch eine leicht ersichtliche Substitution in (70,9) über.

Dieses Resultat kann auch mit Hilfe der MACDONALDschen Funktion ausgedrückt werden:

$$I_n = \frac{64}{9\pi^2}\frac{n^2\mathcal{E}^4}{c^3\alpha^2}\left(\frac{e_1}{m_1}-\frac{e_2}{m_2}\right)^2$$

$$\times\left\{K_{1/3}^2\left[\frac{n}{3}(1-\varepsilon^2)^{3/2}\right]+K_{2/3}^2\left[\frac{n}{3}(1-\varepsilon^2)^{3/2}\right]\right\}(1-\varepsilon^2)^2$$

(die hierzu notwendigen Gleichungen finden sich in Fußnote 2 Seite 239).

Wir betrachten ferner den Stoß von zwei sich anziehenden Ladungen. Ihre Relativbewegung wird durch die Bewegung eines Teilchens mit der Masse μ auf der Hyperbel

$$1+\varepsilon\cos\varphi=\frac{a(\varepsilon^2-1)}{r} \tag{70,11}$$

beschrieben, wobei

$$a=\frac{\alpha}{2\mathcal{E}}, \qquad \varepsilon=\sqrt{1+\frac{2\mathcal{E}M^2}{\mu\alpha^2}} \tag{70,12}$$

gilt (jetzt ist $\mathcal{E}>0$). Die Zeitabhängigkeit von r wird durch die Parametergleichung

$$r=a(\varepsilon\operatorname{ch}\xi-1)\,, \qquad t=\sqrt{\frac{\mu a^3}{\alpha}}(\varepsilon\operatorname{sh}\xi-\xi) \tag{70,13}$$

gegeben, wobei der Parameter ξ alle Werte von $-\infty$ bis $+\infty$ durchläuft. Für die Koordinaten x, y gilt

$$x=a(\varepsilon-\operatorname{ch}\xi)\,, \qquad y=a\sqrt{\varepsilon^2-1}\operatorname{sh}\xi\,. \tag{70,14}$$

Die Berechnung der FOURIER-Komponenten (es handelt sich hier um eine FOURIER-Transformation) erfolgt ebenso wie im vorhergehenden Fall. Als Ergebnis erhalten wir

$$x_\omega=\frac{\pi a}{\omega}H_{i\nu}^{(1)\prime}(i\nu\varepsilon)\,, \qquad y_\omega=-\frac{\pi a\sqrt{\varepsilon^2-1}}{\omega\varepsilon}H_{i\nu}^{(1)}(i\nu\varepsilon)\,, \tag{70,15}$$

wobei $H_{i\nu}^{(1)}$ die HANKEL-Funktion erster Art vom Index $i\nu$ ist und die Bezeichnung

$$\nu=\frac{\omega}{\sqrt{\frac{\alpha}{\mu a^3}}}=\frac{\omega\alpha}{\mu v_0^3} \tag{70,16}$$

eingeführt wurde (v_0 ist die Relativgeschwindigkeit der Teilchen im Unendlichen; die Energie $\mathcal{E}$ ist $=\mu v_0^2/2$). Zur Herleitung von (70,15) benutzen wir die bekannte Formel[1])

$$\int_{-\infty}^{\infty} e^{p\xi-ix\operatorname{sh}\xi}\,d\xi=i\pi H_p^{(1)}(ix)\,. \tag{70,17}$$

Setzen wir (70,15) in

$$d\mathcal{E}_\omega=\frac{4\omega^4\mu^2}{3c^3}\left(\frac{e_1}{m_1}-\frac{e_2}{m_2}\right)^2(|x_\omega|^2+|y_\omega|^2)\,d\omega$$

[1]) Es sei bemerkt, daß die Funktion $H_{i\nu}^{(1)}(i\nu\varepsilon)$ rein imaginär, ihre Ableitung $H_{i\nu}^{(1)\prime}(i\nu\varepsilon)$ jedoch reell ist.

[siehe (67,10)] ein, so erhalten wir

$$\mathrm{d}\mathscr{E}_\omega = \frac{\pi \mu^2 \alpha^2 \omega^2}{6 c^3 \mathscr{E}^2} \left(\frac{e_1}{m_1} - \frac{e_2}{m_2}\right)^2 \times \left\{[H_{i\nu}^{(1)\prime}(i \nu \varepsilon)]^2 - \frac{\varepsilon^2 - 1}{\varepsilon^2} [H_{i\nu}^{(1)}(i \nu \varepsilon)]^2\right\} \mathrm{d}\omega \,. \qquad (70,18)$$

Besonders interessant ist die effektive Ausstrahlung bei der Streuung eines Stroms sich parallel bewegender Teilchen (§ 68). Um sie zu berechnen, multiplizieren wir $\mathrm{d}\mathscr{E}_\omega$ mit $2\pi \varrho\, \mathrm{d}\varrho$ und integrieren über alle ϱ von 0 bis ∞. Die Integration über ϱ ersetzen wir unter Benutzung der Beziehung $2\pi \varrho\, \mathrm{d}\varrho = 2\pi a^2 \varepsilon\, \mathrm{d}\varepsilon$ durch die über ε (in den Grenzen von 1 bis ∞). Man erhält diese Beziehung aus der Definition (70,12), in der der Drehimpuls M und die Energie $\mathscr{E}$ mit dem Stoßparameter ϱ und der Geschwindigkeit v_0 durch

$$M = \mu \varrho v_0 \,, \qquad \mathscr{E} = \frac{\mu v_0^2}{2}$$

zusammenhängen. Das Integral über ε läßt sich mit Hilfe der Gleichung

$$z\left[Z_p'^2 + \left(\frac{p^2}{z^2} - 1\right) Z_p^2\right] = \frac{\mathrm{d}}{\mathrm{d}z}(z Z_p Z_p')$$

umwandeln, in der $Z_p(z)$ eine beliebige Zylinderfunktion vom Index p ist.[1]) Beachtet man, daß für $\varepsilon \to \infty$ die Hankelsche Funktion $H_{i\nu}^{(1)}(i \nu \varepsilon)$ gegen Null geht, so erhält man als Ergebnis folgende Gleichung:

$$\mathrm{d}\varkappa_\omega = \frac{4\pi^2 \alpha^3 \omega}{3 c^3 \mu v_0^5} \left(\frac{e_1}{m_1} - \frac{e_2}{m_2}\right)^2 |H_{i\nu}^{(1)}(i \nu)|\, H_{i\nu}^{(1)\prime}(i \nu)\, \mathrm{d}\omega \,. \qquad (70,19)$$

Wir betrachten die Grenzfälle kleiner und großer Frequenzen noch näher. Im Integral

$$\int_{-\infty}^{\infty} \mathrm{e}^{i\nu(\xi - \mathrm{sh}\,\xi)}\, \mathrm{d}\xi = i \pi H_{i\nu}^{(1)}(i \nu) \,, \qquad (70,20)$$

durch das eine Hankelsche Funktion gegeben ist, ist nur derjenige Wertebereich der Integrationsvariablen ξ wesentlich, in dem der Exponent die Größenordnung 1 hat. Bei kleinen Frequenzen ($\nu \ll 1$) ist daher der Bereich großer ξ ausschlaggebend. Für große ξ gilt nun aber $\mathrm{sh}\,\xi \gg \xi$. Näherungsweise gilt somit:

$$H_{i\nu}^{(1)}(i \nu) \approx -\frac{i}{\pi} \int_{-\infty}^{\infty} \mathrm{e}^{-i\nu\, \mathrm{sh}\,\xi}\, \mathrm{d}\xi = H_0^{(1)}(i \nu) \,.$$

Auf entsprechende Weise finden wir

$$H_{i\nu}^{(1)\prime}(i \nu) \approx H_0^{(1)\prime}(i \nu) \,.$$

Benutzen wir schließlich den aus der Theorie der Bessel-Funktionen bekannten Näherungsausdruck (für kleine x)

$$i H_0^{(1)}(i x) \approx \frac{2}{\pi} \ln \frac{2}{x \gamma}$$

---

[1]) Diese Beziehung ist eine unmittelbare Folge der Besselschen Gleichung

$$Z'' + \frac{1}{z} Z' + \left(1 - \frac{p^2}{z^2}\right) Z = 0 \,.$$

($\gamma = e^C$, mit C als EULERsche Konstante; $\gamma = 1{,}781\ldots$), so erhalten wir folgenden Ausdruck für die effektive Strahlung bei kleinen Frequenzen:

$$d\varkappa_\omega = \frac{16\,\alpha^2}{3\,v_0^2\,c^3}\left(\frac{e_1}{m_1} - \frac{e_2}{m_2}\right)^2 \ln\left(\frac{2\,\mu\,v_0^3}{\gamma\,\omega\,\alpha}\right) d\omega \qquad \text{für } \omega \ll \frac{\mu\,v_0^3}{\alpha}. \tag{70,21}$$

Er hängt logarithmisch von der Frequenz ab.

Bei großen Frequenzen ($\nu \gg 1$) sind dagegen im Integral (70,20) kleine ξ wesentlich. Wir entwickeln daher den Exponenten im Integranden nach Potenzen von ξ und erhalten näherungsweise

$$H_{i\nu}^{(1)}(i\,\nu) \approx -\frac{i}{\pi}\int_{-\infty}^{\infty} e^{-\frac{i\nu}{6}\xi^3}\,d\xi = -\frac{2\,i}{\pi}\,\mathrm{Re}\left\{\int_0^{\infty} e^{-\frac{i\nu}{6}\xi^3}\,d\xi\right\}.$$

Dieses Integral führt bei der Substitution $i\,\nu\,\xi^3/6 = \eta$ auf die Γ-Funktion, und man erhält

$$H_{i\nu}^{(1)}(i\,\nu) \approx -\frac{i}{\pi\sqrt{3}}\left(\frac{6}{\nu}\right)^{1/3}\Gamma\left(\frac{1}{3}\right).$$

Entsprechend finden wir auch

$$H_{i\nu}^{(1)\prime}(i\,\nu) \approx \frac{1}{\pi\sqrt{3}}\left(\frac{6}{\nu}\right)^{2/3}\Gamma\left(\frac{2}{3}\right).$$

Benutzen wir schließlich die aus der Theorie der Γ-Funktion bekannte Beziehung

$$\Gamma(x)\,\Gamma(1 - x) = \frac{\pi}{\sin\pi\,x},$$

so ergibt sich für die effektive Ausstrahlung bei hohen Frequenzen

$$d\varkappa_\omega = \frac{16\,\pi\,\alpha^2}{3^{3/2}\,v_0^2\,c^3}\left(\frac{e_1}{m_1} - \frac{e_2}{m_2}\right)^2 d\omega \qquad \text{für } \omega \gg \frac{\mu\,v_0^3}{\alpha}, \tag{70,22}$$

d. h. ein von der Frequenz unabhängiger Ausdruck.

Wir gehen nun zu der Strahlung über, die beim Stoß zweier sich nach dem Gesetz $U = \alpha/r$ ($\alpha > 0$) abstoßender Teilchen auftritt. Die Bewegung des oben erwähnten Teilchens der Masse μ erfolgt hier auf der Hyperbel

$$-1 + \varepsilon\cos\varphi = \frac{a\,(\varepsilon^2 - 1)}{r}; \tag{70,23}$$

$$x = a\,(\varepsilon + \mathrm{ch}\,\xi), \quad y = a\sqrt{\varepsilon^2 - 1}\,\mathrm{sh}\,\xi, \quad t = \sqrt{\frac{\mu\,a^3}{\alpha}}\,(\varepsilon\,\mathrm{sh}\,\xi + \xi) \tag{70,24}$$

(mit a und ε aus (70,12)). Für diesen Fall führen alle Rechnungen unmittelbar auf die bereits erledigten, so daß es nicht nötig ist, sie nochmals auszuführen. In der Tat geht das Integral

$$x_\omega = \frac{i\,a}{\omega}\int_{-\infty}^{\infty} e^{i\nu(\varepsilon\,\mathrm{sh}\,\xi + \xi)}\,\mathrm{sh}\,\xi\,d\xi$$

für die FOURIER-Komponenten der Koordinate x durch die Substitution $\xi \to i\,\pi - \xi$ in das mit $e^{-\pi\nu}$ multiplizierte Integral für den Fall der Anziehung über. Dasselbe gilt auch für y_ω.

Die Ausdrücke für die FOURIER-Komponenten x_ω, y_ω unterscheiden sich im Fall der Abstoßung von den entsprechenden Ausdrücken für die Anziehung um den Faktor $e^{-\pi\nu}$. In den Gleichungen für die Ausstrahlung erscheint daher ein zusätzlicher Faktor $e^{-2\pi\nu}$. Insbesondere erhält man für kleine Frequenzen wieder den früheren Ausdruck (70,21) (da $e^{-2\pi\nu} \approx 1$ für $\nu \ll 1$ gilt). Für hohe Frequenzen hat die effektive Strahlung die Gestalt

$$d\varkappa_\omega = \frac{16\,\pi\,\alpha^2}{3^{3/2}\,v_0^2\,c^3}\left(\frac{e_1}{m_1} - \frac{e_2}{m_2}\right)^2 \exp\left(-\frac{2\,\pi\,\omega\,\alpha}{\mu\,v_0^3}\right) d\omega \qquad \text{für } \omega \gg \frac{\mu\,v_0^3}{\alpha}. \tag{70,25}$$

Sie fällt mit wachsender Frequenz exponentiell ab.

Aufgaben

1. Man bestimme die gesamte mittlere Intensität der Strahlung bei der elliptischen Bewegung zweier sich anziehender Ladungen.

Lösung. Mit dem Ausdruck (70,1) für das Dipolmoment haben wir für die Gesamtintensität der Ausstrahlung

$$I = \frac{2\,\mu^2}{3\,c^3}\left(\frac{e_1}{m_1} - \frac{e_2}{m_2}\right)^2 \ddot{\mathbf{r}}^2 = \frac{2\,\alpha^2}{3\,c^3}\left(\frac{e_1}{m_1} - \frac{e_2}{m_2}\right)^2 \frac{1}{r^4},$$

wobei die Bewegungsgleichung $\mu\,\ddot{\mathbf{r}} = -\alpha\,\mathbf{r}/r^3$ benutzt wurde. Die Koordinate r drücken wir mittels der Bahngleichung (70,2) durch φ aus und ersetzen die Integration über die Zeit nach der Gleichung $dt = \mu\,r^2\,d\varphi/M$ durch die über den Winkel φ (von 0 bis $2\,\pi$). Als Ergebnis finden wir für die mittlere Intensität

$$\bar{I} = \frac{1}{T}\int_0^T I\,dt = \frac{2^{3/2}}{3c^3}\left(\frac{e_1}{m_1} - \frac{e_2}{m_2}\right)^2 \frac{\mu^{5/2}\,\alpha^3\,|\mathcal{E}|^{3/2}}{M^5}\left(3 - \frac{2\,|\mathcal{E}|\,M^2}{\mu\,\alpha^2}\right).$$

2. Man bestimme die gesamte Ausstrahlung $\Delta\mathcal{E}$ beim Stoß zweier geladener Teilchen.

Lösung. Bei einer Anziehung ist die Bahn die Hyperbel (70,11), bei einer Abstoßung die Hyperbel (70,23). Die Asymptoten der Hyperbel bilden mit ihrer Achse den Winkel φ_0, der sich aus $\cos\varphi_0 = \pm\,1/\varepsilon$ bestimmt; der Ablenkungswinkel der Teilchen ist (im Schwerpunktsystem) $\chi = |\pi - 2\,\varphi_0|$. Die Rechnung erfolgt wie in Aufgabe 1 (das Integral über $d\varphi$ ist zwischen den Grenzen $-\varphi_0$ und φ_0 zu nehmen). Als Ergebnis finden wir im Fall der Anziehung

$$\Delta\mathcal{E} = \frac{\mu^3\,v_0^5}{3\,c^3\,\alpha}\tan^3\frac{\chi}{2}\left[(\pi + \chi)\left(1 + 3\tan^2\frac{\chi}{2}\right) + 6\tan\frac{\chi}{2}\right]\left(\frac{e_1}{m_1} - \frac{e_2}{m_2}\right)^2,$$

im Fall der Abstoßung

$$\Delta\mathcal{E} = \frac{\mu^3\,v_0^5}{3\,c^3\,\alpha}\tan^3\frac{\chi}{2}\left[(\pi - \chi)\left(1 + 3\tan^2\frac{\chi}{2}\right) - 6\tan\frac{\chi}{2}\right]\left(\frac{e_1}{m_1} - \frac{e_2}{m_2}\right)^2.$$

In beiden Fällen ist unter χ der aus

$$\cot\frac{\chi}{2} = \frac{\mu\,v_0^2\,\varrho}{\alpha}$$

zu bestimmende positive Winkel zu verstehen. Bei einem Frontalstoß sich abstoßender Ladungen ($\varrho \to 0$) ergibt der Grenzübergang $\chi \to \pi$:

$$\Delta\mathcal{E} = \frac{8\,\mu^3\,v_0^5}{45\,c^3\,\alpha}\left(\frac{e_1}{m_1} - \frac{e_2}{m_2}\right)^2.$$

3. Man bestimme die gesamte effektive Ausstrahlung bei der Streuung eines Teilchenstroms in einem abstoßenden COULOMB-Feld.

Lösung. Die gesuchte Größe ist

$$\varkappa = \int_0^\infty \int_{-\infty}^\infty I \, dt \cdot 2\pi \varrho \, d\varrho = \frac{2\alpha^2}{3c^3}\left(\frac{e_1}{m_1} - \frac{e_2}{m_2}\right)^2 2\pi \int_0^\infty \int_{-\infty}^\infty \frac{1}{r^4} dt \cdot \varrho \, d\varrho \,.$$

Die Integration über die Zeit ersetzen wir durch ein Linienintegral längs der gegebenen Bahnkurve, indem wir $dt = dr/v_r$ substituieren. Für die Radialgeschwindigkeit $v_r = \dot r$ gilt:

$$v_r = \sqrt{\frac{2}{\mu}\left[\mathscr{E} - \frac{M^2}{2\mu r^2} - U(r)\right]} = \sqrt{v_0^2 - \frac{\varrho^2 v_0^2}{r^2} - \frac{2\alpha}{\mu r}}\,.$$

Die Integration über r erstreckt sich vom Unendlichen bis zur kleinsten Entfernung vom Zentrum $r_0 = r_0(\varrho)$ (im Punkt mit $v_r = 0$) und darauf wieder von r_0 bis ∞; diese ergibt zweimal das Integral von r_0 bis ∞. Zur bequemen Berechnung des Doppelintegrals vertauschen wir die Integrationsreihenfolge und integrieren zuerst über ϱ, dann über r. Als Ergebnis erhalten wir

$$\varkappa = \frac{8\pi}{9}\frac{\alpha \mu v_0}{c^3}\left(\frac{e_1}{m_1} - \frac{e_2}{m_2}\right)^2 .$$

4. Man bestimme die Richtungsverteilung der Gesamtstrahlung beim Vorbeilaufen einer Ladung an einer anderen, wenn die Geschwindigkeit so groß ist (gegenüber der Lichtgeschwindigkeit jedoch noch klein), daß man die Abweichung von der Geradlinigkeit der Bewegung als klein ansehen kann.

Lösung. Der Ablenkungswinkel ist klein, wenn die kinetische Energie $\mu v^2/2$ groß im Vergleich zur potentiellen Energie ist, die die Größenordnung α/ϱ hat, d. h., wenn $\mu v^2 \gg \alpha/\varrho$ gilt. Die Bewegungsebene wählen wir als xy-Ebene, den Koordinatenursprung im Schwerpunkt und die x-Achse in Richtung der Geschwindigkeit. In erster Näherung ist die Bahn die Gerade $x = v t$, $y = \varrho$. In der nächsten Näherung ergeben die Bewegungsgleichungen

$$\mu \ddot x = \frac{\alpha}{r^2}\frac{x}{r} \approx \frac{\alpha v t}{r^3}, \qquad \mu \ddot y = \frac{\alpha}{r^2}\frac{y}{r} \approx \frac{\alpha \varrho}{r^3},$$

wobei

$$r = \sqrt{x^2 + y^2} \approx \sqrt{\varrho^2 + v^2 t^2}$$

ist. Mittels (67,7) erhalten wir

$$d\mathscr{E}_{\boldsymbol{n}} = do \frac{\mu^2}{4\pi c^3}\left(\frac{e_1}{m_1} - \frac{e_2}{m_2}\right)^2 \int_{-\infty}^{\infty} [\ddot x^2 + \ddot y^2 - (\ddot x n_x + \ddot y n_y)^2] \, dt \,,$$

mit $\boldsymbol{n}$ als Einheitsvektor in der Richtung von do. Führen wir in den Integranden t ein und integrieren, so erhalten wir

$$d\mathscr{E}_{\boldsymbol{n}} = \frac{\alpha^2}{32 v c^3 \varrho^3}\left(\frac{e_1}{m_1} - \frac{e_2}{m_2}\right)^2 (4 - n_x^2 - 3 n_y^2) \, do \,.$$

§ 71. Quadrupolstrahlung und magnetische Dipolstrahlung

Wir betrachten jetzt die Strahlung, die von den höheren Termen der Entwicklung des Vektorpotentials nach Potenzen des Verhältnisses a/λ von Systemdurchmesser zur Wellenlänge verursacht wird; a/λ wird nach wie vor als klein angenommen. Obwohl diese Terme im allgemeinen klein im Vergleich zu den ersten (den Dipoltermen) sind, werden sie doch in den Fällen wesentlich, in denen das Dipolmoment des Systems verschwindet, so daß keine Dipolstrahlung vorhanden ist.

Entwickeln wir in (66,2)

$$\boldsymbol{A} = \frac{1}{c R_0} \int \boldsymbol{j}_{t' + \boldsymbol{r}\boldsymbol{n}/c} \, \mathrm{d}V$$

den Integranden nach Potenzen von $\boldsymbol{r}\,\boldsymbol{n}/c$ und behalten nur die beiden ersten Glieder bei, so finden wir

$$\boldsymbol{A} = \frac{1}{c R_0} \int \boldsymbol{j}_{t'} \, \mathrm{d}V + \frac{1}{c^2 R_0} \frac{\partial}{\partial t'} \int (\boldsymbol{r}\,\boldsymbol{n})\, \boldsymbol{j}_{t'} \, \mathrm{d}V .$$

Mit $\boldsymbol{j} = \varrho\, \boldsymbol{v}$ erhält man beim Übergang zu Punktladungen

$$\boldsymbol{A} = \frac{1}{c R_0} \sum e\, \boldsymbol{v} + \frac{1}{c^2 R_0} \frac{\partial}{\partial t} \sum e\, \boldsymbol{v}\, (\boldsymbol{r}\,\boldsymbol{n}) . \tag{71,1}$$

Hier und später lassen wir (wie in § 67) kürzehalber den Index t' bei allen Größen auf der rechten Seite einer Gleichung fort.

Im zweiten Summanden schreiben wir

$$\begin{aligned} \boldsymbol{v}(\boldsymbol{r}\,\boldsymbol{n}) &= \frac{1}{2} \frac{\partial}{\partial t} \boldsymbol{r}\,(\boldsymbol{n}\,\boldsymbol{r}) + \frac{1}{2} \boldsymbol{v}\,(\boldsymbol{n}\,\boldsymbol{r}) - \frac{1}{2} \boldsymbol{r}\,(\boldsymbol{n}\,\boldsymbol{v}) \\ &= \frac{1}{2} \frac{\partial}{\partial t} \boldsymbol{r}\,(\boldsymbol{n}\,\boldsymbol{r}) + \frac{1}{2} (\boldsymbol{r} \times \boldsymbol{v}) \times \boldsymbol{n} . \end{aligned}$$

Für $\boldsymbol{A}$ ergibt sich dann der Ausdruck

$$\boldsymbol{A} = \frac{\dot{\boldsymbol{d}}}{c R_0} + \frac{1}{2 c^2 R_0} \frac{\partial^2}{\partial t^2} \sum e\, \boldsymbol{r}\,(\boldsymbol{n}\boldsymbol{r}) + \frac{1}{c R_0} \dot{\boldsymbol{m}} \times \boldsymbol{n} , \tag{71,2}$$

worin $\boldsymbol{d}$ das Dipolmoment und $\boldsymbol{m} = \frac{1}{2c} \sum e\, \boldsymbol{r} \times \boldsymbol{v}$ das magnetische Moment des Systems sind. Für die folgende Transformation sei bemerkt, daß man nach (66,3) zu $\boldsymbol{A}$ ohne Änderung der Feldstärken $\boldsymbol{E}$ und $\boldsymbol{H}$ einen beliebigen zu $\boldsymbol{n}$ proportionalen Vektor hinzufügen kann. Statt (71,2) läßt sich also auch

$$\boldsymbol{A} = \frac{\dot{\boldsymbol{d}}}{c R_0} + \frac{1}{6 c^2 R_0} \frac{\partial^2}{\partial t^2} \sum e\, [3\, \boldsymbol{r}\,(\boldsymbol{n}\,\boldsymbol{r}) - \boldsymbol{n}\, r^2] + \frac{1}{c R_0} \dot{\boldsymbol{m}} \times \boldsymbol{n}$$

schreiben. Nun ist der unter dem Symbol $\frac{\partial^2}{\partial t^2}$ stehende Ausdruck das Produkt $n_\beta D_{\alpha\beta}$ des Vektors $\boldsymbol{n}$ mit dem Tensor des Quadrupolmomentes $D_{\alpha\beta} = \sum e\,(3\, x_\alpha\, x_\beta - \delta_{\alpha\beta}\, r^2)$ (siehe § 41). Führen wir den Vektor $\boldsymbol{D}$ mit den Komponenten $D_\alpha = D_{\alpha\beta}\, n_\beta$ ein, so finden wir als endgültigen Ausdruck für das Vektorpotential

$$\boldsymbol{A} = \frac{\dot{\boldsymbol{d}}}{c R_0} + \frac{1}{6 c^2 R_0} \ddot{\boldsymbol{D}} + \frac{1}{c R_0} \dot{\boldsymbol{m}} \times \boldsymbol{n} . \tag{71,3}$$

Ist $\boldsymbol{A}$ bekannt, so können wir die Feldstärken $\boldsymbol{H}$ und $\boldsymbol{E}$ nach den allgemeinen Beziehungen (66,3) bestimmen:

$$\left.\begin{aligned} \boldsymbol{H} &= \frac{1}{c^2 R_0} \left\{ \ddot{\boldsymbol{d}} \times \boldsymbol{n} + \frac{1}{6c} \dddot{\boldsymbol{D}} \times \boldsymbol{n} + (\ddot{\boldsymbol{m}} \times \boldsymbol{n}) \times \boldsymbol{n} \right\} , \\ \boldsymbol{E} &= \frac{1}{c^2 R_0} \left\{ (\ddot{\boldsymbol{d}} \times \boldsymbol{n}) \times \boldsymbol{n} + \frac{1}{6c} (\dddot{\boldsymbol{D}} \times \boldsymbol{n}) \times \boldsymbol{n} + \boldsymbol{n} \times \ddot{\boldsymbol{m}} \right\} . \end{aligned}\right\} \tag{71,4}$$

Die Intensität dI der Ausstrahlung in den Raumwinkel do wird durch (66,6) bestimmt. Wir wollen hier die gesamte Ausstrahlung berechnen, d. h. die Energie, die das System in der Zeiteinheit in alle Richtungen emittiert. Dazu ist dI über alle Richtungen $\boldsymbol{n}$ zu mitteln; die Gesamtausstrahlung ist dann gleich diesem mit 4π multiplizierten Mittelwert. Bei der Mittelung des Quadrates der magnetischen Feldstärke verschwinden alle gemischten Produkte der Terme erster, zweiter und dritter Ordnung in $\boldsymbol{H}$, so daß nur das Mittel über das Quadrat jeden Termes übrig bleibt. Eine einfache Rechnung[1]) ergibt schließlich folgenden Ausdruck für I:

$$I = \frac{2}{3c^3}\ddot{\boldsymbol{d}}^2 + \frac{1}{180\,c^5}\dddot{D}^2_{\alpha\beta} + \frac{2}{3c^3}\ddot{\boldsymbol{m}}^2 . \tag{71,5}$$

Die gesamte Ausstrahlung besteht daher aus drei unabhängigen Anteilen, die als *Dipol-*, *Quadrupol-* und *magnetische Dipolstrahlung* bezeichnet werden.

Wir weisen darauf hin, daß die magnetische Dipolstrahlung tatsächlich in vielen Fällen nicht vorhanden ist. Sie fehlt etwa bei Systemen, in denen das Verhältnis Ladung zu Masse bei allen Teilchen gleich ist (in diesem Falle gibt es auch keine Dipolstrahlung, wie schon in § 67 bemerkt wurde). In der Tat ist bei diesen Systemen das magnetische Moment dem mechanischen Drehimpuls proportional (siehe § 44), und infolge des Drehimpuls-Erhaltungssatzes ist $\ddot{\boldsymbol{m}} = 0$. Aus demselben Grunde (siehe die Aufgabe zu § 44) fehlt die magnetische Dipolstrahlung bei jedem System, das nur aus zwei Teilchen besteht (dies besagt jedoch nichts für die Dipolstrahlung).

Aufgaben

1. Man berechne die gesamte effektive Strahlung bei der Streuung eines Stroms geladener Teilchen mit gleichartigen Teilchen.

Lösung. Dipol- (sowie auch magnetische Dipol-)Strahlung tritt beim Stoß gleichartiger Teilchen nicht auf, so daß die Quadrupolstrahlung zu berechnen ist. Der Tensor des Quadrupolmomentes eines aus zwei gleichartigen Teilchen bestehenden Systems ist (bezüglich des gemeinsamen Schwerpunktes)

$$D_{\alpha\beta} = \frac{e}{2}(3\,x_\alpha x_\beta - r^2\delta_{\alpha\beta}),$$

---

[1]) Wir geben eine bequeme Mittelungsmethode für die Produkte der Komponenten des Einheitsvektors an. Da der Tensor $\overline{n_\alpha n_\beta}$ symmetrisch ist, läßt er sich durch den Einheitstensor $\delta_{\alpha\beta}$ ausdrücken. Da die Spur des betrachteten Tensors gleich 1 ist, erhalten wir

$$\overline{n_\alpha n_\beta} = \frac{1}{3}\delta_{\alpha\beta}.$$

Der Mittelwert eines Produkts von vier Komponenten ist gleich

$$\overline{n_\alpha n_\beta n_\gamma n_\delta} = \frac{1}{15}(\delta_{\alpha\beta}\delta_{\gamma\delta} + \delta_{\alpha\gamma}\delta_{\beta\delta} + \delta_{\alpha\delta}\delta_{\beta\gamma}).$$

Die rechte Seite besteht aus vier Einheitstensoren, da der Tensor vierter Stufe symmetrisch in allen Indizes ist. Der gemeinsame Koeffizient wird bestimmt, indem bezüglich zweier Indexpaare verjüngt wird, was 1 ergeben muß.

wobei x_α die Komponenten des Radiusvektors $\boldsymbol{r}$ zwischen den Teilchen sind. Nach dreifacher Ableitung von $D_{\alpha\beta}$ drücken wir die ersten, zweiten und dritten zeitlichen Ableitungen der Koordinaten x_α durch die Relativgeschwindigkeit v_α der Teilchen gemäß

$$\dot{x}_\alpha = v_\alpha\,, \qquad \mu\,\ddot{x}_\alpha = \frac{m}{2}\ddot{x}_\alpha = \frac{e^2 x_\alpha}{r^3}\,, \qquad \frac{m}{2}\dddot{x}_\alpha = e^2\frac{v_\alpha r - 3\,x_\alpha v_r}{r^4}$$

aus. $v_r = \boldsymbol{v}\,\boldsymbol{r}/r$ ist dabei die Radialkomponente der Geschwindigkeit (die zweite Gleichung ist die Bewegungsgleichung der Ladung, die dritte erhält man durch Differenzieren der zweiten). Die Rechnung führt zu folgendem Ausdruck für die Intensität:

$$I = \frac{1}{180\,c^5}\dddot{D}^2_{\alpha\beta} = \frac{2\,e^6}{15\,m^2\,c^5}\,\frac{1}{r^4}(v^2 + 11\,v_\varphi^2)$$

$v^2 = v_r^2 + v_\varphi^2$); v und v_φ drücken wir durch r mittels

$$v^2 = v_0^2 - \frac{4\,e^2}{m\,r}\,, \qquad v_\varphi = \frac{\varrho\,v_0}{r}$$

aus. Die Integration über die Zeit ersetzen wir durch die über r, ähnlich wie es bei Aufgabe 3 von § 70 geschah, d. h., wir schreiben

$$\mathrm{d}t = \frac{\mathrm{d}r}{v_r} = \frac{\mathrm{d}r}{\sqrt{v_0^2 - \dfrac{\varrho^2\,v_0^2}{r^2} - \dfrac{4\,e^2}{m\,r}}}\,.$$

Im Doppelintegral (über r und ϱ) führen wir zunächst die Integration über ϱ, dann die über r aus. Als Ergebnis der Rechnungen finden wir

$$\varkappa = \frac{4\,\pi}{9}\,\frac{e^4\,v_0^3}{m\,c^5}\,.$$

2. Man finde die Reaktionskraft, die auf ein strahlendes System von Teilchen wirkt, das eine stationäre Bewegung mit endlichen Amplituden ausführt.

Lösung. Die gesuchte Kraft $\boldsymbol{F}$ läßt sich als Impulsverlust des Systems pro Zeiteinheit berechnen, d. h. als Impulsstrom der von dem emittierenden System ausgestrahlten elektromagnetischen Wellen:

$$F_\alpha = -\oint \sigma_{\alpha\beta}\,\mathrm{d}f_\beta = -\int \sigma_{\alpha\beta}\,n_\beta\,R_0^2\,\mathrm{d}o\,;$$

die Integration erstreckt sich dabei über eine Kugeloberfläche mit großem Radius R_0. Der Spannungstensor wird durch Gleichung (33,3) gegeben, und die Felder $\boldsymbol{E}$ und $\boldsymbol{H}$ durch (71,4). Infolge der Transversalität der Felder führt das Integral zu

$$\boldsymbol{F} = -\frac{1}{8\pi}\int 2\,H^2\,\boldsymbol{n}\,R_0^2\,\mathrm{d}o\,.$$

Die Mittelung über die Richtungen $\boldsymbol{n}$ wird mit Hilfe der Formeln durchgeführt, die in der Fußnote auf Seite 224 angegeben sind (Produkte mit einer ungeraden Zahl von Komponenten $\boldsymbol{n}$ ergeben dabei Null). Als Ergebnis erhalten wir[1]:

$$F_\alpha = -\frac{1}{c^4}\left\{\frac{1}{15\,c}\dddot{D}_{\alpha\beta}\,\ddot{d}_\beta + \frac{2}{3}[\ddot{\boldsymbol{d}}\,\ddot{\boldsymbol{m}}]_\alpha\right\}.$$

[1]) Wir bemerken, daß diese Kraft eine höhere Ordnung in $1/c$ besitzt als die Lorentzsche Strahlungsdämpfungskraft (§ 75). Letztere gibt keinen Beitrag zur Gesamt-Reaktionskraft: Die Summe der Kräfte (75,5), die auf Teilchen eines elektrisch neutralen Systems wirken, verschwindet.

§ 72. Das Strahlungsfeld in kleinen Entfernungen

Die bislang abgeleiteten Formeln für die Dipolstrahlung gelten voraussetzungsgemäß für solche Entfernungen von den Quellen, die groß gegenüber der Wellenlänge (und damit erst recht groß relativ zu den Abmessungen des ausstrahlenden Systems) sind. In diesem Paragraphen werden wir nach wie vor annehmen, daß die Wellenlänge groß im Vergleich zu den Abmessungen des Systems ist; wir werden jedoch das Feld in Entfernungen untersuchen, die zwar noch groß gegenüber den Systemabmessungen, aber vergleichbar mit der Wellenlänge sind.

Die Beziehung (67,4)

$$\boldsymbol{A} = \frac{1}{c R_0} \dot{\boldsymbol{d}} \tag{72,1}$$

für das Vektorpotential bleibt weiterhin gültig, da bei ihrer Ableitung nur vorausgesetzt wurde, daß R_0 groß im Vergleich zu den Abmessungen des Systems ist. Das Feld läßt sich hier aber nicht, auch nicht in kleinen Bereichen, als ebene Welle ansehen. Die Gleichungen (67,5) und (67,6) für die elektrische und magnetische Feldstärke sind also bereits nicht mehr anwendbar, und zur Berechnung dieser Felder ist es nötig, sowohl $\boldsymbol{A}$ als auch φ zu bestimmen.

Die Gleichung für das skalare Potential kann man aus dem Ausdruck für $\boldsymbol{A}$ unmittelbar mittels der allgemeinen Bedingung (62,2)

$$\operatorname{div} \boldsymbol{A} + \frac{1}{c} \frac{\partial \varphi}{\partial t} = 0 ,$$

der die Potentiale genügen müssen, entnehmen. Setzen wir hier (72,1) ein und integrieren über die Zeit, so finden wir

$$\varphi = - \operatorname{div} \frac{\boldsymbol{d}}{R_0} . \tag{72,2}$$

Die Integrationskonstante (eine willkürliche Funktion der räumlichen Koordinaten) unterdrücken wir, da uns nur der zeitlich veränderliche Teil des Potentials interessiert. Es sei daran erinnert, daß in der Gleichung (72,2) wie auch in (72,1) der Wert von $\boldsymbol{d}$ zum Zeitpunkt $t' = t - R_0/c$ genommen werden muß.[1])

Es ist hier nicht schwer, die elektrische und magnetische Feldstärke zu berechnen. Mittels der üblichen Beziehungen, die $\boldsymbol{E}$ und $\boldsymbol{H}$ mit den Potentialen

---

[1]) Manchmal wird der sogenannte Hertzsche Vektor eingeführt, der durch

$$\boldsymbol{Z} = - \frac{1}{R_0} \boldsymbol{d} \left(t - \frac{R_0}{c} \right)$$

bestimmt ist. Dann gilt

$$\boldsymbol{A} = - \frac{1}{c} \dot{\boldsymbol{Z}}, \qquad \varphi = \operatorname{div} \boldsymbol{Z} .$$

verknüpfen, finden wir

$$\boldsymbol{H} = \frac{1}{c}\,\mathrm{rot}\,\frac{\dot{\boldsymbol{d}}}{R_0}\,, \tag{72,3}$$

$$\boldsymbol{E} = \mathrm{grad}\,\mathrm{div}\,\frac{\boldsymbol{d}}{R_0} - \frac{1}{c^2}\frac{\ddot{\boldsymbol{d}}}{R_0}\,. \tag{72,4}$$

Den Ausdruck für $\boldsymbol{E}$ kann man noch in anderer Form schreiben, da $\boldsymbol{d}_{t'}/R_0$ (wie auch jede andere Funktion der Koordinaten und Zeit vom Typ $\frac{1}{R_0} f\,(t - R_0/c)$) die Wellengleichung

$$\frac{1}{c^2}\frac{\partial^2}{\partial t^2}\frac{\boldsymbol{d}}{R_0} = \Delta\,\frac{\boldsymbol{d}}{R_0}$$

erfüllt. Benutzen wir ferner die bekannte Beziehung

$$\mathrm{rot}\,\mathrm{rot}\,\boldsymbol{a} = \mathrm{grad}\,\mathrm{div}\,\boldsymbol{a} - \Delta\boldsymbol{a}\,,$$

so ergibt sich

$$\boldsymbol{E} = \mathrm{rot}\,\mathrm{rot}\,\frac{\boldsymbol{d}}{R_0}\,. \tag{72,5}$$

Die so erhaltene Gleichung beschreibt das Feld in Entfernungen, die mit der Wellenlänge vergleichbar sind. In allen diesen Gleichungen darf man natürlich nicht $1/R_0$ aus den Ableitungen nach den Koordinaten herausziehen, da das Verhältnis der Terme, die $1/R_0^2$ enthalten, zu den Termen mit $1/R_0$ gerade von der Größenordnung λ/R_0 ist.

Wir notieren schließlich noch die Formeln für die FOURIER-Komponenten des Feldes. Zur Bestimmung von $\boldsymbol{H}_\omega$ ersetzen wir in (72,3) $\boldsymbol{H}$ und $\boldsymbol{d}$ durch ihre monochromatischen Bestandteile, d. h. $\boldsymbol{H}_\omega\,\mathrm{e}^{-i\omega t}$ und $\boldsymbol{d}_\omega\,\mathrm{e}^{-i\omega t}$. Man muß hierbei aber berücksichtigen, daß die Größen auf der rechten Seite von (72,1) bis (72,5) zum Zeitpunkt $t' = t - R_0/c$ zu nehmen sind. Für $\boldsymbol{d}$ ist also der Ausdruck

$$\boldsymbol{d}_\omega\,\mathrm{e}^{-i\omega\left(t - \frac{R_0}{c}\right)} = \boldsymbol{d}_\omega\,\mathrm{e}^{-i\omega t + ikR_0}$$

einzusetzen. Führen wir die Substitution durch und kürzen wir $\mathrm{e}^{-i\omega t}$, so finden wir

$$\boldsymbol{H}_\omega = -\,i\,k\,\mathrm{rot}\left(\boldsymbol{d}_\omega\frac{\mathrm{e}^{ikR_0}}{R_0}\right) = i\,k\,\boldsymbol{d}_\omega \times \nabla\,\frac{\mathrm{e}^{ikR_0}}{R_0}$$

oder, wenn wir ausdifferenzieren,

$$\boldsymbol{H}_\omega = i\,k\,\boldsymbol{d}_\omega \times \boldsymbol{n}\left(\frac{i\,k}{R_0} - \frac{1}{R_0^2}\right)\mathrm{e}^{ikR_0} \tag{72,6}$$

mit dem Einheitsvektor $\boldsymbol{n}$ in der Richtung von $\boldsymbol{R}_0$.

Auf entsprechende Weise erhalten wir aus (72,4)

$$\boldsymbol{E}_\omega = k^2\,\boldsymbol{d}_\omega\frac{\mathrm{e}^{ikR_0}}{R_0} + (\boldsymbol{d}_\omega\,\nabla)\,\nabla\,\frac{\mathrm{e}^{ikR_0}}{R_0}$$

oder nach Durchführung der Ableitung

$$\boldsymbol{E}_\omega = \boldsymbol{d}_\omega \left(\frac{k^2}{R_0} + \frac{i\,k}{R_0^2} - \frac{1}{R_0^3}\right) e^{i k R_0} + \boldsymbol{n}(\boldsymbol{n}\,\boldsymbol{d}_\omega)\left(-\frac{k^2}{R_0} - \frac{3\,i\,k}{R_0^2} + \frac{3}{R_0^3}\right) e^{i k R_0}. \tag{72,7}$$

In den Entfernungen, die gegenüber der Wellenlänge groß sind ($k R_0 \gg 1$), kann man in den Gleichungen (72,7) und (72,6) die Terme mit $1/R_0^3$ und $1/R_0^2$ vernachlässigen, und wir erhalten damit wieder das Feld in der Wellenzone:

$$\boldsymbol{E}_\omega = \frac{k^2}{R_0}\,\boldsymbol{n}\times(\boldsymbol{d}_\omega\times\boldsymbol{n})\, e^{i k R_0}, \qquad \boldsymbol{H}_\omega = -\frac{k^2}{R_0}\,\boldsymbol{d}_\omega\times\boldsymbol{n}\, e^{i k R_0}.$$

In Entfernungen jedoch, die im Vergleich zur Wellenlänge klein sind ($k R_0 \ll 1$), sind die Terme mit $1/R_0$ und $1/R_0^2$ vernachlässigbar, und wir können $e^{i k R_0} \approx 1$ annehmen; dann gilt

$$\boldsymbol{E}_\omega = \frac{1}{R_0^3}\{3\,\boldsymbol{n}(\boldsymbol{d}_\omega \boldsymbol{n}) - \boldsymbol{d}_\omega\},$$

was dem statischen Dipol des elektrischen Feldes entspricht (§ 40); das Magnetfeld verschwindet natürlich in dieser Näherung.

Aufgaben

1. Man bestimme die Potentiale der Quadrupol- und magnetischen Dipolstrahlung in kleinen Entfernungen.

Lösung. Setzen wir kürzehalber voraus, daß keine Dipolstrahlung vorhanden ist, so gilt (vgl. die im § 71 durchgeführten Rechnungen)

$$\boldsymbol{A} = \frac{1}{c}\int \boldsymbol{j}_{t-R/c}\frac{dV}{R} \approx -\frac{1}{c}\int (\boldsymbol{r}\,\nabla)\frac{\boldsymbol{j}_{t-R_0/c}}{R_0}\, dV,$$

wobei der Integrand nach Potenzen von $\boldsymbol{r} = \boldsymbol{R}_0 - \boldsymbol{R}$ entwickelt wurde. Im Gegensatz zu unserem Vorgehen in § 71 läßt sich der Faktor $1/R_0$ hier jedoch nicht aus der Ableitung herausziehen. Wir können Differentiation und Integration miteinander vertauschen und in Komponentendarstellung schreiben:

$$A_\alpha = -\frac{1}{c}\frac{\partial}{\partial X_\beta}\int \frac{x_\beta\, j_\alpha}{R_0}\, dV$$

X_β sind die Komponenten des Vektors $\boldsymbol{R}_0$). Gehen wir vom Integral zur Summe über die Ladungen über, so finden wir

$$A_\alpha = -\frac{1}{c}\frac{\partial}{\partial X_\beta}\frac{(\sum e\, v_\alpha\, x_\beta)_{t'}}{R_0}.$$

Mit derselben Methode wie in § 71 teilen wir diesen Ausdruck in das Quadrupol- und magnetische Dipolmoment der Teilchen auf. Die entsprechenden skalaren Potentiale werden aus dem Vektorpotential ähnlich berechnet, wie dies oben im Text geschah. Als Ergebnis erhalten wir für die Quadrupolstrahlung

$$A_\alpha = -\frac{1}{6\,c}\frac{\partial}{\partial X_\beta}\frac{\dot{D}_{\alpha\beta}}{R_0}, \qquad \varphi = \frac{1}{6}\frac{\partial^2}{\partial X_\alpha\,\partial X_\beta}\frac{D_{\alpha\beta}}{R_0}$$

und für die magnetische Dipolstrahlung

$$\boldsymbol{A} = \operatorname{rot} \frac{\boldsymbol{m}}{R_0}, \qquad \varphi = 0 .$$

(Alle Größen auf den rechten Seiten dieser Gleichungen sind wie üblich zum Zeitpunkt $t' = t - R_0/c$ zu nehmen.)

Die zur magnetischen Dipolstrahlung gehörenden Feldstärken sind

$$\boldsymbol{E} = -\frac{1}{c} \operatorname{rot} \frac{\dot{\boldsymbol{m}}}{R_0}, \qquad \boldsymbol{H} = \operatorname{rot} \operatorname{rot} \frac{\boldsymbol{m}}{R_0} .$$

Vergleichen wir mit (72,3), (72,5), so sehen wir, daß sich $\boldsymbol{H}$ und $\boldsymbol{E}$ im Falle der magnetischen Dipolstrahlung durch $\boldsymbol{m}$ ebenso ausdrücken lassen, wie $\boldsymbol{E}$ und $-\boldsymbol{H}$ durch $\boldsymbol{d}$ bei der elektrischen Dipolstrahlung.

Die Fourier-Komponenten für die Potentiale der Quadrupolstrahlung sind

$$A_\alpha^{(\omega)} = \frac{i k}{6} D_{\alpha\beta}^{(\omega)} \frac{\partial}{\partial X_\beta} \frac{e^{i k R_0}}{R_0}, \qquad \varphi^{(\omega)} = \frac{1}{6} D_{\alpha\beta}^{(\omega)} \frac{\partial^2}{\partial X_\alpha \partial X_\beta} \frac{e^{i k R_0}}{R_0} .$$

Die Ausdrücke für die Felder lassen wir wegen ihres Umfanges fort.

2. Man finde die Drehimpuls-Verlustrate eines Systems geladener Teilchen bei Dipolstrahlung.

Lösung. Nach (32,9) wird der Strom der Drehimpulsdichte des elektromagnetischen Feldes durch die räumlichen Komponenten des Vierertensors $x^i T^{kl} - x^k T^{il}$ gegeben. Wir gehen zu dreidimensionalen Bezeichnungen über und führen den dreidimensionalen Drehimpulsvektor mit den Komponenten $\frac{1}{2} e_{\alpha\beta\gamma} M^{\beta\gamma}$ ein; seine Stromdichte wird durch den dreidimensionalen Tensor

$$\frac{1}{2} e_{\alpha\beta\gamma} (x_\beta \sigma_{\gamma\delta} - x_\gamma \sigma_{\beta\delta}) = e_{\alpha\beta\gamma} x_\beta \sigma_{\gamma\delta}$$

gegeben, wobei $\sigma_{\alpha\beta} \equiv T^{\alpha\beta}$ der dreidimensionale Maxwellsche Spannungstensor ist (wir schreiben — den dreidimensionalen Bezeichnungen entsprechend — alle Indizes unten). Der Gesamtdrehimpuls, der vom System in der Zeiteinheit abgegeben wird, ist gleich dem Drehimpulsstrom des Strahlungsfeldes durch eine Kugeloberfläche mit dem Radius R_0:

$$-\frac{\mathrm{d}M_\alpha}{\mathrm{d}t} = \oint e_{\alpha\beta\gamma} x_\beta \sigma_{\gamma\delta} n_\delta \, \mathrm{d}f,$$

wobei $\mathrm{d}f = R_0^2 \, \mathrm{d}o$ und $\boldsymbol{n}$ der Einheitsvektor in Richtung $\boldsymbol{R}_0$ sind. Mit dem Tensor $\sigma_{\alpha\beta}$ aus (33,3) erhalten wir:

$$\frac{\mathrm{d}\boldsymbol{M}}{\mathrm{d}t} = \frac{R_0^3}{4\pi} \int \{\boldsymbol{n} \times \boldsymbol{E} (\boldsymbol{n} \boldsymbol{E}) + \boldsymbol{n} \times \boldsymbol{H} (\boldsymbol{n} \boldsymbol{H})\} \, \mathrm{d}o . \tag{1}$$

Wir wenden diese Formel auf das Strahlungsfeld in großen Entfernungen vom System an, wobei man sich jedoch nicht auf die Terme $\sim 1/R_0$ beschränken darf: In dieser Näherung ist $\boldsymbol{n}\boldsymbol{E} = \boldsymbol{n}\boldsymbol{H} = 0$, so daß der Integrand verschwinden würde. Die durch (67,5—6) gegebenen Terme reichen nur für die Berechnung der Faktoren $\boldsymbol{n} \times \boldsymbol{E}$ und $\boldsymbol{n} \times \boldsymbol{H}$ aus; die longitudinalen Komponenten der Felder, $\boldsymbol{n}\boldsymbol{E}$ und $\boldsymbol{n}\boldsymbol{H}$, entstehen aus Termen $\sim 1/R_0^2$ (der Integrand in (1) verhält sich dann wie $1/R_0^3$, so daß die Entfernung R_0, wie es sein muß, aus dem Ergebnis verschwindet). In Dipolnäherung ist die Wellenlänge $\lambda \gg a$, und man muß zwischen Termen unterscheiden, die den (gegenüber (67,5—6)) zusätzlichen Faktor λ/R_0 oder a/R_0 tragen, man benötigt nur die ersteren. Diese Glieder erhält man aber aus

(72.3) und (72,5). Die Rechnung liefert mit einer Genauigkeit bis zur zweiten Ordnung in $1/R_0$ [1]):

$$\boldsymbol{E}\,\boldsymbol{n} = \frac{2}{c\,R_0^2}\,\boldsymbol{n}\,\dot{\boldsymbol{d}}\,, \qquad \boldsymbol{H}\,\boldsymbol{n} = 0\,. \tag{2}$$

Setzen wir (2) und (67,6) in (1) ein, so erhalten wir

$$\frac{\mathrm{d}\boldsymbol{M}}{\mathrm{d}t} = -\frac{1}{2\pi c^3}\int \boldsymbol{n}\times\ddot{\boldsymbol{d}}\,(\boldsymbol{n}\,\dot{\boldsymbol{d}})\,\mathrm{do}\,.$$

Schreiben wir schließlich den Integranden in der Form $e_{\alpha\beta\gamma}\,n_\beta\,\ddot{d}_\gamma\,n_\delta\,\dot{d}_\delta$ und mitteln über die Richtungen $\boldsymbol{n}$, so finden wir endgültig:

$$\frac{\mathrm{d}\boldsymbol{M}}{\mathrm{d}t} = -\frac{2}{3c^3}\,\dot{\boldsymbol{d}}\times\ddot{\boldsymbol{d}}\,. \tag{3}$$

Es sei bemerkt, daß für einen linearen Oszillator ($\boldsymbol{d} = \boldsymbol{d}_0\cos\omega t$ mit reeller Amplitude $\boldsymbol{d}_0$) der Ausdruck (3) verschwindet: Bei Ausstrahlung tritt dann kein Drehimpulsverlust auf.

§ 73. Die Strahlung einer rasch bewegten Ladung

Wir betrachten hier ein geladenes Teilchen mit einer Geschwindigkeit, die nicht klein im Vergleich zur Lichtgeschwindigkeit ist.

Die unter der Voraussetzung $v \ll c$ im § 67 abgeleiteten Beziehungen sind in diesem Fall nicht unmittelbar anwendbar. Wir können jedoch das Teilchen in jenem Bezugssystem betrachten, in dem es zu einem bestimmten Zeitpunkt ruht; für ein solches Bezugssystem gelten offensichtlich die genannten Gleichungen (es sei darauf hingewiesen, daß dies nur für den Fall *eines* sich bewegenden Teilchens möglich ist; für mehrere Teilchen gibt es im allgemeinen kein Bezugssystem, in dem sie alle ruhen).

In diesem Bezugssystem strahlt also das Teilchen im Laufe der Zeit $\mathrm{d}t$ die Energie

$$\mathrm{d}\mathscr{E} = \frac{2e^2}{3c^3}\,w^2\,\mathrm{d}t \tag{73,1}$$

(gemäß (67,9)) aus, wobei w die Beschleunigung des Teilchens in diesem System ist. Der ausgestrahlte Impuls verschwindet jedoch im betrachteten System:

$$\mathrm{d}\boldsymbol{P} = 0\,. \tag{73,2}$$

Die Impulsstrahlung ergibt sich nämlich als Integral der Dichte des Impulsstromes im Strahlungsfeld über eine geschlossene Oberfläche, die das Teilchen umschließt. Infolge der Symmetrieeigenschaften der Dipolstrahlung ist der in entgegengesetzte Richtungen transportierte Impuls dem Betrage nach derselbe, aber umgekehrt gerichtet; das Integral verschwindet also identisch.

Für den Übergang zu einem beliebigen Bezugssystem schreiben wir (73,1) und (73,2) in die vierdimensionale Form um. Man erkennt leicht, daß die Aus-

[1]) Von Null verschiedene Werte $\boldsymbol{H}\,\boldsymbol{n}$ erhält man nur bei Berücksichtigung von Termen höherer Ordnung als a/R_0.

strahlung des Viererimpulses, dP^i, in der Form

$$dP^i = -\frac{2\,e^2}{3\,c}\frac{du^k}{ds}\frac{du_k}{ds}\,dx^i = -\frac{2\,e^2}{3\,c}\frac{du^k}{ds}\frac{du_k}{ds}\,u^i\,ds \tag{73,3}$$

geschrieben werden muß. In der Tat verschwinden in einem Bezugssystem, in dem das Teilchen ruht, die räumlichen Komponenten des Vierervektors u^i, und es ist $\frac{du^k}{ds}\frac{du_k}{ds} = -\frac{w^2}{c^4}$; die räumlichen Komponenten von dP^i verschwinden also, während die zeitliche gerade (73,1) ergibt.

Während das Teilchen ein gegebenes elektromagnetisches Feld durchläuft, wird insgesamt ein Viererimpuls ausgestrahlt, der gleich dem Integral über (73,3), d. h.

$$\varDelta P^i = -\frac{2\,e^2}{3\,c}\int\frac{du^k}{ds}\frac{du_k}{ds}\,dx^i \tag{73,4}$$

ist. Wir formen diese Gleichung um, indem wir die Viererbeschleunigung du^i/ds durch das äußere elektromagnetische Feld mittels der Bewegungsgleichungen (23,4) ausdrücken:

$$m\,c\,\frac{du_k}{ds} = \frac{e}{c}\,F_{kl}\,u^l\,.$$

Dann erhalten wir

$$\varDelta P^i = -\frac{2\,e^4}{3\,m^2\,c^5}\int(F_{kl}\,u^l)\,(F^{km}\,u_m)\,dx^i\,. \tag{73,5}$$

Die zeitliche Komponente der Gleichung (73,4) oder (73,5) ergibt die gesamte ausgestrahlte Energie $\varDelta\mathcal{E}$. Drücken wir die vierdimensionalen Größen durch dreidimensionale aus, bekommen wir

$$\varDelta\mathcal{E} = \frac{2\,e^2}{3\,c^3}\int\limits_{-\infty}^{+\infty}\frac{w^2 - \frac{(\boldsymbol{v}\times\boldsymbol{w})^2}{c^2}}{\left(1-\frac{v^2}{c^2}\right)^3}\,dt \tag{73,6}$$

($\boldsymbol{w} = \dot{\boldsymbol{v}}$ ist die Beschleunigung des Teilchens) oder bei Einführung des äußeren elektromagnetischen Feldes

$$\varDelta\mathcal{E} = \int\limits_{-\infty}^{+\infty} I\,dt\,, \qquad I = \frac{2\,e^4}{3\,m^2\,c^3}\,\frac{\left\{\boldsymbol{E} + \frac{1}{c}\,\boldsymbol{v}\times\boldsymbol{H}\right\}^2 - \frac{1}{c^2}\,(\boldsymbol{E}\,\boldsymbol{v})^2}{1-\frac{v^2}{c^2}}\,. \tag{73,7}$$

Der Ausdruck für die gesamte Impulsausstrahlung unterscheidet sich von diesem durch einen zusätzlichen Faktor $\boldsymbol{v}$ unter dem Integral.

Aus (73,7) ist ersichtlich, daß für Geschwindigkeiten in der Nähe der Lichtgeschwindigkeit die gesamte Energieausstrahlung in der Zeiteinheit von der Geschwindigkeit im wesentlichen wie $(1 - v^2/c^2)^{-1}$ abhängt, d. h. proportional dem Quadrat der Energie des sich bewegenden Teilchens ist. Eine Ausnahme bildet die Bewegung in einem elektrischen Feld in Richtung der Feldstärke. In diesem Falle kürzt sich der im Nenner stehende Faktor $1 - v^2/c^2$ mit demselben Faktor im Zähler, und die Ausstrahlung ist von der Energie der Teilchen unabhängig.

Zum Schluß beschäftigen wir uns mit der Richtungsverteilung der Strahlung rasch bewegter Teilchen. Zur Lösung dieser Aufgabe ist es bequem, den Liénard-Wiechertschen Ausdruck (63,8), (63,9) für das Feld zu benutzen. In großen Entfernungen brauchen wir nur den Term mit der niedrigsten Potenz von $1/R$ beizubehalten (d. h. den zweiten Term in der Gleichung (63,8)). Führen wir den Einheitsvektor $\boldsymbol{n}$ in der Strahlungsrichtung ein ($\boldsymbol{R} = \boldsymbol{n}\, R$), so gilt also für das von der Ladung erzeugte Feld

$$\boldsymbol{E} = \frac{e}{c^2 R} \frac{\boldsymbol{n} \times \left(\left(\boldsymbol{n} - \frac{\boldsymbol{v}}{c}\right) \times \boldsymbol{w}\right)}{\left(1 - \frac{\boldsymbol{n}\,\boldsymbol{v}}{c}\right)^3}, \qquad \boldsymbol{H} = \boldsymbol{n} \times \boldsymbol{E}, \tag{73,8}$$

worin alle Größen auf der rechten Seite zum retardierten Zeitpunkt $t' = t - R/c$ zu nehmen sind.

Die Intensität der Ausstrahlung in den Raumwinkel do ist $\mathrm{d}I = \frac{c}{4\pi} \cdot \boldsymbol{E}^2 R^2\, \mathrm{d}o$. Schreiben wir das Quadrat $\boldsymbol{E}^2$ aus, finden wir

$$\mathrm{d}I = \frac{e^2}{4\pi c^3} \left\{ \frac{2\,(\boldsymbol{n}\,\boldsymbol{w})\,(\boldsymbol{v}\,\boldsymbol{w})}{c\left(1 - \frac{\boldsymbol{v}\,\boldsymbol{n}}{c}\right)^5} + \frac{\boldsymbol{w}^2}{\left(1 - \frac{\boldsymbol{v}\,\boldsymbol{n}}{c}\right)^4} - \frac{\left(1 - \frac{v^2}{c^2}\right)(\boldsymbol{n}\,\boldsymbol{w})^2}{\left(1 - \frac{\boldsymbol{n}\,\boldsymbol{v}}{c}\right)^6} \right\} \mathrm{d}o\,. \tag{73,9}$$

Wollen wir die Winkelverteilung der gesamten Ausstrahlung während der ganzen Zeit der Bewegung der Ladung bestimmen, so ist die Intensität über die Zeit zu integrieren. Man hat dabei daran zu denken, daß der Integrand von t' abhängt; wir müssen also

$$\mathrm{d}t = \frac{\partial t}{\partial t'}\, \mathrm{d}t' = \left(1 - \frac{\boldsymbol{n}\,\boldsymbol{v}}{c}\right) \mathrm{d}t' \tag{73,10}$$

schreiben (siehe (63,6)). Dann kann die Integration über t' unmittelbar ausgeführt werden. Wir erhalten damit folgenden Ausdruck für die gesamte Ausstrahlung in das Raumwinkelelement do:

$$\mathrm{d}\mathscr{E}_{\boldsymbol{n}} = \frac{e^2}{4\pi c^3}\, \mathrm{d}o \int \left\{ \frac{2\,(\boldsymbol{n}\,\boldsymbol{w})\,(\boldsymbol{v}\,\boldsymbol{w})}{c\left(1 - \frac{\boldsymbol{v}\,\boldsymbol{n}}{c}\right)^4} + \frac{\boldsymbol{w}^2}{\left(1 - \frac{\boldsymbol{v}\,\boldsymbol{n}}{c}\right)^3} - \frac{\left(1 - \frac{v^2}{c^2}\right)(\boldsymbol{n}\,\boldsymbol{w})^2}{\left(1 - \frac{\boldsymbol{n}\,\boldsymbol{v}}{c}\right)^5} \right\} \mathrm{d}t'\,. \tag{73,11}$$

Wie aus (73,9) ersichtlich ist, ist die Winkelabhängigkeit der Strahlung im allgemeinen ziemlich verwickelt. Im ultrarelativistischen Falle ($1 - v/c \ll 1$) besitzt sie eine charakteristische Eigentümlichkeit, die mit dem Vorhandensein hoher Potenzen der Differenz $1 - \frac{\boldsymbol{v}\,\boldsymbol{n}}{c}$ in den Nennern der verschiedenen

Terme dieses Ausdruckes zusammenhängt. Die Intensität ist nämlich in dem kleinen Winkelintervall groß, in dem die Differenz $1 - \boldsymbol{v}\,\boldsymbol{n}/c$ klein ist. Bezeichnen wir mit θ den kleinen Winkel zwischen $\boldsymbol{n}$ und $\boldsymbol{v}$, so ist

$$1 - \frac{v}{c}\cos\theta \approx 1 - \frac{v}{c} + \frac{\theta^2}{2};$$

diese Differenz ist klein (d. h. $\approx 1 - v/c$) für $\theta \approx \sqrt{1 - v/c}$ oder, was auf dasselbe hinausläuft,

$$\theta \approx \sqrt{1 - \frac{v^2}{c^2}}. \tag{73,12}$$

Ein ultrarelativistisches Teilchen strahlt also hauptsächlich in seine Bewegungsrichtung, und zwar in das Winkelintervall (73,12) um die Geschwindigkeitsrichtung.

Es sei auch darauf hingewiesen, daß es bei beliebiger Geschwindigkeit und Beschleunigung des Teilchens stets zwei Richtungen gibt, für die Strahlung verschwindet. Es sind dies jene Richtungen, in denen der Vektor $\boldsymbol{n} - \boldsymbol{v}/c$ parallel zum Vektor $\boldsymbol{w}$ steht und daher das Feld (73,8) Null wird (siehe auch Aufgabe 2 am Ende des Paragraphen).

Schließlich geben wir noch die einfacheren Beziehungen an, in die (73,9) in zwei Spezialfällen übergeht.

Sind Geschwindigkeit und Beschleunigung des Teilchens parallel, so folgt

$$\boldsymbol{H} = \frac{e}{c^2 R}\,\frac{\boldsymbol{w}\times\boldsymbol{n}}{\left(1 - \frac{\boldsymbol{n}\,\boldsymbol{v}}{c}\right)^3}$$

und für die Intensität

$$\mathrm{d}I = \frac{e^2}{4\pi c^3}\,\frac{w^2\sin^2\theta}{\left(1 - \frac{v}{c}\cos\theta\right)^6}\,\mathrm{d}o\,. \tag{73,13}$$

Sie ist symmetrisch bezüglich der gemeinsamen Richtung von $\boldsymbol{v}$ und $\boldsymbol{w}$ und verschwindet in Richtung der Geschwindigkeit ($\theta = 0$) und in der entgegengesetzten Richtung ($\theta = \pi$). Im ultrarelativistischen Fall hat die Intensität als Funktion von θ ein steiles zweifaches Maximum im Gebiet (73,12) mit einem Abfall zu Null für $\theta = 0$.

Stehen dagegen Geschwindigkeit und Beschleunigung aufeinander senkrecht, so ergibt sich aus (73,9)

$$\mathrm{d}I = \frac{e^2 w^2}{4\pi c^3}\left[\frac{1}{\left(1 - \frac{v}{c}\cos\theta\right)^4} - \frac{\left(1 - \frac{v^2}{c^2}\right)\sin^2\theta\cos^2\varphi}{\left(1 - \frac{v}{c}\cos\theta\right)^6}\right]\mathrm{d}o\,, \tag{73,14}$$

wobei θ wie früher der Winkel zwischen $\boldsymbol{n}$ und $\boldsymbol{v}$ ist und φ den Azimutwinkel des Vektors $\boldsymbol{n}$ mit der Ebene bedeutet, die von $\boldsymbol{v}$ und $\boldsymbol{w}$ aufgespannt wird.

Die Intensität ist nur in bezug auf die Ebene $\boldsymbol{v}, \boldsymbol{w}$ symmetrisch und verschwindet in zwei Richtungen dieser Ebene, die den Winkel $\theta = \arccos(v/c)$ mit der Geschwindigkeit bilden.

Aufgaben

1. Man bestimme die gesamte Ausstrahlung eines relativistischen Teilchens mit der Ladung e_1, das sich mit einem Stoßparameter ϱ in einem COULOMB-Feld mit ruhendem Zentrum bewegt (Potential $\varphi = e_2/r$).

Lösung. Beim Durchlaufen des Feldes wird das relativistische Teilchen fast überhaupt nicht abgelenkt.[1]) Man kann daher in (73,7) die Geschwindigkeit $\boldsymbol{v}$ als konstant ansehen, so daß das Feld am Ort des Teilchens

$$\boldsymbol{E} = \frac{e_2 \boldsymbol{r}}{r^3} \approx \frac{e_2 \boldsymbol{r}}{(\varrho^2 + v^2 t^2)^{3/2}}$$

ist; hierbei gilt $x = v\,t$, $y = \varrho$. Integrieren wir (73,7) über die Zeit, so erhalten wir

$$\Delta\mathscr{E} = \frac{\pi\, e_1^4\, e_2^2}{12\, m^2\, c^3\, \varrho^3\, v} \, \frac{4\, c^2 - v^2}{c^2 - v^2}\,.$$

2. Man bestimme die Richtungen, in denen die Ausstrahlung eines sich bewegenden Teilchens verschwindet.

Lösung. Aus der geometrischen Konstruktion (Abb. 15) finden wir, daß die gesuchten Richtungen $\boldsymbol{n}$ in der Ebene liegen, die durch $\boldsymbol{v}$ und $\boldsymbol{w}$ geht, und mit der Richtung $\boldsymbol{w}$ einen Winkel χ bilden, der aus

$$\sin\chi = \frac{v}{c} \sin\alpha$$

zu bestimmen ist (α ist der Winkel zwischen $\boldsymbol{v}$ und $\boldsymbol{w}$).

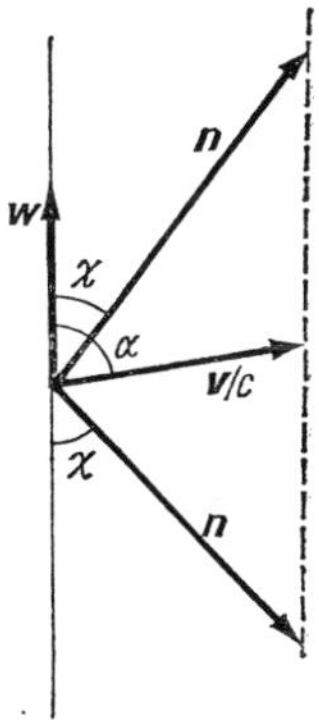

Abb. 15

3. Man bestimme die Strahlungsintensität im Falle geladener Teilchen, die sich im Felde einer zirkular-polarisierten ebenen elektromagnetischen Welle stationär bewegen.

Lösung. Nach den Ergebnissen der Aufgabe 3 zu § 48 bewegt sich das Teilchen auf einem Kreis, wobei seine Geschwindigkeit zu jedem Zeitpunkt parallel zur Feldrichtung $\boldsymbol{H}$ sowie senkrecht zu $\boldsymbol{E}$ verläuft. Seine kinetische Energie ist

$$\frac{m\,c^2}{\sqrt{1 - \frac{v^2}{c^2}}} = c\sqrt{p^2 + m^2 c^2} = c$$

(die Bezeichnungen sind die der genannten Aufgabe). Die Strahlungsintensität finden wir nach Formel (73,7):

$$I = \frac{2\, e^4}{3\, m^2\, c^3} \frac{\boldsymbol{E}^2}{1 - \frac{v^2}{c^2}} = \frac{2\, e^4\, E_0^2}{3\, m^2\, c^3} \left[1 + \left(\frac{e\, E_0}{m\, c\, \omega}\right)^2\right].$$

4. Die gleiche Aufgabe für das Feld einer linear-polarisierten Welle.

Lösung. Nach den Ergebnissen der Aufgabe 2 in § 48 erfolgt die Bewegung in der $x\,y$-Ebene, die die Ausbreitungsrichtung der Welle (als x-Achse) und die Richtung des Feldes $\boldsymbol{E}$ (als y-Achse) enthält. Das Feld $\boldsymbol{H}$ liegt in Richtung der z-Achse (dabei ist $H_z = E_y$). Aus

---

[1]) Für $v \approx c$ kann ein merklicher Winkel nur bei Stoßparametern $\varrho \approx e^2/m\,c^2$ auftreten, die aber klassischen Betrachtungen unzugänglich sind.

(73,7) finden wir

$$I = \frac{2\, e^4\, \boldsymbol{E}^2}{3\, m^2\, c^3} \frac{\left(1 - \frac{v_x}{c}\right)^2}{1 - \frac{v^2}{c^2}}.$$

Die Mittelung über die Periode der Bewegung (die sich in der genannten Aufgabe in Parameterform ergibt) führt zum Ergebnis:

$$\bar{I} = \frac{e^4\, E_0^2}{3\, m^2\, c^3} \left[1 + \frac{3}{8} \left(\frac{e\, E_0}{m\, c\, \omega}\right)^2\right].$$

§ 74. Die Ausstrahlung einer Ladung, die sich gleichförmig auf einem Kreis bewegt

Wir betrachten hier ausführlich die Strahlung einer Ladung, die sich mit einer beliebigen Geschwindigkeit auf einem Kreis in einem homogenen konstanten Magnetfeld bewegt. Der Bahnradius r und die Kreisfrequenz der Bewegung ω_H hängen von der Feldstärke H und der Geschwindigkeit v des Teilchens gemäß (vgl. § 21)

$$r = \frac{m\, c\, v}{e\, H \sqrt{1 - \frac{v^2}{c^2}}}, \qquad \omega_H = \frac{v}{r} = \frac{e\, H}{m\, c} \sqrt{1 - \frac{v^2}{c^2}} \tag{74,1}$$

ab.

Die Gesamtintensität der Ausstrahlung in alle Richtungen wird durch (73,7) bestimmt. In dieser Gleichung ist $\boldsymbol{E} = 0$ und $\boldsymbol{H} \perp \boldsymbol{v}$ zu setzen:

$$I = \frac{2\, e^4\, H^2\, v^2}{3\, m^2\, c^5 \left(1 - \frac{v^2}{c^2}\right)}. \tag{74,2}$$

Wir sehen, daß die Gesamtintensität dem Quadrat des Teilchenimpulses proportional ist.

Interessieren wir uns für die Winkelabhängigkeit der Strahlung, so ist die Gleichung (73,11) zu benutzen. Von Interesse ist die über eine Periode gemittelte Intensität. Wir werden dazu in (73,11) über die Zeit eines Teilchenumlaufes integrieren und das Ergebnis durch die Periode $T = 2\,\pi/\omega_H$ dividieren.

Als Bahnebene wählen wir die xy-Ebene (mit dem Kreiszentrum als Koordinatenursprung) und legen die yz-Ebene durch die Strahlungsrichtung $\boldsymbol{k}$ (Abb. 16). Das Magnetfeld ist dann der z-Achse entgegengerichtet. Es sei ferner θ der Winkel zwischen der Strahlungsrichtung $\boldsymbol{k}$ und der y-Achse sowie $\varphi = \omega_H\, t$ der Winkel zwischen dem Ortsvektor des Teilchens und der x-Achse.

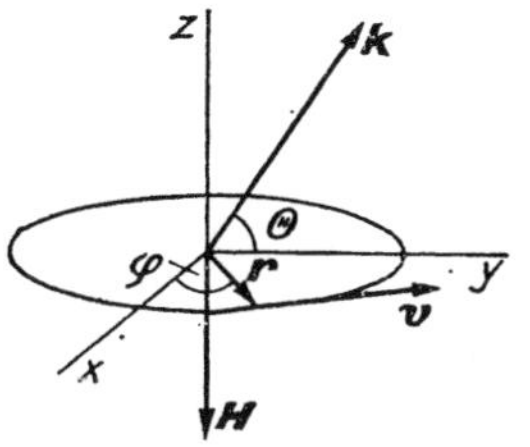

Abb. 16

Dann ist der Kosinus des Winkels zwischen den Richtungen $\boldsymbol{k}$ und $\boldsymbol{v}$ gleich $\cos\theta\cos\varphi$ (der Vektor $\boldsymbol{v}$ liegt in der xy-Ebene und steht zu jedem Zeitpunkt senkrecht auf dem Ortsvektor des Teilchens). Die Beschleunigung des Teilchens, $\boldsymbol{w}$, drücken wir durch die Feldstärke $\boldsymbol{H}$ und die Geschwindigkeit $\boldsymbol{v}$ mittels der Bewegungsgleichungen aus (siehe (21,1)):

$$\boldsymbol{w} = \frac{e}{m\,c}\sqrt{1-\frac{v^2}{c^2}}\,\boldsymbol{v}\times\boldsymbol{H}\,.$$

Nach einfacher Rechnung erhalten wir

$$\mathrm{d}I = \mathrm{d}o\,\frac{e^4\,H^2\,v^2}{8\,\pi^2\,m^2\,c^5}\left(1-\frac{v^2}{c^2}\right)\int\limits_0^{2\pi}\frac{\left(1-\frac{v^2}{c^2}\right)\sin^2\theta+\left(\frac{v}{c}-\cos\theta\cos\varphi\right)^2}{\left(1-\frac{v}{c}\cos\theta\cos\varphi\right)^5}\,\mathrm{d}\varphi \tag{74,3}$$

(die Integration über die Zeit wurde durch Integration über $\mathrm{d}\varphi = \omega_H\,\mathrm{d}t$ ersetzt). Die Integration läßt sich elementar durchführen, die Rechnungen werden aber ziemlich umfangreich. Als Ergebnis erhält man folgende Beziehung:

$$\mathrm{d}I = \mathrm{d}o\,\frac{e^4\,H^2\,v^2\left(1-\frac{v^2}{c^2}\right)}{8\,\pi\,m^2\,c^5}\,\frac{\left[2-\cos^2\theta-\frac{v^2}{4\,c^2}\left(1+\frac{3\,v^2}{c^2}\right)\cos^4\theta\right]}{\left(1-\frac{v^2}{c^2}\cos^2\theta\right)^{7/2}}\,. \tag{74,4}$$

Die Intensitäten der Strahlung unter dem Winkel $\theta = \pi/2$ (senkrecht zur Bahnebene) und $\theta = 0$ (in der Bahnebene) verhalten sich wie

$$\frac{(\mathrm{d}I/\mathrm{d}o)_0}{(\mathrm{d}I/\mathrm{d}o)_{\pi/2}} = \frac{4+3\,\frac{v^2}{c^2}}{8\left(1-\frac{v^2}{c^2}\right)^{5/2}}\,. \tag{74,5}$$

Für $v \to 0$ geht dieses Verhältnis gegen 1/2, für Geschwindigkeiten, die nahe bei der des Lichts liegen, wird es sehr groß. Wir kommen auf diese Frage weiter unten zurück.

Ferner betrachten wir die spektrale Verteilung der Strahlung. Da die Bewegung der Ladung periodisch ist, handelt es sich um die Entwicklung in eine Fourier-Reihe. Die Berechnung beginnen wir zweckmäßigerweise mit dem Vektorpotential. Für seine Fourier-Komponenten gilt die Gleichung (siehe (66,12))

$$\boldsymbol{A}_n = e\,\frac{\mathrm{e}^{i\,k\,R_0}}{c\,R_0\,T}\oint \mathrm{e}^{i(\omega_H n t-\boldsymbol{k}\boldsymbol{r})}\,\mathrm{d}\boldsymbol{r}\,,$$

wobei sich die Integration längs der Bahnkurve des Teilchens, also längs eines Kreises, erstreckt. Die Teilchenkoordinaten sind $x = r\cos\omega_H\,t$, $y = r\sin\omega_H\,t$; als Integrationsvariable wählen wir den Winkel $\varphi = \omega_H\,t$. Unter Beachtung von

$$\boldsymbol{k}\,\boldsymbol{r} = k\,r\cos\theta\sin\varphi = \frac{n\,v}{c}\cos\theta\sin\varphi$$

$\left(k = \frac{n\,\omega_H}{c} = \frac{n\,v}{c\,r}\right)$ finden wir für die FOURIER-Komponenten der x-Komponente des Vektorpotentials

$$A_{xn} = -\frac{e\,v}{2\pi\,c\,R_0}\,\mathrm{e}^{i\,k\,R_0}\int\limits_0^{2\pi}\mathrm{e}^{in\left(\varphi-\frac{v}{c}\cos\theta\sin\varphi\right)}\sin\varphi\,\mathrm{d}\varphi\,.$$

Mit diesem Integral hatten wir es schon im § 70 zu tun. Es läßt sich durch die Ableitung einer BESSEL-Funktion darstellen:

$$A_{xn} = -\frac{i\,e\,v}{c\,R_0}\,\mathrm{e}^{i\,k\,R_0}\,J_n'\left(\frac{n\,v}{c}\cos\theta\right). \tag{74,6}$$

Auf entsprechende Weise wird A_{yn} berechnet:

$$A_{yn} = \frac{e}{R_0\cos\theta}\,\mathrm{e}^{i\,k\,R_0}\,J_n\left(\frac{n\,v}{c}\cos\theta\right). \tag{74,7}$$

Die Komponente in Richtung der z-Achse verschwindet offensichtlich immer.

Nach den Gleichungen des § 66 gilt für die Intensität der Strahlung mit der Frequenz $\omega = n\,\omega_H$ in das Raumwinkelelement do

$$\mathrm{d}I_n = \frac{c}{2\pi}\,|\boldsymbol{H}_n|^2\,R_0^2\,\mathrm{d}o = \frac{c}{2\pi}\,|\boldsymbol{k}\times\boldsymbol{A}_n|^2\,R_0^2\,\mathrm{d}o\,.$$

Beachten wir

$$|\boldsymbol{A}\times\boldsymbol{k}|^2 = A_x^2\,k^2 + A_y^2\,k^2\sin^2\theta$$

und setzen die Ausdrücke (74,6), (74,7) ein, so erhalten wir für die Strahlungsintensität folgende Gleichung (G. A. SCHOTT, 1912):

$$\mathrm{d}I_n = \frac{n^2\,e^4\,H^2}{2\pi\,c^3\,m^2}\left(1-\frac{v^2}{c^2}\right)\left[\mathrm{tg}^2\,\theta\cdot J_n^2\left(\frac{n\,v}{c}\cos\theta\right) + \frac{v^2}{c^2}\,J_n'^2\left(\frac{n\,v}{c}\cos\theta\right)\right]\mathrm{d}o\,. \tag{74,8}$$

Zur Bestimmung der Gesamtintensität der Ausstrahlung mit der Frequenz $\omega = n\,\omega_H$ in alle Richtungen muß dieser Ausdruck über alle Winkel integriert werden. Die Integration kann jedoch nicht in expliziter Form durchgeführt werden. Mittels einer Reihe von Transformationen, die Beziehungen aus der Theorie der BESSEL-Funktionen benutzen, kann das Integral in folgende Gestalt überführt werden[1]):

$$I_n = \frac{2\,e^4\,H^2}{m^2\,c^2\,v}\left(1-\frac{v^2}{c^2}\right)\left[n\frac{v^2}{c^2}\,J_{2n}'\left(\frac{2\,n\,v}{c}\right) - n^2\left(1-\frac{v^2}{c^2}\right)\int\limits_0^{v/c} J_{2n}(2\,n\,\xi)\,\mathrm{d}\xi\right]. \tag{74,9}$$

---

[1]) Die Rechnungen findet man in dem Buch von G. A. SCHOTT, Electromagnetic Radiation, § 84, Cambridge 1912.

Wir wollen jetzt etwas eingehender den ultrarelativistischen Fall erörtern, in dem das Teilchen eine mit der Lichtgeschwindigkeit vergleichbare Geschwindigkeit besitzt.

Setzen wir im Zähler der Formel (74,2) $v = c$, dann sehen wir, daß im ultrarelativistischen Fall die gesamte Strahlungsintensität proportional dem Quadrat der Energie des Teilchens ist:

$$I = \frac{2\,e^4\,H^2}{3\,m^2\,c^3}\left(\frac{\mathscr{E}}{m\,c^2}\right)^2. \tag{74,10}$$

Die Winkelverteilung der Strahlung ist in diesem Fall stark anisotrop. Sie ist im wesentlichen auf die Nähe der Bahnebene konzentriert. Die Breite $\Delta\theta$ des Winkelbereichs, in dem der Hauptteil der Strahlung liegt, ist leicht aus der Bedingung $1 - \frac{v^2}{c^2}\cdot\cos^2\theta \approx 1 - v^2/c^2$ abzuschätzen. Offensichtlich gilt

$$\Delta\theta \approx \sqrt{1 - \frac{v^2}{c^2}} = \frac{m\,c^2}{\mathscr{E}}. \tag{74,11}$$

Dieses Ergebnis ist natürlich in Übereinstimmung mit der Winkelverteilung der im letzten Paragraphen betrachteten Intensität pro Zeiteinheit (siehe (73,12))[1]).

Spezifischen Charakter besitzt auch die spektrale Verteilung der Strahlung im ultrarelativistischen Fall (L. A. Arzimowitsch, I. J. Pomerantschuk, 1945).

Wir werden weiter unten sehen, daß hier Frequenzen mit großem n die Hauptrolle in der Ausstrahlung spielen. Es läßt sich daher die asymptotische Formel (70,9) benutzen, nach der

$$J_{2n}(2\,n\,\xi) \approx \frac{1}{\sqrt{\pi}\,n^{1/3}}\,\Phi\,[n^{2/3}(1 - \xi^2)] \tag{74,12}$$

gilt.

Setzen wir das in (74,9) ein, so bekommen wir folgende Gleichung für die spektrale Verteilung der Strahlung bei großen Werten von n:[2])

$$I_n = -\frac{2\,e^4\,H^2}{\sqrt{\pi}\,m^2\,c^3}\,\frac{m\,c^2}{\mathscr{E}}\sqrt{u}\left[\Phi'(u) + \frac{u}{2}\int_u^\infty \Phi(u)\,du\right], \tag{74,13}$$

mit $u = n^{2/3}(1 - v^2/c^2)$.

[1]) Es ist der Winkel θ in diesem Paragraphen nicht mit dem Winkel θ zwischen $\boldsymbol{n}$ und $\boldsymbol{v}$ in § 73 zu verwechseln!

[2]) Bei der Substitution ersetzen wir eine der Integrationsgrenzen ($n^{2/3}$) innerhalb der erforderlichen Genauigkeit durch ∞ und nehmen überall, wo es möglich ist, $v = c$ an. Obwohl in das Integral (74,9) auch Werte von ξ eingehen, die nicht nahe bei 1 liegen, ist doch die Benutzung der Formel (74,12) zulässig, da das Integral an der unteren Grenze rasch konvergiert.

Für $u \to 0$ geht der in eckigen Klammern stehende Ausdruck gegen den konstanten Grenzwert $\Phi'(0) = -0{,}4587\ldots$[1]) Für $u \ll 1$ gilt daher

$$I_n = 0{,}52 \frac{e^4 H^2}{m^2 c^3} \left(\frac{m c^2}{\mathcal{E}}\right)^2 n^{1/3}, \qquad 1 \ll n \ll \left(\frac{\mathcal{E}}{m c^2}\right)^3, \tag{74,14}$$

d. h., die Intensität der n-ten Partialschwingung ist zu $n^{1/3}$ proportional.

Ist $u \gg 1$, so läßt sich der bekannte asymptotische Ausdruck für die Airysche Funktion verwenden (siehe die Fußnote 1 auf Seite 177). Man erhält

$$I_n = \frac{e^4 H^2 n^{1/2}}{2\sqrt{\pi}\, m^2 c^3} \left(\frac{m c^2}{\mathcal{E}}\right)^{5/2} \exp\left[-\frac{2}{3} n \left(\frac{m c^2}{\mathcal{E}}\right)^3\right], \qquad n \gg \left(\frac{\mathcal{E}}{m c^2}\right)^3, \tag{74,15}$$

d. h., die Intensität fällt exponentiell für große Werte von n. Die spektrale Verteilung hat demnach bei $n \approx (\mathcal{E}/m c^2)^3$ ein Maximum, und der Hauptteil der Strahlung liegt im Frequenzgebiet

$$\omega \approx \omega_H \left(\frac{\mathcal{E}}{m c^2}\right)^3 = \frac{e H}{m c} \left(\frac{\mathcal{E}}{m c^2}\right)^2. \tag{74,16}$$

Da dieses ω sehr groß und die Entfernung zwischen zwei benachbarten Frequenzen gleich ω_H (also verhältnismäßig klein) ist, können wir sagen, daß das Strahlungsspektrum ein „Quasikontinuum" bildet, das aus einer sehr großen Zahl eng benachbarter Linien besteht.

Man kann daher zu einem kontinuierlichen Frequenzspektrum $\omega = n\,\omega_H$ (mit kontinuierlichem n) übergehen und die Intensitätsverteilung auch gemäß

$$\mathrm{d}I = I_n \,\mathrm{d}n = I_n \frac{d\omega}{\omega_H}$$

beschreiben, anstatt mit der diskreten Verteilungsfunktion I_n (74,13).

Für numerische Rechnungen ist es bequem, diese Verteilung durch die MacDonaldsche Funktion K_ν auszudrücken[2]). Nach einigen einfachen Umfor-

[1]) Nach Definition der Airyschen Funktion gilt

$$\Phi'(0) = -\frac{1}{\sqrt{\pi}} \int_0^\infty \xi \sin\frac{\xi^3}{3}\,\mathrm{d}\xi = -\frac{1}{\sqrt{\pi}\cdot 3^{1/3}} \int_0^\infty x^{-1/3} \sin x \,\mathrm{d}x$$
$$= -\frac{3^{1/6}\,\Gamma(2/3)}{2\sqrt{\pi}}.$$

[2]) Der Zusammenhang zwischen der Airyschen Funktion und $K_{1/3}$ ergibt sich aus Formel (4) der Fußnote 1 auf Seite 177. Für weitere Umformungen werden folgende Rekursionsformeln benutzt:

$$K_{\nu-1}(x) - K_{\nu+1}(x) = -\frac{2\nu}{x} K_\nu, \qquad 2K'_\nu(x) = -K_{\nu-1}(x) - K_{\nu+1}(x),$$

wobei $K_{-\nu}(x) = K_\nu(x)$ ist. Insbesondere ist leicht zu sehen, daß

$$\Phi'(t) = -\frac{t}{\sqrt{3\pi}} K_{2/3}\left(\frac{2}{3} t^{3/2}\right)$$

ist.

mungen der rechten Seite von (74,13) erhalten wir für die Verteilung:

$$\mathrm{d}I = \mathrm{d}\omega \frac{\sqrt{3}}{2\pi} \frac{e^3 H}{m c^2} F\left(\frac{\omega}{\omega_c}\right), \qquad F(\xi) = \xi \int\limits_{\xi}^{\infty} K_{5/3}(\xi)\, \mathrm{d}\xi\,, \tag{74,17}$$

wobei die Bezeichnung

$$\omega_c = \frac{3\, e H}{2\, m c}\left(\frac{\mathscr{E}}{m c^2}\right)^2 \tag{74,18}$$

eingeführt wurde. Die Funktion $F(\xi)$ ist in Abbildung 17 graphisch dargestellt.

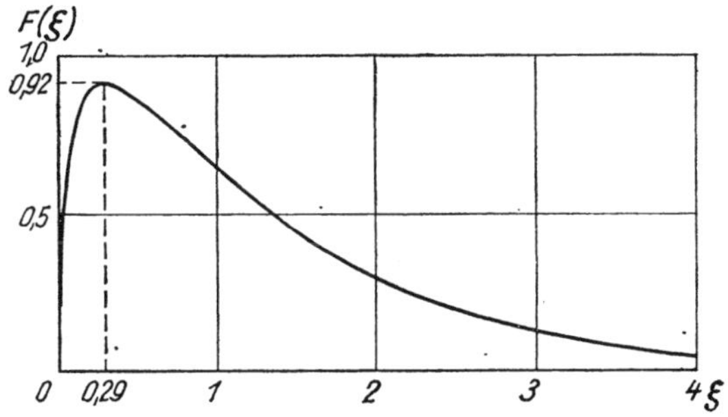

Abb. 17

Schließlich wollen wir noch einige Bemerkungen über den Fall machen, in dem sich das Teilchen nicht auf einer ebenen Kreisbahn, sondern auf einer Schraubenlinie bewegt. Dieses Teilchen besitzt eine longitudinale Geschwindigkeitskomponente (in bezug auf das Feld) $v_{||} = v \cos\chi$ (χ ist der Winkel zwischen $\boldsymbol{H}$ und $\boldsymbol{v}$). Die Frequenz der Drehbewegung ergibt sich wieder aus (74,1), jedoch beschreibt der Vektor $\boldsymbol{v}$ keinen Kreis, sondern die Oberfläche eines Kegels, dessen Achse parallel zu $\boldsymbol{H}$ ist und der den Öffnungswinkel 2χ hat. Die gesamte Strahlungsintensität (wir verstehen darunter den Energieverlust des Teilchens pro Sekunde) unterscheidet sich von (74,2) lediglich dadurch, daß H durch $H_\perp = H \sin\chi$ ersetzt wird.

Im ultrarelativistischen Fall ist die Strahlung auf Richtungen in der Umgebung des Geschwindigkeitskegels konzentriert. Die spektrale Verteilung und die Gesamtintensität (im gleichen Sinne wie oben verstanden) erhält man aus (74,17) und (74,10) durch die Substitution $H \to H_\perp$. Wenn jedoch nach der Intensität gefragt wird, die ein entfernter ruhender Beobachter in den angegebenen Richtungen wahrnimmt, so ist in die Formeln ein Zusatzfaktor einzuführen, der die Annäherung bzw. Entfernung der Strahler (nämlich der sich auf Kreisbahnen bewegenden Teilchen) vom Beobachter berücksichtigt. Dieser Zusatzfaktor ist durch das Verhältnis $\mathrm{d}t/\mathrm{d}t_{\text{beob}}$ gegeben, wobei $\mathrm{d}t_{\text{beob}}$ das vom Beobachter festgestellte Zeitintervall von Signalen ist, die von der Quelle im

Intervall dt abgesandt wurden. Es gilt offensichtlich

$$dt_{\text{beob}} = dt\left(1 - \frac{1}{c} v_{||} \cos \vartheta\right),$$

wobei ϑ der Winkel zwischen den Richtungen $\boldsymbol{k}$ und $\boldsymbol{H}$ ist ($\boldsymbol{H}$ ist in Richtung der positiven Geschwindigkeitsrichtung $v_{||}$ zu nehmen). Im ultrarelativistischen Falle, wenn die Richtung $\boldsymbol{k}$ nahe bei $\boldsymbol{v}$ liegt, ist $\vartheta \approx \chi$, so daß

$$\frac{dt}{dt_{\text{beob}}} = \left(1 - \frac{v_{||}}{c} \cos \chi\right)^{-1} \approx \frac{1}{\sin^2 \chi} \tag{74,19}$$

folgt.

Aufgaben

1. Man bestimme die zeitliche Änderung der Energie einer Ladung, die sich auf einer Kreisbahn in einem konstanten homogenen Magnetfeld bewegt und Energie durch Ausstrahlung verliert.

Lösung. Nach (74,2) gilt für den Energieverlust in der Zeiteinheit

$$-\frac{d\mathcal{E}}{dt} = \frac{2\, e^4\, H^2}{3\, m^4\, c^7} (\mathcal{E}^2 - m^2\, c^4)$$

($\mathcal{E}$ ist die Energie des Teilchens). Hieraus finden wir

$$\frac{\mathcal{E}}{m\, c^2} = \coth\left(\frac{2\, e^4\, H^2}{3\, m^3\, c^5} t + \text{const}\right).$$

Mit wachsendem t fällt die Energie monoton und nähert sich für $t \to \infty$ (bei völligem Stillstand des Teilchens) dem Werte $\mathcal{E} = m\, c^2$.

2. Bestimme die asymptotische Formel für die spektrale Verteilung der Strahlung eines Teilchens für große n, welches sich auf einem Kreis mit einer Geschwindigkeit bewegt, die von der Lichtgeschwindigkeit wesentlich verschieden ist.

Lösung. Wir benutzen die wohlbekannte Formel für das asymptotische Verhalten der Bessel-Funktionen:

$$J_n(n\, \varepsilon) = \frac{1}{\sqrt{2\, \pi\, n}\, (1 - \varepsilon^2)^{1/4}} \left[\frac{\varepsilon}{1 + \sqrt{1 - \varepsilon^2}}\, e^{\sqrt{1-\varepsilon^2}}\right]^n,$$

die für $n\,(1 - \varepsilon^2)^{3/2} \gg 1$ gilt. Damit ergibt sich aus (74,9)

$$\boldsymbol{I}_n = \frac{e^4\, H^2\, n^{1/2}}{2\sqrt{\pi}\, m^2\, c^3} \left(1 - \frac{v^2}{c^2}\right)^{5/4} \left[\frac{v/c}{1 + \sqrt{1 - v^2/c^2}}\, e^{\sqrt{1-v^2/c^2}}\right]^{2n}.$$

Diese Formel gilt für $n\left(1 - \frac{v^2}{c^2}\right)^{3/2} \gg 1$; wenn außerdem $\left(1 - \frac{v^2}{c^2}\right)$ klein ist, geht sie in (74,15) über.

3. Man bestimme die Polarisation der Strahlung einer Ladung, die sich gleichförmig auf einem Kreis bewegt.

Lösung. Das elektrische Feld $\boldsymbol{E}_n$ wird aus dem Vektorpotential $\boldsymbol{A}_n$ (74,6–7) nach der Gleichung

$$\boldsymbol{E}_n = \frac{i}{k} [[\boldsymbol{k}\, \boldsymbol{A}_n]\, \boldsymbol{k}] = -\frac{i}{k} \boldsymbol{k}(\boldsymbol{k}\, \boldsymbol{A}_n) + i\, k\, \boldsymbol{A}_n$$

berechnet. Wir führen nun die Einheitsvektoren $\boldsymbol{e}_1$ und $\boldsymbol{e}_2$ in der Ebene senkrecht zu $\boldsymbol{k}$ ein. $\boldsymbol{e}_1$ sei parallel zur x-Achse und $\boldsymbol{e}_2$ liege in der yz-Ebene, dann haben diese Vektoren die Komponenten $\boldsymbol{e}_1 = (1, 0, 0)$ und $\boldsymbol{e}_2 = (0, \sin\theta, -\cos\theta)$; die Vektoren $\boldsymbol{e}_1$, $\boldsymbol{e}_2$, $\boldsymbol{k}$ bilden ein Rechtssystem. Das elektrische Feld lautet dann

$$\boldsymbol{E}_n = i\,k\,A_{x\,n}\,\boldsymbol{e}_1 + i\,k \sin\theta\,A_{y\,n}\,\boldsymbol{e}_2$$

und, wenn wir die unwesentlichen Koeffizienten weglassen,

$$\boldsymbol{E}_n \propto \frac{v}{c}\,J_n'\left(\frac{n\,v}{c}\cos\theta\right)\boldsymbol{e}_1 + \tan\theta\,J_n\left(\frac{n\,v}{c}\cos\theta\right) i\,\boldsymbol{e}_2\,.$$

Diese Welle ist elliptisch polarisiert.

Im ultrarelativistischen Fall für große n und kleine θ werden die Funktionen J_n und J_n' durch $K_{1/3}$ und $K_{2/3}$ ausgedrückt, wobei wir in den Argumenten

$$1 - \frac{v^2}{c^2}\cos^2\theta \approx 1 - \frac{v^2}{c^2} + \theta^2 = \left(\frac{m\,c^2}{\mathcal{E}}\right)^2 + \theta^2$$

setzen. Damit erhalten wir

$$\boldsymbol{E}_n = \boldsymbol{e}_1\,\Psi\,K_{2/3}\left(\frac{n}{3}\Psi^3\right) + i\,\boldsymbol{e}_2\,\theta\,K_{1/3}\left(\frac{n}{3}\Psi^3\right); \quad \Psi = \sqrt{\left(\frac{m\,c^2}{\mathcal{E}}\right)^2 + \theta^2}\,.$$

Bei $\theta = 0$ entartet die elliptische Polarisation zu einer linearen längs $\boldsymbol{e}_1$. Für große θ ($|\theta| \gg m\,c^2/\mathcal{E}$, $n\,\theta^3 \gg 1$) ist $K_{1/3}(x) \approx K_{2/3}(x) \approx \sqrt{\pi/2\,x}\;e^{-x}$, und die Polarisation wird zirkular: $\boldsymbol{E}_n \propto \boldsymbol{e}_1 \pm i\,\boldsymbol{e}_2$; die Intensität der Strahlung wird dabei jedoch exponentiell klein. In dem Gebiet zwischen diesen beiden Grenzfällen ist die kleine Halbachse der Ellipse parallel zu $\boldsymbol{e}_2$ und die große parallel zu $\boldsymbol{e}_1$. Der Drehsinn hängt vom Vorzeichen des Winkels θ ab. ($\theta > 0$, falls die Richtungen von $\boldsymbol{H}$ und $\boldsymbol{k}$ auf verschiedenen Seiten der Bahnebene liegen, wie es in Abb. 16 dargestellt wurde.)

§ 75. Strahlungsdämpfung

Wie im § 65 gezeigt wurde, führt die Reihenentwicklung des Potentials eines Systems von Ladungen nach Potenzen von v/c in der zweiten Näherung zu einer LAGRANGE-Funktion, die (in dieser Näherung) die Bewegung der Ladungen vollständig bestimmt. Wir werden hier die Entwicklung des Feldes auf Terme höherer Ordnung ausdehnen und dabei untersuchen, zu welchen Effekten diese Terme führen.

In der Entwicklung des skalaren Potentials

$$\varphi = \int \frac{1}{R}\,\varrho_{t-R/c}\,\mathrm{d}V$$

ist der Term dritter Ordnung in $1/c$

$$\varphi^{(3)} = -\frac{1}{6\,c^3}\frac{\partial^3}{\partial t^3}\int R^2\,\varrho\,\mathrm{d}V\,. \tag{75,1}$$

Aus dem gleichen Grund wie bei der Behandlung von (65,3) haben wir in der Entwicklung des Vektorpotentials nur den Term zweiter Ordnung in $1/c$ zu berücksichtigen, d. h.

$$\boldsymbol{A}^{(2)} = -\frac{1}{c^2}\frac{\partial}{\partial t}\int \boldsymbol{j}\,\mathrm{d}V\,. \tag{75,2}$$

Wir führen eine Eichtransformation

$$\varphi' = \varphi - \frac{1}{c}\frac{\partial f}{\partial t}, \qquad \boldsymbol{A}' = \boldsymbol{A} + \operatorname{grad} f$$

aus, wobei wir die Funktion f so wählen, daß das skalare Potential $\varphi^{(3)}$ verschwindet. Dazu hat man offenbar

$$f = -\frac{1}{6c^2}\frac{\partial^2}{\partial t^2}\int R^2 \varrho \, dV$$

zu setzen. Das neue Vektorpotential wird dann

$$\begin{aligned} \boldsymbol{A}'^{(2)} &= -\frac{1}{c^2}\frac{\partial}{\partial t}\int \boldsymbol{j}\, dV - \frac{1}{6c^2}\frac{\partial^2}{\partial t^2}\nabla\int R^2 \varrho \, dV \\ &= -\frac{1}{c^2}\frac{\partial}{\partial t}\int \boldsymbol{j}\, dV - \frac{1}{3c^2}\frac{\partial^2}{\partial t^2}\int \boldsymbol{R} \varrho \, dV . \end{aligned}$$

Gehen wir nun von Integralen zu Summen über einzelne Ladungen über, so erhalten wir für den ersten Summanden im rechten Teil den Ausdruck $-\frac{1}{c^2}\sum e\dot{\boldsymbol{v}}$. Im zweiten Summanden schreiben wir $\boldsymbol{R} = \boldsymbol{R}_0 - \boldsymbol{r}$, wobei $\boldsymbol{R}_0$ und $\boldsymbol{r}$ ihre gewöhnliche Bedeutung haben (siehe § 66); es ist dann $\dot{\boldsymbol{R}} = -\dot{\boldsymbol{r}} = -\boldsymbol{v}$, und der zweite Summand nimmt die Gestalt $\frac{1}{3c^2}\sum e\dot{\boldsymbol{v}}$ an. Auf diese Weise erhalten wir

$$\boldsymbol{A}'^{(2)} = -\frac{2}{3c^2}\sum e\dot{\boldsymbol{v}} . \tag{75,3}$$

Das diesem Potential entsprechende Magnetfeld verschwindet ($\boldsymbol{H} = \operatorname{rot}\boldsymbol{A}'^{(2)} = 0$), da $\boldsymbol{A}'^{(2)}$ nicht explizit von den Koordinaten abhängt. Das elektrische Feld $\boldsymbol{E} = -\dot{\boldsymbol{A}}'^{(2)}/c$ ist jedoch gleich

$$\boldsymbol{E} = \frac{2}{3c^3}\dddot{\boldsymbol{d}} \tag{75,4}$$

mit $\boldsymbol{d}$ als Dipolmoment des Systems.

Die Terme dritter Ordnung in der Entwicklung des Feldes führen also zum Auftreten zusätzlicher auf die Ladung wirkender Kräfte, die nicht in der Lagrange-Funktion (65,7) enthalten sind. Diese Kräfte hängen von der zeitlichen Ableitung der Beschleunigung der Ladung ab.

Wir betrachten ein System von Ladungen, das eine stationäre Bewegung[1]) vollführt, und berechnen die mittlere Arbeit, die das Feld (75,4) in der Zeiteinheit leistet. Auf jede Ladung e wirkt die Kraft $\boldsymbol{f} = e\boldsymbol{E}$, d. h.

$$\boldsymbol{f} = \frac{2e}{3c^3}\dddot{\boldsymbol{d}} . \tag{75,5}$$

In der Zeiteinheit leistet diese Kraft die Arbeit $\boldsymbol{f}\boldsymbol{v}$; die Arbeit an allen Ladungen erhält man durch Summation über die Ladungen:

$$\sum \boldsymbol{f}\boldsymbol{v} = \frac{2}{3c^3}\dddot{\boldsymbol{d}}\sum e\boldsymbol{v} = \frac{2}{3c^3}\dddot{\boldsymbol{d}}\dot{\boldsymbol{d}} = \frac{2}{3c^3}\frac{d}{dt}(\dot{\boldsymbol{d}}\ddot{\boldsymbol{d}}) - \frac{2}{3c^3}\ddot{\boldsymbol{d}}^2 .$$

---

1) Genauer eine Bewegung, die bei Vernachlässigung der Strahlung, welche zu einer allmählichen Dämpfung der Bewegung führt, stationär sein würde.

Bei der zeitlichen Mittelung verschwindet der erste Term, so daß die gemittelte Arbeit

$$\overline{\sum \boldsymbol{f}\,\boldsymbol{v}} = -\frac{2}{3\,c^3}\overline{\ddot{\boldsymbol{d}}^2} \tag{75,6}$$

wird. Nun ist der rechts stehende Ausdruck nichts anderes als die (mit umgekehrtem Vorzeichen genommene) mittlere Energieausstrahlung des gesamten Systems pro Zeiteinheit [siehe Gleichung (67,8)]. Die in der dritten Näherung entstehenden Kräfte (75,5) beschreiben also die Rückwirkung der Strahlung auf die Ladungen. Man bezeichnet sie als *Strahlungsdämpfung* oder LORENTZsche Dämpfungskraft.

Gleichzeitig mit dem Energieverlust geht dem ausstrahlenden System auch Drehimpuls verloren. Die zeitliche Ableitung des Drehimpulses $\frac{\mathrm{d}\boldsymbol{M}}{\mathrm{d}t}$ ist leicht mit Hilfe des Ausdruckes für die Dämpfungskraft zu erhalten. Differenzieren wir den Drehimpuls $\boldsymbol{M} = \sum \boldsymbol{r}\times\boldsymbol{p}$ nach der Zeit, so erhalten wir $\dot{\boldsymbol{M}} = \sum \boldsymbol{r}\times\dot{\boldsymbol{p}}$, da $\sum \dot{\boldsymbol{r}}\times\boldsymbol{p} = \sum m\,\boldsymbol{v}\times\boldsymbol{v} \equiv 0$ gilt. Die zeitliche Ableitung des Teilchenimpulses ersetzen wir durch die auf das Teilchen wirkende Dämpfungskraft (75,5) und finden

$$\dot{\boldsymbol{M}} = \sum \boldsymbol{r}\times\boldsymbol{f} = \frac{2}{3\,c^3}\sum e\,\boldsymbol{r}\times\dddot{\boldsymbol{d}} = \frac{2}{3\,c^3}\boldsymbol{d}\times\dddot{\boldsymbol{d}}\,.$$

Uns interessiert der zeitliche Mittelwert des Drehimpulsverlustes bei einer stationären Bewegung, so wie oben dem mittleren Energieverlust unser Interesse galt. Wir schreiben

$$\boldsymbol{d}\times\dddot{\boldsymbol{d}} = \frac{\mathrm{d}}{\mathrm{d}t}\boldsymbol{d}\times\ddot{\boldsymbol{d}} - \dot{\boldsymbol{d}}\times\ddot{\boldsymbol{d}}$$

und bemerken, daß die vollständige Ableitung nach der Zeit (erster Term) bei der Mittelung verschwindet. Dann ergibt sich endgültig folgender Ausdruck für den mittleren Drehimpulsverlust des ausstrahlenden Systems[1]):

$$\frac{\overline{\mathrm{d}\boldsymbol{M}}}{\mathrm{d}t} = -\frac{2}{3\,c^3}\overline{\dot{\boldsymbol{d}}\times\ddot{\boldsymbol{d}}}\,. \tag{75,7}$$

Eine Strahlungsdämpfung tritt auch bei einer sich in einem äußeren Feld bewegenden Ladung auf. Sie ist

$$\boldsymbol{f} = \frac{2\,e^2}{3\,c^3}\ddot{\boldsymbol{v}}\,. \tag{75,8}$$

Für ein einzelnes Teilchen läßt sich immer ein Bezugssystem finden, in dem es zu einem bestimmten Zeitpunkt ruht. Berechnet man in einem solchen System die weiteren Entwicklungsterme des von der Ladung erzeugten Feldes, so überzeugt man sich leicht davon, daß alle diese Terme verschwinden, wenn der Abstandsvektor $\boldsymbol{R}$ von der Ladung zum Beobachtungspunkt gegen Null geht. Im Falle einer Ladung ist also die Formel (75,8) der strenge Ausdruck für die Rückwirkung der Strahlung in dem Bezugssystem, in dem die Ladung ruht.

[1]) In Übereinstimmung mit dem Resultat (3) der Aufgabe 2, § 72.

Man muß jedoch im Auge behalten, daß diese Beschreibung einer Selbstwechselwirkung mittels der Dämpfungskräfte nicht vollständig befriedigen kann und in sich widersprüchlich ist. Die Bewegungsgleichung einer Ladung, auf die nur die Kraft (75,8) (und keine äußere Kraft) wirkt, hat die Gestalt

$$m\,\dot{\boldsymbol{v}} = \frac{2\,e^2}{3\,c^3}\ddot{\boldsymbol{v}}\,.$$

Sie besitzt außer der trivialen Lösung $\boldsymbol{v}$ = const noch eine Lösung, bei der die Beschleunigung $\dot{\boldsymbol{v}}$ proportional zu $\exp(3\,m\,c^3\,t/2\,e^2)$ ist, d. h. mit der Zeit unbeschränkt wächst. Dies bedeutet etwa, daß eine Ladung, die durch irgendein Feld beschleunigt wurde, nach ihrem Austritt aus dem Feld sich unbeschränkt selbst weiterbeschleunigen würde. Die Unsinnigkeit dieses Ergebnisses zeigt, daß die Gleichungen (75,8) nur begrenzt anwendbar sind.

Es kann hier die Frage entstehen, wie die Elektrodynamik, in der doch der Energieerhaltungssatz gilt, zu einem derartig absurden Ergebnis führen kann, nach dem ein freies Teilchen seine Energie unbeschränkt vergrößert. Die Wurzel dieser Schwierigkeit liegt in Wirklichkeit in der schon früher erwähnten (§ 37) unendlich großen elektromagnetischen „Eigenmasse" der Elementarteilchen. Wenn wir in den Bewegungsgleichungen für die Masse des geladenen Teilchens einen endlichen Wert benutzen, so schreiben wir ihm damit im Prinzip formal eine unendlich große negative „Eigenmasse" nicht elektromagnetischen Ursprungs zu, die zusammen mit der elektromagnetischen Masse die endliche Masse des Teilchens ergibt. Da jedoch die Subtraktion von zwei unendlichen Größen keine mathematisch korrekte Operation ist, führt dies Verfahren zu einer Reihe von Schwierigkeiten, u. a. zu den hier erwähnten.

In einem Koordinatensystem, in dem die Geschwindigkeit des Teilchens klein ist, hat die Bewegungsgleichung unter Berücksichtigung der Strahlungsdämpfung die Gestalt

$$m\,\dot{\boldsymbol{v}} = e\,\boldsymbol{E} + \frac{e}{c}\,\boldsymbol{v}\times\boldsymbol{H} + \frac{2\,e^2}{3\,c^3}\ddot{\boldsymbol{v}}\,. \tag{75,9}$$

Nach den Überlegungen, die wir angestellt hatten, ist diese Gleichung nur insoweit gültig, als die Dämpfungskräfte klein gegenüber den Kräften sind, die auf die Ladung von Seiten des äußeren Feldes wirken.

Um zum Verständnis des physikalischen Sinns dieser Bedingung zu gelangen, gehen wir wie folgt vor. In dem Koordinatensystem, in dem die Ladung zu einem bestimmten Zeitpunkt ruht, ist die zweite Ableitung der Geschwindigkeit nach der Zeit bei Vernachlässigung der Dämpfungskräfte gleich

$$\ddot{\boldsymbol{v}} = \frac{e}{m}\dot{\boldsymbol{E}} + \frac{e}{m\,c}\dot{\boldsymbol{v}}\times\boldsymbol{H}\,.$$

Im zweiten Term setzen wir $\dot{\boldsymbol{v}} = e\,\boldsymbol{E}/m$ (wir beschränken uns auf diesen Grad der Genauigkeit) und erhalten

$$\ddot{\boldsymbol{v}} = \frac{e}{m}\dot{\boldsymbol{E}} + \frac{e^2}{m^2\,c}\boldsymbol{E}\times\boldsymbol{H}\,.$$

Demnach wird die Dämpfungskraft aus zwei Anteilen bestehen:

$$\boldsymbol{f} = \frac{2\,e^2}{3\,m\,c^3}\dot{\boldsymbol{E}} + \frac{2\,e^4}{3\,m^2\,c^4}\boldsymbol{E}\times\boldsymbol{H}. \tag{75,10}$$

Ist ω die Frequenz des Feldes, so ist $\dot{\boldsymbol{E}}$ zu $\omega\,\boldsymbol{E}$ proportional und daher der erste Term von der Größenordnung $\frac{e^3\,\omega}{m\,c^3}E$, der zweite dagegen von der Ordnung $\frac{e^4}{m^2\,c^4}E\,H$. Die Bedingung, daß die Dämpfungskraft im Vergleich zu der auf die Ladung wirkenden äußeren Kraft $e\,E$ klein ist, lautet zunächst

$$\frac{e^2}{m\,c^3}\,\omega \ll 1$$

und, wenn wir die Wellenlänge $\lambda \sim c/\omega$ einführen,

$$\lambda \gg \frac{e^2}{m\,c^2}. \tag{75,11}$$

Die Beziehung (75,8) für die Strahlungsdämpfung ist also nur dann anwendbar, wenn die Wellenlänge des äußeren Feldes im Vergleich zum Radius der Ladung $e^2/m\,c^2$ groß ist. Wir sehen, daß sich eine Länge von der Ordnung e^2/mc^2 wieder als jene Grenze erweist, jenseits der die Elektrodynamik mit sich selbst in Widerspruch gerät (siehe § 37).

Weiterhin vergleichen wir den zweiten Term in der Dämpfungskraft mit $e\,E$ und finden die Bedingung

$$H \ll \frac{m^2\,c^4}{e^3} \tag{75,12}$$

(oder $c/\omega_H \gg e^2/m\,c^2$ mit $\omega_H = e\,H/m\,c$).
Es ist daher auch erforderlich, daß das Feld selbst nicht zu groß wird. Ein Feld der Größe $m^2\,c^4/e^3$ ist die Grenze, bei deren Überschreiten die klassische Elektrodynamik wieder in innere Widersprüche gerät. Es ist hierbei im Auge zu behalten, daß in Wirklichkeit infolge von Quanteneffekten die Elektrodynamik schon bei bedeutend kleineren Feldern nicht mehr anwendbar ist.[1])

Um Mißverständnissen vorzubeugen, erinnern wir daran, daß die Wellenlänge in (75,11) und die Feldgröße in (75,12) sich auf dasjenige Koordinatensystem beziehen, in dem das Teilchen zum gegebenen Zeitpunkt ruht.

Aufgabe

Man bestimme die Zeit, in deren Verlauf zwei sich anziehende Ladungen, die sich auf einer Ellipse mit Geschwindigkeiten bewegen, die klein gegenüber der des Lichtes sind und die infolge Ausstrahlung Energie verlieren, aufeinanderfallen.

Lösung. Setzen wir einen relativ kleinen Energieverlust bei einem Umlauf voraus, so können wir annehmen, daß die zeitliche Ableitung der Energie gleich der mittleren Inten-

---

[1]) Nämlich bei Feldern von der Größenordnung $m^2\,c^3/\hbar\,e$, wobei $\hbar$ die PLANCKsche Konstante ist.

sität der Ausstrahlung ist (letztere wurde in Aufgabe 1 von § 70 bestimmt):

$$\frac{d|\mathcal{E}|}{dt} = \frac{(2\,|\mathcal{E}|)^{3/2}\,\mu^{5/2}\,\alpha^3}{3\,c^3\,M^5}\left(\frac{e_1}{m_1} - \frac{e_2}{m_2}\right)^2\left(3 - \frac{2\,|\mathcal{E}|\,M^2}{\mu\,\alpha^2}\right) \tag{1}$$

mit $\alpha = |e_1 e_2|$. Neben Energie verliert das Teilchen Drehimpuls, dessen Verlust pro Zeiteinheit durch die Gleichung (75,7) gegeben wird. Setzen wir in sie den Ausdruck (70,1) für $\boldsymbol{d}$ ein, so finden wir unter Beachtung von $\mu\,\ddot{\boldsymbol{r}} = -\,\alpha\,\boldsymbol{r}/r^3$, $\boldsymbol{M} = \mu[\boldsymbol{r}\,\boldsymbol{v}]$

$$\frac{d\boldsymbol{M}}{dt} = -\frac{2\,\alpha}{3\,c^3}\left(\frac{e_1}{m_1} - \frac{e_2}{m_2}\right)^2\frac{\boldsymbol{M}}{r^3}.$$

Diesen Ausdruck mitteln wir über die Periode der Bewegung. Berücksichtigen wir, daß sich $\boldsymbol{M}$ langsam ändert, so ist auf der rechten Seite nur über r^{-3} zu mitteln; dieser Mittelwert berechnet sich ebenso wie derjenige von r^{-4} in Aufgabe 1 von § 70. Als Ergebnis finden wir für den mittleren Drehimpulsverlust pro Zeiteinheit folgenden Ausdruck

$$\frac{dM}{dt} = -\frac{2\,\alpha\,(2\,\mu\,|\mathcal{E}|)^{3/2}}{3\,c^3\,M^2}\left(\frac{e_1}{m_1} - \frac{e_2}{m_2}\right)^2 \tag{2}$$

(das Mittelungszeichen ist wie in (1) fortgelassen). Dividieren wir (1) durch (2), so erhalten wir die Differentialgleichung

$$\frac{d|\mathcal{E}|}{dM} = -\frac{\mu\,\alpha^2}{2\,M^3}\left(3 - 2\,\frac{|\mathcal{E}|\,M^2}{\mu\,\alpha^2}\right),$$

deren Integration

$$|\mathcal{E}| = \frac{\mu\,\alpha^2}{2\,M^2}\left(1 - \frac{M^3}{M_0^3}\right) + \frac{|\mathcal{E}_0|}{M_0}\,M \tag{3}$$

ergibt. Die Integrationskonstante wurde so gewählt, daß für $M = M_0$ auch $\mathcal{E} = \mathcal{E}_0$ ist; M_0 und $\mathcal{E}_0$ sind die Anfangswerte für den Drehimpuls und die Energie der Teilchen.

Das Auftreffen eines Teilchens auf ein anderes entspricht $M \to 0$. Aus (3) ist ersichtlich, daß dabei, wie es auch sein sollte, $\mathcal{E} \to -\infty$ gilt. Ferner geht das Produkt $|\mathcal{E}|\,M^2$ gegen $\mu\,\alpha^2/2$, und aus der Gleichung (70,3) ist ersichtlich, daß für die Exzentrizität $\varepsilon \to 0$ gilt, d. h., mit zunehmender Annäherung der Teilchen nähert sich die Bahn einem Kreis. Wenn wir (3) in (2) einsetzen, die Ableitung $\frac{dt}{dM}$ als Funktion von M bestimmen und darauf über M von M_0 bis 0 integrieren, erhalten wir für die Fallzeit

$$t_{\text{fall}} = \frac{c^3\,M_0^5}{\alpha\sqrt{2\,|\mathcal{E}_0|}\,\mu^3}\left(\frac{e_1}{m_1} - \frac{e_2}{m_2}\right)^{-2}\left(\sqrt{\mu\,\alpha^2} + \sqrt{2\,M_0^2\,|\mathcal{E}_0|}\right)^{-2}.$$

§ 76. Strahlungsdämpfung im relativistischen Falle

Wir leiten nun den relativistischen Ausdruck für die Strahlungsdämpfung (einer Einzelladung) ab, der auch bei Bewegungen anwendbar bleibt, die nahezu mit Lichtgeschwindigkeit erfolgen. Die Dämpfungskraft wird hier zu einem Vierervektor g^i, durch den die in vierdimensionaler Form geschriebene Bewegungsgleichung einer Ladung zu ergänzen ist:

$$m\,c\,\frac{du^i}{ds} = \frac{e}{c}\,F^{ik}\,u_k + g^i\,. \tag{76,1}$$

Zur Festlegung von g^i bemerken wir, daß seine drei räumlichen Komponenten für $v \ll c$ in die Komponenten des Vektors $\boldsymbol{f}/c$ (75,8) übergehen müssen. Man sieht leicht, daß der Vierervektor $\frac{2\,e^2}{3\,c}\frac{d^2u^i}{ds^2}$ diese Eigenschaft hat. Er erfüllt jedoch nicht die Identität $g^i u_i = 0$, die für die Komponenten eines jeden Kraftvierervektors gilt. Um diese Bedingung zu befriedigen, addieren wir einen Vierervektor, der aus der Vierergeschwindigkeit u^i und ihren Ableitungen besteht. Die drei räumlichen Komponenten dieses Vektors müssen im Grenzfall $\boldsymbol{v} = 0$ verschwinden, da bereits $\frac{2\,e^2}{3\,c}\,\frac{\mathrm{d}^2 u^i}{\mathrm{d}s^2}$ den richtigen Wert $\boldsymbol{f}$ liefert. Der Vierervektor u^i besitzt diese Eigenschaft, und das gesuchte Zusatzglied muß daher die Form $\alpha\, u^i$ haben. Der Skalar α ist so zu wählen, daß die Beziehung $g^i u_i = 0$ erfüllt wird. Als Ergebnis finden wir

$$g^i = \frac{2\,e^2}{3\,c}\left(\frac{\mathrm{d}^2 u^i}{\mathrm{d}s^2} - u^i\, u^k\, \frac{\mathrm{d}^2 u_k}{\mathrm{d}s^2}\right). \tag{76,2}$$

Diese Gleichung läßt sich umformen, indem wir mittels der Bewegungsgleichungen die Ableitungen $\frac{\mathrm{d}^2 u^i}{\mathrm{d}s^2}$ durch den Feldstärkentensor des auf das Teilchen wirkenden äußeren elektromagnetischen Feldes ausdrücken:

$$\frac{\mathrm{d}u^i}{\mathrm{d}s} = \frac{e}{m\,c^2}\,F^{ik}\,u_k\,, \qquad \frac{\mathrm{d}^2 u^i}{\mathrm{d}s^2} = \frac{e}{m\,c^2}\,\frac{\partial F^{ik}}{\partial x^l}\,u_k\,u^l + \frac{e^2}{m^2\,c^4}\,F^{ik}\,F_{kl}\,u^l\,.$$

Bei der Substitution ist zu beachten, daß das Produkt des in den Indizes i, k antisymmetrischen Tensors $\partial F^{ik}/\partial x^l$ mit dem symmetrischen Tensor $u_i\,u_k$ Null ergibt. Somit gilt

$$g^i = \frac{2\,e^3}{3\,m\,c^3}\,\frac{\partial F^{ik}}{\partial x^l}\,u_k\,u^l - \frac{2\,e^4}{3\,m^2\,c^5}\,F^{il}\,F_{kl}\,u^k + \frac{2\,e^4}{3\,m^2\,c^5}\,(F_{kl}\,u^l)\,(F^{km}\,u_m)\,u^i\,. \tag{76,3}$$

Das Integral über die Viererkraft g^i längs der Weltlinie einer sich durch das gegebene Feld bewegenden Ladung muß (mit umgekehrtem Vorzeichen) dem gesamten durch die Ladung ausgestrahlten Viererimpuls ΔP^i gleich sein (ähnlich wie der Mittelwert der Arbeit der Kräfte $\boldsymbol{f}$ im nichtrelativistischen Falle mit der Intensität der Dipolstrahlung übereinstimmt, siehe Gleichung (75,6)). Man überzeugt sich leicht davon, daß dies in der Tat der Fall ist. Der erste Term in (76,2) verschwindet bei der Integration, da im Unendlichen das Teilchen keine Beschleunigung erfährt, d. h. $\frac{\mathrm{d}u^i}{\mathrm{d}s} = 0$ ist. Den zweiten Term integrieren wir partiell und erhalten

$$-\int g^i\,\mathrm{d}s = \frac{2\,e^2}{3\,c}\int u^i\,u^k\,\frac{\mathrm{d}^2 u_k}{\mathrm{d}s^2}\,\mathrm{d}s = -\frac{2\,e^2}{3\,c}\int \frac{\mathrm{d}u_k}{\mathrm{d}s}\,\frac{\mathrm{d}u^k}{\mathrm{d}s}\,\mathrm{d}x^i;$$

das stimmt genau mit (73,4) überein.

Nähert sich die Geschwindigkeit des Teilchens der Lichtgeschwindigkeit, so wächst in den räumlichen Komponenten des Vektors (76,3) am schnellsten jener Teil, der von dem Term herrührt, der dreifache Produkte der Komponenten der Vierergeschwindigkeit enthält. Behalten wir daher in (76,3) nur diesen Term bei und berücksichtigen wir den Zusammenhang (9,18) zwischen den räumlichen Komponenten des Vierervektors g^i und der dreidimensionalen

Kraft $\boldsymbol{f}$, so finden wir für $\boldsymbol{f}$:

$$\boldsymbol{f} = \frac{2\,e^4}{3\,m^2\,c^4}(F_{kl}\,u^l)\,(F^{km}\,u_m)\,\boldsymbol{v}\,.$$

In diesem Falle ist die Kraft $\boldsymbol{f}$ also der Geschwindigkeit des Teilchens entgegengerichtet; wählen wir die Richtung der letzteren parallel zur x-Achse und zerlegen wir den vierdimensionalen Ausdruck, so erhalten wir

$$f_x = -\frac{2\,e^4}{3\,m^2\,c^4}\,\frac{(E_y - H_z)^2 + (E_z + H_y)^2}{1 - \frac{v^2}{c^2}} \tag{76,4}$$

(überall, ausgenommen im Nenner, wurde $v = c$ gesetzt). Wir sehen somit, daß die Dämpfungskraft für ultrarelativistische Teilchen dem Quadrat ihrer Energie proportional ist.

Wir weisen auf folgenden interessanten Umstand hin. Im letzten Paragraphen wurde gezeigt, daß der erhaltene Ausdruck für die Strahlungsdämpfung nur bei solchen Feldern anwendbar ist, deren Größe im Ruhsystem (K_0) des Teilchens klein gegenüber $m^2\,c^4/e^3$ ist. Es möge F die Größe der äußeren Kraft im Bezugssystem K sein, in dem sich das Teilchen mit der Geschwindigkeit v bewegt. Dann hat im System K_0 das Feld die Größenordnung $F\Big/\sqrt{1 - \frac{v^2}{c^2}}$ (siehe die Transformationsgleichungen in § 24). F muß also der Bedingung

$$\frac{e^3\,F}{m^2\,c^4\sqrt{1 - \frac{v^2}{c^2}}} \ll 1 \tag{76,5}$$

genügen. Indessen ist das Verhältnis der Dämpfungskraft (76,4) zur äußeren Kraft ($\sim e\,F$) von der Größenordnung

$$\frac{e^3\,F}{m^2\,c^4\left(1 - \frac{v^2}{c^2}\right)}\,.$$

Wie wir sehen, schließt die Gültigkeit der Bedingung (76,5) nicht aus, daß (bei genügend hohen Energien) die Dämpfungskraft groß sein kann im Vergleich zur gewöhnlichen Lorentz-Kraft, die auf die Ladung im elektromagnetischen Feld wirkt.[1]) Bei einem ultrarelativistischen Teilchen ist daher der Fall möglich, daß die Strahlungsdämpfung den Hauptanteil aller auf das Teilchen wirkenden Kräfte darstellt.

---

[1]) Wir betonen, daß dieses Ergebnis natürlich keineswegs der früher durchgeführten Ableitung des relativistischen Ausdruckes für die Viererkraft g^i widerspricht, wo wir deren Kleinheit relativ zur Viererkraft $\frac{e}{c}\,F^{ik}\,u_k$ vorausgesetzt hatten. Es genügt, die Kleinheit der Komponenten des einen Vierervektors im Vergleich zu denen des anderen in *einem* Bezugssystem zu fordern; infolge der relativistischen Invarianz ist der auf Grund einer derartigen Annahme erhaltene vierdimensionale Ausdruck von selbst in jedem Bezugssystem gültig.

In diesem Fall kann man den Verlust an (kinetischer) Energie des Teilchens pro Wegeinheit als von der Dämpfungskraft f_x allein verursacht ansehen. Da diese dem Quadrat der Teilchenenergie proportional ist, können wir

$$-\frac{\mathrm{d}\mathcal{E}_{\text{kin}}}{\mathrm{d}x} = k(x)\,\mathcal{E}_{\text{kin}}^2$$

schreiben. Mit $k(x)$ wurde hierbei der von den Koordinaten abhängende Koeffizient bezeichnet, der sich gemäß (76,4) durch die transversalen Feldkomponenten ausdrücken läßt. Integrieren wir diese Differentialgleichung, so finden wir

$$\frac{1}{\mathcal{E}_{\text{kin}}} = \frac{1}{\mathcal{E}_0} + \int\limits_{-\infty}^{x} k(x)\,\mathrm{d}x\,.$$

$\mathcal{E}_0$ bezeichnet die Anfangsenergie des Teilchens (d. h. die Energie bei $x \to -\infty$). Insbesondere wird die Endenergie $\mathcal{E}_1$ (nach dem Durchgang durch das Feld) durch die Gleichung

$$\frac{1}{\mathcal{E}_1} = \frac{1}{\mathcal{E}_0} + \int\limits_{-\infty}^{+\infty} k(x)\,\mathrm{d}x$$

bestimmt. Wir sehen, daß sich für $\mathcal{E}_0 \to \infty$ die Endenergie einem von $\mathcal{E}_0$ unabhängigen Grenzwert nähert (I. J. Pomerantschuk, 1939). Daraus folgt, daß nach dem Durchlaufen des Feldes die Teilchenenergie den durch die Gleichung

$$\frac{1}{\mathcal{E}_{\text{gr}}} = \int\limits_{-\infty}^{+\infty} k(x)\,\mathrm{d}x$$

bestimmten Wert $\mathcal{E}_{\text{gr}}$ nicht übersteigen kann. Wenn wir den Ausdruck für $k(x)$ einsetzen, ergibt sich

$$\frac{1}{\mathcal{E}_{\text{gr}}} = \frac{2}{3\,m^2 c^4}\left(\frac{e^2}{m\,c^2}\right)^2 \int\limits_{-\infty}^{+\infty} [(E_y - H_z)^2 + (E_z + H_y)^2]\,\mathrm{d}x\,. \tag{76,6}$$

Aufgaben

1. Man bestimme die Grenzenergie, die ein Teilchen nach dem Durchlaufen des Feldes eines magnetischen Dipols $\boldsymbol{m}$ besitzen kann; der Vektor $\boldsymbol{m}$ und die Bewegungsrichtung liegen in einer Ebene.

Lösung. Die durch den Vektor $\boldsymbol{m}$ und die Bewegungsrichtung verlaufende Ebene sei die xz-Ebene, in der sich das Teilchen parallel zur x-Achse in einem Abstand ϱ von dieser bewegen möge. Für die auf das Teilchen wirkende transversale Komponente des Feldes eines magnetischen Dipols gilt (siehe (44,4))

$$H_y = 0\,, \quad H_z = \frac{3\,(\boldsymbol{m}\,\boldsymbol{r})\,z - m_z r^2}{r^5} = \frac{m}{(\varrho^2 + x^2)^{5/2}}$$
$$\times \{3\,(\varrho\cos\varphi + x\sin\varphi)\,\varrho - (\varrho^2 + x^2)\cos\varphi\}$$

(φ ist der Winkel zwischen $\boldsymbol{m}$ und der z-Achse). Setzen wir dies in (76,6) ein und integrieren, so erhalten wir

$$\frac{1}{\mathcal{E}_{\text{gr}}} = \frac{\boldsymbol{m}^2\,\pi}{64\,m^2 c^4 \varrho^5}\left(\frac{e^2}{m\,c^2}\right)^2 (15 + 26\cos^2\varphi)\,.$$

2. Man gebe den dreidimensionalen Ausdruck für die Dämpfungskraft im relativistischen Fall an.

Lösung. Berechnen wir die räumlichen Komponenten des Vierervektors (76,3), so erhalten wir

$$\begin{aligned} \boldsymbol{f} = & \frac{2e^3}{3mc^3}\left(1-\frac{v^2}{c^2}\right)^{-1/2}\left\{\left(\frac{\partial}{\partial t}+(\boldsymbol{v}\,\nabla)\right)\boldsymbol{E}+\frac{1}{c}\boldsymbol{v}\left(\frac{\partial}{\partial t}+(\boldsymbol{v}\,\nabla)\right)\times\boldsymbol{H}\right\} \\ & + \frac{2e^4}{3m^2c^4}\left\{\boldsymbol{E}\times\boldsymbol{H}+\frac{1}{c}\boldsymbol{H}\times(\boldsymbol{H}\times\boldsymbol{v})+\frac{1}{c}\boldsymbol{E}\,(\boldsymbol{v}\,\boldsymbol{E})\right\} \\ & - \frac{2e^4}{3m^2c^5\left(1-\frac{v^2}{c^2}\right)}\boldsymbol{v}\left\{\left(\boldsymbol{E}+\frac{1}{c}\boldsymbol{v}\times\boldsymbol{H}\right)^2-\frac{1}{c^2}(\boldsymbol{E}\,\boldsymbol{v})^2\right\}. \end{aligned}$$

§ 77. Die Fourier-Zerlegung der Strahlung im ultrarelativistischen Fall

Im § 73 wurde gezeigt, daß die Ausstrahlung eines ultrarelativistischen Teilchens hauptsächlich nach vorwärts, in Richtung der Teilchengeschwindigkeit erfolgt. Sie ist fast vollständig in dem kleinen Winkelintervall

$$\Delta\theta \approx \sqrt{1-\frac{v^2}{c^2}}$$

um die Richtung $\boldsymbol{v}$ enthalten.

Für die Berechnung der spektralen Verteilung der Ausstrahlung ist das Verhältnis $\alpha/\Delta\theta$ wesentlich, wobei α den gesamten Ablenkungswinkel des Teilchens beim Durchlaufen eines äußeren elektromagnetischen Feldes bedeutet.

Der Winkel α kann wie folgt abgeschätzt werden: Die (zur Bewegungsrichtung) transversale Änderung des Teilchenimpulses Δp hat die Größenordnung des Produktes der transversalen Kraft $e\,F$ [1]) mit der Durchlaufzeit $t \sim a/v \sim a/c$ (a ist die Strecke, auf der das Feld merklich von Null verschieden ist). Das Verhältnis von $\Delta p \sim e\,F\,a/c$ zum Impuls

$$p = \frac{m\,v}{\sqrt{1-\frac{v^2}{c^2}}} \approx \frac{m\,c}{\sqrt{1-\frac{v^2}{c^2}}}$$

bestimmt die Größenordnung des kleinen Winkels α:

$$\alpha \sim \frac{e\,F\,a}{m\,c^2}\sqrt{1-\frac{v^2}{c^2}}.$$

Division durch $\Delta\theta$ führt auf

$$\frac{\alpha}{\Delta\theta} \sim \frac{e\,F\,a}{m\,c^2}. \tag{77,1}$$

[1]) Wenn man die x-Achse in die Bewegungsrichtung des Teilchens legt, so ist $(F\,e)^2$ eine Summe von Quadraten der y- und z-Komponenten der Lorentz-Kraft $e\,\boldsymbol{E} + \frac{e}{c}\,\boldsymbol{v}\times\boldsymbol{H}$, in der man $v \approx c$ setzen kann:

$$F^2 = (E_y - H_z)^2 + (E_z + H_y)^2.$$

Es sei darauf hingewiesen, daß dieses Verhältnis nicht von der Geschwindigkeit des Teilchens abhängt und vollständig durch die Eigenschaften des äußeren Feldes bestimmt wird.

Zunächst nehmen wir

$$e F a \gg m c^2 \tag{77,2}$$

an, d. h., der gesamte Ablenkungswinkel des Teilchens sei groß im Vergleich zu $\Delta\theta$. Wir können dann folgendes behaupten: Die Strahlung in eine gegebene Richtung erfolgt, hauptsächlich auf dem Abschnitt der Bahn, auf dem die Geschwindigkeit des Teilchens fast parallel zu dieser Richtung ist (mit ihr einen Winkel im Intervall $\Delta\theta$ bildet), und die Länge dieses Abschnittes ist klein gegenüber a. Auf diesem Abschnitt kann man das Feld als konstant ansehen, und da man ein kleines Kurvenstück als Kreisabschnitt betrachten kann, lassen sich die Ergebnisse anwenden, die im § 74 für die Ausstrahlung bei gleichförmiger Bewegung auf einem Kreise gewonnen wurden (dabei ist H durch F zu ersetzen). Insbesondere läßt sich sagen, daß der Hauptteil der Ausstrahlung auf das Frequenzgebiet

$$\omega \approx \frac{e F}{m c \left(1 - \frac{v^2}{c^2}\right)} \tag{77,3}$$

beschränkt sein wird [siehe (74,16)].

Im umgekehrten Grenzfall

$$e F a \ll m c^2 \tag{77,4}$$

ist der gesamte Ablenkungswinkel des Teilchens klein gegenüber $\Delta\theta$. In diesem Fall erfolgt die Ausstrahlung hauptsächlich in dem engen Winkelintervall $\Delta\theta$ um die Bewegungsrichtung, das dabei durch die ganze Bahn des Teilchens bestimmt ist.

Zur Berechnung der spektralen Intensitätsverteilung ist es in diesem Falle bequem, von dem Feld der Wellenzone in der LIÉNARD-WIECHERTschen Form (73,8) auszugehen. Wir berechnen die FOURIER-Komponenten:

$$\boldsymbol{E}_\omega = \int_{-\infty}^{\infty} \boldsymbol{E}\, e^{i\omega t}\, dt\,.$$

Der Ausdruck auf der rechten Seite von (73,8) hängt vom retardierten Zeitpunkt $t' = t - R(t')/c$ ab. In großen Entfernungen von einem Teilchen, das sich mit annähernd konstanter Geschwindigkeit $\boldsymbol{v}$ bewegt, haben wir

$$t' \approx t - \frac{R_0}{c} + \frac{1}{c}\boldsymbol{n}\,\boldsymbol{r}(t') \approx t - \frac{R_0}{c} + \frac{1}{c}\boldsymbol{n}\,\boldsymbol{v}\,t'$$

$(\boldsymbol{r} = \boldsymbol{r}(t') \approx \boldsymbol{v}\,t'$ ist der Ortsvektor des Teilchens$)$ oder

$$t = t'\left(1 - \frac{\boldsymbol{n}\,\boldsymbol{v}}{c}\right) + \frac{R_0}{c}\,.$$

Die Integration über t ersetzen wir durch die über t', indem wir

$$\mathrm{d}t = \left(1 - \frac{\boldsymbol{n}\,\boldsymbol{v}}{c}\right)\mathrm{d}t'$$

schreiben. Wir erhalten

$$\boldsymbol{E}_\omega = \frac{e}{c^2}\,\frac{\mathrm{e}^{ikR_0}}{R_0\left(1 - \frac{\boldsymbol{n}\,\boldsymbol{v}}{c}\right)^2}\int\limits_{-\infty}^{\infty} \boldsymbol{n}\times\left(\left(\boldsymbol{n} - \frac{\boldsymbol{v}}{c}\right)\times\boldsymbol{w}(t')\right)\mathrm{e}^{i\omega t'\left(1 - \frac{\boldsymbol{n}\boldsymbol{v}}{a}\right)}\,\mathrm{d}t' .$$

Die Geschwindigkeit $\boldsymbol{v}$ wird hier stets als konstante Größe betrachtet; es ändert sich nur die Beschleunigung $\boldsymbol{w}(t')$. Mit der Bezeichnung

$$\omega' = \omega\left(1 - \frac{\boldsymbol{n}\,\boldsymbol{v}}{c}\right) \tag{77,5}$$

und der dieser Frequenz entsprechenden FOURIER-Komponente der Beschleunigung schreiben wir $\boldsymbol{E}_\omega$ in der Gestalt

$$\boldsymbol{E}_\omega = \frac{e}{c^2}\,\frac{\mathrm{e}^{ikR_0}}{R_0}\left(\frac{\omega}{\omega'}\right)^2 \boldsymbol{n}\times\left(\left(\boldsymbol{n} - \frac{\boldsymbol{v}}{c}\right)\times\boldsymbol{w}_{\omega'}\right).$$

Schließlich finden wir nach (66,9) für die Energie aus dem Frequenzintervall $\mathrm{d}\omega$, die in den Raumwinkel $\mathrm{d}o$ abgestrahlt wird:

$$\mathrm{d}\mathscr{E}_{\boldsymbol{n}\,\omega} = \frac{e^2}{2\pi c^3}\left(\frac{\omega}{\omega'}\right)^4\left|\boldsymbol{n}\times\left(\left(\boldsymbol{n} - \frac{\boldsymbol{v}}{c}\right)\times\boldsymbol{w}_{\omega'}\right)\right|^2 \mathrm{d}o\,\frac{\mathrm{d}\omega}{2\pi} . \tag{77,6}$$

Eine Abschätzung der Größenordnung der Frequenzen, auf die der Hauptteil der Ausstrahlung im Falle (77,4) beschränkt ist, läßt sich leicht angeben, wenn man bedenkt, daß die FOURIER-Komponente $\boldsymbol{w}_{\omega'}$ nur dann merklich von 0 verschieden ist, wenn die Zeit $1/\omega'$ oder, was dasselbe bedeutet,

$$\frac{1}{\omega\left(1 - \frac{v^2}{c^2}\right)}$$

von derselben Größenordnung wie die Zeit $a/v \approx a/c$ wird, in deren Verlauf sich die Beschleunigung des Teilchens merklich ändert. Wir finden daher

$$\omega \approx \frac{c}{a\left(1 - \frac{v^2}{c^2}\right)} . \tag{77,7}$$

Die Abhängigkeit dieser Frequenzen von der Energie ist dieselbe wie in (77,3), nur ist der Koeffizient ein anderer.

In den [für die beiden Fälle (77,2) und (77,4)] durchgeführten Untersuchungen wurde angenommen, daß der gesamte Energieverlust des Teilchens beim Durchlaufen des Feldes relativ klein ist. Wir zeigen jetzt, daß auch die Ausstrahlung eines ultrarelativistischen Teilchens, dessen gesamter Energieverlust mit seiner ursprünglichen Energie vergleichbar ist, zum ersten der beiden betrachteten Fälle führt.

Der Energieverlust eines Teilchens im Feld läßt sich als Arbeit der LORENTZschen Dämpfungskräfte bestimmen. Die Arbeit der Kraft (76,4) auf dem Wege $\sim a$ ist größenordnungsmäßig

$$a f \sim \frac{e^4 F^2 a}{m^2 c^4 \left(1 - \frac{v^2}{c^2}\right)} .$$

Damit sie mit der Gesamtenergie des Teilchens $m c^2 \Big/ \sqrt{1 - \frac{v^2}{c^2}}$ vergleichbar ist, muß der Bereich, in dem das Feld wesentlich von Null verschieden ist, von der Größenordnung

$$a \sim \frac{m^3 c^6}{e^4 F^2} \sqrt{1 - \frac{v^2}{c^2}}$$

sein. Dann ist aber die Bedingung (77,2) von selbst erfüllt:

$$a e F \sim \frac{m^3 c^6}{e^3 F} \sqrt{1 - \frac{v^2}{c^2}} \gg m c^2 ,$$

da die Feldstärke F in jedem Fall der Ungleichung (76,5)

$$\frac{F}{\sqrt{1 - \frac{v^2}{c^2}}} \ll \frac{m^2 c^4}{e^3}$$

genügen muß, ohne die die klassische Elektrodynamik überhaupt nicht anwendbar wäre.

Aufgaben

1. Man bestimme die spektrale Verteilung der gesamten (in alle Richtungen) ausgestrahlten Intensität unter der Bedingung (77,2).

Lösung. Die Ausstrahlung von jedem Bahnelement ergibt sich aus (74,13), wobei H durch den Wert F der transversalen Kraft im betreffenden Punkt zu ersetzen ist. Außerdem muß man von einem diskreten Frequenzspektrum zu einem kontinuierlichen übergehen. Dieser Übergang wird durch formale Multiplikation mit $\mathrm{d}n$ und durch die Substitution

$$I_n \, \mathrm{d}n = I_n \frac{\mathrm{d}n}{\mathrm{d}\omega} \mathrm{d}\omega = I_n \frac{\mathrm{d}\omega}{\omega_0}$$

bewerkstelligt. Integrieren wir darauf die Intensität über die gesamte Zeit, so finden wir die spektrale Verteilung der Gesamtausstrahlung in der folgenden Gestalt:

$$\mathrm{d}\mathcal{E}_\omega = - \mathrm{d}\omega \frac{2 e^2 \omega \left(1 - \frac{v^2}{c^2}\right)}{\sqrt{\pi} c} \int\limits_{-\infty}^{\infty} \left[\frac{\Phi'(u)}{u} + \frac{1}{2} \int\limits_{u}^{\infty} \Phi(u) \, \mathrm{d}u \right] \mathrm{d}t ,$$

worin $\Phi(u)$ die AIRYsche Funktion vom Argument

$$u = \left[\frac{m\,c\,\omega}{e\,F}\left(1 - \frac{v^2}{c^2}\right)\right]^{2/3}$$

ist. Der Integrand hängt von der Integrationsveränderlichen t implizit über die Größe u ab (F und damit auch u ändern sich längs der Teilchenbahn; bei vorgegebener Bewegung sind sie daher als zeitabhängig anzusehen).

2. Man bestimme die spektrale Verteilung der gesamten ausgestrahlten Energie unter der Bedingung (77,4).

Lösung. Unter Beachtung dessen, daß die Ausstrahlung unter kleinen Winkeln zur Bewegungsrichtung die Hauptrolle spielt, schreiben wir

$$\omega' = \omega\left(1 - \frac{v}{c}\cos\theta\right) \approx \omega\left(1 - \frac{v}{c} + \frac{\theta^2}{2}\right) \approx \frac{\omega}{2}\left(1 - \frac{v^2}{c^2} + \theta^2\right).$$

Die Integration des Ausdruckes (77,6) über die Winkel $\mathrm{d}o = \sin\theta\,\mathrm{d}\theta\,\mathrm{d}\varphi \approx \theta\,\mathrm{d}\theta\,\mathrm{d}\varphi$ ersetzen wir durch die Integration über $\mathrm{d}\varphi\,\mathrm{d}\omega'/\omega$. Bei der Ausrechnung des Quadrates des doppelten Vektorproduktes in (77,6) ist zu beachten, daß im ultrarelativistischen Fall die longitudinale Komponente der Beschleunigung klein im Vergleich zu den transversalen ist (im Verhältnis $1 - v^2/c^2$) und daß man in diesem Falle mit hinreichender Genauigkeit $\boldsymbol{w}$ und $\boldsymbol{v}$ als zueinander senkrecht annehmen kann. Als Ergebnis erhalten wir für die spektrale Verteilung der Gesamtausstrahlung folgende Formel:

$$\mathrm{d}\mathcal{E}_\omega = \frac{e^2\,\omega\,\mathrm{d}\omega}{2\,\pi\,c^3}\int\limits_{\frac{\omega}{2}\left(1-\frac{v^2}{c^2}\right)}^{\infty}\frac{|\boldsymbol{w}_{\omega'}|^2}{\omega'^2}\left[1 - \frac{\omega}{\omega'}\left(1 - \frac{v^2}{c^2}\right) + \frac{\omega^2}{2\,\omega'^2}\left(1 - \frac{v^2}{c^2}\right)^2\right]\mathrm{d}\omega'\,.$$

§ 78. Streuung an freien Ladungen

Fällt in ein System von Ladungen eine elektromagnetische Welle ein, so geraten die Ladungen unter ihrem Einfluß in Bewegung. Diese Bewegung ist ihrerseits wieder von einer Ausstrahlung nach allen Richtungen begleitet: Es tritt eine sogenannte *Streuung* der ursprünglichen Welle auf.

Die Streuung läßt sich zweckmäßigerweise durch das Verhältnis der vom streuenden System in eine bestimmte Richtung in der Zeiteinheit ausgesandten Energiemenge zur Dichte des auf das System fallenden Energiestromes charakterisieren. Dieses Verhältnis besitzt offensichtlich die Dimension einer Fläche und wird *effektiver Streuquerschnitt* genannt.

Es sei $\mathrm{d}I$ die vom System in den Raumwinkel $\mathrm{d}o$ (in einer Sekunde) ausgestrahlte Energie, wobei auf das System eine Welle mit dem POYNTING-Vektor $\boldsymbol{S}$ fällt. Der effektive Streuquerschnitt (in den Raumwinkel $\mathrm{d}o$) ist dann

$$\mathrm{d}\sigma = \frac{\overline{\mathrm{d}I}}{\overline{S}} \tag{78,1}$$

(die Querstriche über den Buchstaben kennzeichnen die zeitliche Mittelung). Das Integral σ von $\mathrm{d}\sigma$ über alle Richtungen ist der gesamte effektive Streuquerschnitt.

Wir betrachten die Streuung, die eine unbewegte freie Ladung hervorruft. Auf diese Ladung möge eine linear polarisierte ebene monochromatische Welle fallen. Das elektrische Feld der Welle läßt sich in der Form

$$\boldsymbol{E} = \boldsymbol{E}_0 \cos(\boldsymbol{k}\,\boldsymbol{r} - \omega\, t + \alpha)$$

schreiben.

Wir werden voraussetzen, daß die Geschwindigkeit, die die Ladung durch das einfallende Wellenfeld erhält, klein gegenüber der Lichtgeschwindigkeit ist. Praktisch wird dies immer erfüllt sein. Als auf die Ladung wirkende Kraft können wir dann $e\,\boldsymbol{E}$ ansetzen, während die vom Magnetfeld herrührende Kraft $\frac{e}{c}\,\boldsymbol{v}\times\boldsymbol{H}$ vernachlässigbar ist. Auch den Einfluß der Verschiebung der Ladung bei ihren Schwingungen unter der Wirkung des Feldes kann man hier vernachlässigen. Vollführt die Ladung Schwingungen um den Koordinatenursprungspunkt, so kann man annehmen, daß auf sie zu jeder Zeit das im Koordinatenursprung befindliche Feld einwirkt, d. h.

$$\boldsymbol{E} = \boldsymbol{E}_0 \cos(\omega\, t - \alpha)\,.$$

Da die Bewegungsgleichung einer Ladung

$$m\,\ddot{\boldsymbol{r}} = e\,\boldsymbol{E}$$

lautet und ihr Dipolmoment $\boldsymbol{d} = e\,\boldsymbol{r}$ ist, folgt

$$\ddot{\boldsymbol{d}} = \frac{e^2}{m}\,\boldsymbol{E}\,. \tag{78,2}$$

Zur Berechnung der gestreuten Strahlung benutzen wir die Gleichung (67,7) für die Dipolstrahlung; das ist erlaubt, da die von der Ladung erreichte Geschwindigkeit als klein vorausgesetzt wurde. Wir stellen ferner fest, daß die Frequenz der von der Ladung ausgestrahlten (d. h. von ihr gestreuten) Welle offensichtlich gleich der Frequenz der einfallenden Welle ist.

Wenn wir (78,2) in (67,7) einsetzen, finden wir

$$\mathrm{d}I = \frac{e^4}{4\,\pi\, m^2\, c^3}\,(\boldsymbol{E}\times\boldsymbol{n}')^2\,\mathrm{d}o\,.$$

Hierbei ist $\boldsymbol{n}'$ der Einheitsvektor in Richtung der gestreuten Welle. Andererseits ist der Poynting-Vektor der einfallenden Welle

$$S = \frac{c}{4\,\pi}\,E^2\,. \tag{78,3}$$

Damit erhalten wir für den effektiven Streuquerschnitt in den Raumwinkel do:

$$\mathrm{d}\sigma = \left(\frac{e^2}{m\,c^2}\right)^2 \sin^2\theta\,\mathrm{d}o\,, \tag{78,4}$$

mit θ als Winkel zwischen $\boldsymbol{n}'$ und der Richtung des elektrischen Feldes $\boldsymbol{E}$ der einfallenden Welle. Wir sehen, daß der effektive Streuquerschnitt für eine freie Ladung nicht von der Frequenz abhängt.

Wir wollen den gesamten effektiven Streuquerschnitt σ bestimmen. Dazu legen wir die Polarachse in die Richtung von $\boldsymbol{E}$. Es ist dann $\mathrm{d}o = \sin\theta\, \mathrm{d}\theta\, \mathrm{d}\varphi$, und wenn wir über θ von 0 bis π und über φ von 0 bis 2π integrieren, finden wir die sogenannte THOMSON*sche Formel*

$$\sigma = \frac{8\pi}{3}\left(\frac{e^2}{m c^2}\right)^2 . \tag{78,5}$$

Zum Schluß berechnen wir den effektiven Querschnitt $d\sigma$ für den Fall, daß die einfallende Welle nicht polarisiert ist (natürliches Licht). Dazu ist (78,4) über alle Richtungen des Vektors $\boldsymbol{E}$ in der Ebene zu mitteln, die zur Ausbreitungsrichtung der einfallenden Welle (der Richtung des Wellenvektors $\boldsymbol{k}$) senkrecht ist. Den Einheitsvektor in Richtung von $\boldsymbol{E}$ bezeichnen wir mit $\boldsymbol{e}$ und schreiben

$$\overline{\sin^2\theta} = 1 - \overline{(\boldsymbol{n}'\,\boldsymbol{e})^2} = 1 - n'_\alpha\, n'_\beta\, \overline{e_\alpha\, e_\beta} .$$

Die Mittelung führen wir mit Hilfe der Formel[1])

$$\overline{e_\alpha\, e_\beta} = \frac{1}{2}\left(\delta_{\alpha\beta} - \frac{k_\alpha\, k_\beta}{k^2}\right) \tag{78,6}$$

durch und erhalten

$$\overline{\sin^2\theta} = \frac{1}{2}\left(1 + \frac{(\boldsymbol{n}'\,\boldsymbol{k})^2}{k^2}\right) = \frac{1}{2}(1 + \cos^2\vartheta) ,$$

wobei ϑ der Winkel zwischen den Richtungen der einfallenden und der gestreuten Welle ist (der Streuwinkel). Somit finden wir für den effektiven Streuquerschnitt einer nichtpolarisierten Welle an einer freien Ladung

$$\mathrm{d}\sigma = \frac{1}{2}\left(\frac{e^2}{m c^2}\right)^2 (1 + \cos^2\vartheta)\, \mathrm{d}o . \tag{78,7}$$

Das Vorhandensein der Streuung führt zum Auftreten von gewissen auf das streuende Teilchen wirkenden Kräften. Man überzeugt sich davon leicht durch folgende Überlegungen. Die auf das Teilchen treffende Welle verliert im Mittel pro Zeiteinheit die Energie $c\,\overline{W}\,\sigma$, wobei $\overline{W}$ die mittlere Energiedichte und σ der gesamte effektive Streuquerschnitt sind. Da der Impuls des Feldes gleich seiner durch die Lichtgeschwindigkeit geteilten Energie ist, verliert die einfallende Welle dabei auch einen Impuls von der Größe $\overline{W}\,\sigma$. Andererseits beachten wir: In dem Bezugssystem, in welchem die Ladung nur kleine Schwingungen unter dem Einfluß der Kraft $e\,\boldsymbol{E}$ vollführt und ihre Geschwindigkeit $\boldsymbol{v}$ daher klein ist, verschwindet der gesamte Impulsstrom in der gestreuten Welle bis auf Glieder höherer Ordnung in v/c. (Im § 73 wurde nämlich gezeigt, daß in einem Bezugssystem mit $\boldsymbol{v} = 0$ keine Impulsabstrahlung durch das Teilchen stattfindet.) Der gesamte der

---

[1]) In der Tat ist der Tensor $\overline{e_\alpha\, e_\beta}$ symmetrisch und hat die Spur 1. Das Produkt mit dem Vektor k_α ist Null, weil die Vektoren $\boldsymbol{k}$ und $\boldsymbol{e}$ zueinander orthogonal sind. Die aufgeschriebene Gleichung erfüllt diese Bedingung.

auffallenden Welle verlorengehende Impuls wird also vom streuenden Teilchen absorbiert. Die auf das Teilchen wirkende mittlere Kraft $\overline{\boldsymbol{f}}$ ist gleich dem im Mittel pro Zeiteinheit absorbierten Impuls, d. h.

$$\overline{\boldsymbol{f}} = \sigma \overline{W} \boldsymbol{n} \tag{78,8}$$

($\boldsymbol{n}$ ist der Einheitsvektor in der Ausbreitungsrichtung der einfallenden Welle). Es sei bemerkt, daß die mittlere Kraft eine Größe zweiter Ordnung in bezug auf das Feld der einfallenden Welle ist, während die „momentane" Kraft, deren Hauptteil $e\boldsymbol{E}$ bildet, von erster Ordnung bezüglich des Feldes ist.

Die Gleichung (78,8) erhält man auch unmittelbar durch Mittelung der Dämpfungskraft (75,10). Der erste, zu $\dot{\boldsymbol{E}}$ proportionale Term verschwindet dabei (wie auch der Mittelwert des Hauptanteils $e\boldsymbol{E}$ der Kraft), der zweite gibt dagegen

$$\overline{\boldsymbol{f}} = \frac{2 e^4}{3 m^2 c^4} \overline{\boldsymbol{E}^2} \boldsymbol{n} = \frac{8\pi}{3} \left(\frac{e^2}{m c^2}\right)^2 \cdot \frac{\overline{E^2}}{4\pi} \boldsymbol{n} ,$$

was wegen (78,5) mit (78,8) zusammenfällt.

Aufgaben

1. Man bestimme den effektiven Streuquerschnitt für die Streuung einer elliptisch polarisierten Welle an einer freien Ladung.

Lösung. Das Feld der Welle hat die Gestalt $\boldsymbol{E} = \boldsymbol{A}\cos(\omega t + \alpha) + \boldsymbol{B}\sin(\omega t + \alpha)$, wobei $\boldsymbol{A}$ und $\boldsymbol{B}$ zueinander orthogonale Vektoren sind (siehe § 48). Durch ähnliche Schlüsse, wie sie im Text durchgeführt wurden, finden wir

$$d\sigma = \left(\frac{e^2}{m c^2}\right)^2 \frac{(\boldsymbol{A}\times\boldsymbol{n}')^2 + (\boldsymbol{B}\times\boldsymbol{n}')^2}{A^2 + B^2} do .$$

2. Man bestimme den effektiven Streuquerschnitt für die Streuung einer linear polarisierten Welle an einer Ladung, die unter dem Einfluß irgendeiner elastischen Kraft kleine Schwingungen ausführt (Oszillator).

Lösung. Die Bewegungsgleichung der im Felde der einfallenden Welle $\boldsymbol{E} = \boldsymbol{E}_0 \cos(\omega t + \alpha)$ befindlichen Ladung ist

$$\ddot{\boldsymbol{r}} + \omega_0^2 \boldsymbol{r} = \frac{e}{m} \boldsymbol{E}_0 \cos(\omega t + \alpha) ,$$

mit ω_0 als Frequenz der freien Schwingungen der Ladung. Für die erzwungenen Schwingungen haben wir dann

$$\boldsymbol{r} = \frac{e\boldsymbol{E}_0 \cos(\omega t + \alpha)}{m(\omega_0^2 - \omega^2)} .$$

Berechnen wir hieraus $\ddot{\boldsymbol{d}}$, so finden wir

$$d\sigma = \left(\frac{e^2}{m c^2}\right)^2 \frac{\omega^4}{(\omega_0^2 - \omega^2)^2} \sin^2\theta \, do$$

θ ist der Winkel zwischen $\boldsymbol{E}$ und $\boldsymbol{n}'$).

3. Man bestimme den gesamten Streuquerschnitt für die Streuung von Licht an einem elektrischen Dipol, der in mechanischer Hinsicht ein Rotator ist. Die Frequenz ω der Welle wird als groß gegenüber der Frequenz Ω_0 der freien Rotation angenommen.

Lösung. Unter der Bedingung $\omega \gg \Omega_0$ kann man die Eigenrotation des Rotators vernachlässigen; es ist nur die erzwungene Rotation unter dem Einfluß des Drehmomentes $\boldsymbol{d}\times\boldsymbol{E}$ zu betrachten, das auf den Rotator von Seiten der gestreuten Welle wirkt. Die Gleichung dieser Bewegung ist $J\,\dot{\boldsymbol{\Omega}} = \boldsymbol{d}\times\boldsymbol{E}$, worin J das Trägheitsmoment des Rotators und $\boldsymbol{\Omega}$ die Winkelgeschwindigkeit der Rotation bedeuten. Die Änderung des Dipolmomentenvektors bei seiner Rotation (ohne Änderung seines Betrages) wird durch die Gleichung $\dot{\boldsymbol{d}} = \boldsymbol{\Omega}\times\boldsymbol{d}$ gegeben. Aus diesen beiden Gleichungen finden wir (unter Vernachlässigung eines in der kleinen Größe $\boldsymbol{\Omega}$ quadratischen Termes)

$$\ddot{\boldsymbol{d}} = \frac{1}{J}\,(\boldsymbol{d}\times\boldsymbol{E})\times\boldsymbol{d} = \frac{1}{J}\,\{\boldsymbol{E}\,d^2 - (\boldsymbol{E}\,\boldsymbol{d})\,\boldsymbol{d}\}\,.$$

Nehmen wir an, daß die räumlichen Orientierungen des Dipols alle gleichwahrscheinlich sind, so erhalten wir, wenn wir $\ddot{d}^2$ darüber mitteln, den gesamten effektiven Querschnitt in der Form

$$\sigma = \frac{16\,\pi\,d^4}{9\,c^4\,J^2}\,.$$

4. Es ist der Depolarisationsgrad des gestreuten Lichtes bei der Streuung natürlichen Lichtes an einer freien Ladung zu bestimmen.

Lösung. Aus Symmetriegründen ist klar, daß die beiden nichtkohärenten polarisierten Komponenten des gestreuten Lichtes (siehe § 50) linear polarisiert sein werden: die eine in der „Streuebene" (der Ebene, durch die der einfallende und der gestreute Strahl gehen) und die andere senkrecht zu dieser Ebene. Die Intensitäten dieser Bestandteile werden durch die Komponenten des Feldes der einfallenden Welle in der Streuebene ($\boldsymbol{E}_{||}$) und senkrecht dazu ($\boldsymbol{E}_{\perp}$) bestimmt und sind gemäß (78,3) zu $(\boldsymbol{E}_{||}\times\boldsymbol{n})^2 = E_{||}^2\cos^2\vartheta$ bzw. $(\boldsymbol{E}_{\perp}\times\boldsymbol{n})^2 = E_{\perp}^2$ proportional (ϑ ist der Streuwinkel). Da für auffallendes natürliches Licht $\overline{E_{||}^2} = \overline{E_{\perp}^2}$ gilt, ist der Depolarisationsgrad (siehe die Definition (50,9))

$$\varrho = \cos^2\vartheta\,.$$

5. Man bestimme die Frequenz ω' des an einer bewegten Ladung gestreuten Lichtes.

Lösung. In dem Koordinatensystem, in dem die Ladung ruht, ändert sich die Frequenz des Lichtes bei der Streuung nicht ($\omega = \omega'$). In invarianter Form läßt sich dies

$$k_i'\,u'^i = k_i\,u^i$$

schreiben, mit u^i als Vierergeschwindigkeit der Ladung. Daraus erhalten wir ohne Schwierigkeit

$$\omega'\left(1 - \frac{v}{c}\cos\theta'\right) = \omega\left(1 - \frac{v}{c}\cos\theta\right),$$

wobei θ und θ' die Winkel sind, die die einfallende und die gestreute Welle mit der Bewegungsrichtung bilden (v ist die Geschwindigkeit der Ladung).

6. Man bestimme die Winkelverteilung der Streuung einer linear polarisierten Welle an einer Ladung, die sich mit beliebiger Geschwindigkeit v in der Ausbreitungsrichtung der Welle bewegt.

Lösung. Die Geschwindigkeit $\boldsymbol{v}$ des Teilchens steht senkrecht auf den Feldern $\boldsymbol{E}$ und $\boldsymbol{H}$ der einfallenden Welle und daher auch senkrecht zu der Beschleunigung $\boldsymbol{w}$, die das Teilchen erhält. Die Intensität der Streuung wird durch (73,14) bestimmt, in der die Beschleunigung

$\boldsymbol{w}$ durch die Feldstärken $\boldsymbol{E}$ und $\boldsymbol{H}$ nach der in der Aufgabe zu § 17 erhaltenen Formel zu ersetzen ist. Dividieren wir die Intensität $\mathrm{d}I$ durch den POYNTING-Vektor der einfallenden Welle, so finden wir folgenden Ausdruck für den effektiven Streuquerschnitt:

$$\mathrm{d}\sigma = \left(\frac{e^2}{m\,c^2}\right)^2 \frac{\left(1 - \frac{v^2}{c^2}\right)\left(1 - \frac{v}{c}\right)^2}{\left(1 - \frac{v}{c}\sin\theta\cos\varphi\right)^6}$$
$$\times \left[\left(1 - \frac{v}{c}\sin\theta\cos\varphi\right)^2 - \left(1 - \frac{v^2}{c^2}\right)\cos^2\theta\right]\mathrm{d}o\,.$$

Hier sind θ und φ Polar- und Azimutwinkel der Richtung $\boldsymbol{n}'$ bezüglich eines Koordinatensystems mit der z-Achse in Richtung $\boldsymbol{E}$ und der x-Achse in Richtung $\boldsymbol{v}$ ($\cos(\boldsymbol{n}', \boldsymbol{E}) = \cos\theta$, $\cos(\boldsymbol{n}', \boldsymbol{v}) = \sin\theta\cos\varphi$).

7. Man bestimme die Bewegung einer Ladung unter dem Einfluß der von einer an ihr gestreuten Welle herrührenden mittleren Kraft.

Lösung. Die Kraft (78,8) und daher auch die Geschwindigkeit der betrachteten Bewegung liegen in der Ausbreitungsrichtung der einfallenden Welle (der x-Achse). In dem Hilfsbezugssystem K_0, in dem die Ladung ruht (es sei daran erinnert, daß es sich um eine über die Schwingungsperiode gemittelte Bewegung handelt), ist die auf die Ladung wirkende Kraft $\sigma\,\overline{W}_0$ und die unter dem Einfluß dieser Kraft erhaltene Beschleunigung

$$w_0 = \frac{\sigma}{m}\,\overline{W}_0$$

(der Index 0 bezieht sich auf Größen im Bezugssystem K_0). Die Transformation zum Ausgangsbezugssystem K (in dem sich die Ladung mit der Geschwindigkeit v bewegt) wird durch die in der Aufgabe zum § 7 erhaltenen Formeln und durch die Formeln (47,7) bewerkstelligt. Es ergibt sich

$$\frac{\mathrm{d}}{\mathrm{d}t}\frac{v}{\sqrt{1 - \frac{v^2}{c^2}}} = \frac{1}{\left(1 - \frac{v^2}{c^2}\right)^{3/2}}\frac{\mathrm{d}v}{\mathrm{d}t} = \frac{\overline{W}\,\sigma}{m}\,\frac{1 - \frac{v}{c}}{1 + \frac{v}{c}}\,.$$

Integrieren wir diese Gleichung, dann erhalten wir

$$\frac{\overline{W}\,\sigma}{m\,c}\,t = \frac{1}{3}\sqrt{\frac{1 + \frac{v}{c}}{1 - \frac{v}{c}}}\cdot\frac{2 - \frac{v}{c}}{1 - \frac{v}{c}} - \frac{2}{3}\,,$$

wodurch implizit die Geschwindigkeit $v = \frac{\mathrm{d}x}{\mathrm{d}t}$ als Funktion der Zeit bestimmt wird (die Integrationskonstante ist so gewählt, daß $v = 0$ zum Zeitpunkt $t = 0$ ist).

8. Man bestimme den effektiven Streuquerschnitt für die Streuung einer linear polarisierten Welle an einem Oszillator unter Berücksichtigung der Strahlungsdämpfung.

Lösung. Die Bewegungsgleichung der Ladung im Feld der einfallenden Welle schreiben wir in der Form

$$\ddot{\boldsymbol{r}} + \omega_0^2\,\boldsymbol{r} = \frac{e}{m}\boldsymbol{E}_0\,\mathrm{e}^{-i\omega t} + \frac{2\,e^2}{3\,m\,c^3}\dddot{\boldsymbol{r}}\,.$$

In der Dämpfungskraft setzen wir näherungsweise $\dddot{\boldsymbol{r}} = -\omega_0^2\,\dot{\boldsymbol{r}}$; dann erhalten wir

$$\ddot{\boldsymbol{r}} + \gamma\,\dot{\boldsymbol{r}} + \omega_0^2\,\boldsymbol{r} = \frac{e}{m}\,\boldsymbol{E}_0\,\mathrm{e}^{-i\omega t},$$

mit $\gamma = \dfrac{2\,e^2}{3\,m\,c^3}\,\omega_0^2$. Wir finden daraus

$$\boldsymbol{r} = \frac{e}{m}\,\boldsymbol{E}_0\,\frac{\mathrm{e}^{-i\omega t}}{\omega_0^2 - \omega^2 - i\,\omega\,\gamma}.$$

Der effektive Querschnitt ist

$$\sigma = \frac{8\pi}{3}\left(\frac{e^2}{m\,c^2}\right)^2 \frac{\omega^4}{(\omega_0^2 - \omega^2)^2 + \omega^2\gamma^2}.$$

§ 79. Streuung von Wellen niedriger Frequenz

Die Streuung elektromagnetischer Wellen an einem System von Ladungen unterscheidet sich von der Streuung an einer (unbewegten) Ladung vor allem dadurch, daß infolge der vorhandenen Eigenbewegungen der Ladungen des Systems die Frequenz der gestreuten Strahlung von der der einfallenden Welle verschieden sein kann. In die spektrale Entwicklung der gestreuten Strahlung gehen nämlich neben der Frequenz ω der einfallenden Welle auch die Frequenzen ω' ein, die sich von ω um eine beliebige Eigenfrequenz der Bewegung des streuenden Systems unterscheiden. Eine Streuung mit Frequenzänderung wird als *inkohärent* bezeichnet im Unterschied zur *kohärenten* Streuung ohne Frequenzänderung.

Setzen wir das Feld der einfallenden Welle als schwach voraus, so können wir die Stromdichte in der Gestalt $\boldsymbol{j} = \boldsymbol{j}_0 + \boldsymbol{j}'$ darstellen, wobei $\boldsymbol{j}_0$ die Stromdichte beim Fehlen des äußeren Feldes ist und $\boldsymbol{j}'$ die Stromänderung unter dem Einfluß der einfallenden Welle. Entsprechend hat auch das Vektorpotential des Systems die Form $\boldsymbol{A} = \boldsymbol{A}_0 + \boldsymbol{A}'$, wobei $\boldsymbol{A}_0$ und $\boldsymbol{A}'$ durch die Ströme $\boldsymbol{j}_0$ und $\boldsymbol{j}'$ bestimmt werden; das Potential $\boldsymbol{A}'$ beschreibt die am System gestreute Welle.

Wir betrachten die Streuung von Wellen, deren Frequenz ω klein im Vergleich zu allen Eigenfrequenzen des Systems ist. Das gestreute Feld wird sowohl aus kohärenten als auch nichtkohärenten Anteilen bestehen, wir werden hier aber nur die kohärente Streuung untersuchen.

Zur Berechnung des Feldes der gestreuten Welle kann man bei genügend kleiner Frequenz ω immer die in den §§ 67 und 71 durchgeführte Entwicklung der retardierten Potentiale benutzen, und dies sogar dann, wenn die Geschwindigkeiten der Teilchen nicht klein gegenüber der Lichtgeschwindigkeit sind. In der Tat ist es zur Gültigkeit dieser Entwicklung des Integrals

$$\boldsymbol{A}' = \frac{1}{c\,R_0}\int \boldsymbol{j}'_{t-\frac{R_0}{c}+\frac{\boldsymbol{r}\boldsymbol{n}'}{c}}\,\mathrm{d}V \tag{79,1}$$

nur nötig, daß die Zeit $\boldsymbol{r}\,\boldsymbol{n}'/c \sim a/c$ klein im Vergleich zur Zeit $\sim 1/\omega$ ist; bei genügend kleinen ω ($\omega \ll c/a$) ist diese Bedingung unabhängig von der Größe der Geschwindigkeiten der Teilchen im System erfüllt.

Die ersten Entwicklungsterme geben

$$\boldsymbol{H}' = \frac{1}{c^2 R_0}\{\ddot{\boldsymbol{d}}'\times\boldsymbol{n}' + (\ddot{\boldsymbol{m}}'\times\boldsymbol{n}')\times\boldsymbol{n}'\},$$

wobei $\boldsymbol{d}'$, $\boldsymbol{m}'$ die Anteile des Dipol- und magnetischen Dipolmomentes des Systems sind, die von der auf das System fallenden Strahlung erzeugt werden. Die folgenden Terme enthalten zeitliche Ableitungen von höherer als zweiter Ordnung; wir lassen sie fort.

Die Komponente $\boldsymbol{H}'_\omega$ der spektralen Zerlegung des Feldes der gestreuten Welle mit der Frequenz der einfallenden Welle gehorcht derselben Gleichung wie $\boldsymbol{H}'$, wenn anstelle jeder Größe ihre FOURIER-Komponente $\ddot{\boldsymbol{d}}'_\omega = -\omega^2\boldsymbol{d}'_\omega$, $\ddot{\boldsymbol{m}}'_\omega = -\omega^2\boldsymbol{m}'_\omega$ gesetzt wird. Es gilt also

$$\boldsymbol{H}'_\omega = \frac{\omega^2}{c^2 R_0}\{\boldsymbol{n}'\times\boldsymbol{d}'_\omega + \boldsymbol{n}'\times(\boldsymbol{m}'_\omega\times\boldsymbol{n}')\}.$$

Die weiteren Entwicklungsglieder des Feldes würden Größen ergeben, die proportional zu höheren Potenzen der kleinen Frequenzen wären. Sind die Geschwindigkeiten aller Teilchen des Systems klein ($v \ll c$), so kann man in (79,2) das zweite Glied gegenüber dem ersten vernachlässigen, da das magnetische Moment den Faktor v/c enthält. Es ist dann

$$\boldsymbol{H}'_\omega = \frac{1}{c^2 R_0}\,\omega^2\boldsymbol{n}'\times\boldsymbol{d}'_\omega. \tag{79,3}$$

Verschwindet die Gesamtladung des Systems, so streben $\boldsymbol{d}'_\omega$ und $\boldsymbol{m}'_\omega$ für $\omega \to 0$ gegen konstante Grenzwerte (wäre die Ladungssumme von Null verschieden, so **würde sich** bei $\omega = 0$, d. h. im konstanten Feld, das System als Ganzes in Bewegung setzen). Bei kleinen ω ($\omega \ll v/a$) kann man daher $\boldsymbol{d}'_\omega$ und $\boldsymbol{m}'_\omega$ als frequenzunabhängig ansehen, so daß das Streufeld dem Quadrat der Frequenz proportional wird. Die Intensität ist daher zu ω^4 proportional. Bei der Streuung von Wellen mit kleiner Frequenz sind also die effektiven Querschnitte der kohärenten Streuung proportional zur vierten Potenz der Frequenz der einfallenden Welle.[1])

§ 80. Streuung von Wellen hoher Frequenz

Wir betrachten hier die Streuung einer Welle an einem System von Ladungen im entgegengesetzten Falle, in dem die Frequenz ω der Welle groß im Vergleich zu den untersten Eigenfrequenzen des Systems ist. Letztere haben die Größenordnung $\omega_0 \sim v/a$, so daß ω die Bedingung

$$\omega \gg \omega_0 \sim \frac{v}{a} \tag{80,1}$$

[1]) **Dieses Ergebnis gilt praktisch nicht nur für die Streuung von Licht an neutralen Atomen, sondern auch an Ionen. Infolge der großen Kernmasse ist der Streuanteil, der von der Bewegung des Ions als Ganzes verursacht wird, vernachlässigbar.**

erfüllen muß. Außerdem werden wir voraussetzen, daß die Geschwindigkeiten der Ladungen klein sind ($v \ll c$).

Gemäß (80,1) ist die Zeit, während der die Ladungen ihren Bewegungszustand im System wesentlich ändern, groß gegenüber der Periode der Wellen. Im Verlauf eines Zeitintervalles von der Größenordnung einer Wellenperiode kann man daher die Bewegung der Ladungen im System als gleichförmig ansehen. Das bedeutet, daß man zur Behandlung der Streuung kurzer Wellen die gegenseitige Wechselwirkung der Ladungen nicht zu berücksichtigen braucht, d. h. sie als frei ansehen kann.

Bei Berechnung der Geschwindigkeit $\boldsymbol{v}'$, die eine Ladung im Feld der einfallenden Welle erlangt, können wir daher jede Ladung des Systems getrennt betrachten und ihre Bewegungsgleichung in der Form

$$m \frac{\mathrm{d}\boldsymbol{v}'}{\mathrm{d}t} = e\,\boldsymbol{E} = e\,\boldsymbol{E}_0\,\mathrm{e}^{-i(\omega t - \boldsymbol{k}\boldsymbol{r})}$$

schreiben, wobei $\boldsymbol{k} = \omega\,\boldsymbol{n}/c$ der Wellenvektor der einfallenden Welle ist. Der Ortsvektor einer Ladung ist natürlich eine Funktion der Zeit. Im Argument des Exponentialfaktors auf der rechten Seite dieser Gleichung ist die zeitliche Änderung des ersten Terms groß im Vergleich zu der zeitlichen Änderung des zweiten (die erste ist gleich ω, die zweite von der Ordnung $\boldsymbol{k}\,\boldsymbol{v} \approx v\,\omega/c \ll \omega$). Bei der Integration der Bewegungsgleichung kann man daher auf ihrer rechten Seite $\boldsymbol{r}$ als konstant annehmen. Dann ist

$$\boldsymbol{v}' = -\frac{e}{i\,\omega\,m}\boldsymbol{E}_0\,\mathrm{e}^{-i(\omega t - \boldsymbol{k}\boldsymbol{r})}\,. \tag{80,2}$$

Für das Vektorpotential der gestreuten Welle haben wir gemäß (79,1) (in großen Entfernungen vom System)

$$\boldsymbol{A}' = \frac{1}{c\,R_0}\int \boldsymbol{j}'_{t-\frac{R_0}{c}+\frac{\boldsymbol{r}\boldsymbol{n}'}{c}}\,\mathrm{d}V = \frac{1}{c\,R_0}\sum (e\,\boldsymbol{v}')_{t-\frac{R_0}{c}+\frac{\boldsymbol{r}\boldsymbol{n}'}{c}},$$

wobei die Summe sich über alle Ladungen des Systems erstreckt. Setzen wir hier (80,2) ein, so finden wir

$$\boldsymbol{A}' = -\frac{1}{i\,c\,R_0\,\omega}\,\mathrm{e}^{-i\omega\left(t-\frac{R_0}{c}\right)}\boldsymbol{E}_0\sum\frac{e^2}{m}\,\mathrm{e}^{-i\boldsymbol{q}\boldsymbol{r}}\,; \tag{80,3}$$

$\boldsymbol{q} = \boldsymbol{k}' - \boldsymbol{k}$ ist hier die Differenz der Wellenvektoren der gestreuten Welle $\boldsymbol{k}' = \omega\,\boldsymbol{n}'/c$ und der einfallenden Welle $\boldsymbol{k} = \omega\,\boldsymbol{n}/c$.[1]) Die Summe in (80,3) ist jetzt zum Zeitpunkt $t' = t - R_0/c$ zu nehmen, da die Änderung von $\boldsymbol{r}$ in der Zeit $\boldsymbol{r}\,\boldsymbol{n}'/c$ infolge der angenommenen Kleinheit der Teilchengeschwindigkeiten vernachlässigt werden kann (den Index t' lassen wir wie üblich kürzehalber

[1]) Genau genommen ist $\boldsymbol{k}' = \omega'\,\boldsymbol{n}'/c$, wobei die Frequenz ω' der gestreuten Welle von ω zu unterscheiden ist. Die Differenz $\omega' - \omega \approx \omega_0$ kann man jedoch für den betrachteten Fall hoher Frequenzen vernachlässigen.

fort). Der Betrag des Vektors $\boldsymbol{q}$ ist

$$q = 2\frac{\omega}{c}\sin\frac{\vartheta}{2}, \tag{80,4}$$

ϑ ist der Streuwinkel.

Bei der Streuung an einem Atom (oder Molekül) kann man in der Summe in (80,3) die Terme, die dem Kern entsprechen, wegen der Größe seiner Masse relativ zur Elektronenmasse vernachlässigen. Im folgenden werden wir gerade diesen Fall im Auge haben, so daß wir den Faktor e^2/m aus dem Summenzeichen herausziehen können und unter e und m nun Ladung und Masse des Elektrons zu verstehen haben.

Für das Feld $\boldsymbol{H}'$ der gestreuten Welle finden wir nach (66,3)

$$\boldsymbol{H}' = \frac{\boldsymbol{E}_0 \times \boldsymbol{n}'}{c^2 R_0} \mathrm{e}^{-i\omega\left(t-\frac{R_0}{c}\right)} \frac{e^2}{m} \sum \mathrm{e}^{-i\boldsymbol{q}\boldsymbol{r}}. \tag{80,5}$$

Der Energiestrom in das Raumwinkelelement in Richtung $\boldsymbol{n}'$ ist

$$\frac{c\,|\boldsymbol{H}'|^2}{8\pi} R_0^2\,\mathrm{d}o = \frac{e^4}{8\pi c^3 m^2}(\boldsymbol{n}' \times \boldsymbol{E}_0)^2 \left|\sum \mathrm{e}^{-i\boldsymbol{q}\boldsymbol{r}}\right|^2 \mathrm{d}o\,.$$

Dividieren wir diesen Ausdruck durch den Energiestrom $c\,|\boldsymbol{E}_0|^2/8\pi$ der einfallenden Welle und führen wir den Winkel θ zwischen der Feldrichtung $\boldsymbol{E}$ der einfallenden Welle und der Streurichtung ein, so finden wir endgültig den effektiven Streuquerschnitt in der Form

$$\mathrm{d}\sigma = \left(\frac{e^2}{m c^2}\right)^2 \overline{\left|\sum \mathrm{e}^{-i\boldsymbol{q}\boldsymbol{r}}\right|^2} \sin^2\theta\,\mathrm{d}o\,. \tag{80,6}$$

Der Querstrich bezeichnet die Mittelung über die Zeit, d. h. die Mittelung über die Bewegung der Ladungen im System; die Mittelung erfolgt im Hinblick darauf, daß die Streuung in einem Zeitintervall beobachtet wird, das groß gegenüber der Umlaufsperiode der Elektronen im Atom ist.

Für die Wellenlänge der einfallenden Strahlung folgt aus (80,1) die Ungleichung $\lambda \ll a\,c/v$. Je nach der relativen Größe von λ und a sind die beiden Grenzfälle $\lambda \gg a$ und $\lambda \ll a$ möglich. In beiden Fällen vereinfacht sich die allgemeine Gleichung (80,6) wesentlich.

Für $\lambda \gg a$ ist in (80,6) $\boldsymbol{q}\boldsymbol{r} \ll 1$, da $q \sim 1/\lambda$ und $r \sim a$ gilt. Ersetzen wir dementsprechend $\mathrm{e}^{i\boldsymbol{q}\boldsymbol{r}}$ durch 1, so erhalten wir

$$\mathrm{d}\sigma = Z^2\left(\frac{e^2}{m c^2}\right)^2 \sin^2\theta\,\mathrm{d}o\,, \tag{80,7}$$

d. h., die Streuung ist dem Quadrat der Elektronenzahl Z des Atoms proportional.

Wir gehen zum Fall $\lambda \ll a$ über. In dem Quadrat der Summe in (80,6) gibt es neben dem 1 liefernden Absolutbetrag jeden Termes Produkte der Gestalt $\mathrm{e}^{i\boldsymbol{q}(\boldsymbol{r}_1-\boldsymbol{r}_2)}$. Bei der Mittelung über die Bewegung der Ladungen, d. h. über ihre gegenseitigen Lagen im System, durchläuft die Differenz $\boldsymbol{r}_1 - \boldsymbol{r}_2$ Werte in einem Intervall der Größenordnung a. Wegen $q \sim 1/\lambda$ und $\lambda \ll a$ ist der Exponentialfaktor $\exp i\,\boldsymbol{q}\,(\boldsymbol{r}_1 - \boldsymbol{r}_2)$ in diesem Intervall eine rasch oszillierende Funktion, deren Mittelwert verschwindet. Im Fall $\lambda \ll a$ ist daher der effektive Streuquerschnitt gleich

$$\mathrm{d}\sigma = Z\left(\frac{e^2}{m\,c^2}\right)^2 \sin^2\theta\,\mathrm{d}o\,, \tag{80,8}$$

d. h. proportional zur ersten Potenz der Elektronenzahl Z. Wir bemerken, daß diese Beziehung bei kleinen Streuwinkeln ($\vartheta \sim \lambda/a$) ungültig wird, da dann $q \sim \frac{\vartheta}{\lambda} \sim 1/a$ gilt und der Exponent $\boldsymbol{q}\,\boldsymbol{r}$ nicht mehr groß gegenüber 1 ist.

Für die Bestimmung des effektiven Streuquerschnittes bei kohärenter Streuung ist derjenige Teil der gestreuten Welle auszuwählen, der die Frequenz ω besitzt. Der Ausdruck (80,5) für das Feld hängt von der Zeit über den Faktor $\mathrm{e}^{-i\omega t}$ ab; ferner hängt auch die Summe $\sum \mathrm{e}^{-i\boldsymbol{q}\boldsymbol{r}}$ von der Zeit ab. Die letztgenannte Abhängigkeit führt dazu, daß im Felde der gestreuten Welle neben der Frequenz ω noch andere (wenn auch eng benachbarte) Frequenzen enthalten sind. Wir erhalten offenbar den Teil des Feldes, der die Frequenz ω besitzt (d. h. von der Zeit nur über den Faktor $\mathrm{e}^{-i\omega t}$ abhängt), wenn wir die Summe $\sum \mathrm{e}^{-i\boldsymbol{q}\boldsymbol{r}}$ über die Zeit mitteln. Der Ausdruck für den effektiven Streuquerschnitt bei kohärenter Streuung $\mathrm{d}\sigma_{\mathrm{koh}}$ unterscheidet sich also von dem gesamten Querschnitt $\mathrm{d}\sigma$ dadurch, daß anstelle des Mittelwertes über das Absolutquadrat der Summe das Absolutquadrat des Mittelwertes der Summe steht:

$$\mathrm{d}\sigma_{\mathrm{koh}} = \left(\frac{e^2}{m\,c^2}\right)^2 \left|\overline{\sum \mathrm{e}^{-i\boldsymbol{q}\boldsymbol{r}}}\right|^2 \sin^2\theta\,\mathrm{d}o\,. \tag{80,9}$$

Es ist nützlich zu bemerken, daß dieser Mittelwert der Summe (bis auf einen Koeffizienten) gerade die räumliche FOURIER-Komponente der mittleren Dichteverteilung $\varrho(\boldsymbol{r})$ der elektrischen Ladung im Atom ist:

$$e\,\overline{\sum \mathrm{e}^{-i\boldsymbol{q}\boldsymbol{r}}} = \int \varrho(\boldsymbol{r})\,\mathrm{e}^{-i\boldsymbol{q}\boldsymbol{r}}\,\mathrm{d}V = \varrho_{\boldsymbol{q}}\,. \tag{80,10}$$

Für $\lambda \gg a$ können wir wieder $e^{-i\boldsymbol{q}\boldsymbol{r}}$ durch 1 ersetzen, so daß

$$\mathrm{d}\sigma_{\mathrm{koh}} = Z^2\left(\frac{e^2}{m\,c^2}\right)^2 \sin^2\theta\,\mathrm{d}o \tag{80,11}$$

folgt. Vergleichen wir dies mit dem gesamten effektiven Querschnitt (80,7), so sehen wir, daß $\mathrm{d}\sigma_{\mathrm{koh}} = \mathrm{d}\sigma$, die gesamte Streuung also kohärent ist.

Gilt dagegen $\lambda \ll a$, so verschwinden bei der Mittelung in (80,9) alle Summenglieder (als Mittelwerte von rasch oszillierenden Zeitfunktionen), und es ist $\mathrm{d}\sigma_{\mathrm{koh}} = 0$. In diesem Fall ist somit die Streuung vollständig inkohärent.

X TEILCHEN IM GRAVITATIONSFELD

§ 81. Gravitationsfelder in der nichtrelativistischen Mechanik

Gravitationsfelder (oder *Schwerefelder*) haben folgende grundlegende Eigenschaft: Alle Körper bewegen sich in ihnen (bei gegebenen Anfangsbedingungen) unabhängig von ihren Massen in gleicher Weise.

Beispielsweise sind die Gesetze des freien Falls im Gravitationsfeld der Erde für alle Körper die gleichen, welche Masse sie auch besitzen; sie erhalten alle dieselbe Beschleunigung.

Diese Eigenschaft der Gravitationsfelder ermöglicht es, eine tiefgreifende Analogie festzustellen zwischen der Bewegung von Körpern in einem Gravitationsfeld und der Bewegung von Körpern, die sich nicht in einem äußeren Feld befinden, sondern von einem beschleunigten Bezugssystem aus betrachtet werden. In der Tat geht in einem Inertialsystem die freie Bewegung aller Körper geradlinig und gleichförmig vor sich, und wären etwa zum Anfangszeitpunkt ihre Geschwindigkeiten gleich, so wären sie es auch zu allen Zeiten. Betrachten wir diese Bewegung in einem vorgegebenen Nichtinertialsystem, so werden sich offensichtlich auch in bezug auf dieses alle Körper in gleicher Weise bewegen.

Die Eigenschaften der Bewegung sind somit in einem Nichtinertialsystem dieselben wie in einem Inertialsystem bei Vorhandensein eines Gravitationsfeldes; mit anderen Worten, ein Nichtinertialsystem ist einem gewissen Gravitationsfeld äquivalent. Diese Aussage wird als *Äquivalenzprinzip* bezeichnet.

Betrachten wir etwa die Bewegung in einem gleichmäßig beschleunigten Bezugssystem. Ein sich in einem solchen System frei bewegender Körper beliebiger Masse wird offenbar in bezug auf dieses System eine konstante Beschleunigung besitzen, die mit umgekehrtem Vorzeichen gleich der Beschleunigung des Bezugssystems selbst ist. Das gleiche gilt für die Bewegung in einem homogenen konstanten Gravitationsfeld, etwa im Gravitationsfeld der Erde (in hinreichend kleinen Bereichen, in denen man das Feld als homogen ansehen kann). Ein gleichmäßig beschleunigtes Bezugssystem ist also einem konstanten homogenen äußeren Feld äquivalent. Einen etwas allgemeineren Fall stellt ein ungleichförmig beschleunigtes und sich geradlinig bewegendes Bezugssystem dar; es entspricht offensichtlich einem homogenen, aber veränderlichen Gravitationsfeld.

Felder, die nichtinertialen Bezugssystemen äquivalent sind, lassen sich dennoch nicht vollständig mit „wahren Gravitationsfeldern“ identifizieren, die auch in Inertialsystemen auftreten. Zwischen beiden bestehen wesentliche

Unterschiede bezüglich ihres Verhaltens im Unendlichen. In unendlicher Entfernung von dem das Feld erzeugenden Körper strebt das „wahre" Gravitationsfeld immer gegen Null. Felder jedoch, die beschleunigten Bezugssystemen entsprechen, wachsen dagegen im Unendlichen unbeschränkt oder bleiben allenfalls der Größe nach konstant. So wachsen z. B. die in einem rotierenden Bezugssystem entstehenden Zentrifugalkräfte mit der Entfernung von der Rotationsachse unbeschränkt an; das Feld, das einem gleichförmig beschleunigten Bezugssystem äquivalent ist, hat im ganzen Raum einschließlich des Unendlichen denselben Wert.

Ein einem Nichtinertialsystem entsprechendes Feld verschwindet, wenn wir zu einem Inertialsystem übergehen. Im Gegensatz dazu sind die „wahren" Gravitationsfelder, die auch in einem Inertialsystem existieren, durch keine Wahl des Bezugssystems zu eliminieren. Dies ergibt sich schon unmittelbar aus dem oben erwähnten Unterschied zwischen den Randbedingungen im Unendlichen für wahre Gravitationsfelder und für Felder, die Nichtinertialsystemen entsprechen; da letztere im Unendlichen nicht gegen Null streben, ist klar, daß durch keine Wahl des Bezugssystems „wahre" Felder, die im Unendlichen gegen Null gehen, zum Verschwinden gebracht werden können.

Das einzige, was man durch entsprechende Wahl des Bezugssystems erreichen kann, ist die Eliminierung eines Gravitationsfeldes in einem Raumbereich, der hinreichend klein ist, so daß man in ihm das Feld als homogen ansehen kann. Dies ist durch den Übergang zu einem beschleunigt bewegten Bezugssystem möglich, wobei die Beschleunigung gleich derjenigen sein muß, die ein Teilchen erfährt, das sich in dem betrachteten Feldbereich befindet.

Die Bewegung eines Teilchens im Gravitationsfeld wird in der nichtrelativistischen Mechanik durch eine LAGRANGE-Funktion bestimmt, die in einem Inertialsystem die Gestalt

$$L = \frac{m\,v^2}{2} - m\,\varphi \tag{81,1}$$

hat; φ ist eine Funktion der Orts- und Zeitkoordinaten, die das Feld charakterisiert und *Gravitationspotential* genannt wird.[1]) Die Bewegungsgleichungen des Teilchens lauten demnach

$$\dot{\boldsymbol{v}} = -\operatorname{grad}\varphi\,. \tag{81,2}$$

Sie enthalten weder die Masse noch eine andere Konstante und drücken damit die grundlegende Eigenschaft von Gravitationsfeldern aus.

§ 82. Das Gravitationsfeld in der relativistischen Mechanik

Die Haupteigenschaft der Gravitationsfelder, daß sich in ihnen alle Körper in gleicher Weise bewegen, bleibt auch in der relativistischen Mechanik gültig. Auch hier besteht damit die Analogie zwischen Gravitationsfeldern und Nicht-

[1]) Wir werden das elektromagnetische Potential φ nur noch selten zu verwenden haben, so daß die Bezeichnung des Gravitationspotentials mit demselben Buchstaben zu keinen Mißverständnissen führen kann.

inertialsystemen. Für das Studium der Eigenschaften der Gravitationsfelder in der relativistischen Mechanik ist es daher natürlich, ebenfalls von dieser Analogie auszugehen.

In einem Inertialsystem ist der Abstand ds^2 in kartesischen Koordinaten durch

$$ds^2 = c^2\, dt^2 - dx^2 - dy^2 - dz^2$$

gegeben.

Beim Übergang zu irgendeinem anderen Inertialsystem (d. h. bei einer LORENTZ-Transformation) behält der Abstand, wie wir wissen, diese Gestalt bei. Gehen wir jedoch zu einem Nichtinertialsystem über, so ist ds^2 keine Summe von Quadraten der vier Koordinatendifferentiale mehr.

So nimmt etwa bei der Einführung eines gleichförmig rotierenden Koordinatensystems

$$x = x' \cos \Omega t - y' \sin \Omega t\,, \quad y = x' \sin \Omega t + y' \cos \Omega t\,, \quad z = z'$$

(mit Ω als Winkelgeschwindigkeit der um die z-Achse erfolgenden Drehung) der Abstand die Gestalt

$$\begin{aligned} ds^2 = {} & [c^2 - \Omega^2 (x'^2 + y'^2)]\, dt^2 - dx'^2 - dy'^2 - dz'^2 \\ & + 2\,\Omega\, y'\, dx'\, dt - 2\,\Omega\, x'\, dy'\, dt \end{aligned}$$

an. Dieser Ausdruck kann nicht in eine Summe von Quadraten der vier Koordinatendifferentiale überführt werden, nach welchem Gesetz man auch die Zeit transformiert.

In einem Nichtinertialsystem ist also das Quadrat des Abstandsdifferentials eine quadratische Form allgemeiner Art der Koordinatendifferentiale, d. h., es hat die Gestalt

$$ds^2 = g_{ik}\, dx^i\, dx^k\,, \tag{82,1}$$

wobei g_{ik} gewisse Funktionen der räumlichen Koordinaten x^1, x^2, x^3 und der Zeit x^0 sind. Das vierdimensionale Koordinatensystem x^0, x^1, x^2, x^3 ist somit bei Verwendung eines Nichtinertialsystems krummlinig. Die Größen g_{ik}, die die geometrischen Eigenschaften in einem krummlinigen Koordinatensystem bestimmen, stellen die sogenannte raum-zeitliche *Metrik* dar.

Die Größen g_{ik} kann man offensichtlich immer als symmetrisch bezüglich der Indizes i und k annehmen ($g_{ik} = g_{ki}$), da sie aus der symmetrischen Form (82,1) folgen, in die g_{ik} und g_{ki} mit demselben Faktor $dx^i\, dx^k$ multipliziert eingehen. Im allgemeinen gibt es also nur zehn verschiedene Größen g_{ik}, davon vier mit gleichen und $4 \cdot 3/2 = 6$ mit verschiedenen Indizes. In einem Inertialsystem unter Verwendung von räumlichen kartesischen Koordinaten $x^{1,2,3} = x, y, z$ und der Zeit $x^0 = c \cdot t$ sind die Größen g_{ik} gleich:

$$g_{00} = 1\,, \quad g_{11} = g_{22} = g_{33} = -1\,, \quad g_{ik} = 0 \quad \text{bei} \quad i \neq k\,. \tag{82,2}$$

Ein vierdimensionales Koordinatensystem mit diesen g_{ik}-Werten werden wir *galileisch* nennen.

Im letzten Paragraphen wurde gezeigt, daß Nichtinertialsysteme gewissen Kraftfeldern äquivalent sind. Hier sehen wir nun, daß in der relativistischen Mechanik diese Felder durch die Größen g_{ik} bestimmt werden.

Dasselbe gilt auch für die ,,wahren" Gravitationsfelder. Jedes Gravitationsfeld stellt nichts anderes dar, als eine Änderung der raum-zeitlichen Metrik, es wird also durch die Größen g_{ik} bestimmt. Dieser äußerst wichtige Umstand bedeutet, daß die geometrischen Eigenschaften der Raum-Zeit-Welt (ihre Metrik) durch physikalische Erscheinungen bestimmt werden und keine unveränderlichen Attribute von Raum und Zeit darstellen.

Die auf der Grundlage der Relativitätstheorie aufgebaute Theorie der Gravitationsfelder wird *allgemeine Relativitätstheorie* genannt. Sie wurde von EINSTEIN geschaffen (und von ihm endgültig 1916 formuliert) und ist wohl die schönste der heute existierenden physikalischen Theorien. Es ist bemerkenswert, daß EINSTEIN sie auf rein deduktivem Wege fand. Erst später wurde sie durch astronomische Beobachtungen gestützt.

Wie in der nichtrelativistischen Mechanik bestehen zwischen ,,wahren" Gravitationsfeldern und Feldern, die Nichtinertialsystemen äquivalent sind, grundlegende Unterschiede. Beim Übergang zu einem Nichtinertialsystem gehen die g_{ik} der quadratischen Form (82,2) vermöge einer Koordinatentransformation aus ihren galileischen Werten hervor; die Umkehrtransformation liefert dann wieder im ganzen Raum die galileischen Werte. Daß eine Metrik g_{ik} mit dieser Eigenschaft nur sehr speziell sein kann, sieht man schon daraus, daß eine Transformation von nur vier Koordinaten die zehn Größen g_{ik} im allgemeinen niemals auf eine im voraus festgelegte Form bringen kann.

Ein ,,wahres" Gravitationsfeld kann nicht durch eine Transformation der Koordinaten fortgeschafft werden. Bei Vorhandensein von Gravitationsfeldern ist mit anderen Worten die Raum-Zeit-Welt so beschaffen, daß die sie bestimmenden Größen g_{ik} durch keine Transformation der Koordinaten im ganzen Raum auf ihre galileische Gestalt gebracht werden können. Eine derartige Welt wird als *gekrümmt* bezeichnet, im Gegensatz zu einer *ebenen* Welt, in der eine solche Transformation möglich ist.

Durch eine Koordinatentransformation kann man jedoch stets die g_{ik} in irgendeinem einzelnen Punkte einer nichtgalileischen Welt auf die galileische Form bringen: Dies führt auf die Transformation einer quadratischen Form mit konstanten Koeffizienten (den Werten der g_{ik} in diesem Punkt) auf Diagonalform. Ein solches Koordinatensystem werden wir in diesem Punkte *galileisch* nennen.[1])

Die Matrix der g_{ik} besitzt, wenn wir sie in einem Punkte auf Diagonalform bringen, ein negatives und drei positive Diagonalelemente (die Gesamtheit der Vorzeichen heißt *Signatur* der Matrix). Daraus folgt insbesondere, daß die aus den g_{ik} gebildete Determinante in der realen Raum-Zeit-Welt immer

---

[1]) Um Mißverständnissen vorzubeugen, bemerken wir schon jetzt, daß die Wahl eines solchen Koordinatensystems nicht bereits die Eliminierung des Gravitationsfeldes in dem entsprechenden sehr kleinen vierdimensionalen Volumenelement bedeutet. Eine solche Eliminierung, die nach dem Äquivalenzprinzip immer möglich ist, verlangt etwas mehr (siehe § 87).

negativ ist:

$$g < 0\,. \tag{82,3}$$

Eine Änderung der Metrik der vierdimensionalen Raum-Zeit-Welt bedeutet auch eine Änderung der rein räumlichen Metrik. Galileische Werte der g_{ik} im vierdimensionalen Raum entsprechen einer euklidischen Geometrie des dreidimensionalen Raumes. Im Gravitationsfeld wird jedoch die Geometrie des (dreidimensionalen) Raumes nichteuklidisch. Dies bezieht sich sowohl auf „wahre“ Gravitationsfelder, bei denen die (vierdimensionale) Welt „gekrümmt“ ist, als auch auf Felder, die nur durch die Benutzung von Nichtinertialsystemen entstehen und bei denen die Raum-Zeit-Welt eben bleibt.

Die Frage der räumlichen Geometrie im Gravitationsfeld wird ausführlich im § 84 betrachtet. Hier ist es jedoch nützlich, eine einfache Überlegung anzugeben, die anschaulich zeigt, daß beim Übergang zu einem Nichtinertialsystem der Raum unvermeidlich nichteuklidisch wird. Wir betrachten zwei Bezugssysteme, von denen das eine (K) ein Inertialsystem ist, während das andere (K') relativ zu K um die gemeinsame z-Achse gleichförmig rotiert. Ein Kreis in der xy-Ebene des Systems K (mit dem Zentrum im Koordinatenursprung) kann auch als Kreis in der $x'y'$-Ebene des Systems K' betrachtet werden. Messen wir Umfang und Durchmesser des Kreises mittels eines Maßstabes im System K aus, so erhalten wir Werte, deren Quotient π ergibt, in Übereinstimmung mit der euklidischen Geometrie in einem Inertialsystem. Es möge nun die Messung mit einem in bezug auf K' ruhenden Maßstab durchgeführt werden. Beobachten wir diesen Meßprozeß im System K, so finden wir, daß der am Umfang angelegte Maßstab die LORENTZ-Kontraktion erleidet, während sich beim Anlegen in radialer Richtung nichts ändert. Es ist daher klar, daß das Längenverhältnis von Umfang zu Durchmesser, das als Ergebnis einer solchen Messung erhalten wird, größer als π ist.

Im allgemeinen Fall eines sich beliebig ändernden Gravitationsfeldes ist die Metrik des Raumes nicht nur nichteuklidisch, sondern sie ändert sich auch mit der Zeit. Dies bedeutet, daß sich auch die Verhältnisse zwischen den verschiedenen geometrischen Abständen ändern. Die gegenseitige Lage von ins Feld gebrachten Probeteilchen kann also in keinem Koordinatensystem unveränderlich bleiben.[1]) Befinden sich etwa Teilchen auf dem Durchmesser und dem Umfang irgendeines Kreises, so ist klar, daß bei einer unveränderlichen Entfernung der Teilchen auf dem Durchmesser sich die Entfernungen auf der Kreislinie ändern müssen und umgekehrt, denn das Verhältnis der Kreislänge zum Durchmesser ist nicht gleich π und ändert sich mit der Zeit. In der allgemeinen Relativitätstheorie ist also ein unbewegliches System von Körpern nicht möglich.

[1]) Streng genommen muß die Anzahl der Teilchen größer als vier sein. Da man aus sechs Strecken zwischen vier Teilchen ein Vierflach konstruieren kann, ist es stets möglich, durch geeignete Wahl des Bezugssystems zu erreichen, daß die vier Teilchen in diesem Bezugssystem ein starres Vierflach bilden. Erst recht ist es in Systemen von drei oder zwei Teilchen möglich, eine Unbeweglichkeit der Teilchen relativ zu einander zu erreichen.

Durch diesen Umstand ändert sich in der allgemeinen Relativitätstheorie auch wesentlich der Begriff des Bezugssystems gegenüber der Bedeutung, die er in der speziellen Theorie hatte. In dieser verstand man unter einem Bezugssystem eine Gesamtheit relativ zueinander ruhender und unveränderlich angeordneter Körper. Bei Vorhandensein eines veränderlichen Gravitationsfeldes gibt es kein solches System, und für eine genaue Definition der Lage von Teilchen im Raume ist es strenggenommen nötig, eine Gesamtheit unendlich vieler Körper einzuführen, die den ganzen Raum wie ein Medium erfüllen. Ein solches System von Körpern mit Uhren, die mit ihnen verbunden sind und in beliebiger Weise laufen können, bildet in der allgemeinen Relativitätstheorie ein Bezugssystem.

Da man das Bezugssystem willkürlich wählen kann, müssen die Naturgesetze in der allgemeinen Relativitätstheorie in einer Form geschrieben werden, die formal in einem beliebigen vierdimensionalen Koordinatensystem verwendbar ist (in, wie man sagt, „*kovarianter*" Form). Dies bedeutet jedoch nicht die physikalische Äquivalenz aller Bezugssysteme (im Sinne der physikalischen Äquivalenz aller Inertialsysteme der speziellen Relativitätstheorie). Im Gegenteil, die konkrete Gestalt der physikalischen Erscheinungen, darunter die Bewegung von Körpern, ist in allen Bezugssystemen verschieden.

§ 83. Krummlinige Koordinaten

Wie wir sahen, werden wir bei der Untersuchung von Gravitationsfeldern mit Notwendigkeit dazu geführt, Ereignisse mittels krummliniger Koordinaten zu beschreiben. Wir müssen aus diesem Grunde die vierdimensionale Geometrie in beliebigen krummlinigen Koordinaten entwickeln. Damit befassen wir uns in den Paragraphen 83, 85 und 86.

Wir betrachten die Transformation eines Koordinatensystems x^0, x^1, x^2, x^3 in ein anderes x'^0, x'^1, x'^2, x'^3:

$$x^i = f^i(x'^0, x'^1, x'^2, x'^3)\,,$$

wobei f^i irgendwelche Funktionen sind. Bei einer Koordinatentransformation transformieren sich die Differentiale der Koordinaten gemäß

$$\mathrm{d}x^i = \frac{\partial x^i}{\partial x'^k}\,\mathrm{d}x'^k\,. \tag{83,1}$$

Als *kontravarianten Vierervektor* bezeichnen wir jede Gesamtheit von vier Größen A^i, die sich bei Koordinatentransformationen wie diese Differentiale ändern:

$$A^i = \frac{\partial x^i}{\partial x'^k} A'^k\,. \tag{83,2}$$

Es sei φ irgendein Skalar. Die Ableitungen $\frac{\partial \varphi}{\partial x^i}$ transformieren sich bei Übergang zu einem anderen Koordinatensystem nach der Formel

$$\frac{\partial \varphi}{\partial x^i} = \frac{\partial \varphi}{\partial x'^k}\,\frac{\partial x'^k}{\partial x^i}\,, \tag{83,3}$$

die sich von (83,2) unterscheidet. Als *kovarianten Vierervektor* bezeichnen wir jede Gesamtheit von vier Größen A_i, die sich bei Koordinatentransformation wie die Ableitungen eines Skalars verhalten:

$$A_i = \frac{\partial x'^k}{\partial x^i} A'_k . \tag{83,4}$$

Ähnlich werden Vierertensoren verschiedener Stufe definiert. So wird eine Gesamtheit von 16 Größen, die sich wie ein Produkt zweier kontravarianter Vektoren, das heißt gemäß

$$A^{ik} = \frac{\partial x^i}{\partial x'^l} \cdot \frac{\partial x^k}{\partial x'^m} A'^{lm} \tag{83,5}$$

transformiert, als kontravarianter Vierertensor zweiter Stufe A^{ik} bezeichnet. Ein kovarianter Tensor zweiter Stufe A_{ik} transformiert sich nach der Formel

$$A_{ik} = \frac{\partial x'^l}{\partial x^i} \cdot \frac{\partial x'^m}{\partial x^k} A'_{lm} \tag{83,6}$$

und ein gemischter Vierertensor $A^i{}_k$ gemäß

$$A^i{}_k = \frac{\partial x^i}{\partial x'^l} \frac{\partial x'^m}{\partial x^k} A'^l{}_m . \tag{83,7}$$

Diese Definitionen sind natürliche Verallgemeinerungen der Definitionen von Vierervektoren und Vierertensoren in galileischen Koordinaten (§ 6), gemäß denen die Differentiale dx^i ebenfalls kontravariante und die Ableitungen $\frac{\partial x}{\partial x^i}$ kovariante Vierervektoren sind.[1])

Die Regeln für die Bildung von Vierertensoren durch Multiplikation oder Verjüngung eines Produktes von Vierertensoren bleiben in krummlinigen Koordinaten dieselben wie in galileischen. Man überzeugt sich zum Beispiel leicht davon, daß infolge der Transformationsgesetze (83,2) und (83,4) das skalare Produkt zweier Vierervektoren invariant ist:

$$A^i B_i = \frac{\partial x^i}{\partial x'^l} \frac{\partial x'^m}{\partial x^i} A'^l B'_m = \frac{\partial x'^m}{\partial x'^l} A'^l B'_m = A'^l B'_l .$$

Die Definition des Einheitsvierertensors δ^i_k ändert sich beim Übergang zu krummlinigen Koordinaten nicht: Seine Komponenten sind wieder $\delta^i_k = 0$ für $i \neq k$ und 1 für $i = k$. Falls A^k ein Vierervektor ist, erhalten wir bei Multiplikation mit δ^i_k:

$$A^k \delta^i_k = A^i ,$$

d. h. wieder einen Vierervektor; damit ist bewiesen, daß δ^i_k ein Tensor ist.

[1]) Während aber in einem galileischen System die Koordinaten x^i selbst, und nicht nur ihre Differentiale, Vierervektoren sind, ist das bei krummlinigen Koordinaten selbstverständlich nicht der Fall.

Das Quadrat des Längenelementes in krummlinigen Koordinaten ist eine quadratische Form der Differentiale dx^i:

$$ds^2 = g_{ik}\, dx^i\, dx^k\,, \tag{83,8}$$

wobei g_{ik} Funktionen der Koordinaten sind. g_{ik} ist symmetrisch in den Indizes i und k

$$g_{ik} = g_{ki}\,. \tag{83,9}$$

Da das (verjüngte) Produkt von g_{ik} mit dem kontravarianten Tensor $dx^i\, dx$ ein Skalar ist, ist g_{ik} ein kovarianter Tensor; er wird *metrischer Tensor* genannt

Zwei Tensoren A_{ik} und B^{ik} heißen reziprok zueinander, wenn

$$A_{ik}\, B^{kl} = \delta_i^l$$

gilt. Insbesondere wird als kontravarianter metrischer Tensor g^{ik} der zu g_{ik} reziproke Tensor bezeichnet:

$$g_{ik}\, g^{kl} = \delta_i^l\,. \tag{83,10}$$

Ein und dieselbe vektorielle physikalische Größe kann sowohl in kontra- als auch in kovarianten Komponenten dargestellt werden. Offensichtlich sind die Komponenten des metrischen Tensors die einzigen Größen, die den Zusammenhang zwischen diesen beiden Darstellungen vermitteln können. Dieser Zusammenhang wird durch folgende Formeln gegeben:

$$A^i = g^{ik}\, A_k\,, \qquad A_i = g_{ik}\, A^k\,. \tag{83,11}$$

In einem galileischen Koordinatensystem hat der metrische Tensor folgende Komponenten:

$$g_{ik}^{(0)} = g^{(0)ik} = \begin{pmatrix} 1 & 0 & 0 & 0 \\ 0 & -1 & 0 & 0 \\ 0 & 0 & -1 & 0 \\ 0 & 0 & 0 & -1 \end{pmatrix}. \tag{83,12}$$

In diesem Fall geben die Formeln (83,11) die bekannten Relationen $A^0 = A_0$, $A^{1,2,3} = -A_{1,2,3}$.[1])

Dieser Zusammenhang gilt auch für Tensoren. Der Übergang zwischen den verschiedenen Formen ein und desselben physikalischen Tensors vollzieht sich mit Hilfe des metrischen Tensors gemäß

$$A^i_{\ k} = g^{il}\, A_{lk}\,, \qquad A^{ik} = g^{il}\, g^{km}\, A_{lm}$$

und ähnlicher Formeln.

---

[1]) Immer, wenn wir, um Analogien herzustellen, ein galileisches Koordinatensystem verwenden, muß beachtet werden, daß ein solches System nur in einem ebenen vierdimensionalen Raum gewählt werden kann. Im Falle eines gekrümmten vierdimensionalen Raumes müßte man von einem Koordinatensystem reden, das in einem gegebenen unendlich kleinen Vierervolumenelement galileisch ist. Ein solches System kann immer gefunden werden. Die Schlußfolgerungen werden von dieser genaueren Formulierung nicht beeinflußt.

In § 6 wurde (in einem galileischen Koordinatensystem) der vollständig antisymmetrische Einheitspseudotensor e^{iklm} definiert. Wir transformieren ihn in ein beliebiges krummliniges Koordinatensystem, wobei wir ihn jetzt mit E^{iklm} bezeichnen. Die Bezeichnung e^{iklm} reservieren wir für die Größen, die wie früher durch die Werte $e^{0123} = 1$ (oder $e_{0123} = -1$) definiert sind.

x'^i seien galileische und x^i beliebige krummlinige Koordinaten. Nach den allgemeinen Transformationsformeln für Tensoren haben wir:

$$E^{iklm} = \frac{\partial x^i}{\partial x'^p} \frac{\partial x^k}{\partial x'^r} \frac{\partial x^l}{\partial x'^s} \frac{\partial x^m}{\partial x'^t} e^{prst},$$

oder

$$E^{iklm} = J\, e^{iklm},$$

wobei J die Determinante aus den Ableitungen $\frac{\partial x^i}{\partial x'^p}$, d. h. die JACOBIsche Funktionaldeterminante der Transformation von galileischen zu krummlinigen Koordinaten ist:

$$J = \frac{\partial (x^0, x^1, x^2, x^3)}{\partial (x'^0, x'^1, x'^2, x'^3)}.$$

Diese Funktionaldeterminante kann durch die Determinante des metrischen Tensors g_{ik} (im System der x^i) ausgedrückt werden. Dazu schreiben wir die Transformationsformel für den metrischen Tensor auf:

$$g^{ik} = \frac{\partial x^i}{\partial x'^l} \frac{\partial x^k}{\partial x'^m} g^{(0)lm}$$

und setzen die Determinanten gleich, die aus den auf jeder Seite stehenden Größen gebildet werden. Für die Determinante des reziproken Tensors gilt $\frac{1}{g} = |g^{ik}|$[1]. Die Determinante von $g^{(0)lm}$ ist gleich -1. Daraus folgt $\frac{1}{g} = -J^2$ oder $J = \frac{1}{\sqrt{-g}}$.

In krummlinigen Koordinaten muß also der antisymmetrische Einheitstensor vierter Stufe durch

$$E^{iklm} = \frac{1}{\sqrt{-g}} e^{iklm} \tag{83,13}$$

definiert werden. Das Herabziehen der Indizes wird bei diesem Tensor mit Hilfe der Formeln

$$e^{prst} g_{ip} g_{kr} g_{ls} g_{mt} = -g\, e_{iklm}$$

durchgeführt, so daß sich für seine kovarianten Komponenten

$$E_{iklm} = \sqrt{-g}\, e_{iklm} \tag{83,14}$$

ergibt.

In einem galileischen Koordinatensystem x'^i ist das Integral eines Skalars über $d\Omega' = dx'^0\, dx'^1\, dx'^2\, dx'^3$ wieder ein Skalar, d. h., $d\Omega'$ verhält sich bei der

[1]) Wegen (83,10) (Anm. d. Hrsg.).

Integration wie ein Skalar (§ 6). Beim Übergang zu krummlinigen Koordinaten x^i geht das Integrationselement $\mathrm{d}\Omega'$ in

$$\mathrm{d}\Omega' \to \frac{1}{J}\,\mathrm{d}\Omega = \sqrt{-g}\,\mathrm{d}\Omega$$

über. In krummlinigen Koordinaten verhält sich also bei der Integration über irgendein Gebiet des vierdimensionalen Raumes die Größe $\sqrt{-g}\,\mathrm{d}\Omega$ wie eine Invariante.[1])

Alles am Ende des § 6 über die Integrationselemente auf Hyperflächen, Flächen und Kurven Gesagte bleibt auch in krummlinigen Koordinaten gültig, nur mit dem Unterschied, daß sich die Definition der dualen Tensoren etwas ändert. Das mit drei infinitesimalen Verschiebungen gebildete ,,Flächenelement“ einer Hyperfläche ist ein kontravarianter antisymmetrischer Tensor $\mathrm{d}S^{ikl}$; den zu ihm dualen Vektor erhält man durch Multiplikation mit dem Tensor $\sqrt{-g}\,e_{iklm}$:

$$\sqrt{-g}\,\mathrm{d}S_i = -\frac{1}{6}\,e_{iklm}\,\mathrm{d}S^{klm}\sqrt{-g}\,. \tag{83,15}$$

Ist $\mathrm{d}f^{ik}$ ein (zweidimensionales) Flächenelement, das aus zwei infinitesimalen Verschiebungen gebildet ist, so ist der zu $\mathrm{d}f^{ik}$ duale Tensor ganz entsprechend durch

$$\sqrt{-g}\,\mathrm{d}f^*_{ik} = \frac{1}{2}\sqrt{-g}\,e_{iklm}\,\mathrm{d}f^{lm} \tag{83,16}$$

definiert.[2]) Wir behalten hier die Bezeichnungen $\mathrm{d}S_i$ und $\mathrm{d}f^*_{ik}$ wie früher für die Größen $\frac{1}{6}\,e_{klmi}\,\mathrm{d}S^{klm}$ und $\frac{1}{2}\,e_{iklm}\,\mathrm{d}f^{lm}$ (nicht für ihre Produkte mit $\sqrt{-g}$) bei; die Regeln (6,14) bis (6,19) für die Transformation der verschiedenen Integrale ineinander bleiben dann unverändert, da ihre Ableitung formalen Charakter hat und nicht mit den Tensoreigenschaften der entsprechenden Größen zusammenhängt. Wir benötigen davon insbesondere die Regel für die Umwandlung eines

---

[1]) Ist φ ein Skalar, so heißt die Größe $\sqrt{-g}\,\varphi$, die bei der Integration über $\mathrm{d}\Omega$ eine Invariante ergibt, auch *skalare Dichte*. Entsprechend spricht man auch von Vektor- und Tensordichten $\sqrt{-g}\,A^i$, $\sqrt{-g}\,A^{ik}$ usw. Diese Größen liefern bei ihrer Multiplikation mit dem vierdimensionalen Volumenelement $\mathrm{d}\Omega$ einen Vektor bzw. Tensor (das über ein endliches Gebiet erstreckte Integral $\int A^i\sqrt{-g}\,\mathrm{d}\Omega$ kann jedoch im allgemeinen kein Vektor sein, da die Transformationsgesetze des Vektors A^i in verschiedenen Punkten des Gebietes verschieden sind).

[2]) Es versteht sich, daß die Elemente $\mathrm{d}S^{klm}$ und $\mathrm{d}f^{ik}$ aus den infinitesimalen Verschiebungen $\mathrm{d}x^i$, $\mathrm{d}x'^i$, $\mathrm{d}x''^i$ genauso aufgebaut sind wie in § 6, unabhängig von der geometrischen Bedeutung der Koordinaten x^i. Deswegen bleibt auch der ursprüngliche formale Charakter der Elemente $\mathrm{d}S_i$, $\mathrm{d}f^*_{ik}$ erhalten. Insbesondere gilt wie früher $\mathrm{d}S_0 = \mathrm{d}x^1\,\mathrm{d}x^2\,\mathrm{d}x^3 \equiv \mathrm{d}V$. Wir behalten im folgenden die frühere Bezeichnung $\mathrm{d}V$ für das Produkt der Differentiale der drei räumlichen Koordinaten bei, es ist jedoch zu berücksichtigen, daß das geometrische Volumenelement in krummlinigen Koordinaten nicht durch $\mathrm{d}V$ sondern durch $\sqrt{\gamma}\,\mathrm{d}V$ gegeben ist, wobei γ die Determinante des im nächsten Paragraphen definierten räumlichen metrischen Tensors ist.

Integrals über eine Hyperfläche in ein Volumenintegral (den GAUSSschen Satz), die durch die Substitution

$$\mathrm{d}S_i \to \mathrm{d}\Omega \frac{\partial}{\partial x^i} \tag{83,17}$$

geliefert wird.

§ 84. Entfernungen und Zeitintervalle

Wir erwähnten schon, daß in der allgemeinen Relativitätstheorie die Wahl des Bezugssystems keiner Beschränkung unterliegt; die drei räumlichen Koordinaten x^1, x^2, x^3 können beliebige, die Lage der Körper im Raum bestimmende Größen sein, und die Zeitkoordinate x^0 kann durch eine in beliebiger Weise gehende Uhr bestimmt werden. Es entsteht die Frage, wie man aus den Werten der Größen x^1, x^2, x^3, x^0 die wahren Entfernungen und Zeitintervalle bestimmen kann.

Wir stellen zunächst die Beziehung zwischen der „wahren" Zeit, die wir im folgenden mit τ bezeichnen, zur Koordinate x^0 her. Dazu betrachten wir zwei infinitesimal benachbarte Ereignisse, die in ein und demselben Raumpunkt stattfinden. Dann ist der Abstand $\mathrm{d}s$ zwischen ihnen nichts anderes als $c\,\mathrm{d}\tau$, wo $\mathrm{d}\tau$ das (wahre) Zeitintervall zwischen den beiden Ereignissen ist. Setzen wir $\mathrm{d}x^1 = \mathrm{d}x^2 = \mathrm{d}x^3 = 0$ in den allgemeinen Ausdruck $\mathrm{d}s^2 = g_{ik}\,\mathrm{d}x^i\,\mathrm{d}x^k$ ein, finden wir

$$\mathrm{d}s^2 = c^2\,\mathrm{d}\tau^2 = g_{00}\,(\mathrm{d}x^0)^2\,,$$

woraus sich

$$\mathrm{d}\tau = \frac{1}{c}\sqrt{g_{00}}\,\mathrm{d}x^0 \tag{84,1}$$

ergibt und daraus für die Zeit zwischen zwei beliebigen Ereignissen am gleichen Raumpunkt

$$\tau = \frac{1}{c}\int \sqrt{g_{00}}\,\mathrm{d}x^0\,. \tag{84,2}$$

Diese Beziehung liefert uns das Intervall der wahren Zeit (oder, wie man sagt, der *Eigenzeit* für den gegebenen Raumpunkt) in Abhängigkeit von der Koordinate x^0. Wir bemerken ferner, daß die Größe g_{00}, wie aus der abgeleiteten Beziehung ersichtlich ist, positiv ist:

$$g_{00} > 0\,. \tag{84,3}$$

Es ist wichtig, auf den Unterschied zwischen der Bedeutung der Bedingung (84,3) und der Bedingung einer bestimmten Signatur (d. h. der Vorzeichen der Eigenwerte) des Tensors g_{ik} hinzuweisen (§ 82). Ein Tensor g_{ik}, der die zweite dieser Bedingungen nicht erfüllt, kann keinem realen Gravitationsfeld entsprechen, d. h. nicht die Metrik eines realen vierdimensionalen Raumes bilden. Die Nichterfüllung der Bedingung (84,3) dagegen bedeutet nur, daß das entsprechende Bezugssystem nicht durch reale Körper verwirklicht werden kann;

ist die Bedingung für die Eigenwerte dabei erfüllt, so kann man durch eine Koordinatentransformation erreichen, daß g_{00} positiv wird (ein Beispiel für ein solches Koordinatensystem ist das rotierende Koordinatensystem, siehe § 89).

Wir bestimmen nun das Element $\mathrm{d}l$ der räumlichen Entfernung. In der speziellen Relativitätstheorie kann man $\mathrm{d}l$ als Abstand zwischen zwei infinitesimal benachbarten Ereignissen definieren, die zum gleichen Zeitpunkt auftreten. In der allgemeinen Relativitätstheorie läßt sich dies im allgemeinen bereits nicht mehr durchführen, d. h., es ist nicht möglich, $\mathrm{d}l$ dadurch zu bestimmen, daß man in $\mathrm{d}s$ $\mathrm{d}x^0 = 0$ setzt. Dies hängt damit zusammen, daß im Gravitationsfeld die Eigenzeit in verschiedenen Raumpunkten auf verschiedene Weise mit der Koordinate x^0 verknüpft ist.

Um $\mathrm{d}l$ zu definieren, gehen wir wie folgt vor. Von irgendeinem Punkt B des (dreidimensionalen) Raumes mit den Koordinaten $x^\alpha + \mathrm{d}x^\alpha$ möge ein Lichtsignal ausgehen, zu dem infinitesimal benachbarten Punkt A (mit den Koordinaten x^α) gelangen und darauf sofort wieder zum Punkt B zurückkehren. Die dafür nötige, mit c multiplizierte Zeit (berechnet im gleichen Punkt B) ist offensichtlich die doppelte Entfernung zwischen beiden Punkten.

Wir schreiben den Abstand unter Trennung der räumlichen und zeitlichen Koordinaten

$$\mathrm{d}s^2 = g_{\alpha\beta}\,\mathrm{d}x^\alpha\,\mathrm{d}x^\beta + 2\,g_{0\alpha}\,\mathrm{d}x^0\,\mathrm{d}x^\alpha + g_{00}\,(\mathrm{d}x^0)^2\,, \tag{84,4}$$

wobei bei doppelt auftretenden griechischen Indizes über die Werte 1, 2, 3 zu summieren ist. Der Abstand zwischen den beiden Ereignissen ,,Absenden des Signals vom einen Punkt" und ,,Ankunft am anderen Punkt" verschwindet. Lösen wir $\mathrm{d}s^2 = 0$ nach $\mathrm{d}x^0$ auf, so finden wir die beiden Wurzeln

$$\left.\begin{aligned} \mathrm{d}x^{0(1)} &= \frac{1}{g_{00}}\left\{-\,g_{0\alpha}\,\mathrm{d}x^\alpha - \sqrt{(g_{0\alpha}\,g_{0\beta} - g_{\alpha\beta}\,g_{00})\,\mathrm{d}x^\alpha\,\mathrm{d}x^\beta}\right\},\\ \mathrm{d}x^{0(2)} &= \frac{1}{g_{00}}\left\{-\,g_{0\alpha}\,\mathrm{d}x^\alpha + \sqrt{(g_{0\alpha}\,g_{0\beta} - g_{\alpha\beta}\,g_{00})\,\mathrm{d}x^\alpha\,\mathrm{d}x^\beta}\right\}, \end{aligned}\right\} \tag{84,5}$$

die der Ausbreitung des Signals in die beiden Richtungen zwischen A und B entsprechen. Ist x^0 der Zeitpunkt der Signalankunft in A, so werden die Zeitpunkte des Absendens von B und der Rückkehr nach B entsprechend $x^0 + \mathrm{d}x^{0(1)}$ und $x^0 + \mathrm{d}x^{0(2)}$ sein. In der schematischen Abbildung 18 sind die ausgezogenen Geraden Weltlinien, die den vorgegebenen Koordinaten x^α und $x^\alpha + \mathrm{d}x^\alpha$ entsprechen, und die gestrichelten Linien die Weltlinien des Signals.[1]) Es ist klar, daß der gesamte Zeitraum zwischen dem Abgang und der Rückkehr des Signals

[1]) In Abbildung 18 wurde $\mathrm{d}x^{0(2)} > 0$, $\mathrm{d}x^{0(1)} < 0$ angenommen, was aber nicht unbedingt zu gelten braucht: $\mathrm{d}x^{0(1)}$ und $\mathrm{d}x^{0(2)}$ können auch gleiches Vorzeichen haben. Die Tatsache, daß in einem solchen Fall der Wert $x^0(A)$ bei der Signalankunft in A kleiner als der Wert $x^0(B)$ bei seinem Abgang aus B sein kann, enthält keinen Widerspruch, da nicht verlangt wird, daß der Gang von Uhren in verschiedenen Raumpunkten auf irgendeine Weise synchronisiert ist.

zum gleichen Punkte gleich

$$dx^{0(2)} - dx^{0(1)} = \frac{2}{g_{00}} \sqrt{(g_{0\alpha}\, g_{0\beta} - g_{\alpha\beta}\, g_{00})\, dx^\alpha\, dx^\beta}$$

ist.

Das entsprechende Intervall der wahren Zeit erhalten wir hieraus nach (84,1), indem wir mit $\sqrt{g_{00}}/c$ multiplizieren, und die Entfernung dl durch nochmalige Multiplikation mit $c/2$. Als Ergebnis finden wir

$$dl^2 = \left(-\, g_{\alpha\beta} + \frac{g_{0\alpha}\, g_{0\beta}}{g_{00}}\right) dx^\alpha\, dx^\beta .$$

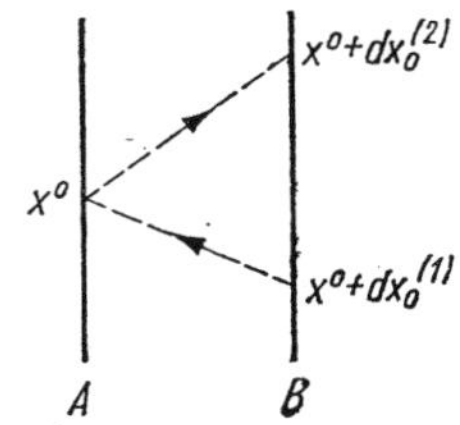

Abb. 18

Dies ist der gesuchte Ausdruck, der die Entfernung durch Differentiale der räumlichen Koordinaten ausdrückt. Wir schreiben ihn in der Form

$$dl^2 = \gamma_{\alpha\beta}\, dx^\alpha\, dx^\beta , \qquad (84,6)$$

wobei

$$\gamma_{\alpha\beta} = -\, g_{\alpha\beta} + \frac{g_{0\alpha}\, g_{0\beta}}{g_{00}} \qquad (84,7)$$

der dreidimensionale metrische Tensor ist, der die Metrik, d. h. die geometrischen Eigenschaften des (dreidimensionalen) Raumes beschreibt. Die Beziehung (84,7) stellt die Verknüpfung zwischen der Metrik des realen Raumes und derjenigen der vierdimensionalen Raum-Zeit-Welt dar.[1])

Es ist jedoch nötig, daran zu erinnern, daß g_{ik} im allgemeinen von x^0 abhängt, so daß sich auch die räumliche Metrik (84,6) mit der Zeit ändert. Aus diesem Grunde ist es sinnlos, über dl zu integrieren: ein solches Integral würde davon abhängen, längs welcher Weltlinie zwischen zwei gegebenen räumlichen Punkten es erstreckt wird. In der allgemeinen Relativitätstheorie verliert also der Begriff einer bestimmten Entfernung zwischen den Körpern im allgemeinen seinen Sinn; er bleibt nur im Infinitesimalen gültig. Der einzige Fall, in dem die Entfernung auch in endlichen Raumgebieten definiert werden kann, liegt bei der Existenz eines Bezugssystems vor, in dem die g_{ik} nicht von der Zeit abhängen, so daß das Integral von dl längs einer räumlichen Kurve einen wohlbestimmten Sinn hat.

---

[1]) Die quadratische Form (84,6) muß offensichtlich positiv-definit sein. Dazu müssen ihre Koeffizienten bekanntlich die Bedingungen

$$\gamma_{11} > 0 , \quad \begin{vmatrix} \gamma_{11} & \gamma_{12} \\ \gamma_{21} & \gamma_{22} \end{vmatrix} > 0 , \quad \begin{vmatrix} \gamma_{11} & \gamma_{12} & \gamma_{13} \\ \gamma_{21} & \gamma_{22} & \gamma_{23} \\ \gamma_{31} & \gamma_{32} & \gamma_{33} \end{vmatrix} > 0$$

erfüllen. Drücken wir γ_{ik} durch g_{ik} aus, so finden wir leicht, daß diese Bedingungen die Form

$$\begin{vmatrix} g_{00} & g_{01} \\ g_{10} & g_{11} \end{vmatrix} < 0 , \quad \begin{vmatrix} g_{00} & g_{01} & g_{02} \\ g_{10} & g_{11} & g_{12} \\ g_{20} & g_{21} & g_{22} \end{vmatrix} > 0 , \quad g < 0$$

annehmen. Diese Bedingungen sowie (84,3) müssen die Komponenten des metrischen Tensors in jedem Bezugssystem befriedigen, das mit Hilfe realer Körper dargestellt werden kann.

Eine nützliche Bemerkung ist die, daß der Tensor $-\gamma_{\alpha\beta}$ reziprok zum kontravarianten dreidimensionalen Tensor $g^{\alpha\beta}$ ist. In der Tat haben wir, wenn wir die Gleichung $g^{ik} g_{kl} = \delta_l^i$ komponentenweise ausschreiben:

$$\left.\begin{aligned} g^{\alpha\beta} g_{\beta\gamma} + g^{\alpha 0} g_{0\gamma} &= \delta_\gamma^\alpha , \\ g^{\alpha\beta} g_{\beta 0} + g^{\alpha 0} g_{00} &= 0 , \\ g^{0\beta} g_{\beta 0} + g^{00} g_{00} &= 1 . \end{aligned}\right\} \tag{84,8}$$

Bestimmen wir $g^{\alpha 0}$ aus der zweiten Gleichung und setzen es in die erste ein, so erhalten wir

$$-g^{\alpha\beta} \gamma_{\beta\gamma} = \delta_\gamma^\alpha ,$$

was wir zeigen wollten. Dieses Resultat kann auch so formuliert werden, daß die Größen $-g^{\alpha\beta}$ den zur Metrik (84,6) gehörenden kontravarianten dreidimensionalen metrischen Tensor bilden:

$$\gamma^{\alpha\beta} = -g^{\alpha\beta} . \tag{84,9}$$

Es sei ferner erwähnt, daß die aus den Größen g_{ik} und γ_{ik} gebildeten Determinanten g und γ miteinander durch die Beziehung

$$-g = g_{00}\,\gamma \tag{84,10}$$

verknüpft sind.

Für eine Reihe späterer Anwendungen ist es vorteilhaft, einen dreidimensionalen Vektor $\boldsymbol{g}$ einzuführen, dessen kovariante Komponenten durch

$$g_\alpha = -\frac{g_{0\alpha}}{g_{00}} \tag{84,11}$$

definiert sind. Wenn wir $\boldsymbol{g}$ als Vektor im Raum mit der Metrik (84,6) auffassen, müssen wir seine kontravarianten Komponenten durch $g^\alpha = \gamma^{\alpha\beta} g_\beta$ definieren. Mit Hilfe von (84,9) und der zweiten Gleichung aus (84,8) sieht man leicht, daß

$$g^\alpha = \gamma^{\alpha\beta} g_\beta = -g^{0\alpha} \tag{84,12}$$

gilt. Wir vermerken auch die Formel

$$g^{00} = \frac{1}{g_{00}} - g_\alpha g^\alpha , \tag{84,13}$$

die aus der dritten Gleichung (84,8) folgt.

Wir kommen nun zu der Definition des Begriffes „Gleichzeitigkeit" in der allgemeinen Relativitätstheorie, d. h., wir wollen die Frage klären, ob es möglich ist, Uhren, die sich in zwei verschiedenen Raumpunkten befinden, zu synchronisieren (die Angaben der Uhren miteinander in Übereinstimmung zu bringen).

Eine solche Synchronisierung sollte offensichtlich mit Hilfe des Austausches von Lichtsignalen zwischen den beiden Punkten erfolgen. Wir betrachten dazu wieder den Ausbreitungsprozeß von Signalen zwischen zwei infinitesimal benachbarten Punkten A und B, wie er in Abb. 18 dargestellt ist. Als gleichzeitig zum Zeitpunkt x^0 im Punkte A kann man diejenige Stellung der Uhrzeiger im

Punkte B ansehen, die in der Mitte zwischen den Zeitpunkten des Absendens und Wiedereintreffens des Signales in B liegt, d. h. den Zeitpunkt

$$x^0 + \Delta x^0 = x^0 + \frac{1}{2}(\mathrm{d}x^{0(2)} + \mathrm{d}x^{0(1)}) .$$

Setzen wir hier (84,5) ein, so ergibt sich, daß für zwei gleichzeitige Ereignisse, die in infinitesimal benachbarten Punkten stattfinden, in der „Zeitskala" x^0 eine Differenz

$$\Delta x^0 = -\frac{g_{0\alpha}\,\mathrm{d}x^\alpha}{g_{00}} \equiv g_\alpha\,\mathrm{d}x^\alpha \qquad (84{,}14)$$

erscheint. Diese Beziehung gibt uns die Möglichkeit, Uhren in einem infinitesimal kleinen Bereich des Raumes zu synchronisieren. Setzen wir diese Synchronisierung vom Punkte A weiter fort, so ist damit eine gewisse Synchronisierung von Uhren möglich, d. h., es läßt sich eine Gleichzeitigkeit von Ereignissen längs einer beliebigen nichtgeschlossenen Weltlinie definieren.[1])

Eine Synchronisierung von Uhren längs geschlossener Linien ist im allgemeinen nicht möglich. Bewegt man sich nämlich auf einer solchen Kurve wieder zum Ausgangspunkt zurück, so erhält man für Δx^0 von Null verschiedene Werte. Erst recht ist es unmöglich, eine eindeutige Synchronisierung von Uhren im ganzen Raum vorzunehmen. Davon ausgenommen sind nur solche Bezugssysteme, in denen alle Komponenten $g_{0\alpha}$ verschwinden.[2])

Wir betonen, daß die Unmöglichkeit einer Synchronisierung aller Uhren eine Eigenschaft des willkürlich wählbaren Bezugssystems ist, nicht dagegen eine Eigenschaft der Raum-Zeit-Welt als solcher. In einem beliebigen Gravitationsfeld kann man immer (und sogar auf unendlich verschiedene Weisen) das Bezugssystem derart wählen, daß alle drei Größen $g_{0\alpha}$ identisch verschwinden, so daß eine vollständige Synchronisierung von Uhren ermöglicht wird.

Schon in der speziellen Relativitätstheorie ist der Verlauf der „wahren" Zeit für relativ zueinander bewegte Uhren verschieden. In der allgemeinen Relativitätstheorie läuft die wahre Zeit auch in verschiedenen Punkten desselben Bezugssystems auf verschiedene Weise ab. Das bedeutet, daß das Intervall der Eigenzeit zwischen zwei Ereignissen, die in irgendeinem Punkte des Raumes auftreten, im allgemeinen von demjenigen Zeitintervall verschieden ist, das zwischen zwei dazu gleichzeitigen Ereignissen in einem anderen Punkte des Raumes liegt.

---

[1]) Multiplizieren wir (84,14) mit g_{00} und nehmen wir beide Terme auf eine Seite, so kann man die Synchronisierungsbedingung in der Gestalt $\mathrm{d}x_0 = g_{0i}\,\mathrm{d}x^i = 0$ schreiben: Das „kovariante Differential" $\mathrm{d}x_0$ zwischen zwei infinitesimal benachbarten gleichzeitigen Ereignissen muß verschwinden.

[2]) Hierzu muß auch der Fall gerechnet werden, daß $g_{0\alpha}$ durch eine einfache Transformation der Zeitkoordinate zum Verschwinden gebracht werden kann, wodurch die Wahl des Systems von Objekten, die zur Definition der räumlichen Koordinaten dienen, nicht beeinträchtigt wird.

§ 85. Die kovariante Ableitung

In galileischen Koordinaten[1]) bilden die Differentiale $\mathrm{d}A_i$ eines Vektors A_i einen Vektor, und die Ableitungen $\frac{\partial A_i}{\partial x^k}$ der Vektorkomponenten nach den Koordinaten einen Tensor. In krummlinigen Koordinaten gilt das jedoch nicht mehr: Es ist weder $\mathrm{d}A_i$ ein Vektor noch $\frac{\partial A_i}{\partial x^k}$ ein Tensor. Dies hängt damit zusammen, daß $\mathrm{d}A_i$ die Differenz von Vektoren ist, die sich in verschiedenen (infinitesimal benachbarten) Raumpunkten befinden; in verschiedenen Punkten des Raumes transformieren sich die Vektoren jedoch unterschiedlich, weil die Koeffizienten in den Transformationsgleichungen (83,2), (83,4) jetzt Funktionen der Koordinaten sind.

Man überzeugt sich davon auch leicht durch direkte Rechnung. Wir leiten dazu die Transformationsformeln für die Differentiale $\mathrm{d}A_i$ in krummlinigen Koordinaten ab. Ein kovarianter Vektor transformiert sich nach

$$A_i = \frac{\partial x'^k}{\partial x^i} A'_k \,;$$

daher ist

$$\mathrm{d}A_i = \frac{\partial x'^k}{\partial x^i} \mathrm{d}A'_k + A'_k \,\mathrm{d}\frac{\partial x'^k}{\partial x^i} = \frac{\partial x'^k}{\partial x^i} \mathrm{d}A'_k + A'_k \frac{\partial^2 x'^k}{\partial x^i \,\partial x^l} \mathrm{d}x'^l \,.$$

$\mathrm{d}A_i$ transformiert sich also keineswegs wie ein Vektor (dasselbe gilt offensichtlich auch für die Differentiale kontravarianter Vektoren). Nur in dem Fall, wo die zweiten Ableitungen $\frac{\partial^2 x'^k}{\partial x^i \,\partial x^l}$ verschwinden, d. h. die x'^k lineare Funktionen der x^k sind, hat die Transformationsformel die Gestalt

$$\mathrm{d}A_i = \frac{\partial x'^k}{\partial x^i} \mathrm{d}A'_k \,;$$

d. h., es transformiert sich $\mathrm{d}A_i$ dann als Vektor.

Wir wollen nun einen Tensor finden, der in krummlinigen Koordinaten die Rolle des Tensors $\frac{\partial A_i}{\partial x^k}$ in galileischen Koordinaten spielt, d. h. anders ausgedrückt, wir müssen $\frac{\partial A_i}{\partial x^k}$ von galileischen auf krummlinige Koordinaten transformieren. Um in krummlinigen Koordinaten ein Differential eines Vektors zu erhalten, das selbst wieder ein Vektor ist, ist es nötig, daß die beiden voneinander subtrahierten Vektoren zum gleichen Raumpunkt gehören. Wir haben also den einen der beiden sich in unendlich kleinem Abstand befindlichen Vektoren in den Punkt zu verschieben, in dem sich der zweite befindet und danach die Differenz der Vektoren zu nehmen, die sich jetzt auf denselben Raumpunkt beziehen. Die „Verschiebungsoperation" muß dabei so bestimmt werden, daß

---

[1]) Allgemeiner immer dann, wenn die Größen g_{ik} konstant sind.

in galileischen Koordinaten die Differenz der Vektoren gleich dem gewöhnlichen Differential dA_i ist. Da dA_i hier einfach die Differenz der infinitesimal benachbarten Vektoren darstellt, bedeutet das, daß als Ergebnis der Verschiebung (oder „Übertragung") bei Benutzung galileischer Koordinaten die Komponenten des Vektors sich nicht ändern dürfen. Eine solche Übertragung ist nichts anderes als die Verschiebung des Vektors parallel zu sich selbst: Bei „Parallelverschiebung" eines Vektors ändern sich seine Komponenten im galileischen Koordinatensystem nicht. Werden jedoch krummlinige Koordinaten benutzt, so werden bei einem solchen Übergang die Vektorkomponenten eine Änderung erfahren. In krummlinigen Koordinaten wird daher die Differenz der Vektoren nach dem Verschieben des einen zum Orte des anderen nicht mit ihrer Differenz vor der Verschiebung (d. h. mit ihren Differentialen dA_i) zusammenfallen.

Wir müssen somit beim Vergleich von benachbarten Vektoren den einen von ihnen durch eine Parallelverschiebung zu dem Punkt bringen, wo sich der zweite befindet. Es sei irgendein kontravarianter Vektor gegeben; sein Wert am Punkte x^i sei A^i, dann ist er am benachbarten Punkt $x^i + dx^i$ gleich $A^i + dA^i$. Den Vektor A^i unterwerfen wir einer infinitesimalen Parallelverschiebung zum Punkt $x^i + dx^i$; seine Änderung dabei bezeichnen wir mit δA^i. Die Differenz der beiden jetzt an einem Punkte befindlichen Vektoren ist dann

$$DA^i = dA^i - \delta A^i \,. \tag{85,1}$$

Die Änderung δA^i der Vektorkomponenten bei einer infinitesimalen Parallelverschiebung hängt von der Größe der Komponenten selbst ab, wobei diese Abhängigkeit offensichtlich linear sein muß. Dies folgt unmittelbar daraus, daß die Summe zweier Vektoren sich nach demselben Gesetz wie jeder einzelne von ihnen transformieren muß. δA^i hat also die Gestalt

$$\delta A^i = - \Gamma^i_{kl} A^k dx \,, \tag{85,2}$$

wobei die Größen Γ^i_{kl} irgendwelche Funktionen der Koordinaten sind, deren Gestalt natürlich von der Wahl des Koordinatensystems abhängt; in einem galileischen System verschwinden sie sämtlich.

Schon daraus ist zu entnehmen, daß die Größen Γ^i_{kl} keinen Tensor bilden können, da ein Tensor in allen Koordinatensystemen verschwindet, wenn er in einem Null ist. In einem nichteuklidischen Raum kann man natürlich nicht durch Wahl des Koordinatensystems alle Γ^i_{kl} im ganzen Raum zum Verschwinden bringen.

Wegen des Äquivalenzprinzips muß es jedoch möglich sein, durch eine geeignete Wahl des Koordinatensystems das Gravitationsfeld in einem gegebenen unendlich kleinen Volumenelement zum Verschwinden zu bringen, d.h., die Γ^i_{kl}, welche die Feldstärke dieses Feldes charakterisieren (s. § 87), zu Null zu machen.[1]) Die

[1]) Ein solches Koordinatensystem benötigt man nämıch für alle Überlegungen, bei denen wir der Einfachheit halber vom galileischen Koordinatensystem sprechen; dadurch beziehen sich alle Beweise nicht nur auf den ebenen, sondern auch auf den gekrümmten vierdimensionalen Raum.

Größen Γ^i_{kl} werden CHRISTOFFEL-*Symbole* genannt. Wir werden im folgenden auch die Größen $\Gamma_{i,kl}$ verwenden,[1]) die wie folgt definiert sind:

$$\Gamma_{i,kl} = g_{im}\,\Gamma^m_{kl}\,. \tag{85,3}$$

Offensichtlich gilt die Umkehrung

$$\Gamma^i_{kl} = g^{im}\,\Gamma_{m,kl}\,. \tag{85,4}$$

Es läßt sich auch leicht angeben, in welchem Zusammenhang die Änderung der kovarianten Komponenten eines Vektors bei Parallelverschiebung mit den CHRISTOFFEL-Symbolen steht. Dazu bemerken wir, daß sich Skalare offensichtlich bei einer Parallelverschiebung nicht ändern, insbesondere also auch nicht das skalare Produkt zweier Vektoren.

A_i und B^i mögen irgendwelche ko- und kontravarianten Vektoren sein. Dann folgt aus $\delta(A_i\,B^i) = 0$

$$B^i\,\delta A_i = -\,A_i\,\delta B^i = \Gamma^i_{kl}\,B^k\,A_i\,\mathrm{d}x^l$$

oder, wenn wir die Bezeichnung der Indizes ändern,

$$B^i\,\delta A_i = \Gamma^k_{il}\,A_k\,B^i\,\mathrm{d}x^l\,.$$

Hieraus ergibt sich wegen der Willkür von B^i

$$\delta A_i = \Gamma^k_{il}\,A_k\,\mathrm{d}x^l\,, \tag{85,5}$$

wodurch die Änderung eines kovarianten Vektors bei Parallelverschiebung bestimmt ist.

Setzen wir (85,2) und $\mathrm{d}A^i = \frac{\partial A^i}{\partial x^l}\,\mathrm{d}x^l$ in (85,1) ein, so erhalten wir

$$\mathrm{D}A^i = \left(\frac{\partial A^i}{\partial x^l} + \Gamma^i_{kl}\,A^k\right)\mathrm{d}x^l\,. \tag{85,6}$$

Entsprechend finden wir für einen kovarianten Vektor

$$\mathrm{D}A_i = \left(\frac{\partial A_i}{\partial x^l} - \Gamma^k_{il}\,A_k\right)\mathrm{d}x^l\,. \tag{85,7}$$

Die in (85,6) und (85,7) in den Klammern stehenden Ausdrücke sind Tensoren, weil ihre Multiplikation mit dem Vektor $\mathrm{d}x^l$ einen Vektor ergibt. Sie sind offenbar jene Tensoren, die die gesuchte Verallgemeinerung der Ableitung eines Tensors in krummlinigen Koordinaten darstellen. Man bezeichnet sie als *kovariante Ableitungen* der entsprechenden Vektoren A^i und A_i. Wir werden sie im folgenden mit $A^i_{;k}$ und $A_{i;k}$ abkürzen. Es ist somit

$$\mathrm{D}A^i = A^i_{;l}\,\mathrm{d}x^l\,, \qquad \mathrm{D}A_i = A_{i;l}\,\mathrm{d}x^l\,, \tag{85,8}$$

---

[1]) Anstelle von Γ^i_{kl} und $\Gamma_{i,kl}$ benutzen wir gelegentlich auch die Bezeichnungen $\left\{ {kl \atop i} \right\}$ und $\left[{kl \atop i} \right]$.

und die kovarianten Ableitungen selbst sind

$$A^i_{;l} = \frac{\partial A^i}{\partial x^l} + \Gamma^i_{kl} A^k , \tag{85,9}$$

$$A_{i;l} = \frac{\partial A_i}{\partial x^l} - \Gamma^k_{il} A_k . \tag{85,10}$$

In galileischen Koordinaten ist $\Gamma^i_{kl} = 0$, und die kovarianten Ableitungen gehen in gewöhnliche über.

Es läßt sich auch leicht die kovariante Ableitung eines Tensors definieren. Dazu ist die Änderung des Tensors bei einer infinitesimalen Parallelverschiebung zu bestimmen. Wir betrachten irgendeinen kontravarianten Tensor, der das Produkt zweier kontravarianter Vektoren $A^i B^k$ ist. Bei Parallelverschiebung finden wir

$$\delta(A^i B^k) = A^i \delta B^k + B^k \delta A^i = - A^i \Gamma^k_{lm} B^l \, \mathrm{d}x^m - B^k \Gamma^i_{lm} A^l \, \mathrm{d}x^m .$$

Infolge der Linearität dieser Transformation muß sie auch für einen beliebigen Tensor A^{ik} gelten:

$$\delta A^{ik} = - (A^{im} \Gamma^k_{ml} + A^{mk} \Gamma^i_{ml}) \, \mathrm{d}x^l . \tag{85,11}$$

Setzen wir dies in

$$\mathrm{D}A^{ik} = \mathrm{d}A^{ik} - \delta A^{ik} \equiv A^{ik}_{;l} \, \mathrm{d}x^l$$

ein, so finden wir die kovariante Ableitung des Tensors A^{ik} in der Form

$$A^{ik}_{;l} = \frac{\partial A^{ik}}{\partial x^l} + \Gamma^i_{ml} A^{mk} + \Gamma^k_{ml} A^{im} . \tag{85,12}$$

Ganz entsprechend erhält man für die kovarianten Ableitungen eines gemischten und kovarianten Tensors die Ausdrücke

$$A^i{}_{k;l} = \frac{\partial A^i{}_k}{\partial x^l} - \Gamma^m_{kl} A^i{}_m + \Gamma^i_{ml} A^m{}_k , \tag{85,13}$$

$$A_{ik;l} = \frac{\partial A_{ik}}{\partial x^l} - \Gamma^m_{il} A_{mk} - \Gamma^m_{kl} A_{im} . \tag{85,14}$$

Auf ähnliche Weise lassen sich die kovarianten Ableitungen von Tensoren beliebiger Stufe definieren. Man erhält dabei folgende Regel für die Bildung der kovarianten Ableitung: Um die kovariante Ableitung des Tensors $A^{\cdots}_{\cdots}$ nach x^l zu erhalten, füge man zu der gewöhnlichen Ableitung $\frac{\partial A^{\cdots}_{\cdots}}{\partial x^l}$ für jeden kovarianten Index i $(A^{\cdots}_{\cdot i \cdot})$ den Term $- \Gamma^k_{il} A^{\cdots}_{\cdot k \cdot}$ und für jeden kontravarianten Index i $(A^{\cdot i \cdot}_{\cdots})$ den Term $+ \Gamma^i_{kl} A^{\cdot k \cdot}_{\cdots}$ hinzu.

Man überzeugt sich leicht davon, daß für die kovariante Ableitung von Produkten dieselben Regeln wie für die gewöhnliche Ableitung gelten. Dabei ist unter der kovarianten Ableitung eines Skalares φ die gewöhnliche Ableitung zu verstehen, d. h. der kovariante Vektor $\varphi_{;k} = \varphi_{,k} = \frac{\partial \varphi}{\partial x^k}$, in Übereinstimmung damit, daß für einen Skalar $\delta\varphi = 0$ und daher $\mathrm{D}\varphi = \mathrm{d}\varphi$ gilt. Beispielsweise ist die kovariante Ableitung des Produktes $A_i\, B_k$ gleich

$$(A_i\, B_k)_{;l} = A_{i;l}\, B_k + A_i\, B_{k;l}\,.$$

Heben wir bei einer kovarianten Ableitung den Index, der die Differentiation anzeigt, so erhalten wir die sogenannte kontravariante Ableitung. So ist

$$A_i^{\;;k} = g^{kl}\, A_{i;l}\,, \qquad A^{i;k} = g^{kl}\, A^i_{\;;l}\,.$$

Wir geben nun die Formeln für die Transformation der CHRISTOFFEL-Symbole beim Übergang in ein anderes Koordinatensystem an. Man kann diese Formeln erhalten, wenn man die Transformationsgesetze der beiden Seiten der Gleichungen, die die kovariante Ableitung definieren, vergleicht und fordert, daß die Transformationsregeln dieselben sein sollen. Eine einfache Rechnung führt zu der Gleichung

$$\Gamma^i_{kl} = \Gamma'^m_{np} \frac{\partial x^i}{\partial x'^m} \frac{\partial x'^n}{\partial x^k} \frac{\partial x'^p}{\partial x^l} + \frac{\partial^2 x'^m}{\partial x^k\, \partial x^l} \frac{\partial x^i}{\partial x'^m}\,. \tag{85,15}$$

Aus dieser Formel entnimmt man, daß die Größen Γ^i_{kl} sich nur bei linearen Transformationen (für die das zweite Glied in (85,15) verschwindet) wie Tensorkomponenten verhalten. Wir merken jedoch an, daß dieses zweite Glied symmetrisch bezüglich der Indizes k, l ist; daher fällt es bei der Bildung der Differenz $S^i_{kl} = \Gamma^i_{kl} - \Gamma^i_{lk}$ heraus. Diese transformiert sich folglich nach dem Tensorgesetz

$$S^i_{kl} = S'^m_{np} \frac{\partial x'}{\partial x'^m} \frac{\partial x'^n}{\partial x^k} \frac{\partial x'^p}{\partial x^l}\,,$$

d.h. erweist sich als Tensor, welcher als *Windungstensor* des Raumes bezeichnet wird.

Wir zeigen nun, daß in der dargelegten Theorie, die auf dem Äquivalenzprinzip beruht, der Windungstensor gleich Null sein muß. In der Tat muß, wie bereits erwähnt, infolge dieses Prinzips ein „galileisches" Koordinatensystem existieren, in welchem an einem vorgegebenen Punkt die Γ^i_{kl}, und folglich auch die S^i_{kl}, verschwinden. Da S^i_{kl} nun aber ein Tensor ist, verschwindet er, wenn er in einem System gleich Null ist, auch in einem beliebigen anderen Koordinatensystem. Das heißt, daß die CHRISTOFFEL-Symbole in den unteren Indizes symmetrisch sein müssen:

$$\Gamma^i_{kl} = \Gamma^i_{lk}\,. \tag{85,16}$$

Offensichtlich gilt auch

$$\Gamma_{i,kl} = \Gamma_{i,lk}\,. \tag{85,17}$$

Im allgemeinen Falle gibt es insgesamt 40 verschiedene Größen Γ^i_{kl}, denn für jeden der vier Werte des Index i haben wir zehn verschiedene Werte des Indexpaares k, l (dabei sind Paare, die durch Vertauschen von k und l entstehen, als gleich angenommen).

Die Formel (85,15) gestattet einen leichten Beweis der früheren Behauptung, daß man unter der Bedingung (85,16) immer ein solches Koordinatensystem finden kann, in welchem alle Γ^i_{kl} in einem beliebig vorgegebenen Punkte verschwinden (ein solches System heißt *lokalinertial* oder *lokalgeodätisch*, siehe § 87).[1])

Benutzen wir nämlich diesen Punkt als Koordinatenursprung, so mögen die Größen Γ^i_{kl} in ihm die ursprünglichen (auf die Koordinaten x^i bezogenen) Werte $(\Gamma^i_{kl})_0$ besitzen. Führen wir um den Punkt die Transformation

$$x'^i = x^i + \frac{1}{2}(\Gamma^i_{kl})_0\, x^k\, x^l \tag{85,18}$$

aus, so ist

$$\left(\frac{\partial^2 x'^m}{\partial x^k\,\partial x^l}\,\frac{\partial x^i}{\partial x'^m}\right)_0 = (\Gamma^i_{kl})_0\,, \tag{85,19}$$

und nach (85,15) verschwinden alle Γ'^m_{np}.

Wir betonen, daß die Bedingung (85,16) hier wesentlich ist: Da der Ausdruck auf der linken Seite von (85,19) symmetrisch in den Indizes k, l ist, muß dies auch für die rechte Seite der Gleichung gelten.

Für die Transformation (85,18) gilt

$$\left(\frac{\partial x'^i}{\partial x^k}\right) = \delta^i_k\,,$$

so daß sich der Wert eines beliebigen Tensors (darunter des Tensors g_{ik}) in dem vorgegebenen Punkte nicht ändert; gleichzeitig mit dem Verschwinden der CHRISTOFFEL-Symbole lassen sich also die g_{ik} auf die galileische Form bringen.

§ 86. Der Zusammenhang der CHRISTOFFEL-Symbole mit dem metrischen Tensor

Wir zeigen, daß die kovariante Ableitung des metrischen Tensors g_{ik} verschwindet. Zu diesem Zweck bemerken wir, daß für den Vektor $\mathrm{D}\,A_i$ wie für jeden Vektor die Beziehung

$$\mathrm{D}\,A_i = g_{ik}\,\mathrm{D}\,A^k$$

gilt. Andererseits ist $A_i = g_{ik}\,A^k$ und daher

$$\mathrm{D}\,A_i = \mathrm{D}(g_{ik}\,A^k) = g_{ik}\,\mathrm{D}\,A^k + A^k\,\mathrm{D}\,g_{ik}\,.$$

Durch Vergleich mit $D\,A_i = g_{ik}\,D\,A^k$ haben wir infolge der Willkür von A^i

$$\mathrm{D}\,g_{ik} = 0\,.$$

Daher gilt auch für die kovariante Ableitung

$$g_{ik;\,l} = 0\,. \tag{86,1}$$

Unter der kovarianten Ableitung sind also die g_{ik} als Konstante zu betrachten.

---

[1]) Man kann ferner zeigen, daß man durch Wahl des Koordinatensystems die Γ^i_{kl} nicht nur an einem vorgegebenen Punkt, sondern auch auf einer vorgegebenen Kurve zum Verschwinden bringen kann. Der Beweis für diese Behauptung findet sich in dem Buche von P. K. RASCHEWSKI, Riemannsche Geometrie und Tensoranalysis, Nauka, Moskau 1964, § 91 (deutsche Übersetzung: VEB Deutscher Verlag der Wissenschaften, Berlin 1966).

Die Gleichung $g_{ik;l} = 0$ kann man dazu benutzen, die CHRISTOFFEL-Symbole Γ^i_{kl} durch den metrischen Tensor g_{ik} auszudrücken. Dazu schreiben wir nach der allgemeinen Definition (85,14) der kovarianten Ableitung von Tensoren

$$g_{ik;l} = \frac{\partial g_{ik}}{\partial x^l} - g_{mk}\,\Gamma^m_{il} - g_{im}\,\Gamma^m_{kl} = \frac{\partial g_{ik}}{\partial x^l} - \Gamma_{k,il} - \Gamma_{i,kl} = 0\,.$$

Die Ableitungen der g_{ik} lassen sich also durch die CHRISTOFFEL-Symbole ausdrücken.[1]) Wir schreiben sie unter Vertauschung der Indizes i, k, l

$$\frac{\partial g_{ik}}{\partial x^l} = \Gamma_{k,il} + \Gamma_{i,kl}\,,$$

$$\frac{\partial g_{li}}{\partial x^k} = \Gamma_{i,kl} + \Gamma_{l,ik}\,,$$

$$-\frac{\partial g_{kl}}{\partial x^i} = -\,\Gamma_{l,ki} - \Gamma_{k,li}\,.$$

Bilden wir die halbe Summe dieser Gleichungen, so finden wir (unter Beachtung von $\Gamma_{i,kl} = \Gamma_{i,lk}$):

$$\Gamma_{i,kl} = \frac{1}{2}\left(\frac{\partial g_{ik}}{\partial x^l} + \frac{\partial g_{il}}{\partial x^k} - \frac{\partial g_{kl}}{\partial x^i}\right). \tag{86,2}$$

Hieraus erhalten wir für die Größen $\Gamma^i_{kl} = g^{im}\,\Gamma_{m,kl}$:

$$\Gamma^i_{kl} = \frac{1}{2}\,g^{im}\left(\frac{\partial g_{mk}}{\partial x^l} + \frac{\partial g_{ml}}{\partial x^k} - \frac{\partial g_{kl}}{\partial x^m}\right). \tag{86,3}$$

Diese Gleichung gibt uns den gesuchten Zusammenhang der CHRISTOFFEL-Symbole mit dem metrischen Tensor.

Wir leiten nun einen für das folgende nützlichen Ausdruck für die verjüngten CHRISTOFFEL-Symbole Γ^i_{ki} ab. Dazu bestimmen wir das Differential $\mathrm{d}g$ der aus den Tensorkomponenten g_{ik} gebildeten Determinante g. Man erhält $\mathrm{d}g$, wenn man das Differential von jeder Komponente g_{ik} mit seinem Koeffizienten in der Determinante, d. h. mit dem entsprechenden Minor, multipliziert. Andererseits sind die Komponenten des zum Tensor g_{ik} reziproken Tensors g^{ik} bekanntlich gleich den durch g geteilten Minoren der Determinante von g_{ik}, diese sind also durch $g\,g^{ik}$ gegeben.[2]) Wir haben daher

$$\mathrm{d}g = g\,g^{ik}\,\mathrm{d}g_{ik} = -\,g\,g_{ik}\,\mathrm{d}g^{ik} \tag{86,4}$$

(wegen $g_{ik}\,g^{ik} = \delta^i_i = 4$ ist $g^{ik}\,\mathrm{d}g_{ik} = -\,g_{ik}\,\mathrm{d}g^{ik}$).

Aus (86,3) folgt

$$\Gamma^i_{ki} = \frac{1}{2}\,g^{im}\left(\frac{\partial g_{mk}}{\partial x^i} + \frac{\partial g_{mi}}{\partial x^k} - \frac{\partial g_{ki}}{\partial x^m}\right).$$

---

[1]) Die Wahl eines lokalgeodätischen Koordinatensystems bedeutet daher, daß alle ersten Ableitungen der Komponenten des metrischen Tensors in einem Punkt zum Verschwinden gebracht werden.

[2]) Man beachte die Beziehung $g_{il}\,g^{lk} = \delta^k_l$. (Anm. d. Hrsg.).

Vertauschen wir die Indizes m und i im dritten und ersten Term in der Klammer, so sehen wir, daß sich beide Terme aufheben und daher

$$\Gamma^i_{ki} = \frac{1}{2} g^{im} \frac{\partial g_{im}}{\partial x^k}$$

oder nach (86,4)

$$\Gamma^i_{ki} = \frac{1}{2\,g} \frac{\partial g}{\partial x^k} = \frac{\partial \ln \sqrt{-g}}{\partial x^k} \tag{86,5}$$

gilt.

Es ist ferner nützlich, sich einen Ausdruck für die Größen $g^{kl}\,\Gamma^i_{kl}$ zu merken. Wir haben

$$g^{kl}\,\Gamma^i_{kl} = \frac{1}{2} g^{kl} g^{im} \left(\frac{\partial g_{mk}}{\partial x^l} + \frac{\partial g_{lm}}{\partial x^k} - \frac{\partial g_{kl}}{\partial x^m}\right) = g^{kl} g^{im} \left(\frac{\partial g_{mk}}{\partial x^l} - \frac{1}{2}\frac{\partial g_{kl}}{\partial x^m}\right).$$

Mittels (86,4) kann dies in die Gestalt

$$g^{kl}\,\Gamma^i_{kl} = -\frac{1}{\sqrt{-g}} \frac{\partial (\sqrt{-g}\, g^{ik})}{\partial x^k} \tag{86,6}$$

überführt werden.

Für verschiedene Rechnungen ist es wichtig, daß die Ableitungen des kontravarianten Tensors g^{ik} mit den Ableitungen von g_{ik} durch die Beziehungen

$$g_{il} \frac{\partial g^{lk}}{\partial x^m} = -\, g^{lk} \frac{\partial g_{il}}{\partial x^m} \tag{86,7}$$

verbunden sind (man erhält sie durch Differenzieren der Gleichung $g_{il}\, g^{lk} = \delta^k_i$). Schließlich sei darauf hingewiesen, daß die Ableitungen von g^{ik} ebenfalls durch die Größen Γ^i_{kl} ausgedrückt werden können. Aus der Identität $g^{ik}_{\;;l} = 0$ folgt nämlich unmittelbar

$$\frac{\partial g^{ik}}{\partial x^l} = -\,\Gamma^i_{ml}\, g^{mk} - \Gamma^k_{ml}\, g^{im}\,. \tag{86,8}$$

Mit den erhaltenen Beziehungen läßt sich auch der Ausdruck $A^i_{;i}$, der die Verallgemeinerung der Divergenz eines Vektors in krummlinigen Koordinaten darstellt, in eine bequeme Gestalt bringen. Benutzen wir (86,5), so haben wir

$$A^i_{;i} = \frac{\partial A^i}{\partial x^i} + \Gamma^i_{li}\, A^l = \frac{\partial A^i}{\partial x^i} + A^l \frac{\partial \ln \sqrt{-g}}{\partial x^l}$$

und endgültig

$$A^i_{;i} = \frac{1}{\sqrt{-g}} \frac{\partial (\sqrt{-g}\, A^i)}{\partial x^i}. \tag{86,9}$$

Einen entsprechenden Ausdruck erhält man auch für die Divergenz des antisymmetrischen Tensors A^{ik}. Aus (85,12) entnehmen wir

$$A^{ik}_{\;;k} = \frac{\partial A^{ik}}{\partial x^k} + \Gamma^i_{mk}\, A^{mk} + \Gamma^k_{mk}\, A^{im}\,.$$

Wegen $A^{mk} = -A^{km}$ ist

$$\Gamma^i_{mk} A^{mk} = -\Gamma^i_{km} A^{km} = 0\,.$$

Setzen wir den Ausdruck (86,5) für Γ^k_{mk} ein, so finden wir folglich

$$A^{ik}_{\ ;k} = \frac{1}{\sqrt{-g}} \frac{\partial(\sqrt{-g}\, A^{ik})}{\partial x^k}\,. \tag{86,10}$$

Es sei nun A_{ik} ein symmetrischer Tensor; wir wollen die aus seinen gemischten Komponenten gebildete Größe $A^k_{i;k}$ bestimmen.[1]) Es ist

$$A^k_{i;k} = \frac{\partial A^k_i}{\partial x^k} + \Gamma^k_{lk} A^l_i - \Gamma^l_{ik} A^k_l = \frac{1}{\sqrt{-g}} \frac{\partial(A^k_i \sqrt{-g})}{\partial x^k} - \Gamma^l_{ki} A^k_l\,.$$

Der letzte Term ist gleich

$$-\frac{1}{2}\left(\frac{\partial g_{il}}{\partial x^k} + \frac{\partial g_{kl}}{\partial x^i} - \frac{\partial g_{ik}}{\partial x^l}\right) A^{kl}\,.$$

Infolge der Symmetrie von A^{kl} heben sich zwei Terme in der Klammer gegenseitig fort, und es bleibt

$$A^k_{i;k} = \frac{1}{\sqrt{-g}} \frac{\partial(\sqrt{-g}\, A^k_i)}{\partial x^k} - \frac{1}{2} \frac{\partial g_{kl}}{\partial x^i} A^{kl}\,. \tag{86,11}$$

In galileischen Koordinaten ist $\frac{\partial A_i}{\partial x^k} - \frac{\partial A_k}{\partial x^i}$ ein antisymmetrischer Tensor, der sich in krummlinigen Koordinaten $A_{i;k} - A_{k;i}$ schreibt. Mit Hilfe des Ausdruckes für $A_{i;k}$ und der Beziehung $\Gamma^i_{kl} = \Gamma^i_{lk}$ ergibt sich jedoch

$$A_{i;k} - A_{k;i} = \frac{\partial A_i}{\partial x^k} - \frac{\partial A_k}{\partial x^i}\,. \tag{86,11}$$

Schließlich wollen wir noch die Summe $\frac{\partial^2 \varphi}{\partial x_i\, \partial x^i}$ der zweiten Ableitungen eines Skalars φ auf krummlinige Koordinaten transformieren. Offensichtlich geht die Summe in diesen Koordinaten in $\varphi_{;i}^{;i}$ über. Nun ist $\varphi_{;i} = \frac{\partial \varphi}{\partial x^i}$, da die kovariante Ableitung eines Skalars gleich der gewöhnlichen ist. Heben wir den Index i, so erhalten wir

$$\varphi^{;i} = g^{ik} \frac{\partial \varphi}{\partial x^k}\,,$$

und mit der Beziehung (86,9) finden wir

$$\varphi_{;i}^{;i} = \frac{1}{\sqrt{-g}} \frac{\partial}{\partial x^i}\left(\sqrt{-g}\, g^{ik} \frac{\partial \varphi}{\partial x^k}\right). \tag{86,13}$$

---

[1]) Für einen *symmetrischen* Tensor A_{ik} gilt $A_i^{\ k} = A^k_{\ i} = A^k_i$ (Anm. d. Hrsg.).

Nützlich ist noch der Hinweis, daß der GAUSSsche Satz (83,20) für die Umformung eines längs einer Hyperfläche erstreckten Integrals über einen Vektor in ein vierdimensionales Volumenintegral infolge (86,9)

$$\oint A^i \sqrt{-g}\, \mathrm{d}S_i = \int A^i_{;i} \sqrt{-g}\, \mathrm{d}\Omega \tag{86,14}$$

geschrieben werden kann.

§ 87. Die Bewegung eines Teilchens im Gravitationsfeld

Die Bewegung eines freien Teilchens wird in der speziellen Relativitätstheorie durch das Prinzip der kleinsten Wirkung bestimmt:

$$\delta S = -m c\, \delta \int \mathrm{d}s = 0\,, \tag{87,1}$$

nach dem sich das Teilchen so bewegt, daß seine Weltlinie eine „Extremale“ zwischen zwei gegebenen Weltpunkten wird, d. h. in diesem Falle eine Gerade (im gewöhnlichen dreidimensionalen Raum entspricht dem eine geradlinig-gleichförmige Bewegung).

Die Bewegung eines Teilchens im Gravitationsfeld muß durch ein Prinzip der kleinsten Wirkung in derselben Form (87,1) festgelegt sein, da das Gravitationsfeld nichts anderes als eine Änderung der Metrik von Raum und Zeit darstellt und sich nur in einer Veränderung des Zusammenhangs von $\mathrm{d}s$ mit $\mathrm{d}x^i$ bemerkbar machen kann. Im Gravitationsfeld bewegt sich also ein Teilchen so, daß seine Weltpunkte auf einer Extremalen oder, wie man sagt, auf einer *geodätischen Linie* im vierdimensionalen Raum der x^0, x^1, x^2, x^3 liegen; da jedoch bei Vorhandensein eines Gravitationsfeldes der vierdimensionale Raum nicht galileisch ist, so sind diese Linien keine „Geraden“, und die tatsächliche räumliche Bewegung eines Teilchens erfolgt weder gleichförmig noch geradlinig.

Die Bewegungsgleichungen für ein Teilchen im Gravitationsfeld können unmittelbar aus dem Prinzip der kleinsten Wirkung hergeleitet werden. (S. die Aufgabe zu diesem Paragraphen.) Bequemer findet man sie jedoch durch entsprechende Verallgemeinerung der Differentialgleichungen für die freie Bewegung eines Teilchens in der speziellen Relativitätstheorie (d. h. bezogen auf ein vierdimensionales galileisches Koordinatensystem). Diese Gleichungen lauten $\frac{\mathrm{d}u^i}{\mathrm{d}s} = 0$ oder auch $\mathrm{d}u^i = 0$, wobei $u^i = \frac{\mathrm{d}x^i}{\mathrm{d}s}$ die Vierergeschwindigkeit ist. Es ist klar, daß in krumminigen Koordinaten die Verallgemeinerung dieser Gleichungen

$$\mathrm{D}u^i = 0 \tag{87,2}$$

lautet. Aus der Formel (85,6) für das kovariante Differential eines Vektors folgt

$$\mathrm{d}u^i + \Gamma^i_{kl}\, u^k\, \mathrm{d}x^l = 0\,.$$

Dividieren wir diese Gleichung durch $\mathrm{d}s$, so finden wir

$$\frac{\mathrm{d}^2 x^i}{\mathrm{d}s^2} + \Gamma^i_{kl} \frac{\mathrm{d}x^k}{\mathrm{d}s} \frac{\mathrm{d}x^l}{\mathrm{d}s} = 0\,. \tag{87,3}$$

Das ist die gesuchte Bewegungsgleichung. Wir sehen, daß die Bewegung eines Teilchens im Gravitationsfeld durch die Größen Γ^i_{kl} bestimmt wird. Die Ableitung $\frac{d^2x^i}{ds^2}$ ist die Vierebeschleunigung des Teilchens. Wir können daher die Größe $-m\,\Gamma^i_{kl}\,u^k\,u^l$ als die auf ein Teilchen im Gravitationsfeld wirkende „Viererkraft" bezeichnen. Der Tensor g_{ik} spielt dabei die Rolle eines „Potentials" des Gravitationsfeldes, seine Ableitungen bestimmen die „Feldstärke" Γ^i_{kl}.[1])

Im § 85 wurde gezeigt, daß durch geeignete Wahl des Koordinatensystems in einem beliebigen vorgegebenen Weltpunkt stets alle Γ^i_{kl} zum Verschwinden gebracht werden können. Wir sehen hier, daß der Übergang zu einem solchen lokalen Inertialsystem die Eliminierung des Gravitationsfeldes in einem unendlich kleinen Raum-Zeit-Gebiet bedeutet; die Möglichkeit eines solchen Übergangs ist ein Ausdruck für das Äquivalenzprinzip in der relativistischen Gravitationstheorie.[2])

Der Viererimpuls eines Teilchens ist nach wie vor

$$p^i = m\,c\,u^i \tag{87,4}$$

und sein Quadrat

$$p_i\,p^i = m^2\,c^2\,. \tag{87,5}$$

Mit $p_i = -\frac{\partial S}{\partial x^i}$ erhalten wir die HAMILTON-JACOBI-Gleichung für ein Teilchen im Gravitationsfeld

$$g^{ik}\frac{\partial S}{\partial x^i}\frac{\partial S}{\partial x^k} - m^2\,c^2 = 0\,. \tag{87,6}$$

Für die Ausbreitung eines Lichtsignals ist die Gleichung der geodätischen Linien in der Form (87,3) nicht anwendbar, da längs der Weltlinien der Lichtausbreitung der Abstand ds verschwindet und alle Terme in (87,3) unendlich werden. Um den Bewegungsgleichungen die diesem Fall entsprechende Gestalt zu geben, benutzen wir die Tatsache, daß in der geometrischen Optik die Lichtausbreitung durch den den Strahl tangierenden Wellenvektor gegeben ist. Wir können daher den vierdimensionalen Wellenvektor in der Gestalt $k^i = \frac{dx^i}{d\lambda}$ schreiben, wobei λ irgendein Parameter ist, der sich längs des Strahles ändert. In der speziellen Relativitätstheorie bleibt der Wellenvektor bei der Lichtausbrei-

---

[1]) Wir notieren ferner die Gestalt der Bewegungsgleichungen, ausgedrückt durch die kovarianten Komponenten der Viererbeschleunigung. Aus der Bedingung $Du_i = 0$ folgt

$$\frac{du_i}{ds} - \Gamma_{k,\,il}\,u^k\,u^l = 0\,.$$

Wenn wir hierin $\Gamma_{k,\,il}$ aus (86,2) einsetzen, heben sich zwei Glieder heraus, und es bleibt:

$$\frac{du_i}{ds} - \frac{1}{2}\frac{\partial g_{kl}}{\partial x^i}\,u^k\,u^l = 0\,.$$

[2]) In der Anmerkung auf S. 288 wurde auch auf die Möglichkeit der Wahl eines Bezugssystems aufmerksam gemacht, das längs einer vorgegebenen Weltlinie „inertial" ist. Sind insbesondere diese Linien die Koordinatenlinien der Zeit (entlang dieser Linien gilt x^1, x^2, x^3 = const), so kann auf diese Weise das Gravitationsfeld in einem vorgegebenen räumlichen Volumenelement auf der gesamten Zeitachse eliminiert werden.

tung im Vakuum längs des Strahles unverändert, d. h., es ist $\mathrm{d}k^i = 0$ (siehe § 53). Im Gravitationsfeld geht diese Gleichung offenbar in $\mathrm{D}k^i = 0$ oder

$$\frac{\mathrm{d}k^i}{\mathrm{d}\lambda} + \Gamma^i_{kl}\, k^k\, k^l = 0 \tag{87,7}$$

über (aus diesen Gleichungen wird auch der Parameter λ bestimmt).[1]

Das Quadrat des vierdimensionalen Wellenvektors k_i verschwindet (siehe § 48), d. h., es gilt

$$k_i\, k^i = 0\,. \tag{87,8}$$

Setzen wir hier $\frac{\partial \psi}{\partial x^i}$ statt k_i ein (ψ ist das Eikonal), so ergibt sich die Eikonalgleichung im Gravitationsfeld in der Gestalt

$$g^{ik} \frac{\partial \psi}{\partial x^i} \frac{\partial \psi}{\partial x^k} = 0\,. \tag{87,9}$$

Im Grenzfall kleiner Geschwindigkeiten müssen die relativistischen Bewegungsgleichungen eines Teilchens im Gravitationsfeld in die entsprechenden nichtrelativistischen Gleichungen übergehen. Dabei ist zu bedenken, daß aus der Annahme kleiner Geschwindigkeiten auch die Bedingung folgt, daß das Gravitationsfeld selbst schwach sein muß; im entgegengesetzten Fall würde das Teilchen im Feld eine große Geschwindigkeit erlangen.

Wir wollen feststellen, wie in diesem Grenzfall der metrische Tensor g_{ik} mit dem nichtrelativistischen Gravitationspotential zusammenhängt.

In der nichtrelativistischen Mechanik ist die Bewegung eines Teilchens im Gravitationsfeld durch die LAGRANGE-Funktion (81,1) bestimmt. Wir schreiben sie hier in der Form

$$L = -\,m\,c^2 + \frac{m\,v^2}{2} - m\,\varphi\,, \tag{87,10}$$

wobei wir die Konstante $-\,m\,c^2$ hinzugefügt haben.[2] Das muß geschehen, damit die nichtrelativistische LAGRANGE-Funktion bei Abwesenheit des Gravitationsfeldes, $L = -\,m\,c^2 + \frac{m\,v^2}{2}$, mit derjenigen identisch wird, die man aus dem relativistischen Ausdruck $L = -\,m\,c^2\sqrt{1 - \frac{v^2}{c^2}}$ im Grenzfalle $v/c \to 0$ erhält.

Die nichtrelativistische Wirkung S für ein Teilchen im Gravitationsfeld hat daher die Gestalt

$$S = \int L\,\mathrm{d}t = -\,m\,c \int \left(c - \frac{v^2}{2\,c} + \frac{\varphi}{c}\right) \mathrm{d}t\,.$$

Vergleichen wir dies mit dem Ausdruck $S = -\,m\,c \int \mathrm{d}s$, so sehen wir, daß in dem betrachteten Grenzfall

$$\mathrm{d}s = \left(c - \frac{v^2}{2\,c} + \frac{\varphi}{c}\right) \mathrm{d}t$$

[1]) Geodätische Linien, längs denen $\mathrm{d}s = 0$ gilt, heißen auch isotrope oder Null-Geodätische.

[2]) Das Potential φ ist selbstverständlich nur bis auf eine beliebige additive Konstante bestimmt. Diese Konstante werden wir im folgenden immer so wählen, daß das Potential in großer Entfernung von den Körpern, die das Feld erzeugen, verschwindet.

gilt. Quadrieren wir und lassen die Terme fort, die für $c \to \infty$ verschwinden, so ergibt sich

$$ds^2 = (c^2 + 2\varphi)\, dt^2 - d\boldsymbol{r}^2, \tag{87,11}$$

wobei wir $\boldsymbol{v}\, dt = d\boldsymbol{r}$ berücksichtigten.

Die Komponente g_{00} des metrischen Tensors hat also im Grenzfalle den Wert

$$g_{00} = 1 + \frac{2\varphi}{c^2}. \tag{87,12}$$

Was die anderen Komponenten betrifft, so würde aus (87,11) $g_{\alpha\beta} = \delta_{\alpha\beta}$, $g_{0\alpha} = 0$ folgen. In Wirklichkeit sind jedoch die bei diesen Komponenten auftretenden Korrekturen im allgemeinen von derselben Größenordnung wie die in g_{00} (siehe dazu ausführlicher im § 106). Daß mit der hier benutzten Methode diese Zusatzterme nicht bestimmt werden können, hat folgenden Grund: Diejenigen Korrekturen in $g_{\alpha\beta}$, die dieselbe Größenordnung wie die in g_{00} haben, gehen in die Lagrange-Funktion als Terme höherer Ordnung ein (da in ds^2 die Komponenten $g_{\alpha\beta}$ nicht wie g_{00} mit dem Faktor c^2 multipliziert sind).

Aufgabe

Es sind die Bewegungsgleichungen (87,3) aus dem Prinzip der kleinsten Wirkung (87,1) abzuleiten.

Lösung. Es gilt:

$$\delta\, ds^2 = 2\, ds\, \delta ds = \delta\, (g_{ik}\, dx^i\, dx^k) = dx^i\, dx^k \frac{\partial g_{ik}}{\partial x^l} \delta x^l + 2\, g_{ik}\, dx^i\, d\, \delta x^k.$$

Daher ist

$$\delta S = -mc \int \left\{ \frac{1}{2} \frac{dx^i}{ds} \frac{dx^k}{ds} \frac{\partial g_{ik}}{\partial x^l} \delta x^l + g_{ik} \frac{dx^i}{ds} \frac{d\,\delta x^k}{ds} \right\} ds$$

$$= -mc \int \left\{ \frac{1}{2} \frac{dx^i}{ds} \frac{dx^k}{ds} \frac{\partial g_{ik}}{\partial x^l} \delta x^l - \frac{d}{ds}\left(g_{ik} \frac{dx^i}{ds} \right) \delta x^k \right\} ds$$

(bei der partiellen Integration wurde berücksichtigt, daß an den Grenzen $\delta x^k = 0$ gilt). Im zweiten Term unter dem Integral ersetzen wir den Index k durch den Index l. Wir finden dann, wenn wir den bei der willkürlichen Variation δx^l stehenden Koeffizienten Null setzen,

$$\frac{1}{2} u^i u^k \frac{\partial g_{ik}}{\partial x^l} - \frac{d}{ds}(g_{il}\, u^i) = \frac{1}{2} u^i u^k \frac{\partial g_{ik}}{\partial x^l} - g_{il} \frac{du^i}{ds} - u^i u^k \frac{\partial g_{il}}{\partial x^k} = 0.$$

Da der dritte Term in der Gestalt

$$-\frac{1}{2} u^i u^k \left(\frac{\partial g_{il}}{\partial x^k} + \frac{\partial g_{kl}}{\partial x^i} \right)$$

geschrieben werden kann, erhalten wir unter Einführung der Christoffel-Symbole $\Gamma_{l,ik}$ nach (86,2)

$$g_{il} \frac{du^i}{ds} + \Gamma_{l,ik}\, u^i u^k = 0.$$

Die Gleichung (87,3) erhält man hieraus durch Heben des Index l.

§ 88. Das zeitunabhängige Gravitationsfeld

Ein Gravitationsfeld heißt *zeitunabhängig*, wenn man ein Bezugssystem wählen kann, in dem alle Komponenten des metrischen Tensors von der Zeitkoordinate x^0 unabhängig sind; x^0 wird in diesem Falle als *Weltzeit* bezeichnet.

Die Wahl der Weltzeit ist nicht eindeutig. Fügen wir nämlich zu x^0 eine beliebige Funktion der räumlichen Koordinaten hinzu, so bleiben weiterhin alle g_{ik} von x^0 unabhängig; diese Transformation entspricht einer willkürlichen Wahl des Nullpunktes der Zeitskala in jedem Raumpunkt.[1]) Außerdem gestattet natürlich die Weltzeit die Multiplikation mit einer beliebigen Konstanten; dies bedeutet eine willkürliche Wahl der Zeiteinheit.

Strenggenommen kann nur das von einem Körper erzeugte Feld zeitunabhängig sein. In einem System mehrerer Körper führt die gegenseitige Gravitationsanziehung der Körper zu Bewegungen; das von den Körpern hervorgerufene Feld wird somit nicht mehr zeitunabhängig sein.

Ruht der das Feld erzeugende Körper in dem Bezugssystem, in dem die g_{ik} von x^0 unabhängig sind, so sind die beiden Richtungen der Zeit äquivalent. In diesem Fall kann sich bei geeigneter Wahl des Nullpunktes der Zeitskala in allen Punkten des Raumes bei einer Vorzeichenumkehr von x^0 der Abstand ds nicht ändern, so daß alle Komponenten $g_{0\alpha}$ des metrischen Tensors identisch verschwinden müssen. Ein solches zeitunabhängiges Gravitationsfeld werden wir *statisch* nennen.

Die Unbeweglichkeit eines Körpers ist jedoch keine notwendige Bedingung für die Zeitunabhängigkeit des von ihm erzeugten Feldes. So ist z. B. auch das Feld eines gleichmäßig um seine Achse rotierenden axialsymmetrischen Körpers zeitunabhängig. In diesem Falle sind jedoch die beiden Zeitrichtungen nicht mehr gleichwertig, denn bei einer Änderung des Vorzeichens der Zeit ändert sich auch das Vorzeichen der Rotationgeschwindigkeit. Daher sind in derartigen zeitunabhängigen Gravitationsfeldern, die wir *stationär* nennen werden, die Komponenten $g_{0\alpha}$ des metrischen Tensors im allgemeinen von Null verschieden.

Die Bedeutung des Begriffes Weltzeit im zeitunabhängigen Gravitationsfeld besteht in folgendem: Die Weltzeitdifferenz zwischen zwei Ereignissen in

---

[1]) Es ist leicht zu sehen, daß sich bei dieser Transformation die räumliche Metrik, wie es auch sein muß, nicht ändert.

In der Tat ändern sich die Komponenten g_{ik} bei der Transformation

$$x^0 \to x^0 + f(x^1, x^2, x^3)$$

mit einer willkürlichen Funktion $f(x^1, x^2, x^3)$ folgendermaßen:

$$g_{\alpha\beta} \to g_{\alpha\beta} + g_{00} f_{,\alpha} f_{,\beta} - g_{0\alpha} f_{,\beta} - g_{0\beta} f_{,\alpha},$$

$$g_{0\alpha} \to g_{0\alpha} - g_{00} f_{,\alpha}, \qquad g_{00} \to g_{00}$$

mit $f_{,\alpha} = \frac{\partial f}{\partial x^\alpha}$. Dabei bleibt der dreidimensionale Tensor (84,7) offensichtlich unverändert.

irgendeinem Punkt des dreidimensionalen Raumes ist gleich dem Weltzeitintervall zwischen zwei beliebigen in irgendeinem anderen Raumpunkt stattfindenden Ereignissen, die (in dem in § 84 erklärten Sinne) zu dem ersten Ereignispaar gleichzeitig sind. Nun entsprechen gleichen Intervallen der Weltzeit x^0 in den verschiedenen Raumpunkten verschiedene Intervalle der Eigenzeit τ. Die Beziehung (84,1) zwischen ihnen läßt sich hier in der Form

$$\tau = \frac{1}{c}\sqrt{g_{00}}\, x^0 \tag{88,1}$$

schreiben, die auf ein beliebiges endliches Zeitintervall anwendbar ist.

In einem schwachen Gravitationsfeld läßt sich der Näherungsausdruck (87,12) verwenden; dabei ergibt (88,1)

$$\tau = \frac{x^0}{c}\left(1 + \frac{\varphi}{c^2}\right). \tag{88,2}$$

Die Eigenzeit verläuft also um so langsamer, je kleiner das Gravitationspotential an dem betreffenden Raumpunkt ist, d. h. je größer sein absoluter Betrag ist (im § 96 wird gezeigt, daß das Potential φ negativ ist). Von zwei Uhren möge sich die eine für eine gewisse Zeit im Gravitationsfeld befinden. Wie sich dann später zeigen würde, ist diese relativ zur anderen (die sich nicht im Feld befand) in ihrem Gang zurückgeblieben.

Wie schon dargelegt wurde, verschwinden in einem statischen Gravitationsfeld die Komponenten $g_{0\alpha}$ des metrischen Tensors. Nach den Ergebnissen des § 84 bedeutet dies, daß hier eine Synchronisierung von Uhren im ganzen Raum möglich ist.

Ferner hat das Element der räumlichen Entfernung im statischen Feld die einfache Gestalt

$$dl^2 = -\, g_{\alpha\beta}\, dx^\alpha\, dx^\beta\,. \tag{88,3}$$

In einem stationären Felde sind die $g_{0\alpha}$ von Null verschieden, und eine Synchronisierung von Uhren im ganzen Raume ist nicht möglich. Da die g_{ik} von x^0 unabhängig sind, kann man die Formel (84,14) für die Differenz der Weltzeit zweier gleichzeitiger Ereignisse, die an verschiedenen Raumpunkten stattfinden, in der Form

$$\Delta x^0 = -\int \frac{g_{0\alpha}\, dx^\alpha}{g_{00}} \tag{88,4}$$

schreiben. (88,4) ist für zwei beliebige Punkte auf der Kurve anzuwenden, längs der die Synchronisierung der Uhren erfolgt. Benutzt man jedoch eine geschlossene Kurve, so ist die Weltzeitdifferenz, die man bei Rückkehr zum Ausgangspunkt feststellt, gleich dem über die geschlossene Kurve erstreckten Integral[1]):

$$\Delta x^0 = -\oint \frac{g_{0\alpha}\, dx^\alpha}{g_{00}}\,. \tag{88,5}$$

[1]) Das Integral (88,5) verschwindet identisch, wenn die Summe $g_{0\alpha}\, dx^\alpha / g_{00}$ ein vollständiges Differential irgendeiner Funktion der räumlichen Koordinaten ist. Dieser Fall bedeutet jedoch einfach, daß wir es in Wirklichkeit mit einem statischen Feld zu tun haben, da durch eine Transformation der Gestalt $x^0 \to x^0 + f(x^\alpha)$ alle $g_{0\alpha}$ zum Verschwinden gebracht werden können.

Wir betrachten nun die Lichtausbreitung in einem zeitunabhängigen Gravitationsfeld. Wie wir im § 53 sahen, ist die Frequenz des Lichtes (mit umgekehrtem Vorzeichen) gleich der Ableitung des Eikonals nach der Zeit. Die in der Weltzeit x^0/c gemessene Frequenz ist daher gleich $\omega_0 = -c\,\frac{\partial \psi}{\partial x^0}$. Da die Eikonalgleichung (87,9) in einem zeitunabhängigen Felde x^0 nicht explizit enthält, bleibt die Frequenz ω_0 bei der Lichtausbreitung konstant. Die mit der Eigenzeit gemessene Frequenz ist dagegen $\omega = -\frac{\partial \psi}{\partial \tau}$; sie ist für verschiedene Raumpunkte verschieden.

Infolge der Beziehung

$$\frac{\partial \psi}{\partial \tau} = \frac{\partial \psi}{\partial x^0}\frac{\partial x^0}{\partial \tau} = \frac{\partial \psi}{\partial x^0}\frac{c}{\sqrt{g_{00}}}$$

gilt

$$\omega = \frac{\omega_0}{\sqrt{g_{00}}}. \tag{88,6}$$

Für ein schwaches Gravitationsfeld erhalten wir hieraus näherungsweise

$$\omega = \omega_0\left(1 - \frac{\varphi}{c^2}\right). \tag{88,7}$$

Wir sehen, daß die Frequenz des Lichtes mit einer Vergrößerung des Betrages des Gravitationspotentials wächst, d. h. bei Annäherung an den das Gravitationsfeld erzeugenden Körper; umgekehrt verkleinert sie sich mit der Entfernung pes Lichtstrahls von diesem Körper. Hat ein von einem Punkte mit dem Gravitationspotential φ_1 ausgehender Strahl (in diesem Punkte) die Frequenz ω, so wird er, wenn er zu einem Punkte mit dem Potential φ_2 gelangt, die (mit der Eigenzeit in diesem Punkte gemessene) Frequenz

$$\frac{\omega}{1 - \frac{\varphi_1}{c^2}}\left(1 - \frac{\varphi_2}{c^2}\right) = \omega\left(1 + \frac{\varphi_1 - \varphi_2}{c^2}\right)$$

besitzen.

Ein von irgendwelchen Atomen etwa auf der Sonne ausgestrahltes Linienspektrum sieht dort ebenso aus wie ein irdisches Spektrum, das von gleichartigen Atomen auf der Erde ausgesandt wird. Beobachtet man jedoch das von Atomen, die sich auf der Sonne befinden, ausgestrahlte Spektrum von der Erde aus, so sind seine Linien, wie aus den obigen Überlegungen folgt, gegenüber denen des irdischen Spektrums verschoben. Jede Linie mit der Frequenz ω wird nämlich um das Intervall $\Delta\omega$ geändert, das durch die Gleichung

$$\Delta\omega = \frac{\varphi_1 - \varphi_2}{c^2}\,\omega \tag{88,8}$$

gegeben ist, wobei φ_1 und φ_2 die Gravitationspotentiale am Emissions- und Beobachtungsort des Spektrums sind. Wird auf der Erde ein Spektrum beobachtet, das von der Sonne oder von Sternen ausgesandt wird, so ist $|\varphi_1| > |\varphi_2|$, und aus (88,8) folgt, daß $\Delta\omega < 0$ gilt, d. h., daß eine Verschiebung zu kleineren Frequenzen hin erfolgt. Die beschriebene Erscheinung wird als *Rotverschiebung* bezeichnet.

Ihre Ursache läßt sich unmittelbar an Hand des oben über die Weltzeit Gesagten verstehen. Infolge der Zeitunabhängigkeit des Feldes hängt das Weltzeitintervall, in dessen Verlauf sich irgendeine Schwingung der Lichtwelle von einem Raumpunkt zu einem anderen ausbreitet, nicht von x^0 ab. Es ist daher klar, daß die Zahl der Schwingungen in der Einheit der Weltzeit an allen Punkten des Strahls dieselbe sein wird. Nun entspricht aber einem Weltzeitintervall ein um so größeres Eigenzeitintervall, je weiter wir uns von dem das Feld erzeugenden Körper entfernen. Die Frequenz, d. h. die Zahl der Schwingungen in der Einheit der Eigenzeit, wird daher mit der Entfernung von diesen Massen kleiner werden.

Bei der Bewegung eines Teilchens im zeitunabhängigen Feld bleibt seine Energie erhalten, die durch die Ableitung $\left(-c\frac{\partial S}{\partial x^0}\right)$ der Wirkungsfunktion nach der Weltzeit bestimmt wird; dies folgt z. B. daraus, daß x^0 in die HAMILTON-JACOBI-Gleichung nicht explizit eingeht. Die auf diese Weise bestimmte Energie ist die Zeitkomponente des kovarianten Impulsvierervektors $p_k = m\,c\,u_k = m\,c\,g_{ki}\,u^i$. In einem statischen Felde ist $ds^2 = g_{00}\,(dx^0)^2 - dl^2$, und wir erhalten für die Energie, die wir hier mit $\mathscr{E}_0$ bezeichnen,

$$\mathscr{E}_0 = m\,c^2\,g_{00}\frac{dx^0}{ds} = m\,c^2\,g_{00}\frac{dx^0}{\sqrt{g_{00}\,(dx^0)^2 - dl^2}}.$$

Wir führen die Geschwindigkeit

$$v = \frac{dl}{d\tau} = \frac{c\,dl}{\sqrt{g_{00}}\,dx^0}$$

des Teilchens ein, die in der Eigenzeit, d. h. von einem Beobachter, der sich in dem betreffenden Punkte befindet, gemessen wird. Dann erhalten wir für die Energie

$$\mathscr{E}_0 = \frac{m\,c^2\sqrt{g_{00}}}{\sqrt{1-\frac{v^2}{c^2}}}. \tag{88,9}$$

Diese Größe bleibt bei der Bewegung des Teilchens konstant.

Man kann leicht zeigen, daß der Energieausdruck (88,9) auch in einem stationären Feld in Kraft bleibt, wenn nur die Geschwindigkeit v unter Verwendung der Eigenzeit gemessen wird, die durch längs der Weltlinie des Teilchens synchronisierte Uhren bestimmt ist. Befindet sich das Teilchen zum Weltzeitpunkt x^0 im Punkt A und gelangt es im Augenblick $x^0 + dx^0$ zum infinitesimal benachbarten Punkt B, so ist hier zur Definition der Geschwindigkeit nicht das Zeitintervall $(x^0 + dx^0) - x^0 = dx^0$ zu nehmen, sondern die Differenz zwischen $x^0 + dx^0$ und dem Augenblick $x^0 - \frac{g_{0\alpha}}{g_{00}}\,dx^\alpha$, der im Punkt B zum

Augenblick x^0 im Punkte A gleichzeitig ist:

$$(x^0 + dx^0) - \left(x^0 - \frac{g_{0\alpha}}{g_{00}} dx^\alpha\right) = dx^0 + \frac{g_{0\alpha}}{g_{00}} dx^\alpha .$$

Multiplizieren wir diese Differenz mit $\sqrt{g_{00}}/c$, so erhalten wir das entsprechende Eigenzeitintervall, so daß die Geschwindigkeit

$$v^\beta = \frac{c\, dx^\beta}{\sqrt{h}\,(dx^0 - g_\alpha\, dx^\alpha)} \tag{88,10}$$

lautet, wobei die Bezeichnungen

$$h = g_{00}\,, \qquad g_\alpha = -\frac{g_{0\alpha}}{g_{00}} \tag{88,11}$$

für den dreidimensionalen Vektor $\boldsymbol{g}$ (der schon im § 84 eingeführt wurde) und für den dreidimensionalen Skalar g_{00} verwendet wurden. Die kovarianten Komponenten der Geschwindigkeit $\boldsymbol{v}$ als dreidimensionaler Vektor im Raum mit der Metrik $\gamma_{\alpha\beta}$ und das Quadrat dieses Vektors sind wie folgt zu verstehen[1]):

$$v_\alpha = \gamma_{\alpha\beta}\, v^\beta\,, \qquad v^2 = v_\alpha\, v^\alpha . \tag{88,12}$$

Bei einer solchen Definition wird der Abstand ds durch die Geschwindigkeit in üblicher Weise ausgedrückt:

$$\begin{aligned} ds^2 &= g_{00}\,(dx^0)^2 + 2\, g_{0\alpha}\, dx^0\, dx^\alpha + g_{\alpha\beta}\, dx^\alpha\, dx^\beta \\ &= h\,(dx^0 - g_\alpha\, dx^\alpha)^2 - dl^2 = h\,(dx^0 - g_\alpha\, dx^\alpha)^2 \left(1 - \frac{v^2}{c^2}\right). \end{aligned} \tag{88,13}$$

Die Komponenten der Vierergeschwindigkeit $u^i = \frac{dx^i}{ds}$ sind

$$u^\alpha = \frac{v^\alpha}{c\sqrt{1 - \frac{v^2}{c^2}}}\,, \qquad u^0 = \frac{1}{\sqrt{h}\sqrt{1 - \frac{v^2}{c^2}}} + \frac{g_\alpha\, v^\alpha}{c\sqrt{1 - \frac{v^2}{c^2}}} . \tag{88,14}$$

Die Energie hat den Wert

$$\mathscr{E}_0 = m\, c^2\, g_{0i}\, u^i = m\, c^2\, h\,(u^0 - g_\alpha\, u^\alpha)$$

und nimmt die Gestalt (88,9) an, wenn wir hier (88,14) einsetzen.

In dem Grenzfall eines schwachen Gravitationsfeldes und kleiner Geschwindigkeiten können wir in (88,9) $g_{00} = 1 + \frac{2\varphi}{c^2}$ setzen; näherungsweise erhalten

---

[1]) Im folgenden werden wir wiederholt neben Vierervektoren und Vierertensoren auch dreidimensionale Vektoren und Tensoren im Raum mit der Metrik $\gamma_{\alpha\beta}$ betrachten. Beispiele hierfür sind die bereits eingeführten Vektoren $\boldsymbol{g}$ und $\boldsymbol{v}$. Alle Tensoroperationen (z. B. das Heben und Senken von Indizes) werden im zweiten Fall mit Hilfe des Tensors $\gamma_{\alpha\beta}$ ebenso ausgeführt wie im ersten Fall mit Hilfe des Tensors g_{ik}. Um Verwechslungen zu vermeiden, werden wir für dreidimensionale Größen andere Symbole verwenden als für vierdimensionale.

wir dann

$$\mathscr{E}_0 = m\,c^2 + \frac{m\,v^2}{2} + m\,\varphi\,, \tag{88,15}$$

wobei $m\,\varphi$ die potentielle Energie des Teilchens im Gravitationsfeld ist, in Übereinstimmung mit der LAGRANGE-Funktion (87,10).

Aufgaben

1. Man bestimme die Kraft, die auf ein Teilchen in einem zeitunabhängigen Gravitationsfeld wirkt.

Lösung. Für die von uns benötigten Komponenten Γ^i_{kl} finden wir folgende Ausdrücke:

$$\left.\begin{aligned}
\Gamma^\alpha_{00} &= \frac{1}{2} h^{;\alpha}\,,\\
\Gamma^\alpha_{0\beta} &= \frac{h}{2}(g^\alpha_{;\beta} - g^{;\alpha}_\beta) - \frac{1}{2} g_\beta\, h^{;\alpha}\,,\\
\Gamma^\alpha_{\beta\gamma} &= \lambda^\alpha_{\beta\gamma} + \frac{h}{2}[g_\beta(g^{;\alpha}_\gamma - g^\alpha_{;\gamma}) + g_\gamma(g^{;\alpha}_\beta - g^\alpha_{;\beta})] + \frac{1}{2} g_\beta\, g_\gamma\, h^{;\alpha}\,.
\end{aligned}\right\} \tag{1}$$

In diesen Ausdrücken sind alle tensoriellen Operationen (kovariante Ableitung, Heben und Senken der Indizes) im dreidimensionalen Raum mit der Metrik $\gamma_{\alpha\beta}$ an dem dreidimensionalen Vektor g^α und dem dreidimensionalen Skalar h auszuführen; $\lambda^\alpha_{\beta\gamma}$ ist das dreidimensionale CHRISTOFFEL-Symbol, das aus den Komponenten des dreidimensionalen Tensors $\gamma_{\alpha\beta}$ ebenso gebildet ist wie Γ^i_{kl} aus den g_{ik}. Bei der Berechnung wurden die Formeln (84,9) bis (84,12) verwendet.

Setzen wir (1) in die Bewegungsgleichungen

$$\frac{\mathrm{d}u^\alpha}{\mathrm{d}s} = -\,\Gamma^\alpha_{00}(u^0)^2 - 2\,\Gamma^\alpha_{0\beta}\,u^0\,u^\beta - \Gamma^\alpha_{\beta\gamma}\,u^\beta\,u^\gamma$$

ein und benutzen wir die Ausdrücke (88,14) für die Komponenten der Vierergeschwindigkeit, so erhalten wir nach einfachen Umrechnungen

$$\frac{\mathrm{d}}{\mathrm{d}s}\frac{v^\alpha}{c\sqrt{1-\frac{v^2}{c^2}}} = -\frac{h^{;\alpha}}{2h\left(1-\frac{v^2}{c^2}\right)} - \frac{\sqrt{h}\,(g^\alpha_{;\beta} - g^{;\alpha}_\beta)\,v^\beta}{c\left(1-\frac{v^2}{c^2}\right)} - \frac{\lambda^\alpha_{\beta\gamma}\,v^\beta\,v^\gamma}{c^2\left(1-\frac{v^2}{c^2}\right)}\,. \tag{2}$$

Die auf das Teilchen wirkende Kraft $\boldsymbol{f}$ ist die Ableitung seines Impulses $\boldsymbol{p}$ nach der (synchronisierten) Eigenzeit. Diese Ableitung wird mit Hilfe des kovarianten dreidimensionalen Differentials gebildet:

$$f^\alpha = c\sqrt{1-\frac{v^2}{c^2}}\,\frac{\mathrm{D}p^\alpha}{\mathrm{d}s} = c\sqrt{1-\frac{v^2}{c^2}}\,\frac{\mathrm{d}}{\mathrm{d}s}\frac{m\,v^\alpha}{\sqrt{1-\frac{v^2}{c^2}}} + \lambda^\alpha_{\beta\gamma}\frac{m\,v^\beta\,v^\gamma}{\sqrt{1-\frac{v^2}{c^2}}}\,.$$

Aus (2) folgt daher (wir ziehen zweckmäßigerweise den Index α herunter)

$$f_\alpha = \frac{m\,c^2}{\sqrt{1-\frac{v^2}{c^2}}}\left\{-\frac{\partial}{\partial x^\alpha}\ln\sqrt{h} + \sqrt{h}\left(\frac{\partial g_\beta}{\partial x^\alpha} - \frac{\partial g_\alpha}{\partial x^\beta}\right)\frac{v^\beta}{c}\right\}$$

oder in der gewöhnlichen dreidimensionalen Vektorschreibweise [1])

$$\boldsymbol{f} = \frac{m c^2}{\sqrt{1 - \frac{v^2}{c^2}}} \left\{ - \operatorname{grad} \ln \sqrt{h} + \sqrt{h} \frac{\boldsymbol{v}}{c} \times \operatorname{rot} \boldsymbol{g} \right\}. \tag{3}$$

Wir stellen fest, daß für den Fall eines unbewegten Körpers die auf ihn wirkende Kraft (der erste Term in (3)) ein Potential besitzt. Bei kleinen Geschwindigkeiten hat der zweite Term in (3) die Gestalt $m c \sqrt{h}\, \boldsymbol{v} \times \operatorname{rot} \boldsymbol{g}$; er entspricht einer Corioliskraft, die (bei Abwesenheit des Feldes) in einem mit der Winkelgeschwindigkeit

$$\boldsymbol{\Omega} = \frac{c}{2} \sqrt{h} \operatorname{rot} \boldsymbol{g}$$

rotierenden Koordinatensystem entstehen würde.

2. Man leite das FERMATsche Prinzip der Lichtausbreitung in einem zeitunabhängigen Gravitationsfeld her.

Lösung. Das FERMATsche Prinzip besagt (siehe § 53)

$$\delta \int k_\alpha \, \mathrm{d}x^\alpha = 0.$$

---

[1]) In dreidimensionalen krummlinigen Koordinaten ist der antisymmetrische Einheitstensor gemäß

$$\eta_{\alpha\beta\gamma} = \sqrt{\gamma}\, e_{\alpha\beta\gamma}, \qquad \eta^{\alpha\beta\gamma} = \left(\sqrt{\gamma}\right)^{-1} e^{\alpha\beta\gamma}$$

definiert, wobei $e_{123} = e^{123} = 1$ ist und bei Vertauschung von zwei Indizes sich das Vorzeichen ändert (siehe (83,13) bis (83,14)). Dementsprechend hat der Vektor $\boldsymbol{c} = [\boldsymbol{a}\, \boldsymbol{b}]$, der als der zum antisymmetrischen Tensor $c_{\beta\gamma} = a_\beta b_\gamma - a_\gamma b_\beta$ duale Vektor definiert ist, folgende Komponenten:

$$c_\alpha = \frac{1}{2} \sqrt{\gamma}\, e_{\alpha\beta\gamma} c^{\beta\gamma} = \sqrt{\gamma}\, e_{\alpha\beta\gamma} a^\beta b^\gamma, \qquad c^\alpha = \frac{1}{2\sqrt{\gamma}} e^{\alpha\beta\gamma} c_{\beta\gamma} = \frac{1}{\sqrt{\gamma}} e^{\alpha\beta\gamma} a_\beta b_\gamma.$$

Umgekehrt gilt:

$$c_{\alpha\beta} = \sqrt{\gamma}\, e_{\alpha\beta\gamma} c^\gamma, \qquad c^{\alpha\beta} = \frac{1}{\sqrt{\gamma}} e^{\alpha\beta\gamma} c_\gamma.$$

Entsprechend verstehen wir unter $\operatorname{rot} \boldsymbol{a}$ einen Vektor, der zum Tensor $a_{\beta;\alpha} - a_{\alpha;\beta} = \frac{\partial a_\beta}{\partial x_\alpha} - \frac{\partial a_\alpha}{\partial x^\beta}$ dual ist, so daß seine kontravarianten Komponenten gleich

$$(\operatorname{rot} \boldsymbol{a})^\alpha = \frac{1}{2\sqrt{\gamma}} e^{\alpha\beta\gamma} \left(\frac{\partial a_\gamma}{\partial x^\beta} - \frac{\partial a_\beta}{\partial x^\gamma} \right)$$

sind. Für die dreidimensionale Divergenz gilt:

$$\operatorname{div} \boldsymbol{a} = \frac{1}{\sqrt{\gamma}} \frac{\partial}{\partial x^\alpha} \left(\sqrt{\gamma}\, a^\alpha\right)$$

(siehe (86,9)).

Um Mißverständnisse beim Vergleich mit den Formeln zu vermeiden, die für dreidimensionale Vektoroperationen in orthogonalen krummlinigen Koordinaten gültig sind (siehe z. B. VIII, Anhang), bemerken wir, daß in diesen Formeln unter den Komponenten eines Vektors die Größen

$$\sqrt{g_{11}}\, A^1, \qquad \sqrt{g_{22}}\, A^2, \qquad \sqrt{g_{33}}\, A^3$$

zu verstehen sind.

Hierbei hat man das Integral längs des Strahls zu berechnen und den Integranden durch die längs des Strahls konstante Frequenz ω_0 und die Koordinatendifferentiale auszudrücken. Beachten wir $k_0 = -\partial\psi/\partial x^0 = \omega_0/c$, so können wir schreiben:

$$\frac{\omega_0}{c} = k_0 = g_{0i}\, k^i = g_{00}\, k^0 + g_{0\alpha}\, k^\alpha = h\,(k^0 - g_\alpha\, k^\alpha)\,.$$

Setzen wir dies in die Beziehung $k_i\, k^i = g_{ik}\, k^i\, k^k = 0$ ein, die wir in der Form

$$h\,(k^0 - g_\alpha\, k^\alpha)^2 - \gamma_{\alpha\beta}\, k^\alpha\, k^\beta = 0$$

verwenden, so erhalten wir

$$\frac{1}{h}\left(\frac{\omega_0}{c}\right)^2 - \gamma_{\alpha\beta}\, k^\alpha\, k^\beta = 0\,.$$

Berücksichtigen wir ferner, daß der Vektor k^α die Richtung des Vektors $\mathrm{d}x^\alpha$ hat, so finden wir

$$k^\alpha = \frac{\omega_0}{c\sqrt{h}}\,\frac{\mathrm{d}x^\alpha}{\mathrm{d}l}\,,$$

wobei $\mathrm{d}l$ das räumliche Linienelement (84,6) längs des Strahles ist. Um k_α zu erhalten schreiben wir

$$k^\alpha = g^{\alpha i}\, k_i = g^{\alpha 0}\, k_0 + g^{\alpha\beta}\, k_\beta = -\, g^\alpha\, \frac{\omega_0}{c} - \gamma^{\alpha\beta}\, k_\beta\,,$$

woraus

$$-\,k_\alpha = \gamma_{\alpha\beta}\left(k^\beta + \frac{\omega_0}{c}\, g^\beta\right) = \frac{\omega_0}{c}\left(\frac{\gamma_{\alpha\beta}}{\sqrt{h}}\,\frac{\mathrm{d}x^\beta}{\mathrm{d}l} + g_\alpha\right)$$

folgt. Durch Multiplikation mit $\mathrm{d}x^\alpha$ ergibt sich schließlich das FERMATsche Prinzip in der Gestalt (den konstanten Faktor ω_0/c lassen wir fort)

$$\delta \int \left(\frac{\mathrm{d}l}{\sqrt{h}} + g_\alpha\, \mathrm{d}x^\alpha\right) = 0\,.$$

In einem statischen Feld haben wir einfach

$$\delta \int \frac{\mathrm{d}l}{\sqrt{h}} = 0\,.$$

Es sei darauf hingewiesen, daß sich in einem Gravitationsfeld der Lichtstrahl nicht auf der kürzesten Linie im Raume bewegt; eine solche Linie wäre durch die Gleichung $\delta \int \mathrm{d}l = 0$ bestimmt.

§ 89. Die Rotation

Einen Sonderfall eines stationären Gravitationsfeldes stellt das Feld dar, das bei Übergang zu einem gleichmäßig rotierenden Bezugssystem entsteht.

Um das Abstandsdifferential $\mathrm{d}s$ zu bestimmen, transformieren wir ein ruhendes (Inertial-)System in ein gleichförmig rotierendes. In dem unbewegten Koordinatensystem r', φ', z', t (wir verwenden räumliche Zylinderkoordinaten) hat das Quadrat des Abstandsdifferentials die Gestalt

$$\mathrm{d}s^2 = c^2\, \mathrm{d}t^2 - \mathrm{d}r'^2 - r'^2\, \mathrm{d}\varphi'^2 - \mathrm{d}z'^2\,. \tag{89,1}$$

Die Zylinderkoordinaten des rotierenden Systems seien r, φ, z. Fällt die Rotationsachse mit der z- und z'-Achse zusammen, so gilt $r' = r$, $z' = z$, $\varphi' = \varphi + \Omega\, t$, wobei Ω die Winkelgeschwindigkeit der Rotation ist. Setzen wir dies in (89,1)ein, so finden wir den gesuchten Ausdruck für ds^2 in einem rotierenden Koordinatensystem:

$$ds^2 = (c^2 - \Omega^2 r^2)\, dt^2 - 2\,\Omega\, r^2\, d\varphi\, dt - dz^2 - r^2\, d\varphi^2 - dr^2\,. \quad (89,2)$$

Es ist zu beachten, daß das rotierende Koordinatensystem nur bis zu Entfernungen von der Größe c/Ω verwendet werden kann. In der Tat ersieht man aus (89,2), daß im Falle $r > c/\Omega$ die Größe g_{00} negativ wird, was unzulässig ist. Daß ein rotierendes Koordinatensystem in großen Entfernungen nicht mehr verwendbar ist, hängt damit zusammen, daß dort die Rotationsgeschwindigkeit größer als die Lichtgeschwindigkeit werden würde und daher ein solches Bezugssystem nicht mehr durch reale Körper dargestellt werden kann.

Wie in jedem stationären Feld können auch auf einem rotierenden Körper die Uhren nicht mehr in allen Punkten eindeutig synchronisiert werden. Führen wir die Synchronisierung längs einer geschlossenen Linie aus, so erhalten wir bei Rückkehr zum Ausgangspunkt eine Zeitangabe der Uhr, die sich von der ursprünglichen um die Differenz [siehe (88,5)]

$$\Delta t = -\frac{1}{c}\oint \frac{g_{0\alpha}}{g_{00}}\, dx^\alpha = \frac{1}{c^2}\oint \frac{\Omega\, r^2\, d\varphi}{1 - \frac{\Omega^2 r^2}{c^2}}$$

unterscheidet, oder wenn wir $\Omega\, r/c \ll 1$ annehmen, (d. h. die Rotationsgeschwindigkeit klein ist gegenüber der Lichtgeschwindigkeit)

$$\Delta t = \frac{\Omega}{c^2}\int r^2\, d\varphi = \pm\frac{2\,\Omega}{c^2} S\,. \quad (89,3)$$

S ist die Projektion der von der geschlossenen Linie umschlossenen Fläche auf die zur Rotationsachse senkrechte Ebene (es gilt das Vorzeichen + oder —, je nachdem die Kurve im oder gegen den Rotationssinn umfahren wird).

Wir nehmen an, daß sich längs irgendeiner geschlossenen Linie ein Lichtstrahl ausbreiten möge. Bis zu Termen der Ordnung v/c wollen wir dann die Zeit t berechnen, die zwischen dem Absenden des Signals und seiner Rückkehr zum Ausgangspunkt vergeht. Die Lichtgeschwindigkeit ist definitionsgemäß immer gleich c, wenn die Uhren entlang der vorgegebenen geschlossenen Linie synchronisiert sind und wir in jedem Punkte die Eigenzeit verwenden. Da die Differenz zwischen Eigenzeit und Weltzeit von der Ordnung v^2/c^2 ist, können wir diesen Unterschied vernachlässigen, da wir das gesuchte Zeitintervall t nur bis zu Größen der Ordnung v/c berechnen wollen. Wir haben also

$$t = \frac{L}{c} \pm \frac{2\,\Omega}{c^2} S\,,$$

wenn L die Länge der Kurve ist. Die durch das Verhältnis L/t definierte Lichtgeschwindigkeit ist also gleich

$$c \pm 2\,\Omega\frac{S}{L}. \tag{89,4}$$

Diese Beziehung, wie auch die Formel für die erste Näherung des DOPPLER-Effektes, läßt sich leicht auch auf rein klassischem Wege ableiten.

Aufgabe

Man bestimme das räumliche Linienelement in einem rotierenden Koordinatensystem.

Lösung. Mit (84,6) und (84,7) finden wir

$$dl^2 = dr^2 + dz^2 + \frac{r^2\,d\varphi^2}{1 - \Omega^2\frac{r^2}{c^2}},$$

wodurch die räumliche Geometrie im rotierenden Koordinatensystem bestimmt ist. Wir stellen fest, daß für das Verhältnis eines Kreisumfanges in der Ebene $z = \text{const}$ (mit dem Kreismittelpunkt auf der Rotationsachse) zu seinem Radius

$$\frac{2\pi}{\sqrt{1 - \frac{\Omega^2 r^2}{c^2}}} > 2\pi$$

gilt.

§ 90. Die Gleichungen der Elektrodynamik bei Vorhandensein eines Gravitationsfeldes

Die Gleichungen des elektromagnetischen Feldes in der speziellen Relativitätstheorie lassen sich auf einfache Weise so verallgemeinern, daß sie auch in einem beliebigen vierdimensionalen krummlinigen Koordinatensystem gelten, und daher auch in dem Fall, daß ein Gravitationsfeld vorhanden ist, anwendbar sind.

Der elektromagnetische Feldstärketensor ist in der speziellen Relativitätstheorie durch $F_{ik} = \frac{\partial A_k}{\partial x^i} - \frac{\partial A_i}{\partial x^k}$ gegeben. Offenbar muß man ihn hier durch $F_{ik} = A_{k;i} - A_{i;k}$ definieren. Infolge (86,12) gilt

$$F_{ik} = A_{k;i} - A_{i;k} = \frac{\partial A_k}{\partial x^i} - \frac{\partial A_i}{\partial x^k}, \tag{90,1}$$

die Beziehung zwischen F_{ik} und den Potentialen A_k ändert sich also nicht. Infolgedessen behält die erste Gruppe der MAXWELLschen Gleichungen (26,5)

$$\frac{\partial F_{ik}}{\partial x^l} + \frac{\partial F_{li}}{\partial x^k} + \frac{\partial F_{kl}}{\partial x^i} = 0 \tag{90,2}$$

ihre Gestalt bei[1]).

---

[1]) Wie man leicht sieht, kann diese Gleichung auch in der Form

$$F_{ik;l} + F_{li;k} + F_{kl;i} = 0$$

geschrieben werden, aus der ihre Kovarianz unmittelbar ersichtlich ist.

Um die zweite Gruppe der MAXWELLschen Gleichungen kovariant schreiben zu können, haben wir zunächst den Vierervektor des Stromes in krummlinigen Koordinaten zu bestimmen. Wir gehen dabei wie in § 28 vor. Das räumliche Volumenelement, aufgebaut aus den räumlichen Koordinatenelementen dx^1, dx^2, dx^3, ist $\sqrt{\gamma}\, dV$, wobei γ die Determinante des räumlichen metrischen Tensors (84,7) und $dV = dx^1\, dx^2\, dx^3$ ist (siehe Fußnote 2 auf Seite 277).

Wir führen die Ladungsdichte ϱ gemäß der Definition $de = \varrho \sqrt{\gamma}\, dV$ ein, wobei de die Ladung ist, die sich im Volumenelement $\sqrt{\gamma}\, dV$ befindet. Wenn wir die Definitionsgleichung auf beiden Seiten mit dx^i multiplizieren, erhalten wir:

$$de\, dx^i = \varrho\, dx^i \sqrt{\gamma}\, dx^1\, dx^2\, dx^3 = \frac{\varrho}{\sqrt{g_{00}}} \sqrt{-g}\, d\Omega \frac{dx^i}{dx^0}$$

(dabei wurde die Formel (84,10), $-g = \gamma\, g_{00}$, verwendet). Das Produkt $\sqrt{-g}\, d\Omega$ ist das invariante Vierervolumenelement, so daß sich für den Vierervektor des Stromes der Ausdruck

$$j^i = \frac{\varrho c}{\sqrt{g_{00}}} \frac{dx^i}{dx^0} \tag{90,3}$$

ergibt. Die Größe $\frac{\partial x^i}{\partial x^0}$, die die Änderung der Koordinaten bezüglich der „Zeit“ x^0 beschreibt, ist selbst kein Vierervektor! Die Komponente j^0 des Stromvierervektors ist mit $\frac{\sqrt{g_{00}}}{c}$ multipliziert die räumliche Ladungsdichte.

Für Punktladungen ist die Ladungsdichte ϱ analog Formel (28,1) eine Summe von δ-Funktionen. Hierbei muß jedoch die Definition der δ-Funktion auf den Fall krummliniger Koordinaten verallgemeinert werden. Wir wollen unter $\delta(\boldsymbol{r})$ wie früher das Produkt $\delta(x^1)\,\delta(x^2)\,\delta(x^3)$ unabhängig vom geometrischen Sinn der Koordinaten x^1, x^2, x^3 verstehen; dementsprechend ist das Integral über dV (und nicht etwa über $\sqrt{\gamma}\, dV$) gleich Eins: $\int \delta(\boldsymbol{r})\, dV = 1$. Mit dieser Definition der δ-Funktion ergibt sich für die Ladungsdichte

$$\varrho = \sum_a \frac{e_a}{\sqrt{\gamma}} \delta(\boldsymbol{r} - \boldsymbol{r}_a)\,,$$

und für den Vierervektor des Stromes

$$j^i = \sum_a \frac{e_a c}{\sqrt{-g}} \delta(\boldsymbol{r} - \boldsymbol{r}_a) \frac{dx^i}{dx^0}\,. \tag{90,4}$$

Der Erhaltungssatz der Ladung findet seinen Ausdruck in der Kontinuitätsgleichung, die sich von (29,4) nur dadurch unterscheidet, daß die gewöhnlichen Ableitungen durch kovariante ersetzt sind:

$$j^i_{;i} = \frac{1}{\sqrt{-g}} \frac{\partial}{\partial x^i} \left(\sqrt{-g}\, j^i\right) = 0\,. \tag{90,5}$$

Zur Ableitung wurde Formel (86,9) verwendet.

Auf ähnliche Weise kann das zweite Paar der MAXWELLschen Gleichungen gewonnen werden; ersetzen wir in (30,2) die gewöhnlichen Ableitungen durch kovariante, erhalten wir:

$$F^{ik}_{\ ;k} = \frac{1}{\sqrt{-g}} \frac{\partial}{\partial x^k}\left(\sqrt{-g}\, F^{ik}\right) = -\frac{4\pi}{c} j^i. \tag{90,6}$$

Hierzu wurde Formel (86,10) verwendet.

Schließlich erhält man die Bewegungsgleichungen geladener Teilchen in einem elektromagnetischen und einem Gravitationsfeld, indem man in (23,4) die Viererbeschleunigung $\frac{du^i}{ds}$ durch $\frac{Du^i}{ds}$ ersetzt:

$$m\, c \frac{Du^i}{ds} = m\, c\left(\frac{du^i}{ds} + \Gamma^i_{kl}\, u^k\, u^l\right) = \frac{e}{c} F^{ik}\, u_k\,. \tag{90,7}$$

Aufgabe

Schreibe die MAXWELLschen Gleichungen in einem gegebenen Gravitationsfeld in dreidimensionaler Form (in einem dreidimensionalen Raum mit der Metrik $\gamma_{\alpha\beta}$). Dabei sollen die dreidimensionalen Vektoren $\boldsymbol{E}$ und $\boldsymbol{D}$ und die antisymmetrischen Dreier-Tensoren $B_{\alpha\beta}$ und $H_{\alpha\beta}$, die gemäß

$$\left.\begin{aligned} E_\alpha &= F_{0\alpha}\,, & B_{\alpha\beta} &= F_{\alpha\beta}\,,\\ D^\alpha &= -\sqrt{g_{00}}\, F^{0\alpha}\,, & H^{\alpha\beta} &= \sqrt{g_{00}}\, F^{\alpha\beta} \end{aligned}\right\} \tag{1}$$

definiert sind, verwendet werden.

Lösung. Die oben eingeführten Größen sind nicht unabhängig. Wenn man die Gleichungen

$$F_{0\alpha} = g_{0l}\, g_{\alpha m}\, F^{lm}\,, \qquad F^{\alpha\beta} = g^{\alpha l}\, g^{\beta m}\, F_{lm}$$

auflöst, dabei den dreidimensionalen metrischen Tensor $\gamma_{\alpha\beta} = -g_{\alpha\beta} + h\, g_\alpha\, g_\beta$ ($\boldsymbol{g}$ und h aus (88,11)) einführt und die Formeln (84,9) und (84,12) verwendet, ergibt sich:

$$D_\alpha = \frac{E_\alpha}{\sqrt{h}} + g^\beta H_{\alpha\beta}\,, \qquad B^{\alpha\beta} = \frac{H^{\alpha\beta}}{\sqrt{h}} + g^\beta E^\alpha - g^\alpha E^\beta\,. \tag{2}$$

Wir führen die Vektoren $\boldsymbol{B}$ und $\boldsymbol{H}$, die zu den Tensoren $B_{\alpha\beta}$ und $H_{\alpha\beta}$ dual sind, gemäß

$$B^\alpha = -\frac{1}{2\sqrt{\gamma}} e^{\alpha\beta\gamma} B_{\beta\gamma}\,, \qquad H_\alpha = -\frac{1}{2}\sqrt{\gamma}\, e_{\alpha\beta\gamma} H^{\beta\gamma} \tag{3}$$

ein (siehe Fußnote auf Seite 302; das Vorzeichen wurde so gewählt, daß in galileischen Koordinaten die Vektoren $\boldsymbol{B}$ und $\boldsymbol{H}$ mit der gewöhnlichen magnetischen Feldstärke zusammenfallen). Dann schreibt sich (2):

$$\boldsymbol{D} = \frac{\boldsymbol{E}}{\sqrt{h}} + \boldsymbol{H}\times\boldsymbol{g}\,, \qquad \boldsymbol{B} = \frac{\boldsymbol{H}}{\sqrt{h}} + \boldsymbol{g}\times\boldsymbol{E}\,. \tag{4}$$

Wenn wir die Definition (1) in (90,2) einsetzen, erhalten wir die Gleichungen:

$$\frac{\partial B_{\alpha\beta}}{\partial x^\gamma} + \frac{\partial B_{\gamma\alpha}}{\partial x^\beta} + \frac{\partial B_{\beta\gamma}}{\partial x^\alpha} = 0\,,$$

$$\frac{\partial B_{\alpha\beta}}{\partial x^0} + \frac{\partial E_\alpha}{\partial x^\beta} - \frac{\partial E_\beta}{\partial x^\alpha} = 0$$

oder, wenn wir zu den dualen Größen (3) übergehen:

$$\operatorname{div} \boldsymbol{B} = 0\,, \qquad \operatorname{rot} \boldsymbol{E} = -\frac{1}{c\sqrt{\gamma}}\frac{\partial}{\partial t}(\sqrt{\gamma}\,\boldsymbol{B}) \tag{5}$$

($x^0 = c\,t$; die Definition der Operationen rot und div befindet sich in der Fußnote auf Seite 302). Analog folgen aus (90,6) die Gleichungen:

$$\frac{1}{\sqrt{\gamma}}\frac{\partial}{\partial x^\alpha}(\sqrt{\gamma}\,D^\alpha) = 4\,\pi\,\varrho\,,$$

$$\frac{1}{\sqrt{\gamma}}\frac{\partial}{\partial x^\beta}(\sqrt{\gamma}\,H^{\alpha\beta}) + \frac{1}{\sqrt{\gamma}}\frac{\partial}{\partial x^0}(\sqrt{\gamma}\,D^\alpha) = -\,4\,\pi\,\varrho\,\frac{\mathrm{d}x^\alpha}{\mathrm{d}x^0}$$

oder in dreidimensionaler Vektorform:

$$\operatorname{div} \boldsymbol{D} = 4\,\pi\,\varrho\,, \qquad \operatorname{rot} \boldsymbol{H} = \frac{1}{c\sqrt{\gamma}}\frac{\partial}{\partial t}(\sqrt{\gamma}\,\boldsymbol{D}) + \frac{4\,\pi}{c}\,\boldsymbol{s}\,, \tag{6}$$

wobei $\boldsymbol{s}$ ein Vektor mit den Komponenten $s^\alpha = \varrho\,\frac{\mathrm{d}x^\alpha}{\mathrm{d}t}$ ist.

Wir wollen der Vollständigkeit halber auch die Kontinuitätsgleichung (90,5) in dreidimensionaler Form schreiben:

$$\frac{1}{\sqrt{\gamma}}\frac{\partial}{\partial t}(\sqrt{\gamma}\,\varrho) + \operatorname{div} \boldsymbol{s} = 0\,. \tag{7}$$

Man beachte die, wenn auch rein formale, Analogie der Gleichungen (5) und (6) mit den MAXWELLschen Gleichungen für das elektromagnetische Feld in Medien. Insbesondere fällt im statischen Gravitationsfeld aus den Gliedern mit Zeitableitungen der Faktor $\sqrt{\gamma}$ heraus, und die Beziehung (4) reduziert sich auf

$$\boldsymbol{D} = \boldsymbol{E}/\sqrt{h}\,, \qquad \boldsymbol{B} = \boldsymbol{H}/\sqrt{h}\,.$$

Man kann sagen, daß bezüglich seiner Wirkung auf das elektromagnetische Feld ein statisches Gravitationsfeld die Rolle eines Mediums mit den elektrischen und magnetischen Feldkonstanten (Dielektrizitätskonstante und Permeabilität) $\varepsilon = \mu = \frac{1}{\sqrt{h}}$ spielt.

XI DIE GLEICHUNGEN DES GRAVITATIONSFELDES

§ 91. Der Krümmungstensor

Wir kommen zum Begriff der Parallelverschiebung eines Vektors zurück. Wie im § 85 dargelegt wurde, ist eine infinitesimale Parallelverschiebung eines Vektors definitionsgemäß eine solche Verschiebung, bei der sich die Vektorkomponenten unter Verwendung galileischer Koordinaten nicht ändern. (Erinnerlicherweise können solche Koordinaten im allgemeinen nur in infinitesimalen Volumenelementen eingeführt werden.)

Ist $x^i = x^i(s)$ die Gleichung einer Kurve in Parameterform (s ist die von irgendeinem Punkt aus gemessene Bogenlänge), so ist der Vektor $u^i = \frac{\mathrm{d}x^i}{\mathrm{d}s}$ der die Kurve tangierende Einheitsvektor. Handelt es sich speziell um eine geodätische Linie, so gilt längs dieser Kurve $\mathrm{D}u^i = 0$. Das bedeutet: Verschieben wir den Vektor u^i vom Punkt x^i auf der geodätischen Linie parallel zum Punkt $x^i + \mathrm{d}x^i$ auf dieser Linie, so fällt er mit dem Tangentenvektor $u^i + \mathrm{d}u^i$ der Kurve im Punkt $x^i + \mathrm{d}x^i$ zusammen. Verschiebt man den Tangentenvektor einer geodätischen Linie längs dieser Linie, so bleibt er also parallel zu sich selbst.

Andererseits ändert sich der „Winkel“ zwischen zwei Vektoren bei Parallelverschiebung offensichtlich auch nicht. Wir können daher sagen, daß bei der Parallelverschiebung eines beliebigen Vektors längs einer geodätischen Linie sich der Winkel zwischen diesem Vektor und dem Tangentenvektor nicht ändert, oder anders ausgedrückt, es bleibt die Vektorkomponente in Richtung der geodätischen Linie in allen Punkten unverändert.

Sehr wichtig ist der Umstand, daß in einem nichteuklidischen Raum die Parallelverschiebung eines Vektors von einem festen Punkt zu einem anderen auf verschiedenen Wegen auch verschiedene Ergebnisse liefert. Insbesondere folgt hieraus, daß ein längs einer geschlossenen Kurve parallel zu sich selbst verschobener Vektor bei der Rückkehr zum Ausgangspunkt nicht mehr mit dem Ausgangsvektor übereinstimmt.

Um dies näher zu erläutern, betrachten wir einen nichteuklidischen zweidimensionalen Raum, d. h. irgendeine gekrümmte Fläche. In Abb. 19 ist ein Teil dieser Fläche abgebildet, der durch drei geodätische Linien begrenzt wird. Wir wollen den Vektor **1** längs der Berandung dieses Flächenteils parallel verschieben. Bei der Verschiebung längs der Linie AB geht **1** (unter Beibehaltung seines Winkels zum Tangentenvektor dieser Linie) in den Vektor **2** über, ebenso bei der Bewegung längs BC in **3**. Verschieben wir **3** schließlich wieder unter Beibehaltung seines Winkels zur Linie CA längs dieser Linie nach A, so erhalten wir den Vektor **1'**, der nicht mit **1** zusammenfällt.

Wir können eine allgemeine Gleichung für die Änderung eines Vektors bei Parallelverschiebung längs einer infinitesimal kleinen geschlossenen Kurve herleiten. Diese Änderung ΔA_k läßt sich in der Form $\oint \delta A_k$ schreiben, wobei das Integral über die geschlossene Kurve zu erstrecken ist. Setzen wir hier für δA_k den Ausdruck (85,5) ein, so haben wir

$$\Delta A_k = \oint \Gamma^i_{kl}\, A_i\, \mathrm{d}x^l\,; \tag{91,1}$$

der unter dem Integral stehende Vektor A_i ändert sich dabei infolge seiner Parallelverschiebung längs der Kurve.

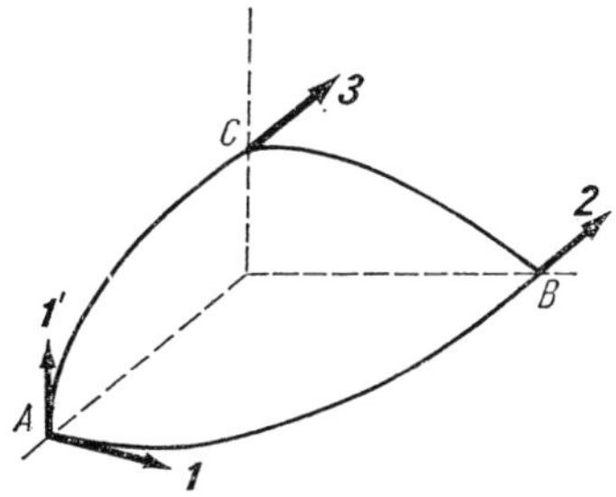

Abb. 19

Zur Umformung dieses Integrals ist folgendes zu bemerken. Die Werte des Vektors A_i in den Punkten innerhalb der geschlossenen Kurve sind nicht eindeutig, denn sie hängen vom Weg ab, auf dem wir zu den Punkten gelangen. Wir werden jedoch anhand der weiter unten gewonnenen Ergebnisse sehen, daß die möglichen Unterschiede klein von zweiter Ordnung sind. Da es uns hier auf eine Genauigkeit bis zu Größen erster Ordnung ankommt, können wir annehmen, daß die Komponenten von A_i innerhalb der infinitesimal kleinen Kurve durch ihre Werte auf der Kurve nach der Formel $\delta A_i = \Gamma^n_{il}\, A_n\, \mathrm{d}x^l$, d. h. durch die Ableitungen

$$\frac{\partial A_i}{\partial x^l} = \Gamma^n_{il}\, A_n \tag{91,2}$$

bereits eindeutig bestimmt sind.

Wenden wir auf das Integral (91,1) den STOKESschen Satz (6,19) an und berücksichtigen wir, daß das Flächenelement der von der geschlossenen Kurve eingeschlossenen Fläche die infinitesimal kleine Größe Δf^{lm} ist, so erhalten wir

$$\Delta A_k = \frac{1}{2}\left[\frac{\partial(\Gamma^i_{km} A_i)}{\partial x^l} - \frac{\partial(\Gamma^i_{kl} A_i)}{\partial x^m}\right]\Delta f^{lm}$$

$$= \frac{1}{2}\left[\frac{\partial \Gamma^i_{km}}{\partial x^l} A_i - \frac{\partial \Gamma^i_{kl}}{\partial x^m} A_i + \Gamma^i_{km}\frac{\partial A_i}{\partial x^l} - \Gamma^i_{kl}\frac{\partial A_i}{\partial x^m}\right]\Delta f^{lm}\,.$$

Setzen wir hier den Wert der Ableitungen aus (91,2) ein, so finden wir endgültig

$$\Delta A_k = \frac{1}{2} R^i{}_{klm}\, A_i\, \Delta f^{lm}\,, \tag{91,3}$$

wobei $R^i{}_{klm}$ ein Tensor vierter Stufe ist:

$$R^i{}_{klm} = \frac{\partial \Gamma^i_{km}}{\partial x^l} - \frac{\partial \Gamma^i_{kl}}{\partial x^m} + \Gamma^i_{nl}\,\Gamma^n_{km} - \Gamma^i_{nm}\,\Gamma^n_{kl}\,. \tag{91,4}$$

Der Tensorcharakter von $R^i_{\ klm}$ ist daraus ersichtlich, daß auf der linken Seite in (91,3) ein Vektor steht, die Differenz ΔA_k von Vektorwerten in ein und demselben Punkte. Der Tensor $R^i_{\ klm}$ wird als RIEMANN*scher Krümmungstensor* bezeichnet.

Es lassen sich leicht ähnliche Formeln für den kontravarianten Vektor A^k angeben. Dazu bemerken wir, daß $\Delta(A^k B_k) = 0$ gilt, da sich Skalare bei Parallelverschiebung nicht ändern; B_k ist ein beliebiger kovarianter Vektor. Mit (91,3) folgt daraus

$$\Delta(A^k B_k) = A^k \Delta B_k + B_k \Delta A^k = \frac{1}{2} A^k B_i R^i_{\ klm} \Delta f^{lm} + B_k \Delta A^k$$
$$= B_k \left(\Delta A^k + \frac{1}{2} A^i R^k_{\ ilm} \Delta f^{lm} \right) = 0$$

oder, wegen der Willkür von B_k,

$$\Delta A^k = -\frac{1}{2} R^k_{\ ilm} A^i \Delta f^{lm} . \tag{91,5}$$

Differenzieren wir den Vektor A_i zweimal kovariant nach x^k und x^l, so hängt das Ergebnis im allgemeinen von der Reihenfolge der Ableitungen ab, ganz im Gegensatz zu dem, was für gewöhnliche Ableitungen gilt. Wie sich zeigt, ist die Differenz $A_{i;k;l} - A_{i;l;k}$ durch den eben eingeführten Krümmungstensor ausdrückbar. Es gilt nämlich die Beziehung

$$A_{i;k;l} - A_{i;l;k} = A_m R^m_{\ ikl} , \tag{91,6}$$

die man leicht durch unmittelbares Nachrechnen in einem lokalgeodätischen Koordinatensystem bestätigen kann. Für einen kontravarianten Vektor erhalten wir analog[1])

$$A^i_{\ ;k;l} - A^i_{\ ;l;k} = - A^m R^i_{\ mkl} . \tag{91,7}$$

Es lassen sich auch leicht entsprechende Gleichungen für die zweiten Ableitungen von Tensoren finden (am einfachsten geschieht dies, wenn wir z. B. einen Tensor der Gestalt $A_i B_k$ betrachten und die Formeln (91,6) und (91,7) benutzen; die auf diese Weise erhaltenen Beziehungen gelten wegen ihrer Linearität für einen beliebigen Tensor A_{ik}). So ist

$$A_{ik;l;m} - A_{ik;m;l} = A_{in} R^n_{\ klm} + A_{nk} R^n_{\ ilm} . \tag{91,8}$$

In einem ebenen vierdimensionalen Raum verschwindet offensichtlich der Krümmungstensor. In der Tat lassen sich hier Koordinaten so wählen, daß im ganzen Raum $\Gamma^i_{kl} = 0$ und damit auch $R^i_{\ klm} = 0$ gilt. Infolge des Tensorcharakters von $R^i_{\ klm}$ verschwinden seine Komponenten auch in einem beliebigen anderen Koordinatensystem. Dies entspricht der Tatsache, daß in einem euklidischen Raum die Parallelverschiebung eines Vektors eine eindeutige Operation ist und sich der Vektor beim Umlaufen einer geschlossenen Kurve nicht ändert.

[1]) Die Beziehung (91,7) kann man auch unmittelbar aus (91,6) durch Heben des Index i und Benutzung der Symmetrieeigenschaften von R_{iklm} (§ 92) erhalten.

Es gilt auch der umgekehrte Satz: Ist $R^i_{\ klm} = 0$, so ist der vierdimensionale Raum eben. In der Tat läßt sich in jedem Raum ein Koordinatensystem wählen, das in einem unendlich kleinen Gebiet galileisch ist.[1]) Da aber $R^i_{\ klm} = 0$ gilt, ist die Parallelverschiebung eindeutig, und wir können durch die Parallelverschiebung des galileischen Systems vom infinitesimal kleinen Ausgangsbereich in andere ein galileisches Koordinatensystem im ganzen Raum konstruieren; dies beweist die Behauptung.

Das Verschwinden oder Nichtverschwinden des Krümmungstensors ist also ein Kriterium dafür, ob der vierdimensionale Raum eben oder gekrümmt ist.

Man kann zwar auch in einem gekrümmten Raum ein Koordinatensystem wählen, das an einem bestimmten Punkte lokalgeodätisch ist. Der Krümmungstensor verschwindet jedoch in dem Punkt nicht, denn die Ableitungen der Größen Γ^i_{kl} können nicht gleichzeitig mit den Γ^i_{kl} selbst zu Null transformiert werden.

Aufgaben

1. Man bestimme die relative Viererbeschleunigung zweier Teilchen, die sich auf infinitesimal benachbarten geodätischen Weltlinien bewegen.

Lösung. Wir betrachten eine Gesamtheit geodätischer Linien, die sich durch den Wert eines bestimmten Parameters v unterscheiden. Anders gesagt, die Weltpunktkoordinaten mögen sich durch eine Funktion $x^i = x^i(s, v)$ derart darstellen lassen, daß sich für jedes $v = \text{const}$ die Gleichung einer geodätischen Linie ergibt (dabei ist s die von ihrem Schnittpunkt mit irgendeiner gegebenen Hyperfläche aus gezählte Länge der geodätischen Linien). Wir führen den Vierervektor

$$\eta^i = \frac{\partial x^i}{\partial v}\,\delta v \equiv v^i\,\delta v$$

ein, der Punkte gleichen s-Wertes auf infinitesimal benachbarten Geodäten (mit den Parametern v und $v + \delta v$) verbindet.

Aus der Definition der kovarianten Ableitung und der Identität $\partial u^i/\partial v = \partial v^i/\partial s$ (dabei ist $u^i = \partial x^i/\partial s$) folgt

$$u^i_{;k}\, v^k = v^i_{;k}\, u^k\,. \tag{1}$$

Die zweiten Ableitungen lauten

$$\frac{\mathrm{D}^2 v^i}{\mathrm{d}s^2} \equiv (v^i_{;k}\, u^k)_{;l}\, u^l = (u^i_{;k}\, v^k)_{;l}\, u^l = u^i_{;k;l}\, v^k\, u^l + u^i_{;k}\, v^k_{;l}\, u^l\,.$$

Im zweiten Glied können wir erneut (1) benutzen und im ersten die Reihenfolge der kovarianten Ableitungen mit Hilfe von (91,7) ändern. Wir finden somit

$$\frac{\mathrm{D}^2 v^i}{\mathrm{d}s^2} = (u^i_{;l}\, u^l)_{;k}\, v^k + u^m\, R^i_{\ mkl}\, u^k\, v^l\,.$$

Das erste Glied verschwindet, weil längs geodätischer Linien $u^i_{;l}\, u^l = 0$ gilt. Führen wir den konstanten Faktor δv ein, so finden wir schließlich die Gleichung

$$\frac{\mathrm{D}^2 \eta^i}{\mathrm{d}s^2} = R^i_{\ klm}\, u^k\, u^l\, \eta^m \tag{2}$$

(sie wird als Gleichung der geodätischen Deviation bezeichnet).

2. Man gebe die Maxwell-Gleichungen bei Abwesenheit von Ladungen für das Viererpotential in Lorentz-Eichung an.

---

[1]) Gemeint ist ein Koordinatensystem, das im Mittelpunkt des Gebietes lokalgeodätisch ist und in dem für diesen Punkt g_{ik} die Diagonalform (1, —1, —1, —1) hat. (Anm. d. Hrsg.)

Lösung. Die kovariante Verallgemeinerung der Bedingung (46,9) hat die Form

$$A^i{}_{;i} = 0. \tag{1}$$

Unter Nutzung der Formel (91,7) kann man die MAXWELL-Gleichungen als

$$F_{ik}{}^{;k} = A_{k;i}{}^{;k} - A_{i;k}{}^{;k} = A_k{}^{;k}{}_{;i} + A^m R_{im} - A_{i;k}{}^{;k} = 0$$

mit R_{ik} aus (92,6) schreiben. Damit ist wegen (1):

$$A_{i;k}{}^{;k} - R_{ik} A^k = 0. \tag{2}$$

§ 92. Eigenschaften des Krümmungstensors

Der Krümmungstensor besitzt bestimmte Symmetrieeigenschaften, die dann besonders deutlich werden, wenn man von den gemischten Komponenten zu den kovarianten übergeht:

$$R_{iklm} = g_{in} R^n{}_{klm}\,.$$

Nach leichten Umformungen erhält man für die kovarianten Komponenten die Darstellung:

$$R_{iklm} = \frac{1}{2}\left(\frac{\partial^2 g_{im}}{\partial x^k\,\partial x^l} + \frac{\partial^2 g_{kl}}{\partial x^i\,\partial x^m} - \frac{\partial^2 g_{il}}{\partial x^k\,\partial x^m} - \frac{\partial^2 g_{km}}{\partial x^i\,\partial x^l}\right) + g_{np}\left(\Gamma^n_{kl}\,\Gamma^p_{im} - \Gamma^n_{km}\,\Gamma^p_{il}\right). \tag{92,1}$$

Aus diesem Ausdruck sind folgende Symmetrien unmittelbar ersichtlich:

$$R_{iklm} = -R_{kilm} = -R_{ikml}\,, \tag{92,2}$$

$$R_{iklm} = R_{lmik}\,, \tag{92,3}$$

d. h., der Tensor ist antisymmetrisch in jedem seiner Indexpaare $i\,k$ und $l\,m$ und symmetrisch bezüglich einer Vertauschung der beiden Paare miteinander. Insbesondere verschwinden alle Komponenten, die in den Indexpaaren $i\,k$ oder $l\,m$ diagonal sind.

Man weist ferner leicht nach, daß die mit drei beliebigen Indizes gebildete zyklische Summe der Komponenten von R_{iklm} verschwindet, z. B.

$$R_{ikml} + R_{imkl} + R_{ilmk} = 0 \tag{92,4}$$

(die weiteren Relationen dieser Art erhält man aus (92,4) als Folge der Eigenschaften (92,2)—(92,3)).

Schließlich beweisen wir die folgende sogenannte BIANCHI-*Identität*:

$$R^n{}_{ikl;m} + R^n{}_{imk;l} + R^n{}_{ilm;k} = 0\,. \tag{92,5}$$

In einem lokalgeodätischen Koordinatensystem ist sie leicht einzusehen. Infolge des tensoriellen Charakters von (92,5) wird dann diese Beziehung in jedem anderen System gültig sein. Differenzieren wir (91,4) und setzen wir darauf in diesem Ausdruck $\Gamma^i_{kl} = 0$, so finden wir im betrachteten Punkt

$$R^n{}_{ikl;m} = \frac{\partial R^n{}_{ikl}}{\partial x^m} = \frac{\partial^2 \Gamma^n_{il}}{\partial x^m\,\partial x^k} - \frac{\partial^2 \Gamma^n_{ik}}{\partial x^m\,\partial x^l}\,.$$

Mit diesem Ausdruck überzeugt man sich leicht davon, daß in der Tat (92,5) gilt.

Aus dem Krümmungstensor läßt sich durch Verjüngung ein Tensor zweiter Stufe bilden. Eine Verjüngung läßt sich nur auf eine Weise durchführen. Die Verjüngung des Tensors R_{iklm} nach den Indizes i und k oder l und m ergibt wegen seiner Antisymmetrie Null, die Verjüngung nach einem anderen Indexpaar aber stets — bis auf das Vorzeichen — denselben Ausdruck, den Tensor R_{ik}, den wir durch

$$R_{ik} = g^{lm} R_{limk} = R^{l}{}_{ilk} \tag{92,6}$$

definieren. Nach (91,4) gilt

$$R_{ik} = \frac{\partial \Gamma^l_{ik}}{\partial x^l} - \frac{\partial \Gamma^l_{il}}{\partial x^k} + \Gamma^l_{ik} \Gamma^m_{lm} - \Gamma^m_{il} \Gamma^l_{km} . \tag{92,7}$$

Der Tensor R_{ik} ist offensichtlich symmetrisch:

$$R_{ik} = R_{ki} . \tag{92,8}$$

Er wird auch RICCI-*Tensor* genannt.[1])

Verjüngen wir endlich R_{ik}, so erhalten wir die Invariante

$$R = g^{ik} R_{ik} = g^{il} g^{km} R_{iklm} , \tag{92,9}$$

den sogenannten *Krümmungsskalar* des Raumes.

Die Komponenten des Tensors R_{ik} genügen einer Identität, die sich aus der BIANCHI-Identität (92,5) durch Verjüngung nach den Indexpaaren $i\,k$ und $l\,n$ ergibt:

$$R^l_{m;l} = \frac{1}{2} \frac{\partial R}{\partial x^m} . \tag{92,10}$$

Infolge der Beziehungen (92,2) bis (92,5) sind nicht alle Komponenten des Krümmungstensors unabhängig. Wir wollen nun die Zahl seiner unabhängigen Komponenten bestimmen.

Die Definition des Krümmungstensors, wie sie durch obige Formeln gegeben ist, gilt in einem Raum beliebiger Dimension. Wir wollen zuerst den Fall eines Raumes von zwei Dimensionen, d. h. eine gewöhnliche Fläche, betrachten; wir bezeichnen in diesem Fall (im Unterschied zu vierdimensionalen Größen) den Krümmungstensor mit P_{abcd} und den metrischen Tensor mit γ_{ab}, wobei die Indizes $a, b, \ldots$ die Werte 1 und 2 durchlaufen. Da in jedem der Paare $a\,b$ und $c\,d$ die zwei Indizes verschiedene Werte haben müssen, ist es klar, daß alle von Null verschiedenen Komponenten des Krümmungstensors entweder einander gleich sein müssen oder sich nur durch das Vorzeichen voneinander unterscheiden. In diesem Fall gibt es somit nur eine unabhängige Komponente, z. B. P_{1212}. Man sieht leicht, daß für den Krümmungsskalar

$$P = \frac{2\,P_{1212}}{\gamma} , \qquad \gamma \equiv |\gamma_{ab}| = \gamma_{11} \gamma_{22} - (\gamma_{12})^2 \tag{92,11}$$

gilt. Die Größe $P/2$ ist gleich der sogenannten GAUSS*schen Krümmung* der Fläche:

$$\frac{P}{2} = K = \frac{1}{\varrho_1 \varrho_2} , \tag{92,12}$$

wobei ϱ_1, ϱ_2 die Hauptkrümmungsradien in einem gegebenen Punkt der Fläche sind (wir erinnern daran, daß ϱ_1 und ϱ_2 dieselben Vorzeichen besitzen sollen,

[1]) In der Literatur wird noch eine andere Definition des Tensors R_{ik} benutzt, wobei R_{iklm} bezüglich des ersten und des letzten Index verjüngt wird. Diese Definition unterscheidet sich von der unseren um das Vorzeichen.

falls die entsprechenden Krümmungszentren auf derselben Seite der Fläche liegen, und verschiedene Vorzeichen, falls die Krümmungszentren auf verschiedenen Seiten liegen; im ersten Fall ist $K > 0$, im zweiten Fall ist $K < 0$).[1])

Wir gehen nun zum Krümmungstensor eines dreidimensionalen Raumes über; wir bezeichnen ihn mit $P_{\alpha\beta\gamma\delta}$ und den metrischen Tensor mit $\gamma_{\alpha\beta}$, wobei die Indizes $\alpha, \beta, \ldots$ die Werte 1, 2 und 3 durchlaufen. Die Indexpaare $\alpha\,\beta$ und $\gamma\,\delta$ nehmen nur drei wesentlich verschiedene Werte an: 32, 31, 12 (eine Vertauschung der Indizes innerhalb eines Paares ändert nur das Vorzeichen der Komponente des Tensors). Da der Tensor $P_{\alpha\beta\gamma\delta}$ symmetrisch bezüglich einer Vertauschung dieser Paare ist, hat er insgesamt nur $3 \cdot 2/2 = 3$ unabhängige Komponenten mit verschiedenen Indexpaaren und auch nur drei Komponenten mit gleichen Indexpaaren. Die Identität (92,4) bringt in diesem Fall keine neue Einschränkung. Folglich hat im dreidimensionalen Fall der Krümmungstensor sechs unabhängige Komponenten. Genau die gleiche Zahl von Komponenten besitzt der symmetrische Tensor $P_{\alpha\beta}$. Aus diesem Grunde können mit Hilfe der linearen Beziehung $P_{\alpha\beta} = g^{\gamma\delta} P_{\gamma\alpha\delta\beta}$ alle Komponenten des Tensors $P_{\alpha\beta\gamma\delta}$ durch $P_{\alpha\beta}$ und den metrischen Tensor $\gamma_{\alpha\beta}$ ausgedrückt werden (siehe Aufgabe 1). Wenn man ein im gegebenen Punkt galileisches Koordinatensystem zugrunde legt, kann man durch eine geeignete Drehung den Tensor $P_{\alpha\beta}$ auf Hauptachsen transformieren.[2]) Also wird die Krümmung des dreidimensionalen Raumes in jedem Punkt letztlich durch drei Größen bestimmt.[3])

Zum Schluß gehen wir zum vierdimensionalen Fall über. Die Indexpaare ik und lm durchlaufen hier sechs verschiedene Wertepaare: 01, 02, 03, 23, 31, 12. Folglich gibt es sechs Komponenten R_{iklm} mit gleichen und $6 \cdot 5/2 = 15$ Komponenten mit verschiedenen Indexpaaren. Letztere sind jedoch nicht alle un-

---

[1]) Die Formel (92,12) kann man schnell erhalten, wenn man die Flächengleichung in der Nähe des gegebenen Punktes ($x = y = 0$) in der Gestalt $z = \frac{x^2}{2\varrho_1} + \frac{y^2}{2\varrho_2}$ schreibt. Dann wird das Quadrat des Längenelements auf der Fläche

$$dl^2 = \left(1 + \frac{x^2}{\varrho_1^2}\right) dx^2 + \left(1 + \frac{y^2}{\varrho_2^2}\right) dy^2 + 2\,\frac{x\,y}{\varrho_1\,\varrho_2}\,dx\,dy\,.$$

Die Berechnung von P_{1212} im Punkt $x = y = 0$ nach Formel (92,1) (in der nur Glieder mit zweiten Ableitungen von $\gamma_{\alpha\beta}$ gebraucht werden) führt zu (92,12).

[2]) Zur praktischen Berechnung der Eigenwerte des Tensors $P_{\alpha\beta}$ braucht die Transformation zu einem Koordinatensystem, das in dem gegebenen Punkt galileisch ist, nicht durchgeführt zu werden. Die Eigenwerte können aus der Gleichung $|P_{\alpha\beta} - \lambda\,\gamma_{\alpha\beta}| = 0$ als Wurzeln λ gewonnen werden.

[3]) Die Kenntnis des Tensors $P_{\alpha\beta\gamma\delta}$ erlaubt die Bestimmung der Gaussschen Krümmung K einer beliebigen Fläche im Raum. Wenn z. B. x^1, x^2, x^3 ein orthogonales Koordinatensystem bilden, dann ist

$$K = \frac{P_{1212}}{\gamma_{11}\,\gamma_{22} - (\gamma_{12})^2}$$

die Gaussche Krümmung der „Ebene", die in jedem Punkt senkrecht zur Achse x^3 ist; unter einer „Ebene" verstehen wir eine aus geodätischen Linien aufgebaute Fläche.

abhängig voneinander: drei Komponenten, bei denen alle vier Indizes verschieden sind, sind auf Grund (92,7) durch folgende Identität miteinander verknüpft:

$$R_{0123} + R_{0312} + R_{0231} = 0 \,. \tag{92,13}$$

Folglich hat der Krümmungstensor des vierdimensionalen Raumes insgesamt zwanzig unabhängige Komponenten.

Durch Wahl eines Koordinatensystems, das im gegebenen Punkt galileisch ist, und durch eine geeignete Drehung dieses Systems (dergestalt, daß die Werte g_{ik} im gegebenen Punkt nicht geändert werden) kann man erreichen, daß sechs Komponenten des Krümmungstensors verschwinden (sechs ist gerade die Zahl unabhängiger Drehungen eines vierdimensionalen Koordinatensystems). Im allgemeinsten Fall wird somit die Krümmung eines vierdimensionalen Raumes in jedem Punkt durch 14 Größen bestimmt.

Falls $R_{ik} = 0$ [1]) gilt, hat der Krümmungstensor in einem beliebigen Koordinatensystem nur 10 unabhängige Komponenten. Durch eine geeignete Koordinatentransformation kann man dann den Tensor R_{iklm} (in einem gegebenen Punkt des vierdimensionalen Raumes) auf eine „kanonische" Form bringen, in der die Komponenten des Tensors im allgemeinsten Fall durch vier unabhängige Größen ausgedrückt werden; in speziellen Fällen kann diese Zahl sogar noch kleiner sein.

Falls jedoch $R_{ik} \neq 0$ ist, bezieht sich alles Gesagte auf einen Krümmungstensor, den man nach Subtraktion bestimmter, durch die Komponenten von R_{ik} darstellbarer Terme erhält. Wir bilden dazu den Tensor[2])

$$C_{iklm} = R_{iklm} - \frac{1}{2} R_{il}\, g_{km} + \frac{1}{2} R_{im}\, g_{kl} + \frac{1}{2} R_{kl}\, g_{im} - \frac{1}{2} R_{km}\, g_{il} + \frac{1}{6} R\,(g_{il}\, g_{km} - g_{im}\, g_{kl}) \,. \tag{92,14}$$

Es ist leicht zu sehen, daß dieser Tensor dieselben Symmetrieeigenschaften wie der Tensor R_{iklm} besitzt und bei Verjüngung bezüglich eines Indexpaares ($i\,l$ oder $k\,m$) verschwindet.

Wir zeigen im folgenden, auf welche Weise unter der Annahme $R_{ik} = 0$ eine Klassifikation kanonischer Formen des Krümmungstensors aufgebaut werden kann (A. S. Petrow 1950).

---

[1]) Wir werden später sehen (§ 95), daß der Krümmungstensor für ein Gravitationsfeld im leeren Raum diese Eigenschaft besitzt.

[2]) Dieser umfangreiche Ausdruck kann in der folgenden kompakten Form geschrieben werden:

$$C_{iklm} = R_{iklm} - R_{l[i}g_{k]m} + R_{m[i}g_{k]l} + \frac{1}{3} R_{l[i}g_{k]m} \,,$$

wobei die eckigen Klammern Antisymmetrisierung bezüglich der in ihnen eingeschlossenen Indizes bedeuten:

$$A_{[ik]} = \frac{1}{2}(A_{ik} - A_{ki}) \,.$$

Der Tensor (92,14) wird als Weylscher *Tensor* bezeichnet.

Dazu nehmen wir an, daß die Metrik im gegebenen Punkt des vierdimensionalen Raumes auf die galileische Form gebracht ist. Die Gesamtheit der zwanzig unabhängigen Komponenten des Tensors R_{iklm} stellen wir durch drei dreidimensionale Tensoren dar, die wie folgt definiert sind:

$$A_{\alpha\beta} = R_{0\alpha 0\beta}\,, \quad C_{\alpha\beta} = \frac{1}{4} e_{\alpha\gamma\delta}\, e_{\beta\lambda\mu}\, R_{\gamma\delta\lambda\mu}\,, \quad B_{\alpha\beta} = \frac{1}{2} e_{\beta\gamma\delta}\, R_{0\alpha\gamma\delta} \tag{92,15}$$

($e_{\alpha\beta\gamma}$ ist der antisymmetrische Einheitstensor; da die dreidimensionale Metrik galileisch ist, ist es nicht notwendig, bei der Summation einen Unterschied zwischen oberen und unteren Indizes zu machen). Die Tensoren $A_{\alpha\beta}$ und $C_{\alpha\beta}$ sind per definitionem symmetrisch; der Tensor $B_{\alpha\beta}$ ist zwar nicht antisymmetrisch, jedoch verschwindet wegen (92,13) seine Spur. Gemäß der Definition (92,15) gilt z. B.

$$B_{11} = R_{0123}\,, \quad B_{21} = R_{0131}\,, \quad B_{31} = R_{0112}\,, \quad C_{11} = R_{2323}\,, \ldots$$

Man sieht leicht, daß die Bedingung $R_{km} = g^{il} R_{iklm} = 0$ folgenden Beziehungen zwischen den Komponenten der Tensoren (92,15) äquivalent ist:

$$A_{\alpha\alpha} = 0\,, \quad B_{\alpha\beta} = B_{\beta\alpha}\,, \quad A_{\alpha\beta} = -C_{\alpha\beta}\,. \tag{92,16}$$

Ferner führen wir den symmetrischen komplexen Tensor

$$D_{\alpha\beta} = \frac{1}{2}(A_{\alpha\beta} + 2\,i\,B_{\alpha\beta} - C_{\alpha\beta}) = A_{\alpha\beta} + i\,B_{\alpha\beta} \tag{92,17}$$

ein. Diese Zusammenfassung der zwei reellen dreidimensionalen Tensoren $A_{\alpha\beta}$ und $B_{\alpha\beta}$ zu einem komplexen Tensor entspricht gerade der Zusammenfassung (s. § 25) der beiden Vektoren $\boldsymbol{E}$ und $\boldsymbol{H}$ zum komplexen Vektor $\boldsymbol{F}$, und die dadurch entstehende Beziehung zwischen $D_{\alpha\beta}$ und dem Vierertensor R_{iklm} hat ihr Analogon in der Beziehung zwischen $\boldsymbol{F}$ und dem Vierertensor F_{ik}. Daraus folgt, daß die vierdimensionalen Transformationen des Tensors[1]) R_{iklm} dreidimensionalen komplexen Drehungen äquivalent sind, denen der Tensor $D_{\alpha\beta}$ unterworfen ist.

Bezüglich dieser Drehungen lassen sich die Eigenwerte $\lambda = \lambda' + i\,\lambda''$ und die (im allgemeinen komplexen) Eigenvektoren n_α als Lösungen des Gleichungssystems

$$D_{\alpha\beta}\, n_\beta = \lambda\, n_\alpha \tag{92,18}$$

bestimmen. Die Größen λ sind Invarianten des Krümmungstensors. Da $D_{\alpha\alpha} = 0$ ist, verschwindet auch die Summe der drei Wurzeln von (92,18):

$$\lambda^{(1)} + \lambda^{(2)} + \lambda^{(3)} = 0\,.$$

In Abhängigkeit von der Zahl der unabhängigen Eigenvektoren n_α gelangen wir zu der folgenden Klassifikation möglicher Typen des Tensors R_{iklm}, den *kanonischen* PETROW-*Typen* I—III:

---

[1]) Wie bereits gesagt, handelt es sich um Transformationen, die im gegebenen Punkt die galileische Form der Metrik invariant lassen. (Anm. d. Hrsg.)

I) Es gibt drei unabhängige Eigenvektoren. Ihre „Quadrate" $n_\alpha n^\alpha$ sind von Null verschieden, und durch geeignete Drehung läßt sich der Tensor $D_{\alpha\beta}$ und mit ihm $A_{\alpha\beta}$, $B_{\alpha\beta}$ auf folgende Normalform bringen:

$$A_{\alpha\beta} = \begin{pmatrix} \lambda^{(1)\prime} & 0 & 0 \\ 0 & \lambda^{(2)\prime} & 0 \\ 0 & 0 & -\lambda^{(1)\prime} - \lambda^{(2)\prime} \end{pmatrix}, \qquad B_{\alpha\beta} = \begin{pmatrix} \lambda^{(1)\prime\prime} & 0 & 0 \\ 0 & \lambda^{(2)\prime\prime} & 0 \\ 0 & 0 & -\lambda^{(1)\prime\prime} - \lambda^{(2)\prime\prime} \end{pmatrix}. \tag{92,19}$$

In diesem Fall besitzt der Krümmungstensor vier unabhängige Invarianten.[1])

Die komplexen Invarianten $\lambda^{(1)}$ und $\lambda^{(2)}$ lassen sich algebraisch durch die komplexen Skalare

$$I_1 = \frac{1}{48}\left(R_{iklm} R^{iklm} - i\, R_{iklm} \overset{*}{R}{}^{iklm}\right),$$

$$I_2 = \frac{1}{96}\left(R_{iklm} R^{lmpr} R_{pr}{}^{ik} + i\, R_{iklm} R^{lmpr} \overset{*}{R}_{pr}{}^{ik}\right) \tag{92,20}$$

ausdrücken, wobei der Stern über den Buchstaben den dualen Tensor bezeichnet:

$$\overset{*}{R}_{iklm} = \frac{1}{2} E_{ikpr} R^{pr}{}_{lm}\,.$$

Berechnen wir I_1 und I_2 mit Hilfe von (92,19), so erhalten wir:

$$I_1 = \frac{1}{3}\left(\lambda^{(1)2} + \lambda^{(2)2} + \lambda^{(1)}\lambda^{(2)}\right), \quad I_2 = \frac{1}{2}\lambda^{(1)}\lambda^{(2)}\left(\lambda^{(1)} + \lambda^{(2)}\right). \tag{92,21}$$

Diese Formeln gestatten es, $\lambda^{(1)}$ und $\lambda^{(2)}$ aus den Werten R_{iklm} in einem beliebigen Koordinatensystem zu bestimmen.

II) Es gibt zwei unabhängige Eigenvektoren. Der Betrag eines der beiden ist dabei gleich Null, demzufolge kann er nicht zur Wahl der Richtung einer Koordinatenachse dienen. Man kann ihn jedoch in die $x^1 x^2$-Ebene legen, so daß $n_2 = i\, n_1$ und $n_3 = 0$ gilt. Die entsprechende Gleichung (92,18) ergibt

$$D_{11} + i\, D_{12} = \lambda\,, \quad D_{22} - i\, D_{12} = \lambda\,,$$

woraus

$$D_{11} = \lambda - i\,\mu\,, \quad D_{22} = \lambda + i\,\mu\,, \quad D_{12} = \mu$$

folgt. Die komplexe Größe $\lambda = \lambda' + i\,\lambda''$ verhält sich wie ein Skalar und kann sich nicht ändern. μ dagegen kann durch komplexe Drehungen jeden von Null verschiedenen Wert erhalten; ohne Einschränkung der Allgemeinheit kann man μ daher als reell annehmen. Wir erhalten somit folgende kanonische Gestalt

[1]) Der entartete Fall $\lambda^{(1)\prime} = \lambda^{(2)\prime}$, $\lambda^{(1)\prime\prime} = \lambda^{(2)\prime\prime}$ wird in der Literatur als Typ D bezeichnet.

für die reellen Tensoren $A_{\alpha\beta}$, $B_{\alpha\beta}$:

$$A_{\alpha\beta} = \begin{pmatrix} \lambda' & \mu & 0 \\ \mu & \lambda' & 0 \\ 0 & 0 & -2\lambda' \end{pmatrix}, \quad B_{\alpha\beta} = \begin{pmatrix} \lambda'' - \mu & 0 & 0 \\ 0 & \lambda'' + \mu & 0 \\ 0 & 0 & -2\lambda'' \end{pmatrix}. \tag{92,22}$$

In diesem Falle gibt es insgesamt nur zwei Invarianten λ' und λ''. Dabei gilt entsprechend (92,21) $I_1 = \lambda^2$, $I_2 = \lambda^3$, so daß $I_1^3 = I_2^2$ ist.

III) Es gibt nur einen Eigenvektor mit verschwindendem Betrag. Alle Eigenwerte λ sind gleich und daher Null. Die Lösungen von (5) können in die Form $D_{11} = D_{22} = D_{12} = 0$, $D_{13} = \mu$,$D_{23} = i\,\mu$ überführt werden, so daß

$$A_{\alpha\beta} = \begin{pmatrix} 0 & 0 & \mu \\ 0 & 0 & 0 \\ \mu & 0 & 0 \end{pmatrix}, \quad B_{\alpha\beta} = \begin{pmatrix} 0 & 0 & 0 \\ 0 & 0 & \mu \\ 0 & \mu & 0 \end{pmatrix} \tag{92,23}$$

gilt. In diesem Falle besitzt der Krümmungstensor überhaupt keine Invarianten mehr, und wir haben die eigenartige Situation, daß zwar der vierdimensionale Raum gekrümmt ist, es aber keine Invarianten gibt, die ein Maß dieser Krümmung bilden könnten.[1])

Aufgaben

1. Man drücke den vierstufigen Krümmungstensor $P_{\alpha\beta\gamma\delta}$ eines dreidimensionalen Raumes durch den zweistufigen Tensor $P_{\alpha\beta}$ aus.

Lösung. Wir setzen $P_{\alpha\beta\gamma\delta}$ in der Form

$$P_{\alpha\beta\gamma\delta} = A_{\alpha\gamma}\,\gamma_{\beta\delta} - A_{\alpha\delta}\,\gamma_{\beta\gamma} + A_{\beta\delta}\,\gamma_{\alpha\gamma} - A_{\beta\gamma}\,\gamma_{\alpha\delta}$$

an, die die Symmetriebedingungen erfüllt; $A_{\alpha\beta}$ ist hierbei ein symmetrischer Tensor, dessen Zusammenhang mit $P_{\alpha\beta}$ wir durch Verjüngen von $P_{\alpha\beta\gamma\delta}$ nach den Indizes α und γ bestimmen. Auf diese Weise finden wir

$$P_{\alpha\beta} = A\,\gamma_{\alpha\beta} + A_{\alpha\beta}\,, \qquad A_{\alpha\beta} = P_{\alpha\beta} - \frac{1}{4}P\,\gamma_{\alpha\beta}$$

und endgültig

$$P_{\alpha\beta\gamma\delta} = P_{\alpha\gamma}\,\gamma_{\beta\delta} - P_{\alpha\delta}\,\gamma_{\beta\gamma} + P_{\beta\delta}\,\gamma_{\alpha\gamma} - P_{\beta\gamma}\,\gamma_{\alpha\delta} + \frac{P}{2}(\gamma_{\alpha\delta}\,\gamma_{\beta\gamma} - \gamma_{\alpha\gamma}\,\gamma_{\beta\delta})\,.$$

2. Berechne die Komponenten der Tensoren R_{iklm} und R_{ik} für eine Metrik, in der $g_{ik} = 0$ für $i \neq k$ (B. K. Harrison, 1960) ist.

Lösung. Wir stellen die nichtverschwindenden Komponenten des metrischen Tensors in der Form

$$g_{ii} = e_i\,e^{2F_i}\,, \quad e_0 = 1\,, \quad e_\alpha = -1$$

dar. Die Rechnung nach Formel (92,4) ergibt folgende Ausdrücke für die nichtverschwindenden Komponenten des Krümmungstensors:

$$R_{lilk} = e_l\,e^{2F_l}\,(F_{l,k}\,F_{k,i} + F_{i,k}\,F_{l,i} - F_{l,i}\,F_{l,k} - F_{l,i,k})\,, \qquad i \neq k \neq l\,;$$

$$R_{lili} = e_l\,e^{2F_l}\,(F_{i,i}\,F_{l,i} - F_{l,i}^2 - F_{l,i,i}) + e_i\,e^{2F_i}\,(F_{l,l}\,F_{i,l} - F_{i,l}^2 - F_{i,l,l})$$
$$- e_l\,e^{2F_l}\sum_{m \neq i,l} e_i\,e_m\,e^{2(F_i - F_m)}\,F_{i,m}\,F_{l,m}\,, \qquad i \neq l\,.$$

---

[1]) Die gleiche Lage haben wir im Fall II bei der Entartung $\lambda' = \lambda'' = 0$ (man bezeichnet diesen Typ mit N).

(Hier darf über doppelt vorkommende Indizes nicht summiert werden!) Die Indizes, vor denen ein Komma steht, bedeuten eine normale Differentiation nach der entsprechenden Koordinate.

Bilden wir die Verjüngung des Krümmungstensors bzw. zweier Indizes, so erhalten wir

$$R_{ik} = \sum_{l \neq i,k} (F_{l,k} F_{k,i} + F_{i,k} F_{l,i} - F_{l,i} F_{l,k} - F_{l,i,k}), \qquad i \neq k;$$

$$R_{ii} = \sum_{l \neq i} \Big[F_{i,i} F_{l,i} - F_{l,i}^2 - F_{l,i,i}$$
$$+ e_i e_l e^{2(F_i - F_l)} \Big(F_{l,l} F_{i,l} - F_{i,l}^2 - F_{i,l,l} - F_{i,l} \sum_{m \neq i,l} F_{m,l} \Big) \Big].$$

§ 93. Die Wirkungsfunktion für das Gravitationsfeld

Um die Gleichungen zu finden, denen das Gravitationsfeld gehorcht, ist zunächst die Wirkungsfunktion S_g dieses Feldes aufzusuchen. Die gesuchten Gleichungen erhält man dann durch Variieren der Summe der Wirkungsfunktionen des Feldes und der Teilchen.

Die Wirkung S_g sollte sich ebenso wie die des elektromagnetischen Feldes durch ein skalares Integral $\int G \sqrt{-g}\, d\Omega$ ausdrücken lassen, das sich über den ganzen (dreidimensionalen) Raum und zwischen zwei gegebenen Werten der Zeitkoordinate x_0 erstreckt. Wir werden hierbei von der Forderung ausgehen, daß die Gravitationsgleichungen keine höheren als zweite Ableitungen der „Potentiale" des Feldes enthalten dürfen (wie es auch bei den Maxwellschen Gleichungen der Fall ist). Da die Feldgleichungen durch Variation der Wirkungsfunktion gewonnen werden, darf der Integrand G Ableitungen der g_{ik} von höchstens erster Ordnung enthalten, in G können dann nur der Tensor g_{ik} und die Größen Γ^i_{kl} auftreten.[1])

Aus den g_{ik} und Γ^i_{ik} allein läßt sich jedoch kein Skalar bilden. Dies ist schon daraus ersichtlich, daß man durch geeignete Wahl des Koordinatensystems an einem Punkte alle Γ^i_{kl} zum Verschwinden bringen kann. Es existiert aber der Skalar R, die vierdimensionale Krümmungsinvariante, die zwar neben dem Tensor g_{ik} und seinen ersten Ableitungen noch die zweiten Ableitungen der g_{ik} enthält, diese aber nur linear. Wegen dieser Linearität kann man das invariante Integral $\int R \sqrt{-g}\, d\Omega$ mit Hilfe des Gaussschen Satzes in ein Integral über einen Ausdruck umwandeln, der keine zweiten Ableitungen enthält. Es läßt sich nämlich in der Form

$$\int R \sqrt{-g}\, d\Omega = \int G \sqrt{-g}\, d\Omega + \int \frac{\partial (\sqrt{-g}\, w^i)}{\partial x^i}\, d\Omega$$

darstellen, wo G nur von den g_{ik} und ihren ersten Ableitungen abhängt und der Integrand im zweiten Integral die Divergenz einer Größe w^i ist (die ausführlichen Rechnungen folgen am Ende dieses Paragraphen). Nach dem Gaussschen

[1]) Die ersten Ableitungen der g_{ik} lassen sich bekanntlich durch die Γ^i_{kl} ausdrücken. (Anm. d. Hrsg.)

Satz läßt sich das zweite Integral in ein Integral über die Hyperfläche umformen, die jenes vierdimensionale Gebiet umgibt, über das in den beiden anderen Integralen integriert wird. Bei der Variation der Wirkungsfunktion verschwindet dann aber die Variation des zweiten Terms, da im Sinne des Prinzips der kleinsten Wirkung die Variation des Feldes an den Gebietsgrenzen Null ist. Wir können daher die Variation in der Form

$$\delta \int R \sqrt{-g}\, \mathrm{d}\Omega = \delta \int G \sqrt{-g}\, \mathrm{d}\Omega$$

darstellen. Links steht ein Skalar; daher bildet auch die rechte Seite einen solchen (G ist dagegen natürlich kein Skalar).

Die Größe G erfüllt die Forderungen, die wir gestellt hatten, da sie nur die g_{ik} und die ersten Ableitungen der g_{ik} enthält. Wir können somit schreiben:

$$\delta S_g = -\frac{c^3}{16\pi k}\,\delta \int G \sqrt{-g}\, \mathrm{d}\Omega = -\frac{c^3}{16\pi k}\,\delta \int R \sqrt{-g}\, \mathrm{d}\Omega\,, \qquad (93{,}1)$$

wobei k eine neue universelle Konstante ist. Wie bei der Wirkungsfunktion des elektromagnetischen Feldes (§ 27) können wir auch hier sehen, daß die Konstante k positiv sein muß (siehe den Schluß dieses Paragraphen).

k wird als Gravitationskonstante bezeichnet. Die Dimension von k folgt unmittelbar aus (93,1). Die Wirkung hat die Dimension $\mathrm{g} \cdot \mathrm{cm}^2 \cdot \mathrm{s}^{-1}$; die Koordinaten können so gewählt werden, daß sie sämtlich die Dimension cm haben, die g_{ik} sind dann dimensionslos, und R hat daher die Dimension cm^{-2}. Für k finden wir die Dimension $\mathrm{cm}^3 \cdot \mathrm{g}^{-1} \cdot \mathrm{s}^{-2}$. Der Zahlenwert beträgt

$$k = 6{,}67 \cdot 10^{-8}\, \mathrm{cm}^3 \cdot \mathrm{g}^{-1} \cdot \mathrm{s}^{-2}\,. \qquad (93{,}2)$$

Es sei bemerkt, daß wir k den Wert 1 zuschreiben könnten (oder den irgendeiner anderen dimensionslosen Zahl). Dann wäre jedoch die Masseneinheit bereits festgelegt.[1])

Wir berechnen nun die Größe G in (93,1). Die Ausdrücke (92,7) für R_{ik} liefern uns:

$$\sqrt{-g}\, R = \sqrt{-g}\, g^{ik} R_{ik}$$
$$= \sqrt{-g}\left\{ g^{ik} \frac{\partial \Gamma^l_{ik}}{\partial x^l} - g^{ik} \frac{\partial \Gamma^l_{il}}{\partial x^k} + g^{ik} \Gamma^l_{ik} \Gamma^m_{lm} - g^{ik} \Gamma^m_{il} \Gamma^l_{km} \right\}.$$

Für die beiden ersten Terme auf der rechten Seite können wir

$$\sqrt{-g}\, g^{ik} \frac{\partial \Gamma^l_{ik}}{\partial x^l} = \frac{\partial}{\partial x^l}\left(\sqrt{-g}\, g^{ik} \Gamma^l_{ik}\right) - \Gamma^l_{ik} \frac{\partial}{\partial x^l}\left(\sqrt{-g}\, g^{ik}\right),$$

$$\sqrt{-g}\, g^{ik} \frac{\partial \Gamma^l_{il}}{\partial x^k} = \frac{\partial}{\partial x^k}\left(\sqrt{-g}\, g^{ik} \Gamma^l_{il}\right) - \Gamma^l_{il} \frac{\partial}{\partial x^k}\left(\sqrt{-g}\, g^{ik}\right)$$

---

[1]) Nimmt man $k = c^2$ an, so wird die Masse in Zentimetern gemessen, wobei 1 cm einer Masse von $1{,}35 \cdot 10^{28}$ g entspricht. Manchmal wird statt k die als Einsteinsche Gravitationskonstante bezeichnete Größe

$$\varkappa = \frac{8\pi k}{c^2} = 1{,}86 \cdot 10^{-27}\, \mathrm{cm} \cdot \mathrm{g}^{-1}$$

benutzt.

setzen. Lassen wir die Divergenz-Terme fort, so finden wir

$$\sqrt{-g}\,G = \Gamma^m_{im}\frac{\partial}{\partial x^k}(\sqrt{-g}\,g^{ik}) - \Gamma^l_{ik}\frac{\partial}{\partial x^l}(\sqrt{-g}\,g^{ik})$$
$$- (\Gamma^m_{il}\Gamma^l_{km} - \Gamma^l_{ik}\Gamma^m_{lm})\,g^{ik}\sqrt{-g}\,.$$

Mit den Formeln (86,5) bis (86,8) ergibt sich, daß die beiden ersten Terme gleich dem mit $\sqrt{-g}$ multiplizierten Ausdruck

$$2\,\Gamma^l_{ik}\,\Gamma^i_{lm}\,g^{mk} - \Gamma^m_{im}\,\Gamma^i_{kl}\,g^{kl} - \Gamma^l_{ik}\,\Gamma^m_{lm}\,g^{ik} = g^{ik}\,(2\,\Gamma^l_{mk}\,\Gamma^m_{li}$$
$$- \Gamma^m_{lm}\,\Gamma^l_{ik} - \Gamma^l_{ik}\,\Gamma^m_{lm}) = 2\,g^{ik}\,(\Gamma^m_{il}\,\Gamma^l_{km} - \Gamma^l_{ik}\,\Gamma^m_{lm})$$

sind. Wir haben also endgültig

$$G = g^{ik}\,(\Gamma^m_{il}\,\Gamma^l_{km} - \Gamma^l_{ik}\,\Gamma^m_{lm})\,. \tag{93,3}$$

Die Komponenten des metrischen Tensors sind diejenigen Größen, die das Gravitationsfeld bestimmen. Im Prinzip der kleinsten Wirkung für das Gravitationsfeld müssen also die g_{ik} variiert werden. Es ist jedoch hier der folgende wesentliche Vorbehalt zu machen. Wir können nämlich nicht behaupten, daß für ein tatsächlich existierendes Feld das Wirkungsintegral in bezug auf alle möglichen Variationen der g_{ik} ein Minimum (und nicht etwa ein Maximum) besitzt. Dies hängt damit zusammen, daß nicht jede Änderung der g_{ik} auch einer Änderung der Metrik von Raum und Zeit entspricht, d. h. einer realen Änderung des Gravitationsfeldes. Die Komponenten der g_{ik} ändern sich schon bei einfachen Koordinatentransformationen, die nur den Übergang zu einem anderen Koordinatensystem derselben Raum-Zeit bedeuten. Eine solche Koordinatentransformation stellt im allgemeinen eine Gesamtheit von (entsprechend der Koordinatenzahl) vier unabhängigen Transformationsfunktionen dar. Um solche Änderungen der g_{ik} auszuschließen, die keine Änderung der Metrik bedeuten, kann man den g_{ik} vier Zusatzbedingungen auferlegen und die Erfüllung dieser Bedingungen beim Variieren fordern. In Anwendung auf das Gravitationsfeld besagt das Prinzip der kleinsten Wirkung somit nur, daß man den g_{ik} Zusatzbedingungen stellen kann, bei deren Erfüllung die Wirkungsfunktion ein Minimum bezüglich der Variationen der g_{ik} besitzt.[1])

Unter Beachtung dieser Bemerkungen zeigen wir nun, daß die Gravitationskonstante positiv sein muß. Die erwähnten vier Zusatzbedingungen mögen das Verschwinden der drei Komponenten $g_{0\beta}$ und die Konstanz der aus den $g_{\alpha\beta}$ gebildeten Determinante $(g_{\alpha\beta})$ beinhalten:

$$g_{0\alpha} = 0\,, \qquad |g_{\alpha\beta}| = \text{const}\,.$$

[1]) Wir betonen, daß dies nicht die Ableitung der Feldgleichungen aus dem Prinzip der kleinsten Wirkung beeinflußt (§ 95). Diese Gleichungen erhält man schon, wenn man nur ein Extremum für die Wirkungsfunktion fordert (d. h. das Verschwinden ihrer ersten Variationsableitung) und nicht unbedingt ein Minimum. Bei der Ableitung der Feldgleichungen kann man daher alle Komponenten g_{ik} unabhängig variieren.

Aus der letzten Bedingung ergibt sich

$$g^{\alpha\beta}\frac{\partial g_{\alpha\beta}}{\partial x^0} = \frac{\partial}{\partial x^0}|g_{\alpha\beta}| = 0 .$$

Uns interessieren diejenigen Terme im Integranden der Wirkungsfunktion, die Ableitungen der g_{ik} nach x^0 enthalten (vgl. Seite 82). Eine einfache Rechnung mit (93,3) zeigt, daß diese Terme in G

$$-\frac{1}{4}g^{00}\,g^{\alpha\beta}\,g^{\gamma\delta}\frac{\partial g_{\alpha\gamma}}{\partial x^0}\frac{\partial g_{\beta\delta}}{\partial x^0}$$

lauten. Man sieht leicht, daß diese Größe negativ-definit ist. Benutzen wir nämlich ein räumliches Koordinatensystem, das in einem gegebenen Raumpunkt zu einem bestimmten Zeitpunkt galileisch ist (so daß $g_{\alpha\beta} = g^{\alpha\beta} = -\delta_{\alpha\beta}$ gilt), so erhalten wir:

$$-\frac{1}{4}g^{00}\left(\frac{\partial g_{\alpha\beta}}{\partial x^0}\right)^2,$$

da $g^{00} = 1/g_{00} > 0$ ist, ist das Vorzeichen des Ausdrucks unmittelbar ersichtlich.

Durch eine hinreichend rasche Änderung der $g_{\alpha\beta}$ mit der Zeit x^0 (innerhalb des Zeitintervalls zwischen den beiden Integrationsgrenzen von x^0) kann daher die Größe G beliebig groß gemacht werden. Wäre die Konstante k nun negativ, so könnte man die Wirkungsfunktion unbeschränkt verkleinern, sie würde negative Werte von beliebig hohem Betrage annehmen, d. h., es gäbe kein Minimum.

§ 94. Der Energie-Impuls-Tensor

Im § 32 wurde eine allgemeine Regel für die Berechnung des Energie-Impuls-Tensors eines beliebigen physikalischen Systems angegeben, dessen Wirkungsfunktion in Form eines Integrales (32,1) über den vierdimensionalen Raum dargestellt werden kann. In krummlinigen Koordinaten kann dieses Integral in der Form

$$S = \frac{1}{c}\int \Lambda \sqrt{-g}\, \mathrm{d}\Omega \tag{94,1}$$

geschrieben werden (in galileischen Koordinaten ist $g = -1$, und S geht in $\int \Lambda \,\mathrm{d}V\, dt$ über). Die Integration ist über den ganzen (dreidimensionalen) Raum und die Zeit zwischen zwei gegebenen Zeitpunkten auszuführen, d. h. über das unendliche vierdimensionale Raumgebiet, das zwischen zwei Hyperflächen eingeschlossen ist.

Wie schon in § 32 gezeigt wurde, ist der aus (32,5) bestimmte Energie-Impuls-Tensor i. a. nicht symmetrisch, wie er es eigentlich sein sollte. Um ihn zu symmetrisieren, hatte man zum Ausdruck (32,5) Terme der Form $\frac{\partial}{\partial x^l}\psi^{ikl}$ zu addieren, wobei ψ^{ikl} in den Indizes k und l antisymmetrisch war. Wir geben hier eine andere Methode zur Berechnung des Energie-Impuls-Tensors an, die den Vorteil hat, daß sie sofort zum richtigen Ausdruck führt.

In (94,1) gehen wir von den Koordinaten x^i zu den neuen Koordinaten $x'^i = x^i + \xi^i$ über, wobei die ξ^i kleine Größen sind. Bei dieser Transformation transformieren sich die Komponenten g^{ik} nach der Gleichung

$$g'^{ik}(x'^l) = g^{lm}(x^l)\frac{\partial x'^i}{\partial x^l}\frac{\partial x'^k}{\partial x^m} = g^{lm}\left(\delta_l^i + \frac{\partial \xi^i}{\partial x^l}\right)\left(\delta_m^k + \frac{\partial \xi^k}{\partial x^m}\right)$$

$$\approx g^{ik}(x^l) + g^{im}\frac{\partial \xi^k}{\partial x^m} + g^{kl}\frac{\partial \xi^i}{\partial x^l}.$$

Der Tensor g'^{ik} ist hierbei eine Funktion von x'^l; hingegen hängt g_{ik} von den früheren Koordinaten x^l ab. Um alle Terme als Funktionen derselben Variablen darzustellen, entwickeln wir $g'^{ik}(x^l + \xi^l)$ nach Potenzen von ξ^l. Vernachlässigen wir ferner Terme höherer Ordnung in ξ^l, so können wir in den Gliedern, die ξ^l enthalten, g^{ik} anstelle g'^{ik} schreiben. Wir finden somit

$$g'^{ik}(x^l) = g^{ik}(x^l) - \xi^l\frac{\partial g^{ik}}{\partial x^l} + g^{il}\frac{\partial \xi^k}{\partial x^l} + g^{kl}\frac{\partial \xi^i}{\partial x^l}.$$

Man überzeugt sich leicht durch unmittelbares Nachrechnen, daß die drei letzten Terme als Summe $\xi^{i;k} + \xi^{k;i}$ kontravarianter Ableitungen von ξ^i geschrieben werden können. Die Transformation der g^{ik} ergibt sich also endgültig in der Form

$$g'^{ik} = g^{ik} + \delta g^{ik}, \qquad \delta g^{ik} = \xi^{i;k} + \xi^{k;i}. \tag{94,2}$$

Für die kovarianten Komponenten gilt dabei

$$g'_{ik} = g_{ik} + \delta g_{ik}, \qquad \delta g_{ik} = -\xi_{i;k} - \xi_{k;i} \tag{94,3}$$

so daß bis zu Größen, die klein von erster Ordnung sind, die Bedingung $g'_{il}\,g'^{lk} = \delta_i^k$ erfüllt ist).[1]

Da die Wirkungsfunktion S ein Skalar ist, ändert sie sich bei Koordinatentransformationen nicht. Die Änderung δS der Wirkungsfunktion bei Koordinatentransformationen läßt sich andererseits in folgender Weise schreiben. Es mögen, wie in § 32, q die Größen bezeichnen, die das physikalische System kennzeichnen, auf das sich die Wirkungsfunktion bezieht. Bei Koordinatentransformationen ändern sich die Größen q um δq. Für die Berechnung von δS ist es jedoch nicht nötig, die Terme mitzunehmen, die von der Änderung von q herrühren. Alle diese Terme heben sich nämlich gegenseitig auf. Es ist dies eine Folge der „Bewegungsgleichungen" des physikalischen Systems, die man gerade durch Nullsetzen der Variation von S nach den Größen q erhält. Es genügt also, nur diejenigen Terme anzuschreiben, die von der Änderung der g_{ik} herrühren. Benutzen wir in üblicher Weise den Gaussschen Satz und nehmen wir an den Grenzen des Integrationsbereiches $\delta g^{ik} = 0$ an, so erhalten wir δS

[1]) Die Gleichung $\xi^{k;i} + \xi^{i;k} = 0$ legt diejenigen infinitesimalen Koordinatentransformationen fest, die die gegebene Metrik nicht ändern. Sie wird in der Literatur häufig als Killing-Gleichung bezeichnet.

in der Form[1])

$$\delta S = \frac{1}{c}\int\left\{\frac{\partial\sqrt{-g}\,\Lambda}{\partial g^{ik}}\,\delta g^{ik} + \frac{\partial\sqrt{-g}\,\Lambda}{\partial\dfrac{\partial g^{ik}}{\partial x^l}}\,\delta\frac{\partial g^{ik}}{\partial x^l}\right\}\mathrm{d}\Omega$$

$$= \frac{1}{c}\int\left\{\frac{\partial\sqrt{-g}\,\Lambda}{\partial g^{ik}} - \frac{\partial}{\partial x^l}\frac{\partial\sqrt{-g}\,\Lambda}{\partial\dfrac{\partial g^{ik}}{\partial x^l}}\right\}\delta g^{ik}\,\mathrm{d}\Omega\,.$$

Führen wir die Bezeichnung

$$\frac{1}{2}\sqrt{-g}\,T_{ik} = \frac{\partial\sqrt{-g}\,\Lambda}{\partial g^{ik}} - \frac{\partial}{\partial x^l}\frac{\partial\sqrt{-g}\,\Lambda}{\partial\dfrac{\partial g^{ik}}{\partial x^l}} \qquad (94{,}4)$$

ein, so nimmt δS die Gestalt[2])

$$\delta S = \frac{1}{2c}\int T_{ik}\,\delta g^{ik}\sqrt{-g}\,\mathrm{d}\Omega = -\frac{1}{2c}\int T^{ik}\,\delta g_{ik}\sqrt{-g}\,\mathrm{d}\Omega \qquad (94{,}5)$$

an (es ist $g^{ik}\,\delta g_{lk} = -g_{lk}\,\delta g^{ik}$ und daher $T^{ik}\,\delta g_{ik} = -T_{ik}\,\delta g^{ik}$). Für δg^{ik} setzen wir hier den Ausdruck (94,2) ein und erhalten unter Benutzung der Symmetrie des Tensors T_{ik}

$$\delta S = \frac{1}{2c}\int T_{ik}(\xi^{i;k} + \xi^{k;i})\sqrt{-g}\,\mathrm{d}\Omega = \frac{1}{c}\int T_{ik}\xi^{i;k}\sqrt{-g}\,\mathrm{d}\Omega\,.$$

Diesen Ausdruck schreiben wir weiter wie folgt um:

$$\delta S = \frac{1}{c}\int (T_i^k\,\xi^i)_{;k}\sqrt{-g}\,\mathrm{d}\Omega - \frac{1}{c}\int T^k_{i;k}\xi^i\sqrt{-g}\,\mathrm{d}\Omega\,. \qquad (94{,}6)$$

Das erste Integral kann mit (86,9) in der Form

$$\frac{1}{c}\int\frac{\partial}{\partial x^k}(\sqrt{-g}\,T_i^k\,\xi^i)\,\mathrm{d}\Omega$$

geschrieben und in ein Hyperflächenintegral umgeformt werden. Da an den Integrationsgrenzen die ξ^i Null sind, verschwindet dieses Integral.

---

[1]) Wir betonen, daß die hier eingeführte Bezeichnung der Ableitungen nach den Komponenten des symmetrischen Tensors g_{ik} in gewissem Sinne symbolischen Charakter hat. Die Ableitungen $\partial F/\partial g_{ik}$ (F eine Funktion von g_{ik}) haben nämlich im wesentlichen nur dadurch einen Sinn, daß sie die Beziehung $\mathrm{d}F = \dfrac{\partial F}{\partial g_{ik}}\,\mathrm{d}g_{ik}$ ausdrücken. Nun gehen in die Summe $\dfrac{\partial F}{\partial g_{ik}}\,\mathrm{d}g_{ik}$ die Terme mit den Differentialen $\mathrm{d}g_{ik}$, bei denen $i \neq k$ ist, zweimal ein. Differenzieren wir also einen konkreten Ausdruck F nach irgendeiner bestimmten Komponente g_{ik} mit $i \neq k$, so erhalten wir eine Größe, die doppelt so groß wie die mit $\partial F/\partial g_{ik}$ bezeichnete ist. Dies ist zu beachten, wenn wir den Indizes i, k in Gleichungen, die Ableitungen nach g_{ik} enthalten, bestimmte Werte geben.

[2]) Man beachte, daß in dem betrachteten Fall die 10 Größen δg_{ik} nicht unabhängig sind, da sie sich aus Koordinatentransformationen ergeben, die höchstens vier unabhängige Funktionen enthalten. Deswegen folgt aus $\delta S = 0$ bei weitem nicht $T_{ik} = 0$.

Setzen wir also die Variation δS Null, so finden wir

$$\delta S = -\frac{1}{c}\int T^k_{i;k}\xi^i \sqrt{-g}\, d\Omega = 0 .$$

Wegen der Willkür der ξ^i ergibt sich daraus

$$T^k_{i;k} = 0 . \tag{94,7}$$

Vergleichen wir diese Gleichung mit der in galileischen Koordinaten gültigen Gleichung (32,4) $\frac{\partial T^i_k}{\partial x^k} = 0$, so sehen wir, daß der durch die Gleichung (94,4) definierte Tensor T_{ik} mit dem Energie-Impuls-Tensor identifiziert werden muß, wenigstens bis auf einen konstanten Faktor. Man zeigt leicht, daß dieser Faktor gleich 1 ist, indem man etwa die Formel (94,4) auf das elektromagnetische Feld anwendet:

$$\Lambda = -\frac{1}{16\pi} F_{ik} F^{ik} = -\frac{1}{16\pi} F_{ik} F_{lm} g^{il} g^{km} .$$

Die Gleichung (94,4) ermöglicht es also, den Energie-Impuls-Tensor durch Ableitung von Λ nach den Komponenten des metrischen Tensors (und seinen Ableitungen) zu finden. Man erhält dabei den Tensor T_{ik} sofort in explizit symmetrischer Gestalt. Die Formel (94,4) ist zur Berechnung des Energie-Impuls-Tensors nicht nur in solchen Fällen geeignet, wo ein Gravitationsfeld vorhanden ist, sondern auch dann, wenn dieses Feld fehlt, wenn also der metrische Tensor keine selbständige Bedeutung hat und der Übergang zu krummlinigen Koordinaten nur formal als Zwischenstufe bei der Berechnung von T_{ik} erscheint.

Der Ausdruck (33,1) für den Energie-Impuls-Tensor des elektromagnetischen Feldes hat in krummlinigen Koordinaten die Gestalt

$$T_{ik} = \frac{1}{4\pi}\left(-F_{il} F_k{}^l + \frac{1}{4} F_{lm} F^{lm} g_{ik}\right). \tag{94,8}$$

Für makroskopische Körper hat der Energie-Impulstensor hingegen die Form:

$$T_{ik} = (p + \varepsilon)\, u_i u_k - p\, g_{ik} \tag{94,9}$$

(siehe (35,2)).

Wir bemerken, daß die Größe T_{00} stets positiv sein muß[1]):

$$T_{00} \geqq 0 \tag{94,10}$$

(die gemischte Komponente T^0_0 hat dagegen im allgemeinen kein bestimmtes Vorzeichen).

---

[1]) Wir haben nämlich $T_{00} = \varepsilon u_0^2 + p\,(u_0^2 - g_{00})$. Der erste Term ist offensichtlich positiv. Im zweiten schreiben wir $u_0 = g_{00} u^0 + g_{0\alpha} u^\alpha = \frac{g_{00}\, dx^0 + g_{0\alpha}\, dx^\alpha}{ds}$ und erhalten nach einer einfachen Umformung $g_{00}\, p \left(\frac{dl}{ds}\right)^2$, wobei dl das räumliche Linienelement (84,6) ist. Hieraus ist ersichtlich, daß auch der zweite Term in T_{00} positiv ist. Man überzeugt sich leicht davon, daß dasselbe auch für den Tensor (94,8) gilt.

Aufgabe

Untersuche die verschiedenen Fälle der Überführung eines symmetrischen Tensors zweiter Stufe auf kanonische Form.

Lösung. Die Hauptachsentransformation eines symmetrischen Tensors A_{ik} bedeutet das Auffinden von „Eigenvektoren" n^i, für die

$$A_{ik}\, n^k = \lambda\, n_i \tag{1}$$

gilt. Die entsprechenden Eigenwerte λ erhält man als Wurzeln der Gleichung vierten Grades

$$|A_{ik} - \lambda\, g_{ik}| = 0\,, \tag{2}$$

sie sind die Invarianten des Tensors. Sowohl die Eigenwerte λ als auch die zugehörigen Eigenvektoren können komplex sein. Die Komponenten des Tensors A_{ik} selbst werden natürlich als reell vorausgesetzt.

Mit den Gleichungen (1) zeigt man leicht auf dem üblichen Wege, daß zwei Vektoren $n_i^{(1)}$ und $n_i^{(2)}$, die zwei verschiedenen Eigenwerten $\lambda^{(1)}$ und $\lambda^{(2)}$ entsprechen, orthogonal zueinander sein müssen:

$$n_i^{(1)}\, n^{(2)i} = 0\,. \tag{3}$$

Hat insbesondere die Gleichung (2) komplex-konjugierte Wurzeln λ und λ^*, die zu den komplex-konjugierten Vektoren n_i und n_i^* gehören, so gilt

$$n_i\, n^{i*} = 0\,. \tag{4}$$

Der Tensor A_{ik} kann durch seine Eigenwerte und die entsprechenden Eigenvektoren folgendermaßen dargestellt werden:

$$A_{ik} = \sum \lambda \frac{n_i\, n_k}{n_l\, n^l} \tag{5}$$

(sofern nur keine Größe $n_l\, n^l$ verschwindet; siehe dazu unten).

Je nach der Art der Wurzeln von (2) können drei verschiedene Fälle auftreten.

a) Alle vier Hauptwerte λ sind reell. Dann sind auch die Vektoren n^i reell; da sie sämtlich orthogonal zueinander sind, müssen drei von ihnen raumartige Richtungen und einer eine zeitartige Richtung besitzen (man kann sie durch die entsprechenden Bedingungen $n_l\, n^l = -1$ und $n_l\, n^l = 1$ normieren). Wählen wir die Koordinatenachsen entlang dieser Vektoren, so hat der Tensor A_{ik} die Gestalt

$$A_{ik} = \begin{pmatrix} \lambda^{(0)} & 0 & 0 & 0 \\ 0 & -\lambda^{(1)} & 0 & 0 \\ 0 & 0 & -\lambda^{(2)} & 0 \\ 0 & 0 & 0 & -\lambda^{(3)} \end{pmatrix}. \tag{6}$$

b) Die Gleichung (2) hat zwei reelle ($\lambda^{(2)}, \lambda^{(3)}$) und zwei konjugiert-komplexe ($\lambda' \pm i\,\lambda''$) Wurzeln. Die konjugiert-komplexen Vektoren n_i, n_i^*, die letzteren Wurzeln entsprechen, können in der Form $a_i \pm i\, b_i$ geschrieben werden; da sie nur bis auf einen willkürlichen komplexen Faktor bestimmt sind, lassen sie sich durch die Bedingung $n_i\, n^i = n_i^*\, n^{i*} = 1$ normieren. Berücksichtigen wir auch (4), so finden wir für die reellen Vektoren a_i, b_i die Bedingungen

$$a_i\, a^i + b_i\, b^i = 0\,, \quad a_i\, b^i = 0\,, \quad a_i\, a^i - b_i\, b^i = 1\,,$$

woraus $a_i\, a^i = 1/2$, $b_i\, b^i = -1/2$ folgt, d. h., der eine dieser Vektoren muß raumartig, der andere zeitartig sein. Da nur ein Vektor zeitartig sein darf, folgt daraus, daß Gleichung (2) keine zwei Paare konjugiert-komplexe Wurzeln haben darf. Wählen wir die Koordinatenachsen in Richtung der Vektoren a^i, b^i, $n^{(2)i}$, $n^{(3)i}$, so erhält der Tensor A_{ik} (nach Formel (5)) die Gestalt

$$A_{ik} = \begin{pmatrix} \lambda' & \lambda'' & 0 & 0 \\ \lambda'' & -\lambda' & 0 & 0 \\ 0 & 0 & -\lambda^{(2)} & 0 \\ 0 & 0 & 0 & -\lambda^{(3)} \end{pmatrix}. \tag{7}$$

c) Verschwindet das Quadrat eines der Vektoren n^i ($n_l n^l = 0$), so kann seine Richtung nicht zur Richtung einer Koordinatenachse gewählt werden. Man kann jedoch eine Ebene $x^0 x^\alpha$ so wählen, daß der Vektor n^i in ihr liegt. Es möge dies die Ebene $x^0 x^1$ sein. Aus $n_l n^l = 0$ folgt dann $n^0 = n^1$, und mit (1) haben wir

$$A_{00} + A_{01} = \lambda, \quad A_{10} + A_{11} = -\lambda,$$

woraus sich

$$A_{00} = \lambda + \mu, \quad A_{11} = -\lambda + \mu, \quad A_{01} = -\mu$$

ergibt; μ ist eine nichtinvariante Größe, die sich bei Drehungen in der $x^0 x^1$ Ebene ändert. Durch eine solche Drehung läßt sich stets erreichen, daß μ reell wird. Richten wir die Achsen x^2, x^3 nach zwei anderen (raumartigen) Vektoren $n^{(2)i}$, $n^{(3)i}$ aus, so läßt sich der Tensor in die Form

$$A_{ik} = \begin{pmatrix} \lambda + \mu & -\mu & 0 & 0 \\ -\mu & -\lambda + \mu & 0 & 0 \\ 0 & 0 & -\lambda^{(2)} & 0 \\ 0 & 0 & 0 & -\lambda^{(3)} \end{pmatrix} \tag{8}$$

überführen. Dieser Fall entspricht dem Zusammenfallen zweier Wurzeln ($\lambda^{(0)}$, $\lambda^{(1)}$) von (2).

Wir bemerken, daß für den physikalischen Energie-Impuls-Tensor T_{ik} von Materie, die sich mit Unterlichtgeschwindigkeit bewegt, immer der erste Fall zutreffen muß. Dies hängt damit zusammen, daß es immer ein Bezugssystem geben muß, in dem der Energiestrom der Materie, d. h., die Größen $T_{\alpha 0}$ verschwinden. Für den Energie-Impuls-Tensor der elektromagnetischen Wellen hingegen gilt der dritte Fall mit $\lambda = \lambda^{(2)} = \lambda^{(3)} = 0$ (siehe Seite 97); es läßt sich zeigen, daß es sonst ein Bezugssystem geben würde, in dem der Energiestrom die mit c multiplizierte Energiedichte übersteigt.

§ 95. Die EINSTEINschen Gleichungen

Wir können nun zur Ableitung der Gleichungen für das Gravitationsfeld übergehen. Diese Gleichungen erhalten wir aus dem Prinzip der kleinsten Wirkung $\delta(S_m + S_g) = 0$, wo S_g und S_m die dem Gravitationsfeld und der Materie entsprechenden Wirkungsfunktionen sind. Variiert wird hier das Gravitationsfeld, d. h. der Tensor g_{ik}.

Wir berechnen nun δS_g. Es ist

$$\delta \int R \sqrt{-g}\, d\Omega = \delta \int g^{ik} R_{ik} \sqrt{-g}\, d\Omega$$
$$= \int \left(R_{ik} \sqrt{-g}\, \delta g^{ik} + R_{ik} g^{ik} \delta \sqrt{-g} + g^{ik} \sqrt{-g}\, \delta R_{ik}\right) d\Omega .$$

Setzen wir hier nach (86,4)

$$\delta \sqrt{-g} = -\frac{1}{2\sqrt{-g}} \delta g = -\frac{1}{2} \sqrt{-g}\, g_{ik}\, \delta g^{ik} ,$$

so finden wir

$$\delta \int R \sqrt{-g}\, d\Omega = \int \left(R_{ik} - \frac{1}{2} g_{ik} R\right) \delta g^{ik} \sqrt{-g}\, d\Omega + \int g^{ik} \delta R_{ik} \sqrt{-g}\, d\Omega . \tag{95,1}$$

Zur Berechnung von δR_{ik} bemerken wir, daß zwar die Größen Γ^i_{kl} keinen Tensor bilden, wohl aber ihre Variation $\delta\Gamma^i_{kl}$. Es ist nämlich $\Gamma^k_{il}\,A_k\,\mathrm{d}x^l$ die Änderung eines Vektors bei der Parallelverschiebung (siehe (85,5)) von irgendeinem Punkt P zum infinitesimal benachbarten P'. Daher stellt $\delta\Gamma^k_{il}\,A_k\,\mathrm{d}x^l$ die Differenz zweier Vektoren dar, die bei den zwei Parallelverschiebungen (mit nichtvariierten und mit variierten Γ^i_{kl}) von P nach demselben Punkt P' erhalten werden. Die Differenz zweier Vektoren im gleichen Punkte ist aber ein Vektor; $\delta\Gamma^i_{kl}$ ist somit ein Tensor.

Wir benutzen ein lokalgeodätisches Koordinatensystem, für das in einem vorgegebenen Punkte alle $\Gamma^i_{kl} = 0$ sind. Mit dem Ausdruck (92,7) für R_{ik} erhalten wir

$$g^{ik}\,\delta R_{ik} = g^{ik}\left\{\frac{\partial}{\partial x^l}\delta\Gamma^l_{ik} - \frac{\partial}{\partial x^k}\delta\Gamma^l_{il}\right\} = g^{ik}\frac{\partial}{\partial x^l}\delta\Gamma^l_{ik} - g^{il}\frac{\partial}{\partial x^l}\delta\Gamma^k_{ik} = \frac{\partial w}{\partial x^l},$$

wobei

$$w^l = g^{ik}\,\delta\Gamma^l_{ik} - g^{il}\,\delta\Gamma^k_{ik}$$

ist. (Es ist zu beachten, daß die ersten Ableitungen der g^{ik} hier verschwinden.) Da w^l ein Vektor ist, können wir die erhaltene Beziehung in einem beliebigen Koordinatensystem in der Form

$$g^{ik}\,\delta R_{ik} = \frac{1}{\sqrt{-g}}\frac{\partial}{\partial x^l}\left(\sqrt{-g}\,w^l\right)$$

schreiben $\left(\text{wir ersetzen } \frac{\partial w^l}{\partial x^l} \text{ durch } w^l_{;l} \text{ und benutzen (86,9)}\right)$. Das zweite Integral in (95,1) ist daher gleich

$$\int g^{ik}\,\delta R_{ik}\sqrt{-g}\,\mathrm{d}\Omega = \int\frac{\partial\left(\sqrt{-g}\,w^l\right)}{\partial x^l}\mathrm{d}\Omega$$

und läßt sich nach dem Gaussschen Satz in ein Integral von w^l über die das vierdimensionale Volumen umgebende Hyperfläche umwandeln. Da die Variation des Feldes an den Grenzen des Integrationsbereiches aber verschwindet, verschwindet auch dieses Integral. Die Variation δS_g ist somit gleich[1])

$$\delta S_g = -\frac{c^3}{16\pi k}\int\left(R_{ik} - \frac{1}{2}g_{ik}R\right)\delta g^{ik}\sqrt{-g}\,\mathrm{d}\Omega\,. \tag{95,2}$$

Wären wir von

$$S_g = -\frac{c^3}{16\pi k}\int G\sqrt{-g}\,\mathrm{d}\Omega$$

ausgegangen, so hätten wir, wie man sich leicht überzeugt, folgenden Ausdruck erhalten:

$$\delta S_g = -\frac{c^3}{16\pi k}\int\left\{\frac{\partial\left(G\sqrt{-g}\right)}{\partial g^{ik}} - \frac{\partial}{\partial x^l}\frac{\partial\left(G\sqrt{-g}\right)}{\partial\dfrac{\partial g^{ik}}{\partial x^l}}\right\}\delta g^{ik}\,\mathrm{d}\Omega\,.$$

---

[1]) Wir notieren hier noch folgenden interessanten Umstand. Berechnet man die Variation $\delta\int R\sqrt{-g}\,\mathrm{d}\Omega$ (mit R_{ik} aus (92,7)), indem man die Γ^i_{kl} als unabhängige Größen und die g_{ik} als konstant ansieht, und berücksichtigt man dann den Ausdruck (86,3) für Γ^i_{kl}, so würde man, wie man sich leicht überzeugt, Null erhalten. Umgekehrt könnte man die Beziehung zwischen Γ^i_{kl} und dem metrischen Tensor erhalten, wenn man das Verschwinden dieser Variation fordert.

Vergleichen wir ihn mit (95,2), so finden wir die Beziehung

$$R_{ik} - \frac{1}{2} g_{ik} R = \frac{1}{\sqrt{-g}} \left\{ \frac{\partial (G\sqrt{-g})}{\partial g^{ik}} - \frac{\partial}{\partial x^l} \frac{\partial (G\sqrt{-g})}{\partial \dfrac{\partial g^{ik}}{\partial x^l}} \right\}. \tag{95,3}$$

Für die Variation der Wirkungsfunktion der Materie können wir nach (94,5)

$$\delta S_m = \frac{1}{2c} \int T_{ik}\, \delta g^{ik} \sqrt{-g}\, \mathrm{d}\Omega \tag{95,4}$$

schreiben, wobei T_{ik} der Energie-Impuls-Tensor der Materie (einschließlich des elektromagnetischen Feldes) ist. Gravitationswechselwirkungen spielen (wegen der Kleinheit der Gravitationskonstanten) nur bei hinreichend großen Massen eine Rolle. Bei der Untersuchung von Gravitationsfeldern haben wir es demnach gewöhnlich mit makroskopischen Körpern zu tun. Für T_{ik} hat man daher meist den Ausdruck (94,9) einzusetzen.

Aus dem Prinzip der kleinsten Wirkung $\delta S_m + \delta S_g = 0$ finden wir auf diese Weise:

$$-\frac{c^3}{16\pi k} \int \left(R_{ik} - \frac{1}{2} g_{ik} R - \frac{8\pi k}{c^4} T_{ik} \right) \delta g^{ik} \sqrt{-g}\, \mathrm{d}\Omega = 0\,.$$

Wegen der Willkür der δg^{ik} ergibt sich daraus

$$R_{ik} - \frac{1}{2} g_{ik} R = \frac{8\pi k}{c^4} T_{ik} \tag{95,5}$$

oder in gemischten Komponenten

$$R_i^k - \frac{1}{2} \delta_i^k R = \frac{8\pi k}{c^4} T_i^k\,. \tag{95,6}$$

Das sind die gesuchten *Gleichungen des Gravitationsfeldes*, die Grundgleichungen der allgemeinen Relativitätstheorie. Sie werden auch EINSTEINsche Gleichungen genannt.

Setzen wir in (95,6) die Indizes i und k einander gleich und summieren, so erhalten wir

$$R = -\frac{8\pi k}{c^4} T \tag{95,7}$$

($T = T_i^i$). Die Feldgleichungen lassen sich daher auch in der Form

$$R_{ik} = \frac{8\pi k}{c^4} \left(T_{ik} - \frac{1}{2} g_{ik} T \right) \tag{95,8}$$

schreiben.

Die EINSTEINschen Gleichungen sind nichtlinear. Es gilt daher für Gravitationsfelder kein Superpositionsprinzip. Dieses Prinzip ist lediglich für schwache Felder näherungsweise gültig, die eine Linearisierung der EINSTEINschen Gleichungen erlauben (zu ihnen gehören insbesondere auch die Gravitationsfelder, die im klassischen, NEWTONschen Grenzfall erhalten werden, s. § 99).

Im leeren Raum ist $T_{ik} = 0$, und die Gravitationsgleichungen lauten hier

$$R_{ik} = 0\,. \tag{95,9}$$

Es sei daran erinnert, daß diese Gleichung keineswegs besagt, daß der leere Raum eben ist; dazu müßten die stärkeren Bedingungen $R^i_{klm} = 0$ erfüllt sein.

Der Energie-Impuls-Tensor des elektromagnetischen Feldes hat die Eigenschaft $T^i_i = 0$ (siehe (33,2)). Nach (95,7) folgt daraus, daß beim alleinigen Vorhandensein eines elektromagnetischen Feldes ohne irgendwelche Körper der Krümmungsskalar des vierdimensionalen Raumes verschwindet.

Wie wir wissen, ist die Divergenz des Energie-Impuls-Tensors gleich Null:

$$T^k_{i;k} = 0\,. \tag{95,10}$$

Daher muß auch die Divergenz des linken Teiles der Gleichung (95,6) Null sein. Das ist aufgrund der Identität (92,10) in der Tat der Fall.

Die Gleichungen (95,10) sind also im Grunde genommen in den Feldgleichungen (95,6) enthalten. Sie drücken andererseits den Energie-Impuls-Erhaltungssatz aus und enthalten die Bewegungsgleichungen des physikalischen Systems, auf das sich der betrachtete Energie-Impuls-Tensor bezieht (z. B. die Bewegungsgleichungen von Materieteilchen oder die zweite Gruppe der MAXWELLschen Gleichungen.[1]) Die Gravitationsgleichungen schließen also die Gleichungen für die das Gravitationsfeld erzeugende Materie ein. Darum können Verteilung und Bewegung der das Gravitationsfeld erzeugenden Materie nicht beliebig vorgegeben werden, sondern beide Größen müssen (durch Lösung der Feldgleichungen bei gegebenen Anfangsbedingungen) gleichzeitig mit dem durch die Materie erzeugten Gravitationsfeld bestimmt werden.

Wir betonen den prinzipiellen Unterschied dieser Situation gegenüber der, die wir im Falle des elektromagnetischen Feldes hatten. Die Gleichungen dieses Feldes (die MAXWELLschen Gleichungen) implizierten nur den Erhaltungssatz für die Gesamtladung (die Kontinuitätsgleichung), aber nicht die Bewegungsgleichungen der Ladungen. Deswegen können Verteilung und Bewegung der Ladungen beliebig vorgegeben werden, sofern nur die Gesamtladung erhalten bleibt. Bei Vorgabe der Ladungsverteilung erhält man dann mittels der MAXWELLschen Gleichungen das von den Ladungen erzeugte elektromagnetische Feld.

Der Genauigkeit halber muß jedoch bemerkt werden, daß zur vollständigen Bestimmung der Verteilung und Bewegung der Materie im Falle des Gravitationsfeldes zu den EINSTEINschen Gleichungen noch die in ihnen nicht enthaltene Zustandsgleichung der Materie hinzugefügt werden muß, d. h. die Gleichung, die die Verbindung zwischen Druck und Dichte herstellt. Diese Gleichung muß unabhängig von den Feldgleichungen gegeben sein.[2])

---

[1]) Im Falle des freien MAXWELLschen Feldes kann man aus (95,10) und (94,8) auf $F^{ik}{}_{;k} = 0$ schließen, sofern man noch die erste Gruppe der MAXWELLschen Gleichungen voraussetzt (Anm. d. Hrsg.)

[2]) Die Zustandsgleichung verbindet in Wirklichkeit nicht zwei, sondern drei thermodynamische Größen miteinander, z. B. den Druck, die Dichte und die Temperatur der Materie. Bei den Anwendungen in der Gravitationstheorie ist jedoch dieser Umstand gewöhnlich unwesentlich, weil die hier benutzte genäherte Zustandsgleichung tatsächlich von der Temperatur unabhängig ist (so z. B. die Gleichung $p = 0$ für verdünnte Materie, die ultrarelativistische Gleichung $p = \varepsilon/3$ im Grenzfall stark zusammengepreßter Materie usw.).

Die vier Koordinaten x^i können einer beliebigen Transformation unterworfen werden. Infolgedessen können von den zehn Komponenten des Tensors g_{ik} vier willkürlich gewählt werden, nur sechs der zehn Komponenten des Tensors g_{ik} sind somit unbekannte Funktionen. Weiterhin sind die vier Komponenten der in den Energie-Impuls-Tensor der Materie eingehenden Vierergeschwindigkeit u^i untereinander durch die Beziehung $u_i u^i = 1$ verknüpft, so daß nur drei von ihnen unabhängig sind. Wie auch zu fordern ist, haben wir also zehn Feldgleichungen (95,5) für zehn unbekannte Größen: 6 Komponenten aus g_{ik}, 3 Komponenten aus u^i und die Materiedichte ε/c^2 (oder den Druck p). Für das Gravitationsfeld im leeren Raum bleiben nur sechs unabhängige Größen (Komponenten g_{ik}), und dementsprechend erniedrigt sich auch die Zahl der unabhängigen Feldgleichungen: Die zehn Gleichungen $R_{ik} = 0$ sind untereinander durch die vier Identitäten (92,10) verknüpft.

Es sei noch auf einige Besonderheiten der Struktur der EINSTEINschen Gleichungen hingewiesen: Diese Gleichungen sind ein System partieller Differentialgleichungen zweiter Ordnung. In sie gehen jedoch nicht alle Zeitableitungen der zehn Komponenten von g_{ik} ein. Aus (92,1) ist nämlich zu entnehmen, daß die zweiten Zeitableitungen in Form des Gliedes $-\frac{1}{2}\ddot{g}_{\alpha\beta}$ (ein Punkt soll die Ableitung nach x^0 bedeuten) nur in die Komponenten $R_{0\alpha 0\beta}$ des Krümmungstensors eingehen. Zweite Ableitungen der Komponenten $g_{0\alpha}$ und g_{00} des metrischen Tensors treten überhaupt nicht auf. Daraus folgt, daß auch der sich durch Verjüngung des Krümmungstensors ergebende Tensor R_{ik}, und mit ihm die Gleichungen (95,5), nur von den sechs räumlichen Komponenten $g_{\alpha\beta}$ zweite Zeitableitungen enthalten.

Man sieht auch leicht, daß diese Ableitungen nur in den ${}^{\beta}_{\alpha}$-Gleichungen von (95,6), d. h. in den Gleichungen

$$R_{\alpha}^{\beta} - \frac{1}{2}\delta_{\alpha}^{\beta} R = \frac{8\pi k}{c^4} T_{\alpha}^{\beta} \tag{95,11}$$

enthalten sind. Die ${}^{0}_{0}$- und ${}^{0}_{\alpha}$-Gleichungen, d. h. die Gleichungen

$$R_0^0 - \frac{1}{2} R = \frac{8\pi k}{c^4} T_0^0 , \qquad R_{\alpha}^0 = \frac{8\pi k}{c^4} T_{\alpha}^0 , \tag{95,12}$$

enthalten nur Zeitableitungen erster Ordnung. Davon kann man sich leicht überzeugen, wenn man verifiziert, daß bei der Bildung der Größen R_{α}^0 und $R_0^0 - \frac{1}{2} R = \frac{1}{2}(R_0^0 - R_{\alpha}^{\alpha})$ aus R_{iklm} keine Komponenten der Form $R_{0\alpha 0\beta}$ eingehen. Man sieht dies jedoch einfacher mit Hilfe der Identität (92,10), wenn man sie in der folgenden Form schreibt:

$$\left(R_i^0 - \frac{1}{2}\delta_i^0 R\right)_{;0} = -\left(R_i^{\alpha} - \frac{1}{2}\delta_i^{\alpha} R\right)_{;\alpha} \tag{95,13}$$

($i = 0, 1, 2, 3$). Die höchsten Zeitableitungen, die in den rechten Teil dieser Gleichungen eingehen, sind zweite Ableitungen (in den Größen R_i^{α}, R). Da

(95,13) eine Identität ist, enthält folglich auch die linke Seite Zeitableitungen von höchstens zweiter Ordnung. Eine Zeitableitung tritt auf der linken Seite aber schon explizit auf, deshalb kann der Ausdruck $R_i^0 - \frac{1}{2}\delta_i^0 R$ nur Zeitableitungen von höchstens erster Ordnung enthalten.

Mehr noch, die linken Seiten der Gleichungen (95,12) enthalten auch keine ersten Ableitungen $\dot{g}_{0\alpha}$ und $\dot{g}_{00}$ (sondern nur Ableitungen $\dot{g}_{\alpha\beta}$). In der Tat treten diese Ableitungen in den $\Gamma_{i,kl}$ nur in $\Gamma_{\alpha,00}$ und $\Gamma_{0,00}$ auf, und diese Größen gehen ihrerseits lediglich in die Komponenten $R_{0\alpha 0\beta}$ des Krümmungstensors ein, die, wie wir schon wissen, bei der Bildung der linken Seiten der Gleichungen (95,12) herausfallen.

Wenn man sich für die Lösung der EINSTEINschen Gleichungen bei gegebenen (zeitlichen) Anfangsbedingungen interessiert, erhebt sich die Frage, für wieviel Größen die räumlichen Anfangsverteilungen unabhängig voneinander vorgegeben werden können.

Anfangsbedingungen für Gleichungen zweiter Ordnung schließen die Anfangsverteilungen der abhängigen Variablen sowie ihrer ersten Zeitableitungen ein. Da jedoch im vorliegenden Falle die Gleichungen Ableitungen nur der sechs $g_{\alpha\beta}$ enthalten, können in den Anfangsbedingungen nicht alle g_{ik} und $\dot{g}_{ik}$ unabhängig voneinander vorgegeben werden. So kann man z. B. (neben der Geschwindigkeit und der Dichte der Materie) die Anfangswerte der Funktionen $g_{\alpha\beta}$ und $\dot{g}_{\alpha\beta}$ vorgeben. Danach bestimmen sich aus den vier Gleichungen (95,12) die erlaubten Anfangswerte von $g_{0\alpha}$ und g_{00}; in den Gleichungen (95,11) bleiben die Anfangswerte $\dot{g}_{0\alpha}$ jedoch noch frei.

In die Zahl der so vorgegebenen Anfangsbedingungen gehen jedoch auch Funktionen ein, deren Willkür lediglich mit der Willkür in der Wahl eines vierdimensionalen Koordinatensystems zusammenhängt. Einen realen physikalischen Sinn hat nur die Zahl der „physikalisch unterschiedlichen" willkürlichen Funktionen, die durch keine Wahl des Bezgussystems verringert werden kann. Aus physikalischen Überlegungen sieht man leicht, daß diese Zahl gleich acht ist: Die Anfangsbedingungen müssen die Dichteverteilung der Materie und drei Komponenten ihrer Geschwindigkeit sowie noch vier Größen, die das freie (nicht mit Materie verbundene) Gravitationsfeld charakterisieren (s. u. § 107), enthalten; für ein freies Gravitationsfeld im leeren Raum treten als Anfangsbedingungen nur die letzten vier Größen auf.

Aufgabe

Man gebe die Gleichungen für das zeitunabhängige Gravitationsfeld an, indem man alle Ableitungen nach räumlichen Koordinaten durch kovariante Ableitungen im Raum mit der Metrik $\gamma_{\alpha\beta}$ ausdrückt (84,7).

Lösung. Wir führen die Bezeichnungen $g_{00} = h$, $g_{0\alpha} = -h\, g_\alpha$ (88,11) und die dreidimensionale Geschwindigkeit v^α (88,10) ein. Das Heben und Senken der Indizes sowie die kovarianten Ableitungen werden im folgenden immer im dreidimensionalen Raum mit der Metrik $\gamma_{\alpha\beta}$ an den dreidimensionalen Vektoren g_α, v^α und dem dreidimensionalen Skalar h ausgeführt.

Die gesuchten Gleichungen müssen gegenüber der Transformation

$$x^\alpha \to x^\alpha, \quad x^0 \to x^0 + f(x^\alpha), \tag{1}$$

die den zeitunabhängigen Charakter des Feldes nicht ändert, invariant sein. Bei dieser Transformation geht aber, wie man sich leicht überzeugt (siehe Anmerkung auf Seite 296), g_α in $g_\alpha - \partial f/\partial x_\alpha$ über, der Skalar h und der Tensor $\gamma_{\alpha\beta} = -g_{\alpha\beta} + h\, g_\alpha\, g_\beta$ ändern sich nicht. Daraus folgt, daß in die mit Hilfe von $\gamma_{\alpha\beta}$, h und g_α ausgedrückten gesuchten Gleichungen die g_α nur in der Kombination

$$f_{\alpha\beta} = g_{\beta;\alpha} - g_{\alpha;\beta} = \frac{\partial g_\beta}{\partial x^\alpha} - \frac{\partial g_\alpha}{\partial x_\beta} \tag{2}$$

eingehen, die invariant gegenüber obiger Transformation ist. Demzufolge kann man alle Rechnungen erheblich vereinfachen, indem man (nach Berechnung aller in R_{ik} eingehenden Ableitungen) $g_\alpha = 0$ und $g_{\alpha;\beta} + g_{\beta;\alpha} = 0$ setzt.[1])

Die CHRISTOFFEL-Symbole lauten:

$$\Gamma^0_{0\,0} = \frac{1}{2} g^\alpha h_{;\alpha}, \quad \Gamma^\alpha_{0\,0} = \frac{1}{2} h^{;\alpha},$$

$$\Gamma^0_{\alpha\,0} = \frac{1}{2\,h} h_{;\alpha} + \frac{h}{2} g^\beta f_{\alpha\beta} + \cdots, \quad \Gamma^\alpha_{0\beta} = \frac{h}{2} f^\alpha_\beta - \frac{1}{2} g_\beta\, h^{;\alpha},$$

$$\Gamma^0_{\alpha\beta} = -\frac{1}{2}\left(\frac{\partial g_\alpha}{\partial x^\beta} + \frac{\partial g_\beta}{\partial x^\alpha}\right) - \frac{1}{2\,h}(g_\alpha\, h_{;\beta} + g_\beta\, h_{;\alpha}) + g_\gamma\, \lambda^\gamma_{\alpha\beta} + \cdots,$$

$$\Gamma^\alpha_{\beta\gamma} = \lambda^\alpha_{\beta\gamma} - \frac{h}{2}(g_\beta f_\gamma{}^\alpha + g_\gamma f_\beta{}^\alpha) + \cdots$$

Die hier weggelassenen Glieder sind quadratisch in den Komponenten des Vektors g_α: Diese Glieder fallen auf jeden Fall fort, wenn nach der Differentiation von R_{ik} (92,7) $g_\alpha = 0$ gesetzt wird. Bei der Berechnung wurden die Formeln (84,9), (84,12—13) verwendet; $\lambda^\alpha_{\beta\gamma}$ sind die dreidimensionalen CHRISTOFFEL-Symbole, die mit Hilfe der Metrik $\gamma_{\alpha\beta}$ aufgebaut sind.

Der Tensor T_{ik} berechnet sich mit Hilfe der Formel (94,9) mit den u^i aus (88,14), wobei ebenfalls $g_\alpha = 0$ gesetzt wird. Als Resultat erhält man aus (95,8) die folgenden Gleichungen:

$$\frac{1}{h} R_{00} = \frac{1}{\sqrt{h}} \left(\sqrt{h}\right)^{;\alpha}_{;\alpha} + \frac{h}{4} f_{\alpha\beta} f^{\alpha\beta} = \frac{8\pi k}{c^4}\left(\frac{\varepsilon + p}{1 - \frac{v^2}{c^2}} - \frac{\varepsilon - p}{2}\right), \tag{3}$$

$$\frac{1}{\sqrt{h}} R^\alpha_0 = -\frac{\sqrt{h}}{2} f^{\alpha\beta}{}_{;\beta} - \frac{3}{2} f^{\alpha\beta} \left(\sqrt{h}\right)_{;\beta} = \frac{8\pi k}{c^4} \frac{p + \varepsilon}{1 - \frac{v^2}{c^2}} \frac{v^\alpha}{c}, \tag{4}$$

$$R^{\alpha\beta} = P^{\alpha\beta} + \frac{h}{2} f^{\alpha\gamma} f^\beta{}_\gamma - \frac{1}{\sqrt{h}} \left(\sqrt{h}\right)^{;\alpha;\beta} = \frac{8\pi k}{c^4}\left[\frac{(p+\varepsilon)\, v^\alpha v^\beta}{c^2\left(1 - \frac{v^2}{c^2}\right)} + \frac{\varepsilon - p}{2} \gamma^{\alpha\beta}\right] \tag{5}$$

[1]) Um Mißverständnisse zu vermeiden, betonen wir, daß die oben angeführten vereinfachten Rechnungen, die die richtigen Feldgleichungen ergeben, für die Berechnung einer beliebigen Komponente des Tensors R_{ik} selbst nicht anwendbar sind, da nicht alle Komponenten gegenüber der Transformation (1) invariant sind. Die in den Formeln (3) bis (5) auftretenden Komponenten besitzen diese Invarianz.

Hier ist $P^{\alpha\beta}$ ein dreidimensionaler Tensor, der aus den $\gamma_{\alpha\beta}$ genauso aufgebaut ist wie R^{ik} aus den g_{ik}.[1])

§ 96. Der Energie-Impuls-Pseudotensor des Gravitationsfeldes

In Abwesenheit eines Gravitationsfeldes wird der Energie-Impuls-Erhaltungssatz der Materie (einschließlich des elektromagnetischen Feldes) durch die Gleichung $\partial T^{ik}/\partial x^k = 0$ ausgedrückt. Die Verallgemeinerung dieser Gleichung bei vorhandenem Gravitationsfeld ist (94,7):

$$T^k_{i;\,k} = \frac{1}{\sqrt{-g}} \frac{\partial (T^k_i \sqrt{-g})}{\partial x^k} - \frac{1}{2} \frac{\partial g_{kl}}{\partial x^i} T^{kl} = 0\,. \tag{96,1}$$

In dieser Gestalt drückt diese Gleichung jedoch nicht die Erhaltung irgendeiner Größe aus.[2]) Dies hängt damit zusammen, daß in Anwesenheit eines Gravitationsfeldes nicht der Viererimpuls der Materie allein, sondern der Viererimpuls von Materie und Gravitationsfeld erhalten bleiben sollte. Letzterer ist in dem Ausdruck für T^k_i nicht enthalten.

Um den zeitlich konstant bleibenden gesamten Viererimpuls des Gravitationsfeldes und der darin befindlichen Materie zu bestimmen, gehen wir wie folgt vor (L. D. Landau, E. M. Lifschitz, 1947).[3]) Wir wählen ein Koordinatensystem, für das in irgendeinem vorgegebenen Punkt des vierdimensionalen Raumes die ersten Ableitungen der g_{ik} nach den Koordinaten verschwinden (dabei brauchen die g_{ik} selbst nicht unbedingt die galileischen Werte zu besitzen). Dann ist in diesem Punkt der zweite Term der Gleichung (96,1) Null, und im

---

[1]) Ähnlich können die Einsteinschen Gleichungen auch für den allgemeinen Fall einer von der Zeit abhängigen Metrik aufgeschrieben werden. Neben den räumlichen treten dann auch die zeitlichen Ableitungen der Größen $\gamma_{\alpha\beta}$, g_α, h auf. Siehe A. L. Selmanow, Dokl. akad. nauk SSSR **107**, 815 (1956).

[2]) In der Tat bleibt das Integral $\int T^k_i \sqrt{-g}\, dS_k$ nur erhalten, wenn $\frac{\partial}{\partial x^k} (\sqrt{-g}\; T^k_i) = 0$ erfüllt ist (was nicht mit (96,1) übereinstimmt). Davon überzeugt man sicht leicht, wenn man die im § 29 mittels galileischer Koordinaten durchgeführten Rechnungen in krummlinigen Koordinaten wiederholt. Im übrigen genügt einfach der Hinweis, daß diese Rechnungen rein formal sind und nichts mit den Tensoreigenschaften der auftretenden Größen zu tun haben. Das trifft auch für den Beweis des Gaussschen Satzes zu, der in krummlinigen Koordinaten die gleiche Gestalt (83,17) wie in galileischen hat.

[3]) Man könnte daran denken, für das Gravitationsfeld die Formel (94,4) anzuwenden, indem man in ihr $\Lambda = -c^4\, G/(16\,\pi\, k)$ setzt. Es ist jedoch zu betonen, daß diese Gleichung sich nur auf solche physikalischen Systeme bezieht, die durch Größen q beschrieben werden, die von den g_{ik} verschieden sind; sie ist daher auf das Gravitationsfeld nicht anwendbar, da dieses gerade durch die g_{ik} bestimmt wird. Nebenbei sei bemerkt, daß wir beim Einsetzen von G statt Λ in (94,4) einfach Null erhalten würden; dies folgt unmittelbar aus (95,3) und den Vakuumfeldgleichungen.

ersten läßt sich $\sqrt{-g}$ aus der Ableitung herausziehen, so daß

$$\frac{\partial}{\partial x^k} T_i^k = 0$$

oder in kontravarianten Komponenten

$$\frac{\partial}{\partial x^k} T^{ik} = 0$$

übrig bleibt. Diese Gleichung ist identisch erfüllt, wenn die Größen T^{ik} in der Form

$$T^{ik} = \frac{\partial}{\partial x^l} \eta^{ikl}$$

geschrieben werden können, wobei die η^{ikl} in den Indizes k, l antisymmetrische Größen sind:

$$\eta^{ikl} = -\eta^{ilk}.$$

Es ist leicht, die T^{ik} tatsächlich auf eine solche Gestalt zu bringen. Wir gehen dazu von den Feldgleichungen

$$T^{ik} = \frac{c^4}{8\pi k}\left(R^{ik} - \frac{1}{2} g^{ik} R\right)$$

aus. Für R^{ik} gilt gemäß (92,1)

$$R^{ik} = \frac{1}{2} g^{im} g^{kp} g^{ln} \left\{\frac{\partial^2 g_{lp}}{\partial x^m \partial x^n} + \frac{\partial^2 g_{mn}}{\partial x^l \partial x^p} - \frac{\partial^2 g_{ln}}{\partial x^m \partial x^p} - \frac{\partial^2 g_{mp}}{\partial x^l \partial x^n}\right\}$$

(wir erinnern daran, daß in dem betrachteten Punkte alle $\Gamma^i_{kl} = 0$ sind). Nach einfachen Umrechnungen bekommt der Tensor T^{ik} die Gestalt

$$T^{ik} = \frac{\partial}{\partial x^l}\left\{\frac{c^4}{16\pi k} \frac{1}{(-g)} \frac{\partial}{\partial x^m}\left[(-g)\left(g^{ik} g^{lm} - g^{il} g^{km}\right)\right]\right\}.$$

Der in der geschweiften Klammer stehende Ausdruck ist in den Indizes k, l antisymmetrisch und mit dem oben mit η^{ikl} bezeichneten identisch. Da die ersten Ableitungen der g_{ik} in dem betrachteten Punkt verschwinden, können wir den Faktor $1/(-g)$ aus den Ableitungen $\partial/\partial x^l$ herausziehen. Wir führen die Bezeichnung

$$h^{ikl} = \frac{\partial}{\partial x^m} \lambda^{iklm}, \tag{96,2}$$

$$\lambda^{iklm} = \frac{c^4}{16\pi k}(-g)\left(g^{ik} g^{lm} - g^{il} g^{km}\right) \tag{96,3}$$

ein. Die Größen h^{ikl} sind in k, l antisymmetrisch:

$$h^{ikl} = -h^{ilk}. \tag{96,4}$$

Es läßt sich dann

$$\frac{\partial h^{ikl}}{\partial x^l} = (-g)\, T^{ik}$$

schreiben. Diese unter der Voraussetzung $\frac{\partial g_{ik}}{\partial x^l} = 0$ abgeleitete Beziehung verliert ihre Gültigkeit in einem beliebigen Koordinatensystem. Im allgemeinen Falle ist die Differenz $\frac{\partial h^{ikl}}{\partial x^l} - (-g)\, T^{ik}$ von Null verschieden; es sei dann $(-g)\, t^{ik}$ ihr Wert. Definitionsgemäß haben wir demnach

$$(-g)\,(T^{ik} + t^{ik}) = \frac{\partial h^{ikl}}{\partial x^l}. \tag{96,5}$$

Die Größen t^{ik} sind in den Indizes i, k symmetrisch:

$$t^{ik} = t^{ki}. \tag{96,6}$$

Man erkennt dies unmittelbar aus der Definition, da sowohl der Tensor T^{ik} als auch die Ableitung $\partial h^{ikl}/\partial x^l$ symmetrische Größen sind.[1]) Drücken wir vermöge der Einsteinschen Gleichungen T^{ik} durch R^{ik} aus, so erhalten wir die Identität:

$$(-g)\left\{\frac{c^4}{8\pi k}\left(R^{ik} - \frac{1}{2} g^{ik} R\right) + t^{ik}\right\} = \frac{\partial h^{ikl}}{\partial x^l}, \tag{96,7}$$

aus der man nach längeren Rechnungen den folgenden Ausdruck für t^{ik} erhält:

$$\begin{aligned} t^{ik} = \frac{c^4}{16\pi k} \{ & (2\,\Gamma^n_{lm}\Gamma^p_{np} - \Gamma^n_{lp}\Gamma^p_{mn} - \Gamma^n_{ln}\Gamma^p_{mp})\,(g^{il} g^{km} - g^{ik} g^{lm}) \\ & + g^{il} g^{mn}\,(\Gamma^k_{lp}\Gamma^p_{mn} + \Gamma^k_{mn}\Gamma^p_{lp} - \Gamma^k_{np}\Gamma^p_{lm} - \Gamma^k_{lm}\Gamma^p_{np}) \\ & + g^{kl} g^{mn}\,(\Gamma^i_{lp}\Gamma^p_{mn} + \Gamma^i_{mn}\Gamma^p_{lp} - \Gamma^i_{np}\Gamma^p_{lm} - \Gamma^i_{lm}\Gamma^p_{np}) \\ & + g^{lm} g^{np}\,(\Gamma^i_{ln}\Gamma^k_{mp} - \Gamma^i_{lm}\Gamma^k_{np}) \} \end{aligned} \tag{96,8}$$

oder mit den Ableitungen des metrischen Tensors selbst:

$$\begin{aligned} (-g)\, t^{ik} = \frac{c^4}{16\pi k} \Big\{ & \mathfrak{g}^{ik}{}_{,l}\, \mathfrak{g}^{lm}{}_{,m} - \mathfrak{g}^{il}{}_{,l}\, \mathfrak{g}^{km}{}_{,m} + \frac{1}{2} g^{ik} g_{lm}\, \mathfrak{g}^{ln}{}_{,p}\, \mathfrak{g}^{pm}{}_{,n} \\ & - (g^{il} g_{mn}\, \mathfrak{g}^{kn}{}_{,p}\, \mathfrak{g}^{mp}{}_{,l} + g^{kl} g_{mn}\, \mathfrak{g}^{in}{}_{,p}\, \mathfrak{g}^{mp}{}_{,l}) + g_{lm} g^{np}\, \mathfrak{g}^{il}{}_{,n}\, \mathfrak{g}^{km}{}_{,p} \\ & + \frac{1}{8}(2\, g^{il} g^{km} - g^{ik} g^{lm})\,(2\, g_{np} g_{qr} - g_{pq} g_{nr})\, \mathfrak{g}^{nr}{}_{,l}\, \mathfrak{g}^{pq}{}_{,m} \Big\}. \end{aligned} \tag{96,9}$$

Hierbei wurde $\mathfrak{g}^{ik} = \sqrt{-g}\, g^{ik}$ gesetzt und mit dem Index i die gewöhnliche Ableitung nach x^i bezeichnet.

Eine wesentliche Eigenschaft der Größen t^{ik} ist ihr fehlender Tensorcharakter. Dies ist schon daraus ersichtlich, daß $\partial h^{ikl}/\partial x^l$ die gewöhnliche, nicht die kovariante Ableitung enthält. Die Größen t^{ik} lassen sich jedoch durch die Γ^i_{kl} ausdrücken, die sich bei linearen Koordinatentransformationen wie Tensorkomponenten transformieren (vgl. § 85); dasselbe gilt daher auch für die t^{ik}.

---

[1]) Zu diesem Zwecke zogen wir nämlich $(-g)$ aus der Ableitung nach x^l in T^{ik} heraus. Im entgegengesetzten Fall wären $\partial h^{ikl}/\partial x^l$ und daher auch t^{ik} in i, k nicht symmetrisch.

Aus der Definition (96,5) folgt, daß für die Summe $T^{ik} + t^{ik}$ die Gleichung

$$\frac{\partial}{\partial x^k}(-g)\,(T^{ik} + t^{ik}) = 0 \tag{96,10}$$

identisch erfüllt ist. Dies bedeutet, daß ein Erhaltungssatz für die Größen

$$P^i = \frac{1}{c}\int (-g)\,(T^{ik} + t^{ik})\,\mathrm{d}S_k \tag{96,11}$$

gilt.

Bei nichtvorhandenem Gravitationsfeld ist in galileischen Koordinaten $t^{ik} = 0$, und das vorstehende Integral geht in $\frac{1}{c}\int T^{ik}\,\mathrm{d}S_k$ über, d. h. in den Viererimpuls der Materie. Die Größen (96,11) sollten daher mit dem Gesamt-Viererimpuls von Materie und Gravitationsfeld identifiziert werden. Die Gesamtheit der Größen t^{ik} wird *Energie-Impuls-Pseudotensor* des Gravitationsfeldes genannt.

Die Integration in (96,11) kann auf einer beliebigen, sich bis ins Unendliche erstreckenden Hyperfläche durchgeführt werden, die den gesamten dreidimensionalen Raum enthält. Wählen wir als Hyperfläche $x^0 = \text{const}$, so kann P^i in Gestalt eines dreidimensionalen räumlichen Integrals geschrieben werden:

$$P^i = \frac{1}{c}\int (-g)\,(T^{i0} + t^{i0})\,\mathrm{d}V\,. \tag{96,12}$$

Die Tatsache, daß der gesamte Viererimpuls der Materie und des Feldes sich als Integral über die in den Indizes i, k symmetrische Größe $(-g)\,(T^{ik} + t^{ik})$ darstellt, ist sehr wichtig. Sie bedeutet, daß der Drehimpuls des Feldes, der durch (vgl. § 32)[1]

$$\begin{aligned} M^{ik} &= \int (x^i\,\mathrm{d}P^k - x^k\,\mathrm{d}P^i) \\ &= \frac{1}{c}\int [x^i\,(T^{kl} + t^{kl}) - x^k\,(T^{il} + t^{il})]\,(-g)\,\mathrm{d}S_l \end{aligned} \tag{96,13}$$

definiert ist, erhalten bleibt. Auch in der allgemeinen Relativitätstheorie bleibt daher bei einem abgeschlossenen System gravitierender Körper der Gesamtdrehimpuls erhalten; außerdem kann eine Definition des sich gleichförmig bewegenden Schwerpunktes gegeben werden. Diese Bewegung hängt mit der Erhaltung der Komponenten $M^{0\alpha}$ (vgl. § 14) zusammen, die sich durch die Gleichung

$$x^0 \int (T^{\alpha 0} + t^{\alpha 0})\,(-g)\,\mathrm{d}V - \int x^\alpha\,(T^{00} + t^{00})\,(-g)\,\mathrm{d}V = \text{const}$$

---

[1]) Es muß bemerkt werden, daß die von uns erhaltenen Ausdrücke für den Viererimpuls von Feld und Materie durchaus nicht die einzig möglichen sind. Man kann im Gegenteil auf unendlich viele Weisen (vgl. die Aufgaben in diesem Paragraphen) solche Ausdrücke wählen, die bei Abwesenheit des Feldes in T^{ik} übergehen und mittels Integration über $\mathrm{d}S_k$ erhalten bleibende Größen liefern. Die von uns getroffene Wahl ist jedoch die einzige, bei der der Energie-Impuls-Pseudotensor nur erste (keine höheren) Ableitungen der g_{ik} enthält (eine vom physikalischen Standpunkt völlig natürliche Bedingung) und dabei symmetrisch ist, was uns die Möglichkeit zur Formulierung eines Drehimpuls-Erhaltungssatzes gibt.

ausdrückt. Die Koordinaten des Schwerpunktes sind also durch die Formel

$$X^\alpha = \frac{\int x^\alpha (T^{00} + t^{00})(-g)\,\mathrm{d}V}{\int (T^{00} + t^{00})(-g)\,\mathrm{d}V} \tag{96,14}$$

gegeben.

Wählt man ein Koordinatensystem, das in einem gegebenen Volumenelement inertial ist, so verschwinden alle t^{ik} in diesem (beliebig gewählten) Weltpunkt, da alle Γ^i_{kl} Null werden. Andererseits kann man auf einfache Weise von Null verschiedene Werte von t^{ik} in einem ebenen Raum, d. h. bei Fehlen von Gravitationsfeldern, erhalten, wenn man krummlinige anstelle der kartesischen Koordinaten einführt. Es hat also in keinem Falle einen Sinn, von einer bestimmten räumlichen Lokalisierung der Gravitationsenergie zu sprechen. Verschwindet aber der Tensor T^{ik} an irgendeinem Weltpunkt, so gilt dies in jedem beliebigen Bezugssystem, und wir können daher sagen, daß in diesem Punkt keine Materie und kein elektromagnetisches Feld vorhanden sind. Im Gegensatz dazu folgt aus dem Verschwinden des in einem Koordinatensystem berechneten Pseudotensors an einem Punkt keineswegs, daß dies auch in einem anderen System der Fall ist; die Aussage, daß in diesem Punkt die Gravitationsenergie Null ist oder nicht, ist also sinnlos. Das entspricht genau der Tatsache, daß man durch geeignete Koordinatenwahl das Gravitationsfeld in einem gegebenen Volumenelement „eliminieren" kann, wobei nach dem oben Gesagten dort auch der Pseudotensor t^{ik} verschwindet.

Die Größen P^i jedoch, der Viererimpuls von Feld und Materie, haben einen wohlbestimmten Sinn und erweisen sich gerade in dem Maße vom Koordinatensystem unabhängig, wie es aus physikalischen Gründen nötig ist.

Wir wählen um die betrachteten Massen ein Raumgebiet, das so groß ist, daß man außerhalb dieses Gebietes das Gravitationsfeld vernachlässigen kann. Im vierdimensionalen Raum beschreibt dieses Gebiet im Laufe der Zeit eine „Weltröhre". Außerhalb der Röhre ist kein Feld vorhanden, so daß der vierdimensionale Raum dort eben ist. Man hat daher bei der Berechnung von Energie und Impuls des Feldes ein solches vierdimensionales Koordinatensystem zu wählen, das außerhalb der Weltröhre in ein galileisches System übergeht, in dem alle t^{ik} verschwinden.

Durch diese Forderungen ist das Bezugssystem natürlich längst noch nicht eindeutig bestimmt; innerhalb der Röhre kann es beliebig gewählt werden. Ganz in Übereinstimmung mit dem physikalischen Sinn der Größen P^i zeigt es sich jedoch, daß sie nicht von der Koordinatenwahl innerhalb der Weltröhre abhängen. Um das einzusehen, betrachten wir zwei Koordinatensysteme, die innerhalb der Röhre verschieden sind, jedoch außerhalb in dasselbe galileische System übergehen, und vergleichen die Werte der Viererimpulse P^i und P'^i in diesen beiden Systemen zu den „Zeitpunkten" x^0 und x'^0. Dazu führen wir ein drittes Koordinatensystem ein, das innerhalb der Röhre zum Zeitpunkt x^0 mit dem ersten, zum Zeitpunkt x'^0 mit dem zweiten und außerhalb mit dem obigen galileischen System zusammenfällt. Als Folge des Energie-Impuls-Erhaltungssatzes sind die Größen P^i konstant ($\mathrm{d}P^i/\mathrm{d}x^0 = 0$). Dies gilt sowohl im dritten als auch in den beiden ersten Koordinatensystemen. Es ergibt sich also $P^i = P'^i$, was zu beweisen war.

Oben wurde bemerkt, daß die Größen t^{ik} einen Tensor gegenüber linearen Koordinatentransformationen bilden. Daher stellen die P^i einen Vierervektor hinsichtlich solcher Transformationen dar, insbesondere also in bezug auf LORENTZ-Transformationen[1]), die im Unendlichen ein galileisches System in ein anderes überführen.

Der Viererimpuls kann auch als Integral über eine entfernte zweidimensionale Oberfläche, die den „gesamten Raum" umfaßt, ausgedrückt werden. Setzen wir (96,5) in (96,11) ein, so finden wir

$$P^i = \frac{1}{c} \int \frac{\partial h^{ikl}}{\partial x^l} \mathrm{d}S_k \,.$$

Dieses Integral kann mittels (6,17) in ein Integral über eine gewöhnliche Oberfläche umgewandelt werden:

$$P^i = \frac{1}{c} \oint h^{ikl} \mathrm{d}f^*_{kl} \,. \tag{96,15}$$

Wenn als Integrationsfläche in (96,11) die Hyperfläche $x^0 = \text{const}$ gewählt wird, so ist in (96,15) die Integrationsfläche eine rein räumliche Oberfläche[2]):

$$P^i = \frac{1}{c} \oint h^{i0\alpha} \mathrm{d}f_\alpha \,. \tag{96,16}$$

Um die entsprechenden Gleichungen für den Drehimpuls abzuleiten, setzen wir (96,5) in (96,13) ein und stellen h^{ikl} in der Form (96,2) dar. Nach partieller Integration erhalten wir

$$\begin{aligned} M^{ik} &= \frac{1}{c} \int \left(x^i \frac{\partial^2 \lambda^{klmn}}{\partial x^m \partial x^n} - x^k \frac{\partial^2 \lambda^{ilmn}}{\partial x^m \partial x^n} \right) \mathrm{d}S_l \\ &= \frac{1}{c} \oint \left(x^i \frac{\partial \lambda^{klmn}}{\partial x^n} - x^k \frac{\partial \lambda^{ilmn}}{\partial x^n} \right) \mathrm{d}f^*_{lm} - \frac{1}{c} \int \left(\delta^i_m \frac{\partial \lambda^{klmn}}{\partial x^n} - \delta^k_m \frac{\partial \lambda^{ilmn}}{\partial x^n} \right) \mathrm{d}S_l \\ &= \frac{1}{c} \oint (x^i h^{klm} - x^k h^{ilm}) \mathrm{d}f^*_{lm} - \frac{1}{c} \int \frac{\partial}{\partial x^n} (\lambda^{klin} - \lambda^{ilkn}) \mathrm{d}S_l \,. \end{aligned}$$

---

[1]) Genau genommen ist nach der Definition (96,11) P^i nur gegenüber Transformationen mit der Determinante 1 ein Vierervektor; dazu gehören die LORENTZ-Transformationen, die allein physikalisches Interesse besitzen. Läßt man auch Transformationen mit von 1 verschiedener Determinante zu, so muß man in die Definition von P^i den Wert von g im Unendlichen aufnehmen, d. h. auf der linken Seite von (96,11) $\sqrt{-g_\infty}\, P^i$ anstelle P^i schreiben.

[2]) $\mathrm{d}f^*_{kl}$ ist das „normale" Oberflächenelement, das mit dem „tangentialen" Element $\mathrm{d}f_{ik}$ durch (6,11): $\mathrm{d}f^*_{ik} = \frac{1}{2} e_{iklm} \mathrm{d}f^{lm}$ zusammenhängt. Auf der Oberläche, die die zur x^0-Achse senkrechte Hyperfläche umfaßt, sind nur die Komponenten $\mathrm{d}f^{lm}$ mit $l, m = 1, 2, 3$ von Null verschieden, so daß $\mathrm{d}f^*_{ik}$ nur die Komponenten besitzt, bei denen einer der Indizes i, k gleich Null ist. Die Größen $\mathrm{d}f^*_{0\alpha}$ sind nichts anderes als die Komponenten des dreidimensionalen Elementes einer gewöhnlichen Oberfläche; wir bezeichnen sie einfach mit $\mathrm{d}f_\alpha$.

Aus der Definition der Größen λ^{iklm} entnimmt man leicht

$$\lambda^{ilkn} - \lambda^{klin} = \lambda^{ilnk} .$$

Das restliche Integral über dS_l ist daher gleich

$$\frac{1}{c}\int \frac{\partial \lambda^{ilnk}}{\partial x^n} dS_l = \frac{1}{c}\oint \lambda^{ilnk}\, df^*_{ln} .$$

Wählen wir schließlich wieder eine rein räumliche Integrationsfläche, so erhalten wir endgültig

$$M^{ik} = \frac{1}{c}\oint (x^i h^{k0\alpha} - x^k h^{i0\alpha} + \lambda^{i0\alpha k})\, df_\alpha . \tag{96,17}$$

Aufgabe

Man gewinne einen Ausdruck für den Gesamtviererimpuls von Materie und Gravitationsfeld, indem man die Beziehung (32,5) benutzt.

Lösung: In krummlinigen Koordinaten haben wir anstelle von (32,1)

$$S = \int \Lambda \sqrt{-g}\, dV\, dt .$$

Um die Erhaltungsgrößen zu bekommen, muß man daher in (32,5) Λ durch $\Lambda\sqrt{-g}$ ersetzen. So erhält der Viererimpuls die Form

$$P_i = \frac{1}{c}\int\left[-\Lambda\sqrt{-g}\,\delta^k_i + \sum \frac{\partial q^{(l)}}{\partial x^i}\frac{\partial(\sqrt{-g}\,\Lambda)}{\partial \frac{\partial q^{(l)}}{\partial x^k}}\right] dS_k .$$

Wendet man diese Formel auf Materie an, so sind die Größen $q^{(l)}$ verschieden von den g_{ik} und man kann $\sqrt{-g}$ vor die Ableitung ziehen. Damit wird der Integrand gleich $\sqrt{-g}\; T^k_i$ mit dem Energie-Impuls-Tensor der Materie T^k_i. Bei der Anwendung dieser Formel auf das Gravitationsfeld hat man $\Lambda = -\frac{c^4}{16\pi k} G$ zu setzen und für $q^{(l)}$ die Komponenten g_{ik} des metrischen Tensors zu verwenden. Der Gesamtviererimpuls von Materie und Feld wird somit gleich

$$P_i = \frac{1}{c}\int T^k_i\sqrt{-g}\, dS_k + \frac{c^3}{16\pi k}\int\left[G\sqrt{-g}\,\delta^k_i - \frac{\partial g^{lm}}{\partial x^i}\frac{\partial(G\sqrt{-g})}{\partial \frac{\partial g^{lm}}{\partial x^k}}\right] dS_k .$$

Verwenden wir für G nun den Ausdruck (93,3), so kann man diese Formel umformen zu

$$P_i = \frac{1}{c}\int\Bigg\{T^k_i\sqrt{-g} + \frac{c^4}{16\pi k}\left[G\sqrt{-g}\,\delta^k_i + \Gamma^k_{lm}\frac{\partial(g^{lm}\sqrt{-g})}{\partial x^i} - \Gamma^l_{ml}\frac{\partial(g^{mk}\sqrt{-g})}{\partial x^i}\right]\Bigg\} dS_k .$$

Der zweite Term in den geschwungenen Klammern bestimmt den Viererimpuls des Gravitationsfeldes bei Abwesenheit von Materie. Der Integrand ist nicht symmetrisch in den Indizes i und k, weshalb es unmöglich ist, einen Erhaltungssatz für den Drehimpuls zu formulieren.

§ 97. Das „synchronisierte" Bezugssystem

Wie wir im § 84 gesehen haben, ist die Bedingung, die die Synchronisierung von Uhren in allen Raumpunkten gestattet, das Verschwinden der $g_{0\alpha}$-Komponenten des metrischen Tensors. Gilt außerdem noch $g_{00} = 1$, so stellt die Zeitkoordinate $x^0 = t$ die Eigenzeit in jedem Raumpunkt dar.[1] Wir bezeichnen das Koordinatensystem, in dem die Bedingungen

$$g_{00} = 1\,, \qquad g_{0\alpha} = 0 \tag{97,1}$$

erfüllt sind, als *synchronisiertes Bezugssystem*[2]. In ihm hat das Linienelement die Gestalt

$$\mathrm{d}s^2 = \mathrm{d}t^2 - \gamma_{\alpha\beta}\,\mathrm{d}x^\alpha\,\mathrm{d}x^\beta\,, \tag{97,2}$$

wobei die Komponenten des räumlichen metrischen Tensors bis auf das Vorzeichen mit den Komponenten von $g_{\alpha\beta}$ übereinstimmen:

$$\gamma_{\alpha\beta} = -g_{\alpha\beta}\,. \tag{97,3}$$

Im synchronisierten Bezugssystem sind die Koordinatenlinien der Zeit geodätische Linien im vierdimensionalen Raum. Der Vierervektor $u^i = \mathrm{d}x^i/\mathrm{d}s$, der die Weltlinie $x^1, x^2, x^3 = \text{const}$ tangiert, hat nämlich die Komponenten $u^\alpha = 0$, $u^0 = 1$ und erfüllt die Gleichung der geodätischen Linien

$$\frac{\mathrm{d}u^i}{\mathrm{d}s} + \Gamma^i_{kl}\,u^k\,u^l = \Gamma^i_{00} = 0\,,$$

da infolge (97,1) die CHRISTOFFEL-Symbole Γ^α_{00}, Γ^0_{00} identisch verschwinden.

Es ist auch leicht zu sehen, daß diese Linien normal zu den Hyperflächen $t = \text{const}$ sind: Der Normalvektor dieser Hyperflächen, $n_i = \partial t/\partial x_i$, besitzt nämlich die kovarianten Komponenten $n_\alpha = 0$, $n_0 = 1$. Die entsprechenden kontravarianten Komponenten sind wegen (97,1) $n^\alpha = 0$, $n^0 = 1$, sie sind also mit den Komponenten des Tangentialvektors u^i der „Zeitlinien" identisch.

Umgekehrt können diese Eigenschaften auch zur geometrischen Konstruktion eines synchronisierten Bezugssystems in einem beliebigen vierdimensionalen Raum benutzt werden. Dazu wählen wir zunächst eine beliebige raumartige Hyperfläche, d. h. eine solche, deren Normale in jedem ihrer Punkte zeitartig ist (also innerhalb des vom Hyperflächenpunkt ausgehenden Lichtkegels liegt). Alle Abstände auf dieser Hyperfläche sind raumartig. Sodann konstruieren wir die Schar der zu dieser Hyperfläche normalen geodätischen Linien. Wählen wir diese Linien als Koordinatenlinien der Zeit, wobei die Zeitkoordinate als Länge s der geodätischen Linien (gemessen von der Ausgangshyperfläche) definiert ist, so erhalten wir das synchronisierte Bezugssystem.

Es ist klar, daß eine solche Konstruktion und damit auch die Erreichbarkeit eines synchronisierten Bezugssystems im Prinzip immer möglich sein wird. Dieses Bezugssystem ist überdies nicht eindeutig bestimmt. Eine Metrik der

---

[1]) In diesem Paragraphen setzen wir $c = 1$.

[2]) Sonst auch als GAUSSsches Koordinatensystem bezeichnet (Anm. d. Hrsg.).

Gestalt (97,2) erlaubt beliebige zeitunabhängige Transformationen der räumlichen Koordinaten und außerdem noch Transformationen, die der Willkür in der Wahl der Ausgangshyperfläche bei der obigen geometrischen Konstruktion entsprechen.

Eine analytische Transformation in ein synchronisiertes System läßt sich im Prinzip mit Hilfe der HAMILTON-JACOBI-Gleichung durchführen. Der Grund dafür ist, daß die Teilchenbahnen im Gravitationsfeld zugleich auch geodätische Linien sind.

Die HAMILTON-JACOBI-Gleichung für ein Teilchen im Gravitationsfeld (dessen Masse wir als 1 annehmen) lautet

$$g^{ik}\frac{\mathrm{d}\tau}{\mathrm{d}x^i}\frac{\mathrm{d}\tau}{\mathrm{d}x^k} = 1 \tag{97,4}$$

(die Wirkung wird hier mit τ bezeichnet). Ihr vollständiges Integral hat die Gestalt

$$\tau = f(\xi^\alpha, x^i) + A(\xi^\alpha)\,, \tag{97,5}$$

wobei f eine Funktion der vier Koordinaten x^i und der drei Parameter ξ^α ist; die vierte Konstante A betrachten wir als willkürliche Funktion der drei ξ^α. Bei einer solchen Darstellung von τ erhalten wir die Teilchenbahnen, wenn wir die Ableitungen $\frac{\partial\tau}{\partial\xi^\alpha}$ Null setzen, d. h.

$$\frac{\partial f}{\partial\xi^\alpha} = -\frac{\partial A}{\partial\xi^\alpha}\,. \tag{97,6}$$

Für jeden vorgegebenen Wert der Parameter ξ^α haben die rechten Seiten der Gleichungen (97,6) gewisse konstante Werte; die durch diese Gleichungen bestimmte Weltlinie stellt eine mögliche Teilchenbahn dar. Wir wählen die längs der Trajektorien konstanten Größen ξ^α als neue Raumkoordinaten und die Größe τ als neue Zeitkoordinate. Damit erhalten wir das synchronisierte Bezugssystem, wobei die Gleichungen (97,5) und (97,6) die gesuchte Transformation von den alten zu den neuen Koordinaten bestimmen. In der Tat ist bei dieser Transformation von vornherein gewährleistet, daß die Koordinatenlinien der Zeit geodätisch sind; sie werden normal zu den Hyperflächen $\tau = \text{const.}$ Letzteres ist aus einem mechanischen Analogon ersichtlich: Der Vierervektor der Hyperflächennormalen, $-\partial\tau/\partial x^i$, fällt in der Mechanik mit dem Viererimpuls des Teilchens zusammen und hat damit die Richtung der Vierergeschwindigkeit u^i, d. h. des Tangentialvektors der Bahn. Die Erfüllung der Bedingung $g_{00} = 1$ ist daraus ersichtlich, daß die Ableitung $-\mathrm{d}\tau/\mathrm{d}s$ der Wirkung längs der Bahn die Masse des Teilchens ist, die wir als 1 angenommen hatten; somit folgt $\left|\frac{\mathrm{d}\tau}{\mathrm{d}s}\right| = 1$.

Wir schreiben die EINSTEINschen Gleichungen im synchronisierten Bezugssystem auf, wobei wir die Operationen der räumlichen und zeitlichen Ableitung voneinander trennen.

Für die zeitlichen Ableitungen der räumlichen Komponenten des metrischen Tensors führen wir die Bezeichnung

$$\varkappa_{\alpha\beta} = \frac{\partial \gamma_{\alpha\beta}}{\partial t} \tag{97,7}$$

ein; diese Größen bilden selbst einen dreidimensionalen Tensor. Alle Operationen an den Indizes des dreidimensionalen Tensors und seine kovariante Ableitung werden im dreidimensionalen Raum mit der Metrik $\gamma_{\alpha\beta}$ durchgeführt.[1]) Wir bemerken, daß die Summe $\varkappa_\alpha^\alpha$ die logarithmische Ableitung der Determinante $\gamma \equiv |\gamma_{\alpha\beta}| = -g$ ist:

$$\varkappa_\alpha^\alpha = \gamma^{\alpha\beta} \frac{\partial \gamma_{\alpha\beta}}{\partial t} = \frac{\partial}{\partial t} \ln \gamma \,. \tag{97,8}$$

Für die CHRISTOFFELschen Symbole finden wir die Ausdrücke

$$\begin{gathered} \Gamma_{00}^0 = \Gamma_{00}^\alpha = \Gamma_{0\alpha}^0 = 0\,, \\ \Gamma_{\alpha\beta}^0 = \frac{1}{2}\varkappa_{\alpha\beta}\,, \quad \Gamma_{0\beta}^\alpha = \frac{1}{2}\varkappa_\beta^\alpha\,, \quad \Gamma_{\beta\gamma}^\alpha = \lambda_{\beta\gamma}^\alpha\,, \end{gathered} \tag{97,9}$$

wobei $\lambda_{\beta\gamma}^\alpha$ die dreidimensionalen CHRISTOFFEL-Symbole sind, die mit Hilfe des Tensors $\gamma_{\alpha\beta}$ gebildet sind. Unter Benutzung von (92,7) berechnet man folgende Ausdrücke für die Komponenten des Tensors R_{ik}:

$$\begin{gathered} R_{00} = -\frac{1}{2}\frac{\partial}{\partial t}\varkappa_\alpha^\alpha - \frac{1}{4}\varkappa_\alpha^\beta \varkappa_\beta^\alpha\,, \quad R_{0\alpha} = \frac{1}{2}(\varkappa_{\alpha;\beta}^\beta - \varkappa_{\beta;\alpha}^\beta)\,, \\ R_{\alpha\beta} = P_{\alpha\beta} + \frac{1}{2}\frac{\partial}{\partial t}\varkappa_{\alpha\beta} + \frac{1}{4}(\varkappa_{\alpha\beta}\varkappa_\gamma^\gamma - 2\,\varkappa_\alpha^\gamma \varkappa_{\beta\gamma})\,. \end{gathered} \tag{97,10}$$

Hier ist $R_{\alpha\beta}$ der dreidimensionale RICCI-Tensor, der mit den $\gamma_{\alpha\beta}$ ebenso zusammenhängt wie R_{ik} mit den g_{ik}. Alle Operationen, wie das Heben von Indizes und die kovariante Differentiation, werden im dreidimensionalen Raum mit der Metrik $\gamma_{\alpha\beta}$ ausgeführt.

In gemischten Komponenten haben die EINSTEINschen Gleichungen die Gestalt

$$R_0^0 = -\frac{1}{2}\frac{\partial}{\partial t}\varkappa_\alpha^\alpha - \frac{1}{4}\varkappa_\alpha^\beta \varkappa_\beta^\alpha = 8\pi k\left(T_0^0 - \frac{1}{2}T\right), \tag{97,11}$$

$$R_\alpha^0 = \frac{1}{2}(\varkappa_{\alpha;\beta}^\beta - \varkappa_{\beta;\alpha}^\beta) = 8\pi k\, T_\alpha^0\,, \tag{97,12}$$

$$R_\alpha^\beta = -P_\alpha^\beta - \frac{1}{2\sqrt{\gamma}}\frac{\partial}{\partial t}(\sqrt{\gamma}\,\varkappa_\alpha^\beta) = 8\pi k\left(T_\alpha^\beta - \frac{1}{2}\delta_\alpha^\beta\, T\right). \tag{97,13}$$

Eine charakteristische Eigenschaft des synchronisierten Bezugssystems ist seine Nichtstationarität: In einem solchen System kann das Gravitationsfeld

[1]) Dies betrifft jedoch nicht Operationen der Indexverschiebung der räumlichen Komponenten der Vierertensoren R_{ik}, T_{ik} (siehe Bemerkung auf Seite 300). So ist T_α^β wie früher als $g^{\beta\gamma}\, T_{\gamma\alpha} + g^{\beta 0}\, T_{\alpha 0}$ zu verstehen, dieser Ausdruck reduziert sich hier auf $g^{\beta\gamma}\, T_{\gamma\alpha}$ und unterscheidet sich durch das Vorzeichen von $\gamma^{\beta\gamma}\, T_{\gamma\alpha}$.

nicht zeitlich konstant sein. In einem zeitunabhängigen Feld wäre nämlich $\varkappa_{\alpha\beta} = 0$. Bei Anwesenheit von Materie widerspräche aber das Verschwinden aller $\varkappa_{\alpha\beta}$ auf jeden Fall der Gleichung (97,11), in der die rechte Seite von Null verschieden ist. Im leeren Raum hingegen würde aus der Gleichung (97,13) folgen, daß alle $P_{\alpha\beta}$ und damit auch alle Komponenten des dreidimensionalen Krümmungstensors $P_{\alpha\beta,\gamma\delta}$ verschwänden, d. h., daß überhaupt kein Feld vorhanden wäre (im synchronisierten Bezugssystem ist bei euklidischer räumlicher Metrik der vierdimensionale Raum eben).

Desgleichen kann die den Raum erfüllende Materie bezüglich des synchronisierten Bezugssystems nicht in Ruhe sein. Dies folgt daraus, daß Teilchen, auf die Druckkräfte wirken, sich im allgemeinen nicht auf geodätischen Weltlinien bewegen; die Weltlinie eines ruhenden Teilchens ist aber eine Koordinatenlinie der Zeit und deshalb im synchronisierten System geodätisch. Eine Ausnahme stellt der Fall „staubförmiger" Materie ($p = 0$) dar. Die Teilchen wechselwirken dann nicht und bewegen sich auf geodätischen Weltlinien. In diesem Fall widerspricht also die Bedingung der Synchronisierung des Bezugssystems nicht der Anwesenheit von ruhender Materie.[1]) Für andere Zustandsgleichungen kann eine analoge Situation nur in den Spezialfällen auftreten, daß in allen oder in einigen Richtungen kein Druckgradient vorhanden ist.

Mit Hilfe der Gleichung (97,11) läßt sich zeigen, daß die Determinante $-g = \gamma$ des metrischen Tensors im synchronisierten Bezugssystem nach Ablauf einer endlichen Zeit notwendig verschwinden muß.

Dazu stellen wir fest, daß der Ausdruck auf der rechten Seite dieser Gleichung bei beliebiger Materieverteilung positiv ist. In der Tat gilt im synchronisierten Bezugssystem für den Energie-Impuls-Tensor (94,9):

$$T_0^0 - \frac{1}{2} T = \frac{1}{2} (\varepsilon + 3\, p) + \frac{(p + \varepsilon)\, v^2}{1 - v^2}$$

(die Komponenten der Vierergeschwindigkeit entsprechen (88,14)); es ist klar, daß dieser Ausdruck positiv ist. Dasselbe gilt für den Energie-Impuls-Tensor des elektromagnetischen Feldes ($T = 0$, T_0^0 ist die positive Energiedichte des Feldes). Aus (97,11) folgt somit:

$$-\, R_0^0 = \frac{1}{2} \frac{\partial}{\partial t} \varkappa_\alpha^\alpha + \frac{1}{4} \varkappa_\alpha^\beta \varkappa_\beta^\alpha \leqq 0 \qquad (97,14)$$

[1]) Um ein „synchronisiertes mitbewegtes" Bezugssystem wählen zu können, ist es ferner notwendig, daß sich die Materie ohne „Rotation" bewegt. Im mitbewegten Bezugssystem sind die kontravarianten Komponenten der Vierergeschwindigkeit $u^0 = 1$, $u^\alpha = 0$. Wenn das Bezugssystem gleichzeitig synchronisiert ist, gilt auch für die kovarianten Komponenten $u_0 = 1$, $u_\alpha = 0$; deshalb verschwindet der „Viererrotor":

$$u_{i;k} - u_{k;i} \equiv \frac{\partial u_i}{\partial x^k} - \frac{\partial u_k}{\partial x^i} = 0\,.$$

Diese Tensorgleichung muß aber auch in jedem anderen Bezugssystem gültig sein. Für ein synchronisiertes, aber nicht mitbewegtes Bezugssystem folgt hieraus rot $\boldsymbol{v} = 0$ für die dreidimensionale Geschwindigkeit $\boldsymbol{v}$.

(wobei das Gleichheitszeichen im leeren Raum gilt). Mit Hilfe der algebraischen Ungleichung[1])

$$\varkappa_\beta^\alpha \varkappa_\alpha^\beta \geqq \frac{1}{3} (\varkappa_\alpha^\alpha)^2$$

kann (97,14) auf die Form

$$\frac{\partial}{\partial t} \varkappa_\alpha^\alpha + \frac{1}{6} (\varkappa_\alpha^\alpha)^2 \leqq 0$$

oder

$$\frac{\partial}{\partial t} \frac{1}{\varkappa_\alpha^\alpha} \geqq \frac{1}{6} \tag{97,15}$$

gebracht werden. Zu einem gewissen Zeitpunkt sei zum Beispiel $\varkappa_\alpha^\alpha > 0$. Dann nimmt mit kleiner werdendem t die Größe $1/\varkappa_\alpha^\alpha$ ab, wobei sie immer eine endliche, nicht verschwindende Ableitung besitzt und deshalb nach Ablauf einer endlichen Zeit von positiven Werten her gegen Null geht. Mit anderen Worten, $\varkappa_\alpha^\alpha$ geht gegen $+\infty$; da aber $\varkappa_\alpha^\alpha = \partial \ln \gamma / \partial t$ ist, bedeutet dies, daß die Determinante γ gegen Null strebt (gemäß der Unleichung (97,15) nicht schneller als t^6). Falls umgekehrt zum Anfangszeitpunkt $\varkappa_\alpha^\alpha < 0$ war, gilt die gleiche Schlußfolgerung für wachsende Zeiten.

Dieses Resultat zeigt jedoch keineswegs die unvermeidbare Existenz echter physikalischer Singularitäten in der Metrik. Physikalische Singularitäten sind nur solche, die der Raum-Zeit-Welt als solcher eigen sind und nicht mit der Art des gewählten Bezugssystems zusammenhängen (sie sind dadurch charakterisiert, daß skalare Größen — die Materiedichte, Invarianten des Krümmungstensors — gegen Unendlich gehen). Die Singularität im synchronisierten Bezugssystem, deren Unvermeidbarkeit wir bewiesen haben, ist im allgemeinen jedoch fiktiver Natur; sie verschwindet beim Übergang zu einem anderen (nicht synchronisierten) Bezugssystem. Ihre Ursache ergibt sich aus rein geometrischen Überlegungen:

Wie wir oben sahen, reduziert sich die Konstruktion eines synchronisierten Bezugssystems auf die Konstruktion einer Schar von geodätischen Linien, die orthogonal zu einer raumartigen Hyperfläche sind. Geodätische Linien einer beliebigen Schar schneiden sich jedoch im allgemeinen auf gekrümmten Hyperflächen — den vierdimensionalen Analoga der Kaustiken in der geometrischen Optik. Ein Schneiden von Koordinatenlinien hat aber eine Singularität der Metrik in diesem Koordinatensystem zur Folge. Es gibt also einen rein geometrischen Grund für das Auftreten der Singularität, der mit den speziellen Eigenschaften des synchronisierten Bezugssystems zusammenhängt und deshalb keinen physikalischen Charakter besitzt. Eine beliebige Metrik des vierdimensionalen Raumes würde im allgemeinen jedoch auch die Existenz sich nicht schneidender Scharen zeitartiger geodätischer Linien gestatten. Die Unvermeid-

[1]) Von ihrer Gültigkeit kann man sich schnell überzeugen, wenn man den Tensor $\varkappa_\alpha^\beta$ (in einem beliebigen Zeitpunkt) auf Diagonalform bringt.

barkeit des Verschwindens der Determinante γ im synchronisierten Bezugssystem bedeutet, daß die durch die Feldgleichungen erlaubten Krümmungseigenschaften der realen (nicht ebenen) Raum-Zeit (ausgedrückt durch die Ungleichung $R_0^0 \geqq 0$) die Möglichkeit der Existenz solcher Scharen ausschließen. Mit anderen Worten, Zeitlinien schneiden sich auf jeden Fall in jedem synchronisierten Bezugssystem.[1])

Wir erwähnten schon oben, daß im Falle staubförmiger Materie ein synchronisiertes Bezugssystem gleichzeitig auch ein „mitbewegtes" sein kann. In diesem Fall wird die Materiedichte auf der Kaustik unendlich groß, was sich daraus ergibt, daß sich die Weltlinien der Teilchen, die mit den Koordinaten der Zeit zusammenfallen, schneiden. Es ist jedoch klar, daß diese Singularität in der Dichte schon durch die Einführung eines beliebig kleinen, aber von Null verschiedenen Materiedruckes beseitigt werden kann und in diesem Sinne ebenfalls unphysikalisch ist.

Aufgaben

1. Man entwickle die Lösungen der Gleichungen des Gravitationsfeldes im leeren Raum in der Nähe eines regulären Zeitpunktes.

Lösung. Wir wählen den betrachteten Zeitpunkt als Nullpunkt der Zeitrechnung und suchen die $\gamma_{\alpha\beta}$ in der Gestalt

$$\gamma_{\alpha\beta} = a_{\alpha\beta} + t\, b_{\alpha\beta} + t^2 c_{\alpha\beta} + \cdots, \tag{1}$$

wobei $a_{\alpha\beta}$, $b_{\alpha\beta}$, $c_{\alpha\beta}$ Funktionen der räumlichen Koordinaten sind. In der gleichen Näherung gilt für den reziproken Tensor:

$$\gamma^{\alpha\beta} = a^{\alpha\beta} - t\, b^{\alpha\beta} + t^2 (b^{\alpha\gamma} b_\gamma^\beta - c^{\alpha\beta}),$$

wobei $a^{\alpha\beta}$ der zu $a_{\alpha\beta}$ reziproke Tensor ist und das Heben der Indizes bei den anderen Tensoren mit Hilfe von $a^{\alpha\beta}$ durchgeführt wird. Weiter haben wir:

$$\varkappa_{\alpha\beta} = b_{\alpha\beta} + 2\,t\, c_{\alpha\beta}, \qquad \varkappa_\alpha^\beta = b_\alpha^\beta + t(2\, c_\alpha^\beta - b_{\alpha\gamma}\, b^{\beta\gamma}).$$

---

[1]) Eine analytische Konstruktion der Metrik in der Nähe der fiktiven Singularität eines synchronisierten Bezugssystems wurde von E. M. Lifschitz, W. W. Sudakow, I. M. Chalatnikow, Ž. eksper. teoret. fiz. **40**, 1847 (1961) durchgeführt.

Der allgemeine Charakter dieser Metrik wird aus geometrischen Überlegungen klar. Da die kaustische Hyperfläche auf jeden Fall zeitartige Intervalle enthält (die Längenelemente geodätischer Zeitlinien in den Schnittpunkten mit der Kaustik), ist sie nicht raumartig. Ferner verschwindet auf der Kaustik einer der Eigenwerte des metrischen Tensors, da die Entfernung (δ) zwischen zwei benachbarten, sich im Berührungspunkt mit der Kaustik schneidenden geodätischen Linien verschwindet. δ verschwindet proportional zur Entfernung (l) bis zum Schnittpunkt. Der Eigenwert des metrischen Tensors und mit ihm auch die Determinante verschwinden somit proportional zu l^2.

Die EINSTEINschen Gleichungen (97,11)—(97,13) führen zu folgenden Beziehungen:

$$R_0^0 = -c + \frac{1}{4} b_\alpha^\beta b_\beta^\alpha = 0\,, \tag{2}$$

$$R_\alpha^0 = \frac{1}{2}(b_{\alpha;\beta}^\beta - b_{;\alpha}) + t\left[-c_{;\alpha} + \frac{3}{8}(b_\beta^\gamma b_\gamma^\beta)_{;\alpha} + c_{\alpha;\beta}^\beta + \frac{1}{4} b_\alpha^\beta b_{;\beta} - \frac{1}{2}(b_\alpha^\gamma b_\gamma^\beta)_{;\beta}\right] = 0\,, \tag{3}$$

$$R_\alpha^\beta = -P_\alpha^\beta - \frac{1}{4} b_\alpha^\beta b + \frac{1}{2} b_\alpha^\gamma b_\gamma^\beta - c_\alpha^\beta = 0 \tag{4}$$

mit $b \equiv b_\alpha^\alpha$, $c \equiv c_\alpha^\alpha$. Hierbei bezieht sich die kovariante Ableitung auf den dreidimensionalen Raum der Metrik $a_{\alpha\beta}$, mit der gleichen Metrik wird auch der Tensor $P_{\alpha\beta}$ bestimmt.

Gemäß (4) sind die Koeffizienten $c_{\alpha\beta}$ vollständig durch die $a_{\alpha\beta}$ und die $b_{\alpha\beta}$ bestimmt. Die Gleichung (2) liefert dann

$$P + \frac{1}{4} b^2 - \frac{1}{4} b_\alpha^\beta b_\beta^\alpha = 0\,. \tag{5}$$

Aus den Gliedern nullter Ordnung in (3) folgt:

$$b_{\alpha;\beta}^\beta = b_{;\alpha}\,. \tag{6}$$

Die zu t proportionalen Glieder in dieser Gleichung verschwinden unter Verwendung von (2) und (4) bis (6) (und der Identität $P_{\alpha;\beta}^\beta = \frac{1}{2} P_{;\alpha}$, siehe (92,10)) identisch.

Die zwölf Größen $a_{\alpha\beta}$ und $b_{\alpha\beta}$ sind so durch die Beziehung (5) und die drei Beziehungen (6) untereinander verknüpft, daß acht willkürliche Funktionen der drei räumlichen Koordinaten übrig bleiben. Drei davon sind mit der Möglichkeit einer beliebigen Transformation der drei räumlichen Koordinaten und eine mit der Willkür in der Wahl der Ausgangshpyerfläche beim Aufbau des synchronisierten Bezugssystems verknüpft. Es verbleiben, wie es auch sein muß (siehe das Ende von § 95), vier physikalisch verschiedene willkürliche Funktionen.

2. Man berechne die Komponenten des Krümmungstensors R_{iklm} im synchronisierten Bezugssystem.

Lösung. Mit Hilfe der CHRISTOFFEL-Symbole (97,9) erhalten wir aus (92,1):

$$R_{\alpha\beta\gamma\delta} = -P_{\alpha\beta\gamma\delta} + \frac{1}{4}(\varkappa_{\alpha\delta}\varkappa_{\beta\gamma} - \varkappa_{\alpha\gamma}\varkappa_{\beta\delta})\,,$$

$$R_{0\alpha\beta\gamma} = \frac{1}{2}(\varkappa_{\alpha\gamma;\beta} - \varkappa_{\alpha\beta;\gamma})\,,$$

$$R_{0\alpha0\beta} = \frac{1}{2}\frac{\partial}{\partial t}\varkappa_{\alpha\beta} - \frac{1}{4}\varkappa_{\alpha\gamma}\varkappa_\beta^\gamma\,,$$

wobei $P_{\alpha\beta\gamma\delta}$ der dreidimensionale Krümmungstensor ist, der der dreidimensionalen räumlichen Metrik $\gamma_{\alpha\beta}$ entspricht.

3. Man bestimme die allgemeine Form der infinitesimalen Transformation, die den synchronen Charakter des Bezugssystems nicht verletzt.

Lösung. Die Transformation hat die Gestalt

$$t \to t + \varphi(x^1, x^2, x^3)\,, \qquad x^\alpha \to x^\alpha + \xi^\alpha(x^1, x^2, x^3, t)\,,$$

wobei φ, ξ^α kleine Größen sind. Unter Beachtung der Bedingung $g_{00} = 1$ ist φ unabhängig von t, und die Bedingung $g_{0\alpha} = 0$ ist gewährleistet, wenn die Gleichungen

$$\gamma_{\alpha\beta} \frac{\partial \xi^\beta}{\partial t} = \frac{\partial \varphi}{\partial x^\alpha}$$

gelten. Daraus folgt

$$\xi^\alpha = \frac{\partial \varphi}{\partial x^\beta} \int \gamma^{\alpha\beta}\, dt + f^\alpha(x^1, x^2, x^3)\,, \tag{1}$$

wobei die f^α wieder kleine Größen sind, die einen dreidimensionalen Vektor bilden. Dann ändert sich der räumliche metrische Tensor in

$$\gamma_{\alpha\beta} \to \gamma_{\alpha\beta} + \xi_{\alpha;\beta} + \xi_{\beta;\alpha} - \varphi\, \varkappa_{\alpha\beta} \tag{2}$$

ab, wovon man sich mit Hilfe von (94,3) schnell überzeugt.

Die Transformation enthält, wie es auch sein muß, vier willkürliche (kleine) Funktionen der räumlichen Koordinaten, φ und f^α.

§ 98. Die Vierbein-Darstellung der Einsteinschen Gleichungen

Das Auffinden der Komponenten des Ricci-Tensors (und damit auch die Aufstellung der Einsteinschen Gleichungen) für Metriken dieser oder jener speziellen Form ist gewöhnlich mit ziemlich umfangreichen Rechnungen verbunden. Es gewinnen daher verschiedene Methoden an Bedeutung, die es erlauben, die Rechnungen in einigen Fällen zu vereinfachen und das Ergebnis in übersichtlicherer Form darzustellen. Zu ihnen gehört die Darstellung des Krümmungstensors in der sogenannten Vierbein- oder *Tetraden*-Schreibweise.

Wir führen vier linear-unabhängige Bezugs-Vierervektoren $e^i_{(a)}$ (numeriert durch den Index a) ein, die nur den Forderungen

$$e^i_{(a)}\, e_{(b)i} = \eta_{ab} \tag{98,1}$$

unterliegen, wobei η_{ab} eine gegebene konstante symmetrische Matrix der Signatur $(+\,-\,-\,-)$ ist; die zu η_{ab} inverse Matrix bezeichnen wir mit η^{ab} (es ist dann $\eta^{ac}\,\eta_{cb} = \delta^a_b$).[1] Neben den vier Vierbein-Vektoren $e^i_{(a)}$ führen wir vier zu ihnen „reziproke" Vektoren $e^{(a)i}$ ein, die wir mit oberen Vierbein-Indizes numerieren und durch die Gleichungen

$$e^{(a)}_i\, e^i_{(b)} = \delta^a_b \tag{98,2}$$

[1]) In diesem Paragraphen werden mit den ersten Buchstaben $a, b, c, \ldots$ des Alphabets Indizes bezeichnet, die die Vierbein-Vektoren numerieren. Wie früher bedeuten die Buchstaben $i, k, l, \ldots$ Indizes von Vierertensoren. In der Literatur werden Vierbein-Indizes (Buchstaben oder Ziffern) gewöhnlich eingeklammert. Um eine Überlastung der Formeln zu vermeiden, werden wir jedoch Klammern nur dann setzen, wenn Vierbein-Indizes zusammen mit Tensorindizes auftreten, und in Größen, die ihrer Definition nach nur Vierbein-Indizes tragen können (wie z. B. η_{ab} und später $\gamma_{ab,c}$, λ_{abc}), die Klammern fortlassen. Bei zweimal auftretenden Vierbein-Indizes ist wie bei Tensor-Indizes Summation über die Indizes zu verstehen.

definieren: Jeder der Vektoren $e_i^{(a)}$ ist somit orthogonal zu den drei Vektoren $e_{(b)}^i$ mit $b \neq a$. Multiplizieren wir die Gleichung (98,2) mit $e_{(a)}^k$, so erhalten wir $(e_{(a)}^k e_i^{(a)}) e_{(b)}^i = e_{(b)}^k$, woraus ersichtlich ist, daß neben (98,2) auch die Gleichung

$$e_i^{(a)} e_{(a)}^k = \delta_i^k \tag{98,3}$$

gilt.

Multiplizieren wir die Gleichung $e_{(a)}^i e_{(c)i} = \eta_{ac}$ auf beiden Seiten mit η^{bc}, so erhalten wir

$$e_{(a)}^i(\eta^{bc} e_{(c)i}) = \delta_a^b .$$

Durch Vergleich mit (98,2) finden wir

$$e_i^{(b)} = \eta^{bc} e_{(c)i} , \qquad e_{(b)i} = \eta_{bc} e_i^{(c)} . \tag{98,4}$$

Das Heben und Senken der Vierbein-Indizes vollzieht sich somit mit den Matrizen η^{bc} und η_{bc}.

Die Bedeutung der so eingeführten Vierbein-Vektoren besteht darin, daß sich mit ihnen der metrische Tensor sehr einfach darstellen läßt. Aus der Beziehung zwischen ko- und kontravarianten Vektor-Komponenten folgt nämlich $e_i^{(a)} = g_{il} e^{(a)l}$; multiplizieren wir diese Beziehung mit $e_{(a)k}$, so finden wir unter Benutzung von (98,3) und (98,4)

$$g_{ik} = e_{(a)i} e_k^{(a)} = \eta_{ab} e_i^{(a)} e_k^{(b)} . \tag{98,5}$$

Das Quadrat des Abstandselementes nimmt mit dem metrischen Tensor in der Form (98,5) die Gestalt

$$ds^2 = \eta_{ab}(e_i^{(a)} dx^i)(e_k^{(b)} dx^k) \tag{98,6}$$

an.

Hinsichtlich der beliebig vorgebbaren Matrizen η_{ab} ist es am natürlichsten, sie in „galileischer" Form zu wählen (d. h. als Diagonalmatrizen mit den Elementen 1, −1, −1, −1). Dann werden nach (98,1) die Vierbein-Vektoren zueinander orthogonal, wobei einer von ihnen zeitartig ist, während die anderen raumartig sein müssen.[1])

Es sei jedoch bemerkt, daß eine solche Wahl nicht notwendig ist; es kann Situationen geben, in denen aus diesen oder jenen Gründen (z. B. infolge von Symmetrieeigenschaften der Metrik) die Wahl nichtorthogonaler Vierbein-Vektoren zweckmäßig ist.[2])

---

[1]) Benutzen wir die Linearformen $dx^{(a)} = e_i^{(a)} dx^i$ als Abschnitte von Koordinatenachsen in einem gegebenen Punkt des vierdimensionalen Raumes (und verwenden wir die „galileischen" η_{ab}), so bringen wir dadurch die Metrik in diesem Punkte auf galileische Form. Wir bemerken ausdrücklich, daß die Formen $dx^{(a)}$ im allgemeinen keine vollständigen Differentiale irgendeiner Funktion der Koordinate darstellen.

[2]) Eine zweckmäßige Vierbeinwahl kann bereits durch die Form (98,6) von ds^2 diktiert werden. So entspricht ein ds^2 in der Gestalt (88,13) den Vierbein-Vektoren

$$e_i^{(0)} = (\sqrt{h}, -\sqrt{h}\,\boldsymbol{g}) , \quad e_i^{(a)} = (0, \boldsymbol{e}^{(a)}) ,$$

dabei hängt die Wahl von $\boldsymbol{e}^{(a)}$ von dem räumlichen Element dl^2 ab.

Die Bein-Komponenten eines Vierervektors (und in entsprechender Weise auch die eines Tensors beliebiger Stufe) werden als „Projektion" auf die Vierbein-Vektoren definiert:

$$A_{(a)} = e^i_{(a)} A_i\,, \qquad A^{(a)} = e^{(a)}_i A^i = \eta^{ab} A_{(b)}\,. \tag{98,7}$$

Umgekehrt gilt

$$A_i = e^{(a)}_i A_{(a)}\,, \qquad A^i = e^i_{(a)} A^{(a)}\,. \tag{98,8}$$

Auf ähnliche Weise wird die „Ableitung in einer Richtung a" durch

$$\varphi_{,(a)} = e^i_{(a)} \frac{\partial \varphi}{\partial x^i}$$

gegeben.

Wir führen nun die für weitere Überlegungen benötigten Größen[1])

$$\gamma_{acb} = e_{(a)i;k}\, e^i_{(b)}\, e^k_{(c)} \tag{98,9}$$

sowie ihre Linearkombinationen

$$\lambda_{abc} = \gamma_{abc} - \gamma_{acb} = (e_{(a)i;k} - e_{(a)k;i})\, e^i_{(b)}\, e^k_{(c)} = (e_{(a)i,k} - e_{(a)k,i})\, e^i_{(b)}\, e^k_{(c)} \tag{98,10}$$

ein. Die letzte Gleichsetzung in (98,10) folgt aus (86,12); die Größen λ_{abc} lassen sich somit aus der gewöhnlichen Ableitung der Vierbein-Vektoren berechnen. Umgekehrt drückt sich γ_{abc} durch λ_{abc} gemäß

$$\gamma_{abc} = \frac{1}{2} (\lambda_{abc} + \lambda_{bca} - \lambda_{cab}) \tag{98,11}$$

aus. Die Größen γ_{abc} und λ_{abc} besitzen die Symmetrieeigenschaften

$$\gamma_{abc} = -\gamma_{bac}\,, \qquad \lambda_{abc} = -\lambda_{acb}\,. \tag{98,12}$$

Unser Ziel ist die Berechnung der Vierbein-Komponenten des Krümmungstensors. Wir gehen dazu von der auf die kovarianten Ableitungen der Bein-Vektoren angewandten Gleichung (91,6) aus,

$$e_{(a)i;k;l} - e_{(a)i;l;k} = e^m_{(a)} R_{mikl}\,,$$

die sich auch

$$R_{(a)(b)(c)(d)} = (e_{(a)i;k;l} - e_{(a)i;l;k})\, e^i_{(b)}\, e^k_{(c)}\, e^l_{(d)}$$

schreiben läßt. Diese Relation kann leicht mit Hilfe der γ_{abc} ausgedrückt werden. Wir schreiben

$$e_{(a)i;k} = \gamma_{abc}\, e^{(b)}_i\, e^{(c)}_k\,,$$

differenzieren ein zweites Mal kovariant und ersetzen die rechts auftretenden ersten Ableitungen der Bein-Vektoren wieder mit Hilfe der Ausgangsgleichung. Die kovariante Ableitung der skalaren Größen γ_{abc} fällt dabei mit ihrer ge-

[1]) Die Größen γ_{abc} heißen Ricci'sche Rotationskoeffizienten.

wöhnlichen Ableitung zusammen.[1]) Als Ergebnis erhält man schließlich

$$R_{(a)(b)(c)(d)} = \gamma_{abc,d} - \gamma_{abd,c} + \gamma_{abf}(\gamma^f{}_{cd} - \gamma^f{}_{dc}) + \gamma_{afc}\gamma^f{}_{bd} - \gamma_{afd}\gamma^f{}_{bc}, \tag{98,13}$$

wobei in Übereinstimmung mit den allgemeinen Regeln $\gamma^a_{bc} = \eta^{ad}\gamma_{dbc}$ usw. gesetzt wurde.

Die Verjüngung dieses Ausdruckes nach den Indexpaaren a, c liefert die gesuchten Vierbein-Komponenten des RICCI-Tensors. Bereits mit Hilfe der λ_{abc} ausgedrückt, lauten sie

$$R_{(a)(b)} = -\frac{1}{2}\Big(\lambda_{ab}{}^{c}{}_{,c} + \lambda_{ba}{}^{c}{}_{,c} + \lambda^{c}{}_{ca,b} + \lambda^{c}{}_{cb,a} + \lambda^{cd}{}_{b}\lambda_{cda} + \lambda^{cd}{}_{b}\lambda_{dca} - \frac{1}{2}\lambda_b{}^{cd}\lambda_{acd} + \lambda^{c}{}_{cd}\lambda_{ab}{}^{d} + \lambda^{c}{}_{cd}\lambda_{ba}{}^{d}\Big). \tag{98,14}$$

Wir weisen schließlich noch darauf hin, daß diese Entwicklungen nicht speziell an eine vierdimensionale Metrik gebunden sind. Die erhaltenen Ergebnisse können auch zur Berechnung der RIEMANN- und RICCI-Tensoren einer dreidimensionalen Metrik benutzt werden. Dabei hat man es natürlich mit einem Dreibein von Dreiervektoren zu tun, wobei die Matrix η_{ab} die Signatur $(+++)$ haben muß (eine solche Anwendung wird uns in § 116 begegnen).

[1]) Zur besseren Übersicht geben wir noch die entsprechend transformierten kovarianten Ableitungen von beliebigen Vierervektoren und -tensoren an.

$$A_{i;k}\, \overset{i}{e}_{(a)}\, \overset{k}{e}_{(b)} = A_{(a),(b)} + A^{(d)}\gamma_{dab},$$

$$A_{ik;l}\, \overset{i}{e}_{(a)}\, \overset{k}{e}_{(b)}\, \overset{l}{e}_{(c)} = A_{(a),(b),(c)} + A^{(d)}{}_{(b)}\gamma_{dac} + A_{(a)}{}^{(d)}\gamma_{dbc}.$$

XII DAS FELD GRAVITIERENDER KÖRPER

§ 99. Das Newtonsche Gravitationsgesetz

Wir führen nun in den Einsteinschen Gleichungen den Grenzübergang zur nichtrelativistischen Mechanik durch. Wie schon in § 87 erwähnt wurde, kann man für alle Teilchen kleine Geschwindigkeiten nur dann annehmen, wenn das Gravitationsfeld selbst schwach ist.

Der Ausdruck für die Komponente g_{00} (die einzige, die wir hier brauchen) wurde für den hier betrachteten Grenzfall in § 87 gefunden:

$$g_{00} = 1 + \frac{2\varphi}{c^2}.$$

Weiter können wir für die Komponente des Energie-Impuls-Tensors den Ausdruck (35,4) benutzen: $T_i^k = \mu c^2 u_i u^k$, wobei μ die Massendichte des Körpers ist (d. h. die Summe der Ruhmassen der Teilchen in der Volumeneinheit; den Index 0 bei μ lassen wir kürzehalber fort). Was die Vierergeschwindigkeit u^i betrifft, so haben wir, da die makroskopische Bewegung natürlich als langsam anzusehen ist, ihre räumlichen Komponenten gegenüber der zeitlichen zu vernachlässigen, d. h., wir müssen $u^\alpha = 0$, $u^0 = u_0 = 1$ setzen. Von allen Komponenten T_i^k bleibt dann nur

$$T_0^0 = \mu c^2 \tag{99,1}$$

übrig. Der Skalar $T = T_i^i$ ist ebenfalls gleich μc^2.

Die Einsteinschen Gleichungen schreiben wir in der Form (95,8):

$$R_i^k = \frac{8\pi k}{c^4}\left(T_i^k - \frac{1}{2}\delta_i^k T\right);$$

für $i = k = 0$ folgt

$$R_0^0 = \frac{4\pi k}{c^2}\mu .$$

Wie man leicht sieht, verschwinden alle anderen Komponenten in der betrachteten Näherung.

Zur Berechnung von R_0^0 nach der allgemeinen Formel (92,7) bemerken wir, daß die Terme, die Produkte der Γ_{kl}^i enthalten, in jedem Fall klein von höherer Ordnung sind. Die Terme mit Ableitungen nach $x^0 = c\,t$ sind ebenfalls klein (im Vergleich zu denen nach den räumlichen Koordinaten x^α), da sie eine zusätzliche Potenz von $\frac{1}{c}$ aufweisen. Es bleibt $R_0^0 = R_{00} = \frac{\partial \Gamma_{00}^\alpha}{\partial x^\alpha}$. Setzen wir

$$\Gamma_{00}^\alpha \approx -\frac{1}{2} g^{\alpha\beta}\frac{\partial g_{00}}{\partial x^\beta} = \frac{1}{c^2}\frac{\partial\varphi}{\partial x^\alpha},$$

so finden wir

$$R_0^0 = \frac{1}{c^2}\frac{\partial^2 \varphi}{\partial x^{\alpha\,2}} \equiv \frac{1}{c^2}\Delta\varphi\,.$$

Die EINSTEINschen Gleichungen liefern also

$$\Delta\varphi = 4\,\pi\,k\,\mu\,. \tag{99,2}$$

Das ist die Gleichung für das Gravitationsfeld in der nichtrelativistischen Mechanik. Formal entspricht sie völlig der POISSONschen Gleichung (36,4) für das elektrische Potential. Anstelle der Ladungsdichte steht jetzt die mit $-\,k$ multiplizierte Massendichte. Wir können daher sofort die allgemeine Lösung von (99,2) in Analogie zu (36,8) in der Gestalt

$$\varphi = -\,k\int\frac{\mu\,\mathrm{d}V}{R} \tag{99,3}$$

schreiben. Diese Gleichung bestimmt in nichtrelativistischer Näherung das Gravitationspotential einer beliebigen Massenverteilung.

Insbesondere haben wir für das Potential eines Teilchens mit der Masse m

$$\varphi = -\frac{k\,m}{R}, \tag{99,4}$$

und die Kraft $F = -\,m'\,\dfrac{\partial\varphi}{\partial R}$, die in diesem Felde auf ein anderes Teilchen (mit der Masse m') wirkt, ist daher gleich

$$F = -\frac{k\,m\,m'}{R^2}\,. \tag{99,5}$$

Dies ist das bekannte NEWTON*sche Gravitationsgesetz.*

Die potentielle Energie eines Teilchens im Gravitationsfeld ist gleich seiner mit dem Potential des Feldes multiplizierten Masse, ebenso wie die potentielle Energie im elektrischen Felde das Produkt der Ladung mit dem Potential dieses Feldes ist. In Analogie zu (37,1) können wir daher für die potentielle Energie einer beliebigen Massenverteilung

$$U = \frac{1}{2}\int\mu\,\varphi\,\mathrm{d}V \tag{99,6}$$

schreiben.

Für das NEWTONsche Potential eines zeitunabhängigen Gravitationsfeldes in großen Abständen von den felderzeugenden Massen läßt sich eine Entwicklung verwenden, die der in den §§ 40—41 für das elektrostatische Feld durchgeführten entspricht. Wir legen den Koordinatenursprung in den Schwerpunkt der Massen. Dann verschwindet das Integral $\int\mu\,\boldsymbol{r}\,\mathrm{d}V$, das dem Dipolmoment der Ladungen entspricht. Im Unterschied zum elektrischen Feld läßt sich also im Gravitationsfeld ein „Dipolterm" immer eliminieren. Die Entwicklung des Potentials φ hat daher die Gestalt

$$\varphi = -\,k\left(\frac{M}{R_0} + \frac{1}{6}D_{\alpha\beta}\frac{\partial^2}{\partial X_\alpha\,\partial X_\beta}\frac{1}{R_0} + \cdots\right), \tag{99,7}$$

wobei $M = \int \mu \, \mathrm{d}V$ die Gesamtmasse des Systems ist und die Größen

$$D_{\alpha\beta} = \int \mu \, (3\, x_\alpha \, x_\beta - r^2 \, \delta_{\alpha\beta}) \, \mathrm{d}V \tag{99,8}$$

als Tensor des Quadrupolmomentes der Massen bezeichnet werden können.[1]) Sie hängen mit dem gewöhnlichen Tensor der Trägheitsmomente

$$J_{\alpha\beta} = \int \mu \, (r^2 \, \delta_{\alpha\beta} - x_\alpha \, x_\beta) \, \mathrm{d}V$$

durch die evidente Beziehung

$$D_{\alpha\beta} = J_{\gamma\gamma} \, \delta_{\alpha\beta} - 3\, J_{\alpha\beta} \tag{99,9}$$

zusammen.

Die Bestimmung des NEWTONschen Potentials aus einer gegebenen Massenverteilung ist Gegenstand eines anderen Teilgebietes der mathematischen Physik; eine Darstellung der entsprechenden Methoden gehört nicht zur Aufgabe dieses Buches. Zur Übersicht geben wir hier nur die Formeln für das Gravitationspotential eines von einem homogenen, ellipsoidförmigen Körper erzeugten Feldes an.

Die Oberfläche des Ellipsoides sei durch die Gleichung

$$\frac{x^2}{a^2} + \frac{y^2}{b^2} + \frac{z^2}{c^2} = 1\,, \qquad a > b > c \tag{99,10}$$

gegeben. Das Potential in einem beliebigem Punkt x, y, z außerhalb des Körpers wird dann durch die Formel

$$\varphi = -\pi \mu \, a \, b \, c \, k \int_\xi^\infty \left(1 - \frac{x^2}{a^2 + s} - \frac{y^2}{b^2 + s} - \frac{z^2}{c^2 + s}\right) \frac{\mathrm{d}s}{R_s}\,, \tag{99,11}$$

$$R_s = \sqrt{(a^2 + s)\,(b^2 + s)\,(c^2 + s)}$$

beschrieben, worin ξ eine positive Wurzel der Gleichung

$$\frac{x^2}{a^2 + \xi} + \frac{y^2}{b^2 + \xi} + \frac{z^2}{c^2 + \xi} = 1 \tag{99,12}$$

ist. Das Potential im Innern des Ellipsoides wird durch die Formel

$$\varphi = -\pi \mu \, a \, b \, c \, k \int_0^\infty \left(1 - \frac{x^2}{a^2 + s} - \frac{y^2}{b^2 + s} - \frac{z^2}{c^2 + s}\right) \frac{\mathrm{d}s}{R_s} \tag{99,13}$$

bestimmt, die sich von (99,11) dadurch unterscheidet, daß die untere Grenze des Integrals durch Null ersetzt ist; wir bemerken, daß dieser Ausdruck eine quadratische Funktion der Koordinaten x, y, z darstellt.

Die Gravitationsenergie des Körpers erhält man, wenn man gemäß (99,6) den Ausdruck (99,13) über das Ellipsoidvolumen integriert. Dies läßt sich elementar

---

[1]) Wir schreiben hier alle Indizes α, β unten, ohne zwischen ko- und kontravarianten Komponenten zu unterscheiden, da alle Operationen im gewöhnlichen NEWTONschen (euklidischen) Raum zu verstehen sind.

ausführen und ergibt[1])

$$U = \frac{3\,k\,m^2}{8} \int_0^\infty \left[\frac{1}{5}\left(\frac{a^2}{a^2+s} + \frac{b^2}{b^2+s} + \frac{c^2}{c^2+s}\right) - 1\right] \frac{ds}{R_s}$$

$$= \frac{3\,k\,m^2}{8} \int_0^\infty \left[\frac{2}{5}\, s\, d\left(\frac{1}{R_s}\right) - \frac{2}{5}\frac{ds}{R_s}\right]$$

$\left(m = \frac{4\pi}{3}\, a\, b\, c\, \mu \text{ ist die Gesamtmasse des Körpers}\right)$; integrieren wir das erste Glied partiell, so erhalten wir endgültig

$$U = -\frac{3\,k\,m^2}{10} \int_0^\infty \frac{ds}{R_s}. \tag{99,14}$$

Alle in (99,11) bis (99,14) auftretenden Integrale führen auf elliptische Integrale erster und zweiter Art. Für Rotationsellipsoide lassen sie sich durch elementare Funktionen ausdrücken. Insbesondere ist die Gravitationsenergie eines abgeplatteten Rotationsellipsoides ($a = b > c$)

$$U = -\frac{3\,k\,m^2}{5\sqrt{a^2-c^2}} \arccos\frac{c}{a} \tag{99,15}$$

und die eines gestreckten Rotationsellipsoides ($a > b = c$)

$$U = -\frac{3\,k\,m^2}{5\sqrt{a^2-c^2}} \operatorname{Ar\,ch}\frac{a}{c}. \tag{99,16}$$

Für eine Kugel ($a = c$) geben beide Formeln den Wert $U = -3\,k\,m^2/5\,a$, den man natürlich auch auf elementare Weise erhalten kann.[2])

Aufgabe

Man bestimme die Gleichgewichtsform einer gleichförmig als Ganzes rotierenden homogenen gravitierenden Flüssigkeitsmasse.

Lösung. Die Gleichgewichtsbedingung beinhaltet die Konstanz der Summe von Gravitationspotential und Potential der Zentrifugalkraft an der Oberfläche des Körpers:

$$\varphi - \frac{\Omega^2}{2}(x^2+y^2) = \text{const}$$

(Ω ist die Winkelgeschwindigkeit der Rotation; die Rotationsachse ist die z-Achse). Die gesuchte Figur ist ein abgeplattetes Rotationsellipsoid. Zur Bestimmung seiner Parameter

---

[1]) Die Integration der Quadrate x^2, y^2, z^2 wird am einfachsten nach der Substitution $x = a\,x'$, $y = b\,y'$, $z = c\,z'$ durchgeführt, die das Integral über das Ellipsoidvolumen auf ein Integral über das Volumen der Einheitskugel zurückführt.

[2]) Das Potential im Innern einer homogenen Kugel vom Radius a ist

$$= -2\pi\,k\,\mu\left(a^2 - \frac{r^2}{3}\right).$$

setzen wir (99,13) in die Gleichgewichtsbedingung ein und eliminieren z^2 mittels (99,10); das ergibt

$$(x^2 + y^2)\left[\int\limits_0^\infty \frac{ds}{(a^2+s)^2\sqrt{c^2+s}} - \frac{\Omega^2}{2\pi\mu k a^2 c} - \frac{c^2}{a^2}\int\limits_0^\infty \frac{ds}{(a^2+s)(c^2+s)^{3/2}}\right] = \text{const},$$

woraus folgt, daß der Ausdruck in eckigen Klammern verschwinden muß. Führen wir die Integration aus, so erhalten wir die Gleichung

$$\frac{(a^2+2c^2)\,c}{(a^2-c^2)^{3/2}}\arccos\frac{c}{a} - \frac{3c^2}{a^2-c^2} = \frac{\Omega^2}{2\pi k\mu} = \frac{25}{6}\left(\frac{4\pi}{3}\right)^{1/3}\frac{M^2\mu^{1/3}}{m^{10/3}k}\left(\frac{c}{a}\right)^{4/3},$$

die das Halbachsenverhältnis c/a bei gegebenem Ω oder M bestimmt. $\left(M = \frac{2}{5}m a^2 \Omega\right.$ ist der Drehimpuls des Körpers bezüglich der z-Achse.$\left.\right)$ Die Abhängigkeit des Verhältnisses c/a von M ist eindeutig; c/a fällt monoton mit einer Vergrößerung von M.

Es zeigt sich jedoch, daß die erhaltene symmetrische Form nur bei nicht zu großen Werten von M gegenüber kleinen Störungen stabil ist.[1]) Die Stabilität geht nämlich für $M = 0{,}24\,k^{1/2}\,m^{5/3}\,\mu^{-1/6}$ (wobei $c/a = 0{,}58$ ist) verloren. Bei weiterer Vergrößerung von M wird die Gleichgewichtsfigur ein dreiachsiges Ellipsoid mit langsam (von 1 bzw. 0,58) abnehmenden Werten von b/a und c/a. Diese Form wird ihrerseits wieder unstabil bei $M = 0{,}31\,k^{1/2}\,m^{5/3}\,\mu^{-1/6}$ (wobei $a:b:c = 1:0{,}43:0{,}34$ ist).

§ 100. Das kugelsymmetrische Gravitationsfeld

Wir betrachten das kugelsymmetrische Gravitationsfeld. Ein solches Feld kann durch eine beliebige kugelsymmetrische Materieverteilung erzeugt werden; dabei muß natürlich nicht nur die Verteilung, sondern auch die Bewegung der Materie kugelsymmetrisch sein, d. h., in jedem Punkte muß die Geschwindigkeit in Richtung des Radius liegen.

Kugelsymmetrie des Gravitationsfeldes bedeutet, daß die raum-zeitliche Metrik, d. h. der Ausdruck für den Abstand ds, in allen Punkten mit gleicher Entfernung zum Zentrum dieselbe sein muß. Im euklidischen Raum ist diese Entfernung gleich dem Radiusvektor; in einem nichteuklidischen Raum dagegen, wie er bei Vorhandensein eines Gravitationsfeldes vorliegt, gibt es keine Größe, die alle Eigenschaften des euklidischen Radiusvektors hat (nämlich gleichzeitig die Entfernung vom Zentrum anzugeben und mit 2π multipliziert den Kreisumfang zu liefern). Die Wahl des ,,Radiusvektors" ist hier also willkürlich.

---

[1]) Literaturverweise für diese Fragen findet man in dem Buch H. Lamb, Hydrodynamics, New York 1945, chapt. XII.

Verwenden wir die räumlichen „Kugelkoordinaten“ r, θ, φ, so hat der allgemeinste kugelsymmetrische Ausdruck für ds^2 die Form

$$ds^2 = h(r, t)\, dr^2 + k(r, t)\,(\sin^2\theta \cdot d\varphi^2 + d\theta^2) + l(r, t)\, dt^2 + a(r, t)\, dr\, dt\,, \qquad (100,1)$$

wobei a, h, k, l irgendwelche Funktionen des „Radiusvektors“ r und der „Zeit“ t sind. Entsprechend der willkürlichen Wahl des Bezugssystems in der allgemeinen Relativitätstheorie können wir die Koordinaten noch einer beliebigen Transformation unterwerfen, die die Kugelsymmetrie von ds^2 nicht verletzt; dies bedeutet, daß wir die Koordinaten r und t gemäß

$$r = f_1(r', t')\,, \qquad t = f_2(r', t')$$

transformieren können, wobei f_1, f_2 beliebige Funktionen der neuen Koordinaten r', t' sind.

Wir machen von dieser Möglichkeit Gebrauch und wählen die Koordinate r und die Zeit t so, daß der Koeffizient $a(r, t)$ bei $dr\, dt$ in ds^2 verschwindet und ferner der Koeffizient $k(r, t)$ gleich $-r^2$ wird.[1] Letzteres bedeutet, daß der Radiusvektor so bestimmt wird, daß der Umfang eines Kreises mit dem Koordinatenursprung als Mittelpunkt gleich $2\pi r$ wird (das Bogenelement des Umfangs ist in der Ebene $\theta = \pi/2$ gleich $dl = r\, d\varphi$). Es empfiehlt sich, die Größen h und l in der exponentiellen Form $-e^{\lambda}$ und $c^2 e^{\nu}$ zu schreiben; λ und ν sind Funktionen von r und t. Für ds^2 erhalten wir dann folgenden Ausdruck:

$$ds^2 = e^{\nu} c^2\, dt^2 - r^2\,(d\theta^2 + \sin^2\theta \cdot d\varphi^2) - e^{\lambda}\, dr^2\,. \qquad (100,2)$$

Verstehen wir unter x^1, x^2, x^3, x^0 die Koordinaten r, θ, φ, $c\,t$, so lauten also die von Null verschiedenen Komponenten des metrischen Tensors

$$g_{00} = e^{\nu}\,, \quad g_{11} = -e^{\lambda}\,, \quad g_{22} = -r^2\,, \quad g_{33} = -r^2 \sin^2\theta\,.$$

Offensichtlich gilt auch

$$g^{00} = e^{-\nu}\,, \quad g^{11} = -e^{-\lambda}\,, \quad g^{22} = -r^{-2}\,, \quad g^{33} = -r^{-2}\sin^{-2}\theta\,.$$

Mit Hilfe dieser Werte lassen sich leicht die Größen Γ^i_{kl} nach der Gleichung (86,3) berechnen. Man erhält folgende Ausdrücke (der Strich bedeutet die Ableitung nach r, der Punkt die nach $c\,t$):

$$\left.\begin{aligned}
&\Gamma^1_{11} = \frac{\lambda'}{2}\,, && \Gamma^0_{10} = \frac{\nu'}{2}\,, && \Gamma^2_{33} = -\sin\theta\cos\theta\,,\\
&\Gamma^0_{11} = \frac{\dot\lambda}{2}\, e^{\lambda-\nu}\,, && \Gamma^1_{22} = -r\, e^{-\lambda}\,, && \Gamma^1_{00} = \frac{\nu'}{2}\, e^{\nu-\lambda}\,,\\
&\Gamma^2_{12} = \Gamma^3_{13} = \frac{1}{r}\,, && \Gamma^3_{23} = \operatorname{ctg}\theta\,, && \Gamma^0_{00} = \frac{\dot\nu}{2}\,,\\
&\Gamma^1_{10} = \frac{\dot\lambda}{2}\,, && \Gamma^1_{33} = -r\sin^2\theta\, e^{-\lambda}\,.
\end{aligned}\right\} \qquad (100,3)$$

---

[1]) Diese Bedingungen bestimmen die Zeitkoordinate noch nicht eindeutig. Sie kann noch einer beliebigen Transformation $t = f(t')$, die r nicht enthält, unterworfen werden.

Alle anderen Komponenten Γ^i_{kl} verschwinden, (mit Ausnahme derjenigen, die sich von den angegebenen nur durch eine Vertauschung von k und l unterscheiden).

Zur Aufstellung der Gravitationsgleichungen sind nach der Formel (92,7) die Komponenten des Tensors R^i_k zu berechnen. Die elementare Rechnung führt zu den folgenden Gleichungen:

$$\frac{8\pi k}{c^4} T^1_1 = -\mathrm{e}^{-\lambda}\left(\frac{\nu'}{r} + \frac{1}{r^2}\right) + \frac{1}{r^2}, \tag{100,4}$$

$$\frac{8\pi k}{c^4} T^2_2 = \frac{8\pi k}{c^4} T^3_3 = -\frac{1}{2}\mathrm{e}^{-\lambda}\left(\nu'' + \frac{\nu'^2}{2} + \frac{\nu' - \lambda'}{r} - \frac{\nu'\lambda'}{2}\right) + \frac{1}{2}\mathrm{e}^{-\nu}\left(\ddot{\lambda} + \frac{\dot{\lambda}^2}{2} - \frac{\dot{\lambda}\dot{\nu}}{2}\right), \tag{100,5}$$

$$\frac{8\pi k}{c^4} T^0_0 = -\mathrm{e}^{-\lambda}\left(\frac{1}{r^2} - \frac{\lambda'}{r}\right) + \frac{1}{r^2}, \tag{100,6}$$

$$\frac{8\pi k}{c^4} T^1_0 = -\mathrm{e}^{-\lambda}\frac{\dot{\lambda}}{r}. \tag{100,7}$$

Die restlichen Komponenten der Gleichungen (95,6) sind identisch Null. Die Komponenten des Energie-Impuls-Tensors können mit Hilfe der Formel (94,9) durch die Energiedichte ε, den Druck p und die Radialgeschwindigkeit v der Materie ausgedrückt werden.

Die Gleichungen (100,4) bis (100,7) können wir für den sehr wichtigen Fall des kugelsymmetrischen Feldes im Vakuum, d. h. außerhalb der felderzeugenden Masse, vollständig integrieren. Setzen wir den Energie-Impuls-Tensor Null, so erhalten wir

$$\mathrm{e}^{-\lambda}\left(\frac{\nu'}{r} + \frac{1}{r^2}\right) - \frac{1}{r^2} = 0\,, \tag{100,8}$$

$$\mathrm{e}^{-\lambda}\left(\frac{\lambda'}{r} - \frac{1}{r^2}\right) + \frac{1}{r^2} = 0\,, \tag{100,9}$$

$$\dot{\lambda} = 0 \tag{100,10}$$

(die vierte Gleichung, d. h. (100,5), kann man fortlassen, da sie eine Folge der drei anderen ist).

Aus (100,10) entnehmen wir, daß λ zeitunabhängig ist. Addieren wir (100,8) und (100,9), so finden wir $\lambda' + \nu' = 0$, d. h.

$$\lambda + \nu = f(t)\,, \tag{100,11}$$

wobei die Funktion $f(t)$ nur von der Zeit abhängt. Nun besteht aber, wenn wir das Abstandsquadrat $\mathrm{d}s^2$ in der Gestalt (100,2) benutzen, immer noch die Möglichkeit einer beliebigen Zeittransformation der Gestalt $t = f(t')$. Diese Transformation ist der Addition einer beliebig von der Zeit abhängenden Funktion zu ν äquivalent, und mit ihrer Hilfe kann man stets erreichen, daß die Funktion $f(t)$

in (100,11) verschwindet. Ohne Einschränkung der Allgemeinheit können wir also $\lambda + \nu = 0$, d. h. $\lambda = -\nu$ setzen. Das kugelsymmetrische Gravitationsfeld im Vakuum ist somit von selbst statisch.

Die Gleichung (100,9) kann leicht integriert werden und ergibt

$$e^{-\lambda} = e^{\nu} = 1 + \frac{\text{const}}{r}. \tag{100,12}$$

Wie es sein muß, ist im Unendlichen (für $r \to \infty$) $e^{-\lambda} = e^{\nu} = 1$, d. h., in großer Entfernung von den gravitierenden Körpern wird die Metrik von selbst galileisch. Die Konstante in (100,12) läßt sich leicht durch die Masse des Körpers ausdrücken, wenn man fordert, daß in großen Entfernungen, wo das Feld schwach ist, das NEWTONsche Gesetz gelten soll.[1]) Genauer gesagt, es muß $g_{00} = 1 + \frac{2\varphi}{c^2}$ gelten, wobei das Potential φ seinen NEWTONschen Wert (99,4) annimmt: $\varphi = -\frac{k m}{r}$ (m ist die Gesamtmasse des das Feld erzeugenden Körpers). Hieraus folgt: $\text{const} = -\frac{2 k m}{c^2}$. Diese Größe hat die Dimension einer Länge; sie wird als *Gravitationsradius* r_g des Körpers bezeichnet:

$$r_g = \frac{2 k m}{c^2}. \tag{100,13}$$

Endgültig erhalten wir so für die raum-zeitliche Metrik:

$$ds^2 = \left(1 - \frac{r_g}{r}\right) c^2\, dt^2 - r^2 (\sin^2\theta\, d\varphi^2 + d\theta^2) - \frac{dr^2}{1 - \frac{r_g}{r}}. \tag{100,14}$$

Diese Lösung der EINSTEINschen Gleichungen wurde 1916 von K. SCHWARZSCHILD gefunden. Durch sie wird das von einer beliebigen kugelsymmetrischen Massenverteilung erzeugte Gravitationsfeld im leeren Raum vollständig bestimmt. Wir betonen, daß diese Lösung nicht nur für ruhende, sondern auch für bewegte Massen gilt, falls nur die Bewegung die erforderliche Symmetrie besitzt (z. B. kugelsymmetrische Pulsierung). Es sei darauf hingewiesen, daß die Metrik (100,14) nur von der Gesamtmasse des gravitierenden Körpers abhängt. Das stimmt mit dem analogen Fall in der NEWTONschen Theorie überein.

Die räumliche Metrik wird durch folgenden Ausdruck für das räumliche Abstandselement gegeben:

$$dl^2 = \frac{dr^2}{1 - \frac{r_g}{r}} + r^2 (\sin^2\theta\, d\varphi^2 + d\theta^2). \tag{100,15}$$

---

[1]) Für das Feld innerhalb einer Hohlkugel mit kugelsymmetrischer Materieverteilung muß const = 0 gelten, da sonst für $r = 0$ eine Singularität der Metrik vorliegen würde. Die Metrik im Innern einer solchen Hohlkugel ist also von selbst galileisch. Das heißt, das Gravitationsfeld verschwindet im Innern der Hohlkugel ebenso wie in der NEWTONschen Theorie.

Die geometrische Bedeutung der Koordinate r ist dadurch bestimmt, daß in der Metrik (100,15) der Umfang eines Kreises mit dem Mittelpunkt im Zentrum des Feldes gleich $2\pi r$ ist. Der Abstand zwischen zwei Punkten r_1 und r_2 auf ein und demselben Radius ergibt sich durch das Integral:

$$\int_{r_1}^{r_2} \frac{\mathrm{d}r}{\sqrt{1-\frac{r_g}{r}}} > r_2 - r_1 \,. \tag{100,16}$$

Ferner sehen wir, daß $g_{00} \leqq 1$ ist. Daraus und aus Formel (84,1) $\mathrm{d}\tau = \sqrt{g_{00}}\,\mathrm{d}t$, die die wahre (Eigen-)Zeit bestimmt, folgt:

$$\mathrm{d}\tau \leqq \mathrm{d}t \,. \tag{100,17}$$

Das Gleichheitszeichen gilt im Unendlichen, wo t mit der wahren Zeit zusammenfällt. In endlichen Entfernungen von den Massen vergeht also die Zeit „langsamer" als im Unendlichen.

Schließlich geben wir noch einen Näherungsausdruck für ds^2 in großen Entfernungen vom Koordinatenursprung an:

$$\mathrm{d}s^2 = \mathrm{d}s_0^2 - \frac{2\,k\,m}{c^2\,r}(\mathrm{d}r^2 + c^2\,\mathrm{d}t^2) \,. \tag{100,18}$$

Der zweite Term ist eine zur galileischen Metrik ds_0^2 hinzutretende kleine Korrektur. In großen Entfernungen von den felderzeugenden Massen wird aber jedes Feld kugelsymmetrisch. (100,18) gibt daher die Metrik in großen Entfernungen von einem beliebigen System von Körpern an.

Es lassen sich auch einige allgemeine Überlegungen für das kugelsymmetrische Gravitationsfeld im Innern der gravitierenden Massen anstellen. Aus der Gleichung (100,6) ist ersichtlich, daß mit r auch λ und zwar mindestens wie r^2 gegen Null gehen muß; andernfalls würde der rechte Teil der Gleichung für $r \to 0$ gegen ∞ gehen, d. h., T_0^0 wäre für $r = 0$ singulär, was physikalisch sinnlos ist. Integrieren wir die Gleichung (100,6) formal mit der Grenzbedingung $\lambda|_{r=0} = 0$, so erhalten wir

$$\lambda = -\ln\left(1 - \frac{8\pi k}{c^4\,r}\int_0^r T_0^0\,r^2\,\mathrm{d}r\right). \tag{100,19}$$

Da auf Grund von (94,10) $T_0^0 = \mathrm{e}^{-\nu}\,T_{00} \geqq 0$ ist, folgt hieraus $\lambda \geqq 0$, d. h.

$$\mathrm{e}^{\lambda} \geqq 1 \,. \tag{100,20}$$

Subtrahieren wir ferner (100,6) von (100,4), so erhalten wir

$$\frac{\mathrm{e}^{-\lambda}}{r}(\nu' + \lambda') = \frac{8\pi k}{c^4}(T_0^0 - T_1^1) = \frac{(\varepsilon + p)\left(1 + \frac{v^2}{c^2}\right)}{1 - \frac{v^2}{c^2}} \geqq 0 \,,$$

d. h., es ist $\nu' + \lambda' \geqq 0$. Nun geht für $r \to \infty$ (in weiten Entfernungen von den Massen) die Metrik in die galileische über, d. h. $\nu \to 0, \lambda \to 0$. Aus $\nu' + \lambda' \geqq 0$

folgt daher, daß im ganzen Raum

$$\nu + \lambda \leqq 0 \tag{100,21}$$

gilt Da $\lambda \geqq 0$ ist, muß also $\nu \leqq 0$ sein, d. h., es ergibt sich

$$e^{\nu} \leqq 1 \,. \tag{100,22}$$

Diese hergeleiteten Ungleichungen zeigen uns, daß die oben festgestellten Eigenschaften (100,16) und (100,17) der räumlichen Metrik und des Gangs von Uhren in einem kugelsymmetrischen Vakuumfeld auch für das Feld innerhalb der gravitierenden Massen gelten.

Wird das Gravitationsfeld von einem kugelsymmetrischen Körper mit dem „Radius“ a erzeugt, so ist $T_0^0 = 0$ für $r > a$. Für die Punkte $r > a$ ergibt daher die Gleichung (100,19):

$$\lambda = -\ln\left(1 - \frac{8\pi k}{c^4 r}\int\limits_0^a T_0^0\, r^2\, dr\right).$$

Andererseits läßt sich hier der für das Vakuum geltende Ausdruck (100,14) verwenden, nach dem

$$\lambda = -\ln\left(1 - \frac{2\,k\,m}{c^2 r}\right)$$

ist. Vergleichen wir die beiden Ausdrücke, so finden wir die Formel

$$m = \frac{4\pi}{c^2}\int\limits_0^a T_0^0\, r^2\, dr\,, \tag{100,23}$$

die die Gesamtmasse eines Körpers in Abhängigkeit von seinem Energie-Impuls-Tensor angibt. Insbesondere haben wir für eine statische Materieverteilung im Körper $T_0^0 = \varepsilon$, so daß

$$m = \frac{4\pi}{c^2}\int\limits_0^a \varepsilon\, r^2\, \mathrm{d}r \tag{100,24}$$

folgt. Es sei darauf hingewiesen, daß die Integration über $4\pi r^2\,\mathrm{d}r$ erfolgt, während das räumliche Volumenelement der Metrik (100,2) durch $\mathrm{d}V = 4\pi r^2\, e^{\lambda/2}\,\mathrm{d}r$ gegeben ist, wobei gemäß (100,20) $e^{\lambda/2} > 1$ gilt. Dieser Unterschied drückt sich im gravitativen Massendefekt des Körpers aus.

Aufgaben

1. Man finde die Invarianten des Krümmungstensors für die SCHWARZSCHILD-Metrik (100,14).

Lösung. Man berechnet die von Null verschiedenen Komponenten des Krümmungstensors nach Formel (92,1) mit den Γ^i_{kl} aus (100,3) (oder mit Hilfe der Formeln, die in Aufgabe 2, § 92, gewonnen wurden). Das Ergebnis lautet:

$$R_{0101} = \frac{r_g}{r^3}\,, \quad R_{0202} = \frac{R_{0303}}{\sin^2\theta} = -\frac{r_g(r - r_g)}{2r^2}\,,$$

$$R_{1212} = \frac{R_{1313}}{\sin^2\theta} = \frac{r_g}{2(r - r_g)}\,, \quad R_{2323} = -\,r\,r_g\sin^2\theta\,.$$

Für die Invarianten I_1 und I_2 (Gl. (92,20)) finden wir:

$$I_1 = \left(\frac{r_g}{2\,r^3}\right)^2, \qquad I_2 = -\left(\frac{r_g}{2\,r^3}\right)^3$$

(die Produkte mit dem dualen Tensor $\overset{*}{R}_{iklm}$ verschwinden identisch). Der Krümmungstensor ist vom PETROW-Typ D (mit reellen Invarianten $\lambda^{(1)} = \lambda^{(2)} = -r_g/2\,r^3$). Es sei bemerkt, daß die Krümmungsinvarianten nur im Punkte $r = 0$ eine Singularität besitzen, nicht für $r = r_g$.

2. Man bestimme für die gleiche Metrik die räumliche Krümmung.

Lösung. Die Komponenten des räumlichen Krümmungstensors $P_{\alpha\beta\gamma\delta}$ können durch die Komponenten des Tensors $P_{\alpha\beta}$ (und des Tensors $\gamma_{\alpha\beta}$) ausgedrückt werden, es genügt darum, $P_{\alpha\beta}$ zu berechnen (siehe Aufgabe 1, § 92). Der Tensor $P_{\alpha\beta}$ drückt sich durch die $\gamma_{\alpha\beta}$ ebenso aus wie R_{ik} durch g_{ik}. Mit den Werten $\gamma_{\alpha\beta}$ aus (100,15) erhält man nach Durchführung der Rechnung

$$P_\theta^\theta = P_\varphi^\varphi = \frac{r_g}{2\,r^3}, \qquad P_r^r = -\frac{r_g}{r^3}$$

und $P_\alpha^\beta = 0$ bei $\alpha \neq \beta$. Wir bemerken, daß $P_\theta^\theta, P_\varphi^\varphi > 0$, $P_r^r < 0$ und $P \equiv P_\alpha^\alpha = 0$ ist.

Nach der Formel, die in Aufgabe 1, § 92, erhalten wurde, finden wir:

$$P_{r\theta r\theta} = (P_r^r + P_\theta^\theta)\,\gamma_{rr}\,\gamma_{\theta\theta} = -P_\varphi^\varphi\,\gamma_{rr}\,\gamma_{\theta\theta},$$

$$P_{r\varphi r\varphi} = -P_\theta^\theta\,\gamma_{rr}\,\gamma_{\varphi\varphi}, \qquad P_{\theta\varphi\theta\varphi} = -P_r^r\,\gamma_{\theta\theta}\,\gamma_{\varphi\varphi}.$$

Hieraus folgt (siehe Anmerkung 3 auf Seite 315), daß für die „Ebenen" senkrecht zum Radius die GAUSSsche Krümmung gleich

$$K = \frac{P_{\theta\varphi\theta\varphi}}{\gamma_{\theta\theta}\,\gamma_{\varphi\varphi}} = -P_r^r > 0$$

ist. Das heißt, daß für kleine Dreiecke auf den „Ebenen" in der Nähe des Durchstoßungspunktes mit den senkrecht auf ihnen stehenden Radien die Winkelsumme größer als π ist. Für die „Ebenen", die durch das Zentrum gehen, ist die GAUSSsche Krümmung $K < 0$; d. h., die Winkelsumme von kleinen Dreiecken auf diesen Flächen ist kleiner als π (dies gilt jedoch nicht für Dreiecke, die das Zentrum umschließen; für sie ist die Winkelsumme größer als π).

3. Man bestimme die Form derjenigen Rotationsfläche, die die gleiche Geometrie besitzt wie eine durch den Koordinatenursprung gehende „Ebene" eines kugelsymmetrischen Vakuumfeldes.

Lösung. Die Geometrie auf der Rotationsfläche $z = z(r)$ wird (in Zylinderkoordinaten) durch das Linienelement

$$dl^2 = dr^2 + dz^2 + r^2\,d\varphi^2 = dr^2\,(1 + z'^2) + r^2\,d\varphi^2$$

bestimmt. Vergleichen wir es mit dem Linienelement (100,15) in der Ebene $\theta = \pi/2$

$$dl^2 = r^2\,d\varphi^2 + \frac{dr^2}{1 - \frac{r_g}{r}},$$

so finden wir

$$1 + z'^2 = \left(1 - \frac{r_g}{r}\right)^{-1},$$

und daraus folgt

$$z = 2\sqrt{r_g\,(r - r_g)}\,.$$

Für $r = r_g$ besitzt diese Funktion eine Singularität, einen Verzweigungspunkt. Dies hängt damit zusammen, daß die räumliche Metrik (100,15) im Unterschied zur raum-zeitlichen Metrik (100,14) bei $r = r_g$ tatsächlich eine Singularität enthält.

Die in der letzten Aufgabe gefundenen allgemeinen Eigenschaften der Geometrie auf den durch das Zentrum gehenden „Ebenen" kann man auch erhalten, wenn man die Krümmung des hier betrachteten anschaulichen Modells betrachtet.

4. Man transformiere das Linienelement (100,14) auf Koordinaten, in denen die räumliche Metrik konform-euklidisch ist (d. h. dl^2 proportional zu dem entsprechenden euklidischen Ausdruck ist).

Lösung. Setzen wir

$$r = \varrho\left(1 + \frac{r_g}{4\varrho}\right)^2,$$

so erhalten wir aus (100,14)

$$\mathrm{d}s^2 = \left[\frac{1 - \dfrac{r_g}{4\varrho}}{1 + \dfrac{r_g}{4\varrho}}\right]^2 c^2\,\mathrm{d}t^2 - \left(1 + \frac{r_g}{4\varrho}\right)^4 (\mathrm{d}\varrho^2 + \varrho^2\,\mathrm{d}\theta^2 + \varrho^2 \sin^2\theta\,\mathrm{d}\varphi^2)\,.$$

Die Koordinaten ϱ, θ, φ werden isotrope Kugelkoordinaten genannt; an ihrer Stelle können auch isotrope kartesische Koordinaten x, y, z eingeführt werden. Insbesondere ergibt sich für große Abstände ($\varrho \gg r_g$) näherungsweise:

$$\mathrm{d}s^2 = \left(1 - \frac{r_g}{\varrho}\right) c^2\,\mathrm{d}t^2 - \left(1 + \frac{r_g}{r}\right)(\mathrm{d}x^2 + \mathrm{d}y^2 + \mathrm{d}z^2)\,.$$

5. Man leite die Gleichungen des kugelsymmetrischen Gravitationsfeldes im Innern der gravitierenden Materie für ein mitbewegtes Bezugssystem ab.

Lösung. Die beiden möglichen Transformationen der Koordinaten r, t im Linienelement (100,1) wählen wir so, daß erstens der Koeffizient $a(r, t)$ bei $\mathrm{d}r\,\mathrm{d}t$ verschwindet und zweitens die Radialgeschwindigkeit der Materie in jedem Punkte gleich Null ist (die restlichen Geschwindigkeitskomponenten treten wegen der Kugelsymmetrie nicht auf). Danach können die Koordinaten r und t immer noch einer Transformation $r = r(r')$, $t = t(t')$ unterworfen werden.

Wir bezeichnen die so gewählte Radialkoordinate und die Zeit mit R und τ und die Koeffizienten h, k, l entsprechend mit $-\mathrm{e}^{\lambda}$, $-\mathrm{e}^{\mu}$, e^{ν} (λ, μ, ν sind Funktionen von R und τ). Für das Linienelement erhalten wir dann

$$\mathrm{d}s^2 = c^2\,\mathrm{e}^{\nu}\,\mathrm{d}\tau^2 - \mathrm{e}^{\lambda}\,\mathrm{d}R^2 - \mathrm{e}^{\mu}\,(\mathrm{d}\theta^2 + \sin^2\theta\,\mathrm{d}\varphi^2)\,. \tag{1}$$

Die Komponenten des Energie-Impuls-Tensors sind im mitbewegten System gleich

$$T_0^0 = \varepsilon\,, \quad T_1^1 = T_2^2 = T_3^3 = -p\,.$$

Die Rechnung ergibt folgende Feldgleichungen[1]):

$$-\frac{8\pi k}{c^4} T_1^1 = \frac{8\pi k}{c^4} p = \frac{1}{2}\mathrm{e}^{-\lambda}\left(\frac{\mu'^2}{2} + \mu'\nu'\right) - \mathrm{e}^{-\nu}\left(\ddot{\mu} - \frac{1}{2}\dot{\mu}\dot{\nu} + \frac{3}{4}\dot{\mu}^2\right) - \mathrm{e}^{-\mu}\,, \tag{2}$$

[1]) Die Komponenten von R_{ik} kann man entweder so wie oben unmittelbar oder mit Hilfe der in Aufgabe 2 zu § 92 gefundenen Formeln berechnen.

$$-\frac{8\pi k}{c^4}T_2^2 = \frac{8\pi k}{c^4}p = \frac{1}{4}e^{-\lambda}(2\nu'' + \nu'^2 + 2\mu'' + \mu'^2 - \mu'\lambda'$$

$$-\nu'\lambda' + \mu'\nu') + \frac{1}{4}e^{-\nu}(\dot\lambda\dot\nu + \dot\mu\dot\nu - \dot\lambda\dot\mu - 2\ddot\lambda - \dot\lambda^2 - 2\ddot\mu - \dot\mu^2), \quad (3)$$

$$\frac{8\pi k}{c^4}T_0^0 = \frac{8\pi k}{c^4}\varepsilon = -e^{-\lambda}\left(\mu'' + \frac{3}{4}\mu'^2 - \frac{\mu'\lambda'}{2}\right)$$

$$+\frac{1}{2}e^{-\nu}\left(\dot\lambda\dot\mu + \frac{\dot\mu^2}{2}\right) + e^{-\mu}, \quad (4)$$

$$\frac{8\pi k}{c^4}T_0^1 = 0 = \frac{1}{2}e^{-\lambda}(2\dot\mu' + \dot\mu\mu' - \dot\lambda\mu' - \nu'\dot\mu) \quad (5)$$

der Strich bezeichnet die Ableitung nach R, der Punkt die nach $c\tau$).

Einige allgemeine Beziehungen zwischen λ, μ, ν lassen sich leicht finden, wenn man von den in den Feldgleichungen enthaltenen Gleichungen $T^k_{i;k} = 0$ ausgeht. Benutzen wir Gleichung (86,11), so erhalten wir die folgenden zwei Relationen:

$$\dot\lambda + 2\dot\mu = -\frac{2\dot\varepsilon}{p+\varepsilon}, \qquad \nu' = -\frac{2p'}{p+\varepsilon}.$$

Wenn p als Funktion von ε bekannt ist, so lassen sich die Gleichungen (6) in der Form

$$\lambda + 2\mu = -2\int\frac{d\varepsilon}{p+\varepsilon} + f_1(R), \qquad \nu = -2\int\frac{dp}{p+\varepsilon} + f_2(\tau) \quad (7)$$

integrieren. Dabei können die Funktionen $f_1(R)$ und $f_2(\tau)$ willkürlich gewählt werden; es ist dies eine Folge der oben erwähnten Möglichkeit willkürlicher Transformationen der Gestalt $R = R(R')$, $\tau = \tau(\tau')$.

6. Man stelle die Gleichungen auf, die das statische Vakuum-Gravitationsfeld in der Umgebung eines unbewegten axial-symmetrischen Körpers bestimmen (H. Weyl, 1917).

Lösung. Das statische Linienelement in Zylinderkoordinaten schreiben wir in der Form

$$ds^2 = e^{\nu}c^2 dt^2 - e^{\omega}d\varphi^2 - e^{\mu}(d\varrho^2 + dz^2),$$

wobei ν, ω, μ Funktionen von ϱ und z sind. Diese Darstellung legt die Koordinaten bis auf Transformationen $\varrho = \varrho(\varrho', z')$, $z = z(\varrho', z')$ fest, die die quadratische Form $d\varrho^2 + dz^2$ nur um einen gemeinsamen Faktor abändern.

Aus den Gleichungen

$$R_0^0 = \frac{1}{4}e^{-\mu}[2\nu_{,\varrho,\varrho} + \nu_{,\varrho}(\nu_{,\varrho} + \omega_{,\varrho}) + 2\nu_{,z,z} + \nu_{,z}(\nu_{,z} + \omega_{,z})] = 0,$$

$$R_1^1 = \frac{1}{4}e^{-\mu}[2\omega_{,\varrho,\varrho} + \omega_{,\varrho}(\nu_{,\varrho} + \omega_{,\varrho}) + 2\omega_{,z,z} + \omega_{,z}(\nu_{,z} + \omega_{,z})] = 0$$

(wobei mit $,\varrho$ und $,z$ die Ableitungen nach ϱ respektive z bezeichnet wurden) finden wir

$$\varrho'_{,\varrho,\varrho} + \varrho'_{,z,z} = 0,$$

es wurde dabei

$$\varrho'(\varrho, z) = e^{\frac{\nu+\omega}{2}}$$

gesetzt. $\varrho'(\varrho, z)$ ist somit eine harmonische Funktion der Veränderlichen ϱ, z. Aus den bekannten Eigenschaften dieser Funktionen folgt, daß eine konjugierte harmonische Funktion $z'(\varrho, z)$ derart existiert, daß $\varrho' + i z' = f(\varrho + i z)$ gilt, wobei f eine analytische Funktion der komplexen Veränderlichen $\varrho + i z$ ist. Wählt man nun ϱ', z' als neue Koordinaten, so ergibt sich als Folge des konformen Charakters der Transformation $\varrho, z \to \varrho', z'$

$$e^{\mu}\,(d\varrho^2 + dz^2) = e^{\mu'}\,(d\varrho'^2 + dz'^2)\,,$$

wobei $\mu'(\varrho', z')$ eine neue Funktion ist. Gleichzeitig gilt $e^{\omega} = \varrho'^2\,e^{-\nu}$. Führen wir weiterhin die Bezeichnung $\omega + \nu = \gamma$ ein und lassen wir die Striche fort, so können wir ds^2 in der Form

$$ds^2 = e^{\nu}\,c^2\,dt^2 - \varrho^2\,e^{-\nu}\,d\varphi^2 - e^{\gamma-\nu}\,(d\varrho^2 + dz^2) \tag{1}$$

schreiben. Bestimmen wir für diese Metrik die Gleichungen $R_0^0 = 0$, $R_3^3 - R_2^2 = 0$, $R_2^3 = 0$, so finden wir

$$\frac{1}{\varrho}\,\frac{\partial}{\partial\varrho}\left(\varrho\,\frac{\partial\nu}{\partial\varrho}\right) + \frac{\partial^2\nu}{\partial z^2} = 0\,, \tag{2}$$

$$\frac{\partial\gamma}{\partial z} = \varrho\,\frac{\partial\nu}{\partial\varrho}\,\frac{\partial\nu}{\partial z}\,, \qquad \frac{\partial\gamma}{\partial\varrho} = \frac{\varrho}{2}\left[\left(\frac{\partial\nu}{\partial\varrho}\right)^2 - \left(\frac{\partial\nu}{\partial z}\right)^2\right]. \tag{3}$$

Wir bemerken, daß (2) die Gestalt einer LAPLACE-Gleichung in Zylinderkoordinaten besitzt (für Funktionen, die nicht von φ abhängen). Ist diese Gleichung gelöst, so wird die Funktion $\gamma(\varrho, z)$ vollständig durch die beiden Gleichungen (3) bestimmt. In großer Entfernung von den felderzeugenden Körpern müssen ν und γ gegen Null gehen.

§ 101. Bewegung in einem kugelsymmetrischen Gravitationsfeld

Wir betrachten die Bewegung eines Teilchens in einem kugelsymmetrischen Gravitationsfeld. Wie in jedem kugelsymmetrischen Feld wird die Bewegung in einer durch den Koordinatenursprung führenden „Ebene“ verlaufen; wir wählen $\theta = \pi/2$ als diese Ebene.

Zur Bestimmung der Bahn des Teilchens benutzen wir die HAMILTON-JACOBI-Gleichung

$$g^{ik}\,\frac{\partial S}{\partial x^i}\,\frac{\partial S}{\partial x^k} - m^2\,c^2 = 0\,.$$

m ist die Teilchenmasse, die Masse des Zentralkörpers sei m'. Mit Hilfe der aus (100,14) bestimmten g^{ik} nimmt diese Gleichung die Form

$$\left(1 - \frac{r_g}{r}\right)^{-1}\left(\frac{\partial S}{c\,\partial t}\right)^2 - \left(1 - \frac{r_g}{r}\right)\left(\frac{\partial S}{\partial r}\right)^2 - \frac{1}{r^2}\left(\frac{\partial S}{\partial\varphi}\right)^2 - m^2\,c^2 = 0 \tag{101,1}$$

an, wobei $r_g = 2\,m'\,k/c^2$ der Gravitationsradius der Zentralmasse ist. Nach den allgemeinen Ansätzen zur Lösung der HAMILTON-JACOBI-Gleichung suchen wir S in der Form

$$S = -\,\mathcal{E}_0\,t + M\,\varphi + S_z(r) \tag{101,2}$$

mit konstanten Werten der Energie $\mathcal{E}_0$ und des Drehimpulses M. Setzen wir (101,2) in (101,1) ein, so finden wir die Ableitung dS_r/dr und nach Integration

$$S_r = \int\left[\frac{\mathcal{E}_0^2}{c^2}\left(1 - \frac{r_g}{r}\right)^{-2} - \left(m^2\,c^2 + \frac{M^2}{r^2}\right)\left(1 - \frac{r_g}{r}\right)^{-1}\right]^{1/2} dr\,. \tag{101,3}$$

Die Abhängigkeit $r = r(t)$ wird in bekannter Weise (siehe I, § 47) durch die Gleichung $\partial S/\partial \mathscr{E}_0 = \text{const}$ bestimmt, woraus

$$c\,t = \frac{\mathscr{E}_0}{m\,c^2} \int \frac{dr}{\left(1 - \frac{r_g}{r}\right)\left[\left(\frac{\mathscr{E}_0}{m\,c^2}\right)^2 - \left(1 + \frac{M^2}{m^2 c^2 r^2}\right)\left(1 - \frac{r_g}{r}\right)\right]^{1/2}} \tag{101,4}$$

folgt. Die Bahnen sind durch die Gleichung $\partial S/\partial M = \text{const}$ festgelegt, hieraus ergibt sich

$$\varphi = \int \frac{M}{r^2} \left[\frac{\mathscr{E}_0^2}{c^2} - \left(m^2 c^2 + \frac{M^2}{r^2}\right)\left(1 - \frac{r_g}{r}\right)\right]^{-1/2} dr\,. \tag{101,5}$$

Man erhält ein elliptisches Integral.

Bei der Planetenbewegung im Gravitationsfeld der Sonne ergibt die relativistische Theorie nur unbedeutende Korrekturen an der NEWTONschen Theorie, weil die Geschwindigkeit der Planeten sehr klein gegenüber der Lichtgeschwindigkeit ist. Im Integranden der Bahngleichungen (101,5) entspricht dieser Tatsache, daß r_g/r klein ist, wobei r_g der Gravitationsradius der Sonne ist.[1])

Zur Untersuchung der relativistischen Korrekturen für die Bahn ist es zweckmäßig, vom Ausdruck (101,3) für den radialen Anteil der Wirkungsfunktion (vor dessen Ableitung nach M) auszugehen. Wir führen die Transformation

$$r(r - r_g) = r'^2\,, \qquad \text{d. h.} \quad r - r_g/2 \approx r'$$

der Integrationsvariablen durch, wodurch der zweite Term in der Wurzel die Gestalt M^2/r'^2 bekommt. In den anderen Termen entwickeln wir nach Potenzen von r_g/r' und erhalten mit der erforderlichen Genauigkeit

$$S_r = \int \left[\left(2\,\mathscr{E}'\,m + \frac{\mathscr{E}'^2}{c^2}\right) + \frac{1}{r}\,(2\,m^2\,m'\,k + 4\,\mathscr{E}'\,m\,r_g) - \frac{1}{r^2}\left(M^2 - \frac{3\,m^2\,c^2\,r_g^2}{2}\right)\right]^{1/2} dr\,, \tag{101,6}$$

wobei kürzehalber der Strich bei r' fortgelassen und die nichtrelativistische Energie $\mathscr{E}'$ (ohne Ruheenergie) eingeführt wurde.

Die Zusatzglieder der Koeffizienten in den beiden ersten Termen in der Wurzel bedeuten nur eine Änderung des Zusammenhangs zwischen Energie und Drehimpuls des Teilchens und den Parametern seiner NEWTONschen Bahn (einer Ellipse), die kein besonderes Interesse hat. Die Änderung des Koeffizienten bei $1/r^2$ führt dagegen zu einem wesentlichen Effekt, nämlich zu einer systematischen („*säkularen*") Drehung des Perihels der Bahn.

Da die Bahnkurve durch die Gleichung $\varphi + \frac{\partial S_r}{\partial M} = \text{const}$ bestimmt wird, ist die Änderung des Winkels φ bei einem Planetenumlauf

$$\Delta\varphi = -\frac{\partial}{\partial M}\,\Delta S_r\,,$$

[1]) Für die Sonne ist $r_g = 3$ km, für die Erde $r_g = 0{,}9$ cm.

wobei ΔS_r die entsprechende Änderung von S_r ist. Entwickeln wir S_r nach Potenzen des kleinen Korrekturtermes im Koeffizienten bei $1/r^2$, so erhalten wir

$$\Delta S_r = \Delta S_r^{(0)} - \frac{3\, m^2\, c^2\, r_g^2}{4\, M} \frac{\partial \Delta S_r^{(0)}}{\partial M}\,.$$

$\Delta S_r^{(0)}$ entspricht dabei der Bewegung auf der unverschobenen geschlossenen Ellipse. Leiten wir diese Beziehung nach M ab und berücksichtigen, daß

$$-\frac{\partial}{\partial M} \Delta S_r^{(0)} = \Delta \varphi^{(0)} = 2\,\pi$$

gilt, so finden wir

$$\Delta \varphi = 2\,\pi + \frac{3\,\pi\, m^2\, c^2\, r_g^2}{2\, M^2} = 2\,\pi + \frac{6\,\pi\, k^2\, m^2\, m'^2}{c^2\, M^2}\,.$$

Der zweite Term gibt uns die gesuchte Drehung der NEWTONschen Ellipse während eines Umlaufs, d. h. die Periheldrehung der Bahn. Drücken wir sie durch die große Halbachse a und die Exzentrizität e der Ellipse mit Hilfe der bekannten Beziehung $M^2/k\, m'\, m^2 = a(1 - e^2)$ aus, so erhalten wir[1])

$$\delta \varphi = \frac{6\,\pi\, k\, m'}{c^2\, a\,(1 - e^2)}\,. \qquad (101,7)$$

Wir betrachten ferner die Bahn eines Lichtstrahls im kugelsymmetrischen Gravitationsfeld. Sie wird durch die Eikonalgleichung (87,9)

$$g^{ik} \frac{\partial \psi}{\partial x^i} \frac{\partial \psi}{\partial x^k} = 0$$

bestimmt, die sich von der HAMILTON-JACOBI-Gleichung nur dadurch unterscheidet, daß in ihr $m = 0$ gesetzt ist. Man kann daher die Bahn des Strahls unmittelbar aus (101,5) erhalten, wenn man dort $m = 0$ setzt; dabei ist für die Teilchenenergie $\mathscr{E}_0 = -\,\partial S/\partial t$ die Lichtfrequenz $\omega_0 = -\,\partial \psi/\partial t$ einzusetzen. Führen wir weiter statt der Konstanten M die durch $\varrho = c\, M/\omega_0$ bestimmte Konstante ϱ ein, so ergibt sich

$$\varphi = \int \frac{dr}{r^2 \sqrt{\dfrac{1}{\varrho^2} - \dfrac{1}{r^2}\left(1 - \dfrac{r_g}{r}\right)}}\,. \qquad (101,8)$$

Bei Vernachlässigung der relativistischen Korrekturen ($r_g \to 0$) liefert diese Gleichung $r = \varrho/\cos\varphi$, d. h. eine Gerade, die in der Entfernung ϱ vom Koordinatenursprung verläuft. Zur Bestimmung der relativistischen Korrekturen gehen wir wie im vorhergehenden Fall vor.

Für den Radialanteil des Eikonals gilt (vgl. (101,3))

$$\psi_r(r) = \frac{\omega_0}{c} \int \sqrt{\frac{r^2}{(r - r_g)^2} - \frac{\varrho^2}{r\,(r - r_g)}}\, dr\,.$$

---

[1]) Die aus (101,7) bestimmten Werte der Periheldrehung für den Merkur und die Erde sind 43,0″ bzw. 3,8″ im Jahrhundert.

Führen wir die gleiche Transformation aus, die den Übergang von (101,3) zu (101,6) ergab, so erhalten wir

$$\psi_r(r) = \frac{\omega_0}{c} \int \sqrt{1 + \frac{2 r_g}{r} - \frac{\varrho^2}{r^2}}\, dr\,.$$

Durch Entwicklung des Integranden nach Potenzen von r_g/r ergibt sich

$$\psi_r = \psi_r^{(0)} + \frac{r_g \omega_0}{c} \int \frac{dr}{\sqrt{r^2 - \varrho^2}} = \psi_r^{(0)} + \frac{r_g \omega_0}{c} \operatorname{Arch} \frac{r}{\varrho}\,,$$

wobei $\psi_r^{(0)}$ dem klassischen geradlinig verlaufenden Strahl entspricht.

Die gesamte Änderung von ψ_r bei der Ausbreitung des Lichtstrahls von einem weit entfernten Punkt mit großem $r = R$ zu einem in der Nähe des Zentrums befindlichen Punkt $r = \varrho$ und darauf wieder in die Entfernung R ist

$$\Delta\psi_r = \Delta\psi_r^{(0)} + 2 \frac{r_g \omega_0}{c} \operatorname{Arch} \frac{R}{\varrho}\,.$$

Die entsprechende Änderung des Polarwinkels φ längs des Strahls erhält man durch Ableitung nach $M = \varrho\, \omega_0/c$:

$$\Delta\varphi = -\frac{\partial \Delta\psi_r}{\partial M} = -\frac{\partial \Delta\psi_r^{(0)}}{\partial M} + \frac{2 r_g R}{\varrho \sqrt{R^2 - \varrho^2}}\,.$$

Wenn wir schließlich zur Grenze $R \to \infty$ übergehen und berücksichtigen, daß einem geradlinigen Strahl $\Delta\varphi = \pi$ entspricht, so erhalten wir

$$\Delta\varphi = \pi + \frac{2 r_g}{\varrho}\,.$$

Dies bedeutet, daß unter dem Einfluß des Gravitationsfeldes der Lichtstrahl gekrümmt wird. Seine Bahn ist so gekrümmt, daß die konkave Seite dem Massenzentrum zugewandt ist (der Strahl wird vom Zentrum „angezogen"), so daß sich der Winkel zwischen den beiden Asymptoten von π um den (kleinen) Wert

$$\delta\varphi = \frac{2 r_g}{\varrho} = \frac{4 k m'}{c^2 \varrho} \tag{101,9}$$

unterscheidet. Mit anderen Worten, ein Lichtstrahl, der in einer Entfernung ϱ am Zentrum des Feldes vorbeiläuft, wird um den Winkel $\delta\varphi$ abgelenkt.[1])

§ 102. Der Gravitationskollaps kugelsymmetrischer Körper

In der SCHWARZSCHILD-Metrik (100,14) verschwindet g_{00} bei $r = r_g$ (auf der SCHWARZSCHILD-Fläche), und g_{11} wird dort unendlich. Dieser Umstand könnte zu der Schlußfolgerung führen, daß Singularitäten in der Raum-Zeit-Metrik auftreten und daß Körper bei gegebener Masse mit einem Radius, der kleiner als der Gravitationsradius ist, nicht existieren können. In Wirklichkeit ist

[1]) Für einen am Sonnenrand vorbeilaufenden Strahl ist $\delta\varphi = 1{,}75''$.

jedoch eine solche Schlußfolgerung unzutreffend. Dies ersieht man schon daraus, daß die Determinante $g = -r^4 \sin^2\theta$ bei $r = r_g$ keine Singularität aufweist, so daß die Bedingung $g < 0$ (82,3) nicht verletzt ist. Wir haben es also in Wirklichkeit nur mit der Nichtrealisierbarkeit eines „starren" Koordinatensystems für $r < r_g$ zu tun.

Zur Klärung des tatsächlichen Charakters der Raum-Zeit-Metrik in diesem Gebiet führen wir folgende Koordinatentransformation[1]) durch:

$$c\tau = \pm c t \pm \int \frac{f(r)\,\mathrm{d}r}{1 - \frac{r_g}{r}}, \quad R = c t + \int \frac{\mathrm{d}r}{\left(1 - \frac{r_g}{r}\right) f(r)}. \tag{102,1}$$

Hieraus folgt

$$\mathrm{d}s^2 = \frac{1 - \frac{r_g}{r}}{1 - f^2}\left(c^2\,\mathrm{d}\tau^2 - f^2\,\mathrm{d}R^2\right) - r^2\left(\mathrm{d}\theta^2 + \sin^2\theta\,\mathrm{d}\varphi^2\right).$$

Wir beseitigen die Singularität bei $r = r_g$, indem wir $f(r)$ so wählen, daß $f(r_g) = 1$ ist. Wenn wir $f(r) = \sqrt{r_g/r}$ setzen, ist das neue Koordinatensystem ebenfalls ein synchronisiertes ($g_{\tau\tau} = 1$). Wählen wir zunächst in (102,1) die oberen Vorzeichen, so gilt

$$R - c\tau = \int \frac{(1 - f^2)\,\mathrm{d}r}{\left(1 - \frac{r_g}{r}\right) f} = \int \sqrt{\frac{r}{r_g}}\,\mathrm{d}r = \frac{2}{3}\frac{r^{3/2}}{r_g^{1/2}},$$

oder

$$r = \left[\frac{3}{2}(R - c\tau)\right]^{2/3} r_g^{1/3} \tag{102,2}$$

(die Integrationskonstante, die vom Nullpunkt der Zeitzählung abhängt, setzen wir gleich Null). Für das infinitesimale Intervall gilt

$$\mathrm{d}s^2 = c^2\,\mathrm{d}\tau^2 - \frac{\mathrm{d}R^2}{\left[\frac{3}{2 r_g}(R - c\tau)\right]^{2/3}} - \left[\frac{3}{2}(R - c\tau)\right]^{4/3} r_g^{2/3}\left(\mathrm{d}\theta^2 + \sin^2\theta\,\mathrm{d}\varphi^2\right). \tag{102,3}$$

In diesen Koordinaten gibt es auf der SCHWARZSCHILD-Fläche, die hier durch die Gleichung $\frac{3}{2}(R - c\tau) = r_g$ gegeben ist, keine Singularität. Die Koordinate R ist überall raumartig sowie τ zeitartig. Die Metrik (102,3) ist nichtstationär. Wie in jedem synchronisierten Bezugssystem sind die Zeitlinien geodätische

---

[1]) Die physikalische Bedeutung der SCHWARZSCHILD-Singularität wurde zuerst von D. FINKELSTEIN (1958) mit Hilfe einer etwas anderen Transformation geklärt. Die Metrik (102,3) wurde bereits früher von G. LEMAITRE (1938) gefunden.

Linien. Mit anderen Worten, Teilchen, die bezüglich dieses Bezugssystems in Ruhe sind, sind Teilchen, die sich im gegebenen Feld frei bewegen.[1])

Einem gegebenen Wert r entspricht die Weltlinie $R - c\tau = \text{const}$ (eine schräge Linie in Abb. 20). Weltlinien von Teilchen jedoch, die relativ zum Bezugssystem ruhen, sind in der Abbildung durch senkrechte Geraden dargestellt; ein sich auf ihnen bewegendes Teilchen „fällt" nach Ablauf eines endlichen Intervalls seiner Eigenzeit in das Zentrum des Feldes ($r = 0$), das eine echte Singularität der Metrik darstellt.

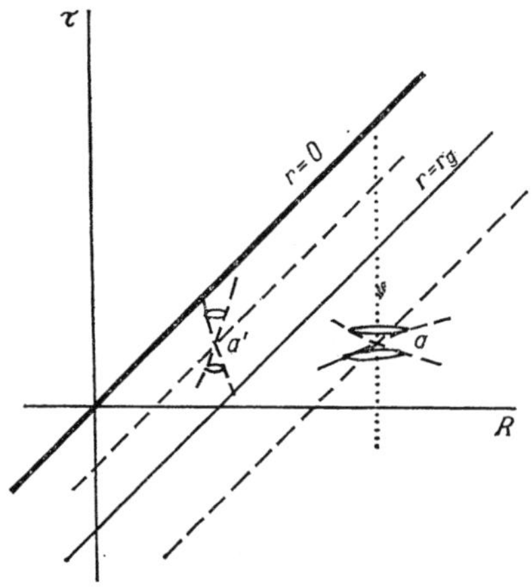

Abb. 20

Wir betrachten die Ausbreitung radialer Lichtsignale. Die Gleichung $\mathrm{d}s^2 = 0$ (mit $\theta, \varphi = \text{const}$) liefert für die Ableitung $\mathrm{d}\tau/\mathrm{d}R$ entlang des Strahles

$$c\,\frac{\mathrm{d}\tau}{\mathrm{d}R} = \pm\left[\frac{3}{2\,r_g}(R - c\,\tau)\right]^{-1/3} = \pm\sqrt{\frac{r_g}{r}}, \tag{102,4}$$

die zwei Vorzeichen entsprechen den beiden Begrenzungen des Lichtkegels mit der Spitze im gegebenen Weltpunkt. Für $r > r_g$ (Punkt a in Abb. 20) ist die Neigung dieser Begrenzung $|c\,\mathrm{d}\tau/\mathrm{d}R| < 1$, so daß die Gerade $r = \text{const}$ (entlang der $c\,\mathrm{d}\tau/\mathrm{d}R = 1$ gilt) in das Innere des Kegels fällt. Im Gebiet $r < r_g$ jedoch (Punkt a') haben wir $|c\,\mathrm{d}\tau/\mathrm{d}R| > 1$, so daß die Gerade $r = \text{const}$ — die Weltlinie eines bezüglich des Feldzentrums ruhenden Teilchens — außerhalb des Kegels liegt. Beide Kegelflächen schneiden die Linie $r = 0$, die vertikal zu ihnen liegt, im Endlichen. Da keine kausal verknüpften Ereignisse auf Weltlinien außerhalb des Lichtkegels liegen können, folgt, daß im Gebiet $r < r_g$ keine Teilchen unbeweglich sein können. Alle Wechselwirkungen und Signale breiten sich hier in Richtung zum Zentrum aus und erreichen es in einem endlichen Zeitintervall.

[1]) Noch anders ausgedrückt: Weltlinien, die durch konstante Werte von R, θ, φ bestimmt werden, sind Weltlinien von Teilchen, auf die (außer dem Gravitationsfeld) keine Kräfte wirken (Anm. d. Hrsg.).

In entsprechender Weise erhielten wir bei Wahl des oberen Vorzeichens der Transformation (102,1) ein „sich ausdehnendes“ Bezugssystem mit einer Metrik, die sich von (102,3) durch das Vorzeichen von τ unterscheiden würde. Diese Metrik entspräche einer Raum-Zeit, in der wiederum im Gebiet $r < r_g$ keine Ruhe möglich wäre, alle Signale würden sich jedoch vom Zentrum fort ausbreiten.

Die dargelegten Resultate können zur Untersuchung des Verhaltens massiver Körper in der allgemeinen Relativitätstheorie verwendet werden.

Die Untersuchung der relativistischen Gleichgewichtsbedingungen für sphärische Körper zeigt, daß für Körper genügend großer Masse ein statischer Gleichgewichtszustand nicht zu existieren braucht (siehe V, § 111). Offensichtlich muß sich ein solcher Körper unbegrenzt zusammenziehen (es tritt ein sogenannter *Gravitationskollaps* auf).[1]

In einem nicht mit dem Körper verbundenen, im Unendlichen galileischen Bezugssystem (mit der Metrik (100,14)) kann der Radius eines Zentralkörpers nicht kleiner als r_g sein. Das bedeutet, daß bezüglich der von einem entfernten Beobachter gemessenen Zeit der Radius des kollabierenden Körpers nur asymptotisch, für $t \to \infty$, gegen den Gravitationsradius geht.

Ein Teilchen auf der Oberfläche des kollabierenden Körpers befindet sich die ganze Zeit im Gravitationsfeld der konstanten Masse m, der Gesamtmasse des Körpers. Bei $r \to r_g$ werden die Gravitationskräfte groß; die Dichte des Körpers und mit ihr auch der Druck bleiben jedoch endlich. Wenn wir deshalb alle Druckkräfte vernachlässigen, reduziert sich die Bestimmung der Abhängigkeit $r = r(t)$ für den Radius des Körpers von der Zeit auf den Fall eines frei fallenden Probekörpers im Feld der Masse m.

Die Abhängigkeit $r(t)$ wird für den freien Fall im SCHWARZSCHILD-Feld durch das Integral (101,4) gegeben, wobei für eine rein radiale Bewegung der Drehimpuls M gleich Null ist. Beginnt der Fall in einer Entfernung r_0 vom Zentrum mit der Geschwindigkeit Null zu einem Zeitpunkt t_0 und mit der Teilchenenergie $\mathscr{E}_0 = m\,c^2 \sqrt{1 - r_g/r_0}$, so ist die zur Zeit t erreichte Entfernung durch

$$c(t - t_0) = \sqrt{1 - \frac{r_g}{r_0}} \int_r^{r_0} \frac{dr}{\left(1 - \frac{r_g}{r}\right)\sqrt{\frac{r_g}{r} - \frac{r_g}{r_0}}} \qquad (102,5)$$

gegeben. Dieses Integral divergiert für $r \to r_g$ wie $-r_g \ln (r - r_g)$. Man entnimmt daraus, daß sich r asymptotisch wie

$$r - r_g = \text{const}\; \mathrm{e}^{-ct/r_g} \qquad (102,6)$$

dem Werte r_g nähert. Die Endphasen der Kontraktion eines kollabierenden Körpers auf seinen Gravitationsradius verlaufen also exponentiell mit der sehr kleinen charakteristischen Zeit r_g/c.

---

[1]) Die grundlegenden Eigenschaften dieser Erscheinung wurden zuerst von R. J. OPPENHEIMER und H. SNYDER (1939) geklärt.

Obgleich die Geschwindigkeit der von außen betrachteten Kontraktion asymptotisch gegen Null strebt, wächst die in ihrer Eigenzeit gemessene Geschwindigkeit v der Teilchen während des Fallens und geht gegen die Lichtgeschwindigkeit. In der Tat gilt nach der Definition (88,10)

$$v^2 = \left(\frac{\sqrt{-g_{11}}\,\mathrm{d}r}{\sqrt{g_{00}}\,\mathrm{d}t}\right)^2.$$

Benutzen wir g_{11} und g_{00} aus (100,14) sowie $\mathrm{d}r/\mathrm{d}t$ aus (102,5), so finden wir

$$1 - \frac{v^2}{c^2} = \frac{1 - r_g/r}{1 - r_g/r_0}. \tag{102,7}$$

Die Annäherung an den Gravitationsradius, die nach der Uhr eines äußeren Beobachters unendlich lange dauert, nimmt nur ein endliches Intervall der Eigenzeit (der Zeit in einem den Körper begleitenden Bezugssystem) in Anspruch. Dies folgt schon aus den oben dargelegten allgemeinen Betrachtungen. Man kann sich davon jedoch auch direkt überzeugen, wenn man die Eigenzeit τ als invariantes Integral

$$c\,\tau = \int \mathrm{d}s = \int \left[c^2\, g_{00} \frac{\mathrm{d}t^2}{\mathrm{d}r^2} + g_{11}\right]^{1/2} \mathrm{d}r$$

berechnet. Benutzt man $\mathrm{d}r/\mathrm{d}t$ aus (102,5), so erhält man für die Dauer des Falls von r_0 nach r in Eigenzeit

$$\tau - \tau_0 = \frac{1}{c} \int_{r_0}^{r} \left(\frac{r_g}{r} - \frac{r_g}{r_0}\right)^{-1/2} \mathrm{d}r\,. \tag{102,8}$$

Dieses Integral bleibt für $r \to r_g$ endlich.

Nachdem (gemessen in der Eigenzeit) der Gravitationsradius erreicht ist, zieht sich der Körper weiterhin zusammen, wobei alle seine Teilchen das Zentrum nach Ablauf eines endlichen Eigenzeitintervalls erreichen. Der Augenblick, in dem die gesamte Masse ins Zentrum gefallen ist, entspricht einer echten Singularität der raumzeitlichen Metrik. Der Prozeß der Kontraktion innerhalb der Schwarzschild-Fläche kann jedoch nicht von einem äußeren Bezugssystem aus beobachtet werden. Der Moment, in dem die Oberfläche des Körpers die Schwarzschild-Fläche passiert, entspricht einer Zeit $t = \infty$; man kann etwa davon sprechen, daß der Kollaps im Innern der Schwarzschild-Fläche dann für den äußeren Beobachter in der „unendlich fernen Zukunft" liegt — ein extremes Beispiel für die Relativität des Zeitablaufs. Irgendwelche logischen Widersprüche bestehen bei einer solchen Vorstellung nicht. Mit ihr stehen auch die oben erwähnten Eigenschaften des mitbewegten Bezugssystems voll in Einklang: In diesem System dringen aus einem Bereich innerhalb der Schwarzschild-Fläche keine Signale nach außen. Teilchen oder Lichtstrahlen können die Fläche nur in einer Richtung schneiden, nämlich ins Innere hinein; falls sie einmal hineingelangt sind, können sie auch nicht wieder herauskommen. Eine solche Fläche mit „einseitiger Ventilwirkung" wird als *Ereignishorizont* bezeichnet.

Bezüglich eines äußeren Beobachters ist das Zusammenziehen auf den Gravitationsradius von einer Art „Selbstisolierung" des Körpers begleitet. Die Ausbreitungszeit der von dem Körper ausgesandten Signale strebt gegen Unendlich: Für Lichtsignale gilt $ds^2 = 0$, und im SCHWARZSCHILD-Feld haben wir $c\,dt = dr/(1 - r_g/r)$; die Ausbreitungszeit von r bis $r_0 > r$ wird durch das Integral

$$c\,\Delta t = \int_r^{r_0} \frac{dr}{1 - r_g/r} = r_0 - r + r_g \ln \frac{r_0 - r_g}{r - r_g} \qquad (102{,}9)$$

gegeben, das ebenso wie das Integral (102,5) für $r \to r_g$ divergiert.

Die Eigenzeitintervalle auf der Oberfläche des Körpers sind bezüglich der Zeitintervalle t eines entfernten Beobachters im Verhältnis

$$\sqrt{g_{00}} = \sqrt{1 - \frac{r_g}{r}}$$

verkürzt. Für einen äußeren Beobachter scheinen also bei $r \to r_g$ alle Prozesse auf dem Körper zu „erstarren". Die Frequenz von Spektrallinien, die vom Körper emittiert und vom entfernten Beobachter registriert werden, nimmt ab, nicht nur infolge der gravitativen Rotverschiebung, sondern auch durch den von der Bewegung der Lichtquelle herrührenden DOPPLER-Effekt, denn die Quelle fällt mit der Körperoberfläche auf das Zentrum zu. Liegt der Körperradius bereits in der Nähe von r_g (so daß die Fallgeschwindigkeit nahezu Lichtgeschwindigkeit erreicht), so wird durch den DOPPLER-Effekt die Frequenz um den Faktor

$$\sqrt{1 - \frac{v^2}{c^2}} \Big/ \left(1 + \frac{v}{c}\right) \approx \frac{1}{2} \sqrt{1 - \frac{v^2}{c^2}}$$

verringert. Als Folge beider Effekte geht die beobachtete Frequenz somit für $r \to r_g$ wie

$$\omega = \text{const}\left(1 - \frac{r_g}{r}\right) \qquad (102{,}10)$$

gegen Null.

Vom Standpunkt des äußeren Beobachters bietet der Gravitationskollaps das Bild eines „erkaltenden" Körpers, der in den umgebenden Raum keine Signale sendet und mit der äußeren Welt nur durch sein statisches Gravitationsfeld wechselwirkt. Ein solches Gebilde wird als *„Schwarzes Loch"* oder *„Kollapsar"* bezeichnet.

Zum Schluß fügen wir noch eine Bemerkung methodischen Charakters hinzu. Wir sahen, daß für ein Zentralfeld im leeren Raum das im Unendlichen in ein Inertialsystem übergehende Bezugssystem des äußeren Beobachters nicht vollständig ist: In ihm gibt es keine Weltlinien für Teilchen, die sich innerhalb der SCHWARZSCHILD-Fläche bewegen. Die Metrik (102,3) kann auch innerhalb der SCHWARZSCHILD-Fläche angewendet werden, jedoch ist auch dieses Bezugssystem in einem gewissen Sinne unvollständig. Betrachten wir nämlich in diesem System ein Teilchen, das eine radiale Bewegung vom Zentrum weg vollführt. Seine Weltlinie verschwindet bei $\tau \to \infty$ ins Unendliche, bei $\tau \to -\infty$ sollte sie sich asymptotisch dem Wert $r = r_g$ nähern, da in der gegebenen Metrik innerhalb der SCHWARZSCHILD-Fläche eine Bewegung nur in Richtung zum Zentrum hin möglich ist. Andererseits erfordert die Bewegung eines Teilchens vom Punkt $r = r_g$ bis zu einem beliebigen Punkt $r > r_g$ nur ein endliches Eigenzeitintervall. Dementsprechend sollte sich das Teilchen zunächst der SCHWARZSCHILD-Fläche von innen her nähern, bevor es sich aus ihr heraus bewegt. Dieser Teil der Geschichte des Teilchens wird jedoch vom Bezugssystem nicht erfaßt.[1])

Wir bemerken, daß diese Unvollständigkeit nur bei einer formalen Betrachtung der Metrik als Feld einer Punktmasse auftritt. In einer realen physikalischen Aufgabe, z. B. beim Kollaps eines ausgedehnten Körpers, erscheint die Unvollständigkeit nicht. Die Lösung, die man durch Anstückeln der Metrik (102,3) an die Lösung innerhalb der Materie erhält, ist natürlich vollständig und beschreibt den Verlauf aller möglichen Bewegungen der Teilchen (die Weltlinien der Teilchen, die sich im Gebiet $r > r_g$ vom Zentrum fort bewegen, beginnen auf der Kugeloberfläche noch vor ihrer Kontraktion unter der SCHWARZSCHILD-Fläche.)

Aufgaben

1. Für ein Teilchen im Felde eines kollabierenden Körpers bestimme man die Radien der Kreisbahnen (S. A. KAPLAN, 1949).

Lösung. Die Abhängigkeit $r = r(t)$ für Teilchen, die sich im SCHWARZSCHILD-Feld bewegen, wird durch Gleichung (101,4) oder in differentieller Form durch

$$\frac{1}{1 - r_g/r}\,\frac{\mathrm{d}r}{c\,\mathrm{d}t} = \frac{1}{\mathscr{E}_0}\left[\mathscr{E}_0^2 - U^2(r)\right]^{1/2} \tag{1}$$

mit

$$U(r) = m\,c^2\left[\left(1 - \frac{r_g}{r}\right)\left(1 + \frac{M^2}{m^2\,c^2\,r^2}\right)\right]^{1/2}$$

gegeben, wobei m die Masse des Teilchens und $r_g = 2\,k\,m'/c^2$ der Gravitationsradius des Zentralkörpers mit der Masse m' ist. Die Funktion $U(r)$ spielt in dem Sinne die Rolle einer „effektiven potentiellen Energie", daß — ähnlich wie in der nichtrelativistischen Theorie — das erreichbare Gebiet der Bewegung durch die Bedingung $\mathscr{E}_0 \geqq U(r)$ bestimmt wird. In Abb. 21 sind die Kurven $U(r)$ für verschiedene Werte des Teilchendrehimpulses M dargestellt.

Die Radien der Kreisbahnen und die ihnen entsprechenden Werte von $\mathscr{E}_0$ und M ergeben sich als Extrema der Funktion $U(r)$, wobei die Minima stabilen, die Maxima instabilen

[1]) Die Konstruktion eines Bezugssystems, das von dieser Unvollständigkeit frei ist, wird am Ende des folgenden Paragraphen durchgeführt.

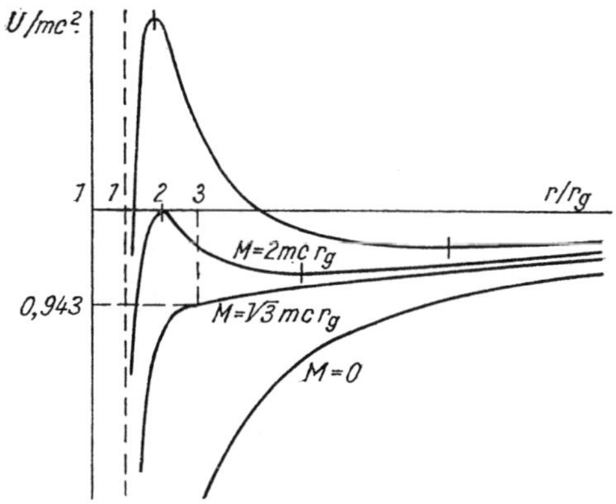

Abb. 21

Bahnen entsprechen. Die gemeinsame Lösung der Gleichungen $U(r) = \mathscr{E}_0$, und $U'(r) = 0$ ergibt

$$\frac{r}{r_g} = \frac{M^2}{m^2 c^2 r_g^2}\left[1 \pm \sqrt{1 - \frac{3\, m^2 c^2 r_g^2}{M^2}}\right],$$

$$\mathscr{E}_0 = M\, c \sqrt{\frac{2}{r\, r_g}}\left(1 - \frac{r_g}{r}\right),$$

wobei sich das obere Vorzeichen auf die stabilen, das untere auf die instabilen Bahnen bezieht. In der Nähe des Zentrums haben die stabilen Kreisbahnen die Parameter

$$r = 3\, r_g\,, \qquad M = \sqrt{3}\, m\, c\, r_g\,, \quad \mathscr{E}_0 = \sqrt{\frac{8}{9}}\; m\, c^2\,.$$

Der Minimalradius der instabilen Bahnen ist $3\, r_g/2$ und wird beim Grenzübergang $M \to \infty$, $\mathscr{E}_0 \to \infty$ erreicht. In Abb. 22 ist die Abhängigkeit r/r_g von $M/m\, c\, r_g$ dargestellt. Der

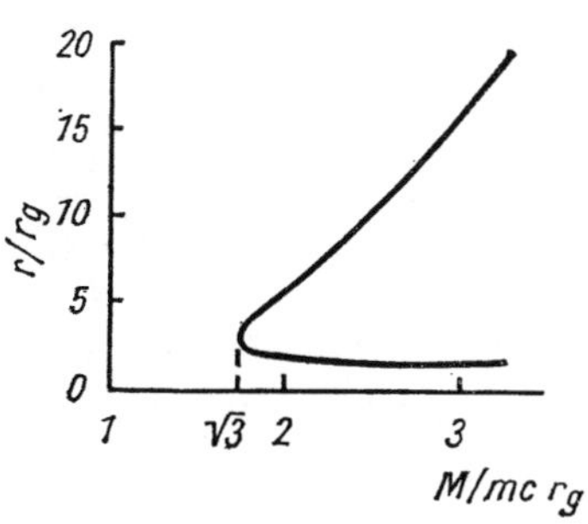

Abb. 22

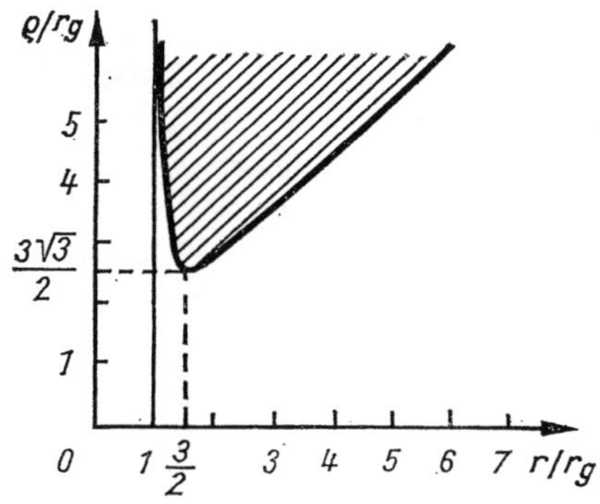

Abb. 23

obere Ast dieser Kurve gibt die Radien der stabilen, der unteren Ast die der instabilen Bahnen.[1])

2. Für die Bewegung im gleichen Feld bestimme man den Wirkungsquerschnitt des gravitativ verursachten Einfanges aus dem Unendlichen für a) nichtrelativistische und b) ultrarelativistische Teilchen (J. B. SELDOWITSCH, I. D. NOWIKOW, 1964).

Lösung. a) Die Energie eines Teilchens mit der im Unendlichen nichtrelativistischen Geschwindigkeit v_∞ ist $\mathscr{E}_0 \approx m c^2$. Aus Abb. 21 ist zu sehen, daß die Gerade $\mathscr{E}_0 = m c^2$ über allen Potentialkurven mit Drehimpulsen $M < 2 m c r_g$ liegt. Diesen Drehimpulsen entsprechen Stoßparameter („Zielabstände") $\varrho < 2 c r_g/v_\infty$. Teilchen mit diesen Werten ϱ werden durch die Schwerkraft eingefangen: sie erreichen (asymptotisch, für $t \to \infty$) die SCHWARZSCHILD-Fläche und kehren nicht ins Unendliche zurück. Der Einfangsquerschnitt ist

$$\sigma = 4\pi r_g^2 \left(\frac{c}{v_\infty}\right)^2 .$$

b) Der Übergang zum ultrarelativistischen Teilchen (oder zum Lichtstrahl) wird in Gleichung (1) der Aufgabe 1 durch $m \to 0$ vollzogen. Wenn wir wieder den Stoßparameter $\varrho = c M/\mathscr{E}_0$ einführen, erhalten wir

$$\frac{1}{1 - r_g/r} \frac{dr}{c\,dt} = \sqrt{1 - \frac{\varrho^2}{r^2} + \frac{\varrho^2 r_g}{r^3}} .$$

Grenzpunkte der Bewegung (mögliche Umkehrpunkte) erhält man für diejenigen Werte von r, für die der Ausdruck unter der Wurzel verschwindet. Als Funktion von ϱ sind diese Kurven in Abb. 23 dargestellt: Mögliche Bewegungen entsprechen dem nicht gestrichelten Teil der Ebene. Die Kurve besitzt im Punkte

$$\varrho = \frac{3\sqrt{3}}{2} r_g , \quad r = \frac{3}{2} r_g$$

ein Minimum. Bei kleineren Werten des Stoßparameters begegnet das Teilchen keinem Umkehrpunkt, d. h., es gelangt bis zur SCHWARZSCHILD-Fläche. Hieraus ergibt sich der Einfangquerschnitt zu

$$\sigma = \frac{27}{4} \pi r_g^2 .$$

§ 103. Der Gravitationskollaps staubförmiger Materie

Das Studium der inneren Zustandsänderungen eines kollabierenden Körpers (darunter auch der Ablauf der Prozesse bei seiner Kontraktion bis unter die SCHWARZSCHILD-Fläche) erfordert Lösungen der EINSTEINschen Gleichungen für das Gravitationsfeld innerhalb der Materie. Im kugelsymmetrischen Fall wurden die Feldgleichungen unter der Voraussetzung verschwindenden Druckes $p = 0$ (d. h. für „staubförmige" Materie) bereits allgemein gelöst (R. TOLMAN, 1934). Obwohl eine solche Näherung für reale physikalische Situationen gewöhnlich unzulässig ist, besitzt die allgemeine Lösung dieses Problems ein erhebliches methodisches Interesse.

Wie in § 97 gezeigt wurde, gestattet ein staubförmiges Medium die Wahl eines Koordinatensystems, das gleichzeitig sowohl „synchronisiert" als auch „mit-

[1]) Zum Vergleich erinnern wir daran, daß in einem NEWTONschen Felde Kreisbahnen in einer beliebigen Entfernung zum Zentrum möglich (und stabil) wären (der Radius hängt mit dem Drehimpuls gemäß $r = M^2/k m' m^2$ zusammen).

bewegt" ist.[1]) Bezeichnen wir die so gewählte Zeit und Radialkoordinate mit τ und R, so können wir das kugelsymmetrische Linienelement in der Form[2])

$$ds^2 = d\tau^2 - e^{\lambda(\tau, R)}\, dR^2 - r^2(\tau, R)\,(d\theta^2 + \sin^2\theta\, d\varphi^2) \tag{103,1}$$

schreiben. Die Funktion $r(\tau, R)$ stellt denjenigen „Radius" dar, für den $2\pi r$ die Länge des Kreisumfangs ist (wobei das Kreiszentrum im Koordinatenursprung liegt). Die Form (103,1) des Linienelementes bestimmt τ eindeutig, gestattet aber noch eine beliebige Transformation $R = R(R')$ der Radialkoordinate.

Die Berechnung der Komponenten des Ricci-Tensors für diese Metrik ergibt die Einsteinschen Feldgleichungen in folgender Form[3]):

$$-e^{-\lambda} r'^2 + 2r\ddot{r} + \dot{r}^2 + 1 = 0\,, \tag{103,2}$$

$$-\frac{e^{-\lambda}}{r}(2r'' - r'\lambda') + \frac{\dot{r}\dot{\lambda}}{r} + \ddot{\lambda} + \frac{\dot{\lambda}^2}{2} + \frac{2\ddot{r}}{r} = 0\,, \tag{103,3}$$

$$-\frac{e^{-\lambda}}{r^2}(2rr'' + r'^2 - rr'\lambda') + \frac{1}{r^2}(r\dot{r}\dot{\lambda} + \dot{r}^2 + 1) = 8\pi k\varepsilon\,, \tag{103,4}$$

$$2\dot{r}' - \dot{\lambda} r' = 0\,, \tag{103,5}$$

der Strich bedeutet dabei die Ableitung nach R, der Punkt die nach τ.

Die Gleichung (103,5) läßt sich unmittelbar bezüglich der Zeit integrieren und ergibt

$$e^{\lambda} = \frac{r'^2}{1 + f(R)}\,, \tag{103,6}$$

wobei $f(R)$ eine beliebige Funktion ist, die nur die Ungleichung $1 + f > 0$ zu erfüllen hat. Setzen wir diesen Ausdruck in (103,2) ein, so erhalten wir

$$2r\ddot{r} + \dot{r}^2 - f = 0$$

(die Substitution in (103,3) ergibt keine neue Bedingung). Das erste Integral dieser Gleichung ist

$$\dot{r}^2 = f(R) + \frac{F(R)}{r}\,, \tag{103,7}$$

---

[1]) Es wird dabei gefordert, daß sich die Materie „rotationsfrei" bewegt (vgl. die Bemerkung auf S. 345). Im vorliegenden Fall ist diese Bedingung erfüllt, da die Kugelsymmetrie eine rein radiale Materiebewegung impliziert.

[2]) In diesem Paragraphen setzen wir $c = 1$.

[3]) S. Aufgabe 5 zu § 100. Man erhält die Gleichungen (103,2)—(103,5) unmittelbar, wenn man in den Gleichungen (2)—(5) dieser Aufgabe $\nu = 0$, $e^{\mu} = r^2$, $p = 0$ setzt. Wir bemerken, daß die zweite der Gleichungen (6) dieser Aufgabe für $p = 0$ zu $\nu' = 0$ führt, d. h. zu $\nu = \nu(\tau)$: die in der Metrik (1) noch verbliebene Willkür der Wahl von τ erlaubt es, $\nu = 0$ zu setzen. Dies zeigt erneut die Möglichkeit der Einführung eines synchronisiert-mitbewegten Bezugssystems.

wobei $F(R)$ nochmals eine willkürliche Funktion ist. Man erhält daraus

$$\tau = \pm \int \frac{\mathrm{d}r}{\sqrt{f + \frac{F}{r}}} .$$

Die im Verlaufe der Integration gewonnene Abhängigkeit $r(\tau, R)$ läßt sich wie folgt in Parameterform darstellen:

$$r = \frac{F}{2f}(\operatorname{ch}\eta - 1) , \quad \tau_0(R) - \tau = \frac{F}{2f^{3/2}}(\operatorname{sh}\eta - \eta) \quad \text{für} \quad f > 0 , \tag{103,8}$$

$$r = \frac{F}{-2f}(1 - \cos\eta) , \quad \tau_0(R) - \tau = \frac{F}{2(-f)^{3/2}}(\eta - \sin\eta) \quad \text{für} \quad f < 0 , \tag{103,9}$$

wobei $\tau_0(R)$ eine weitere willkürliche Funktion ist. Gilt jedoch $f = 0$, so erhalten wir

$$r = \left(\frac{9F}{4}\right)^{1/3} [\tau_0(R) - \tau]^{2/3} \quad \text{für} \quad f = 0 . \tag{103,10}$$

In allen Fällen erhält man jedoch, wenn man (103,6) in (103,4) einsetzt und f mit Hilfe von (103,7) eliminiert, den folgenden Ausdruck für die Materiedichte[1]):

$$8\pi k \varepsilon = \frac{F'}{r' r^2} . \tag{103,11}$$

Die Gleichungen (103,6)—(103,11) bestimmen die gesuchte allgemeine Lösung[2]). Wir bemerken, daß diese höchstens zwei „physikalisch verschiedene" willkürliche Funktionen enthält: Obgleich die drei Funktionen f, F und τ_0 auftreten, besteht für die Koordinate R noch die Möglichkeit einer willkürlichen Transformation $R = R(R')$. Das entspricht der Tatsache, daß die allgemeinste kugelsymmetrische Massenverteilung durch zwei Funktionen festgelegt ist (durch die Verteilung von Dichte und Radialgeschwindigkeit) und ein freies Gravitationsfeld mit Kugelsymmetrie nicht existiert.

Da das Bezugssystem sich mit der Materie mitbewegt, entspricht jedem Teilchen ein bestimmter Wert von R; die für diesen Wert von R berechnete Funktion $r(\tau, R)$ legt das Bewegungsgesetz des Teilchens fest, die Ableitung $\dot{r}$

---

[1]) Die Funktionen F, f, τ_0 müssen lediglich Bedingungen erfüllen, die sichern, daß e^λ, r und ε positiv sind. Wir haben bereits die Einschränkung $1 + f > 0$ notiert, aus der $F > 0$ folgt. Wir werden ferner annehmen, daß $F' > 0$, $r' > 0$ gilt. Auf diese Weise werden Fälle ausgeschlossen, die zum Überschneiden materieller Kugelschichten bei der Radialbewegung führen würden.

[2]) Sie enthält jedoch denjenigen singulären Fall nicht, in dem $r = r(\tau)$ von R unabhängig ist, so daß (103,5) zu einer Identität und damit zu einer leeren Aussage wird, vgl. W. A. Ruban, Ž. eksper. teoret. fiz. **56**, 1914 (1969). Dieser Fall entspricht nicht der Aufgabenstellung für den Kollaps *endlicher* Körper.

ist dabei seine Radialgeschwindigkeit. Eine wichtige Eigenschaft der gefundenen Lösung besteht darin, daß eine Vorgabe der in ihr auftretenden willkürlichen Funktionen in einem Intervall von 0 bis zu einem bestimmten Wert von R_0 das Verhalten der Kugel dieses Radius vollständig bestimmt: Es hängt nicht davon ab, wie die Funktionen für $R > R_0$ gewählt werden. Man erhält somit sofort die Lösung des „inneren Problems" für eine beliebige endliche kugelförmige Materieverteilung. Nach (100,23) wird die Gesamtmasse der Kugel durch das Integral

$$m = 4\pi \int\limits_0^{r(\tau, R_0)} \varepsilon r^2 \, dr = 4\pi \int\limits_r^{R_0} \varepsilon r^2 r' \, dR$$

gegeben. Setzen wir hier (103,11) ein und beachten $F(0) = 0$ (denn für $R = 0$ muß auch $r = 0$ gelten), so finden wir

$$m = \frac{F(R_0)}{2k}, \quad r_g = F(R_0) \tag{103,12}$$

(r_g ist der Gravitationsradius der Kugel).

Für $F = \text{const} \neq 0$ ergibt sich aus (103,11) $\varepsilon = 0$; die Lösung bezieht sich auf den leeren Raum, d. h. beschreibt das Feld eines Massenpunktes (im Zentrum befindet sich dann eine Singularität der Metrik). Setzen wir somit $F = r_g$, $f = 0$, $\tau_0 = R$, so erhalten wir die Metrik (102,3).[1]

Die Formeln (103,8—10) beschreiben in Abhängigkeit von dem die Lösungsmannigfaltigkeit durchlaufenden Parameter η sowohl eine Kontraktion als auch eine Expansion der Kugel. Die gleichen Feldgleichungen erlauben beide Bewegungsformen. Das reale Verhalten eines instabilen massiven Körpers entspricht jedoch der Kontraktion, d. h. dem Kollaps. Die Lösungen (103,8—10) können dahingehend interpretiert werden, daß eine Kontraktion dann einsetzt, wenn τ anwächst und gegen τ_0 strebt. Im Augenblick $\tau = \tau_0(R)$ erreichen Teilchen mit der vorgegebenen Radialkoordinate R das Zentrum (dabei muß $\tau_0' > 0$ gelten).

Die asymptotische Form der Metrik innerhalb der Kugel für $\tau \to \tau_0(R)$ ist in allen drei Fällen (103,8—10) einheitlich:

$$r \approx \left(\frac{9F}{4}\right)^{1/3} (\tau_0 - \tau)^{2/3}, \quad e^{\lambda/2} \approx \left(\frac{2F}{3}\right)^{1/3} \frac{\tau_0'}{\sqrt{1+f}} (\tau_0 - \tau)^{-1/3}. \tag{103,13}$$

Das bedeutet, daß im betrachteten mitbewegten Bezugssystem alle radialen Entfernungen gegen Unendlich streben, während die Entfernungen in den dazu senkrechten Richtungen gegen Null gehen, wobei das Volumen ebenfalls (wie

---

[1]) Der Fall $F = 0$ hingegen entspricht dem Nichtvorhandensein eines Feldes: durch eine geeignete Transformation der Koordinaten kann man die Metrik (überall) auf galileische Form bringen (in diesem Fall liefert (103,7) $r = \sqrt{f}\,(\tau - \tau_0)$.

$(\tau - \tau_0))$ gegen Null strebt.[1]) Die Massendichte wächst dabei unbeschränkt an[2]):

$$8\pi k \varepsilon \approx \frac{2F'}{3F\tau_0'(\tau_0 - \tau)}. \tag{103,14}$$

Auf diese Weise vollzieht sich, in Übereinstimmung mit den Ergebnissen in § 102, der Kollaps der gesamten Massenverteilung.[3])

Für den Spezialfall $\tau_0(R) = \text{const}$, in dem alle Teilchen das Zentrum gleichzeitig erreichen, besitzt die Metrik innerhalb der kontrahierenden Kugel einen anderen Charakter. Hier gilt

$$r \approx \left(\frac{9F}{4}\right)^{1/3} (\tau_0 - \tau)^{2/3}, \quad e^{\lambda/2} \approx \left(\frac{2}{3}\right)^{1/3} \frac{F'}{2F^{2/3}\sqrt{1+f}} (\tau_0 - \tau)^{2/3},$$

$$8\pi k \varepsilon \approx \frac{4}{3(\tau_0 - \tau)^2}, \tag{103,15}$$

d. h., für $\tau \to \tau_0$ gehen alle Entfernungen, sowohl die radialen als auch die dazu senkrechten, nach dem einheitlichen Gesetz $\propto (\tau_0 - \tau)^{2/3}$ gegen Null; die Massendichte divergiert wie $(\tau_0 - \tau)^{-2}$, wobei ihre Verteilung asymptotisch homogen wird.

Es sei bemerkt, daß in allen diesen Fällen der Augenblick, in dem die Oberfläche der kollabierenden Kugel durch die SCHWARZSCHILD-Fläche geht, vom Standpunkt ihrer inneren Dynamik kein ausgezeichneter Zeitpunkt ist (falls wir nämlich die Metrik im mitbewegten Bezugssystem darstellen). Zu jedem Zeitpunkt befindet sich ein bestimmter Teil der Kugel bereits innerhalb seines „Ereignishorizontes". Ebenso wie $F(R_0)$ nach (103,12) den Gravitationsradius der Gesamtkugel bestimmt, stellt $F(R)$ für einen beliebigen Wert von R den Gravitationsradius jenes Kugelteils dar, der innerhalb der Kugelfläche $R = \text{const}$ liegt: Dieser Bereich der Kugel erfüllt zu jedem Zeitpunkt τ die Ungleichung $r(\tau, R) \leqq F(R)$.

Wir zeigen schließlich noch, wie die erhaltenen Formeln dazu benutzt werden können, die am Ende von § 102 gestellte Aufgabe zu lösen, nämlich dasjenige

---

[1]) Die Geometrie einer durch das Zentrum verlaufenden „Ebene" entspricht dabei der einer kegelförmigen Rotationsfläche, die sich im Laufe der Zeit längs ihrer Erzeugenden ausdehnt und gleichzeitig auf den Kreislinien zusammenzieht.

[2]) Daß in der betrachteten Lösung der Kollaps bei einer beliebigen Kugelmasse auftritt, ist eine natürliche Folge der Vernachlässigung des Druckes. Es ist evident, daß für $\varepsilon \to \infty$ die Annahme staubförmiger Materie in jedem Falle physikalisch ungültig ist und die ultrarelativistische Zustandsgleichung $p = \varepsilon/3$ benutzt werden sollte. Es zeigt sich jedoch, daß der allgemeine Charakter des asymptotischen Verhaltens bei der Kontraktion in erheblichem Umfang von der Zustandsgleichung der Materie unabhängig ist, siehe dazu E. M. LIFSCHITZ, I. M. CHALATNIKOV, Ž. eksper. teoret. fiz. **39**, 149 (1960).

[3]) Der Fall $\tau_0 = \text{const}$ schließt dabei insbesondere auch den Kollaps einer homogenen Kugel ein, s. die Aufgabe.

Bezugssystem für das Feld einer Punktmasse zu bestimmen, das den größtmöglichen „Grad an Vollständigkeit“ besitzt.[1])

Zu diesem Zweck ist von einer Vakuummetrik auszugehen, die sowohl kontrahierende als auch expandierende Raum-Zeit-Bereiche enthält. Eine solche ist die Lösung (103,8), in der $F = \text{const} = r_g$ zu setzen ist. Wählen wir ferner

$$f = -\frac{1}{(R/r_g)^2 + 1}, \quad \tau_0 = \frac{\pi}{2} r_g(-f)^{-3/2},$$

so erhalten wir

$$\frac{r}{r_g} = \frac{1}{2}\left(\frac{R^2}{r_g^2} + 1\right)(1 - \cos\eta), \qquad (103{,}16)$$
$$\frac{\tau}{r_g} = \frac{1}{2}\left(\frac{R^2}{r_g^2} + 1\right)^{3/2}(\pi - \eta + \sin\eta).$$

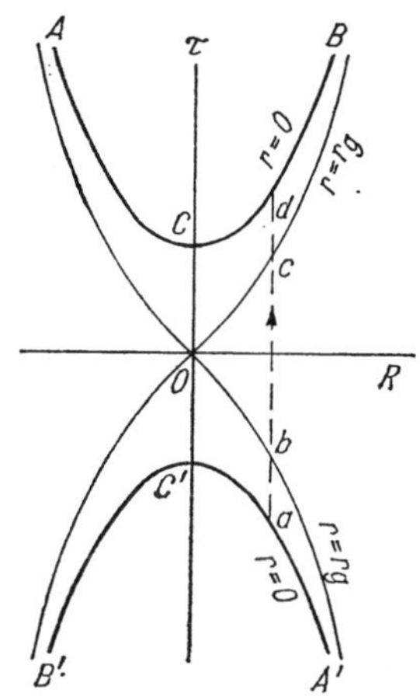

Abb. 24

Nimmt der Parameter η hier Werte von 2π bis 0 an, so wächst die Zeit τ (bei gegebenem R) monoton, während r von Null an wächst, durch ein Maximum geht und dann von neuem gegen Null geht.

In Abb. 24 stellen die Linien ACB und $A'C'B'$ den Punkt $r = 0$ dar (ihm entsprechen die Parameterwerte $\eta = 2\pi$ und $\eta = 0$). Die Linien AOA' und BOB' bilden die SCHWARZSCHILD-Kugel $r = r_g$ ab. Zwischen $A'C'B'$ und $A'OB'$ befindet sich jenes raum-zeitliche Gebiet, in dem lediglich Bewegungen vom Zentrum fort möglich sind, während in dem Gebiet zwischen ACB und AOB Bewegungen nur auf das Zentrum hin verlaufen.

Die Weltlinien der Teilchen, die im benutzten Bezugssystem ruhen, sind die vertikalen Geraden $R = \text{const}$. Sie beginnen von $r = 0$ (Punkt a), schneiden die SCHWARZSCHILD-Fläche im Punkte b, und erreichen zum Zeitpunkt $\tau = 0$ ihre größte Entfernung $\left(r = r_g(R^2/r_g^2 + 1)\right)$. Darauf beginnen die Teilchen erneut auf die SCHWARZSCHILD-Fläche zu fallen, erreichen sie im Punkte c und gelangen zum Zeitpunkt

$$\tau = r_g \frac{\pi}{2}\left(\frac{R^2}{r_g^2} + 1\right)^{3/2}$$

wieder zu $r = 0$ (Punkt d).

Das erhaltene System ist vollständig: Die beiden Endpunkte der Weltlinie eines jeden sich im Felde bewegenden Teilchens liegen entweder in der echten Singularität $r = 0$ oder wandern ins Unendliche aus. Die Metrik (102,3) ist dagegen unvollständig, da sie nur das Gebiet rechts der Linie AOA' (oder links von BOB') beschreibt, und das gleiche gilt für das „expandierende“ Bezugssystem, das das Gebiet rechts von BOB' (oder links von AOB') darstellt. Das SCHWARZSCHILDsche Bezugssystem mit der Metrik (100,14) schließlich umfaßt nur das Gebiet rechts von BOA' (oder links von AOB').

[1]) Ein solches System wurde mit etwas anderen Koordinaten erstmals von M. KRUSKAL (1960) gefunden (Phys. Rev. **119**, 1743 (1960)). Die hier angegebene Form der Lösung, in der das Bezugssystem „synchronisiert“ ist, stammt von I. D. NOWIKOW (1963).

Aufgabe

Man finde die innere Lösung für den Gravitationskollaps einer homgenen staubförmigen Kugel, in der die Materie zum Anfangszeitpunkt ruhte.

Lösung. Setzen wir

$$\tau_0 = \text{const}\,, \quad f = -\sin^2 R\,, \quad F = 2\, a_0 \sin^3 R\,,$$

so erhalten wir

$$r = a_0 \sin R\,(1 - \cos\eta)\,, \quad \tau - \tau_0 = a_0\,(\eta - \sin\eta) \tag{1}$$

(die Radialkoordinate R ist hier dimensionslos und nimmt die Werte von 0 bis 2π an). Für die Dichte gilt dabei

$$8\pi k\,\varepsilon = \frac{6}{a_0^2\,(1 - \cos\eta)^3}\,; \tag{2}$$

sie hängt, entsprechend der Homogenität der Kugel, für ein gegebenes τ nicht von R ab. Die Metrik (103,1) mit dem Wert von r aus (1) läßt sich in der Form

$$\mathrm{d}s^2 = \mathrm{d}\tau^2 - a^2(\tau)\,[\mathrm{d}R^2 + \sin^2 R\,(\mathrm{d}\theta^2 + \sin^2\theta\,\mathrm{d}\varphi^2)]\,, \tag{3}$$

$$a = a_0\,(1 - \cos\eta)$$

darstellen. Es sei darauf aufmerksam gemacht, daß diese Metrik mit der FRIEDMANNschen Lösung für einen mit staubförmiger Materie homogen angefüllten Kosmos identisch ist. Dieses Ergebnis ist verständlich, da die Kugel, die man aus einer homogenen Materieverteilung ausschneiden kann, Kugelsymmetrie besitzt.[1])

Die Lösung (1) erfüllt die gestellte Anfangsbedingung für eine bestimmte Wahl der Konstanten a_0, τ_0. Ändern wir der Bequemlichkeit halber den Parameter ($\eta \to \pi - \eta$), so können wir die Lösung in der Form

$$r = \frac{r_0}{2}\,\frac{\sin R}{\sin R_0}\,(1 + \cos\eta)\,, \quad \tau = \frac{r_0}{2\sin R_0}\,(\eta + \sin\eta) \tag{4}$$

darstellen, wobei gemäß (103,12) der Gravitationsradius der Kugel $r_g = r_0 \sin^2 R_0$ ist. Zum Anfangszeitpunkt ($\tau = 0$, $\eta = 0$) ruht die Materie ($\dot{r} = 0$), während der Kreisumfang durch $2\pi r_0 = 2\pi r(0, R_0)$ gegeben ist. Der Fall der gesamten Materie auf das Zentrum erfolgt zum Zeitpunkt $\tau = \pi r_0/(2\sin R_0)$.

Die Zeit t im Bezugssystem des weit entfernten Beobachters (d. h. im SCHWARZSCHILDschen System) hängt mit der Eigenzeit τ auf der Kugel durch die Gleichung

$$\mathrm{d}\tau^2 = \left(1 - \frac{r_g}{r}\right)\mathrm{d}t^2 - \frac{\mathrm{d}r^2}{1 - \frac{r_g}{r}}$$

zusammen, wobei unter r der Wert $r(\tau, R_0)$ zu verstehen ist, der der Kugeloberfläche entspricht. Die Integration dieser Gleichung führt zu folgendem Ausdruck für t als Funktion des Parameters η:

$$\frac{t}{r_g} = \ln\frac{\operatorname{ctg} R_0 + \operatorname{tg}\frac{\eta}{2}}{\operatorname{ctg} R_0 - \operatorname{tg}\frac{\eta}{2}} + \operatorname{ctg} R_0\left[\eta + \frac{1}{2\sin^2 R_0}\,(\eta + \sin\eta)\right] \tag{5}$$

[1]) Die Metrik (3) entspricht einem Raum konstanter positiver Krümmung. Setzt man in analoger Weise $f = \operatorname{sh}^2 R$, $F = 2a_0 \operatorname{sh}^3 R$, so erhält man eine Lösung, die den Raum konstanter negativer Krümmung darstellt.

($t = 0$ entspricht dabei dem Augenblick $\tau = 0$). Der SCHWARZSCHILDradius $\left(r(\tau, R_0) = r_g\right)$ wird von der Kugeloberfläche für einen Parameterwert η erreicht, der sich aus der Gleichung

$$\cos^2 \frac{\eta}{2} = \frac{r_g}{r_0} = \sin^2 R_0$$

ergibt. Beim Erreichen dieses Wertes strebt die Zeit t gegen Unendlich, was mit den Ergebnissen von § 102 übereinstimmt.[1])

§ 104. Der Gravitationskollaps nichtkugelsymmetrischer und rotierender Körper

Die Darlegungen der zwei vorangegangenen Paragraphen beziehen sich strenggenommen nur auf Körper, die exakt kugelsymmetrisch aufgebaut sind. Einfache Überlegungen zeigen jedoch, daß das Bild des Gravitationskollapses auch bei kleinen Abweichungen von der Kugelsymmetrie qualitativ erhalten bleibt (A. G. DOROSCHKEWITSCH, J. B. SELDOWITSCH und I. D. NOWIKOW, 1965).

Wir beginnen zunächst mit Körpern, bei denen Abweichungen von der Symmetrie durch ihre Massenverteilung bedingt sind und nicht von einer Rotation herrühren.

Ist ein massiver kugelsymmetrischer Körper gravitativ instabil, so bleibt offensichtlich diese Instabilität auch bei kleinen Abweichungen von der Symmetrie erhalten. so daß auch ein solcher Körper kollabieren wird. Betrachtet man die schwache Asymmetrie als kleine Störung, so läßt sich die Entwicklung der Störung (im mitbewegten Bezugssystem) während der Kontraktion des Körpers verfolgen. Im allgemeinen wachsen die Störterme mit zunehmender Dichte. Ist die Störung jedoch zu Beginn der Kontraktion hinreichend klein, so bleibt sie es auch noch in dem Augenblick, wo sich der Körper auf seinen Gravitationsradius zusammenzieht: In § 103 wurde bereits bemerkt, daß dieser Zeitpunkt vom Standpunkt der inneren Dynamik des Körpers keineswegs ausgezeichnet ist, insbesondere ist seine Dichte hierbei endlich.[2])

Mit den inneren Störungen des Körpers bleiben auch die Störungen des von ihm erzeugten äußeren kugelsymmetrischen Gravitationsfeldes klein. Das bedeutet, daß auch die Fläche des Ereignishorizontes, die SCHWARZSCHILD-Fläche, nahezu unverändert bleibt und im mitbewegten Bezugssystem der kollabierende Körper bei seinem Durchgang kaum beeinflußt wird.

---

[1]) Die aus (4) bestimmte Funktion $r(\tau, R_0)$ fällt natürlich mit der Funktion zusammen, die aus der äußeren Metrik berechnet wurde und durch das Integral (102,8) gegeben ist. Das gleiche gilt auch für die Funktion $t(r)$, die man aus (4) und (5) erhält; sie stimmt mit der durch das Integral (102,5) gegebenen überein.

[2]) Die Entwicklung von Störungen in einer nichtstationären, unbegrenzt ausgedehnten homogenen Massenverteilung wird in § 115 betrachtet (die dort erhaltenen Formeln gelten für eine Expansion ebenso wie für eine Kontraktion der Materie). Eine Inhomogenität der ungestörten Verteilung oder eine Begrenzung des Körpers lassen die gewonnenen Aussagen unberührt.

Über ein weiteres Anwachsen der Störungen im Innern des Körpers kann der äußere Beobachter nichts erfahren, da keinerlei Signale aus dem Ereignishorizont herausdringen: Für den äußeren Beobachter liegen diese Prozesse in der „unendlich fernen Zukunft". Hieraus folgt aber wiederum, daß hinsichtlich des äußeren Bezugssystems das Gravitationsfeld eines kollabierenden Körpers zur Stationarität tendiert, wenn sich der Körper asymptotisch seinem Gravitationsradius nähert.

Die charakteristische Zeit dieser Annäherung ist sehr klein ($\sim r_g/c$), und man kann erwarten, daß im Verlaufe eines solchen Zeitraumes nur die entstandene Störung des kugelsymmetrischen Feldes übrigbleibt. Alle veränderlichen Störungen dagegen sollten sich im Laufe der Zeit im Raum zerstreuen, wie z. B. Gravitationswellen, die ins Unendliche abgestrahlt werden (oder unter dem Horizont verschwinden).

Im äußeren Gravitationsfeld des entstehenden Kollapsars können aber auch keine zeitunabhängigen Störungen verbleiben. Dieser Schluß ergibt sich aus einer Analyse der im Vakuum möglichen zeitunabhängigen Störungen der SCHWARZSCHILD-Metrik. Diese Überlegung zeigte, daß im statischen Falle jede im Unendlichen verschwindende Störung bei der Annäherung an die SCHWARZSCHILD-Fläche der ungestörten Lösung unbeschränkt wächst,[1]) andererseits dagegen liegt für das Auftreten großer Störungen des äußeren Feldes im vorliegenden Falle, wie schon bemerkt wurde, kein Grund vor.

Abweichungen von der Kugelsymmetrie in der Dichteverteilung eines Körpers lassen sich durch Quadrupol- und Multipol-Momente dieser Verteilung von höherer Ordnung beschreiben; jedes Moment gibt einen Beitrag zum äußeren Gravitationsfeld. Unsere Behauptung bedeutet somit, daß alle diese Störungen des äußeren Feldes (vom Standpunkt des äußeren Beobachters gesehen) während endlicher Kollapsphasen abklingen werden.[2]) Das sich einstellende Gravitationsfeld des Kollapsars erweist sich somit wieder als das kugelsymmetrische SCHWARZSCHILD-Feld, das nur von der Gesamtmasse des Körpers abhängt.

Die Frage nach dem endgültigen Schicksal des Körpers im Verlaufe seiner Kontraktion unterhalb des Ereignishorizontes ist nicht klar. Man kann jedoch behaupten, daß auch hier der Kollaps durch eine echte Singularität der raumzeitlichen Metrik gestoppt wird, wobei es sich aber um eine Singularität ganz anderen Typs als im kugelsymmetrischen Fall handeln dürfte. Diese Frage ist aber gegenwärtig noch nicht endgültig geklärt.

---

[1]) Siehe T. REGGE, J. A. WHEELER, Phys. Rev. **108**, 1063 (1957). Wir betonen, daß es sich dabei um Störungen handelt, die vom Zentralkörper selbst stammen. Das geforderte Verhalten im Unendlichen schließt den Fall aus, daß die statischen Störungen von äußeren Quellen ausgehen: In diesen Fällen verbiegen kleine Störungen die SCHWARZSCHILD-Fläche nur unwesentlich, sie lassen sie qualitativ unverändert und erzeugen insbesondere auf ihr auch keine echte raum-zeitliche Singularität.

[2]) Für das Gesetz dieses Abklingens s. R. H. PRICE, Phys. Rev. **D 5**, 2419, 2439 (1972). Anfängliche statische l-Pol-Störungen des äußeren Feldes werden beim Kollaps gemäß $1/t^{2l+2}$ gedämpft.

Wir wenden uns nun dem Fall zu, daß eine schwache Verletzung der Kugelsymmetrie nicht durch die Dichteverteilung, sondern durch eine Rotation des gesamten Körpers bedingt ist. Die Annahme, daß die Abweichungen von der Kugelsymmetrie nur klein sein dürfen, entspricht dabei einer hinreichend langsamen Rotation. Die obigen Bemerkungen gelten auch hier, mit einer Ausnahme: Es ist von vornherein klar, daß infolge der Drehimpulserhaltung des kollabierenden Körpers sein Feld nicht allein von der Masse abhängen kann. Darauf weist auch der Umstand hin, daß es unter den stationären (aber nicht statischen) Störungen des kugelsymmetrischen Gravitationsfeldes eine gibt, die für $r \to r_g$ nicht unbeschränkt wächst. Diese Störung hängt mit der Rotation des Körpers zusammen und wird durch eine zum SCHWARZSCHILD-Tensor g_{ik} (in den Koordinaten $x^0 = t$, $x^1 = r$, $x^2 = \theta$, $x^3 = \varphi$) hinzutretende kleine Nichtdiagonalkomponente[1])

$$g_{03} = \frac{2\,k\,M}{r} \sin^2\theta \qquad (104,1)$$

beschrieben (s. die Aufgabe 1 zu § 105). Dieser Ausdruck bleibt (im Bereiche außerhalb des Körpers) auch bei der Annäherung an den Gravitationsradius gültig; das Gravitationsfeld eines langsam rotierenden Kollapsars wird also (in erster Näherung bezüglich des kleinen Drehimpulses M) durch ein kugelsymmetrisches Vakuumfeld mit der Korrektur (104,1) beschrieben. Das Feld ist dann insgesamt nicht mehr statisch, sondern nur noch stationär.

Wenn der Gravitationskollaps bei kleinen Abweichungen von der Kugelsymmetrie auftritt, so sollte ein Kollaps gleichen Charakters (mit einer Kontraktion des Körpers unter seinen Ereignishorizont) auch in einem gewissen endlichen Bereich möglich sein, in dem erhebliche Abweichungen von der Kugelsymmetrie auftreten; die Bedingungen, die ein solches Gebiet festlegen, sind jedoch gegenwärtig noch nicht bekannt. Unabhängig davon kann jedoch die naheliegende Behauptung aufgestellt werden, daß die Eigenschaften des im Verlaufe eines solchen Kollaps entstehenden Gebildes (eines rotierenden Kollapsars) vom Standpunkt des äußeren Beobachters nur von der Gesamtmasse m und dem Gesamtdrehimpuls M abhängen können.[2]) Falls der Körper als Ganzes nicht rotiert ($M = 0$), so ist das äußere Gravitationsfeld des Kollapsars das kugelsymmetrische SCHWARZSCHILD-Feld.[3])

---

[1]) Wir setzen in diesem Paragraphen $c = 1$.

[2]) Um Mißverständnissen vorzubeugen, erinnern wir daran, daß wir keine Körper betrachten, die nichtkompensierte elektrische Ladungen tragen.

[3]) Diese Behauptung wird durch einen von ISRAEL gefundenen Satz wesentlich gestützt: Unter allen statischen, im Unendlichen galileischen Lösungen der EINSTEINschen Gleichungen mit geschlossenen, einfach-zusammenhängenden räumlichen Flächen $g_{00} = \text{const}$, $t = \text{const}$ ist die SCHWARZSCHILD-Lösung die einzige, die einen Horizont ($g_{00} = 0$) ohne Singularität der raum-zeitlichen Metrik besitzt (für den Beweis s. W. ISRAEL, Phys. Rev. **164**, 1776 (1967).

Das Gravitationsfeld eines rotierenden Kollapsars hingegen wird durch die axial-symmetrische und stationäre Metrik von KERR[1])

$$ds^2 = \left(1 - \frac{r_g\, r}{\varrho^2}\right) dt^2 - \frac{\varrho^2}{\varDelta} dr^2 - \varrho^2\, d\theta^2$$
$$- \left(r^2 + a^2 + \frac{r_g\, r\, a^2}{\varrho^2} \sin^2\theta\right) \sin^2\theta\, d\varphi^2 + \frac{2\, r_g\, r a}{\varrho^2} \sin^2\theta\, d\varphi\, dt \tag{104,2}$$

beschrieben. Die Bezeichnungen sind

$$\varDelta = r^2 - r_g\, r + a^2\,, \qquad \varrho^2 = r^2 + a^2 \cos^2\theta\,, \tag{104,3}$$

während r_g wie früher $2\, m\, k$ bedeutet. Diese Metrik hängt von zwei konstanten Parametern ab, m und a, deren Bedeutung aus der asymptotischen Form der Metrik in großen Entfernungen r ersichtlich wird. Bis einschließlich der Glieder $1/r$ gilt

$$g_{00} \approx 1 - \frac{r_g}{r}\,, \qquad g_{03} \approx \frac{r_g\, a}{r} \sin^2\theta\,.$$

Ein Vergleich des ersten Ausdruckes mit (100,18) sowie des zweiten mit (104,1) zeigt, daß m die Masse des Körpers ist, während der Parameter a mit dem Drehimpuls M über die Beziehung

$$M = m\, a \tag{104,4}$$

verbunden ist (in gewöhnlichen Einheiten gilt $M = m\, a\, c$). Für $a = 0$ geht die KERR-Metrik in die SCHWARZSCHILD-Metrik in ihrer gewöhnlichen Form (100,14) über.[2]) Wir weisen darauf hin, daß die Form (104,2) explizite Symmetrie bei Zeitumkehr zeigt: Diese Transformation ($t \to -t$) ändert auch die Rotationsrichtung, d. h. das Vorzeichen des Drehimpulses ($a \to -a$); im Ergebnis bleibt ds^2 unverändert.

Die Determinante des metrischen Tensors ergibt sich aus (104,2) zu

$$-g = \varrho^4 \sin^2\theta\,. \tag{104,5}$$

---

[1]) Diese Lösung der EINSTEINschen Gleichungen wurde in anderer Gestalt von KERR gefunden (R. KERR, 1963) und von R H. BOYER und R. W. LINDQUIST (1967) in die Form (104,2) transformiert. Es gibt in der Literatur keine konstruktive analytische Ableitung der Metrik (104,2), die ihrer physikalischen Bedeutung angemessen wäre; der direkte Nachweis, daß (104,2) Lösung der EINSTEINschen Vakuum-Gleichungen ist, ist bereits mit außerordentlich umfangreichen Rechnungen verbunden. Vermutungen darüber, daß die KERR-Metrik das einzig mögliche Feld eines rotierenden Kollapsars darstellt, werden durch Sätze bekräftigt, die dem oben erwähnten ISRAEL-Theorem für die SCHWARZSCHILD-Metrik analog sind (s. B. CARTER, Phys. Rev. Letter **26**, 331 (1971)).

[2]) Beschränkt man sich auf Glieder erster Ordnung in a, so unterscheidet sich die Metrik (104,2) für $a \ll 1$ von der SCHWARZSCHILD-Metrik nur durch den Term $(2\, r_g\, a/r) \sin^2\theta\, d\varphi\, dt$; das entspricht den obigen Bemerkungen über schwache Abweichungen von der Kugelsymmetrie.

Führen wir die kontravarianten Komponenten g^{ik} ein, so erhalten wir folgenden Ausdruck für das Quadrat des Vierergradienten:

$$g^{ik}\frac{\partial}{\partial x^i}\frac{\partial}{\partial x^k} = \frac{1}{\Delta}\left(r^2 + a^2 + \frac{r_g\, r\, a^2}{\varrho^2}\sin^2\theta\right)\left(\frac{\partial}{\partial t}\right)^2 - \frac{\Delta}{\varrho^2}\left(\frac{\partial}{\partial r}\right)^2$$
$$- \frac{1}{\varrho^2}\left(\frac{\partial}{\partial\theta}\right)^2 - \frac{1}{\Delta\sin^2\theta}\left(1 - \frac{r_g\, r}{\varrho^2}\right)\left(\frac{\partial}{\partial\varphi}\right)^2 + \frac{2\, r_g\, r\, a}{\varrho^2\,\Delta}\frac{\partial}{\partial\varphi}\frac{\partial}{\partial t}\,. \qquad (104{,}6)$$

Für $m = 0$, d. h. beim Fehlen einer schweren Masse, muß sich die Metrik (104,2) in die galileische Form überführen lassen. In der Tat stellt der Ausdruck

$$\mathrm{d}s^2 = \mathrm{d}t^2 - \frac{\varrho^2}{r^2 + a^2}\mathrm{d}r^2 - \varrho^2\,\mathrm{d}\theta^2 - (r^2 + a^2)\sin^2\theta\,\mathrm{d}\varphi^2 \qquad (104{,}7)$$

die galileische Metrik

$$\mathrm{d}s^2 = \mathrm{d}t^2 - \mathrm{d}x^2 - \mathrm{d}y^2 - \mathrm{d}z^2$$

in sogenannten „dreidimensionalen abgeplatteten Kugelkoordinaten" dar, die mit den kartesischen Koordinaten über die Gleichungen

$$x = \sqrt{r^2 + a^2}\sin\theta\cos\varphi\,,$$
$$y = \sqrt{r^2 + a^2}\sin\theta\sin\varphi\,,$$
$$z = r\cos\theta$$

zusammenhängen. Die Flächen $r = \mathrm{const}$ sind dabei abgeplattete Rotationsellipsoide:

$$\frac{x^2 + y^2}{r^2 + a^2} + \frac{z^2}{r^2} = 1\,.$$

Die Metrik (104,2) besitzt eine scheinbare Singularität, die derjenigen der SCHWARZSCHILD-Metrik (100,14) bei $r = r_g$ entspricht. Während im SCHWARZSCHILD-Feld auf der Fläche $r = r_g$ gleichzeitig g_{00} gegen Null und g_{11} gegen Unendlich gehen, sind in der KERR-Metrik diese beiden Flächen getrennt: $g_{00} = 0$ tritt für $\varrho^2 = r\, r_g$ auf. Die größere der beiden Wurzeln dieser quadratischen Gleichung ist

$$r_0 = \frac{r_g}{2} + \sqrt{\left(\frac{r_g}{2}\right)^2 - a^2\cos^2\theta} \qquad (g_{00} = 0)\,. \qquad (104{,}8)$$

g_{11} geht für $\Delta = 0$ gegen Unendlich; wiederum die größere der beiden Wurzeln dieser Gleichung ist

$$r_{\text{hor}} = \frac{r_g}{2} + \sqrt{\left(\frac{r_g}{2}\right)^2 - a^2} \qquad (g_{11} = \infty)\,. \qquad (104{,}9)$$

Wir bezeichnen die Flächen $r = r_0$ und $r = r_{\text{hor}}$ (deren physikalischer Sinn später klar wird) kürzehalber mit S_0 und S_{hor}. S_{hor} stellt eine Kugelfläche dar, während S_0 die Fläche einer abgeplatteten Rotationsfigur ist; S_{hor} liegt innerhalb von S_0, so daß sich beide Flächen in den Polen ($\theta = 0$, $\theta = \pi$) berühren.

Wie aus (104,8)—(104,9) ersichtlich ist, existieren die beiden Flächen S_0 und S_{hor} nur für $a \leqq r_g/2$. Für $a > r_g/2$ ändert sich der Charakter der Metrik (104,2) sehr stark, es treten dabei physikalisch unannehmbare Eigenschaften, wie eine Verletzung des Kausalprinzips, auf.[1])

Die Tatsache, daß die KERR-Metrik für $a > r_g/2$ physikalisch sinnlos wird, bedeutet, daß die Werte

$$a_{\max} = \frac{r_g}{2}, \qquad M_{\max} = \frac{m\, r_g}{2} \tag{104,10}$$

die obere Grenze für den möglichen Drehimpuls des Kollapsars darstellen. Sie sind offensichtlich als Grenzwerte zu betrachten, die nur asymptotisch erreicht werden können; eine exakte Gleichheit $a = a_{\max}$ ist nicht möglich. Die entsprechenden Grenzwerte für die Radien der Oberflächen S_0 und S_{hor} sind

$$r_0 = \frac{r_g}{2}(1 + \sin\theta)\,, \qquad r_{\text{hor}} = \frac{r_g}{2}\,. \tag{104,11}$$

Wir wollen zeigen, daß die Fläche S_{hor} einen Ereignishorizont darstellt, der bewegte Teilchen und Lichtstrahlen nur in einer Richtung, nach innen, passieren läßt.

Etwas allgemeiner werden wir zunächst begründen, daß jede Nullhyperfläche (d. h. eine Hyperfläche, deren Normalenvektoren in jedem ihrer Punkte Null-Vierervektoren sind) die orientierten Weltlinien bewegter Teilchen nur einseitig hindurchläßt. Es sei eine solche Hyperfläche durch die Gleichung $f(x^0, x^1, x^2, x^3) = $ $= \text{const}$ gegeben. Ihre Normalen liegen in Richtung des Vierer-Gradienten $n_i = \partial f/\partial x^i$, für Nullhyperflächen haben wir somit $n_i n^i = 0$. Das bedeutet, daß die Richtung der Normalen in der Hyperfläche selbst liegt: Auf der Hyperfläche gilt $\mathrm{d}f = n_i\, \mathrm{d}x^i = 0$, und diese Gleichung ist erfüllt, wenn die Richtungen der beiden Vierervektoren $\mathrm{d}x^i$ und n^i gleich sind. Infolge der Eigenschaft $n^i n_i = 0$ gilt für das Linienelement in dieser Richtung $\mathrm{d}s = 0$ oder mit anderen Worten: längs dieser speziellen Hyperflächenrichtungen tangiert die Hyperfläche den von einem gegebenen Punkte auf der Hyperfläche ausgehenden Lichtkegel. Die in jedem Punkt der Nullhyperfläche konstruierten Zukunfts-Lichtkegel liegen vollständig auf einer Seite der Hyperfläche, sie berühren die Hyperfläche längs einer ihrer Erzeugenden. Diese Eigenschaft bedeutet aber gleichzeitig, daß (in die Zukunft gerichtete) Weltlinien von Teilchen oder Lichtstrahlen die Hyperfläche nur von einer Seite her schneiden können.

[1]) Die Verletzung der Kausalität rührt vom Auftreten geschlossener zeitartiger Weltlinien her, die die Möglichkeit geben würden, mit einer Reise in die Vergangenheit gleichwohl in die Zukunft zu gelangen. Wir bemerken noch, daß ein solches Verhalten bei einer Ausdehnung der KERR-Metrik in das Gebiet innerhalb von S_{hor} und damit bereits für $a < r_g/2$ auftritt, was auf die physikalische Nichtanwendbarkeit der KERR-Metrik innerhalb S_{hor} hinweist (wir kehren später zu dieser Frage zurück). Aus dem gleichen Grunde sind auch diejenigen Flächen physikalisch uninteressant, die durch die kleineren Wurzeln der quadratischen Gleichungen $g_{00} = 0$ und $1/g_{11} = 0$ gegeben werden und innerhalb von S_{hor} liegen, siehe dazu B. CARTER, Phys. Rev. **174**, 1559 (1968).

Normalerweise ist diese Eigenschaft von Nullhyperflächen physikalisch trivial, die einseitige Durchlässigkeit bedeutet einfach die Unmöglichkeit einer Bewegung mit Überlichtgeschwindigkeit (das einfachste Beispiel dieser Art ist die Hyperfläche $x = t$ der ebenen Raum-Zeit). Eine neue und nichttriviale physikalische Situation entsteht jedoch, wenn sich die Nullhyperfläche nicht ins räumlich Unendliche ausbreitet und sich ihr Schnitt $t =$ const als eine geschlossene raumartige Fläche darstellt: Diese Fläche ist dann zugleich auch ein Ereignishorizont im gleichen Sinne, wie für die SCHWARZSCHILD-Fläche des kugelsymmetrischen Gravitationsfeldes näher beschrieben wurde.

Ein solcher Ereignishorizont ist auch die Fläche S_{hor} im KERR-Feld. In der Tat hat die Bedingung $n_i n^i = 0$ für eine Hyperfläche der Form $f(r, \theta) =$ const hier die Gestalt

$$g^{11}\left(\frac{\partial f}{\partial r}\right)^2 + g^{22}\left(\frac{\partial f}{\partial \theta}\right)^2 = \frac{1}{\varrho^2}\left[\Delta\left(\frac{\partial f}{\partial r}\right)^2 + \left(\frac{\partial f}{\partial \theta}\right)^2\right] = 0 \qquad (104,12)$$

(die g^{ik}-Werte stammen aus (104,6)). Diese Gleichung ist zwar nicht auf S_0, wohl aber auf S_{hor} erfüllt (für S_{hor} gilt $\partial f/\partial\theta = 0$, $\Delta = 0$).

Die (analytische) Fortsetzung der KERR-Metrik unter die Horizontfläche (in ähnlicher Weise, wie dies in den Paragraphen 102, 103 für die SCHWARZSCHILD-Metrik gezeigt wurde) ist physikalisch nicht sinnvoll. Eine solche Fortsetzung würde von den gleichen zwei Parametern a und m abhängen, von denen auch das Feld außerhalb von S_{hor} abhängt. Bereits daraus ist aber ersichtlich, daß die analytisch fortgesetzte Metrik in keiner Beziehung zur eigentlichen physikalischen Frage nach dem Schicksal des unter den Horizont kollabierten Körpers steht. Abweichungen von der Kugelsymmetrie werden im mitbewegten Bezugssystem keineswegs gedämpft, sondern wachsen im Gegenteil bei der weiteren Kontraktion des Körpers an: Es gibt somit keinen Grund zu der Annahme, daß das Feld unterhalb des Horizontes nur durch Gesamtmasse und Gesamtdrehimpuls bestimmt ist.[1])

Wir beschäftigen uns nun mit den Eigenschaften der Hyperfläche S_0 und dem als *Ergosphäre* bezeichneten Raum zwischen ihr und dem Horizont.

Die wichtigste Eigenschaft der Ergosphäre ist die, daß in ihr — beurteilt vom Bezugssystem eines äußeren Beobachters — kein Teilchen in Ruhe bleiben kann: Für $r, \theta, \varphi =$ const gilt $ds^2 < 0$, d. h., das Abstandselement ist nicht zeitartig, wie es für die Teilchenweltlinien gelten müßte, die Variable t verliert ihren zeitartigen Charakter. Ein „starres" Bezugssystem kann also nicht vom Unendlichen bis in die Ergosphäre hinein reichen. In diesem Sinne kann die Fläche S_0 auch als Stationaritätsgrenze bezeichnet werden.

Der Bewegungszustand, in dem sich die Teilchen innerhalb der Ergosphäre befinden müssen, unterscheidet sich wesentlich von demjenigen für Teilchen innerhalb des SCHWARZSCHILD-Horizontes: Auch im SCHWARZSCHILD-Fall konnten Teilchen in bezug auf den äußeren Beobachter nicht ruhen, insbesondere

[1]) Mathematisch zeigt sich diese Situation in der schon erwähnten Verletzung des Kausalprinzips bei der Ausdehnung der KERR-Metrik unter ihren Horizont.

war eine Gleichung $r = \text{const}$ nicht möglich, so daß sich alle Teilchen radial zum Zentrum bewegen mußten. In der Ergosphäre des KERR-Feldes hingegen ist eine Bewegung mit $\varphi = \text{const}$ nicht möglich, d. h., die Teilchen sind gezwungen, um die Symmetrieachse des Körpers zu rotieren; dagegen ist $r = \text{const}$ erlaubt. Mehr noch, Teilchen (und Lichtstrahlen) können sich sowohl mit abnehmendem als auch mit zunehmendem r bewegen, wobei sie im letzteren Fall aus der Ergosphäre in den äußeren Raum gelangen: Die Zeit, die für diese Teilchen oder Lichtstrahlen zum Erreichen der Fläche S_0 erforderlich ist (gemessen im Zeitmaß t des äußeren Beobachters), ist für alle Punkte von S_0 endlich, mit Ausnahme der beiden Pole, in denen S_0 die Horizontfläche S_{hor} berührt. Für das Erreichen der beiden Pole wie auch für alle anderen Punkte von S_{hor} wäre eine unendliche Zeitspanne erforderlich.[1])

Da Teilchen in der Ergosphäre notwendig rotieren müssen, ist

$$\mathrm{d}s^2 = \left(g_{00} - \frac{g_{03}^2}{g_{33}}\right) \mathrm{d}t^2 + g_{11}\, \mathrm{d}r^2 + g_{22}\, \mathrm{d}\theta^2 + g_{33} \left(\mathrm{d}\varphi + \frac{g_{03}}{g_{33}}\, \mathrm{d}t\right)^2 \quad (104{,}13)$$

hier eine natürliche Darstellung der Metrik. Der Koeffizient bei $\mathrm{d}t^2$

$$g_{00} - \frac{g_{03}^2}{g_{33}} = \frac{\Delta}{r^2 + a^2 + r_g\, r\, a^2 \sin^2\theta/\varrho^2}$$

ist außerhalb von S_{hor} überall positiv (und verschwindet auch nicht auf S_0); das Intervall $\mathrm{d}s$ für $r = \text{const}$, $\theta = \text{const}$ und $\mathrm{d}\varphi = -(g_{03}/g_{33})\, \mathrm{d}t$ ist somit zeitartig. Die Größe

$$-\frac{g_{03}}{g_{33}} = \frac{r_g\, a\, r}{\varrho^2 (r^2 + a^2) + r_g\, r\, a^2 \sin^2\theta} \quad (104{,}14)$$

stellt eine Art Winkelgeschwindigkeit der Rotation der Ergosphäre relativ zum äußeren Bezugssystem dar (die Richtung der Rotation stimmt mit der Rotationsrichtung des Zentralkörpers überein).[2]) Die als Ableitung $-\partial S/\partial \tau$ der Wirkungsfunktion nach der Eigenzeit des Teilchens bestimmte Teilchenenergie ist immer positiv (siehe § 88). Wie in § 88 bemerkt wurde, bleibt bei der Bewegung eines Teilchens in einem von der t-Koordinate unabhängigen Feld diese durch

---

[1]) Es ist möglich, daß zum Erreichen einzelner Punkte von S_0 unter Umständen ebenfalls ein unendlich langer Zeitraum benötigt wird, wenn nämlich Energie und Drehimpuls eines Teilchens bestimmte spezielle Werte besitzen, d. h. etwa so gewählt sind, daß die Radialgeschwindigkeit bei der Annäherung an S_0 gegen Null geht.

[2]) Wir weisen darauf hin, daß das Eigenzeitintervall von Teilchen, die sich am Rande der Ergosphäre bewegen, nicht zusammen mit g_{00} verschwindet. S_0 ist daher keine Fläche „unendlich großer Rotverschiebung“. Werden von Quellen, die sich auf S_0 bewegen (ruhende Quellen sind hier nicht möglich), Lichtsignale emittiert, so gehen die von einem entfernten Beobachter gemessenen Frequenzen nicht gegen Null. Wir erinnern daran, daß auf der SCHWARZSCHILD-Fläche im kugelsymmetrischen Feld weder bewegte noch unbewegte Quellen möglich waren (eine Nullhyperfläche kann keine zeitartigen Intervalle enthalten). Die „unendlich große Rotverschiebung“ bedeutet in diesem Falle, daß für $r \to r_g$ die Eigenzeitintervalle $\mathrm{d}\tau = \sqrt{g_{00}}\, \mathrm{d}t$ (bei gegebenem $\mathrm{d}t$) gegen Null gehen, wenn sie mit Uhren bestimmt werden, die relativ zum Bezugssystem ruhen.

$-\partial S/\partial \tau$ definierte Energie $\mathcal{E}_0$ erhalten; $\mathcal{E}_0$ ist gleichzeitig die kovariante Komponente $p_0 = m\, u_0 = m\, g_{0i}\, \mathrm{d}x^i/\mathrm{d}\tau$ des Viererimpulses (m ist die Teilchenmasse). Da nun die Variable t, d. h. für einen äußeren Beobachter die Zeit, innerhalb der Ergosphäre keinen zeitartigen Charakter hat, tritt eine eigenartige Situation auf: In der Ergosphäre ist $g_{00} < 0$, d. h., die Größe

$$\mathcal{E}_0 = m\,(g_{00}\, u^0 + g_{03}\, u^3) = m\left(g_{00}\frac{\mathrm{d}t}{\mathrm{d}s} + g_{03}\frac{\mathrm{d}\varphi}{\mathrm{d}s}\right)$$

kann negativ sein. Weil aber im äußeren Raum, wo t zeitartig ist, die Energie $\mathcal{E}_0$ nicht negativ sein kann, kann ein Teilchen mit $\mathcal{E}_0 < 0$ nicht von außen in die Ergosphäre gelangt sein. Möglicherweise können solche Teilchen beim Zerfall in der Ergosphäre fliegender Körper entstehen: Beim Zerfall beispielsweise in zwei Teilchen könnte sich eines auf einer Bahn negativer Energie bewegen. Dieser Teil kann nicht mehr aus der Ergosphäre herausgelangen und wird letztlich in den Horizont hineingerissen. Der zweite Teil kann dagegen in den äußeren Raum gelangen und könnte dabei — da die Energie $\mathcal{E}_0$ eine additive Erhaltungsgröße ist — sogar eine größere Energie besitzen als der ursprüngliche Körper. Auf diese Weise ließe sich aus einem rotierenden Kollapsar Energie gewinnen (R. Penrose, 1969).

Wir bemerken noch, daß die räumliche Metrik (im Bezugssystem (104,2)) auf der Fläche S_0 eine Singularität besitzt, obwohl S_0 keine ausgezeichnete Fläche der raum-zeitlichen Metrik ist. Außerhalb von S_0, wo die Variable t zeitartigen Charakter hat, berechnet sich der räumliche metrische Tensor nach (84,7). Das räumliche Linienelement hat dann die Gestalt

$$\mathrm{d}l^2 = \frac{\varrho^2}{\Delta}\,\mathrm{d}r^2 + \varrho^2\,\mathrm{d}\theta^2 + \frac{\Delta \sin^2\theta}{1 - r\, r_g/\varrho^2}\,\mathrm{d}\varphi^2\,. \tag{104,15}$$

In der Nähe von S_0 strebt die Länge eines Breitenkreises $\theta = \text{const}$, $r = \text{const}$ wie $2\pi a \sin^2\theta/\sqrt{g_{00}}$ gegen Unendlich. Zugleich divergiert hier auch die gemäß (88,5) bestimmte Zeitdifferenz von Uhren, die längs des Breitenkreises synchronisiert wurden.

Aufgaben

1. Man führe die Trennung der Variablen in der Hamilton-Jacobi-Gleichung für Teilchen durch, die sich im Kerr-Feld bewegen (B. Carter, 1968).

Lösung. In der Hamitlon-Jacobi-Gleichung

$$g^{ik}\frac{\partial S}{\partial x^i}\frac{\partial S}{\partial x^k} - m^2 = 0$$

(wobei m die nicht mit der Masse des Zentralkörpers zu verwechselnde Teilchenmasse ist) sind die Zeit t und der Winkel φ zyklische Variable, wenn die g^{ik} aus (104,6) benutzt werden. Sie treten daher in der Wirkungsfunktion S nur in der Form $-\mathcal{E}_0\, t + L\,\varphi$ auf, worin $\mathcal{E}_0$ die erhaltenbleibende Teilchenenergie und L die Drehimpulskomponente des Teilchens in Richtung der Symmetrieachse des Feldes sind. Es zeigt sich, daß auch die Variablen θ und r separiert werden können. Stellen wir S in der Form

$$S = -\mathcal{E}_0\, t + L\,\varphi + S_r(r) + S_\theta(\theta) \tag{1}$$

dar, so führt die HAMILTON-JACOBI-Gleichung zu zwei gewöhnlichen Differentialgleichungen (siehe I, § 48)

$$\left(\frac{\mathrm{d}S_\theta}{\mathrm{d}\theta}\right)^2 + \left(a\,\mathscr{E}_0 \sin\theta - \frac{L}{\sin\theta}\right)^2 + a^2 m^2 \cos^2\theta = K\,, \tag{2}$$

$$\left(\frac{\mathrm{d}S_r}{\mathrm{d}r^2}\right)^2 - \frac{1}{\Delta}\left[(r^2+a^2)\,\mathscr{E}_0 - a\,L\right]^2 + m^2 r^2 = -K\,.$$

Dabei ist der Separationsparameter K eine neue willkürliche Konstante. Die Funktionen S_θ und S_r ergeben sich hieraus durch einfache Quadratur.

Der Viererimpuls des Teilchens ist

$$p^i = m\frac{\mathrm{d}x^i}{\mathrm{d}s} = g^{ik}\,p_k = -\,g^{ik}\frac{\partial S}{\partial x^k}\,.$$

Berechnen wir den rechten Teil dieser Gleichung mit Hilfe von (1) und (2), so erhalten wir folgende Gleichungen:

$$m\frac{\mathrm{d}t}{\mathrm{d}s} = -\frac{r_g\,r\,a}{\varrho^2\,\Delta}L + \frac{\mathscr{E}_0}{\Delta}\left(r^2 + a^2 + \frac{r_g\,r\,a^2}{\varrho^2}\sin^2\theta\right), \tag{3}$$

$$m\frac{\mathrm{d}\varphi}{\mathrm{d}s} = \frac{L}{\Delta\sin^2\theta}\left(1 - \frac{r_g\,r}{\varrho^2}\right) + \frac{r_g\,r\,a}{\varrho^2\,\Delta}\mathscr{E}_0\,, \tag{4}$$

$$m^2\left(\frac{\mathrm{d}r}{\mathrm{d}s}\right)^2 = \frac{1}{\varrho^4}\left[(r^2+a^2)\,\mathscr{E}_0 - a\,L\right]^2 - \frac{\Delta}{\varrho^4}(K + m^2 r^2)\,, \tag{5}$$

$$m^2\left(\frac{\mathrm{d}\theta}{\mathrm{d}s}\right)^2 = \frac{1}{\varrho^4}(K - a^2 m^2\cos^2\theta) - \frac{1}{\varrho^4}\left(a\,\mathscr{E}_0\sin\theta - \frac{L}{\sin\theta}\right)^2. \tag{6}$$

Diese Gleichungen stellen erste Integrale der Bewegungsgleichungen (d. h. der Gleichungen für die geodätischen Linien) dar. Die Bahngleichung und die zeitliche Abhängigkeit der Koordinaten längs der Bahn kann entweder aus (3)—(6) oder direkt aus den Gleichungen

$$\partial S/\partial\mathscr{E}_0 = \mathrm{const}\,, \quad \partial S/\partial L = \mathrm{const}\,, \quad \partial S/\partial K = \mathrm{const}$$

gefunden werden.

Für Lichtstrahlen ist in den rechten Seiten der Gleichungen (3)—(6) $m = 0$ zu setzen und ω_0 anstelle von $\mathscr{E}_0$ zu schreiben (vgl. § 101) sowie auf den linken Seiten die Ableitung $m\,\mathrm{d}/\mathrm{d}s$ durch die Ableitung $\mathrm{d}/\mathrm{d}\lambda$ nach einem sich längs der Strahlen ändernden Parameter λ zu ersetzen (vgl. das Ende von § 87).

Die Gleichungen (4)—(6) gestatten eine rein radiale Bewegung nur längs der Rotationsachse des Körpers, wie schon aus Symmetriebetrachtungen folgt. Aus den gleichen Überlegungen ergibt sich, daß nur dann die Bewegung in einer „Ebene" möglich ist, wenn diese Ebene die Äquatorialebene ist. Setzen wir in diesem Falle $\theta = \pi/2$ und drücken K durch $\mathscr{E}_0$ aus und bestimmen L aus der Bedingung $\mathrm{d}\theta/\mathrm{d}s = 0$, so erhalten wir die Bewegungsgleichungen in der Form

$$m\frac{\mathrm{d}t}{\mathrm{d}s} = -\frac{r_g\,a}{r\,\Delta}L + \frac{\mathscr{E}_0}{\Delta}\left(r^2 + a^2 + \frac{r_g\,a^2}{r}\right), \tag{7}$$

$$m\frac{\mathrm{d}\varphi}{\mathrm{d}s} = \frac{M}{\Delta}\left(1 - \frac{r_g}{r}\right) + \frac{r_g\,a}{r\,\Delta}\mathscr{E}_0\,, \tag{8}$$

$$m^2\left(\frac{\mathrm{d}r}{\mathrm{d}s}\right)^2 = \frac{1}{r^4}\left[(r^2+a^2)\,\mathscr{E}_0 - a\,L\right]^2 - \frac{\Delta}{r^4}\left[(a\,\mathscr{E}_0 - L)^2 + m^2 r^2\right]. \tag{9}$$

2. Man bestimme den Radius der dem Zentrum am nächsten gelegenen stabilen Kreisbahn für ein Teilchen, das sich in der Äquatorialebene im Grenzfall $a \to r_g/2$ des KERR-Feldes bewegt (R. RUFFINI, J. A. WHEELER, 1969).

Lösung. Wir verfahren wie bei der Lösung der Aufgabe 1 zu § 102 und führen die durch

$$[(r^2 + a^2)\, U(r) - a\, L]^2 - \Delta\, [(a\, U(r) - L)^2 + r^2\, m^2] = 0$$

bestimmte „effektive potentielle Energie" $U(r)$ ein (für $\mathscr{E}_0 = U$ verschwindet die rechte Seite der Gleichung (9)). Die Radien der stabilen Bahnen werden durch die Minima der Funktion $U(r)$ gegeben, d. h. durch die gemeinsame Lösung der Gleichungen $U(r) = \mathscr{E}_0$, $U'(r) = 0$ für $U''(r) > 0$. Die dem Zentrum zunächst liegende Bahn entspricht der Bedingung $U''(r_{\min}) = 0$: Für $r < r_{\min}$ besitzt die Funktion $U(r)$ kein Minimum. Als Ergebnis erhält man folgende Parameter der Bewegung:

a) Für $L < 0$, d. h. bei der Bewegung der Teilchen in einer Richtung, die der Rotationsrichtung des Kollapsars entgegengesetzt ist, ist:

$$\frac{r_{\min}}{r_g} = \frac{9}{2}, \quad \frac{\mathscr{E}_0}{m} = \frac{5}{3\sqrt{3}}, \quad \frac{L}{m\, r_g} = \frac{11}{3\sqrt{3}}.$$

b) Für $L > 0$ (Bewegung in Richtung der Rotation des Kollapsars) strebt für $a \to r_g/2$ der Radius $r_{\min}$ gegen den Horizont-Radius. Setzen wir $a = r_g\,(1 + \delta)/2$, so erhalten wir für $\delta \to 0$

$$\frac{r_{\text{hor}}}{r_g} = \frac{1}{2}\,(1 + \sqrt{2\,\delta}), \quad \frac{r_{\min}}{r_g} = \frac{1}{2}\,[1 + (4\,\delta)^{1/3}].$$

Dabei gilt

$$\frac{\mathscr{E}_0}{m} = \frac{L}{m\, r_g} = \frac{1}{\sqrt{3}}\,[1 + (4\,\delta)^{1/3}].$$

Es sei betont, daß für alle Zeiten $r_{\min}/r_{\text{hor}} > 1$ gilt, d. h., die Bahn verläuft außerhalb des Horizontes. Dies muß auch gelten, denn der Horizont stellt eine Nullhyperfläche dar, in der keine zeitartigen Weltlinien von bewegten Teilchen liegen können.

§ 105. Das Gravitationsfeld in großen Entfernungen von den Quellen

Wir betrachten das stationäre Gravitationsfeld in großen Entfernungen von den dieses Feld erzeugenden Körpern und bestimmen die ersten Terme seiner Entwicklung nach Potenzen von $1/r$.

Weit entfernt von seinen Quellen ist das Feld schwach. Das bedeutet, daß die Metrik der Raum-Zeit hier fast galileisch ist, d. h., es läßt sich ein Bezugssystem wählen, in dem die Komponenten des metrischen Tensors nahezu gleich ihren galileischen Werten sind:

$$g_{00}^{(0)} = 1, \quad g_{0\alpha}^{(0)} = 0, \quad g_{\alpha\beta}^{(0)} = -\delta_{\alpha\beta}. \tag{105,1}$$

Wir können demgemäß die g_{ik} in der Form

$$g_{ik} = g_{ik}^{(0)} + h_{ik} \tag{105,2}$$

darstellen, wobei die h_{ik} kleine, das Gravitationsfeld repräsentierende Korrekturen sind.

Das Heben und Senken der Indizes von h_{ik} wird im folgenden mit der „ungestörten" Metrik durchgeführt, z. B. ist $h_i^k = g^{(0)kl}\, h_{il}$ usw. h^{ik} ist dabei von den Zusatztermen zu unterscheiden, welche die galileischen Werte des kontravarianten metrischen Tensors korrigieren. Die g^{ik} sind die Lösungen des Gleichungssystems

$$g_{il}\, g^{lk} = (g^{(0)}_{il} + h_{il})\, g^{lk} = \delta^k_i\,,$$

aus dem wir mit einer Genauigkeit bis zu Termen zweiter Ordnung

$$g^{ik} = g^{(0)ik} - h^{ik} + h^i_l\, h^{lk} \tag{105,3}$$

finden. Mit der gleichen Genauigkeit ist die Determinante des metrischen Tensors

$$g = g^{(0)}\left(1 + h + \frac{1}{2} h^2 - \frac{1}{2} h^i_k\, h^k_i\right), \tag{105,4}$$

wobei $h \equiv h^i_i$.

Es muß sogleich betont werden, daß die Bedingung kleiner h_{ik} das Bezugssystem keineswegs eindeutig festlegt. Ist diese Bedingung in einem System erfüllt, so ist sie es auch nach einer beliebigen Transformation $x'^i = x^i + \xi^i$, wenn die ξ^i kleine Größen sind. Nach (94,3) geht dabei der Tensor h_{ik} in

$$h'_{ik} = h_{ik} - \frac{\partial \xi_i}{\partial x^k} - \frac{\partial \xi_k}{\partial x^i} \tag{105,5}$$

über, wobei $\xi_i = g^{(0)}_{ik}\, \xi^k$ gesetzt wurde (wegen der Konstanz der $g^{(0)}_{ik}$ reduzieren sich die kovarianten Ableitungen in (94,3) im vorliegenden Fall auf die gewöhnlichen.[1])

In erster Näherung, mit einer Genauigkeit bis zu Gliedern der Ordnung $1/r$, werden die kleinen Korrekturen zu den galileischen Werten durch die entsprechenden Entwicklungsterme der kugelsymmetrischen SCHWARZSCHILD-Lösung gegeben. Wegen der erwähnten Unbestimmtheit in der Wahl des (im Unendlichen galileischen) Bezugssystems hängt die konkrete Gestalt der h_{ik} dabei von der Wahl einer bestimmten Radialkoordinate ab. Wird etwa die SCHWARZSCHILD-Metrik in der Form (100,14) dargestellt, so werden ihre ersten Entwicklungsterme für große r durch den Ausdruck (100,18) gegeben. Gehen wir dort von räumlichen Kugelkoordinaten zu kartesischen Koordinaten über (dazu ist dr durch $n_\alpha\, dx^\alpha$ zu ersetzen, wobei $\boldsymbol{n}$ der Einheitsvektor in Richtung von $\boldsymbol{r}$ ist), so erhalten wir folgenden Ausdruck:

$$h^{(1)}_{00} = -\frac{r_g}{r}\,, \quad h^{(1)}_{\alpha\beta} = -\frac{r_g}{r}\, n_\alpha\, n_\beta\,, \quad h^{(1)}_{0\alpha} = 0\,, \tag{105,6}$$

wobei $r_g = 2\, km/c^2$ ist.[2])

---

[1]) Bei einem stationären Feld ist es sinnvoll, nur solche Transformationen zu betrachten, die die Unabhängigkeit der g_{ik} von der Zeit nicht zerstören, d. h., die ξ^i dürfen dann nur von den räumlichen Koordinaten abhängen.

[2]) Wären wir von der SCHWARZSCHILD-Metrik in isotropen räumlichen Koordinaten ausgegangen (s. Aufgabe 4 zu § 100), so hätten wir

$$h^{(1)}_{00} = -\frac{r_g}{r}\,, \quad h^{(1)}_{\alpha\beta} = -\frac{r_g}{r}\, \delta_{\alpha\beta}\,, \quad h^{(1)}_{0\alpha} = 0 \tag{105,6a}$$

erhalten. Der Übergang von (105,6) zu (105,6a) wird durch eine Transformation (105,5) mit

$$\xi^0 = 0\,, \quad \xi^\alpha = -\frac{r_g\, x^\alpha}{2\, r}$$

bewirkt.

Unter den zu $1/r^2$ proportionalen Termen zweiter Ordnung treten Terme zweierlei Ursprungs auf. Ein Teil entsteht als Folge der Nichtlinearität der EINSTEINschen Gleichungen aus den Termen erster Ordnung. Da letztere nur von der Gesamtmasse (und nicht von irgendwelchen anderen charakteristischen Größen des Körpers) abhängen, können auch diese Terme zweiter Ordnung nur von ihr abhängen. Es ist daher klar, daß man sie durch Entwicklung der SCHWARZSCHILDschen Lösung (97,14) erhalten kann. Wir finden in den gleichen Koordinaten

$$h_{00}^{(2)} = 0\,, \qquad h_{\alpha\beta}^{(2)} = -\left(\frac{r_g}{r}\right)^2 n_\alpha n_\beta\,. \tag{105,7}$$

Die anderen Terme zweiter Ordnung entstehen bereits durch die Lösung der linearisierten Feldgleichungen. In Hinblick auf weitere Anwendungen führen wir die Linearisierung der EINSTEINschen Gleichungen in etwas allgemeinerer Gestalt durch, als sie hier in einem stationären Feld benötigt werden.

Für kleine h_{ik} sind die aus Ableitungen der h_{ik} zusammengesetzten Größen Γ^i_{kl} ebenfalls klein. Vernachlässigen wir höhere Potenzen als die ersten, so bleiben im Krümmungstensor (92,1) nur die Glieder in der ersten Klammer:

$$R_{iklm} = \frac{1}{2}\left(\frac{\partial^2 h_{im}}{\partial x^k\,\partial x^l} + \frac{\partial^2 h_{kl}}{\partial x^i\,\partial x^m} - \frac{\partial^2 h_{km}}{\partial x^i\,\partial x^l} - \frac{\partial^2 h_{il}}{\partial x^k\,\partial x^m}\right). \tag{105,8}$$

Für den RICCI-Tensor erhalten wir mit der gleichen Genauigkeit

$$R_{ik} = g^{lm} R_{limk} \approx g^{(0)lm} R_{limk}$$

oder

$$R_{ik} = \frac{1}{2}\left(-\,g^{(0)lm}\frac{\partial^2 h_{ik}}{\partial x^l\,\partial x^m} + \frac{\partial^2 h^l_i}{\partial x^k\,\partial x^l} + \frac{\partial^2 h^l_k}{\partial x^i\,\partial x^l} - \frac{\partial^2 h}{\partial x^i\,\partial x^k}\right). \tag{105,9}$$

Der Ausdruck (105,9) läßt sich vereinfachen, wenn man sich die bestehende Willkür in der Wahl des Bezugssystems zunutze macht. Legen wir nämlich den h_{ik} vier (entsprechend der Zahl der Funktionen ξ^i) willkürliche Bedingungen auf,

$$\frac{\partial \psi^k_i}{\partial x^k} = 0\,, \qquad \psi^k_i = h^k_i - \frac{1}{2}\,\delta^k_i h\,, \tag{105,10}$$

so heben sich die drei letzten Glieder in (105,9) gegenseitig fort, und es bleibt

$$R_{ik} = -\frac{1}{2}\,g^{(0)lm}\frac{\partial^2 h_{ik}}{\partial x^l\,\partial x^m}\,. \tag{105,11}$$

In dem uns hier interessierenden stationären Fall, in dem die h_{ik} zeitunabhängig sind, führt der Ausdruck (105,11) zu $R_{ik} = \frac{1}{2}\Delta h_{ik}$, wobei Δ der LAPLACE-Operator bezüglich der drei räumlichen Koordinaten ist. Die EINSTEINschen Gleichungen für ein Vakuumfeld führen somit zur LAPLACE-Gleichung

$$\Delta h_{ik} = 0 \tag{105,12}$$

sowie zu den Zusatzbedingungen (105,10), die die Gestalt

$$\frac{\partial}{\partial x^\beta}\left(h_\alpha^\beta - \frac{1}{2} h\, \delta_\alpha^\beta\right) = 0\,, \tag{105,13}$$

$$\frac{\partial}{\partial x^\beta} h_0^\beta = 0 \tag{105,14}$$

haben. Wir weisen darauf hin, daß diese Bedingungen das Bezugssystem immer noch nicht eindeutig festlegen, da mit den h_{ik} auch solche h'_{ik} aus (105,5) die Bedingungen (105,13—14) erfüllen, bei denen die ξ^i den Gleichungen

$$\Delta \xi^i = 0 \tag{105,15}$$

genügen.

Die Komponente h_{00} ist eine skalare Lösung der dreidimensionalen LAPLACE-Gleichung. Eine solche zu $1/r^2$ proportionale Lösung hat bekanntlich die Gestalt $\boldsymbol{a}\, \Delta \frac{1}{r}$, wobei $\boldsymbol{a}$ ein konstanter Vektor ist. Ein Term dieser Art in h_{00} kann aber stets eliminiert werden; denn vermöge einer geeigneten Verschiebung des Koordinatenursprungs geht zusätzlich aus dem Glied erster Ordnung in $1/r$ ein ebensolcher Term umgekehrten Vorzeichens hervor. Das Vorhandensein eines solchen Terms in h_{00} würde also nur bedeuten, daß der Koordinatenursprung ungeeignet gewählt ist; er ist somit uninteressant.

Die Komponenten $h_{0\alpha}$ werden durch eine vektorielle Lösung der LAPLACE-Gleichung gegeben, haben also die Gestalt

$$h_{0\alpha} = \lambda_{\alpha\beta} \frac{\partial}{\partial x^\beta} \frac{1}{r}\,,$$

wobei $\lambda_{\alpha\beta}$ ein konstanter Tensor ist. Die Bedingung (105,14) ergibt

$$\lambda_{\alpha\beta} \frac{\partial^2}{\partial x^\alpha\, \partial x^\beta} \frac{1}{r} = 0\,,$$

woraus folgt, daß $\lambda_{\alpha\beta}$ die Gestalt

$$a_{\alpha\beta} + \lambda\, \delta_{\alpha\beta}$$

haben muß, wobei $a_{\alpha\beta}$ ein antisymmetrischer Tensor ist. Eine Lösung der Form $\lambda \frac{\partial}{\partial x^\alpha} \frac{1}{r}$ kann aber durch eine Transformation (105,5) mit $\xi^0 = \lambda/r$, $\xi^\alpha = 0$ (die die Bedingung (105,15) erfüllt) eliminiert werden. Tatsächliche Bedeutung hat also nur die Lösung der Gestalt

$$h_{0\alpha} = a_{\alpha\beta} \frac{\partial}{\partial x^\beta} \frac{1}{r}\,.$$

Durch ähnliche, wenn auch längere Überlegungen kann man schließlich zeigen, daß man durch eine geeignete Transformation der räumlichen Koordinaten stets alle Größen $h_{\alpha\beta}$ ausschließen kann, die eine tensorielle (in den Indizes α, β symmetrische) Lösung der LAPLACE-Gleichung geben.

Der Tensor $a_{\alpha\beta}$ hängt mit dem Tensor $M_{\alpha\beta}$ des Gesamtdrehimpulses zusammen, der endgültige Ausdruck für $h_{0\alpha}$ hat die Gestalt

$$h_{0\alpha}^{(2)} = \frac{2k}{c^3} M_{\alpha\beta} \frac{\partial}{\partial x^\beta} \frac{1}{r} = -\frac{2k}{c^3} M_{\alpha\beta} \frac{n_\beta}{r^2}. \tag{105,16}$$

Wir zeigen dies durch Berechnung des Integrals (96,17).

Die Größen $M_{\alpha\beta}$ hängen nur von $h_{0\alpha}$ ab, bei ihrer Berechnung brauchen daher die anderen Komponenten h_{ik} nicht berücksichtigt zu werden. Bis zu Gliedern erster Ordnung in $h_{0\alpha}$ erhalten wir aus (96,2—3) (es gilt dabei $g^{\alpha 0} = -h^{\alpha 0} = h_{\alpha 0}$, während sich $-g$ von 1 nur um Glieder zweiter Ordnung unterscheidet):

$$h^{\alpha 0 \beta} = \frac{c^4}{16\pi k} \frac{\partial}{\partial x^\gamma} (g^{\alpha 0} g^{\beta\gamma} - g^{\gamma 0} g^{\alpha\beta})$$
$$= -\frac{c^4}{16\pi k} \frac{\partial}{\partial x^\gamma} (h_{\alpha 0} \delta_{\beta\gamma} - h_{\gamma 0} \delta_{\alpha\beta}).$$

Setzen wir hier (105,16) ein, so verschwindet der zweite Term unter der Ableitung, während der erste

$$h^{\alpha 0 \beta} = -\frac{c}{8\pi} M_{\alpha\gamma} \frac{\partial^2}{\partial x^\beta \partial x^\gamma} \frac{1}{r} = -\frac{c}{8\pi} M_{\alpha\gamma} \frac{3 n_\beta n_\gamma - \delta_{\beta\gamma}}{r^2}$$

liefert. Mit diesen Ausdrücken finden wir, wenn wir in (96,16) die Integration über die Oberfläche der Kugel mit dem Radius r ausführen ($\mathrm{d}f_\gamma = n_\gamma r^2 \,\mathrm{d}o$),

$$\frac{1}{c} \int (x^\alpha h^{\beta 0 \gamma} - x^\beta h^{\alpha 0 \gamma}) \,\mathrm{d}f_\gamma = -\frac{1}{4\pi} \int (n_\alpha n_\gamma M_{\beta\gamma} - n_\beta n_\gamma M_{\alpha\gamma}) \,\mathrm{d}o$$
$$= -\frac{1}{3} (\delta_{\alpha\gamma} M_{\beta\gamma} - \delta_{\beta\gamma} M_{\alpha\gamma}) = \frac{2}{3} M_{\alpha\beta}.$$

Eine entsprechende Rechnung liefert

$$\frac{1}{c} \int \lambda^{\alpha 0 \gamma \beta} \,\mathrm{d}f_\gamma = -\frac{c^3}{16\pi k} \int (h_{\alpha 0} \,\mathrm{d}f_\beta - h_{\beta 0} \,\mathrm{d}f_\alpha) = \frac{1}{3} M_{\alpha\beta}.$$

Mit beiden Ausdrücken erhalten wir den gesuchten Wert $M_{\alpha\beta}$.

Wir betonen, daß im allgemeinen Fall, wo das Feld in der Nähe der Körper stark sein kann, $M_{\alpha\beta}$ die Summe der Drehimpulse des Körpers und des Gravitationsfeldes ist. Nur in dem Fall, wo das Feld überall schwach ist, kann der Beitrag des Gravitationsfeldes vernachlässigt werden.[1])

Die Gleichungen (105,6—7) und (105,16) lösen die gestellte Aufgabe bis einschließlich der Terme $1/r^2$.[2]) Die kovarianten Komponenten des metrischen Tensors sind

$$g_{ik} = g_{ik}^{(0)} + h_{ik}^{(1)} + h_{ik}^{(2)} \tag{105,17}$$

---

[1]) Besitzt der rotierende Körper Kugelgestalt, so ist die Richtung von $\boldsymbol{M}$ die einzige ausgezeichnete Richtung für das Feld außerhalb des Körpers. Wenn dabei das Feld überall schwach ist (nicht nur in weiten Entfernungen vom Körper), so gilt (105,16) im ganzen Raumbereich außerhalb des Körpers. Diese Gleichung bleibt für diesen Bereich auch dann gültig, wenn der kugelsymmetrische Feldanteil nicht überall schwach ist, der kugelförmige sphärische Körper aber hinreichend langsam rotiert (s. Aufgabe 1).

[2]) Die Transformationen (105,5) mit $\xi^0 = 0$, $\xi^\alpha = \xi^\alpha(x^1, x^2, x^3)$ ändern $h_{0\alpha}$ nicht. Der Ausdruck (105,16) hängt daher nicht von der Wahl der Koordinate r ab.

und mit derselben Genauigkeit die kontravarianten Komponenten gemäß (105,3)

$$g^{ik} = g^{(0)ik} - h^{(1)ik} - h^{(2)ik} + h^{(1)i}_{\ \ l}\, h^{(1)lk} \,. \tag{105,18}$$

Die Gleichung (105,16) kann in Vektorform

$$\boldsymbol{g} = \frac{2\,k}{c^3\,r^2}\,\boldsymbol{n}\times\boldsymbol{M} \tag{105,19}$$

geschrieben werden,[1]) wobei $\boldsymbol{M}$ der Vektor des Gesamtdrehimpulses des Körpers ist.

In Aufgabe 1 zu § 88 wurde gezeigt, daß in einem stationären Gravitationsfeld auf ein Teilchen eine „CORIOLIS-Kraft" wirkt, die derjenigen entspricht, die auf das Teilchen wirkt, wenn es sich auf einem mit der Winkelgeschwindigkeit $\boldsymbol{\Omega} = \frac{c}{2}\sqrt{g_{00}}\,\mathrm{rot}\,\boldsymbol{g}$ rotierenden Körper befindet. Man kann daher sagen, daß in einem von einem rotierenden Körper erzeugten Feld auf ein weit vom Körper entferntes Teilchen eine Kraft wirkt, die derjenigen CORIOLIS-Kraft äquivalent ist, die durch eine Rotation mit der Winkelgeschwindigkeit

$$\boldsymbol{\Omega} \approx \frac{c}{2}\,\mathrm{rot}\,\boldsymbol{g} = \frac{k}{c^2\,r^3}[\boldsymbol{M} - 3\,\boldsymbol{n}(\boldsymbol{M}\,\boldsymbol{n})] \tag{105,20}$$

hervorgerufen wird.

Wir benutzen schließlich den Ausdruck (105,6) noch zur Berechnung der Gesamtenergie eines gravitierenden Körpers mit Hilfe des Integrals (96,16). Berechnen wir die benötigten Komponenten von h^{ikl} nach (96,2—3), so erhalten wir mit der erforderlichen Genauigkeit (Terme $\propto 1/r^2$ werden beibehalten)

$$h^{\alpha 0 \beta} = 0\,,$$

$$h^{00\alpha} = \frac{c^4}{16\,\pi\,k}\,\frac{\partial}{\partial x^\beta}(g^{00}\,g^{\alpha\beta}) = \frac{m\,c^2}{8\,\pi}\,\frac{\partial}{\partial x^\beta}\left(-\frac{\delta_{\alpha\beta}}{r} + \frac{x^\alpha\,x^\beta}{r^3}\right) = \frac{m\,c^2}{4\,\pi}\,\frac{n^\alpha}{r^2}\,.$$

Integrieren wir nun in (96,16) über die Kugel vom Radius r, so erhalten wir endgültig

$$P^\alpha = 0\,, \qquad P^0 = m\,c\,. \tag{105,21}$$

Dieses Ergebnis war natürlich zu erwarten. Es ist ein Ausdruck für die Gleichheit von „schwerer" und „träger" Masse. (Die „schwere" Masse ist diejenige Masse, die das vom Körper erzeugte Gravitationsfeld bestimmt, es ist die Masse, die im metrischen Tensor und insbesondere auch im NEWTONschen Gesetz auftritt. Die „träge" Masse legt das Verhältnis zwischen Impuls und Energie fest, insbesondere ist die Energie eines ruhenden Körpers gleich seiner mit c^2 multiplizierten trägen Masse.)

Bei einem zeitunabhängigen Gravitationsfeld kann man einen einfachen Ausdruck für die Gesamtenergie von Materie und Feld in Gestalt eines Integrals

[1]) Mit der betrachteten Genauigkeit gilt $g_\alpha = -g_{0\alpha}/g_{00} \approx -g_{0\alpha}$. Aus denselben Gründen muß in der Definition des Vektorproduktes und der Rotation (siehe die Anmerkung auf Seite 302) $\gamma = 1$ gesetzt werden, so daß man sie im Sinne gewöhnlicher kartesischer Vektoroperationen auffassen kann.

angeben, das sich nur über den von der Materie eingenommenen Raum erstreckt. Um diesen Ausdruck zu erhalten, gehen wir davon aus, daß

$$R_0^0 = \frac{1}{\sqrt{-g}} \frac{\partial}{\partial x^\alpha} (\sqrt{-g}\, g^{i0}\, \Gamma_{0i}^\alpha) \tag{105,22}$$

eine Identität ist, sofern alle Größen von x^0 unabhängig sind, wovon man sich leicht überzeugt.[1] Integrieren wir $R_0^0\sqrt{-g}$ über den (dreidimensionalen) Raum, so erhalten wir bei Anwendung des dreidimensionalen GAUSSschen Satzes

$$\int R_0^0 \sqrt{-g}\, \mathrm{d}V = \oint \sqrt{-g}\, g^{i0}\, \Gamma_{0i}^\alpha\, \mathrm{d}f_\alpha .$$

Bei genügend weit entfernter Integrationsfläche ergibt sich unter Benutzung des Ausdrucks (105,6) für die g_{ik} nach einfacher Rechnung

$$\int R_0^0 \sqrt{-g}\, \mathrm{d}V = \frac{4\pi k}{c^2} m = \frac{4\pi k}{c^3} P^0 .$$

Gemäß den Feldgleichungen gilt aber

$$R_0^0 = \frac{8\pi k}{c^4}\left(T_0^0 - \frac{1}{2} T\right) = \frac{4\pi k}{c^4}(T_0^0 - T_1^1 - T_2^2 - T_3^3) ,$$

so daß die gesuchte Formel

$$P^0 = m c = \frac{1}{c}\int (T_0^0 - T_1^1 - T_2^2 - T_3^3)\sqrt{-g}\, \mathrm{d}V \tag{105,23}$$

lautet. Diese Gleichung drückt die Summe der Energien der Massen und des zeitunabhängigen Gravitationsfeldes (d. h. die Gesamtmasse des Körpers) durch den Energie-Impuls-Tensor der Materie allein aus (R. TOLMAN, 1930). Es sei daran erinnert, daß wir für dieselbe Größe in der Formel (100,23) für ein kugelsymmetrisches Feld noch einen anderen Ausdruck gefunden haben.

Aufgaben

1. Man zeige, daß Gleichung (105,16) für das Feld im gesamten Raum außerhalb des rotierenden kugelförmigen Körpers bei langsamer Rotation gültig bleibt, ohne die Forderung zu erheben, daß auch der kugelsymmetrische Anteil des Feldes schwach ist (A. G. DOROSCHKEWITSCH, J. B. SELDOWITSCH und I. D. NOWIKOW, 1965; W. GUROWITSCH, 1965.)

---

[1]) Aus (92,7) folgt

$$R_0^0 = g^{0i} R_{i0} = g^{0i}\left(\frac{\partial \Gamma_{i0}^l}{\partial x^l} + \Gamma_{i0}^l \Gamma_{lm}^m - \Gamma_{il}^m \Gamma_{0m}^l\right),$$

und mit (86,5) und (86,8) finden wir, daß dieser Ausdruck

$$R_0^0 = \frac{1}{\sqrt{-g}} \frac{\partial}{\partial x^l} (\sqrt{-g}\, g^{0i}\, \Gamma_{i0}^l) + g^{im}\, \Gamma_{ml}^0\, \Gamma_{i0}^l$$

geschrieben werden kann. Wieder mit (86,8) überzeugt man sich davon, daß der zweite Term rechts gleich $-\frac{1}{2}\Gamma_{lm}^0 \frac{\partial g^{lm}}{\partial x^0}$ ist und also wegen der Zeitunabhängigkeit verschwindet. Ersetzen wir schließlich aus demselben Grunde im ersten Term die Summation über l durch die über α, so erhalten wir die im Text angegebene Formel.

Lösung. In räumlichen Kugelkoordinaten ($x^1 = r,\ x^2 = \theta,\ x^3 = \varphi$) lautet Gleichung (105,16):

$$h_{03} = \frac{2\,k\,M}{r\,c^2}\sin^2\theta\,. \tag{1}$$

Damit diese Größe als Korrektur zur SCHWARZSCHILD-Metrik (100,14) angesehen werden kann, muß die Erfüllung der bezüglich h_{03} linearisierten Gleichung $R_{03} = 0$ nachgewiesen werden (in den anderen Feldgleichungen verschwinden die entsprechenden Zusatzglieder identisch). R_{03} kann aus der Formel (4) der Aufgabe zu § 95 berechnet werden, wobei die Linearisierung dazu führt, daß alle dreidimensionalen Tensoroperationen bezüglich der „ungestörten" Metrik (100,15) auszuführen sind. Als Ergebnis erhält man die Gleichung

$$\left(1 - \frac{r_g}{r}\right)\frac{\partial^2 h_{03}}{\partial r^2} + \frac{2\,r_g}{r^3}\,h_{03} + \frac{\sin\theta}{r^2}\,\frac{\partial}{\partial\theta}\left(\frac{1}{\sin\theta}\,\frac{\partial h_{03}}{\partial\theta}\right) = 0\,,$$

die der Ausdruck (1) in der Tat erfüllt.

2. Man bestimme die von der Rotation eines Zentralkörpers hervorgerufene systematische (säkulare) Verschiebung der Bahn eines Teilchens, das sich im Felde dieses Zentralkörpers bewegt (I. LENSE, H. THIRRING, 1918).

Lösung. Da alle relativistischen Effekte klein sind, können sie linear überlagert werden. Bei der Berechnung der Effekte, die von der Rotation des Zentralkörpers herrühren, kann man somit den in § 101 betrachteten Einfluß des nicht-NEWTONschen kugelsymmetrischen Kraftfeldes vernachlässigen; wir können also, anders gesagt, die Rechnungen so durchführen, als ob von allen h_{ik} nur die $h_{0\alpha}$ von Null verschieden sind.

Die Orientierung der klassischen Teilchenbahn wird durch zwei konstant bleibende Vektoren bestimmt, den Drehimpulsvektor $\boldsymbol{M} = \boldsymbol{r}\times\boldsymbol{p}$ des Teilchens und den Vektor

$$\boldsymbol{A} = \frac{\boldsymbol{p}}{m}\times\boldsymbol{M} - \frac{k\,m\,m'\,\boldsymbol{r}}{r}\,,$$

dessen Konstanz für das NEWTONsche Feld $\varphi = -k\,m'/r$ kennzeichnend ist (m' ist die Masse des Zentralkörpers, m die Masse des Teilchens, vgl. I, § 15). Der Vektor $\boldsymbol{M}$ steht auf der Bahnebene senkrecht, während $\boldsymbol{A}$ die Richtung der großen Halbachse auf der Seite des Perihels hat (seine Länge ist $k\,m\,m'\,e$ mit e als Exzentrizität der Bahn). Die gesuchte säkulare Bahndrehung kann durch die Änderung beschrieben werden, welche die Richtungen dieser Vektoren erfahren.

Die LAGRANGE-Funktion eines sich im Felde (105,19) bewegenden Teilchens ist

$$L = -m\,c\,\frac{\mathrm{d}s}{\mathrm{d}t} = L_0 + \delta L\,, \qquad \delta L = m\,c\boldsymbol{g}\,\boldsymbol{v} = \frac{2\,k\,m}{c^3\,r^3}\,\boldsymbol{M}'(\boldsymbol{v}\times\boldsymbol{r}) \tag{1}$$

(der Drehimpuls des Zentralkörpers ist hier mit $\boldsymbol{M}'$ bezeichnet, im Unterschied zum Drehimpuls $\boldsymbol{M}$ des Teilchens). Daraus ergibt sich für die HAMILTON-Funktion (s. I, (40,7))

$$\mathcal{H} = \mathcal{H}_0 + \delta\mathcal{H}\,, \qquad \delta\mathcal{H} = \frac{2\,k}{c^3\,r^3}\,\boldsymbol{M}'(\boldsymbol{r}\times\boldsymbol{p})\,.$$

Berechnen wir die Ableitungen $\dot{\boldsymbol{M}} = \dot{\boldsymbol{r}}\times\boldsymbol{p} + \boldsymbol{r}\times\dot{\boldsymbol{p}}$ mittels der HAMILTONschen Gleichungen, so finden wir

$$\dot{\boldsymbol{M}} = \frac{2\,k}{c^3\,r^3}\,\boldsymbol{M}'\times\boldsymbol{M}\,. \tag{2}$$

Interessieren wir uns für den säkularen Verlauf der Änderung von $\boldsymbol{M}$, so müssen wir diesen Ausdruck über die Periode T eines Teilchenumlaufs mitteln. Die Mittelung läßt sich bequem mit der Parameterdarstellung der zeitlichen Abhängigkeit von r bei der Bewegung auf der elliptischen Bahn durchführen,

$$r = a\,(1 - e\cos\xi)\,, \qquad t = \frac{T}{2\pi}(\xi - e\sin\xi)$$

(a und e sind die große Halbachse und die Exzentrizität der Ellipse, s. I, § 15):

$$\overline{r^{-3}} = \frac{1}{T}\int_0^T \frac{dt}{r^3} = \frac{1}{2\pi a^3}\int_0^{2\pi} \frac{d\xi}{(1 - e\cos\xi)^2} = \frac{1}{a^3\,(1 - e^2)^{3/2}}\,.$$

Die säkulare Änderung von $\boldsymbol{M}$ wird also durch die Formel

$$\frac{d\boldsymbol{M}}{dt} = \frac{2\,k\boldsymbol{M}'\times\boldsymbol{M}}{c^2\,a^3\,(1 - e^2)^{3/2}} \tag{3}$$

gegeben, d. h., der Vektor $\boldsymbol{M}$ rotiert um die Rotationsachse des Zentralkörpers und bleibt dabei in seiner Größe unverändert.

Eine entsprechende Rechnung für den Vektor $\boldsymbol{A}$ ergibt

$$\dot{\boldsymbol{A}} = \frac{2\,k}{c^2\,r^3}\boldsymbol{M}'\times\boldsymbol{A} + \frac{6\,k}{c^2\,m\,r^5}(\boldsymbol{M}\,\boldsymbol{M}')\,(\boldsymbol{r}\times\boldsymbol{M})\,.$$

Die Mittelung dieses Ausdrucks wird wie oben durchgeführt; dabei ist schon aus Symmetriegründen klar, daß der gemittelte Vektor $\overline{\boldsymbol{r}/r^5}$ die Richtung der großen Halbachse der Ellipse, d. h. die des Vektors $\boldsymbol{A}$ hat. Die Rechnung liefert folgenden Ausdruck für die säkulare Änderung von $\boldsymbol{A}$:

$$\frac{d\boldsymbol{A}}{dt} = \boldsymbol{\Omega}\times\boldsymbol{A}\,, \qquad \boldsymbol{\Omega} = \frac{2\,k\,M'}{c^2\,a^3\,(1 - e^2)^{3/2}}\{\boldsymbol{n}' - 3\,\boldsymbol{n}(\boldsymbol{n}\,\boldsymbol{n}')\} \tag{4}$$

($\boldsymbol{n}, \boldsymbol{n}'$ sind Einheitsvektoren in den Richtungen $\boldsymbol{M}$ und $\boldsymbol{M}'$), d. h., der Vektor $\boldsymbol{A}$ rotiert mit der Winkelgeschwindigkeit $\boldsymbol{\Omega}$ und bleibt in seiner Größe unverändert: letzteres bedeutet, daß die Exzentrizität keine säkulare Änderung erfährt.

Die Gleichung (3) kann man in der Form

$$\frac{d\boldsymbol{M}}{dt} = \boldsymbol{\Omega}\times\boldsymbol{M}$$

mit dem gleichen $\boldsymbol{\Omega}$ wie in (4) schreiben; $\boldsymbol{\Omega}$ ist somit die Winkelgeschwindigkeit der Ellipse als Ganzes. Diese Rotation bedeutet sowohl eine zusätzliche (neben der in § 101 betrachteten) Drehung des Perihels der Bahn als auch eine säkulare Rotation der Bahnebene um die Körperachse (dieser Effekt verschwindet, wenn die Bahnebene mit der Äquatorialebene des Zentralkörpers zusammenfällt).

Zum Vergleich erwähnen wir, daß der in § 101 betrachtete Effekt einem $\boldsymbol{\Omega}$ der Größe

$$\boldsymbol{\Omega} = \frac{6\,\pi\,k\,m'}{c^2\,a\,(1 - e^2)\,T}\boldsymbol{n}$$

entspricht.

§ 106. Die Bewegungsgleichungen eines Systems von Körpern in der zweiten Näherung

Wie wir später sehen werden (§ 110), verliert ein System bewegter Körper Energie infolge der Emission von Gravitationswellen. Dieser Verlust tritt jedoch erst in der fünften Näherung einer Entwicklung nach $1/c$ auf. In den ersten vier

Näherungen bleibt die Energie des Systems konstant. Hieraus folgt, daß ein System gravitierender Körper mit einer Genauigkeit bis zu Termen der Ordnung $1/c^4$ mit Hilfe einer LAGRANGE-Funktion beschrieben werden kann. Dadurch unterscheidet sich die Situation hier von der des elektromagnetischen Feldes, wo eine LAGRANGE-Funktion im allgemeinen nur bis zu Termen zweiter Ordnung existiert (§ 65). Wir werden hier eine Ableitung der LAGRANGE-Funktion bis zu Termen zweiter Ordnung geben. Die Bewegungsgleichungen des Systems ergeben sich daraus in einer über die NEWTONsche hinausgehenden Näherung.

Den Durchmesser und die innere Struktur der Körper vernachlässigen wir und sehen sie als punktförmig an, d. h., wir beschränken uns auf die nullte Näherung der Entwicklung nach Potenzen von a/l, des Verhältnisses der Körperdurchmesser a zu den gegenseitigen Entfernungen l. Zur Lösung dieser Aufgabe müssen wir mit der Bestimmung des schwachen Gravitationsfeldes (in der entsprechenden Näherung) beginnen, das von den Körpern in Entfernungen r erzeugt wird, die groß im Vergleich zu ihren Durchmessern sind, aber gleichzeitig noch klein gegenüber der Länge λ der vom System ausgestrahlten Gravitationswellen ($a \ll r \ll \lambda \approx l\, c/v$).

Bis zu Größen der Ordnung $1/c^2$ wird das Feld in großen Entfernungen von den Körpern durch die im letzten Paragraphen gewonnenen Ausdrücke gegeben, die dort mit $h_{ik}^{(1)}$ bezeichnet wurden. Wir benutzen sie hier in der Form (105,6a). In § 105 wurde angenommen, daß das Feld nur durch einen (im Koordinatenursprung befindlichen) Körper erzeugt wird. Da jedoch $h_{ik}^{(1)}$ Lösung der linearisierten EINSTEINschen Gleichungen ist, gilt das Superpositionsprinzip. Das Feld in großen Entfernungen von einem System von Körpern wird also einfach durch Summation der Beiträge jedes einzelnen Körpers erhalten. Wir können es in der Form

$$h_\alpha^\beta = -\frac{2}{c^2}\varphi\,\delta_\alpha^\beta\,, \tag{106,1}$$

$$h_0^0 = \frac{2}{c^2}\varphi\,, \qquad h_0^\alpha = 0 \tag{106,2}$$

darstellen, wobei

$$\varphi(\boldsymbol{r}) = -k\sum_a \frac{m_\alpha}{|\boldsymbol{r}-\boldsymbol{r}_\alpha|}$$

das NEWTONsche Gravitationspotential des Systems von Punktmassen ist ($\boldsymbol{r}_\alpha$ ist der Ortsvektor des Körpers mit der Masse m_α). Der Ausdruck für $\mathrm{d}s^2$ mit dem metrischen Tensor (106,1—2) ist

$$\mathrm{d}s^2 = \left(1+\frac{2}{c^2}\varphi\right)c^2\,\mathrm{d}t^2 - \left(1-\frac{2}{c^2}\varphi\right)(\mathrm{d}x^2+\mathrm{d}y^2+\mathrm{d}z^2)\,. \tag{106,3}$$

Wir stellen fest, daß Terme erster Ordnung in φ nicht nur in g_{00}, sondern auch in $g_{\alpha\beta}$ auftreten; in § 87 wurde schon darauf hingewiesen, daß in den Bewegungsgleichungen eines Teilchens die Zusatzterme in $g_{\alpha\beta}$ zu Größen führen, die klein von höherer Ordnung im Vergleich zu den aus g_{00} sich ergebenden Termen sind;

infolgedessen konnte man durch den Vergleich mit den NEWTONschen Bewegungsgleichungen nur g_{00} bestimmen.

Wie aus den folgenden Überlegungen ersichtlich wird, genügt es zum Auffinden der gesuchten Bewegungsgleichungen, die räumlichen Komponenten $h_{\alpha\beta}$ mit der in (106,1) erzielten Genauigkeit ($\sim 1/c^2$) zu kennen; die gemischten Komponenten, die in der Näherung $1/c^2$ nicht auftreten, werden bis einschließlich der Terme $1/c^3$, die zeitliche Komponente h_{00} bis zum Term $1/c^4$ benötigt. Zur Berechnung dieser Komponenten wenden wir uns wieder den allgemeinen Gravitationsgleichungen zu und berücksichtigen in ihnen die Terme der erforderlichen Ordnungen.

Da wir die Ausdehnung der Körper vernachlässigen, können wir ihren Energie-Impuls-Tensor in der Form (33,4), (33,5) schreiben. In krummlinigen Koordinaten nehmen diese Ausdrücke die Form

$$T^{ik} = \sum_a \frac{m_a c}{\sqrt{-g}} \frac{\mathrm{d}x^i}{\mathrm{d}s} \frac{\mathrm{d}x^k}{\mathrm{d}t} \delta(\boldsymbol{r} - \boldsymbol{r}_a) \tag{106,4}$$

an (zum Auftreten des Faktors $1/\sqrt{-g}$ vgl. den entsprechenden Übergang in (90,4)); die Summation erstreckt sich über alle Körper des Systems.

Die Komponente

$$T_{00} = \sum_a \frac{m_a c^3}{\sqrt{-g}} g_{00}^2 \frac{\mathrm{d}t}{\mathrm{d}s} \delta(\boldsymbol{r} - \boldsymbol{r}_a)$$

ist in erster Näherung (galileische g_{ik}) gleich $\sum_a m_a c^2 \delta(\boldsymbol{r} - \boldsymbol{r}_a)$; in der folgenden Näherung setzen wir die g_{ik} aus (106,3) ein und erhalten nach einfacher Rechnung

$$T_{00} = \sum_a m_a c^2 \left(1 + \frac{5\varphi_a}{c^2} + \frac{v_a^2}{2c^2}\right) \delta(\boldsymbol{r} - \boldsymbol{r}_a)\,, \tag{106,5}$$

wobei $\boldsymbol{v}$ die gewöhnliche dreidimensionale Geschwindigkeit ($v^\alpha = \mathrm{d}x^\alpha/\mathrm{d}t$) und φ_a das Potential des Feldes im Punkt $\boldsymbol{r}_a$ bedeuten. (Das Auftreten eines unendlichen Anteils in φ_a, nämlich des Potentials des Eigenfeldes des Teilchens m_a, beschäftigt uns hier noch nicht; wir kommen später darauf zurück.)

Was die Komponenten $T_{\alpha\beta}$, $T_{0\alpha}$ des Energie-Impuls-Tensors betrifft, so genügt es, in entsprechender Näherung nur ihre ersten Entwicklungsterme in (106,4) beizubehalten:

$$T_{\alpha\beta} = \sum_a m_a v_{a\alpha} v_{a\beta} \delta(\boldsymbol{r} - \boldsymbol{r}_a)\,,$$

$$T_{0\alpha} = -\sum_a m_a c\, v_{a\alpha} \delta(\boldsymbol{r} - \boldsymbol{r}_a)\,. \tag{106,6}$$

Wir kommen nun zur Berechnung der Komponenten des Tensors R_{ik}. Die Rechnungen lassen sich zweckmäßig mit der Beziehung $R_{ik} = g^{lm} R_{limk}$ und R_{limk} aus (92,1) durchführen. Dazu ist zu bemerken, daß die Größen $h_{\alpha\beta}$, h_{00} Terme mindestens der Ordnung $1/c^2$ und $h_{0\alpha}$ Terme mindestens der Ordnung $1/c^3$ enthalten; die Ableitung nach $x^0 = c\,t$ erhöht dabei die Ordnung um 1.

Die führenden Terme in R_{00} sind von der Ordnung $1/c^2$; daneben haben wir auch Terme der nächsten nichtverschwindenden Ordnung $1/c^4$ beizubehalten. Eine einfache Rechnung liefert das Ergebnis

$$R_{00} = \frac{1}{c}\frac{\partial}{\partial t}\left(\frac{\partial h_0^\alpha}{\partial x^\alpha} - \frac{1}{2c}\frac{\partial h_\alpha^\alpha}{\partial t}\right) + \frac{1}{2}\Delta h_{00}$$
$$+ \frac{1}{2}h^{\alpha\beta}\frac{\partial^2 h_{00}}{\partial x^\alpha\,\partial x^\beta} - \frac{1}{4}\left(\frac{\partial h_{00}}{\partial x^\alpha}\right)^2 - \frac{1}{4}\frac{\partial h_{00}}{\partial x^\beta}\left(2\frac{\partial h^{\alpha\beta}}{\partial x^\alpha} - \frac{\partial h_\alpha^\alpha}{\partial x^\beta}\right).$$

Dabei wurde noch keine Zusatzbedingung für die Größen h_{ik} verwendet. Benutzen wir diese Freiheit und legen ihnen die Bedingungen

$$\frac{\partial h_0^\alpha}{\partial x^\alpha} - \frac{1}{2c}\frac{\partial h_\alpha^\alpha}{\partial t} = 0 \tag{106,7}$$

auf, so heben sich in R_{00} alle Terme fort, die die Komponenten $h_{0\alpha}$ enthalten. In den übrigen Termen setzen wir

$$h_\alpha^\beta = -\frac{2}{c^2}\varphi\,\delta_\alpha^\beta, \qquad h_{00} = \frac{2}{c^2}\varphi + O\left(\frac{1}{c^4}\right)$$

und erhalten mit der erforderlichen Genauigkeit

$$R_{00} = \frac{1}{2}\Delta h_{00} + \frac{2}{c^4}\varphi\,\Delta\varphi - \frac{2}{c^4}(\nabla\varphi)^2 \tag{106,8}$$

unter Verwendung dreidimensionaler Bezeichnungen.

Bei der Berechnung der Komponenten $R_{0\alpha}$ reicht es aus, nur die ersten nichtverschwindenden Terme der Ordnung $-1/c^3$ beizubehalten. Auf entsprechende Weise ergibt sich

$$R_{0\alpha} = \frac{1}{2c}\frac{\partial^2 h_\alpha^\beta}{\partial t\,\partial x^\beta} + \frac{1}{2}\frac{\partial^2 h_0^\beta}{\partial x^\alpha\,\partial x^\beta} - \frac{1}{2c}\frac{\partial^2 h_\beta^\beta}{\partial t\,\partial x^\alpha} + \frac{1}{2}\Delta h_{0\alpha}$$

und unter Berücksichtigung der Bedingung (106,7)

$$R_{0\alpha} = \frac{1}{2}\Delta h_{0\alpha} + \frac{1}{2c^3}\frac{\partial^2\varphi}{\partial t\,\partial x^\alpha}. \tag{106,9}$$

Mit Hilfe der erhaltenen Ausdrücke (106,5) bis (106,9) stellen wir nun die EINSTEINschen Gleichungen

$$R_{ik} = \frac{8\pi k}{c^4}\left(T_{ik} - \frac{1}{2}g_{ik}\,T\right) \tag{106,10}$$

auf.

Die zeitliche Komponente von (106,10) ergibt

$$\Delta h_{00} + \frac{4}{c^4}\varphi\,\Delta\varphi - \frac{4}{c^4}(\nabla\varphi)^2 = \frac{8\pi k}{c^4}\sum_a m_a c^2\left(1 + \frac{5\varphi_a}{c^2} + \frac{3v_a^2}{2c^2}\right)\delta(\boldsymbol{r} - \boldsymbol{r}_a).$$

Mit der Identität

$$4(\nabla\varphi)^2 = 2\,\Delta(\varphi^2) - 4\,\varphi\,\Delta\varphi$$

und der Gleichung für das NEWTONsche Potential

$$\Delta\varphi = 4\pi k\sum m_a\,\delta(\boldsymbol{r} - \boldsymbol{r}_a) \tag{106,11}$$

schreiben wir diese Gleichung in der Form

$$\Delta\left(h_{00} - \frac{2}{c^4}\varphi^2\right) = \frac{8\pi k}{c^2}\sum_a m_a\left(1 + \frac{\varphi_a'}{c^2} + \frac{3 v_a^2}{2 c^2}\right)\delta(\boldsymbol{r} - \boldsymbol{r}_a)\,. \qquad (106{,}12)$$

Nach Durchführung aller Rechnungen wurde auf der rechten Seite von (106,12) φ_a durch

$$\varphi_a' = -k\sum_b{}' \frac{m_b}{|\boldsymbol{r}_a - \boldsymbol{r}_b|}$$

ersetzt, d. h. durch das Potential des Feldes im Punkt $\boldsymbol{r}_a$, das von allen Teilchen mit Ausnahme m_a selbst erzeugt wird. Der Ausschluß des unendlichen Selbstpotentials der Teilchen (das in der hier benutzten Methode auftritt, die die Teilchen als punktförmig betrachtet) entspricht einer „Renormierung" ihrer Massen, durch die sie ihre wahren Werte unter Berücksichtigung des von ihnen hervorgerufenen Eigenfeldes annehmen.[1])

Die Lösung der Gleichung (106,12) kann sofort hingeschrieben werden, wenn wir die bekannte Beziehung (36,9)

$$\Delta\frac{1}{r} = -4\pi\,\delta(\boldsymbol{r})$$

beachten. Wir finden auf diese Weise

$$h_{00} = \frac{2\varphi}{c^2} + \frac{2\varphi^2}{c^4} - \frac{2k}{c^4}\sum_a \frac{m_a\varphi_a}{|\boldsymbol{r} - \boldsymbol{r}_a|} - \frac{3k}{c^4}\sum_a \frac{m_a v_a^2}{|\boldsymbol{r} - \boldsymbol{r}_a|}\,. \qquad (106{,}13)$$

Die gemischten Komponenten der Gleichung (106,10) ergeben

$$\Delta h_{0\alpha} = -\frac{16\pi k}{c^3}\sum_a m_a v_{a\alpha}\,\delta(\boldsymbol{r} - \boldsymbol{r}_a) - \frac{1}{c^3}\frac{\partial^2\varphi}{\partial t\,\partial x^\alpha}\,. \qquad (106{,}14)$$

Diese lineare Gleichung hat die Lösung[2])

$$h_{0\alpha} = \frac{4k}{c^3}\sum_a \frac{m_a v_{a\alpha}}{|\boldsymbol{r} - \boldsymbol{r}_a|} - \frac{1}{c^3}\frac{\partial^2 f}{\partial t\,\partial x^\alpha}\,,$$

wobei f eine Lösung der Hilfsgleichung

$$\Delta f = \varphi = -\sum \frac{k\,m_a}{|\boldsymbol{r} - \boldsymbol{r}_a|}$$

ist. Berücksichtigen wir die Beziehung $\Delta r = 2/r$, so finden wir

$$f = -\frac{k}{2}\sum_a m_a\,|\boldsymbol{r} - \boldsymbol{r}_a|$$

[1]) Bei nur einem ruhenden Teilchen wird nämlich auf der rechten Seite der Gleichung einfach $(8\pi k/c^2)\, m_a\, \delta(\boldsymbol{r} - \boldsymbol{r}_a)$ stehen, und diese Gleichung bestimmt das vom Teilchen erzeugte Feld bis zur zweiten Näherung richtig.

[2]) Im stationären Fall fehlt das zweite Glied auf der rechten Seite von (106,14). Für große Entfernungen vom System kann die Lösung dieser Gleichung unmittelbar in Analogie zur Lösung (44,3) der Gleichung (43,4) hingeschrieben werden:

$$h_{0\alpha} = -\frac{2k}{c^3 r^2}(\boldsymbol{n}\times\boldsymbol{M})_\alpha$$

(wobei $\boldsymbol{M} = \int \boldsymbol{r}\times\mu\boldsymbol{v}\,dV = \sum_a m_a\boldsymbol{r}_a\times\boldsymbol{v}_a$ der Drehimpuls des Systems ist), in Einklang mit der Formel (105,19).

und erhalten dann nach einfacher Rechnung endgültig

$$h_{0\alpha} = \frac{k}{2\,c^3} \sum_a \frac{m_a}{|\boldsymbol{r} - \boldsymbol{r}_a|} [7\, v_{a\alpha} + (\boldsymbol{v}_a\, \boldsymbol{n}_a)\, n_{a\alpha}] \tag{106,15}$$

mit $\boldsymbol{n}_a$ als Einheitsvektor in der Richtung des Vektors $\boldsymbol{r} - \boldsymbol{r}_a$.

Die Ausdrücke (106,1), (106,13), (106,15) reichen aus, um die gesuchte Lagrange-Funktion bis zu Gliedern zweiter Ordnung berechnen zu können.

Die Lagrange-Funktion eines Teilchens in einem Gravitationsfeld, das von anderen Teilchen erzeugt und als gegeben angenommen wird, ist

$$L_a = -m_a\, c\, \frac{\mathrm{d}s}{\mathrm{d}t} = -m_a\, c^2 \left(1 + h_{00} + 2\, h_{0\alpha} \frac{v_a^\alpha}{c} - \frac{v_a^2}{c^2} + h_{\alpha\beta} \frac{v_a^\alpha\, v_a^\beta}{c^2}\right)^{1/2}.$$

Entwickeln wir die Wurzeln und lassen die unwesentliche Konstante $-m_a\, c^2$ fort, so können wir für diesen Ausdruck mit der nötigen Genauigkeit

$$\begin{aligned} L_a = {} & \frac{m_a\, v_a^2}{2} + \frac{m_a\, v_a^4}{8\, c^2} \\ & - m_a\, c^2 \left(\frac{h_{00}}{2} + h_{0\alpha} \frac{v_a^\alpha}{c} + \frac{1}{2\, c^2} h_{\alpha\beta}\, v_a^\alpha\, v_a^\beta - \frac{h_{00}^2}{8} + \frac{h_{00}}{4\, c^2} v_a^2\right) \end{aligned} \tag{106,16}$$

schreiben. Die Werte aller h_{ik} sind für den Punkt $\boldsymbol{r}_a$ zu nehmen; dabei haben wir wieder alle gegen Unendlich gehenden Terme fortzulassen, was zu einer „Renormierung" der in Form von Koeffizienten in L_a auftretenden Massen m_a führt.

Der weitere Gang der Rechnungen verläuft wie folgt. Die gesamte Lagrange-Funktion L des Systems ist natürlich nicht gleich der Summe der Lagrange-Funktionen für die einzelnen Körper, sie muß vielmehr so bestimmt werden, daß sie die richtigen Werte für die Kräfte $\boldsymbol{f}_a$ ergibt, die auf jeden Körper bei gegebener Bewegung der anderen wirken. Dazu berechnen wir die Kräfte $\boldsymbol{f}_a$ durch Ableitung der Lagrange-Funktion L_a:

$$\boldsymbol{f}_a = \left(\frac{\partial L_a}{\partial \boldsymbol{r}}\right)_{\boldsymbol{r}=\boldsymbol{r}_a}$$

(die Ableitung ist nach den veränderlichen Koordinaten $\boldsymbol{r}$ des Aufpunktes in den Ausdrücken für h_{ik} auszuführen). Es läßt sich dann leicht die allgemeine Funktion L bestimmen, aus der man alle diese Kräfte durch Bildung der partiellen Ableitungen $\partial L/\partial \boldsymbol{r}_a$ erhalten kann.

Wir halten uns hier nicht mit den einfachen Zwischenrechnungen auf, sondern geben gleich das endgültige Ergebnis für die Lagrange-Funktion an[1]):

$$\begin{aligned} L = {} & \sum_a \frac{m_a\, v_a^2}{2} + \sum_a \sum_b{}' \frac{3\, k\, m_a\, m_b\, v_a^2}{2\, c^2\, r_{ab}} + \sum_a \frac{m_a\, v_a^4}{8\, c^2} \\ & + \sum_a \sum_b{}' \frac{k\, m_a\, m_b}{2\, r_{ab}} - \sum_a \sum_b{}' \frac{k\, m_a\, m_b}{4\, c^2\, r_{ab}} [7\, (\boldsymbol{v}_a\, \boldsymbol{v}_b) + (\boldsymbol{v}_a\, \boldsymbol{n}_{ab})\, (\boldsymbol{v}_b\, \boldsymbol{n}_{ab})] \\ & - \sum_a \sum_b{}' \sum_c{}' \frac{k^2\, m_a\, m_b\, m_c}{2\, c^2\, r_{ab}\, r_{ac}}, \end{aligned} \tag{106,17}$$

[1]) Die Bewegungsgleichungen, die dieser Lagrange-Funktion entsprechen, wurden zuerst von A. Einstein, L. Infeld und B. Hoffmann, 1938, und von A. Eddington und G. Clarc, 1938, gefunden.

hier ist $r_{ab} = |\boldsymbol{r}_a - \boldsymbol{r}_b|$, $\boldsymbol{n}_{ab}$ der Einheitsvektor in der Richtung $\boldsymbol{r}_a - \boldsymbol{r}_b$, ein Strich bei den Summenzeichen bedeutet, daß der Term mit $b = a$ oder $c = a$ ausgelassen werden soll.

Aufgaben

1. Man bestimme die Wirkungsfunktion für das Gravitationsfeld in Newtonscher Näherung.

Lösung. Mit den g_{ik} aus (106,3) finden wir nach der allgemeinen Gleichung (93,3) $G = 2(\nabla\varphi)^2/c^4$, so daß die Wirkungsfunktion für das Feld

$$S_g = -\frac{1}{8\pi k}\iint (\nabla\varphi)^2 \, \mathrm{d}V \, \mathrm{d}t$$

lautet. Die gesamte Wirkungsfunktion für das Feld und die im Raum mit der Dichte μ verteilten Massen ist

$$S = \iint \left[\frac{\mu v^2}{2} - \mu\varphi - \frac{1}{8\pi k}(\nabla\varphi)^2\right] \mathrm{d}V \, \mathrm{d}t \,. \tag{1}$$

Man überzeugt sich leicht davon, daß die Variation von S nach φ, wie es sein muß, die Poissonschen Gleichungen (99,2) ergibt.

Da in der Lagrange-Dichte Λ (dem Integranden in (1)) keine zeitlichen Ableitungen von φ enthalten sind, geht nach der allgemeinen Gleichung (32,5) die Energiedichte einfach aus Λ hervor, wenn das Vorzeichen des zweiten und dritten Terms geändert wird. Integrieren wir die Energiedichte über den Raum und setzen im zweiten Term $\mu\varphi = \varphi\,\Delta\varphi/4\pi k$, so erhalten wir nach partieller Integration die Gesamtenergie von Feld und Materie endgültig in der Form

$$\int \left[\frac{\mu v^2}{2} - \frac{1}{8\pi k}(\nabla\varphi)^2\right] \mathrm{d}V \,.$$

Die Energiedichte des Gravitationsfeldes in der Newtonschen Theorie ist also $W = (\nabla\varphi)^2/8\pi k$.[1])

2. Man bestimme die Koordinaten des Schwerpunktes eines Systems gravitierender Körper in zweiter Näherung.

Lösung. Infolge der formalen Analogie zwischen dem Newtonschen Gesetz für Gravitationswechselwirkungen und dem Coulombschen Gesetz für elektrostatische Wechselwirkungen sind die Schwerpunktskoordinaten durch die Gleichungen

$$\boldsymbol{R} = \frac{1}{\mathscr{E}}\sum_a \boldsymbol{r}_a \left(m_a c^2 + \frac{p_a^2}{2m_a} - \frac{k\,m_a}{2}\sum_b{}' \frac{m_b}{r_{ab}}\right),$$

$$\mathscr{E} = \sum_a \left(m_a c^2 + \frac{p_a^2}{2m_a} - \frac{k\,m_a}{2}\sum_b{}' \frac{m_b}{r_{ab}}\right)$$

gegeben, die den in Aufgabe 1, § 65, erhaltenen entsprechen.

3. Man bestimme die säkulare Periheldrehung der Bahn zweier gravitierender Körper vergleichbarer Masse (H. Robertson, 1938).

Lösung. Die Lagrange-Funktion des aus zwei Körpern bestehenden Systems ist

$$L = \frac{m_1 v_1^2}{2} + \frac{m_2 v_2^2}{2} + \frac{k\,m_1 m_2}{r} + \frac{1}{8c^2}(m_1 v_1^4 + m_2 v_2^4)$$
$$+ \frac{k\,m_1 m_2}{2c^2 r}\left[3(v_1^2 + v_2^2) - 7(\boldsymbol{v}_1\boldsymbol{v}_2) - (\boldsymbol{v}_1\boldsymbol{n})(\boldsymbol{v}_2\boldsymbol{n})\right] - \frac{k^2 m_1 m_2(m_1 + m_2)}{2c^2 r^2}.$$

---

[1]) Zur Vermeidung möglicher Mißverständnisse bemerken wir, daß dieser Ausdruck nicht mit den (mit den g_{ik} aus (106,3) berechneten) Komponenten $(-g)\,t_{00}$ des Energie-Impuls-Pseudotensors zusammenfällt; ein Beitrag zu W kommt auch von $(-g)\,T_{ik}$.

Gehen wir zur HAMILTON-Funktion über und eliminieren in ihr die Schwerpunktsbewegung (vgl. Aufgabe 2, § 65), so erhalten wir

$$\mathcal{H} = \frac{p^2}{2}\left(\frac{1}{m_1} + \frac{1}{m_2}\right) - \frac{k\, m_1 m_2}{r} - \frac{p^4}{8\, c^2}\left(\frac{1}{m_1^3} + \frac{1}{m_2^3}\right)$$
$$- \frac{k}{2\, c^2\, r}\left[3\, p^2 \left(\frac{m_2}{m_1} + \frac{m_1}{m_2}\right) + 7\, p^2 + (\boldsymbol{p}\,\boldsymbol{n})^2\right] + \frac{k^2\, m_1 m_2 (m_1 + m_2)}{2\, c^2\, r^2}, \quad (1)$$

$\boldsymbol{p}$ ist der Impuls der Relativbewegung.

Wir bestimmen die Radialkomponente p_r des Impulses als Funktion der Veränderlichen r und der Parameter M (Drehimpuls) und $\mathcal{E}$ (Energie) aus der Gleichung $\mathcal{H} = \mathcal{E}$ (dabei ist in dem Term zweiter Ordnung p^2 durch seinen aus der nullten Näherung folgenden Ausdruck zu ersetzen):

$$\mathcal{E} = \frac{1}{2}\left(\frac{1}{m_1} + \frac{1}{m_2}\right)\left(p_r^2 + \frac{M^2}{r^2}\right) - \frac{k\, m_1 m_2}{r}$$
$$- \frac{1}{8\, c^2}\left(\frac{1}{m_1^3} + \frac{1}{m_2^3}\right)\left(\frac{2\, m_1 m_2}{m_1 + m_2}\right)^2 \left(\mathcal{E} + \frac{k\, m_1 m_2}{r}\right)^2$$
$$- \frac{k}{2\, c^2\, r}\left[3\left(\frac{m_2}{m_1} + \frac{m_1}{m_2}\right) + 7\right]\frac{2\, m_1 m_2}{m_1 + m_2}\left(\mathcal{E} + \frac{k\, m_1 m_2}{r}\right)$$
$$- \frac{k}{2\, c^2\, r} p_r^2 + \frac{k^2\, m_1 m_2\, (m_1 + m_2)}{2\, c^2\, r^2}.$$

Der weitere Gang der Rechnung entspricht der in § 101 durchgeführten. Wir bestimmen aus der angegebenen Gleichung p_r und führen im Integral

$$S_r = \int p_r\, \mathrm{d}r$$

eine solche Transformation der Veränderlichen r aus, daß das M^2 enthaltende Glied die Form M^2/r^2 erhält. Entwickeln wir dann den unter der Wurzel stehenden Ausdruck, so erhalten wir

$$S_r = \int \sqrt{A + \frac{B}{r} - \left(M^2 - \frac{6\, k^2\, m_1^2\, m_2^2}{c^2}\right)\frac{1}{r^2}}\, \mathrm{d}r$$

(vgl. (101,6)), wobei A und B Konstante sind, deren explizite Berechnung nicht nötig ist.

Als Ergebnis finden wir für die Periheldrehung der Bahn der Relativbewegung

$$\delta\varphi = \frac{6\, \pi\, k^2\, m_1^2\, m_2^2}{c^2\, M^2} = \frac{6\, \pi\, k\, (m_1 + m_2)}{c^2\, a\, (1 - e^2)}.$$

Durch Vergleich mit (101,7) erkennen wir, daß bei gegebener großer Halbachse und Exzentrizität der Bahn die Periheldrehung dieselbe ist wie bei der Bewegung eines Körpers im Felde eines unbewegten Zentralkörpers mit der Masse $m_1 + m_2$.

4. Man bestimme die Präzessionsfrequenz eines kugelförmigen Kreisels, der eine Bahnbewegung im Gravitationsfeld eines um seine Achse rotierenden Zentralkörpers vollführt.

Lösung. In der ersten Näherung ergibt sich der gesuchte Effekt als Summe zweier unabhängiger Anteile; einer davon hängt mit dem nicht-NEWTONschen Verhalten des kugelsymmetrischen Feldes (H. WEYL, 1923), der andere mit der Rotation des Zentralkörpers zusammen (L. SCHIFF, 1960).

Der erste Anteil wird durch Zusatzglieder der LAGRANGE-Funktion des Kreisels, die dem zweiten Glied in (106,17) entsprechen, beschrieben. Wir schreiben die Geschwindigkeit der einzelnen Elemente des Kreisels (mit den Massen dm) in der Form $\boldsymbol{v} = \boldsymbol{V} + \boldsymbol{\omega} \times \boldsymbol{r}$, wobei $\boldsymbol{V}$ die Geschwindigkeit der Bahnbewegung, $\boldsymbol{\omega}$ die Winkelgeschwindigkeit und $\boldsymbol{r}$ der Ortsvektor des Elementes dm bezüglich des Schwerpunktes des Kreisels ist (so daß das Volumenintegral $\int \boldsymbol{r}\,\mathrm{d}m = 0$ ist). Wenn wir die Glieder, die unabhängig von $\boldsymbol{\omega}$ sind, weglassen, und die von $\boldsymbol{\omega}$ quadratisch abhängenden Terme vernachlässigen, erhalten wir

$$\delta^{(1)} L = \frac{3\,k\,m'}{2\,c^2} \int \frac{2\boldsymbol{V}(\boldsymbol{\omega}\times\boldsymbol{r})}{R}\,\mathrm{d}m\,,$$

wobei m' die Masse des Zentralkörpers, $R = |\boldsymbol{R}_0 + \boldsymbol{r}|$ der Abstand vom Zentrum des Feldes bis zum Element $\mathrm{d}m$ und $\boldsymbol{R}_0$ der Ortsvektor des Schwerpunktes des Kreisels ist. Bei einer Entwicklung $1/R \approx 1/R_0 - \boldsymbol{n}\,\boldsymbol{r}/R_0^2$ (wobei $\boldsymbol{n} = \boldsymbol{R}_0/R_0$ ist) verschwindet das Integral über das erste Glied, die Integration über das zweite kann mit Hilfe der Formel

$$\int x_\alpha\, x_\beta\,\mathrm{d}m = \frac{1}{2}\, I\, \delta_{\alpha\beta}$$

ausgeführt werden, wobei I das Trägheitsmoment des Kreisels ist. Das Resultat lautet:

$$\delta^{(1)} L = \frac{3\,k\,m'}{2\,c^2\,R_0^2}\,\boldsymbol{M}\,(\boldsymbol{v}_0\times\boldsymbol{n})\,,$$

wobei $\boldsymbol{M} = I\,\boldsymbol{\omega}$ der Drehimpuls des Kreisels ist.

Das Zusatzglied zur LAGRANGE-Funktion, das von der Rotation des Zentralkörpers verursacht wird, kann man ebenfalls aus (106,17) bestimmen. Es ist aber einfacher mit Hilfe der Formel (1) aus der Aufgabe zum § 105 zu berechnen:

$$\delta^{(2)} L = \frac{2\,k}{c^2} \int \frac{\boldsymbol{M}'(\boldsymbol{\omega}\times\boldsymbol{r})\times\boldsymbol{R}}{R^3}\,\mathrm{d}m\,,$$

$\boldsymbol{M}'$ ist der Drehimpuls des Zentralkörpers. Die Entwicklung

$$\frac{\boldsymbol{R}}{R^3} \approx \frac{\boldsymbol{n}}{R_0^2} + \frac{1}{R_0^3}\,(\boldsymbol{r} - 3\,\boldsymbol{n}\,(\boldsymbol{n}\,\boldsymbol{r}))$$

liefert nach Ausführung der Integration

$$\delta^{(2)} L = \frac{k}{c^2\,R_0^3}\,\{\boldsymbol{M}\,\boldsymbol{M}' - 3(\boldsymbol{n}\,\boldsymbol{M})\,(\boldsymbol{n}\,\boldsymbol{M}')\}\,.$$

Das vollständige Zusatzglied zur LAGRANGE-Funktion lautet also:

$$\delta L = -\,\boldsymbol{M}\boldsymbol{\Omega},\quad \boldsymbol{\Omega} = \frac{3\,k\,m'}{2\,c^2\,R_0^2}\,[\boldsymbol{n}\,\boldsymbol{v}_0] + \frac{k}{c^2\,R_0^3}\,\{3\,\boldsymbol{n}\,(\boldsymbol{n}\,\boldsymbol{M}') - \boldsymbol{M}'\}\,.$$

Dieser Funktion entspricht die Bewegungsgleichung

$$\frac{\mathrm{d}\boldsymbol{M}}{\mathrm{d}t} = \boldsymbol{\Omega}\times\boldsymbol{M}$$

(siehe Gleichung (2) der Aufgabe zu § 105). Das heißt, daß der Drehimpuls $\boldsymbol{M}$ des Kreisels mit der Winkelgeschwindigkeit $\boldsymbol{\Omega}$ präzessiert, wobei seine Größe konstant bleibt.

XIII GRAVITATIONSWELLEN

§ 107. Schwache Gravitationswellen

Die Endlichkeit der Wirkungsausbreitung führt in der relativistischen Gravitationstheorie ähnlich wie in der Elektrodynamik dazu, daß mit den Massen nicht zusammenhängende freie Gravitationsfelder, nämlich Gravitationswellen, existieren können.[1])

Wir betrachten ein solches freies und als schwach angenommenes Gravitationsfeld im Vakuum. Wie in § 105 führen wir den Tensor h_{ik} ein, der kleine Störungen der galileischen Metrik beschreibt:

$$g_{ik} = g_{ik}^{(0)} + h_{ik}\,. \tag{107,1}$$

Bis zu Größen erster Ordnung in h_{ik} ist der kontravariante metrische Tensor durch

$$g^{ik} = g^{(0)ik} - h^{ik} \tag{107,2}$$

gegeben sowie die Determinante des metrischen Tensors g_{ik} durch

$$g = g^{(0)}\,(1 + h)\,, \tag{107,3}$$

wobei $h \equiv h_i^i$ gesetzt wurde. Das Heben und Senken der Tensorindizes wird ausschließlich mit der ungestörten Metrik $g_{ik}^{(0)}$ durchgeführt.

Wie schon in § 105 gezeigt wurde, können beliebige Transformationen des Bezugssystems der Form $x'^i = x^i + \xi^i$ mit kleinen ξ^i durchgeführt werden, ohne an der Größenordnung der als klein vorausgesetzten h_{ik} etwas zu ändern. Dabei gilt

$$h'_{ik} = h_{ik} - \frac{\partial \xi_i}{\partial x^k} - \frac{\partial \xi_k}{\partial x^i}\,. \tag{107,4}$$

Diese Willkür in der Eichung des metrischen Tensors, wie man sagt, kann dazu benutzt werden, die Zusatzbedingungen

$$\frac{\partial \psi_i^k}{\partial x^k} = 0\,, \quad \psi_i^k = h_i^k - \frac{1}{2}\,\delta_i^k h \tag{107,5}$$

zu erfüllen, mit denen der Ricci-Tensor die einfache Form (105,11)

$$R_{ik} = \frac{1}{2}\,\Box\, h_{ik} \tag{107,6}$$

---

[1]) Es sei daran erinnert, daß (auf S. 127) der Begriff der elektromagnetischen Welle als Lösung der Maxwellschen Gleichungen in Abwesenheit von felderzeugenden Ladungen und Strömen eingeführt wurde. (Anm. d. Hrsg.)

annimmt; $\Box$ bezeichnet dabei den D'ALEMBERT-Operator:

$$\Box = -\, g^{(0)lm} \frac{\partial^2}{\partial x^l\, \partial x^m} = \Delta - \frac{1}{c^2}\frac{\partial^2}{\mathrm{d}t^2}.$$

Die Bedingungen (107,5) legen jedoch das Bezugssystem noch nicht fest. Erfüllen nämlich bestimmte h_{ik} diese Bedingungen, so gilt dies auch für die aus (107,4) bestimmten h_{ik}, sofern ξ^i eine Lösung von

$$\Box\, \xi^i = 0 \tag{107,7}$$

ist.

Setzen wir den Ausdruck (107,6) Null, so erhalten wir die Gleichungen des Gravitationsfeldes im Vakuum in der Form

$$\Box\, h_i^k = 0\,. \tag{107,8}$$

Das sind gewöhnliche Wellengleichungen. Das Gravitationsfeld breitet sich also ebenso wie das elektromagnetische Feld im Vakuum mit Lichtgeschwindigkeit aus.

Wir betrachten eine ebene Gravitationswelle. Bei einer solchen Welle ändert sich das Feld nur längs einer räumlichen Richtung; wir legen die Achse $x^1 = x$ in diese Richtung. Die Gleichungen (107,8) gehen dann in

$$\left(\frac{\partial^2}{\partial x^2} - \frac{1}{c^2}\frac{\partial^2}{\partial t^2}\right) h_i^k = 0 \tag{107,9}$$

über, deren Lösung eine beliebige Funktion von $t \pm x/c$ ist (§ 47).

Die Welle möge sich in Richtung der positiven x-Achse ausbreiten. Alle ihre Komponenten h_i^k sind dann Funktionen von $t - x/c$. Die Zusatzbedingungen (107,5) ergeben in diesem Falle $\dot{\psi}_i^1 - \dot{\psi}_i^0 = 0$ (ein Punkt über einem Buchstaben bezeichnet die Ableitung nach t). Diese Gleichungen kann man integrieren, indem man einfach das Differentiationszeichen auslöscht; die Integrationskonstante kann gleich Null gesetzt werden, da wir uns hier wie auch im Falle elektromagnetischer Wellen nur für das veränderliche Feld interessieren. Zwischen den einzelnen Komponenten ψ_i^k bestehen daher die Beziehungen

$$\psi_1^1 = \psi_1^0\,,\quad \psi_2^1 = \psi_2^0\,,\quad \psi_3^1 = \psi_3^0\,,\quad \psi_0^1 = \psi_0^0\,. \tag{107,10}$$

Wie erwähnt, bestimmen die Bedingungen (107,5) das Koordinatensystem noch nicht eindeutig. Wir können noch eine Koordinatentransformation der Gestalt $x'^i = x^i + \xi^i(t - x/c)$ durchführen. Diese Transformation läßt sich dazu verwenden, die vier Größen $\psi_1^0, \psi_2^0, \psi_3^0, \psi_2^2 + \psi_3^3$ zum Verschwinden zu bringen. Aus (107,10) folgt, daß dann auch die Komponenten $\psi_1^1, \psi_2^1, \psi_3^1, \psi_0^0$ verschwinden. Was die restlichen Komponenten $\psi_2^3, \psi_2^2 - \psi_3^3$ betrifft, so lassen sie sich durch keine Wahl des Koordinatensystems zum Verschwinden bringen, da sie sich, wie aus (107,4) ersichtlich ist, bei der angegebenen Transformation nicht ändern. Es sei bemerkt, daß auch $\psi \equiv \psi_i^i$ verschwindet, so daß $\psi_k^i = h_k^i$ gilt.

Eine ebene Gravitationswelle ist daher durch zwei Größen charakterisiert, nämlich h_{23} und $h_{22} = -h_{33}$. Mit anderen Worten, die Gravitationswellen sind transversale Wellen, deren Polarisation durch einen symmetrischen Tensor zweiter Stufe in der yz-Ebene bestimmt ist. Die Spur $h_{22} + h_{33}$ dieses Tensors verschwindet. Als die beiden unabhängigen Polarisationszustände lassen sich die beiden Fälle wählen, in denen jeweils nur die eine der Komponenten h_{23} und $\frac{1}{2}(h_{22} - h_{33})$ von Null verschieden ist. Die beiden Zustände gehen durch eine Drehung um den Winkel $\pi/4$ in der $y\,z$-Ebene ineinander über.

Wir wollen den Energie-Impuls-Pseudotensor für eine ebene Welle berechnen. Die Komponenten t^{ik} sind Größen zweiter Ordnung; bei der Berechnung von t^{ik} werden daher alle Größen höherer Ordnung zu vernachlässigen sein.

Da sich für $h = 0$ die Determinante g von $g^{(0)} = -1$ nur durch Größen zweiter Ordnung unterscheidet, kann man in der allgemeinen Formel (96,9) $\mathfrak{g}^{ik}{}_{,l} \approx g^{ik}{}_{,l} \approx -h^{ik}{}_{,l}$ setzen. Für eine ebene Welle sind alle von Null verschiedenen Terme in t^{ik} in dem Ausdruck

$$\frac{1}{2} g^{il} g^{km} g_{np} g_{qr} g^{nr}{}_{,l}\, g^{pq}{}_{,m} = \frac{1}{2} h_q^{n,i} h_n^{q,k}$$

enthalten, der in (96,9) in der geschweiften Klammer auftritt (man überzeugt sich leicht davon, wenn man eine der Achsen des galileischen Bezugssystems in die Richtung der Wellenausbreitung legt). Somit folgt

$$t^{ik} = \frac{c^4}{32\pi k} h_q^{n,i} h_n^{q,k}\,. \qquad (107,11)$$

Der Energiestrom in der Welle wird durch die Größen $-c g t^{0\alpha} \approx c\, t^{0\alpha}$ gegeben. In einer ebenen Welle, die sich längs der x^1-Achse ausbreitet und in der die von Null verschiedenen Größen h_{23} und $h_{22} = -h_{33}$ daher nur von der Differenz $t - x/c$ abhängen, hat der Energiestrom ebenfalls die Richtung der x^1-Achse und ist gleich

$$c\, t^{01} = \frac{c^3}{16\pi k}\left[\dot{h}_{23}^2 + \frac{1}{4}(\dot{h}_{22} - \dot{h}_{33})^2\right]. \qquad (107,12)$$

Als Anfangsbedingungen für ein beliebiges Feld von Gravitationswellen müssen vier beliebige Funktionen der Koordinaten vorgegeben werden: Infolge der Transversalität der Wellen gibt es nur zwei unabhängige Komponenten $h_{\alpha\beta}$, mit denen gleichzeitig auch ihre ersten Ableitungen nach der Zeit vorzugeben sind. Obwohl wir bei dieser Abzählung von den Eigenschaften des schwachen Gravitationsfeldes ausgingen, ist es klar, daß ihr Ergebnis, die Zahl 4, nicht von dieser Voraussetzung abhängen kann und für ein beliebiges freies, d. h. nicht mit gravitierenden Massen zusammenhängendes Gravitationsfeld gilt.

Aufgabe

Man bestimme den Krümmungstensor in einer schwachen ebenen Gravitationswelle.

Lösung. Wenn wir R_{iklm} gemäß Formel (105,8) in einer bezüglich der h_{ik} linearen Näherung berechnen, finden wir folgende von Null verschiedenen Komponenten:

$$-R_{0202} = R_{0303} = -R_{1212} = R_{0212} = R_{0331} = R_{3131} = \sigma\,,$$

$$R_{0203} = -R_{1231} = -R_{0312} = R_{0231} = \mu\,,$$

wobei folgende Bezeichnungen eingeführt worden sind:

$$\sigma = -\frac{1}{2}\ddot{h}_{33} = \frac{1}{2}\ddot{h}_{22}, \quad \mu = -\frac{1}{2}\ddot{h}_{23}.$$

Sie drücken sich mit Hilfe der in (92,15) eingeführten dreidimensionalen Tensoren $A_{\alpha\beta}$ und $B_{\alpha\beta}$ folgendermaßen aus:

$$A_{\alpha\beta} = \begin{pmatrix} 0 & 0 & 0 \\ 0 & -\sigma & \mu \\ 0 & \mu & \sigma \end{pmatrix}, \qquad B_{\alpha\beta} = \begin{pmatrix} 0 & 0 & 0 \\ 0 & \mu & \sigma \\ 0 & \sigma & -\mu \end{pmatrix}.$$

Durch eine geeignete Drehung der Achsen x^2, x^3 kann man in einem gegebenen Punkt des vierdimensionalen Raumes eine der Größen σ oder μ zum Verschwinden bringen; wenn man σ zum Verschwinden bringt, kann man den Krümmungstensor auf den des entarteten PETROW-Typs II, d. h. auf Typ N bringen.

§ 108. Gravitationswellen in der gekrümmten Raum-Zeit

Ganz ähnlich, wie wir die Ausbreitung von Gravitationswellen auf dem Hintergrund einer ebenen Raum-Zeit betrachteten, läßt sich auch die Ausbreitung kleiner Störungen in einer beliebigen (nichtgalileischen) „ungestörten" Metrik $g_{ik}^{(0)}$ untersuchen. Da wir noch andere mögliche Anwendungen im Auge haben, schreiben wir die erforderlichen Formeln in allgemeiner Form.

Benutzen wir wieder g_{ik} in der Form (107,1), so finden wir, daß sich die Korrekturen erster Ordnung zu den CHRISTOFFEL-Symbolen durch die h_{ik} gemäß

$$\Gamma^{i(1)}_{kl} = \frac{1}{2}\left(h^i_{k;l} + h^i_{l;k} - h_{kl}{}^{;i}\right) \tag{108,1}$$

ausdrücken lassen, wie man sich etwa durch direktes Nachrechnen überzeugen kann. (Hier und im folgenden werden alle Tensoroperationen, wie Heben und Senken der Indizes und die kovariante Ableitung, mit Hilfe der nichtgalileischen Metrik $g_{ik}^{(0)}$ ausgeführt.) Als Korrektur zum Krümmungstensor erhält man

$$R^{i(1)}_{klm} = \frac{1}{2}\left(h^i_{k;m;l} + h^i_{m;k;l} - h_{km}{}^{;i}{}_{;l} - h^i_{k;l;m} - h^i_{l;k;m} + h_{kl}{}^{;i}{}_{;m}\right). \tag{108,2}$$

Hieraus folgt diejenige des RICCI-Tensors:

$$R^{(1)}_{ik} = R^{l(1)}_{ilk} = \frac{1}{2}\left(h^l_{i;k;l} + h^l_{k;i;l} - h_{ik}{}^{;l}{}_{;l} - h_{;i;k}\right). \tag{108,3}$$

Die Korrekturen zu den gemischten Komponenten des RICCI-Tensors müssen aus

$$R^{k(0)}_i + R^{k(1)}_i = \left(R^{(0)}_{il} + R^{(1)}_{il}\right)\left(g^{kl(0)} - h^{kl}\right)$$

berechnet werden, man erhält

$$R^{k(1)}_i = g^{kl(0)} R^{(1)}_{il} - h^{kl} R^{(0)}_{il}. \tag{108,4}$$

Eine strenge Metrik für das Vakuum muß die EINSTEINschen Gleichungen $R_{ik} = 0$ exakt erfüllen. Da die ungestörte Metrik $g_{ik}^{(0)}$ die Gleichungen $R_{ik}^{(0)} = 0$ erfüllt, so gelten für die Störungen die Gleichungen $R_{ik}^{(1)} = 0$, d. h.

$$h_{i;k;l}^{l} + h_{k;i;l}^{l} - h_{ik}{}^{;l}{}_{;l} - h_{;i;k} = 0 \,. \tag{108,5}$$

Im allgemeinen Fall beliebiger Gravitationswellen ist es nicht möglich, diese Gleichungen auf eine ähnlich einfache Form wie (107,8) zu bringen. Vereinfachungen lassen sich jedoch in dem wichtigen Fall hochfrequenter Wellen erzielen, wo die Wellenlänge λ und die Schwankungsperiode λ/c klein sind gegenüber den charakteristischen Entfernungen L und Zeiten L/c, in denen sich das Hintergrundsfeld ändert. Jede Ableitung der Komponenten h_{ik} vergrößert dann die Ordnung der betreffenden Größe im Verhältnis L/λ gegenüber den Ableitungen der ungestörten Metrik $g_{ik}^{(0)}$.[1]) Beschränkt man sich auf Glieder der zwei höchsten Ordnungen $(L/\lambda)^2$ und L/λ, so läßt sich in (108,5) die Reihenfolge der Ableitungen vertauschen: Die Differenz

$$h_{i;k;l}^{l} - h_{i;l;k}^{l} \approx h_{m}^{l}\, R^{m(0)}_{\;ikl} - h_{i}^{m}\, R^{l(0)}_{\;mkl}$$

hat nämlich die Ordnung $(L/\lambda)^0$, obwohl jeder der beiden Ausdrücke $h_{i;k;l}^{l}$ und $h_{i;l;k}^{l}$ Terme der beiden höheren Ordnungen enthält. Legen wir den h_{ik} die Zusatzbedingungen

$$\psi_{i;k}^{k} = 0 \tag{108,6}$$

auf (die den Gleichungen (107,5) entsprechen), so erhalten wir

$$h_{ik}{}^{;l}{}_{;l} = 0 \,, \tag{108,7}$$

die die Gleichungen (107,8) verallgemeinern.

Aus Gründen, die in § 107 genannt wurden, legen die Bedingungen (108,6) die Koordinaten noch nicht eindeutig fest. Man kann sie noch einer Transformation $x'^i = x^i + \xi^i$ unterwerfen, wobei die kleinen Funktionen ξ^i die Gleichungen $\xi^{i;k}{}_{;k} = 0$ erfüllen. Diese Transformationen können insbesondere dazu benutzt werden, den h_{ik} noch die Bedingung $h \equiv h_i^i = 0$ aufzuerlegen. Es gilt dann $\psi_i^k = h_i^k$, so daß die h_i^k die Forderungen

$$h_{i;k}^{k} = 0 \,, \qquad h = 0 \tag{108,8}$$

zu erfüllen haben. Die auch dann noch möglichen Transformationen sind durch $\xi^i{}_{;i} = 0$ eingeschränkt.

Der Pseudotensor t^{ik} enthält im allgemeinen neben dem ungestörten Anteil $t^{ik(0)}$ Terme verschiedener Ordnung bezüglich h_{ik}. Wir gelangen zu einem (107,11) analogen Ausdruck, wenn wir die Größen t^{ik} betrachten, die über Gebiete des vierdimensionalen Raumes gemittelt sind, die groß gegenüber λ, aber klein im Vergleich zu L sind. Diese (im folgenden mit $\langle\cdots\rangle$ bezeichnete) Mittelung beeinflußt die $g_{ik}^{(0)}$ nicht, bringt aber alle Terme zum Verschwinden,

---

[1]) Wenn die Funktion g_0 auf der Strecke L ihren Wert wesentlich ändert und h auf λ, dann kann größenordnungsmäßig $\partial g_0/\partial x \approx g_0/L$ und $\partial h/\partial x \approx h/\lambda$ geschrieben werden. Daraus folgt $\partial h/\partial x \approx h(L/\lambda)\,(\partial g_0/\partial x) \cdot g^{-1}$. (Anm. d. Hrsg.)

die in den rasch oszillierenden Größen h_{ik} linear sind. Von den quadratischen Termen bleiben nur die Glieder höchster (zweiter) Ordnung bezüglich $1/\lambda$ erhalten, nämlich die in den Ableitungen $h_{ik,l} \equiv \partial h_{ik}/\partial x^l$ quadratischen Terme.

Ebenso können alle Glieder in t^{ik} fortgelassen werden, die sich als Viererdivergenz darstellen lassen. Die Integrale dieser Ausdrücke über ein vierdimensionales Gebiet (das Mittelungs-Gebiet) lassen sich nämlich nach dem Gaussschen Satz umwandeln, wobei sich ihre Größenordnung bezüglich $1/\lambda$ um 1 erhöht. Ebenso fallen Terme fort, die infolge (108,7) und (108,8) nach partieller Integration Null ergeben. Auf diese Weise findet man z. B.

$$\langle h^{ln}{}_{,p}\, h^p_{l,n} \rangle = -\langle h^{ln}\, h^p_{l,p,n} \rangle = 0\,,$$

$$\langle h^{il}{}_{,n}\, h^{k,n}_l \rangle = -\langle h^{il}\, h^{k,n}_{l,n} \rangle = 0\,.$$

Von allen Gliedern zweiter Ordnung bleibt schließlich nur

$$\langle t^{ik(2)} \rangle = \frac{c^4}{32\pi k} \langle h^{n,i}_q\, h^{q,k}_n \rangle\,. \tag{108,9}$$

Mit der gleichen Genauigkeit gilt auch $\langle t^{i(2)}_i \rangle = 0$.

Da sie eine bestimmte Energie besitzt, ist die Gravitationswelle selbst Quelle eines zusätzlichen Gravitationsfeldes. Der erzeugten Energie entsprechend, stellt dieses Feld einen Effekt zweiter Ordnung in den h_{ik} dar. Im Falle hochfrequenter Gravitationswellen verstärkt sich der Effekt jedoch erheblich: Da der Pseudotensor t^{ik} quadratisch in den Ableitungen der h_{ik} ist, tritt der große Faktor λ^{-2} hinzu. In einem solchen Falle kann man davon sprechen, daß die Gravitationswellen das Hintergrundsfeld, in dem sie sich ausbreiten, selbst erzeugen. Eine Untersuchung dieses Feldes wird durch die früher beschriebene Mittelung über Teilbereiche der Raum-Zeit (mit großen Ausdehnungen gegenüber der Wellenlänge λ) ermöglicht. Diese Mittelung eliminiert nämlich die kurzwelligen Schwankungen und läßt nur die langsam veränderliche Hintergrunds-Metrik übrig (R. A. Isaacson, 1968).

Zur Ableitung der Gleichungen, die diese Metrik bestimmen, hat man in der Entwicklung des Tensors R_{ik} nicht nur lineare, sondern auch quadratische Terme in h_{ik} zu berücksichtigen: $R_{ik} = R^{(0)}_{ik} + R^{(1)}_{ik} + R^{(2)}_{ik}$. Wie schon bemerkt wurde, läßt die Mittelung die Terme nullter Ordnung ungeändert. Die Mittelung der Feldgleichungen $\langle R_{ik} \rangle = 0$ nimmt also die Form

$$R^{(0)}_{ik} = -\langle R^{(2)}_{ik} \rangle \tag{108,10}$$

an, wobei in $R^{(2)}_{ik}$ nur Glieder zweiter Ordnung in $1/\lambda$ zu berücksichtigen sind. Sie lassen sich leicht aus der Identität (96,7) finden. Die in h_{ik} quadratischen Terme, im rechten Teil dieser Identität, haben die Form einer Viererdivergenz und verschwinden im Rahmen der betrachteten Genauigkeit beim Mitteln. Damit bleibt

$$\left\langle \left(R^{ik} - \frac{1}{2} g^{ik} R \right)^{(2)} \right\rangle = -\frac{8\pi k}{c^4} \langle t^{ik(2)} \rangle$$

oder, da $\langle t_i^{i(2)} \rangle = 0$ gilt, mit gleicher Genauigkeit

$$\langle R_{ik}^{(2)} \rangle = -\frac{8\pi k}{c^4} \langle t_{ik}^{(2)} \rangle .$$

Benutzen wir schließlich (108,9), so erhalten wir die Gleichung (108,10) in der endgültigen Form

$$R_{ik}^{(0)} = \frac{1}{4} \langle h_{q,i}^n \, h_{n,k}^q \rangle . \tag{108,11}$$

Wird der Hintergrund ausschließlich von den Wellen selbst erzeugt, so müssen die Gleichungen (108,11) und (108,7) gemeinsam gelöst werden. Eine größenordungsmäßige Abschätzung der beiden Seiten der Gleichung (108,11) zeigt, daß in diesem Falle der Krümmungsradius L der Hintergrundsmetrik mit der Wellenlänge λ und der Größe des Feldes h gemäß $L^{-2} \sim h^2/\lambda^2$ verbunden ist, d. h., es gilt größenordnungsmäßig $\lambda/L \sim h$.

§ 109. Starke Gravitationswellen

In diesem Paragraphen wird eine Lösung der EINSTEINschen Gleichungen betrachtet, die eine Verallgemeinerung der schwachen ebenen Gravitationswellen in der ebenen Raum-Zeit darstellt (I. ROBINSON, H. BONDI 1957).

Wir suchen eine Lösung, in der alle Komponenten des metrischen Tensors in einem geeigneten Bezugssystem Funktionen nur einer Variablen sind, die wir (ohne damit ihren Charakter festzulegen) mit x^0 bezeichnen. Diese Forderung erlaubt noch Koordinatentransformationen der Art

$$x^\alpha \to x^\alpha + \varphi^\alpha(x^0) , \tag{109,1}$$

$$x^0 \to \varphi^0(x^0) , \tag{109,2}$$

wobei $\varphi^0, \varphi^\alpha$ beliebige Funktionen sind.

Die Art der Lösung hängt wesentlich davon ab, ob man mit Hilfe der drei Transformationen (109,1) alle $g_{0\alpha}$ zum Verschwinden bringen kann. Dies läßt sich erreichen, wenn für die Determinante $|g_{\alpha\beta}| \neq 0$ gilt. In der Tat geht bei der Transformation (109,1) $g_{0\alpha}$ in $g_{0\alpha} + g_{\alpha\beta}\dot{\varphi}^\beta$ über (wobei der Punkt die Ableitung nach x^0 bedeutet); das Gleichungssystem

$$g_{0\alpha} + g_{\alpha\beta}\dot{\varphi}^\beta = 0$$

ist aber für $|g_{\alpha\beta}| \neq 0$ nach den Funktionen $\varphi^\beta(x^0)$, die die gesuchte Transformation liefern, auflösbar. Wir betrachteten in § 117 diesen Fall weiter; hier interessiert uns die Lösung, für die

$$|g_{\alpha\beta}| = 0 \tag{109,3}$$

gilt.

Es gibt hier kein Bezugssystem, in dem $g_{0\alpha} = 0$ für alle α gilt. Man kann jedoch die vier Transformationen (109,1—2) dazu benutzen, um

$$g_{01} = 1 , \qquad g_{00} = g_{02} = g_{03} = 0 \tag{109,4}$$

zu erreichen. Die Variable x^0 hat dabei „lichtartigen" Charakter: Für $dx^\alpha = 0$, $dx^0 \neq 0$ ist $ds = 0$; wir bezeichnen eine solche Variable im folgenden mit $x^0 = \eta$. Das Linienelement läßt sich mit den Bedingungen (109,4) in der Form

$$ds^2 = 2\,dx^1\,d\eta + g_{ab}\,(dx^a + g^a\,dx^1)\,(dx^b + g^b\,dx^1) \tag{109,5}$$

darstellen. Die Indizes $a, b, \ldots$ nehmen hier (und bis zum Ende des Paragraphen) die Werte 2, 3 an. Die Größen $g_{ab}(\eta)$ kann man als zweidimensionalen Tensor ansehen, die beiden Größen $g^a(\eta)$ als Komponenten eines zweidimensionalen Vektors. Die Berechnung der Komponenten R_{ab} führt zu folgenden Feldgleichungen:

$$R_{ab} = -\frac{1}{2}\,g_{ac}\,\dot{g}^c\,g_{bd}\,\dot{g}^d = 0\,.$$

Aus ihnen folgt, daß $g_{ac}\,\dot{g}^c = 0$ oder $\dot{g}^c = 0$, d. h. $g^c = \mathrm{const}$ gilt. Mit Hilfe der Transformation $x^a + g^a\,x^1 \to x^a$ kann man daher die Metrik in die Gestalt

$$ds^2 = 2\,dx^1\,d\eta + g_{ab}(\eta)\,dx^a\,dx^b \tag{109,6}$$

überführen.

Die Determinante $-g$ dieses metrischen Tensors stimmt mit der Determinante $|g_{ab}|$ überein, und von den CHRISTOFFEL-Symbolen sind nur die folgenden von Null verschieden:

$$\Gamma^a_{b0} = \frac{1}{2}\,\varkappa^a_b\,, \qquad \Gamma^1_{ab} = -\frac{1}{2}\,\varkappa_{ab}$$

(hierbei wurde der zweidimensionale Tensor $\varkappa_{ab} = \dot{g}_{ab}$, $\varkappa^b_a = g^{bc}\,\varkappa_{ac}$ eingeführt). Von den Komponenten des RICCI-Tensors verschwindet nur R_{00} nicht identisch, so daß die Gleichung

$$R_{00} = -\frac{1}{2}\,\dot{\varkappa}^a_a - \frac{1}{4}\,\varkappa^b_a\,\varkappa^a_b = 0 \tag{109,7}$$

gilt.

Die drei Funktionen $g_{22}(\eta)$, $g_{23}(\eta)$, $g_{33}(\eta)$ haben also nur eine Gleichung zu erfüllen. Zwei von ihnen können daher willkürlich gewählt werden. Es ist zweckmäßig, Gleichung (109,7) in einer etwas anderen Form darzustellen, indem man

$$g_{ab} = -\chi^2\,\gamma_{ab}\,, \qquad |\gamma_{ab}| = 1 \tag{109,8}$$

setzt. Für die Determinante hat man dann $-g = |g_{ab}| = \chi^4$, und die Substitution in Gleichungen (109,7) gibt nach einer einfachen Rechnung

$$\ddot{\chi} + \frac{1}{8}\,(\dot{\gamma}_{ac}\,\gamma^{bc})\,(\dot{\gamma}_{bd}\,\gamma^{ad})\,\chi = 0 \tag{109,9}$$

(γ^{ab} ist der zu γ_{ab} reziproke zweidimensionale Tensor). Werden willkürliche Funktionen $\gamma_{ab}(\eta)$ vorgegeben, die lediglich durch $|\gamma_{ab}| = 1$ eingeschränkt sind, so wird durch diese Gleichung die Funktion $\chi(\eta)$ bestimmt.

Wir gelangen somit zu einer Lösung, die zwei willkürliche Funktionen enthält. Es ist leicht zu sehen, daß sie die Verallgemeinerung der in § 107 betrachteten schwachen, ebenen und sich in einer Richtung ausbreitenden Gravitationswelle darstellt.[1]) Diese Näherungslösung erhält man, wenn man die Transformationen

$$\eta = \frac{t + x}{\sqrt{2}}, \quad x^1 = \frac{t - x}{\sqrt{2}}$$

durchgeführt und $\gamma_{ab} = \delta_{ab} + h_{ab}(\eta)$ (die h_{ab} sind dabei kleine Größen, die der Bedingung $h_{22} + h_{33} = 0$ genügen) sowie $\chi = 1$ setzt: ein konstanter Wert von χ erfüllt Gleichung (109,9), wenn in ihr kleine Terme zweiter Ordnung vernachlässigt werden.

Es möge durch irgendeinen Raumpunkt x eine schwache Gravitationswelle endlicher Ausdehnung (ein „Wellenpaket") hindurchlaufen. Vor dem Durchlaufen gilt $h_{ab} = 0$, $\chi = 1$; nach dem Durchgang gilt wieder $h_{ab} = 0$, $\partial^2\chi/\partial t^2 = 0$, die Berücksichtigung von Termen zweiter Ordnung in der Gleichung ergibt jedoch einen von Null verschiedenen Wert von $\partial\chi/\partial t$:

$$\frac{\partial \chi}{\partial t} \approx -\frac{1}{8} \int \left(\frac{\partial h_{ab}}{\partial t} \right)^2 \mathrm{d}t < 0$$

(das Integral erstreckt sich über den Zeitraum des Durchlaufens der Welle). Nach dem Wellendurchgang gilt also $\chi = 1 - \text{const} \cdot t$, und nach Ablauf eines endlichen Zeitintervalls ändert χ das Vorzeichen. Das Verschwinden von χ bedeutet aber ein Verschwinden der metrischen Determinante g, also eine Singularität in der Metrik. Diese Singularität ist jedoch unphysikalisch; sie hängt mit Mängeln des Bezugssystems zusammen, das durch den Durchlauf der Welle sozusagen „unbrauchbar" wurde. In Wirklichkeit ist das Feld nach dem Durchgang der Welle erneut eben.

Man kann sich davon unmittelbar überzeugen. Ziehen wir von der Koordinate η den Wert ab, den sie im singulären Punkt annimmt, so kann $\chi = \eta$ gesetzt werden. Damit gilt

$$\mathrm{d}s^2 = 2\,\mathrm{d}\eta\,\mathrm{d}x^1 - \eta^2\,[(\mathrm{d}x^2)^2 + (\mathrm{d}x^3)^2]\,.$$

Mit der Transformation

$$\eta\, x^2 = y\,, \qquad \eta\, x^3 = z\,, \qquad x^1 = \xi - \frac{y^2 + z^2}{2\,\eta}$$

erhält man

$$\mathrm{d}s^2 = 2\,\mathrm{d}\eta\,\mathrm{d}\xi - \mathrm{d}y^2 - \mathrm{d}z^2\,,$$

und die Substitution $\eta = (t + x)/\sqrt{2}$, $\xi = (t - x)/\sqrt{2}$ schließlich überführt die Metrik endgültig in galileische Form.

Das Entstehen einer scheinbaren Singularität ist eine Eigenschaft einer Gravitationswelle, die nichts damit zu tun hat, daß die Welle hier als schwach

---

[1]) Für eine Lösung ähnlichen Typs mit einer größeren Zahl von Variablen s. I. Robinson und A. Trautman, Phys. Rev. Lett. **4**, 431 (1960); Proc. Roy. Soc. A **265**, 463 (1962).

angenommen wurde, sie bleibt auch für die allgemeine Lösung der Gleichung (109,7) bestehen: Wie im obigen Beispiel gilt $\chi \approx \eta$ in der Nähe der Singularität, d. h. $-g \approx \eta^4$.[1])

Aufgabe

Man finde die Bedingung, unter der eine Metrik der Gestalt

$$ds^2 = dt^2 - dx^2 - dy^2 - dz^2 + f(t - x, y, z)\,(dt - dx)^2$$

eine strenge Lösung der EINSTEINschen Gleichungen für ein Vakuumfeld darstellt (A. PERES, 1960).

Lösung. Der RICCI-Tensor berechnet sich am einfachsten in den Koordinaten $u = (t - x)/\sqrt{2}$, $v = (t + x)/\sqrt{2}$, y, z, in denen

$$ds^2 = -dy^2 - dz^2 + 2\,du\,dv + 2f(u, y, z)\,du^2$$

gilt. Außer $g_{22} = g_{33} = -1$ sind nur die Komponenten $g_{uu} = 2f$, $g_{uv} = 1$ des metrischen Tensors von Null verschieden, und es gilt $g^{vv} = -2f$, $g^{uv} = 1$ sowie $g = -1$. Die direkte Berechnung mit (92,1) gibt die von Null verschiedenen Komponenten des Krümmungstensors

$$R_{yuyu} = -\frac{\partial^2 f}{\partial y^2}, \quad R_{zuzu} = -\frac{\partial^2 f}{\partial z^2}, \quad R_{yuzu} = -\frac{\partial^2 f}{\partial y\,\partial z}.$$

Von den Komponenten des RICCI-Tensors ist nur $R_{uu} = \Delta f$ von Null verschieden, wobei Δ der LAPLACE-Operator bezüglich der Koordinaten y, z ist. Die EINSTEINschen Gleichungen reduzieren sich also auf $\Delta f = 0$, d. h., die Funktionen $f(t - x, y, z)$ sind bezüglich y, z harmonische Funktionen.

Hängt die Funktion f nicht von y, z ab, so ist die Raum-Zeit eben (der Krümmungstensor verschwindet). Die bezüglich y, z quadratische Funktion

$$f(u, y, z) = y\,z\,f_1(u) + \frac{1}{2}(y^2 - z^2)\,f_2(u)$$

entspricht einer ebenen Welle, die sich in Richtung der positiven x-Achse ausbreitet. In der Tat hängt der Krümmungstensor in diesem Felde nur von $t - x$ ab:

$$R_{yuzu} = -f_1(u)\,, \quad R_{yuyu} = -R_{zuzu} = -f_2(u)\,.$$

Entsprechend den zwei möglichen Polarisationszuständen der Welle enthält die Metrik zwei willkürliche Funktionen $f_1(u)$ und $f_2(u)$.

§ 110. Ausstrahlung von Gravitationswellen

Wir betrachten ein schwaches Gravitationsfeld, das von Körpern erzeugt wird, die sich mit (gegenüber der Lichtgeschwindigkeit) kleinen Geschwindigkeiten bewegen.

Wegen des Vorhandenseins von Materie werden sich die Gleichungen für das Gravitationsfeld von den einfachen Wellengleichungen der Gestalt $\Box h_i^k = 0$ (107,8) durch Terme auf der rechten Seite unterscheiden, die vom Energie-

---

[1]) Das läßt sich mit Hilfe der Gleichungen (109,7) in derselben Weise nachweisen, wie es in § 97 für die analogen dreidimensionalen Gleichungen im synchronisierten Bezugssystem geschah. Hier wie dort ist der Ursprung der fiktiven Singularität im Schneiden von Koordinatenlinien zu suchen.

Impuls-Tensor der Materie herrühren. Wir schreiben diese Gleichungen in der Form

$$\frac{1}{2}\Box\psi_i^k = \frac{8\pi k}{c^4}\tau_i^k\,, \tag{110,1}$$

wobei wir anstelle der h_i^k die für diesen Fall geeigneteren Größen $\psi_i^k = h_i^k - \frac{1}{2}\delta_i^k h$ eingeführt haben und τ_i^k diejenigen zusätzlichen Ausdrücke bezeichnen mögen, die man aus den strengen Gravitationsgleichungen im Fall schwacher Felder in der betrachteten Näherung gewinnt. Man überzeugt sich leicht davon, daß man die Komponenten τ_0^0 und τ_α^0 unmittelbar aus den entsprechenden Komponenten von T_i^k erhält, indem man von diesen Größen die Terme der uns interessierenden Ordnung auswählt. Was die Komponenten τ_β^α betrifft, so enthalten sie neben den Termen aus T_β^α auch Terme zweiter Ordnung, die von $R_i^k - \frac{1}{2}\delta_i^k R$ stammen.[1])

Die Größen ψ_i^k erfüllen die Bedingung (107,5) $\partial\psi_i^k/\partial x^k = 0$. Aus (110,1) folgt, daß diese Gleichung auch für τ_i^k gilt:

$$\frac{\partial\tau_i^k}{\partial x^k} = 0\,. \tag{110,2}$$

Diese Gleichung ersetzt hier die allgemeine Beziehung $T_{i;k}^k = 0$.

Wir untersuchen nun mit Hilfe der angegebenen Gleichungen die Frage, welche Energie sich bewegende Körper in Form von Gravitationswellen ausstrahlen. Die Beantwortung erfordert die Bestimmung des Gravitationsfeldes in der „Wellenzone", d. h. in Entfernungen, die groß im Vergleich zur Wellenlänge der ausgesandten Wellen sind.

Alle Rechnungen entsprechen im Prinzip den für elektromagnetische Wellen durchgeführten. Die Gleichungen (110,1) des schwachen Gravitationsfeldes stimmen in ihrer Form mit den Gleichungen für die retardierten Potentiale (§ 62) überein. Ihre allgemeine Lösung kann daher sofort in der Gestalt

$$\psi_i^k = -\frac{4k}{c^4}\int(\tau_i^k)_{t-R/c}\frac{\mathrm{d}V}{R} \tag{110,3}$$

geschrieben werden.

Da die Geschwindigkeit aller Körper des Systems klein ist, kann man für die Feldkomponenten in großen Entfernungen

$$\psi_i^k = -\frac{4k}{c^4 R_0}\int(\tau_i^k)_{t-R_0/c}\,\mathrm{d}V \tag{110,4}$$

---

[1]) Aus den Gleichungen (110,1) lassen sich nochmals die in § 106 benutzten Formeln (106,1—2) für ein schwaches, zeitunabhängiges und von den Quellen entferntes Feld gewinnen. In erster Näherung vernachlässigen wir die Terme mit zweiten zeitlichen Ableitungen (die den Faktor $1/c^2$ enthalten), von den Komponenten τ_i^k wird nur $\tau_0^0 = \mu c^2$ beibehalten. Die Lösung der Gleichungen $\Delta\psi_\alpha^\beta = 0$, $\Delta\psi_0^\alpha = 0$, $\Delta\psi_0^0 = 16\pi k\mu/c^2$, die im Unendlichen gegen Null geht, wird durch $\psi_\alpha^\beta = 0$, $\psi_0^\alpha = 0$, $\psi_0^0 = 4\varphi/c^2$ dargestellt, wobei φ das NEWTONsche Gravitationspotential ist, vgl. Gleichung (99,2). Für den Tensor $h_i^k = \psi_i^k - \frac{1}{2}\psi\delta_i^k$ erhält man hieraus die Werte (106,1—2).

setzen (vgl. §§ 66 und 67), wobei R_0 die Entfernung vom innerhalb des Systems gelegenen Koordinatenursprung ist; den Index $t - R_0/c$ im Integranden werden wir im folgenden kürzehalber fortlassen.

Zur Berechnung dieser Integrale benutzen wir die Gleichungen (110,2). Ziehen wir den oberen Index bei τ_i^k herunter und spalten räumliche und zeitliche Komponenten auf, so können wir (110,2) in der Form

$$\frac{\partial \tau_{\alpha\gamma}}{\partial x^\gamma} - \frac{\partial \tau_{\alpha 0}}{\partial x^0} = 0\,, \quad \frac{\partial \tau_{0\gamma}}{\partial x^\gamma} - \frac{\partial \tau_{00}}{\partial x^0} = 0 \tag{110,5}$$

schreiben. Die erste Gleichung multiplizieren wir mit x^β und integrieren sie über den ganzen Raum:

$$\frac{\partial}{\partial x^0}\int \tau_{\alpha 0}\, x^\beta \,\mathrm{d}V = \int \frac{\partial \tau_{\alpha\gamma}}{\partial x^\gamma}\, x^\beta \,\mathrm{d}V = \int \frac{\partial(\tau_{\alpha\gamma}\, x^\beta)}{\partial x^\gamma}\,\mathrm{d}V - \int \tau_{\alpha\beta}\,\mathrm{d}V\,.$$

Da im Unendlichen $\tau_{ik} = 0$ gilt, verschwindet das erste Integral auf der rechten Seite, wenn es nach dem GAUSSschen Satz umgewandelt wird. Nehmen wir die halbe Summe der verbleibenden Gleichung und derjenigen, die durch Vertauschen der Indizes daraus hervorgeht, so finden wir

$$\int \tau_{\alpha\beta}\,\mathrm{d}V = -\frac{1}{2}\,\frac{\partial}{\partial x_0}\int (\tau_{\alpha 0}\, x^\beta + \tau_{\beta 0}\, x^\alpha)\,\mathrm{d}V\,.$$

Multiplizieren wir ferner die zweite Gleichung in (110,5) mit $x^\alpha x^\beta$ und integrieren darauf wieder über den ganzen Raum, so erhalten wir durch eine analoge Umformung

$$\frac{\partial}{\partial x^0}\int \tau_{00}\, x^\alpha x^\beta \,\mathrm{d}V = -\int (\tau_{\alpha 0}\, x^\beta + \tau_{\beta 0}\, x^\alpha)\,\mathrm{d}V\,.$$

Der Vergleich der beiden Ergebnisse liefert

$$\int \tau_{\alpha\beta}\,\mathrm{d}V = \frac{1}{2}\left(\frac{\partial}{\partial x^0}\right)^2 \int \tau_{00}\, x^\alpha x^\beta \,\mathrm{d}V\,. \tag{110,6}$$

Alle Integrale über $\tau_{\alpha\beta}$ lassen sich also durch Integrale ausdrücken, die nur die Komponente τ_{00} enthalten. Diese ist aber, wie schon erwähnt wurde, gleich der entsprechenden Komponente T_{00} des Energie-Impuls-Tensors, und mit hinreichender Genauigkeit haben wir (siehe (99,1))

$$\tau_{00} = \mu\, c^2\,. \tag{110,7}$$

Setzen wir dies in (110,6) ein und führen die Zeit $t = x^0/c$ ein, so können wir (110,4) in der Gestalt

$$\psi_{\alpha\beta} = -\frac{2\,k}{c^4\,R_0}\,\frac{\partial^2}{\partial t^2}\int \mu\, x^\alpha x^\beta \,\mathrm{d}V \tag{110,8}$$

schreiben.

In großen Entfernungen von den Körpern kann man (in kleinen Raumbereichen) eine Welle als eben ansehen. Es läßt sich daher der vom System etwa in der Richtung der x^1-Achse ausgesandte Energiestrom unter Verwendung der Beziehung (107,12) berechnen. In diese Gleichung gehen die Komponenten $h_{23} = \psi_{23}$ und $h_{22} - h_{33} = \psi_{22} - \psi_{33}$ ein. Aus (110,8) finden wir für sie die Ausdrücke[1])

$$h_{23} = -\frac{2\,k}{3\,c^4 R_0}\ddot{D}_{23}\,, \qquad h_{22} - h_{33} = -\frac{2\,k}{3\,c^4 R_0}(\ddot{D}_{22} - \ddot{D}_{33}) \qquad (110,9)$$

(der Punkt bedeutet die Ableitung nach der Zeit), wobei der Tensor

$$D_{\alpha\beta} = \int \mu\,(3\,x^\alpha x^\beta - r^2\,\delta_{\alpha\beta})\,\mathrm{d}V \qquad (110,10)$$

des Quadrupolmomentes der Massen (99,8) eingeführt wurde. Für den Energiestrom in Richtung der x^1-Achse erhalten wir dann

$$c\,t^{10} = \frac{k}{36\,\pi\,c^5 R_0^2}\left[\left(\frac{\dddot{D}_{22} - \dddot{D}_{33}}{2}\right)^2 + \dddot{D}_{23}^2\right]. \qquad (110,11)$$

Den Energiestrom in ein bestimmtes Raumwinkelelement erhält man hieraus durch Multiplikation mit $R_0^2\,\mathrm{d}o$.

Die zwei Terme in diesem Ausdruck entsprechen der Strahlung der Welle in den beiden unabhängigen Polarisationszuständen. Um sie in invarianter (von der speziellen Ausbreitungsrichtung der Strahlung formal unabhängiger) Form zu schreiben, führen wir den dreidimensionalen Polarisationstensor $e_{\alpha\beta}$ für eine ebene Welle ein, der festlegt, welche der Komponenten $h_{\alpha\beta}$ von Null verschieden sind (wir benutzen die Eichung $h_{0\alpha} = h_{00} = h = 0$). Der Polarisationstensor ist symmetrisch und erfüllt die Bedingungen

$$e_{\alpha\alpha} = 0\,, \qquad e_{\alpha\beta}\,n_\beta = 0\,, \qquad e_{\alpha\beta}\,e_{\alpha\beta} = 1\,, \qquad (110,12)$$

dabei ist $\boldsymbol{n}$ der Einheitsvektor in Richtung der Wellenausbreitung. (Die beiden ersten Bedingungen drücken den Tensorcharakter und die Transversalität der Wellen aus.)

Mit Hilfe von $e_{\alpha\beta}$ stellt sich die Strahlungsintensität eines Polarisationszustandes in den Raumwinkel do in der Form

$$\mathrm{d}I = \frac{k}{72\,\pi\,c^5}(\dddot{D}_{\alpha\beta}\,e_{\alpha\beta})^2\,\mathrm{d}o \qquad (110,13)$$

dar. Dieser Ausdruck hängt von der Richtung $\boldsymbol{n}$ in impliziter Form ab, nämlich über die Transversalitätsbedingung $e_{\alpha\beta}\,n_\beta = 0$. Die Winkelverteilung der Strahlung in allen Polarisationszuständen erhält man durch Summierung von (110,13) über alle Polarisationen oder auch durch Mitteln über die Polarisationszustände und Multiplikation des Ergebnisses mit der Zahl 2 der unabhängigen Zustände. Die Mittelung erfolgt unter Benutzung der Formel

$$\begin{aligned}\overline{e_{\alpha\beta}\,e_{\gamma\delta}} = \frac{1}{4}\,\{&n_\alpha n_\beta n_\gamma n_\delta + (n_\alpha n_\beta \delta_{\gamma\delta} + n_\gamma n_\delta \delta_{\alpha\beta}) \\ &- (n_\alpha n_\gamma \delta_{\beta\delta} + n_\beta n_\gamma \delta_{\alpha\delta} + n_\alpha n_\delta \delta_{\beta\gamma} + n_\beta n_\delta \delta_{\alpha\gamma}) \\ &- \delta_{\alpha\beta}\delta_{\gamma\delta} + (\delta_{\alpha\gamma}\delta_{\beta\delta} + \delta_{\beta\gamma}\delta_{\alpha\delta})\}\,. \end{aligned} \qquad (110,14)$$

[1]) Der Tensor (110,8) erfüllt nicht die Bedingungen, unter denen die Formel (107,12) abgeleitet wurde. Eine Transformation des Bezugssystems, die die erforderliche Eichung für die h_{ik} bewirkt, ändert jedoch nicht den Wert der hier benutzten Komponenten (110,9).

Der Ausdruck auf der rechten Seite ist derjenige Tensor, der aus dem Einheitstensor und den Komponenten von $\boldsymbol{n}$ aufgebaut ist, die erforderliche Symmetrie in den Indizes aufweist, bei der Verjüngung bezüglich der Indexpaare α, γ und β, δ Eins ergibt sowie bei skalarer Multiplikation mit $\boldsymbol{n}$ identisch verschwindet.) Das Ergebnis lautet:

$$\mathrm{d}I = \frac{k}{36\,\pi\,c^5}\left[\frac{1}{4}(\dddot{D}_{\alpha\beta}\,n_\alpha\,n_\beta)^2 + \frac{1}{2}\dddot{D}^2_{\alpha\beta} - \dddot{D}\quad \dddot{D}_{\alpha\gamma}\,n_\beta\,n_\gamma\right]\mathrm{d}o\,. \tag{110,15}$$

Die Ausstrahlung in alle Richtungen, d. h. den Energieverlust des Systems in der Zeiteinheit $-\,\mathrm{d}\mathscr{E}/\mathrm{d}t$, findet man, wenn man den Strom über alle Richtungen $\boldsymbol{n}$ mittelt und den gefundenen Mittelwert mit $4\,\pi$ multipliziert. Die Mittelung läßt sich leicht mit der in der Fußnote auf Seite 224 angegebenen Formel durchführen. Sie liefert folgenden Ausdruck:

$$-\frac{\mathrm{d}\mathscr{E}}{\mathrm{d}t} = \frac{k}{45\,c^5}\,\dddot{D}^2_{\alpha\beta}\,. \tag{110,16}$$

Die Emission von Gravitationswellen stellt also einen Effekt fünfter Ordnung in $1/c$ dar, der darum und wegen der Kleinheit der Gravitationskonstanten k außerordentlich klein ist.

Aufgaben

1. Zwei Körper, die sich nach dem NEWTONschen Gesetz anziehen, mögen sich auf Kreisbahnen um ihren gemeinsamen Schwerpunkt bewegen. Man bestimme die über die Bahnperiode gemittelte Intensität der emittierten Gravitationswellen sowie ihre Verteilung bezüglich der Richtungen und Polarisationszustände.

Lösung. Wählen wir den Koordinatenursprung im Schwerpunkt, so gilt für die Ortsvektoren der beiden Körper

$$\boldsymbol{r}_1 = \frac{m_2}{m_1 + m_2}\,\boldsymbol{r}\,, \quad \boldsymbol{r}_2 = -\,\frac{m_1}{m_1 + m_2}\,\boldsymbol{r}\,, \quad \boldsymbol{r} = \boldsymbol{r}_1 - \boldsymbol{r}_2\,.$$

Erfolgt die Bewegung in der Ebene $x\,y$, so lauten die Komponenten des Tensors $D_{\alpha\beta}$

$$D_{xx} = \mu\,r^2\,(3\cos^2\psi - 1)\,, \qquad D_{yy} = \mu\,r^2\,(3\sin^2\psi - 1)\,,$$

$$D_{xy} = 3\,\mu\,r^2\cos\psi\sin\psi\,, \qquad D_{zz} = -\,\mu\,r^2\,,$$

wobei $\mu = m_1\,m_2/(m_1 + m_2)$ gilt, und ψ der Polarwinkel des Vektors $\boldsymbol{r}$ in der $x\,y$-Ebene ist. Für die Kreisbewegung ist $r = \mathrm{const}$ und $\dot{\psi} = r^{-3/2}\sqrt{k(m_1 + m_2)} \equiv \omega$.

Die Richtung $\boldsymbol{n}$ stellen wir durch den Polarwinkel θ und das Azimut φ bezüglich der Polarachse z senkrecht zur Bewegungsebene dar. Wir betrachten die beiden Polarisationszustände: 1) $e_{\theta\varphi} = 1/\sqrt{2}$ und 2) $e_{\theta\theta} = -e_{\varphi\varphi} = 1/\sqrt{2}$. Projizieren wir den Tensor $D_{\alpha\beta}$ gemäß (110,13) und mitteln über die Zeit, so erhalten wir für die beiden Fälle sowie für die Summe $I = I_1 + I_2$

$$\frac{\overline{\mathrm{d}I_1}}{\mathrm{d}o} = \frac{k\,\mu^2\,\omega^6\,r^4}{2\,\pi\,c^5}\,4\cos^2\theta\,, \quad \frac{\overline{\mathrm{d}I_2}}{\mathrm{d}o} = \frac{k\,\mu^2\,\omega^6\,r^4}{2\,\pi\,c^5}\,(1 + \cos^2\theta)^2\,,$$

$$\frac{\overline{\mathrm{d}I}}{\mathrm{d}o} = \frac{k\,\mu^2\,\omega^6\,r^4}{2\,\mu\,c^5}\,(1 + 6\cos^2\theta + \cos^4\theta)\,;$$

nach der Integration über alle Richtungen folgt

$$-\frac{d\mathcal{E}}{dt} = I = \frac{32\, k\, \mu^2 \omega^6 r^4}{5\, c^5} = \frac{32\, k^4 m_1^2 m_2^2 (m_1 + m_2)}{5\, c^5 r^5}, \quad \frac{\overline{I_1}}{\overline{I_2}} = \frac{5}{7}$$

(für die Berechnung der Gesamtintensität I allein hätte man auch (110,16) benutzen können).

Der Energieverlust des strahlenden Systems führt zu einer ständigen (säkularen Annäherung der beiden Körper. Mit

$$\mathcal{E} = -k\, m_1 m_2/2\, r$$

ergibt sich die Geschwindigkeit dieser Annäherung zu

$$\dot{r} = \frac{2\, r^2}{k m_1 m_2} \frac{d\mathcal{E}}{dt} = -\frac{64\, k^3 m_1 m_2 (m_1 + m_2)}{5\, c^5 r^3}.$$

2. Man finde die (über die Bahnperiode) gemittelte Energie, die in Form von Gravitationswellen von einem System zweier sich auf elliptischen Bahnen bewegender Körper emittiert wird (P. C. PETERS, J. MATTHEWS[1])).

Lösung. Im Unterschied zur Kreisbewegung ändern sich die Entfernung r und die Winkelgeschwindigkeit längs der Bahn gemäß

$$\frac{a(1 - e^2)}{r} = 1 + e \cos \psi, \quad \frac{d\psi}{dt} = \frac{1}{r^2} [k(m_1 + m_2)\, a(1 - e^2)]^{1/2},$$

wobei e die Exzentrizität und a die große Halbachse der Bahn sind (s. I, § 15). Die ziemlich langwierige Berechnung von (110, 16) liefert

$$-\frac{d\mathcal{E}}{dt} = \frac{8\, k^4 m_1^2 m_2^2 (m_1 + m_2)}{15\, a^5 c^5 (1 - e^2)^5} (1 + e \cos \psi)^4 [12\,(1 + e \cos \psi)^2 + e^2 \sin^2 \psi].$$

Beim Mitteln über die Bahnperiode kann die Integration über dt durch diejenige über dψ ersetzt werden, das führt zum Ergebnis

$$-\overline{\frac{d\mathcal{E}}{dt}} = \frac{32\, k^4 m_1^2 m_2^2 (m_1 + m_2)}{5\, c^5 a^5} \frac{1}{(1 - e^2)^{7/2}} \left(1 + \frac{73}{24} e^2 + \frac{37}{96} e^4\right).$$

Man beachte das rasche Anwachsen der Strahlungsintensität mit der Exzentrizität der Bahn.

3. Man bestimme die zeitgemittelte Drehimpuls-Verlustrate eines Systems sich stationär bewegender und Gravitationsstrahlung emittierender Körper.

Lösung. Der bequemeren Schreibweise der Formeln halber betrachten wir den Körper als aus diskreten Teilchen zusammengesetzt. Wir stellen die mittlere Energieverlustrate des Systems als Arbeit der auf die Teilchen wirkenden „Reibungskräfte“ $\boldsymbol{f}$ dar:

$$\overline{\frac{d\mathcal{E}}{dt}} = \sum \overline{\boldsymbol{f v}} \tag{1}$$

(die die Teilchen numerierenden Indizes lassen wir fort). Die mittlere Drehimpuls-Verlustrate berechnet sich dann mittels

$$\overline{\frac{dM_\alpha}{dt}} = \sum \overline{(\boldsymbol{r} \times \boldsymbol{f})_\alpha} = \sum e_{\alpha\beta\gamma}\, \overline{x_\beta f_\gamma} \tag{2}$$

[1]) Für die Winkel-Polarisations- und Spektral-Verteilung dieser Strahlung siehe Phys. Rev. **131**, 435 (1963).

(vgl. die Ableitung der Gleichung (75,7)). Zur Bestimmung von f schreiben wir:

$$\overline{\frac{d\mathscr{E}}{dt}} = -\frac{k}{45\,c^5}\overline{\dddot{D}_{\alpha\beta}\,\dddot{D}_{\alpha\beta}} = -\frac{k}{45\,c^5}\overline{\dot{D}_{\alpha\beta}\,D^{(V)}_{\alpha\beta}}$$

(wir machen vom Verschwinden der Mittelwerte von totalen Zeitableitungen Gebrauch). Setzen wir hier $\dot{D}_{\alpha\beta} = \sum m(3\,x_\alpha\,v_\beta + 3\,x_\beta\,v_\alpha - 2\,\boldsymbol{r}\,\boldsymbol{v}\,\delta_{\alpha\beta})$ ein und vergleichen mit (1), so finden wir

$$f_\alpha = -\frac{2\,k}{15\,c^5}D^{(V)}_{\alpha\beta}\,m\,x_\beta\,.$$

Einsetzen dieses Ausdruckes in (2) führt zum Ergebnis

$$\overline{\frac{dM_\alpha}{dt}} = -\frac{2\,k}{45\,c^5}e_{\alpha\beta\gamma}\overline{D^{(V)}_{\beta\delta}\,D_{\gamma\delta}} = -\frac{2\,k}{45\,c^5}e_{\alpha\beta\gamma}\overline{\ddot{D}_{\beta\delta}\,\dddot{D}_{\gamma\delta}}\,. \tag{3}$$

4. Für ein System von zwei sich auf elliptischen Bahnen bewegenden Körpern finde man die mittlere zeitliche Änderung des Drehimpulses.

Lösung. Die analog zu Aufgabe 2 durchgeführte Rechnung nach Formel (3) der letzten Aufgabe führt zu dem Ergebnis

$$-\overline{\frac{dM_z}{dt}} = \frac{32\,k^{7/2}\,m_1^2\,m_2^2\sqrt{m_1+m_2}}{5\,c^5\,a^{7/2}}\,\frac{1}{(1-e^2)^2}\left(1+\frac{7}{8}e^2\right).$$

Für eine Kreisbewegung ($e = 0$) besteht zwischen $\dot{\mathscr{E}}$ und $\dot{M}$ die auch zu fordernde Beziehung $\dot{\mathscr{E}} = \dot{M}\,\omega$.

XIV RELATIVISTISCHE KOSMOLOGIE

§ 111. Der isotrope Raum

Die allgemeine Relativitätstheorie eröffnet einen neuen Zugang zur Lösung von Fragen, die mit den Eigenschaften der Welt in kosmischen Maßstäben zusammenhängen. Die sich hier ergebenden neuen bemerkenswerten Möglichkeiten (auf die als erster EINSTEIN 1917 hinwies) hängen mit dem nichtgalileischen Charakter von Raum und Zeit zusammen.

Dem systematischen Aufbau relativistischer kosmologischer Modelle seien folgende Bemerkungen über die grundlegenden Feldgleichungen vorangestellt.

Die Forderungen, die in § 93 an die Wirkungsfunktion für das Gravitationsfeld gestellt wurden, werden offensichtlich auch dann erfüllt, wenn in der LAGRANGE-Dichte zu der Größe G ein zusätzlicher konstanter Term addiert wird, d. h., wenn wir

$$S_g = -\frac{c^3}{16\,\pi\,k}\int (G + 2\,\Lambda)\,\sqrt{-g}\,\mathrm{d}\Omega$$

setzen, wobei Λ eine neue Konstante der Dimension cm^{-2} ist. Diese Änderung führt in den EINSTEINschen Gleichungen zu einem Zusatzterm Λg_{ik}:

$$R_{ik} - \frac{1}{2} R\, g_{ik} = \frac{8\,\pi\,k}{c^4}\, T_{ik} + \Lambda\, g_{ik}\,.$$

Nimmt man für die „kosmologische Konstante“ Λ einen hinreichend kleinen Wert an, so ist sie für Gravitationsfelder innerhalb nicht zu großer Raum—Zeit-Bereiche vernachlässigbar; $\Lambda \neq 0$ führt jedoch zum Auftreten neuer Typen „kosmologischer Lösungen“, die die Welt als Ganzes beschreiben könnten.[1]) Bis heute gibt es jedoch keine zwingenden und überzeugenden Gründe für eine solche Abänderung der Grundgleichungen, weder von den Beobachtungen noch von der Theorie her. Es sei betont, daß es sich um Änderungen handeln müßte, die eine tiefere physikalische Bedeutung besitzen: Die Einführung eines konstanten, vom Zustand des Feldes unabhängigen Termes in die LAGRANGE-Dichte würde bedeuten, daß man der Raum—Zeit eine prinzipiell nicht zu beseitigende Krümmung zuschreiben würde, die weder mit der Materie noch mit Gravita-

---

[1]) Insbesondere treten stationäre Lösungen auf, die bei $\Lambda = 0$ fehlen. Gerade zu diesem Zwecke führte EINSTEIN das „kosmologische Glied“ noch vor der Entdeckung der nichtstationären Lösungen der Feldgleichungen durch FRIEDMANN ein.

tionswellen verknüpft ist. — Alle weiteren Überlegungen dieses Kapitels beziehen sich auf die EINSTEINschen Gleichungen in ihrer „klassischen“ Form, ohne kosmologische Konstante.

Bekanntlich sind die Sterne über den Raum sehr ungleichmäßig verteilt und in getrennten Sternsystemen, den extragalaktischen Nebeln, konzentriert. Bei der Betrachtung des Weltalls in „großen Maßstäben“ hat man jedoch von diesen „örtlichen“ Inhomogenitäten zu abstrahieren, die durch eine Anhäufung der Materie in Sterne und Sternsysteme hervorgerufen werden. Unter der Massendichte haben wir daher die über ein Raumgebiet gemittelte Dichte zu verstehen, dessen Durchmesser groß gegenüber den Entfernungen der Galaxien ist.

Die unten (in den §§ 111—114) betrachteten Lösungen der EINSTEINschen Gleichungen — die sogenannten isotropen kosmologischen Modelle, die zuerst von A. A. FRIEDMANN 1922 gefunden wurden — basieren auf der Voraussetzung der Homogenität und Isotropie der Materieverteilung im Raum. Die heute zur Verfügung stehenden astronomischen Daten widersprechen dieser Voraussetzung nicht.[1]) Wir haben Grund zu der Annahme, daß die isotropen Modelle in allgemeinen Zügen nicht nur den gegenwärtigen Zustand des Kosmos, sondern auch einen beträchtlichen Teil seiner Evolution in der Vergangenheit beschreiben. Die wichtigste Eigenschaft dieser Modelle ist, wie wir sehen werden, ihre Nichtstationärität. Es besteht wohl kein Zweifel daran, daß diese Eigenschaft (der „expandierende Kosmos“) auch die richtige Erklärung der für das kosmologische Problem grundlegenden Erscheinung der Rotverschiebung liefert (§ 114).

Gleichzeitig ist klar, daß die Annahme über die Homogenität und Isotropie des Kosmos von vornherein nur eine Näherung ist, da sie beim Übergang zu kleineren Maßstäben zweifellos unzutreffend ist. Auf die Frage der möglichen Bedeutung der Inhomogenität des Kosmos bei verschiedenen Aspekten kosmologischer Probleme kommen wir in den §§ 115—119 zurück.

Homogenität und Isotropie des Raumes bedeuten, daß man eine solche „Weltzeit“ wählen kann, daß zu jedem Zeitpunkt die Metrik des Raumes in allen Punkten und in allen Richtungen dieselbe ist.

Wir beschäftigen uns hier mit dem Studium der Metrik des isotropen Raumes, ohne uns zunächst für eine mögliche Zeitabhängigkeit zu interessieren. Wie es bereits getan wurde, bezeichnen wir den dreidimensionalen metrischen Tensor mit $\gamma_{\alpha\beta}$, d. h., wir schreiben das räumliche Linienelement in der Form

$$\mathrm{d}l^2 = \gamma_{\alpha\beta}\,\mathrm{d}x^\alpha\,\mathrm{d}x^\beta\,. \tag{111,1}$$

Die Krümmung des Raumes wird vollständig durch seinen dreidimensionalen Krümmungstensor bestimmt, den wir im Unterschied zum vierdimensionalen Tensor R_{iklm} mit $P_{\alpha\beta\gamma\delta}$ bezeichnen. Im Fall der vollständigen Isotropie muß sich der Tensor $P_{\alpha\beta\gamma\delta}$ offensichtlich allein durch den metrischen Tensor $\gamma_{\alpha\beta}$ aus-

[1]) Wir haben Beobachtungsdaten über die Raumverteilung der Galaxien und über die Isotropie der sog. Radioreliktstrahlung (der 3-K-Strahlung, Anm. d. Hrsg.) im Auge.

drücken lassen. Man sieht leicht, daß er infolge seiner Symmetrieeigenschaften die Gestalt

$$P_{\alpha\beta\gamma\delta} = \lambda\,(\gamma_{\alpha\gamma}\,\gamma_{\beta\delta} - \gamma_{\alpha\delta}\,\gamma_{\beta\gamma}) \tag{111,2}$$

haben muß, wobei λ irgendeine Konstante ist. Der RICCI-Tensor $P_{\alpha\beta} = P^{\gamma}_{\alpha\gamma\beta}$ wird dann entsprechend gleich

$$P_{\alpha\beta} = 2\lambda\,\gamma_{\alpha\beta}\,, \tag{111,3}$$

und die skalare Krümmung ist

$$P = 6\lambda\,. \tag{111,4}$$

Wie wir sehen, kommen also die Krümmungseigenschaften des isotropen Raumes durch eine einzige Konstante λ zum Ausdruck. Demgemäß gibt es nur drei wesentlich verschiedene Fälle der räumlichen Metrik: 1. der sogenannte Raum konstanter positiver Krümmung (für positive Werte von λ); 2. der Raum konstanter negativer Krümmung (mit Werten $\lambda < 0$) und 3. der Raum mit verschwindender Krümmung ($\lambda = 0$). Von diesen ist der letzte der ebene, d. h. der euklidische Raum.

Beim Studium der Metrik ist es bequem, von einer geometrischen Analogie auszugehen, indem wir die Geometrie des isotropen dreidimensionalen Raumes als Geometrie auf einer gewissen isotropen Hyperfläche in einem fiktiven vierdimensionalen Raum betrachten.[1]) Eine solche Fläche ist die Hypersphäre; der ihr entsprechende dreidimensionale Raum ist ein Raum positiver konstanter Krümmung. Die Gleichung der Hypersphäre mit dem Radius a im vierdimensionalen Raum x_1, x_2, x_3, x_4 hat die Gestalt

$$x_1^2 + x_2^2 + x_3^2 + x_4^2 = a^2\,,$$

und das Linienelement auf ihr schreibt sich

$$\mathrm{d}l^2 = \mathrm{d}x_1^2 + \mathrm{d}x_2^2 + \mathrm{d}x_3^2 + \mathrm{d}x_4^2\,.$$

Wir betrachten die Koordinaten x_1, x_2, x_3 als die drei räumlichen Koordinaten und eliminieren aus $\mathrm{d}l^2$ die fiktive Koordinate x_4 mittels der ersten Gleichung; dann finden wir das Element des räumlichen Abstands in der Form

$$\mathrm{d}l^2 = \mathrm{d}x_1^2 + \mathrm{d}x_2^2 + \mathrm{d}x_3^2 + \frac{(x_1\,\mathrm{d}x_1 + x_2\,\mathrm{d}x_2 + x_3\,\mathrm{d}x_3)^2}{a^2 - x_1^2 - x_2^2 - x_3^2}\,. \tag{111,5}$$

Mit Hilfe dieses Ausdrucks kann man leicht die Konstante λ in (111,2) bestimmen. Da uns bereits bekannt ist, daß der Tensor $P_{\alpha\beta}$ die Gestalt (111,3) im ganzen Raum hat, reicht es aus, ihn nur in der Umgebung des Koordinatenursprungs zu berechnen, wo die $\gamma_{\alpha\beta}$ gleich

$$\gamma_{\alpha\beta} = \delta_{\alpha\beta} + \frac{x_\alpha\,x_\beta}{a^2}$$

[1]) Dieser Raum hat natürlich nichts mit der vierdimensionalen Raum-Zeit-Welt zu tun.

sind. Da die ersten Ableitungen der $\gamma_{\alpha\beta}$ und daher auch die Größen $\Gamma^{\alpha}_{\beta\gamma}$ im Koordinatenursprung verschwinden, ist die Berechnung nach der allgemeinen Formel (92,7) sehr einfach und gibt schließlich

$$\lambda = \frac{1}{a^2}\,. \tag{111,6}$$

Die Größe a läßt sich als Krümmungsradius des Raumes bezeichnen. Führen wir anstelle der Koordinaten x^1, x^2, x^3 die ihnen entsprechenden Kugelkoordinaten r, θ, φ ein, so nimmt das Linienelement die Gestalt

$$\mathrm{d}l^2 = \frac{\mathrm{d}r^2}{1 - \frac{r^2}{a^2}} + r^2\,(\sin^2\theta\,\mathrm{d}\varphi^2 + \mathrm{d}\theta^2) \tag{111,7}$$

an. Der Koordinatenursprung kann natürlich in einem beliebigen Punkt des Raumes gewählt werden. Der Kreisumfang ist in diesen Koordinaten gleich $2\pi r$, die Oberfläche einer Kugel $4\pi r^2$. Dagegen ist die Länge des „Radius" eines Kreises (oder einer Kugel) gleich

$$\int\limits_0^r \frac{\mathrm{d}r}{\sqrt{1 - \frac{r^2}{a^2}}} = a \arcsin\frac{r}{a}\,,$$

d. h. größer als r. Das Verhältnis Kreisumfang zu Radius ist in diesem Raum also kleiner als 2π.

Eine andere nützliche Form hat $\mathrm{d}l^2$ in „vierdimensionalen sphärischen Koordinaten", die man erhält, wenn man anstelle der Koordinate r den „Winkel" χ durch $r = a\sin\chi$ (χ ändert sich in den Grenzen 0 bis π) einführt.[1]) Dann ist

$$\mathrm{d}l^2 = a^2\,[\mathrm{d}\chi^2 + \sin^2\chi\,(\sin^2\theta\,\mathrm{d}\varphi^2 + \mathrm{d}\theta^2)]\,. \tag{111,8}$$

Die Koordinate χ mißt die $a\,\chi$ betragende Entfernung zum Koordinatenursprung. Die Oberfläche einer Kugel ist in diesen Koordinaten $4\pi a^2 \sin^2\chi$. Wir sehen, daß sich mit der Entfernung vom Koordinatenursprung die Kugelfläche vergrößert, bis sie in der Entfernung $\pi a/2$ ihren Maximalwert $4\pi a^2$ erreicht. Danach beginnt sie sich wieder zu verkleinern, bis sie in der Entfernung πa im „entgegengesetzten" Pol des Raumes zu einem Punkt zusammenschrumpft; $a\pi$ ist die größte Entfernung, die es in einem solchen Raum geben kann (man erkennt dies alles natürlich auch aus (111,7), wenn man beachtet, daß r keine größeren Werte als a annehmen kann).

---

[1]) Die „kartesischen" Koordinaten x_1, x_2, x_3, x_4 hängen mit den vierdimensionalen sphärischen Koordinaten a, θ, φ, χ durch die Beziehungen

$$x_1 = a\sin\chi\sin\theta\cos\varphi\,,\qquad x_2 = a\sin\chi\sin\theta\sin\varphi\,,$$
$$x_3 = a\sin\chi\cos\theta\,,\qquad x_4 = a\cos\chi$$

zusammen.

Das Volumen des Raumes positiver Krümmung ist

$$V = \int_0^{2\pi} \int_0^{\pi} \int_0^{\pi} a^3 \sin^2 \chi \sin \theta \, d\chi \, d\theta \, d\varphi \, ,$$

woraus

$$V = 2\,\pi^2 a^3 \tag{111,9}$$

folgt. Der Raum positiver Krümmung ist also „in sich selbst geschlossen"; er nimmt ein endliches Raumgebiet ein, hat aber, wie man sieht, keine Grenzen.

Es ist interessant zu bemerken, daß in einem geschlossenen Raum die elektrische Gesamtladung Null sein muß: Jede geschlossene Fläche in einem endlichen Raum schließt auf ihren beiden Seiten einen endlichen Raumbereich ein. Der Fluß des elektrischen Feldes durch diese Fläche ist also einerseits gleich der Gesamtladung im Innern der Fläche und andererseits mit umgekehrtem Vorzeichen gleich der Gesamtladung außerhalb der Fläche. Die Summe der Ladungen auf den beiden Seiten der Fläche ist daher Null.

Entsprechend folgt auch aus dem Ausdruck (96,16) für den Viererimpuls in Gestalt eines Oberflächenintegrals, daß der Viererimpuls P^i des ganzen Raumes verschwindet. Die Definition des Gesamtviererimpulses verliert also im Grunde genommen ihren Sinn, da der Erhaltungssatz in die inhaltsleere Identität $0 = 0$ entartet.

Wir betrachten nun die Geometrie eines Raumes mit konstanter negativer Krümmung. Die Beziehung (111,6) zeigt uns, daß die Konstante λ negativ wird, wenn a imaginär ist. Alle Gleichungen für den Raum negativer Krümmung kann man also aus den vorhergehenden erhalten, indem man in ihnen a durch $i\,a$ ersetzt. Mit anderen Worten, man erhält die Geometrie eines Raumes konstanter negativer Krümmung mathematisch als Geometrie auf der vierdimensionalen Pseudosphäre mit imaginärem Radius.

Die Konstante λ ist daher hier gleich

$$\lambda = -\frac{1}{a^2}, \tag{111,10}$$

und das Linienelement im Raum konstanter negativer Krümmung hat in den Koordinaten r, θ, φ die Gestalt

$$dl^2 = \frac{dr^2}{1 + \frac{r^2}{a^2}} + r^2 (\sin^2 \theta \, d\varphi^2 + d\theta^2) \, , \tag{111,11}$$

wobei die Koordinate r alle Werte von 0 bis ∞ annehmen kann. Das Verhältnis von Kreisumfang zu Radius ist hier größer als $2\,\pi$. Den (111,8) entsprechenden Ausdruck für dl^2 erhält man, wenn man die Koordinate χ durch $r = a \sin \chi$ einführt (χ ändert sich von 0 bis ∞). Dann gilt

$$dl^2 = a^2 \{d\chi^2 + \mathrm{sh}^2 \chi (\sin^2 \theta \, d\varphi^2 + d\theta^2)\} \, . \tag{111,12}$$

Die Oberfläche einer Kugel ist $4\pi a^2 \operatorname{sh}^2 \chi$ und wächst mit der Entfernung vom Koordinatenursprung (Vergrößerung von χ) unbeschränkt. Der Inhalt des Raums negativer Krümmung ist offensichtlich unendlich groß.

Aufgabe

Man transformiere das Linienelement (111,7) in eine solche Form, daß es proportional zu seinem euklidischen Ausdruck wird (konform-euklidische Koordinaten).

Lösung. Die Substitution

$$r = \frac{r_1}{1 + \dfrac{r_1^2}{4a^2}}$$

liefert das Ergebnis

$$dl^2 = \left(1 + \frac{r_1^2}{4a^2}\right)^{-2} (dr_1^2 + r_1^2\, d\theta^2 + r_1^2 \sin^2\theta\, d\varphi^2)\,.$$

§ 112. Das geschlossene isotrope Modell

Wir gehen nun zur Untersuchung der (vierdimensionalen) raum-zeitlichen isotropen Metrik über, wobei wir zunächst eine Wahl des Koordinatensystems treffen müssen. Am zweckmäßigsten ist ein Koordinatensystem, das sich in jedem Raumpunkt mit der dort vorhandenen Materie bewegt. Die den Raum erfüllende Materie stellt dann selbst das Koordinatensystem dar. Die Geschwindigkeit der Materie ist in diesem System definitionsgemäß stets Null (mitbewegtes Bezugssystem). Offensichtlich ist eine derartige Wahl für ein isotropes Modell vernünftig: Bei einer anderen Wahl würde die Geschwindigkeitsrichtung der Materie eine scheinbare Nichtäquivalenz der verschiedenen Richtungen im Raum zum Ausdruck bringen. Die Zeitkoordinate muß in der am Beginn des letzten Paragraphen angegebenen Weise gewählt werden, d. h. so, daß zu jedem Zeitpunkt die Metrik im ganzen Raum dieselbe ist.

Infolge der Äquivalenz aller Richtungen verschwinden die Komponenten $g_{0\alpha}$ des metrischen Tensors in dem von uns gewählten Bezugssystem. In der Tat sind die drei Komponenten $g_{0\alpha}$ als Komponenten eines dreidimensionalen Vektors anzusehen, der, wenn er nicht verschwände, eine Richtung vor den anderen auszeichnen würde. ds^2 muß also die Gestalt $ds^2 = g_{00}(dx^0)^2 - dl^2$ besitzen. Die Komponente g_{00} hängt hier nur von x^0 ab. Man kann daher immer eine zeitartige Koordinate so wählen, daß g_{00} in 1 übergeht. Bezeichnen wir sie mit $c\,t$, so erhalten wir

$$ds^2 = c^2\, dt^2 - dl^2\,. \qquad (112,1)$$

Die Variable t ist für jeden Raumpunkt die Eigenzeit.

Wir beginnen mit der Betrachtung des Raumes positiver Krümmung; die diesem entsprechende Lösung der Feldgleichungen werden wir kürzehalber als die des *geschlossenen Modells* bezeichnen. Für dl benutzen wir den Ausdruck (111,8), in dem der Krümmungsradius a im allgemeinen eine Funktion der Zeit ist. ds^2 läßt sich also in der Gestalt

$$ds^2 = c^2\,dt^2 - a^2(t)\,\{d\chi^2 + \sin^2\chi\,(d\theta^2 + \sin^2\theta\,d\varphi^2)\} \qquad (112,2)$$

schreiben.

Die Funktion $a(t)$ wird durch die Einsteinschen Gleichungen bestimmt. Zur Lösung dieser Gleichungen benutzt man zweckmäßigerweise anstelle der Zeit die durch die Beziehung

$$c\,dt = a\,d\eta \qquad (112,3)$$

definierte Größe η. Hiermit erhält ds^2 die Gestalt

$$ds^2 = a^2(\eta)\,\{d\eta^2 - d\chi^2 - \sin^2\chi\,(d\theta^2 + \sin^2\theta\,d\varphi^2)\}\,. \qquad (112,4)$$

Um die Feldgleichungen aufzustellen, hat man mit der Berechnung der Komponenten des Tensors R_{ik} zu beginnen (die Koordinaten x^0, x^1, x^2, x^3 sind $\eta, \chi, \theta, \varphi$). Mit den Werten

$$g_{00} = a^2\,,\quad g_{11} = -\,a^2\,,\quad g_{22} = -\,a^2\sin^2\chi\,,\quad g_{33} = -\,a^2\sin^2\chi\,\sin^2\theta$$

für die Komponenten des metrischen Tensors berechnen wir die Größen Γ^i_{kl}:

$$\Gamma^0_{00} = \frac{a'}{a}\,,\quad \Gamma^0_{\alpha\beta} = -\frac{a'}{a^3}\,g_{\alpha\beta}\,,\quad \Gamma^\alpha_{0\beta} = \frac{a'}{a}\,\delta^\alpha_\beta\,,\quad \Gamma^0_{\alpha 0} = \Gamma^\alpha_{00} = 0\,,$$

wobei der Strich die Ableitung nach η bezeichnet (es ist nicht erforderlich, die Komponenten $\Gamma^\alpha_{\beta\gamma}$ explizit zu berechnen). Mit diesen Ausdrücken erhalten wir nach der allgemeinen Formel (92,7)

$$R^0_0 = \frac{3}{a^4}\,(a'^2 - a\,a'')\,.$$

Mit denselben Symmetrieargumenten, die wir zur Diskussion der $g_{0\alpha}$ benutzt hatten, läßt sich von vornherein schließen, daß die Komponenten $R_{0\alpha}$ verschwinden müssen. Zur Berechnung der Komponenten R^β_α bemerken wir folgendes: In ihnen auftretende Terme, die nur mittels der $g_{\alpha\beta}$ (d. h. nur aus den $\Gamma^\alpha_{\beta\gamma}$) gebildet sind, müssen mit den Komponenten des dreidimensionalen Tensors $-P^\beta_\alpha$ identisch sein, die wir bereits von (111,3) und (111,6) her kennen:

$$R^\beta_\alpha = -\,P^\beta_\alpha + \cdots = -\frac{2}{a^2}\,\delta^\beta_\alpha + \cdots\,,$$

unter den Punkten sind Terme zu verstehen, die neben $g_{\alpha\beta}$ auch g_{00} enthalten. Berechnen wir sie, so erhalten wir

$$R^\beta_\alpha = -\,\frac{1}{a^4}\,(2\,a^2 + a'^2 + a\,a'')\,\delta^\beta_\alpha$$

und damit

$$R = R^0_0 + R^\alpha_\alpha = -\,\frac{6}{a^3}\,(a + a'')\,.$$

Da sich in dem gewählten Bezugssystem die Materie nicht bewegt, gilt $u^\alpha = 0$, $u^0 = 1/a$, und gemäß (94,9) $T_0^0 = \varepsilon$, wobei ε die Energiedichte der Materie ist. Setzen wir die erhaltenen Ausdrücke in die Gleichung

$$R_0^0 - \frac{1}{2} R = \frac{8\pi k}{c^4} T_0^0$$

ein, so ergibt sich

$$\frac{8\pi k}{c^4} \varepsilon = \frac{3}{a^4} (a^2 + a'^2) . \qquad (112,5)$$

Hier gehen zwei unbekannte Funktionen ε und a ein; daher ist noch eine weitere Gleichung erforderlich. Es ist bequem, hierfür (anstelle der räumlichen Komponenten der Gravitationsgleichungen) die Gleichung $T^i_{0;i} = 0$ zu wählen, also eine der vier Gleichungen (94,7), die, wie wir wissen, durch die Gravitationsgleichungen impliziert werden. Diese Gleichung läßt sich auch unmittelbar durch thermodynamische Überlegungen wie folgt ableiten.

Benutzen wir in den Feldgleichungen den Ausdruck (94,9) für den Energie-Impuls-Tensor, so vernachlässigen wir dabei gleichzeitig alle Prozesse von Energiedissipationen, die zum Wachstum der Entropie führen. Diese Vernachlässigung ist hier natürlich durchaus berechtigt, da die Zusatzterme, die wir infolge der Energiedissipation zu T_i^k hinzuzufügen hätten, im Vergleich zur Energiedichte, die die Ruhenergie der materiellen Körper enthält, völlig unbedeutend sind.

Zur Ableitung der gesuchten Feldgleichung können wir also die Gesamtentropie als konstant annehmen. Wir benutzen die bekannte thermodynamische Beziehung $d\mathscr{E} = T\, dS - p\, dV$, wobei $\mathscr{E}$, S, V Energie, Entropie und Systemvolumen und p, T Druck und Temperatur bedeuten. Bei konstanter Entropie gilt einfach $d\mathscr{E} = -p\, dV$. Führen wir die Energiedichte $\varepsilon = \mathscr{E}/V$ ein, so finden wir ohne Schwierigkeit

$$d\varepsilon = -(\varepsilon + p) \frac{dV}{V} .$$

Das Volumen des Raumes V ist nach (111,9) der dritten Potenz des Krümmungsradius a proportional. Daher ist $dV/V = 3\, da/a = 3\, d(\ln a)$, und wir können

$$-\frac{d\varepsilon}{\varepsilon + p} = 3\, d\,(\ln a)$$

schreiben oder, wenn wir integrieren,

$$3 \ln a = -\int \frac{d\varepsilon}{p + \varepsilon} + \text{const} \qquad (112,6)$$

(die untere Integrationsgrenze ist konstant).

Ist die Beziehung zwischen ε und p (die Zustandsgleichung der Materie) bekannt, so ergibt (112,6) ε als Funktion von a. Durch Integration von (112,5) finden wir η in der Form

$$\eta = \pm \int \frac{da}{a\sqrt{\frac{8\pi k}{3c^4}\varepsilon a^2 - 1}}. \tag{112,7}$$

Die Gleichungen (112,6—7) lösen in allgemeiner Form das Problem, die Metrik des isotropen geschlossenen Modells zu bestimmen.

Ist die Materie im Raum in Gestalt einzelner makroskopischer Körper verteilt, so können wir sie bei der Ermittlung des von ihnen erzeugten Gravitationsfeldes als Teilchen betrachten, die eine bestimmte Masse besitzen und deren innere Struktur uns nicht interessiert. Nehmen wir die Geschwindigkeit der Körper als relativ klein an (im Vergleich zur Lichtgeschwindigkeit), so können wir einfach $\varepsilon = \mu c^2$ setzen, wobei μ die auf die Volumeneinheit bezogene Massensumme der Körper ist. Aus dem gleichen Grunde ist der Druck des „Gases“, das aus diesen Körpern besteht, äußerst klein im Vergleich zu ε; wir können ihn daher vernachlässigen (der Druck im Innern der Körper hat nach dem Gesagten keine Beziehung zur betrachteten Aufgabe). Was die im Raum befindliche Strahlung betrifft, so ist sie zahlenmäßig relativ klein; man kann ihre Energie und ihren Druck vernachlässigen.

Daraus folgt, daß für die Beschreibung des gegenwärtigen Zustandes im Rahmen des betrachteten Modells die Zustandsgleichung für staubförmige Materie

$$\varepsilon = \mu c^2, \qquad p = 0$$

zu verwenden ist.

Integration von (112,6) gibt dann $\mu a^3 = \text{const}$. Diese Gleichung könnte auch unmittelbar aufgeschrieben werden, da sie lediglich die Konstanz der Summe der Massen aller Körper im ganzen Raum ausdrückt, was für den betrachteten Fall staubförmiger Materie selbstverständlich ist.[1]) Da das Volumen des Raumes im geschlossenen Modell gleich $2\pi^2 a^3$ ist, gilt $\text{const} = M/2\pi^2$. Daraus folgt

$$\mu a^3 = \text{const} = \frac{M}{2\pi^2}. \tag{112,8}$$

Nach Einsetzen von (112,8) in die Gleichung (112,7) und Ausführung der Integration erhalten wir

$$a = a_0 (1 - \cos\eta) \tag{112,9}$$

[1]) Zur Vermeidung von Mißverständnissen (im Zusammenhang mit dem in § 111 erwähnten Verschwinden des Gesamtviererimpulses der geschlossenen Welt) betonen wir, daß M die Summe der Massen aller Körper ohne Berücksichtigung ihrer Gravitationswechselwirkung ist.

mit der Konstanten

$$a_0 = \frac{2\,k\,M}{3\,\pi\,c^2}\,.$$

Für den Zusammenhang zwischen t und η folgt schließlich aus (112,3)

$$t = \frac{a_0}{c}\,(\eta - \sin\eta)\,. \tag{112,10}$$

Durch die Gleichungen (112,9—10) ist die Abhängigkeit $a(t)$ in Parameterform gegeben. Die Funktion $a(t)$ wächst vom Wert Null bei $t = 0$ ($\eta = 0$) bis zum maximalen Wert $a = 2\,a_0$, der bei $t = \pi\,a_0/c$ ($\eta = \pi$) erreicht wird, und fällt dann wieder auf Null bei $t = 2\,\pi\,a_0/c$ ($\eta = 2\,\pi$) ab.

Für $\eta \ll 1$ gilt näherungsweise $a = a_0\,\eta^2/2$ und $t = a_0\,\eta^3/6\,c$, so daß

$$a \approx \left(\frac{9\,a_0\,c^2}{2}\right)^{1/3} t^{2/3} \tag{112,11}$$

ist. Hierbei gilt für die Materiedichte

$$\mu = \frac{1}{6\,\pi\,k\,t^2} = \frac{8\cdot 10^5}{t^2} \tag{112,12}$$

(der Zahlenwert des Koeffizienten bezieht sich auf die Dimension der Dichte, gemessen in $g \cdot cm^{-3}$, und der Zeit t in s). Es ist bemerkenswert, daß in diesem Grenzfall die Abhängigkeit $\mu(t)$ von universellem Charakter in dem Sinne ist, daß sie nicht von der Wahl des Parameters abhängt.

Bei $a \to 0$ wird die Dichte μ unendlich. Für $\mu \to \infty$ wird der Druck jedoch ebenfalls groß, deshalb muß für die Untersuchung der Metrik in diesem Gebiet der entgegengesetzte Fall größtmöglichen Druckes (bei gegebener Energiedichte ε) untersucht werden, d. h., die Materie muß durch die Zustandsgleichung

$$p = \frac{\varepsilon}{3}$$

beschrieben werden (siehe die Anmerkungen auf Seite 103). Aus Gleichung (112,6) folgt dann

$$\varepsilon\,a^4 = \text{const} \equiv \frac{3\,c^4\,a_1^2}{8\,\pi\,k} \tag{112,13}$$

(a_1 ist eine neue Konstante). Die Gleichungen (112,7) und (112,3) führen dann auf die Parameterdarstellung

$$a = a_1 \sin\eta\,, \qquad t = \frac{a_1}{c}\,(1 - \cos\eta)\,.$$

Da diese Lösung nur bei sehr großen Werten von ε (d. h. bei kleinem a) Sinn hat, können wir $\eta \ll 1$ setzen. Dann ist aber $a \approx a_1\,\eta$ und $t \approx a_1\,\eta^2/2\,c$, und es folgt

$$a = \sqrt{2\, a_1\, c\, t}\,. \tag{112,14}$$

Dabei gilt

$$\frac{\varepsilon}{c^2} = \frac{3}{32\,\pi\, k\, t^2} = \frac{4{,}5 \cdot 10^5}{t^2}\,. \tag{112,15}$$

Diese Abhängigkeit enthält wiederum keinerlei Parameter. Deshalb gilt auch hier $a \to 0$ für $t \to 0$, so daß der Wert $t = 0$ wirklich eine Singularität der raum-zeitlichen Metrik des isotropen Modells ist (dasselbe gilt im geschlossenen Modell auch für den zweiten Punkt, für den $a = 0$ ist). Aus (112,14) folgt ferner, daß bei einer Vorzeichenänderung von t die Größe $a(t)$ imaginär und ihr Quadrat negativ wird. Alle vier Komponenten g_{ik} in (112,2) werden dabei negativ und die Determinante g positiv. Eine solche Metrik ist aber physikalisch sinnlos. Das heißt, daß eine analytische Fortsetzung der Metrik über den singulären Punkt hinaus physikalisch nicht sinnvoll erscheint.

§ 113. Das offene isotrope Modell

Die Lösung, die dem isotropen Raum negativer Krümmung („offenes Modell") entspricht, erhält man mit einer Methode, die der vorhergehenden völlig entspricht. Anstelle (112,2) gilt hier

$$ds^2 = c^2\, dt^2 - a^2(t)\, \{d\chi^2 + \operatorname{sh}^2 \chi\, (d\theta^2 + \sin^2\theta\, d\varphi^2)\}\,. \tag{113,1}$$

Wir führen wieder statt t die Veränderliche η durch $c\, dt = a\, d\eta$ ein und erhalten damit

$$ds^2 = a^2(\eta)\, \{d\eta^2 - d\chi^2 - \operatorname{sh}^2 \chi\, (d\theta^2 + \sin^2\theta\, d\varphi^2)\}\,. \tag{113,2}$$

Zu diesem Ausdruck gelangt man formal von (112,4) ausgehend, wenn man dort η, χ, a der Reihenfolge nach durch $i\,\eta, i\,\chi, i\,a$ ersetzt. Auch die Feldgleichungen kann man daher unmittelbar durch Einführung dieser Substitution in (112,5—6) erhalten. Die Gleichung (112,6) behält dabei ihre frühere Gestalt

$$3 \ln a = -\int \frac{d\varepsilon}{\varepsilon + p} + \text{const}\,, \tag{113,3}$$

anstatt (112,5) haben wir jedoch

$$\frac{8\,\pi\, k}{c^4}\,\varepsilon = \frac{3}{a^4}\,(a'^2 - a^2)\,. \tag{113,4}$$

Statt (112,7) finden wir dementsprechend

$$\eta = \pm \int \frac{da}{a\sqrt{\frac{8\,\pi\, k}{3\, c^4}\,\varepsilon\, a^2 + 1}}\,. \tag{113,5}$$

Für staubförmige Materie folgt hieraus¹):

$$a = a_0\,(\mathrm{ch}\,\eta - 1)\,, \qquad t = \frac{a_0}{c}\,(\mathrm{sh}\,\eta - \eta)\,, \tag{113,6}$$

$$\mu\, a^3 = \frac{3\,c^2}{4\,\pi\,k}\, a_0\,. \tag{113,7}$$

Die Formeln (113,6) geben die Abhängigkeit $a(t)$ in Parameterform an. Im Unterschied zum geschlossenen Modell ändert sich hier der Krümmungsradius monoton; er wächst von Null bei $t = 0$ ($\eta = 0$) bis Unendlich bei $t \to \infty$ ($\eta \to \infty$). Dementsprechend fällt die Materiedichte monoton von einem unendlichen Wert bei $t = 0$ (für $\eta \ll 1$ berechnet sich dieser Abfall näherungsweise durch die gleiche Formel (112,12) wie im geschlossenen Modell).

Für große Dichten ist die Lösung (113,6)—(113,7) nicht anwendbar, und wir müssen wiederum auf den Fall $p = \varepsilon/3$ zurückgreifen. Dabei ergibt sich wieder die Beziehung

$$\varepsilon\, a^4 = \mathrm{const} \equiv \frac{3\,c^4\,a_1^2}{8\,\pi\,k}\,, \tag{113,8}$$

und für die Abhängigkeit $a(t)$ finden wir die Parameterdarstellung

$$a = a_1\,\mathrm{sh}\,\eta\,, \qquad t = \frac{a_1}{c}\,(\mathrm{ch}\,\eta - 1)\,,$$

für $\eta \ll 1$ folgt daraus

$$a = \sqrt{2\,a_1\,c\,t} \tag{113,9}$$

sowie die alte Formel (112,15) für $\varepsilon(t)$. Somit besitzt die Metrik auch im offenen Modell eine Singularität (im Unterschied zum geschlossenen Modell aber nur eine).

---

¹) Mit Hilfe der Transformation

$$r = A\,e^{\eta}\,\mathrm{sh}\,\chi\,, \quad c\,\tau = A\,e^{\eta}\,\mathrm{ch}\,\chi\,,$$

$$A\,e^{\eta} = \sqrt{c^2\,\tau^2 - r^2}\,, \quad \mathrm{th}\,\chi = \frac{r}{c\,\tau}$$

wird der Ausdruck (113,2) auf „konform-galileische" Gestalt gebracht:

$$ds^2 = f(r, \tau)\,[c^2\,d\tau^2 - dr^2 - r^2\,(d\theta^2 + \sin^2\theta\, d\varphi^2)]\,.$$

Für den konkreten Fall (113,6) erhalten wir mit $A = a_0/2$

$$ds^2 = \left(1 - \frac{a_0}{2\sqrt{c^2\,\tau^2 - r^2}}\right)^4 \{c^2\,d\tau^2 - dr^2 - r^2\,(d\theta^2 + \sin^2\theta\, d\varphi^2)\}$$

(W. A. Fock, 1955). Für große Werte $\sqrt{c^2\,\tau^2 - r^2}$ (dies entspricht $\eta \gg 1$) wird diese Metrik galileisch, was zu erwarten war, da der Krümmungsradius unendlich groß wird.

Bezogen auf das Koordinatensystem r, θ, φ, τ ist die Materie nicht in Ruhe und ihre Verteilung inhomogen. Jedoch ist die Verteilung und die Bewegung der Materie kugelsymmetrisch bezüglich eines beliebigen Raumpunktes, der als Ursprung der Koordinaten r, θ, φ gewählt wird.

Der Grenzfall der betrachteten Lösungen schließlich, der einem unendlichen Krümmungsradius des Raumes entspricht, ist das Modell mit ebenem (euklidischen) Raum. Das Abstandselement des zugehörigen vierdimensionalen Raumes kann man in der Gestalt

$$\mathrm{d}s^2 = c^2\,\mathrm{d}t^2 - b^2(t)\,(\mathrm{d}x^2 + \mathrm{d}y^2 + \mathrm{d}z^2) \tag{113,10}$$

schreiben (als räumliche Koordinaten wurden die kartesischen Koordinaten x, y, z gewählt). Der von der Zeit abhängige Faktor im räumlichen Linienelement ändert offensichtlich nicht den euklidischen Charakter der räumlichen Metrik, da er bei gegebenem t konstant ist und durch eine einfache Koordinatentransformation auf 1 normiert werden kann. Rechnungen, die den im letzten Paragraphen durchgeführten entsprechen, führen zu folgenden Gleichungen:

$$\frac{8\pi k}{c^2}\varepsilon = \frac{3}{b^2}\left(\frac{\mathrm{d}b}{\mathrm{d}t}\right)^2, \qquad 3\ln b = -\int \frac{\mathrm{d}\varepsilon}{p+\varepsilon} + \mathrm{const}\,.$$

Für den Fall kleiner Drücke finden wir

$$\mu\, b^3 = \mathrm{const}\,, \qquad b = \mathrm{const}\; t^{2/3}\,. \tag{113,11}$$

Bei kleinen t ist wieder der Fall $p = \varepsilon/3$ zu betrachten, für den wir

$$\varepsilon\, b^4 = \mathrm{const}\,, \qquad b = \mathrm{const}\,\sqrt{t} \tag{113,12}$$

erhalten. Auch in diesem Falle besitzt die Metrik also einen singulären Punkt (bei $t = 0$).

Wir betonen, daß alle gefundenen isotropen Lösungen nur bei einer von Null verschiedenen Massendichte existieren; für den leeren Raum besitzen die EINSTEINschen Gleichungen keine Lösungen dieser Art.[1]) Wir weisen ferner darauf hin, daß sie in mathematischer Beziehung nur Spezialfälle einer größeren Klasse von Lösungen sind, die drei physikalisch verschiedene willkürliche Funktionen der räumlichen Koordinaten enthalten (siehe Aufgabe).

Aufgabe

Man finde den allgemeinen Ausdruck für eine Metrik in der Nähe der Singularität, in der die Expansion des Raumes „quasihomogen“ verläuft, d. h. so, daß alle Komponenten $\gamma_{\alpha\beta} = -g_{\alpha\beta}$ (im synchronisierten Bezugssystem) nach dem gleichen Gesetz gegen Null streben. Der Raum sei mit Materie erfüllt, die der Zustandsgleichung $p = \varepsilon/3$ genügt (E. M. LIFSCHITZ, I. M. CHALATNIKOW, 1960).

Lösung. Wir suchen die Lösung in der Nähe des singulären Punktes ($t = 0$) in der Gestalt

$$\gamma_{\alpha\beta} = t\, a_{\alpha\beta} + t^2\, b_{\alpha\beta} + \cdots, \tag{1}$$

---

[1]) Für $\varepsilon = 0$ würden wir aus Gleichung (113,5) $a = a_0\, \mathrm{e}^{\eta} = c\, t$ erhalten, während die Gleichung (112,7) ihren Sinn verliert, da die Wurzel imaginär wird. Eine Metrik

$$\mathrm{d}s^2 = c^2\,\mathrm{d}t^2 - c^2 t^2 \{\mathrm{d}\chi^2 + \mathrm{sh}^2\chi\,(\mathrm{d}\theta^2 + \sin^2\theta\,\mathrm{d}\varphi^2)\}$$

läßt sich jedoch mittels $r = c\,t\,\mathrm{sh}\,\chi$, $\tau = t\,\mathrm{ch}\,\chi$ in die Form

$$\mathrm{d}s^2 = c^2\,\mathrm{d}\tau^2 - \mathrm{d}r^2 - r^2(\mathrm{d}\theta^2 + \sin^2\theta\,\mathrm{d}\varphi^2)$$

überführen, d. h. in die einer galileischen (MINKOWSKIschen) Raumzeit.

wobei die $a_{\alpha\beta}$, $b_{\alpha\beta}$ Funktionen der räumlichen Koordinaten sind.[1]) Im folgenden setzen wir $c = 1$. Der reziproke Tensor ist

$$\gamma^{\alpha\beta} = \frac{1}{t} a^{\alpha\beta} - b^{\alpha\beta},$$

wobei der Tensor $a^{\alpha\beta}$ reziprok zu $a_{\alpha\beta}$ und $b^{\alpha\beta} = a^{\alpha\gamma} a^{\beta\delta} b_{\gamma\delta}$ ist. Im folgenden werden alle Operationen des Hebens von Indizes und der kovarianten Differentiation mit Hilfe der zeitunabhängigen Metrik $a_{\alpha\beta}$ ausgeführt.

Die Berechnung der linken Seiten der Gleichungen (97,11) und (97,12) bis zur zweiten bzw. bis zur ersten Ordnung in $1/t$ ergibt:

$$-\frac{3}{4t^2} + \frac{1}{2t} b = \frac{8\pi k}{3} \varepsilon(-4u_0^2 + 1),$$

$$\frac{1}{2}(b_{;\alpha} - b^{\beta}_{\alpha;\beta}) = -\frac{32\pi k}{3} \varepsilon u_\alpha u_0$$

mit $b = b^{\alpha}_{\alpha}$. Unter Berücksichtigung der Identität

$$1 = u_i u^i \approx u_0^2 - \frac{1}{t} u_\alpha u_\beta a^{\alpha\beta}$$

erhalten wir:

$$8\pi k \varepsilon = \frac{3}{4t^2} - \frac{b}{2t}, \quad u_\alpha = \frac{t^2}{2}(b^{\beta}_{\alpha;\beta} - b_{;\alpha}). \tag{2}$$

Die dreidimensionalen CHRISTOFFELschen Symbole und mit ihnen auch der Tensor $P_{\alpha\beta}$ hängen in erster Ordnung bezüglich $1/t$ nicht von der Zeit ab; $P_{\alpha\beta}$ fällt dabei mit dem Ausdruck zusammen, den man bei Verwendung der Metrik $a_{\alpha\beta}$ erhält. Unter Berücksichtigung dessen ergibt sich, daß in den Gleichungen (97,13) sich die Terme der Ordnung $1/t^2$ gegenseitig kompensieren, während die $1/t$ proportionalen Terme

$$P^{\beta}_{\alpha} + \frac{3}{4} b^{\beta}_{\alpha} + \frac{5}{12} \delta^{\beta}_{\alpha} b = 0$$

ergeben, woraus

$$b^{\beta}_{\alpha} = -\frac{4}{3} P^{\beta}_{\alpha} + \frac{5}{18} \delta^{\beta}_{\alpha} P \tag{3}$$

folgt ($P = a^{\beta\gamma} P_{\beta\gamma}$). Wegen der Identität

$$P^{\beta}_{\alpha;\beta} - \frac{1}{2} P_{;\alpha} = 0$$

(vgl. (92,10)) gilt die Beziehung

$$b^{\beta}_{\alpha;\beta} = \frac{7}{9} b_{;\alpha},$$

so daß sich u_α in die Form

$$u_\alpha = -\frac{t^2}{9} b_{;\alpha} \tag{4}$$

umschreiben läßt.

Alle sechs Funktionen $a_{\alpha\beta}$ bleiben also willkürlich, während sich die Koeffizienten $b_{\alpha\beta}$ des in der Entwicklung (1) folgenden Terms aus den $a_{\alpha\beta}$ bestimmen. Die Zeit in der Metrik (1) ist durch die Bedingung $t = 0$ für den singulären Punkt vollständig festgelegt: Die räum-

[1]) Die FRIEDMANNsche Lösung ergibt sich bei einer solchen Wahl der Funktionen $a_{\alpha\beta}$, die einem Raum konstanter Krümmung entspricht.

lichen Koordinaten gestatten dagegen noch eine willkürliche, die Zeit nicht enthaltende Transformation. Sie läßt sich z. B. dazu benutzen, den Tensor $a_{\alpha\beta}$ auf Diagonalform zu bringen. Die gewonnene Lösung besitzt somit insgesamt nur drei „physikalisch verschiedene" willkürliche Funktionen.

Es sei bemerkt, daß in dieser Lösung die räumliche Metrik inhomogen und anisotrop ist, während die Massenverteilung für $t \to 0$ homogen wird. Die dreidimensionale Geschwindigkeit $\boldsymbol{v}$ hat (in der Näherung (4)) eine verschwindende Rotation, der Geschwindigkeitsbetrag geht wie

$$v^2 = v_\alpha\, v_\beta\, \gamma^{\alpha\beta} \propto t^3$$

gegen Null.

§ 114. Die Rotverschiebung

Das Hauptmerkmal der betrachteten Lösungen ist die Nichtstationarität der Metrik: Der Krümmungsradius ist eine Funktion der Zeit. Die Änderung des Krümmungsradius bedeutet aber eine Änderung aller Entfernungen zwischen den Körpern im Raume überhaupt, was schon daraus ersichtlich wird, daß das räumliche Linienelement dl zu a proportional ist. So laufen bei einer Vergrößerung von a in einem solchen Raum alle Körper „auseinander" (im offenen Modell bedeutet eine Vergrößerung von a, daß $\eta > 0$ ist, im geschlossenen $0 < \eta < \pi$).

Vom Standpunkt eines Beobachters, der sich auf einem dieser Körper befindet, sieht es so aus, als wenn sich die anderen Körper in radialen Richtungen von ihm fort bewegen würden. Die Geschwindigkeit dieses „Auseinanderlaufens" (zu einem bestimmten Zeitpunkt t) ist den Entfernungen zwischen den Körpern proportional.

Diese Vorhersage der Theorie läßt sich zu einer fundamentalen astronomischen Beobachtung in Beziehung setzen, der Existenz einer Rotverschiebung in den Spektren der Galaxien. Wenn wir diese Verschiebung als DOPPLER-Verschiebung deuten, kommen wir zu dem Schluß, daß die Galaxien „auseinanderlaufen", d. h., daß sich unser Weltall gegenwärtig ausdehnt.[1])

Wir betrachten die Ausbreitung eines Lichtstrahls in einem isotropen Raum. Dazu gehen wir am besten von der Tatsache aus, daß längs der Weltlinien der Lichtausbreitung für das Abstandselement $ds = 0$ gilt. Den Emissionspunkt des Lichtstrahls wählen wir als Ursprung des räumlichen Koordinatensystems χ, θ, φ. Aus Symmetriegründen ist klar, daß sich die Strahlen radial, d. h. längs der Linien $\theta = \text{const}$, $\varphi = \text{const}$ ausbreiten werden. Setzen wir dem-

---

[1]) Der Schluß bezüglich des Auseinanderlaufens der Körper bei Vergrößerung von $a(t)$ kann natürlich nur gezogen werden, falls die Wechselwirkungsenergie klein ist im Vergleich zur kinetischen Energie, die dem Auseinanderlaufen entspricht. Diese Bedingung ist auf jeden Fall für hinreichend weit voneinander entfernte Galaxien erfüllt. Im entgegengesetzten Fall wird der gegenseitige Abstand der Körper hauptsächlich durch ihre Wechselwirkung bestimmt; deshalb wird sich der betrachtete Effekt z. B. nicht auf die Größe der Nebel selbst oder gar der Sterne auswirken.

gemäß in (112,4) oder (113,2) $d\theta = d\varphi = 0$, so erhalten wir $ds^2 = a^2\,(d\eta^2 - d\chi^2)$. Dieser Ausdruck gleich Null gesetzt, liefert $d\eta = \pm d\chi$ oder nach Integration

$$\chi = \pm\,\eta + \text{const}\,. \tag{114,1}$$

Das Vorzeichen + vor η entspricht einem Strahl, der sich vom Koordinatenursprung weg ausbreitet, das Minuszeichen einem Strahl, der zum Koordinatenursprung hin gelangt. In dieser Gestalt ist die Gleichung (114,1) auf die Lichtausbreitung sowohl in offenen als auch in geschlossenen Modellen anwendbar. Hiermit läßt sich dann unter Verwendung der Beziehungen der letzten Paragraphen die vom Strahl zurückgelegte Entfernung als Funktion der Zeit ausdrücken.

In einem offenen Modell entfernt sich das von irgendeinem Punkt ausgehende Licht im Laufe seiner Ausbreitung unbegrenzt von diesem Punkt. In einem geschlossenen Modell dagegen kann der von einem Punkt emittierte Lichtstrahl schließlich zum „entgegengesetzten Pol" gelangen (dem entspricht eine Änderung von χ von 0 bis π); bei der weiteren Ausbreitung nähert er sich wieder dem Ausgangspunkt. Ein Umlauf des Strahls „um den ganzen Raum" mit Rückkehr zum Ausgangspunkt würde einer Änderung von χ von 0 bis 2π entsprechen. Wie (114,1) zeigt, muß sich dabei auch η um 2π ändern, was jedoch unmöglich ist (ausgenommen ein Fall, wo die Emission zum $\eta = 0$ entsprechenden Zeitpunkt erfolgt). Ein Lichtstrahl könnte also nicht „um den Raum herumlaufen" und zum Ausgangspunkt zurückkehren.

Für einen Strahl, der zum Beobachtungspunkt (dem Koordinatenursprung) gelangt, gilt die Gleichung (114,1) mit dem Minuszeichen von η. Ist $t(\eta_0)$ die Zeit der Ankunft in diesem Punkt, so muß $\chi = 0$ für $\eta = \eta_0$ sein, so daß die Gleichung für die Ausbreitung solcher Strahlen die Gestalt

$$\chi = \eta_0 - \eta \tag{114,2}$$

hat.

Daraus ersieht man, daß einen im Punkt $\chi = 0$ befindlichen Beobachter zum Beispiel $t(\eta_0)$ nur solche Strahlen erreichen können, die aus Punkten stammen, deren „Entfernungen" nicht größer als $\chi = \eta_0$ sind.

Dieses Ergebnis, das sich sowohl auf offene als auch auf geschlossene Modelle bezieht, ist sehr wichtig. Wir sehen, daß zu jedem Zeitpunkt $t(\eta)$ in einem gegebenen Raumpunkt nicht der ganze Raum der physikalischen Beobachtung zugänglich ist, sondern nur der durch $\chi \leqq \eta$ gekennzeichnete Teil. Vom mathematischen Standpunkt ist das „sichtbare Gebiet" des Raumes der Durchschnitt des vierdimensionalen Raumes mit dem Lichtkegel. Dieser Schnitt ist endlich sowohl für ein offenes als auch für ein geschlossenes Modell (unendlich ist dagegen im offenen Modell der Schnitt mit der Hyperfläche $t = \text{const}$, der einem Raum entspricht, der in allen seinen Punkten zu ein und demselben Zeitpunkt t betrachtet wird[1])). In diesem Sinne ist der Unterschied zwischen

[1]) Diese Betrachtung kann natürlich nicht durch einen Beobachter erfolgen. Vielmehr wäre an jedem Raumpunkt ein solcher zu stationieren (Anm. d. Hrsg.).

dem offenen und geschlossenen Modell weniger tief, als es auf den ersten Blick erscheint.

Je weiter das von einem Beobachter zu einem bestimmten Zeitpunkt beobachtete Raumgebiet von ihm entfernt ist, desto früheren Zeitpunkten entspricht es. Wir stellen uns eine Kugelfläche vor, die der geometrische Ort aller Punkte ist, die Licht zum Zeitpunkt $t(\eta - \chi)$ aussenden, das im Augenblick $t(\eta)$ im Koordinatenursprung beobachtet wird. Der Inhalt dieser Fläche ist $4\pi a^2 (\eta - \chi) \sin^2\chi$ im geschlossenen Modell oder $4\pi a^2 (\eta - \chi) \operatorname{sh}^2\chi$ im offenen Modell. Mit der Entfernung vom Beobachter wächst zunächst der Inhalt der „sichtbaren Kugel" von 0 (für $\chi = 0$) an, erreicht ein Maximum und verkleinert sich dann wieder, um bei $\chi = \eta$ (wo $a(\eta - \chi) = a(0) = 0$ ist) zu verschwinden. Dies bedeutet, daß der Schnitt mit dem Lichtkegel nicht nur endlich, sondern auch geschlossen ist. Er schließt sich gewissermaßen in dem dem Beobachter „entgegengesetzten" Punkt, den man bei Beobachtung in einer beliebigen Raumrichtung sehen kann. In diesem Punkt gilt $\varepsilon \to \infty$, so daß die Materie auf allen Stufen ihrer Entwicklung im Prinzip beobachtet werden kann.

Die gesamte beobachtbare Materiemenge ist im offenen Modell gleich dem Integral

$$M_{\text{beob}} = 4\pi \int_0^\eta \mu\, a^3 \operatorname{sh}^2\chi\, d\chi\,.$$

Setzen wir $\mu\, a^3$ aus (113,7) ein, so erhalten wir

$$M_{\text{beob}} = \frac{3\, c^2 a_0}{2\, k} (\operatorname{sh}\eta \operatorname{ch}\eta - \eta)\,. \tag{114,3}$$

Diese Größe wächst für $\eta \to \infty$ unbegrenzt. Im geschlossenen Modell wird das Anwachsen von M_{beob} natürlich durch die Gesamtmasse M beschränkt; auf entsprechende Weise erhalten wir in diesem Fall

$$M_{\text{beob}} = \frac{M}{\pi} (\eta - \sin\eta \cos\eta)\,. \tag{114,4}$$

Mit der Zunahme von η von 0 bis π wächst diese Größe von 0 bis M; die weitere Vergrößerung von M_{beob} nach dieser Formel ist fiktiv und bedeutet lediglich, daß in einer kontrahierenden Welt entfernte Körper zweimal beobachtet werden würden (durch Licht, das den Raum nach beiden Seiten durchläuft).

Wir betrachten nun die Frequenzänderung des Lichtes bei seiner Ausbreitung in einem isotropen Raum. Dazu machen wir zunächst auf folgende Tatsache aufmerksam. Es mögen an irgendeinem Raumpunkt zwei Ereignisse stattfinden, die durch ein Zeitintervall $dt = a(\eta)\, d\eta/c$ getrennt sind. Werden zugleich mit diesen beiden Ereignissen Lichtsignale ausgesandt, die in einem anderen Raumpunkt beobachtet werden, so vergeht zwischen den beiden beobachteten Ereignissen ein Zeitintervall, das derselben Änderung $d\eta$ von η entspricht, die auch im Emissionspunkt besteht. Das folgt unmittelbar aus der Gleichung (114,1), nach der die Änderung der Größe η bei der Ausbreitung des Lichtes von einem Punkt zum anderen nur vom Unterschied in der Koordinate χ

dieser Punkte abhängt. Da sich während der Signalausbreitung der Krümmungsradius a ändert, sind die Intervalle in der Zeit t zwischen der Emission der beiden Signale und ihrer Beobachtung verschieden; das Verhältnis dieser Intervalle ist gleich dem Verhältnis der entsprechenden Werte a.

Aus diesen Überlegungen folgt, daß auch die in Weltzeit gemessene Schwingungsperiode des Lichtes sich längs des Strahls proportional zu a ändert. Die Lichtfrequenz wird dann umgekehrt proportional zu a sein. Folglich ist bei der Ausbreitung eines Lichtstrahls das Produkt

$$\omega\, a = \text{const}\,. \tag{114,5}$$

Wir nehmen an, daß wir zum Zeitpunkt $t(\eta)$ Licht beobachten, das von einer Quelle ausgesandt wird, die sich in einer bestimmten Entfernung χ befindet. Die Emission dieses Lichtes erfolgt nach (114,1) zum Zeitpunkt $t\,(\eta - \chi)$. Ist ω_0 die Frequenz des Lichtes bei seiner Emission, so ist die von uns beobachtete Frequenz nach (114,5) gleich

$$\omega = \omega_0 \frac{a(\eta - \chi)}{a(\eta)}\,. \tag{114,6}$$

Für eine monoton wachsende Funktion $a(\eta)$ folgt daraus $\omega < \omega_0$, d. h., es tritt eine Verkleinerung der Lichtfrequenz auf. Dies bedeutet, daß im Spektrum des einfallenden Lichtes alle Linien im Vergleich zum Spektrum desselben Stoffes unter gewöhnlichen Bedingungen nach der roten Seite verschoben sein müssen. Diese Erscheinung der *Rotverschiebung* stellt im wesentlichen den DOPPLER-Effekt des Auseinanderlaufens der Körper dar.

Die Größe der Rotverschiebung, die durch das Verhältnis der geänderten Frequenz zur ungeänderten gemessen wird, hängt (zu einem gegebenen Zeitpunkt der Beobachtung) von der Entfernung ab, in der sich die beobachtete Lichtquelle befindet (in die Beziehung (114,6) geht die Koordinate χ der Lichtquelle ein). Für nicht zu große Entfernungen kann man $a(\eta - \chi)$ in eine Reihe nach Potenzen von χ entwickeln und sich auf die beiden ersten Terme beschränken:

$$\frac{\omega}{\omega_0} = 1 - \chi \frac{a'(\eta)}{a(\eta)}$$

(der Strich bedeutet die Ableitung nach η). Weiter bemerken wir, daß das Produkt $\chi\, a(\eta)$ hier nichts anderes ist als die Entfernung l zur beobachteten Quelle. In der Tat ist das radiale Längenelement gleich $\mathrm{d}l = a\, \mathrm{d}\chi$. Bei der Integration dieser Gleichung entsteht die Frage, durch welche physikalische Beobachtung die Entfernung bestimmt wird. Davon hängt es ab, zu welchen verschiedenen Zeitpunkten der Wert a in den verschiedenen Punkten des Integrationsweges zu nehmen ist (die Integration bei $\eta = \text{const}$ würde einer gleichzeitigen Betrachtung aller Punkte des Weges entsprechen, was physikalisch undurchführbar ist). Für kleine Entfernungen kann man jedoch die Änderung von a längs des Integrationsweges vernachlässigen und einfach $l = a\,\chi$ setzen, wobei a zum Zeitpunkt der Beobachtung zu nehmen ist.

Als Ergebnis finden wir für die relative Frequenzänderung (sie wird gewöhnlich mit dem Buchstaben z bezeichnet) folgende Formel:

$$z = \frac{\omega_0 - \omega}{\omega_0} = \frac{H}{c} l\,, \tag{114,7}$$

wobei die Bezeichnung

$$H = c\,\frac{a'(\eta)}{a^2(\eta)} = \frac{1}{a}\,\frac{\mathrm{d}a}{\mathrm{d}t} \tag{114,8}$$

für die sogenannte HUBBLE-*Konstante* eingeführt wurde. Diese Größe ist zu einem gegebenen Beobachtungszeitpunkt von l unabhängig. Die relative Verschiebung der Spektrallinien muß also der Entfernung zur beobachteten Lichtquelle proportional sein.

Sehen wir die Rotverschiebung als Ergebnis des DOPPLER-Effektes an, so können wir die Geschwindigkeit v der Galaxien bestimmen, mit der sie sich vom Beobachter entfernen. Schreiben wir $z = v/c$ und vergleichen mit (114,7), so finden wir

$$v = H\,l \tag{114,9}$$

(diese Formel kann man auch unmittelbar durch Berechnung der Ableitung $v = \mathrm{d}(a\,\chi)/\mathrm{d}t$ erhalten).

Astronomische Beobachtungen bestätigen das Gesetz (114,7), aber die Bestimmung des Wertes der HUBBLE-Konstanten wird durch die Unsicherheit erschwert, die in der Bestimmung eines für entfernte Galaxien geeigneten Maßstabes der kosmischen Entfernungen besteht. Der heute angenommene Wert von H ist:

$$H \approx 0{,}8 \cdot 10^{-10}\,\text{Jahr}^{-1} = 0{,}25 \cdot 10^{-17}\,\text{s}^{-1}\,,$$

$$\frac{1}{H} \approx 4 \cdot 10^{17}\,\text{s} = 13 \cdot 10^{9}\,\text{Jahre}\,. \tag{114,10}$$

Dieser Wert von H entspricht einer Vergrößerung der Fluchtgeschwindigkeit von 75 km/s auf jedem Megaparsec Entfernung.[1]

Setzen wir in die Gleichung (113,4) $\varepsilon = \mu\,c^2$ und $H = c\,a'/a^2$ ein, so erhalten wir für das offene Modell folgende Beziehung:

$$\frac{c^2}{a^2} = H^2 - \frac{8\,\pi\,k}{3}\,\mu\,. \tag{114,11}$$

Kombinieren wir diese Gleichung mit

$$H = \frac{c\,\mathrm{sh}\,\eta}{a_0(\mathrm{ch}\,\eta - 1)^2} = \frac{c}{a}\,\mathrm{cth}\,\frac{\eta}{2}\,,$$

so ergibt sich

$$\mathrm{ch}\,\frac{\eta}{2} = H\sqrt{\frac{3}{8\,\pi\,k\,\mu}}\,. \tag{114,12}$$

[1] Es gibt auch Abschätzungen, die zu einem kleineren H führen und einer Vergrößerung der Fluchtgeschwindigkeit von 55 km/s pro Megaparsec Entfernung entsprechen. Dabei ist $1/H \approx 18 \cdot 10^9$ Jahre.

Für das geschlossene Modell bekommen wir ähnlich

$$\frac{c^2}{a^2} = \frac{8\pi k}{3}\mu - H^2\,, \tag{114,13}$$

$$\cos\frac{\eta}{2} = H\sqrt{\frac{3}{8\pi k \mu}}\,. \tag{114,14}$$

Durch Vergleich von (114,11) und (110,13) sehen wir, daß die Krümmung des Raumes negativ oder positiv ist, je nachdem $8\pi k\mu/3 - H^2$ negativ oder positiv ist. Sie verschwindet für $\mu = \mu_k$, wobei

$$\mu_k = \frac{3H^2}{8\pi k}\,. \tag{114,15}$$

Mit dem Wert (114,10) erhalten wir $\mu_k = 1 \cdot 10^{-29}\,\mathrm{g/cm^3}$. Beim heutigen Stand der astronomischen Kenntnisse läßt sich die mittlere Massendichte des Raumes nur sehr ungenau abschätzen. Nach Abschätzungen, die auf einer Zählung der Galaxien und Bestimmung ihrer mittleren Masse beruhen, ergibt sich heute ein Wert von ungefähr $3 \cdot 10^{-31}\,\mathrm{g\,cm^{-3}}$. Dieser Wert ist 30mal kleiner als μ_k und würde deshalb einem offenen Modell entsprechen. Ungeachtet der ungenügenden Zuverlässigkeit dieses Wertes selbst muß jedoch beachtet werden, daß in ihm nicht die mögliche Existenz nichtleuchtenden intergalaktischen Gases berücksichtigt wurde. Diese könnten die mittlere Materiedichte wesentlich erhöhen.

Wir geben hier noch eine Ungleichung an, die man bei einem gegebenen Wert von H erhalten kann. Für ein offenes Modell gilt $H = c\,\mathrm{sh}\,\eta/a_0\,(\mathrm{ch}\,\eta - 1)^2$ und damit

$$t = \frac{a_0}{c}(\mathrm{sh}\,\eta - \eta) = \frac{\mathrm{sh}\,\eta(\mathrm{sh}\,\eta - \eta)}{H(\mathrm{ch}\,\eta - 1)^2}\,.$$

Wegen $0 < \eta < \infty$ muß

$$\frac{2}{3H} < t < \frac{1}{H} \tag{114,16}$$

gelten. Für das geschlossene Modell erhalten wir ebenso

$$t = \frac{\sin\eta(\eta - \sin\eta)}{H(1 - \cos\eta)^2}\,.$$

Das Wachsen von $a(\eta)$ erfolgt im Intervall $0 < \eta < \pi$; wir erhalten daher

$$0 < t < \frac{2}{3H}\,. \tag{114,17}$$

Weiter bestimmen wir die Intensität I des Lichtes, das den Beobachter von einer Quelle in der Koordinaten-Entfernung χ erreicht. Die Energiestromdichte ist umgekehrt proportional zu der durch den Beobachterpunkt mit dem Zentrum im Emissionspunkt gelegten Kugelfläche; in einem Raum negativer Krümmung beträgt der Inhalt der Kugeloberfläche $4\pi a^2\,\mathrm{sh}^2\chi$. Das von der Quelle im Zeitintervall $\mathrm{d}t = \frac{1}{c}\,a\,(\eta - \chi)\,\mathrm{d}\eta$ ausgesandte Licht gelangt im

Zeitraum $dt \frac{a(\eta)}{a(\eta-\chi)} = \frac{1}{c} a(\eta)\, d\eta$ zum Beobachtungspunkt. Da die Intensität der Energiestrom in der Zeiteinheit ist, tritt in I der Faktor $a(\eta - \chi)/a(\eta)$ auf. Nun ist die Energie eines Wellenpaketes der Frequenz proportional [siehe (53,9)]; da sich die Frequenz bei der Lichtausbreitung nach dem Gesetz (114,5) ändert, erscheint in I der Faktor $a(\eta - \chi)/a(\eta)$ noch einmal. Endgültig erhalten wir daher für die Intensität

$$I = \text{const} \cdot \frac{a^2(\eta - \chi)}{a^4(\eta)\, \text{sh}^2\, \chi}. \tag{114,18}$$

Für ein geschlossenes Modell ergibt sich entsprechend

$$I = \text{const} \cdot \frac{a^2(\eta - \chi)}{a^4(\eta) \sin^2 \chi}. \tag{114,19}$$

Diese Formeln liefern die Abhängigkeit der Helligkeit beobachtbarer Objekte von ihrer Entfernung (bei bekannter absoluter Helligkeit). Für kleine χ kann man $a(\eta - \chi) \approx a(\eta)$ annehmen; damit gilt $I \propto 1/a^2(\eta)\, \chi^2 = 1/l^2$, d. h. das gewöhnliche Gesetz der Intensitätsabnahme umgekehrt proportional zum Quadrat der Entfernung.

Zum Schluß betrachten wir die sogenannte Eigenbewegung der Körper. Sprechen wir von Dichte und Bewegung der Massen, so meinen wir immer die mittlere Dichte und mittlere Bewegung; insbesondere verschwindet in dem Bezugssystem, das wir ständig benutzen, die Geschwindigkeit der mittleren Bewegung. Die tatsächliche Geschwindigkeit der Körper zeigt dagegen eine Streuung um ihren Mittelwert. Im Laufe der Zeit ändert sich diese Eigengeschwindigkeit der Körper. Um das Gesetz dieser Änderung zu bestimmen, betrachten wir einen sich frei bewegenden Körper und legen den Koordinatenursprung in einen Punkt seiner Bahn. Diese wird dann eine radiale Kurve $\theta = \text{const}$, $\varphi = \text{const}$ sein. Die HAMILTON-JACOBI-Gleichung (87,6) hat nach dem Einsetzen der g^{ik} die Gestalt

$$\left(\frac{\partial S}{\partial \chi}\right)^2 - \left(\frac{\partial S}{\partial \eta}\right)^2 + m^2 c^2 a^2(\eta) = 0\,. \tag{114,20}$$

Da in die Koeffizienten dieser Gleichung χ nicht eingeht, χ somit eine zyklische Variable ist, gilt der Erhaltungssatz $\partial S/\partial \chi = \text{const}$. Der Impuls p des Körpers ist aber nach der allgemeinen Definition gleich $p = \frac{\partial S}{\partial l} = \frac{\partial S}{\partial a \chi}$. Bei der Bewegung eines Körpers gilt also

$$p\, a = \text{const}\,. \tag{114,21}$$

Führen wir vermöge

$$p = m\, v/\sqrt{1 - v^2/c^2}$$

die Eigengeschwindigkeit v des Körpers ein, so erhalten wir

$$\frac{v\,a}{\sqrt{1-\frac{v^2}{c^2}}} = \text{const}\,. \tag{114,22}$$

Diese Beziehung bestimmt die zeitliche Änderung der Geschwindigkeit. Sie fällt monoton mit wachsendem a.

Aufgaben

1. Man bestimme die beiden ersten Entwicklungsterme der beobachtbaren Nebelhelligkeit als Funktion ihrer Rotverschiebung; die absolute Helligkeit der Nebel ändere sich nach dem Exponentialgesetz $I_{\text{abs}} = \text{const}\cdot \mathrm{e}^{\alpha t}$ mit der Zeit (H. Robertson, 1955).

Lösung. Die Abhängigkeit der sichtbaren Helligkeit eines im „Augenblick" η beobachteten Nebelflecks von der Entfernung χ wird (für das geschlossene Modell) durch die Formel

$$I = \text{const}\cdot \mathrm{e}^{\alpha[t(\eta-\chi)-t(\eta)]}\,\frac{a^2(\eta-\chi)}{a^4(\eta)\sin^2\chi}$$

gegeben. Die Rotverschiebung bestimmen wir gemäß (114,7):

$$z = \frac{\omega_0-\omega}{\omega} = \frac{a(\eta)-a(\eta-\chi)}{a(\eta-\chi)}\,.$$

Wir entwickeln I und z nach Potenzen von χ (mit den Funktionen $a(\eta)$, $t(\eta)$ aus (112,9), (112,10)) und eliminieren χ aus den erhaltenen Ausdrücken. Das Ergebnis lautet

$$I = \text{const}\cdot\frac{1}{z^2}\left[1-\left(1-\frac{q}{2}+\frac{\alpha}{H}\right)z\right],$$

wobei die Bezeichnung

$$q = \frac{2}{1+\cos\eta} = \frac{\mu}{\mu_k} > 1$$

eingeführt wurde. Für das offene Modell erhält man eine ähnliche Formel:

$$q = \frac{2}{1+\operatorname{ch}\eta} = \frac{\mu}{\mu_k} < 1\,.$$

2. Die Zahl der Galaxien, die sich innerhalb einer „Kugel" vom gegebenen Radius befinden, ist als Funktion der Rotverschiebung an der Grenze der Kugel aufzufassen. (Die räumliche Verteilung wird als homogen angesehen.) Man gebe die ersten beiden Glieder der entsprechenden Potenzreihenentwicklung an.

Lösung. Die Zahl der Nebel N, die sich innerhalb der „Entfernung" χ befinden, ist (im geschlossenen Modell)

$$N = \text{const}\cdot\int_0^\chi \sin^2\chi\,\mathrm{d}\chi \approx \text{const}\cdot\chi^3\,.$$

Setzen wir hier die beiden ersten Entwicklungsglieder der Funktion $\chi(z)$ ein, so erhalten wir

$$N = \text{const}\cdot z^3\left[1-\frac{3}{4}(2+q)\,z\right].$$

In derselben Gestalt ist diese Formel auch für das offene Modell gültig.

§ 115. Gravitations-Stabilität des isotropen Modells

Wir untersuchen die Frage, wie sich das isotrope Modell gegenüber kleinen Störungen verhält, d. h. die Frage der Stabilität (E. M. Lifschitz, 1946). Dabei beschränken wir uns auf die Untersuchung von Störungen in verhältnismäßig kleinen Raumgebieten, deren lineare Abmessungen klein im Verhältnis zum Radius a sind.[1])

In jedem Punkt eines solchen Gebietes kann die räumliche Metrik in erster Näherung als euklidisch angesehen werden, d. h., die Metrik (111,8) bzw. (111,12) kann durch die Metrik

$$\mathrm{d}l^2 = a^2(\eta)\,(\mathrm{d}x^2 + \mathrm{d}y^2 + \mathrm{d}z^2) \tag{115,1}$$

ersetzt werden, wobei x, y, z kartesische Koordinaten, gemessen in Einheiten des Radius a, sind. Als Zeitkoordinate wird wiederum die Variable η gewählt.

Ohne Beschränkung der Allgemeinheit läßt sich das gestörte Feld im synchronisierten Bezugssystem beschreiben, d. h., wir unterwerfen die Änderung δg_{ik} des metrischen Tensors den Bedingungen $\delta g_{00} = \delta g_{0\alpha} = 0$. Durch Variation der Identität $g_{ik}\, u^i\, u^k = 1$ und unter Berücksichtigung der Tatsache, daß für die ungestörten Werte der Komponenten der Vierergeschwindigkeit der Materie $u^0 = 1/a$, $u^\alpha = 0$ gilt,[2]) erhalten wir $g_{00}\, u^0\, \delta u^0 = 0$ und daraus $\delta u^0 = 0$. Die Störungen δu^α sind jedoch im allgemeinen von Null verschieden, so daß das Bezugssystem kein mitbewegtes mehr ist.

Die Störungen des räumlichen metrischen Tensors bezeichnen wir mit $h_{\alpha\beta} = \delta\,\gamma_{\alpha\beta} = -\,\delta g_{\alpha\beta}$. Dann gilt $\delta\gamma^{\alpha\beta} = -\,h^{\alpha\beta}$, wobei das Heben der Indizes von $h_{\alpha\beta}$ mit Hilfe der ungestörten Metrik $\gamma_{\alpha\beta}$ ausgeführt wird.

In linearer Näherung genügen kleine Störungen des Gravitationsfeldes den Gleichungen

$$\delta R_i^k - \frac{1}{2}\,\delta_i^k\,\delta R = \frac{8\,\pi\,k}{c^4}\,\delta T_i^k\,. \tag{115,2}$$

Im synchronisierten Bezugssystem sind die Änderungen der Komponenten des Energie-Impuls-Tensors (94,9) gleich:

$$\delta T_\alpha^\beta = -\,\delta_\alpha^\beta\,\delta p\,,\quad \delta T_0^\alpha = a\,(p + \varepsilon)\,\delta u^\alpha\,,\quad \delta T_0^0 = \delta\varepsilon\,. \tag{115,3}$$

Da $\delta\varepsilon$ und $\delta\varrho$ klein sind, kann man $\delta p = \frac{\mathrm{d}p}{\mathrm{d}\varepsilon}\,\delta\varepsilon$ schreiben, und wir erhalten die Beziehungen

$$\delta T_\alpha^\beta = -\,\delta_\alpha^\beta\,\frac{\mathrm{d}p}{\mathrm{d}\varepsilon}\,\delta T_0^0\,. \tag{115,4}$$

---

[1]) Eine genauere Darlegung dieser Frage und die Untersuchung von Störungen in Gebieten, deren Ausdehnung mit a vergleichbar ist, findet man in Usp. Fiz. Nauk **80**, 411 (1963); Adv. Phys. **12**, 208 (1963).

[2]) Die ungestörten Werte aller Größen bezeichnen wir in diesem Paragraphen mit Buchstaben ohne den zusätzlichen Index (0).

Ausdrücke für die δR_i^k kann man durch Variation von (97,10) erhalten. Für den ungestörten metrischen Tensor gilt $\gamma_{\alpha\beta} = a^2\,\delta_{\alpha\beta}$, und es ergibt sich

$$\varkappa_{\alpha\beta} = \frac{2\,\dot{a}}{a}\gamma_{\alpha\beta} = \frac{2\,a'}{a^2}\gamma_{\alpha\beta}\,, \quad \varkappa_\alpha^\beta = \frac{2\,a'}{a^2}\delta_\alpha^\beta\,,$$

wobei ein Punkt Differentiation nach $c\,t$ und ein Strich Differentiation nach η bedeutet. Die Änderungen der Größen $\varkappa_{\alpha\beta}$ und $\varkappa_\alpha^\beta = \varkappa_{\alpha\gamma}\,\gamma^{\gamma\beta}$ sind durch

$$\delta\varkappa_{\alpha\beta} = \dot{h}_{\alpha\beta} = \frac{1}{a}h'_{\alpha\beta}\,, \quad \delta\varkappa_\alpha^\beta = -h^{\beta\gamma}\varkappa_{\alpha\gamma} + \gamma^{\beta\gamma}\dot{h}_{\alpha\gamma} = \dot{h}_\alpha^\beta = \frac{1}{a}h_\alpha^{\beta\prime}$$

mit $h_\alpha^\beta = \gamma^{\beta\gamma}\,h_{\alpha\gamma}$ gegeben. Die ungestörten Werte des dreidimensionalen Tensors P_α^β für die euklidische Metrik (115,1) sind gleich Null. Die Änderungen δP_α^β berechnen sich nach den Gleichungen (108,3—4), es ist offensichtlich, daß sich die δP_α^β durch die $\delta\gamma_{\alpha\beta}$ genauso ausdrücken wie der Vierertensor δR_{ik} durch die δg_{ik}, wobei alle Operationen an den Tensoren im dreidimensionalen Raum mit der Metrik (115,1) ausgeführt werden. Da diese Metrik euklidisch ist, reduzieren sich alle kovarianten Differentiationen auf einfache Differentiationen nach den Koordinaten x^α (kontravariante Differentiationen führen noch zu einer zusätzlichen Division durch a^2). Unter Berücksichtigung all dessen (und nach Übergang von Ableitungen nach t zu Ableitungen nach η) erhalten wir nach einfachen Rechnungen:

$$\begin{aligned}\delta R_\alpha^\beta &= -\frac{1}{2\,a^2}\left(h_{\alpha,\gamma}^{\gamma,\beta} + h_{\gamma,\alpha}^{\beta,\gamma} - h_{\alpha,\gamma}^{\beta,\gamma} - h_{,\alpha}^{,\beta}\right)\\ &\quad - \frac{1}{2\,a^2}h_\alpha^{\beta\prime\prime} - \frac{a'}{a^3}h_\alpha^{\beta\prime} - \frac{a'}{2\,a^3}h'\,\delta_\alpha^\beta\,,\\ \delta R_0^0 &= -\frac{1}{2\,a^2}h'' - \frac{a'}{2\,a^3}h'\,, \qquad \delta R_0^\alpha = \frac{1}{2\,a^2}\left(h^{,\alpha} - h_\beta^{\alpha,\beta}\right)' \qquad (115{,}5)\end{aligned}$$

mit $h \equiv h_\alpha^\alpha$. Hierbei bedeuten sowohl obere als auch untere Indizes nach einem Komma gewöhnliche Differentiationen nach den Koordinaten x^α (diese Schreibweise der Indizes wurde nur beibehalten, um eine einheitliche Bezeichnungsweise zu erhalten).

Endgültige Gleichungen für die Störungen h_α^β erhalten wir, wenn wir in (115,4) die gemäß (115,2) durch die δR_i^k ausgedrückten Komponenten δT_i^k einsetzen. Zweckmäßigerweise wählt man die Gleichungen, die sich aus (115,4) bei $\alpha \neq \beta$ sowie nach Verjüngung bezüglich α und β ergeben. Sie lauten:

$$\begin{aligned}&\left(h_{\alpha,\gamma}^{\gamma,\beta} + h_{\gamma,\alpha}^{\beta,\gamma} - h_{,\alpha}^{,\beta} - h_{\alpha,\gamma}^{\beta,\gamma}\right) + h_\alpha^{\beta\prime\prime} + 2\frac{a'}{a}h_\alpha^{\beta\prime} = 0\,, \quad \alpha \neq \beta\,,\\ &\frac{1}{2}\left(h_{\gamma,\delta}^{\delta,\gamma} - h_{,\gamma}^{,\gamma}\right)\left(1 + 3\frac{\mathrm{d}p}{\mathrm{d}\varepsilon}\right) + h'' + h'\frac{a'}{a}\left(2 + 3\frac{\mathrm{d}p}{\mathrm{d}\varepsilon}\right) = 0\,. \qquad (115{,}6)\end{aligned}$$

Die Änderung der Dichte und der Geschwindigkeit der Materie kann bei bekannten h_α^β mit Hilfe von (115,2) und (115,3) berechnet werden. So erhält man für die relative Dichteänderung

$$\frac{\delta\varepsilon}{\varepsilon} = \frac{c^4}{8\,\pi\,k\,\varepsilon}\left(\delta R_0^0 - \frac{1}{2}\delta R\right) = \frac{c^4}{16\,\pi\,k\,\varepsilon\,a^2}\left(h_{\alpha,\beta}^{\beta,\alpha} - h_{,\alpha}^{,\alpha} + \frac{2\,a'}{a}\,h'\right). \qquad (115{,}7)$$

Unter den Lösungen der Gleichungen (115,6) gibt es solche, die durch eine einfache Transformation des Bezugssystems (ohne Verletzung seiner Synchronisation) beseitigt werden können und deshalb keine reale physikalische Änderung der Metrik bewirken. Die Form solcher Lösungen kann von vornherein mit Hilfe der in Aufgabe 3 zu § 97 angegebenen Formeln (1) und (2) ausgedrückt werden. Wenn wir in sie die ungestörten Werte $\gamma_{\alpha\beta} = a^2\,\delta_{\alpha\beta}$ einsetzen, erhalten wir folgende Ausdrücke für die fiktiven Störungen der Metrik:

$$h_\alpha^\beta = f_{0;\alpha}^{\;;\beta} \int \frac{\mathrm{d}\eta}{a} + \frac{a'}{a^2} f_0\,\delta_\alpha^\beta + (f_\alpha^{\;;\beta} + f^\beta_{\;,\alpha})\,, \tag{115,8}$$

wobei f_0 und f_α willkürliche (kleine) Funktionen der Koordinaten x, y, z sind.

Eine beliebige Störung kann in jedem Punkt der von uns betrachteten kleinen Raumgebiete nach ebenen Wellen entwickelt werden, weil die Metrik in diesen Gebieten als euklidisch vorausgesetzt wird. Da die x, y, z in Einheiten von a gemessene kartesische Koordinaten sind, können wir den räumlich periodischen Faktor der ebenen Wellen in der Gestalt $\mathrm{e}^{i\boldsymbol{n}\boldsymbol{r}}$ schreiben, wobei $\boldsymbol{n}$ ein dimensionsloser Vektor ist, der einen in Einheiten von $1/a$ gemessenen Wellenvektor darstellt (der Wellenvektor ist $\boldsymbol{k} = \boldsymbol{n}/a$). Wenn wir eine Störung in einem Raumgebiet mit Ausdehnungen in der Größenordnung von l betrachten, gehen in ihre Entwicklung hauptsächlich Wellen mit den Wellenlängen $\lambda = 2\pi\, a/n \sim l$ ein. Da wir uns auf Störungen in Gebieten der Ausdehnung $l \ll a$ beschränken, setzen wir damit voraus, daß die Zahl n hinreichend groß ist ($n \gg 2\pi$).

Gravitationsstörungen kann man in drei Klassen einteilen. Diese Klassifikation beruht auf den möglichen Typen ebener Wellen, mit Hilfe derer man den symmetrischen Tensor $h_{\alpha\beta}$ darstellen kann.
Wir erhalten so folgende Klassifikation:

1. Mit Hilfe der skalaren Funktion

$$Q = \mathrm{e}^{i\boldsymbol{n}\boldsymbol{r}} \tag{115,9}$$

kann man den Vektor $\boldsymbol{P} = \boldsymbol{n}\,Q$ und die Tensoren[1])

$$Q_\alpha^\beta = \frac{1}{3}\delta_\alpha^\beta Q\,, \quad P_\alpha^\beta = \left(\frac{1}{3}\delta_\alpha^\beta - \frac{n_\alpha n^\beta}{n^2}\right) Q \tag{115,10}$$

aufbauen. Solchen ebenen Wellen entsprechen Störungen, bei denen neben dem Gravitationsfeld auch die Geschwindigkeit und die Massendichte geändert werden, d. h., wir haben es mit Störungen zu tun, die von einer Verdichtung bzw. Verdünnung der Materie begleitet sind. Die Störungen von h_α^β berechnen sich dabei mit Hilfe der Tensoren Q_α^β und P_α^β, die Störung der Geschwindigkeit mit dem Vektor $\boldsymbol{P}$ und die Störung der Dichte durch den Skalar Q.

2. Mit Hilfe der transversalen Vektorwellen

$$\boldsymbol{S} = \boldsymbol{s}\,\mathrm{e}^{i\boldsymbol{n}\boldsymbol{r}}\,, \qquad \boldsymbol{s}\,\boldsymbol{n} = 0 \tag{115,11}$$

kann der Tensor $n^\beta S_\alpha + n_\alpha S^\beta$ aufgebaut werden; da $\boldsymbol{n}\,\boldsymbol{S} = 0$ ist, gibt es keinen entsprechenden Skalar. Diesen Wellen entsprechen Störungen, bei denen neben

[1]) Obere und untere Indizes schreiben wir an die Komponenten gewöhnlicher kartesischen Vektoren $\boldsymbol{n}$ nur, um die Einheitlichkeit der Schreibweise beizubehalten.

dem Gravitationsfeld die Geschwindigkeit, nicht aber die Massendichte geändert wird. Sie können als Rotationsstörungen bezeichnet werden.

3. Mit Hilfe der transversalen tensoriellen Wellen

$$G_\alpha^\beta = g_\alpha^\beta \, e^{i n r}, \quad g_\alpha^\beta n_\beta = 0 \tag{115,12}$$

können weder ein Vektor noch ein Skalar aufgebaut werden. Diesen Wellen entsprechen Störungen des Gravitationsfeldes, bei denen die Materie unbewegt und im Raum homogen verteilt bleibt. Mit anderen Worten, es handelt sich um Gravitationswellen in der isotropen Welt.

Am interessantesten sind Störungen der ersten Klasse. Wir setzen

$$h_\alpha^\beta = \lambda(\eta) \, P_\alpha^\beta + \mu(\eta) \, Q_\alpha^\beta, \qquad h = \mu \, Q . \tag{115,13}$$

Aus (115,7) erhalten wir für die relative Dichteänderung

$$\frac{\delta\varepsilon}{\varepsilon} = \frac{c^4}{24 \pi k \varepsilon a^2} \left[n^2 (\lambda + \mu) + \frac{3 a'}{a} \mu' \right] Q . \tag{115,14}$$

Durch Einsetzen von (115,13) in (115,6) gewinnen wir Gleichungen zur Berechnung der Funktionen λ und μ:

$$\begin{aligned} &\lambda'' + 2 \frac{a'}{a} \lambda' - \frac{n^2}{3} (\lambda + \mu) = 0 , \\ &\mu'' + \mu' \frac{a'}{a} \left(2 + 3 \frac{dp}{d\varepsilon} \right) + \frac{n^2}{3} (\lambda + \mu) \left(1 + 3 \frac{dp}{d\varepsilon} \right) = 0 . \end{aligned} \tag{115,15}$$

Diese Gleichungen besitzen unter anderem folgende zwei spezielle Lösungen, die solchen fiktiven Änderungen der Metrik entsprechen, die durch Transformation des Bezugssystems beseitigt werden können:

$$\lambda = - \mu = \text{const} , \tag{115,16}$$

$$\lambda = - n^2 \int \frac{d\eta}{a}, \quad \mu = n^2 \int \frac{d\eta}{a} - \frac{3 a'}{a^2} \tag{115,17}$$

(die erste folgt aus (115,8) durch Wahl von $f_0 = 0$, $f_\alpha = P_\alpha$, die zweite durch Wahl von $f_0 = Q$, $f_\alpha = 0$).

In frühen Stadien der Ausdehnung des Weltalls, in denen die Materie durch die Zustandsgleichung $p = \varepsilon/3$ beschrieben wird, gilt $a \approx a_1 \eta$, $\eta \ll 1$ sowohl in offenen als auch geschlossenen Modellen. Die Gleichungen (115,15) nehmen dann die Gestalt

$$\lambda'' + \frac{2}{\eta} \lambda' - \frac{n^2}{3} (\lambda + \mu) = 0 , \quad \mu'' + \frac{3}{\eta} \mu' + \frac{2 n^2}{3} (\lambda + \mu) = 0 \tag{115,18}$$

an. Zweckmäßigerweise untersucht man diese Gleichung gesondert für zwei Grenzfälle, je nachdem ob das Verhältnis der beiden großen Zahlen n und $1/\eta$ sehr klein oder sehr groß ist.

Wir setzen zunächst voraus, daß die Zahl n nicht allzu groß (oder η hinreichend klein) ist, so daß $n \eta \ll 1$ gilt. Mit derselben Genauigkeit, mit der die Gleichungen (115,18) selbst gültig sind, folgt aus ihnen im gegebenen Fall:

$$\lambda = \frac{3\,C_1}{\eta} + C_2\left(1 + \frac{n^2}{9}\eta^2\right), \quad \mu = -\frac{2\,n^2}{3}C_1\,\eta + C_2\left(1 - \frac{n^2}{6}\eta^2\right),$$

wobei C_1, C_2 Konstanten sind; hierbei sind Lösungen der Gestalt (115,16) und (115,17) ausgeschlossen (in diesem Falle sind das Lösungen mit $\lambda = -\mu = \text{const}$ bzw. $\lambda + \mu \sim 1/\eta^2$). Nach Berechnung von $\delta\varepsilon/\varepsilon$ gemäß (115,14) und (112,15) erhalten wir folgende Ausdrücke für die Störungen der Metrik und der Dichte:

$$h_\alpha^\beta = \frac{3\,C_1}{\eta}P_\alpha^\beta + C_2\,(Q_\alpha^\beta + P_\alpha^\beta)\,, \quad \frac{\delta\varepsilon}{\varepsilon} = \frac{n^2}{9}(C_1\,\eta + C_2\,\eta^2)\,Q$$

$$\text{für} \quad p = \frac{\varepsilon}{3}, \quad \eta \ll \frac{1}{n}. \tag{115,19}$$

Die Konstanten C_1 und C_2 müssen bestimmten Bedingungen genügen, die die Kleinheit der Störung im Moment η_0 ihrer Entstehung zum Ausdruck bringen: Es muß $h_\alpha^\beta \ll 1$ (woraus $\lambda \ll 1$ und $\mu \ll 1$ folgt) und $\delta\varepsilon/\varepsilon \ll 1$ gelten. Auf (115,19) angewendet, führen diese Bedingungen zu den Ungleichungen $C_1 \ll \eta_0$ und $C_2 \ll 1$.

In den Ausdrücken (115,19) treten Terme auf, die in der sich ausdehnenden Welt mit verschiedenen Potenzen des Radius $a = a_1\,\eta$ anwachsen. Dieses Anwachsen führt jedoch nicht dazu, daß die Störung groß werden könnte: Wenn die Gleichungen (115,19) auf den Fall $\eta \approx 1/n$ angewendet werden, folgt, daß (kraft der oben erhaltenen Ungleichungen für C_1, C_2) die Störungen auch an der Grenze des Anwendungsbereiches dieser Gleichungen klein bleiben.

Die Zahl n sei jetzt so groß, daß $n\,\eta \gg 1$ gilt. Bei der Lösung der Gleichungen (115,18) unter dieser Bedingung finden wir, daß die führenden Glieder in λ und μ gleich

$$\lambda = -\frac{\mu}{2} = \text{const}\,\frac{1}{\eta^2}\,e^{i n \eta/\sqrt{3}}$$

sind.[1]) Hieraus folgt für die Störungen der Metrik und der Dichte:

$$h_\alpha^\beta = \frac{C}{n^2\,\eta^2}(P_\alpha^\beta - 2\,Q_\alpha^\beta)\,e^{i n \eta/\sqrt{3}}\,, \quad \frac{\delta\varepsilon}{\varepsilon} = -\frac{C}{9}Q\,e^{i n \eta/\sqrt{3}}$$

$$\text{für} \quad p = \frac{\varepsilon}{3}, \quad \frac{1}{n} \ll \eta \ll 1\,, \tag{115,20}$$

wobei C eine komplexe Konstante ist, die der Bedingung $|C| \ll 1$ genügt. Das Auftreten eines periodischen Faktors in diesen Ausdrücken war zu erwarten: Bei großen n haben wir es mit Störungen zu tun, deren räumliche Periodizität durch einen großen Wellenvektor $k = n/a$ bestimmt wird. Solche Störungen breiten sich ähnlich Schallwellen mit der Geschwindigkeit

$$u = \sqrt{\frac{dp}{d(\varepsilon/c^2)}} = \frac{c}{\sqrt{3}}$$

---

[1]) Der Faktor $1/\eta^2$ ist das erste Glied der Entwicklung nach Potenzen von $1/n\,\eta$. Um ihn im gegebenen Falle zu bestimmen, müssen gleichzeitig die zwei ersten Entwicklungsglieder betrachtet werden, was innerhalb der Genauigkeit der Gleichungen (115,18) möglich ist.

aus. Dementsprechend wird der zeitabhängige Teil der Phase wie in der geometrischen Akustik durch ein großes Integral $\int k\,u\,dt = n\,\eta/\sqrt{3}$ bestimmt. Die Amplitude der relativen Dichteänderung bleibt, wie wir sehen, konstant, die Amplituden der Störungen der Metrik fallen bei Ausdehnung der Welt wie a^{-2}.[1])

Im weiteren werden spätere Stadien der Ausdehnung betrachtet, in denen die Materie bereits so verdünnt ist, daß ihr Druck vernachlässigt werden kann ($p = 0$). Dabei wollen wir uns hier auf den Fall kleiner η beschränken, der dem Ausdehnungsstadium entspricht, in dem der Radius a noch sehr klein im Verhältnis zu seinem heutigen Wert, die Materie aber trotzdem bereits hinreichend verdünnt war.

Bei $p = 0$ und $\eta \ll 1$ gilt $a \approx a_0\,\eta^2/2$, und die Gleichungen (115,15) nehmen folgende Gestalt an:

$$\lambda'' + \frac{4}{\eta}\lambda' - \frac{n^2}{3}(\lambda + \mu) = 0\,, \quad \mu'' + \frac{4}{\eta}\mu' + \frac{n^2}{3}(\lambda + \mu) = 0\,.$$

Die Lösung dieser Gleichungen ist

$$\lambda + \mu = 2\,C_1\,, \quad \lambda - \mu = 2\,n^2\left(\frac{C_1\,\eta^2}{15} + \frac{2\,C_2}{\eta^3}\right).$$

Nach Berechnung von $\delta\varepsilon/\varepsilon$ (mit Hilfe von (115,14) und (112,12)) finden wir

$$h_\alpha^\beta = C_1\,(P_\alpha^\beta + Q_\alpha^\beta) + \frac{2\,n^2\,C_2}{\eta^3}(P_\alpha^\beta - Q_\alpha^\beta) \quad \text{für} \quad \eta \ll \frac{1}{n}\,,$$

$$h_\alpha^\beta = \frac{C_1}{15}n^2\,\eta^2\,(P_\alpha^\beta - Q_\alpha^\beta) + \frac{2\,n^2\,C_2}{\eta^3}(P_\alpha^\beta - Q_\alpha^\beta) \quad \text{für} \quad \frac{1}{n} \ll \eta \ll 1\,, \qquad (115{,}21)$$

$$\frac{\delta\varepsilon}{\varepsilon} = \left(\frac{C_1\,n^2\,\eta^2}{30} + \frac{C_2\,n^2}{\eta^3}\right)Q\,.$$

Wir sehen, daß $\delta\varepsilon/\varepsilon$ ein Glied enthält, das proportional zu a anwächst.[2]) Falls jedoch $n\,\eta \ll 1$ ist, wird $\delta\varepsilon/\varepsilon$ selbst bei $\eta \approx 1/n$ infolge der Beziehung $C_1 \ll 1$ nicht groß. Falls jedoch $\eta\,n \gg 1$ ist, wird bei $\eta \approx 1$ die relative Dichteänderung von der Größenordnung $C_1\,n^2$, während die Kleinheit der Anfangsstörung lediglich $C_1\,n^2\,\eta_0^2 \ll 1$ erfordert. Folglich kann, obwohl das Anwachsen der Störung langsam vonstattengeht, die Vergrößerung beträchtlich und so die Störung insgesamt verhältnismäßig groß werden.

---

[1]) Für $p = \varepsilon/3$ verifiziert man leicht $n\,\eta \approx L/\lambda$ mit $L \approx u/\sqrt{k\,\varepsilon/c^2}$. Es ist klar, daß die charakteristische Länge L, die das Verhalten von Störungen mit einer Wellenlänge $\lambda \ll a$ bestimmt, sich lediglich aus „hydrodynamischen" Größen, der Massendichte ε/c^2, der Schallgeschwindigkeit u (und der Gravitationskonstanten k) aufbaut. Wir bemerken, daß die Störungen nur für $\lambda \gg L$ (in 115,19) anwachsen.

[2]) Eine genauere Untersuchung unter Berücksichtigung kleiner Drücke $p(\varepsilon)$ zeigt, daß der Druck nur unter der Bedingung $u\,\eta\,n/c \ll 1$ (wobei $u = c\sqrt{dp/d\varepsilon}$ die (kleine) Schallgeschwindigkeit ist) vernachlässigt werden kann. Man sieht leicht, daß diese Bedingung auch hier mit der Bedingung $\lambda \gg L$ zusammenfällt. Das Anwachsen der Störungen findet also immer statt, falls nur $\lambda \gg L$ erfüllt ist.

Analog können Störungen der zweiten und dritten Klasse betrachtet werden. Die Dämpfung solcher Störungen kann jedoch auch ohne detaillierte Rechnungen mit Hilfe folgender einfacher Überlegungen gefunden werden.

Falls in einem kleinen Teil der Materie (der linearen Ausdehnung l) eine Rotationsstörung mit der Geschwindigkeit δv vorliegt, ist der Drehimpuls dieses Teiles $\sim (\varepsilon/c^2)\, l^3 \cdot l \cdot v$. Bei Ausdehnung der Welt wächst l proportional a, und ε fällt wie a^{-3} (im Fall $p = 0$) oder wie a^{-4} (im Fall $p = \varepsilon/3$). Aufgrund der Drehimpulserhaltung gilt dann

$$\delta v = \text{const} \quad \text{für} \quad p = \frac{\varepsilon}{3}, \quad \delta v \propto \frac{1}{a} \quad \text{für} \quad p = 0\,. \tag{115,22}$$

Die Energiedichte von Gravitationswellen fällt bei Ausdehnung der Welt wie a^{-4} ab. Andererseits ist diese Dichte mit Hilfe der Störung der Metrik $\approx k^2 (h_\alpha^\beta)^2$, wobei $k = n/a$ der Wellenvektor der Störung ist. Hieraus folgt, daß die Amplitude einer Störung vom Typ einer Gravitationswelle mit der Zeit wie a^{-1} abfällt.

§ 116. Homogene Räume

Die Voraussetzung der Homogenität und Isotropie des Raumes bestimmt seine Metrik vollständig, lediglich das Vorzeichen der Krümmung bleibt frei. Die Voraussetzung lediglich der Homogenität des Raumes ohne jede zusätzliche Symmetrie läßt demgegenüber weit mehr Freiheit zu. Wir wollen hier die Frage klären, welche metrischen Eigenschaften ein homogener Raum besitzen kann.

Dabei wird es sich um die Metrik des Raumes zu einem gegebenen Zeitpunkt t handeln. Es wird vorausgesetzt, daß das raum-zeitliche Bezugssystem ein synchronisiertes ist, so daß t eine für den ganzen Raum einheitliche synchronisierte Zeit ist.[1])

Die Homogenität bedeutet Gleichheit der metrischen Eigenschaften in allen Raumpunkten. Eine genaue Definition dieses Begriffes hängt mit der Betrachtung der Gesamtheit von Koordinatentransformationen eng zusammen, die das Linienelement invariant lassen. Wenn es vor einer solchen Transformation die Gestalt

$$dl^2 = \gamma_{\alpha\beta}(x^1, x^2, x^3)\, dx^\alpha\, dx^\beta$$

hat, dann ist

$$dl^2 = \gamma_{\alpha\beta}(x'^1, x'^2, x'^3)\, dx'^\alpha\, dx'^\beta$$

das gleiche Linienelement nach der Transformation mit derselben funktionalen Abhängigkeit der $\gamma_{\alpha\beta}$ von den neuen Koordinaten.[2]) Der Raum heißt nun

[1]) Gemeint ist, daß man im ganzen Raum Uhren nach der in § 84 erläuterten Vorschrift eindeutig synchronisieren kann (Anm. d. Hrsg.).

[2]) Anstatt unter $x^i \to x'^i$ die Einführung neuer Koordinaten für die gleichen Raumpunkte zu verstehen, können wir das auch als Abbildung des Raumpunktes A (mit den Koordinaten x^i) auf einen anderen B (mit den Koordinaten x'^i) auffassen (Anm. d. Hrsg.).

homogen, falls es für jedes beliebige Punktepaar A, B eine (eindeutige und zusammen mit ihrer Umkehrung stetige) Abbildung des Raumes in sich gibt, die A in B überführt. (Die Menge dieser Abbildungen ist eine sogenannte transitive *Bewegungsgruppe*.) Auf Grund der Dreidimensionalität des Raumes ist es klar, daß die verschiedenen Abbildungen der Gruppe durch die Werte von drei unabhängigen Parametern bestimmt werden müssen.

So kommt im euklidischen Raum die Homogenität durch die Invarianz der Metrik bezüglich Parallelverschiebungen (Translationen) des kartesischen Koordinatensystems zum Ausdruck. Jede Translation wird durch drei Parameter, die Komponenten des Verschiebungsvektors des Koordinatenursprunges, bestimmt. Alle diese Transformationen lassen drei unabhängige Differentiale ($\mathrm{d}x$, $\mathrm{d}y$, $\mathrm{d}z$) invariant, aus denen das Linienelement aufgebaut ist.

Im allgemeinen Fall des nichteuklidischen homogenen Raumes lassen die Transformationen seiner Bewegungsgruppe ebenfalls drei unabhängige lineare Differentialformen invariant, die jedoch keine vollständigen Differentiale irgendwelcher Funktionen der Koordinaten sind. Wir schreiben diese Formen in der Gestalt

$$e_\alpha^{(a)}\,\mathrm{d}x^\alpha\,, \qquad (116,1)$$

wobei der lateinische Index a drei unabhängige Vektoren (die Funktionen der Koordinaten sind) durchnumeriert; diese Vektoren werden wir als Bezugsvektoren bezeichnen.

Mit Hilfe der Form (116,1), die invariant gegenüber der gegebenen Translationsgruppe ist, baut sich die räumliche Metrik in der Gestalt

$$\mathrm{d}l^2 = \eta_{ab}(e_\alpha^{(a)}\,\mathrm{d}x^\alpha)\,(e_\beta^{(b)}\,\mathrm{d}x^\beta) \qquad (116,2)$$

auf, d. h., der metrische Tensor ist

$$\gamma_{\alpha\beta} = \eta_{ab}\,e_\alpha^{(a)}\,e_\beta^{(b)}\,, \qquad (116,3)$$

wobei die in den Indizes a, b symmetrischen Koeffizienten η_{ab} Funktionen der Zeit sind.

Wir gelangen so zur Dreibein-Darstellung der räumlichen Metrik mit Hilfe von drei Bezugsvektoren. Auf diese Darstellung sind alle in § 98 erhaltenen Formeln anwendbar. Dabei wird die Wahl der Bezugsvektoren von den Symmetrieeigenschaften des Raumes bestimmt. Im allgemeinen sind diese Vektoren nicht orthogonal, so daß die Matrizen η_{ab} keine Diagonalmatrizen sind.

Wie in § 98 führen wir neben dem Dreibein $e_\alpha^{(a)}$ das dazu reziproke Dreibein der Vektoren $e_{(a)}^\alpha$ ein, für das

$$e_{(a)}^\alpha\,e_\alpha^{(b)} = \delta_a^b\,, \qquad e_{(a)}^\alpha\,e_\beta^{(a)} = \delta_\beta^\alpha \qquad (116,4)$$

gilt. Im dreidimensionalen Raum lassen sich die Beziehungen zwischen diesen beiden Beinen explizit durch

$$\boldsymbol{e}_{(1)} = \frac{1}{v}\,\boldsymbol{e}^{(2)}\times\boldsymbol{e}^{(3)}\,, \quad \boldsymbol{e}_{(2)} = \frac{1}{v}\,\boldsymbol{e}^{(3)}\times\boldsymbol{e}^{(1)}\,, \quad \boldsymbol{e}_{(3)} = \frac{1}{v}\,\boldsymbol{e}^{(1)}\times\boldsymbol{e}^{(2)} \qquad (116,5)$$

darstellen, wobei

$$v = |e_{\alpha}^{(a)}| = (\boldsymbol{e}^{(1)}\,[\boldsymbol{e}^{(2)}\,\boldsymbol{e}^{(3)}])$$

ist und $\boldsymbol{e}_{(a)}$ sowie $\boldsymbol{e}^{(a)}$ als kartesische Vektoren mit den Komponenten $e_{(a)}^{\alpha}$ und $e_{\alpha}^{(a)}$ aufzufassen sind. Die Determinante des metrischen Tensors (116,3) ist

$$\gamma = \eta\, v^2\,, \tag{116,6}$$

wobei η die Determinante der Matrix η_{ab} ist.

Die Invarianz der Differentialform (116,1) bedeutet, daß

$$e_{\alpha}^{(a)}(x)\,\mathrm{d}x^{\alpha} = e_{\alpha}^{(a)}(x')\,\mathrm{d}x'^{\alpha} \tag{116,7}$$

gilt, wobei die $e_{\alpha}^{(a)}$ auf beiden Seiten der Gleichung ein und dieselben Funktionen der alten bzw. neuen Koordinaten sind. Nach Multiplikation der Gleichung mit $e_{(a)}^{\beta}(x')$, Einsetzen von $\mathrm{d}x'^{\beta} = \frac{\partial x'^{\beta}}{\partial x^{\alpha}}\mathrm{d}x^{\alpha}$ und Vergleich der Koeffizienten bei gleichen Differentialen $\mathrm{d}x^{\alpha}$ erhält man

$$\frac{\partial x'^{\beta}}{\partial x^{\alpha}} = e_{(a)}^{\beta}(x')\,e_{\alpha}^{(a)}(x)\,. \tag{116,8}$$

Diese Gleichungen bilden ein System von Differentialgleichungen, das die Berechnung der Funktionen $x'^{\beta}(x)$ bei gegebenen Bezugsvektoren gestattet.[1]) Damit die Gleichungen (116,8) integrabel sind, müssen die Bedingungen

$$\frac{\partial^2 x'^{\beta}}{\partial x^{\alpha}\,\partial x^{\gamma}} = \frac{\partial^2 x'^{\beta}}{\partial x^{\gamma}\,\partial x^{\alpha}}$$

identisch erfüllt sein.

Die Berechnung dieses Ausdrucks nach (116,8) ergibt

$$\left[\frac{\partial e_{(a)}^{\beta}(x')}{\partial x'^{\delta}}\,e_{(b)}^{\delta}(x') - \frac{\partial e_{(b)}^{\beta}(x')}{\partial x'^{\delta}}\,e_{(a)}^{\delta}(x')\right] e_{\gamma}^{(b)}(x)\,e_{\alpha}^{(a)}(x)$$
$$= e_{(a)}^{\beta}(x')\left[\frac{\partial e_{\gamma}^{(a)}(x)}{\partial x^{\alpha}} - \frac{\partial e_{\alpha}^{(a)}(x)}{\partial x^{\gamma}}\right].$$

Nach Multiplikation beider Seiten der Gleichung mit $e_{(d)}^{\alpha}(x)\,e_{(c)}^{\gamma}(x)\,e_{\beta}^{(f)}(x')$ und Überwälzen der Ableitung von dem einen Faktor auf den anderen erhalten wir auf der linken Seite unter Berücksichtigung von (116,4)

$$e_{\beta}^{(f)}(x')\left[\frac{\partial e_{(d)}^{\beta}(x')}{\partial x'^{\delta}}\,e_{(c)}^{\delta}(x') - \frac{\partial e_{(c)}^{\beta}(x')}{\partial x'^{\delta}}\,e_{(d)}^{\delta}(x')\right]$$
$$= e_{(c)}^{\beta}(x')\,e_{(d)}^{\delta}(x')\left[\frac{\partial e_{\beta}^{(f)}(x')}{\partial x'^{\delta}} - \frac{\partial e_{\delta}^{(f)}(x')}{\partial x'^{\beta}}\right].$$

---

[1]) Für Transformationen der Gestalt $x'^{\beta} = x^{\beta} + \xi^{\beta}$, wobei die ξ^{β} kleine Größen sind, erhält man aus (116,8) die Gleichungen

$$\frac{\partial \xi^{\beta}}{\partial x^{\alpha}} = \xi^{\gamma}\,e_{\alpha}^{(a)}\,\frac{\partial e_{(a)}^{\beta}}{\partial x^{\gamma}}\,. \tag{116,8a}$$

Drei linear unabhängige Lösungen dieser Gleichungen $\xi_{(b)}^{\beta}$ ($b = 1, 2, 3$) definieren die infitesimalen Transformationen der Bewegungsgruppe des Raumes. Die Vektoren $\xi_{(b)}^{\beta}$ werden Killing-Vektoren genannt (vgl. die Fußnote auf S. 324).

Auf der rechten Seite erhalten wir denselben Ausdruck als Funktion von x. Da x und x' beliebig sind, müssen die Ausdrücke Konstanten sein:

$$\left(\frac{\partial e^{(c)}_{\alpha}}{\partial x^{\beta}} - \frac{\partial e^{(c)}_{\beta}}{\partial x^{\alpha}}\right) e^{\alpha}_{(a)}\, e^{\beta}_{(b)} = C^{c}{}_{ab}\,. \tag{116,9}$$

Die Konstanten $C^{c}{}_{ab}$ werden *Strukturkonstanten* der Gruppe genannt. Nach Multiplikation mit $e^{\gamma}_{(c)}$ kann (116,9) in der Gestalt

$$e^{\alpha}_{(a)} \frac{\partial e^{\gamma}_{(b)}}{\partial x^{\alpha}} - e^{\beta}_{(b)} \frac{\partial e^{\gamma}_{(a)}}{\partial x^{\beta}} = C^{c}{}_{ab}\, e^{\gamma}_{(c)} \tag{116,10}$$

geschrieben werden.

Dies sind die gesuchten Bedingungen für die Homogenität des Raumes. Der Ausdruck auf der linken Seite von (116,9) entspricht der Definition der Größen $\lambda^{c}{}_{ab}$ in (98,10), die somit Konstanten sind.

Wie aus ihrer Definition ersichtlich ist, sind die Strukturkonstanten bezüglich der unteren Indizes antisymmetrisch:

$$C^{c}{}_{ab} = -\, C^{c}{}_{ba}\,. \tag{116,11}$$

Eine weitere Eigenschaft erhält man aus der Bemerkung, daß Gleichung (116,10) der Kommutatorrelation

$$[X_a, X_b] \equiv X_a X_b - X_b X_a = C^{c}{}_{ab} X_c \tag{116,12}$$

für die linearen Differentialoperatoren[1])

$$X_a = e^{\alpha}_{(a)} \frac{\partial}{\partial x^{\alpha}} \tag{116,13}$$

äquivalent ist. Die erwähnte Relation folgt aus der JACOBI-Identität

$$[[X_a, X_b], X_c] + [[X_b, X_c], X_a] + [[X_c, X_a], X_b] = 0$$

und hat die Form

$$C^{f}{}_{ab}\, C^{d}{}_{cf} + C^{f}{}_{bc}\, C^{d}{}_{af} + C^{f}{}_{ca}\, C^{d}{}_{bf} = 0\,. \tag{116,14}$$

Gegenüber den Drei-Index-Konstanten $C^{c}{}_{ab}$ haben die durch die Dual-Transformation

$$C^{c}{}_{ab} = e_{abd}\, C^{dc} \tag{116,15}$$

mit $e_{abc} = e^{abc}$ als antisymmetrischem Einheitssymbol ($e_{123} = 1$) hervorgehenden Zwei-Index-Größen C^{ab} bestimmte Vorzüge. Die Kommutator-Regel (116,12) läßt sich mit ihnen in der Form

$$e^{abc} X_b X_c = C^{ad} X_d \tag{116,16}$$

---

[1]) In der mathematischen Theorie der sogenannten kontinuierlichen Gruppen (oder LIEschen Gruppen) nennt man die Operatoren X, die einer Bedingung der Gestalt (116,12) genügen, die *Erzeugenden* der Gruppe. Um Mißverständnisse bei anderen Darstellungen zu vermeiden, bemerken wir jedoch, daß eine systematische Theorie gewöhnlich von Erzeugenden ausgeht, die mittels der KILLING-Vektoren definiert sind: $X_a = \xi^{\alpha}_{(a)} \partial/\partial x^{\alpha}$.

schreiben; (116,11) ist bereits in der Definition (116,15) berücksichtigt, und die Beziehung (116,14) nimmt die Form

$$e_{bcd}\, C^{cd}\, C^{ba} = 0 \tag{116,17}$$

an. Wir bemerken ferner, daß sich die Definition (116,9) mit den C^{ab} in Vektor-Form darstellen läßt:

$$C^{ab} = -\frac{1}{v}\, \boldsymbol{e}^{(a)} \operatorname{rot} \boldsymbol{e}^{(b)}\,, \tag{116,18}$$

wobei die Vektoroperationen wieder so durchzuführen sind, als ob die Koordinaten x^α kartesisch wären.

Die Wahl der drei Bezugsvektoren in den Differentialformen (116,1) (und damit auch die der Operatoren X_a) ist natürlich nicht eindeutig. Man kann sie einer beliebigen linearen Transformation mit konstanten Koeffizienten unterwerfen:

$$\boldsymbol{e}_{(a)} = A_a^b\, \boldsymbol{e}_{(b)}\,. \tag{116,19}$$

Die Größen η_{ab} und C^{ab} verhalten sich gegenüber diesen Transformationen wie Tensoren.

Die Bedingungen (116,17) sind die einzigen, die die Strukturkonstanten C^{ab} zu erfüllen haben. Unter den diese Relationen erfüllenden Konstanten gibt es aber äquivalente Sätze, nämlich alle diejenigen, die durch Transformationen der Form (116,19) ineinander überführbar sind. Das Problem der Klassifikation homogener Räume führt zu der Bestimmung aller nicht äquivalenten Wahlen von Strukturkonstanten. Unter Verwendung der Tensoreigenschaften der C^{ab} läßt sich dies auf folgende einfache Weise durchführen (C. G. Behr, 1962).

Der nichtsymmetrische „Tensor" C^{ab} kann in einen symmetrischen und antisymmetrischen Teil zerlegt werden. Den symmetrischen Anteil bezeichnen wir mit n^{ab}, der antisymmetrische kann durch seinen dualen „Vektor" a_c ausgedrückt werden:

$$C^{ab} = n^{ab} + e^{abc}\, a_c\,. \tag{116,20}$$

Die Substitution dieses Ausdruckes in (116,17) ergibt

$$n^{ab}\, a_b = 0\,. \tag{116,21}$$

Mittels einer Transformation (116,19) kann der symmetrische „Tensor" n^{ab} auf Diagonalform gebracht werden: n_1, n_2, n_3 seien seine Eigenwerte. Die Gleichung (116,21) zeigt, daß der „Vektor" a_b, falls er existiert, in Richtung einer der Hauptachsen des „Tensors" n^{ab} liegt, und zwar in der, die dem Eigenwert Null entspricht. Ohne Einschränkung der Allgemeinheit kann deshalb $a_b = (a, 0, 0)$ gesetzt werden. Dann reduziert sich (116,21) auf $a\, n_1 = 0$, d. h., eine der Größen a oder n_1 muß gleich Null sein. Die Kommutatoren (116,16) haben dann die Gestalt

$$[X_1, X_2] = -a\, X_2 + n_3\, X_3\,, \quad [X_2, X_3] = n_1\, X_1\,,$$
$$[X_3, X_1] = n_2\, X_2 + a\, X_3\,. \tag{116,22}$$

Danach bleibt noch die Freiheit der Vorzeichenänderung und einer beliebigen Maßstabtransformation (Multiplikation mit einer Konstanten) der Operatoren X_a. Das gestattet, gleichzeitig die Vorzeichen aller n_a zu ändern und die Größe a, falls sie von Null verschieden ist, positiv zu machen. Ebenso können alle Strukturkonstanten auf die Werte ± 1 gebracht werden, falls nur mindestens eine der Größen a, n_2, n_3 gleich Null ist. Falls jedoch alle drei Größen von Null verschieden sind, läßt eine Maßstabtransformation das Verhältnis $a^2/n_3 n_2$ invariant.[1])

Auf diese Art kommen wir zur Aufstellung der möglichen Typen homogener Räume: Die römischen Ziffern in der ersten Spalte der folgenden Tabelle bedeuten die Typen nach der Klassifikation von Bianchi (L. Bianchi, 1918)[2]):

Typ	a	n_1	n_2	n_3
I	0	0	0	0
II	0	1	0	0
VII	0	1	1	0
VI	0	1	−1	0
IX	0	1	1	1
VIII	0	1	1	−1
V	1	0	0	0
IV	1	0	0	1
VII	a	0	1	1
III ($a = 1$) VI ($a \neq 1$)	a	0	1	−1

Typ I ist der euklidische Raum. (Wie die folgende Formel (116,24) zeigt, sind alle Komponenten des räumlichen Krümmungstensors Null.) Neben dem trivialen Fall einer galileischen Metrik gehört hierzu auch die im folgenden Paragraphen betrachtete zeitabhängige Metrik.

Typ IX enthält als Spezialfall den Raum konstanter positiver Krümmung. Man erhält ihn, wenn man im Linienelement (116,2) $\eta_{ab} = \delta_{ab}/4\lambda$ setzt, wobei λ eine positive Konstante ist. In der Tat ergibt die Rechnung mit (116,24) und den Strukturkonstanten für den Typ IX, $C^{11} = C^{22} = C^{33} = 1$, die Relation $P_{(a)(b)} = \delta_{ab}/2$ und damit die Gleichung

$$P_{\alpha\beta} = P_{(a)(b)}\, e_\alpha^{(a)}\, e_\beta^{(b)} = 2\lambda\,\gamma_{\alpha\beta}\,,$$

die für den Raum konstanter Krümmung gilt (vgl. (111,3)).

---

[1]) Strenggenommen wäre bei Berücksichtigung der „Tensoreigenschaften" von C^{ab} noch der Faktor $\sqrt{\eta}$ in die Definition (116,15) aufzunehmen. (Man informiere sich im § 83 über das Verhalten des antisymmetrischen Einheitstensors gegenüber beliebigen Koordinatentransformationen). Wir gehen jedoch hier nicht auf diese Einzelheiten ein. Für unsere Zwecke reicht es aus, die Regel für die Transformation der Strukturkonstanten direkt aus der Gleichung (116,22) zu entnehmen.

[2]) Der Parameter a durchläuft alle positiven Werte. Die entsprechenden Typen stellen tatsächlich eine einparametrige Schar verschiedener Gruppen dar, ihre Zusammenfassung zu den Typen VI und VII ist Konvention.

Ganz entsprechend ist auch der Raum konstanter negativer Krümmung als Spezialfall in Typ V enthalten: Setzen wir $\eta_{ab} = \delta_{ab}/\lambda$ und berechnen $P_{(a)(b)}$ nach (116,24) mit $C^{23} = -C^{32} = 1$, so erhalten wir die bekannte Relation

$$P_{(a)(b)} = -2\,\delta_{ab}\,, \qquad P_{\alpha\beta} = -2\,\lambda\,\gamma_{\alpha\beta}$$

für den Raum konstanter negativer Krümmung.

Zum Schluß zeigen wir, wie sich die EINSTEINschen Gleichungen für eine Welt mit homogenen Raumschnitten in ein System gewöhnlicher Differentialgleichungen überführen lassen, das nur Funktionen der Zeit enthält. Dazu sind die räumlichen Komponenten von Vierervektoren und -tensoren durch das Dreibein der Bezugsvektoren dieses Raumes darzustellen:

$$R_{(a)(b)} = R_{\alpha\beta}\,e^{\alpha}_{(a)}\,e^{\beta}_{(b)}\,, \qquad R_{0(a)} = R_{0\alpha}\,e^{\alpha}_{(a)}\,, \qquad u^{(a)} = u^{\alpha}\,e^{(a)}_{\alpha}\,.$$

Die so erhaltenen Größen sind bereits reine Zeitfunktionen, und dies gilt auch für die Skalare der Energiedichte ε und des Druckes p der Materie.

Die EINSTEINschen Gleichungen lassen sich im synchronisierten Bezugssystem nach (97,11—13) durch die dreidimensionalen Tensoren $\varkappa_{\alpha\beta}$ und $P_{\alpha\beta}$ ausdrücken. Für den ersteren gilt

$$\varkappa_{(a)(b)} = \dot{\eta}_{ab}\,, \qquad \varkappa^{(b)}_{(a)} = \dot{\eta}_{ac}\,\eta^{cb} \tag{116,23}$$

(der Punkt bezeichnet die Zeitableitung). Die Komponenten $P_{(a)(b)}$ können durch die Größen η_{ab} und die Strukturkonstanten der Gruppe mit Hilfe von (98,14) dargestellt werden. Nach Einführung der Zwei-Index-Größen C^{ab} anstelle von $\lambda^{a}{}_{bc} = C^{a}{}_{bc}$ und einer Reihe von Umformungen[1]) erhalten wir

$$P^{(b)}_{(a)} = \frac{1}{2\,\eta}\,\{2\,C^{bd}\,C_{ad} + C^{db}\,C_{ad} + C^{bd}\,C_{da} - C^{d}{}_{d}\,(C^{b}{}_{a} + C_{a}{}^{b}) + \delta^{b}_{a}[(C^{d}{}_{d})^{2} - 2\,C^{df}\,C_{df}]\}\,. \tag{116,24}$$

In Übereinstimmung mit den allgemeinen Regeln ist hierin

$$C_{a}{}^{b} = \eta_{ac}\,C^{cb}\,, \qquad C_{ab} = \eta_{ac}\,\eta_{bd}\,C^{cd}$$

gesetzt worden. Es sei auch bemerkt, daß die BIANCHI-Identität für den dreidimensionalen Tensor $P_{\alpha\beta}$ im homogenen Raum die Form

$$P^{c}_{b}\,C^{b}{}_{ca} + P^{c}_{a}\,C^{b}{}_{cb} = 0 \tag{116,25}$$

annimmt.

---

[1]) Dabei wurden die Relationen

$$\eta_{ad}\,\eta_{be}\,\eta_{cf}\,e^{def} = \eta\,e_{abc}\,, \qquad e_{abf}\,e^{cdf} = \delta^{c}_{a}\,\delta^{d}_{b} - \delta^{d}_{a}\,\delta^{c}_{b}$$

benutzt.

Die endgültigen Ausdrücke für die Beinkomponenten des vierdimensionalen RICCI-Tensors sind[1])

$$R^0_0 = -\frac{1}{2}\dot{\varkappa}^{(a)}_{(a)} - \frac{1}{4}\varkappa^{(b)}_{(a)}\varkappa^{(a)}_{(b)}\,,$$

$$R^0_{(a)} = -\frac{1}{2}\varkappa^{(c)}_{(b)}\left(C^b{}_{ca} - \delta^b_a C^d{}_{dc}\right), \tag{116,26}$$

$$R^{(b)}_{(a)} = -\frac{1}{2\sqrt{\eta}}\left(\sqrt{\eta}\,\varkappa^{(b)}_{(a)}\right) - P^{(b)}_{(a)}\,.$$

Für die Aufstellung der EINSTEINschen Gleichungen ist es somit nicht notwendig, die expliziten Ausdrücke für die Bezugsvektoren als Funktion der Koordinaten zu benutzen.

§ 117. Das ebene anisotrope Modell

Daß das isotrope Modell für die Beschreibung späterer Entwicklungsphasen der kosmischen Evolution gut geeignet ist, ist kein Grund für die Erwartung, daß es auch für frühe Phasen, in der Nähe der Singularität, brauchbar ist. Diese Frage wird in § 119 abgehandelt, während hier und im folgenden Paragraphen zunächst Lösungen der EINSTEINschen Gleichungen betrachtet werden, die zwar ebenfalls Singularitäten in der Vergangenheit besitzen, aber solche, die sich von der FRIEDMANNschen Singularität prinzipiell unterscheiden.

Wir suchen eine Lösung, in der die Komponenten des metrischen Tensors bei geeigneter Wahl des Bezugssystems Funktionen nur einer Variablen, der Zeit $x^0 = t$, sind.[2]) Diese Frage wurde bereits in § 109 diskutiert, wo wir jedoch nur den Fall verschwindender Determinante $|g_{\alpha\beta}| = 0$ behandelten. Hier werde diese Determinante als von Null verschieden angenommen. Wie in § 109 gezeigt wurde, läßt sich dann ohne Einschränkung der Allgemeinheit $g_{0\alpha} = 0$ setzen. Durch die Transformation $\sqrt{g_{00}}\,dt \to dt$ der Variablen t erhält g_{00} den Wert Eins, so daß man zu einem synchronisierten Bezugssystem gelangt, in dem

$$g_{00} = 1\,, \qquad g_{0\alpha} = 0\,, \qquad g_{\alpha\beta} = -\gamma_{\alpha\beta}(t) \tag{117,1}$$

gilt.

Nun lassen sich die EINSTEINschen Feldgleichungen in der Form (97,11) bis (97,13) benutzen. Da die Größen $\gamma_{\alpha\beta}$ und mit ihnen die Komponenten des dreidimensionalen Tensors $\varkappa_{\alpha\beta} = \dot{\gamma}_{\alpha\beta}$ nicht von den Koordinaten x^α abhängen, gilt $R_{0\alpha} \equiv 0$. Aus dem gleichen Grunde ist $P_{\alpha\beta} \equiv 0$, und die Vakuumfeldgleichun-

---

[1]) Die kovarianten Ableitungen $\varkappa^\beta_{\alpha;\gamma}$, die in R^0_α auftreten, wurden mit Hilfe der in der Fußnote auf Seite 352 angegebenen Formeln umgeformt.

[2]) In den Paragraphen 117—118 setzen wir zur Vereinfachung der Formeln $c = 1$.

gen reduzieren sich auf das folgende Gleichungssystem:

$$\dot{\varkappa}_\alpha^\alpha + \frac{1}{2}\varkappa_\alpha^\beta \varkappa_\beta^\alpha = 0\,, \tag{117,2}$$

$$\frac{1}{\sqrt{\gamma}}(\sqrt{\gamma}\,\varkappa_\alpha^\beta)^{\cdot} = 0\,. \tag{117,3}$$

Aus (117,3) folgt

$$\sqrt{\gamma}\,\varkappa_\alpha^\beta = 2\,\lambda_\alpha^\beta\,, \tag{117,4}$$

wobei λ_α^β Konstanten sind. Verjüngen wir bezüglich α und β, so erhalten wir

$$\varkappa_\alpha^\alpha = \frac{\dot{\gamma}}{\gamma} = \frac{2}{\sqrt{\gamma}}\lambda_\alpha^\alpha\,,$$

woraus sich $\gamma = \text{const}\; t^2$ ergibt. Ohne Einschränkung der Allgemeinheit können wir const $= 1$ setzen (dies läßt sich durch eine Maßstabänderung der Koordinaten einfach erreichen); dann ist $\lambda_\alpha^\alpha = 1$. Setzen wir (117,4) in (117,2) ein, so erhalten wir die Beziehung

$$\lambda_\alpha^\beta \lambda_\beta^\alpha = 1\,, \tag{117,5}$$

die zwischen den Konstanten λ_α^β besteht.

Ziehen wir weiterhin in (117,4) den Index β herunter, so entsteht ein System gewöhnlicher Differentialgleichungen für $\gamma_{\alpha\beta}$:

$$\dot{\gamma}_{\alpha\beta} = \frac{2}{t}\lambda_\alpha^\gamma \gamma_{\gamma\beta}\,. \tag{117,6}$$

Die Gesamtheit der Koeffizienten λ_α^γ kann als Matrix einer linearen Substitution aufgefaßt werden. Mittels einer geeigneten linearen Transformation der Koordinaten x^1, x^2, x^3 (oder, was äquivalent ist, der Größen $g_{1\beta}$, $g_{2\beta}$, $g_{3\beta}$) kann man im allgemeinen diese Matrix auf Diagonalform bringen. Wir werden die Eigenwerte mit p_1, p_2, p_3 bezeichnen und annehmen, daß sie sämtlich reell und verschieden sind (für andere Fälle siehe unten). Die Einheitsvektoren in den entsprechenden Richtungen mögen $\boldsymbol{n}^{(1)}$, $\boldsymbol{n}^{(2)}$, $\boldsymbol{n}^{(3)}$ sein. Dann läßt sich die Lösung der Gleichungen (117, 6) in der Gestalt

$$\gamma_{\alpha\beta} = t^{2p_1} n_\alpha^{(1)} n_\beta^{(1)} + t^{2p_2} n_\alpha^{(2)} n_\beta^{(2)} + t^{2p_3} n_\alpha^{(3)} n_\beta^{(3)} \tag{117,7}$$

darstellen (konstante Koeffizienten bei den Potenzen von t können durch eine geeignete Wahl des Koordinaten-Maßstabes in 1 überführt werden). Wählen wir schließlich die Richtungen der Vektoren $\boldsymbol{n}^{(1)}$, $\boldsymbol{n}^{(2)}$, $\boldsymbol{n}^{(3)}$ als endgültige Richtungen der Achsen (die wir mit x, y, z bezeichnen), so nimmt die Metrik nun die Form

$$ds^2 = dt^2 - t^{2p_1}\,dx^2 - t^{2p_2}\,dy^2 - t^{2p_3}\,dz^2 \tag{117,8}$$

an (E. Kasner, 1922). Hier sind p_1, p_2, p_3 drei beliebige Zahlen, die die zwei Beziehungen

$$p_1 + p_2 + p_3 = 1\,, \qquad p_1^2 + p_2^2 + p_3^2 = 1 \tag{117,9}$$

erfüllen müssen (die erste folgt aus $-g = t^2$, die zweite ergibt sich dann aus (117,5)).

Offensichtlich können p_1, p_2, p_3 kein einheitliches Vorzeichen haben. Zwei gleiche Werte sind nur bei den Wertetripeln 0, 0, 1 und $-1/3$, $2/3$, $2/3$ möglich. In allen anderen Fällen sind die Zahlen p_1, p_2, p_3 verschieden, wobei die eine negativ und die beiden anderen positiv sind. Ordnen wir sie in der Reihenfolge $p_1 < p_2 < p_3$ an, so liegen ihre Werte in den Intervallen

$$-\frac{1}{3} \leqq p_1 \leqq 0\,, \qquad 0 \leqq p_2 \leqq \frac{2}{3}\,, \qquad \frac{2}{3} \leqq p_3 \leqq 1\,. \tag{117,10}$$

Die Metrik (117,8) stellt also einen homogenen, aber anisotropen Raum dar, in dem alle Volumen (mit wachsender Zeit) proportional zu t zunehmen. Dabei vergrößern sich die Abstände auf der y- und z-Achse, während diejenigen auf der x-Achse abnehmen. Der Zeitpunkt $t = 0$ ist eine singuläre Stelle der Lösung: Die Metrik besitzt hier eine Singularität, die durch keine Koordinatentransformation beseitigt werden kann; es divergieren hier die Invarianten des vierdimensionalen Krümmungstensors. Eine Ausnahme stellt nur der Fall $p_1 = p_2 = 0$, $p_3 = 1$ dar; hier haben wir es einfach mit dem ebenen Raum zu tun: Die Transformation $t \operatorname{sh} z = \zeta$, $t \operatorname{ch} z = \tau$ überführt die Metrik (117,8) in die galileische.[1])

Die Metrik (117,8) ist eine strenge Lösung der Einsteinschen Vakuumgleichungen. In der Nähe der Singularität, für kleine t, ist sie aber auch bei Vorhandensein von gleichmäßig im Raum verteilter Materie eine Näherungslösung der Feldgleichungen, in dem Sinne, daß die Terme der höchsten Ordnung von $1/t$ gültig bleiben. Geschwindigkeit und die Änderung der mittleren Massendichte werden dabei lediglich durch die Bewegungsgleichungen der Materie im gegebenen Gravitationsfeld bestimmt, während der Einfluß der Materie auf das Feld vernachlässigbar wird. Die Massendichte geht für $t \to 0$ gegen Unendlich, in Übereinstimmung mit dem physikalischen (d. h. nicht etwa durch ungeeignete Koordinatenwahl nur vorgetäuschten (Anm. d. Hrsg.)) Charakter der Singularität (s. Aufgabe 3).

---

[1]) Eine Lösung vom Typ (117,8) existiert auch in dem Falle, daß die auftretende Veränderliche raumartig ist. Hierbei sind nur die entsprechenden Vorzeichen zu ändern, etwa wie folgt:

$$ds^2 = x^{2p_1}\,dt^2 - dx^2 - x^{2p_2}\,dy^2 - x^{2p_3}\,dz^2\ .$$

In diesem Falle gibt es jedoch auch Lösungen anderer Art, die dann auftreten, wenn die Matrix λ_α^β in den Gleichungen (117,6) komplexe oder entartete Eigenwerte besitzt (vgl. die Aufgaben 1 u. 2). Im Falle einer zeitartigen Veränderlichen t sind diese Lösungen nicht brauchbar, da dann die Determinante g nicht die notwendige Bedingung $g < 0$ erfüllen würde.

Wir weisen noch auf einen Artikel hin, in dem eine Reihe strenger Lösungen der Einsteinschen Vakuumgleichungen ähnlicher Art gefunden wurden, die von einer größeren Zahl von Variablen abhängen: B. K. Harrison, Phys. Rev. **116**, 1285 (1959).

Aufgaben

1. Man finde die Lösung der Gleichung (117,6) für den Fall, daß die Matrix λ_α^β einen reellen (p_3) und zwei komplexe ($p_{1,2} = p' \pm i\,p''$) Eigenwerte besitzt.

Lösung. In diesem Falle muß die Koordinate x^0, von der allein alle Größen abhängen, raumartig sein; wir bezeichnen sie mit $x^0 = x$. Entsprechend muß in (117,1) jetzt $g_{00} = -1$ gesetzt werden. Die Gleichungen (117,2) und (117,3) ändern sich jedoch nicht.
Die Vektoren $\boldsymbol{n}^{(1)}$, $\boldsymbol{n}^{(2)}$ in (117,7) werden komplex: $\boldsymbol{n}^{(1,2)} = (\boldsymbol{n}' \pm i\,\boldsymbol{n}'')/\sqrt{2}$, wobei $\boldsymbol{n}'$ und $\boldsymbol{n}''$ Einheitsvektoren sind. Legen wir Achsen x^1, x^2, x^3 in die Richtungen $\boldsymbol{n}', \boldsymbol{n}'', \boldsymbol{n}^{(3)}$, so erhalten wir die Lösung in der Form

$$-g_{11} = g_{22} = x^{2p'} \cos\left(2\,p'' \ln \frac{x}{a}\right), \qquad g_{12} = -\,x^{2p'} \sin\left(2\,p'' \ln \frac{x}{a}\right),$$

$$g_{33} = -\,x^{2p_3}, \qquad -g = -\,g_{00}\,|g_{\alpha\beta}| = x^2 .$$

Hierin ist a eine Konstante (sie läßt sich nicht durch Maßstabänderungen auf der x-Achse eliminieren, wenn man nicht die anderen Koeffizienten in den Gleichungen ändern will). Die Zahlen p_1, p_2, p_3 erfüllen weiterhin die Relationen (117,9), wobei das reelle p_3 entweder kleiner als $-1/3$ oder größer als 1 ist.

2. Entsprechendes für den Fall von zwei entarteten Eigenwerten ($p_2 = p_3$).

Lösung. Wie aus der allgemeinen Theorie linearer Differentialgleichungen bekannt ist, kann in diesem Fall das System (117,6) auf folgende kanonische Gestalt gebracht werden:

$$\dot g_{11} = \frac{2\,p_1}{x} g_{11}, \qquad \dot g_{2\alpha} = \frac{2\,p_2}{x} g_{2\alpha}, \qquad \dot g_{3\alpha} = \frac{2\,p_2}{x} g_{3\alpha} + \frac{\lambda}{x} g_{2\alpha}, \qquad \alpha = 2, 3 ,$$

worin λ eine Konstante ist. Für $\lambda = 0$ kommen wir zu Gl. (117,8) zurück. Für $\lambda \neq 0$ können wir $\lambda = 1$ wählen, und daraus folgt

$$g_{11} = -\,x^{2p_1}, \qquad g_{2\alpha} = a_\alpha\, x^{2p_2}, \qquad g_{3\alpha} = a_\alpha\, x^{2p_2} \ln x + b_\alpha\, x^{2p_2} .$$

Die Bedingung $g_{32} = g_{23}$ liefert $a_2 = 0$, $a_3 = b_2$. Durch geeignete Maßstabswahl entlang den Achsen x^2, x^3 läßt sich die Metrik endgültig in die Form

$$\mathrm{d}s^2 = -\,\mathrm{d}x^2 - x^{2p_1} (\mathrm{d}x^1)^2 \pm 2\,x^{2p_2}\,\mathrm{d}x^2\,\mathrm{d}x^3 \pm x^{2p_2} \ln \frac{x}{a}\,(\mathrm{d}x^3)^2$$

bringen. Die Zahlen p_1, p_2 können hierbei die Werte 1, 0 oder $-1/3$, $2/3$ annehmen.

3. Für die Umgebung der Singularität $t = 0$ bestimme man, wie sich die Massendichte, die im Raum der Metrik (117,8) homogen verteilt ist, zeitlich ändert.

Lösung. Wenn wir den Einfluß der Materie auf das Feld vernachlässigen, so können wir von den hydrodynamischen Bewegungsgleichungen

$$\frac{1}{\sqrt{-g}} \frac{\partial}{\partial x^i} (\sqrt{-g}\,\sigma\, u^i) = 0 ,$$

$$(p + \varepsilon)\, u^k \left(\frac{\partial u_i}{\partial x^k} - \frac{1}{2} u^l \frac{\partial g_{kl}}{\partial x^i}\right) = -\frac{\partial p}{\partial x^i} - u_i\, u^k \frac{\partial p}{\partial x^k} \qquad (1)$$

ausgehen, die aus den Gleichungen $T^k_{i;k} = 0$ folgen (siehe VI, § 125). Hier ist σ die Entropiedichte. In der Nähe der Singularität ist die ultrarelativistische Zustandsgleichung $p = \varepsilon/3$ zu benutzen, was zu $\sigma \propto \varepsilon^{3/4}$ führt.

Wir bezeichnen die Zeitpotenzen in (117,8) mit $a = t^{p_1}$, $b = t^{p_2}$, $c = t^{p_3}$. Da alle Größen nur von der Zeit abhängen, folgt mit $\sqrt{-g} = abc$ aus (1)

$$\frac{\mathrm{d}}{\mathrm{d}t} (a\, b\, c\, u_0\, \varepsilon^{3/4}) = 0 , \qquad 4\,\varepsilon \frac{\mathrm{d}u_\alpha}{\mathrm{d}t} + u_\alpha \frac{\mathrm{d}\varepsilon}{\mathrm{d}t} = 0 .$$

Somit ergibt sich

$$a\, b\, c\, u_0\, \varepsilon^{3/4} = \text{const}\,, \tag{2}$$

$$u_\alpha\, \varepsilon^{1/4} = \text{const}\,. \tag{3}$$

Nach (3) sind alle kovarianten Komponenten u_α von der gleichen Größenordnung. Von den kontravarianten Komponenten ist jedoch für $t \to 0$ $u^3 = u_3/c^2$ am größten. Behalten wir in der Identität $u_i u^i = 1$ nur die führenden Terme bei, so erhalten wir daher $u_0^2 \approx u_3 u^3 = (u_3)^2/c^2$ und dann aus (2) und (3)

$$\varepsilon \propto \frac{1}{a^2 b^2}, \qquad u_\alpha \propto \sqrt{a\, b}$$

oder

$$\varepsilon \propto t^{-2(p_1+p_2)} = t^{-2(1-p_3)}\,, \quad u_\alpha \propto t^{(1-p_3)/2}\,. \tag{4}$$

Wie es auch sein muß, geht ε für $t \to 0$ für alle Werte von p_3 mit Ausnahme von $p_3 = 1$ gegen Unendlich, wobei im Falle $p_1 = 0$, $p_2 = 0$, $p_3 = 1$ die Singularität der Metrik nur fiktiv ist.

Die Richtigkeit der benutzten Näherung läßt sich durch Abschätzung der Komponenten von T_i^k überprüfen, die auf den rechten Seiten der Gleichungen (117,2—3) fehlen. Die führenden Terme sind

$$T_0^0 \approx \varepsilon\, u_0^2 \propto t^{-(1+p_3)}\,, \qquad T_1^1 \approx \varepsilon \propto t^{-2(1-p_3)},$$

$$T_2^2 \approx \varepsilon\, u_2\, u^2 \propto t^{-(1+2p_2-p_3)}\,, \qquad T_3^3 \approx \varepsilon\, u_3\, u^3 \propto t^{-(1+p_3)}.$$

Sie wachsen alle in der Tat für $t \to 0$ langsamer als die linken Seiten der Gleichungen, die wie t^{-2} divergieren.

§ 118. Der Schwingungscharakter der Annäherung an den singulären Punkt

Am Beispiel des Weltmodells mit einem homogenen Raum des Typs IX untersuchen wir eine zeitliche Singularität der Metrik, die einen Schwingungscharakter besitzt (W. A. Belinskii, E. M. Lifschitz, I. M. Chalatnikow, 1969; Ch. W. Misner, 1969). Wir werden im folgenden Paragraphen sehen, daß dieses Verhalten eine ziemlich allgemeine Erscheinung ist.

Uns interessiert das Modell in der Nähe des singulären Punktes, den wir als Nullpunkt der Zeitrechnung, $t = 0$,wählen. Wie bei der in § 117 betrachteten Kasner-Lösung ändert das Auftreten von Materie die Eigenschaften nicht qualitativ. Deshalb werden wir zur Vereinfachung einen leeren Raum voraussetzen.

Die Matrix der Größen $\eta_{ab}(t)$ in (116,3) wollen wir als Diagonalmatrix ansetzen, a^2, b^2, c^2 seien ihre Eigenwerte. Die drei Bezugsvektoren $\boldsymbol{e}^1$, $\boldsymbol{e}^2$, $\boldsymbol{e}^3$ werden im folgenden mit $\boldsymbol{l}, \boldsymbol{m}, \boldsymbol{n}$ bezeichnet. Dann schreibt sich die räumliche Metrik in der Form

$$\gamma_{\alpha\beta} = a^2\, l_\alpha\, l_\beta + b^2\, m_\alpha\, m_\beta + c^2\, n_\alpha\, n_\beta\,. \tag{118,1}$$

Für einen Raum des Typs IX sind die Strukturkonstanten[1])

$$C^{11} = C^{22} = C^{33} = 1 \tag{118,2}$$

(dabei ist $C^1{}_{23} = C^2{}_{31} = C^3{}_{12} = 1$).

Wie aus (116,26) zu ersehen ist, verschwinden bei diesen Konstanten und bei diagonaler Matrix η_{ab} die Komponenten $R^0_{(a)}$ des Ricci-Tensors im synchronisieren Bezugssystem identisch. Gemäß (116,26) verschwinden auch die nichtdiagonalen Komponenten $P_{(a)(b)}$. Die weiteren Komponenten der Einsteinschen Gleichungen liefern für die Funktionen $a(t)$, $b(t)$, $c(t)$ das Gleichungssystem:

$$\begin{aligned}\frac{(\dot{a}\,b\,c)^{\cdot}}{a\,b\,c} &= \frac{1}{2\,a^2\,b^2\,c^2}\,[(b^2 - c^2)^2 - a^4]\,,\\ \frac{(a\,\dot{b}\,c)^{\cdot}}{a\,b\,c} &= \frac{1}{2\,a^2\,b^2\,c^2}\,[(a^2 - c^2)^2 - b^4]\,,\\ \frac{(a\,b\,\dot{c})^{\cdot}}{a\,b\,c} &= \frac{1}{2\,a^2\,b^2\,c^2}\,[(a^2 - b^2)^2 - c^4]\,,\end{aligned} \tag{118,3}$$

$$\frac{\ddot{a}}{a} + \frac{\ddot{b}}{b} + \frac{\ddot{c}}{c} = 0 \tag{118,4}$$

((118,3) sind die Gleichungen $R^{(1)}_{(1)} = R^{(2)}_{(2)} = R^{(3)}_{(3)} = 0$, (118,4) ist die Gleichung $R^0_0 = 0$).

Die Zeitableitungen im System (118,3—4) nehmen eine einfachere Form an, wenn man anstelle der Funktionen a, b, c ihre Logarithmen α, β, γ,

$$a = \mathrm{e}^{\alpha}\,, \qquad b = \mathrm{e}^{\beta}\,, \qquad c = \mathrm{e}^{\gamma}\,, \tag{118,5}$$

und anstelle von t die Veränderliche τ gemäß

$$\mathrm{d}t = a\,b\,c\,\mathrm{d}\tau \tag{118,6}$$

einführt. Dann ergibt sich

$$\begin{aligned}2\,\alpha_{,\tau,\tau} &= (b^2 - c^2)^2 - a^4\,,\\ 2\,\beta_{,\tau,\tau} &= (a^2 - c^2)^2 - b^4\,,\\ 2\,\gamma_{,\tau,\tau} &= (a^2 - b^2)^2 - c^4\,,\end{aligned} \tag{118,7}$$

$$\frac{1}{2}(\alpha + \beta + \gamma)_{,\tau,\tau} = \alpha_{,\tau}\beta_{,\tau} + \alpha_{,\tau}\gamma_{,\tau} + \beta_{,\tau}\gamma_{,\tau}\,, \tag{118,8}$$

---

[1]) Die diesem Raum entsprechenden konstanten Bezugsvektoren sind

$$\boldsymbol{l} = (\sin x^3, -\cos x^3 \sin x^1, 0),\ \boldsymbol{m} = (\cos x^3, \sin x^3 \sin x^1, 0)\,,$$
$$\boldsymbol{n} = (0, \cos x^1, 1)\,.$$

Die Koordinaten nehmen Werte in den Bereichen $0 \leqq x^1 \leqq \pi$, $0 \leqq x^2 \leqq 2\,\pi$, $0 \leqq x^3 \leqq 4\,\pi$ an. Der Raum ist geschlossen, sein Volumen

$$V = \int \sqrt{\gamma}\,\mathrm{d}x^1\,\mathrm{d}x^2\,\mathrm{d}x^3 = a\,b\,c \int \sin x^1\,\mathrm{d}x^1\,\mathrm{d}x^2\,\mathrm{d}x^3 = 16\,\pi^2\,a\,b\,c\,.$$

Für $a = b = c$ geht er in den Raum konstanter positiver Krümmung mit dem Krümmungsradius 2a über.

wobei $,\tau$ Differentiation nach τ bedeutet. Addiert man die Gleichungen (118,7) und ersetzt die Summe der zweiten Ableitungen auf der linken Seite gemäß (118,8), so folgt

$$\alpha_{,\tau}\beta_{,\tau} + \alpha_{,\tau}\gamma_{,\tau} + \beta_{,\tau}\gamma_{,\tau}$$
$$= \frac{1}{4}(a^4 + b^4 + c^4 - 2\,a^2\,b^2 - 2\,a^2\,c^2 - 2\,b^2\,c^2)\,. \quad (118,9)$$

Diese Beziehung enthält nur erste Ableitungen und ist ein erstes Integral der Gleichungen (118,7).

Die Gleichungen (118,3—4) können nicht streng in analytischer Form gelöst werden, gestatten aber eine detaillierte qualitative Untersuchung in der Umgebung der Singularität.

Wir bemerken zuerst, daß bei Abwesenheit der rechten Seiten in den Gleichungen (118,3) oder ebenso in (118,7) das System eine exakte Lösung mit

$$a \sim t^{p_l}\,, \qquad b \sim t^{p_m}\,, \qquad c \sim t^{p_n} \quad (118,10)$$

besitzt. Hierbei sind die p_l, p_m, p_n Zahlen, die durch die Beziehungen

$$p_l + p_m + p_n = p_l^2 + p_m^2 + p_n^2 = 1 \quad (118,11)$$

(analog der KASNERschen Lösung (117,8)) untereinander verknüpft sind. Wir haben hier die Exponenten unabhängig von ihrer Größe mit p_l, p_m, p_n bezeichnet. Die Bezeichnung p_1, p_2, p_3 aus § 117 behalten wir für ein Zahlentripel bei, das gemäß $p_1 < p_2 < p_3$ der Größe nach geordnet ist und Werte in den Intervallen (117,10) annimmt. Diese Zahlen können in Parameterform in der Gestalt

$$p_1(u) = \frac{-u}{1+u+u^2}\,, \quad p_2(u) = \frac{1+u}{1+u+u^2}\,, \quad p_3(u) = \frac{u(1+u)}{1+u+u^2} \quad (118,12)$$

geschrieben werden. Die verschiedenen Werte von p_1, p_2, p_3 (unter Berücksichtigung ihrer Reihenfolge) erhält man, wenn der Parameter u die Zahlen $u \geqq 1$ durchläuft. Die Zahlen $u < 1$ führen gemäß

$$p_1\left(\frac{1}{u}\right) = p_1(u)\,, \quad p_2\left(\frac{1}{u}\right) = p_3(u)\,, \quad p_3\left(\frac{1}{u}\right) = p_2(u) \quad (118,13)$$

zum gleichen Wertebereich der p_1, p_2, p_3. In Abhängigkeit von $1/u$ ist dieser Bereich in Abb. 25 dargestellt.

Wir wollen jetzt annehmen, daß in einem gewissen Zeitintervall die rechten Seiten in den Gleichungen (118,7) wirklich klein sind, so daß sie vernachlässigt werden können und sich die Lösung dem KASNERschen Fall (118,10) gemäß verhält. Dieses Verhalten setzt sich jedoch für $t \to 0$ nicht unbeschränkt fort, da es unter den vernachlässigten Termen immer solche gibt, die anwachsen. Wenn beispielsweise der Exponent bei $a(t)$ negativ ist ($p_l = p_1 < 0$), so wird die Störung der KASNER-Lösung von den Termen a^4 auf der rechten Seite von (118,7) verursacht, die anderen nehmen mit t ab.

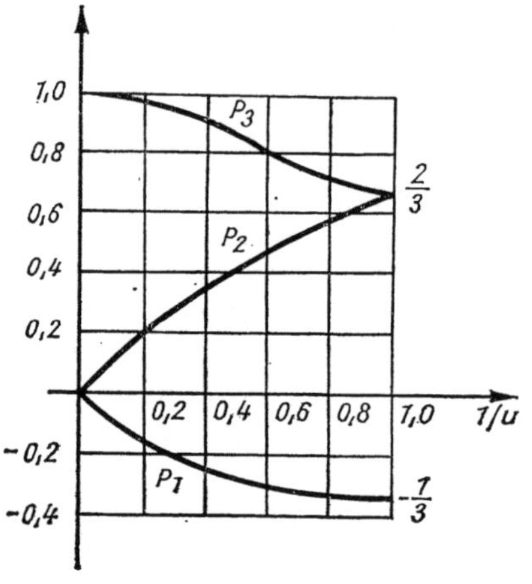

Abb. 25

Behalten wir auf den rechten Seiten von (118,7) nur die wachsenden Terme bei, so erhalten wir das Gleichungssystem

$$\alpha_{,\tau,\tau} = -\frac{1}{2}\,e^{4\alpha}\,, \qquad \beta_{,\tau,\tau} = \gamma_{,\tau,\tau} = \frac{1}{2}\,e^{4\alpha}\,. \tag{118,14}$$

Die Lösung dieser Gleichungen sollte die Entwicklung der Metrik aus einem Anfangszustand beschreiben,[1]) der durch die Gleichungen (118,10) mit bestimmter Wahl der Exponenten (so, daß $p_1 < 0$ ist) charakterisiert ist; es möge $p_l = p_1$, $p_m = p_2$, $p_n = p_3$ gelten, so daß

$$a = t^{p_1}\,, \qquad b = t^{p_2}\,, \qquad c = t^{p_3}$$

gilt (die Koeffizienten vor den Potenzen kann man ohne Einschränkung der Allgemeinheit für die späteren Ergebnisse gleich 1 setzen). Dann ist $a\,b\,c = t$, $\tau = \ln t + \text{const}$; die Anfangsbedingungen der Gleichungen (118,14) lassen sich daher in der Gestalt

$$\alpha_{,\tau} = p_1, \qquad \beta_{,\tau} = p_2\,, \qquad \gamma_{,\tau} = p_3$$

formulieren.

Die erste der Gleichungen (118,14) hat die Form einer eindimensionalen Bewegungsgleichung eines Teilchens im Felde eines exponentiellen Potentialwalls, wobei α die Rolle der Koordinate spielt. In dieser Analogie entspricht dem anfänglichen Kasner-Fall die freie Bewegung mit der konstanten Geschwindigkeit $\alpha_{,\tau} = p_1$. Nach Reflexion am Potentialwall bewegt sich das Teilchen erneut frei mit der entgegengesetzten Geschwindigkeit $\alpha_{,\tau} = -p_1$. Auf Grund der drei Gleichungen (118,14) gilt

$$\alpha_{,\tau} + \beta_{,\tau} = \text{const}\,, \qquad \alpha_{,\tau} + \gamma_{,\tau} = \text{const}\,.$$

[1]) Wir erinnern daran, daß wir die Änderung der Metrik für $t \to 0$ betrachten, d. h. die Anfangsbedingungen entsprechen hier späteren, nicht früheren Zeitpunkten.

Daraus folgt, daß $\beta_{,\tau}$ und $\gamma_{,\tau}$ die Werte $\beta_{,\tau} = p_2 + 2\,p_1$, $\gamma_{,\tau} = p_3 + 2\,p_1$ annehmen. Bestimmen wir hiermit α, β, γ und dann t gemäß (118,6), so erhalten wir

$$e^{\alpha} \sim e^{-p_1\tau}\,, \quad e^{\beta} \sim e^{(p_2+2p_1)\tau}\,, \quad e^{\gamma} \sim e^{(p_3+2p_1)\tau}\,, \quad t \sim e^{(1+2p_1)\tau}\,,$$

d. h. $a \sim t^{p'_l}$, $b \sim t^{p'_m}$, $c \sim t^{p'_n}$, wobei

$$p'_l = \frac{|p_1|}{1 - 2\,|p_1|}\,, \quad p'_m = -\frac{2\,|p_1| - p_2}{1 - 2\,|p_1|}\,, \quad p'_n = \frac{p_3 - 2\,|p_1|}{1 - 2\,|p_1|} \qquad (118{,}15)$$

ist.

Die Wirkung der Störung führt also zur Ablösung einer KASNER-Epoche durch eine andere, wobei die negative Potenz von t, die vorher der Richtung $\boldsymbol{l}$ entsprach, nun zur Richtung $\boldsymbol{m}$ gehört: Galt vorher $p_l < 0$, so wird jetzt $p'_m < 0$. Im Verlauf dieses Übergangs geht die Funktion $a(t)$ durch ein Maximum, $b(t)$ durchläuft ein Minimum. Die vorher fallende Funktion $b(t)$ beginnt zu wachsen, die wachsende Funktion $a(t)$ zu fallen, während $c(t)$ ständig weiter fällt. Die Störung selbst (die Terme a^4 in den Gleichungen (118,7)), die zunächst anwuchs, beginnt zu fallen und wird gedämpft. Die weitere Entwicklung der Metrik führt auf entsprechende Weise zu einem Wachstum der durch die Terme b^4 in den Gleichungen (118,7) dargestellten Störung, zum entsprechenden Ablösen der KASNER-Parameter usw.

Die Regel für die Änderung der Parameter (118,15) läßt sich mit Hilfe der Parametrisierung (118,12) bequem darstellen. Gilt nämlich

$$p_l = p_1(u)\,, \qquad p_m = p_2(u)\,, \qquad p_n = p_3(u)\,,$$

folgt

$$p'_l = p_2\,(u-1)\,, \quad p'_m = p_1(u-1)\,, \quad p'_n = p_3\,(u-1)\,. \qquad (118{,}16)$$

Der größere der beiden positiven Exponenten bleibt dabei positiv.

In diesem Prozeß der Ablösung von KASNER-Epochen liegt der Schlüssel zum Verständnis des Verhaltens der Metrik bei der Annäherung an die Singularität.

Die aufeinander folgenden Wechsel (118,16) mit dem Austausch des negativen Exponenten (p_1) zwischen den Richtungen $\boldsymbol{l}$ und $\boldsymbol{m}$ werden solange fortgesetzt, bis der ganzzahlige Anteil des Anfangswertes u erschöpft ist und noch nicht $u < 1$ gilt. Die Werte $u < 1$ transformieren sich gemäß (118,13) in u-Werte mit $u > 1$; in diesem Augenblick ist einer der beiden Exponenten p_l oder p_m negativ, während p_n zur kleineren der beiden positiven Zahlen wird ($p_n = p_2$). Die folgende Serie von Wechseln tauscht bereits den negativen Exponenten zwischen den Richtungen $\boldsymbol{n}$ und $\boldsymbol{l}$ oder zwischen $\boldsymbol{n}$ und $\boldsymbol{m}$ aus. Bei beliebigem (irrationalen) Anfangswert u setzt sich diese Ablösung unbeschränkt fort.

Bei einer exakten Lösung der Gleichungen verlieren natürlich die Parameter p_1, p_2, p_3 ihren Sinn als Exponenten. Wir bemerken jedoch, daß die dadurch verursachte gewisse Unschärfe in der Definition dieser Zahlen (und des Parameters u), auch wenn sie nur gering ist, die Annahme spezieller (z. B. rationaler) Werte für u als sinnlos erscheinen läßt. Nur diejenigen Schlußfolgerungen haben darum tatsächlich Bedeutung, die für den allgemeinen Fall beliebiger irrationaler Werte von u typisch sind.

Die Entwicklung der Modelle in Richtung auf die Singularität setzt sich also aus aufeinander folgenden Schwingungsserien zusammen. Im Verlauf jeder Serie oszillieren alle Abstände längs zweier räumlicher Achsen, während die Abstände entlang der dritten Achse monoton fallen. Das Volumen verringert sich dabei annähernd proportional zu t. Beim Übergang zu einer neuen Serie wird die Richtung, in der die monotone Abnahme aller Entfernungen erfolgt, auf eine andere Achse übertragen. Die Reihenfolge dieser Übertragungen nimmt asymptotisch den Charakter eines Zufallsprozesses an. Den gleichen Charakter besitzt auch die Länge der Schwingungsserien, d. h. die Zahl der sich in jeder Serie ablösenden KASNER-Epochen.[1])

Die aufeinander folgenden Serien verdichten sich bei der Annäherung an die Singularität. Zwischen einem beliebigem Zeitpunkt t der Weltzeit und dem Augenblick $t = 0$ liegen unendlich viele Schwingungen. Eine natürliche Variable für die Beschreibung des zeitlichen Ablaufs dieser Entwicklung ist nicht die Zeit t selbst, sondern ihr Logarithmus $\ln t$; bezüglich dieser „Zeit" erstreckt sich der ganze Prozeß der Annäherung an die Singularität bis $-\infty$.

Zur Darstellung dieser Lösung hatten wir am Anfang die Aufgabe etwas vereinfacht, indem wir die Matrix $\eta_{ab}(t)$ in (116,3) als diagonal voraussetzten. Die Berücksichtigung nichtdiagnonaler Komponenten η_{ab} in der Metrik ändert jedoch weder den beschriebenen Schwingungscharakter der Metrik noch die Regel (118,16) für den Wechsel der Exponenten p_l, p_m, p_n in aufeinander folgenden KASNER-Epochen. Es tritt nur eine zusätzliche Eigenschaft auf: Der Exponentenwechsel ist zugleich auch von einer Änderung der Richtungen derjenigen Achsen begleitet, auf die sich die Exponenten beziehen.[2])

§ 119. Die Singularität in der allgemeinen kosmologischen Lösung der EINSTEINschen Gleichungen

Daß das isotrope FRIEDMANN-Modell den heutigen Zustand des Kosmos adäquat beschreibt, berechtigt uns noch keineswegs, wie bereits bemerkt wurde, dieses

[1]) Wird der „Anfangswert" des Parameters u durch $u_0 = k_0 + x_0$ dargestellt, wobei k_0 eine ganze Zahl und $x_0 < 1$ ist, so ist die Länge der ersten Schwingungsserie k_0, der Anfangswert u_1 für die folgende Serie wird $u_1 = 1/x_0 = k_1 + x_1$ usw. Man schließt daraus leicht, daß die Länge aufeinander folgender Serien durch die Größen $k_0, k_1, k_2 \ldots$ der Entwicklung von u_0 in den (bei irrationalem u_0) unendlichen stetigen Kettenbruch

$$u_0 + k_0 + \cfrac{1}{k_1 + \cfrac{1}{k_2 + \cfrac{1}{k_3 + \cdots}}}$$

gegeben ist. Die Reihenfolge der Zahlen $k_0, k_1, k_2 \ldots$ unterliegt statistischen Gesetzmäßigkeiten.

[2]) Zu diesen und anderen Einzelheiten des Verhaltens homogener kosmologischer Modelle dieses Typs vergleiche man W. A. BELINSKI, E. M. LIFSCHITZ, I. M. CHALATNIKOW, Adv. Phys. **19**, 525 (1970); **31**, 639 (1982).

Modell auch für die Beschreibung früherer Entwicklungsphasen des Kosmos als zutreffend anzusehen. In diesem Zusammenhang erhebt sich vor allem die Frage, inwiefern die Existenz eines singulären Punktes in der zeitlichen Entwicklung eine notwendige Eigenschaft kosmologischer Modelle darstellt und nicht etwa mit speziellen Vereinfachungen (insbesondere Symmetrieannahmen) verbunden ist. Wir betonen, daß unter einer Singularität hier eine physikalische Singularität zu verstehen ist, im Sinne einer Divergenz der Materiedichte und von Invarianten des vierdimensionalen Krümmungstensors.

Unabhängigkeit von speziellen Annahmen würde bedeuten, daß die Existenz einer Singularität nicht nur für spezielle, sondern für die allgemeine Lösung der EINSTEINschen Gleichungen typisch wäre.

Ein Kriterium der Allgemeinheit ist die Zahl der in der Lösung enthaltenen physikalisch willkürlichen Funktionen. In der allgemeinen Lösung muß die Zahl dieser Funktionen ausreichen, um Anfangsbedingungen zu einem beliebigen Zeitpunkt willkürlich vorgeben zu können (nämlich 4 für den leeren Raum, 8 für den mit Materie erfüllten Raum, s. § 95).[1]

Es ist natürlich unmöglich, die allgemeine Lösung für das gesamte Raum-Zeit-Gebiet in Strenge anzugeben. Zur Beantwortung der obigen Frage ist das jedoch auch nicht notwendig: Es genügt, die Form der Lösung in der Umgebung der Singularität zu untersuchen.

Die Singularität, die in der FRIEDMANNschen Lösung auftritt, ist dadurch gekennzeichnet, daß alle räumlichen Abstände nach einem für alle Raumrichtungen einheitlichen Gesetz gegen Null gehen. Dieser Singularitätstyp ist jedoch nicht allgemein genug: Er ist für eine Klasse von Lösungen charakteristisch, die drei willkürliche Koordinatenfunktionen enthalten (s. die Aufgabe zu § 113). Wir bemerken auch, daß diese Lösungen nur für materieerfüllte Räume existieren.

Die im letzten Paragraphen diskutierte Lösung vom Schwingungstyp hat dagegen allgemeinen Charakter: Es gibt eine Lösung der EINSTEINschen Gleichungen mit dieser Singularität, die die zu fordernde Anzahl willkürlicher Funktionen enthält. Wir skizzieren hier kurz die Konstruktion dieser Lösung, ohne auf Einzelheiten der Rechnungen einzugehen.[2]

Wie im homogenen Modell (§ 118) erfolgt die Annäherung an den singulären Punkt durch sich ablösende Serien wechselnder KASNER-Epochen. Während jeder dieser Epochen haben die bezüglich der $1/t$-Entwicklung führenden Terme

---

[1]) Es muß jedoch sofort hinzugesetzt werden, daß für Systeme nichtlinearer Gleichungen, wie es die EINSTEINschen Gleichungen sind, der Begriff der allgemeinen Lösung nicht eindeutig ist. Im Prinzip könnten mehrere allgemeine Integrale existieren, die jeweils nur einen endlichen Teil der Mannigfaltigkeit denkbarer Anfangsbedingungen umfassen. Die Existenz einer allgemeinen Lösung mit einer Singularität würde dann das Vorhandensein auch anderer allgemeiner Lösungen ohne Singularität nicht ausschließen. Es gibt beispielsweise keinen Grund, an der Existenz einer allgemeinen Lösung ohne Singularität für einen stabilen isolierten Körper mit nicht zu großer Masse zu zweifeln.

[2]) Siehe dazu den Artikel von W. A. BELINSKI, E. M. LIFSCHITZ, I. M. CHALATNIKOW, Adv. Phys. **31**, 639 (1982).

in den räumlichen Komponenten des metrischen Tensors (in einem synchronisierten Bezugssystem) die Form (118,1) mit den Zeitfunktionen a, b und c aus (118,10) . Die Vektoren $\boldsymbol{l}, \boldsymbol{m}, \boldsymbol{n}$ sind hier willkürliche (nicht wie in den homogenen Modellen wohlbestimmte) Funktionen der räumlichen Koordinaten. Ebenfalls Funktionen (keine Konstanten mehr) sind die Exponenten p_l, p_m, p_n, die aber nach wie vor durch die Relationen (118,11) verbunden sind. Die so konstruierte Lösung erfüllt in ihren führenden Termen die Gleichungen $R_0^0 = 0$ und $R_\alpha^\beta = 0$ für ein Vakuumfeld während eines endlichen Zeitintervalls. Die Gleichungen $R_\alpha^0 = 0$ führen zu drei, die Zeit nicht enthaltenden Beziehungen, deren Erfüllung von den in $\gamma_{\alpha\beta}$ enthaltenen willkürlichen Funktionen der räumlichen Koordinaten zu fordern ist. Diese Beziehungen verknüpfen zehn willkürliche Funktionen, die neun Komponenten der drei Vektoren $\boldsymbol{l}, \boldsymbol{m}, \boldsymbol{n}$ und eine Funktion in den Exponenten der Zeit (die drei Funktionen p_l, p_m, p_n sind durch die beiden Relationen (118,11) verknüpft). Bei der Bestimmung der Zahl physikalisch willkürlicher Funktionen ist auch zu berücksichtigen, daß das synchronisierte Bezugssystem eine beliebige, die Zeit nicht enthaltende Transformation der räumlichen Koordinaten erlaubt. Die Metrik enthält damit insgesamt $10 - 3 - 3 = 4$ willkürliche Funktionen — die gleiche Zahl, die die allgemeine Lösung für das Vakuumfeld enthält.

Wie im homogenen Fall wird die Ablösung einer KASNER-Epoche durch eine andere dadurch ermöglicht, daß in drei der sechs Gleichungen $R_\alpha^\beta = 0$ Terme enthalten sind, die für $t \to 0$ schneller wachsen als andere und so die Rolle der Störungen übernehmen, die eine KASNER-Lösung schließlich in eine andere umwandeln. Im allgemeinen Fall unterscheiden sich diese Gleichungen von (118,14) nur durch einen von den räumlichen Koordinaten abhängenden Faktor $(\boldsymbol{l} \operatorname{rot} \boldsymbol{l}/\boldsymbol{l}\,[\boldsymbol{m}\,\boldsymbol{n}])^2$ auf den rechten Seiten (dabei wurde angenommen, daß von den drei Exponenten p_l, p_m, p_n der erste negativ ist).[1]) Da jedoch die Gleichungen (118,14) ein System gewöhnlicher Differentialgleichungen bezüglich der Zeit darstellen, wirkt sich dieser Unterschied weder auf die Lösungen noch auf die daraus folgende Verschiebungsregel (118,16) der KASNERschen Exponenten und die weiteren in § 118 dargestellten Schlußfolgerungen aus.[2])

Der Allgemeinheitsgrad der Lösung verringert sich nicht bei Einführung von Materie: Die Materie bringt in die Metrik 4 neue Koordinatenfunktionen ein, die für die Festlegung ihrer anfänglichen Dichte sowie dreier Geschwindigkeitskomponenten gerade nötig sind. Der Energie-Impuls-Tensor der Materie T_i^k liefert Zusatzterme in den Feldgleichungen, die jedoch gegenüber den führenden Termen von höherer Ordnung in $1/t$ sind (dies entspricht exakt dem in Aufgabe 3 zu § 117 nachgewiesenen Verhalten für das ebene homogene Modell).

---

[1]) Für homogene Modelle fällt dieser Faktor mit dem Quadrat der Strukturkonstanten C^{11} zusammen und ist definitionsgemäß konstant.

[2]) Wenn man den willkürlichen Funktionen der Lösung die Zusatzbedingung $\boldsymbol{l} \operatorname{rot} \boldsymbol{l} = 0$ auferlegt, so verschwinden die Schwingungen, das KASNER-Verhalten setzt sich bis zum Punkt $t = 0$ fort. Eine solche Lösung enthält jedoch eine willkürliche Funktion weniger, als für den allgemeinen Fall zu fordern ist.

Die Existenz einer Singularität in der Zeit erweist sich damit als eine ziemlich allgemeine Eigenschaft der Einsteinschen Gleichungen, wobei das Verhalten in der Umgebung der Singularität im allgemeinen vom oben beschriebenen Schwingungstypus ist.[1]) Dieses Verhalten ist nicht an das Vorhandensein von Materie (und daher auch nicht an ihre Zustandsgleichung) gebunden, sondern gilt bereits für die leere Raum-Zeit. Die von der Existenz von Materie herrührende Singularität vom monoton-isotropen Typ, wie sie in der Friedmann-Lösung auftritt, hat nur partielle Bedeutung.

Wenn wir von Singularitäten im kosmologischen Sinne sprechen, so meinen wir damit einen singulären Punkt, der vom ganzen Raum erreicht wird, nicht, wie beim Gravitationskollaps endlicher Körper, nur von einem begrenzten Teilgebiet. Die Allgemeinheit der Schwingungslösung läßt aber die Annahme begründet erscheinen, daß die Singularität, die von einem endlichen Körper bei seinem Kollaps unter den Ereignishorizont im mitbewegten Bezugssystem erreicht wird, von gleicher Art ist.

Als Richtung der Annäherung an die Singularität wählten wir stets die Richtung abnehmender Zeiten. Wegen der Symmetrie der Einsteinschen Gleichungen gegenüber Zeitumkehr hätten wir ebensogut von einer Annäherung im Sinne wachsender Zeiten sprechen können. In Wirklichkeit gibt es jedoch wegen der physikalischen Nichtäquivalenz von Vergangenheit und Zukunft zwischen diesen beiden Fällen einen wesentlichen Unterschied schon in der Fragestellung selbst. Eine Singularität in der Zukunft kann nur dann einen physikalischen Sinn haben, wenn sie bei beliebigen Anfangsbedingungen, die zu einem beliebigen vorhergehenden Zeitpunkt gestellt sind, erreicht werden kann. Es besteht jedoch kein Grund anzunehmen, daß die Verteilung der Materie und des Feldes, die zu einem beliebigen Augenblick im Prozeß der Entwicklung des Kosmos angenommen wird, den spezifischen Bedingungen entspricht, die für die Realisierung der einen oder der anderen speziellen Lösung der Einsteinschen Gleichungen erforderlich sind.

Auf die Frage nach der Art der Singularität in der Vergangenheit kann eine Untersuchung, die lediglich auf den Gravitationsgleichungen beruht, kaum eine eindeutige Antwort geben. Es liegt nahe anzunehmen, daß die Wahl der Lösung die der realen Welt entspricht, mit irgendwelchen tieferliegenden physikalischen Forderungen zusammenhängt, die man mit Hilfe der vorhandenen Gravitationstheorie allein zweifellos nicht finden kann und die sich nur im Ergebnis einer weiteren Synthese physikalischer Theorien ergeben dürfte. In diesem Sinne kann sich herausstellen, daß dieser Wahl irgendein spezieller (z. B. der isotrope) Typ der Singularität entspricht.

---

[1]) Die Existenz einer Singularität in der allgemeinen Lösung der Einsteinschen Gleichungen wurde zuerst von R. Penrose (1965) mit Hilfe von topologischen Methoden bewiesen, die es jedoch nicht ermöglichen, den konkreten analytischen Charakter der Singularität festzustellen. Für die Darstellung dieser Methoden und die mit ihrer Hilfe erhaltenen Sätze, s. R. Penrose, Structure of Space-Time, in: Battelle Rencontres, W. A. Benjamin, Inc., New York-Amsterdam 1968.

Noch eine Schlußbemerkung ist erforderlich. Der Anwendungsbereich der Einsteinschen Gleichungen wird für kleine Entfernungen oder große Materiedichten durch die Gleichungen selbst nicht eingeschränkt: Im Unterschied zu den Gleichungen der klassischen Elektrodynamik führen die Gravitationsgleichungen an diesen Grenzen zu keinen inneren Widersprüchen. In diesem Sinne ist die Untersuchung von Singularitäten der raum-zeitlichen Metrik durchaus korrekt.

Es kann aber kein Zweifel darüber bestehen, daß an diesen Grenzen Quantenerscheinungen wesentlich werden, über die wir beim gegenwärtigen Stand der Theorie nichts sagen können. Nur in einer zukünftigen Synthese von Gravitationstheorie und Quantentheorie kann sich klären, welche Ergebnisse der klassischen Theorie einen realen Sinn behalten. Gleichzeitig hat aber bereits die Tatsache, daß sich in den Lösungen der Einsteinschen Gleichungen (sowohl unter kosmologischem Aspekt als auch beim Kollaps begrenzter Massen) Singularitäten entwickeln, tiefere physikalische Bedeutung. Es ist dabei auch nicht zu vergessen, daß man bereits dann von physikalisch „singulären" Erscheinungen sprechen kann, wenn im Verlauf eines Gravitationskollapses sehr hohe Dichten erreicht werden, bei denen es aber noch keine Gründe gibt, an der klassischen Gravitationstheorie zu zweifeln.

SACHVERZEICHNIS